Radio Frequency Integrated
Circuits and Systems

Second Edition

射频集成电路及系统设计

（原书第2版）

[美] 霍曼·达拉比 著
（Hooman Darabi）

李文渊 译

机械工业出版社
CHINA MACHINE PRESS

This is a Simplified-Chinese edition of the following title published by Cambridge University Press：

Hooman Darabi：*Radio Frequency Integrated Circuits and Systems*，Second Edition（ISBN 9781107194755），Copyright © Cambridge University Press，2020.

This Simplified-Chinese edition for the Chinese mainland (excluding Hong Kong SAR, Macao SAR and Taiwan) is published by arrangement with the Press Syndicate of the University of Cambridge, Cambridge, United Kingdom. © Cambridge University Press and China Machine Press in 2024.

This Simplified-Chinese edition is authorized for sale in the Chinese mainland (excluding Hong Kong SAR, Macao SAR and Taiwan) only. Unauthorized export of this simplified Chinese is a violation of the Copyright Act. No part of this publication may be reproduced or distributed by any means, or stored in a database or retrieval system, without the prior written permission of Cambridge University Press and China Machine Press.

Copies of this book sold without a Cambridge University Press sticker on the cover are unauthorized and illegal.

本书原版由剑桥大学出版社出版。

本书简体字中文版由剑桥大学出版社与机械工业出版社合作出版。未经出版者预先书面许可，不得以任何方式复制或抄袭本书的任何部分。

此版本仅限在中国大陆地区（不包括香港、澳门特别行政区及台湾地区）销售。

本书封底贴有 Cambridge University Press 防伪标签，无标签者不得销售。

北京市版权局著作权合同登记　图字：01-2020-4932 号。

图书在版编目（CIP）数据

射频集成电路及系统设计：原书第 2 版 /（美）霍曼·达拉比（Hooman Darabi）著；李文渊译. -- 北京：机械工业出版社，2024.9. --（集成电路大师级系列）.
ISBN 978-7-111-76377-2

Ⅰ. TN710

中国国家版本馆 CIP 数据核字第 20243J8C36 号

机械工业出版社（北京市百万庄大街 22 号　邮政编码 100037）
策划编辑：王　颖　　　　　　　　　责任编辑：王　颖
责任校对：甘慧彤　张雨霏　景　飞　　责任印制：任维东
北京瑞禾彩色印刷有限公司印刷
2024 年 12 月第 1 版第 1 次印刷
186mm×240mm・35.25 印张・966 千字
标准书号：ISBN 978-7-111-76377-2
定价：149.00 元

电话服务　　　　　　　　　网络服务
客服电话：010-88361066　　机　工　官　网：www.cmpbook.com
　　　　　010-88379833　　机　工　官　博：weibo.com/cmp1952
　　　　　010-68326294　　金　书　网：www.golden-book.com
封底无防伪标均为盗版　　机工教育服务网：www.cmpedu.com

| Preface | 第 2 版前言

出版本书第 1 版的目的是为学术界以及射频专业工程师提供射频领域的参考书。但是，有人认为本书更适合行业内的射频实习工程师学习。在过去几年，根据个人的教学经验以及同事和朋友们的反馈和激励，我编写了这个新版本，以满足行业工程师以及在读研究生和高年级本科生的需求。本书的整体结构没有做大的修改，基本保留了第 1 版的大部分内容，改写了少部分内容，以便更深入地阐述基本概念。新版特别设计了一些示例，涵盖基础理论以及实际电路级的设计和模拟，并且进行了更清晰的组织，以补充基本概念，并为更深入的讨论提供指导。第 2 版还试图让读者尽早熟悉射频领域的两个使用广泛的仿真软件——Spectre－RF 和 EMX，基于电路分析示例，读者可以通过仿真软件进行验证。此外，第 2 版还增加了 50 多道习题，可以作为作业题或考试题，也可以作为基本概念学习效果的验证手段。

第 2 版针对第 1 版缺失的射频设计中的部分重要概念或者需要进一步阐述的内容，增加了射频和中频滤波器的设计和分析（包括 SAW、FBAR、双工器和 N 路滤波器），并介绍了锁相环、频率合成器、数字锁相环和分频器。其他新增的内容包括：对波的传播、趋肤效应和天线的讨论；对射频双端口网络和互易网络更深入和广泛的讨论；对混频器、振荡器和数字功率放大器的讨论；对电磁耦合、屏蔽和电源瞬态噪声等解决信号和电源完整性的讨论。

无论是第 1 版还是第 2 版，都没有关于无线标准的专门章节。这是因为无线标准还在不断发展，现在的无线标准的内容与未来 5 年或 10 年相比，将大不相同。对于射频设计人员来说，更重要的是能够将高级的系统规范转化为电路级的要求，而不是仅仅记住标准本身。第 5 章和第 6 章，以及引用的关于现有主流射频标准的大量参考文献，都充分阐述了这一点。

很幸运，我能够在美国博通公司与许多有才华的人一起共事，在那里工作的 20 多年中学到了很多。感谢他们所有人，特别感谢以下帮助审校第 2 版各章内容的同事和朋友：Wei－Liat Chan、Yuyu Chang、Saeed Chehrazi、Matteo Conta、Milad Darvishi、Valentina Della Torra、Dale Douglas、Mohyee Mikhemar、David Murphy、Bevin Perumana 和 Hao Wu。感谢 Ed Chien 博士，他在关于 PLL 的章节中提供了很多有用的意见，特别是对数字 PLL 部分的指导。同时，感谢 Mikhemar 博士，他参与撰写了数字功率放大器部分。感谢 Rich Ruby 博士，她提供了关于 SAW 和 FBAR 部分的宝贵反馈。另外，感谢博通公司的 Saeed Chehrazi、Milad Darvishi、David Murphy 和 Hao Wu，他们与我就和本书直接或间接相关的各种主题进行了许多有益的讨论。

非常感谢我的博士生导师——UCLA 的 Asad Abidi 教授，多年来我一直与他保持着密切的联系，他给了我很大的鼓励。本书的许多章节从他的见解和创新的教学方法中受益匪浅。感谢我本科时期的教师——Masood Jahanbegloo 教授，他也是我 UCLA 的校友，感谢他教我电路基础和电子学的理论知识。

最后，感谢我的妻子 Shahrzad Tadjpour 博士，感谢她付出耐心并给予技术反馈，也感谢家人们的支持。

| Preface | 第 1 版前言

在过去的 20 年里，射频集成电路取得了长足的进展，技术日臻成熟。20 世纪 90 年代中期，射频集成电路仅在几所大学作为研究性课题，如今已发展到了用于无线连接和移动应用的复杂的片上系统（SoC）阶段。这一不可思议的发展的主要原因有两个：CMOS 技术的快速发展以及电路和架构的不断创新。与普遍认为的射频电路和模拟电路不会随着工艺的进步而有多大的发展不同，速度更快的 CMOS 工艺促进了大量拓扑结构的实现，可以大幅降低成本和功耗。这种快速发展使得现代射频设计在某种程度上是基于产业的、适时的和必要的。本书的主要目标是以较深入的方式讨论基本且重要的主题，以使从事行业常规产品设计工作的射频工程师深入理解射频集成电路设计的基本概念和基本定义，而具有深厚基础背景的设计师可以自己探索其他变化。

本书基于我在美国加利福尼亚大学洛杉矶分校和尔湾分校讲授的射频课程，以及在博通公司工作多年的射频设计和产品实践经验。本书的每一章都包括示例，说明所讨论内容的实际应用，并附带实际产品例子，每章的最后还给出了习题，作为示例的补充。

射频电路设计涉及多个学科领域，深入了解模拟集成电路以及通信理论、信号处理、电磁学和微波工程至关重要。本书的前 3 章以及第 4 章的部分内容涵盖了上述领域的相关知识，以及在射频设计方面的应用。

第 1 章回顾了电磁场的基本概念，特别是电感和电容。尽管很多读者经常使用电容和电感，但是往往会忽视它们的基本定义，因此简单的回顾是必要的。此外，读者还需要对麦克斯韦方程组有基本的了解，这样才能理解传输线、电磁波、天线等概念以及散射参数。这些内容将在第 3 章中进行讨论。本章还概述了现代 CMOS 工艺集成电路中的电感与电容。

第 2 章介绍了通信和信号处理的基本概念，这些是射频设计的关键内容。本章的大部分内容是为了回顾基本知识和基本概念，了解随机过程、调制以及无源滤波器和希尔伯特变换，这些对后续的学习有很大的帮助。

第 3 章涉及射频设计中的几个关键概念，如可用功率、匹配拓扑、传输线和散射参数，可以作为第 1 章的补充。有关传输线、史密斯圆图和散射参数等更有难度的内容，可以根据读者的知识背景，简单了解或者忽略。

第 4 章讨论了噪声、噪声因子、灵敏度和相位噪声。关于噪声类型的介绍可以作为扩展阅读材料，但读者需要学习噪声系数的定义、最小噪声因子和灵敏度等内容。

第 5 章介绍了失真和阻塞。本章内容对于已在业界工作的射频电路和系统工程师来说非常有用。对本章内容的透彻理解对于理解第 10 章的内容至关重要。

第 6~9 章涉及射频电路设计。第 6 章在第 3 章和第 4 章有关概念的基础上介绍了低噪声放大器。

第 7 章详细讨论了接收机和发射机的混频器，介绍了基本的有源拓扑和无源拓扑，并对噪声进行了必要的讨论。M 相混频器和上变频混频器的大部分内容可以作为扩展阅读材料。

第 8 章讨论了振荡器（包括 LC 振荡器、环形振荡器和晶体振荡器），还介绍了锁相环。本章内容较多，后 3 个主题可以作为扩展阅读材料。本章还简要介绍了相位噪声，相位噪声的详细讨论需要深厚的数学功底，这可能超出了射频入门课程的范围。因此，我们将重点放在抽象线性振荡器上，并总结一般规则，以提供实用的设计方法。

第 9 章讨论了功率放大器（PA），前几节介绍了功率放大器的基本类型，然后介绍了提高效率的方法以及线性化技术，还介绍了功率放大器示例（可能仅限于 A、B 和 F 类）以及功率放大器的一般问题和折中方法。

第 10 章介绍了收发机的架构。这是本书最长的章节之一，大部分内容都可以作为扩展阅读材料。最后一节涵盖了设计的一些实际问题，如封装和生产。同时，本章还介绍了一些研究案例。这些内容对射频工程师很实用。

很幸运，我在 UCLA 以及后来的美国博通公司能与许多有才华的导师和射频设计师一起共事。他们在很多方面对本书的编写给予了帮助。在此感谢以下对本书做出贡献的每个人：博通公司的 David Murphy 博士，他是本书第 8 章大部分内容的共同作者，并对第 6 章提供了非常有益的见解，特别是低噪声放大器的拓扑部分；同样来自博通公司的 Ahmad Mirzaei 博士撰写了第 9 章和第 10 章的部分内容，并对本书做了精心的审校；来自博通公司的 Hwan Yoon 博士，她就第 1 章的内容，尤其是集成电感方面的内容，与我进行了多次有益的讨论。衷心感谢荷兰特文特大学的 Eric Klumperink 教授，他认真审校了本书的大部分内容，并提供了宝贵的见解。感谢我的妹妹 Hannah，她帮助设计了本书的封面。最后，感谢我的妻子 Shahrzad Tadjpour，她不仅对本书提供了技术反馈，还在这些年来一贯给予我支持。

目 录 | Contents |

第 2 版前言

第 1 版前言

第 1 章 射频元件 ………………………… 1
1.1 电场和电容 ……………………………… 1
1.2 磁场和电感 ……………………………… 3
1.3 时变场和麦克斯韦方程组 …………… 6
1.4 电容和电感的电路表示法 …………… 7
1.5 分布参数电路和集总参数电路 …… 8
1.6 能量和功率 ……………………………… 10
1.7 LC 和 RLC 电路 ……………………… 11
1.8 均匀平面波 ……………………………… 18
1.9 天线 ……………………………………… 24
1.10 集成电容 ………………………………… 30
1.11 集成电感 ………………………………… 33
1.12 总结 ……………………………………… 50
1.13 习题 ……………………………………… 51
参考文献 ………………………………………… 57

第 2 章 射频信号与系统 …………… 59
2.1 傅里叶变换和傅里叶级数 …………… 59
2.2 冲激信号 ………………………………… 62
2.3 周期信号的傅里叶变换 ……………… 63

2.4 冲激响应 ………………………………… 65
2.5 网络函数 ………………………………… 66
2.6 希尔伯特变换和正交信号 …………… 69
2.7 随机过程 ………………………………… 71
2.8 模拟线性调制 ………………………… 80
2.9 模拟非线性调制 ……………………… 84
2.10 无线通信调制方式 …………………… 87
2.11 单边带接收机 ………………………… 88
2.12 总结 ……………………………………… 89
2.13 习题 ……………………………………… 90
参考文献 ………………………………………… 94

第 3 章 射频网络 ……………………… 96
3.1 二端口网络简介 ……………………… 96
3.2 有效功率 ………………………………… 102
3.3 阻抗变换 ………………………………… 110
3.4 无损传输线 ……………………………… 122
3.5 低损耗传输线 ………………………… 126
3.6 接收-发射天线作为二端口电路 …… 129
3.7 史密斯圆图 ……………………………… 131
3.8 S 参数（散射参数）………………… 135
3.9 差分二端口网络 ……………………… 143
3.10 总结 ……………………………………… 144

3.11 习题 …… 144

参考文献 …… 151

第 4 章 射频滤波器与中频滤波器 …… 152

4.1 理想滤波器 …… 152

4.2 两端端接的 LC 滤波器 …… 154

4.3 有源滤波器 …… 174

4.4 声表面波滤波器和体声波滤波器 …… 182

4.5 双工器 …… 186

4.6 N 路滤波器 …… 187

4.7 正交滤波器 …… 191

4.8 总结 …… 199

4.9 习题 …… 199

参考文献 …… 203

第 5 章 噪声 …… 207

5.1 噪声的类型 …… 207

5.2 二端口网络的等效噪声 …… 220

5.3 噪声因子 …… 222

5.4 最小噪声因子 …… 225

5.5 反馈对噪声因子的影响 …… 228

5.6 级联电路的噪声因子 …… 231

5.7 相位噪声 …… 233

5.8 灵敏度 …… 234

5.9 噪声因子的测量 …… 237

5.10 总结 …… 239

5.11 习题 …… 240

参考文献 …… 244

第 6 章 失真 …… 245

6.1 无线通信系统中的阻塞 …… 245

6.2 全双工系统和共存 …… 248

6.3 小信号非线性 …… 249

6.4 大信号非线性 …… 262

6.5 互易混频 …… 264

6.6 谐波混频 …… 266

6.7 发射机非线性问题 …… 267

6.8 总结 …… 279

6.9 习题 …… 280

参考文献 …… 282

第 7 章 低噪声放大器 …… 283

7.1 匹配要求 …… 283

7.2 射频调谐放大器 …… 287

7.3 共源低噪声放大器和共栅低噪声放大器 …… 290

7.4 并联反馈低噪声放大器 …… 293

7.5 串联反馈低噪声放大器 …… 296

7.6 前馈低噪声放大器 …… 300

7.7 低噪声放大器的实际问题 …… 302

7.8 低噪声放大器的功率噪声优化 …… 308

7.9 信号和电源完整性 …… 310

7.10 低噪声放大器设计案例研究 …… 315

7.11 总结 …… 316

7.12 习题 …… 316

参考文献 …… 319

第 8 章 混频器 …… 320

8.1 混频器基础 …… 320

8.2 混频器的演变 …… 324

8.3 有源混频器 …… 326

8.4 无源电流模混频器 …… 338

8.5 无源电压模混频器 …… 356

8.6 发射机混频器 …………………… 357
8.7 发射机混频器的谐波折叠 ……… 361
8.8 低噪声放大器/混频器案例
     研究 ………………………………… 363
8.9 总结 ………………………………… 369
8.10 习题 ……………………………… 370
参考文献 ………………………………… 373

第9章 振荡器 …………………………… 374
9.1 线性 LC 振荡器 …………………… 374
9.2 非线性 LC 振荡器 ………………… 379
9.3 非线性 LC 振荡器的相位噪声
     分析 ………………………………… 382
9.4 LC 振荡器拓扑结构 ……………… 397
9.5 Q 值退化 …………………………… 405
9.6 频率调制效应 ……………………… 407
9.7 其他 LC 振荡器拓扑结构 ……… 413
9.8 环形振荡器 ………………………… 417
9.9 正交振荡器 ………………………… 424
9.10 晶体振荡器和 FBAR 振荡器 …… 428
9.11 总结 ……………………………… 432
9.12 习题 ……………………………… 433
参考文献 ………………………………… 435

第10章 锁相环与频率综合器 … 438
10.1 锁相环基础知识 ………………… 438
10.2 I 型 PLL …………………………… 440
10.3 II 型 PLL ………………………… 443
10.4 整数 N 频率综合器 …………… 449
10.5 小数 N 频率综合器 …………… 454

10.6 分频器 …………………………… 462
10.7 数字 PLL 简介 …………………… 468
10.8 总结 ……………………………… 474
10.9 习题 ……………………………… 474
参考文献 ………………………………… 476

第11章 功率放大器 …………………… 478
11.1 概述 ……………………………… 478
11.2 A 类功率放大器 ………………… 480
11.3 B 类功率放大器 ………………… 482
11.4 C 类功率放大器 ………………… 484
11.5 D 类功率放大器 ………………… 486
11.6 D 类数字功率放大器 …………… 488
11.7 E 类功率放大器 ………………… 491
11.8 F 类功率放大器 ………………… 493
11.9 功率放大器的线性化技术 …… 494
11.10 总结 …………………………… 501
11.11 习题 …………………………… 502
参考文献 ………………………………… 504

第12章 收发机架构 …………………… 506
12.1 概述 ……………………………… 506
12.2 接收机架构 ……………………… 507
12.3 抗阻塞接收机 …………………… 519
12.4 接收机滤波和 ADC 设计 ……… 524
12.5 接收机增益控制 ………………… 526
12.6 发射机架构 ……………………… 527
12.7 收发机实用设计问题 ………… 537
12.8 总结 ……………………………… 549
12.9 习题 ……………………………… 550
参考文献 ………………………………… 552

| Chapter 1 | 第 1 章

射频元件

本章讨论射频电路设计中涉及的基本元件。对于 MOS 管在高频条件下的详细建模与分析，有很多书籍可以参考，如参考文献[1-2]。文献[1-2]中的模型虽然主要是为模拟电路和高速电路开发的，但在大多数情况下，也适用于现在的纳米 CMOS 工艺，尤其是工作在吉赫兹（GHz）以上频率的射频电路。因此，本章将更详细地介绍电感、电容和 LC 振荡器的特性，并简要地讨论分布式电路和传输线的基本工作原理，详细的分析将在第 3 章讨论。在第 5 章和第 7 章，将进一步讨论与射频相关的晶体管特性，如更详细的噪声分析、体效应及栅电阻效应。本版新增了1.8 和 1.9 节，包括波传播和天线的基本原理。

LC 电路广泛应用于射频电路设计，涵盖调谐放大器、匹配电路和 LC 振荡器。由于电感和电容相比于晶体管具有更好的噪声性能和线性度，传统的射频电路大量采用 LC 元件，LC 元件在射频模块中占据了很大的比例。出于成本的考虑，现代无线电通信电路中减少了对 LC 元件的使用，但在射频电路设计中仍常使用集成电感和集成电容。

本章首先简要介绍电磁场，然后从电磁场角度深入探讨电容和电感；之后再从电路的角度讨论电容、电感和 LC 振荡器；最后介绍集成电感和集成电容的设计及规则，并对本章内容进行总结。在本章中，用几个示例来说明电感和变压器的设计方法，并通过 EMX 进行仿真验证，以熟悉仿真工具及其应用。

本章的主要内容：
- 电磁场及电路中电容和电感的定义。
- 麦克斯韦方程组。
- 分布式元件和传输线。
- 能量、功率及品质因数。
- 波的传播与天线。
- 集成电容和集成电感。

1.1 电场和电容

首先简要回顾一下电场和电势，并据此定义电容的概念。

1875 年，查尔斯·库仑首先提出了库仑定律，即真空或自由空间中相隔一段距离的两个点电荷间的作用力与每个电荷的电量成正比，而与它们之间距离的平方成反比（见图 1.1）。库仑定律与一百多年前发现的牛顿万有引力定律非常类似。设力（F_t）为某一测试电荷在单位电荷产生的电场强度下受到的力，E 通过下式所示的方式，以

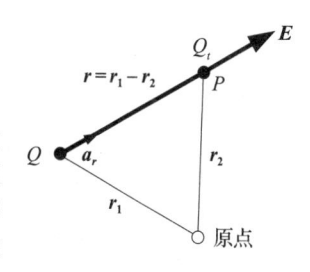

图 1.1 库仑定律

V/m(伏/米)为单位测量得到

$$E = \frac{F_t}{Q_t} = \frac{Q}{4\pi\varepsilon_0 r^2}a_r$$

式中，加粗的字体表示三维空间中的向量，$\varepsilon_0 = \left(\frac{1}{36\pi} \times 10^{-9}\right)$F/m(法拉/米)，表示真空介电常数，$Q$[○]为电荷量，单位为 C(或库仑)[○]，$a_r$ 是指向电场方向的单位向量，向量 r 的方向是从 Q 出发到空间中的某一兴趣点 P，并且 r 与 a_r 的方向相同。图 1.1 中，Q_t 是电荷 Q 产生的电力(或电场)中的测试电荷。

在多数情况下，电场强度用高斯定律更容易计算[⊜]，表述为通过任何密闭空间表面的电通量密度 $D = \varepsilon_0 E$[⊕](单位为 C/m²)，等于该表面包围的总电荷量[⊛]，数学表达式如下：

$$\oint_S D \cdot dS = Q$$

式中，$\oint_S D \cdot dS$ 表示对闭合表面进行积分。电荷 Q 可以为多个电荷的总和，即 $Q = \sum Q_i$，对应体分布电荷 $Q = \int_V \rho_V dV$ 或者面分布，等等。面积分的性质表明，只有 D 的表面法向向量才对电荷有贡献，反之，对于切向成分，$D \cdot dS$ 等于零。

示例：对于一个内圈半径为 a、外圈半径为 b 的长同轴电缆[⊗]，其内部导体的外表面电荷均匀分布，密度为 ρ_S（而外部导体的内表面电荷密度为 $-\frac{b}{a}\rho_S$），如图 1.2 所示。方便起见，图 1.2 用柱坐标表示[3]。

磁通量在 a_r 方向有分量，垂直于同轴电缆表面。对于 z 轴方向的任意长度 L，有

$$\int_{z=0}^{L}\int_{\phi=0}^{2\pi} D_r(rd\phi dz) = Q = \rho_S(2\pi aL)$$

因此，对于电缆环内，即 $a < r < b$，有

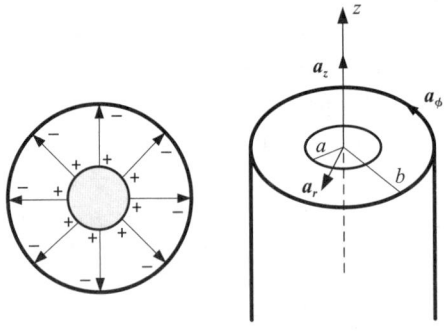

$$D = \frac{\rho_S a}{r}a_r$$

图 1.2 同轴电缆中的磁通量

电缆环外的电场和通量密度都为零，净电荷为零。

基于电能的定义[⊕]，A 点与 B 点间的电势差(V_{AB})定义为

$$V_{AB} = \frac{W}{Q} = -\int_B^A E \cdot dL$$

式中，W 表示能量，单位为焦耳(J)，表达式右边为电场的线积分。电势的物理解释为沿着电

○ 不宜与本章后面用作品质因数的 Q 混淆。
◎ 与本书中使用的许多电子学中的单位(法拉、亨利、特斯拉、韦伯、瓦特等)一样，库仑不是 SI(国际单位制)的七个基本单位之一。电荷的 SI 单位是 s·A，即秒乘以安培。
⊜ 约翰·卡尔·弗里德里希·高斯(Johann Carl Friedrich Gauss, 1777—1855)，德国数学家和物理学家，他在数学、物理学和工程等许多领域做出了重大贡献。
⊕ 仅限于自由空间。
⊛ 表达式本身是迈克尔·法拉第的实验结果，高斯的贡献体现在提供了计算所用的数学工具。
⊗ 同轴电缆是由英国工程师和数学家 Oliver Heaviside 发明的，在 1880 年申请了设计专利。
⊕ 后面将简短地讨论一下电能。

场线方向把电荷 Q 从 B 点移动到 A 点产生的能量损失（电荷释放能量）。对应地假设 A 点为低电势，通过线积分的定义，闭合路径的静电势能总和一定为零，即 $\oint \boldsymbol{E} \cdot \mathrm{d}\boldsymbol{L} = 0$，这是基尔霍夫电压定律（KVL）的一般描述。该方程的物理意义为，当一个电荷经过一个闭合路径，所吸收的能量和所释放的能量相等，即没有做功。

示例：带电荷的金属块有一个有趣的特性，无论其形状如何，如果电流为零，金属块内部的电场也必然为零。金属中的自由电荷到达金属表面并自行排列，使得金属内部的电场处处为零。事实上，电场始终是垂直于表面的。因此，一个封闭的金属表面，无论其形状如何，都能屏蔽掉外部电场源，通常被称为法拉第笼[⊖]，它在射频屏蔽方面有一定的应用（关于屏蔽和信号完整性的更多详细内容见第 7 章）。

本节最后对电容进行定义。假设有两个带异性电荷（每一个电荷的电量都为 Q）的导体 M_1 和 M_2，在介电常数[⊜] 为 $\varepsilon = \varepsilon_r \varepsilon_0$ 的电场中（见图 1.3），同时假设两导体间的电势差为 V_0，以 F（法拉）为单位的电容定义为

$$C = \frac{Q}{V_0}$$

或者，C 也可以表示为

$$C = \varepsilon \frac{\oint_s \boldsymbol{E} \cdot \mathrm{d}\boldsymbol{S}}{-\int \boldsymbol{E} \cdot \mathrm{d}\boldsymbol{L}}$$

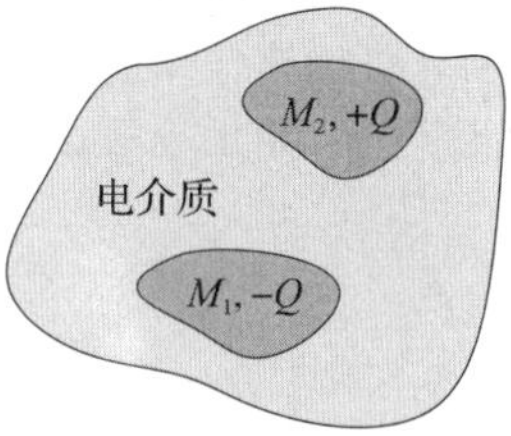

图 1.3 电容的定义

该式表明电容与电荷量或者电势无关，根据高斯定律，$\boldsymbol{E}$（或 $\boldsymbol{D}$）与 Q 呈线性关系。

在物理意义上，电容可以表示电气系统储存电能或者等效电通量的能力，与电感储存磁通量类似。

示例：回到之前同轴电缆的示例，内层和外层导体间的电势差可以通过对 $\boldsymbol{E} = \boldsymbol{D}/\varepsilon$（其中 $\boldsymbol{D}$ 在之前就已经得到）进行线积分得到，则有

$$V_0 = -\frac{1}{\varepsilon} \int_b^a \frac{a\rho_S}{r} \mathrm{d}r = \frac{a\rho_S \ln \frac{b}{a}}{\varepsilon}$$

因此单位长度的电容为

$$C = \frac{2\pi\varepsilon}{\ln \frac{b}{a}}$$

显然，电容只与同轴电缆的半径和介电常数有关。

1.2 磁场和电感

一个稳定的磁场可以通过三种方法获得：永磁体、线性时变的电场，或者仅仅用直流电产生。永磁体在射频和微波器件中有一些应用，如用在无损环形器中的无源、非互易的回转器[4-5]。而本书更关注后两种产生稳定磁场的方法，关于回转器和循环器的讨论可参考文献[4]。

1820 年，毕奥-萨伐尔定律[⊛] 提出，将给定点 P 的磁场强度 $\boldsymbol{H}$（单位为 A/m）与流过长度为

⊖ 迈克尔·法拉第（1791—1867），英国科学家。

⊜ 对于自由空间 $\varepsilon_r = 1$。

⊛ 以 1820 年发现这种关系的 Jean-Baptiste Biot 和 Félix Savart 命名。

dL 理想电流丝的微分向量(见图 1.4)的电流 I 的关系表示为

$$dH = \frac{IdL \times a_r}{4\pi r^2} = \frac{IdL \times r}{4\pi r^3}$$

叉乘(×)表示两数幅值相乘的结果再乘以较小夹角的正弦值。磁场方向垂直于导线和向量 r 确定的平面,向量 r 的方向根据右手螺旋法则确定。该定律指出,磁场强度与电流元的大小成正比,与离 P 点的距离平方成反比,同时与电流元和从电流元到 P 点之间夹角 θ 的正弦成正比。如图 1.4 所示。

关于磁场的描述,更为大家熟知的是由安培[○]于 1823 年提出的安培环路定律[○],数学公式表示如下:

$$\oint H \cdot dL = I$$

上式表明磁感应强度矢量(H)沿任一闭环路径的线积分等于该路径所包含的电流(见图 1.5)。事实证明该定律更有用,因为只要已知该磁场结构就可以很轻松地计算磁场,当电流对称分布时更容易。相比较而言,安培环路定律与高斯定律相似,而毕奥-萨伐尔定律与库仑定律更为相似。

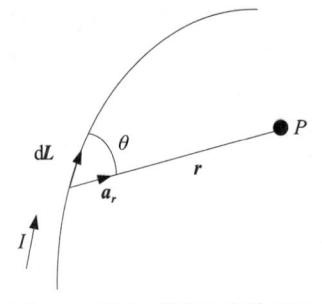

图 1.4 毕奥-萨伐尔定律图示   图 1.5 安培定律

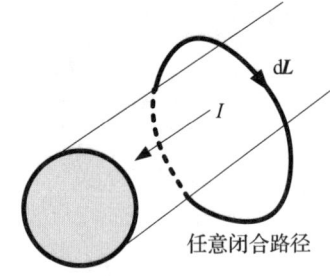

示例: 假设有一根长同轴电缆,中心导体通过电流为 I,外层电流为 $-I$,如图 1.6 所示。显然 z 轴方向没有任何场强分量,这是因为场强的方向必须垂直于电流方向,根据对称性,H 不可能是 ϕ 或者 z 的函数,因此可以表示为 $H = H_r a_\phi$ 的一般形式。在同轴环内,即 $a < r < b$,通过线积分可得

$$H = \frac{I}{2\pi r} a_\phi$$

另外,与电场相类似,由于电流通量为零的线圈外的磁场也为零,这表现出同轴电缆的屏蔽作用。应该注意到,在电缆内部,磁场是由环绕着电流旋转的闭合线组成,与从正极开始,到负极结束的电场线不同。

在真空中,磁感应强度 B(单位为特斯拉或 Wb/m^2)定义为

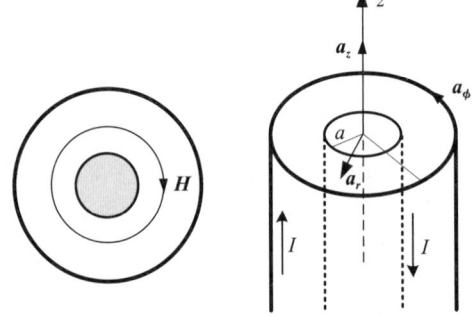

$$B = \mu_0 H$$

图 1.6 同轴电缆中的磁场

○ 安德烈·玛丽·安培(1775—1836),法国数学家和物理学家,被认为是电动力学之父。安培,电流单位,是 SI 七大基本单位之一。

○ 安培定律可从毕奥-萨伐尔定律推导而得。

式中，$\mu_0 = (4\pi \times 10^{-7})\,\text{H/m}$（真空中），称为磁导率。通过特定面积 S 的磁通量 ϕ 定义为

$$\phi = \int_S \boldsymbol{B} \cdot d\boldsymbol{S}$$

通常磁通量是电流 I 的线性函数，即 $\phi = LI$，其中比例系数 L 为电感系数，单位为亨利，有

$$L = \mu_0 \frac{\int_S \boldsymbol{H} \cdot d\boldsymbol{S}}{\oint \boldsymbol{H} \cdot d\boldsymbol{L}}$$

由于 $\boldsymbol{H}$ 为 I 的线性函数，根据安培定律（或毕奥-萨伐尔定律），电感系数是导体的几何形状及电流分布的方程，而与电流本身无关。

示例：通过计算之前示例中的同轴电缆的总磁通量，可得到单位长度电缆中的电感系数为

$$L = \frac{\mu_0}{2\pi} \ln \frac{b}{a}$$

而根据高斯定律，同一根同轴电缆单位长度的电容为

$$C = \frac{2\pi\varepsilon}{\ln \dfrac{b}{a}}$$

显然

$$LC = \mu_0 \varepsilon$$

通过磁链定义回路 1 和回路 2 之间的互感 M_{12}，则有

$$M_{12} = \frac{N_2 \phi_{12}}{I_1}$$

式中，ϕ_{12} 表示由 I_1 产生的穿过电流为 I_2 的线圈的磁通量，N_2 是线圈 2 的匝数。因此电感系数取决于两电流之间的磁相互作用。

示例：假设有 N 匝有限长度为 d 的密绕螺旋线圈，其电流为 I，如图 1.7 所示。假设相对于直径，螺旋线圈足够长。

磁场方向为 $\boldsymbol{a}_z$ 方向，因为电流与 $\boldsymbol{a}_\phi$ 同向，由安培定律可知在螺旋线圈内有

$$\boldsymbol{H} = \frac{NI}{d}\boldsymbol{a}_z$$

如果半径为 r，则对应面积为 $A = \pi r^2$，其电感系数为

$$L = \frac{N\phi}{I} = \mu_0 N^2 \frac{A}{d}$$

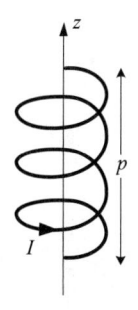

示例：现在考虑两个同轴线圈，半径分别为 r_0、r_1，且 $r_0 < r_1$，通过的电流分别为 I_0 和 I_1，匝数分别为 N_0 和 N_1，如图 1.8 所示。

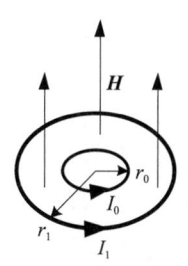

图 1.7　一个 N 匝的螺旋线圈　　图 1.8　两个同轴线圈的顶视图

为了计算互感系数 M_{01}，有

$$\phi_{01} = \mu_0 A_0 H_0$$

式中，$H_0 = \dfrac{N_0 I_0}{d}$ 是较小的螺旋线圈产生的磁场强度，ϕ_{01} 是指小螺旋线圈在大螺旋线圈中产生的磁通量。由于较小的螺旋线圈外的 H_0 为零，因此可以得到

$$M_{01} = \frac{N_1}{I_0} \mu_0 A_0 H_0 = \mu_0 N_0 N_1 \frac{A_0}{d}$$

类似地，可以得到 $M_{10} = \dfrac{N_0 \phi_{10}}{I_1} = \dfrac{N_0}{I_1} \mu_0 A_0 H_1$，其值与 M_{01} 相等。这与预想的一致，符合互易性。

1.3 时变场和麦克斯韦方程组

如前文所述，时变场也能产生电场或磁场。1831 年，法拉第发表了基于以下实验的发现，证明了一个时变的磁场可以产生电流。他将两根铜丝分别绕在一个铁圆环上，其中一根接电流表，另一根接电池和开关（见图 1.9）。当开关闭合时，观察到电流表的指针瞬间偏转了；同样，当开关断开电池连接时，也观察到了指针的偏转，只是方向相反。用场的理论解释，可以认为时变磁场（或磁通量）可以产生电动势（单位为 V），从而在闭环电路中产生了电流。时变

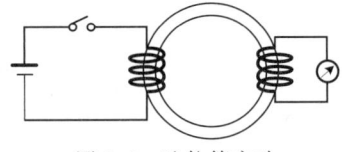

图 1.9 法拉第实验

电流，或者恒定通量与一个闭环路径的相对运动，或者两者的结合，就会产生时变的磁场。

上述法拉第定律通常被表述为

$$\mathrm{emf} = \oint \boldsymbol{E} \cdot \mathrm{d}\boldsymbol{L} = -\frac{\mathrm{d}\phi}{\mathrm{d}t}$$

式中，线积分来自电压的基本定义（$\boldsymbol{E}$ 为电场强度）。负号（—）表示由于磁通量增加而产生的感应电流将会减小法拉第磁场的幅值，这便是众所周知的楞次定律[⊖]。

类似地，时变的电通量也会产生磁场，由修正的安培环路定律表示，其表达式为

$$\oint \boldsymbol{H} \cdot \mathrm{d}\boldsymbol{L} = I + \int_S \frac{\partial \boldsymbol{D}}{\partial t} \cdot \mathrm{d}\boldsymbol{S}$$

式中，$\boldsymbol{D}$ 为电通量密度，麦克斯韦[⊖]定义 $\int_S \dfrac{\partial \boldsymbol{D}}{\partial t} \cdot \mathrm{d}\boldsymbol{S}$ 为位移电流。总之，积分形式的 4 个麦克斯韦方程可以表示为

$$\oint_S \boldsymbol{E} \cdot \mathrm{d}\boldsymbol{L} = -\int_S \frac{\partial \boldsymbol{B}}{\partial t} \cdot \mathrm{d}\boldsymbol{S}$$

$$\oint_S \boldsymbol{H} \cdot \mathrm{d}\boldsymbol{L} = I + \int_S \frac{\partial \boldsymbol{D}}{\partial t} \cdot \mathrm{d}\boldsymbol{S}$$

$$\oint_S \boldsymbol{D} \cdot \mathrm{d}\boldsymbol{S} = \int_V \rho_V \mathrm{d}V$$

$$\oint_S \boldsymbol{B} \cdot \mathrm{d}\boldsymbol{S} = 0$$

⊖ 埃米尔·楞次（Emil Lenz 1804—1865），俄国物理学家。
⊖ 詹姆斯·克拉克·麦克斯韦，19 世纪苏格兰科学家，他最显著的成就是提出了电磁辐射理论。麦克斯韦方程常被称为继牛顿实现的第一次大一统之后，物理学上的第二次大统一。

如前所述，第 3 个方程为高斯定律。第 4 个方程⊖表明：与从正极开始到负极结束的电场方向不同，磁场形成同心圆。即磁通线不会终止于磁极，而是形成一个闭环⊜（见图 1.10）。因此，磁场（或磁通密度）的闭环表面积分为零。

在真空中，媒介是无源的，电流 I（或 ρ_V）等于零。结合前两个麦克斯韦方程式，可以推导出 E（或 H）对位移的二阶偏导与其对时间二阶偏导的关系，以描述真空中的波传播。例如，如果 $E=E_x a_x$，或者如果电场仅朝 x 方向，可直接用数学公式[6]，并利用差分形式的麦克斯韦方程得到⊜

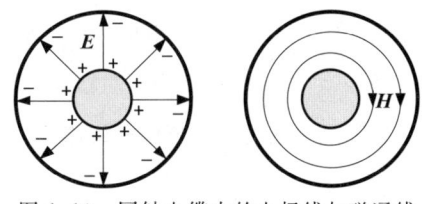

图 1.10 同轴电缆中的电场线与磁通线

$$\frac{\partial^2 E_x}{\partial z^2} = \mu_0 \varepsilon_0 \frac{\partial^2 E_x}{\partial t^2}$$

z 轴方向的传播速度定义为

$$v = \frac{1}{\sqrt{\mu_0 \varepsilon_0}} = c$$

式中，$c=3\times10^8$ m/s，为真空中的光速。更多的相关内容将在第 1.8 节中介绍。

1.4 电容和电感的电路表示法

在电路中，电容的符号表示法如图 1.11 所示。由图 1.11 可知，电容上的电压（$V(t)$）和电流（$I(t)$）满足以下关系[7]：

$$i(t) = \frac{\mathrm{d}q}{\mathrm{d}t}$$

式中，q 为电容上存储的电荷量，上式即为众所周知的连续方程。对于线性时不变的电容，由于 $q=Cv$，可以得到众所周知的电容表达式

$$i(t) = C\frac{\mathrm{d}v}{\mathrm{d}t}$$

需要注意的是，在大多数物理学书籍中，连续方程都表述为 $i(t)=-\dfrac{\mathrm{d}q}{\mathrm{d}t}$，表示正电荷向外流动必须与闭合表面电荷（$q$）的减少量相等，此时忽略了负号，因为在图 1.11 中，电流以极板电荷随时间增加的比率流入，而非流出。

电感的电学符号如图 1.11 所示，其电压和电流满足以下关系：

$$v(t) = \frac{\mathrm{d}\phi}{\mathrm{d}t}$$

图 1.11 电容与电感的电路符号

式中，ϕ 表示磁链，该方程是法拉第电磁感应定律的直接结果。由于 $\phi=Li$，故可得到众所周知的表达式

⊖ 第四个方程就是众所周知的磁场的高斯定律。
⊜ 虽然磁单极子在物理学中作为假设的基本粒子，但在自然界中还没有发现磁场电荷或者磁单极子。
⊜ 波方程的更一般形式为 $\nabla^2 \boldsymbol{E} = \mu_0 \varepsilon_0 \dfrac{\partial^2 \boldsymbol{E}}{\partial t^2}$。

$$v(t) = L\frac{\mathrm{d}i}{\mathrm{d}t}$$

在电感的 i 与 v 表达式中也忽略了负号。下面证明上式是否符合楞次定律。假设电流 $i(t)$ 增加，即 $\frac{\mathrm{d}i}{\mathrm{d}t}>0$，表示磁场必须同时增强，因此 $\frac{\mathrm{d}\phi}{\mathrm{d}t}>0$，同时 $v(t)>0$，即 A 点的电势高于 B 点的电势，产生了阻止电流进一步增加所需要的极性，符合楞次定律。

1.5 分布参数电路和集总参数电路

基尔霍夫电压定律(KVL)表明，沿着闭合回路所有的电动势的代数和等于零，即 $\oint \boldsymbol{E} \cdot \mathrm{d}\boldsymbol{L} = 0$，然而麦克斯韦第一方程(或前面介绍的法拉第定律)中的表述与此不同。麦克斯韦第二方程中的时变项是位移电流，同样违反基尔霍夫电流定律(KCL)。为了进一步证明，来研究一下图 1.12 所示的简单电路。该电路由一个理想的(零电感和零阻抗)导线连接平板电容的两端而构成回路。

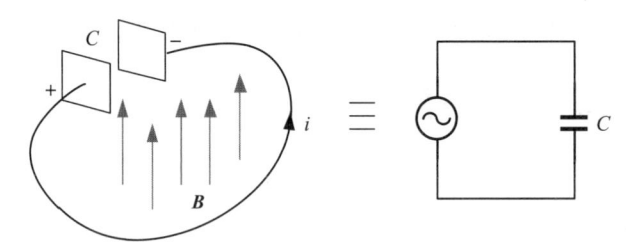

图 1.12 闭环中法拉第定律的图示

假设在回路中施加外部磁场，该磁场强度在时间上以正弦规律变化，因此根据法拉第定律，电容上产生了大小为 $V_0\cos\omega_0 t$ 的感生电动势；另一方面，假设导线是理想的，则由基尔霍夫电压定律可知，电容上的电压为零，此时电容上的电压在导线中产生的电流 i 为

$$i = -\omega_0 C V_0 \sin\omega_0 t = -\omega_0 \frac{\varepsilon A}{d} V_0 \sin\omega_0 t$$

式中，ε、A 和 d 都是平板电容的参数。在任何闭环回路中，根据安培环路定律可知，电流可以产生磁场，尤其当该特定闭环经过电容的两个极板时，可以得到位移电流。在电容内部有

$$D = \varepsilon E = \varepsilon\left(\frac{V_0}{d}\cos\omega_0 t\right)$$

根据麦克斯韦第二方程，位移电流为

$$i_{\mathrm{D}} = \frac{\partial D}{\partial t}A = -\omega_0 \frac{\varepsilon A}{d} V_0 \sin\omega_0 t$$

上式与之前得到的闭环电流结果相同。

上述结果引出了关于集总电路和分布参数电路的综述。如果各参数之间的传输延时可以忽略，则可认为电路中基本参数及其之间的联系是集总的(此时可以应用基尔霍夫电压定律和电流定律)，因为它们可以被视为是静态的。如果元件足够大或者频率足够高(或等效延时足够短)，此时就必须视为分布参数元件。意味着、电阻、电容和电感都必须用单位长度元计算。分布式电路的常见示例是传输线或波导管，用于将电能从一处传到另一处，两处之间的距离远大于波长。下面举例说明如何处理分布参数电路，如图 1.13 所示，假设一根无损导线连接电源与负载。可以采用集总电容和电感来建立这条传输线的模型。图 1.13 右图为线路差分段(长

度 dz 接近零)的无损耗等效电路。由于每一段都对应到导线中很小的一部分，即 dz 趋近于零，可以不考虑导线的分布特性，该部分满足 KVL 和 KCL。

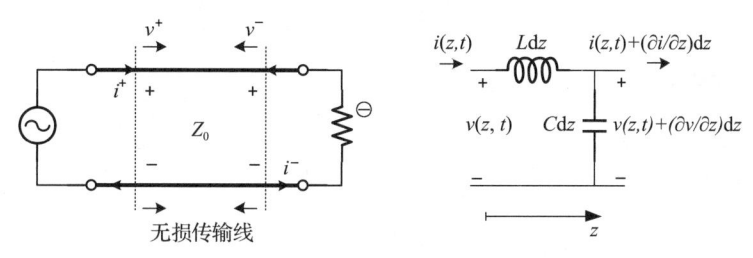

图 1.13 无损传输线及其集总差分等效模型

由 KVL 可得

$$v(z,t) = (L\mathrm{d}z)\frac{\partial i(z,t)}{\partial t} + v(z,t) + \frac{\partial v(z,t)}{\partial z}\mathrm{d}z$$

进一步可得

$$L\frac{\partial i}{\partial t} = -\frac{\partial v}{\partial z}$$

类似地，由 KCL 可得

$$\frac{\partial i}{\partial z} = -C\frac{\partial v}{\partial t}$$

上式两边对空间(z)求偏导，同时对时间(t)求偏导，则可消除 i 项，即

$$\frac{\partial^2 v}{\partial z^2} = LC\frac{\partial^2 v}{\partial t^2}$$

可以看出这个微分方程与之前在波传导部分中给出的方程相似，其中电压替代了电场强度，传播速度则为 $\frac{1}{\sqrt{LC}}$。由 L 和 C 分别为单位长度的电感和电容，它们的单位与波动方程中 μ 和 ε 的单位相同，即 H/m 和 F/m。

该微分方程的解可表示为

$$v(z,t) = f_1\left(t - \frac{z}{v}\right) + f_2\left(t + \frac{z}{v}\right) = v^+ + v^-$$

通过将描述分布式波传导的原始微分方程中的 $v(z,t)$ 代入上式即可证明，式中函数 f_1 和 f_2 为任意二阶偏导函数，并以 $t \pm \frac{z}{v}$ 为自变量，f_1 和 f_2 的变量分别表示函数在 z 轴方向上前移或者后移，因此分别用 v^+ 和 v^- 表示。为了更好地理解这一点，假设保持函数 f_1 的自变量恒为零，随着时间的增加(理应如此)，z 也必须以 $v \times t$ 的速度增加(因此称 v 为速度)，因此函数 f_1 需要发生前移，或朝 z 轴的正向移动；另一方面，对于 f_2，z 必须随时间减小，表示向后移动。正向移动信号如图 1.14 所示，图中 f_1 和 f_2 都为正弦

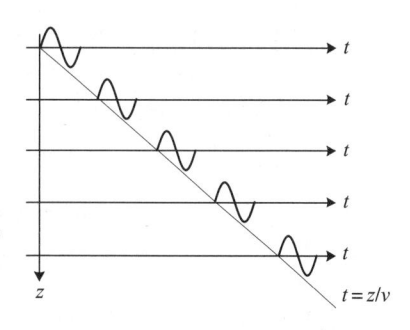

图 1.14 传输线中的波传导

○ 本书为英文翻译版，书中的电阻符号等的表示与我国标准有差异。——编辑注

函数。实际上这就是将在第3章讨论的正弦波稳态解的情况。

通过解原始的微分方程可以得到传播速度

$$v = \frac{1}{\sqrt{LC}}$$

对于电流，相似解为

$$i(z,t) = \frac{1}{Z_0} f_1\left(t - \frac{z}{v}\right) - \frac{1}{Z_0} f_2\left(t + \frac{z}{v}\right) = i^+ + i^-$$

式中，Z_0 表示导线的特征阻抗，单位为欧姆（Ω），其值为

$$Z_0 = \sqrt{\frac{L}{C}}$$

尽管 Z_0 的单位为 Ω，但是由于已经假设导线是无损的，因此它并不是一个物理电阻，仅是将向前、向后的电压和电流关联起来（见图 1.13）：

$$v^+ = Z_0 i^+$$
$$v^- = -Z_0 i^-$$

示例：回顾之前同轴电缆的示例，由于 L 和 C 的值都已经得到，其特征阻抗便可以表示为

$$Z_0 = \sqrt{\frac{\mu}{\varepsilon}} \ln \frac{b}{a} \Omega$$

由 a、b 和 ε 的典型值可以得到特征阻抗约为几十欧姆，通常设为 50Ω。

1.6 能量和功率

根据电磁场理论，可以定义储存的静电能和磁能为[6]

$$W_E = \frac{1}{2} \int_V \boldsymbol{D} \cdot \boldsymbol{E} \mathrm{d}V = \frac{1}{2} \varepsilon \int_V |\boldsymbol{E}|^2 \mathrm{d}V$$

$$W_H = \frac{1}{2} \int_V \boldsymbol{B} \cdot \boldsymbol{H} \mathrm{d}V = \frac{1}{2} \mu \int_V |\boldsymbol{H}|^2 \mathrm{d}V$$

式中，W_E 和 W_H 分别表示电能和磁能，单位为焦耳，上述积分都为体积分⊖。

如图 1.15 所示，根据电路理论，电源连接到单端口网络，电流 $i(t)$ 流入该端口，并在该端口上产生电压 $v(t)$。

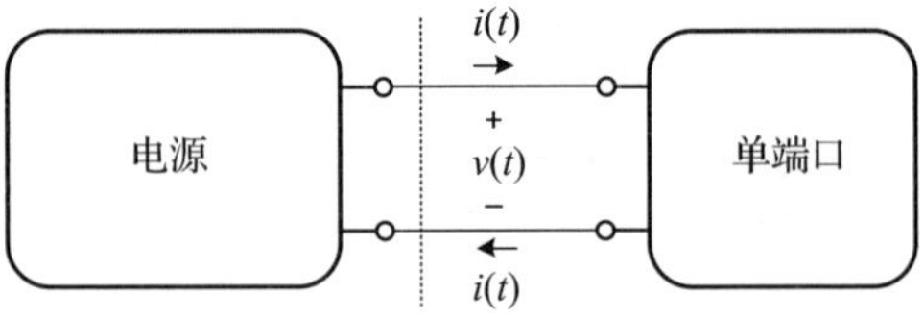

电源为该端口提供的瞬时功率定义为

$$p(t) = v(t)i(t)$$

从初始时间 t_0 到时间 t，由电源提供的能量为

$$W(t_0,t) = \int_{t_0}^{t} p(\theta) \mathrm{d}\theta = \int_{t_0}^{t} v(\theta)i(\theta) \mathrm{d}\theta$$

图 1.15 瞬时功率与能量概念

对于初始电压或电流为零的理想电容，即 $q(t_0)=0$，则有

$$W(t) = \int_{t_0}^{t} v(\theta)i(\theta) \mathrm{d}\theta = \int_{0}^{q(t)} \frac{q(\theta)}{C} \frac{\mathrm{d}q}{\mathrm{d}\theta} \mathrm{d}\theta = \frac{q(t)^2}{2C} = \frac{1}{2} C v(t)^2$$

式中，积分中的 v 和 i 都等价替换为电荷量 q，电感也类似，有

⊖ 由基本的定义可以证明这两个方程。

$$W(t) = \frac{1}{2}Li(t)^2$$

可以再一次证明能量方程中 μ、ε 与 L、C，以及 E、H 与 V、I 之间的相似性。由于 E 和 ε 都是以每米(/m)为单位，故场能量积分均为体积分。注意，有时以能量定义计算一个给定的几何形状的电感或电容更方便，例如可以采用

$$L = \frac{2W_H}{I^2}$$

来计算电感(而不是之前提出的 $L = \phi/I$)。根据其定义，W_H 是 B 和 H 的函数。基于 H 表示 W_H 和 I，可以得到[注]

$$L = \frac{\mu}{4\pi}\oint\left(\oint\frac{\mathrm{d}\boldsymbol{L}}{r}\right)\cdot\mathrm{d}\boldsymbol{L} = \frac{\mu}{4\pi}\oint\oint\frac{\mathrm{d}\boldsymbol{L}_1\cdot\mathrm{d}\boldsymbol{L}_2}{r}$$

上式表明电感仅是几何形状的函数，而不是电流的函数，这是对之前所讨论的定义的一个证明。关于互感也存在类似的表达式，其中的积分定义在两个电流电路之间(见图 1.16)：

$$M = \frac{\mu}{4\pi}\oint\oint\frac{\mathrm{d}\boldsymbol{L}_1\cdot\mathrm{d}\boldsymbol{L}_2}{r}$$

有必要总结一下电场和磁场与电压和电流之间的如下相似性：

$C(F) \leftrightarrow \varepsilon(F/m)$

$L(H) \leftrightarrow \mu(H/m)$

$V(V) \leftrightarrow E(V/m)$

$I(A) \leftrightarrow H(A/m)$

$E \leftrightarrow H$

$D \leftrightarrow B$

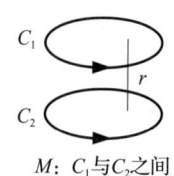

图 1.16 只是几何尺寸函数的自感与互感

还需要注意高斯定律和安培定律之间的相似性，以及库仑定律及毕奥-萨伐尔定律之间的相似性。

1.7 LC 和 RLC 电路

有了前面的背景知识以后，就可以用正确的工具来分析 LC 电路。先分析理想的 LC 谐振器，然后再分析更多实用的、有损的 LC 电路。

1.7.1 无损 LC 谐振器

理想的(无损的)LC 电路如图 1.17(左图)所示。

假设电容的初始电压为 V_0。根据电路知识，初始电流可能来源于与电路并联且大小为 $i(t) = V_0\delta(t)$ 的脉冲电流源。如果脉冲的大小为 V_0，则电容的初始电压将为 $v_C(0^+) = V_0$。

将电容上电压 $v_C(t)$ 视为变量，可以得到

$$\frac{\partial^2 v_C}{\partial t^2} + \frac{1}{LC}v_C = 0$$

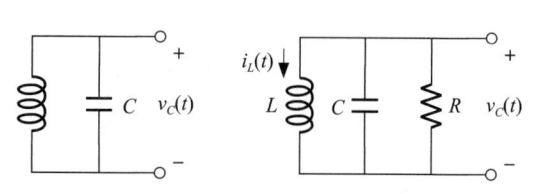

图 1.17 理想的 LC 电路和有损的 LC 电路

⊖ 这个公式的证明需要采用定义为 $\boldsymbol{B} = \nabla \times \boldsymbol{A}$ 的矢量磁场($\boldsymbol{A}$)，类似于先前定义电势能为 $\boldsymbol{E} = -\nabla V$。

通过对上述微分方程两边进行拉普拉斯变换来求解，有[7-8]

$$s^2 + \frac{1}{LC} = 0$$

得到电路的两个极点分别为 $s_{1,2} = \pm \dfrac{\mathrm{j}}{\sqrt{LC}} = \pm \mathrm{j}\omega_0$，最终的解为

$$v_C(t) = V_0 \cos\omega_0 t$$

下一步计算储存在电容和电感中的电能。根据之前章节的讨论，有

$$W_C(t) = \frac{1}{2}Cv_C(t)^2 = \frac{1}{2}CV_0^2 \cos\omega_0 t^2$$

类似地，流过电感的电流为

$$i_L(t) = \frac{1}{L}\int v_C(t)\mathrm{d}t = \frac{V_0}{L\omega_0}\sin\omega_0 t$$

由于 $C = \dfrac{1}{L\omega_0^2}$，则有

$$W_L(t) = \frac{1}{2}CV_0^2 \sin\omega_0 t^2$$

因此，任意时刻总的能量均为 $W_T(t) = W_C(t) + W_L(t) = \dfrac{1}{2}CV_0^2$，即为一个常数，并且等于电容上最初储存的电能。由于 LC 电路是无损的，能量仅在电容和电感之间转换，表现出稳定振荡，这也是预期的结果。如图 1.18 所示。

值得注意的是，LC 电路能量交换速率是电容电压或电感电流变化速率的两倍。

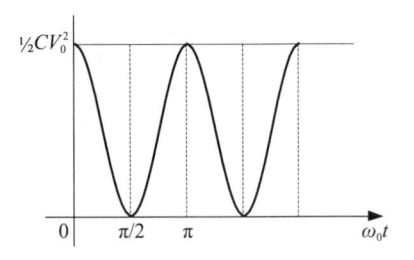

图 1.18 无损 LC 电路中电容的能量

1.7.2 实际的 LC 谐振器

实际上，电容和电感都是有损耗的，可以将总的损耗看作一个并联电阻，如图 1.17 右图所示。假设损耗是适度的，即与所关注的频率下的 L 和 C 的阻抗相比，R 的值要大很多。可以得到新的微分方程

$$\frac{\partial^2 v_C}{\partial t^2} + \frac{1}{RC}\frac{\partial v_C}{\partial t} + \frac{1}{LC}v_C = 0$$

可解出其复数极点为 $s_{1,2} = -\dfrac{\omega_0}{2Q} \pm \mathrm{j}\omega_0\sqrt{1-\dfrac{1}{4Q^2}} = -\alpha \pm \mathrm{j}\omega_d$。式中，Q 称为品质因数，其值为 $Q = \dfrac{R}{L\omega_0} = RC\omega_0$。为了得到复数极点，Q 值必须大于 1/2，这与之前适度损耗的假设是一致的。该定义只是 Q 的数学表达式，从能量概念的角度，后面将会赋予其更多的物理意义。图 1.19 显示了复数极点在 s 域中的位置。

定义 $\phi = \arccos\dfrac{\omega_d}{\omega_0}$，则电容电压 $v_C(t)$ 和电感电流 $i_L(t)$ 可表示为

$$v_C(t) = V_0 \frac{\omega_0}{\omega_d}\mathrm{e}^{-\alpha t}\cos(\omega_0 t + \phi)$$

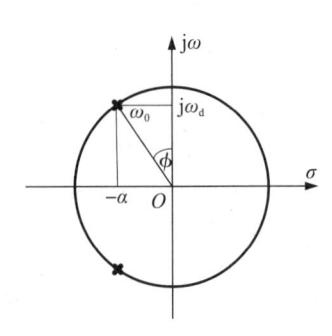

图 1.19 在 jω 域中 RLC 电路的极点位置

$$i_L(t) = \frac{V_0}{L\omega_d}e^{-at}\sin\omega_0 t$$

假设 $Q \gg 1$，那么储存在 LC 中的能量可近似为

$$W_T(t) = W_C(t) + W_L(t) \approx \frac{1}{2}CV_0^2 e^{-2at}$$

表明初始能量 $\frac{1}{2}CV_0^2$ 以 e 的指数幂衰减，如图 1.20 所示。

与理想谐振器相似，电容与电感上的能量以略低于 ω_0 的频率 ω_d 在两者之间转换，最终衰减为零。总的能量衰减率，或与之等价的，在电阻上耗散的功率为

$$p = -\frac{dW_T}{dt} = 2\alpha W_T = \frac{\omega_0}{Q}W_T$$

重新整理上式，可以得到一个更具有物理意义且更基础的品质因数定义为

$$Q = \omega_0 \frac{W_T}{p} = \omega_0 \frac{\text{储存的总能量}}{\text{平均能耗}}$$

注意，如图 1.21 所示，归一化衰减率与归一化时间（即周期数）的关系是一个常数，其值等于 Q。

为了保持稳定振荡，必须补偿电阻所消耗的功率。由于无源电路不可能产生能量，所以必须通过如图 1.22 所示的有源电路实现补偿。功率产生要求 $v(t) \times i(t)$（$v(t) = v_C(t)$）为负值，所以要求有源电路的 $i\text{-}v$ 特性曲线的斜率为负值，实际上相当于一个负电阻抵消正电阻造成的功率损耗，斜率越大，则效率越高。忽略有源电路的细节问题，建立一个理想的单端口电路模型，其 $i\text{-}v$ 特性曲线如图 1.22 所示，说明电流在原点附近迅速转变。能量转换需要能量源，通常用直流电源给有源电路供电（即图 1.22 中的 V_{DD}），随着电压或者电流的增加，最终会达到一个最大值，如图 1.22 中所示的 I_0。

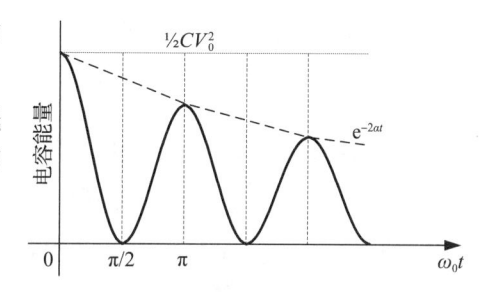

图 1.20　有损 LC 电路的能量

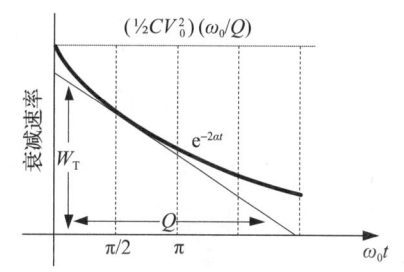

图 1.21　RLC 电路中的电阻在一个相位周期中的功耗

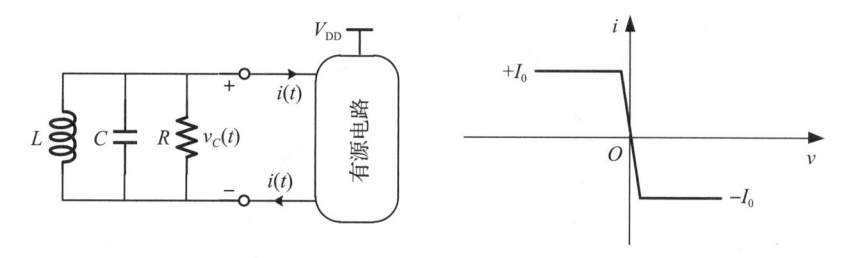

图 1.22　用于补偿 RLC 电路损耗的有源电路及其 $i\text{-}v$ 特性

当消耗的功率与补偿的功率处于平衡状态时，电容上的电压为 $v_C(t) = V_0\cos\omega_0 t$，与理想的电容器一样，存储的总能量一定等于 $\frac{1}{2}CV_0^2$。

由于该电压是加在有源电路上，因此预计由该电压产生的流过有损 LC 谐振器的电流（$i(t)$）

如图 1.23 所示。之所以如此，是因为如前所述，有源元件的 i-v 特性有一个迅速的转变。

因此，谐振电路的平均功耗(与有源单端口产生的功率相等)为

$$p = -\frac{1}{T}\int_T (V_0 \cos\omega_0 t) i(t) \mathrm{d}t = \frac{2V_0 I_0}{\pi}$$

根据品质因数定义，有

$$Q = \omega_0 \frac{W_T}{p} = \omega_0 \frac{\frac{1}{2}CV_0^2}{\frac{2V_0 I_0}{\pi}} = \frac{\pi}{4}\omega_0 C \frac{V_0}{I_0}$$

在并联 RLC 电路中，$Q = RC\omega_0$，因此有

$$V_0 = \frac{4}{\pi}RI_0$$

上式表明，稳定的振幅 V_0 仅是单端口电路饱和电流 I_0 和损耗量的函数。当忽略其电压时，单端口电路始终从电源获取 $2I_0$ 的恒定电流(以产生如图 1.22 所示的波形)，因此其效率为

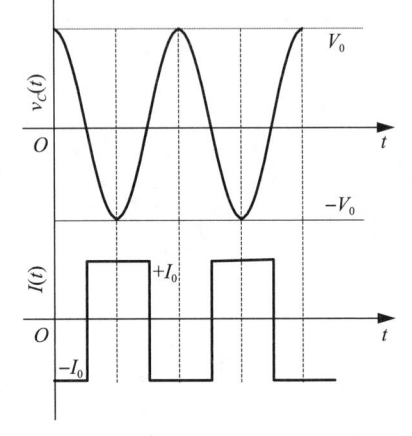

$$\eta = \frac{\frac{2V_0 I_0}{\pi}}{V_{DD} 2I_0} = \frac{V_0}{\pi V_{DD}} \leqslant \frac{2}{\pi}$$

图 1.23 稳定振荡的电压与电流波形

假设 V_0 可以达到的最大摆幅为 $2V_{DD}$。可以很直观地解释这一结果，由于假设的高 Q 值的谐振器产生正弦波，而有源电路提供的电流是方波(见图 1.23)，使其 i-v 特性曲线的斜率非常陡。只考虑基波，则其损耗因子为 $2/\pi$，这与第 8 章中将要介绍的开关混频器的结果相似。

不再过多地关注如何实现保持振荡所需的有源单端口电路，本章的重点是 LC 电路本身。各种实现有源单端口电路的拓扑结构，将在第 9 章中介绍。

实际上，与模型相反，电感由于有限的导线电导率而存在电阻损耗，物理模型等效于串联了一个小电阻。如图 1.24 所示。很容易证明，当 Q 值很大时，图 1.24 中的两个电路是等效的，这一点将在第 3 章中系统地证明。品质因数为

$$Q = \frac{R}{L\omega_0} = \frac{L\omega_0}{r}$$

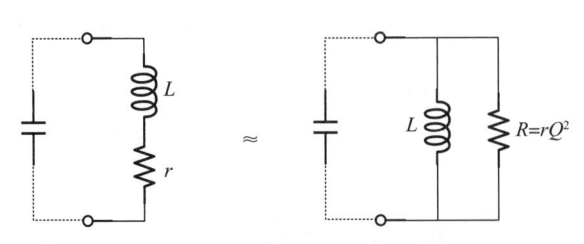

图 1.24 带有串联电阻的电感及其等效模型

另外，假设所有元件都具有高 Q 值，如果电容存在并联电阻损耗，则可以推导出等效并联 RLC 电路的 Q_T 值为

$$\frac{1}{Q_T} = \frac{1}{Q_L} + \frac{1}{Q_C}$$

式中，Q_L 和 Q_C 分别是电感和电容的品质因数(见习题 15)。

示例：一个 1nH 的电感，串联一个阻值为 2Ω 的电阻，在 5.5GHz 频率时与一个 Q 为 25 的电容产生谐振。试求出 LC 谐振电路总的品质因数，以及在 5.5GHz 时的等效分流电阻。

电感的品质因数 Q_L 为

$$Q_L = \frac{L\omega_0}{r} = 17.3$$

总的品质因数 Q_T 为

$$Q_T = \frac{Q_L Q_C}{Q_L + Q_C} = 10.2$$

总分流电阻 R_T 为

$$R_T = L\omega_0 Q_T = 352.5\Omega$$

注意，在 5.5GHz 时谐振所需的电容约为 837fF。由于电容损耗而产生的相应并联谐振电阻为 $R_C = \frac{Q_C}{C\omega_0} = 864\Omega$，电感损耗所产生的串联谐振电阻为 $R_L = L\omega_0 Q_L = 597.8\Omega$。将这两个电阻并联后会得到相同的 $R_T = 352.5\Omega$。

1.7.3 基于能量守恒的谐振器分析

利用能量守恒定律，上一节(图 1.22)中提供的分析可以推广到任何用于补偿谐振器损耗[⊖]的通用非线性有源电路。

图 1.25 所示为一个非线性有源器件，其 i-v 特性如右图所示。曲线的斜率为负，因此它能够向有损 RLC 电路输送能量。假设有源元件的电导率为 $g_{nr}(t)$(图 1.25)，定义如下：

$$g_{nr}(t) = \frac{\mathrm{d}i_{nr}(t)}{\mathrm{d}v_{nr}(t)} = \frac{\mathrm{d}i_{nr}(t)/\mathrm{d}t}{\mathrm{d}v_{nr}(t)/\mathrm{d}t}$$

式中，$i_{nr}(t)$ 和 $v_{nr}(t)$ 是有源元件的电流和电压。

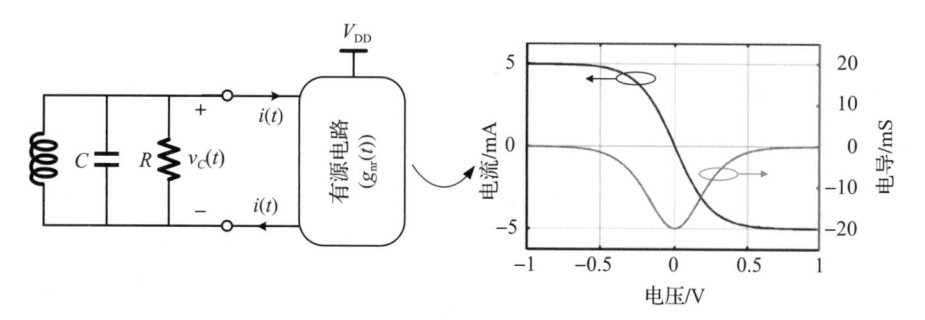

图 1.25 有源电路作为负电阻来补偿 LC 谐振器的损耗

假设谐振电路两端的电压主要为正弦波，即 $v_C(t) = V_0 \cos\omega_0 t$，在稳态时，有

$$\frac{V_0^2}{2R} + \frac{1}{T}\int_T (V_0 \cos\omega_0 t) i(t) \mathrm{d}t = 0$$

式中，最左边的分项是电阻的耗散功率，右边的积分项是有源电路在一个周期内产生的平均功

[⊖] 由于波形是周期性的，在第九章中给出了更严格的基于傅里叶级数的分析。

率，两者在稳态时数值相等。

正弦谐振器电压意味着高品质因数，这是一个符合实际的假设。尽管如此，有源元件产生的电流可能是非线性的，例如图 1.23 中的方波。

利用恒等式 $\int x\mathrm{d}y = xy - \int y\mathrm{d}x$，积分可以简化为

$$\int_T (V_0 \cos\omega_0 t) i(t) \mathrm{d}t = \left[\left(\frac{V_0}{\omega_0}\sin\omega_0 t\right)i(t)\right]\bigg|_T^T - \int_T \frac{V_0}{\omega_0}\sin\omega_0 t\,\mathrm{d}i = -\int_T \frac{V_0}{\omega_0}\sin\omega_0 t\,\mathrm{d}i$$

由于

$$\mathrm{d}i = g_{nr}(t)\mathrm{d}v_C = g_{nr}(t)(-V_0\omega_0\sin\omega_0 t\,\mathrm{d}t)$$

可以进一步简化得到

$$\int_T (V_0 \cos\omega_0 t) i(t) \mathrm{d}t = V_0^2 \int_T \sin\omega_0 t^2 g_{nr}(t) \mathrm{d}t$$

从而得到

$$\frac{1}{2R} + \frac{1}{T}\int_T \sin^2\omega_0 t\, g_{nr}(t) \mathrm{d}t = 0$$

同样，对于稳态振荡，谐振器的电导 $G = \dfrac{-1}{R}$ 一定是

$$G = \frac{-2}{T}\int_T \sin^2\omega_0 t\, g_{nr}(t)\mathrm{d}t$$

RLC 电路的品质因数和电导通常是给定的，因此上述方程对定义 $g_{nr}(t)$ 形状的振荡振幅设置了约束。

需要进一步解释右侧的积分项。利用简单的三角恒等式，可以进一步得到

$$\frac{2}{T}\int_T \sin^2\omega_0 t\, g_{nr}(t)\mathrm{d}t = \frac{1}{T}\int_T (1 - \cos 2\omega_0 t) g_{nr}(t)\mathrm{d}t$$

$$= \frac{1}{T}\int_T g_{nr}(t)\mathrm{d}t - \frac{1}{T}\int_T \cos 2\omega_0 t\, g_{nr}(t)\mathrm{d}t$$

因此，

$$G = G_{nr}[2] - G_{nr}[0]$$

式中，$G_{nr}[0] = \dfrac{1}{T}\int_T g_{nr}(t)\mathrm{d}t$ 是周期波形 $g_{nr}(t)$ 的直流平均值，$G_{nr}[2] = \dfrac{1}{T}\int_T g_{nr}(t)\cos 2\omega_0 t\,\mathrm{d}t$ 为 $\cos 2\omega_0 t$ 的平均归一化值。

示例：对于图 1.22 的情况（陡峭的 i-v 波形），图 1.26 中重新画出了相应的电压和电流，以及 $g_{nr}(t)$ 的波形。

由于假定有源元件的电流为理想的方波，因此有

$$g_{nr}(t) = \frac{\mathrm{d}i_{nr}(t)/\mathrm{d}t}{\mathrm{d}v_{nr}(t)/\mathrm{d}t} = \frac{\mathrm{d}i_{nr}(t)/\mathrm{d}t}{-V_0\omega_0\sin\omega_0 t}\mathrm{d}t$$

$$= \frac{-2I_0}{V_0\omega_0}\sum_{k=-\infty}^{+\infty}\delta\left(t - \frac{T}{4} - k\frac{T}{2}\right)$$

显然，振荡幅度直接影响 $g_{nr}(t)$ 的形状，幅度越大，电导越小。

容易得到积分的值为

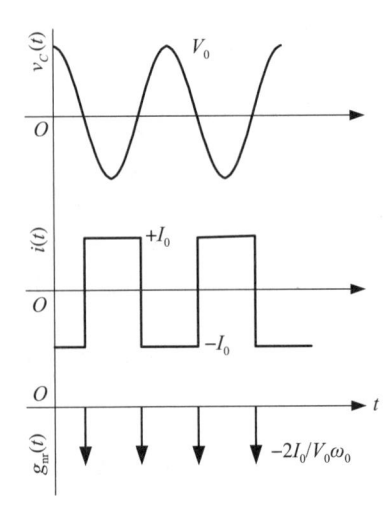

图 1.26 有源元件对应于方波电流产生的波形

$$\frac{-2}{T}\int_T \sin^2 \omega_0 t g_{nr}(t) \mathrm{d}t = \frac{8I_0}{V_0 \omega_0 T} = \frac{4}{\pi}\frac{I_0}{V_0}$$

或者如前所述 $V_0 = \frac{4}{\pi}RI_0$，效率可计算为

$$\eta = \frac{\frac{V_0^2}{2R}}{V_{DD} 2I_0}$$

当 $V_0 = 2V_{DD}$ 时，效率的最大值为

$$\eta_{\max} = \frac{V_0}{2RI_0} = \frac{2}{\pi}$$

如果有源元件仅在谐振器电压的峰值或谷值处注入电流，则可进一步提高效率。电流将由宽度为 Δt 的窄脉冲组成，其高度变为 $I_0 T/2\Delta t$（图 1.27）。在极限情况下，电流为一串幅度为 $I_0 T$ 的脉冲，出现在谐振器电压的每个最大值或最小值处。与前一种情况相比，如果有源元件注入的电流是方波，则会使电流的一次谐波（其余被谐振器滤除）为 $\frac{4}{\pi}I_0$，而直流平均值为 $2I_0$，使效率变为 $\frac{2}{\pi}$。相反，在理想的脉冲电流情况下，直流和所有的谐波都是相同的值，因此会得到所期望的较高的效率。

从图 1.27 中不难看出

$$g_{nr}(t) = \frac{-I_0 T}{2\omega_0 \Delta t V_0 \sin\left(\frac{\omega_0 \Delta t}{2}\right)}\Big[\sum_{k=-\infty}^{+\infty}\delta\Big(t - \frac{\Delta t}{2} - k\frac{T}{2}\Big) +$$

$$\sum_{k=-\infty}^{+\infty}\delta\Big(t + \frac{\Delta t}{2} - k\frac{T}{2}\Big)\Big]$$

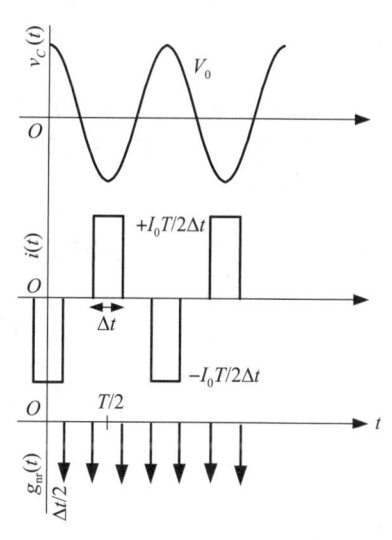

图 1.27 有源元件对应于脉冲电流产生的波形

并且

$$\frac{-2}{T}\int_T \sin^2 \omega_0 t g_{nr}(t) \mathrm{d}t = \frac{2I_0}{V_0}\frac{\sin\left(\frac{\omega_0 \Delta t}{2}\right)}{\frac{\omega_0 \Delta t}{2}}$$

因此

$$V_0 = 2RI_0 \frac{\sin\left(\frac{\omega_0 \Delta t}{2}\right)}{\frac{\omega_0 \Delta t}{2}}$$

这时最大效率为

$$\eta_{\max} = \frac{V_0}{2RI_0} = \frac{\sin\left(\frac{\omega_0 \Delta t}{2}\right)}{\frac{\omega_0 \Delta t}{2}}$$

对于前文中方波电流的情况，$\Delta t = \frac{T}{2}$，因此 $V_0 = \frac{4}{\pi}RI_0$，可得到最大效率为 $\frac{2}{\pi}$。而当 Δt 接

近零时，振幅达到 $2RI_0$ 的最大值，效率接近 100%。

虽然在理想情况下，当有源元件产生脉冲电流时，可以达到很高的效率，但实践证明，实现这样的器件是一个挑战。虽然方波电流只需要用适当大小的差分对就能产生，但产生脉冲则需要将晶体管偏置在仅在电压的峰值处晶体管导通，这是不太现实的。尽管如此，这种被称为 C 类的电路已经成功应用在高效振荡器和功率放大器电路中（关于电路的实现和与设计相关的挑战，详见第 9 章和第 11 章）。

1.8 均匀平面波

在本节和下一节中将讨论波的传播原理，并简要介绍天线[5-6]。而透彻理解电磁波和天线需要阅读文献[9-10]中的几章内容或者整本书。本节的目的只是概述基本射频电路的设计。

均匀平面波是麦克斯韦方程组最简单的应用之一，也是能量传播的基本载体。先讨论在自由空间，随后探讨良导体（低损耗）的解决方案。后者对于稍后讨论集成电感器时，理解趋肤效应与损耗机制是很重要的。

1.8.1 波在自由空间中的传播

前文中用积分形式给出了如下四个麦克斯韦方程：

$$\oint_S \boldsymbol{H} \cdot \mathrm{d}\boldsymbol{L} = I + \int_S \frac{\partial \boldsymbol{D}}{\partial t} \cdot \mathrm{d}\boldsymbol{S}$$

$$\oint_S \boldsymbol{E} \cdot \mathrm{d}\boldsymbol{L} = -\int_S \frac{\partial \boldsymbol{B}}{\partial t} \cdot \mathrm{d}\boldsymbol{S}$$

$$\oint_S \boldsymbol{D} \cdot \mathrm{d}\boldsymbol{S} = \int_V \rho_v \mathrm{d}V$$

$$\oint_S \boldsymbol{B} \cdot \mathrm{d}\boldsymbol{S} = 0$$

利用散度定理和斯托克斯定理⊖，可以用微分形式来表示麦克斯韦方程组，这更利于推导波动方程。

$$\nabla \times \boldsymbol{H} = \boldsymbol{J} + \varepsilon \frac{\partial \boldsymbol{E}}{\partial t}$$

$$\nabla \times \boldsymbol{E} = -\mu \frac{\partial \boldsymbol{H}}{\partial t}$$

$$\nabla \cdot \boldsymbol{E} = \rho_v$$

$$\nabla \cdot \boldsymbol{H} = 0$$

式中，$\boldsymbol{J}$ 为电流密度，即 $I = \int_S \boldsymbol{J} \cdot \mathrm{d}\boldsymbol{S}$。

在自由空间中，介质是无源的，因此 $\boldsymbol{J}$ 和 ρ_v 等于零，则四个方程可简化为

⊖ 根据散度定理，对于任意向量 $\boldsymbol{A}$，有 $\oint_S \boldsymbol{A} \cdot \mathrm{d}\boldsymbol{S} = \int_V \nabla \cdot \boldsymbol{A} \mathrm{d}V$，其中 V 是封闭曲面 S 所围成的体积。斯托克斯定理指出 $\oint \boldsymbol{A} \cdot \mathrm{d}\boldsymbol{L} = \int_S \nabla \times \boldsymbol{A} \cdot \mathrm{d}\boldsymbol{S}$，其中 S 为闭合线所围成的面积。这两个定理很容易用基本的微积分原理来证明。

$$\nabla \times \boldsymbol{H} = \varepsilon_0 \frac{\partial \boldsymbol{E}}{\partial t}$$

$$\nabla \times \boldsymbol{E} = -\mu_0 \frac{\partial \boldsymbol{H}}{\partial t}$$

$$\nabla \cdot \boldsymbol{E} = 0$$

$$\nabla \cdot \boldsymbol{H} = 0$$

定性地说，可以通过考虑上面的前两个方程来推断波的运动。第一个方程表明，如果 $\boldsymbol{E}$ 在某一点随时间变化，那么 $\boldsymbol{H}$ 在该点有一个旋度，因此可以看成连接变化电场 $\boldsymbol{E}$ 的一个小的闭合环路。对于第二个方程，可以做出类似的推论。此外，这个变化的场距离扰动点很近，将证明（正如可能已经猜到的）这个效果移动的速度就是光速。

为求解波动方程，使用恒等式 $\nabla \times \nabla \times \boldsymbol{A} = \nabla(\nabla \cdot \boldsymbol{A}) - \nabla^2 \boldsymbol{A}$，并将第一个方程两边求卷积：

$$\nabla \times \nabla \times \boldsymbol{H} = \nabla(\nabla \cdot \boldsymbol{H}) - \nabla^2 \boldsymbol{H} = \varepsilon_0 \frac{\partial}{\partial t}(\nabla \times \boldsymbol{E})$$

注意，$\nabla \times$ 算子是在空间上进行的。由于 $\nabla \cdot \boldsymbol{H} = 0$ 且 $\nabla \cdot \boldsymbol{E} = -\mu_0 \frac{\partial \boldsymbol{H}}{\partial t}$，因此可得

$$\nabla^2 \boldsymbol{H} = \mu_0 \varepsilon_0 \frac{\partial^2 \boldsymbol{H}}{\partial t^2}$$

同样，

$$\nabla^2 \boldsymbol{E} = \mu_0 \varepsilon_0 \frac{\partial^2 \boldsymbol{E}}{\partial t^2}$$

上述方程便是众所周知的平面波的亥姆霍兹[⊖]方程式，是以德国物理学家亥姆霍兹的名字命名的。

将 ∇^2（拉普拉斯）算子展开是非常困难的，并且会得到一个不闭合的解。为深入理解这一点，我们假定两个场都在横向平面，是均匀波，即横向平面的法线是波的传播方向，这种波有时称为横向电磁波（TEM）。因此，可以假设 $\boldsymbol{E} = E_x \boldsymbol{a}_x$，即电场只在 x 方向极化。为了进一步简化问题，假设电场和磁场都只在 z 方向变化，也就是波传播的方向。基于以上假设，有

$$\nabla \times \boldsymbol{E} = \frac{\partial E_x}{\partial z}\boldsymbol{a}_y = -\mu_0 \frac{\partial \boldsymbol{H}}{\partial t} = -\mu_0 \frac{\partial H_y}{\partial t}\boldsymbol{a}_y$$

值得注意的是，虽然假设 $\boldsymbol{E}$ 沿 x 轴方向，但 $\boldsymbol{H}$ 只有 y 轴方向的分量，这两个分量都垂直于沿 z 轴方向传播的波。同样，

$$\nabla \times \boldsymbol{H} = -\frac{\partial H_y}{\partial z}\boldsymbol{a}_x = \varepsilon_0 \frac{\partial \boldsymbol{E}}{\partial t} = \varepsilon_0 \frac{\partial E_x}{\partial t}\boldsymbol{a}_x$$

由上述两个方程可得

$$\frac{\partial^2 E_x}{\partial z^2} = \mu_0 \varepsilon_0 \frac{\partial^2 E_x}{\partial t^2}$$

这与前面推导的传输线方程非常相似，其解的形式如下：

$$E_x(z,t) = f_1\left(t - \frac{z}{v}\right) + f_2\left(t + \frac{z}{v}\right) = E_x^+ + E_x^-$$

如前所述，传播是沿 z 轴方向，速度为

[⊖] 赫尔曼·亥姆霍兹（Hermann Helmholtz 1821—1894），19 世纪的德国物理学家。亥姆霍兹方程是偏微分方程的一般形式：$\nabla^2 \boldsymbol{A} + k^2 \boldsymbol{A} = 0$。

$$v = \frac{1}{\sqrt{\mu_0 \varepsilon_0}} = c$$

式中,$c = (3 \times 10^8)$ m/s,是自由空间中的光速。

如果波是正弦波,一般情况下,函数 f_1 和 f_2 取正弦形式,可以写成

$$E_x(z,t) = E_{01} \cos(\omega t - k_0 z + \varphi_1) + E_{02} \cos(\omega t + k_0 z + \varphi_2)$$

式中,$k_0 \equiv \frac{\omega}{c}$,为波数。

按照与传输线分析相同的方法,可以从上述的波解中识别出正向传播的波和反向传播的波。此外,将自由空间中的波长(λ)定义为空间相位移动 2π 的距离,假设时间固定:

$$k_0 \lambda = 2\pi$$

因此,

$$\lambda = \frac{2\pi}{k_0} = \frac{c}{f}$$

现在,考虑波动方程第一项余弦($E_{01} \cos(\omega t - k_0 z + \varphi_1)$)中的任意一点。为了跟踪所选的点,要求余弦中的参数是 2π 的整数倍,即

$$\omega t - k_0 z = 2\pi m$$

随着时间的增加(确实会如此),z 的位置也必须前移以满足上述条件。因此,整个波以 $c = \frac{\omega}{k_0}$ 的速度向前沿 z 轴正方向运动。对于波动方程的第二部分($E_{02} \cos(\omega t + k_0 z + \varphi_2)$),可以确定是沿 z 轴负方向运动,或者说是向后传播。

通常情况下,正弦信号在时域的传播,用复数表示和相量表示更为方便。这就引出了麦克斯韦方程的前两个结论:

$$\nabla \times \boldsymbol{H} = j\omega \varepsilon_0 \boldsymbol{E}$$

$$\nabla \times \boldsymbol{E} = -j\omega \mu_0 \boldsymbol{H}$$

式中,$\boldsymbol{E}$ 和 $\boldsymbol{H}$ 代表相位矢量,ω 为传播的角频率。遵循与时域相似的过程,得到

$$\nabla^2 \boldsymbol{H} = -\omega^2 \mu_0 \varepsilon_0 \boldsymbol{H} = -k_0^2 \boldsymbol{H}$$

和

$$\nabla^2 \boldsymbol{E} = -k_0^2 \boldsymbol{E}$$

式中,$k_0 = \omega \sqrt{\mu_0 \varepsilon_0} = \frac{\omega}{c}$,如前面所定义的。

例如,假设电场在 x 轴方向上是极化的,并且磁场和电场都只在 z 轴方向发生变化,在相量域中有

$$E_x(z) = E_{01} e^{-jk_0 z + j\varphi_1} + E_{02} e^{+jk_0 z + j\varphi_2}$$

由一般方程 $\nabla^2 \boldsymbol{E} = -k_0^2 \boldsymbol{E}$ 推导出相量域波动方程的解为

$$\frac{\partial^2 E_x}{\partial z^2} = -k_0^2 E_x$$

取相量解的实部乘以 $e^{j\omega t}$,得到与之前相同的时域解

$$E_x(z,t) = \text{Re}\left[(E_{01} e^{-jk_0 z + j\varphi_1} + E_{02} e^{+jk_0 z + j\varphi_2}) e^{j\omega t}\right]$$

采用复数表示法,也可以很方便地得出磁场的解。由于,

$$\nabla \times \boldsymbol{E} = -j\omega \mu_0 \boldsymbol{H}$$

根据之前的假设,电磁波是横向的(TEM),有

$$\frac{dE_x}{dz} = -j\omega\mu_0 H_y$$

因此,

$$H_y = \frac{1}{-j\omega\mu_0}[(-jk_0)E_{01}e^{-jk_0z+j\varphi_1} + (jk_0)E_{02}e^{+jk_0z+j\varphi_2}]$$

将其重新排列如下:

$$H_y = H_{01}e^{-jk_0z+j\varphi_1} + H_{02}e^{+jk_0z+j\varphi_2} = E_{01}\sqrt{\frac{\varepsilon_0}{\mu_0}}e^{-jk_0z+j\varphi_1} - E_{02}\sqrt{\frac{\varepsilon_0}{\mu_0}}e^{+jk_0z+j\varphi_2}$$

在时域中,

$$H_y(z,t) = E_{01}\sqrt{\frac{\varepsilon_0}{\mu_0}}\cos(\omega t - k_0 z + \varphi_1) - E_{02}\sqrt{\frac{\varepsilon_0}{\mu_0}}\cos(\omega t + k_0 z + \varphi_2)$$

可以看出两个重要的结果。第一,前向和后向电场和磁场振幅的关系为

$$E_{x01} = \eta_0 H_{y01}$$
$$E_{x02} = -\eta_0 H_{y02}$$

式中,

$$\eta_0 = \sqrt{\frac{\mu_0}{\varepsilon_0}} = 120\pi = 377\Omega$$

η_0 的单位是 Ω,从电场强度(单位为 V/m)和磁场强度(单位为 A/m)的关系上可以明显看出,它可与传输线特征阻抗 $Z_0 = \sqrt{\frac{L}{C}}$ 进行类比,后者被定义为行波的电压与电流之比。

第二,可以注意到两个场的前向和后向分量之间有负号。这也与传输线的分析一致,在传输线中,正向和反向电压和电流之间有负号。

为了了解场的表现方式,图 1.28 是在 $t=0$ 处电场和磁场随空间(相对于 z)的变化图。

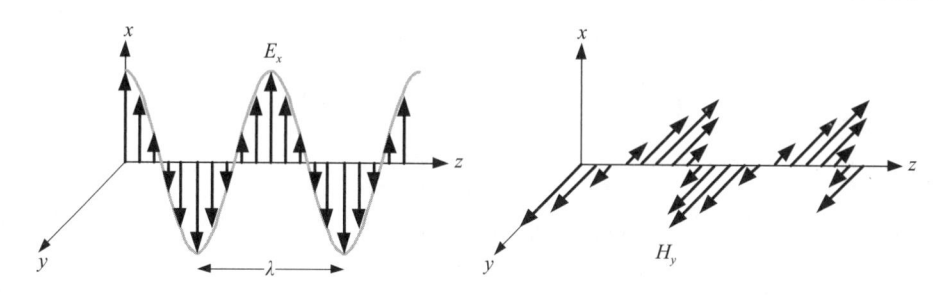

图 1.28 $t=0$ 时电场和磁场的瞬时值

实际上,均匀的平面波是不可能在物理上存在的,因为延伸到无穷远处,需要无穷大的能量。尽管如此,发射天线的远场在一定的有限区域基本上可以看成是均匀波。后面会将这里得到的结论应用于下一节天线的讨论中。在此之前,先讨论一下能量以及波在导体中的传播(相对于自由空间)。

1.8.2 良导体中波的传播: 趋肤效应

在良导体中建立均匀平面波时,波是如何传播的,是一个很重要的论题。将会证明,能量主要是在导体外层(或表面)传输,因为所有的时变场在良导体内会快速衰减。

在自由空间中,假设电流密度 $\boldsymbol{J}$ 为零,在导电材料中,电流是由自由电子(或空穴)在电场作用下的运动而形成的,关系式为 $\boldsymbol{J}=\sigma\boldsymbol{E}$。在电导率($\sigma$)有限的情况下,波因为材料的电阻发热而释放能量(损失功率)。

因此,在正弦稳态时,麦克斯韦第一方程可以写为

$$\nabla\times\boldsymbol{H} = \boldsymbol{J}+\mathrm{j}\omega\varepsilon\boldsymbol{E} = \sigma\boldsymbol{E}+\mathrm{j}\omega\varepsilon\boldsymbol{E} = (\sigma+\mathrm{j}\omega\varepsilon)\boldsymbol{E} = \mathrm{j}\omega\left[\varepsilon\left(1-\mathrm{j}\frac{\sigma}{\omega\varepsilon}\right)\right]\boldsymbol{E}$$

这样就可以得到与之前完全相同的解,但用 k 代替 $k_0 = \omega\sqrt{\mu_0\varepsilon_0}$,定义为

$$\mathrm{j}k = \mathrm{j}\omega\sqrt{\mu\left[\varepsilon\left(1-\mathrm{j}\frac{\sigma}{\omega\varepsilon}\right)\right]} = \alpha+\mathrm{j}\beta$$

这是 ε 被 $\varepsilon\left(1-\mathrm{j}\frac{\sigma}{\omega\varepsilon}\right)$ 取代的结果。新的 k 是一个复数,α 和 β 的值可以由展开平方根里的式子得到。电场相量的通解为

$$E_x(z) = E_0 \mathrm{e}^{-\mathrm{j}kz} = E_0 \mathrm{e}^{-\alpha z} \mathrm{e}^{-\mathrm{j}\beta z}$$

虽然 $\mathrm{e}^{-\mathrm{j}\beta z}$ 的时域表达式与前面相同,但 $\mathrm{e}^{-\alpha z}$ 的存在表明,由于导体中有损耗,其幅度随空间变化呈指数衰减。

在良导体的情况下,欧姆定律所表示的传导电流 $\sigma\boldsymbol{E}$ 远大于位移电流(也就是说 σ 很大),可以近似地表示为

$$\mathrm{j}k = \mathrm{j}\omega\sqrt{\mu\varepsilon}\sqrt{1-\mathrm{j}\frac{\sigma}{\omega\varepsilon}} \approx \mathrm{j}\omega\sqrt{\mu\varepsilon}\sqrt{-\mathrm{j}\frac{\sigma}{\omega\varepsilon}} = \mathrm{j}\sqrt{-\mathrm{j}\omega\mu\sigma}$$

据此,当 $\sqrt{-\mathrm{j}} = \dfrac{1-\mathrm{j}}{\sqrt{2}}$ 时,可以很容易得到

$$\alpha = \beta = \sqrt{\frac{\omega\mu\sigma}{2}}$$

则电场为

$$E_x(z,t) = E_0 \mathrm{e}^{-\alpha z}\cos(\omega t-\beta z)$$

导体中的电流密度为

$$J_x = \sigma E_x = \sigma E_0 \mathrm{e}^{-\alpha z}\cos(\omega t-\beta z)$$

这表明了指数级的衰减率,即

$$\delta = \frac{1}{\alpha} = \left(\frac{1}{2}\omega_0\mu_0\sigma\right)^{-1/2}$$

由仪器测量的参数 δ 称为穿透深度,表示电场(或电流)按 e^{-1} 衰减的深度。在典型的 CMOS 工艺中,在吉赫兹(GHz)的频率范围内,δ 为几微米(μm)。

如果穿透深度与导体的宽度相当,则导体的有效电阻会增加,因为电流往往只停留在表面(图 1.29)。显然,随着频率的增加,这种影响会加剧。

考虑到这一点,磁场的解很容易得到

$$\eta = \sqrt{\frac{\mu}{\varepsilon+\dfrac{\sigma}{\mathrm{j}\omega}}} = \sqrt{\frac{\mathrm{j}\omega\mu\varepsilon}{\sigma+\mathrm{j}\omega\mu\varepsilon}}$$

在良导体的情况下,可近似为

$$\eta \approx \sqrt{\frac{\mathrm{j}\omega\mu\varepsilon}{\sigma}} = \frac{1+\mathrm{j}}{\sigma\delta}$$

与 k 类似,η 是一个复数,会导致磁场和电场之间产生额外

图 1.29 良导体中的电流密度

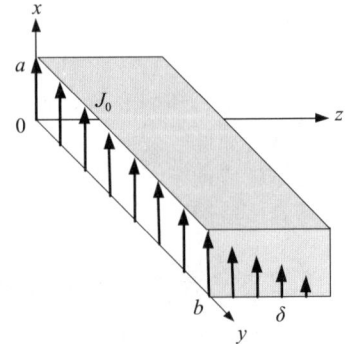

的相移(45°)。因此

$$H_y(z,t) = \frac{\sigma\delta E_0}{\sqrt{2}} e^{-\alpha z} \cos\left(\omega t - \beta z - \frac{\pi}{4}\right)$$

在某一给定点上,磁场的最大振幅比电场的最大振幅延后八分之一个周期。

示例:在 16nm CMOS 中,若顶层金属层的厚度约为 $2.8\mu m$,电导率为 $3.4 \times 10^7 S/m$。2.4GHz 时的穿透深度为

$$\delta = \sqrt{\frac{1}{\pi f \mu \sigma}} = \sqrt{\frac{1}{\pi f \mu_0 \sigma}} = 1.8\mu m$$

可以看到,在这一频率下,穿透深度与金属厚度相当。

从物理的角度讲,趋肤效应可以解释为,中心的单位电流丝连接到更多的通量,因此具有更大的电感。由于电流倾向于流向阻抗最小的路径(不一定是电阻最小的),所以集中在导线的外层(图 1.30)。

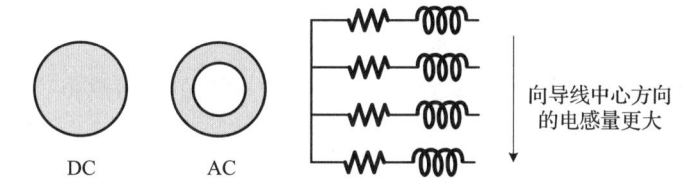

图 1.30 导线中趋肤效应的物理解释

有趣的是,电流内部电阻较小,但电感较大,总体上呈指数分布,正如前面展示的一样。

1.8.3 功率方面考虑的因素

对于波和天线,最终关心的是发射或接收的功率大小。前面介绍了静态电场和磁场的功率。为了确定均匀平面波的功率,有必要描述电磁场的一个定理,称为坡印廷定理。该定理最初是由英国物理学家约翰·坡印廷在 1884 年提出的。

使用向量恒等式

$$\nabla \cdot (\boldsymbol{E} \times \boldsymbol{H}) = -\boldsymbol{E} \cdot \nabla \times \boldsymbol{H} + \boldsymbol{H} \cdot \nabla \times \boldsymbol{E}$$

在麦克斯韦方程组上进行一些简单的代数运算,可以证明

$$-\nabla \cdot (\boldsymbol{E} \times \boldsymbol{H}) = \boldsymbol{J} \cdot \boldsymbol{E} + \frac{\partial}{\partial t}\left(\frac{\varepsilon E^2}{2} + \frac{\mu H^2}{2}\right)$$

式中,$E = |\boldsymbol{E}|$,$H = |\boldsymbol{H}|$。对体积进行积分,利用散度定理,可以得到

$$-\oint_S (\boldsymbol{E} \times \boldsymbol{H}) \cdot d\boldsymbol{S} = \int_V (\boldsymbol{J} \cdot \boldsymbol{E}) dV + \frac{\partial}{\partial t}\int_V \left(\frac{\varepsilon E^2}{2} + \frac{\mu H^2}{2}\right) dV$$

右边的第一个积分项是在体积内耗散的总瞬时欧姆功率(假设介质无源)。右边的第二个积分项是电场和磁场中储存的总能量,对时间的偏导数会导致瞬时功率增加体积内储存的能量。因此,方程的右边一定是流入这个体积的总功率。因此,等式的左边 $\oint_S (\boldsymbol{E} \times \boldsymbol{H}) \cdot d\boldsymbol{S}$ 表示流出体积的总功率。积分是在体积周围的封闭表面上进行的。乘积 $\boldsymbol{E} \times \boldsymbol{H}$ 称为坡印廷矢量:

$$\boldsymbol{\mathcal{P}} = \boldsymbol{E} \times \boldsymbol{H}$$

并可解释为以 W/m^2 为单位的瞬时功率密度。在叉乘的情况下,很明显坡印廷向量必须垂直于电场和磁场。这与前面的示例一致,一个波在 z 方向上传播,它的电场和磁场在 x 和 y 方向上

具有分量。考虑到在自由空间中：

$$E_x(z,t) = E_0 \cos(\omega t - k_0 z)$$
$$H_y(z,t) = \frac{E_0}{\eta_0} \cos(\omega t - k_0 z)$$

有

$$\mathcal{P}_x(z,t) = \frac{E_0^2}{\eta_0} \cos^2(\omega t - k_0 z)$$

平均功率密度为

$$\mathcal{P}_{x,\text{avg}} = \frac{1}{T}\int_0^T P_x(z,t)\,dt = \frac{E_0^2}{2\eta_0}$$

这与有损无源电路的平均耗散功率非常相似。注意，上式表示的是平均功率密度，这一点从电场是以 V/m 为单位测量的事实中可以明显看出。

示例：对于上一节讨论的良导体(图 1.29)，平均功率密度为

$$\mathcal{P}_{x,\text{avg}} = \frac{\sigma \delta E_0^2}{2\sqrt{2}} e^{-2z/\delta} \cos\left(\frac{\pi}{4}\right) = \frac{\sigma \delta E_0^2}{4} e^{-2z/\delta}$$

注意 $e^{-2z/\delta}$ 的能量衰减。就电流密度而言，由于 $J_x = \sigma E_x$，上式可改写为

$$\mathcal{P}_{x,\text{avg}} = \frac{\delta J_0^2}{4\sigma} e^{-2z/\delta}$$

式中，J_0 是表面的电流密度(但在 z 方向上呈指数衰减)。导体表面的总功率损耗为

$$P_{\text{avg}} = \frac{\delta J_0^2}{4\sigma} ab$$

示例：作为一个理论实验，求出图 1.29 中导体的有效电阻。为此，应先找出总电流。在上一节中已经知道

$$J_x = \sigma E_x = J_0 e^{-z/\delta} \cos(\omega t - \beta z)$$

电流沿 x 轴方向运动(与电场方向相同)。因此，

$$I = \int_0^\infty \int_0^b J_0 e^{-z/\delta} \cos(\omega t - \beta z)\,dy\,dz = \frac{J_0 b \delta}{\sqrt{2}} \cos\left(\omega t - \frac{\pi}{4}\right)$$

假设有效电阻为 R_{eff}，则耗散的总功率为

$$P = \frac{1}{2} R_{\text{eff}} |I|^2 = \frac{(J_0 b \delta)^2}{4} R_{\text{eff}}$$

与之前的平均功率表达式 $P_{\text{avg}} = \frac{\delta J_0^2}{4\sigma} ab$ 相比，可以得到

$$R_{\text{eff}} = \frac{1}{\sigma} \frac{a}{b\delta} = \frac{1}{\sigma} \frac{a}{A}$$

这就是大家熟悉的表达式，即长度为 a，总面积为 $A = b\delta$ 的一段导体的电阻。

如果不是由于趋肤效应(比如在低频)，电阻将为零，因为尽管导体的导电性是有限的，但可以假设导体的宽度(在 z 方向上)是无限的。值得关注的是，趋肤效应的存在有效地将导体面积减小到 $A = b\delta$，使其有限宽度等于穿透深度。如果穿透深度比实际半径小，那么对于圆形截面的导体(例如同轴电缆)也适用该公式。将在第 3 章中利用这一结果来求出同轴电缆损耗的表达式。

1.9 天线

天线是指向空间辐射电磁场的任何器件。磁场需要由一个源产生，该源(通常)通过传输线

(例如印刷电路板上的微带线)向天线供能。因此，当作为发射机使用时，天线是无线电和空间之间的接口，当作为接收机使用时，天线是空间和无线电之间的接口。正如将在第 3 章讨论的那样，接收或发射天线可以互易，因此接收天线与发射天线的特性是相同的。

前面提过，对天线的完整介绍远超出本书的范围。但是，由于天线是无线系统的重要组成部分，因此，在本节中将对天线基础知识和相关的场辐射进行简要的讨论。对于这个主题的进一步探讨可以参阅文献[9-11]。

1.9.1 天线基本原理

假设一个截面无限小、长度为 l 的理想电流丝，置于无损介质(如自由空间)中，如图 1.31 所示。这种结构被称为赫兹㊀偶极子，是最早、也是最流行的天线结构之一。

假定理想的电流丝载有均匀的(相对于 z 轴)正弦电流($I_0\cos\omega t$)，而且相对于载有的信号波长而言，电流丝很短。此时不关注这一电流的来源，以及两端明显的不连续性。

为了得到由差分长度产生的电场和磁场，使用前面简单介绍过的磁势向量($\boldsymbol{A}$)，其旋度产生磁通量密度为

$$\boldsymbol{B} = \nabla \times \boldsymbol{A}$$

从毕奥-萨伐尔定律可以很容易得出

$$\boldsymbol{A} = \oint \frac{\mu I \, \mathrm{d}\boldsymbol{L}}{4\pi R}$$

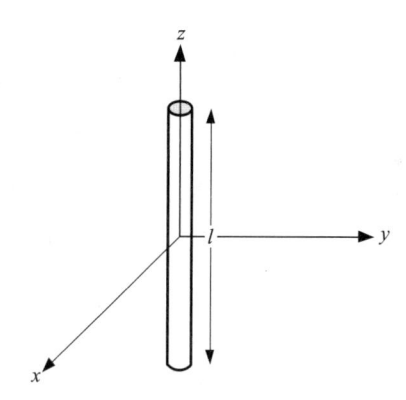

图 1.31 载有均匀正弦电流的赫兹偶极子

式中，R 为携带电流 I 的与差分长度 $\mathrm{d}\boldsymbol{L}$ 在空间上的距离。对于图 1.31 中的短电流丝，由于 l 很小，无须积分，故

$$\boldsymbol{A} = \frac{\mu I\left(t - \dfrac{R}{v}\right) l}{4\pi R} \boldsymbol{a}_z$$

注意，电流由 $I\left(t - \dfrac{R}{v}\right)$ 表示，而 $\boldsymbol{A}$ 仅在 z 轴方向上，电流丝方向也如此(图 1.31)。$v = \dfrac{\omega}{k}$ 是速度，$k = \omega\sqrt{\mu\varepsilon}$ 与前文定义的一样。用相量表示法表示，有

$$A_z = \frac{\mu I_0 l}{4\pi R} \mathrm{e}^{-jkR}$$

用球坐标系来表示结果更方便些(图 1.32)，很容易得出如下结果：

$$A_r = \frac{\mu I_0 l}{4\pi r} \mathrm{e}^{-jkr} \cos\theta$$

$$A_\theta = -\frac{\mu I_0 l}{4\pi r} \mathrm{e}^{-jkr} \sin\theta$$

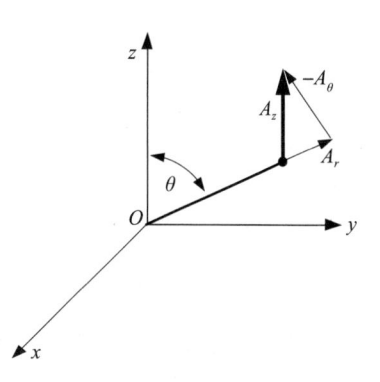

图 1.32 在球坐标中表示偶极子的磁矢量势

㊀ 海因里希·赫兹，19 世纪的德国物理学家，发明了偶极子天线。他是第一个用实验验证麦克斯韦方程组的人，也是发明无线电的先驱之一。国际单位制频率的单位赫兹，就是以他命名的。

式中，θ 是 z 轴与矢量 $\boldsymbol{R}$ 之间的夹角，连接原点与空间中的关注点（其坐标为(r,θ,φ)）。

由 $\boldsymbol{A}$ 的定义可知

$$\boldsymbol{H} = \frac{1}{\mu}\nabla\times\boldsymbol{A}$$

可得

$$H_\varphi = \frac{I_0 l\sin\theta}{4\pi}\mathrm{e}^{-\mathrm{j}kr}\left(\frac{\mathrm{j}k}{r}+\frac{1}{r^2}\right)$$

注意，磁场只在 φ 方向上有一个分量，即绕着电流丝旋转。感兴趣的读者可以证明，如果电流丝的电流是静态的（见习题集），磁势为

$$\boldsymbol{A} = \frac{\mu I_0 l}{4\pi R}\boldsymbol{a}_z$$

这就引出了所熟悉的由毕奥-萨伐尔定律表示的磁场解：

$$\boldsymbol{H} = \frac{I_0 l\sin\theta}{4\pi R^2}\boldsymbol{a}_\varphi = \frac{I_0 \boldsymbol{R}\times\mathrm{d}\boldsymbol{L}}{4\pi R^3}$$

既然已经有了磁场，那么电场就可以通过以下公式获得：

$$\nabla\times\boldsymbol{H} = \mathrm{j}\omega\varepsilon\boldsymbol{E}$$

得到 r 和 θ 方向的电场分量为

$$E_r = \frac{I_0 l\cos\theta}{2\pi\mathrm{j}\omega\varepsilon}\mathrm{e}^{-\mathrm{j}kr}\left(\frac{\mathrm{j}k}{r^2}+\frac{1}{r^3}\right)$$

$$E_\theta = \frac{I_0 l\sin\theta}{4\pi\mathrm{j}\omega\varepsilon}\mathrm{e}^{-\mathrm{j}kr}\left(\frac{-k^2}{r}+\frac{\mathrm{j}k}{r^2}+\frac{1}{r^3}\right)$$

在远场的情况下，也就是如果 $kr\gg 1$，只剩下 $\frac{1}{r}$ 项，因而，

$$H_\varphi \approx \mathrm{j}k\frac{I_0 l\sin\theta}{4\pi r}\mathrm{e}^{-\mathrm{j}kr}$$

$$E_\theta \approx \mathrm{j}k\eta\frac{I_0 l\sin\theta}{4\pi r}\mathrm{e}^{-\mathrm{j}kr} = \eta H_\varphi$$

前面已经定义 $\eta = \sqrt{\mu/\varepsilon}$。注意，$E_r$ 项消失了，就像均匀平面波一样，电场和磁场的关系为 $E_\theta = \eta H_\varphi$。在时域中，可以写为

$$H_\varphi = -\frac{I_0 lk\sin\theta}{4\pi r}\sin(\omega t - kr) = \frac{E_\theta}{\eta}$$

功率密度矢量在 r 方向上，其大小等于

$$\boldsymbol{\mathcal{P}}_r = E_\theta H_\varphi = \eta\left(\frac{I_0 lk\sin\theta}{4\pi r}\right)^2\sin^2(\omega t - kr)$$

注意，功率密度下降了 $\frac{1}{r^2}$。那么，穿过半径为 r 的任意球体的总瞬时功率由以下公式得到：

$$P = \int_0^{2\pi}\int_0^\pi \boldsymbol{\mathcal{P}}_r r^2 \sin\theta\mathrm{d}\theta\mathrm{d}\varphi$$

易得到平均功率为

$$P_{\mathrm{avg}} = 10\,(I_0 lk)^2 = 40\pi^2\left(\frac{I_0 l}{\lambda}\right)^2$$

与简单的电阻电路相比，可以将偶极子的有效辐射电阻推导为

$$R_{\text{radiation}} = 80\pi^2 \left(\frac{l}{\lambda}\right)^2$$

为了使平均辐射功率达到需要的大小，偶极子的长度需要与波长相当（根据公式$\left(\frac{l}{\lambda}\right)^2$项），正如文献中经常提到的。相应地，还必须确保有效辐射电阻比导线的欧姆损耗和其他寄生效应要大。

可以将差分电流丝的分析结果扩展到短偶极子。如果偶极子较短，则电流分布通常不均匀，人们期望偶极子上两端的电流为零，在中心最大，如图1.33所示。另外，图中还显示了通过传输线向天线馈电的实际电流情况。天线的两半电流相同，中心点的间隙一般很小，其影响可以忽略不计。

电流的线性分布的结果是平均电流为$I_0/2$，因此辐射电阻比原来小四分之一。在实际中，电流的分布可能有些不同，也许更接近正弦波。此外，延迟效应可能会导致从天线两端到达任何场点的信号不在相同的相位上，可能会抵消一部分。

半波偶极子$\left(l=\frac{\lambda}{2}\right)$，可以说是世界上最常见的天线之一，可以证明，其实际的辐射电阻约为73Ω，而前面讨论的简单公式低估了49Ω的电阻（如果假设平均电流为$I_0/2$）。如果假设电流分布为正弦曲线，那么平均电流将为$\frac{2}{\pi}I_0$，从而使电阻的估计值为更接近的80Ω。

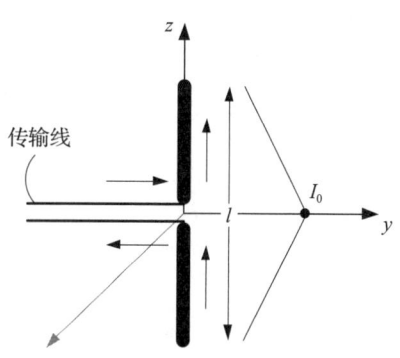

图1.33 具有适当传输线馈电的偶极子

1.9.2 天线特性

为了能够充分描述和量化天线的辐射，通常需要定义几个关键参数。

对于任何天线，在远场时，可以证明电场具有的一般相量形式为

$$\boldsymbol{E} = E_0 \left[F(\theta,\varphi)\boldsymbol{a_\theta} + G(\theta,\varphi)\boldsymbol{a_\varphi}\right]\frac{\mathrm{e}^{-jkr}}{r}$$

式中，$F(\theta,\varphi)$和$G(\theta,\varphi)$仅是θ和φ的归一化函数。而磁场的解则为

$$\boldsymbol{H} = \frac{E_0}{\eta}\left[-G(\theta,\varphi)\boldsymbol{a_\theta} + F(\theta,\varphi)\boldsymbol{a_\varphi}\right]\frac{\mathrm{e}^{-jkr}}{r}$$

因此，根据1.8.3节的讨论，平均功率密度为

$$\boldsymbol{\mathcal{P}}_{\text{avg}} = \frac{1}{2}\text{Re}\,(\boldsymbol{E}\times\boldsymbol{H}^*) = \frac{|E_0|^2}{2\eta r^2}\left[|F(\theta,\varphi)|^2 + |G(\theta,\varphi)|^2\right]\boldsymbol{a_r}$$

例如，对于电流丝：

$$F(\theta,\varphi) = \sin\theta$$

$$E_0 = j\eta k l \frac{I_0}{4\pi}$$

而电场在φ方向上无分量，故$G(\theta,\varphi)=0$。

对于较长的偶极子，可以将天线看作是由多段无限短的细丝组合而成，电流呈正弦分布。如果天线的每一半（图1.33）长度为$\frac{l}{2}$（总长为l），那么通过积分可得

$$F(\theta,\varphi) = \frac{\cos\left(\frac{kl\cos\theta}{2}\right) - \cos\left(\frac{kl}{2}\right)}{\sin\theta}$$

和

$$E_0 = j\eta\frac{I_0}{2\pi}$$

更详细的内容参见习题 24。

示例：对于半波偶极子来说，$l = \frac{\lambda}{2}$，因而

$$F(\theta,\varphi) = F(\theta) = \frac{\cos\left(\frac{\pi}{2}\cos\theta\right)}{\sin\theta}$$

由此得出

$$P_{\text{avg}} = \int_0^{2\pi}\int_0^\pi \frac{|E_0|^2}{2\eta}|F(\theta)|^2\sin\theta d\theta d\varphi = 30I_0^2\int_0^\pi |F(\theta)|^2\sin\theta d\theta$$

辐射电阻为

$$R_{\text{radiation}} = 30\int_0^\pi |F(\theta)|^2\sin\theta d\theta$$

上面的积分式子进行数值计算，可以得到辐射电阻值为 73Ω。
根据上述考虑，来看以下几个关键参数。

1. 辐射功率

一般情况下，

$$P_{\text{avg}} = \int_0^{2\pi}\int_0^\pi \frac{|E_0|^2}{2\eta}[|F(\theta,\varphi)|^2 + |G(\theta,\varphi)|^2]\sin\theta d\theta d\varphi$$

$$R_{\text{radiation}} = \frac{2P_{\text{avg}}}{I_0^2}$$

此外，平均辐射功率密度（单位为 W/m^2）可以表示为

$$\boldsymbol{\mathcal{P}}_{\text{avg}} = \frac{1}{2}\text{Re}(\boldsymbol{E}\times\boldsymbol{H}^*)$$

显然，辐射功率在 r 方向上。
对于偶极子，由于 $F(\theta,\varphi) = \sin\theta$，因此，

$$P_{\text{avg}} = 40\pi^2\left(\frac{I_0 l}{\lambda}\right)^2$$

$$R_{\text{radiation}} = 80\pi^2\left(\frac{l}{\lambda}\right)^2$$

2. 天线的方向性

总辐射功率为

$$P_{\text{avg}} = \int_0^{2\pi}\int_0^\pi \boldsymbol{\mathcal{P}}_{r,\text{avg}} r^2 \sin\theta d\theta d\varphi$$

将微分角定义为

$$d\Omega = \sin\theta d\theta d\varphi$$

辐射强度为

$$K(\theta,\varphi) = r^2 \boldsymbol{\mathcal{P}}_{r,\text{avg}}$$

通常情况下 $\mathcal{P}_{r,avg} = \dfrac{|E_0|^2}{2\eta r^2}[|F(\theta,\varphi)|^2 + |G(\theta,\varphi)|^2]$，因此，

$$K(\theta,\varphi) = \dfrac{|E_0|^2}{2\eta}[|F(\theta,\varphi)|^2 + |G(\theta,\varphi)|^2]$$

辐射功率为

$$P_{avg} = \int_0^{2\pi}\int_0^{\pi} K \mathrm{d}\Omega$$

值得关注的是，对于所有远场天线（比如 10 个波长或更远），$\mathcal{P}_{r,avg}$ 表现为 $1/r^2$ 的函数。从能量守恒定律可以很好地理解：在无损介质中，任意 r 空间的总功率通过球面积分求出，球面积为 $4\pi r^2$。因此，辐射强度与 r 无关，只是 θ 和 φ 的函数。

对于各向同性辐射体的特殊情况，即天线辐射强度为常数 $K(\theta,\varphi) = K_0$ 时，则

$$P_{avg} = \int_0^{2\pi}\int_0^{\pi} K \mathrm{d}\Omega = 4\pi K_0$$

因此，将天线的方向性定义为

$$D(\theta,\varphi) = \dfrac{K(\theta,\varphi)}{K_0} = 4\pi \dfrac{K(\theta,\varphi)}{\oint_S K \mathrm{d}\Omega}$$

天线方向性的意义在于，表明天线强度在某些方向上比其他方向上更强。

示例：对于赫兹偶极子，有

$$K(\theta,\varphi) = K(\theta) = \dfrac{1}{2}\eta\left(\dfrac{I_0 l k}{4\pi}\right)^2 \sin^2\theta$$

因此，

$$D(\theta,\varphi) = 2\pi \dfrac{\eta\left(kl\dfrac{I_0}{4\pi}\right)^2 \sin^2\theta}{10\,(I_0 lk)^2} = \dfrac{\eta}{80\pi}\sin^2\theta = \dfrac{3}{2}\sin^2\theta$$

因此，赫兹偶极子的最大方向性是 $\dfrac{3}{2}$ 或 1.76dB。

相比之下，对于半波长天线，通过对积分进行数值求解，可以证明，最大方向性为 1.6dB。

3. 天线的增益和效率

考虑到天线内部的电阻损耗，之前计算出的辐射功率（P_r）小于输送到天线的总功率（P_{in}）。为了量化，将辐射效率定义为

$$\eta_r = \dfrac{P_r}{P_{in}}$$

显然辐射效率必定小于 1。

此外，假设一个有损天线，其具有各向同性辐射，有

$$P_{in} = 4\pi K_0$$

因此，天线增益被定义为

$$G(\theta,\varphi) = \dfrac{K(\theta,\varphi)}{K_0} = \eta_r D(\theta,\varphi)$$

因此，对于无损天线来说，增益和方向性是相同的。

有兴趣的读者可以根据前面对函数 $F(\theta,\varphi) = \dfrac{\cos\left(\dfrac{kl\cos\theta}{2}\right) - \cos\left(\dfrac{kl}{2}\right)}{\sin\theta}$ 的计算，计算出长度为 l 的一般偶极子的上述参数。

1.10 集成电容

在实际应用中经常需要调节 LC 谐振回路的振荡频率。例如,在一个调谐放大器中,需要进行离散调谐以展宽带宽,而在锁相环的振荡器中,既需要离散调谐也需要连续调谐。由于物理结构的限制,电感通常是不可改变的。虽然提出了可以通过采用多抽头分段电感的多种结构实现可变电感[12],但这样通常以影响电感的性能为代价,而且最多也只能进行离散调谐。另一方面,电容非常适合调谐。本节将讨论在射频集成电路中经常使用的一些方案,在此之前,首先简要地说明在集成电路中常见的固定电容。

MOS 晶体管的栅极电容可以用于实现高密度但是非线性的电容。如图 1.34(灰色曲线)所示为一个 40nm 常规 NMOS 管电容与栅极电压关系的仿真曲线,根据栅极电压不同,晶体管可以工作在积累区($V_{GS}<0$)、耗尽区($0<V_{GS}<V_{TH}$)或反型区($V_{GS}>V_{TH}$)[2]。器件的阈值电压(V_{TH})约为 400mV,在反型区或积累区,电容值达到最大,接近栅氧电容 C_{OX}。为了得到较好的线性响应,器件偏置电压应大于阈值电压(在以下的示例中大于 500mV),因此不适用于低电源电压供电的场合。而且,MOS 电容经常有很大的栅极漏电流,可能会有很大的问题。因此,可选用厚氧器件,虽然密度较低,但是漏电流也较小。

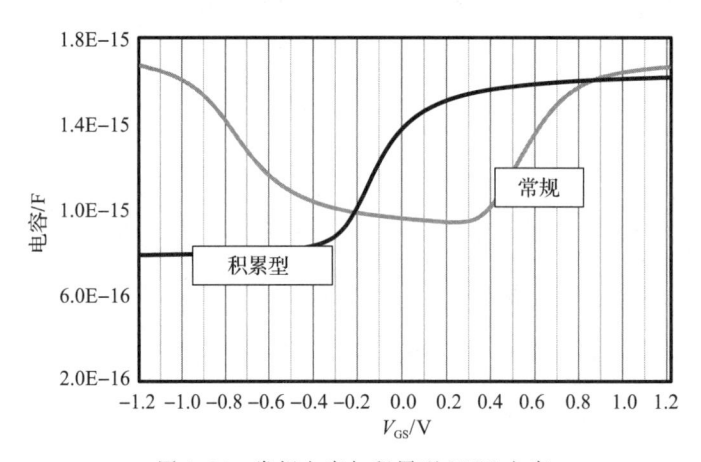

图 1.34 常规电容与积累型 MOS 电容

为了避免反型,NMOS 管可放在 n 阱中[13],还不会产生额外的成本,这就是众所周知的积累型 MOS 电容(见图 1.35)。这个命名与对应的晶体管要么工作在耗尽区,要么工作在积累区这一事实有关。

此时的 C—V 特性曲线如图 1.34(黑色曲线)所示,尽管电容仍然具有很强的非线性,但积累区从 0V 左右开始,而不是阈值电压,因此,器件较易偏置于低电压下,而且更容易使栅极电容处于近似为 C_{OX} 的平坦区域。

在许多情况下,例如当电容连接在运算放大器的反馈回路中时,施加相对大的偏置电压可能是不现实的,一个替代的方法是采用由边缘场构成的线性电容。在大多现代

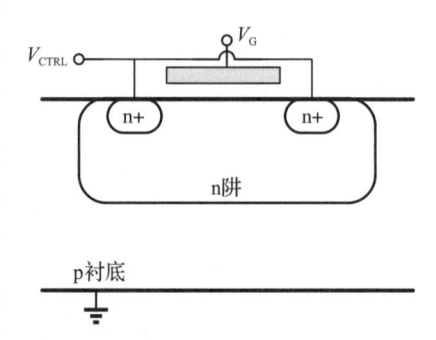

图 1.35 积累型 MOS 电容

CMOS 工艺中,由于金属线非常接近,这种边缘场的电场强度会很大。虽然存在走线信号和模块间连接的问题,但也会有很多金属层可用,在制作线性电容时,可以充分利用这些优势。如图 1.36 所示的示例中,为了最大化地提高密度,在工艺所允许的最小空间中走最小宽度的金属线,两个终端形成类似梳状的结构。另外,连接在每一端上的多层金属会被放在各自的顶层,从而进一步增加密度。

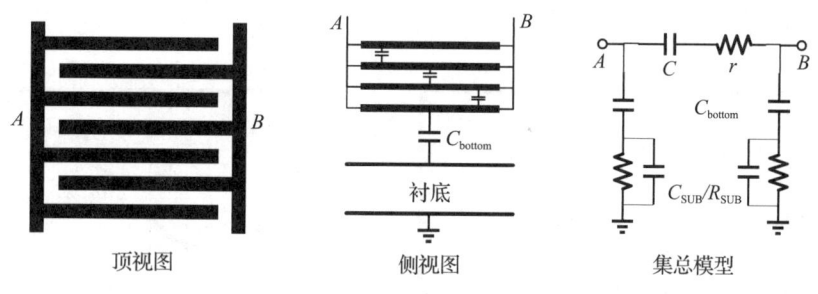

图 1.36 边缘电容

在 CMOS 工艺中,通常会提供厚或者超厚的顶层金属层用于时钟树布线或者制作电感。由于所允许的最小间距太大(例如,在 16nm CMOS 中称为 AP 层的最顶层,为 1.8μm),顶层厚金属层可能用不到。另外底板寄生电容大小也必须考虑。因此,放弃底层金属层中的一层或者两层也许更有利(尤其是多晶硅和 M_1 金属层,因为它们的薄膜电阻很大),使电容的位置进一步远离衬底,进而减小底板电容。然而,如果使用很少的金属层,对于相同的电容值,电容结构尺寸更大,底板寄生电容也会因此而增加。在 M_6 40nm CMOS 工艺中,最好的折中方案为使用 $M_3 \sim M_5$ 金属层,电容密度约为 $2fF/\mu m^2$。底板(或顶板)的寄生电容通常非常小,大约为 1%~2%。对于给定的结构,通常很难通过公式计算出精确的电容量,最好采用参数提取工具(如 EMX[⊖])预测电容值。

电容的集总模型如图 1.36 所示。由于电容的物理结构特点,底板和顶板寄生通常是对称的,并与衬底相连。衬底是有损耗的,通常用并联 RC 电路建模。由于底板寄生电容(C_{bottom})很小,R_{SUB} 对于体成形工艺来说通常很大,因此对于频率高达几吉赫兹的信号来说,该损耗可以忽略不计。此外,构成梳状线的金属也存在串联电阻。对于给定的电容,如果该结构由 N 个较小单元并联组成,其电阻将会减少 N^2,对于一个设计良好的结构,通常会得到一个很高 Q 值的电容。

由于金属线之间的物理间距通常随工艺得到改善,边缘电容可以很好地随着技术的发展而减小尺寸。图 1.37 所示为最近几代标准 CMOS 工艺的最大叉指边缘电容密度,单位为 $fF/\mu m^2$。注意,与 MIM(金属-绝缘体-金属)电容不同,边缘电容不需要额外的工艺步骤,因此不会产生额外的费用。相比之下,28nm 工艺的薄氧 MOS 电容为 $23fF/\mu m^2$(对应的栅氧厚度约为 1.25nm),而厚氧的 MOS 电容为 $10fF/\mu m^2$。需要注意的是,如果使用 MOS 电容,可以通过填充顶层边缘电容进一步提高密度。

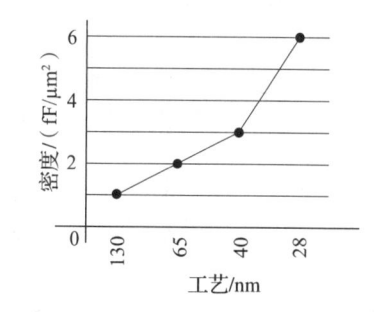

图 1.37 在不同的 CMOS 工艺中最大的边缘电容密度

⊖ EMX 是采用精确麦克斯韦方程的平面三维积分方程求解器。

连续调谐可以通过使用之前讨论过的两种 MOS 结构中的一种来实现。特别是在要求提供更宽的调谐范围时，n 阱中的 NMOS 结构更可取。对于常规的 NMOS，不管施加的直流偏置如何，如果谐振回路的电压摆幅很大（同大多数 CMOS 振荡器一样），有效电容将近似为 C_{OX}。这是因为电容耗尽区在 C-V 曲线中只对应一个相对狭窄的区域（见图 1.34）。为了证明这一点，图 1.38 给出了 28nm MOS 电容的大信号仿真，在 4 个不同的信号摆幅值——0V、0.5V、1V 和 1.8V 下的有效电容与控制电压的关系。此处的有效电容定义为电流的基波分量的大小除以电容的电压摆幅，并对角频率进行归一化处理。

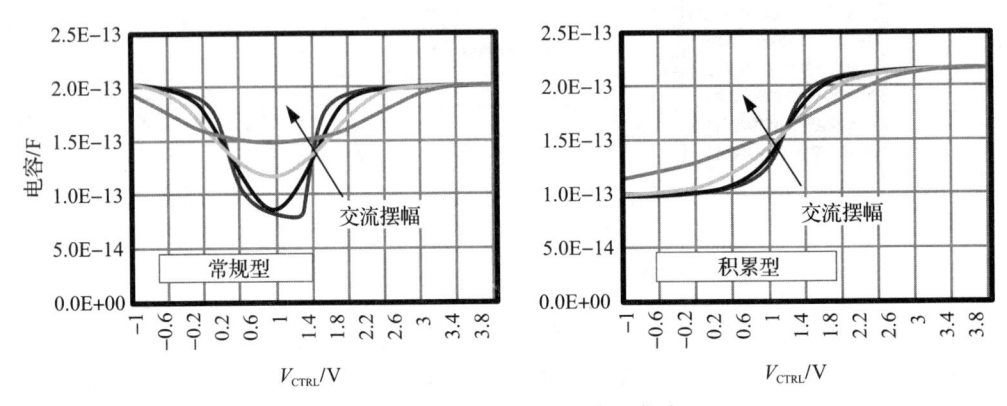

图 1.38　大信号 MOS 电容的仿真

对于常规 MOS 电容，最大电容与最小电容的比率（近似为 C_{OX} 比 $C_{\text{OX}} \| C_{\text{DEP}}$）约为 2.5。但随着信号摆幅的增加，会降至低于 1.4。另一方面，积累型的可变电容器的最大电容与最小电容的比值约为 2，而当信号摆幅高达 1.8V 时也可以保持得相当好。这两种可变电容都采用沟道长度为 $0.75\mu\text{m}$ 的厚氧的 NMOS 管，其尺寸相同。虽然较短的沟道会带来更好的 Q 值，但是由于可靠性的原因，可调谐性差，摆幅难以处理。

由于连续可调谐电容的 Q 值不一定很高，可以通过将 MOS 可变电容与开关线性电容结合进行离散调谐以获得更宽的调谐范围，并且不牺牲 Q 值，如图 1.39 所示[14]。这也会使压控振荡器（VCO）的增益低，从而降低对 VCO 控制电压的噪声和干扰的敏感性。MOS 管可变电容只需要提供足够的范围，以覆盖最坏情况下的离散步长。

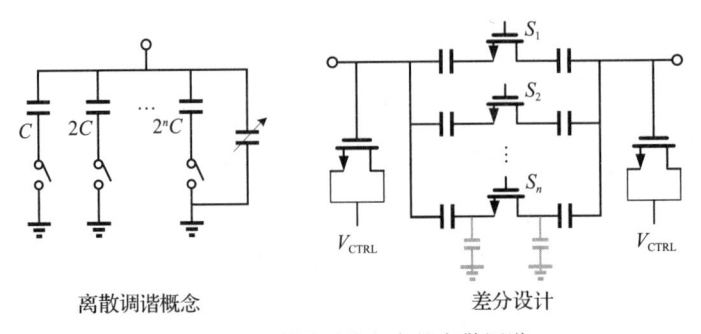

图 1.39　利用开关电容的离散调谐

更大的开关会导致更低的阻抗，由此会产生更好的品质因数；然而，开关在断开时的寄生电容会限制调谐范围。如果采用差分设计，可以实现相同的调谐范围，但是 Q 值加倍，同时导通电阻减半。以 28nm CMOS 工艺下的差分设计为例,如图 1.39 所示。它由 32 个 40fF 的线性电容单元组成,总的电容可以从 430fF 变化到 1.36pF(大约 3 倍),步长为 29fF。当所有的电容都接通时,在频率为 3.5GHz 下,Q 值从最大的 80 到 45 不等。开关尺寸为 $11\times 1/0.1\mu m$。

在差分设计中,经常需要对开关的漏极和源极施加偏置,可以通过在漏极和源极处设置一个大电阻来轻松实现。

1.11 集成电感

单片电感在 1990 年首次引入硅工艺[15-16],此后被广泛用于射频电路和毫米波电路中。由于制造的限制,片上电感通常用金属螺旋线实现。为了得到功率损耗更低和 Q 值更高的电感,通常使用顶层金属层,其厚度很厚甚至超厚。

应用毕奥-萨伐尔定律计算磁场,可以得出一根长度为 l,矩形横截面的导线在中等频率(几吉赫兹)下的自感[17]:

$$L \approx \frac{\mu_0}{2\pi} l \left(\ln \frac{2l}{W+t} + 0.5 \right)$$

式中,t 为金属厚度,对于给定的工艺其值是固定的;W 是金属宽度,这是一个设计参数。所有的单位均为 m,并且假设长度远远大于宽度。为了更深入地理解,则同一线路在低频下的方块电阻由下式给出:

$$r = R_\square \frac{l}{W}$$

式中,$R_\square$ 为金属方块电阻(例如超厚的顶层金属层约为 $10.4\mathrm{m}\Omega/\square$)。如果对于给定的电感只考虑得到最大的 Q 值,那么增加宽度会有所帮助,但必须注意的是,更大的 W 需要更长的长度来保持电感值不变,从而导致电阻增加,面积也增大。

示例:对于典型的 CMOS 工艺,超厚金属层的 $R_\square=10.4\mathrm{m}\Omega/\square$,$t=2.8\mu m$,在 4GHz 下,假设 1mm 的走线,如图 1.40 所示为用上述公式得到的理论电感值和 Q 值。

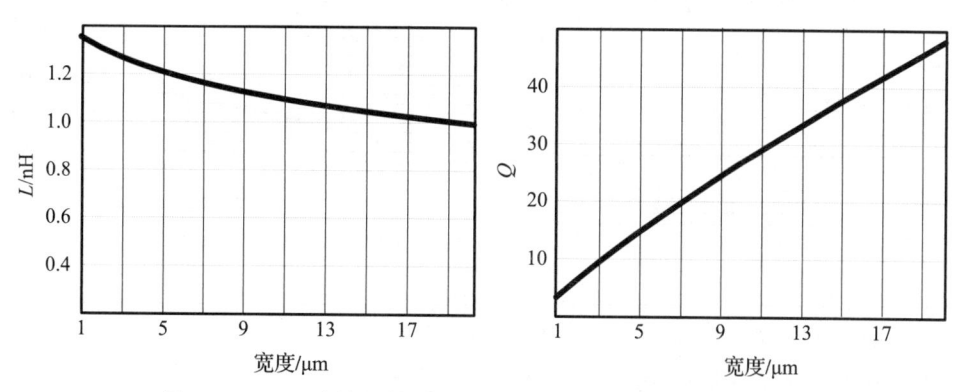

图 1.40 1mm 走线的低频理论电感和品质因数与其宽度的关系

图 1.40 中预测的品质因数仅适用于低频,因为它假设低频串联电阻是唯一的损耗机制。在实际中当然不是这样,事实上在更高频率下,趋肤效应将会导致更高的电阻值,因此示例中实际的 Q 值更低。正如在 1.8.2 节所讨论的,在导电介质中,由欧姆定理表示的传导电流 σE 远大于位移电流,电场可以表示为

式中，

$$E = E_0 a_x e^{-jkz} = E_0 a_x e^{-\alpha z} e^{-\beta z}$$

$$\alpha = \beta = \sqrt{\frac{\omega\mu\sigma}{2}}$$

$\delta = \left(\frac{1}{2}\omega_0\mu_0\sigma\right)^{-1/2}$ 为趋肤深度。这表明在导体中，距离导体表面一个趋肤深度 δ 的内部，场衰减了 e^{-1}，这可以与金属在高频下的宽度或者厚度相比拟。例如，在前面的例子中用到的顶层金属层，趋肤深度在 4GHz 时约为 $1.4\mu m$。结果是，有效的电流更多地趋向于在表面流动，电阻值也会增加。因此，一个包含趋肤效应修正的金属电阻表达式如下：

$$r = R_\square \frac{l}{W} \frac{t/\delta}{1 - e^{-t/\delta}}$$

式中，t 为金属厚度。在低频时 δ 很大，等式可以简化为电阻的原始表达式。然而，在非常高的频时，指数项趋于零，因此有

$$r = R_\square \frac{l}{W} \frac{t}{\delta} = \frac{1}{\sigma} \frac{l}{\delta W}$$

即 t 在高频时被 δ 代替，显然会导致相当大的电阻值。

示例： 如图 1.41 所示，是对直线电感更深入的研究。这不仅有利于理解螺旋电感，也为理解射频中经常用到的信号线或电源线长距离走线的影响提供了一个很好的视角。图 1.41 所示是使用 EMX 在 16nm CMOS 中模拟 1mm 金属片的电感和品质因数。使用顶层超厚金属层（方块电阻为 $10.4m\Omega/\square$ 且厚度约为 $2.8\mu m$）模拟三种不同的宽度，以及第四种 $20\mu m$ 宽的走线，但顶层金属和接下来的两层金属层（方块电阻为 $16.7m\Omega/\square$ 且厚度约为 $12\mu m$）都短接在一起。

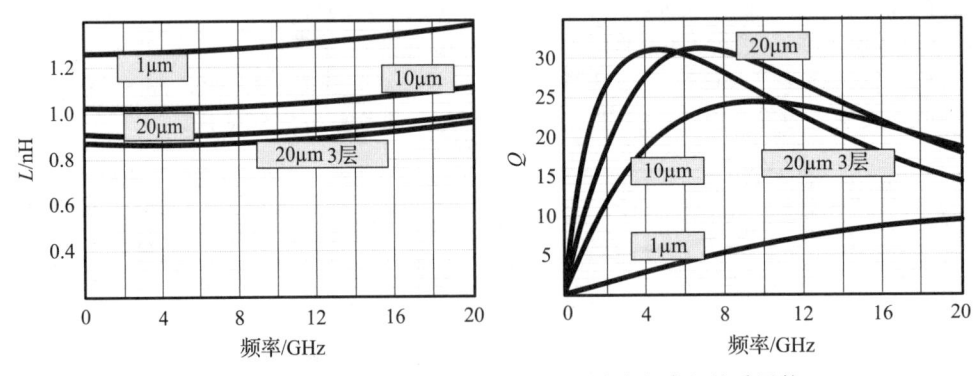

图 1.41　16nm CMOS 中模拟的 1mm 金属片电感和品质因数

对于 $10\mu m$ 宽的金属，计算的低频电感约为 1.1nH，100MHz 时的品质因数为 0.6（图 1.40），两者与仿真结果相当匹配，其他三种情况也是如此。例如，将宽度增加一倍至 $20\mu m$，Q 将提高至 1.1 左右，将三层金属短接，Q 将提高至 2.1。很明显，如前所述，品质因数并不随频率线性上升。事实上，除了与所用金属宽度相当的趋肤效应之外，稍后讨论的衬底损耗是集成电感或传输线的另一个重要因素，尤其是在高频时。例如，在 4GHz 下，对于 $10\mu m$ 宽的金属，模拟出的品质因数约为 18.3，如果金属宽度加倍，品质因数仅增加到 27.4。将宽度保持在 $20\mu m$，将三层金属短接只会有约 $10\%\sim30.8\%$ 的小幅上升，这主要是受集肤效应的限制。

1.11.1 螺旋电感

如上所描述，采用一根长导线作为电感显然是不可行的。除了面积大之外，将其连接到任何电路也是不实际的。更常见的是构成结构紧凑的螺旋线，这样更实用。首选自然是绕成圆形的电感。但是，圆形在集成电路中物理上是不可实现的。相同长度的线可以环绕成方形螺旋，如图 1.42 所示。根据毕奥-萨伐尔定律，4 条边的磁场都在中心叠加，方向垂直于纸面，而不会在边上显著地叠加。由于集成电路版图中允许存在 135°的角，用六边形或者八边形可以更好地近似实现圆形，这样会使磁场显著增强（图 1.42），通常达到更大的 Q 值。

图 1.42 集成电路中的螺旋电感

螺旋线的电感可以表示为以下一般表达式[17-18]：

$$L_T = \sum L + \sum M^+ - \sum M^-$$

式中，第一项表示每条边的自感之和，第二项表示传输同向电流的平行边之间的互感，第三项表示传输反向电流的平行边之间的互感。如图 1.42 所示的单匝方形螺旋线的情形，由于平行边只传输反向的电流，所以式中第二项不存在。暂时忽略互感项（第三项），并假设每条边的宽度为 $10\mu m$，长约为 $1mm/4=250\mu m$，总的电感为 $4\times 0.21nH=0.84nH$，此值比之前示例中由直线结构得到的 $1.1nH$ 略小。显然，这与之前所述的电感量与电感长度的附加对数有关。实际上，当负的互感进一步减小时，这个电感量会更小，由于串联电阻几乎相同，之前得到的 Q 值上限也要对应减小。两根长度均为 l，间隔为 d 的导线之间的互感的闭合形式表达式单调冗长，计算相当烦琐[18-19]。为了进一步观察，只提供两根长度为 l 的丝状线（其 t 和 W 都远比 l 和 d 小）的表达式，其闭合形式表达式的解相对简单。直接通过毕奥-萨伐尔定律对空间积分就可以得到以下公式：

$$M = \frac{\mu_0}{2\pi} l \left[\ln\left(\frac{l}{d} + \sqrt{1+\frac{l^2}{d^2}} \right) - \sqrt{1+\frac{d^2}{l^2}} + \frac{d}{l} \right]$$

对于之前的示例，如果 $\frac{l}{d} \approx 1$，就非常接近于一个单匝方形电感，两个直角边的互感大约为每条边电感的 12%，进一步减小了总电感。

如果线圈增加一匝，电感可能会增加（见图 1.43）。假设内径（D_{IN}）仍然很大，即内径和外径（D_{IN} 和 D_{OUT}）相差不大。这种电感的增加是因为电流方向相同的相邻边之间有很大的正互感，而由于电流方向相反的边之间的负互感因其距离远依然很小。所以，在设计螺旋电感

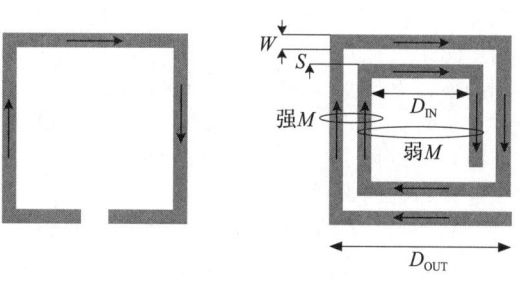

图 1.43 多匝电感

时，通常采用中空的结构，并且相邻的边尽可能地拉近，但是保持很大的线圈内径会限制所允许的线圈匝数。

多匝电感通常会使设计更紧凑，但同时电容也更大。如果所需要的电感很小（例如十分之几纳亨），那么大直径的单匝线圈电感依然是最佳的选择。

一般来说，对于给定的结构，知道金属宽度（W）、相邻边的距离（S）、线圈匝数、内外径或是总长度，就可以充分地表达电感（图1.43）。对于大多数射频应用，集成电感的实际值从几十分之几纳亨到几纳亨。除了非常简单的结构外，得到电感值的闭合公式是不可能的。对螺旋电感值的近似闭合表达式的计算，已做过大量尝试，但这些表达式都有不同程度的误差[18-21]。考虑到效率和精度，最好采用射频设计者广泛使用的通用3D电磁模拟器，例如EMX或者HFSS⊖。

1.11.2 二阶效应

除了电阻损耗，还有其他因素限制了电感的性能。如图1.44所示，金属条与衬底之间不可避免地存在非零电容。

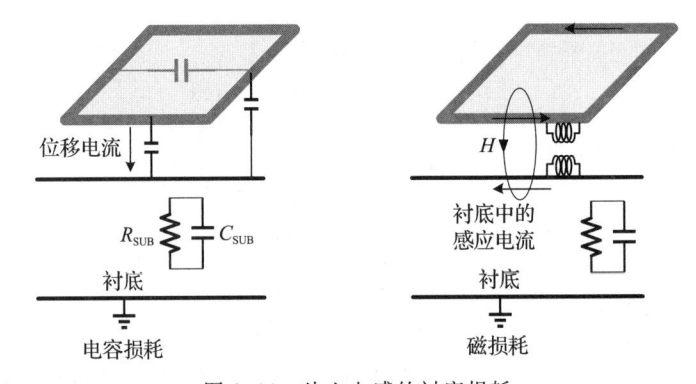

图1.44 片上电感的衬底损耗

这种电容限制了电感可以应用的最大允许频率。通常称为自谐振频率，即总的寄生电容与电感谐振的频率。为保证正常工作，自谐振频率应明显高于电感打算使用的最大频率。而且这种电容是连接到有损的硅衬底上，会降低更高频率时的品质因数。电感线不同边之间也存在电容，这种电容在单匝结构中可以忽略，然而对于多匝结构的电感来说，这种电容相对重要，因为为了使正互感最大化，电感相邻边放置得很近。实际上，在多堆叠结构（见图1.45）中这种电容更大。其中一些构造相似的电感用更低层金属串联起来，在不增加面积的前提下增加电感；考虑到更低层金属的方块电阻更大，因此这种结构也会导致Q值下降，所以除非需要很大的电感，否则不常用这种结构的电感。

另一种结构是将一些用更低层金属设计

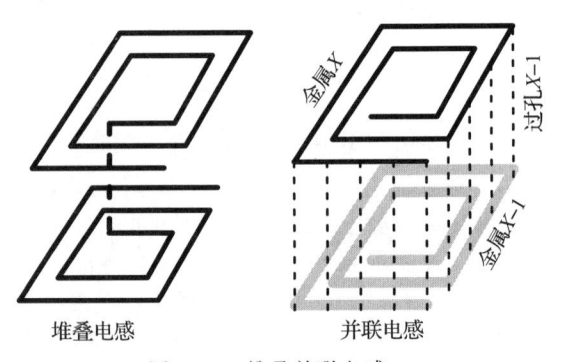

图1.45 堆叠并联电感

⊖ HFSS是一种用于电磁结构的商用有限元法求解器。

的电感通过并联的方式彼此连接(图1.45)。虽然不会增加电感，但是在一定程度上改善了欧姆损耗。然而，由于更低层金属对衬底的电容更大，这种结构的代价是自谐振频率更低。由于以下两个原因，这种结构的 Q 值可能不会得到明显改善：第一，更低层金属的方块电阻性能更差；第二，由于对衬底的寄生电容增加，电容耦合使得 Q 值衰减更严重。在较低频率时，比如1GHz或者更低，这种结构会有帮助。但在较高频率时，如2GHz或者更高，除了上述两个原因外，趋肤效应也成为很重要的问题，并联金属层可能根本无法改善 Q 值。

如图1.44所说明的，在高频时也会有磁损耗。交流电流流过电感线圈产生的磁场导致时变的磁通量。法拉第定律表明在衬底中产生了电场 E_{Si}。根据欧姆定律，这一电场产生的电流密度为 $J=\sigma_{Si}E_{Si}$，其中 σ_{Si} 为硅衬底的电导率。这就像存在一个变压器，映射与电感并联的衬底电阻(或损耗)(图1.44中右图)。为了降低这种损耗，优先选用较高的衬底电阻(更低的 σ_{Si})。幸运的是大多数现代 CMOS 工艺采用的大块衬底的电阻率相当高。电容损耗通过增加金属屏蔽层会有所减缓，但是磁损耗不同，增加屏蔽层通常没有作用，因为这相当于将电感短路。屏蔽的影响将在下面的示例中进一步讨论。

除了衬底因素之外，还有另一种降低多匝螺旋电感品质因数的原因，称为邻近效应或电流拥塞[22-24]。在单匝电感的情况下，除了拐角处，电流和磁场分布相当均匀，跟预期的一样。另一方面，在多匝结构中，均匀电流分布的假设不再成立，特别是对于靠近电感器中心的金属带，因为电流和磁场的分布在靠近内边缘处趋于变高。这种不均匀的电流分布意味着电阻增大，因为大部分电流流过较小的区域，由于电阻更高，导致品质因数 Q 下降。

示例：图1.46所示是一个为LTE应用而设计的3.6nH电感器，频率为2GHz。该电感器采用AP(或RDL)层和顶部两层金属层全部短路，以改善电阻损耗(在这里使用的16nm CMOS工艺中，AP的方块电阻为 $10.4\text{m}\Omega/\square$，顶部的两个金属层方块电阻为 $16.7\text{m}\Omega/\square$)。电感器使用的金属宽度比较大，为 $15\mu\text{m}$，因此体积相当大(尺寸为 $280\mu\text{m}$)。

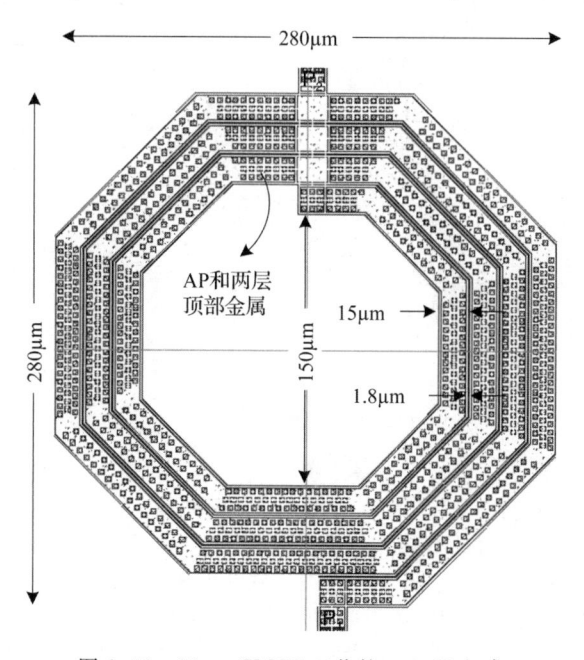

图1.46 16nm CMOS工艺的3.6nH电感

图 1.47 所示的是 EMX 模拟的电感和品质因数随频率变化的情况（即标有"无屏蔽"的黑色实心曲线，其他的曲线将在后面讨论）。自谐振频率约为 9.6GHz，考虑到电感相对较大，这个频率是合理的，而且远高于 2GHz 的预定工作频率。品质因数在 2GHz 时约为 9.4。

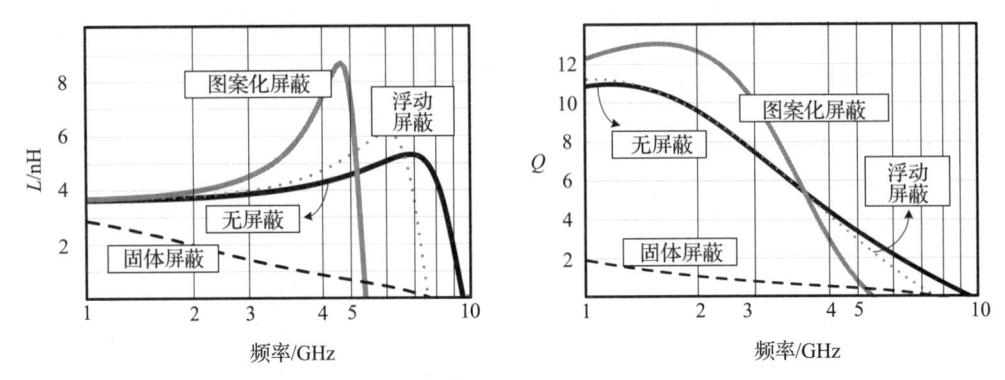

图 1.47 为 LTE 应用设计的 3.6nH 电感的模拟结果

将顶部的两层金属与 AP 层一起短接，产生的方块电阻为 $10\text{m}\Omega/\square$，这是相当小的值。猜测 Q 值为 9.4 的主要原因，除了一定程度上的趋肤效应外，还有衬底电容和磁损耗。因此，插入如图 1.48 所示的屏蔽层，乍一看似乎是有帮助的。

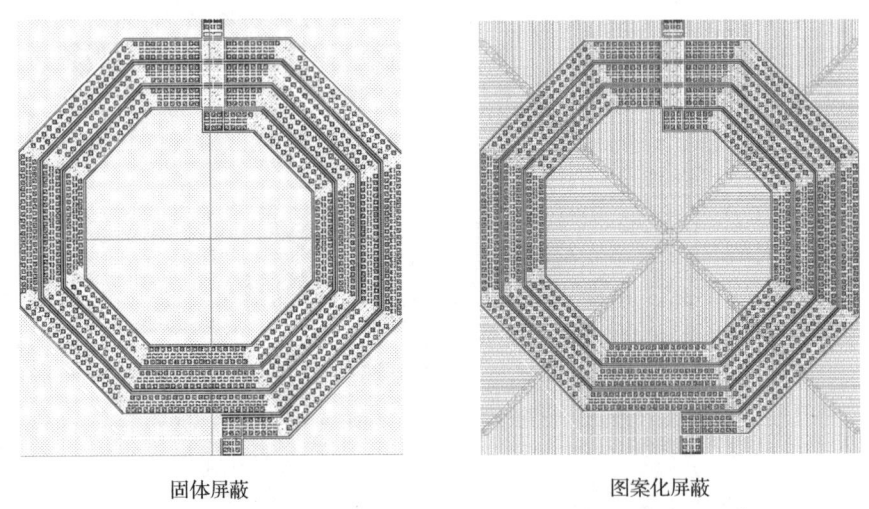

固体屏蔽　　　　　　　　　　图案化屏蔽

图 1.48　图 1.46 中电感器的两种变体，增加了金属单层屏蔽

图 1.48 的左图所示的是一个固体金属单层屏蔽，一旦与理想的地连接，就有可能消除对衬底的电容损耗。这种屏蔽通常用于 I/O 焊盘或射频电容，以消除有损耗的衬底的电容耦合[25-26]，就如图 1.44 所示的简单模型中一样，R_{SUB}/C_{SUB} 被低电阻金属屏蔽旁路。相反，对于电感来说，虽然它可能会消除电容损耗，但固体接地屏蔽也会干扰电感的磁场。根据楞次定律，在螺旋电感的磁场作用下，固体接地屏蔽层中会感应出感生电流。固体接地屏蔽层中的感生电流的流动方向与螺旋电感中电流的流动方向相反。因此电流之间产生的负耦合减弱了磁

场，也就减小了整体电感值。这可以通过在图 1.44 的简单模型中的变压器次级中放置一个很小的电阻来直观地解释。习题 31 表明，假设屏蔽电阻很小，有效电感为 $L_{\text{eff}} \approx L_1(1-k^2)$，其中 L_1 为预期电感，k 为电感与屏蔽层之间的耦合系数。当损耗保持不变时，不仅电感减小，品质因数也会显著降低。

另一方面，如图 1.48 所示，由多晶硅或金属构成的垂直于螺旋的槽图案化屏蔽是有益的，因其增加了感应电流的电阻[27]。这些槽有效地充当开路，以切断感应回路电流的路径。不过，这种技术在单端电感中最有帮助，并且会自然地降低自谐振频率。下一节将解释差分电感中屏蔽的影响。图 1.47 说明了在上一示例的电感器中分别加入图案化屏蔽、固体屏蔽和浮动图案屏蔽的模拟情况。如预计的一样，屏蔽导致自谐振频率降低。因此，对于图案化屏蔽的电感，2GHz 时的有效电感增加到约 4nH，Q 提高到约 12.4。而固体屏蔽使电感更低并且 Q 也更差。尽管图案化屏蔽电感器的自谐振频率降至 5.4GHz，但仍然是一种积极的折中，是可以接受的。必须强调的是，屏蔽体必须连接到小电感的良好地线上。如图 1.47 所示，浮动屏蔽在极端情况下，不会改善 Q 值，但由于额外的金属层，自谐振频率会稍低。

另一个需要关注且相关的现象是电感器下面有或没有本征层。为了进一步说明这一点，图 1.49 所示是上一个示例的 3.6nH 电感在有本征层和无本征层时的模拟 Q。没有本征层导致大量的衬底注入，提高了常规 NMOS 器件[⊖]的阈值电压。因此，沟道电导率从 10mS/m 增加到约 50mS/m。有趣的是，尽管衬底电阻较小，但是去除本征层会使图案化屏蔽电感和无屏蔽设计电感的 Q 都有所改善，并且 Q 值可以达到 14 左右。

有人可能会说，这种现象的原因是在特定的频率下，衬底的电容损耗是一个主导因素。虽然期望屏蔽层会有益，但由于 1 层金属的非零电阻(在此工艺流程中，1 层

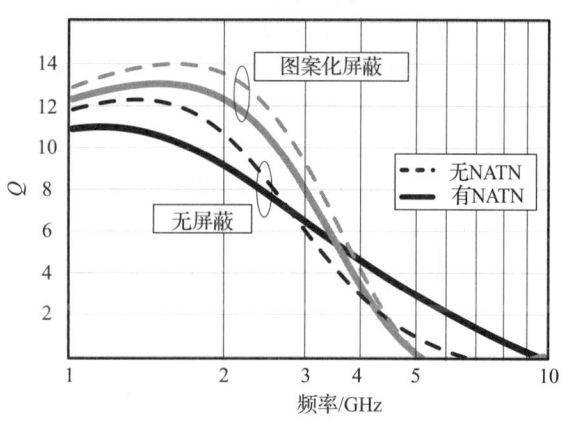

图 1.49 添加有无本征层条件的图 1.13 所示电感仿真 Q 值

金属的方块电阻相当大，约为 $1.1\Omega/\square$)，就不会完全消除衬底的电容损耗。因此，通过去除本征层来降低衬底电阻对非屏蔽和屏蔽电感仍有帮助。在更高频率时(3～4GHz 及以上)，很明显，NATN 层的去除会损害 Q，这表明衬底磁损耗是一个主要的因素。这意味着提高屏蔽电阻，例如将第 2 层金属与原来的 1 层金属短路来使用，可能会有所帮助，感兴趣的读者可以实验验证。

1.11.3 差分电感

如果在差分电路中使用两个相同的电感，则它们可以用一个差分电感替代，即两个单独的电感组合起来(图 1.50)[28]，这自然会使得设计更紧凑。而且面积更小，意味着衬底损耗和电容也就更小，这在高频的情况下很重要。当然，以上说明是假设用差分电感来实现每个单端电感的两倍大，而其面积与一个单端电感相比仍是一样大。一般不可能精确地做到这一点，面积通

⊖ 本征 NMOS 晶体管的阈值电压接近零。

常会有所增加，但是仍然会节省很大一块面积。

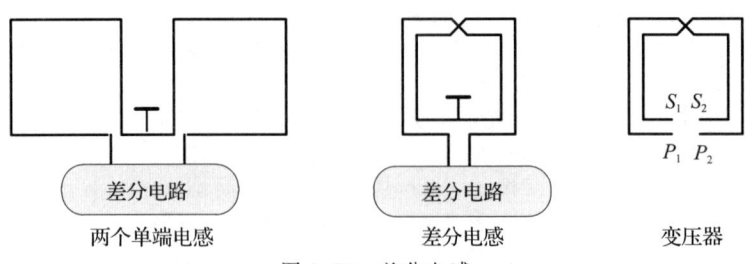

图 1.50　差分电感

尽管对衬底之间的电容预计会降低（理想情况下减半），但差分拓扑结构的主要缺点是自谐振频率更低。这是因为与两个间距很远的单独电感相比，差分电感相邻边之间有较大的电容，如图 1.50 所示。差分电感的另一个缺点是，所有不希望耦合到电感的信号（通过寄生电容，尤其是磁源），都会以不希望的差分信号的形式出现在两个端口上；但是，对于两个单端电感，如果寄生源足够远，就会以共模噪声的形式出现在输出端。

示例：如图 1.51 所示，在 16nm CMOS 中仅使用超厚 AP 层的 2 匝 1nH 差分电感器，已在 EMX 中布局和仿真。该电感在 5.5GHz 下的 Q 值为 16.2。

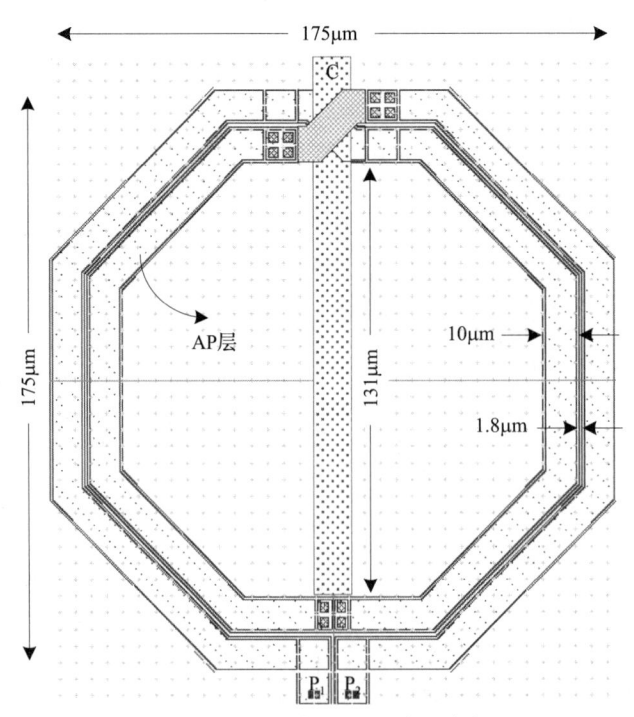

图 1.51　10mm 宽 1nH 差分电感布局

电感关于频率下的性能模拟如图 1.52 所示。对于差分电感，图案化屏蔽被证明没有多大的帮助，因为电场不会深入到衬底中，而只是停留在螺旋的相邻差分支路之间的表面上。实际上，更要关心的是自谐振频率的下降，因此差分电感中通常不使用屏蔽。

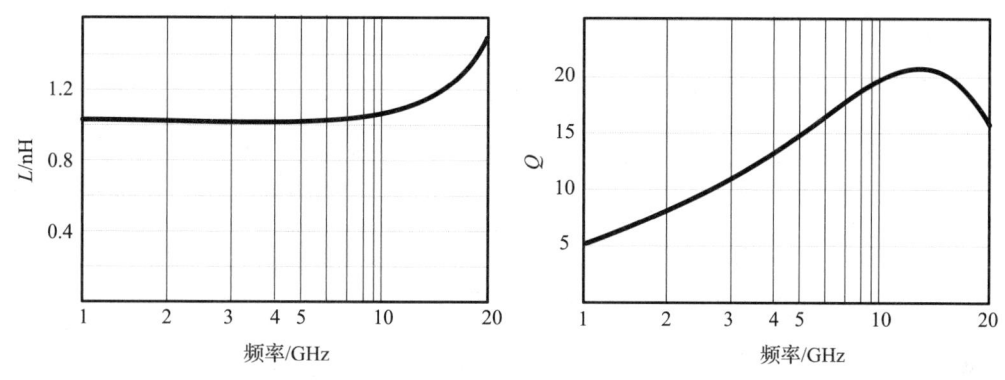

图 1.52　图 1.51 电感的 EMX 仿真结果

示例：作为练习，前面示例的电感的物理结构保持不变，而金属宽度发生了变化。金属宽度越大，电感的尺寸就越大（宽度变化后，电感尺寸从 150μm 增大到 200μm 左右）。图 1.53 所示为对结构的模拟：品质因数 Q 与金属宽度的关系。差分电感恒定在 1nH。鉴于电感值相对较小，自谐频率均在 20GHz 以上。图中还给出了另外两种情况下 10μm 宽度的 Q 值：仅有顶层金属（方块电阻约为 16.7mΩ/□），AP 和顶层金属短接在一起（见图中黑点）。

正如预计的那样，金属宽度越宽，Q 值越高，但超过一定宽度后，效果会趋于平缓。这自然是高频时趋肤效应的作用。对于 5.5GHz 的频率，最佳工艺宽度约为 10～12μm。

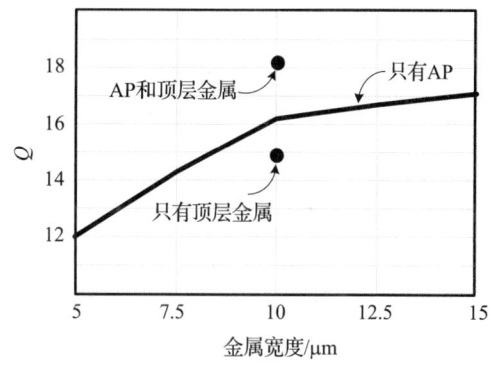

图 1.53　2 匝 1nH 差分电感的金属宽度与 Q 的关系

1.11.4　变压器

如图 1.54 所示，理想变压器是通过在磁心上缠绕两个匝数比为 n_1 和 n_2 的线圈来实现的。

如果磁心的磁导率很大（理想情况下为无穷大），则磁通量被包含在内部，并且两个线圈的磁通量分别为 $\phi_1 = n_1\phi$ 和 $\phi_2 = n_2\phi$。根据法拉第定律，如果 $v_1 = \dfrac{\mathrm{d}\phi_1}{\mathrm{d}t}$ 和 $v_2 = \dfrac{\mathrm{d}\phi_2}{\mathrm{d}t}$，则有

$$\frac{v_1(t)}{v_2(t)} = \frac{n_1}{n_2}$$

为了找出电流之间的关系，注意到类似于欧姆定律和电场的电阻概念可以定义磁阻 $\mathcal{R}_\mathrm{m}$，将电流和磁通量关联如下（详见文献[6]）：

$$n_1 i_1 + n_2 i_2 = \mathcal{R}_\mathrm{m} \phi$$

由于磁心是理想的，$\mathcal{R}_\mathrm{m} = 0$，因此有

$$\frac{i_1(t)}{i_2(t)} = -\frac{n_2}{n_1}$$

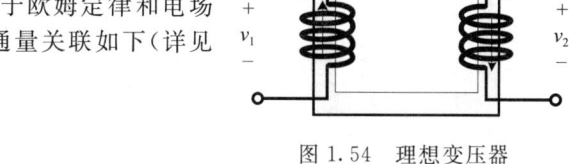

图 1.54　理想变压器

由此可知，对于所有 t，$v_1(t)i_1(t) + v_2(t)i_2(t) = 0$，说明理想变压器是无损耗的，不可储能

（与电感或电容不同）。此外，由能量守恒可知，在理想变压器中，两个线圈的自感必须是无穷大，耦合系数为1。

由于集成电路中没有高磁导率的磁心，如果设计得当，实际的变压器更像是耦合系数相当高的耦合电感[29]。如图1.50所示，差分电感实际上是一种变压器，其次级端口短接在一起，并连到一个共模电压上。因此，在设计变压器时会或多或少面临类似的折中。显然，关键是将初级和次级的走线排布得越近越好，使耦合系数(k)最大化。通过合理的设计，k值可高达0.8。

示例：图1.55所示是一个使用超厚AP层的2匝变压器。次级有一个中心抽头（图中标记为C），通常应用于许多偏置器件（如射频放大器）。中间的抽头用低层金属引出（虚线）。由于引出金属线的长度较短，对品质因数的影响通常较小。初级标记为P_1、P_2，次级标记为S_1、S_2。

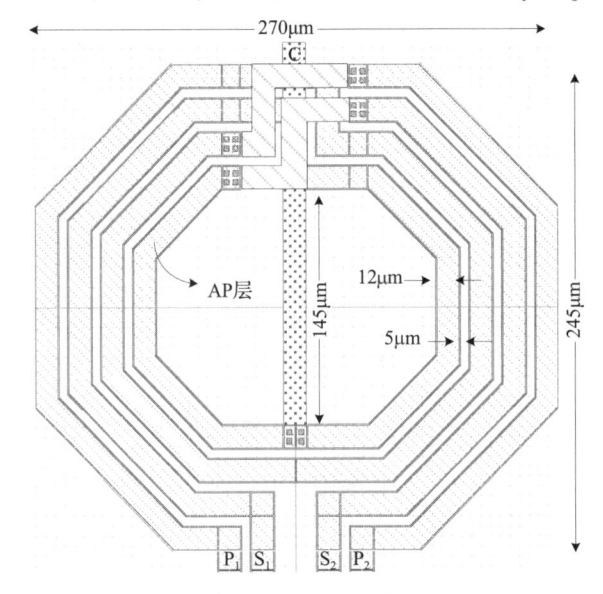

图1.55 带次级中心抽头的2匝变压器

在5.5GHz时，初级的模拟电感为1.25nH，Q值为13.4，次级电感为1nH，Q值为15。在5.5GHz时的耦合系数约为0.7，而且在整个频率范围内保持相对平坦。在金属厚度、所用金属层的类型等方面，或多或少与差分电感存在类似的趋势。变压器的EMX仿真结果如图1.56所示。

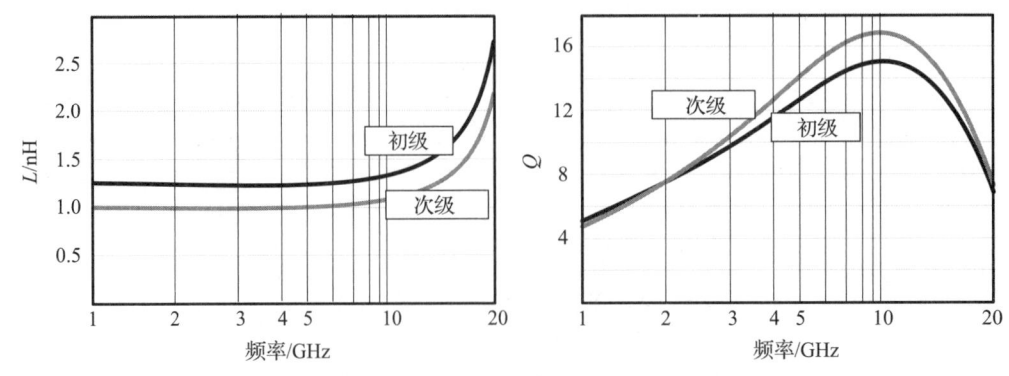

图1.56 图1.55变压器的EMX仿真结果

示例：图 1.57 所示为另一种变压器，初级为单匝，次级是两匝，而且无中心抽头。变压器将 AP 层和顶层金属短接，用来改善损耗，但这是以较差的自谐振频率（约 18GHz）为代价的。模拟得到在 5.5GHz 时的初级电感为 0.44nH，Q 值为 7，在 5.5GHz 时的次级电感为 1.14nH，Q 值为 12.5，在 5.5GHz 时的耦合系数约为 0.8。

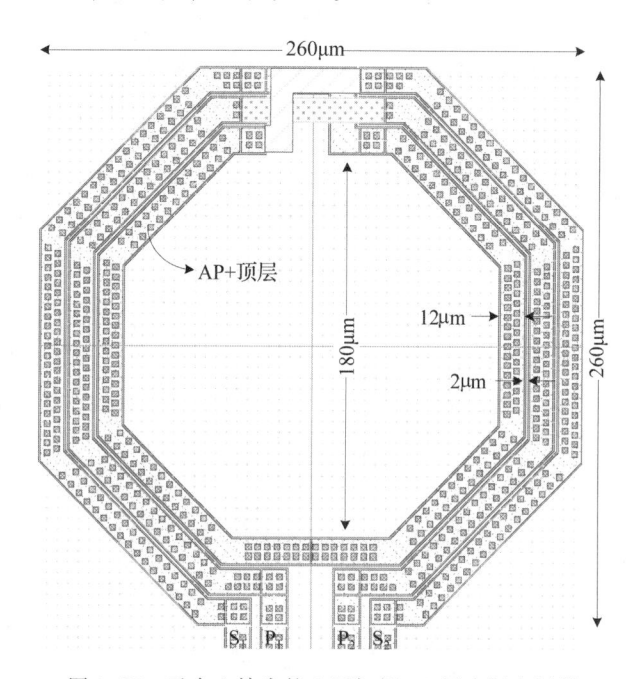

图 1.57 无中心抽头的 1 匝初级、2 匝次级变压器

与前面的变压器相比，Q 值更差的主要原因是初级和次级电感之间的巨大差异。在某些应用中，例如射频匹配网络中使用的阻抗变换（参见第 3 章），需要不同的初级与次级匝数比，图 1.57 中的变压器可能会非常方便。与其指定初级或次级的品质因数，不如在意变压器的插入损耗更有意义。

1.11.5 电感集总电路模型

虽然电感的尺寸相对较大，其本质上是分布式的，通过简单的集总元件还是可以很方便地对电感建模。最常见的电路如图 1.58 所示。由低频电感（L）、串联欧姆电阻（r）、衬底的氧化物电容（C_{OX}）、衬底模型（R_{SUB} 和 C_{SUB}）和用以模拟相邻边间的电容（C_F）组成。这种模型的主要优点是其所有的元素都是物理存在的，而且提供了在很宽的频率范围内都有较合理的近似值。因此射频设计者经常用这种模型来对电感建模。由于对衬底特性并不完全了解，R_{SUB} 和 C_{SUB} 通常是拟合参数，C_{OX} 与 R_{SUB}/C_{SUB} 一起足以用来计算衬底的磁损耗和电容损耗。本模型适合表示至少在一个确定的频率下的电感，也可以描述一定频率范围内的情形，但是如果对全带宽范围内的模型感兴趣，还可以利用模拟器（如 EMX）生成的 S 参数。为了加快仿

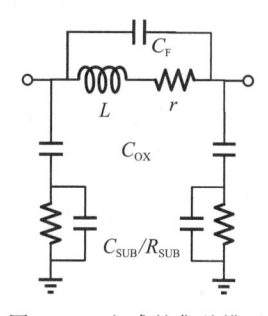

图 1.58 电感的集总模型

真速度，EMX 可以用来产生包括 RLC 元件和受控源的集总元件的等效电路[○]。

不失一般性的，研究一下图 1.58 所示的单端口电感的等效电路模型，假设其中一端接交流地，忽略 C_F，则输入阻抗为

$$Z_{IN} = \frac{(r+j L\omega)\left(1+\dfrac{C_{SUB}}{C_{OX}}+\dfrac{1}{jR_{SUB}C_{OX}\omega}\right)}{1+\dfrac{C_{SUB}}{C_{OX}}+\dfrac{r}{R_{SUB}}+j\omega\left(\dfrac{L}{R_{SUB}}+rC_{SUB}\right)-LC_{Si}\omega^2+\dfrac{1}{jR_{SUB}C_{OX}\omega}}$$

为了简化，通常认为 $r \ll R_{SUB}$，$C_{SUB} \ll C_{OX}$，在所关注的频率及其远离频率处有 $\left|\dfrac{1}{jR_{SUB}C_{OX}\omega}\right| \ll 1$，后者成立的原因是衬底阻抗很大，且在较高频率时 C_{OX} 的阻抗相对很小。因此有

$$Z_{IN} \approx \frac{r+j L\omega}{(1-LC_{SUB}\omega^2)+j\omega\left(\dfrac{L}{R_{SUB}}+rC_{SUB}\right)}$$

该阻抗具有带通特性，尽管在很低频率下也不会接近零，而等于预期的低频串联电阻 r。自谐振频率为 $\omega_{SRF}=1/\sqrt{LC_{SUB}}$ 时，其阻抗达到最大，为 $\dfrac{L}{\dfrac{L}{R_{SUB}}+rC_{SUB}} \approx R_{SUB}$。假设在更高的频率处 $r \ll L\omega$，这在 Q 值相当大时是成立的。

电感值与频率相关，根据定义，其值可表示为 $L(\omega)=\dfrac{|\text{Im}[Z_{IN}]|}{\omega}$，进而可推导出

$$L(\omega) \equiv L\frac{1-LC_{SUB}\omega^2}{(1-LC_{SUB}\omega^2)^2+\left[\left(\dfrac{L}{R_{SUB}}+rC_{SUB}\right)\omega\right]^2}$$

显然，电感在低频时其值为 L，然而在自谐振频率时最终趋近于零。这很容易理解，因为在自谐振频率时，输入阻抗相位为零（如之前所讨论的，R_{SUB} 达到峰值）；远离自谐振频率时，Z_{IN} 是容性的。$L(\omega)$ 对 ω 求偏导，可以发现与预期一样，电感在接近自谐振频率之前达到峰值。定义一个无量纲参数 $\eta=\dfrac{1}{2R_{SUB}}\sqrt{\dfrac{L}{C_{SUB}}}$，电感接近峰值时频率约为 $(1-\eta)\omega_{SRF}$，此时电感值为 $\dfrac{L}{4\eta}$，注意在典型情况下，$\eta \ll 1$。电感值在自谐振频率之前达到峰值的原因是分母中的 $(1-LC_{SUB}\omega^2)^2$ 为二次函数，其趋近零的速度比分子快。

示例： 一个基于 28nm CMOS 工艺设计的差分电感的建模如图 1.59 所示。该电感在 4GHz 频率时设计为 1nH，图中绘制了 EMX 拟合曲线和集总等效曲线。电感的测量特性与 EMX 预测的结果非常接近。集总模型中的器件值为 $L=1$nH，$r=0.44\Omega$，$C_{OX}=5.57$pF，$C_{SUB}=61$fF，$R_{SUB}=872\Omega$。这个 2 匝电感仅采用顶层金属设计，总长度约为 1.1mm，宽度为 22μm，通过计算得到其直流电阻约为 0.5Ω。如果被设计成一个长的导线，则其直流电感值为 1.1nH。

该电感的自谐振频率约为 20GHz，与分析预测的值非常接近，此时电感约为零。此外，EMX 和集总模型在一个很宽的频率范围内都能很好地匹配。根据推导，可以预测到当 $\eta=0.074$ 时，电感值在 18.5GHz 处达到峰值，其值为 3.4nH。

○ 这个等效电路没有物理意义，只是一种替代 S 参数的拟合曲线，以提高收敛速度和仿真速度。

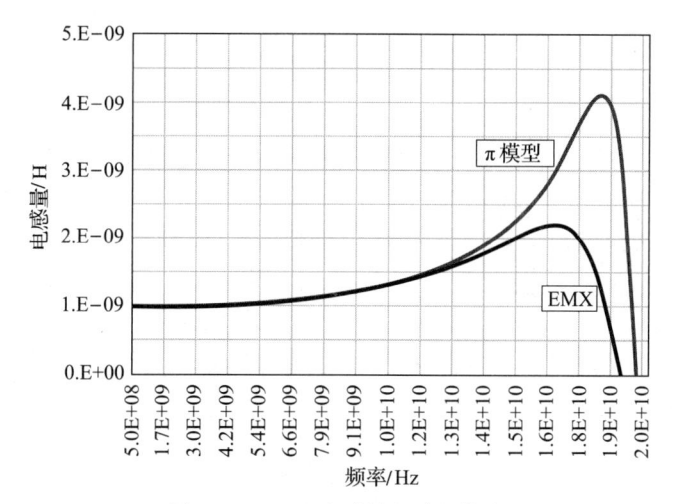

图 1.59　1nH 电感的电感量仿真

接下来将基于前面导出的集总模型输入阻抗对 Q 进行定量描述。将 Q 定义为

$$Q = \frac{|\mathrm{Im}[Z_{\mathrm{IN}}]|}{\mathrm{Re}[Z_{\mathrm{IN}}]}$$

将得出电感品质因数的简化表达式。给定前面推导出的 Z_{IN} 的近似表达式为

$$Z_{\mathrm{IN}} \approx \frac{r + \mathrm{j}L\omega}{\left(1 + \dfrac{r}{R_{\mathrm{SUB}}} - LC_{\mathrm{SUB}}\omega^2\right) + \mathrm{j}\omega\left(\dfrac{L}{R_{\mathrm{SUB}}} + rC_{\mathrm{SUB}}\right)} = \frac{r + \mathrm{j}L\omega}{A + \mathrm{j}B}$$

可以写出

$$\mathrm{Re}[Z_{\mathrm{IN}}] = \frac{r + \dfrac{r^2}{R_{\mathrm{SUB}}} + \dfrac{(L\omega)^2}{R_{\mathrm{SUB}}}}{A^2 + B^2}$$

和

$$\mathrm{Im}[Z_{\mathrm{IN}}] = \frac{L\omega\left[1 - LC_{\mathrm{SUB}}\omega^2 - \dfrac{r^2 C_{\mathrm{SUB}}}{L}\right]}{A^2 + B^2}$$

因此有

$$Q = \frac{L\omega\left|1 - LC_{\mathrm{SUB}}\omega^2 - \dfrac{r^2 C_{\mathrm{SUB}}}{L}\right|}{r + \dfrac{r^2}{R_{\mathrm{SUB}}} + \dfrac{(L\omega)^2}{R_{\mathrm{SUB}}}}$$

因为 $r \ll R_{\mathrm{SUB}}$，给定 $\dfrac{r^2 C_{\mathrm{SUB}}}{L} \ll 1$，上式可以写为

$$Q \approx \frac{L\omega\left|1 - LC_{\mathrm{SUB}}\omega^2\right|}{r + \dfrac{(L\omega)^2}{R_{\mathrm{SUB}}}}$$

需要关注的是，在自谐振频率处，Q 接近零，因为 Z_{IN} 是纯实数，$\omega_{\mathrm{SRF}} = 1/\sqrt{LC_{\mathrm{SUB}}}$。这显然是不对的，将在下一节予以说明。在远低于自谐振的频率处，通常也就是电感使用的频率处，Q 可以表示为

$$Q \approx \frac{L\omega}{r + \frac{(L\omega)^2}{R_{\text{SUB}}}}$$

有两种原因会造成损耗：在低频下，π 模型的第二分支是无效的，因此，$Q = \frac{L\omega}{r}$，即 Q 值随着频率线性增大，但是由于趋肤效应，其值会趋于平坦（虽然简单的 π 模型中并不包含这一点）。另一方面，在更高的频率处，C_{OX} 短路，模型简化为并联 RLC 等效电路，由 L、R_{SUB} 和 C_{SUB} 组成（注意，如果频率足够高，与 $L\omega$ 相比，r 可以忽略）。因此有 $Q = \frac{R_{\text{SUB}}}{L\omega}$，即其值随频率线性下降。此外，高频和低频的品质因数在频率约为 $\omega Q_{\text{opt}} = \frac{1}{L}\sqrt{rR_{\text{SUB}}}$ 时近似相等，在该频率处，预计 Q 达到峰值。这表明平衡低频和高频损耗可以优化给定频率处的电感品质因数。因此，最佳 Q 值等于

$$Q_{\text{opt}} = \frac{1}{2}\sqrt{\frac{R_{\text{SUB}}}{r}}$$

这仅仅是低频欧姆损耗和衬底电阻的函数。

示例：图 1.60 所示为上例中同一电感的 Q 值仿真结果。在 4GHz 时，只计入串联电阻的品质因数为 57，而计入衬底电阻损耗时 Q 值为 35。因此，4GHz 时的综合品质因数为 21.7，这稍微超出了 EMX 的仿真结果。预计 Q 值在 3.2GHz 时达到峰值，与 EMX 仿真结果接近。

最后要说明的是，如图 1.61 所示，是 EMX 创建的差分电感的集总模型。它比图 1.58 的简单模型要复杂得多。

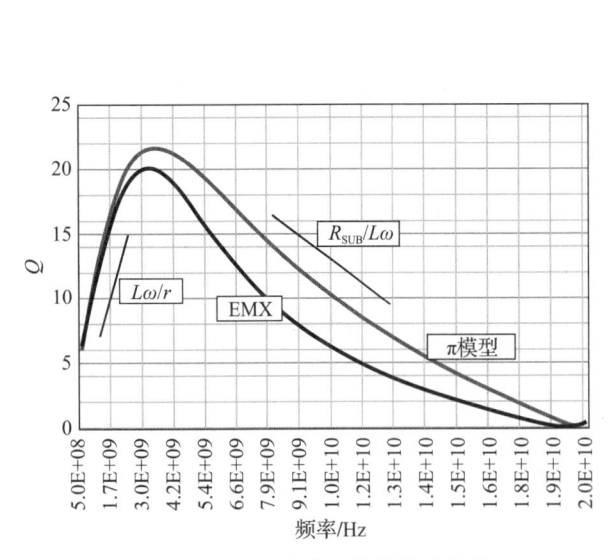

图 1.60 1nH 电感 Q 值的仿真结果

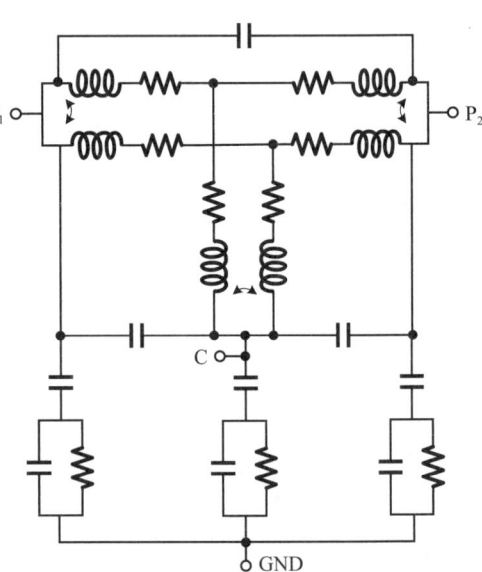

图 1.61 EMX 创建的差分电感集总模型示例

该模型主要是通过在所关注的频率上对电感模拟表现进行曲线拟合建立的，至少可以识别几个元素的物理属性是合理的。

1.11.6 Q 的基本定义与 Q 的电感定义

在前面的例子中，品质因子近似为零可能听起来不直观，需要在这里进行一些澄清。根据 $Q=\dfrac{|\mathrm{Im}[Z_{\mathrm{IN}}]|}{\mathrm{Re}[Z_{\mathrm{IN}}]}$ 的品质因数定义，基于这样的假设，即相关电路本质上是一个电感器和一些小的寄生电容或电阻。通常情况下需要在远低于自谐振频率下使用电感。因此，这个定义在测量仪器和文献中均被广泛采用。然而，在接近自谐振频率和更高的频率时，就不适用了。

为了解决这个问题，建议使用前面给出的基于谐振时储存的能量和耗散功率的 Q 的基本定义为

$$Q = \omega_0 \frac{储存的总能量}{平均能耗}$$

这个定义主要是针对谐振时的二阶 RLC 电路的，而二阶电路并不直接适用于电感，尤其是在低频处。尽管如此，如果电感性能良好，也就是说品质因数相当高，并且寄生电容很小，则可以有效地将其建模为并联 RLC 电路，其中并联电容包括电感本身的电容以及在目标频率处产生谐振额外的附加部分（图 1.62）。

一旦用并联分量（图中的 R_p、L_p 和 C_p）表示，在谐振 $\omega = \dfrac{1}{\sqrt{L_p C_p}}$ 时，前面导出的基本 Q 为

$$Q = \frac{R_p}{L_p \omega} = \frac{|B_{pL}|}{G_p}$$

式中，G_p 是有效并联电导，B_{pL} 是相关频率下电感部分的并联电纳。注意 G_p 和 B_{pL} 与频率相关，并且 B_{pL} 为负值。此外，这里是假设 C_p 由足够的外部电容（图中的 C_{ext}）组成，可以在目标频率处建立谐振。

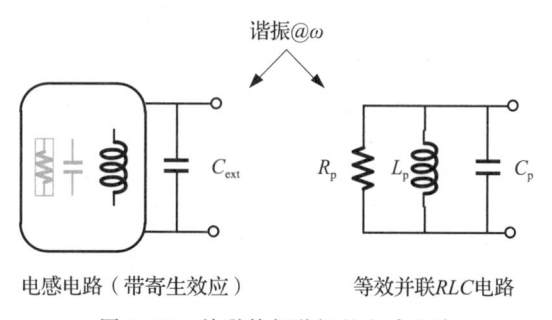

图 1.62 并联外部谐振的电感电路

为了进一步了解，作为练习，推导出前面提出的 π 型电路的基本 Q 表达式。π 型电路输入导纳为

$$Y_{\mathrm{IN}} = \frac{\left[r + \dfrac{r^2}{R_{\mathrm{SUB}}} + \dfrac{(L\omega)^2}{R_{\mathrm{SUB}}}\right] - jL\omega\left[1 - \left(LC_{\mathrm{SUB}}\omega^2 + \dfrac{r^2 C_{\mathrm{SUB}}}{L}\right)\right]}{r^2 + (L\omega)^2}$$

因此，并联的等效电导和电感性电纳分别为

$$G_p = \frac{r + \dfrac{r^2}{R_{\mathrm{SUB}}} + \dfrac{(L\omega)^2}{R_{\mathrm{SUB}}}}{r^2 + (L\omega)^2}$$

$$B_{pL} = \frac{-L\omega}{r^2 + (L\omega)^2}$$

注意，$\dfrac{L\omega\left(LC_{SUB}\omega^2 + \dfrac{r^2 C_{SUB}}{L}\right)}{r^2 + (L\omega)^2}$ 项是容性部分电纳，并且总是小于电感部分的电纳，除非在自谐振频率时它们才会相等。然而，Q 的定义是假设在低于自谐振频率的任意频率下，都有足够的外部电容以产生谐振。

因此 Q 的基本定义为

$$Q = \frac{L\omega}{r + \dfrac{r^2}{R_{SUB}} + \dfrac{(L\omega)^2}{R_{SUB}}} \approx \frac{L\omega}{r + \dfrac{(L\omega)^2}{R_{SUB}}}$$

有趣的是(但并不奇怪)，Q 与寄生电容无关。

此外，与之前的定义相比，两者的表达式非常相似，除了基本 Q 表达式中没有 $\left|1 - LC_{SUB}\omega^2 - \dfrac{r^2 C_{SUB}}{L}\right|$ 项，因此永远不会趋近零(除非在 $\omega \to \infty$ 处)。

示例：图 1.63 中是根据这两种定义用 EMX 模拟的前面示例中的电感品质因数的对比。

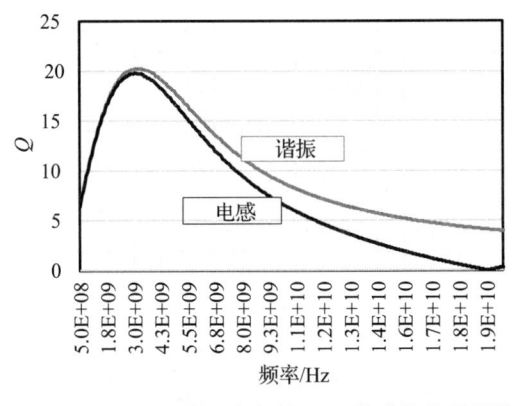

图1.63 基于两种 Q 定义的 1nH 电感的品质因数

显然，在远低于自谐振频率的情况下，两条曲线非常吻合，这也是通常电感所使用的频率。虽然电感定义预计在自谐振时的 Q 为零，但基于谐振电路的基本定义得出的 Q 约为 5，这个值更有意义。

以上结果并非巧合，也不限于图 1.58 的简单 π 型电路。利用特勒根定理[⊖]，可以证明(参见文献[7]和习题 26、27 和 28)，对于任意单端口 RLC 电路(见图 1.64)有

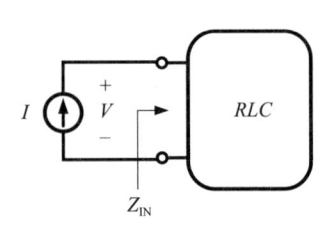

$$Z_{IN} = \frac{2P_{avg} + 4j\omega(W_L - W_C)}{|I|^2}$$

图 1.64 任意 RLC 单端口电路的输入阻抗与耗散和/或储存能量的关系描述

[⊖] 由荷兰电气工程师伯纳德·特勒根于 1952 年发表，是网络理论中的关键定理之一。值得注意的是，特勒根还是五极管(一种常用的真空管)和回转器的发明者。

式中，P_{avg} 是所有电阻消耗的总功率，W_L 是所有电感储存的总能量，W_C 是所有电容储存的总能量。它们自然都是正实数。

Q 的电感定义将产生

$$Q_{IND} = \frac{|\text{Im}[Z_{IN}]|}{\text{Re}[Z_{IN}]} = \omega \frac{2|W_L - W_C|}{P_{avg}}$$

一个设计良好的单端口电感，在远低于谐振的频率下，电感部分占主导地位，也就是说 $W_C \ll W_L$，因此

$$Q_{IND} \approx \omega \frac{2W_L}{P_{avg}}$$

另一方面，根据 Q 的谐振（或基本）定义有

$$Q_{FUND} = \omega \frac{W_L + W_C}{P_{avg}} = \omega \frac{2W_L}{P_{avg}}$$

这是因为在共振时，$W_L = W_C$。

如预期的一样，在远低于自谐振频率时，这两个定义几乎相同。谐振频率附近，由于 $W_L \approx W_C$，Q_{IND}（错误地）减小，但 Q_{FUND} 保持不变。

1.11.7 变压器建模

也可以为变压器开发类似的模型。图 1.65 给出的是一个集成变压器模型，它由两个电感组成，电感的等效 π 型电路与之前给出的等效电路相同，但也相互耦合。

为了深入了解，考虑图 1.66 中的电路，忽略损耗和电容。

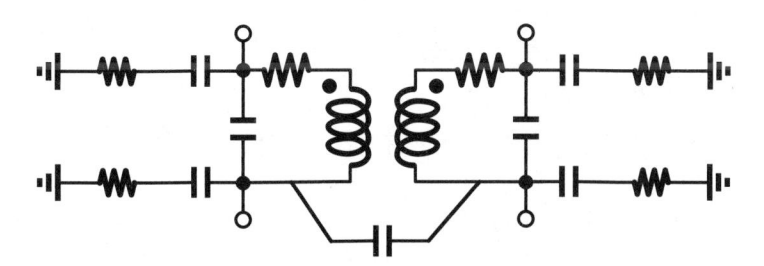

图 1.65 集成变压器的简化模型

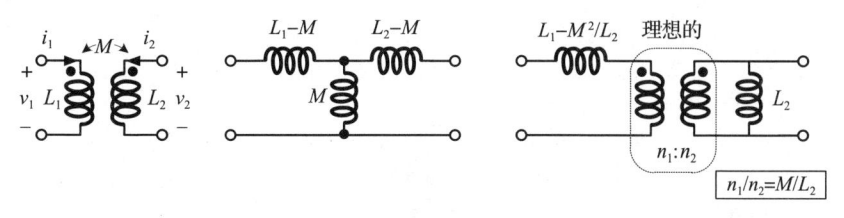

图 1.66 无损集成变压器等效模型

对于左边的耦合电感，有

$$\begin{cases} \phi_1 = L_1 i_1 + M i_2 \\ \phi_2 = M i_1 + L_2 i_2 \end{cases}$$

或者等效为$[\phi]=[L][i]$，其中$[L]=\begin{bmatrix} L_1 & M \\ M & L_2 \end{bmatrix}$是电感矩阵[7]。根据定义，耦合因子是$k=\dfrac{|M|}{\sqrt{L_1 L_2}}$。注意，$M$可正可负，但$k$总是正的。

此外，从能量的角度来看，可以证明$k \leqslant 1$，否则耦合电感的总能量可能变为负。可以推导出右边另外两个电路的L矩阵，并证明所有三个电路具有相同的电感矩阵，因此三个电路是等效的。如果耦合电感的耦合系数接近1，则$L_1 - \dfrac{M^2}{L_2} \approx 0$，变压器可以用图1.67所示的等效模型表示。

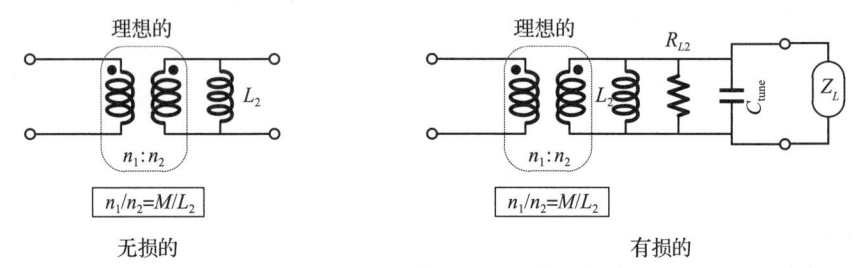

图1.67 $k \approx 1$时集成变压器等效模型

如果变压器电路模型可以仿真，比如从 EMX 中获得，那么它遵循

$$L_1 = \frac{|z_{11}(j\omega)|}{\omega}$$

$$L_2 = \frac{|z_{22}(j\omega)|}{\omega}$$

互感为

$$M = \frac{|z_{12}(j\omega)|}{\omega} = \frac{|z_{21}(j\omega)|}{\omega}$$

式中，z_{11}、$z_{21}(=z_{12})$和z_{22}是变压器开路阻抗参数。因此，耦合系数为$k = \dfrac{|z_{12}(j\omega)|}{\sqrt{z_{11}(j\omega) z_{22}(j\omega)}}$。

1.12 总结

本章介绍了基本的射频元件以及相关的概念。
- 1.1、1.2和1.4节涉及电磁场，以及电容器和电感器的基本定义。
- 1.3节讨论了时变场和麦克斯韦方程。
- 1.5节介绍了分布式电路，接下来将在第3章传输线中进一步介绍。
- 1.6和1.7节讨论了谐振电路特性和能量耗散，以及品质因数的定义及其特性。
- 1.8和1.9节简要介绍了电磁波和天线。
- 1.11和1.12节深入讨论了集成电容、单端和差分电感的特性和设计。

本章讨论的集成电感和调谐 LC 电路的大部分内容将会用于第7章、第9章和第11章中，因为这些元件广泛应用于低噪声放大器、振荡器和功率放大器中。

1.13 习题

1. 使用球坐标,求半径分别为 a 和 b 的两个同心球面构成的电容值。真空中一个直径为 1cm 的金属球的电容值是多少?提示:使 $b\to\infty$,因此 $C=4\pi\varepsilon_0 a=0.55\text{pF}$。

2. 假设平板电容器包含两种不同的电介质,用如图所示的参数求出其总电容的表达式。

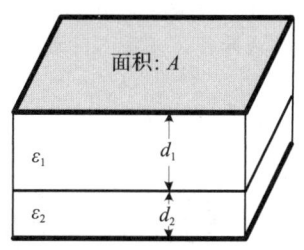

3. 在习题 2 所示的结构中,如果在两种电介质接触表面处加入厚度为 0 的第三导体,那么该结构的电容为多少?电场的形状怎样?如果顶部和底部电极板之间的间距保持不变,而中间的导体厚度不为 0,电容将会如何变化?

4. 如果两电介质接触面垂直于两个导电板,如下图所示,重复习题 2。

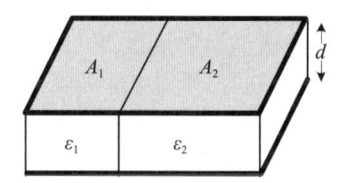

5. 与电容类似,利用欧姆定律可以看出,一个具有有限电导率 σ 的近乎完美的导体的漏电导为
$G = \sigma \dfrac{\int_s \boldsymbol{E}\cdot\mathrm{d}\boldsymbol{S}}{-\int \boldsymbol{E}\cdot\mathrm{d}\boldsymbol{L}}$,计算本章所用的同轴电缆半径为 a 和 b 的漏电导。

6. 一个很长的,内外半径分别为 a 和 b 的无电荷超导空心圆柱体,如图所示。有一电流为 I 的导线放在圆柱体的中心,考虑到圆柱体内的磁场必须为零,计算其内部和外部的磁场。如果该导线位置偏离圆柱体中心但是仍在圆柱体内,此时内部和外部的磁场将会怎样变化?

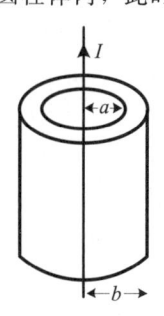

7. 一根圆形横截面半径为 a 的长直导线,其内电感(单位长度)是多少(采用能量的定义)?答案:$\dfrac{\mu_0}{8\pi}$。

8. 证明一根有限长度为 l、半径为 r 的导线的直流电感为 $L=\dfrac{\mu_0 l}{2\pi}\left(\ln\dfrac{2l}{r}-\dfrac{3}{4}\right)$。长度为 2mm、直径为 $25\mu m$ 的铜键合线的电感是多少(集成电路中实际的键合焊盘典型尺寸为 $50\times 50\mu m^2$)？通常依据经验会假设键合线电感为 1nH/mm，说明原因。提示：计算内电感(上一题)和外电感(用毕奥-萨伐尔定律和通量定义)。该方程是对 $r\ll l$ 的实际情况的近似简化。罗莎进行了详细计算[⊖]。

9. 在法拉第实验中，假设开关电阻为 R、两个线圈电感为 L、电池电压为 V_{BAT}，试求线圈中的时变电流。假设铁环线圈有很大的磁导率，求第二个螺旋线圈中的磁通量，并估计电流计读取的电场。

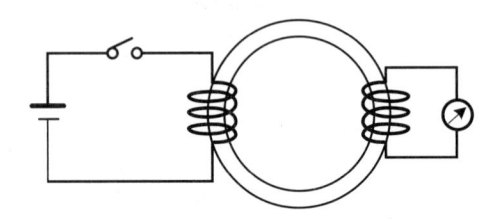

10. 证明 $V(z,t)=f_1\left(t-\dfrac{z}{v}\right)+f_2\left(t+\dfrac{z}{v}\right)$ 解的一般形式满足传输线方程。求解出满足方程的速度 v。

11. RLC 串联电路如下图所示，其中电感的初始电流为 I_0，求电路的微分方程和电感电流。电感中储存的总电能为多少？电阻随时间消耗的电能是多少？

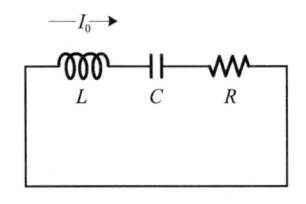

12. 如下图所示的电路中，电感 L_1 的初始电流为 I_0，在 $t=0$ 时开关闭合，求电感在 $t\to\infty$ 时的电流。答案：$i_{L1}(\infty)=-i_{L2}(\infty)=\dfrac{L_1}{L_1+L_2}I_0$。

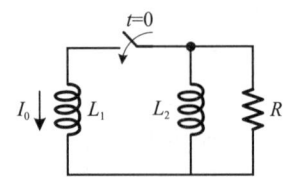

13. 根据习题 12，试说明两个电感中的最终电流关系；求出电阻上总的能量损耗，并据此求出两个电感上的最终能量和电流。可能存在电感 L_1 上的初始能量全部耗散，最终电流为零的情况吗？答案：电阻能量 $E_R=\displaystyle\int_0^\infty \dfrac{(-RI_0 e^{-t/\tau})^2}{R}\mathrm{d}t=\dfrac{1}{2}\left(\dfrac{L_1 L_2}{L_1+L_2}\right)I_0^2$。

⊖ 爱德华·B. 罗莎，"关于圆的自感"，标准局公报，第 4 期.2, 301-305, 1907。

14. 假设用于压控振荡器（VCO）中的 LC 谐振回路由一个开关电容 C_F 和标称电容值为 $C(v)$ 的可变电容组成。将 VCO 的增益定义为 $K_{\text{VCO}} = \dfrac{\partial \omega}{\partial V}$，其中 V 是可变电容的电压，试证明当可调电容改变振荡频率 ω_0 时，K_{VCO} 与 ω_0^3 成正比。

15. 求出如下图所示的并联 RC、RL 电路的 Q 值。假设电感和电容都是高 Q 值元件，证明总 Q 值可以表述为 $\dfrac{1}{Q} = \dfrac{1}{Q_L} + \dfrac{1}{Q_C}$。

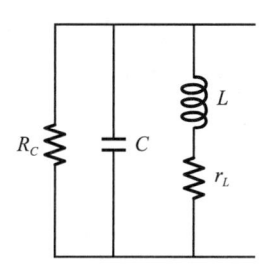

16. 求位于原点的点电荷 $+Q$ 在距离 r_1 和 r_2 处的电势差。假设 $r_2 \to \infty$ 时，参考电势 $V = 0$，求距原点任意距离处点电荷的电势。

17. 电偶极子为两个大小相同但极性相反的点电荷，相隔一小段距离（l），如下图所示。求距离原点 r 处的电势。假设 $r \gg l$，求出电势的简化表达式，并计算出偶极子的电场。答案：$\boldsymbol{E} = \dfrac{Q}{4\pi\varepsilon r^3}(2\cos\theta \boldsymbol{a_r} + \sin\theta \boldsymbol{a_\theta})$。

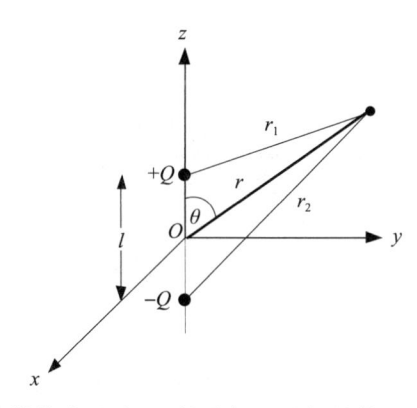

18. 求理想电流丝（见下图）携带静态电流 I_0 的磁场和磁矢量势。

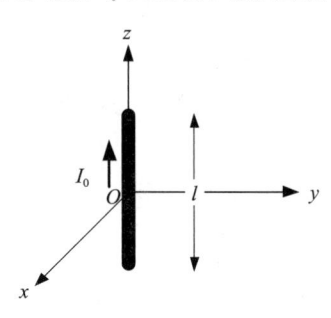

19. 一个理想的环形电流回路，其总电流为 I_0，如下图所示。求沿 z 轴的矢量电势和磁场。答案：$\boldsymbol{H} = \dfrac{a^2 I_0}{2(z^2 + a^2)^{3/2}} \boldsymbol{a}_z$。

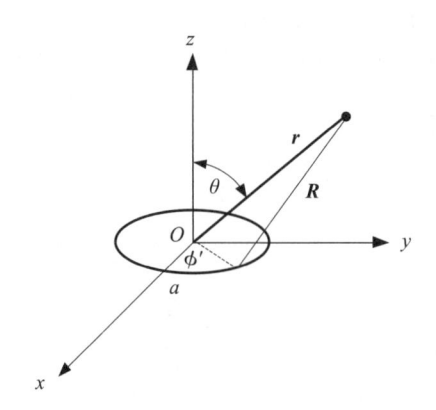

20. 对于上一题，求出偏离对称轴的矢量势和磁场。提示：空间中任意点的解的椭圆积分只能用数值求解。对于远场 ($r \gg a$)，积分可以用泰勒展开法近似，并忽略高阶项，得出 $\boldsymbol{H} = \dfrac{I_0 (\pi a^2)}{4 \pi r^3}(2\cos\theta \, \boldsymbol{a}_r + \sin\theta \, \boldsymbol{a}_\theta)$。

21. 环形电流回路的磁力线如下图所示。说明其与小磁棒的磁力线是否相似。

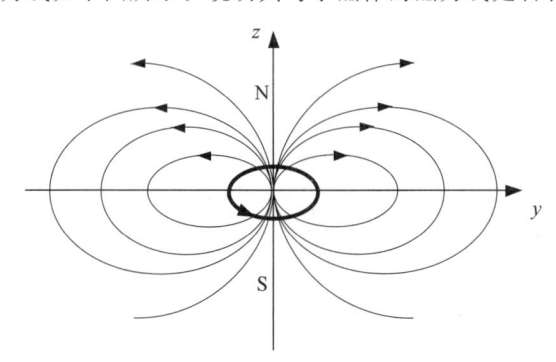

22. 说明电偶极子和环形电流回路的磁场和电场的相似性。电荷和电流的关系如何？

23. 磁偶极子由半径为 a 的环形电流回路组成，其上载有 $I_0 \cos\omega t$ 的正弦电流，如下图所示。它与前面讨论的赫兹偶极子密切相关。根据麦克斯韦方程中电场和磁场之间的对偶性，可以用一种间接但更简单的方法来求解电场和磁场。对于无源介质，如果用 $\boldsymbol{H}$ 代替 $\boldsymbol{E}$，用 $-\boldsymbol{E}$ 代替 $\boldsymbol{H}$，用 μ 代替 ε，麦克斯韦方程组保持不变。引用电偶极子和磁偶极子之间的对偶性（前一个问题），麦克斯韦方程的对称性，以及 $I = \dfrac{\mathrm{d}Q}{\mathrm{d}t} = \mathrm{j}\omega Q$，表明赫兹偶极子解可以用于获得磁偶极子场，只要用 $\mathrm{j}\omega\varepsilon\pi a^2$ 代替 I 就可以了。答案：对于远场的情况，$H_\varphi \approx (\omega\mu\pi a^2)\dfrac{\mathrm{j}}{\eta} \dfrac{I_0 \beta \sin\theta}{4\pi r} \mathrm{e}^{-\mathrm{j}\beta r}$，$E_\theta \approx -\eta H_\varphi$。

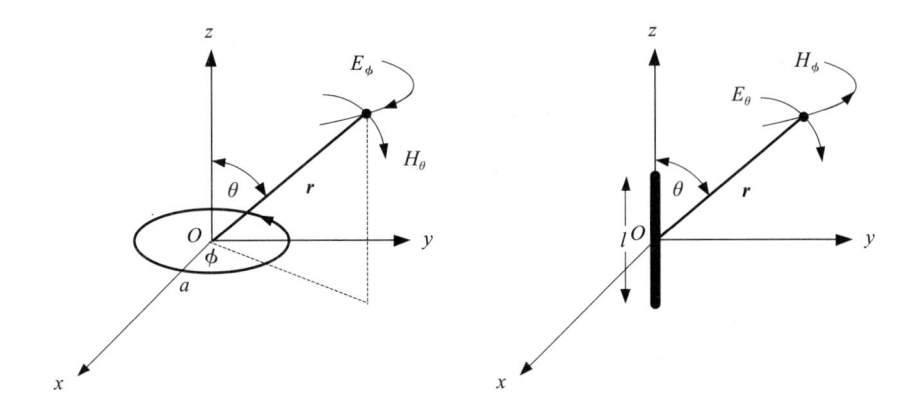

24. 对于长度为 l 的一般偶极子，证明

$$F(\theta,\varphi) = \frac{\cos\left(\frac{kl\cos\theta}{2}\right) - \cos\left(\frac{kl}{2}\right)}{\sin\theta}$$

假设电流分布为 $I(z) = I_0 \sin\left(k\left(\frac{l}{2} - |z|\right)\right)$。提示：利用下图，说明对于远场，微分电场为 $\mathrm{d}E_\theta = \mathrm{j}\eta k \frac{I(z)\mathrm{d}z}{4\pi r} \sin\theta' \mathrm{e}^{-\mathrm{j}kr'} \approx \mathrm{j}\eta k \frac{I(z)\mathrm{d}z}{4\pi r} \sin\theta \mathrm{e}^{-\mathrm{j}k(r-z\cos\theta)}$。总电场由 $E_\theta(r,\theta) = \int_{-l/2}^{l/2} \mathrm{d}E_\theta$ 得到。

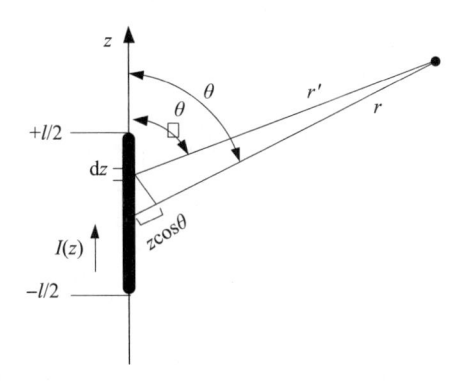

25. 对于输入阻抗为 $Z(\mathrm{j}\omega)$ 的单端口 RLC 电路，品质因数有时被定义为

$$Q = \frac{|\mathrm{Im}[Z]|}{\mathrm{Re}[Z]}$$

使用 Q 的能量定义和复数功率的概念来证明此定义。

26. 单端口的导纳有类似的方程：$Y(\mathrm{j}\omega) = \dfrac{1}{Z(\mathrm{j}\omega)}$。讨论一下该定义如何适用于串联（或并联）$RLC$ 电路。

27. （特勒根定理）考虑一个具有 b 个分支的任意网络。假设支路电压 v_k 和支路电流 i_k。如果所有支路电压和电流分别满足 KVL 和 KCL，那么 $\sum_{k=1}^{b} v_k i_k = 0$。提示：假设电路有 $n-1$ 个节点和一个参考节点，用 KVL 表示支路电压，用节点电压与参考电压进行比较。根据节点电压重写电压总和 $(e_l, l = 1, 2, \cdots, n-1)$，然后使用 KCL 进行简化。

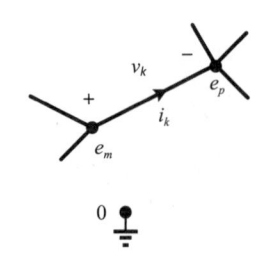

28. 对于图 1.64 中的单端口电路，由特勒根定理有 $\sum_k V_k I_k^* = 0$，其中 V_k 和 I_k 是正弦稳态下⊖的支路电压和电流相量。运算符 * 表示共轭。

(a) 证明 $Z_{\text{IN}}|I|^2 = \sum_k (R_k I_k) I_k^* + \sum_m (j\omega L_m I_m) I_m^* + \sum_n V_n (j\omega C_n V_n)^*$，其中总和包含电阻、电感和电容三部分。

(b) 用 (a) 的部分结果，证明 $Z_{\text{IN}} = \dfrac{2P_{\text{avg}} + 4j\omega(W_L - W_C)}{|I|^2}$。

29. 设计一个 4nH 的单层螺旋电感，假设电感值可近似表示为 $L = \mu_0 N^2 r$，其中 N 为匝数，r 为螺旋半径，假设金属的方块电阻为 $10\text{m}\Omega/\square$，并且面积限制在 $200\mu\text{m} \times 200\mu\text{m}$ 以内，电感内径大于 $150\mu\text{m}$，金属之间的间距为 $5\mu\text{m}$，目标是在给定的限制条件下使 Q 最大化。忽略趋肤效应和其他高频因素，求出最优的 Q 值。

30. 对于下图，求出看向变压器初级的输入阻抗 Z_1。证明如果 R_2 很小，则有效电感为 $L_{\text{eff}} = \dfrac{\text{Im}[Z_1]}{\omega} \approx L_1(1-k^2)$，其中 $k = \dfrac{|M|}{\sqrt{L_1 L_2}}$ 为耦合系数。

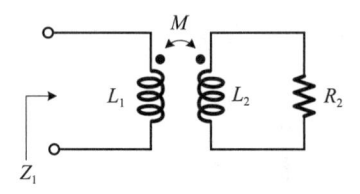

31. 对于下图所示的电路：

(a) 证明等效电感为 $L_{\text{eq}} = \dfrac{L_1 L_2 + L_1 L_3 + L_2 L_3 - M^2 - 2ML_3}{L_2 + L_3}$。

(b) 证明 L_{eq} 总是正值。提示：利用耦合因子 $k = \dfrac{|M|}{\sqrt{L_1 L_2}}$ 最大时等于 1。这为 M 设定了一个上限。

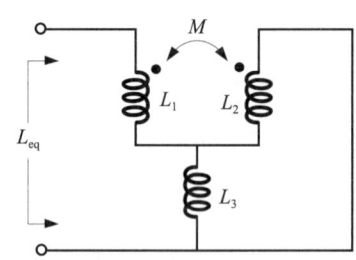

⊖ 特勒根定理的唯一约束是网络必须是集总参数的。根据问题中得出的结论，将该定理用正弦稳态的特殊形式表述出来，这种形式仅适用于 LTI 网络。

32. 使用 EMX，将图 1.15 的电感用金属 1 和 2 层短路在一起的槽形平面屏蔽。金属 1 和金属 2 是相同的，都使用文中提供的方块电阻值。假定有 NATN 层，求出电感、品质因数和自谐振频率。答案：在 2GHz 时，Q 从 12.4 提升到 12.8。

参考文献

[1] P. R. Gray and R. G. Meyer, *Analysis and Design of Analog Integrated Circuits*, John Wiley, 1990.

[2] Y. Tsividis and C. McAndrew, *Operation and Modeling of the MOS Transistor*, vol. 2, Oxford University Press, 1999.

[3] R. Ellis and D. Gulick, *Calculus, with Analytic Geometry*, Saunders, 1994.

[4] R. E. Colline, *Foundation for Microwave Engineering*, McGraw-Hill, 1992.

[5] D. M. Pozar, *Microwave Engineering*, John Wiley, 2009.

[6] W. H. Hayt and J. A. Buck, *Engineering Electromagnetics*, vol. 73104639, McGraw-Hill, 2001.

[7] C. A. Desoer and E. S. Kuh, *Basic Circuit Theory*, McGraw-Hill, 2009.

[8] W. E. Boyce, R. C. DiPrima, and C. W. Haines, *Elementary Differential Equations and Boundary Value Problems*, vol. 9, John Wiley, 1992.

[9] R. E. Collin and F. J. Zucker, *Antenna Theory*, McGraw-Hill, 1969.

[10] C. A. Balanis, *Antenna Theory: Analysis and Design*, vol. 1, John Wiley, 2005.

[11] W. L. Stutzman and G. A. Thiele, *Antenna Theory and Design*, John Wiley, 2012.

[12] M. Zargari, M. Terrovitis, S.-M. Jen, B. J. Kaczynski, M. Lee, M. P. Mack, S. S. Mehta, S. Mendis, K. Onodera, H. Samavati, et al., "A Single-Chip Dual-Band Tri-Mode CMOS Transceiver for IEEE 802.11 a/b/g Wireless LAN," *IEEE Journal of Solid-State Circuits*, 39, no. 12, 2239–2249, 2004.

[13] F. Svelto, S. Deantoni, and R. Castello, "A 1.3GHz Low-Phase Noise Fully Tunable CMOS LC VCO," *IEEE Journal of Solid-State Circuits*, 35, no. 3, 356–361, 2000.

[14] A. Kral, F. Behbahani, and A. Abidi, "RF-CMOS Oscillators with Switched Tuning," in *Custom Integrated Circuits Conference, 1998. Proceedings of the IEEE*, 1998.

[15] N. Nguyen and R. Meyer, "A 1.8-GHz Monolithic LC Voltage-Controlled Oscillator," *IEEE Journal of Solid-State Circuits*, 27, no. 3, 444–450, 1992.

[16] N. Nguyen and R. Meyer, "Si IC-Compatible Inductors and LC Passive Filters," *IEEE Journal of Solid-State Circuits*, 25, no. 4, 1028–1031, 1990.

[17] F. Grover, *Inductance Calculations*, Dover, 1946.

[18] H. Greenhouse, "Design of Planar Rectangular Microelectronic Inductors," *IEEE Transactions on Parts, Hybrids, and Packaging*, 10, no. 2, 101–109, 1974.

[19] S. S. Mohan, M. del Mar Hershenson, S. P. Boyd, and T. H. Lee, "Simple Accurate Expressions for Planar Spiral Inductances," *IEEE Journal of Solid-State Circuits*, 34, no. 10, 1419–1424, 1999.

[20] S. Jenei, B. K. Nauwelaers, and S. Decoutere, "Physics-Based Closed-Form Inductance Expression for Compact Modeling of Integrated Spiral Inductors," *IEEE Journal of Solid-State Circuits*, 37, no. 1, 77–80, 2002.

[21] A. Niknejad and R. Meyer, "Analysis, Design, and Optimization of Spiral Inductors and Transformers for Si RF ICs," *IEEE Journal of Solid-State Circuits*, 33, no. 10, 1470–1481, 1998.

[22] H.-S. Tsai, J. Lin, R. C. Frye, K. L. Tai, M. Y. Lau, D. Kossives, F. Hrycenko, and Y.-K. Chen, "Investigation of Current Crowding Effect on Spiral Inductors," in *IEEE MTT-S Symposium on Technologies for Wireless Applications Digest*, 1997.

[23] W. B. Kuhn and N. M. Ibrahim, "Analysis of Current Crowding Effects in Multiturn Spiral Inductors,"

IEEE Transactions on Microwave Theory and Techniques, 49, 31–38, 2001.

[24] W. B. Kuhn and N. M. Ibrahim, "Approximate Analytical Modeling of Current Crowding Effects in Multi-turn Spiral Inductors," in *IEEE MTT-S International Microwave Symposium Digest*, 2000.

[25] A. Rofougaran, J. Y. Chang, M. Rofougaran, and A. A. Abidi, "A 1 GHz CMOS RF Front-End IC for a Direct-Conversion Wireless Receiver," *IEEE Journal of Solid-State Circuits*, 31, 880–889, 1996.

[26] T. Tsukahara and M. Ishikawa, "A 2 GHz 60 dB Dynamic-Range Si Logarithmic/Limiting Amplifier with Low Phase Deviations," in *IEEE International Conference on Solid-State Circuits*, 1997.

[27] C. Yue and S. Wong, "On-Chip Spiral Inductors with Patterned Ground Shields for Si-Based RF ICs," *IEEE Journal of Solid-State Circuits*, 33, no. 5, 743–752, 1998.

[28] M. Danesh, J. R. Long, R. Hadaway, and D. Harame, "A Q-Factor Enhancement Technique for MMIC Inductors," in *IEEE MTT-S International Microwave Symposium Digest*, 1998.

[29] J. R. Long, "Monolithic Transformers for Silicon RF IC Design," *IEEE Journal of Solid-State Circuits*, 35, 1368–1382, 2000.

| Chapter 2 | 第 2 章

射频信号与系统

本章将回顾通信系统中的一些基本概念。首先，简要介绍射频电路和系统分析中两个非常有效的分析工具，即傅里叶变换和希尔伯特变换；然后，概述网络函数以及极点和零点在电路和系统中的意义；此外，为了给第 5 章中的噪声分析内容作铺垫，本章还将对随机过程和随机变量进行概述；最后，简要介绍模拟调制方式和模拟调制器。

本章的主要内容是对信号处理、通信系统和基础电路理论中的一些重要概念进行综述。由于本书中经常引用这些概念，因此在这里给出提醒和摘要很重要，以方便读者回顾知识。

本章的主要内容：
- 傅里叶级数和傅里叶变换。
- 冲激响应、极点、零点和网络函数。
- 希尔伯特变换和正交信号。
- 随机过程、高斯信号、平稳过程和周期平稳过程。
- 幅度调制、相位调制和频率调制。
- 窄带频率调制和贝塞尔函数。
- 现代数字通信技术简介。

在分析射频电路中的噪声，特别是振荡器的相位噪声时，需要透彻理解随机过程（2.7 节）的内容；但是，在介绍射频的入门课程中，或许难以覆盖噪声和相位噪声的分析，因此，本书将 2.7 节的内容和相位噪声分析的大部分内容（参见第 9 章）作为更进一步的学习内容，以供专业性更强的读者学习。2.7 节归纳与射频设计最相关的选定主题，可作为分析混频器和振荡器噪声的参考。

2.1 傅里叶变换和傅里叶级数

通信信号是时变模拟量，例如电压或电流。虽然信号在物理上以时域形式存在，但可以转换到频域进行分析，即可以将其分解为频域中不同频率的正弦信号，这就是"频谱"的概念。首先，讨论非周期信号，并在相对短的时间跨度上进行分析，简要说明如何利用傅里叶变换将时域信号转换为频域信号。

对于一个特定的非周期信号 $v(t)$，无论其在时间上具有严格的时限（例如冲激信号），或是渐近的时限，因为它最终趋近于 0（例如关于时间的指数信号），都可以将一个周期内的该信号的能量定义为

$$E = \int_{-\infty}^{\infty} |v(t)|^2 dt$$

与之前对于能量的定义⊖一致，如果积分的结果为 $E<\infty$，则该信号具有定义明确的能量，此时可对信号 $v(t)$ 进行傅里叶变换，用 $V(f)$ 表示，定义为

$$V(f) = \mathcal{F}[v(t)] = \int_{-\infty}^{\infty} v(t) \mathrm{e}^{-\mathrm{j}2\pi ft} \mathrm{d}t$$

类似地，对 $V(f)$ 进行傅里叶逆变换，可重新得到信号的时域表达式为

$$v(t) = \mathcal{F}^{-1}[V(f)] = \int_{-\infty}^{\infty} V(f) \mathrm{e}^{+\mathrm{j}2\pi ft} \mathrm{d}f$$

很明显，傅里叶变换是一个复变函数，如果 $v(t)$ 是实数信号，则 $V(-f) = V^*(f)$，此处"*"表示共轭。

示例：一个宽度为 τ 的矩形脉冲信号，其表达式为

$$\Pi_\tau(t) = \begin{cases} 1, & |t| < \dfrac{\tau}{2} \\ 0, & |t| > \dfrac{\tau}{2} \end{cases}$$

其傅里叶变换是一个 sinc 函数⊜，其幅度和相位如图 2.1 所示。

$$V(f) = \frac{1}{\pi f} \sin \pi f\tau = \tau \operatorname{sinc} f\tau$$

根据积分的基本定义，也可以在频域中表示能量，即帕萨瓦尔能量定理：

$$E = \int_{-\infty}^{\infty} |v(t)|^2 \mathrm{d}t = \int_{-\infty}^{\infty} |V(f)|^2 \mathrm{d}f$$

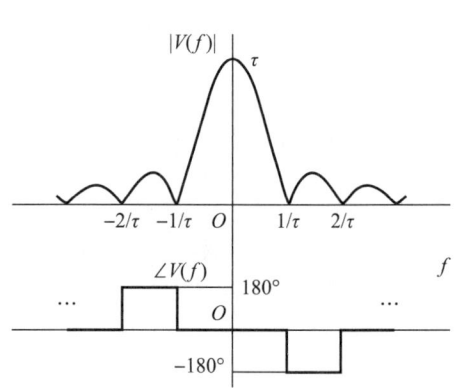

图 2.1 一个矩形脉冲及其傅里叶变换

示例：假设相关函数 $(v(t))$ 乘以 $\mathrm{e}^{\mathrm{j}2\pi f_c t}$，则新函数为

$$v'(t) = v(t) \mathrm{e}^{\mathrm{j}2\pi f_c t}$$

新函数的傅里叶变换为

$$V'(f) = \int_{-\infty}^{\infty} v(t) \mathrm{e}^{\mathrm{j}2\pi f_c t} \mathrm{e}^{-\mathrm{j}2\pi ft} \mathrm{d}t = V(f - f_c)$$

因此乘以 $\mathrm{e}^{\mathrm{j}2\pi f_c t}$ 会导致频域的偏移。这个结果虽然非常微不足道，但却是混频器和镜像抑制系统的工作基础，将在后面第 8 章讨论。

表 2.1 概括了傅里叶变换的一些基本性质，其证明和具体的细节可参见文献[1]和[2]。根据积分的定义，每一条都可以通过简单的推导得到。

⊖ 例如，代表一个电压 $v(t)$ 作用于 1Ω 电阻时，在电阻上消耗的功率。

⊜ 最初由约瑟夫·傅里叶在 1807 年提出，但遭到否定（主要由于他之前的导师拉格朗日），导致傅里叶级数于 1822 年才首次发表于《热的分析理论》(The Analytic Theory of Heat) 一书，为了纪念傅里叶，傅里叶变换和傅里叶定律也以他的名字命名。

⊜ 这里对于 sinc 的定义包含系数 π，即 $\operatorname{sinc}(x) = \dfrac{\sin \pi x}{\pi x}$，以便与信息理论和信号处理定义相吻合。在数学中，sinc 定义为 $\operatorname{sinc}(x) = \dfrac{\sin x}{x}$。

表 2.1 傅里叶变换性质汇总

运算	函数	变换
叠加	$\alpha_1 v_1(t) + \alpha_2 v_2(t)$	$\alpha_1 V_1(f) + \alpha_2 V_2(f)$
时延	$v(t-\tau)$	$V(f)e^{-j2\pi f\tau}$
缩放	$v(\alpha t)$	$\frac{1}{|\alpha|}V\left(\frac{f}{\alpha}\right)$
共轭	$v^*(t)$	$V^*(-f)$
对偶	$V(t)$	$v(-f)$
频率转换	$v(t)e^{j2\pi f_c t}$	$V(f-f_c)$
调制	$v(t)\cos(\omega_c t + \phi)$	$\frac{1}{2}[V(f-f_c)e^{j\phi} + V(f+f_c)e^{-j\phi}]$
求导	$\dfrac{dv(t)}{dt}$	$j2\pi f V(f)$
积分	$\int_{-\infty}^{t} v(\theta)d\theta$	$\dfrac{1}{j2\pi f}V(f)$
卷积	$v * w(t) = \int_{-\infty}^{\infty} v(\tau)w(t-\tau)d\tau$	$V(f)W(f)$
乘积	$v(t)w(t)$	$V * W(f)$

如果 $v(t)$ 是一个周期函数, 且其周期为 $T = \dfrac{1}{f_0}$, 则可以用傅里叶级数表示为

$$v(t) = \sum_{k=-\infty}^{\infty} a_k e^{j2\pi k f_0 t}$$

式中, $a_k = \dfrac{1}{T}\int_T v(t)e^{-j2\pi k f_0 t}dt$, 是傅里叶系数[⊖]。该信号的能量为

$$E = \int_T |v(t)|^2 dt$$

上式的值必须是有限的, 以确保傅里叶系数是有限的。因此, 帕萨瓦尔能量定理也可以表示为

$$\frac{1}{T}\int_T |v(t)|^2 dt = \sum_{k=-\infty}^{\infty} |a_k|^2$$

如果 $v(t)$ 是实数, 则 $a_{-k} = a_k^*$, 此时傅里叶级数也可以表示为余弦函数相加的形式[1]。对于傅里叶级数, 表 2.1 所示的性质同样成立。

示例: 如图 2.2 所示, 将一个慢变化信号 $x(t)$ 与在 $+1 \sim -1$ 之间变化的高频锯齿波信号用比较器进行比较。比较后得到的波形 $x_p(t)$ 的振幅恒定为 1, 但宽度 τ_k, 也就是从 kT_s 到 $x(t)$ 与锯齿波斜边相交的时间位置 t_k 的宽度, 与输入信号幅度呈线性关系。用傅里叶级数来表示 $x_p(t)$。

⊖ 信号 $v(t)$ 对应的傅里叶系数也可表示为 $V[k]$。

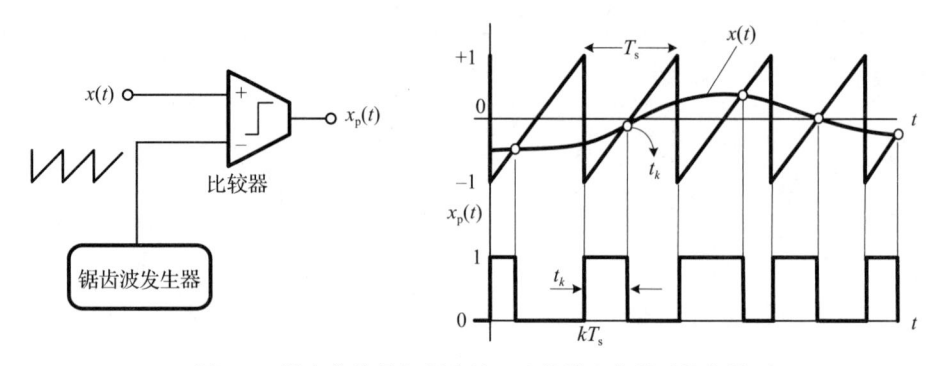

图 2.2 慢变化信号与锯齿波经比较器比较得到的信号

每个脉冲的持续时间 τ_k 可以定义为

$$\tau_k = \frac{T_s}{2}(1+x(t))$$

式中，T_s 为锯齿信号周期。为了防止遗漏脉冲或出现负脉冲，假设 $|x(t)|<1$。由于假定输入信号的变化率比采样频率小得多，可以假定为均匀采样，也就是说，τ_k 可以被视为常数。因此，可以写为

$$a_n = \frac{1}{T_s}\int_{T_s} x_p(t)\mathrm{e}^{-\mathrm{j}2\pi nf_s t}\mathrm{d}t = \frac{1}{T_s}\int_{-\tau_k/2}^{\tau_k/2} \mathrm{e}^{-\mathrm{j}2\pi nf_s t}\mathrm{d}t = \frac{1}{\pi n}\sin\left(\frac{n\pi}{2}(1+x(t))\right)$$

可得

$$x_p(t) = \frac{1}{2}(1+x(t)) + \sum_{n=1}^{\infty}\frac{2}{n\pi}\sin n\phi(t)\cos n\omega_s t$$

式中，$\phi(t) = \frac{\pi}{2}(1+x(t))$。

这种波形被称为脉宽调制信号，通常用于 D 类功率放大器，将在第 11 章讨论。

2.2 冲激信号

除了在积分中应用外，冲激信号并没有数学或物理意义。但事实证明，其在线性网络和系统分析中具有重要作用。特别是在频谱分析中，频域中的一个冲激信号可以代表一个离散的频率分量。

在时域中，冲激信号表示为

$$\delta(t) = \lim_{\Delta\to 0}\delta_\Delta(t) = \lim_{\Delta\to 0}\frac{1}{\Delta}\Pi_\Delta(t)$$

式中，$\Pi_\Delta(t)$ 代表上一节定义的矩形脉冲。根据上面的定义可得

$$\int_{-\infty}^{\infty}\delta(t)\mathrm{d}t = \int_{0^-}^{0^+}\delta(t)\mathrm{d}t = 1$$

$$\int_{-\infty}^{\infty}v(t)\delta(t-t_0)\mathrm{d}t = v(t_0)$$

上式中的符号 0^- 或 0^+ 表示 $t=0$ 之前或之后的瞬间。

示例：证明 $\delta(t) = \dfrac{\mathrm{d}u(t)}{\mathrm{d}t}$，其中 $u(t)$ 是单位阶跃函数。根据基本定义有

$$\delta(t) = \lim_{\Delta \to 0} \frac{u\left(t + \frac{\Delta}{2}\right) - u\left(t - \frac{\Delta}{2}\right)}{\Delta}$$

这也正是 $\dfrac{\mathrm{d}u(t)}{\mathrm{d}t}$ 的定义。

与单位冲激函数密切相关的是单位冲激偶 $\delta'(t)$，其定义为

$$\delta'(t) = \begin{cases} \text{奇点}, & t = 0 \\ 0, & t \neq 0 \end{cases}$$

式中，$t=0$ 处的奇点被定义为 $\delta(t) = \displaystyle\int_{-\infty}^{t} \delta'(\theta)\mathrm{d}\theta$。单位冲激函数和单位冲激偶的符号如图 2.3 所示。

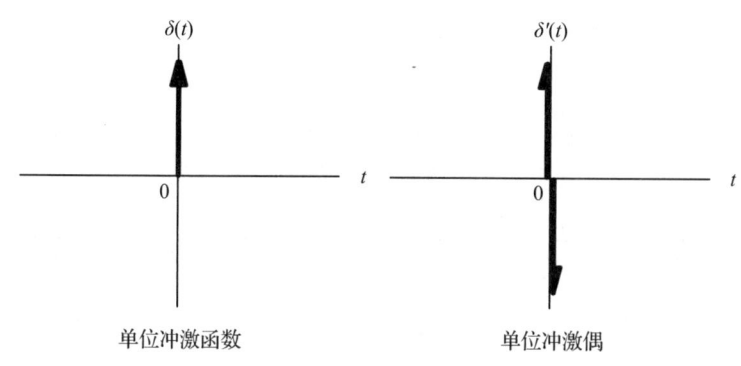

图 2.3 单位冲激函数和单位冲激偶的符号

在频域中，冲激信号表示一个矢量或常数。特别地，在任何时刻都令 $v(t)=1$。尽管此信号具有无穷大的能量，仍然可以在有限的情况下对它进行傅里叶变换，只要考虑到

$$v(t) = \lim_{W \to 0} \mathrm{sinc}(2Wt) = 1$$

并且已知 sinc 函数的傅里叶变换结果是一个脉冲信号，因此可得

$$V(f) = \lim_{W \to 0} \frac{1}{2W} \Pi_{2W}\left(\frac{f}{2W}\right) = \delta(f)$$

根据上一节总结出的傅里叶变换基本性质，可以将上式进一步推导得到

$$A\mathrm{e}^{\mathrm{j}2\pi f_c t} \leftrightarrow A\delta(f - f_c)$$

同样，根据对偶性原理，时域中的冲激信号具有平坦的频域响应。这一点很重要，因为它表明，由于冲激响应包含了所有固有频率分量，可以通过分析一个系统的被激励的冲激响应就可以获得其频域特性。

2.3 周期信号的傅里叶变换

傅里叶变换也适用于周期信号。周期信号 $v(t)$ 的傅里叶级数表示为

$$v(t) = \sum_{k=-\infty}^{\infty} a_k \mathrm{e}^{\mathrm{j}2\pi k f_0 t}$$

由于已经证明了 $\mathrm{e}^{\mathrm{j}2\pi k f_0 t}$ 的傅里叶变换是 kf_0 处的冲激信号，那么 $v(t)$ 的傅里叶变换可以表示为频率等间隔的冲激信号的线性组合：

$$V(f) = \sum_{k=-\infty}^{\infty} a_k \delta(f - kf_0)$$

示例：如果 $v(t) = \cos 2\pi f_0 t$，由于 $a_1 = a_{-1} = \frac{1}{2}$，其余系数为 0，其傅里叶变换由一对高度为 $\frac{1}{2}$ 的在 $\pm f_0$ 处的冲激信号组成。与之类似，正弦函数的傅里叶变换是一对在 $\pm f_0$ 处高度为 $\pm \frac{j}{2}$ 的冲激信号。

示例：考虑一个冲激序列 $v(t) = \sum_{k=-\infty}^{\infty} \delta(t-kT)$。这个信号是周期性的，它的傅里叶系数为

$$a_k = \frac{1}{T} \int_T \Big(\sum_{n=-\infty}^{\infty} \delta(t-nT) \Big) \mathrm{e}^{-\mathrm{j}2\pi k f_0 t} \mathrm{d}t = \frac{1}{T} \int_{-T/2}^{T/2} \delta(t) \mathrm{e}^{-\mathrm{j}2\pi k f_0 t} \mathrm{d}t = \frac{1}{T}$$

因此，傅里叶变换在频率上也是冲激序列：

$$V(f) = \frac{1}{T} \sum_{k=-\infty}^{\infty} \delta(f - kf_0)$$

表 2.2 给出了一些已知信号的傅里叶变换。如果信号是周期性的，同样给出了它们的傅里叶级数系数。根据基本定义，读者可以很容易地进行验证。

表 2.2 基本傅里叶变换对

信 号	傅里叶变换	傅里叶级数系数
$\sum_{k=-\infty}^{\infty} a_k \mathrm{e}^{\mathrm{j}2\pi k f_0 t}$	$\sum_{k=-\infty}^{\infty} a_k \delta(f - kf_0)$	a_k
$A\cos(2\pi f_0 t + \phi)$	$\frac{A}{2}[\mathrm{e}^{\mathrm{j}\phi}\delta(f-f_0) + \mathrm{e}^{-\mathrm{j}\phi}\delta(f+f_0)]$	$a_{\pm 1} = \frac{A}{2}\mathrm{e}^{\pm \mathrm{j}\phi}$，其他为 ϕ
1	$\delta(f)$	$a_0 = 1$，其他为 ϕ
$\sum_{k=-\infty}^{\infty} \delta(t-kT)$	$\frac{1}{T}\sum_{k=-\infty}^{\infty} \delta(f-kf_0)$	$\frac{1}{T}$
周期性方波 $\Pi(t) = \begin{cases} 1 & \|t\| < \frac{\tau}{2} \\ 0 & \|t\| > \frac{\tau}{2} \end{cases}$ $\Pi(t+T) = \Pi(t)$	$\sum_{k=-\infty}^{\infty} \frac{\sin \pi k\tau/T}{\pi k} \delta(f-kf_0)$	$\frac{\sin \pi k\tau/T}{\pi k}$
$\delta(t-t_0)$	$\mathrm{e}^{\mathrm{j}2\pi f_0}$	无
$u(t)$	$\frac{1}{\mathrm{j}2\pi f} + \frac{\delta(f)}{2}$	无
$\mathrm{e}^{-\alpha t}u(t)$	$\frac{1}{\alpha + \mathrm{j}2\pi f}$	无
$\Pi_\tau(t) = \begin{cases} 1, & \|t\| < \frac{\tau}{2} \\ 0, & \|t\| > \frac{\tau}{2} \end{cases}$	$\frac{1}{\pi f} \sin \pi f\tau = \tau \mathrm{sinc} f\tau$	无

2.4 冲激响应

众所周知，如果一个线性时不变系统的冲激响应是 $h(t)$，则对于任意输入信号 $x(t)$，系统的输出信号 $y(t)$ 为

$$y(t) = h * x(t) = \int_{-\infty}^{\infty} h(\tau) x(t-\tau) d\tau$$

转换到频域中为

$$Y(f) = H(f) X(f)$$

式中，$H(f)$ 是系统的传递函数。重要的是需要指出，确定 $H(f)$ 亦可不由系统的冲激响应 $h(t)$ 变换得到。事实上，如果已知集总系统的微分方程，则 $H(f)$ 可以直接表示为两个多项式之比：

$$H(f) = \frac{b_0 + b_1 (j2\pi f) + \cdots + b_m (j2\pi f)^m}{a_0 + a_1 (j2\pi f) + \cdots + a_n (j2\pi f)^n}$$

示例：对于图 2.4 左图所示的并联谐振电路，其中响应是电感电流 $i_L(t)$。

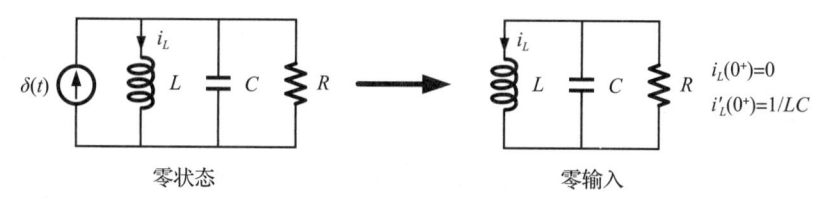

图 2.4　由冲激电流驱动的并联谐振电路

根据定义，冲激响应是零状态响应，即为有输入激励且无初始条件（或状态）的电路的响应。因此，描述该电路的相应微分方程为

$$i_L'' + \frac{1}{RC} i_L' + \frac{1}{LC} i_L = \frac{1}{LC} \delta(t)$$

$$i_L(0^-) = 0$$

$$i_L'(0^-) = 0$$

第二个初始条件 $i_L'(0^-) = 0$，意味着电容没有初始电荷。求解方程最方便的方法或许是应用拉普拉斯变换，但在这里尝试着在时域中直接求解，以便获得更深入的了解。为此，将微分方程的两边从 0^- 到 0^+ 进行积分，以便得到在 0^+ 时的初始条件。因此

$$\int_{0^-}^{0^+} i_L'' dt + \frac{1}{RC} \int_{0^-}^{0^+} i_L' dt + \frac{1}{LC} \int_{0^-}^{0^+} i_L dt = \frac{1}{LC} \int_{0^-}^{0^+} \delta(t) dt$$

等号左边的最后两项为零，因为只有当 i_L' 或 i_L 包含 δ 时，它们才不为零。而如果是这样，那么 i_L'' 将包含 δ' 或 δ''，原来的微分方程就不成立了。因此

$$i_L'(0^+) - i_L'(0^-) = \frac{1}{LC}$$

可得 $i_L'(0^+) = \frac{1}{LC}$。显然，$i_L(0^+)$ 保持为零，否则，如上所述，i_L' 必须包含 δ，这是不可能的。现在对于 $t > 0$ 可以写出

$$i_L'' + \frac{1}{RC} i_L' + \frac{1}{LC} i_L = 0$$

$$i_L(0^+) = 0$$
$$i'_L(0^+) = \frac{1}{LC}$$

这是一个简单的零输入电路,如图 2.4 右图所示,其响应是微分方程的齐次解:

$$i_L(t) = \frac{\omega_0^2}{2\sqrt{\alpha^2-\omega_0^2}}(e^{s_1 t} - e^{s_2 t})u(t)$$

式中,$s_{1,2} = -\alpha \pm \sqrt{\alpha^2-\omega_0^2}$,$u(t)$ 是单位阶跃函数,表示冲激响应在 $t>0$ 时是有效的,且 ω_0 和 α 在前面已有定义[○]。注意,在 $\alpha<\omega_0$ 的欠阻尼响应情况下,$\sqrt{\alpha^2-\omega_0^2}$ 变为虚数,而 $s_{1,2}$ 也是复数,因此响应仍为实数。通过对 $i_L(t)$ 求导,读者可以证明 i'_L 确实不包含 δ,而 i''_L 包含 δ,从而弥补了微分方程右侧的 $\delta(t)$ 项。

上述结果可以直观地解释如下:在 $t=0$ 时刻,电源输出无限大的电流。电容相当于短路(而电感开路时)并吸收电流。实际上,电源每向电容输送 1 库仑的电荷,电容电压便上升 $v_C(0^+) = \frac{1}{C}\int_{0^-}^{0^+}\delta(t)dt + v_C(0^-) = \frac{1}{C}$。因此,$i'_L(0^+) = \frac{v_C(0^+)}{L} = \frac{1}{LC}$。电感电流在 0^+ 时不会改变。如果确实如此,需要在电容上加的电压为无限大,这将导致双峰电流。

2.5 网络函数

通常,对于一个线性时不变网络(或系统),网络函数 $H(s)$ 可以定义如下:

$$\text{网络函数} = \frac{L[\text{零状态响应}]}{L[\text{输入}]} = \frac{B(s)}{A(s)}$$

式中,L 表示拉普拉斯变换[3-4],零状态响应是指网络在无初始条件下对给定输入的响应。变量 $s = \sigma + j\omega = \sigma + j2\pi f$ 为复频率。由基本电路理论[4]可知,网络函数是具有实系数的复频率的有理函数,即 a_i 和 b_i 是实数。因此,可以得到一般形式为

$$H(s) = \frac{b_0 + b_1 s + \cdots + b_m s^m}{a_0 + a_1 s + \cdots + a_n s^n} = K \frac{\prod_{i=1}^{m}(s-z_i)}{\prod_{j=1}^{n}(s-p_j)}$$

式中,z_i 和 p_j 分别是网络的"零点"和"极点"[○]。由于网络系数都是实数,因此系统的零点和极点要么是实数要么是共轭复数对。另外,如果将其中的 s 替换为 $j\omega = j2\pi f$,则可直接得到系统的频率响应。频率响应通常使用幅度和相位的方式表示为 $H(j\omega) = |H(j\omega)|e^{\angle H(j\omega)}$。

最后,同傅里叶变换一样,对网络函数进行拉普拉斯逆变换,即可得到系统的相应冲激响应为

$$h(t) = L^{-1}[H(s)]$$

为了给出关于零点和极点的物理解释,这里以前面一章的由电流源驱动的 RLC 并联电路为例进行说明,如图 2.5 所示。取电路两端的电压作为响应,则其网络函数为

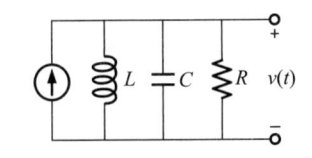

图 2.5 电流源驱动的并联 RLC 电路

○ 正如第 1 章证明的,$\alpha = \frac{\omega_0}{2Q} = \frac{1}{RC}$ 和 $\omega_0 = \frac{1}{\sqrt{LC}}$。

○ 在上一节中,用符号 Π 表示脉冲函数,但在这里其表示连乘,类似于用 Σ 表示连加。

$$H(s) = \frac{1}{C}\frac{s}{s^2 + \dfrac{s}{RC} + \dfrac{1}{LC}} = \frac{1}{C}\frac{s}{s^2 + 2\alpha s + \omega_0^2}$$

对于 $Q>1/2$ 的欠阻尼情况，有

$$h(t) = \frac{1}{C}\frac{\omega_0}{\omega_d}e^{-\alpha t}\cos(\omega_d t + \phi), \quad t>0$$

第 1 章中已经介绍了这个电路的极点分布。图 2.6 所示为频率响应及其对应的冲激响应的两个例子。在这两种情况中，电阻 R 保持恒定，$\omega_d = 1$，C 和 L 相应进行了修改。而两种情况的 α 值分别为 0.1 和 0.3。为了方便起见，对时域波形进行了归一化，使二者具有相等的初始幅度 $\left(\dfrac{1}{C}\right)$。

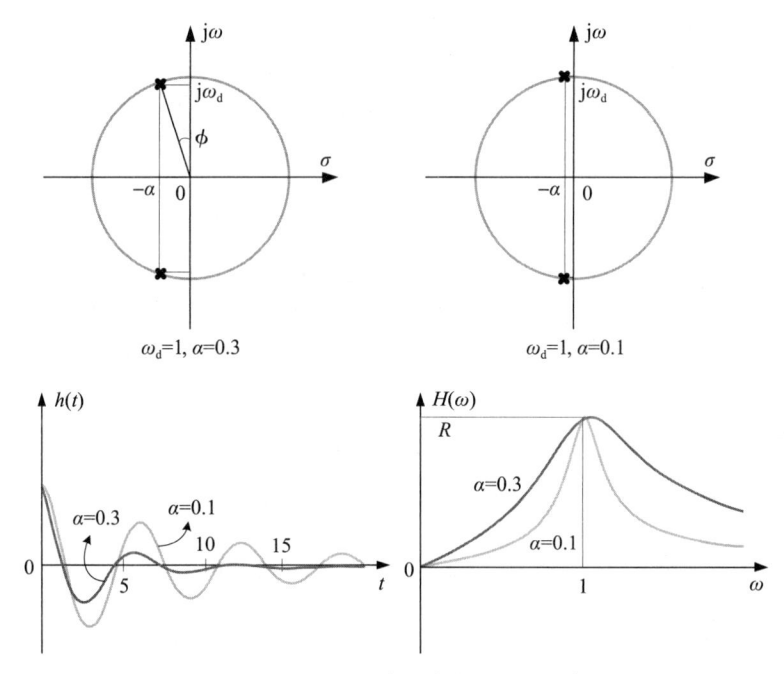

图 2.6 并联 RLC 电路的冲激响应与频率响应

图 2.6 清晰地说明了极点和 $j\omega$ 轴之间的距离直接决定了电路的衰减速率，以及频率响应波形的尖锐程度。实际上，假如极点正好位于 $j\omega$ 轴上，则电路将不会衰减。另外，极点的纵坐标 ω_d 还决定了冲激响应曲线两个相邻过零点之间的距离。

一般来说，分离的两个极点越靠近 $j\omega$ 轴，幅度曲线中产生的峰值就越尖锐，而极点到 $j\omega$ 轴的距离则可以通过 $2\alpha \approx$ 3dB 带宽（单位 rad/s）的关系来估算。

此外，输入为冲激信号时，网络函数中的任何极点都是相应的输出信号的固有频率[⊖]。关注的输出信号的拉普拉斯变换结果将等于 $H(s)$，采用部分分式展开表示为

⊖ 然而反过来并不一定成立：一个网络变量的任何固有频率不一定是以这个变量为输出的网络函数的极点。参见习题 6。

$$V(s) = H(s) = \sum_{i=1}^{n} \frac{K_i}{s - p_i}$$

式中，K_i 是极点 p_i 的系数，而 $v(t)$ 是关注的输出信号。因此有

$$v(t) = \sum_{i=1}^{n} K_i e^{p_i t}$$

由于对于 $t>0$ 输入总是为 0，因此上式可看作零输入响应，同时 p_i 是系统的固有频率。

示例：如图 2.7 所示的二阶电路，是一种常用于维恩桥振荡器的相移网络[①]。为简单起见，假设 $RC=1$。首先求出电路的冲激响应。

电路微分方程为

$$v_o'' + \frac{3}{RC} v_o' + \frac{1}{(RC)^2} v_o = \frac{1}{RC} \delta'(t)$$

为了得到 $t=0^+$ 时的初始条件，使用图 2.8 左图的电路，考虑到当无限大电流通过，在 $t=0$ 时电容短路。这使得通过两个电容的电流为 $\frac{\delta(t)}{R}$，在 $t=0^+$ 时将电压提高到了 $\frac{1}{RC}$。

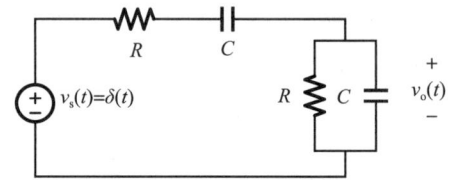

图 2.7 维恩桥振荡器中使用的二阶 RC 电路

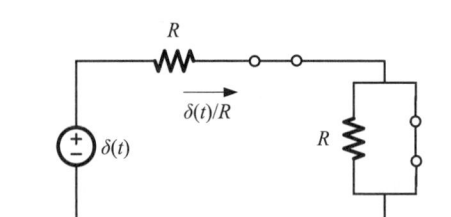

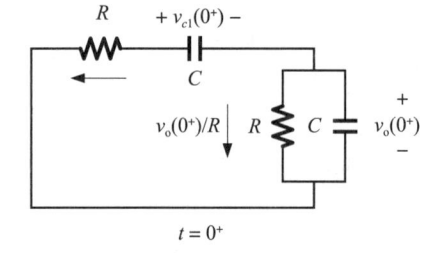

图 2.8 确定图 2.7 电路在 $v(t)$ 下的初始条件的电路

在 $t=0^+$ 时，借助右图的等效电路，可以看到有一个 $\frac{v_o(0^+)}{R} = \frac{1}{R^2 C}$ 的电流通过并联电阻，串联电阻电流为 $\frac{v_o(0^+) + v_{c1}(0^+)}{R} = \frac{2}{R^2 C}$。因此，通过并联电容的净电流为 $\frac{-3}{R^2 C}$，因此可以得到

$$v_o(0^+) = \frac{1}{RC} = 1$$

$$v_o'(0^+) = \frac{-3}{(RC)^2} = -3$$

电路的固有频率直接由微分方程得到，等于

$$s_{1,2} = \frac{-3 \pm \sqrt{5}}{2RC} = \frac{-3 \pm \sqrt{5}}{2}$$

这表明电路过阻尼，任何二阶 RC 网络都应如此。因此，冲激响应为

$$v_o(t) = \left(\frac{-3+\sqrt{5}}{2\sqrt{5}} e^{s_1 t} + \frac{3+\sqrt{5}}{2\sqrt{5}} e^{s_2 t} \right) u(t)$$

---

① 维恩桥振荡器是由德国物理学家维恩于 1891 年发明的。

至于网络函数，很容易证明：

$$\frac{V_o}{V_s}(s) = \frac{\dfrac{s}{RC}}{s^2 + \dfrac{3}{RC}s + \dfrac{1}{(RC)^2}}$$

这两个极点位于左平面的实轴上，它们等于之前得到的固有频率，在原点处有一个零点。

另一方面，网络函数中的零点仅表示在该频率下，无论输入情况如何，对应的输出信号始终是 0。这一点在滤波器的设计中是十分重要的，详细内容将在第 4 章中讨论。通过设计将零点放置在合适的频率，就可以使得输入信号中特定频率的分量得到抑制。

示例：如图 2.9 所示的电路，给出了由串联电感和并联电容组成的梯形网络。

在频率非常低的情况下，由于所有电感都近似于短路，所有电容都近似于开路，因此所有的输入电流都将到达输出端形成输出电压。而在非常高的频率下，电容近似于短路而电感近似于开路，此时输入电流不会到达输出电阻。因此该电路被认为是具有低通特性，其零点都位于无穷高频率处。事实上，对于这样一个低通梯形网络，预计其传递函数的形式如下：

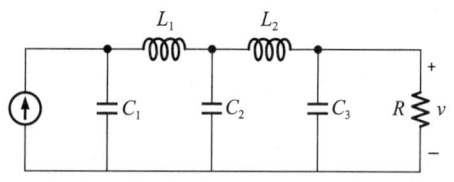

图 2.9 零点在正无穷的低通滤波器

$$H(s) = \frac{K}{s^n + a_{n-1}s^{n-1} + \cdots + a_0}$$

式中，n 是电抗元件的总数，K 是所有电容和电感的乘积。为了直观地证明后者，现在来考虑一个由 C_i 和 L_i 组成的结构，在非常高的频率下，预计其输出和输入电流比为 $\dfrac{\dfrac{1}{C_i s}}{L_i s + \dfrac{1}{C_i s}} \approx \dfrac{1}{L_i C_i s^2}$。因此，考虑 $|H(\omega)|$ 在高频时的情况，以及如何实现相应的电流分流，预计得到

$$|H(\omega \to \infty)| = \frac{1}{L_1 C_1 \omega^2} \times \frac{1}{L_2 C_2 \omega^2} \times \cdots \times \frac{1}{L_m C_m \omega^2} = \frac{K}{\omega^n}$$

上式是假设 L 和 C 的数量相等，即 n 是偶数且等于 $2 \times m$。此外，这个低通梯形网络包含了 n 个位于频率无穷远处的零点。

示例：在前面图 2.7 的示例中，因为串联电容是开路的，因此直流时为零是合理的，因此直流时输出端没有电压。

至于振荡器中网络的使用，可以看到，在频率为 $\omega = \dfrac{1}{RC}$ 时，有

$$\frac{V_o}{V_s}\left(\frac{\mathrm{j}}{RC}\right) = \frac{1}{3}$$

如果输出端反馈给输入端的相位偏移为零，且增益大于 3，则是正反馈，电路就会振荡。感兴趣的读者可详见习题 10。

2.6 希尔伯特变换和正交信号

正交信号和正交滤波器在射频接收机和发射机中有着较广泛的应用。正交滤波器是一种全通网络，它只是将正频率分量相移 $-90°$，将负频率分量相移 $+90°$。由于 $\pm 90°$ 相移等价于乘以

$e^{\pm j90} = \pm j$,因此传递函数可以写为

$$H_Q(f) = \begin{cases} -j, & f > 0 \\ +j, & f < 0 \end{cases}$$

图 2.10 为其对应的示意图。

根据对偶性(见习题 12),得到上述符号函数频域表达式的时域表示为 $h_Q(t) = \dfrac{1}{\pi t}$。对于任意输入 $x(t)$,通过这样的正交滤波器,得到输出 $\hat{x}(t)$,输入的希尔伯特变换定义为

$$\hat{x}(t) = x(t) * \frac{1}{\pi t} = \frac{1}{\pi} \int_{-\infty}^{\infty} \frac{x(\tau)}{t - \tau} d\tau$$

从得出的冲激响应来看,很明显希尔伯特变换,或者说 90°相移在物理上是无法实现的,因为 $h_Q(t)$ 是非因果的,虽然在有限的频率范围内,其特性可以用实际的网络很好地近似。

图 2.10 正交滤波器的传递函数

示例:为了进一步说明,考虑一个宽度为 t_0 的矩形脉冲信号,如图 2.11 所示。

希尔伯特变换,即平移 90°的脉冲,通过求解卷积积分得到,如图 2.11 中绘制的:

$$\hat{x}(t) = \frac{1}{\pi} \ln \left| \frac{t}{t - t_0} \right|$$

这显然是非因果的。具体地说,在 $t = 0$ 和 $t = t_0$ 时刻,输入急剧变化时,输出趋于无穷。

示例:需要求出函数 $x(t) = \dfrac{\sin t}{t}$ 的希尔伯特变换,基本上函数是 sinc。在频域中,$x(t)$ 的傅里叶变换是一个高度为 π,宽度为 $\dfrac{1}{\pi}$ 的脉冲:

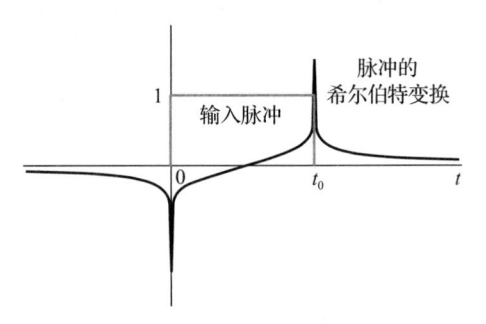

图 2.11 矩形脉冲的希尔伯特变换

$$X(f) = \begin{cases} \pi, & |f| < \dfrac{1}{2\pi} \\ 0, & |f| > \dfrac{1}{2\pi} \end{cases}$$

频域中的希尔伯特变换将由两个脉冲组成,宽度变为原来的一半,并有 $\pm \dfrac{1}{4\pi}$ 的相移:

$$\hat{X}(f) = -j X_{\frac{1}{2}} \left(f - \frac{1}{4\pi} \right) + j X_{\frac{1}{2}} \left(f + \frac{1}{4\pi} \right)$$

式中,$X_{\frac{1}{2}}(f) = \begin{cases} \pi, & |f| < \dfrac{1}{4\pi} \\ 0, & |f| > \dfrac{1}{4\pi} \end{cases}$。在时域中,每个脉冲本身就是一个 sinc。因此

$$\hat{x}(t) = -j \left[\frac{\sin \dfrac{t}{2}}{t} e^{j \frac{1}{4\pi} 2\pi t} - \frac{\sin \dfrac{t}{2}}{t} e^{-j \frac{1}{4\pi} 2\pi t} \right] = \frac{2 \sin^2 \dfrac{t}{2}}{t} = \frac{1 - \cos t}{t}$$

最后得出,如果 $x(t) = A\cos(\omega_0 t + \phi)$,那么 $\hat{x}(t) = A\sin(\omega_0 t + \phi)$。此外,任何由正弦信号叠加而成的信号都可依照上述等式进行变换。

2.7 随机过程

从接收机端看，所有有意义的通信信号都是不可预测或随机的，否则，传输一个表现已经预先知道的信号本身就没有意义了。除此之外，对通信系统产生多种影响的噪声是讨论的主要内容，其本质上也是随机的。因此，在本节中将简要讨论所谓的"随机过程"。这些信号本身是随机的，但同时也是时间的函数。因此，与常接触的确定信号不同，随机信号在任何给定的时间点都具有不可预测性，也不可知，从而需要利用统计学进行处理。

一个随机变量 $X(s)$，将偶然实验的结果映射到沿实轴的数字[5-6]。例如，变量 $X(s)$ 可以将随机试验掷骰子的结果映射成离散的数字 $1,2,\cdots,6$，因此，如图 2.12 所示，概率密度函数（PDF）$f_X(x)$ 也是离散的，它由 6 个概率均为 1/6 的点构成。

根据定义，对于上述离散过程，$X \leqslant x_k$ 的概率为 $\sum_{i=1}^{k} f_X(x_i)$。并且有 $\sum_{i=1}^{n} f_X(x_i) = 1$。对于一个连续的概率密度函数，则需要将上式中的 $\sum$ 变为 $\int$。

另一方面，随机过程也可以将结果映射为关于时间的实数函数[5]。所有时间函数称为集合，用 $v(t,s)$ 表示，其中的每个成员称为样本。例如，考虑这样一个实验：从大量完全相同的电阻中随机选取一个，测量电阻两端的电压。由于电子的随机运动，电阻两端将出现随机的电压，且每个电阻两端测得的电压都不同，因此是完全无法预测的。图 2.13 中描绘了几个 $v(t,s)$ 的波形。

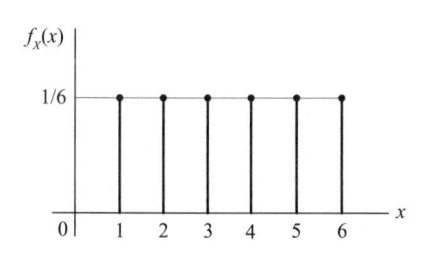

图 2.12 掷骰子实验的概率密度函数

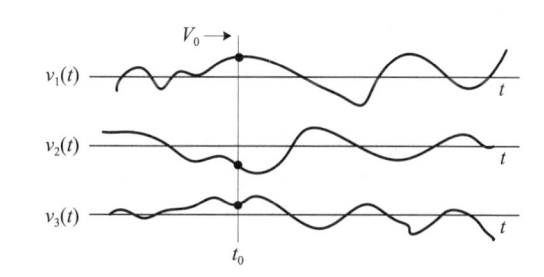

图 2.13 集合 $v(t,s)$ 中的波形

在一个特定的时间点 t_0，$v(t_0,s)$ 是随机变量。例如，在某一时间点，一个电阻两端的噪声电压是给定概率密度函数的随机量，可以简单地用概率密度函数 $f_{v_0}(v_0)$ 的 V_0 表示这个量。因此，对于 $v(t_0) < a$ 的概率，可以通过计算积分 $\int_{-\infty}^{a} f_{v_0}(v_0) \mathrm{d}v_0$ 得到。在这个例子中，本质上就是给定电阻中所选电阻两端测量到的噪声电压小于 a 的概率。当然，对于随机过程 $v(t)$，概率密度函数是时间的函数，通常可以表示为 $f_v(v,t)$。

对于概率密度函数为 $f_v(v,t)$ 的随机过程 $v(t)$，在任意的时间 t，$v(t)$ 的"期望值"为

$$\overline{v(t)} = E[v(t)] \triangleq \int_{-\infty}^{\infty} v(t) f_v(v,t) \mathrm{d}v$$

同样，表示在两个时间点 t_1 和 t_2 的随机过程的两个随机变量之间的自相关函数 $v(t_1)$ 和 $v(t_2)$，是乘积 $v(t_1)v^*(t_2)$ 的期望值：

$$R_v(t_1,t_2) \triangleq E[v(t_1)v^*(t_2)] = \int_{-\infty}^{\infty}\int_{-\infty}^{\infty} v_1 v_2^* f_v(v_1,v_2,t_1,t_2) \mathrm{d}v_1 \mathrm{d}v_2$$

此式表明了两个时间点测量到的两个变量之间存在多大的相关性。

对于本节后面的部分，假设处理的随机信号是实数的，因此去掉共轭符号，即
$$R_v(t_1,t_2) = E[v(t_1)v(t_2)]$$

假设 $v(t)$ 是实数。

示例：一个随机相位的正弦信号是随机过程，可以定义为
$$v(t) = A\cos(\omega_0 t + \phi)$$

式中，A 和 ω_0 为常数，而 ϕ 是一个均匀分布在 $0\sim 2\pi$ 的随机变量。这可以通过从大量具有固定幅度、频率和不同相位的振荡器中随机选取一个振荡器的基础实验获得。在 $0 \leqslant \phi \leqslant 2\pi$ 时相位的概率密度函数为 $f_\phi(\phi) = \dfrac{1}{2\pi}$。其期望值为
$$E[v(t)] = \overline{v(t)} = \int_0^{2\pi} A\cos(\omega_0 t + \phi)f_\phi(\phi)\mathrm{d}\phi = 0$$

自相关函数为
$$R_v(t_1,t_2) = \int_0^{2\pi} A\cos(\omega_0 t_1 + \phi)A\cos(\omega_0 t_2 + \phi)f_\phi(\phi)\mathrm{d}\phi$$

将上式展开，与 ϕ 相关项的平均值是 0，因此可以得到
$$R_v(t_1,t_2) = \frac{A^2}{2}\int_0^{2\pi}\cos(\omega_0(t_1-t_2))P_\phi(\phi)\mathrm{d}\phi = \frac{A^2}{2}\cos(\omega_0(t_1-t_2))$$

值得关注的是，自相关函数仅与时间差 t_1-t_2 有关。另外，假设 $t_1=t_2=t$，则有
$$\overline{v^2(t)} = R_v(t,t) = \frac{A^2}{2}$$

表示能量的概念。

2.7.1 平稳过程与遍历性

对于上面的示例，可以注意到期望值是一个常数，并且自相关函数是时间差 t_1-t_2 的函数，这类过程称为平稳过程。概括为，假如一个随机过程的统计特性随时间推移保持不变（当然不一定是过程本身），这种过程称为平稳过程（严格意义上的）。下面是关于平稳过程的两个重要结论。

1) 平均值必须与时间无关：$\eta(t) = E[v(t)] = \eta_0$。

2) 自相关函数必须仅与时间差相关，即 $R_v(t_1,t_2) = E[v(t_1)v(t_2)] = R_v(t_1-t_2) = R_v(\tau)$，其中 $\tau = t_1-t_2$。

如果一个过程满足上述两个条件，则至少在广义上是一个平稳过程。从第 2 条结论可知，平稳过程的均方值⊖（即 $E[v^2(t)]$）和方差都是恒定的。此外，$E[v^2(t)] = R_v(0)$，与具有确定功率的实数信号有类似的自相关特性。

从第 2 条结论还可以推导出 $R_v(\tau)$ 的属性：
$$-R_v(0) = \overline{v^2}$$
$$-R_v(-\tau) = R_v(\tau)^{\ominus}$$
$$-R_v(\tau) \leqslant R_v(0)$$

后者可以很容易通过下式证明：

⊖ 也称为"二阶矩"。

⊖ 如果随机信号不完全是实数，则 $R_v(-\tau) = R_v^*(\tau)$。

$$E[|v(t_1)-v(t_2)|^2] = E[(v(t_1))^2 - 2v(t_1)v(t_2) + (v(t_2))^2] \geqslant 0$$

可推导出

$$R_v(0) \geqslant R_v(\tau)$$

在前面的随机相位振荡器的例子中，进一步可以注意到，其总体均值等于对应的任意采样函数的时间平均值。特别地，如果对 $v(t)=A\cos(\omega_0 t+\phi_k)$ 进行随机采样，并在时间上取平均，则有

$$\langle v(t) \rangle = \lim_{T\to\infty} \frac{1}{T} \int_{-T/2}^{T/2} v(t) \mathrm{d}t$$

于是可以得到 $\langle v(t) \rangle = E[v(t)]$ 以及 $\langle v(t)v(t-\tau) \rangle = E[v(t)v(t-\tau)] = R_v(\tau)$。

当所有的总体均值都等于对应的时间均值时，这个过程就具有所谓的"遍历性"[⊖]。遍历过程一定是严格的平稳过程，但是任意的平稳过程不一定是遍历的。对于一个特定的过程，并不存在简单的遍历性测试。对于一个平稳过程，可以合理地认为如果有一个典型的足够长的采样函数能够获得这个过程的所有统计学特征，则可以假设这个过程具有遍历性。幸运的是所处理的许多通信过程，包括噪声，都恰好是遍历过程，这样就能够非常灵活地描述这些过程。

2.7.2 高斯过程

如果一个随机过程 $v(t)$，对于所有的 t，其对应的概率密度函数(f_v)以及所有高阶联合概率密度函数都是高斯分布的，则该过程称为高斯过程(或正态过程)。高斯过程的概率密度函数为

$$f_v(v,t) = \frac{1}{\sqrt{2\pi}\sigma} \mathrm{e}^{-\frac{(v-\mu)^2}{2\sigma^2}}$$

式中，μ 和 σ 分别是平均值(期望值)和标准偏差(方差)，虽然其证明超出了本书的范围[⊖]（具体内容可参考文献[5]），但中心极限定理(CLT)可以用来确定一个过程是否是高斯过程。该定理说明，在一定的条件下，对于具有一定期望值和方差的独立随机变量，其大量迭代得到的算术平均值将大致呈现正态分布。由于这些随机变量是不相关的，所以这些变量总和的平均值和方差分别等于每个变量的平均值和方差的总和。

电阻热噪声就是高斯过程一个很好的例子，是由大量电子在微观上的自由运动(布朗运动)产生的。导致宏观上电阻两端的噪声电压具有正态分布的规律。

可以证明，如果 $v(t)$ 是满足高斯分布的，则有

(1) 该过程完全可用 $\overline{v(t)}$ 和 $R_v(t_1,t_2)$ 来描述，并得出 μ 和 σ 的值。
(2) 如果 $v(t)$ 满足广义的平稳性条件，则该过程具有严格的平稳性和遍历性。
(3) 对 $v(t)$ 进行任何线性运算得到的过程都是另一个高斯过程。

示例：一个均值为零的正态过程 X，通过一个输出为 $Y=X^2$ 的系统。需要求出输出概率密度函数。

如果 $y<0$，显然 $y=x^2$ 无解，因此 $f_Y(y)=0$。当 $y\geqslant 0$，有两个解，$x=\pm\sqrt{y}$。根据定义

$$f_Y(y)\mathrm{d}y = P(y \leqslant Y \leqslant y+\mathrm{d}y)$$

式中，$P(\cdot)$ 表示概率。参考图 2.14，并考虑正态过程的对称性有

⊖ 原书中为 ergodic。ergodic 这个词是希腊语，是玻耳兹曼在研究统计力学中的一个问题时选用的。
⊖ 可以通过建立随机向量的特征函数来证明。独立随机变量之和的概率密度函数等于这些变量各自概率密度的卷积。

$$P(y \leqslant Y \leqslant y+\mathrm{d}y) = 2P(y \leqslant X \leqslant x+\mathrm{d}x)$$

式中，x 的值由图 2.14 所示的关系式 $Y=X^2$ 或 $x=\pm\sqrt{y}$ 得到。同样，X 在 $x \leqslant X \leqslant x+\mathrm{d}x$ 范围内的概率，由变量 X 的正态密度曲线上的阴影区域表示。

因此，

$$f_Y(y)\mathrm{d}y = 2f_x(\sqrt{y})\mathrm{d}x = \frac{f_x(\sqrt{y})}{\sqrt{y}}\mathrm{d}y$$

由于 $\mathrm{d}y = 2x\mathrm{d}x$ 或 $\mathrm{d}x = \frac{\mathrm{d}y}{2x} = \frac{\mathrm{d}y}{2\sqrt{y}}$，因此，

$$f_Y(y) = \frac{1}{\sqrt{2\pi}\sigma y}\mathrm{e}^{-\frac{y}{2\sigma^2}}u(y)$$

式中，$u(\cdot)$ 是单位阶跃函数。

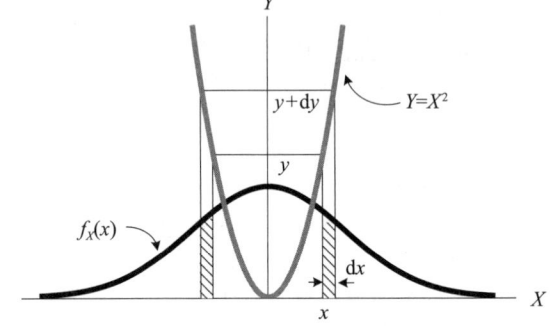

图 2.14 通过 $Y=X^2$ 的正态随机变量

2.7.3 随机输入系统

在大多数通信系统中，一般都会是某种随机信号（或噪声）通过一个滤波器（或其他类型的线性时不变系统），如图 2.15 所示。

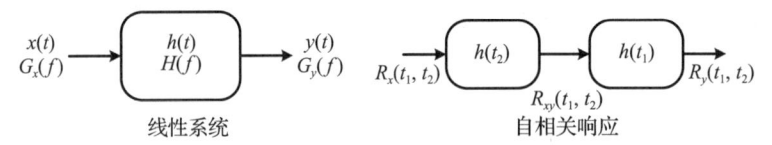

图 2.15 通过线性时不变系统的平稳输入

得到的输出信号为

$$\mathbf{y}(t) = L[\mathbf{x}(t)] = \int_{-\infty}^{\infty} h(\tau)\mathbf{x}(t-\tau)\mathrm{d}\tau$$

式中，L 表示系统对 $\mathbf{x}(t)$ 的线性运算，$h(t)$ 是冲激响应。由于卷积是一个线性运算，因此期望高斯输入信号能产生一个高斯输出信号，高斯输出信号的属性可以完全由其均值和方差描述。假设 $\mathbf{x}(t)$ 是一个平稳的实数信号，同时 $h(t)$ 也是实数，则 $\mathbf{y}(t)$ 也应该是实数的平稳信号。

由卷积的基本定义可以很容易证明：

$$E\{L[\mathbf{x}(t)]\} = L\{E[\mathbf{x}(t)]\}$$

也就是说，输出信号的均值等于系统对于输入信号均值的响应。另外，输出信号的自相关函数 $R_y(t_1,t_2)$ 可以通过如下两步近似获得。对于一个特定的时间 t_1，$\mathbf{x}(t_1)$ 是一个常数，因此有

$$\mathbf{x}(t_1)\mathbf{y}(t) = \mathbf{x}(t_1)L[\mathbf{x}(t)] = L[\mathbf{x}(t_1)\mathbf{x}(t)]$$

可以得到

$$E[\mathbf{x}(t_1)\mathbf{y}(t)] = L\{E[\mathbf{x}(t_1)\mathbf{x}(t)]\}$$

同样有

$$E[\mathbf{y}(t)\mathbf{y}(t_2)] = L\{E[\mathbf{x}(t)\mathbf{y}(t_2)]\}$$

令上面式子两边 $t=t_2$，可以得到自相关或交叉相关函数，图 2.15 中对此进行了说明。

正如前面已经证明的，对于平稳过程，输出信号是输入信号与冲激响应的卷积，当 $\tau=t_2-t_1$ 时，有

$$R_{yx}(\tau) = h(\tau) * R_x(\tau)$$

$$R_y(\tau) = h(-\tau) R_{yx}(\tau) = h(-\tau) * h(\tau) * R_x(\tau)$$

注意，最后一个结果可以直接从积分本身获得

$$R_y(\tau) = E[\boldsymbol{y}(t+\tau)\boldsymbol{y}(t)] = E\left[\int h(\alpha)\boldsymbol{x}(t+\tau-\alpha)\mathrm{d}\alpha \int h(\beta)\boldsymbol{x}(t-\beta)\mathrm{d}\beta\right]$$

或者，

$$R_y(\tau) = \iint h(\alpha)h(\beta)E[\boldsymbol{x}(t+\tau-\alpha)\boldsymbol{x}(t-\beta)]\mathrm{d}\alpha\mathrm{d}\beta = \iint h(\alpha)h(\beta)R_x(\tau-\alpha+\beta)\mathrm{d}\alpha\mathrm{d}\beta$$

可以重写为

$$R_y(\tau) = \int h(-\beta)\left(\int h(\alpha)R_x(\tau-\alpha-\beta)\mathrm{d}\alpha\right)\mathrm{d}\beta$$

进而可以得到 $R_y(\tau) = h(-\tau) * h(\tau) * R_x(\tau)$。

示例：一个均值为零且自相关函数为 $R_X(\tau)$ 的正态平稳随机信号 $X(t)$，通过一个输出为 $Y(t) = X^2(t)$ 的电路，有

$$E[Y(t)] = E[X^2(t)] = R_X(0)$$

此外，可以证明（参考[6]，也可以参见习题 23），如果 X 和 Y 是均值为零的联合正态随机过程（或变量），那么

$$E[X^2 Y^2] = E[X^2]E[Y^2] + 2E^2[XY]$$

因此有

$$R_Y(\tau) = E[X^2(t+\tau)X^2(t)] = E[X^2(t+\tau)]E[X^2(t)] + 2E^2[X(t+\tau)X(t)]$$

可得

$$R_Y(\tau) = R_X^2(0) + 2R_X^2(\tau)$$

上述示例中计算的密度函数如图 2.16 所示。

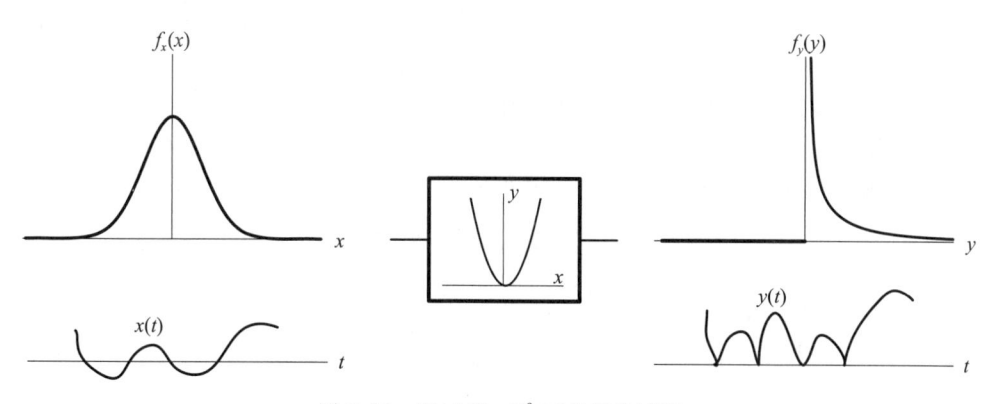

图 2.16 通过 $Y = X^2$ 正态随机过程

特别地，

$$E[Y(t)^2] = R_Y(0) = 3R_X^2(0)$$

示例：硬件限幅器是一个无记忆系统，如图 2.17 所示，产生 ±1 的输出：

$$\boldsymbol{y} = \begin{cases} -1, & x < 0 \\ +1, & x > 0 \end{cases}$$

输出期望值为

$$E[\boldsymbol{y}(t)] = 1 \cdot P(x>0) - 1 \cdot P(x<0) = (1-F_x(0)) - F_x(0) = 1 - 2F_x(0)$$

式中，$F_x(x)$ 是随机信号 x 的分布函数（概率密度函数的积分，即 $f_x(x) = \dfrac{\partial F_x(x)}{\partial x}$）。

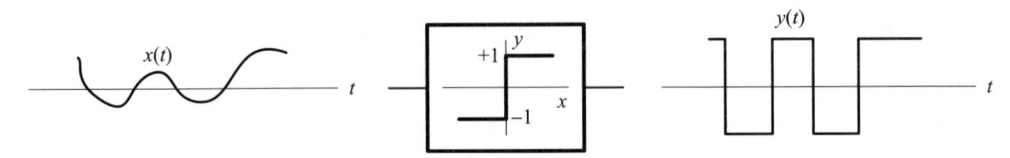

图 2.17　随机信号 $x(t)$ 通过限幅器

一般来说，$y(t)$ 的自相关没有简单的形式，但需要关注的是，如果 $x(t)$ 是一个平稳的正态过程，可以证明（证明见习题 21）限幅器输出的自相关是 $R_y(\tau) = \dfrac{2}{\pi} \arcsin\left(\dfrac{R_x(\tau)}{R_x(0)}\right)$。

2.7.4　功率谱密度

在频域中对随机过程进行描述往往更能看清其本质。直接对时域信号进行傅里叶变换是没有意义的，需要利用随机信号的统计学特性进行分析。

设 $v(t)$ 是一个广义平稳随机信号[⊖]，定义

$$P_T = \frac{1}{T}\int_{-T/2}^{T/2} v^2(t)\,\mathrm{d}t$$

P_T 本身就是一个随机变量。定义随机信号 $v(t)$ 的平均功率为

$$\overline{P} = \lim_{T\to\infty} E[P_T] = \lim_{T\to\infty} \frac{1}{T}\int_{-T/2}^{T/2} E[v^2(t)]\,\mathrm{d}t = \langle E[v^2(t)]\rangle$$

上式涉及在总体平均值（$E[\,\cdot\,]$）之后的时间平均值（$\langle\,\cdot\,\rangle$）。由于 $v(t)$ 是平稳的，因此期望 $E[v^2(t)] = \overline{v^2}$ 为一个常数，则可得到 $\langle \overline{v^2}\rangle = \overline{v^2} = \overline{P}$。如果 $v(t)$ 同时具有平稳性以及遍历性，则 $\overline{v^2}$ 和 $\overline{v}$ 都可以利用简单的求时域平均值的方法得到。

功率谱密度（或简称为功率谱）$S_v(f)$ 表示功率在频域上的分布。广义平稳随机过程的自相关函数的谱分解，由该过程的功率谱给出，其定义为

$$S_v(f) = \mathcal{F}[R_v(\tau)] = \int_{-\infty}^{\infty} R_v(\tau)\mathrm{e}^{-\mathrm{j}2\pi f\tau}\,\mathrm{d}\tau$$

反之亦然：

$$R_v(\tau) = \mathcal{F}^{-1}[S_v(f)] = \int_{-\infty}^{\infty} S_v(f)\mathrm{e}^{\mathrm{j}2\pi f\tau}\,\mathrm{d}f$$

和确定性信号一样，此时自相关函数和谱密度构成了一个傅里叶变换。因为 $R_v(\tau) = R_v^*(-\tau)$，功率谱总为实数。此外，如果 $v(t)$ 是实数，那么由于 $R_v(\tau)$ 变为偶数，$S_v(f)$ 也变成偶数，可以表示为

$$S_v(f) = 2\int_0^{\infty} R_v(\tau)\cos\omega\tau\,\mathrm{d}\tau$$

从基本定义来看：

$$\int_{-\infty}^{\infty} S_v(f)\,\mathrm{d}f = R_v(0) = \overline{v^2} = \overline{P}$$

⊖　一般来说，定义非平稳过程的功率谱密度价值不大。

上式说明，任何过程的功率谱面积都是正值。而且，根据维纳-辛钦定理[一]，对于任意频率 f，都有 $S_v(f) \geqslant 0$。将在下一节讨论滤波随机信号的功率谱时证明。相反，如果对于任意频率 f，都有 $S_v(f) \geqslant 0$，则可以找到一个具有功率谱 $S_v(f)$ 的过程 $v(t)$。证明如下：考虑过程 $v(t) = e^{j(2\pi Ft + \phi)}$，其中 F 是密度为 $f_F(f)$ 的随机变量，ϕ 是在区间 $0 \leqslant \phi \leqslant 2\pi$ 中具有均匀密度的，独立于 F 的随机变量。这个过程在广义上是平稳的，因为均值为零，自相关为

$$R_v(\tau) = E[e^{j(2\pi F(t+\tau)+\phi)} e^{-j(2\pi Ft+\phi)}] = E[e^{j2\pi F\tau}] = \int_{-\infty}^{\infty} e^{j2\pi f\tau} f_F(f) \mathrm{d}f$$

通过对比，因为 $R_v(\tau) = \int_{-\infty}^{\infty} S_v(f) e^{j2\pi f\tau} \mathrm{d}f$，所以 $S_v(f) = f_F(f)$。注意，密度函数 $f_F(f)$ 显然总是正的。

综上所述，当且仅当函数 $S_v(f)$ 为正值时，才是功率谱。

示例：对于随机相位正弦信号，可以计算：

$$R_v(\tau) = \frac{A^2}{2} \cos(2\pi f_0 \tau)$$

因此，

$$S_v(f) = \frac{A^2}{4} \delta(f - f_0) + \frac{A^2}{4} \delta(f + f_0)$$

如图 2.18 所示。

以上推导的结果可以推广到任意平稳过程的建模。考虑平稳过程 $v(t)$ 等效为相位非相关且频率间隔为 1Hz[二] 的无穷多个正弦信号的总和，其表达式为

$$v(t) = \sum_{k=0}^{\infty} \sqrt{4S_v(k)} \cos(2\pi kt + \phi_k)$$

式中，$S_v(k)$ 是 $v(t)$ 在千赫兹下的谱密度（每单位赫兹），而 ϕ_k 是均匀分布的每个正弦信号的非相关随机相位差，每个余弦信号的谱密度是一个频率为 k，幅度为 $S_v(k)$ 的冲激信号，如图 2.19 所示。

图 2.18　随机相位正弦信号的功率谱

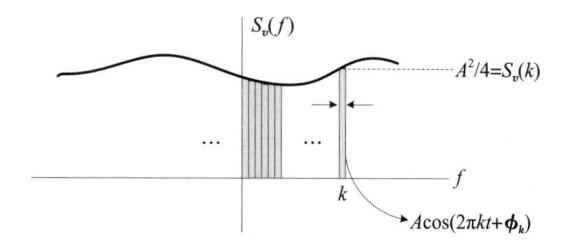

图 2.19　一个任意平稳过程在频域中等效为无限多个冲激信号之和

[一] 1930 年，诺伯特·维纳（Norbert Wiener）用确定性函数的例子证明了这个定理。亚历山大·辛钦（Aleksandr Khinchin）后来对平稳随机过程也得出了类似的结果。阿尔伯特·爱因斯坦（Albert Einstein）在 1914 年的一份备忘录中说明了这个想法，但未给出证据。

[二] 选择 1Hz 的单位频率间隔是不准确的。如果有无穷多个无穷小的频率点，更准确的方法是使用 Δf 作为频率间隔，而 Δf 则逼近于 0。通常情况下，所关注的频率往往远大于 1Hz，则采用 1Hz 的单位频率间隔进行近似计算是可以接受的。

第 6 章中将利用上述结论计算带限白噪声的方均根谱密度,第 9 章中将用上述结论讨论相位噪声和频率噪声。

示例:考虑调制运算的定义为

$$z(t) = v(t)\cos(2\pi f_c t + \phi)$$

式中,$v(t)$ 是一个平稳随机信号,而 ϕ 是一个与 $v(t)$ 不相关的,且在 $0\sim 2\pi$ 弧度区间内均匀分布的随机相位。如果不包含 ϕ,则 $z(t)$ 将不再是平稳信号。包含 ϕ 可以简单地看成任意选择 $v(t)$ 和 $\cos 2\pi f_c t$ 的时间,它们是两个相互独立的函数。

$$R_z(\tau) = E[v(t+\tau)v(t)\cos(2\pi f_c(t+\tau)+\phi)\cos(2\pi f_c t + \phi)]$$

考虑到 ϕ 相关项的平均值是 0,对上式进行三角函数展开后可以得到

$$R_z(\tau) = 1/2 R_v(\tau)\cos 2\pi f_c \tau$$

而功率谱为

$$S_z(f) = \frac{1}{4}[S_v(f-f_c) + S_v(f+f_c)]$$

因此,调制过程将 $v(t)$ 的功率谱分别向正负频率方向平移了 f_c。调制可以推广到两个独立平稳过程的乘积 $z(t)=v(t)w(t)$ 的情况,因此可以得到

$$R_z(\tau) = R_v(\tau)R_w(\tau)$$

以及

$$S_z(f) = S_v(f) * S_w(f)$$

这与确定性信号的傅里叶变换相乘特性类似。

2.7.5 随机过程滤波

前面已证明,如果平稳随机过程 $x(t)$ 通过冲激响应为 $h(t)$ 的 LTI 系统,输出 $y(t)$ 的自相关函数为

$$R_y(\tau) = h(-\tau) * h(\tau) * R_x(\tau)$$

因此对于功率谱密度,

$$S_y(f) = |H(f)|^2 S_x(f)$$

进而可以得到

$$\overline{y^2} = R_y(0) = \int_{-\infty}^{\infty} |H(f)|^2 S_x(f) \mathrm{d}f$$

也容易得到

$$E[y(t)] = \left[\int_{-\infty}^{\infty} h(t)\mathrm{d}t\right] E[x(t)] = H(0)E[x(t)]$$

式中的 $H(0)$ 等于系统的直流增益。

遍历性的一个重要应用是频谱分析仪的基本工作原理。在具有遍历性的前提下,虽然诸如噪声等随机信号需要统计数据进行描述,但是简单的时域测量已经足够了。图 2.20 给出了一个典型频谱分析仪的功能简化框图,其中 $x(t)$ 是一个待测的随机信号。

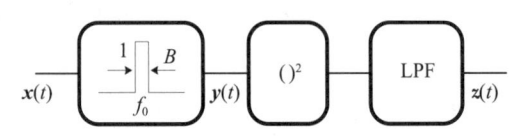

图 2.20 典型频谱分析仪的功能简化框图

输入信号首先经过一个在所需频率为 f_0 调谐的窄带滤波器,扫频(即改变 f_0)就可以提取在所关注的频率范围内的信号频谱。平方和低通滤波就等效于时间平均,即

$$z(t) = \langle y(t)^2 \rangle$$

由遍历性可以得到
$$z(t) = \overline{y^2} = R_y(0)$$
另一方面，假设滤波器的通带足够窄，并且通带增益为单位增益，可以得到
$$R_y(0) = \int_{-\infty}^{\infty} |H(f)|^2 S_x(f) \mathrm{d}f \approx \int_{f_0-B/2}^{f_0+B/2} S_x(f) \mathrm{d}f \approx S_x(f_0)$$
上式证明了输出信号 $z(t)$ 就是输入信号在 f_0 处的功率谱。需要指出的是，由低通滤波器得到的时间平均值需要足够长，以保证时间平均值和总平均值相等。通常通过调节扫描时间的方式来控制，而带通滤波器的带宽 B 则通过调节分辨率带宽来设置。

由于 $S_x(f_0)$ 等于滤波后的输出信号的功率（$S_x(f_0) = \overline{y^2}$），因此必定是正值。这说明对于任意平稳过程，对于所有频率 f，$S_x(f) \geqslant 0$ 都成立，这可作为在 2.7.4 节提及的维纳-辛钦定理的证明。

示例：考虑前面提到的希尔伯特变换 $\hat{x}(t) = x(t) * \dfrac{1}{\pi t} = \dfrac{1}{\pi} \int_{-\infty}^{\infty} \dfrac{x(\tau)}{t-\tau} \mathrm{d}\tau$，其中 $x(t)$（本身是随机信号）是一个随机过程。由于 $H_Q(f) = -\mathrm{j}\mathrm{sgn}f$，因此有 $|H_Q(f)|^2 = 1$，而且希尔伯特变换后得到的输出信号与原先的输入信号具有相同的功率谱密度。还可以看出，输出和输入信号的自相关系数相同，说明 90°的相移并不会影响随机信号的统计特性。复数过程为
$$z(t) = x(t) + \mathrm{j}\hat{x}(t)$$
这被称为与 $x(t)$ 相关的解析信号。那么这样的系统的响应是 $1 + \mathrm{j}(-\mathrm{j}\mathrm{sgn}f) = 2u(f)$，$S_z(f) = 4S_x(f)u(f)$，其中 $u(f)$ 是单位阶跃函数。

示例：考虑随机过程 $y(t) = \dfrac{1}{2T}\int_{t-T}^{t+T} x(\theta) \mathrm{d}\theta$。过程 $y(t)$ 是将 $x(t)$（本身是一个随机信号）通过一个其冲激响应是高度为 $\dfrac{1}{2T}$，宽度为 $\pm T$ 的矩形脉冲的系统得到的。显然，
$$H(f) = \dfrac{1}{2T}\int_{-T}^{T} \mathrm{e}^{-\mathrm{j}2\pi f\tau} \mathrm{d}\tau = \dfrac{\sin 2\pi fT}{2\pi fT}$$
因此，
$$S_y(f) = \left(\dfrac{\sin 2\pi fT}{2\pi fT}\right)^2 S_x(f)$$
同样可得
$$R_y(\tau) = \dfrac{1}{2T}\int_{-2T}^{2T}\left(1 - \dfrac{|\theta|}{2T}\right)R_X(\tau-\theta)\mathrm{d}\theta$$
实际上，$y(t)$ 是 $x(t)$ 的移动平均值，导致信号能量主要集中在直流附近。

2.7.6 周期平稳过程

在诸如振荡器或混频器的射频电路中，由于晶体管工作点的变化，其噪声源的谱密度将会发生周期改变，这样的过程称为周期平稳过程。根据定义，如果一个过程 $v(t)$ 的统计特性在距离原始时间 nT（n 是整数）的时刻总是保持不变，则该过程称为一个严格意义上的周期为 T 的周期平稳过程[6-7]。类似地，假如对于任何整数 m，下面的两个条件都成立，则 $v(t)$ 在广义上周期平稳。
$$E[v(t+mT)] = E[v(t)] = \eta(t)$$
$$R_v(t_1+mT, t_2+mT) = R_v(t_1, t_2)$$
示例：一个常用的周期平稳过程实例是所谓的"脉冲幅度调制"信号，其表达式为

$$v(t) = \sum_{n=-\infty}^{\infty} a_n h(t-nT)$$

式中，a_n 是随机幅度序列，$h(t)$ 是一个确定的时间采样函数。如果 a_n 是平稳的，则 $v(t)$ 显然满足上述有关平均值和自相关的两个条件。

系统分析师在大多数情况下会假设周期平稳信号是平稳信号[7]。具体做法是在一个周期内对统计参数取平均值：

$$\overline{\eta} = \frac{1}{T}\int_0^T \eta(t)\,\mathrm{d}t$$

$$\overline{R_v}(\tau) = \frac{1}{T}\int_0^T R_v(t+\tau,t)\,\mathrm{d}t$$

实际上，频谱分析仪在分析周期平稳过程时，其显示的结果就是通过上述过程得到的。

示例：研究一个有建设性的案例，首先定义一个如下式的平移过程：

$$v_s(t) = v(t-\theta)$$

式中，θ 是一个在区间 $(0,T)$ 内均匀分布的随机变量，并且与 $v(t)$ 不相关。如果 $v(t)$ 具有广义上的周期平稳性，则该时间平移过程在广义上也具有平稳性。为了证明这一点，首先来求出该时间平移过程的期望值。既然 $v(t)$ 和 θ 是不相关的，因此有

$$E[v_s(t)] = \int_{-\infty}^{\infty}\int_0^T v(t-\theta) f_v(v) \frac{1}{T}\,\mathrm{d}v\mathrm{d}\theta = \frac{1}{T}\int_0^T \eta(t-\theta)\,\mathrm{d}t$$

式中，$\eta(t) = E[v(t)]$。由于 $\eta(t)$ 为周期函数，因此有

$$\eta_s = E[v_s(t)] = \frac{1}{T}\int_0^T \eta(t-\theta)\,\mathrm{d}\theta = \frac{1}{T}\int_0^T \eta(t)\,\mathrm{d}t$$

类似地，由于自相关性，可以得到

$$R_{v_s}(\tau) = \frac{1}{T}\int_0^T R_v(t+\tau,t)\,\mathrm{d}t$$

在第 5 章分析有源器件中周期变化噪声时，再进一步讨论周期平稳过程。

2.8 模拟线性调制

长距离的有效通信通常需要使用高频正弦载波，因此，大多数实际的发射信号都具有带通的特性。图 2.21 中给出了一个常见系统的框图，输入信号包含了要传输的所需信息，例如语音或数据，其频谱通常分布在直流附近，因此称之为基带信号。发射机承担多种任务，其中一个重要的作用就是将基带信号转移到一个已知需要的高频载波，使得调制频谱位于载波频率（f_c）处。而接收机的作用相反，负责将原始基带和信息承载信号从调制频谱中提取出来。这个提取的过程称为"解调"。在无线通信系统中，传输信道就是空气。一般来说，预计接收机输入的信号是衰减后的发射信号叠加了诸如噪声和干扰等成分。

需要调制有以下几个原因。

1）可承载大量用户。如果大量调频无线通信系统都在基带进行通信，则不同的电台之间将发生相互干扰，此时"调到某个所需电台"的说法将不存在。

2）可以选择高效率电磁波传播所对应的频率，以获得高效信息传输[10-11]。

3）天线的实用设计。

4）能够为多个通信标准分配不同的频率以实现同时通信。

5）可以使用窄带带通接收机，实现对宽带噪声和干扰的抑制。

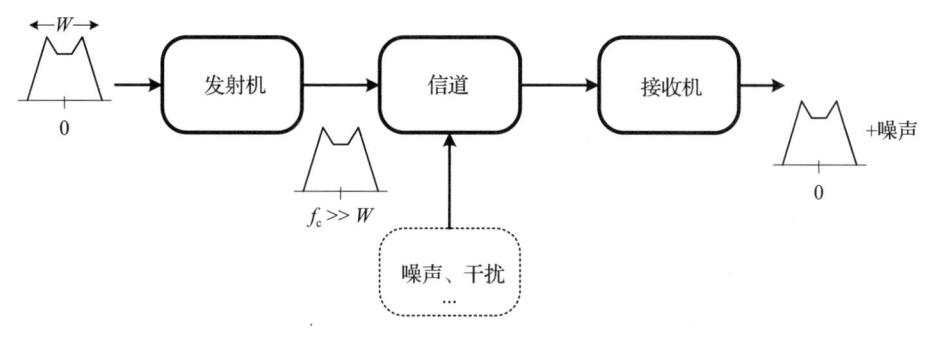

图 2.21 常见的通信系统

在第 12 章中,将进一步详细介绍发射机和接收机的功能。在本节简要介绍模拟线性调制的基本原理。而在下一节将介绍非线性调制。在这里只是对于射频电路设计中所需要的基本概念进行总结回顾,具体内容可参考文献[10-11]。此外,关于模拟调制方案和数字调制方案的详细内容则可参考文献[12-13]。

双边带幅度调制有两种方式,分别是标准幅度调制(AM)和抑制载波双边带调制(DSB)。在解释上述概念之前,先回顾一些调制信号的惯例。

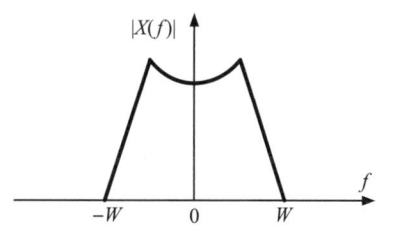

模拟信号调制是对一个随机基带信号 $x(t)$ 的操作,这是一个随机过程,可看作是一个样本函数,由信息源产生的可能信息集合。必须有一个合理定义的带宽 W,对于 $|f|>W$ 范围的信号,其能量可以忽略,如图 2.22 所示。同时,为了便于数学计算,将所有信号的幅度归一化,使得其最大幅度不超过单位幅度,即 $|x(t)|\leqslant 1$。此外,虽然 $x(t)$ 是一个随机过程,但是为了简便,一般直接通过傅里叶变换将其在频域中进行表示。

图 2.22 一个带宽为 W 的信息频谱

对于一个遍历性信息源(或确定信息源),归一化的操作将导致平均信号功率存在上限值,即 $\langle x^2(t)\rangle\leqslant 1$。最后,有时为了分析方便,可以将 $x(t)$ 表示为一个单音信号,即 $x(t)=A_\mathrm{m}\cos\omega_\mathrm{m}t$,并满足 $A_\mathrm{m}\leqslant 1$ 以及 $f_\mathrm{m}<W$。

AM 有一个独特的性质,就是已调制信号的包络形状和原信号相同。因此,已调制信号的包络 $A(t)$ 和未调制的幅度 A_c 存在如下关系:

$$A(t) = A_c[1+\mu x(t)]$$

式中,μ 是一个正的常数,称为调制系数。完整的幅度调制信号 $x_c(t)$ 则可以表示为

$$x_c(t) = A_c[1+\mu x(t)]\cos(\omega_c t)$$

如图 2.23 所示,是一个典型信息及其相应的 AM 信号的例子。假设 $\mu<1$,并且信息带宽 W 远小于载波频率 f_c。当满足上述假设条件时,只要使用一个简单的包络检波器就可以将信号 $x(t)$ 提取出来。当 $\mu=1$ 时,包络 $A_c[1+\mu x(t)]$ 的值在 0 和最大值 $2A_c$ 之间变化。然而,如果 $\mu>1$,包络可能为负值,导致反相并最终发生包络失真[10],这称为"过调制",应当在幅度调制中避免过调制。

在频域中,对 $x_c(t)$ 进行傅里叶变换,会导致由于载波中包含的余弦信号而产生一个冲激信号,以及平移到 $\pm f_c$ 处的原始信号,这与之前在解释调制时所举的例子相吻合。图 2.24 即 $x_c(t)$ 的频谱。

AM 频谱由对称的下边带和上边带构成,因此也称为双边带 AM。显然,与未调制的基带

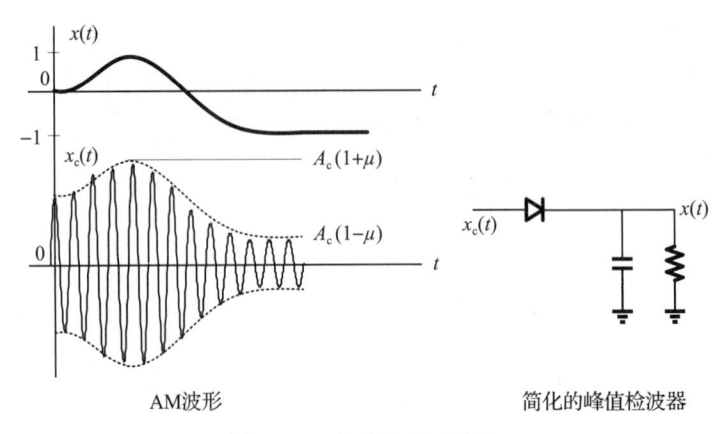

图 2.23 典型的 AM 波形

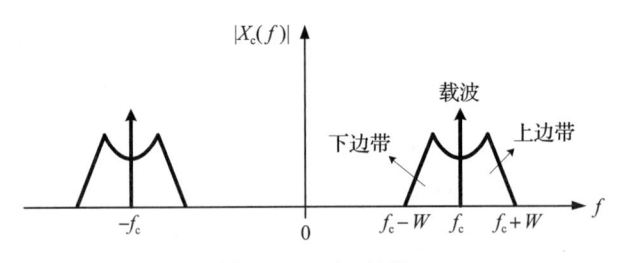

图 2.24 AM 频谱

信号相比，AM 信号的收发需要两倍于前者的带宽。

假设基带信号载波没有直流成分，展开 $x^2(t)$，可以得到

$$\langle x_c(t)^2 \rangle = \frac{1}{2}A_c^2(1 + \mu^2 \langle x(t)^2 \rangle)$$

统计平均值计算的结果与 $E[x_c(t)]$ 的结果类似。其中 $\frac{1}{2}A_c^2$ 项表示未调制的载波功率，而 $\frac{1}{4}A_c^2\mu^2\langle x^2(t)\rangle$ 则是每个边带的功率（每边带为 $\frac{1}{2}A_c^2\mu^2\langle x^2(t)\rangle$ 的一半）。由于 $|\mu x(t)| \leqslant 1$，因此至少占 50% 的总发射功率的载波不传输信息。

浪费的载波功率可以通过拟制未调制项以及使 $\mu=1$ 的方法来消除，此时有

$$x_c(t) = A_c x(t)\cos(\omega_c t)$$

这就是所谓的"双边带抑制载波"或简称 DSB，其频谱与常规的 AM 相同，但是不存在未调制载波产生的冲激信号。与 AM 不同，这里的包络具有 $|x(t)|$ 的形状，而非 $x(t)$ 的形状，因此每当 $x(t)$ 穿越 0，调制后的信号都将反相。为了更好地说明，下面给出双边带抑制载波信号的包络和相位结果：

$$A(t) = A_c|x(t)| \quad \text{和} \quad \phi(t) = \begin{cases} 0, & x(t) > 0 \\ 180°, & x(t) < 0 \end{cases}$$

这说明，尽管抑制载波 DSB 的功率效率更高，但代价是无法利用简单的包络检波器提取信号。实际上，对 DSB 信号进行检波需要复杂得多的解调过程[10-11]。而对于 DSB 信号的产生而

言，或许最有效的方案是采用图 2.25 所示的平衡调制器，其中 DSB 信号是由两个除了符号相反外，其他方面完全相同的 AM 调制器产生的。

为了便于在第 9 章进行振荡器相位噪声分析，此处先计算最简单的单音调制情况下的 AM 和 DSB 信号的频谱。假设 $x(t) = A_m \cos \omega_m t$，对于 DSB 有

$$x_c(t) = A_c A_m \cos \omega_m t \cos \omega_c t$$
$$= \frac{A_c A_m}{2} \cos(\omega_c - \omega_m)t + \frac{A_c A_m}{2} \cos(\omega_c + \omega_m)t$$

在 AM 情况下，需要在上式中增加一个额外的未调制载波项。图 2.26 给出了两种调制方式的频谱。

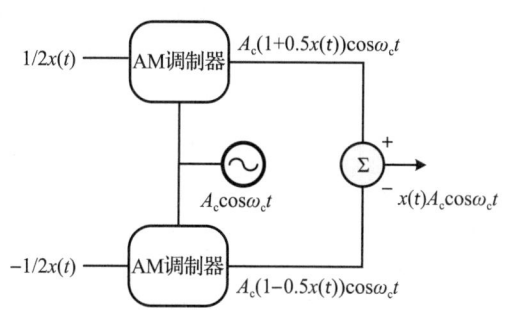

图 2.25 平衡调制器

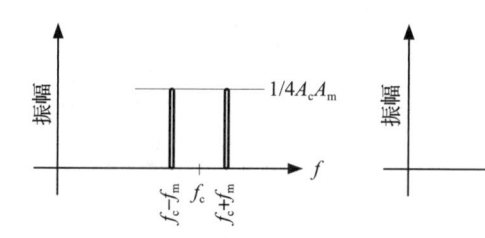

图 2.26 单音调制的 AM 与 DSB 频谱

由于对称性，DSB 信号的上边带和下边带是相关的，任意一边的频谱都包含了所有的信息，因此同时保留两个边带似乎是没有必要的。所以抑制任意一个边带都能够减小发射带宽，并使得发射功率减少为原来的一半。图 2.27 给出了一种产生单边带（SSB）AM 信号的方法，其中单边带滤波器可用于抑制其中一个边带，图中还给出了保留上边带情况下的已调制信号频谱。

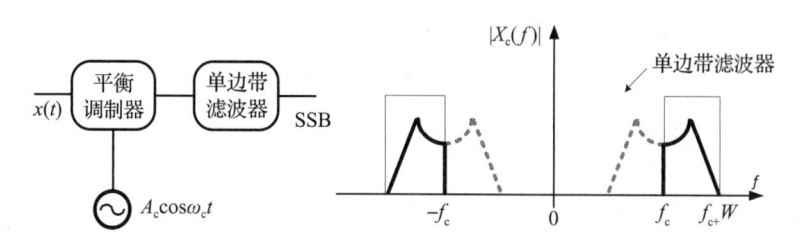

图 2.27 单边带 AM 产生器及其频谱

实际上，设计一个高选择性的边带滤波器可能是一个挑战，只有当基带信号在直流电附近不存在或几乎不存在能量时，此滤波器才能实现。一种更为可行的方案是在时域中获得 SSB 信号。虽然在频域中，信号频谱很容易描述，但其对应的时域信号则需要通过几个步骤计算得到。具体的细节可以参考文献[10-11]，这里只给出最终结果：

$$x_c(t) = \frac{1}{2} A_c [x(t) \cos \omega_c t - \hat{x}(t) \sin \omega_c t]$$

初看起来希尔伯特变换的出现比较突兀，但是以上边带滤波器为例，观察边带滤波器，本

质上是将低通在频域上移动到 $\pm f_c$ 处来实现的,如图 2.28 所示。因此当 $|f|<W$ 时,低通等效的频率响应为 $1/2[1+\mathrm{sgn}(f)]$。函数 $\mathrm{sgn}(f)$ 为符号函数(或正负号函数),由之前已介绍的内容可知,该函数在时域上用希尔伯特变换来表示。接下来的步骤就相当简单了。

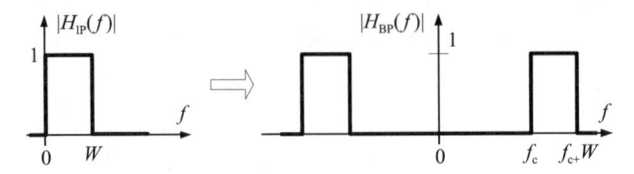

图 2.28 单边带滤波器的低通等效

由该信号的时域表达式可以得到一种几乎在所有射频发射机中都会广泛采用的有趣的系统级实现方式。如图 2.29 所示,通过将载波信号进行 90°的相移,并对基带信号进行希尔伯特变换,就可以选择合适的边带。图中给出了上边带选择的例子,至于下边带的选择,只要将信号相减操作改为信号相加即可。

理想的正交相移器,即图中的 $H_Q(f)$,在实际中是无法实现的,因为希尔伯特变换具有非因果的冲激响应。但是,通过在两个支路同时额外使用相同的相移网络,可以获得近似的效果。该方案使得在低频时存在较大的相位失真,因此如果在直流附近基带信号能量很低,则可以很好地工作。当今,在大多数的现代发射机中,希尔伯特变换是在数字域中完成的,模拟基带信号是用数据转换器产生的。注意,载波信号也应 90°相移。

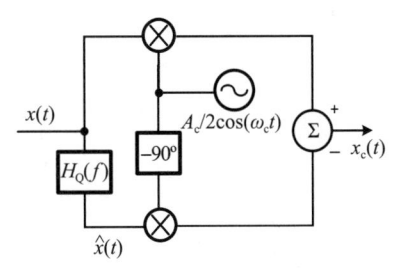

图 2.29 单边带调制器

2.9 模拟非线性调制

如前一节中所述,线性调制的两个基本特点是,调制信号的频谱是基带信号频谱的直接频率搬移结果,以及发射带宽大约为基带信号带宽的两倍。另外,由文献[10]可以得知,最终的信噪比不会好于基带信号的信噪比,并且只能通过提高发射功率的方式来改善。

相反,在非线性调制中,如相位调制(PM)或频率调制(FM),发射信号与基带信号之间并不是以一种简单的方式相关联。结果就是,已调制信号的带宽可能远超过基带信号带宽的两倍。但是,可以证明,即使不增加发射机功率,也可以获得更好的信噪比。稍后将会简单地说明相位调制和频率调制非常相似,因此在本节中只分析 FM 特性。

对于一个具有恒定包络但时变相位的连续波信号:

$$x_c(t) = A_c\cos(\omega_c t + \phi(t))$$

瞬时相角定义为

$$\theta_c(t) = \omega_c t + \phi(t)$$

而瞬时频率则为相角的导数:

$$f(t) = \frac{1}{2\pi}\frac{\mathrm{d}}{\mathrm{d}t}\theta_c(t) = f_c + \frac{1}{2\pi}\frac{\mathrm{d}}{\mathrm{d}t}\phi(t)$$

可以看出,通过简单的积分,相位调制与频率调制产生了相关性。对于 FM 而言,如前所述,当 $|x(t)|\leqslant 1$ 时,FM 中的瞬时频率可以由基带信号 $x(t)$ 得到,即

$$f(t) = f_c + f_\Delta x(t)$$

式中，$f_\Delta < f_c$，称为频率偏差，f_Δ 的上限确保了 $f(t)$ 始终为正值。FM 的波形可以表示为
$$x_c(t) = A_c \cos\left(\omega_c t + 2\pi f_\Delta \int x(\tau) \mathrm{d}\tau\right)$$

上式中假设了基带信号中没有直流成分。如果基带信号中存在直流分量，则最后得到的 FM 信号中存在一个恒定的载波频率偏移。

另一方面，PM 波形可以表示为
$$x_c(t) = A_c \cos(\omega_c t + \phi_\Delta x(t))$$
式中，ϕ_Δ 表示由 $x(t)$ 产生的最大相移。通过比较可以发现，FM 和 PM 之间的差别很小。

与线性调制不同，PM 和 FM 另一个重要的特点是两者都具有恒定包络，其发射功率始终为 $A_c^2/2$。另一方面，两者最终输出信号的过零点不是周期分布的，而是与基带信号的变化相关。图 2.30 中给出了阶梯状基带信号的 AM 和 FM 信号的对比。

尽管 FM 和 PM 具有相似性，但是 FM 在噪声相关特性方面具有优势。例如，对于给定的噪声水平，由于 FM 中的瞬时信号频率为 $f(t) = f_c + f_\Delta x(t)$，因此可以通过增加频率偏差 f_Δ 的方法放大信号，而不用增加发射功率。但是，其

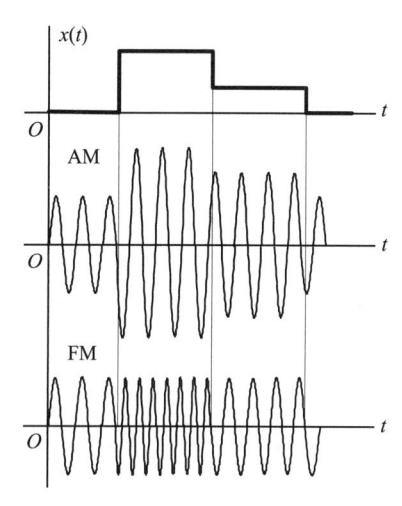

图 2.30 AM 与 FM 比较

代价是增加了调制带宽。具有讽刺意味的是，频率调制最初提出是为了减小带宽。其争论点是，如果根据基带信号，在一个特定的频率范围内，例如100kHz，摆动频率来调制频率，而不是调制载波的幅度，则发射带宽将始终是这个频率范围的两倍，即200kHz，而与基带信号的带宽无关。这一论点的主要缺陷在于，瞬时频率和 FM 带宽之间存在根本的区别。

为了能够计算 FM 带宽，先假设相位变化很小的特殊情况：$|\phi(t)| \ll 1$。调制信号为
$$x_c(t) = A_c \cos(\omega_c t + \phi(t)) = A_c[\cos(\omega_c t)\cos\phi(t) - \sin\omega_c t \sin\phi(t)]$$
根据上面的假设，可以简化为
$$x_c(t) \approx A_c[\cos\omega_c t - \phi(t)\sin\omega_c t]$$
在频域中，对于正的 f，有
$$X_c(f) = \frac{1}{2} A_c \delta(f - f_c) + \frac{\mathrm{j}}{2} A_c \Phi(f - f_c)$$

对于 FM，由于频率是相位的导数，因此有 $\Phi(f) = -\mathrm{j} f_\Delta X(f)/f$。因此，假设 $|\phi(t)| \ll 1$，如果 $x(t)$ 的带宽为 W，则 FM 信号的带宽为 $2W$。这个特殊的情况称为"窄带 FM"，在分析众多电路时都证明相当有用，包括分析振荡器的相位噪声。

接下来考虑单音信号调制的情况，假设 $x(t) = A_m \cos\omega_m t$，则有 $\phi(t) = \beta \sin\omega_m t$，其中 $\beta = (A_m/f_m) f_\Delta$，也就是"调制系数"。窄带单音信号调制要求 $\beta \ll 1$，因此可以近似表示为
$$x_c(t) \approx A_c \cos\omega_c t - \frac{A_c \beta}{2}\cos(\omega_c - \omega_m)t + \frac{A_c \beta}{2}\cos(\omega_c + \omega_m)t$$

图 2.31 中给出了对应的频谱和矢量图。频谱图与图 2.26 中的 AM 频谱很相似，但是存在一个根本的不同：下边带发生了反相，产生了一个与载波矢量相垂直的分量或正交的分量，如矢量图所示。而在 AM 中，该分量与载波的矢量是平行的。

对于窄带近似不成立的任意调制系数，可以表示为
$$x_c(t) = A_c[\cos(\beta \sin\omega_m t)\cos\omega_c t - \sin(\beta \sin\omega_m t)\sin\omega_c t]$$

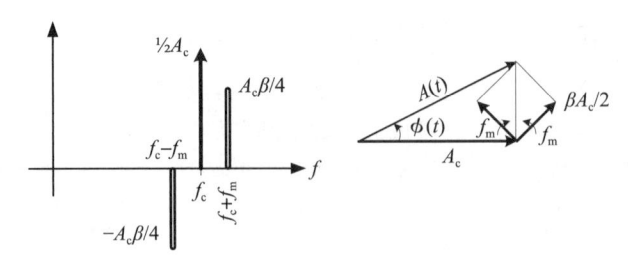

图 2.31 窄带单音信号调制频谱

虽然 $x_c(t)$ 本身不是周期函数，但是 $\cos(\beta\sin\omega_m t)$ 和 $\sin(\beta\sin\omega_m t)$ 都是周期函数，并且二者可通过贝塞尔函数展开成如下形式：

$$\cos(\beta\sin\omega_m t) = J_0(\beta) + \sum_{n\text{为偶数}}^{\infty} 2J_n(\beta)\cos(n\omega_m t)$$

$$\sin(\beta\sin\omega_m t) = \sum_{n\text{为奇数}}^{\infty} 2J_n(\beta)\sin(n\omega_m t)$$

$J_n(\beta)$ 没有闭合的表达式，必须通过数值计算或查表的方法得到具体值。然而，通过观察，可知有 $J_{-n}(\beta) = (-1)^n J_n(\beta)$，这样可以得到

$$x_c(t) = A_c \sum_{n=-\infty}^{\infty} J_n(\beta)\cos(\omega_c t + n\omega_m)t$$

上式表明，FM 的频谱由 f_c 处的载波成分以及在 $f_c \pm nf_m$ 处无穷多个边带构成，如图 2.32 所示（简便起见，将系数 1/2 从频谱上去除）。相邻的边带分量之间具有相等的频率间隔，但是奇数阶的下边带分量具有相反的相位。可以注意到，随着 n 的增加，$|J_n(\beta)|$ 将减小，因此边带分量将越来越小。同时，为了避免远处负频率部分的边带叠加到正频率部分，必须满足 $\beta f_m \ll f_c$ 的条件，在实际中通常都是满足的。

载波信号的相对幅度 $J_0(\beta)$ 随着调制系数 β 的变化而变化，因此其只与调制信号部分相关。需要关注的是，对于一些特定的 β 值，例如当 β 为 2.4、5.5 等值时，$J_0(\beta)$ 为 0。当调制系数很小时，只有 J_0 和 J_1 影响明显，当 $J_0 \approx 1$ 时，也就变成了窄带 FM 的情况。另一方面，当 β 很大时，高阶边带仍然具有较大的幅度，因此，此时的 FM 带宽将远大于调制信号带宽的两倍。

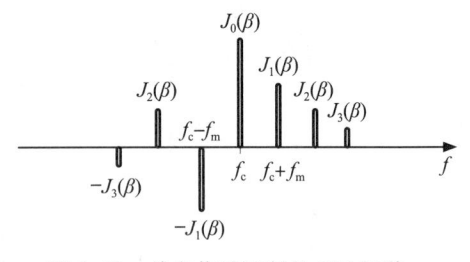

图 2.32 单音信号调制的 FM 频谱

从图 2.32 中的频谱可以发现，FM 在理论上具有无限的带宽。但是实际的 FM 系统必然具有有限的带宽，因此不可避免会产生一些频率失真。实际的 FM 带宽取决于（随着 n 的增加）$J_n(\beta)$ 衰减的速率，以及可接受的失真类型。这可以通过分析 $J_n(\beta)$ 来实现，具体的内容可以参考文献[10]。

从图 2.31 中还可以观察到另一个需要关注的现象，即已调制信号的幅度并不会恰好等于 A_c。出现这一差别的原因在于，先前的窄带近似中忽略了偶数阶的边带。如图 2.33 所示，图中包含了所有的谱线。奇数阶分量与载波矢量垂直，产生了所需的频率调制的同时，还产生了不想要的幅度调制。所得到的与载波矢量平行的偶数阶边带，可以校正幅度的变化。

对于模拟 FM 调制器的实现，虽然有很多方法，但大多数方法都依赖于如图 2.34 所示的压控振荡器（VCO）的基本特性。

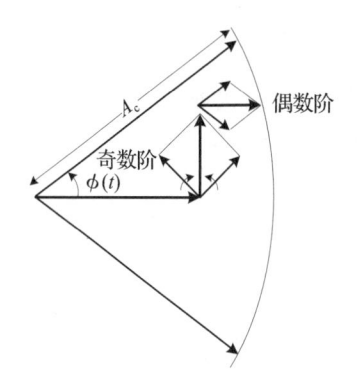

图 2.33　对于任意 β 的 FM 相位图 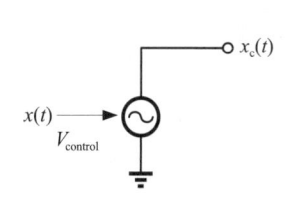　　图 2.34　压控振荡器作为 FM 调制器

将基带信号 $x(t)$ 作为 VCO 的控制电压，则 VCO 的输出为

$$x_c(t) = A_c \cos\left(2\pi f_c t + K_{\text{VCO}} \int x(\tau) d\tau\right)$$

式中，K_{VCO} 是 VCO 的增益，A_c 是 VCO 的振荡幅度，而 f_c 是自由振荡频率，都是设计参数。这些也恰恰是产生 FM 信号所需要的。实际上，由于决定载波频率的振荡器自由振荡频率可能是变化的，因此 VCO 通常会放置在锁相环[14-15]内部使用。更多关于模拟 FM 调制器和 FM 检波器的内容可以参阅文献[10，16]。

2.10　无线通信调制方式

大多数现代无线通信采用更为复杂的调制方式，使得相位（或频率）和幅度同时随时间变化。射频信号可以表示为一般形式：

$$x_c(t) = A(t)\cos(\omega_c t + \phi(t))$$

另外，实际的调制方案和调制器本身都是数字的，而上述的模拟等效则是通过数据转换器实现的。如图 2.35 所示是一种通用的发射机结构示意图，是基于图 2.29 中给出的单边带调制概念设计得到的。数字调制器产生两路信号，并分别与相位差为 90°的另外两路信号相乘。因此，这两路信号通常被称为 I 路（同相）和 Q 路（正交）。虽然在单边带 AM 调制器中，两路输入信号是通过希尔伯特变换得到的，因此可由其中一路信号得到另一路信号，但在大多数的现代发射机中，调制器的 I 路和 Q 路输入信号是不相关的。这对于保证基带信号带宽是最终的射频信号输出带宽的一半是必须的。由图 2.27 明显可以看出，如果两路信号分别是对方的希尔伯特变换，为了产生带宽为 W 的射频信号，则需要基带信号频率范围为 $-W \sim +W$。如果采用如图 2.35 所示的架构，则所需的带宽可以减小为原来的一半。I 路和 Q 路信号的基带信号带宽都等于 $\frac{W}{2}$，I 路和 Q 路的信息分别是基带复数信号在星座图上的轨迹映射到横轴和纵轴上得到的值，这解释了为什么两路基带信号在统计上是独立的。

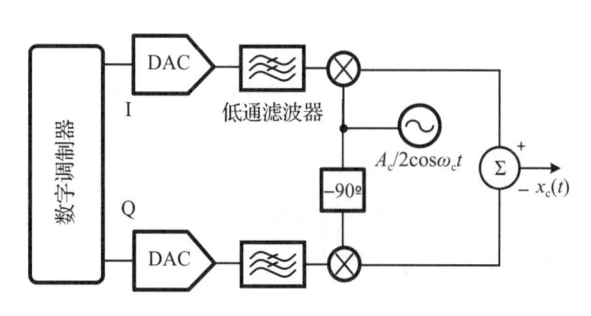

现在假设 $X_{\text{BB,I}}(f)$ 和 $X_{\text{BB,Q}}(f)$ 是图 2.35

图 2.35　采用单边带调制的通用发射机

中的基带信号的傅里叶变换值,对于一个特定的频率偏移 f_m,在 f_c+f_m 和 f_c-f_m 处射频信号的傅里叶变换结果分别正比于 $X_{BB,I}(+f_m)+j\times X_{BB,Q}(+f_m)$ 和 $X_{BB,I}(-f_m)+j\times X_{BB,Q}(-f_m)$。由于 $X_{BB,I}(-f_m)+j\times X_{BB,Q}(-f_m)\neq\{X_{BB,I}(f_m)+j\times X_{BB,Q}(f_m)\}^*$,因此上变频到 f_c+f_m 和 f_c-f_m 处的分量并不是对方的复共轭信号。实际上,假设基带信号正态分布,则位于 $+f_m$ 处基带信号的独立性导致了 f_c+f_m 和 f_c-f_m 处频率分量的独立性。

以上讨论的两点也可以用于无线接收机,假设接收信道的中心频率为 f_c,且带宽为 W。仅考虑所需的信号,向下变频的基带信号每一路带宽为 $\frac{W}{2}$,且两路信号之间在统计上是不相关的。将两路输出信号总体看作一个复数信号 $(x_{BB,I}+j\times x_{BB,Q})$。经过固定的旋转后,得到的复数信号能够直接映射到星座图上最接近的点。

图 2.35 中的发射机称为笛卡儿调制器,它直接产生正交分量(或 I 和 Q 路)作为基带信号。而图 2.36 所示的极化调制器,则直接产生相位和幅度分量。极化调制器由频率调制器,或严格来说是 PM 调制器,和第二条带有包络信息(或 AM)的支路构成,其中的 PM 调制器可以使用锁相环内部的 VCO 实现。与笛卡儿调制器类似,AM 和 PM 信息都可以在数字域内产生,并由数据转换器转换为模拟信号。虽然极化调制器看起来是实现预期调制信号的一种更为自然的方案,但是它本身存在的一些实现问题使其并不适合特别是基带信号是宽带的应用场合。第 12 章将介绍更多类型的发射机及其性能。

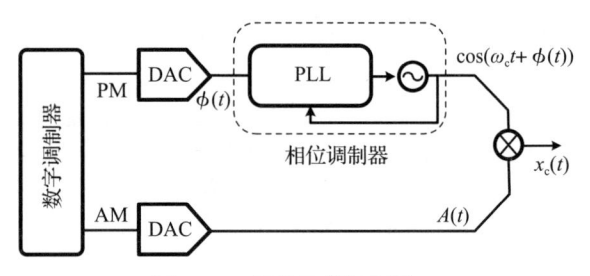

图 2.36 极化发射机框图

2.11 单边带接收机

虽然将在第 12 章中详细讨论收发机架构,但作为练习,同时也是对前面介绍的单边带发射机的再次讨论(图 2.29),在这里将对单边带接收机进行简要的说明,单边带接收机的功能与单边带发射机的功能是相反的。

前面在 2.8 节介绍的单边带发射机如图 2.37 左图所示,其基带信号 $(x(t))$ 通过正交乘法和希尔伯特变换在载频 (f_c) 附近进行频率上移。右图所示的单边带接收机可以被认为是发射机的对偶,其中仅对载波单侧的调制信号 $(x_c(t))$ 进行了频率下移。与发射机类似,单边带接收机依赖于正交乘法和希尔伯特变换。

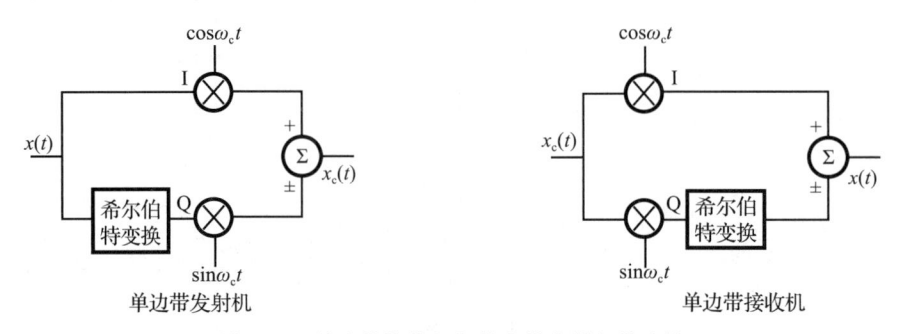

图 2.37 单边带接收机与单边带发射机的比较

采用图 2.38 所示的例子来说明单边带接收机的功能。假设接收机输入(图 2.37 中的 $x_c(t)$)包含两个调制频谱,一个在载波的上侧(三角形),另一个在载波的下侧(矩形),如图 2.38 所示。

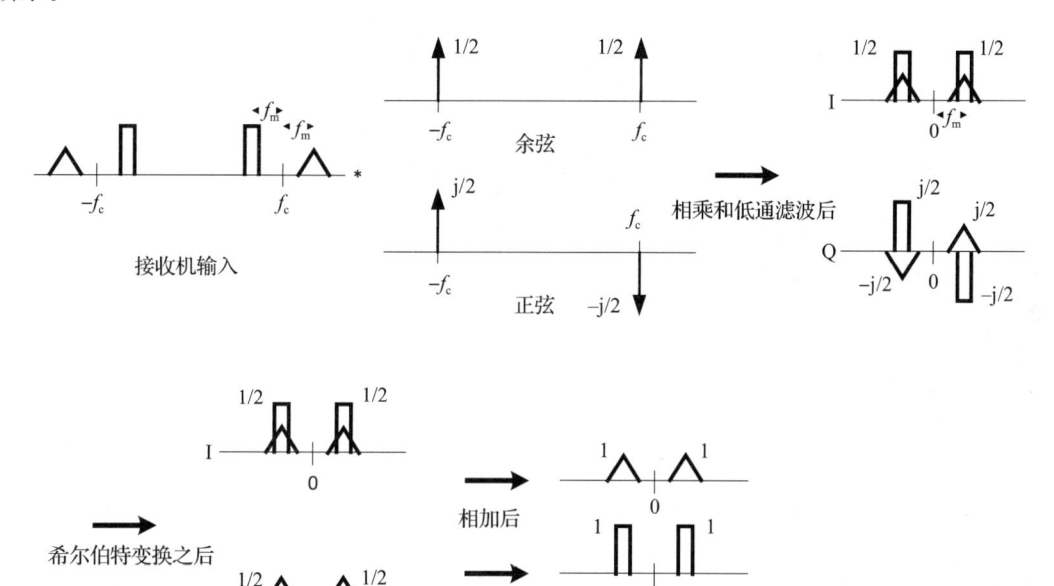

图 2.38 图 2.37 中单边带接收机各点的信号

输入首先在 I 端乘上载波频率的余弦,在 Q 端乘上正弦。余弦和正弦的傅里叶变换也在图中标出,它们是在载波频率处的一对冲激信号。

因为时域中的乘法等价于频域中的卷积,所以输入信号在频率上会发生上移和下移。正频谱的上移(或负频谱的下移)产生的信号约为载波频率的两倍,这是一个非常高的频率,通常在乘法器输出后进行低通滤波。I 和 Q 通道中的剩余信号现在将位于基带处。然而,上边带和下边带信号无法区分,因为它们都出现在相同的频率上。但由于它们的相位不同,可以用希尔伯特变换来提取其中一个。如图 2.38 所示,一旦将希尔伯特变换应用到 Q 通道(I 信号保持不变),上下边带是对齐的,此时将 I 和 Q 输出相加或相减,就会只剩下一个所需要的边带。

单边带接收机,也称为镜像抑制接收机,是大多数现代无线电接收机的基础。一旦 I 和 Q 通道在相乘后被数字化,希尔伯特变换可以完全在数字域中执行,或者可以在模拟域中由多相滤波器近似(参见第 4 章)。

2.12 总结

本章包含了电路理论和通信系统的基本概念,并总结了全书中将要重点讨论的几个关键主题。

首先简要介绍了傅里叶变换和希尔伯特变换,它们都是分析射频电路和系统的重要工具。为了给第 5 章的噪声分析奠定基础,对随机过程和随机变量进行了简要的总结。本章的大部分内容是回顾信号处理、通信系统和基本电路理论中的各种概念。然而,有必要提醒读者,特别是不太专业的读者注意,这些基本概念很重要。

- 2.1 和 2.3 节简要总结了傅里叶变换和傅里叶级数及其特性。
- 2.2、2.4 和 2.5 节回顾了冲激响应、自然频率、极点和零点的基本特性。
- 2.6 节讨论了希尔伯特变换,并将在第 4 章正交滤波器设计中进一步讨论。
- 2.7 节讨论了随机过程及其性质。在无线电设计中处理的许多信号,如噪声,本质上是随机的。因此,对随机信号的良好理解是非常关键的。
- 2.8 和 2.9 节介绍了模拟调制方案和模拟调制器的基本原理。
- 2.10 节简要介绍了现代无线电调制方案。

2.7 节讨论的随机信号特别重要;理解如混频器(第 8 章)和振荡器(第 9 章)等时变电路中的噪声非常重要。

2.13 习题

1. 运用傅里叶变换的基本定义,证明帕萨瓦尔能量定理:
$$\int_{-\infty}^{\infty} |x(t)|^2 \mathrm{d}t = \int_{-\infty}^{\infty} |X(f)|^2 \mathrm{d}f$$

2. 证明傅里叶变换与 $\mathrm{e}^{-\mathrm{j}2\pi f\tau}$ 相乘会在时域产生偏移。

3. 证明如果 $x(t)$ 为实函数,则 $X(-f) = X^*(f)$。

4. 证明傅里叶级数的帕塞瓦尔能量定理:
$$\frac{1}{T}\int_T |v(t)|^2 \mathrm{d}t = \sum_{k=-\infty}^{\infty} |a_k|^2$$

5. 证明 $x(t) = \dfrac{1}{1+t^2}$ 的傅里叶变换是 $X(f) = \pi\mathrm{e}^{-2\pi|f|}$。提示:利用对偶属性。

6. 考虑下图的电路。这个练习表明,虽然系统的每一个极点都是一个固有频率,反之则不一定成立。

    (a) 如果输入为一个冲激信号 $i_s(t) = \delta(t)$,求 $t = 0^+$ 时的电容初始电压和电感初始电流。

    (b) 求电路 $v(t)$ 的冲激响应及固有频率。

    (c) 计算电路的传输阻抗 $\dfrac{V(s)}{I_s(s)}$ 及极点。

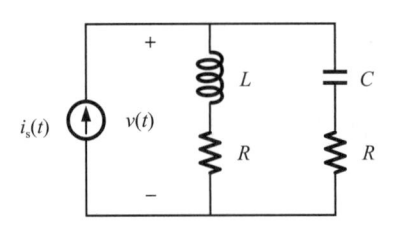

7. 如下图所示的梯形结构,证明其传递函数为
$$\frac{v_{\mathrm{OUT}}(s)}{i_{\mathrm{IN}}(s)} = \frac{1}{a_n s^n + a_{n-1} s^{n-1} + \cdots + a_1 s + a_0}$$

式中,n 是电抗元件的数量,a_n 是所有元件值的乘积。

8. 用三种不同的方法，求出下图所示电路的冲激响应。(a)拉普拉斯变换。(b)通过 $0^- \sim 0^+$ 的积分求解时域微分方程。(c)通过直观的方法求出电路初始条件。响应为电感电流 $i(t)$。

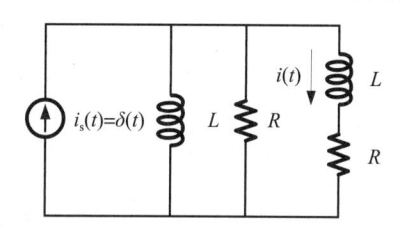

9. 下图所示为维恩桥振荡器的电路。RC 移相网络的工作原理与图 2.7 所示的示例一样。电阻 R_f 和 R_b 与运放一起产生 A 点到输出所需的增益。

(a)求出振荡频率，并解释电路工作原理。

(b)该电路振荡所需的最小 $\dfrac{R_f}{R_b}$ 是多少？

提示：通过 RC 移相电路跟随输出到 A 点，再从 A 点通过放大器返回到输出，从而找到环路增益。求出环路增益的幅度和相位。

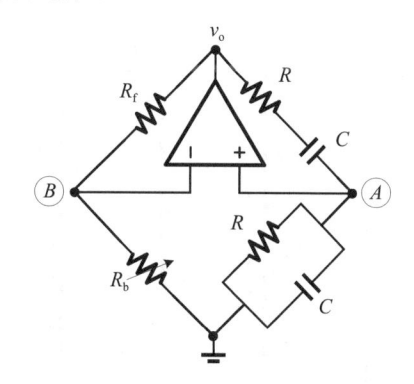

10. 求 $x(t) = \begin{cases} e^{-at}, & t > 0 \\ -e^{at}, & t < 0 \end{cases}$ 的傅里叶变换。

11. 证明希尔伯特变换的冲激响应为 $h_Q(t) = \dfrac{1}{\pi t}$。提示：将上一题设置 $\alpha = 0$，并利用对偶性。

12. 证明 $x(t) = \dfrac{1}{1+t^2}$ 的希尔伯特变换为 $\hat{x}(t) = \dfrac{1}{1+t^2}$。

13. 下图给出了一个传递函数 $H(f)$，它具有单位增益，并且在正、负频率下，其相位分别为 $-\alpha$ 和 $+\alpha$。证明该系统的冲激响应为 $h(t) = \dfrac{\sin\alpha}{\pi t} + \cos\alpha \times \delta(t)$。

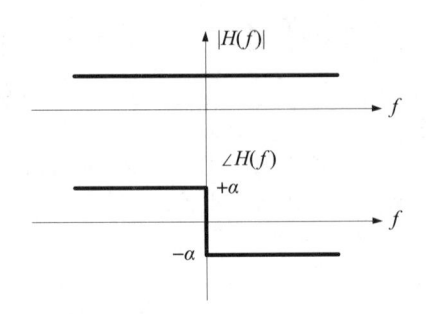

14. 考虑如下图所示的梳状滤波器，其中输入 $x(t)$ 是一个平稳随机信号。证明输入和输出信号之间的自相关函数为

$$R_y(\tau) = 2R_x(\tau) - R_x(\tau - T) - R_x(\tau + T)$$

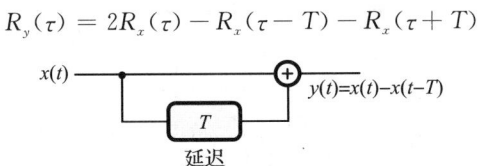

15. 布丰针：一根长为 a 的细针随机掉落在一块木板上，木板上布满了平行线，平行线之间的距离 $b > a$，如下图所示。

    (a) 假设针中心到相邻线边缘的距离用随机变量 x 表示，针的角度用随机变量 θ 表示。假设两个随机变量均呈均匀分布，证明：$f(x,\theta) = f_X(x) f_\Theta(\theta) = \dfrac{1}{b} \dfrac{1}{\pi}$。

    (b) 证明针与其中一条线相交的概率为 $\dfrac{2a}{\pi b}$。正因为如此，可以通过实验来求出 π。

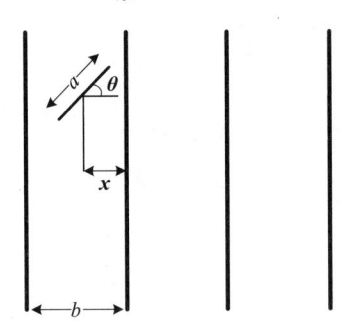

16. 对于过程 $x(t) = r\cos(\omega t + \phi)$，假设随机变量 r 和 ϕ 是不相关的，ϕ 在区间 $(-\pi, \pi)$ 内是均匀的。求出 $x(t)$ 的平均值和自相关值。

17. 对于过程 $x(t) = a\cos(\omega t + \phi)$，随机变量 ω 的概率密度函数是 $f(\omega)$，随机变量 ϕ 在区间 $(-\pi, \pi)$ 之间均匀分布且与 ω 不相关，计算 $x(t)$ 的平均值和自相关值。

18. 证明等式 $E[L\{x(t)\}] = L\{E[x(t)]\}$，其中 L 表示卷积积分的线性运算。

19. 证明施瓦茨不等式 $(E\{xy\})^2 \leqslant E\{x^2\} E\{y^2\}$。提示：考虑 $E\{(ax-y)^2\} = a^2 E\{x^2\} - 2a E\{xy\} + E\{y^2\}$ 对于任意 a 总是正值，其中 a 是任意常数。

20. 假设 $x(t)$ 是一个平稳过程，其均值为零，自相关为 $R_x(\tau)$，s 定义为 $s = \displaystyle\int_{-T}^{T} x(t) \, dt$，试用 $R_x(\tau)$ 表示 s 的方差 (σ_s^2)。

答案：$\sigma_s^2 = \int_{-2T}^{2T}(2T-|\tau|)R_x(\tau)\mathrm{d}\tau$。

21. 考虑随机变量 X 和 Y，生成一个新的随机变量 $Z=X/Y$。

    (a) 证明 Z 的密度函数为 $f_Z(z) = \int_{-\infty}^{\infty}|y|f(zy,y)\mathrm{d}y$，其中 $f(x,y)$ 是 X 和 Y 的联合密度函数。

    (b) 如果 X 和 Y 均为均值为 0 的正态分布，谱密度由 $f(x,y) = \dfrac{1}{2\pi\sigma_1\sigma_2\sqrt{1-r^2}}\exp\left(-\dfrac{1}{2(1-r^2)}\left(\dfrac{x^2}{\sigma_1^2}-2r\dfrac{xy}{\sigma_1\sigma_2}+\dfrac{y^2}{\sigma_2^2}\right)\right)$ 给出，其中 σ_1 和 σ_2 分别为 X 和 Y 的标准差，$r=\dfrac{E[XY]}{\sigma_1\sigma_2}$ 为相关系数，试证明 $f_Z(z) = \dfrac{\sigma_1\sigma_2\sqrt{1-r^2}}{\pi\sigma_2^2\left(z-r\dfrac{\sigma_1}{\sigma_2}\right)^2+\pi\sigma_1^2(1-r^2)}$，这就是柯西密度。

    (c) 证明 $|r|\leqslant 1$。

22. 如果随机变量 X 和 Y 都是均值为 0 的正态分布，证明 $E[X^2Y^2]=E[X^2]E[Y^2]+2E^2[XY]$。

23. 对于图 2.17 的限幅器，假设 $x(t)$ 为一正态平稳过程。

    (a) 证明 $R_y(\tau) = P(x(t+\tau)x(t)>0) - P(x(t+\tau)x(t)<0) = 1-2P(x(t+\tau)x(t)<0)$。

    (b) 假设过程 $x(t+\tau)$ 和 $x(t)$ 同为均值为 0 的正态分布，证明它们的方差为 $R_x(0)$，相关系数 $\left(r=\dfrac{E[XY]}{\sigma_1\sigma_2}\right)$ 为 $\dfrac{R_x(\tau)}{R_x(0)}$。

    (c) 利用本题的 (a)、(b) 和习题 9(b)，证明反正弦定律 $R_y(\tau) = \dfrac{2}{\pi}\arcsin\left(\dfrac{R_x(\tau)}{R_x(0)}\right)$。

24. 对于脉冲幅度调制过程 $v(t) = \sum_{n=-\infty}^{\infty}a_n h(t-nT)$，假设 a_n 是一个平稳序列，其自相关函数为 $R_a(n)=E[a_{n+m}a_m]$，谱密度为 $S_a(f) = \sum_{n=-\infty}^{\infty}R_a(n)\mathrm{e}^{-\mathrm{j}2\pi fn}$。形成冲激序列 $w(t) = \sum_{n=-\infty}^{\infty}a_n\delta(t-nT)$。试证明冲激序列时移过程 $w_s(t)=w(t-\theta)$ 的自相关函数为 $R_{w_s}(\tau) = \dfrac{1}{T}\sum_{n=-\infty}^{\infty}R_a(n)\delta(\tau-nT)$，并证明时移过程 $v_s(t)=v(t-\theta)$ 的谱密度为 $S_{v_s}(f) = \dfrac{1}{T}S_a(f)|H(f)|^2$。提示：$v(t)$ 是一个线性系统在输入信号 $w(t)$ 下的输出，因此有 $v(t)=h*w(t)$ 和 $v_s(t)=h*w_s(t)$。

25. 在上一题中，假设 $h(t)$ 是一个宽度为 T 的脉冲信号，而 a_n 是一个值为 ± 1 的白噪声信号，且取两个值时的概率相等。此过程称为"二进制传输"。这是一个周期平稳过程，在周期 T 内取值为 ± 1，证明 $S_{v_s}(\omega) = \dfrac{4\sin^2(\omega T/2)}{\omega^2 T}$。

26. 假设 x 是一个随机变量，其平均值是 μ，标准差是 σ。

    (a) 证明对于任意 a 和 b (b 是正数)，都有不等式：$p\{|x-a|\geqslant b\}\leqslant \dfrac{E\{(x-a)^2\}}{b^2}$。提示：因为 $\dfrac{(x-a)^2}{b^2}>1$，所以 $p\{|x-a|\geqslant b\} = \int_{-\infty}^{a-b}f_X(x)\mathrm{d}x + \int_{a+b}^{+\infty}f_X(x)\mathrm{d}x \leqslant \int_{-\infty}^{+\infty}\dfrac{(x-a)^2}{b^2}f_x(x)\mathrm{d}x = \dfrac{E[(x-a)^2]}{b^2}$。

    (b) 利用上面的不等式，证明切比雪夫不等式的扩展形式：$p\{k_1<x<k_2\}\geqslant$

$$\frac{4\{(\mu-k_1)(k_2-\mu)-\sigma^2\}}{(k_2-k_1)^2}$$
。切比雪夫不等式是上述不等式在 $k_1=\mu-k\sigma$ 和 $k_2=\mu+k\sigma$ 时的特例。

27. 假设一个随机电报信号(如下图所示)只有 0 和 A 两个值，且两个值出现的概率相同，信号不相关地随机地在这两个值之间变化。单位时间内信号偏移的次数满足平均偏移率为 $\mu\left(p\{x=k, \text{时间}\ \tau\ \text{内}\}=\frac{\mu^k}{k!}e^{-\mu\tau}\right)$ 的泊松分布。

    (a) 证明信号的自相关函数是 $R_v(\tau)=\frac{A^2}{4}(1+e^{-2\mu|\tau|})$。

    (b) 利用上述的自相关函数计算功率谱密度。

28. 证明 FM 信号 $v_c(t) = A_c\cos(\omega_c t + 2\pi f_\Delta \int x(\tau)d\tau)$ 满足 FM 微分方程：
$$v_c(t) - \frac{v_c'(t)\omega_i'(t)}{\omega_i(t)^3} + \frac{v_c''(t)}{\omega_i(t)^2} = 0$$

    式中，$\omega_i(t)$ 是瞬时频率。

29. 证明上面的 FM 信号也满足如下的积分微分方程：
$$v_c(t) + \int_0^t \omega_i(\theta)\left(\int_0^\theta \omega_i(\tau)v_c(\tau)d\tau\right)d\theta$$

    并设计一个由乘法器和加法器构成的 FM 调制器(称为模拟计算机)，以满足上式。

30. 证明下图所示的电路能够用作 FM 解调器，并设计一种适用于高频时求导运算的电路。

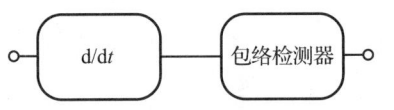

    提示：使用下图所示的电路，也就是所谓的"平衡斜率解调器"。

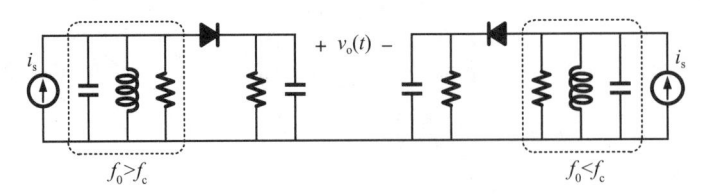

参考文献

[1] A. V. Oppenheim, A. Willsky, and I. Young, *Signals and Systems*, Prentice Hall, 1983.

[2] A. V. Oppenheim, R. W. Schafer, J. R. Buck, et al., *Discrete-Time Signal Processing*, Prentice Hall, 1989.

[3] W. E. Boyce, R. C. DiPrima, and C. W. Haines, *Elementary Differential Equations and Boundary Value Problems*, John Wiley, 1992.

[4] C. A. Desoer and E. S. Kuh, *Basic Circuit Theory*, McGraw-Hill, 2009.
[5] A. Papoulis, *Stochastic Processes*, McGraw-Hill, 1996.
[6] A. Papoulis and S. U. Pillai, *Probability, Random Variables, and Stochastic Processes*, McGraw-Hill, 2002.
[7] W. Gardner and L. Franks, "Characterization of Cyclostationary Random Signal Processes," *IEEE Transactions on Information Theory*, 21, no. 1, 4–14, 1975.
[8] R. E. Colline, *Foundation for Microwave Engineering*, McGraw-Hill, 1992.
[9] D. M. Pozar, *Microwave Engineering*, John Wiley, 2009.
[10] A. B. Carlson and P. B. Crilly, *Communication Systems: An Introduction to Signals and Noise in Electrical Communication*, vol. 1221, McGraw-Hill, 1975.
[11] H. Taub and D. L. Schilling, *Principles of Communication Systems*, McGraw-Hill, 1986.
[12] J. G. Proakis, *Digital Communications*, McGraw-Hill, 1995.
[13] K. S. Shanmugam, *Digital and Analog Communication Systems*, John Wiley, 1979.
[14] F. M. Gardner, *Phaselock Techniques*, John Wiley, 2005.
[15] D. H. Wolaver, *Phase-Locked Loop Circuit Design*, Prentice Hall, 1991.
[16] K. K. Clarke and D. T. Hess, *Communication Circuits: Analysis and Design*, Krieger, 1994.

第 3 章 |Chapter 3|

射频网络

本章专门介绍射频电路设计的一些基本概念,例如有效功率增益、匹配电路、S 参数。同时,还将详细讨论无损、低损耗传输线及史密斯圆图。另外,对被视为二端口网络的接收-发射天线对进行了补充讨论。本章给出的绝大部分素材将在第 5 章和第 7 章讨论噪声和低噪声放大器(LNA)时用到。

本章讨论的大部分内容,包括天线和传输线的主题,和第 1 章密切相关。

本章的主要内容:
- 互易无损网络。
- 有效功率及匹配。
- 宽带变换器和窄带变换器。
- 串-并转换。
- 天线电路模型。
- 无损传输线与低损耗传输线。
- 史密斯圆图。
- S 参数。

3.1 二端口网络简介

3.1.1 二端口网络的定义

二端口网络简单来说就是一个在黑匣子里的网络,有两对可见的端口,通常一端表示输入,另一端表示输出。首先考虑图 3.1 中的单端口网络。

一个线性网络和一对端口,就是一个单端口网络,可以完全用右图的戴维南等效电路来代表。N_0 为原网络所有独立源不工作时(电压源短路,电流源开路)的同一个网络,称为松弛网络,e_{OC} 为单端口的戴维南等效电路开路电压。

二端口网络只是单端口网络的扩展,如图 3.2 所示,这实际上是一个带有两对可接入端口的四端口网络。与任意四端口网络不同的是,对于二端口网络,如图 3.2 所示,进入给定端口的电流也必须从该端口输出。

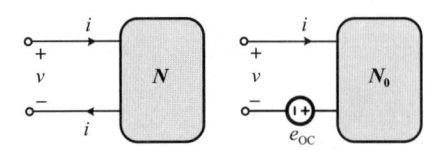

图 3.1 线性单端口网络及其戴维南等效电路

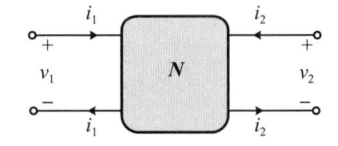

图 3.2 一个二端口网络

根据基本电路理论[1]，由于二端口上有 4 个未知量（i_1、v_1、i_2 和 v_2），因此二端口只能对这 4 个变量施加两个线性约束条件。由于从 4 个变量中挑选出 2 个，只有 6 种方法，因此描述一个线性时不变的二端口网络有 6 种方式的矩阵：阻抗、导纳、两种复参数和两种传输参数。如果已知一种描述方式，则可以得到其他 5 种中的任何一种。例如，导纳矩阵是阻抗矩阵的倒数。后面将会说明，二端口网络也可以用 S 参数表示，这是在微波频段表征它更为方便的方法。S 参数矩阵也可以转换为上述 6 种方式矩阵的任意一种。

示例：求出如图 3.3 所示的简单电阻网络的 Z 矩阵。

根据基本定义，可以在将另一个端口看作开路时，计算相应端口的阻抗，得到 Z_{11}（或 Z_{22}）。因此，

$$Z_{11} = R_1 + R_2$$
$$Z_{22} = R_3 + R_2$$

同样地，

$$Z_{12} = \left.\frac{V_1}{I_2}\right|_{I_1=0} = R_2$$

$$Z_{21} = \left.\frac{V_2}{I_1}\right|_{I_2=0} = R_2$$

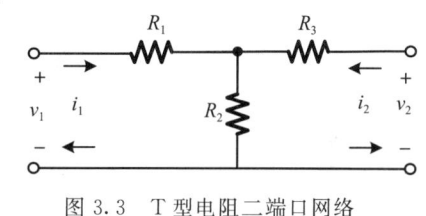

图 3.3　T 型电阻二端口网络

在这个特别的例子中，恰巧 $Z_{12} = Z_{21}$。接下来将证明，对于任何互易电路，如线性电阻网络，都满足这个条件。

3.1.2　互易二端口网络

考虑图 3.4 所示的网络，它只包含线性时不变的无源元件（没有有源电路、等离子体○和铁氧体○）。因此，这个网络可以由线性电阻、电容、自感线圈和互感线圈（简写为 RLCM）构成。众所周知，这种网络是互易的，具有几个有用的特性，在这里将简要讨论其中的一些特性，特别是与有效功率增益有关的特性。

首先，从电磁学的观点来看，在与互易网络有关的几个定理中，最常见的是一个多世纪前由亨德里克·洛伦兹○提出的一个定理，如下：

假设图 3.4 所示的网络中包含两个电流源，密度分别为 $\boldsymbol{J}_1$ 和 $\boldsymbol{J}_2$，产生相应的电场和磁场 $\boldsymbol{E}_1$、$\boldsymbol{H}_1$、$\boldsymbol{E}_2$、$\boldsymbol{H}_2$。

洛伦兹定理表明，对于任意包含体积 V 的曲面 S，有

$$\int_V (\boldsymbol{J}_1 \cdot \boldsymbol{E}_2 - \boldsymbol{J}_2 \cdot \boldsymbol{E}_1) dV = \oint_S (\boldsymbol{E}_1 \times \boldsymbol{H}_2 - \boldsymbol{E}_2 \times \boldsymbol{H}_1) \cdot d\boldsymbol{S}$$

当体积 V 完全包围电流源 $\boldsymbol{J}_1$ 和 $\boldsymbol{J}_2$，并且没有来自远处的入射波时，会出现一种常见的情况。在这种条件下，上面公式的右边曲面积分减小为零。则公式变为

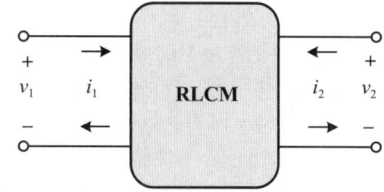

图 3.4　一个由电阻、电容、自感和耦合电感组成的互易网络

○ 等离子体是物质的四种基本状态之一（其他三种是固体、液体和气体），于 1879 年由威廉·克鲁克斯首次探测到。像气体一样，它没有固定的形状，但对电磁场的反应非常不同。它大量存在于恒星中，比如太阳。通过研究等离子体环境下的麦克斯韦方程组，可以看出当磁场存在时，等离子体变得各向异性，因此一般会导致非互易性。

○ 一些最实用的各向异性微波材料是铁磁性化合物，或简称为铁氧体。与铁磁性材料（如铁）不同，它们具有大量的各向异性，这是通过施加直流磁偏置引起的。因此，微波场可能在某些方向上而不是在其他方向上与所合成的磁偶极子发生非常强烈的相互作用。

○ 亨德里克·洛伦兹，荷兰物理学家，1902 年被授予诺贝尔奖。

$$\int_V \boldsymbol{J}_1 \cdot \boldsymbol{E}_2 \mathrm{d}V = \int_V \boldsymbol{J}_2 \cdot \boldsymbol{E}_1 \mathrm{d}V$$

从后一个方程可以推断,对于任何互易电路,位置 2 处的电流在位置 1 处产生的电压与位置 1 处同样大的电流在位置 2 处产生的电压相同(如图 3.5 的上方图所示,一个二端口网络位置 1 和 2 分别是输入/输出端口)。同样,可以说位置 2 处电压在位置 1 处产生的电流与位置 1 处用相同的电压在位置 2 处产生的电流是相同的(如图 3.5 的下方图所示)。

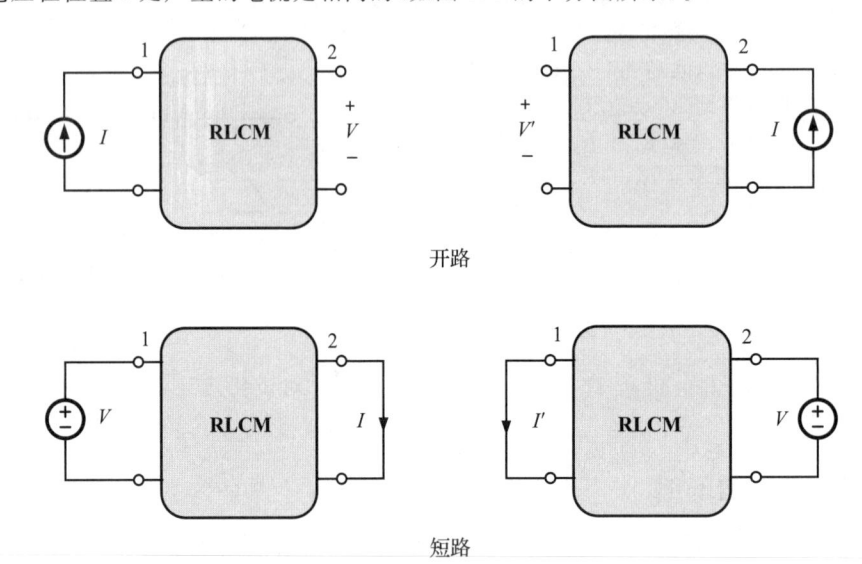

开路

短路

图 3.5 在给定网络中测试互易性的两个通用标准

严格地说,从电路的角度来看,可以对电路的零状态响应⊖作如下表述。

1)在标记为 1 的端口连接一个电流源 $i(t)$,在第二个端口测量电压 $v(t)$。接下来反向操作,即对第二端口施加相同的电流源 $i(t)$,测量第一个端口上的开路电压 $v'(t)$。由互易性可知,对于所有的 t 都有:$v(t)=v'(t)$。图 3.5 的上方图就描述了这一点。

2)在标记为 1 的端口连接一个电压源 $v(t)$,并在第二个端口测量电流响应 $i(t)$。接下来,将相同的电压源 $v(t)$ 施加到第二个端口,并测量第一个端口 $i'(t)$ 的短路电流。由互易性可知,对于所有的 t 都有:$i(t)=i'(t)$。图 3.5 的下方图就描述了这一点。

注意,在第一种情况下,观察到的是开路电压,而在第二种情况下,观察到的是短路电流。与此相一致,在第一种情况下施加的是电流源,而在第二种情况下施加的是电压源。

由于互易定理处理的是零状态响应,所以用网络函数来描述它很方便。但这可能会使阻抗(或其他网络)矩阵中有某些约束。以图 3.5 为例,用它们的稳态相量等效($I(\mathrm{j}\omega)$ 和 $V(\mathrm{j}\omega)$)来描述输入电流和开路电压,显然有

$$Z_{21}(\mathrm{j}\omega) = \frac{V(\mathrm{j}\omega)}{I(\mathrm{j}\omega)}$$

但是,从互易性来看,从第二个端口到第一个端口的跨阻抗为

$$Z_{12}(\mathrm{j}\omega) = \frac{V'(\mathrm{j}\omega)}{I(\mathrm{j}\omega)}$$

⊖ 零状态响应是初始状态为零的电路响应。

因此，对于所有 ω，$Z_{21}(j\omega) = Z_{12}(j\omega)$。同样，可以推断 $Y_{21}(j\omega) = Y_{12}(j\omega)$。因此，对于互易网络，$Z$(或 Y)矩阵是对称的，即 $[Z] = [Z]^t$(上标 t 表示遍历矩阵)。

示例：为了在实际电路中证明互易性，考虑如图 3.6 所描述的 T 型电感网络。一般来说，这种电路通常用于模拟变压器或耦合电感器(见 1.11.7 节)。通过试验电压源或短路电流的情况来确定互易性。

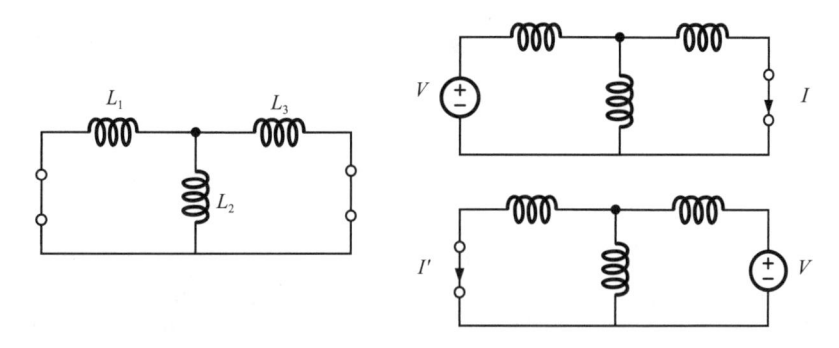

T 型电感网络　　　　　　　　　互易性测试的短路实验

图 3.6　用于证明互易性的 T 型电感电路

对于图 3.6 右上图所示的电路，有

$$I(j\omega) = \frac{V(j\omega)}{jL_1\omega + (jL_2\omega \parallel jL_3\omega)} \frac{L_2}{L_2 + L_3} = \frac{L_2}{j\omega(L_1 L_2 + L_2 L_3 + L_3 L_1)} V(j\omega)$$

对于右下图的电路，如果进行角色互换，则只是 L_1 和 L_3 互换，可以观察到短路电流保持不变。

上述互易性的表述可以很容易地利用特勒根定理[1]⊖来证明。假设该网络除了标记为 α 和 β 的输入和输出端口外，还包括 N 个分支。相应的电压和电流相量为 $V_\alpha, V_\beta, V_1, V_2, \cdots, V_N$ 和 $I_\alpha, I_\beta, I_1, I_2, \cdots, I_N$。当角色互换后，假设相应的支路电压和电流分别为 $V'_\alpha, V'_\beta, V'_1, V'_2, \cdots, V'_N$ 和 $I'_\alpha, I'_\beta, I'_1, I'_2, \cdots, I'_N$(见图 3.7)。标记为 α、β、α' 和 β' 的方框在一端代表电压源或电流源，在另一端代表短路或开路。例如，在图 3.5 的短路实验中，α 和 β' 是电压源，而 β 和 α' 是短路。

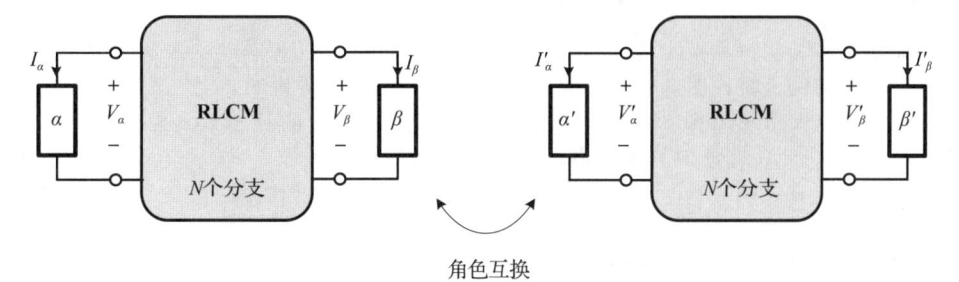

图 3.7　利用特勒根定理证明互易性

⊖ 特勒根定理指出，在一个由电压 v_k 和电流 i_k 的 b 个分支组成的任意集总网络中，只要支路电压和支路电流满足 KVL 和 KCL，就有 $\sum_{k=1}^{b} v_k i_k = 0$。更多详细的内容和证明参见第 1 章。有关详细的证明和其他相关讨论可参阅参考文献[1]。

由于所有四组电压和电流相量都满足 KVL/KCL，因此，

$$V_a I'_a + V_\beta I'_\beta + \sum_{k=1}^{N} V_k I'_K = 0$$

$$V'_a I_a + V'_\beta I_\beta + \sum_{k=1}^{N} V'_k I_K = 0$$

网络的内部分支由线性时不变电阻、电容或电感①组成，因此有

$$V_k = Z_k I_k$$

式中，Z_k 为相应的分支阻抗。因此得到

$$\sum_{k=1}^{N} V_k I'_K = \sum_{k=1}^{N} (Z_k I_k) I'_K = \sum_{k=1}^{N} (Z_k I'_k) I_k = \sum_{k=1}^{N} V'_k I_K$$

因此有

$$V_a I'_a + V_\beta I'_\beta = V'_a I_a + V'_\beta I_\beta$$

现在以第一种表述为例（见图 3.5 的上方图）。显然，在给定的开路条件下 $I_\beta = I'_a = 0$。因此，如果 $I_a = I'_\beta$，也就是说，在这两种情况的任何一种情况下，如果互易网络用相同的电流激励，那么 $V_\beta = V'_a$，这就意味着在其中任意一端施加同样的激励，在另一端可以观察到相同的开路电压。

图 3.8 给出了关于互易定理的第三种表述。

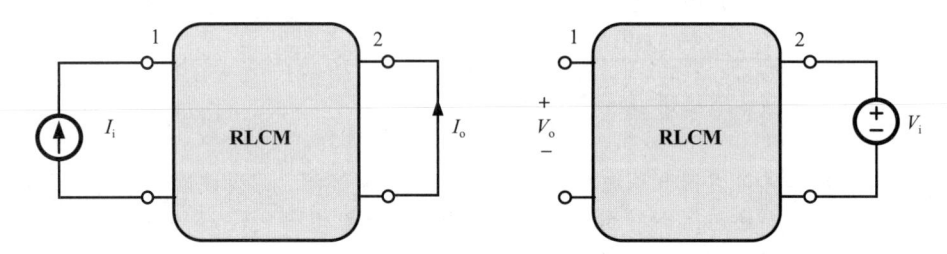

图 3.8 互易的第三种表述

如果在所有时刻波形 $i_i(t)$ 和 $v_i(t)$ 都是相同的，则互易性表明，对于所有的 t，有

$$v_o(t) = i_o(t)$$

这个证明很容易从特勒根定理和上面的方程得出（另见习题 19）。

最后，下面的例子将说明，一般情况下互易性和无源是不等价的。

示例：无源非互易电路的一个常见例子是回转器[2]，其电路符号如图 3.9②所示。实际的无源回转器是由铁氧体制成的，应用于许多微波电路中，如环行器或隔离器[3-4]。将在第 4 章中说明，回转器的有源实现广泛应用在有源滤波器设计中。

一个理想回转器可用以下方程描述：

$$v_1(t) = i_2(t)$$
$$v_2(t) = -i_1(t)$$

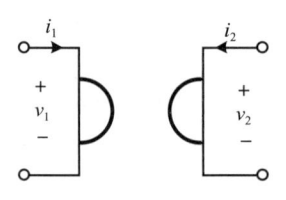

图 3.9 由特勒根提出的回转器电路符号

---

① 耦合电感的情况是采用两个相应的支路并包含互感来处理的。
② 回转器的概念及其电路符号是由特勒根提出的。

或用以下阻抗矩阵[⊖]：

$$[Z] = \begin{bmatrix} 0 & 1 \\ -1 & 0 \end{bmatrix}$$

显然，该电路是线性时不变的。此外，外部提供给回转器的功率对于所有 t 都是零，即

$$v_1(t)i_1(t) + v_2(t)i_2(t) = 0$$

因此，它是无源的。然而它并不是互易的。因为可以很容易地验证，只要在两端的端口上施加相同的电流，则观察到的两个开路电压的极性是相反的。

非线性时变网络的互易性

证明互易性的一个关键步骤是用 $Z_k I_k$ 代替支路电压 V_k。显然，这只适用于线性时不变的情况。在这里，将通过两个例子说明互易性在非线性网络或时变网络中通常都不成立。

示例：为了说明非线性电路是非互易的，来分析图 3.10 所示的共源放大器。

图 3.10 中，假设在栅极施加 $v(t) = V_0 u(t)$ 的阶跃电压。只要 V_0 大于晶体管的阈值电压，在漏极处就会产生稳定的短路电流。然而，如果将相同的阶跃电压施加到漏极处，显然不会在栅极产生电流。

值得注意的是，尽管放大器由线性时不变的器件组成（见图 3.11），即使其在某个工作点附近是线性的，仍然是非互易的。这是由于受控电流源模拟了从栅极到漏极的跨导增益。这表明，当有受控源存在时，互易性一般不成立。

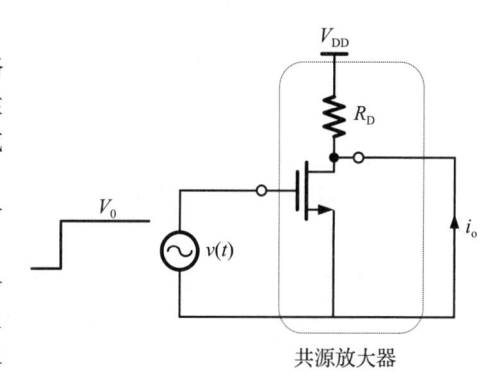

图 3.10 作为非线性和非互易电路例子的一种共源放大器

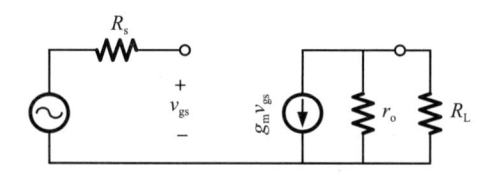

图 3.11 低频下共源放大器的小信号模型。受控电流源的存在导致了非互易性

作为练习，感兴趣的读者可以考虑用受控源模拟图 3.9 中的回转器的模型，并观察等效电路的互易性。

示例：考虑图 3.12 所示的由时变电阻组成的网络。证明这个电路不是互易的。

设时变电阻为

$$R(t) = R_0 \sin \omega_0 t$$

输入电流为 $i(t) = \cos \omega_0 t$。此外，假设 LC 振荡回路调谐到 $2\omega_0$，即 $\omega_0 = \dfrac{1}{2\sqrt{LC}}$。时变电阻可以粗略地模拟无

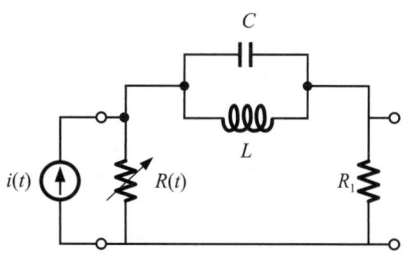

图 3.12 由时变线性电阻组成的网络

⊖ 一般情况下，$[Z] = \begin{bmatrix} 0 & \alpha \\ -\alpha & 0 \end{bmatrix}$，其中 α 被称作"回转比"。

源混频器,这将在后面讨论。根据电流源和时变电阻的性质,预计在电阻两端会出现频率为 $2\omega_0$ 的电压。理想的振荡回路会阻止这一分量使其不能出现在电阻 R_1 上。然而,如果电流加到另一端,则在时不变电阻 R_1 两端会出现 ω_0 频率的电压。这一电压不会被 LC 电路阻断,而且预计在 $R(t)$ 上存在频率为 $2\omega_0$ 的某种电压。

总之,时变网络通常不是互易的。一个例外是仅由线性但时变的电阻组成的网络。如果前面根据特勒根定理推导出的和在时域中表示,将得到

$$v_\alpha(t)i'_\alpha(t) + v_\beta(t)i'_\beta(t) + \sum_{k=1}^{N} v_k(t)i'_k(t) = 0$$

在电阻网络(时变或非时变)中,$v_k(t) = R_k(t)i_k(t)$,从上式很容易得到证明(见习题 20)。

后面将在第 8 章中描述无源混频器时使用这一重要结果。由于无源混频器通常由时变线性开关实现,时变线性开关属于线性电阻网络的范畴,因此可以视为具有互易性(至少在频率足够低可忽略电容的情况下)。

最后,可以很容易地证明,任何互易网络都可以用图 3.13 所示的 π 型或 T 型等效电路来表示。

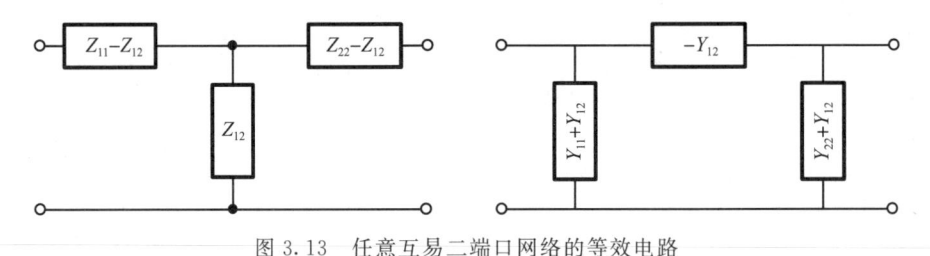

图 3.13 任意互易二端口网络的等效电路

值得关注的是,等效电路不包含任何受控源,而是包含由 Z 或 Y 矩阵表示的一般二端口网络。

3.2 有效功率

有效功率和有效功率增益是在整个噪声讨论和低噪声放大器设计中反复用到的一个重要概念。在本节中,将仔细审视这一概念,并讨论其在放大器以及滤波器等无源互易网络中的重要性质。

3.2.1 基本概念

考虑图 3.14 所示的简单电阻电路。假设电压源为正弦波,峰值电压为 $|V_s|$。图中还给出了在 V-I 平面上的负载线(实线表示 $V = R_L I$)和电源线(虚线表示 $V = V_s - R_s I$)。

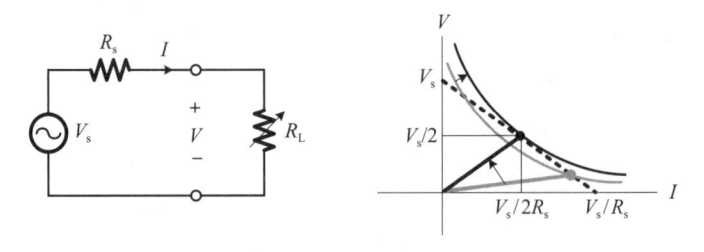

图 3.14 说明有效功率概念的简单电路

负载线和电源线相交的点为工作点，对应于 $(V,I) = \left(\dfrac{R_L}{R_s + R_L} V_s, \dfrac{V_s}{R_s + R_L} \right)$。

图中还给出了代表 $\dfrac{1}{2} VI$ 常数的功率双曲线，对于给定的负载 R_L 该常数为 $\dfrac{1}{2} VI = \dfrac{R_L}{2(R_s + R_L)^2} |V_s|^2$。功率双曲线与电源线一般相交于两点，即 $(V,I) = \left(\dfrac{R_L V_s}{R_s + R_L}, \dfrac{V_s}{R_s + R_L} \right)$ 和 $(V,I) = \left(\dfrac{R_L V_s}{R_s + R_L}, \dfrac{\frac{R_s}{R_L} V_s}{R_s + R_L} \right)$，其中之一自然就是工作点。随着负载的变化，工作点在电源线上移动，功率双曲线与电源线有一个相切的点，此时双曲线位于最右侧。也就是当 $R_s = R_L$ 时，即当工作点电压和电流处于中间时，负载上的功率最大。

在这种情况下，传递给负载的功率为

$$P_a = \dfrac{|V_s|^2}{8 R_s}$$

这仅是电源的函数，而不是负载的函数。这个功率被称为电源有效功率，是负载可以从电源获得的最大功率。换句话说，无论负载是什么，这都是电源所能提供的最大功率，因此称为有效功率。图 3.15 以图示方式说明了这一点。

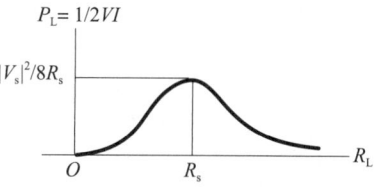

图 3.15　传递到图 3.14 电路负载的功率是负载阻抗的函数

对于很小或很大的负载，由于负载电压或其电流都非常小，因此传递的功率很小，自然在很小和很大的负载中间的某处存在一个最优值。

3.2.2　单边二端口网络

考虑图 3.16 所示的放大器，其中电源和负载用更一般的复阻抗表示。放大器可以用前面提到的任何一种矩阵表示，但是在这里，假定它是单向的，就像大多数设计良好的开环放大器一样。将用其输入阻抗、跨导增益和输出阻抗表示放大器。一个电压放大器可以在输出端使用戴维南等效电路即可实现。

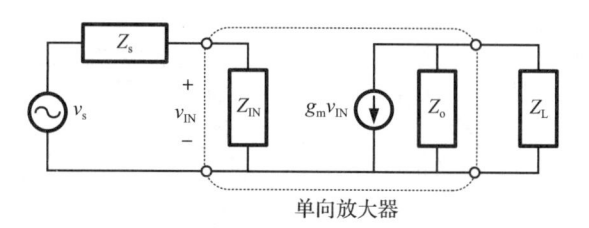

图 3.16　简化的单向放大器模型

根据基本电路理论[1]，从电源传送到放大器输入端的复功率为

$$P = \dfrac{1}{2} V_{IN} I_{IN}^* = \dfrac{1}{2} \dfrac{Z_{IN} |v_s|^2}{|Z_s + Z_{IN}|^2}$$

式中，V_{IN} 和 I_{IN} 表示放大器输入端的峰值电压和峰值电流。定义 $Z_{IN} = R_{IN} + jX_{IN}$ 和 $Z_s = R_s + jX_s$，则传递的平均功率为

$$P_{avg} = \mathrm{Re}[P] = \dfrac{1}{2} |V_s|^2 \dfrac{R_{IN}}{(R_s + R_{IN})^2 + (X_s + X_{IN})^2}$$

当 $R_{IN}=R_s$ 且 $X_{IN}=-X_s$，即 $Z_{IN}=Z_s^*$ 时，上式平均功率可得到最大值。这种情况被称为功率匹配或源共轭匹配。基于上述条件时传送的功率称为源有效功率，为

$$P_{a,IN} = \frac{|V_s|^2}{8R_s}$$

源产生的总功率则为

$$P_s = \frac{|V_s|^2}{4R_s}$$

因此，在源共轭匹配的情况下，源平均功率的一半传递给了放大器，导致源的能量效率为 50%。

对于雷达接收机这类设备，输入是共轭匹配的，否则，如果接收的电磁能没有被输入端完全吸收，能量就会丢失。另一方面，如果在某些特定应用中电源能量效率更为重要，则共轭匹配就不是一个理想的状态，因为共轭匹配会损失一半能量。在第 11 章会讲到，设计功率放大器时这一点尤为重要。

同样地，在输出端利用戴维南等效电路，有效输出功率可以定义为

$$P_{a,OUT} = \frac{|g_m Z_o V_{IN}|^2}{8R_o}$$

式中，$R_o = \text{Re}[Z_o]$。放大器有效功率增益定义为输出和输入有效功率的比值：

$$G_a = \frac{P_{a,OUT}}{P_{a,IN}} = \frac{\frac{|g_m Z_o v_{IN}|^2}{8R_o}}{\frac{|v_s|^2}{8R_s}} = \frac{R_s}{R_o} \left| \frac{Z_{IN}}{Z_s + Z_{IN}} \right|^2 |g_m Z_o|^2$$

对于一个阻性源，假设放大器的输入端和输出端是匹配的，即 $Z_o = Z_{IN} = Z_s^*$，则

$$G_a = \frac{|g_m Z_o|^2}{4}$$

3.2.3 通用二端口网络有效功率增益

对单向放大器的分析可以很容易地扩展到任何二端口网络。图 3.17 给出了一个由 Z 矩阵描述的通用二端口网络。习题 9~11 讨论的是由 Y 矩阵表示的二端口网络。

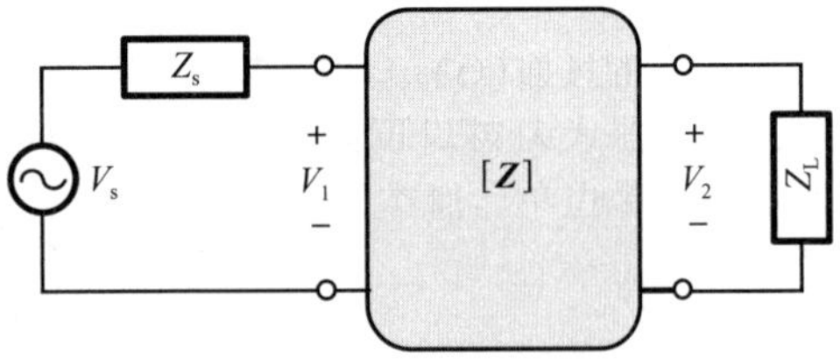

放大器的输入阻抗为（见习题 9）

$$Z_{IN} = Z_{11} - \frac{Z_{12}Z_{21}}{Z_{22}+Z_L}$$

如果放大器是单向的（$Z_{12}=0$），则可简化为 Z_{11}。在满足条件 $Z_s = Z_{IN}^*$ 时，传送到二端口输入端的有效输入功率为

$$P_{a,IN} = \frac{|V_s|^2}{8R_s}$$

图 3.17 用 Z 矩阵表示的通用二端口网络

为了求出输出端的有效功率，考虑图 3.18 中输出端口的戴维南等效电路。

为了求出戴维南等效电路的阻抗，将电源电压设为零，得到

$$Z_{TH} = Z_{OUT} = Z_{22} - \frac{Z_{12}Z_{21}}{Z_s + Z_{11}}$$

戴维南等效电压为

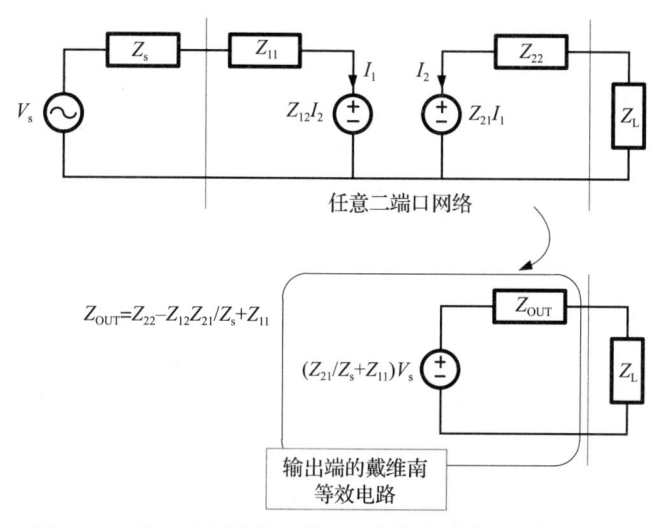

图 3.18 基于 Z 矩阵的二端口网络输出端戴维南等效电路

$$V_{\text{TH}} = Z_{21} \frac{V_s}{Z_s + Z_{11}}$$

考虑图 3.18 的下方图所示的戴维南等效电路，提供给负载阻抗 Z_L 的有效功率为

$$P_{a,\text{OUT}} = \frac{|V_{\text{TH}}|^2}{8R_{\text{OUT}}} = \left| \frac{Z_{21}}{Z_s + Z_{11}} \right|^2 \frac{|V_s|^2}{8R_{\text{OUT}}}$$

式中，$R_{\text{OUT}} = \text{Re}[Z_{\text{OUT}}]$。

则有效功率增益为

$$G_a = \frac{R_s}{R_{\text{OUT}}} \left| \frac{Z_{21}}{Z_s + Z_{11}} \right|^2$$

注意，有效功率增益不是负载的函数。

如果放大器是单向的，则

$$G_a = \frac{R_s}{R_{\text{OUT}}} \left| \frac{Z_{21}}{Z_s + Z_{\text{IN}}} \right|^2$$

结果与之前所得到的一样。

3.2.4 互易网络

3.2.4.1 互易网络的有效功率增益

现在来推导出互易网络有效功率增益的一般表达式。考虑图 3.19 所示的 RLCM 电路。

由于有效功率增益不取决于负载，因此包含负载阻抗也不会影响最终结果。为了简单起见，此处省略了负载阻抗。

电源用诺顿等效电路表示，输出端的开路电压为

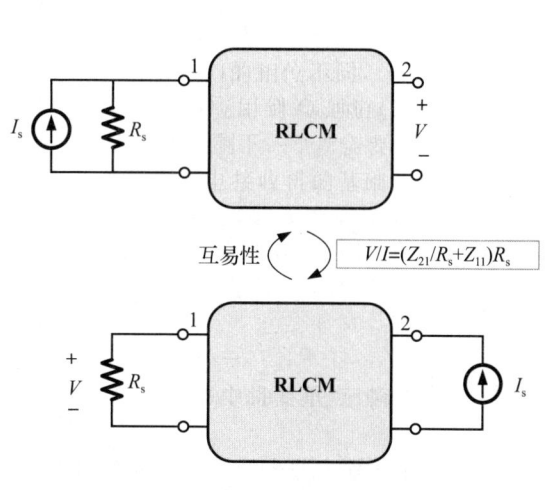

图 3.19 互易网络的有效功率增益

$$V = \frac{R_s}{R_s + Z_{11}} Z_{21} I_s$$

如果输出端用相同的电流 I_s 激励,则根据互易性,在另一端观察到的开路电压一定是相同的,也就是说,$V = \frac{R_s}{R_s + Z_{11}} Z_{21} I_s$,如图 3.19 的下方图所示。

考虑图 3.19 的下方图,激励电流源 I_s 输送到输出端口的总功率为

$$\frac{1}{2} \text{Re}[Z_{\text{OUT}}] |I_s|^2 = \frac{1}{2} R_{\text{OUT}} |I_s|^2$$

式中,$R_{\text{OUT}} = \text{Re}[Z_{\text{OUT}}]$。这个功率一定大于在 R_s 中耗散的功率,因为网络中不包含任何有源元件。因此,

$$\frac{1}{2} R_{\text{OUT}} |I_s|^2 \geqslant \frac{1}{2} \frac{|V|^2}{R_s}$$

但 $V = \frac{R_s}{R_s + Z_{11}} Z_{21} I_s$,因此,

$$R_s \left| \frac{Z_{21}}{R_s + Z_{11}} \right|^2 \leqslant R_{\text{OUT}}$$

一般来说,对于任意二端口网络,有效功率增益被证明为

$$G_a = \frac{R_s}{R_{\text{OUT}}} \left| \frac{Z_{21}}{Z_s + Z_{11}} \right|^2$$

因此,互易网络的有效功率增益总是小于 1。注意,这个结果可通过习题 11 中提出的另一种更通用的方法得出。

通过对比单向网络和互易网络,可以得到一个重要的结论。一个单向网络,特别是一个单向放大器,是高度非互易的,因为 $Z_{12} = 0$,而 Z_{21} 通常很大(与放大器 R_{OUT} 相比),以便获得需要的增益。尽管从互易网络(例如升压或降压变压器)中可以获得电压或电流增益,但这样的网络永远无法产生功率增益。

3.2.4.2 无损互易网络

在互易无损 N 端口的特殊情况下,传送到网络的平均功率一定为零。因此,假设在端口处激励电流 $[I] = [I_1, I_2, \cdots, I_N]$,相应的电压为 $[V] = [V_1, V_2, \cdots, V_N]$,可以得到

$$P_{\text{avg}} = \frac{1}{2} \text{Re} \{[V]^t [I]^*\} = \frac{1}{2} \text{Re} \{([Z][I])^t [I]^*\} = \frac{1}{2} \text{Re} \{[I]^t [Z][I]^*\} = 0$$

式中,在给定互易性的情况下,假设 $[Z] = [Z]^t$。因此有

$$P_{\text{avg}} = \frac{1}{2} \text{Re} \left[\sum_{m=1}^{N} \sum_{n=1}^{N} Z_{nn} I_n I_n^* \right] = 0$$

由于电流是独立的,假设除第 n 个端口的电流外的所有电流设置为零,必须使求和中每一项的实部为零,即 $\text{Re}[Z_{nn} I_n I_n^*] = |I_n|^2 \text{Re}[Z_{nn}] = 0$。因此,

$$\text{Re}[Z_{nn}] = 0$$

同样,通过设置除 I_n 和 I_m 外的所有端口电流为零($n \neq m$),可以得到

$$\text{Re}[I_n I_m^* Z_{mn} + I_m I_n^* Z_{nm}] = \text{Re}[(I_n I_m^* + I_m I_n^*) Z_{mn}] = 0$$

然而,一般来说,$(I_n I_m^* + I_m I_n^*)$ 是一个不一定为零的实数,因此,

$$\text{Re}[Z_{mn}] = 0$$

所以,在无损互易网络中,Z(或 Y)矩阵是对称的,而且是虚数。显然,这样的网络只可能由电容、自感和耦合电感(或变压器)构成。

从上一节的讨论可以明显看出，一个无损互易网络的有效功率增益总是为1。

3.2.5 二端口放大器的稳定性

考虑如图3.20所示的，用Y矩阵表示的二端口放大器，希望找到一个二端口网络无条件稳定的情况。

如果其中一个端口的导纳（或阻抗）对另一个端口的无源终端具有负电导，那么二端口网络有可能不稳定。这意味着，一旦电源（或负载）阻抗增加，组合阻抗的实部可能变为负数，在这种情况下放大器会产生振荡。

考虑输入端口导纳的表达式：

$$Y_{IN} = Y_{11} - \frac{Y_{12}Y_{21}}{Y_{22} + Y_L}$$

式中，Y_L为负载阻抗。定义：

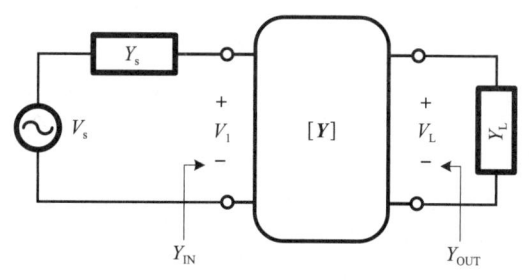

图3.20 由电源驱动、终端接负载的二端口放大器

$$Y_{11} = G_{11} + jB_{11}$$
$$Y_{22} = G_{22} + jB_{22}$$
$$Y_L = G_L + jB_L$$
$$Y_{12}Y_{21} = P + jQ$$

可以将输入导纳的表达式改写为

$$Y_{IN} = G_{11} + jB_{11} - \frac{P + jQ}{G_{22} + jB_{22} + G_L + jB_L}$$

通过变换，可以得到

$$\text{Re}[Y_{IN}] = \frac{(G_{22} + G_L)^2 + (B_{22} + B_L)^2 - \frac{P}{G_{11}}(G_{22} + G_L) - \frac{Q}{G_{11}}(B_{22} + B_L)}{\frac{(G_{22} + G_L)^2 + (B_{22} + B_L)^2}{G_{11}}}$$

为了使放大器稳定，G_{11}必须始终是正的，否则对于足够大的Y_L（比如输出端口短路），$\text{Re}[Y_{IN}]$将为负。类似的推理可以得到$G_{22} > 0$。当$G_{11} > 0$时，可以看出$\text{Re}[Y_{IN}]$的分母总是正的，因此需要找到分子总是为正的条件。为此，将分子重新排列为

$$(G_{22} + G_L)^2 + (B_{22} + B_L)^2 - \frac{P}{G_{11}}(G_{22} + G_L) - \frac{Q}{G_{11}}(B_{22} + B_L)$$
$$= \left(G_L + \left(G_{22} - \frac{P}{2G_{11}}\right)\right)^2 + \left(B_L + \left(B_{22} - \frac{Q}{2B_{11}}\right)\right)^2 - \frac{P^2 + Q^2}{4G_{11}^2}$$

当负载导纳满足$G_L = 0$且$B_L = -\left(B_{22} - \frac{Q}{2B_{11}}\right)$（无功负载）时，分子为最小值。在此条件下，必须有

$$\left(G_{22} - \frac{P}{2G_{11}}\right)^2 > \frac{P^2 + Q^2}{4G_{11}^2}$$

或者

$$|2G_{11}G_{22} - P| > \sqrt{P^2 + Q^2}$$

定义

$$C = \frac{\sqrt{P^2 + Q^2}}{2G_{11}G_{22} - P}$$

称为林威尔稳定系数，必须有

$$0 < C < 1$$

(注意，条件 $-1 < C < 0$ 不能满足，为什么?)或者，可以写为

$$K = \frac{2\mathrm{Re}(Y_{11})\mathrm{Re}(Y_{22}) - \mathrm{Re}(Y_{12}Y_{21})}{|Y_{12}Y_{21}|} > 1$$

由于如果交换输入和输出端口，上述表达式不会改变，因此它经常被用作二端口无条件稳定的一般准则。

示例：对于一个给定的放大器，$Y = \begin{bmatrix} (2+\mathrm{j}2) \times 10^{-3} & (-2-\mathrm{j}20) \times 10^{-6} \\ (20-\mathrm{j}3) \times 10^{-3} & (20+\mathrm{j}60) \times 10^{-6} \end{bmatrix}$。评估此放大器的稳定性。

可以计算得到

$$Y_{12}Y_{21} = (-2-\mathrm{j}20) \times 10^{-6} \times (20-\mathrm{j}3) \times 10^{-3} = (-100-\mathrm{j}394) \times 10^{-9}$$
$$= 406 \times 10^{-9} \mathrm{e}^{\mathrm{j}256}$$

因此，

$$K = \frac{2\mathrm{Re}(Y_{11})\mathrm{Re}(Y_{22}) - \mathrm{Re}(Y_{12}Y_{21})}{|Y_{12}Y_{21}|} = 0.44 < 1$$

所以这个放大器可能不稳定。

3.2.6 最大功率增益

考虑图 3.20 中的二端口网络，将功率增益定义为传递给负载的功率与二端口网络输入处功率的比值，即

$$G_\mathrm{p} = \frac{P_\mathrm{L}}{P_\mathrm{IN}}$$

式中，$P_\mathrm{L} = \frac{1}{2}\mathrm{Re}[Y_\mathrm{L}]|V_\mathrm{L}|^2$，$P_\mathrm{IN} = \frac{1}{2}\mathrm{Re}[Y_\mathrm{IN}]|V_1|^2$。因为 $V_\mathrm{L} = \frac{-Y_{21}}{Y_{22}+Y_\mathrm{L}}V_1$，有

$$G_\mathrm{p} = \frac{\mathrm{Re}[Y_\mathrm{L}]}{\mathrm{Re}[Y_\mathrm{IN}]}\left|\frac{V_\mathrm{L}}{V_1}\right|^2 = \frac{\mathrm{Re}[Y_\mathrm{L}]|Y_{21}|^2}{\mathrm{Re}\left[Y_{11} - \frac{Y_{12}Y_{21}}{Y_{22}+Y_\mathrm{L}}\right]|Y_{22}+Y_\mathrm{L}|^2}$$

显然，功率增益不依赖于源阻抗，而只是二端口网络和负载的函数。

假设二端口网络是无条件稳定的 ($K>1$)，可以求出功率增益最大时的负载导纳。为使功率增益最大，必须令 $\frac{\partial G_\mathrm{p}}{\partial G_\mathrm{L}} = 0$，$\frac{\partial G_\mathrm{p}}{\partial B_\mathrm{L}} = 0$。

这样就得到

$$G_{\mathrm{L,opt}} = \frac{1}{2G_{11}}\sqrt{(2G_{11}G_{22} - P)^2 - (P^2 + Q^2)}$$

$$B_{\mathrm{L,opt}} = \frac{Q}{2G_{11}} - B_{22}$$

$$G_{\mathrm{p,MAX}} = \frac{|Y_{21}|^2}{2G_{11}G_{22} - P + \sqrt{(2G_{11}G_{22} - P)^2 - (P^2 + Q^2)}}$$

上面得到的最佳负载导纳并不一定意味着传递给负载的功率是最大的；相反，它只保证在将给定的功率传输到输入端（P_{IN}）时，负载吸收的功率是最大的。为了使负载在给定的电源下实现功率最大化，必须有

$$Y_s = Y_{IN}^*$$

式中，$Y_{IN} = Y_{11} - \dfrac{Y_{12}Y_{21}}{Y_{22} + Y_{L,opt}}$ 是负载导纳的函数。可以得出如下最佳源阻抗：

$$G_{s,opt} = \frac{1}{2G_{22}}\sqrt{(2G_{11}G_{22} - P)^2 - (P^2 + Q^2)}$$

$$B_{s,opt} = \frac{Q}{2G_{22}} - B_{11}$$

上述方程式可改写为以下更简明的公式（详见习题 9~11 和文献[5]）：

$$Y_{s,opt} = \frac{Y_{12}Y_{21} + |Y_{12}Y_{21}|(K + \sqrt{K^2 - 1})}{2\mathrm{Re}(Y_{22})} - Y_{11}$$

$$Y_{L,opt} = \frac{Y_{12}Y_{21} + |Y_{12}Y_{21}|(K + \sqrt{K^2 - 1})}{2\mathrm{Re}(Y_{11})} - Y_{22}$$

$$G_{p,MAX} = \left|\frac{Y_{21}}{Y_{12}}\right|(K - \sqrt{K^2 - 1})$$

式中，K 是上一节中介绍的稳定系数。

在最佳源阻抗和负载阻抗下，二端口网络是双共轭匹配的，即源有效功率被传输到输入端，同时输出有效功率也被传输到负载端。换句话说，如果 $\begin{cases} Y_s = Y_{s,opt} \\ Y_L = Y_{L,opt} \end{cases}$，那么 $\begin{cases} Y_s = Y_{IN}^* \\ Y_L = Y_{OUT}^* \end{cases}$。在这种情况下，功率增益和有效功率增益相等并且都是最大值。

显然，要使上述条件成立，必须有 $K > 1$。如果二端口网络可能不稳定，那么 $G_{p,MAX}$ 就没有意义了，因为对于某个负载导纳，传输到输入端（P_{IN}）的功率 $\left(P_{IN} = \dfrac{1}{2}\mathrm{Re}[Y_{IN}]|V_1|^2\right)$ 将为零（因为 $\mathrm{Re}[Y_{IN}]$ 可能为负，对于某些 Y_L，它一定为零）。因此，功率增益将变为无穷大。

示例：晶体管 2N3783 在 200MHz 时的 Y 参数如下：

$$Y = \begin{bmatrix} (20 + j13) \times 10^{-3} & (-0.015 - j0.502) \times 10^{-3} \\ (41.5 - j64) \times 10^{-3} & (0.25 + j1.9) \times 10^{-3} \end{bmatrix}$$

因此，

$$Y_{12}Y_{21} = P + jQ = (-32.75 - j19.84) \times 10^{-3}$$

稳定系数为

$$K = \frac{2\mathrm{Re}(Y_{11})\mathrm{Re}(Y_{22}) - \mathrm{Re}(Y_{12}Y_{21})}{|Y_{12}Y_{21}|} = 1.116$$

所以它是无条件稳定的。最佳电源导纳和负载导纳为

$$Y_{s,opt} = (37.6 - j52.7) \times 10^{-3}$$

$$Y_{L,opt} = (0.47 - j2.41) \times 10^{-3}$$

可以看到 $B_{s,opt}$ 和 $B_{L,opt}$ 是负的。这是有意义的，因为晶体管的内部电容必须与最佳源电感和负载电感共振，以建立起共轭匹配。

互易单向二端口网络

如果二端口网络是互易的，有 $Y_{21} = Y_{12}$。因此，

$$G_{p,\text{MAX}} = \left|\frac{Y_{21}}{Y_{12}}\right|(K-\sqrt{K^2-1}) = K-\sqrt{K^2-1} < 1$$

然而，对于单向二端口，$Y_{12}=0$。因此，只要 $\text{Re}(Y_{11})$ 和 $\text{Re}(Y_{22})$ 为正，这个二端口网络便是无条件稳定的。另外，当 $\begin{cases} Y_s = Y_{11}^* \\ Y_L = Y_{22}^* \end{cases}$ 时，功率增益有最大值为

$$G_{p,\text{MAX}} = \frac{|Y_{21}|^2}{4G_{11}G_{22}}$$

3.3 阻抗变换

在射频电路中，尤其是射频放大器，经常需要将输入阻抗变换为某个需要的值。有几个原因需要如此，其中主要原因是放大器的输入阻抗通常受到如增益或功耗等性能参数的约束，可能与所需值不匹配，因而不能满足最大功率传输或如最小噪声因子[一]等设计考虑。如图 3.21 所示，通常需要一个称为匹配网络的中间网络，将放大器的输入阻抗转换为最佳值。

另一种常见情况是，在接收机之前外接一个高 Q 值的滤波器，该滤波器的输入与输出都需端接到 50Ω（见图 3.22）。这种滤波器的典型例子是 SAW（声表面波）滤波器，是由压电晶体或陶瓷构成的机电器件（详见第 4 章）。非 50Ω 的终端通常会降低滤波器的通带损耗，并减小其阻带衰减。另一方面，正如将在第 7 章中讨论的，由于噪声和功耗的折中，需要设计具有不同的输入阻抗的放大器，通常其输入阻抗远高于滤波器所需的 50Ω。因此，在不产生很大成本的情况下，使用匹配网络非常方便。

图 3.21 射频放大器中匹配网络的作用

图 3.22 连接到接收机的外接 SAW 滤波器

匹配网络不仅适用于接收机，在发射机中也很常见，尤其是在功率放大器中，原因与前面提到的相同。

由于匹配网络位于放大器的输入端，通常是整个无线电的输入端，所以其性能变得非常关键。因此，它通常是由非常低损耗的无源元件构成，如高 Q 值电感和电容。如果集成组件的品质因数不够高，则会使用或者部分使用片外的、更高 Q 值的元件来实现匹配网络。基于匹配网络的重要性，在本节讨论一些常见的电路拓扑结构。图 3.23 给出了无线电中常用的各种匹配网络。在接下来的几节中将讨论它们的功能和特性。

3.3.1 无损匹配网络基本特性

在讨论匹配网络实现之前，先讨论匹配网络的一些一般性质。

如图 3.24 所示的电路，无损（LCM）网络（表示匹配电路）两端分别接电源和负载。如果电

㊀ 最小噪声因子将在第 5 章中讨论。

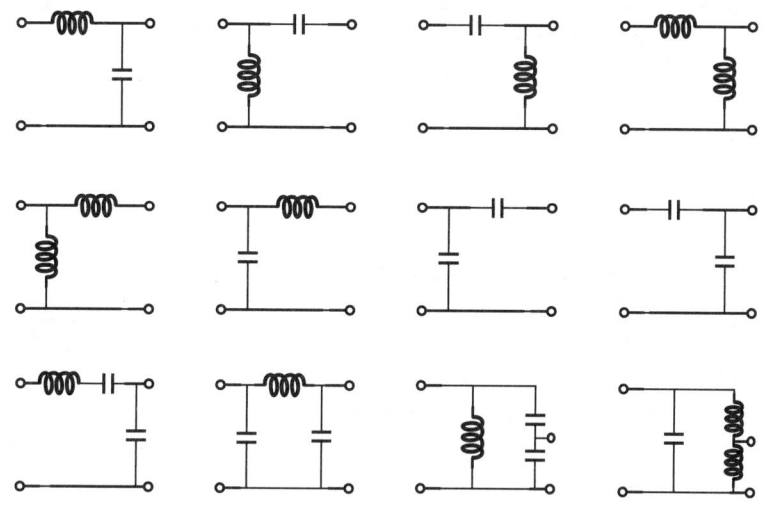

图 3.23 无线电中常用的各种匹配电路

源或负载有无功部分，则通常情况下可以将其归并到 LCM 网络中。V_s 表示电源电压的有效值（RMS）。

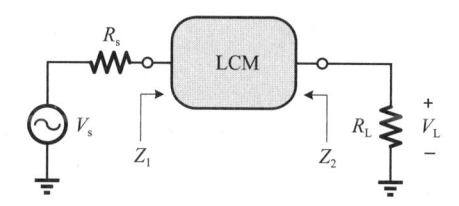

图 3.24 端接无损匹配网络

图 3.24 中，假设向右和向左看进去无损电路的阻抗分别为 Z_1 和 Z_2。除负载外，电路可以用图 3.25 所示的戴维南等效电路表示。

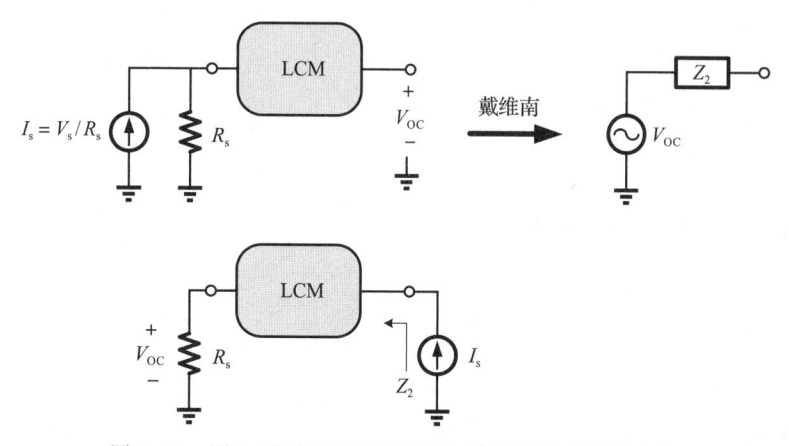

图 3.25 图 3.24 中的源和 LCM 电路的戴维南等效电路

为了求出开路戴维南等效电压 V_{OC}，根据互易性，如果将电流源 I_s 施加到 LCM 网络的右侧，将在电阻 R_s 上感应出相同的开路电压 V_{OC}（图 3.25 下图）。由于 LCM 电路是无损的，根据能量守恒要求有

$$\mathrm{Re}[Z_2]|I_s|^2 = \frac{|V_{OC}|^2}{R_s}$$

因此，

$$|V_{OC}|^2 = R_s \mathrm{Re}[Z_2]|I_s|^2 = \frac{\mathrm{Re}[Z_2]}{R_s}|V_s|^2$$

因此，可以用图 3.26 所示的等效电路替换图 3.24 中的电路。

传送到负载的功率 P_L 为

$$P_L = \left|\frac{V_{OC}}{R_L + Z_2}\right|^2 R_L$$

必须等于图 3.24 中 LCM 网络输入端的功率 P_1，P_1 为

$$P_1 = \left|\frac{V_s}{R_s + Z_1}\right|^2 \mathrm{Re}[Z_1]$$

因此，

$$\frac{\mathrm{Re}[Z_1]R_s}{|R_s + Z_1|^2} = \frac{\mathrm{Re}[Z_2]R_L}{|R_L + Z_2|^2}$$

经过简单的代数计算可以得到

$$\left|\frac{Z_1 - R_s}{Z_1 + R_s}\right| = \left|\frac{Z_2 - R_L}{Z_2 + R_L}\right|$$

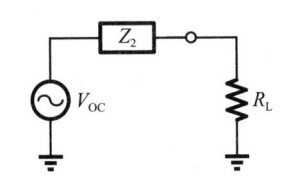

图 3.26 使用图 3.25 中的戴维南等效电路的图 3.24 的等效电路

根据定义，$\rho_1 \triangleq \frac{Z_1 - R_s}{Z_1 + R_s}$ 是输入反射系数（或反射因子），$\rho_2 \triangleq \frac{Z_2 - R_L}{Z_2 + R_L}$ 是输出反射系数⊖。因此，互易性和 LCM 网络的无损性质要求输入和输出反射系数大小相等。此外，如果一个端口匹配，例如 $Z_1 = R_s$，则另一个端口也自动匹配，即 Z_2 一定等于 R_L。后者可以从物理上解释如下：如果输入是匹配的，电源有效功率 $\frac{|V_s|^2}{4R_s}$ 被无损 LCM 网络吸收，然后被全部传送到负载。因此，输出也必须是匹配的。

对于图 3.24 所示的网络，可以定义如下电压增益：

$$A_V = \frac{V_L}{V_s}$$

其值可能大于 1。还可以进一步定义：

$$\frac{P_a}{P_L} = \frac{\frac{|V_s|^2}{4R_s}}{\frac{|V_L|^2}{R_L}} = \left|\frac{1}{2}\sqrt{\frac{R_L}{R_s}}\frac{1}{A_V}\right|^2$$

其值总是大于或等于 1。$P_a = \frac{|V_s|^2}{4R_s}$ 是电源有效功率。因此，变换器系数定义为

$$H(s) \triangleq \frac{1}{2}\sqrt{\frac{R_L}{R_s}}\frac{1}{A_V(s)}$$

⊖ 在一些书中，反射系数定义为 $\rho_1 = \frac{R_s - Z_1}{R_s + Z_1}$。将在下一章讨论滤波器时使用这个定义。

鉴于匹配网络是无损的,则传递给其输入端的功率总是等于传递给负载的功率,即 $P_1 = P_L$。另一方面,$P_1 \leqslant P_a$。它们之间的差值为
$$P_r = P_a - P_1$$
称之为反射功率,即在不匹配时没有传递到网络的功率。容易证明:
$$P_r = |\rho_1|^2 P_a$$
这可以从物理上解释,只有当输入匹配时,也就是 $|\rho_1| = 0$ 时,才有 $P_1 = P_a$。

示例:考虑图 3.27 所示的匹配网络,是为将负载 $R_L(>R_s)$ 与源阻抗 R_s 匹配而设计的。该匹配电路用于阻抗下转换,详细情况将在 3.3.3 节讨论。目前,需要求出有效功率增益和反射系数。

LC 网络的 Z 参数为
$$Z_{11}(s) = Ls + \frac{1}{Cs}$$
$$Z_{12}(s) = Z_{21}(s) = \frac{1}{Cs}$$
$$Z_{22}(s) = \frac{1}{Cs}$$

向匹配网络看进去的阻抗为
$$Z_1(s) = \frac{R_L + Ls + R_L LCs^2}{1 + R_L Cs}$$
$$Z_2(s) = \frac{R_s + Ls}{1 + R_s Cs + LCs^2}$$

图 3.27 放大器与源端匹配的 LC 电路

由此,可以得到反射系数为
$$\rho_1(s) = \frac{Z_1 - R_s}{Z_1 + R_s} = \frac{R_L - R_s + (L - R_s R_L C)s + R_L LCs^2}{R_L + R_s + (L + R_s R_L C)s + R_L LCs^2}$$
$$\rho_2(s) = \frac{Z_2 - R_L}{Z_2 + R_L} = \frac{R_s - R_L + (L - R_s R_L C)s - R_L LCs^2}{R_s + R_L + (L + R_s R_L C)s + R_L LCs^2}$$

显然,$|\rho_1(j\omega)| = |\rho_2(j\omega)|$。

最后可得出有效功率增益为
$$G_a = \frac{R_s}{\text{Re}[Z_2(j\omega)]} \left| \frac{Z_{21}(j\omega)}{R_s + Z_{11}(j\omega)} \right|^2 = \frac{R_s}{\frac{R_s}{(1-LC\omega^2)^2 + (R_s C\omega)^2}} \left| \frac{\frac{1}{jC\omega}}{R_s + jL\omega + \frac{1}{jC\omega}} \right|^2 = 1$$

这同预期的一样。

虽然在 3.2.4.1 节中证明了所有 LCM 网络的有效功率增益均为 1,但上述结果还是值得进一步讨论一下。在上面的例子中,得到 $G_a = 1$,没有对电路是否匹配做任何假设。如果不匹配,只有一部分电源有效功率 $P_{a,IN}$ 送达 LC 电路,因为反射功率 ($P_r = |\rho_1|^2 P_{a,IN}$) 被反射回去。读者可能会问,为什么在这种情况下有效增益仍然是 1。为了回答这个问题,考虑如图 3.28 所示的电源和 LC 网络的戴维南等效电路。

根据定义,输出有效功率为
$$P_{a,OUT} = \frac{|V_{TH}|^2}{8\text{Re}[Z_2]}$$

传递给负载的功率为

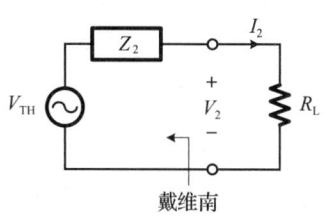

图 3.28 图 3.27 向左看进去匹配网络的戴维南等效电路模型

$$P_L = \frac{|V_2|^2}{2R_L} = \frac{1}{2R_L} \left| \frac{R_L}{R_L + Z_2} V_{TH} \right|^2$$

因为这里的 LC 电路是无损的，负载功率一定等于传递给它的功率，即

$$P_L = P_1 = (1 - |\rho_1|^2) P_{a,IN}$$

由此可以得到

$$P_{a,OUT} = \frac{|V_{TH}|^2}{8\text{Re}[Z_2]} = \frac{(1 - |\rho_1|^2) P_{a,IN} R_L}{8\text{Re}[Z_2]} \left| \frac{R_L + Z_2}{R_L} \right|^2$$

经过化简，得到

$$P_{a,OUT} = P_{a,IN} \frac{1 - |\rho_1|^2}{1 - |\rho_2|^2} = P_{a,IN}$$

对于无损电路，$|\rho_1| = |\rho_2|$。相当于

$$(1 - |\rho_1|^2) P_{a,IN} = (1 - |\rho_2|^2) P_{a,OUT}$$

虽然输入端的不匹配导致 LC 网络获得的功率更少，最终到达负载的功率也少，但输入和输出有效功率总是相同的，因为 $|\rho_1| = |\rho_2|$。

示例：接下来求解前面例子中 L 和 C 的值，以匹配负载和电源。

为此，令 $Z_1 = R_s$，或 $\rho_1(s) = 0$。可得到

$$\text{Re}[Z_1] = \frac{R_L}{1 + (R_L C \omega)^2} = R_s$$

$$\text{Im}[Z_1] = L\omega - \frac{R_L^2 C \omega}{1 + (R_L C \omega)^2} = 0$$

可以得出 $C = \frac{1}{R_L \omega} \sqrt{\frac{R_L}{R_s} - 1}$，$L = \frac{R_s}{\omega} \sqrt{\frac{R_L}{R_s} - 1}$。这两个值是取决于频率的，意味着通常只在特定的频率上或者窄带内是匹配的。此外，这种类型的匹配网络只能减小或向下变换负载阻抗。更多细节在 3.3.3 节讨论。

之前对反射系数的定义是假设有一个实参考阻抗 $\left(\text{例如 } \rho_1 = \frac{Z_1 - R_s}{Z_1 + R_s}，\text{其中 } R_s \text{ 为实数}\right)$。正如将在 3.4 节讨论的，这也与传输线反射系数的定义一致，因为大多数实际的传输线（即无损或低损耗）都是实特征阻抗。然而，源阻抗是复数的情况值得进一步讨论。

考虑图 3.29，一个有复阻抗 Z_s 的源连接到一个输入阻抗为 Z_1 的二端口网络。

传输到二端口网络的平均功率为

$$P_1 = \text{Re}\left[\frac{1}{2} V_1 I_1^*\right] = \frac{1}{2} \text{Re}[Z_1] \frac{|V_s|^2}{|Z_s + Z_1|^2}$$

电源的有效功率为

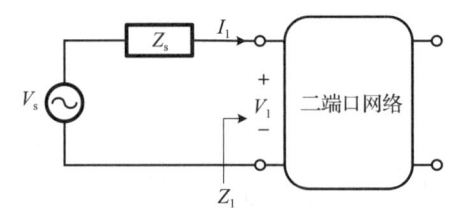

$$P_a = \frac{|V_s|^2}{8\text{Re}[Z_s]}$$

图 3.29 连接到任意复数源阻抗的二端口网络

所以反射功率为

$$P_r = P_a - P_1 = \frac{|V_s|^2}{8\text{Re}[Z_s]} \left(1 - \frac{4\text{Re}[Z_s]\text{Re}[Z_1]}{|Z_s + Z_1|^2}\right) = P_a \frac{|Z_1 - Z_s^*|^2}{|Z_1 + Z_s|^2}$$

这与反射系数的定义一致，即

$$\rho_1 = \frac{Z_1 - Z_s^*}{Z_1 + Z_s}$$

这也符合下面的描述，只有当 $Z_1 = Z_s^*$ 时，源有效功率才完全被二端口网络吸收。

3.3.2 宽带变压器

变压器可用于提供宽带阻抗变换。对于理想变压器，$i\text{-}v$ 关系为

$$\frac{v_1(t)}{v_2(t)} = \frac{n_1}{n_2}$$

及

$$\frac{i_1(t)}{i_2(t)} = -\frac{n_2}{n_1}$$

可用于阻抗变换。如图 3.30 所示，很明显有 $Z_{IN}(j\omega) = \left(\dfrac{n_1}{n_2}\right)^2 Z_L(j\omega)$。

正如在第 1 章中所讲述的，在实际变压器中，如果耦合系数接近于 1，那么变压器可以用图 3.31 左图的等效模型来表示。变压器损耗也可以通过二次侧的并联电阻来模拟，如图 3.31 右图所示。

因此，实际的变压器可以用一次绕组与二次绕组的匝数比，将阻抗变大或者变小，但也存在绕组的自感。如果需要，可以如图 3.31 所示将它们抵消，但这会减小带宽。被忽略的电容肯定会产生额外不需要的无功分量。

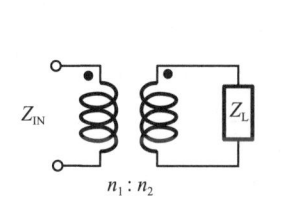

图 3.30 利用理想变压器进行阻抗变换

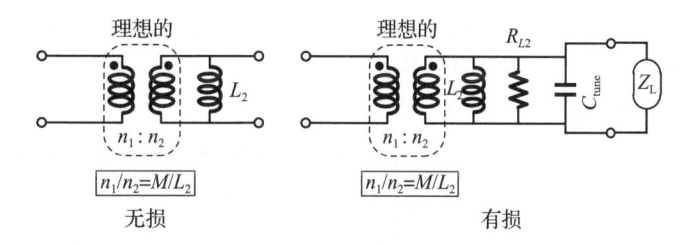

图 3.31 当 $K \approx 1$ 时的集成变压器等效模型

示例：出于实用案例研究，来考虑图 3.32 所示的双调谐电路，该电路由两个互相耦合的相同的 RLC 电路组成。

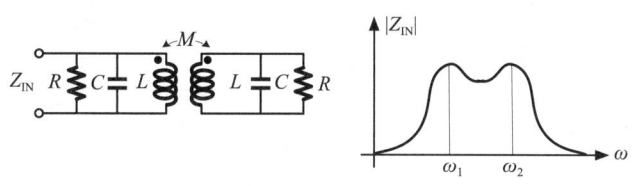

图 3.32 基于耦合电感的双调谐电路

通过节点分析，可以得到

$$Z_{IN} = \frac{R}{2}\left[\frac{1}{1 + jQ_1\left(\dfrac{\omega}{\omega_1} - \dfrac{\omega_1}{\omega}\right)} + \frac{1}{1 + jQ_2\left(\dfrac{\omega}{\omega_2} - \dfrac{\omega_2}{\omega}\right)}\right]$$

式中，$\omega_{1/2} = \dfrac{1}{\sqrt{LC(1 \pm k)}}$，$Q_{1/2} = RC\omega_{1/2}$，且用 $k = \dfrac{M}{L}$ 表示耦合系数。因此，该电路实际上由两

个并联的 RLC 电路串联构成,一个调谐频率略高,一个调谐频率略低,取决于 k 值。Z_{IN} 的幅频曲线如图 3.32 所示。进一步的说明见本章习题 4。

示例: 要求用图 1.57 所示的 $1:2$ 变压器将用 250Ω 的电阻建模的放大器输入电阻与 50Ω 的源电阻匹配。在 5.5GHz 时,一次绕组电感为 0.44nH,Q 值为 7;在 5.5GHz 时,二次绕组电感为 1.14nH,Q 值为 12.5。在 5.5GHz 时耦合系数约为 0.8,互感系数 M 约为 0.627nH。图 3.33 给出了之前研究的变压器的简化模型。一次有效电感 $L_1 - \dfrac{M^2}{L_2} = L_1(1-k^2)$,约为 0.158nH,此处忽略了该值。此外,一次电阻部分,即 $\dfrac{L_1\omega_0}{Q_1} = 2.2\Omega$,损耗约为 1/10dB,也被忽略。最后,$R_L = 250\Omega$ 表示放大器输入阻抗,R_2 表示变压器损耗。

变压比 n 为

$$n = \frac{L_2}{M} = \sqrt{5}$$

其适用于 $R_L = 250\Omega$ 与 $R_s = 50\Omega$ 的匹配。电容 C_2 是变压器寄生电容、潜在的放大器输入电容部分以及与 L_2 在 5.5GHz 下谐振的附加部分电容的组合。

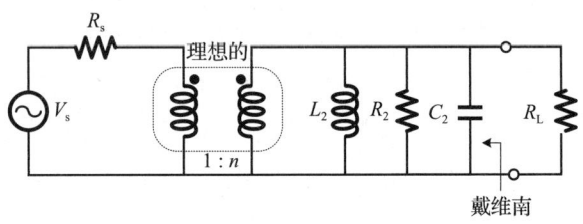

图 3.33 带寄生元件的变压器简化模型

图 3.34 所示为模拟输入反射以及放大器输入的有效功率增益。从反射系数判断,显然变压器对源提供了一个很好的匹配。C_2 产生的谐振使得匹配带宽比较窄,尽管在 1GHz 上仍然覆盖了一个小于 -10dB 的反射系数。

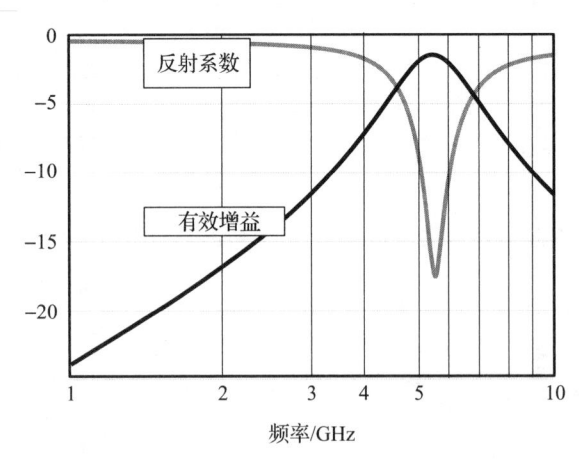

图 3.34 第 1 章中匹配 250Ω 负载的变压器的插入损耗和反射系数

为了计算有效增益,先求出放大器左边的戴维南等效为

$$R_{TH} = n^2 R_s \parallel R_2$$

$$V_{TH} = n\dfrac{\dfrac{R_2}{n^2}}{R_s + \dfrac{R_2}{n^2}}V_s = \dfrac{nR_2}{R_2 + n^2 R_s}V_s$$

因此，有效功率增益为

$$G_\mathrm{a} = \frac{\frac{|V_\mathrm{TH}|^2}{4R_\mathrm{TH}}}{\frac{|V_\mathrm{s}|^2}{4R_\mathrm{s}}} = \frac{1}{1 + \frac{n^2 R_\mathrm{s}}{R_2}}$$

或者等价的插入损耗为

$$\mathrm{IL} = \frac{1}{G_\mathrm{a}} = 1 + \frac{n^2 R_\mathrm{s}}{R_2} = 1 + \frac{R_\mathrm{L}}{R_2}$$

这是意料之中的，因为传送到变压器右侧的源功率基本上在放大器(R_L)和模拟变压器损耗电阻(R_2)之间分配。

可以得出两个重要结论：首先，显然在无变压器损耗的情况下，$R_2 = \infty$，插入损耗接近 0dB。其次，更为重要的是，对于给定的变压器损耗，阻抗变换比越高，插入损耗越大。这对于设计低噪声放大器或功率放大器的匹配网络具有非常重要的意义。

在谐振频率为 5.5GHz 时，估算电阻 $R_2 = L_2 \omega_0 Q_2 = 604\Omega$，导致插入损耗约为 1.5dB，与仿真结果一致。如前所述，被忽略的一次侧的损耗在上面的基础上又增加了约 0.1~0.2dB 的损耗。

显然，匹配网络也提供了适度的带通滤波，这通常对于衰减不需要的信号是非常有益的。

3.3.3 并-串转换电路

尽管理想情况下变压器能够提供宽带的阻抗变换，但实际的集成变压器，由于有限的自感且自身存在寄生电容，因此带宽较窄。另外，实现较高的耦合系数通常是很有挑战的。最后，实际的集成变压器往往比集成电感更大，损耗也更大。对于窄带应用，就如同许多射频标准一样，可以在单一频率点或者在该频点附近合理的带宽范围内，用集总电感和电容进行近似的阻抗变换。更方便的方法是采用并-串转换，如图 3.35 所示。

图 3.35 右图并联电路的输入阻抗可以表示为

$$Z_\mathrm{IN} = \frac{R_\mathrm{p}(\mathrm{j}X_\mathrm{p})}{R_\mathrm{p} + \mathrm{j}X_\mathrm{p}} = R_\mathrm{p} \frac{X_\mathrm{p}^2}{R_\mathrm{p}^2 + X_\mathrm{p}^2} + \mathrm{j}X_\mathrm{p} \frac{R_\mathrm{p}^2}{R_\mathrm{p}^2 + X_\mathrm{p}^2}$$

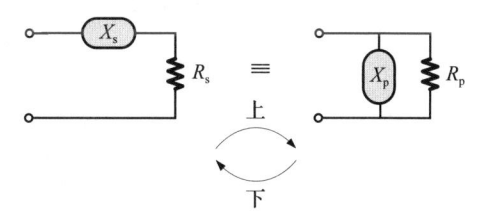

图 3.35 并-串阻抗转换

这是一个电阻与电抗串联的形式。由于 X_p 是与频率相关的，预计串联的电阻和电抗也是与频率相关的。但是，如果只看某一个固定频率或者一个很窄的频率范围，则可以把并联电路用左图所示的串联等效电路来表示。为了满足这种等效，必须有

$$R_\mathrm{s} = R_\mathrm{p} \frac{X_\mathrm{p}^2}{R_\mathrm{p}^2 + X_\mathrm{p}^2} \quad 和 \quad X_\mathrm{s} = X_\mathrm{p} \frac{R_\mathrm{p}^2}{R_\mathrm{p}^2 + X_\mathrm{p}^2}$$

或者，可以用串联电路的形式来描述并联电路：

$$R_\mathrm{p} = \frac{R_\mathrm{s}^2 + X_\mathrm{s}^2}{R_\mathrm{s}} \quad 和 \quad X_\mathrm{p} = \frac{R_\mathrm{s}^2 + X_\mathrm{s}^2}{X_\mathrm{s}}$$

也可以证明下面的等式必须成立：

$$R_\mathrm{s} R_\mathrm{p} = X_\mathrm{s} X_\mathrm{p}$$

在第 1 章已经讨论过的串联 RL 电路模拟电感损耗，当 $R_\mathrm{s} = r$，且 $X_\mathrm{s} = L\omega$ 时是一个特殊情况。因为 $Q = \frac{L\omega}{r}$，则有

$$R_p = r(1+Q^2) \quad \text{和} \quad X_p = L\omega\left(1+\frac{1}{Q^2}\right) \approx L\omega$$

这在第 1 章已经证明过。

可以利用上面介绍的串-并转换电路的特性来改变放大器输入阻抗的实部。例如，如果放大器阻抗的实部比所需要的大，那么接入一个分流的电抗会将阻抗降低至所需的值，反之也成立。剩余的电抗部分可以通过接入相反极性的电抗元件来抵消，只要电路工作在一个特定的频率或者很窄的带宽范围。

示例：如图 3.36 所示，要求将一个输入阻抗为 $R_{IN} > R_s$ 的放大器在频率 ω_0 时与信号源电阻 R_s 匹配。

由于需要降低电阻，故插入一个并联的电抗，该电抗既可以是电感也可以是电容。选取电感量为 L 的电感与 R_{IN} 并联，由于等效串联网络是感性的，必须很自然地选择一个电容 C 串联来吸收电感量。因此匹配网络包括一个并联的 L 和一个串联的 C，如图 3.36 所示。由 R_{IN} 和 L 组成的并联网络可以转换为串联形式，转换后的新电阻必须和信号源电阻 R_s 相同，串联电感 L_s 由电容 C 来抵消。因此有

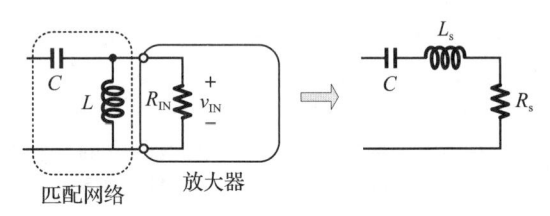

图 3.36 将输入电阻 $R_{IN} > 50\Omega$ 匹配到 50Ω 的 LC 电路

$$R_s = R_{IN} \frac{(L\omega_0)^2}{R_{IN}^2 + (L\omega_0)^2}$$

由此可以得到 $L = \frac{R_{IN}}{\omega_0}\sqrt{\frac{R_s}{R_{IN}-R_s}}$。为了做到这一点，$R_{IN}$ 必须明显大于 R_s。如果 R_{IN} 小于 R_s，就应该选择一个串联电感 L 和一个分流电容 C。新的串联电感也可以很容易地计算出：

$$L_s = L\frac{R_{IN}^2}{R_{IN}^2 + (L\omega_0)^2} = \frac{\sqrt{R_s(R_{IN}-R_s)}}{\omega_0}$$

该电感与电容 C 在 ω_0 处谐振，因此，

$$C = \frac{1}{L_s\omega_0^2} = \frac{1}{\omega_0\sqrt{R_s(R_{IN}-R_s)}}$$

该匹配网络元件显然是 ω_0 的函数，因此是与频率相关的。为了了解频率会在何种程度上偏离 ω_0，计算串联 RLC 电路的品质因数，可得

$$Q = \frac{1}{R_s C\omega_0} = \sqrt{\frac{R_{IN}}{R_s} - 1}$$

如之前所介绍的，Q 值反映了 RLC 电路的 3dB 带宽，即

$$\omega_{3dB} = \frac{\omega_0}{Q} = \omega_0\sqrt{\frac{R_s}{R_{IN}-R_s}}$$

依据经验，可以认为只要频率在上述给出的带宽范围内，该电路就提供了可以接受的匹配。一个重要的结论：由上式可以直接得到实际可以匹配的输入阻抗的上限。R_{IN} 越大，Q 越大，则匹配网络越窄。而且较大的 R_{IN} 就意味着较大的电感，这在频率增大时会出现问题。另外，前面假设电感是无损耗的，而实际上并不是，对于给定的电感品质因数，R_{IN} 越大导致的损耗就越大。

示例：如果 $R_{IN} = 250\Omega$，可以计算得到，在 2GHz 频率上将阻抗匹配到 50Ω 所需的 $L =$

10nH，$C=0.8$pF。相应的 Q 为 2。同样的匹配网络，但工作在 2.5GHz(3dB 带宽的边缘)，得到的阻抗是 $70+j33\Omega$，对于很多应用来说勉强可以接受。

如果放大器的输入阻抗除了电阻 R_{IN} 之外还含有电抗分量，则需要修改分流电感 L 来吸收该电抗，其余的匹配步骤是相同的。

图 3.36 中的匹配网络除阻抗变换外还具有其他特性。首先，尽管这里讨论的无损耗网络不会影响功率，但实际上确实能够提供电压或电流增益。先计算放大器输入端 R_{IN} 上的电压：

$$\frac{v_{IN}}{v_s}=-\frac{\dfrac{R_{IN}}{R_{IN}-R_s}\left(\dfrac{\omega}{\omega_0}\right)^2}{1-\dfrac{R_{IN}+R_s}{R_{IN}-R_s}\left(\dfrac{\omega}{\omega_0}\right)^2+2\mathrm{j}\sqrt{\dfrac{R_s}{R_{IN}-R_s}}\dfrac{\omega}{\omega_0}}$$

这是一个高通函数，在匹配网络中心频率处，即 $\omega=\omega_0$ 时幅度取得最大值 $\dfrac{1}{2}\sqrt{\dfrac{R_{IN}}{R_s}}$。因此，在 $R_{IN}>R_s$ 的情况下，从信号源到放大器输入端的有效电压增益为 $\sqrt{\dfrac{R_{IN}}{R_s}}\approx Q>1$。$Q$ 值越大，响应越窄，同时电压增益也越大。这一点很重要，因为这有助于在给定的允许输入参考噪声下降低放大器的功耗。然而，因为从信号源到输入端存在电压增益，意味着不需要的信号也和输入信号一起被放大了，这使得设计对非线性和失真更为敏感。

图 3.37 所示为在 $R_{IN}=250\Omega$，$f_0=2$GHz 的情况下，从信号源到输入端的有效电压增益与频率的关系，其中元件参数和前面计算的一样。对低于 f_0 且在网络带宽以外的频率，匹配电路如同一个滤波器，因此抑制了在带宽外不需要的信号。串联电容和分流电感的存在使匹配网络呈现高通特性。因此在高于中心频率处，电压增益的衰减并不大，因为传递函数变平缓到接近于 $\dfrac{2R_{IN}}{R_{IN}-R_s}$（额外的系数 2 是考虑到有效电压增益）。然而，如果需要，可以选择其他带有低通特性或者带通特性的匹配元件。

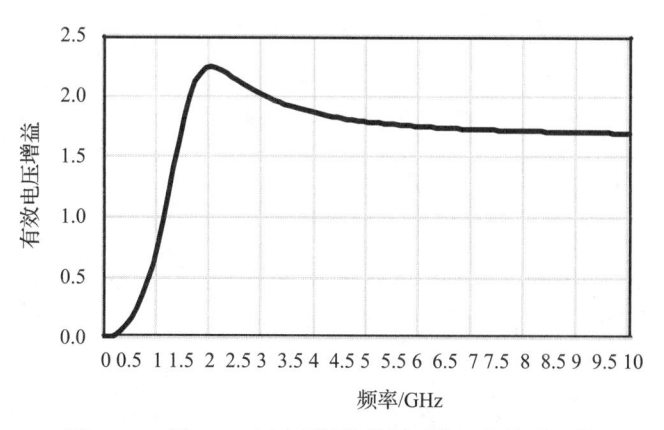

图 3.37 图 3.36 中匹配网络从源到输入的传递函数

示例：为 3.2.6 节的示例设计合适的双共轭匹配网络。放大器的完整示意图以及匹配网络的详细信息如图 3.38 所示。电阻 R_{B1} 和 R_{B2} 用于偏置目的，并且足够大，不影响晶体管 Y 参数。同样，假设 C_E 在频率为 200MHz 时短路。

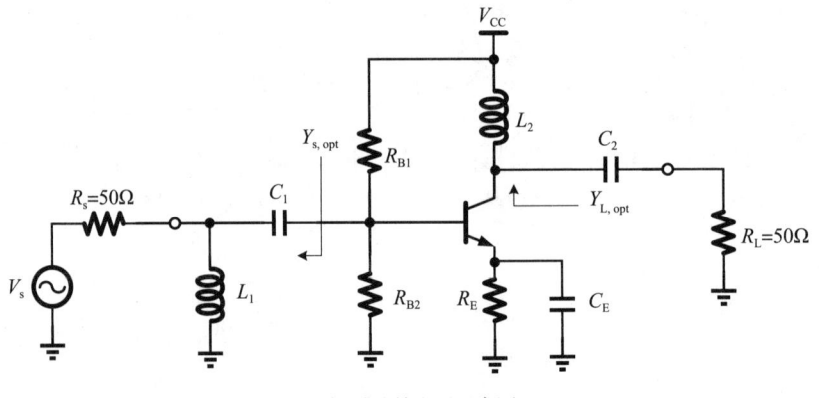

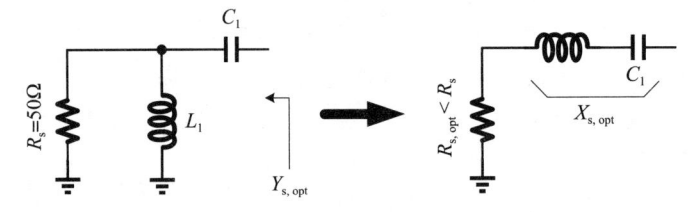

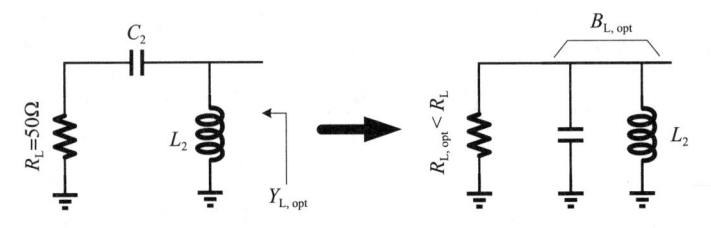

图 3.38 具有源和负载匹配电路的 2N3783 放大器

已经得出

$$Y_{s,opt} = (37.6 - j52.7) \times 10^{-3}$$
$$Y_{L,opt} = (0.47 - j2.41) \times 10^{-3}$$

假设源的 $R_s = 50\Omega$,在输入端接入一个分流电感(L_1),将源电阻降至所需的 9Ω[注意 $Z_{s,opt} = (9 + j12.6)\Omega$]。由此合成的电抗部分感性过大,电容 C_1 用于将电抗降至所需的 12.6Ω。由之前的例子可知

$$X_{L1} = R_s \sqrt{\frac{R_{s,opt}}{R_s - R_{s,opt}}} = 23.4\Omega$$

这使得 $L_1 = 18.6$nH。相应的电抗部分是 $\sqrt{R_{s,opt}(R_s - R_{s,opt})} = 19.2\Omega$。因为所需的是 12.6Ω,则有

$$C_1 = \frac{1}{2\pi \times 200 \times 10^6 \times (19.2 - 12.6)} = 120\text{pF}$$

注意,如果所需的 $X_{s,opt}$ 大于 19.2Ω,就无法通过串联电容实现所需的匹配,而必须使用串联电感和原来的并联电感(L_1)一起匹配。输入匹配网络的有效品质因数为

$$Q = \left| \frac{B_{s,opt}}{2G_{s,opt}} \right| = 0.7$$

因此输入端的带宽约为 280MHz。

对于输出匹配，选择串联电容 C_2 将负载电阻(50Ω)提高到需要的值 $\frac{1}{0.47 \times 10^{-3} \text{s}} = 2.13 \text{k}\Omega$ (注意 $Z_{L,opt}$ 由 2.13kΩ 的电阻和 415Ω 的电抗并联组成)。电感 L_2 产生所需的电抗部分。电容由下式给出

$$C_1 = \frac{1}{\omega \sqrt{R_L(R_{L,opt} - R_L)}} = \frac{1}{2\pi \times 200 \times 10^6 \times 323} = 2.45 \text{pF}$$

读者可以验证 $L_2 = 144\text{nH}$。输出品质因数为 2.56，输出端的有效带宽为 78MHz。

3.3.4 窄带变换器

第三种常用的阻抗变换方法是窄带变换器，这种方法近似于只有电容或电感的理想变换器，如图 3.39 所示。因此，与前面的电路一样，其本身也是窄带的。暂时忽略电感，计算左图所示向电路看进去的阻抗。

可以得到

$$Y_{IN} = \frac{jC_1\omega(1+jRC_2\omega)}{1+jR(C_1+C_2)\omega}$$

假设在所关注的频率下，由并联电阻 R 引起的电容损耗很小，或相当于 $|RC_{1/2}\omega| \gg 1$，则可以写成

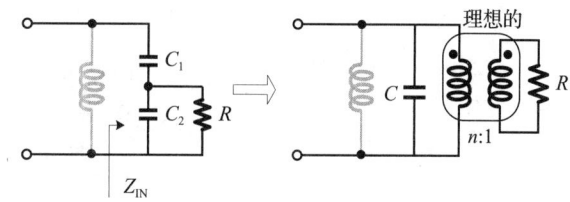

图 3.39 窄带变换器类匹配电路

$$Y_{IN} \approx \frac{1}{(R(C_1+C_2)\omega)^2} jC_1\omega(1+jRC_2\omega)(1-jR(C_1+C_2)\omega)$$

可以简化为

$$Y_{IN} \approx \frac{1}{R\left(1+\frac{C_2}{C_1}\right)^2} + j\frac{C_1C_2}{C_1+C_2}\omega\left[1+\frac{1}{C_2(C_1+C_2)(R\omega)^2}\right]$$

定义 $n = 1 + \frac{C_2}{C_1}$，$C = \frac{C_1C_2}{C_1+C_2}$，忽略最后一项，并假设损耗适中或很小，则有

$$Y_{IN} \approx \frac{1}{n^2 R} + j\frac{C_1C_2}{C_1+C_2}\omega$$

因此，电路简化成如图 3.39 右图所示的形式，即由一个线圈匝数比为 n 的理想变压器和一个分流电容 C 组成。电感可以用来抵消等效电容 C，并提供一个电阻分量。

变换器可以由两个串联电感 L_1、L_2 以及一个提供谐振的并联电容来实现[6]。但是由于需要两个电感，该方案没有之前给出的方案常见。图 3.39 中的方案常用在科尔皮茨振荡器中(第 9 章)⊖。

示例： 如图 3.40 所示的两个电路是等效的，左边的电路给出了一个电感窄带变换器。

变换步骤很清楚，如图 3.41 所示(另见习题 2 和 3)。

⊖ 埃德温·科尔皮茨(1872—1949)，美国工程师。

窄带变换器　　　　　　　　等效电路/带有理想变压器

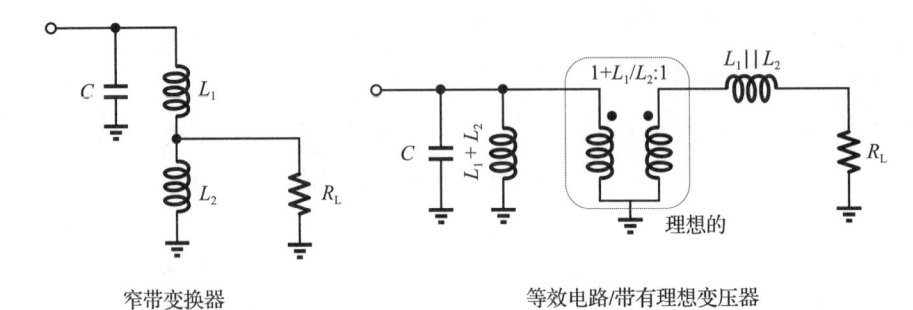

图 3.40　电感窄带变换器及其带有理想变压器的等效电路

如果 $R_L \gg (L_1 \parallel L_2)\omega$，则理想变压器以变压比为 $n^2 = \left(1 + \dfrac{L_1}{L_2}\right)^2$ 将 R_L 增大到适当的值。在输入端的 $L_1 + L_2$ 与 C 一定谐振。

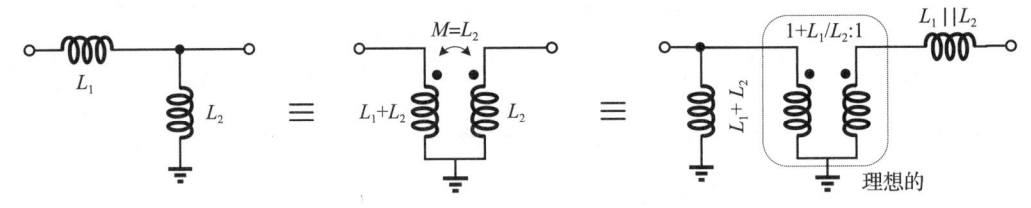

图 3.41　简化图 3.40 所示的窄带变换器的步骤

3.4　无损传输线

除了集总的 LC 元件之外，传输线也可以提供匹配。第 1 章中证明了在无损传输线中，一般解的形式为

$$v(z,t) = f_1\left(t - \frac{z}{v}\right) + f_2\left(t + \frac{z}{v}\right) = v^+ + v^-$$

式中，f_1 和 f_2 为任意函数，分别表示前向与后向传播。现在假设只关注正弦稳态解，即只关注频率为 $f = \omega/2\pi$ 的信号，预计其解也是正弦的，也就是

$$v_{b/f}(z,t) = |V_0|\cos(\omega t \pm \beta z + \phi)$$

式中，$\beta = \dfrac{\omega}{v}$ 为相位常量（单位 rad/m），v 为相位速度（单位 m/s）。如之前所讨论的一样，+ 表示信号后向传播，− 为信号前向传播，分别用下标 b 和 f 表示。现在选择 $\phi = 0$，并将时间固定于 $t = 0$ 时，则信号变为

$$v_{b/f}(z,t) = |V_0|\cos(\beta z)$$

显然，β 表示空间频率。定义波长 $\lambda = \dfrac{2\pi}{\beta} = \dfrac{v}{f}$，则注意到上面的函数周期为 λ。实际上，对于前向传播的波形，设定如下条件：

$$\omega t - \beta z = \omega(t - z/v) = 2\pi m$$

该波形在给定的时间点是保持不变的。随着时间增加，z 必须也在正方向上以 v 的速率增

加。后向传播的波形与此类似,但是 z 是减小的。

对于任意正弦稳态情况,都可以用一个相量来描述前向传播和后向传播的信号。对于无损耗传输线,初始波的方程在第 1 章中已推导出:

$$\frac{\partial^2 v}{\partial z^2} = LC \frac{\partial^2 v}{\partial t^2}$$

进而得到

$$\frac{\partial^2 V}{\partial z^2} = -\omega^2 LCV$$

这是正弦稳态情况下的相量形式,V 表示复相量电压,其解可以表示为如下形式:

$$V(z) = V_0^+ e^{-j\beta z} + V_0^- e^{+j\beta z}$$

和之前的结论一致。略去了时间项,因为波形始终是频率 ω 的余弦函数形式。需要注意的是假设传输线是无损耗的,如果不是无损耗,则 $j\beta$ 必须替换成 $\gamma = \alpha + j\beta$,α 表征传输线的损耗[3,7]。类似地,有

$$I(z) = I_0^+ e^{-j\beta z} + I_0^- e^{+j\beta z}$$

在处理传输线问题时,一般会用上面的两个等式来表示电压和电流。根据波动微分方程的特点,下面的两个方程式也适用:

$$I_0^+ = \frac{V_0^+}{Z_0}$$

$$I_0^- = -\frac{V_0^-}{Z_0}$$

式中,Z_0 是传输线的特征阻抗。

3.4.1 终端传输线

任何传输线都不可避免地在终端接有负载。由于需要在不连续处(例如一个负载)满足所有电压和电流边界条件,导致产生反射波。基本的反射问题如图 3.42 所示。

为了方便起见,假设负载处在 $z=0$ 的位置,因而剩下的传输线处于 $z<0$ 的区域。假设有一个相量形式的入射电压为

$$V_i(z) = V_0^+ e^{-j\beta z}$$

预计当波到达负载时,产生一个反向传播的反射波:

$$V_r(z) = V_0^- e^{+j\beta z}$$

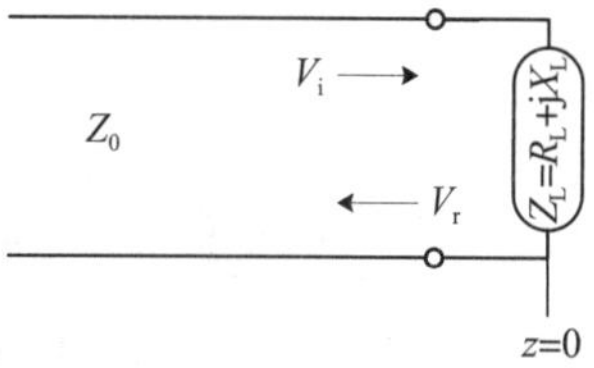

在 $z=0$ 的负载处,有

$$V_L = V_0^+ + V_0^-$$

图 3.42 复数负载反射的电压

式中,V_L 为负载电压。负载电流为

$$I_L = \frac{1}{Z_0}(V_0^+ - V_0^-) = \frac{V_L}{Z_L} = \frac{V_0^+ + V_0^-}{Z_L}$$

可以求出 V_0^+ 和 V_0^-,更重要的是二者的比值,称为反射系数,即

$$\Gamma = \frac{V_0^-}{V_0^+} = \frac{Z_L - Z_0}{Z_L + Z_0}$$

反射系数通常是一个复数,与 3.3.1 节中对集总电路推导的反射系数的形式类似。已知入射电压、入射电流和反射电压、反射电流,也可以估算出相互间的功率关系。可以证明反射功率与入射功率的比值为

$$\frac{P_\mathrm{r}}{P_\mathrm{i}} = \Gamma\Gamma^* = |\Gamma|^2$$

也与之前的推导一致。

3.4.2 电压驻波比

对终端传输线的不同点进行信号监测是很有指导意义的。实际上,可以通过在开槽传输线上插入一个电压探头测量所关注点的电压幅度来实现。前面已经将传输线上的电压相量表示为一般形式:

$$V(z) = V_0^+ \mathrm{e}^{-\mathrm{j}\beta z} + V_0^- \mathrm{e}^{+\mathrm{j}\beta z} = V_0 \mathrm{e}^{-\mathrm{j}\beta z} + \Gamma V_0 \mathrm{e}^{+\mathrm{j}\beta z}$$

式中,$\Gamma = |\Gamma|\mathrm{e}^{\mathrm{j}\phi}$是之前用负载阻抗函数得到的反射系数。通过代数运算,上式可以展开成为

$$V(z) = V_0(1-|\Gamma|)\mathrm{e}^{-\mathrm{j}\beta z} + 2V_0|\Gamma|\mathrm{e}^{\mathrm{j}\phi/2}\cos(\beta z + \phi/2)$$

将上式从相量形式转化为时域信号为

$$v(z,t) = \mathrm{Re}[V(z)\mathrm{e}^{\mathrm{j}\omega t}] = V_0(1-|\Gamma|)\cos(\omega t - \beta z) + 2V_0|\Gamma|\cos(\beta z + \phi/2)\cos(\omega t + \phi/2)$$

第一项含有$\cos(\omega t - \beta z)$的形式,是沿z方向前向传播的。因此称为行波,幅度为$(1-|\Gamma|)V_0$;第二项被称为驻波,幅度为$2V_0|\Gamma|$。当沿着z方向移动时,预计这两项或者相加或者相减,因此探头读数是不同的。显然,当行波和驻波相加时,传输线上观察到的最大电压幅度为$(1+|\Gamma|)V_0$。计算最小值就没么容易了。首先从$V(z) = V_0\mathrm{e}^{-\mathrm{j}\beta z} + V_0|\Gamma|\mathrm{e}^{\mathrm{j}\phi}\mathrm{e}^{+\mathrm{j}\beta z}$来看,当两项存在180°的相移时,即当$z = -\frac{1}{2\beta}(\phi + (2n+1)\pi)$时,其值为最小。在这种情况下,最小幅度为$(1-|\Gamma|)V_0$。尽管已经计算了最大幅度,但通过同样的推理,可以得出最大值是在$z = -\frac{1}{2\beta}(\phi + 2n\pi)$处得到的。结果如图3.43所示。

两个相邻峰值之间的间距是$\lambda/2$,而相邻的波峰和波谷之间的间距为$\lambda/4$。传输线上最大电压值和最小电压值的比值称为电压驻波比,简称为VSWR。通过分析可知:

$$\mathrm{VSWR} = \frac{1+|\Gamma|}{1-|\Gamma|}$$

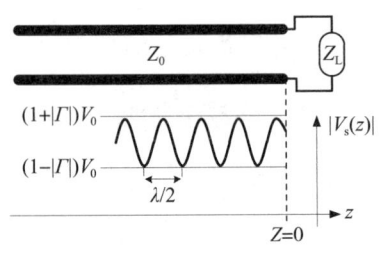

图3.43 传输线中的电压幅值

如果负载匹配,则没有反射,VSWR为1。这意味着传输线上没有驻波。另一个极端情况为,如果负载短路或开路时,那么$|\Gamma|=1$,VSWR为无穷大。

3.4.3 传输线输入阻抗

考虑图3.44中有限长度为l的传输线。已知该传输线在$z=0$处为终端,并且接有一个复阻抗Z_L,来求解传输线上给定点的阻抗。

可以简化为通过求出传输线上的电压和电流相量来得到,也就是

$$V(z) = V_0^+ \mathrm{e}^{-\mathrm{j}\beta z} + V_0^- \mathrm{e}^{+\mathrm{j}\beta z}$$

$$I(z) = I_0^+ \mathrm{e}^{-\mathrm{j}\beta z} + I_0^- \mathrm{e}^{+\mathrm{j}\beta z} = \frac{1}{Z_0}(V_0^+ \mathrm{e}^{-\mathrm{j}\beta z} - V_0^- \mathrm{e}^{+\mathrm{j}\beta z})$$

考虑到$V_0^- = \Gamma V_0^+$,可以得到任意点的阻抗为

$$Z(z) = Z_0 \frac{\mathrm{e}^{-\mathrm{j}\beta z} + \Gamma\mathrm{e}^{+\mathrm{j}\beta z}}{\mathrm{e}^{-\mathrm{j}\beta z} - \Gamma\mathrm{e}^{+\mathrm{j}\beta z}} = Z_0 \frac{Z_\mathrm{L}\cos(\beta z) - \mathrm{j}Z_0\sin(\beta z)}{Z_0\cos(\beta z) - \mathrm{j}Z_\mathrm{L}\sin(\beta z)}$$

作为较明智的验证,已知在$z=0$处,$Z(0) = Z_\mathrm{L}$。在

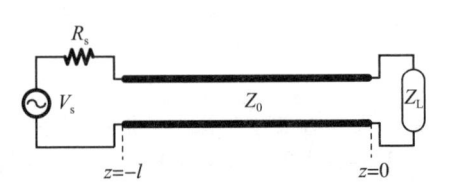

图3.44 有限长度的传输线

传输线的源端，即 $z=-l$ 处，向传输线看进去的输入阻抗为

$$Z_{\text{IN}} = Z_0 \frac{Z_L\cos(\beta l) + \text{j}Z_0\sin(\beta l)}{Z_0\cos(\beta l) + \text{j}Z_L\sin(\beta l)}$$

上面的等式有几个需要关注的特性。例如，如果传输线的长度等于波长的一半或者半波长的整数倍，则输入阻抗总是等于负载阻抗。然而，如果长度是 $\frac{1}{4}$ 波长，则 $Z_{\text{IN}} = \frac{Z_0^2}{Z_L}$。因此，一端的短路在另一端可表现为开路，反之亦然。

示例：考虑图 3.45 中 $Z_0 = 50\Omega$ 的无损传输线，终端接两个 $R_L = 50\Omega$ 的相等负载。源为 2GHz 正弦波，有效值（RMS）为 1V，阻抗 $R_s = 50\Omega$。假设 $v = 3\times 10^8 \text{m/s}$，则 $\lambda = 15\text{cm}$，$\beta l = 2\pi \frac{l}{\lambda} = 1.6\pi$。

由于负载阻抗有效为 25Ω，所以反射系数为 $\Gamma = -\frac{1}{3}$，VSWR 为 2。传输线输入阻抗为

$$Z_{\text{IN}} = 50 \times \frac{25\cos(1.6\pi) + \text{j}50\sin(1.6\pi)}{50\cos(1.6\pi) + \text{j}25\sin(1.6\pi)} = 85\text{e}^{-\text{j}24°}\Omega$$

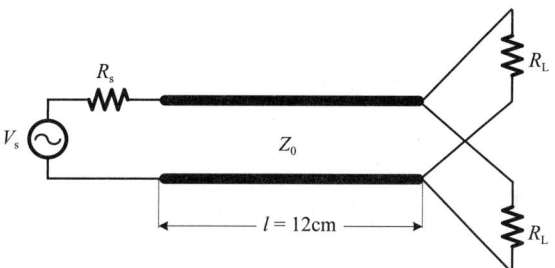

图 3.45 连接到两个同为 50Ω 负载的 50Ω 传输线

由上式可看出为容性阻抗。从物理上讲，这意味着该传输线在电场储存的能量比在磁场储存的能量多。流入传输线的电流为 $\frac{V_s}{Z_{\text{IN}} + R_s} = 7.6\text{e}^{\text{j}15°}\text{mA}$，传给传输线的功率为 $\text{Re}[Z_{\text{IN}}] \left|\frac{V_s}{Z_{\text{IN}} + R_s}\right|^2 = 4.4\text{mW}$。由于传输线是无损的，因此功率在两个负载电阻之间平均分配，所以每个负载电阻吸收 2.2mW，对应的负载电压为 $\frac{1}{3}$V。

3.4.4 传输线瞬态响应

到目前为止，主要关注的是传输线的正弦稳态行为，这当然是很有价值的。然而，研究传输线的前向信号和后向信号的瞬态行为往往也是有建设性的，因为这样可以研究如何利用传输线存储和释放能量。

考虑图 3.46 长度为 l 的传输线。首先研究简单的情况，假设源阻抗为零（即理想电压源），并且负载与传输线特征阻抗 Z_0 匹配。

现假设输入是一个如图 3.47 所示的幅值为 V_0 的阶跃函数，在施加阶跃信号后，在传输线输入端的入射电压为 $v^+ = V_0$，正好是阶跃信号激励的结果。该电压沿传输线传播，在 $\frac{l}{v}$ 秒后到达负载，在该点被匹配负载完全吸收，如图所示。显然，如果传输线的长度很短，也就是说电路是集总的，可以忽略这个延迟，可以看到输出电压立刻上升到 V_0。

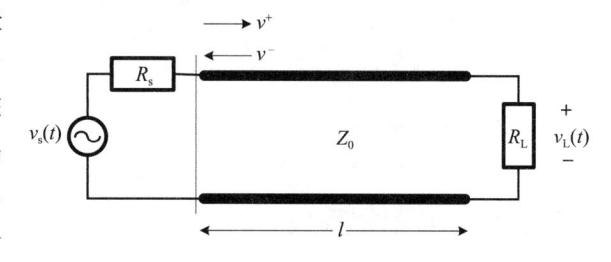

图 3.46 连接任意源阻抗和负载阻抗的无损传输线

接下来，假设源和负载为两个任意阻抗。施加阶跃电压后，传输线输入端的前向电压为

$$v_1^+ = Z_0 i^+ = Z_0 \frac{V_0 - v_1^+}{R_s}$$

或者 $v_1^+ = \frac{Z_0}{Z_0 + R_s} V_0$，这是一个简单的电压分配。一旦在 $\frac{l}{v}$ 秒后到达负载，就会产生反射电压 $v_1^- = v_1^+ \Gamma_L$（或电流），其中 $\Gamma_L = \frac{R_L - Z_0}{R_L + Z_0}$ 是负载反射系数。这个反射信号在 $t = 2\frac{l}{v}$ 时到达源端，此时源端产生新的前向电压 $v_2^+ = v_1^+ \Gamma_L \Gamma_s$，其中 $\Gamma_s = \frac{R_s - Z_0}{R_s + Z_0}$ 是源端的反射系数。电压 v_1^+ 存在于 v_1^- 之前的任何地方，直到 v_1^- 到达源端，此时，整条传输线将充电至 $v_1^+ + v_1^-$。现在，新的正向电压 $v_1^+ \Gamma_L \Gamma_s$ 传输到负载端，并重复整个过程。前向电压、后向电压以及传输线中点 $z = \frac{l}{2}$ 处的电压如图 3.48 所示。

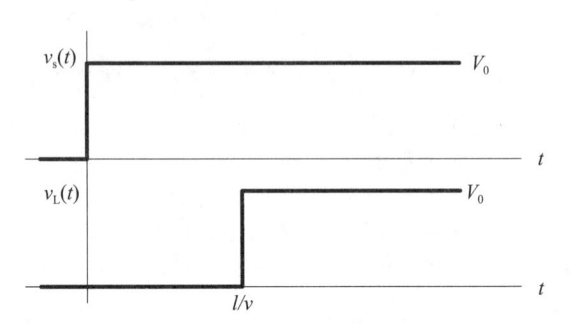

图 3.47　图 3.46 所示传输线在终端匹配时的阶跃响应

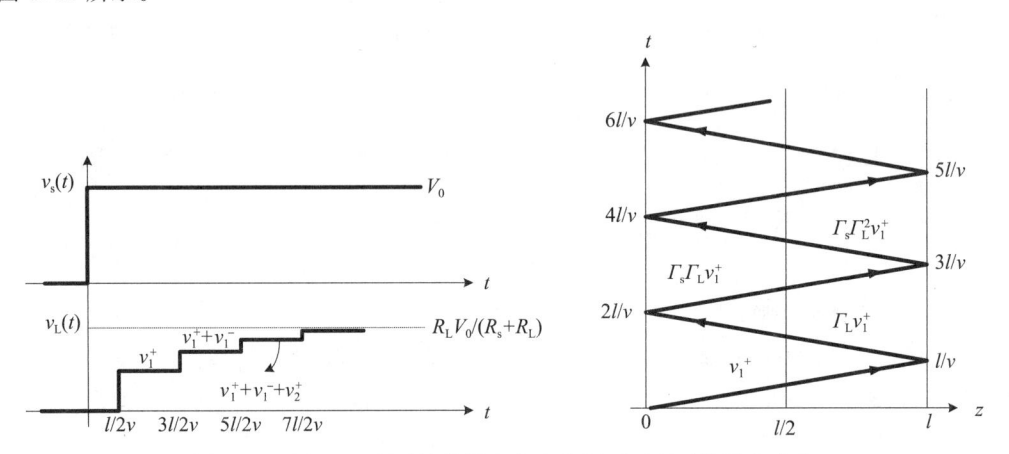

图 3.48　图 3.46 所示传输线在负载和源不匹配时的瞬态响应

电压逐渐积累到终值电压：

$$v_1^+ + v_1^- + v_2^+ + v_2^- + \cdots = \frac{Z_0}{Z_0 + R_s} V_0 (1 + \Gamma_L + \Gamma_L \Gamma_s + \Gamma_L^2 \Gamma_s + \cdots)$$

用源阻抗和负载阻抗表示的值替换 Γ_L 和 Γ_s，并考虑到两个反射系数均小于 1，上面的无穷级数如预计的一样，在稳态下收敛到 $\frac{R_L}{R_L + R_s} V_0$。

3.5　低损耗传输线

虽然在分析时假设大部分的传输线是无损耗的，但也提到过在一般情况下的有损耗传输

线，电压相量可表示为

$$V(z) = V_0^+ e^{-\gamma z} + V_0^- e^{+\gamma z}$$

式中，$\gamma = \alpha + j\beta$，参数 α 表示传输线损耗[3,4,7]。这个结果可以通过修改传输线的集总等效电路得到，如图 3.49 所示，图中 R 与 G 表示每单位长度的传输线损耗，同 L 和 C 一样。描述传输线的新的微分方程为

$$\frac{\partial^2 v}{\partial z^2} = LC \frac{\partial^2 v}{\partial t^2} + (LG + RC)\frac{\partial v}{\partial t} + RGv$$

如果 $R = G = 0$，则方程可简化为原来的微分方程形式。而且在稳态情况下，相量的解就是之前所说的 $V(z) = V_0^+ e^{-\gamma z} + V_0^- e^{+\gamma z}$ 的形式，γ 很容易被证明为[7]

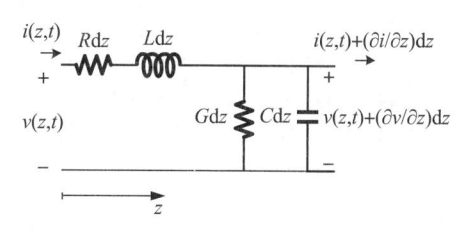

图 3.49 低损耗传输线集总模型

$$\gamma = \alpha + j\beta = \sqrt{(R + jL\omega)(G + jC\omega)}$$

对于低损耗传播，α 和 β 由以下两个式子得到

$$\alpha = \frac{1}{2}\left(\frac{R}{Z_0} + GZ_0\right)$$

$$\beta = \omega \sqrt{LC}\left[1 + \frac{1}{8}\left(\frac{G}{C\omega} - \frac{R}{L\omega}\right)^2\right]$$

式中，$Z_0 = \sqrt{L/C}$ 为特征阻抗。上式进一步表明，当电磁波在这样的低损耗传输线上传播时，传输线上给定点的功率衰减为 $P(z) = P_0 e^{-2\alpha z}$，这与第 1 章分析的 RLC 电路非常相似。

示例： 图 3.50 给出了一个更好的实际传输线的模型，这里没有假设理想接地（或回路）平面。注意返回路径不一定与其他路径相同。

读者可以证明传输线新的微分方程为

$$\frac{\partial^2 v}{\partial z^2} = L_{eq} C \frac{\partial^2 v}{\partial t^2} + (L_{eq}G + R_{eq}C)\frac{\partial v}{\partial t} + R_{eq}Gv$$

式中，$L_{eq} = L_1 + L_2 + 2M$，$R_{eq} = R_1 + R_2$。因此，该传输线的总体特性类似于图 3.49 中的简单模型所描述的特性。

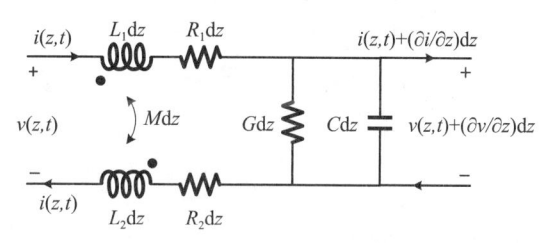

图 3.50 更好的实际传输线模型

采用 50Ω 的原因

传统上，大多数传输线设计电阻为 50Ω 或 75Ω。作为一个非常有建设性的案例研究，在这里将讨论为什么采用这种普遍的做法。考虑图 3.51 所示的同轴传输线。

在第 1 章的分析中，已得到 $C = \dfrac{2\pi\varepsilon}{\ln\dfrac{b}{a}}$ 和 $L = \dfrac{\mu_0}{2\pi}\ln\dfrac{b}{a}$，并推导出 $Z_0 =$

$\sqrt{\dfrac{\mu_0}{\varepsilon}} \ln\dfrac{b}{a} = \dfrac{60}{\sqrt{\varepsilon_r}} \ln\dfrac{b}{a}$。另外，证明有 $\boldsymbol{D} = \dfrac{\rho_S a}{r}\boldsymbol{a}_r$，可以用电压表示为 $\boldsymbol{D} = \dfrac{\varepsilon V_0}{\ln(b/a)}\dfrac{\boldsymbol{a}_r}{r}$。可以进一步求出同轴低损耗传输线的 G 值和 R 值（图 3.49）。

图 3.51 同轴传输线的剖面图

介质泄漏 G 与电容很像，对此，要做的工作就是注意电流密度 $J = \sigma E$，其中 σ 为介电常数。因此可以得到一个非常相似的表达式（证明见第 1 章习题）：

$$G = \frac{I}{V} = \sigma \frac{\int_S \boldsymbol{E} \cdot d\boldsymbol{S}}{-\int \boldsymbol{E} \cdot d\boldsymbol{L}} = \frac{2\pi\sigma}{\ln\frac{b}{a}}$$

可以合理地假设，例如空气同轴线中介质泄漏非常小，因为电导率很小，所以 $G \approx 0$。为了计算导体损耗 R，假设频率足够高，这样电流只能在趋肤深度 δ 的浅表面流动。另外，假设电流均匀分布，导体的电导率为 σ_c。因此，对于内层导体而言，给定电流传导的面积约为 $2\pi\delta a$，对于外层导体约为 $2\pi\delta b$，则有

$$R \approx \frac{1}{2\pi\delta\sigma_c}\left(\frac{1}{a} + \frac{1}{b}\right)$$

式中，将内层和外层导体的电阻相加，因为它们等效为串联连接。对于空气传输线，忽略 G，则损耗因子为

$$\alpha = \frac{1}{240\pi\delta\sigma_c} \frac{\left(\dfrac{1}{a} + \dfrac{1}{b}\right)}{\ln\dfrac{b}{a}}$$

通过对 α 和 $\dfrac{b}{a}$ 求导，可得到当 $\dfrac{b}{a} = 3.6$ 时损耗因子最小，由此得出特征阻抗为 77Ω。

另外，由于

$$\boldsymbol{E} = \frac{V_0}{\ln\dfrac{b}{a}} \frac{\boldsymbol{a}_r}{r}$$

在 $r = a$ 处电场最强，其值为 $E_{\max} = \dfrac{V_0}{a\ln\dfrac{b}{a}}$。因此传导到负载的功率为

$$P_L = \frac{V_0^2}{2Z_0} = \frac{E_{\max}^2}{120} a^2 \ln\frac{b}{a}$$

对于给定的可接受的最大场强 $E_{\max}$，当 $\dfrac{b}{a} = \sqrt{e}$ 时功率最大，此时 $Z_0 = 30\Omega$。

从历史上看，1929 年贝尔实验室在高功率和低衰减应用中实验测定的最佳同轴电缆阻抗分别为 30Ω 和 77Ω，这与上面的分析一致。在最大功率传输（对于某个最大的场强）和最小功率损耗间有一个折中，通常在应用时设定特征阻抗为 50Ω。另一方面，在自由空间中匹配中心馈电偶极子天线所需的近似阻抗为 73Ω，所以短波天线与接收机的连接通常采用 75Ω 同轴电缆。这些通常涉及低射频功率，以至于功率处理和高压击穿特性与衰减相比显得并不重要[⊖]。

显然在现代基于芯片尺寸和频率的无线电中，没必要考虑 50Ω 的接口。然而，大多数传统的外部元件，例如射频声表面波（SAW）滤波器或者天线都设计了 50Ω 接口。正如刚开始所介绍的，为了连接这些元件，通常需要在射频 IC 和外围元件间有一个定义明确且接近 50Ω 阻抗的接口。另一方面，理想情况下，在全定制的无线电设计不需要设定 50Ω 的特征阻抗，这个数字是任意的，只是简单的一个遗留的设计参数。

⊖ 感兴趣的读者可以参考在线文章了解更多详细情况："Why 50 Ohms?," *Microwaves 101*, January 13, 2009; "Coax Power Handling," *Microwaves 101*, September 14, 2008。

3.6 接收-发射天线作为二端口电路

在第 1 章对天线的整个讨论中,将天线视为单个发射设备,产生在空气中传播的电磁波。本节将讨论天线的其他基本用途,即是一种检测(或接收)来自远处辐射源(即发射天线)的辐射的手段。将天线作为一个二端口网络来处理,包括一个接收天线和一个发射天线,及其辅助电路。

一个简单的接收-发射天线配置示例如图 3.52 所示,其中两个耦合天线构成了一个线性二端口网络。

第一个天线的电压和电流会影响第二个天线的电压和电流,反之亦然。用跨阻抗参数(Z_{12} 和 Z_{21})量化这种天线间的耦合,可以写出

$$V_1 = Z_{11} I_1 + Z_{12} I_2$$
$$V_2 = Z_{21} I_1 + Z_{22} I_2$$

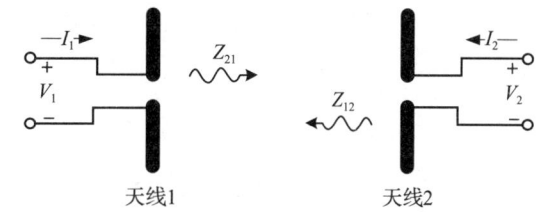

图 3.52 一对相互耦合的接收和发射天线

当另一个天线被隔离,或者位于非常远的地方时,阻抗 Z_{11} 和 Z_{22} 就是单个天线的输入阻抗。实际上,它们(阻抗)包括第 1 章中所给出的辐射电阻、任何相关的欧姆损耗,以及可能的取决于天线物理结构和设计参数的一些电抗。另一方面,跨接阻抗 Z_{12} 和 Z_{21} 取决于两个天线的距离和相对位置。先不管跨接阻抗的绝对值是多大,考虑到互易性,则总是有

$$Z_{12} = Z_{21}$$

由此可以得出一个重要结论,天线的辐射和接收模式是相同的。换句话说,接收天线接受功率的程度由其辐射模式决定。

现在考虑图 3.53,其中第二个天线端接了负载阻抗 Z_L。比如,这可以模拟接收机输入阻抗。在图 3.53 的下图也绘出了二端口网络等效电路。在这里一个重要的也符合实际的假设是,天线足够远,只有前向耦合是可以察觉的,即 $Z_{12} I_2 \approx 0$。因此,假设第一个天线的感应电流 I_2 比 I_1 小得多。所以,与 I_1 相比,感应回第一个天线产生的感应电流 I_2 可以忽略不计。

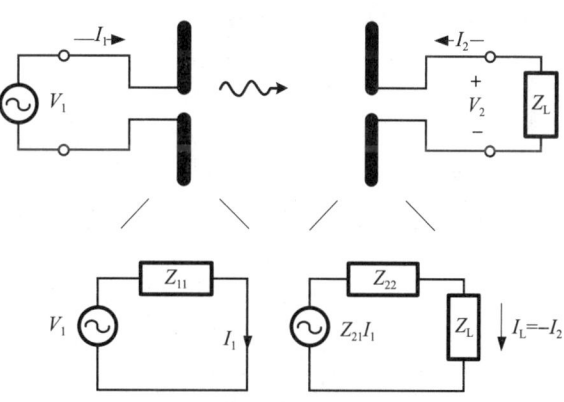

图 3.53 负载耦合天线及等效电路模型

则可以写成

$$I_L = -I_2 = \frac{Z_{21} I_1}{Z_{22} + Z_L}$$

负载中消耗的平均功率为

$$P_L = \frac{1}{2} \text{Re}[V_L I_L^*] = \frac{1}{2} R_L |I_1|^2 \left| \frac{Z_{21}}{Z_{22} + Z_L} \right|^2$$

在最大功率传输条件下,即 $Z_L = Z_{22}^*$,所以有

$$P_L = \frac{|I_1|^2 |Z_{21}|^2}{8 R_{22}}$$

式中，$R_{22}=\text{Re}[Z_{22}]$，如果忽略电阻损耗，则等于接收天线辐射电阻。第一个天线发射的平均功率为

$$P_r = \frac{1}{2}R_{11}|I_1|^2$$

式中，R_{11} 是发射天线的辐射电阻。因此，

$$\frac{P_L}{P_r} = \frac{|Z_{21}|^2}{4R_{11}R_{22}}$$

R_{11} 和 R_{22} 等于每个天线的辐射电阻（如果电阻损耗可以忽略不计），而跨接阻抗 Z_{21}（或 Z_{12}）是每个天线的特征阻抗以及它们的相对间距和方向的函数。

3.6.1 天线有效面积

为了更好地理解 Z_{21}，考虑图 3.54 所示的例子，一对偶极子天线，径向距离 r，相对方向角为 θ。

通过天线有效面积来表示天线接收功率是一种常见而方便的方法，单位用 m^2 表示。第 1 章中给出了天线辐射的功率密度如下：

$$\mathcal{P}_1(r,\theta_1,\varphi_1) = \frac{P_r}{4\pi r^2}D_1(\theta_1,\varphi_1)$$

式中，$D_1(\theta_1,\varphi_1)$ 是第一个天线的方向性，P_r 是平均辐射功率，$\mathcal{P}_1(r,\theta_1,\varphi_1)$ 是天线平均功率密度。后一个量，即由第一个天线产生的 $\mathcal{P}_1(r,\theta_1,\varphi_1)$，在接收天线上感应出一定的功率，其值是天线定位和间距的函数。因此，将第二个（接收天线）的有效面积定义为

$$P_L = \mathcal{P}_1(r,\theta_1,\varphi_1) \times A_2(\theta_2,\varphi_2)$$

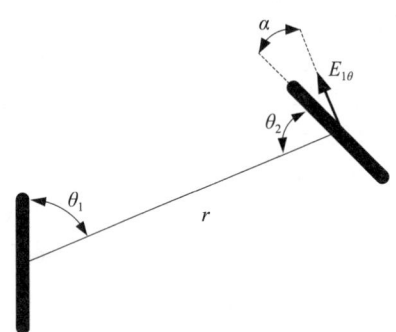

图 3.54 一对任意方向的接收-发射天线

式中，P_L 是传递给第二个天线负载的功率，$A_2(\theta_2,\varphi_2)$ 定义为第二个天线的有效面积。注意，下标 1（也就是 θ_1,φ_1）表示由第一个天线产生的功率密度（$\mathcal{P}_1(r,\theta_1,\varphi_1)$），是其位置的函数；而下标 2（即 θ_2,φ_2）表示第二个天线的相对位置。结合以上两个方程，可以写出

$$\frac{P_L}{P_r} = \frac{D_1(\theta_1,\varphi_1)A_2(\theta_2,\varphi_2)}{4\pi r^2}$$

然而，在之前的章节得出过 $\frac{P_L}{P_r}=\frac{|Z_{21}|^2}{4R_{11}R_{22}}$，所以，

$$|Z_{21}|^2 = \frac{R_{11}R_{22}\,D_1(\theta_1,\varphi_1)A_2(\theta_2,\varphi_2)}{\pi r^2}$$

同预计的一样，Z_{21} 不仅取决于每个天线的单独特征阻抗（R_{11} 和 R_{22}），还取决于两者的间距和相对位置，特别是发射天线的方向性，以及接收天线的有效面积。

接下来将注意到，如果天线的角色互换，也就是说，第二个天线向第一个天线发射信号，一定有

$$|Z_{12}|^2 = \frac{R_{11}R_{22}\,D_2(\theta_2,\varphi_2)A_1(\theta_1,\varphi_1)}{\pi r^2}$$

从互易性来看，遵循

$$\frac{D_1(\theta_1,\varphi_1)}{A_1(\theta_1,\varphi_1)} = \frac{D_2(\theta_2,\varphi_2)}{A_2(\theta_2,\varphi_2)}$$

也就是说，任何天线的方向性与有效面积之比都是常数。

3.6.2 Friis（弗里斯）传输公式

正如之前得到的，$\dfrac{D(\theta_1,\varphi_1)}{A(\theta_1,\varphi_1)}$是一个常数，可以尝试用已知的简单天线来计算它，例如赫兹偶极子。为此，再次考虑图 3.54，显示了一对赫兹偶极子。在第 1 章中证明了第一个天线在远场产生的电场为

$$E_{1\theta}(r,\theta,\varphi) = jk\eta \frac{I_0 l \sin\theta}{4\pi r} e^{-jkr} = \eta H_{1\varphi}$$

注意，在短偶极子中，给定对称性，场不是 φ 的函数。因此，如图中所示，发射天线的电场，当投射到接收天线上时将是 $E_{1\theta}\cos\alpha$，其中 $\alpha = 90° - \theta_2$。因此，给定第一个天线的电场，在第二个天线上感应的电压为

$$V_2 = (E_{1\theta}\cos\alpha)l = E_{1\theta}l\sin\theta_2$$

由此可以计算出在匹配负载条件下传送到第二个天线的功率，以及由此得到的有效面积为

$$A_2(\theta_2,\varphi_2) = \frac{3}{8\pi}\lambda^2 \sin^2\theta_2$$

因为短偶极子的方向性被证明为

$$D_2(\theta_2,\varphi_2) = \frac{3}{2}\sin^2\theta_2$$

对于任意天线可得出结论：

$$\frac{D(\theta,\varphi)}{A(\theta,\varphi)} = \frac{4\pi}{\lambda^2}$$

值得关注的是，天线的方向性，也就是发射特性，与有效面积，也就是接收特性相关，它们的比为 $\dfrac{4\pi}{\lambda^2}$。

利用上述关系，可以进一步得到

$$\frac{P_L}{P_r} = \frac{A_1(\theta_1,\varphi_1)A_2(\theta_2,\varphi_2)}{\lambda^2 r^2} = \left(\frac{\lambda}{4\pi r}\right)^2 A_1(\theta_1,\varphi_1)A_2(\theta_2,\varphi_2)$$

这就是众所周知的弗里斯传输公式，表明了传送到接收天线的功率与从发射天线辐射的功率之比与它们的方向性的乘积成正比，而与两个天线之间距离的平方成反比。

3.7 史密斯圆图

传输线问题常常需要复数操作。通过图解法，所涉及的工作可以得到很大的简化且不影响精度，最常见的图解法是史密斯圆图[8]。史密斯圆图的基本原理是建立在反射系数方程上的：

$$\Gamma = \frac{Z_L - Z_0}{Z_L + Z_0}$$

由于 Γ 是一个复数，可以表示为 $\Gamma = |\Gamma|e^{j\varphi} = \Gamma_r + j\Gamma_i$。另外，对于任意 Z_L，有 $|\Gamma|\leqslant 1$，在用复数描述 Γ 时，所有的信息就落在了一个单位圆内。通常是将负载阻抗归一化为传输线的特征阻抗，并表示为如下所示的一个复数：

$$z_L = \frac{Z_L}{Z_0} = r + jx$$

因此,

$$\Gamma = \frac{z_L - 1}{z_L + 1}$$

或者,如果定义归一化导纳 $y_L = \frac{Y_L}{Y_0} = Z_0 Y_L$,其中 $Y_L = \frac{1}{Z_L}$,则反射系数可以表示为

$$\Gamma = -\frac{y_L - 1}{y_L + 1}$$

这表明,用归一化导纳表示会使得反射系数的幅度相同,相位位移180°。利用这一结果,可以方便地在图上动态交替使用导纳或电阻。很明显,$y_L = \frac{1}{z_L}$。

使用归一化阻抗,有

$$\Gamma = \frac{z_L - 1}{z_L + 1} = \frac{r + jx - 1}{r + jx + 1} = \Gamma_r + j\Gamma_i$$

通过简单的代数运算,得到了一组用 r 和 x 表示 Γ 的实部和虚部的方程:

$$\begin{cases} \left(\Gamma_r - \frac{r}{1+r}\right)^2 + \Gamma_i^2 = \left(\frac{1}{1+r}\right)^2 \\ (\Gamma_r - 1)^2 + \left(\Gamma_i - \frac{1}{x}\right)^2 = \left(\frac{1}{x}\right)^2 \end{cases}$$

每个方程代表一族与特定参数值 r(或 x)相关的圆,如图 3.55 所示。

阻抗的实部为正,所以 r 始终大于 0,而 x 可以是正的(感性阻抗),也可以是负的(容性阻抗)。$r=0$ 对应的圆为单位圆,对应 $|\Gamma|=1$。两族圆一起画在史密斯圆图上,从中可以得到给定负载阻抗的 Γ 的幅度和相位。例如,如果 $Z_L=100+j25\Omega$,$r=2$,$x=0.5$,则对应于图 3.56 中简化史密斯圆图上的黑点。

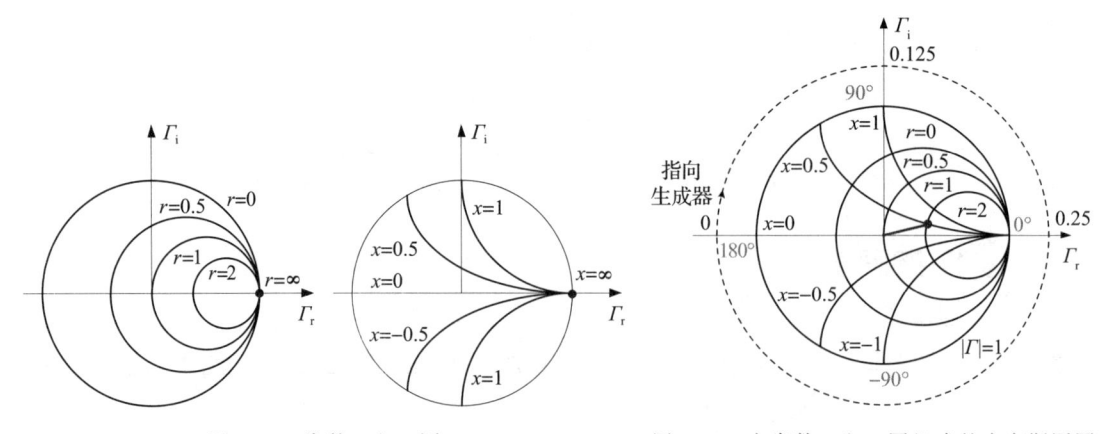

图 3.55 常数 r 和 x 圆

图 3.56 由常数 r 和 x 圆组成的史密斯圆图

相应地,通过在史密斯圆图中测量,可以得到:$\Gamma \cong 0.37 \angle 23°$。即使是在这个非常简单的例子中,若采用 Γ 方程的原始形式,必须进行反正切函数(arctan)运算和幅度计算等几个步骤才能得到同样的结果。然而,当需要计算在传输线上远离负载的阻抗时,用史密斯圆图证明是

更加有利的。之前给出了传输线上给定点 z 的阻抗为

$$Z(z) = Z_0 \frac{\mathrm{e}^{-\mathrm{j}\beta z} + \varGamma \mathrm{e}^{+\mathrm{j}\beta z}}{\mathrm{e}^{-\mathrm{j}\beta z} - \varGamma \mathrm{e}^{+\mathrm{j}\beta z}}$$

因此，在 $z=-l$ 点，即距负载 l 处的归一化输入阻抗为

$$z_{\mathrm{IN}} = \frac{1 + \varGamma \mathrm{e}^{-2\mathrm{j}\beta l}}{1 - \varGamma \mathrm{e}^{-2\mathrm{j}\beta l}}$$

上式表明，一旦计算出在负载处，即 $l=0$ 处的 $\varGamma$，相应的距离负载 $-l$ 处的阻抗，可以通过保持 $|\varGamma|$ 幅值不变，但是相位顺时针旋转 $2\beta l = \frac{4\pi}{\lambda}l$ 来计算得到。半圆旋转对应于传播四分之一波长，即相位旋转 $180°$。在实际的史密斯圆图中显示的并不是旋转角度，而是朝着信号生成器（顺时针旋转）移动的，归一化为半波长（或 $360°$）的距离，如图 3.56 中的虚线所示。如果史密斯圆图中的阻抗已知，相应的导纳可以通过阻抗镜像得到。这在之前已建立了方程，就是

$$\varGamma = \frac{Z_{\mathrm{L}} - Z_0}{Z_{\mathrm{L}} + Z_0} = -\frac{Y_{\mathrm{L}} - Y_0}{Y_{\mathrm{L}} + Y_0}$$

上式表明 $|\varGamma|$ 幅值必须保持不变，但是相位相差 $180°$（或四分之一波长）。

图 3.57 所示的是一个实际的商用史密斯图表，在射频设计师中广泛应用。注意，也可以使用在线软件进行计算，从而简化图表的使用。

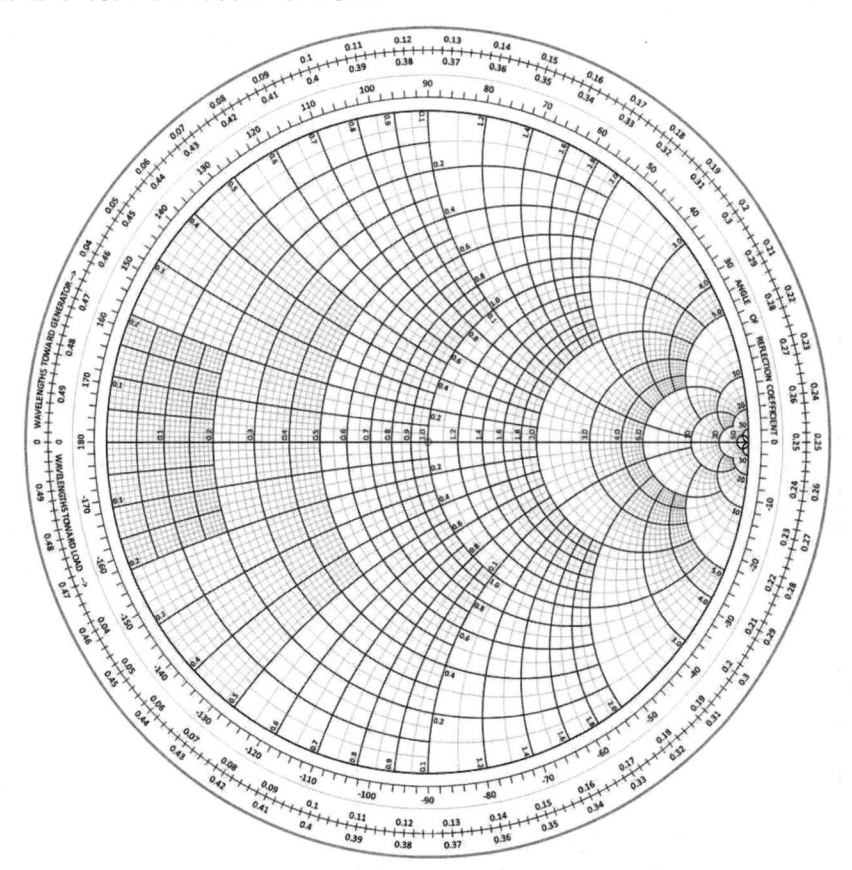

图 3.57 商用史密斯圆图

示例： 分析如图 3.58 所示的 50Ω 传输线，终端接一个阻抗为 $Z_L=250\Omega$ 的负载，代表放大器的输入。已经讨论过如何用集总 LC 网络或者变压器将该阻抗匹配到 50Ω。现在的目标是用传输线将其匹配到 50Ω，一般的方法是在距离负载 d 处插入一段长度为 d_s 的短路短截线。

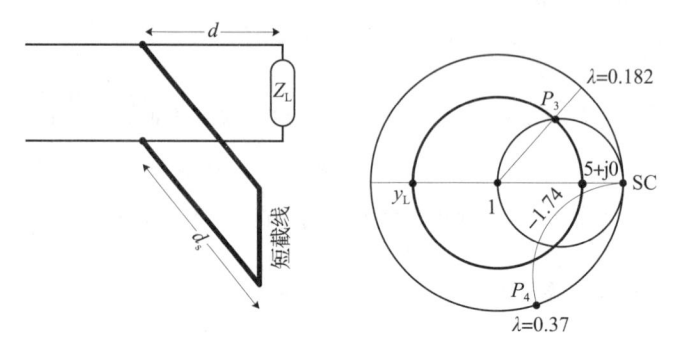

图 3.58 带有短路短截线的传输线

首先注意到，这段短路短截线无论长度为多少，其总是电抗的，并与 $z=-d$ 处的线路阻抗相并联。由于增加导纳更容易，因此所有的计算将采用导纳的形式。在图 3.58 所示的史密斯圆图中，归一化负载阻抗为 $5+j0$。为了转换为导纳，当阻抗转换为 Z_0^2/Z_L，或者 z_L 变为 y_L 时，直接增加四分之一波长。很明显，y_L 对应 $r=0.2$ 的圆，在图中用点 y_L 表示，现在处在 0λ 处。接下来，为了匹配到 50Ω，需要落在 $r=1$ 的圆上。由于在传输线上的移动只需要改变 Γ 的相角，需要计算的点就是 $r=1$ 圆与点 y_L 所在的半径为 $|\Gamma|$ 的圆的交点。这便是图 3.58 中的 P_3 点，其读数为 0.182λ，所以将负载移动 0.182λ 的距离，或者设定 $d=0.182\lambda$ 即可；点 P_3 实部为 1，但它是容性的（注意现在处理的是导纳）。从 x 族圆上，可以读得归一化虚部为 1.74。如果短截线虚部为 -1.74，加到传输线上，则传输线的导纳就只有实部，归一化为 1（或者 50Ω）。短路短截线的近似长度可以通过取 $x=-1.74$ 的圆和 $|\Gamma|=1$ 的圆的交点得到，该点记为 P_4，其读数为 0.37λ。由于短路短截线在 0.25λ，因此长度 $d_s=0.12\lambda$。

很明显，如果不用史密斯圆图，计算将很复杂。如果负载带有电抗元件，计算步骤也非常相似。

示例： 为了说明史密斯圆图不仅仅可以应用于传输线和分布式元件，我们用集总 LC 网络（图 3.36）重做前面的匹配示例，即将放大器的输入阻抗匹配到 50Ω，但这次是用史密斯圆图来做。由于 R_{IN} 大于 50Ω，将落在圆的右半边（见图 3.59）。同时假设有一个电容分量与之相关，这样更为接近实际的放大器输入阻抗模型，归一化阻抗为图中的 P_1 点。

由于首先要接入一个并联电感，通过增加四分之一波长到达 P_2 的方式将 z_{in} 转换为 y_{in}。为了最终得到 50Ω 的实部，需要匹配一个电感把点 P_2 移到 $r=1$ 的圆的镜像上（带阴影的圆）。如果这样，在转换回阻抗时（为了方便接下来串联电容），就必须落在 $r=1$ 的圆上。这可以通过取 P_2 所在的半径为常数 r 的圆和 $r=1$ 的镜像圆交点获得。交点有两个，但只有 P_3 是有效的。这是因为另一个点在转换回阻抗时将落在圆的下

图 3.59 图 3.36 匹配网络的史密斯圆图

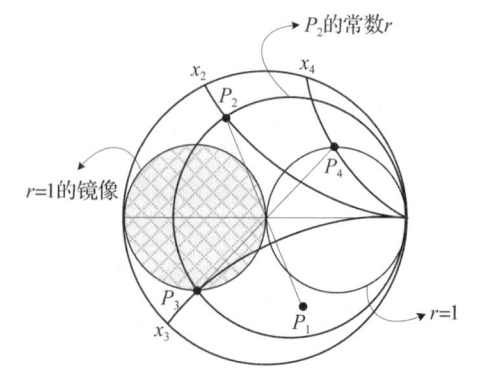

半边,是一个容性分量。这个点只能通过串联电感匹配到 50Ω,而匹配网络包含串联电容。所需的电感值是通过考虑初始的电纳和对应于点 P_3 的新电纳得到。点 P_3 转换回阻抗得到点 P_4,落在 $r=1$ 的圆上,其电抗为 x_4。该点是感性的,需要添加一个串联电容 C 使得 $x_4 = \dfrac{\dfrac{1}{C\omega_0}}{50\Omega}$。显然,如果 R_{IN} 小于 50Ω,或者对于阴影圆内的任意点 50Ω,该匹配网络是无解的,如果用串-并计算的方式,结果就不能明显看出来。回到刚才的例子,如果 $R_{IN}=250\Omega$,则 $y_{in}=0.2+j0$。在与 $r=1$ 的镜像圆相交后,由图 3.59 可以读出 x_3 为 -0.4。由于在这一点处理的仍然是归一化导纳,$0.4 = \dfrac{50\Omega}{L\omega_0}$,或者 $L\omega_0 = 125\Omega$。所以在 2GHz 处的电感 $L=10\text{nH}$。点 P_4 在图中读数为 $1+\text{j}2$,现在是阻抗,因此 $2 = \dfrac{\dfrac{1}{C\omega_0}}{50\Omega}$,得出在 2GHz 处的电容 $C=0.8\text{pF}$。史密斯图表的另一个优越的功能是得到的是电抗或电纳,并且与频率无关。只有当转换为电容或电感时才成为频率的函数。

3.8 S 参数(散射参数)

除了前面 3.1.1 节中描述线性时不变 N 端口的六种表征方法(阻抗矩阵、导纳矩阵、两种混合参数矩阵和两种传输矩阵)之外,还有另外一种广泛应用于射频,特别是微波应用中的常用方法,称为散射参数(S 参数)。本节将介绍它们的基本性质和应用。有关 S 参数更详细的讨论参见文献[3]和[4]。

3.8.1 S 参数的基本性质

用阻抗(或导纳)矩阵描述微波电路是不实际的,因为在微波频率时不能直接测量电压、电流和阻抗。要得到阻抗或者导纳矩阵参数,需要将二端口网络进行理想的短路或开路来测量,这在高频时很有挑战性。可以用测量相对场强的小探头直接测量驻波比和功耗,由这两个参数可以直接导出反射系数。另外,与入射信号相比,发射信号的振幅和相位的相对关系也可以直接测量得到(例如通过使用定向耦合器)。换句话说,可以直接测量的量是反射波或散射波的幅度与相位的相对关系(相对于入射波)。描述这种关系的矩阵称为散射矩阵,或 S 矩阵。与微波电路类似,射频电路也经常使用散射参数,尤其是研究处理射频电路与外界的接口时,也就是研究接收机的输入或发射机的输出时。

考虑图 3.60 中的 N 端口网络。如果等效电压 V_1^+ 的电波从端口 1 入射,在该端的反射波为 $V_1^- = S_{11} V_1^+$,S_{11} 为反射系数。另外,很自然地假设电波也可以从其他端口散射出去,表示为 $V_n^- = S_{n1} V_1^+$,$n=2,3,\cdots,N$。

当电磁波从所有端口入射,通常可写成

$$\begin{bmatrix} V_1^- \\ V_2^- \\ \vdots \\ V_N^- \end{bmatrix} = \begin{bmatrix} S_{11} & S_{12} & \cdots & S_{1N} \\ S_{21} & S_{22} & \cdots & S_{2N} \\ \vdots & \vdots & & \vdots \\ S_{N1} & S_{N2} & \cdots & S_{NN} \end{bmatrix} \begin{bmatrix} V_1^+ \\ V_2^+ \\ \vdots \\ V_N^+ \end{bmatrix}$$

或者 $[V^-]=[S][V^+]$,其中 $[S]$ 为散射矩阵。

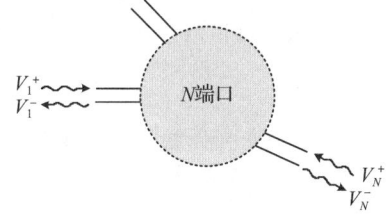

图 3.60 散射波的 N 端口

假设所有端口具有相同的特征阻抗 Z_0,因此与前面一样:
$$V^+ = Z_0 I^+$$
$$V^- = -Z_0 I^-$$

以及,
$$V = V^+ + V^-$$
$$I = I^+ + I^- = \frac{1}{Z_0}(V^+ - V^-)$$

结合以上方程,可以发现,S 矩阵可以用阻抗或导纳的矩阵表示。例如,用矩阵形式表示为
$$[V] = [V^+] + [V^-] = [Z][I] = [\overline{Z}][V^+] - [\overline{Z}][V^-]$$

式中,$[\overline{Z}] = \frac{1}{Z_0}[Z]$ 为 N 端口网络的归一化阻抗矩阵。因此有
$$[V^-] = ([\overline{Z}] + [U])^{-1}([\overline{Z}] - [U])[V^+]$$

式中,$[U] = \begin{bmatrix} 1 & 0 & \cdots & 0 \\ 0 & 1 & \cdots & 0 \\ \vdots & \vdots & \ddots & \vdots \\ 0 & 0 & \cdots & 1 \end{bmatrix}$ 为单位矩阵。根据 S 矩阵的定义有

$$[S] = ([\overline{Z}] + [U])^{-1}([\overline{Z}] - [U])$$

可以观察到两个重要结论:

1)首先,尽管到目前为止讨论的是包含入射波和反射波的电磁波,但 S 参数并不仅限于分布式元素。任意 N 端口网络,集总的或是分布式的,都可以用 S 矩阵表示。然而,前面提到的测量限制证明了在微波频率下必须用 S 参数。在本节结尾将进一步说明这一主题。

2)对于任意互易的 N 端口网络,如果已知阻抗矩阵具有对称性,就可以确定 S 矩阵也具有对称性。即 $[S] = [S]^t$,其中上标 t 表示 S 矩阵转置,这可以根据基本定义很容易地证明。

除了互易 N 端口网络 S 矩阵的对称性之外,如果电路还是无损耗的,则根据能量守恒可以进一步简化。由于离开无损耗 N 端口网络的总能量必须等于入射的总能量,因此有

$$\sum_{n=1}^{N} |V_n^-|^2 = \sum_{n=1}^{N} |V_n^+|^2$$

由于 $V_n^- = \sum_{i=1}^{N} S_{ni} V_i^+$,能量守恒可以表示为

$$\sum_{n=1}^{N} \left| \sum_{i=1}^{N} S_{ni} V_i^+ \right|^2 = \sum_{n=1}^{N} |V_n^+|^2$$

V_n^+ 为互不相关的入射电压,如果选择除了 V_i^+ 之外的其他所有电压都为 0,则有

$$\sum_{n=1}^{N} |S_{ni} V_i^+|^2 = |V_i^+|^2$$

进一步可得到

$$\sum_{n=1}^{N} |S_{ni}|^2 = \sum_{n=1}^{N} S_{ni} S_{ni}^* = 1$$

式中,下标 i 为任意值。类似地,可以选择除了 V_s^+ 和 V_r^+ ($s \neq r$)之外的其他 V_n^+ 都为 0,可以得到(证明见本章习题 27)

$$\sum_{n=1}^{N} S_{ns} S_{nr}^* = 0$$

以上两种情况足以将散射矩阵大小限制为 $\frac{1}{2}N(N+1)$，而不是 N^2，这样的矩阵被称为单位矩阵。

由于许多常见的射频电路都是二端口网络，现主要讨论如图 3.61 所示的二端口网络的散射矩阵。

入射和散射电磁波的关系可以表示为

$$V_1^- = S_{11}V_1^+ + S_{12}V_2^+$$
$$V_2^- = S_{21}V_1^+ + S_{22}V_2^+$$

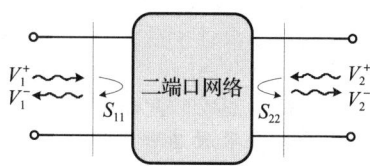

图 3.61 二端口电路

如果输出接一个匹配的阻抗，则 $V_2^+ = 0$，因此 S_{11} 表示反射系数。但是，如果输出接一任意负载 Z_L，比值 V_2^+/V_2^- 必须等于负载的反射系数(因为 V_2^- 是入射到负载上的)，因此

$$\frac{V_2^+}{V_2^-} = \frac{Z_L - Z_0}{Z_L + Z_0} = \Gamma_L$$

另外，可以求解出 V_1^+ 和 V_1^-，有

$$\frac{V_1^-}{V_1^+} = S_{11} - \frac{S_{12}S_{21}\Gamma_L}{S_{22}\Gamma_L - 1}$$

这是修正后的输入反射系数。

示例：考虑图 3.62 中的电路，其中具有任意反射系数 $\Gamma_{IN} = \dfrac{Z_{IN} - Z_0}{Z_{IN} + Z_0}$ 的电路经过衰减器连接到源。进一步假设电路终止在输出端，或者是单向的，使得其输入 S_{11} 等于 Γ_{IN}。希望通过研究衰减器求出 S_{11}。

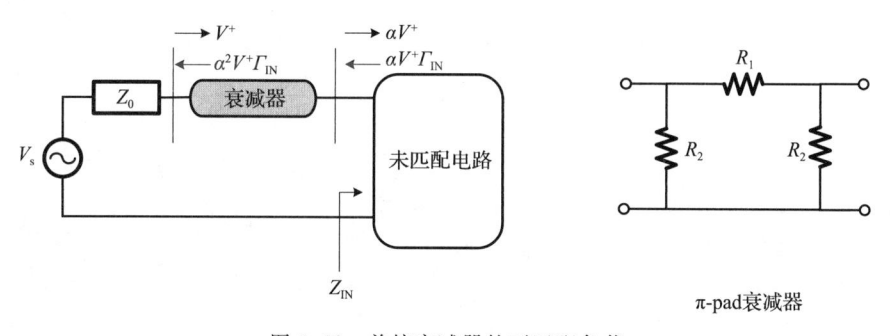

图 3.62 前接衰减器的不匹配负载

衰减器通常由右图所示的 π 型电阻网络实现，通常称为 π-pad 衰减器[⊖]。假设衰减器两端匹配，衰减为 $L = -20\log\alpha$，$(\alpha < 1)$，那么可以证明(细节参见习题 32)：

$$R_1 = Z_0 \frac{1 - \alpha^2}{2\alpha}$$

$$R_2 = Z_0 \frac{1 + \alpha}{1 - \alpha}$$

式中，Z_0 为参考(终端)阻抗。

由图可知，入射电压 V^+ 被衰减器衰减 α 倍，并产生 $\alpha V^+ \Gamma_{IN}$ 的反射信号。反射信号向左传

⊖ 衰减器有时候被称为 pad，因为其起到的作用类似于声学调声音衰减的键。

播，一旦通过衰减器，源接收到的总反射电压就为 $\alpha^2 V^+ \Gamma_{IN}$。因此，在源处的反射系数是 $\alpha^2 \Gamma_{IN}$，或者以 dB 为单位，衰减器损耗为两倍，或者说衰减为 $2L$。

在射频设计中插入一个衰减器来改善敏感测量的匹配接口并不少见。即使是 3dB 的小衰减也能有效地将 S_{11} 提高 6dB，这是很有意义的。衰减器的损耗自然必须从系统中去除。注意，衰减器损耗是对于匹配端口定义的，因此受测电路的差的 S_{11} 可能会影响它。因此，这也必须包括在内。参见本节末尾的示例。

对于互易二端口网络，有 $S_{12} = S_{21}$。如果二端口网络是无损的，根据能量守恒有
$$|S_{11}| = |S_{22}|$$
这表示输入和输出端口的反射系数大小相等。此外，
$$|S_{12}| = \sqrt{1 - |S_{11}|^2}$$

示例：如图 3.63 所示，分流电纳 jB 两端连接在特征阻抗为 $Z_0 = \dfrac{1}{Y_0}$ 的传输线上。S_{11} 是匹配负载的输入反射系数，因此，
$$S_{11} = \frac{Y_0 - Y_{in}}{Y_0 + Y_{in}} = \frac{Y_0 - (Y_0 + jB)}{Y_0 + (Y_0 + jB)} = \frac{-jB}{2Y_0 + jB}$$

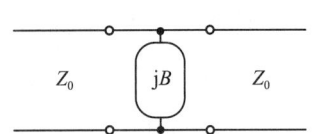

由于对称性，上式必然等于 S_{22}。为了计算 S_{21}，以输出为端口，使 V_2^+ 为 0。对于一个分流元件，有 $V_1^+ + V_1^- = V_2^-$，可以得到

图 3.63 传输线中的分流元件

$$S_{21} = 1 + S_{11} = \frac{2Y_0}{2Y_0 + jB}$$

作为练习，可以证明，对于图 3.63 的例子得到的 S 参数，确实满足了能量守恒的两个约束条件。

假设，如果右侧传输线具有不同的特征阻抗 $Z_0' = \dfrac{1}{Y_0'}$，可以证明：
$$S_{11} = \frac{Y_0 - Y_0' - jB}{Y_0 + Y_0' + jB}$$

并且 S_{22} 和 S_{21} 可以类似地得到。

示例：考虑图 3.64 所示的集总放大器。进一步假设源和负载非常靠近放大器，所以不包含分布式元件。由于放大器是集总的，入射波和反射波可能没有意义。然而，这个电路还是在电路特性方面有一些启发，特别是当考虑有效功率概念时。

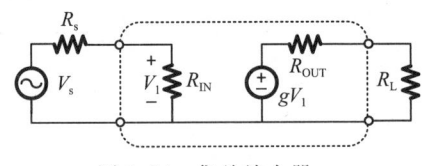

图 3.64 集总放大器

假设散射矩阵参考阻抗等于源的阻抗，即 R_s。如大多数性能良好的射频放大器一样，电路是单向的，所以 $S_{12} = 0$。由此可见：
$$S_{11} = \frac{R_{IN} - R_s}{R_{IN} + R_s}$$

上式等于反射系数，与输出端无关。虽然电路是集总的，但基于前面给出的基本定义，仍然可以计算 V_1^+ 和 V_1^-。因为
$$V_1 = V_1^+ + V_1^-$$
$$I_1 = \frac{V_1^+ - V_1^-}{R_s}$$

则有

$$V_1^+ = \frac{V_1 + R_s I_1}{2} = \frac{1}{2}V_s$$
$$V_1^- = S_{11} V_1^+$$

现在定义与 V_1^+ 和 V_1^- 相关的功率,即 P_1^+ 和 P_1^-:

$$P_1^+ = \frac{1}{2R_s}|V_1^+|^2 = \frac{|V_s|^2}{8R_s}$$
$$P_1^- = |S_{11}|^2 P_1^+$$

注意到 P_1^+ 实际上就是前面定义的电路有效功率(P_a)。此外,传送到放大器输入端的总功率 P_{IN} 为

$$P_{IN} = \frac{|V_1|^2}{2R_{IN}} = P_1^+ - P_1^- = (1 - |S_{11}|^2)P_a$$

上式说明 P_1^+ 和 P_1^- 具有与入射波和散射波相似的概念。传送到电路的总功率是二者之差,如同 P_1^+ 是入射功率,而 P_1^- 是反射回信号源的功率。对于匹配的输入,$S_{11}=0$,因此反射功率为 0,意味着信号源有效功率完全传递给了放大器。

如果将输出端的参考阻抗设置为 R_{OUT},则有

$$S_{22} = \frac{R_L - R_{OUT}}{R_L + R_{OUT}}$$

如果选择参考阻抗 Z_0,使得 $Z_0 = R_s = R_{OUT}$,则有效功率增益等于

$$G_a = |S_{21}|^2$$

接下来将讨论任意源阻抗和负载阻抗的一般情况。

示例:考虑图 3.65 中具有任意源阻抗和负载阻抗的二端口网络,根据高频下可直接测量的散射参数,求出有效功率增益。

定义二端口输入和输出反射系数分别为

$$\Gamma_{IN} = \frac{Z_{IN} - Z_0}{Z_{IN} + Z_0}$$
$$\Gamma_{OUT} = \frac{Z_{OUT} - Z_0}{Z_{OUT} + Z_0}$$

式中,Z_0 是参考阻抗。正如前面所指出的,如果另一个端口以 Z_0 作为终端,则 $\Gamma_{IN} = S_{11}$,$\Gamma_{OUT} = S_{22}$。同样,定义信号源和负载的反射系数,它们也可以直接测量为

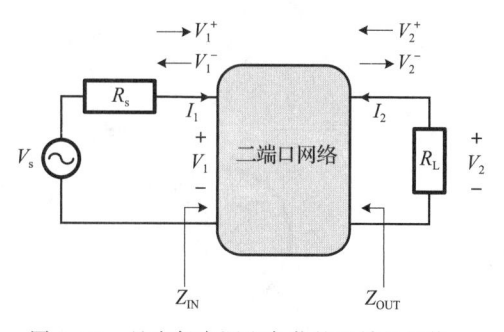

$$\Gamma_s = \frac{Z_s - Z_0}{Z_s + Z_0}$$
$$\Gamma_L = \frac{Z_L - Z_0}{Z_L + Z_0}$$

图 3.65 具有任意源和负载的二端口网络

根据入射和反射的输入电压,可以进一步表示流入二端口网络的电流为

$$Z_0 I_1 = V_1^+ - V_1^-$$
$$Z_{IN} I_1 = V_1^+ + V_1^-$$

同样,传送到二端口网络的功率为

$$P_{IN} = \text{Re}[Z_{IN}]|I_1|^2$$

联立上述三个等式,用 Γ_{IN} 表示 Z_{IN},有

$$P_{\text{IN}} = \frac{|V_1^+|^2}{2Z_0}(1-|\Gamma_{\text{IN}}|^2)$$

同样，传递给负载的功率为

$$P_{\text{L}} = \frac{|V_2^-|^2}{2Z_0}(1-|\Gamma_{\text{L}}|^2)$$

接下来，尝试用二端口网络散射参数来表示负载吸收的电压 V_2^- 与传送给二端口网络的电压 V_1^+ 之间的关系。使用散射参数的基本定义很容易得到

$$V_2^- = S_{21}V_1^+ + S_{22}V_2^+ = S_{21}V_1^+ + S_{22}\Gamma_{\text{L}}V_2^-$$

因此，

$$V_2^- = \frac{S_{21}}{1-\Gamma_{\text{L}}S_{22}}V_1^+$$

因此，功率增益（定义为传送到负载的功率除以传送到输入端的功率）为

$$G_p = \frac{P_{\text{L}}}{P_{\text{IN}}} = \frac{|S_{21}|^2(1-|\Gamma_{\text{L}}|^2)}{|1-\Gamma_{\text{L}}S_{22}|^2(1-|\Gamma_{\text{IN}}|^2)}$$

为了得到有效功率增益，注意到，如果二端口网络输入与源共轭匹配，即 $\Gamma_{\text{IN}}=\Gamma_s^*$，则传输到输入端的功率就是有效功率。同样，对于输出有效功率和 P_{L}，如果有 $\Gamma_{\text{L}}=\Gamma_{\text{OUT}}^*$，可以得出相似的结论。通过简单的代数运算（见习题 40），可得到有效功率增益为

$$G_a = \frac{|S_{21}|^2(1-|\Gamma_s|^2)}{|1-\Gamma_s S_{11}|^2(1-|\Gamma_{\text{OUT}}|^2)}$$

综上所述，一般来说，有效功率增益不等于 $|S_{21}|^2$。如果二端口网络输出阻抗与 Z_0 匹配，那么 $G_a = \frac{|S_{21}|^2}{(1-|\Gamma_s|^2)}$，且仅当其输入阻抗也与 Z_0 匹配时，才有 $G_a = |S_{21}|^2$。这是一个对于单向放大器已经得出的结论。

示例： 图 3.66 所示为基于之前介绍的回转器（见图 3.9）实现的环行器。

基于回转器的环行器　　　　　　　　典型的环行器配置

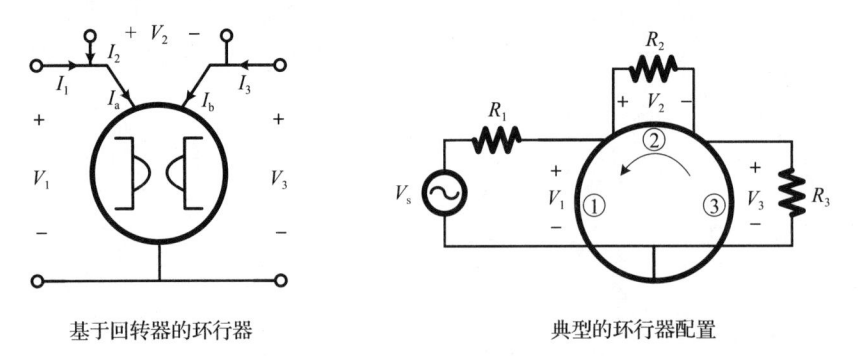

图 3.66　基于回转器的环行器实现

考虑左图，有

$$\begin{bmatrix} V_1 \\ V_3 \end{bmatrix} = \begin{bmatrix} 0 & -1 \\ 1 & 0 \end{bmatrix} \begin{bmatrix} I_a \\ I_b \end{bmatrix}$$

式中，$\begin{bmatrix} 0 & -1 \\ 1 & 0 \end{bmatrix}$ 是回转器的阻抗矩阵。

可以写出：
$$I_a = I_1 + I_2$$
$$I_b = I_3 - I_2$$

和

$$V_1 = -I_b = I_2 - I_3$$
$$V_3 = -I_a = I_1 + I_2$$
$$V_2 = V_1 - V_3 = -I_1 - I_3$$

因此，对应的开路阻抗矩阵为

$$Z = \begin{bmatrix} 0 & 1 & -1 \\ -1 & 0 & -1 \\ 1 & 1 & 0 \end{bmatrix}$$

假设参考阻抗矩阵 $Z_0 = 1\Omega$，那么环行器散射矩阵为

$$S = (Z+U)^{-1}(Z-U) = \begin{bmatrix} 0 & 1 & 0 \\ 0 & 0 & -1 \\ 1 & 0 & 0 \end{bmatrix}$$

式中，$U = \begin{bmatrix} 1 & 0 & 0 \\ 0 & 1 & 0 \\ 0 & 0 & 1 \end{bmatrix}$ 是本节前面介绍的单位矩阵[⊖]。

环行器的典型电路级配置如图 3.66 右图所示，其中所有端口均端接。现在，假设所有端口都匹配，即 $R_1 = R_2 = R_3 = Z_0 = 1\Omega$。由此，可以得到

$$\frac{\text{端口 1 反射的功率}}{\text{源有效功率}} = |S_{11}|^2 = 0$$

$$\frac{\text{传送到端口 2 的功率}}{\text{源有效功率}} = |S_{21}|^2 = 0$$

$$\frac{\text{传送到端口 3 的功率}}{\text{源有效功率}} = |S_{31}|^2 = 1$$

因此，端口 1 吸收的源有效功率完全传送到端口 3，而在端口 2 没有信号出现。将源移动到另外两个端口，可以看到，环行器在顺时针方向上实现了相邻端口之间的隔离，而源有效功率在逆时针方向（图中箭头所示的方向）上完全传送到其相邻端口。

如前所述，回转器是无源的，非互易的，因此环行器也如此。它们的应用之一是在全双工收发机中，因为同时工作的接收机和发射机需要隔离（见图 3.67）。这样可以保护接收机不会受到大的发射机输出的影响，接收机输入端仍能接收天线上的信号。全双工无线电将会在第 6 章讨论。

注意，只有当所有端口都匹配时，才能得到有效的隔离。例如，如果端口 3 不匹配 $\left(\Gamma_3 = \frac{R_3 - 1}{R_3 + 1} \neq 0 \right)$，那么传送到端口 2 电阻的功率为 $P_2 = |\Gamma_3|^2 P_a$，传送到端口 3 电阻的功率为 $P_3 =$

⊖ 一般情况下，对于一个 $\begin{bmatrix} 0 & a \\ -a & 0 \end{bmatrix}$ 的回转器，S 矩阵是 $S = \frac{1}{3a^2+1} \cdot \begin{bmatrix} a^2-1 & 2a(a-1) & 2a(a+1) \\ 2a(a+1) & a^2-1 & -2a(a-1) \\ 2a(a-1) & -a(a+1) & a^2-1 \end{bmatrix}$。显然，对于 $a = \pm 1$，都实现了具有 1-2-3 或 3-2-1 端口旋转的理想环行器。

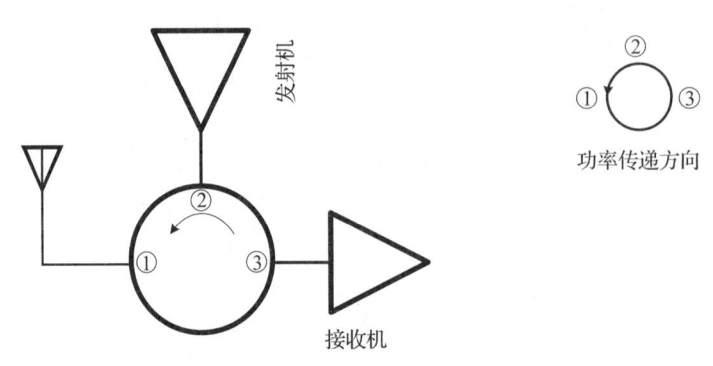

图 3.67 用于全双工无线电的环行器

$\dfrac{|1+\Gamma_3|^2}{R_3} P_a$，其中 $P_a = \dfrac{|V_s|^2}{8}$ 是源有效功率。读者可以验证 $P_2 + P_3 = P_a$，符合能量守恒。因此，从端口 1 到端口 2 的隔离度取决于在端口 3 实现匹配的程度。可以从物理上证明，如果端口 3 不匹配，源功率不会都传送到 R_3，并且反射的部分必须不可避免地泄漏到第 2 个端口。更多细节和一般情况参见习题 34。

3.8.2 使用 S 参数判定二端口网络的稳定性

在前面 3.2.5 节中通过导纳（或阻抗）参数讨论过二端口网络的稳定性。还可以根据输入反射系数和 S 参数推导出稳定性判据。考虑图 3.68 的二端口网络。

之前已经证明，输入反射系数可以用二端口网络的 S 参数来表示：

$$\Gamma_{IN} = S_{11} - \dfrac{S_{12} S_{21} \Gamma_L}{S_{22} \Gamma_L - 1}$$

式中，$\Gamma_L = \dfrac{Z_L - Z_0}{Z_L + Z_0}$ 是负载反射系数。因为

$$\Gamma_{IN} = \dfrac{Z_{IN} - Z_0}{Z_{IN} + Z_0}$$

为了使 $\mathrm{Re}[Z_{IN}]$ 为正（即为了使二端口网络无条件稳定）

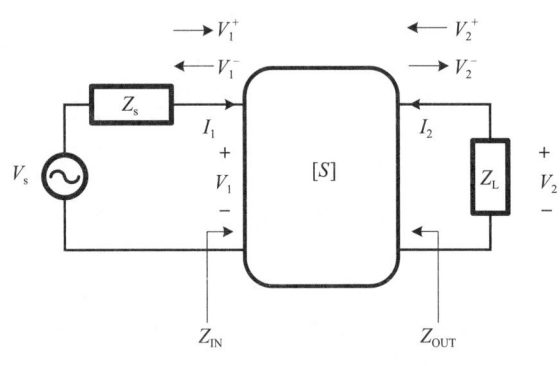

图 3.68 由 S 参数描述的二端口网络

$$|\Gamma_{IN}| = \left| \dfrac{S_{11} - (S_{12} S_{21} - S_{11} S_{22}) \Gamma_L}{S_{22} \Gamma_L - 1} \right| < 1$$

为了简化，定义 $\Delta = S_{12} S_{21} - S_{11} S_{22}$，这是 S 矩阵的行列式，因此对于所有的 Γ_L：

$$\left| \dfrac{S_{11} - \Delta \Gamma_L}{S_{22} \Gamma_L - 1} \right| < 1$$

为了求出稳定/不稳定之间的边界，必须设置 $|\Gamma_{IN}| = 1$。通过简单的代数运算，得出

$$\left| \Gamma_L - \dfrac{S_{21}^* - \Delta^* S_{11}}{|S_{22}|^2 - |\Delta|^2} \right| = \dfrac{|S_{12} S_{21}|}{|S_{22}|^2 - |\Delta|^2}$$

这是一个以 $C = \dfrac{S_{21}^* - \Delta^* S_{11}}{|S_{22}|^2 - |\Delta|^2}$ 为圆心，半径 $R = \dfrac{|S_{12} S_{21}|}{|S_{22}|^2 - |\Delta|^2}$ 的圆。

示例：给定放大器的稳定/不稳定区域在史密斯圆图上用圆表示，如图 3.69 所示。

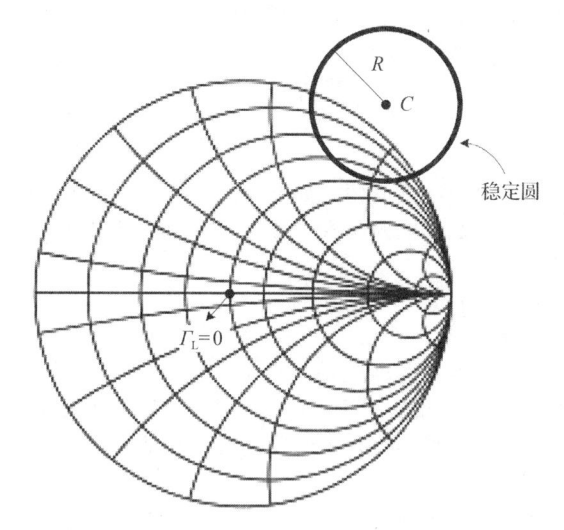

图 3.69　给定放大器的史密斯圆图上的稳定圆

输入端稳定工作和不稳定工作之间的分界线是 $|\Gamma_{IN}|=1$。在输入端产生单位幅度反射系数的 Γ_L 值的轮廓就是输入稳定圆。注意，对于 $\Gamma_L=0$（史密斯圆图原点），$|\Gamma_{IN}|=|S_{11}|$。因此，由于 $|S_{11}|$ 必须小于 1（否则 $\text{Re}[Y_{IN}]<0$），所以稳定区域在史密斯圆图上的稳定圆之外。

3.9　差分二端口网络

出于众所周知的原因，差分二端口网络尤其是差分放大器，在射频设计中得以广泛应用。最主要的原因包括高电源抑制、低二阶非线性和大摆幅等优点。另一方面，大多数可用于表征电路的信号发生器和网络分析仪都是单端的。通常用外部的单端到差分的混合电路来测量这种电路。

考虑图 3.70 中差分输入阻抗为 $2R_{IN}=2R_s$，有效电压增益为 g 的差分放大器。

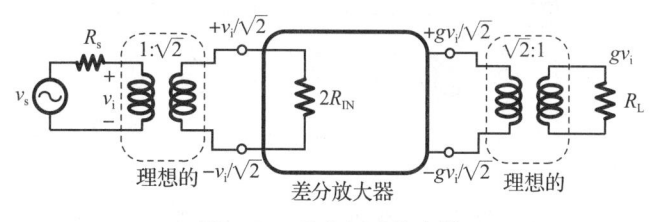

图 3.70　差分匹配放大器

在输入端的一个 $1:\sqrt{2}$ 的理想变压器对信号源的单端输入阻抗为 R_s。由于变压器是理想的，在二次绕组的两端将功率分为两半，每端电压为一次绕组电压的 $\sqrt{2}$ 倍，且有 180°的相位差。每个电压经放大器放大 g 倍到输出端。后面同样接一个变换比为 $\sqrt{2}:1$ 的理想变压器，则测量到的总的有效电压增益为 g，与单端的情况相同。虽然大部分接收机输入端都是匹配的，但通常有一个高阻抗输出，这是由于信号处于低频。实际上，用来进行这种测量的变压器是用

PCB 上窄带巴伦或者宽带混合电路实现的,它们的损耗必须事先测定,并在测量中排除。

将在后面的章节中讨论噪声,可以证明,电路的噪声性能也具有类似的特征,就好像有两个相同的单端放大器,但被差分驱动[9]。

3.10 总结

本章涵盖了射频和微波工程的广泛主题,如有效功率增益、匹配电路和散射参数。

- 3.1 节概述了二端口网络及其电路特性。由 $RLCM$ 元件组成的互易二端口网络在射频设计中具有重要意义。
- 3.2 节讨论了有效功率和有效功率增益的概念。具体推导并讨论了单向网络、互易网络和无损互易网络的有效功率。
- 3.3 节讨论了阻抗变换和匹配。匹配的概念对于低噪声和功率放大器的设计至关重要。本节还讨论了几种匹配放大器的方法,如集总 LC 电路和变压器。
- 3.4 节和 3.5 节讨论了无损和低损耗传输线。这是在第 1 章中介绍的分布式网络的例子,广泛应用于射频和微波设计中。
- 3.6 节讨论了天线的一些附加特性。
- 3.7 节介绍了史密斯圆图,并讨论了其在阻抗变换和放大器匹配中的应用。
- 最后,3.8 节介绍了散射参数,作为另一种表示 LTI 二端口网络的常见方法。

3.11 习题

1. 推导出下图所示电路的 L 矩阵。

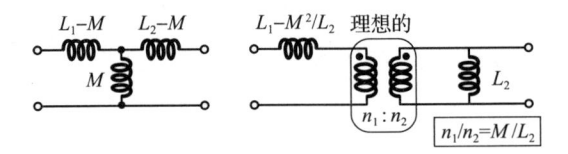

2. 证明下图所示的两个电路是等效的。

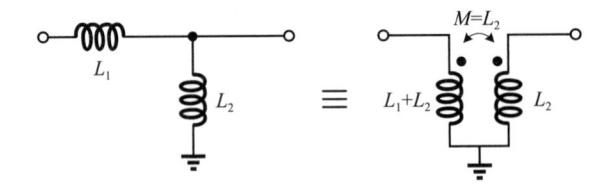

3. 证明下图所示的两个电路是等效的,其中 $k = \dfrac{|M|}{\sqrt{L_1 L_2}}$ 是耦合系数,$n = \sqrt{\dfrac{L_1}{L_2}}$。

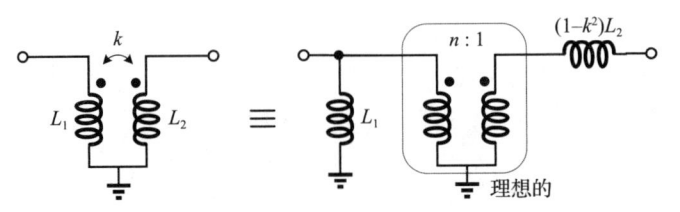

4. 推导出下图所示的双调谐电路的传递函数和输入阻抗。

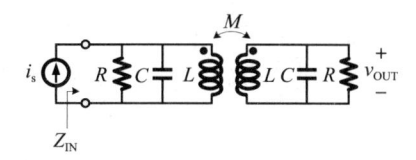

5. 利用并-串转换，计算将下图所示电路的输入阻抗从 250Ω 匹配到 50Ω 所需的 L 和 C 的值。

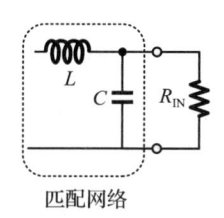

6. 用史密斯圆图再次计算习题 5。
7. 用并-串转换设计一个 LC 匹配网络，将一个输入阻抗为 $20\Omega \parallel 1\text{pF}$ 的放大器匹配到 50Ω。
8. 在史密斯圆图上画出一个串联 RLC 电路的阻抗随频率变化的曲线。
9. 考虑下图中的二端口网络，第二端口接一个导纳 Y_L，第一端口接输出导纳为 Y_s 的电压源 v_s。
(a)证明：
$$Y_{IN} = Y_{11} - \frac{Y_{12} Y_{21}}{Y_{22} + Y_L}$$

$$Y_{OUT} = Y_{22} - \frac{Y_{12} Y_{21}}{Y_{11} + Y_s}$$

$$A_V = \frac{V_L}{V_s} = -\frac{Y_s Y_{21}}{(Y_s + Y_{11})(Y_L + Y_{22}) - Y_{12} Y_{21}}$$

(b)使用 Z 参数再次作答题目(a)，并计算 Z_{IN}、Z_{OUT} 和 A_V 的值。

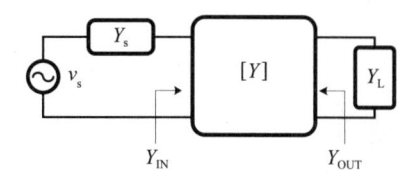

10. 对于习题 9 的电路，证明在稳定和不稳定的边界，由条件 $Y_s + Y_{IN} = 0$ 或 $Y_L + Y_{OUT} = 0$ 都可以推导出$(Y_s + Y_{11})(Y_L + Y_{22}) - Y_{12} Y_{21} = 0$，这与 A_V 为无穷大的情况是等价的。
11. 对于习题 9 的电路，当输入和输出同时共轭匹配时，功率增益为最大。如果 Y_s 和 Y_L 满足下面两个等式时就会发生这种情况：

$$Y_{IN} = Y_{11} - \frac{Y_{12} Y_{21}}{Y_{22} + Y_L} = Y_s^*$$

$$Y_{OUT} = Y_{22} - \frac{Y_{12} Y_{21}}{Y_{11} + Y_s} = Y_L^*$$

这样的 Y_s 和 Y_L 称为 $Y_{s,opt}$ 和 $Y_{L,opt}$。

(a) 证明 $Y_{s,opt}$ 和 $Y_{L,opt}$ 可以由下式得到：

$$Y_{s,opt} = \frac{Y_{12}Y_{21} + |Y_{12}Y_{21}|(K+\sqrt{K^2-1})}{2\mathrm{Re}(Y_{22})} - Y_{11}$$

$$Y_{L,opt} = \frac{Y_{12}Y_{21} + |Y_{12}Y_{21}|(K+\sqrt{K^2-1})}{2\mathrm{Re}(Y_{11})} - Y_{22}$$

式中，$K = \dfrac{2\mathrm{Re}(Y_{11})\mathrm{Re}(Y_{22}) - \mathrm{Re}(Y_{12}Y_{21})}{|Y_{12}Y_{21}|}$。这是 3.2.6 节中获得的结果更为简洁的等价形式。

(b) 证明在上述最佳情况下，功率增益等于 $G_P = \left|\dfrac{Y_{21}}{Y_{12}}\right|(K-\sqrt{K^2-1})$，这也表明了对于互易网络 ($Y_{12}=Y_{21}$)，功率增益小于 1。作为特例，LTI 无源网络不能放大功率。

12. 通常在晶体管建模中，二端口网络 (参见图 3.2) 可以用混合参数表示，如下所示：

$$V_1 = h_{11}I_1 + h_{12}V_2$$
$$I_2 = h_{21}I_1 + h_{22}V_2$$

试着用二端口网络的导纳矩阵来表示混合参数矩阵 $H = \begin{bmatrix} h_{11} & h_{12} \\ h_{21} & h_{22} \end{bmatrix}$。

13. 求下图所示 π 型二端口网络的 Z 矩阵。

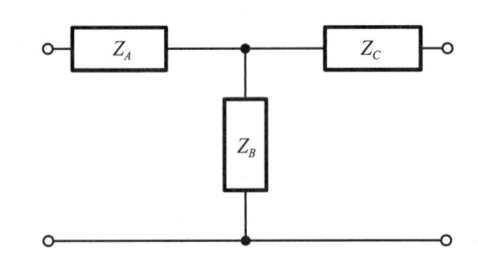

14. 一名同学就理想变压器非互易的原因提出了以下论点：一次绕组电压 $v_0(t)$ 决定了二次绕组电压为 $\dfrac{n_1}{n_2}v_0(t)$，而二次绕组相同电压 $v_0(t)$ 导致了不同的一次绕组电压 $\dfrac{n_1}{n_2}v_0(t)$，因此一般 $n_1 \neq n_2$。这个论点错在哪里？

15. 在下图所示的电路中，电源是感性的，并通过无损感性网络连接到 50Ω 负载。求出 $\rho_1 = \dfrac{Z_1 - Z_s^*}{Z_1 + Z_s^*}$ 和 $\rho_2 = \dfrac{Z_2 - Z_L^*}{Z_2 + Z_L^*}$。$|\rho_1| = |\rho_2|$ 是否成立？

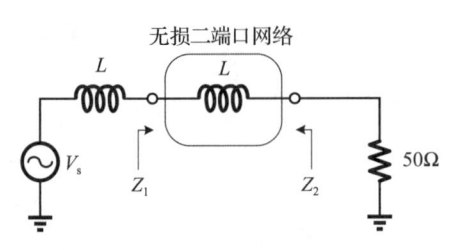

16. 下图所示的回转器是用 Z 矩阵 $[Z] = \begin{bmatrix} 0 & \alpha \\ -\alpha & 0 \end{bmatrix}$ 来描述的，负载为理想电容 C。通过求输入电

流和电压之间的关系,说明该电路类似于电感。并求出输入阻抗是多少?

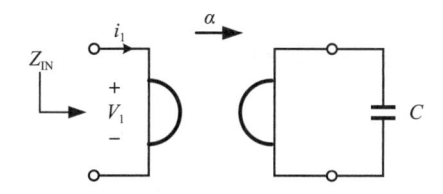

17. 对于如下图所示的电路,计算并绘制输入电流为 $i(t)=+I_0$ 和 $i(t)=-I_0$ 的开路电压。电路是否是互易的?为什么?

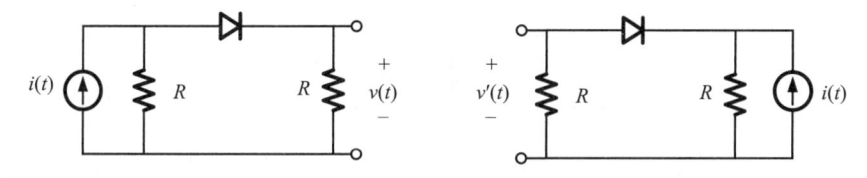

18. 对于阶跃输入电流:$i(t)=u(t)$,重新求解习题17题的问题。
19. 证明图 3.8 所示的第三种互易陈述。
20. 证明互易定理对于仅包含线性时变电阻的网络仍然成立。
21. 对于如下图所示的一对赫兹偶极子天线,计算出接收天线的有效面积。假设负载是匹配的(图 3.53 中 $Z_L = Z_{22}^*$)。提示:证明负载电流为 $I_L = \dfrac{(E_{1\theta} l \sin\theta_2)^2}{8R_{22}}$,因此传送到负载的功率为 $P_L = \dfrac{1}{2} R_{22} |I_L|^2$。也可以使用公式 $\mathcal{P}_1(r,\theta_1,\varphi_1) = \dfrac{E_{1\theta}^2}{2\eta}$。

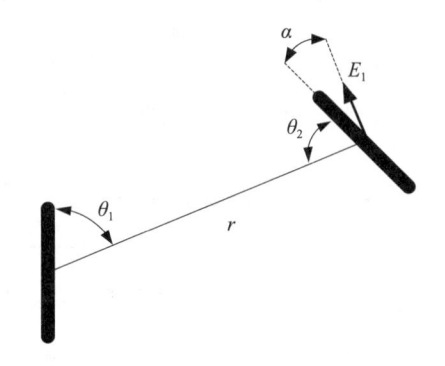

22. 计算低损耗传输线的微分方程和 γ 值。
23. 考虑一条传输线,单位长度的分布串联阻抗为 Z_s,并联导纳为 Y_p。
    (a)证明在正弦稳态情况下,传输线电压(或电流)相量的微分方程可由如下表达式给出:
    $$\dfrac{\partial^2 V(z)}{\partial^2 z} = Z_s Y_p \times V(z)。$$
    (b)证明这个微分方程的解的形式是 $V^+ e^{-\gamma z} + V^- e^{+\gamma z}$,其中 $\gamma = \sqrt{Z_s Y_p}$。
    (c)计算有损传输线的 γ 的实部和虚部,已知 $Z_s = j\omega L_s + R_s$,$Y_p = j\omega C_p + G_p$。γ 的实部是波幅的衰减率。

24. 考虑一条单位长度串联电感为 L，单位长度分布并联电容为 $C(v)$ 的无损耗分布式传输线。分布电容是一个变容二极管，是电压的函数。

    (a) 证明传输线上的所有行波都必须满足以下修正的波动方程：$LC(v)\dfrac{\partial^2 v}{\partial^2 t} + L\dfrac{dC(v)}{dv}\left(\dfrac{\partial v}{\partial t}\right)^2 = \dfrac{\partial^2 v}{\partial^2 z}$。

    (b) 假设 $C(v)=C_0+\alpha v$，$\alpha\neq 0$，并且解是 $f(\omega t-\beta z)$ 的形式，其中 $\beta=\omega\sqrt{LC_0}$，将其代入推导出的波动方程中，证明解的形式为 $v(z,t)=k_1\sqrt{\omega t-\beta z+k_2}$。

25. 求下图所示电路的输入反射系数。

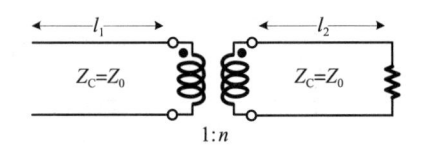

26. 对于如下图所示的电路，求输入反射系数和 VSWR。说明 X 和 R_L 为何值时，VSWR 最小？

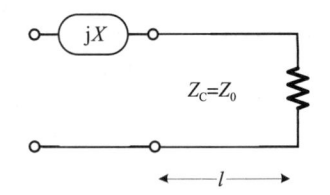

27. 使用史密斯圆图，对于图 3.38 的例子重新计算其双共轭匹配元件。

28. PCB 上的 50Ω 线，一端连接到 SMA 连接器，另一端连接到片上 LNA 输入端。由于只有一个通道连接到 SMA 连接器，因此无法直接测量得到线损，而必须去掉线损才能准确描述 LNA 的性能。通常的做法是通过 SMA 连接器测量裸板上线路的输入反射，其中 LNA 输入保持开路(尚未安装芯片)。证明对于低损耗传输线，线路的插入损耗是这个值的一半(单位 dB)。

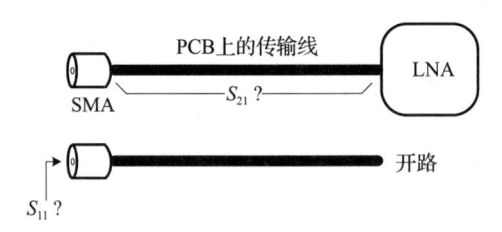

29. 证明等式 $\sum\limits_{n=1}^{N} S_{ns}S_{nr}^{*} = 0$，其中对于一个任意 N 端口网络，有 $s\neq r$。

30. 如下图所示，求具有两种不同特征阻抗的传输线上串联电抗的 S 矩阵。答案（部分）：$S_{21}=\dfrac{2Z_{02}}{jX+Z_{02}+Z_{01}}$。

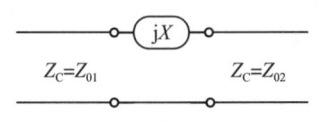

31. 将二端口网络的 S 矩阵转换为 Y 矩阵，再反过来将 Y 矩阵转换为 S 矩阵。答案：$[S] = ([U]+[\bar{Y}])^{-1}([U]-[\bar{Y}])$。

32. 对于如下图所示的 π-pad 型衰减器，

    (a) 证明二端口若匹配到 Z_0，则一定有 $\dfrac{1}{Z_0} = \sqrt{\dfrac{1}{R_2^2} + \dfrac{2}{R_1 R_2}}$。

    (b) 证明如果匹配条件(a 中)满足，则电路的有效功率增益为 $\dfrac{1}{\left(1+\dfrac{R_1}{R_2}+\dfrac{R_1}{Z_0}\right)^2} = \alpha^2$，假设 $R_1 = Z_0 \dfrac{1-\alpha^2}{2\alpha}$ 且 $R_2 = Z_0 \dfrac{1+\alpha}{1-\alpha}$。

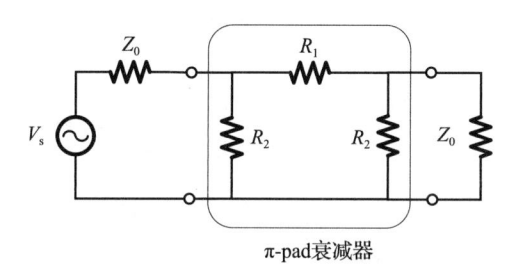

    π-pad 衰减器

    提示：可以利用对称性的优点，并使用镜像阻抗定理，这表明衰减器可以一分为二并自行终止。

33. 利用下述方法计算如下图所示 T 网络的 S 矩阵：
    (a) 直接分析前向信号和后向信号。
    (b) 先求出 Y 矩阵，然后转换成 S 矩阵。

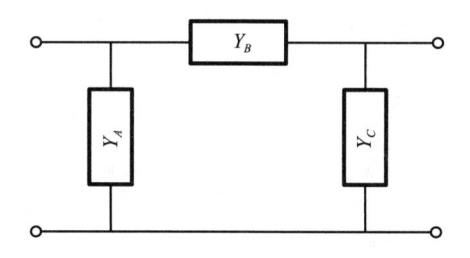

34. 对于下图所示的环行器，散射矩阵是 $S = \begin{bmatrix} 0 & 1 & 0 \\ 0 & 0 & -1 \\ 1 & 0 & 0 \end{bmatrix}$，$Z_0 = 1\Omega$。对于任意端口电阻：

    (a) 证明端口 1 的反射系数 $\Gamma_1 = \dfrac{Z_1-1}{Z_1+1} = -\Gamma_2 \Gamma_3$，其中端口 2 的反射系数 $\Gamma_2 = \dfrac{R_2-1}{R_2+1}$，端口 3 的反射系数 $\Gamma_3 = \dfrac{R_3-1}{R_3+1}$。因此，如果端口 2 或端口 3 任意一个匹配，则端口 1 也匹配。

    (b) 证明端口 2 和端口 3 的电压分别是 $V_2 = \dfrac{-(1+\Gamma_2)\Gamma_3}{(1+R_1)-(1-R_1)\Gamma_2\Gamma_3} V_s$，$V_3 = \dfrac{1+\Gamma_3}{(1+R_1)-(1-R_1)\Gamma_2\Gamma_3} V_s$，而端口 1 的电压是 $\dfrac{1-\Gamma_2\Gamma_3}{(1+R_1)-(1-R_1)\Gamma_2\Gamma_3} V_s$。

(c) 求出从源端传递到端口 1 的功率,以及在 R_2 和 R_3 中耗散的功率,证明能量是守恒的。

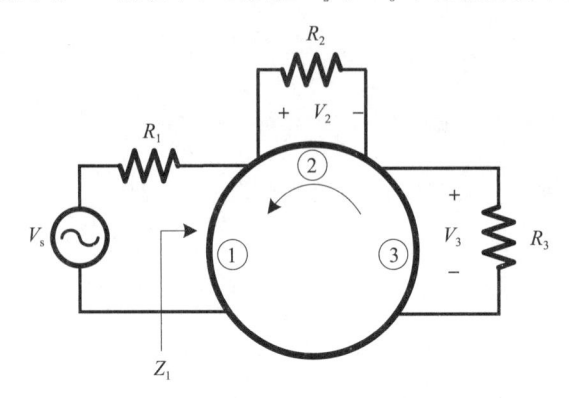

35. 在如下图所示电路中,环行器的散射矩阵为 $S = \begin{bmatrix} 0 & 1 & 0 \\ 0 & 0 & -1 \\ 1 & 0 & 0 \end{bmatrix}$,$Z_0 = 1\Omega$。根据 V_{s1} 和 V_{s2} 求解所有的电压(V_1、V_2、V_3、V_1'、V_2' 和 V_3')。

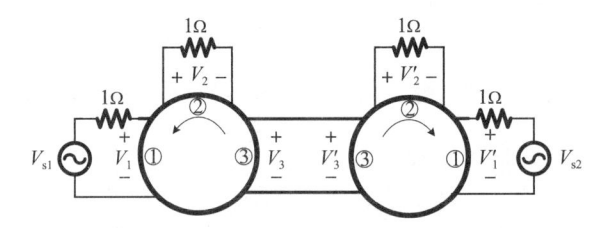

36. 讨论史密斯圆图上单向放大器($S_{12} = 0$)的稳定性判据。

37. 下图是由正弦电压源驱动的调幅检波器,其中 $v_s(t) = A\cos\omega_0 t$。

AM解调器   理想二极管

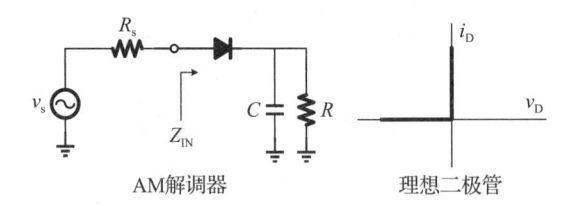

为了简单起见,假设二极管是理想的,右图是其 $i-v$ 特性。绘制出电容的电压和电流,并从中求出输入电流。计算源发送给检波器的瞬时功率和平均功率。二极管在什么情况下导通?已知平均功率,估计检波器的平均输入电阻。假设:$R \gg R_s$,$RC\omega_0 \gg 1$。(答案:$t_{on} = T - \dfrac{1}{RC\omega_0^2}(\sqrt{1+4\pi RC\omega_0} - 1)$,$R_{IN} \approx \dfrac{R}{2}$)。

38. 设计一个 LC 电路来使调幅检波器的非线性输入电阻与电源匹配。瞬时反射系数是怎样的?

39. 除了全双工收发机外,环行器还可用于构成隔离器。下图为其实现原理,其中环行器的端口 2 连接到参考阻抗 Z_0,而输入和输出(端口 1 和 3)连接任意电阻 R_s 和 R_L。
    (a) 求出端口 1 到端口 3 的传递函数和端口 3 到端口 1 的传递函数。
    (b) 解释为什么该电路可以用作隔离器。

隔离器

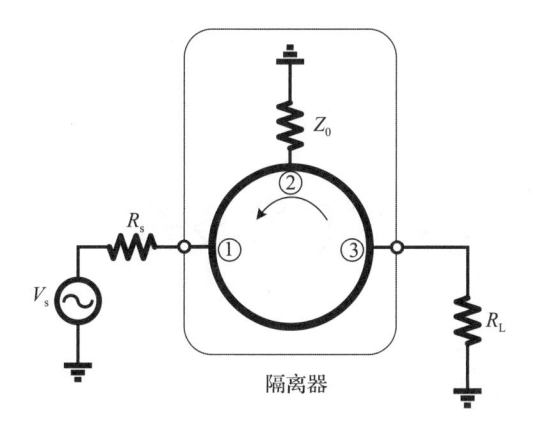

40. 本题将展示推导二端口网络有效功率增益的步骤。

(a) 已知 $\Gamma_{IN} = S_{11} + \dfrac{S_{12}S_{21}\Gamma_L}{1-S_{22}\Gamma_L}$,以同样的方式证明 $\Gamma_{OUT} = S_{22} + \dfrac{S_{12}S_{21}\Gamma_s}{1-S_{11}\Gamma_s}$。

(b) 使用(a)中的两个等式,消掉 $S_{12}S_{21}$ 项,证明:$\dfrac{1-\Gamma_{IN}\Gamma_s}{1-\Gamma_L\Gamma_{OUT}} = \dfrac{1-S_{11}\Gamma_s}{1-S_{22}\Gamma_L}$。

(c) 利用之前推导的两个等式:$P_{IN} = \dfrac{|V_1^+|^2}{2Z_0}(1-|\Gamma_{IN}|^2)$ 和 $P_L = \dfrac{|V_1^+|^2}{2Z_0}\left|\dfrac{S_{21}}{1-\Gamma_L S_{22}}\right|^2(1-|\Gamma_L|^2)$,并且对于有效功率增益一定有 $\Gamma_{IN} = \Gamma_s^*$ 和 $\Gamma_L = \Gamma_{OUT}^*$,计算 3.8.1 节中给出的有效功率表达式。

参考文献

[1] C. A. Desoer and E. S. Kuh, *Basic Circuit Theory*, McGraw-Hill, 2009.
[2] B. D. H. Tellegen, "The Gyrator, a New Electric Network Element," *Philips Research Report*, 3, 81–101, 1948.
[3] R. E. Colline, *Foundation for Microwave Engineering*, McGraw-Hill, 1992.
[4] D. M. Pozar, *Microwave Engineering*, John Wiley, 2009.
[5] R. Carson, *High-Frequency Amplifiers*, John Wiley, 1975.
[6] K. K. Clarke and D. T. Hess, *Communication Circuits: Analysis and Design*, Krieger, 1994.
[7] W. H. Hayt and J. A. Buck, *Engineering Electromagnetics*, 6th edn, McGraw-Hill, 2001.
[8] P. H. Smith, "Transmission Line Calculator," *Electronics*, 12, no. 1, 29–31, 1939.
[9] A. Abidi and J. Leete, "De-embedding the Noise Figure of Differential Amplifiers," *IEEE Journal of Solid-State Circuits*, 34, no. 6, 882–885, 1999.

第 4 章 |Chapter 4|

射频滤波器与中频滤波器

几乎所有的无线电都包含一个或多个滤波器,用于将需要的信号与不需要的信号(如噪声或干扰)分离开来。在第 6 章讨论失真时将再讨论滤波器的作用及其要求。在这里,从电路的角度来讨论滤波器的特性,并给出一般的设计准则。

在无线电中有如下几种类型的滤波器:

- 射频片上滤波器,通常由 LC 电路实现,用作独立的滤波器或双工器,可以作为放大器匹配电路或其调谐负载的一部分。考虑到片上元件有限的品质因数,虽然射频片上滤波器滤波能力有限,但仍然非常重要。
- 射频外部滤波器,通常使用声表面波元件或体声波元件实现,具有非常陡峭的过渡带和大的阻带衰减。
- 中频片上滤波器,工作频率在几百千赫兹到几十兆赫兹,通常是以晶体管、电阻和电容实现。中频片上滤波器常用于接收机中,完成全部或部分频道选择的工作,以及用于接收机 ADC 的抗混叠,或用于抑制发射机中的 DAC 噪声或镜像。

在本章中,首先回顾滤波器理论和有关设计的一些基本概念。先重点研究 LC 滤波器。考虑到电感的尺寸问题,虽然 LC 滤波器仅用于射频,但这些概念同样适用于将在本章后面讨论的有源滤波器和 SAW/FBAR 滤波器。另外还将详细讨论正交滤波器和正交信号的生成,并简要介绍 N 路滤波器。N 路滤波器因为能够像混频器一样高效地工作,因此将在第 8 章进行更深入的讨论。

滤波器设计和电路综合的内容至少需要一本书来介绍,本章的目的是强调就射频设计而言的重要性。更多详情可参见[1-4]。

本章的主要内容:

- 无源 LC 滤波器。
- 有源 opamp-RC 和 g_m-C 滤波器。
- SAW 和 FBAR 滤波器。
- 双工器。
- N 路滤波器。
- 多相滤波器和正交信号生成。

4.1 理想滤波器

以理想的带通滤波器(BPF)的传递函数为例,如图 4.1 所示,描述如下:

第 4 章 射频滤波器与中频滤波器

$$H(f) = \begin{cases} e^{-j2\pi f t_d} & f_l \leqslant |f| \leqslant f_h \\ 0 & \text{其他} \end{cases}$$

滤波器的带宽为 $B = f_h - f_l$，通带增益为单位增益，延迟为恒定的 t_d。f_h 和 f_l 是截止频率。同样，可以设置 $f_l = 0$ 或 $f_h = \infty$ 来定义低通滤波器(LPF)和高通滤波器(HPF)。

然而，这样一个理想的滤波器在物理上是不可实现的，因为其特性不能用有限个元件来实现。将数学证明放在习题 3[○]，在这里先给出一个定性的说明。

以带宽为 B 的理想 LPF 为例，其传递函数如图 4.2 所示，等同为

$$H(f) = e^{-j2\pi f t_d} \Pi\left(\frac{f}{2B}\right)$$

冲激响应是 $H(f)$ 的傅里叶逆变换：

$$h(t) = 2B \text{sinc}[2B(t - t_d)]$$

同样见图 4.2。

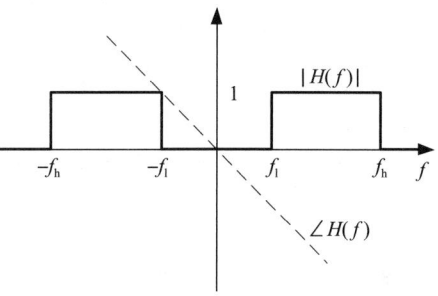

图 4.1 理想带通滤波器(BPF)的频率响应

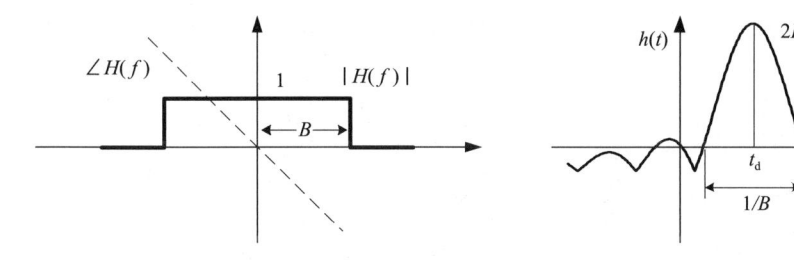

图 4.2 理想低通滤波器(LPF)及其冲激响应

由于 $h(t)$ 是对 $\delta(t)$ 的响应，并且在 $t<0$ 时具有非零值，这意味着输出在输入之前就出现了。这样的系统被认为是非因果的，而且在物理上是不可能实现的。这与滤波器频域中具有的非常陡峭的转换有关，会产生一个无限持续时间的时域响应。

图 4.3 所示为实际 BPF 的幅频响应值。截止频率 f_h 和 f_l 通常被定义为增益下降 $\sqrt{2}$ 或 3dB 的位置，并且 $B = f_h - f_l$ 为 3dB 带宽。更重要的是，在通带和阻带之间是过渡区，在过渡区滤波器既不通过也不阻止信号。基于的前提是，在过渡区域不存在不需要的信号。例如，对于工作在 V 波段的 GSM 无线电，接收机信号在 869~894MHz 之间，而发射机(可能是一个潜在的干扰)工作在 824~849MHz，因此在接收频率和发射频率之间允许有 20MHz 的保护频带。

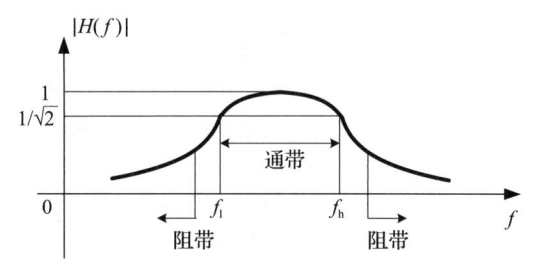

图 4.3 实际带通滤波器的频率响应

○ 在数学上可以用佩利－维纳准则在频域上证明，说明对于一个具有有限能量的因果函数 $h(t)$，$\int_{-\infty}^{\infty} \frac{Ln|H(\omega)|}{1+\omega^2} d\omega$ 必须存在而且有限。参见习题 3 了解更多细节。

这使得接收机滤波器是可实现的,但代价是频谱中未被占用的部分被闲置。

4.2 两端端接的 LC 滤波器

传统上,LC 滤波器用电抗二端口网络实现,在两个端口上都端接有电阻(图 4.4)。

这样做有如下几个重要的原因。

- 在实际中,所有的物理发生器都有一个非零的内部阻抗,并且在大多数情况下负载至少部分是有阻性的。
- 如前一章所述,两端端接的无功二端口网络提供了同时将生成器和负载与系统其余部分匹配的可能性。
- 它们对元件变化的敏感度最低[5-7]。

最后一点值得进一步说明一下。如果二端口网络与源匹配,也就是说,向二端口 Z_1 看进去的阻抗等于源的阻抗,那么源的有效功率,$P_a = \dfrac{|V_s|^2}{4R_s}$ 则完全被二端口网络吸收。由于二端口网络是无损的,传递到负载的功率即为 $P_L = P_a$。在滤波器通带附近通常是这样的情况,因为需要将损耗最小化。现在假设二端口网络的任何一个元件,例如电感 L_k,都与其标称值 L_{nom} 略有不同。无论电感值是增大或是减小,传递给负载的功率都将减少。这种情况如图 4.5 所示。

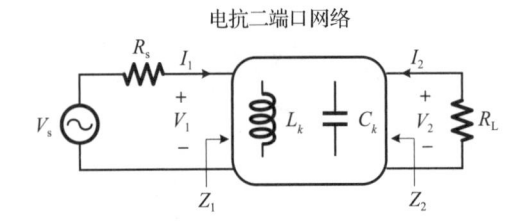

图 4.4 两端端接的电抗二端口网络

图 4.5 输出功率与 LC 二端口网络中电感的函数关系

这里得出的重要结论是,在其标称值附近,L_k 对传递给负载的功率影响很小,或者说等效为滤波器的传递函数。更明确地说,P_L 对 L_k 变化的敏感度为零,或者表示为

$$\frac{\partial P_L}{\partial L_k} = 0$$

当然,这一论断可以用于无功二端口网络的任何元件。

关于二端口网络本身经常选用无功网络(或 LC)有以下几个原因:

- 一个电抗二端口网络在自身不消耗任何功率的情况下就可以处理信号,这样就能理想地保持通带损耗为零。
- 电抗二端口网络表现出损耗随频率变化的特性,并且可以随频率非常快地变化。这在滤波器设计中当然是至关重要的。

上面的第一点当然相当明显,对于第二点,可以通过将两端端接的 RC 二端口网络频率响应与 LC 电路的频率响应进行比较来阐明,如图 4.6 所示。

在不失一般性的情况下,假设每种情况系统都有三个极点,RC 二端口网络有三个实数极点,而 LC 二端口网络有一个实数极点和一对复共轭极点⊖。

⊖ 可以证明,任意 RC 网络只能有实数极点,而 RLC 网络可以有实数极点或者复数极点。

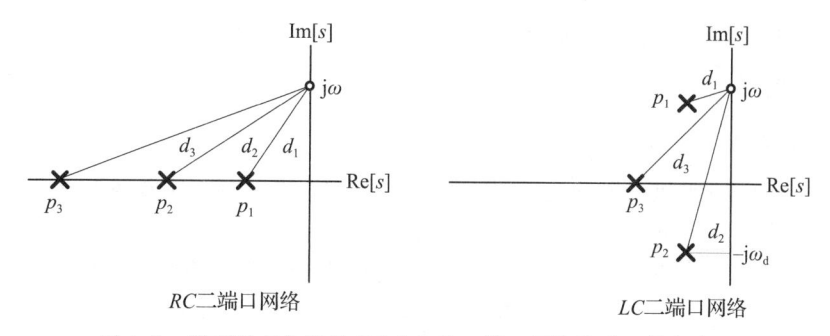

图 4.6 基于极点位置的 RC 和 LC 二端口网络传递函数的大小

电压传递函数可以写为

$$A_V(s) = \frac{A_0}{(s-p_1)(s-p_2)(s-p_3)}$$

传递函数的大小为

$$|A_V(j\omega)| = \frac{|A_0|}{|(j\omega-p_1)||(j\omega-p_2)||(j\omega-p_3)|} = \frac{|A_0|}{d_1 d_2 d_3}$$

式中，d_i 是从极点 p_i 到 $j\omega$ 轴上任意一点的距离。对于 RC 网络，传递函数的大小在直流($\omega=0$)时是最大的，因为此时 d_1、d_2 和 d_3 的长度都是最小的。当沿着 $j\omega$ 轴向上移动时，也就是，随着频率增加时，$|A_V(j\omega)|$ 单调减小。LC 电路在直流时有一个局部最大值，在复极点纵坐标 $\pm\omega_d$ 处有另一个局部最大值，因为 d_1（或 d_2）的长度最小。无论哪种情况，传递函数的幅度在极点频率附近都有一个局部最大值，但是对于 RC 电路，由于所有的极点都是实数，因此只在直流时产生最大值。此外，在极点周围，频率响应有一个急剧的变化，从这一点来看，LC 二端口网络显然是有优势的，因为在通带周围具有纵坐标的复极点会产生到阻带的急剧过渡。这也就提供了一个设计滤波器的实用方法：在通带边缘周围设置纵坐标靠近 $j\omega$ 轴的极点，以形成一个急剧的转变。

示例：图 4.7 所示为以下两个传递函数的频率响应：

$$H_1(s) = \frac{1}{(s+1)(s^2+s+1)}$$

$$H_2(s) = \frac{6}{(s+1)(s+2)(s+3)}$$

这两个传递函数，一个有复数极点，另一个所有极点均为实数。

它们都有一个实数极点 -1，H_1 还有一对共轭复数极点为 $\frac{-1\pm j\sqrt{3}}{2}$，而 H_2 在 -2 和 -3 有两个额外的实数极点。传递函数在直流处都归一化为 1。在高频时，这两个传递函数均以 $\frac{1}{\omega^3}$ 成比例下降，但很明显，H_1 的通带更平坦，阻带过渡更陡峭。

综上所述，由于 RC 二端口网络的所有极点都在 σ 轴上，因此表现出较大的通带下

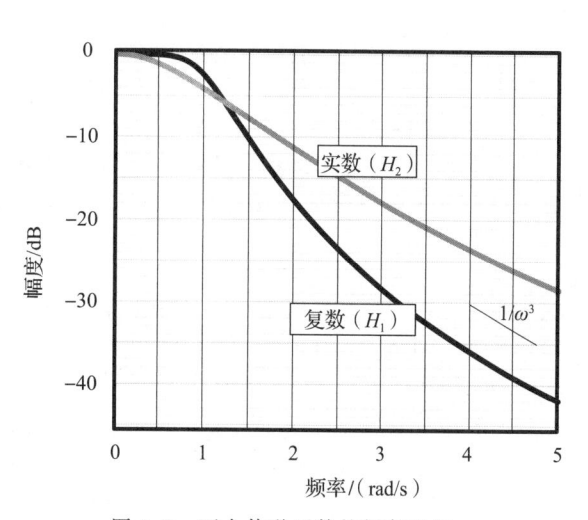

图 4.7 两个传递函数的频率响应

垂和较低的阻带陡峭度。而 LC 二端口网络则有任意接近 jω 轴的复极点。对于 RL 二端口网络也可以得出类似的结论。

4.2.1 转导参数

考虑图 4.4 中所示的两端端接的 LC 电路，由一个端接信号源和负载的无损（LC）网络（作为滤波器）组成。V_s 表示源电压的均方根值（RMS）。

假设无损电路向右和向左看进去的阻抗分别为 Z_1 和 Z_2，则定义输入和输出反射系数为

$$\rho_1 \triangleq \frac{R_s - Z_1}{R_s + Z_1}$$

$$\rho_2 \triangleq \frac{R_L - Z_2}{R_L + Z_2}$$

这与在前一章介绍的 ρ_1 的定义稍有不同（ρ_1 被定义为 $\frac{Z_1 - R_s}{Z_1 + R_s}$，是上面定义的相反数，等等），但它更符合滤波器设计的教材。

利用能量守恒定律，在前一章中证明了：

$$|\rho_1| = |\rho_2|$$

这也就是说，如果一个端口匹配，比如 $Z_1 = R_s$，则另一个端口也自动匹配，即 Z_2 必须等于 R_L。

还将电压增益定义为

$$A_V \triangleq \frac{V_2}{V_s}$$

转导系数（transducer factor）为

$$H(s) \triangleq \frac{1}{2}\sqrt{\frac{R_L}{R_s}} \frac{1}{A_V(s)}$$

假定源有效功率为 $P_a = \frac{|V_s|^2}{4R_s}$，传递给负载的功率为 $P_L = \frac{|V_2|^2}{R_L}$，则

$$\frac{P_a}{P_L} = \frac{\frac{|V_s|^2}{4R_s}}{\frac{|V_2|^2}{R_L}} = \left|\frac{1}{2}\sqrt{\frac{R_L}{R_s}}\frac{1}{A_V}\right|^2 = |H(j\omega)|^2 \geqslant 1$$

由于 LC 网络是无损的，所以传送到它的输入端的功率总是等于传送给负载的功率，即 $P_1 = P_L$，另一方面，$P_1 \leqslant P_a$。其差值为

$$P_r = P_a - P_1$$

这被称为反射功率，也就是在不匹配的情况下没有传送到网络的功率。如图 4.8 所示。

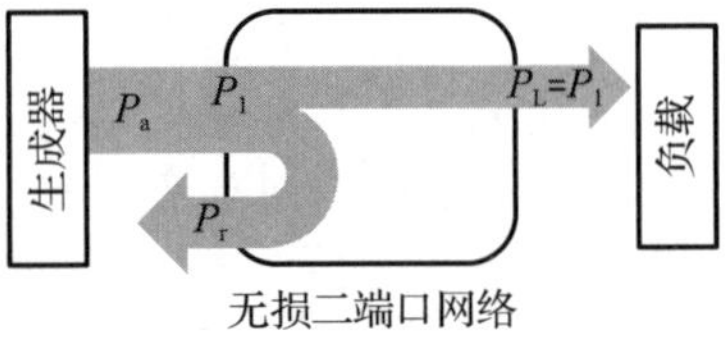

图 4.8 在一个无损二端口网络中从源到负载的功率流

为了求出有效功率与反射功率之间的关系，可以写出

$$P_r = P_a - P_1 = \frac{|V_s|^2}{4R_s} - \mathrm{Re}[Z_1]\left|\frac{V_s}{R_s + Z_1}\right|^2 = \frac{|V_s|^2}{4R_s}\frac{|R_s + Z_1|^2 - 4R_s \mathrm{Re}[Z_1]}{|R_s + Z_1|^2} = \frac{|V_s|^2}{4R_s}\left|\frac{R_s - Z_1}{R_s + Z_1}\right|^2$$

或者

$$P_r = |\rho_1|^2 P_a$$

这可以从物理上解释，只有当输入匹配时，即 $|\rho_1|=0$ 时，才有 $P_1=P_a$。

接下来介绍端接二端口网络的特征函数 $K(s)$：
$$K(s) \triangleq \rho_1(s)H(s)$$

或者在 $j\omega$ 域中，
$$|K|^2 = |\rho_1|^2 |H|^2 = \frac{P_r}{P_a}\frac{P_a}{P_L} = \frac{P_r}{P_L} = \frac{P_a - P_L}{P_L} = |H|^2 - 1$$

这就引出了 Feldtkeller 方程：
$$|H|^2 = 1 + |K|^2$$

由于 $H(s)$ 和 $K(s)$ 是 s 的实有理函数，因此 $|H(j\omega)|^2 = H(j\omega)H(-j\omega)$，且 $|K(j\omega)|^2 = K(j\omega)K(-j\omega)$。用 s 代替 $j\omega$，可以用更熟悉的形式重写 Feldtkeller 方程：
$$H(s)H(-s) = 1 + K(s)K(-s)$$

示例：图 4.9 所示的电路为一个三阶巴特沃斯滤波器。

使用网孔电流法分析，可以写出：
$$\begin{bmatrix} 1+s+\dfrac{1}{2s} & -\dfrac{1}{2s} \\ -\dfrac{1}{2s} & 1+s+\dfrac{1}{2s} \end{bmatrix} \begin{bmatrix} I_1 \\ -I_2 \end{bmatrix} = \begin{bmatrix} V_s \\ 0 \end{bmatrix}$$

以及
$$A_V = \frac{V_2}{V_s} = \frac{-I_2}{V_s} = \frac{\Delta_{12}}{\Delta} = \frac{\dfrac{1}{2}}{(s+1)(s^2+s+1)}$$

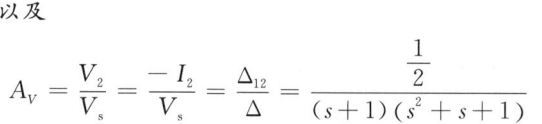

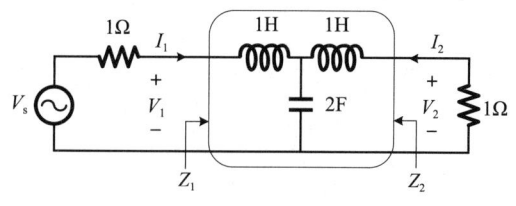

图 4.9 三阶巴特沃斯滤波器

式中，Δ_{12} 和 Δ 为网孔电流矩阵的余因子和行列式[8]。因此，根据定义有
$$H(s) = \frac{1}{2}\sqrt{\frac{R_L}{R_s}}\frac{1}{A_V(s)} = (s+1)(s^2+s+1) = s^3 + 2s^2 + 2s + 1$$

显然，$|H|^2 = \omega^6 + 1 \geqslant 1$。实际上，$|H|$ 只有在直流时才等于 1，此时低通 LC 电路是短路的，并且负载和电源是匹配的。

类似地，从源右边看进去的导纳为
$$Y = \frac{I_1}{V_s} = \frac{\Delta_{11}}{\Delta} = \frac{2s^2+2s+1}{2(s+1)(s^2+s+1)}$$

从而，
$$Z_1 = \frac{1}{Y} - 1 = \frac{2s^3+2s^2+2s+1}{2s^2+2s+1}$$

这样就很容易计算出反射系数为
$$\rho_1(s) = \frac{1-Z_1}{1+Z_1} = \frac{-s^3}{s^3+2s^2+2s+1}$$

和预计的一样，在直流时 $|\rho_1|=0$。还需要注意的是，$\rho_1(s)$ 的分母和 $H(s)$ 的分子是一样的。下一节将对一般情况进行证明。

最后得到特征函数为
$$K(s) = \rho_1(s)H(s) = -s^3$$

假设 $|V_s| = 2\text{V RMS}$，则源的有效功率为
$$P_a = \frac{|V_s|^2}{4R_s} = 1\text{W}$$

为了求出在 $\omega=1\mathrm{rad/s}$ 时的反射功率和传递给负载的功率,有

$$|\rho_1(j\omega)|^2 = \frac{\omega^6}{\omega^6+1}$$

得到 $P_r = |\rho_1(j1)|^2 P_a = \frac{1}{2}\mathrm{W}$, $P_L = P_a - P_r = \frac{1}{2}\mathrm{W}$。或者,$|H(j1)|^2 = 2$,同样得到 $P_L = \frac{P_a}{|H(j1)|^2} = \frac{1}{2}\mathrm{W}$。很快看到,$\omega=1\mathrm{rad/s}$ 是滤波器 3dB 带宽的边缘,这也证明了为什么在该频率时在输出端只有一半的功率被吸收。

4.2.2 转导参数与导抗参数㊀的关系

通常二端口网络是用阻抗或导纳参数来表示的,这就是典型的二端口网络和最终滤波器的综合方式。参考图 4.10,以阻抗(或 z)参数为例,在二端口网络的输入/输出电压/电流上设置了两个约束条件,以及由源和负载设置的两个附加约束,表示如下:

$$V_1 = z_{11} I_1 + z_{12} I_2$$
$$V_2 = z_{21} I_1 + z_{22} I_2$$
$$V_s = V_1 + R_s I_1$$
$$V_2 = -R_L I_2$$

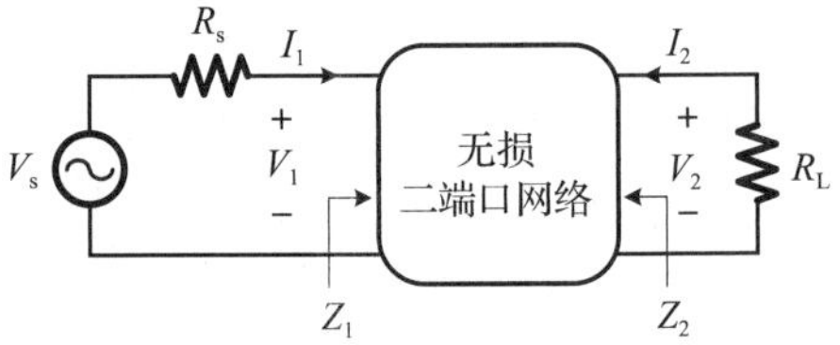

式中,z_{11}、z_{12}、z_{21}、z_{22} 为二端口网络的 z 参数。必须注意的是,z_{11} 和 z_{22} 为当另一端口开路时驱动点的输入阻抗和输出阻抗。此外,由于二端口网络是互易的,所以 $z_{12}=z_{21}$。

图 4.10 两端端接的无损二端口网络

由此得出(参见习题 16)

$$H(s) = \frac{(z_{11}+R_s)(z_{22}+R_L) - z_{12}^2}{2\sqrt{R_s R_L} z_{12}}$$

以及

$$K(s) = \frac{(R_s - z_{11})(R_L + z_{22}) + z_{12}^2}{2\sqrt{R_s R_L} z_{12}}$$

现在,基于某些滤波器特性(通带损耗、阻带抑制等)已知 $H(s)$ 和 $K(s)$,就可以确定二端口网络的 z 参数。乍一看,这似乎是一项不可能完成的任务,因为它涉及求解三个未知数(z_{11}、z_{12} 和 z_{22})的两个方程($H(s)$ 和 $K(s)$)。然而,由于 $z_{ij}s$ 明确说明为电抗二端口网络的阻抗参数,它们都是 s 的奇有理函数。而这可以通过泰勒根定理[8]用数学方法证明[3,9],考虑到电抗网络是无损的,因此既不损耗功率也不产生功率,这在物理上是合理的。这就要求对于所有 ω 都有 $\mathrm{Re}[z_{ij}(j\omega)]=0$,这就意味着 $z_{ij}(s)$ 必须是 s 的奇函数。由此,通过标记 $H(s)$ 和 $K(s)$ 的奇偶部分(分别为 H_e,H_o 和 K_e,K_o),就可以得到

$$z_{11} = R_s \frac{H_e - K_e}{H_o + K_o}$$

$$z_{22} = R_L \frac{H_e + K_e}{H_o + K_o}$$

㊀ "导抗"是 Bode 创造的一个术语,用来描述阻抗或导纳。

$$z_{12} = \frac{\sqrt{R_s R_L}}{H_o + K_o}$$

注意,这时有了四个方程,分别是关于 H_e、H_o、K_e 和 K_o 的,但同样有三个未知数。然而,考虑到 Feldtkeller 方程,H_e、H_o、K_e 和 K_o 的这四个函数是相关的。

类似的表达式可以用二端口网络的 y 参数或 ABCD(级联或传输)参数[3]推导出来。

示例:对于前面图 4.9 的滤波器,很容易证明对于一个 $\pi - LC$ 网络(图 4.11),有

$$z_{11} = z_{22} = s + \frac{1}{2s} = \frac{2s^2 + 1}{2s}$$

$$z_{12} = \frac{1}{2s}$$

另外,由于已经有了前一节的转导函数和特征函数,可以写出

$$H_e = 2s^2 + 1$$
$$H_o = s^3 + 2s$$
$$K_e = 0$$
$$K_o = -s^3$$

因此,

$$z_{11} = R_s \frac{H_e - K_e}{H_o + K_o} = \frac{2s^2 + 1}{2s}$$

$$z_{12} = \frac{\sqrt{R_s R_L}}{H_o + K_o} = \frac{1}{2s}$$

图 4.11 图 4.9 示例中的 LC 部分

这些结果显然与直接从 LC 二端口网络计算的结果相匹配。不同之处在于,一开始并没有实际的 LC 电路;反而已知的是滤波器要求的特性或转导函数。一旦得到如上所示的 z 参数,就可以综合出相应的 LC 电路,而不是反过来。

4.2.3 转导参数特性

接下来,将从物理的角度讨论转导特性和特征函数。这一点很重要,因为在滤波器设计过程中通常给出的是特征函数。此外,一旦 $K(s)$ 随特定的滤波器特性而确定(将在下一节讨论这个问题),必须确保它是可实现的,并且需要考虑如何实现。

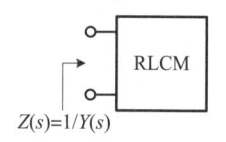

图 4.12 RLCM 单端口网络

4.2.3.1 正实性

在了解转导参数的特性之前,必须强调的是,对于最小 z_{11} 和 z_{22} 表示的无损二端口网络的端口开路驱动阻抗(以及端接阻抗 Z_1 和 Z_2)必须是可实现的阻抗。RLCM 单端口阻抗(或导纳)的可实现条件首先是由 Otto Brune⊖ 于 1931 年在他的经典论文[10]中给出。

当且仅当阻抗函数 $Z(s)$ 为正实(PR)函数时,才可以使用集总 RLCM 元件实现阻抗函数 $Z(s)$(图 4.12),也就是

1) $Z(s)$ 是 s 的实有理函数。
2) 当 $\mathrm{Re}[s] \geqslant 0$ 时 $\mathrm{Re}[Z(s)] \geqslant 0$。

⊖ Otto Brune 于 1929 年在麻省理工学院获得博士学位。他的博士论文后来发表在文献[10]上,是现代网络综合的关键贡献之一。

可通过稳定性判据[9-10]，或泰勒根定理[3]证明，在这里略过。注意，这些都是充要条件。充分性来自 Brune 发明的综合算法，该算法可以使用正 RLCM 元件成功实现任何 PR 阻抗。

上面的条件虽然简洁明了，但从实用性来看，用处并不大。有几个等价的条件，其中最值得注意的是：

1) $Z(s)$ 是 s 的实有理函数。

2) 对于所有的 ω，有 $\mathrm{Re}|Z(\mathrm{j}\omega)| \geqslant 0$。

3) $Z(s)$ 的所有极点都在 s 平面的封闭[一]左半平面（LHP）内。所有 $\mathrm{j}\omega$ 轴极点（包括零和无穷远）必须是简单的正实留数[二]。

第二个条件是合理的，考虑到 RLCM（假设元件为正）单端口网络耗散功率必须大于等于零，并且很容易从原来的 PR 第二个条件推导出来。虽然第三个条件的证明超出了本书射频内容的范围，但可以把它与 RLCM 单端口的稳定性要求联系起来：在 s 平面 RHP 内的极点形成了单端口网络冲激响应中的如 $e^{\alpha t}(\alpha>0)$ 的项，而多个 $\mathrm{j}\omega$ 轴极点产生了诸如 $t^n\cos(\omega t+\varphi)(n\geqslant 1)$ 的项，当 $t\to\infty$ 时这两项都无限增大。

$Z(s)\left(\text{或 } Y(s)=\dfrac{1}{Z(s)}\right)$ 在无穷远处有简单的极点，要求 $Z(s)$ 的分子和分母的阶数差不大于 1，这种情况也可以在物理上得到证明：通过在非常高的频率时测量 RLCM 的阻抗（见习题 9）。

在 z_{11} 和 z_{22} 表示无功电路的驱动点阻抗的情况下，很容易证明所有的极点和零点都位于 $\mathrm{j}\omega$ 轴上（共轭对），当然它们也都是简单的正实留数。如之前所述，$z_{11}(s)$ 和 $z_{22}(s)$ 是 s 的奇有理函数，或者 $z_{11}(\mathrm{j}\omega)$ 和 $z_{22}(\mathrm{j}\omega)$ 为纯虚数。

示例：$Z(s) = \dfrac{2s^2+1}{2s^3+2s}$ 为 PR 函数，因为它是奇函数，所以它是电抗函数。如果用部分分式展开，有

$$Z(s) = \dfrac{2s^2+1}{2s^3+2s} = \dfrac{\frac{1}{2}}{s} + \dfrac{\frac{1}{2}s}{s^2+1} = \dfrac{\frac{1}{2}}{s} + \dfrac{\frac{1}{4}}{s+\mathrm{j}} + \dfrac{\frac{1}{4}}{s-\mathrm{j}}$$

因此，所有的极点在 $\mathrm{j}\omega$ 轴上都是简单的，是正的实留数。当然，$\mathrm{Re}[Z(\mathrm{j}\omega)]=0$。

由部分分式展开法（通常称为 Foster 综合法）[三]，因为

$$Z(s) = \dfrac{\frac{1}{2}}{s} + \dfrac{\frac{1}{2}s}{s^2+1} = \dfrac{\frac{1}{2}}{s} + \dfrac{1}{2s+\dfrac{2}{s}}$$

所以，表示 $Z(s)$ 的电路由一个电容和一个 LC 并联电路串联而成，如图 4.13 左图所示。很明显，如果不满足留数的条件，会导致电感或电容为复值或负值。

虽然综合的内容远远超出了本章

部分分式展开法（Foster 综合法）　　　极点消去法（Cauer 综合法）

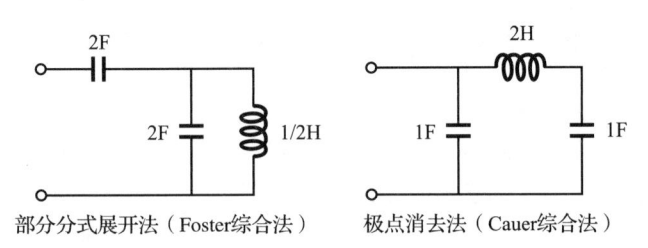

图 4.13　阻抗 $Z(s)=\dfrac{2s^2+1}{2s^3+2s}$ 的两种实现方案

[一]　在 LHP 平面内或 $\mathrm{j}\omega$ 轴上，包括零和无穷大。

[二]　$Z(s)$ 部分分数的留数。如果 $Z(s) = \dfrac{N(s)}{D(s)} = \dfrac{N(s)}{(s-p_1)(s-p_2)\cdots} = \dfrac{K_1}{(s-p_1)} + \dfrac{K_2}{(s-p_2)} + \cdots$，则 K_1 是 p_1 的留数。如果 p_1 位于 $\mathrm{j}\omega$ 轴上，则 K_1 必须是实数且为正，以满足第三个等价条件。

[三]　Ronald Martin Foster 是贝尔实验室（Bell Lab）的工程师，在电路综合和滤波器设计领域作出了重大贡献。

的范围，但可以通过使用 Cauer 综合法⊖ 来 $\left(\text{移除 } Y(s) = \dfrac{1}{Z(s)} \text{ 在无穷远处的极点}\right)$ 得到图 4.13 右图的 LC 电路，这个电路表示一个三阶巴特沃斯梯形滤波器，稍后将简单讨论。显然，与分析不同，综合并不会得出唯一的答案。

需要指出和关注的是，对于任何电抗函数，如果 $Z(j\omega) = jX(j\omega)$，可以证明对于所有的 ω 有 $\dfrac{d}{d\omega}X > 0$（参见习题 11 的证明）。因此，极点和零点交错分布于 $j\omega$ 轴上[11]，如图 4.14 所示。这对于前面的例子一定是正确的，在 $\dfrac{\sqrt{2}}{2}$ 和 ∞ 处有两个零点，在 0 和 1 处有两个极点。

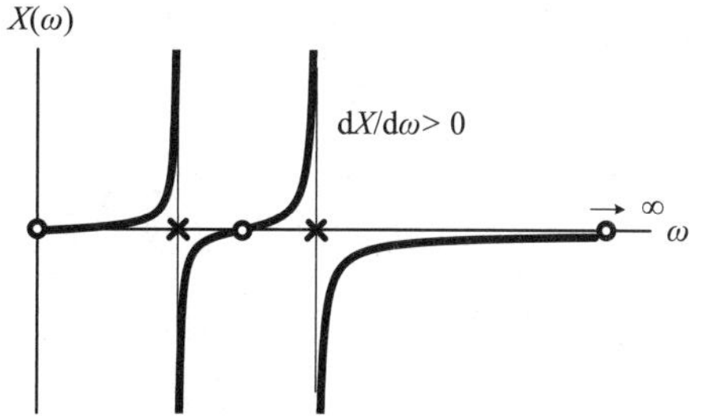

图 4.14　在 $j\omega$ 轴上交错分布的电抗函数 $\left(Z(s) = \dfrac{s(s^2+2)}{(s^2+1)(s^2+4)}\right)$ 的极点和零点

在此基础上，下面来推导出两端端接 LC 滤波器转导函数的其他特性。

4.2.3.2　转导参数的实现条件

虽然 z_{11} 和 z_{22} 必须是 PR 阻抗，但对于二端口网络的阻抗，及其可实现的转导参数有额外的要求。

以下是实现转导函数 $H(s) = \dfrac{E(s)}{P(s)}$ 的条件。详细的证明可以参考文献[3]，这里只提供一个物理的理由。

1）分子（$E(s)$）和分母（$P(s)$）是实系数多项式。

2）分子（$E(s)$）是一个严格的 Hurwitz 多项式⊖，即它的所有根都在 s 平面的左半边（LHP）。从稳定性角度来看这是合理的。

3）对于所有的 ω 有 $|H(j\omega)| \geqslant 1$。

4）$P(s)$ 是一个偶或者奇多项式，除非 $P(s)$ 和 $E(s)$ 的公因子抵消了。这是从 $H(s) = \dfrac{(z_{11}+R_s)(z_{22}+R_L) - z_{12}^2}{2\sqrt{R_sR_L}\,z_{12}}$ 得出的，并且 $z_{ij}s$ 是 s 的奇函数。乘以 z_{11}、z_{12} 和 z_{22} 的公分母，剩下 $H(s)$ 的分母不是奇就是偶。

$E(s)$ 的次数必须大于或等于 $P(s)$ 的次数。否则，对于足够大的 ω，$|H(j\omega)|$ 将小于 1，这就违反了第三个条件。

现在来考虑 $K(s) = \dfrac{F(s)}{P(s)}$。前面推导的关于二端口网络 z 参数的 $K(s)$ 和 $H(s)$ 的表达式，在其分母中都有 z_{12}，因此怀疑 $K(s)$ 和 $H(s)$ 有相同的分母 $P(s)$。此外，根据 Feldtkeller 等式可知：

$$E(s)E(-s) = F(s)F(-s) + P(s)P(-s)$$

由于反射系数 $\rho_1(s) = \dfrac{K(s)}{H(s)}$，因此 $\rho_1(s) = \dfrac{F(s)}{E(s)}$。同样因为 $|\rho_1(j\omega)| \leqslant 1$，则 $E(s)$ 的次数也

⊖ Wilhelm Cauer，德国数学家和科学家。他与 Ernst Guillemin 一起是 Brune 的共同导师，最著名的是他对电路综合和滤波器理论的重大贡献。

⊖ 在严格的 Hurwitz 多项式中，所有的零点（或根）要么在负 σ 轴上，要么在 LHP 内的共轭对上。因此，多项式的所有系数都必须是正的，没有遗漏的项。然而，这只是一个必要条件。例子参见习题 10。

必须大于或等于 $F(s)$ 的次数。

4.2.3.3 转导函数极点和零点的物理解释

在第二个条件中，因为

$$|H|^2 = \frac{|Z_1 + R_s|^2}{4R_s R_L}$$

使 $H(s)$ 和 $E(s)$ 为零的唯一方法是 $Z_1(s) = -R_s$。既然 $Z_1(s)$ 是一个可实现的阻抗，它必须是正实数，并且只有当 $\mathrm{Re}[s] < 0$ 时才能为负数，这表明 $E(s)$ 是严格的 Hurwitz 函数。此外，由于 $|H|^2 = \frac{P_a}{P_L}$，$E(s) = 0$ 同时成立的物理条件为零源电压时具有非零输出。因此，$E(s)$ 的零点是网络的非零固有频率。现在就清楚了为什么这些零点必须在 LHP 中。

$K(s)$ 的极点，也是 $H(s)$ 的极点，是 $P(s)$ 的零点。在这些频率时，$|H|$ 变成了无穷大，这意味着没有功率传送到输出端 $\left(|H|^2 = \frac{P_a}{P_L}, 从而 P_L = 0\right)$，否则损耗就会变成无穷大。因此，$P(s)$ 的零点常被称为传输零点或损耗极点，是滤波器设计的关键部分。如果 $E(s)$ 的次数大于 $P(s)$ 的，则 $\omega \rightarrow \infty$ 是一个损耗极点。

$P(s)$ 的零点在 LHP 中没有限制，但由于 $P(s)$ 的系数是实数，它们必须是实数或是复共轭对。

示例：考虑与图 4.9 示例相同的电路，其中已知 $K(s) = -s^3$。正如将在下一节中了解的，这代表的是一个三阶最大平坦度（或巴特沃斯）滤波器的特征函数。希望能在不了解实际电路的情况下求出转导函数。利用 Feldtkeller 方程：

$$H(s)H(-s) = 1 + K(s)K(-s) = -s^6 + 1$$

则函数 $H(s)H(-s) = -s^6 + 1$ 在单位圆上有 6 个零点，如图 4.15 所示。

现在，已知 $H(s)$ 的所有零点必须都在 LHP 上，那么对于 $H(s)$，只选择位于 LHP 上的 3 个零点，并将其他 3 个位于 RHP 上的零点赋值给 $H(-s)$。因此，

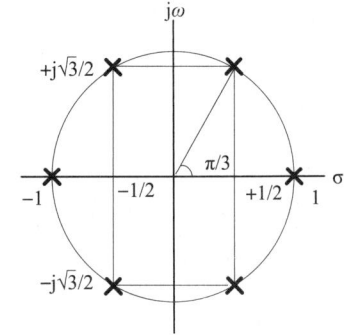

图 4.15 函数 $(-s^6 + 1)$ 的零点位置

$$H(s) = (s+1)\left(s + \frac{1+j\sqrt{3}}{2}\right)\left(s + \frac{1-j\sqrt{3}}{2}\right) = (s+1)(s^2 + s + 1)$$

这与之前得出的结果是一致的。

4.2.4 滤波器的具体要求

前面已经证明，一个理想的滤波器不能用有限数量的元件来实现，因此在给定的需求下，滤波器特性必须用可实现的转导参数来近似。

在大多数情况下（除非规定了滤波器的相位或时间响应）[○]，滤波器是通过其转导损耗 α 来定义的，如下所示：

$$\alpha(\omega) = 10\log_{10}\left(|H(j\omega)|^2\right) = 10\log_{10}\left(1 + |K(j\omega)|^2\right)$$

○ 如果关注相位延迟或群延迟，通常使用 $T_{\mathrm{phase}}(\omega) = \frac{\beta(\omega)}{\omega} = \frac{1}{\omega}\arctan\frac{\mathrm{Im}[H(j\omega)]}{\mathrm{Re}[H(j\omega)]}$ 和 $T_{\mathrm{delay}}(\omega) = \frac{\mathrm{d}\beta(\omega)}{\mathrm{d}\omega}$。

预计滤波器在其通带中有最小的损耗,因此 $|H(j\omega)|^2 = \dfrac{P_a}{P_L} \approx 1$(源有效功率大部分被负载吸收),而在阻带,要阻止源功率到达负载,因此 $|H(j\omega)|^2 \to \infty$,或者损耗是无限大的。一个典型的低通滤波器转导损耗示例如图 4.16 所示。

转导损耗在通带时应很小(理想情况下为零),在阻带时应非常大。对于一个实际的滤波器,两者之间一定有一个过渡区域。一般来说,过渡区域越小,滤波器就越陡峭,就越接近理想滤波器。

例如,用于 WLAN 应用的低通滤波器可以描述为

$$\begin{cases} \alpha \leqslant 0.5\text{dB} & 0 \leqslant f \leqslant 8.5\text{MHz 时} \\ \alpha \geqslant 40\text{dB} & 35\text{MHz} \leqslant f \leqslant \infty \text{ 时} \end{cases}$$

或等价地,$\alpha_p = 0.5\text{dB}$,$\omega_p = 2\pi \times 8.5\text{MHz}$,$\alpha_s = 40\text{dB}$ 与 $\omega_s = 2\pi \times 35\text{MHz}$。

下一步是求出合适的转导参数。处理这一问题的理论分支称为近似理论,下面将简要讨论一下。

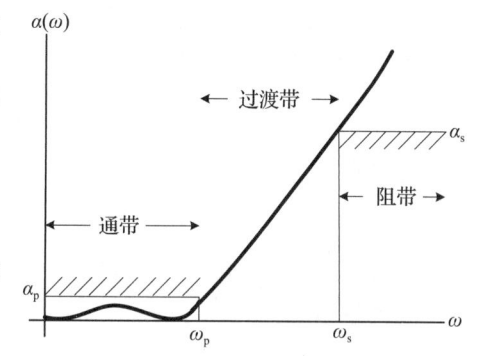

图 4.16 典型低通滤波器的转导损耗

知道了转导损耗,就可以确定 $|H(j\omega)|^2$ 或 $|K(j\omega)|^2$。然而,由于转导损耗和特征函数频率特性的相似性,求出 $|K(j\omega)|^2$ 通常更有利:在通带中,$\alpha(\omega) \approx 0$,并且 $|K(j\omega)|^2 \approx 0$;而在阻带中,$\alpha(\omega) \to \infty$,并且 $|K(j\omega)|^2 \to \infty$。这便可以很容易地确定 $K(s)$ 的极点和零点位置:在通带内的为零点,在阻带内的为极点。

示例:假设需要一个通带为 $0 \leqslant \omega \leqslant 1$,阻带为 $\omega \geqslant 3$ 的低通滤波器。那么可以选择:

$$K(s) = K_0 \dfrac{(s-z_1)(s-z_2)(s-z_3)(s-z_4)}{(s-p_1)(s-p_2)(s-p_3)(s-p_4)}$$

为了满足通带和阻带的值,进一步选取 $z_1 = z_2^* = \text{j}0.25$,$z_3 = z_4^* = \text{j}0.75$,$p_1 = p_2^* = \text{j}3.5$,$p_3 = p_4^* = \text{j}5.5$。将 K_0 设置为 200,有

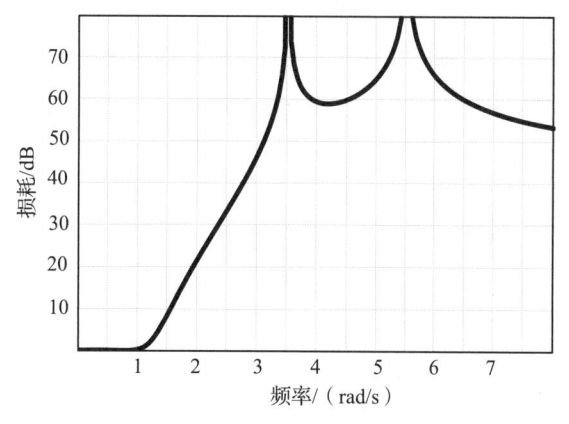

$$K(j\omega) = 200 \dfrac{(-\omega^2 + 0.25^2)(-\omega^2 + 0.75^2)}{(-\omega^2 + 3.5^2)(-\omega^2 + 5.5^2)}$$

图 4.17 所示为转导损耗与频率的关系,滤波器完全符合要求,并证实了上述极点/零点分布结论的有效性。

图 4.17 $K(j\omega) = 200 \dfrac{(-\omega^2 + 0.25^2)(-\omega^2 + 0.75^2)}{(-\omega^2 + 3.5^2)(-\omega^2 + 5.5^2)}$ 滤波器的损耗响应

通常有两种方法来将滤波器损耗近似为理想值：

1) 比较两个函数及它们在自变量的一个特定点上的第一个 $n-1$ 阶导数(在滤波器的情况下，这是频率)。

2) 在自变量范围内评估两个函数的最大偏差。

第一个准则，称为"最大平坦"逼近[12]，在特定频率 $\omega=\omega_0$ 时，必须有

$$F_{\text{spec}}(\omega_0) = F_{\text{approx}}(\omega_0)$$

$$\frac{\mathrm{d}F_{\text{spec}}(\omega_0)}{\mathrm{d}\omega} = \frac{\mathrm{d}F_{\text{approx}}(\omega_0)}{\mathrm{d}\omega}$$

$$\vdots$$

$$\frac{\mathrm{d}^{n-1}F_{\text{spec}}(\omega_0)}{\mathrm{d}\omega^{n-1}} = \frac{\mathrm{d}^{n-1}F_{\text{approx}}(\omega_0)}{\mathrm{d}\omega^{n-1}}$$

取 $n-1$ 阶导数是因为一个 n 阶滤波器给了 n 个自由度。第二个准则，称为"等波纹"逼近，表明最大绝对误差为

$$\text{误差} = \max|F_{\text{spec}}(\omega) - F_{\text{approx}}(\omega)|$$

在 $\omega_1 \leqslant \omega \leqslant \omega_2$ 范围内最小。再次假设一个 n 阶滤波器，如果误差函数在 $\omega_1 \leqslant \omega \leqslant \omega_2$ 范围内，通常会有 $n+1$ 个相等的交替极值(最小值和最大值)。图 4.18 比较了这两个准则。

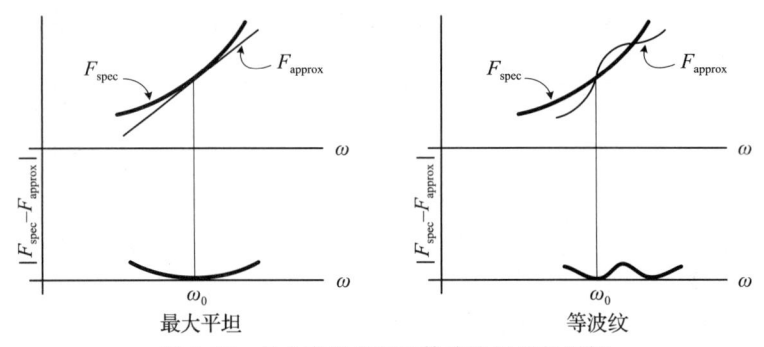

图 4.18 最大平坦逼近和等波纹逼近的图解

作为一个案例研究，将在下文中详细讨论最大平坦准则，并简要讨论等波纹情况。

4.2.4.1 最大平坦逼近

求出可实现函数的一个简单而有效的方法是在 $\omega=0$ 处实现最大平坦(或巴特沃斯[⊖])逼近。首先注意到，只要 $\dfrac{\mathrm{d}^k\alpha}{\mathrm{d}\omega^k}$ 为零，$\dfrac{\mathrm{d}^k|K|^2}{\mathrm{d}\omega^{2k}}(k=0,1,\cdots,n-1)$ 也为 0。如果选择 $|K|^2$ 为多项式而不是有理函数，也就是说，

$$|K|^2 = C_n\omega^{2n} + C_{n-1}\omega^{2n-2} + \cdots + C_0$$

那么最大平坦条件要求除了 C_n 以外的所有系数均为零。因此，

$$|K|^2 = C_n\omega^{2n}$$

$$K(s) = \pm\sqrt{C_n}s^n$$

由 Feldtkeller 方程，

$$H(s)H(-s) = 1 + (-1)^n C_n s^{2n}$$

⊖ 斯蒂芬·巴特沃斯(1885—1958)，英国物理学家和数学家，他发明了巴特沃斯滤波器。

$H(s)$ 的零点是网络的固有频率，因此位于 LHP 的单位圆上，如图 4.19 所示。
转导损耗为
$$\alpha(\omega) = 10\log(1 + |K(j\omega)|^2) = 10\log(1 + C_n\omega^{2n})$$
$C_n = 1$ 时，对于不同的 n 值，在图 4.20 中绘出了相应的曲线。

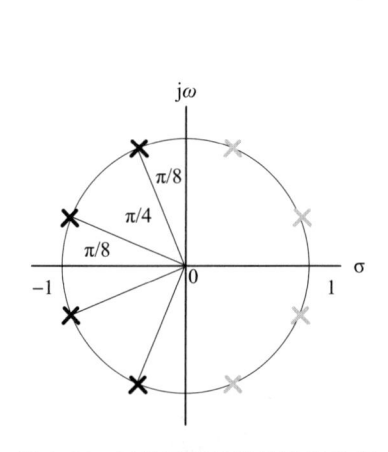

图 4.19 四阶巴特沃斯滤波器的固有频率及其镜像

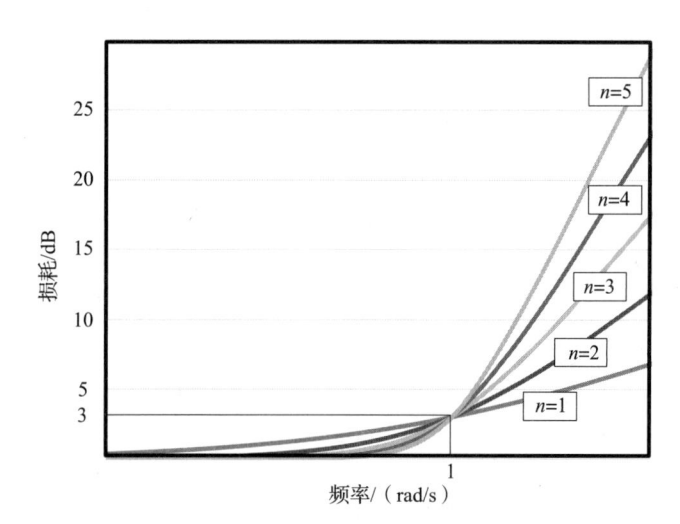

图 4.20 一阶至五阶巴特沃斯滤波器的损耗响应

更高阶的滤波器不仅具有更高的阻带损耗，而且具有更高的通带平坦性。滤波器的阶数自然是所需通带和阻带损耗的函数，并且必须满足（见图 4.16）：
$$10\log(1 + C_n\omega_p^{2n}) \leqslant \alpha_p$$
$$10\log(1 + C_n\omega_s^{2n}) \geqslant \alpha_s$$
结合这两个方程，进行几步简单的代数运算，得到
$$n \geqslant \frac{\log \frac{1}{k_1}}{\log \frac{1}{k}} = \frac{\log \sqrt{\frac{10^{\alpha_s/10} - 1}{10^{\alpha_p/10} - 1}}}{\log \frac{\omega_s}{\omega_p}}$$

式中，$k_1 \triangleq \sqrt{\frac{10^{\alpha_p/10} - 1}{10^{\alpha_s/10} - 1}}$ 为判别参数，$k \triangleq \frac{\omega_p}{\omega_s}$ 为选择因子。

或者，也可以通过滤波器设计手册[13-15]、MATLAB⊖ 或滤波器设计软件求出滤波器阶数，其中很多都可以在网上找到。

示例：对于前面的 WLAN 滤波器示例，有 $\alpha_p = 0.5$ dB，$\omega_p = 2\pi \times 8.5$ MHz，以及 $\alpha_s = 40$ dB，$\omega_s = 2\pi \times 35$ MHz。因此 $n \geqslant \dfrac{\log \sqrt{\dfrac{10^{40/10} - 1}{10^{0.5/10} - 1}}}{\log \dfrac{35}{8.5}} = 3.99$。四阶巴特沃斯滤波器即满足具体要求。

⊖ MATLAB 是由 MathWorks 开发的一个数值计算环境。在其众多功能中有一个包罗万象的滤波器设计库。

一旦知道了滤波器的阶数，$H(s)$ 零点的位置也就知道了，也就是知道了网络的固有频率（图 4.19）。例如，对于一个二阶最大平坦滤波器(终端接 1Ω)，由 $K(s) = \pm s^2$，可得 $H(s)H(-s) = 1 + s^4$ 的零点将在 $s_k = e^{j\pi(n-1+2k)/2n}$ 处，其中 $n = 4$，$K = 0, 1, 2, 3$。选择位于 LHP 上的两个零点：

$$H(s) = \left(s + \frac{\sqrt{2} + j\sqrt{2}}{2}\right)\left(s + \frac{\sqrt{2} - j\sqrt{2}}{2}\right) = s^2 + \sqrt{2}s + 1$$

因此，

$$z_{11} = R_s \frac{H_e - K_e}{H_o + K_o} = \frac{1}{\sqrt{2}s}$$

$$z_{22} = R_L \frac{H_e + K_e}{H_o + K_o} = \frac{2s^2 + 1}{\sqrt{2}s}$$

$$z_{12} = \frac{\sqrt{R_s R_L}}{H_o + K_o} = \frac{1}{\sqrt{2}s}$$

滤波器电路如图 4.21 所示。将在下一节演示如何在知道阻抗矩阵的情况下获得 LC 滤波器。然而，在这个简单的二阶示例中，可以使用 LC 二端口网络的 T 形等效实现滤波器，如右图所示。

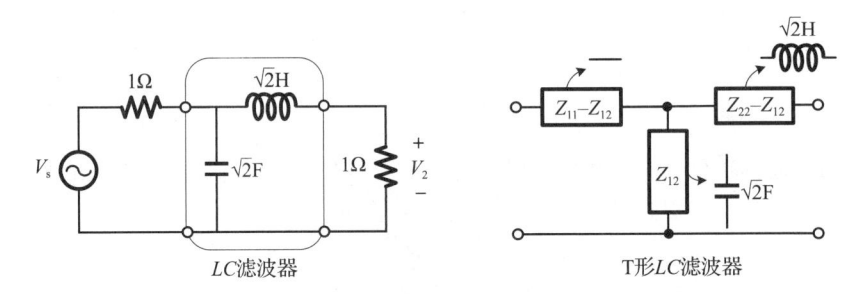

图 4.21 二阶巴特沃斯滤波器示意图

读者可以验证上述 z 参数与图 4.21 中的 LC 电路是相对应的。例如，具有不能实现的电感和电容值的滤波器被归一化 3dB 带宽为 1rad/s。滤波器缩放问题将在 4.2.6 节中介绍。

4.2.4.2 等波纹逼近

在等波纹逼近的情况下，关注的是，在一定范围内(例如 $0 \leq \omega \leq \omega_p$)，即滤波器通带内，将绝对误差最小化。为方便起见，可以选择 $\omega_p = 1\text{rad/s}$，然后根据需要缩放滤波器(参见第 4.2.6 节)。图 4.18 中的振荡情况表示的是一个类似于下式的三角函数

$$|K|^2 = k_p^2 \cos^2 nu(\omega)$$

式中，$u(\omega) = \arccos \omega$。

展开后(见习题 14)，可以看出 $|K|^2$ 实际上是 ω^2 的一个多项式，当 $-1 \leq \omega \leq +1$ 时，在 0 和 k_p^2 之间振荡，n 次取值为 0，$n+1$ 次取值为 k_p^2。此外，$|K|^2$ 趋向于随频率单调增加，当 $\omega \to \infty$ 时逼近 $k_p^2 2^{2n-2} \omega^{2n}$。事实上，对于 $\omega \geq 1$，有

$$|K|^2 = \frac{k_p^2}{4}\left[\left(\omega + \sqrt{\omega^2 - 1}\right)^n + \left(\omega + \sqrt{\omega^2 - 1}\right)^{-n}\right]^2$$

考虑到这些特性，上面说明的滤波器满足需求。除了滤波器的阶数外，与巴特沃斯滤波器

不同的是，k_p 还设置了一个额外的自由度来决定最大通带波纹，如下所示：
$$\alpha_p = 10\log(1 + k_p^2)$$
当 $\alpha_p = 1\text{dB}$ 时，4 阶和 5 阶滤波器的损耗函数如图 4.22 所示。

在数学家切比雪夫首次分析多项式 $\cos(n\arccos x)$ 的性质后，把具有 $|K|^2 = k_p^2 \cos^2(n\arccos\omega)$ 性质的滤波器称为切比雪夫滤波器[注]，$\cos(n\arccos x)$ 称为切比雪夫多项式。

在高频下，对于巴特沃斯滤波器，损耗可以用下式逼近：
$$\alpha \approx 10\log C_n\omega^{2n} = 10\log C_n + 20n\log\omega$$
对于 n 阶切比雪夫滤波器，假设 $k_p^2 = C_n$ 时，在 $\omega = 1$ 处具有相同的通带损耗，则
$$\alpha \approx 10\log k_p^2 2^{2n-2}\omega^{2n} = 10\log C_n + 20n\log\omega + 6.02(n-1)$$

前两项是相同的，但多了第三项 $6.02(n-1)$，这就使得同阶的切比雪夫滤波器有着更多的阻带损耗。这说明切比雪夫滤波器执行起来比巴特沃斯滤波器效率更高，在许多应用中更可取。不过这也是有代价的，因为切比雪夫滤波器包括更多的相位变化。如图 4.23 所示为不同阶的切比雪夫(标记为 C)滤波器与三阶巴特沃斯(标记为 B3)滤波器的对比。

与前面类似的过程，可以证明切比雪夫滤波器的阶数为
$$n \geqslant \frac{\operatorname{arccosh}\frac{1}{k_1}}{\operatorname{arccosh}\frac{1}{k}} = \frac{\operatorname{arccosh}\sqrt{\frac{10^{\alpha_s/10}-1}{10^{\alpha_p/10}-1}}}{\operatorname{arccosh}\frac{\omega_s}{\omega_p}}$$

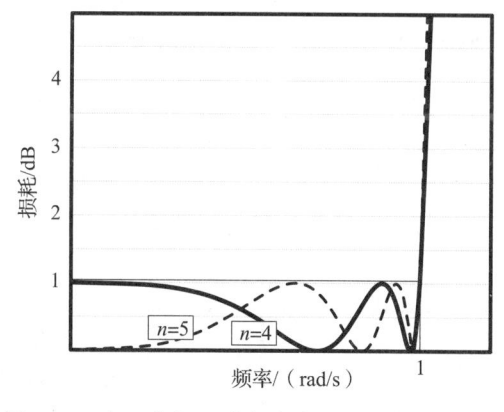

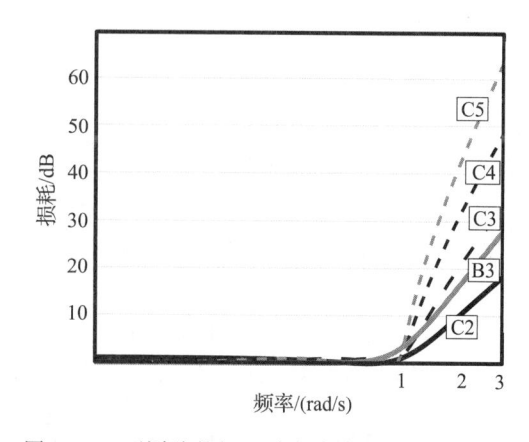

图 4.22 归一化切比雪夫滤波器的通带转导损耗

图 4.23 不同阶的切比雪夫滤波器与三阶巴特沃斯滤波器的对比

示例：回顾 WLAN 滤波器的示例，$\frac{1}{k} = \frac{35}{8.5} = 4.12$，$\frac{1}{k_1} = \sqrt{\frac{10^{40/10}-1}{10^{0.5/10}-1}} = 286.26$，结果是 $n \geqslant 3.03$。所以仍然需要一个四阶滤波器，但 $n=3$ 时也能工作。

最后，可以证明[1,3,9] $H(s)$ 的零点在一个椭圆上，椭圆的两个半轴分别为 $\frac{a^{1/n}+a^{-1/n}}{2}$ 和 $\frac{a^{1/n}-a^{-1/n}}{2}$，其中 $a = \frac{1}{k_p} + \sqrt{\frac{1}{k_p^2}+1}$，如图 4.24 所示。

[注] 帕夫努季·利沃维奇·切比雪夫(1821—1894)，俄罗斯数学家。

一旦求出了零点，也就可以求出 $H(s)$，最终就确定了 LC 滤波器的 z 参数。人工计算比较烦琐，可以使用前面提到的表格或滤波器软件。

在原来的 $|K|^2=k_p^2\cos^2(n\arccos\omega)$ 方程中，用 ω^{-1} 代替 ω，用 $|K|^{-2}$ 代替 $|K|^2$，可以得到一个与之密切相关的滤波器，称为逆切比雪夫滤波器。因此，

$$|K|^2=\frac{k_s^2}{\cos^2\left(n\arccos\frac{1}{\omega}\right)}$$

现在给出的是最小阻带损耗 k_s（或 $\alpha_s=10\log(1+k_s^2)$），单位频率为阻带极限频率（图 4.25）。

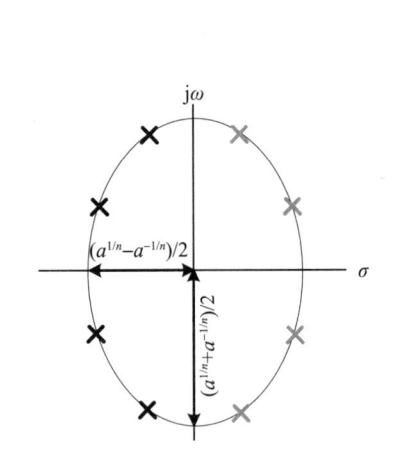

图 4.24 四阶切比雪夫滤波器的固有频率

图 4.25 $\alpha_s=30\text{dB}$ 的五阶逆切比雪夫滤波器

对于给定的通带/阻带损耗，该滤波器具有与切比雪夫相同的阶数，但在有限频率处（图 4.25 中的 ω_1 和 ω_2）具有传输零点（或损耗极点）。这使得滤波器的综合较为困难，但在许多应用中更具灵活性和优势。

4.2.4.3 一般带阻滤波器

在许多重要的应用中，通过一类具有相等纹波通带损耗和有限损耗极点的滤波器促进了切比雪夫滤波器的推广。其数学上的一些细节超出了本章范围，感兴趣的读者可以在文献[1]中找到更多细节。当损耗极点的阻带和通带的纹波相等时，就得到了一种特殊情况。由于这种滤波器 $K(s)$ 可以用椭圆函数[16]解析构造，因此被称为椭圆滤波器。图 4.26 所示为一个带 0.2dB 通带纹波的三阶椭圆滤波器的示例。

该滤波器的损耗极点为 $\omega=1.57\text{rad/s}$。

4.2.5 LC 滤波器设计

下面总结一下到目前为止讨论过的内容：

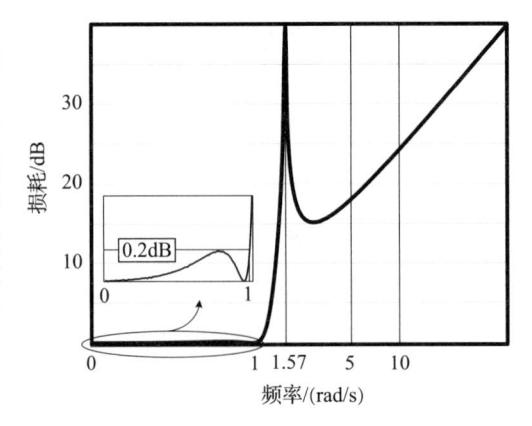

图 4.26 带 0.2dB 通带纹波的三阶椭圆滤波器的损耗函数

第 4 章 射频滤波器与中频滤波器 169

- 根据滤波器的要求，确定了转导参数。这涉及一种常见的形式（最大平坦、切比雪夫等）来逼近所需要的滤波器特性。转导参数必须是在电路上可实现的。4.2.3.2 节强调了保证其能实现的条件。
- 转导参数决定了 LC 二端口网络阻抗（或者导纳、级联等）参数的唯一值。
- 相应地可以综合一个 LC 电路（较典型的是梯形）。方案通常不是唯一的。

最后一部分是还没有讨论的，需要电路综合相关的知识。

综合两端端接的 LC 二端口网络是一项相当困难的任务，因为转导参数涉及 z_{11}、z_{12} 和 z_{22} 三个参数需要同时满足。一般来说，综合两端端接的二端口网络，首先要去除极点来将 z_{11} 或 z_{22} 视为单端口的阻抗，从而正确地实现传输零点，通常也就是 z_{12} 的零点。在大多数情况下，z_{11}、z_{12} 和 z_{22} 都具有相同的极点，并且除了一个单独可实现的集总阻抗之外，z_{11} 和 z_{22} 常常是相同的。

巴特沃斯多项式和切比雪夫多项式都属于一类被称为"全极点"传递函数的函数。所有的传输零点或损耗极点（z_{12} 的零点或 $K(s)$ 的极点）都在无穷远处，可以用图 4.27 所示的串联电感和并联电容组成的梯形结构实现。原因很简单，串联电感或并联电容可以阻止很高频率下的信号到达输出端，因此，传递函数在无穷远处有一个零点（或无穷大的损耗）。

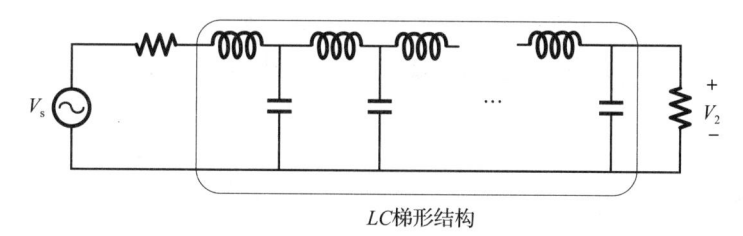

图 4.27 LC 梯形结构的全极点低通滤波器

计算出传输零点后，LC 梯形网络的驱动点开路阻抗（z_{11} 或 z_{22}）可以用斯蒂尔杰斯连分式[⊖]展开，将在稍后的示例中简单解释：

$$z_{11} = \alpha_1 s + \cfrac{1}{\alpha_2 s + \cfrac{1}{\alpha_3 s + \cfrac{1}{\ddots + \cfrac{1}{\alpha_n s}}}}$$

由于 z_{11} 是 PR 电抗函数，可以证明所有 α_i 因子都是正实数，描述了相应的串联电感值和并联电容值。而且连分式不会过早结束。因此，对于一个 n 阶全极点低通滤波器，总共有 n 个 LC 元件。这样可以看出，实现这样的电路所需要的最少的元件数量，并且这样实现的电路通常称为经典电路。

示例：假设四阶巴特沃斯滤波器的 z_{11} 和 z_{22} 如下所示：

$$z_{11} = \cfrac{\dfrac{L_2}{C_1}s^2 + \dfrac{1}{C_1 C_3}}{L_2 s^3 + \left(\dfrac{1}{C_1} + \dfrac{1}{C_3}\right)s}$$

⊖ 托马斯·乔安尼斯·斯蒂尔杰斯（1856—1894），荷兰数学家。他是矩问题领域的先驱，为连分式的研究作出了贡献。

$$z_{22} = \frac{L_2 L_4 s^4 + \left(\frac{L_2}{C_3} + \frac{L_4}{C_1} + \frac{L_4}{C_3}\right)s^2 + \frac{1}{C_1 C_3}}{L_2 s^3 + \left(\frac{1}{C_1} + \frac{1}{C_3}\right)s}$$

很快就会清楚为什么它们是以这种形式表示的。这两个函数都是奇函数,表示电抗函数,可以证明它们是 PR(例如用部分分式表示)。这反过来又与 4.2.3.2 节指出的满足可实现滤波器的转导参数有关。此外,尽管 z_{11} 和 z_{22} 并不完全相同,但它们有相同的极点。

先从 z_{22} 开始。因为它在无穷远处有一个极点,可以先试着移除该极点,对应于梯形网络中的一个串联电感。这时只需将分子除以分母就可以了,如下所示:

$$\frac{L_2 L_4 s^4 + \left(\frac{L_2}{C_3} + \frac{L_4}{C_1} + \frac{L_4}{C_3}\right)s^2 + \frac{1}{C_1 C_3}}{L_2 s^3 + \left(\frac{1}{C_1} + \frac{1}{C_3}\right)s} = L_4 s + \frac{\frac{L_2}{C_3}s^2 + \frac{1}{C_1 C_3}}{L_2 s^3 + \left(\frac{1}{C_1} + \frac{1}{C_3}\right)s}$$

剩余的阻抗为 $\dfrac{\frac{L_2}{C_3}s^2 + \frac{1}{C_1 C_3}}{L_2 s^3 + \left(\frac{1}{C_1} + \frac{1}{C_3}\right)s}$,降了一阶,现在在无穷远处有一个零点。因此可以从导纳函数中移去一个无穷远处的极点,也就是说,用分子去除分母。这将对应于梯形网络中的并联导纳,应为

$$\frac{L_2 s^3 + \left(\frac{1}{C_1} + \frac{1}{C_3}\right)s}{\frac{L_2}{C_3}s^2 + \frac{1}{C_1 C_3}} = C_3 s + \frac{\frac{1}{C_3}s}{\frac{L_2}{C_3}s^2 + \frac{1}{C_1 C_3}}$$

继续上述过程,直到只剩下一个电容(在分流支路中)或电感(在串联支路中)。这会使得 z_{22} 变为如下形式:

$$z_{22} = L_4 s + \cfrac{1}{C_3 s + \cfrac{1}{L_2 s + \cfrac{1}{C_1 s}}}$$

对 z_{11} 进行连分式运算得到

$$z_{11} = \cfrac{1}{C_1 s + \cfrac{1}{L_2 s + \cfrac{1}{C_3 s}}}$$

注意,因为 $\dfrac{1}{z_{11}}$ 在无穷远处有一个极点,因此从 $\dfrac{1}{z_{11}}$ 开始。通过阻抗函数和导纳函数之间的交替,消除在无穷远处的极点,从而形成梯形结构,这被称为 Cauer 1 型实现⊖。

实现的滤波器如图 4.28 所示。对于巴

图 4.28 由 $z_{22} = \dfrac{L_2 L_4 s^4 + \left(\frac{L_2}{C_3} + \frac{L_4}{C_1} + \frac{L_4}{C_3}\right)s^2 + \frac{1}{C_1 C_3}}{L_2 s^3 + \left(\frac{1}{C_1} + \frac{1}{C_3}\right)s}$ 描述的四阶巴特沃斯滤波器

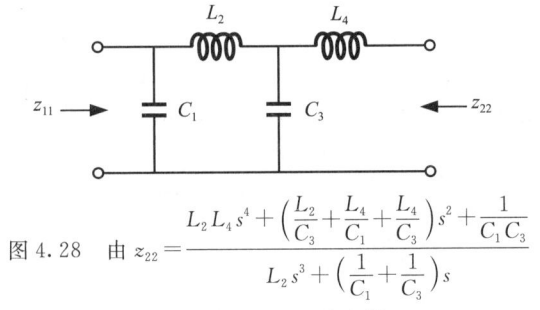

⊖ Cauer 2 型实现包括从导抗函数中移除零极点。

特沃斯滤波器的实现，元件可以直接从滤波器转导参数以及相应的 z_{11} 和 z_{22} 中得到：$L_4 = 0.7654$，$C_3 = 1.8478$，$L_2 = 1.8478$，$C_1 = 0.7654$。

其他类型的滤波器，如椭圆滤波器，可近似为更复杂的非全极点多项式。有限传输零点通常是通过串联回路中的并联谐振电路或并联回路中的串联谐振电路来实现的，如图 4.29 所示。串联电路或并联电路的谐振频率自然在传输零点处。

虽然电路可以直接综合[3,9]，但通常是通过滤波器设计表[13-15]或简单的软件程序就可以很容易得到元件的值。综合通常包括（部分）去除传输零点频率处的极点。图 4.30 所示是一个带 0.2dB 通带纹波的三阶椭圆滤波器的示例（滤波器响应见图 4.26）。

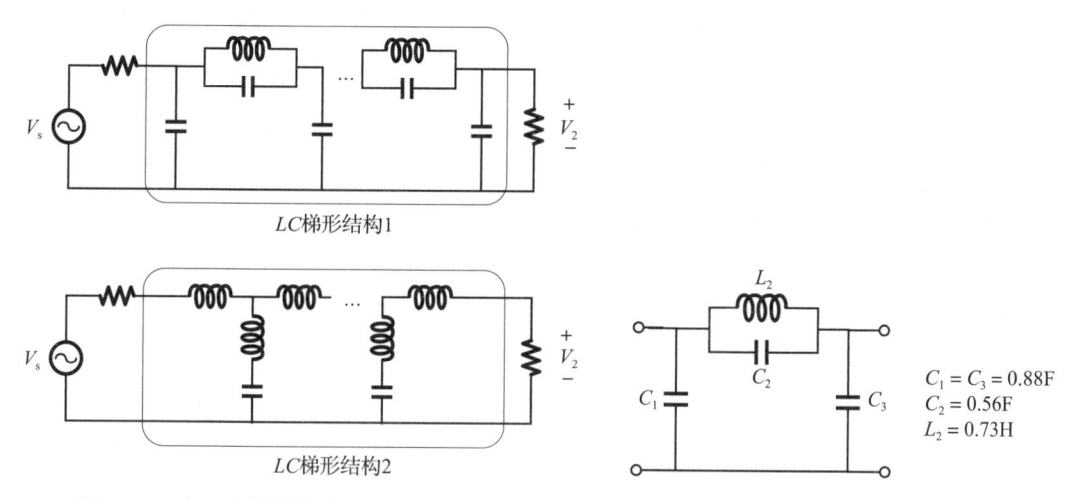

图 4.29 实现有限传输零点的 LC 梯形结构

图 4.30 三阶椭圆滤波器及其相应的元件参数

4.2.6 缩放滤波器

在 WLAN 滤波器的示例中，得出了 $n=4$。滤波器的阶数与 C_n 不相关。然而，对于 $\alpha_p = 0.5$dB，因为 $10\log(1+C_n\omega_p^{2n}) \leq \alpha_p$，并且 $\omega_p = 2\pi \times 8.5$MHz，可得出 $C_n = \frac{10^{\alpha_p/10}-1}{\omega_p^{2n}} = 1.84 \times 10^{-63}$。读者可以验证另一个方程（$10\log(1+C_n\omega_s^{2n}) \geq \alpha_s$）也会自动满足。$C_n$ 的值如此小，将会使后续的设计非常烦琐，这是因为计算时没有作归一化。

为了避免出现这种情况，从 $\omega_p = 1$rad/s 的归一化滤波器开始。这样通常可以使元件值在 1H 或 1F 的量级。端接电阻通常也在 1Ω 量级。之后可以进行两种类型的缩放：

1) 频率缩放：由于电感的阻抗为 $L\omega$，电容的阻抗为 $\frac{1}{C\omega}$，电阻与频率不相关，那么如果所有电容和电感都除以 α，滤波器频率就按系数 α 缩放。这种缩放只缩小或扩大频率轴，并且滤波器的整体形状或者拟制保持不变。

2) 阻抗缩放：通过类似的论证可知，如果所有的电阻和电感都乘以 α，所有的电容都除以 α，滤波器响应保持不变。增加或减少阻抗的大小只会影响噪声。这使得组件实现更实用的价值。

示例：回顾 WLAN 滤波器的示例，从图 4.31 中所示的两端均端接 1Ω 的归一化四阶巴特沃斯滤波器开始。

对于归一化滤波器，在 $\omega = 1$rad/s 时损耗增加 3dB。由于要求在 8.5MHz 时的损耗是

0.5dB，因此缩放系数为 $\frac{2\pi \times 8.5}{0.77} = 6.97 \times 10^7$，其中 $\omega = 0.77 \text{rad/s}$ 为 0.5dB 通带损耗的归一化频率。此外，还设计了端接 50Ω 的滤波器，其结果是 $L_1 = \frac{0.7564 \times 50}{6.97 \times 10^7} = 0.542 \mu\text{H}$，$C_2 = \frac{1.8478}{50 \times 0.53\text{nF}(6.97 \times 10^7)} = 530\text{pF}$，$L_3 = \frac{1.8478 \times 50}{6.97 \times 10^7} = 1.33 \mu\text{H}$，$C_4 = \frac{0.7564}{50 \times 0.53\text{nF}(6.97 \times 10^7)} = 217\text{pF}$。在这个频率范围内，对于这样的滤波器来说，这些元件值更实用。

采用这些新值缩放后的滤波器模拟响应如图 4.32 所示。

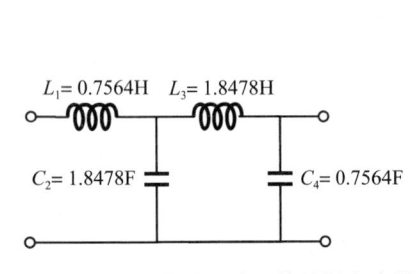

图 4.31　归一化的四阶巴特沃斯滤波器

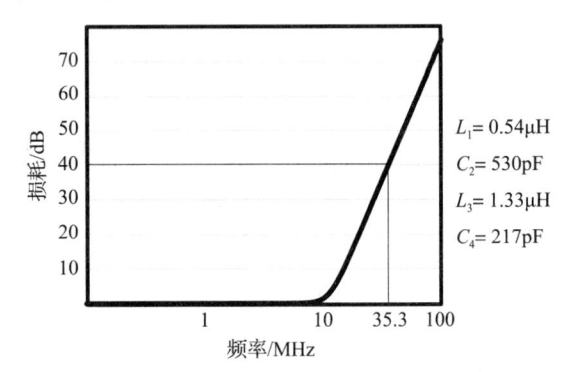

图 4.32　图 4.31 的四阶巴特沃斯滤波器缩放后的响应及新元件值

除了频率轴缩放到符合 WLAN 滤波器要求外，响应与图 4.20 相同。

4.2.7　带通 LC 滤波器

到目前为止讨论的所有滤波器类型都近似于理想的低通滤波器。要创建其他类型的滤波器（如高通、带通等），可以使用常见的阻抗转换[17]。鉴于重要性，在本节主要讨论带通变换。高通滤波器或带阻滤波器都遵循类似的过程。

创建一个带通滤波器，先回顾一下前面讨论过的简单的并行 RLC 电路，并将其与图 4.33 所示的一阶 RC 电路进行比较。

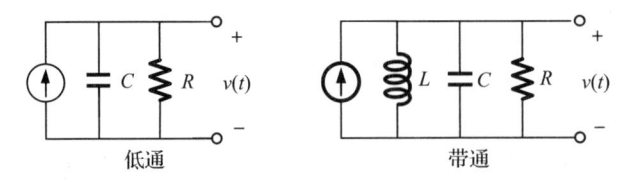

图 4.33　一阶 RC 低通电路与二阶带通电路的比较

上述两种电路的频率响应分别为

$$H_{\text{LP}}(j\omega) = \frac{R}{1 + jRC\omega}$$

$$H_{\text{BP}}(j\omega) = \frac{R}{1 + jRC\frac{\omega^2 - \omega_0^2}{\omega}}$$

比较这两个传递函数可知，如果进行频率转换 $\omega \leftrightarrow \dfrac{\omega^2-\omega_0^2}{\omega}$，或者在 s 域中转换 $s \leftrightarrow \dfrac{s^2+\omega_0^2}{s}$，低通响应就可以转换为带通响应。

概括来说，如果归一化的低通传递函数为 $H_{\mathrm{LP}n}(s)$，则带通响应为 $H_{\mathrm{BP}}(s)=H_{\mathrm{LP}n}\left(\dfrac{s^2+\omega_0^2}{sB}\right)$，其中 B 为带通滤波器带宽，ω_0 为中心频率。B（带宽）出现在分母中是因为使用的是归一化低通传递函数。例如，在图 4.33 的简单电路中，带宽为 $\dfrac{1}{RC}$。考虑到归一化后的低通响应为 $H_{\mathrm{LP}n}(s)=\dfrac{1}{1+s}$，则通过变换很容易得到带通响应。

从电路的角度来看，这相当于用谐振频率为 ω_0 的并联 LC 电路代替电路中的每一个并联电容，因为低通电容的导纳需要进行 $Cs \leftrightarrow \left(\dfrac{C}{B}\right)s + \dfrac{1}{\left(\dfrac{B}{C\omega_0^2}\right)s}$ 的变换。从图 4.33 中也可以看出这一点。此外，还可以证明，该变换还需要用谐振频率为 ω_0 的串联 LC 电路来代替每一个串联电感。例如，前面的三阶低通滤波器可以通过图 4.34 所示的等效梯形电路转换为带通。对于相同的阶数，无功元件的数量翻倍。在中心频率 ω_0 处，显然所有串联 LC 分支都是短路的，而所有并联 LC 分支都是开路的，因此电路可以导通。此外，在非常高或非常低的频率时，输入信号被阻止，从而实现带通响应。

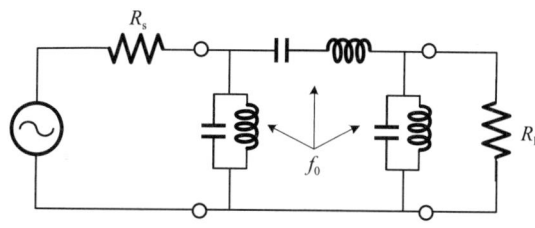

图 4.34　三阶带通梯形滤波器

假设低通频率为 Ω，带通频率为 ω，则变换可表示为
$$\omega^2 - \omega\Omega B - \omega_0^2 = 0$$
可得两个根如下：
$$\omega = \dfrac{B}{2}\Omega + \sqrt{\dfrac{B^2}{4}\Omega^2 + \omega_0^2}, \quad \omega>0$$
$$\omega = \dfrac{B}{2}\Omega - \sqrt{\dfrac{B^2}{4}\Omega^2 + \omega_0^2}, \quad \omega<0$$

上面的公式表明，虽然中心频率如预期那样发生了偏移，但低通频率响应并没有完全保留。只有当 $\Omega \ll \dfrac{2\omega_0}{B}$，即滤波器足够窄时，其特性才会完整地偏移。如图 4.35 所示，表明转换不完全是线性的。图中也用虚线表示了理想曲线。对于偏离中心的微小偏差，有
$$\omega \approx \omega_0 \pm \dfrac{B}{2}\Omega$$
但是，如果 Ω 很大，则
$$\omega \approx B\Omega$$
这显然与理想响应有很大的偏差。

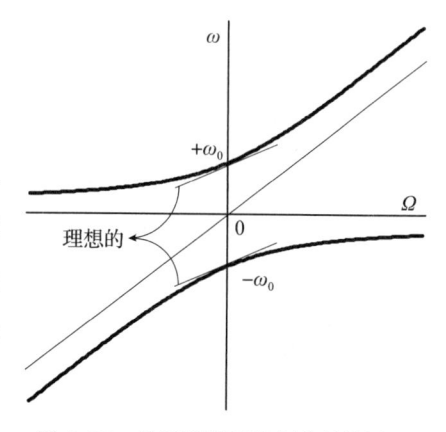

图 4.35　低通到带通的频率转换图

示例：三阶巴特沃斯滤波器对应的传递函数如图 4.36 所示。

最后要注意的是，检查一下滤波器的时域脉冲响应或阶跃响应。由于阶跃函数在时域中包含突变，预计滤波器能够滤除它所包含的高频分量。以给定的低通滤波器为例，阶跃输入 $x(t)=u(t)$ 对应的输出为 $y(t)$，则

$$y(t)=\int_{-\infty}^{\infty}h(\tau)u(t-\tau)\mathrm{d}\tau=\int_{-\infty}^{t}h(\tau)\mathrm{d}\tau$$

为了更清楚起见，考虑带宽为 B 的理想 LPF 的极端情况，其中 $h(t)$ 为一个 sinc 函数。则上式积分变为

$$y(t)=\int_{-\infty}^{t}2B\mathrm{sinc}(2B\tau)\mathrm{d}\tau=\frac{1}{2}+\frac{1}{\pi}Si(2\pi Bt)$$

式中，$Si(t)=\int_{0}^{t}\frac{\sin\alpha}{\alpha}\mathrm{d}\alpha$ 是正弦积分函数。滤波器的阶跃响应如图 4.37 所示，并给出了与一阶 RC 滤波器的响应的比较。

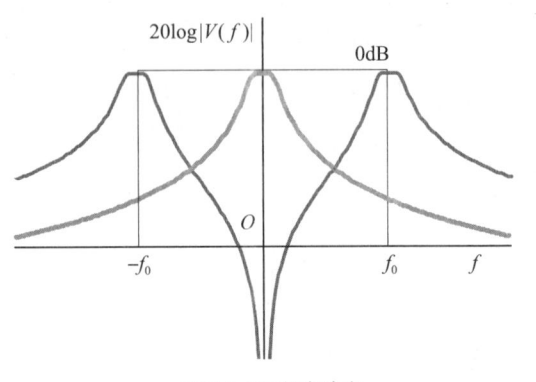

图 4.36 低通和带通巴特沃斯传递函数

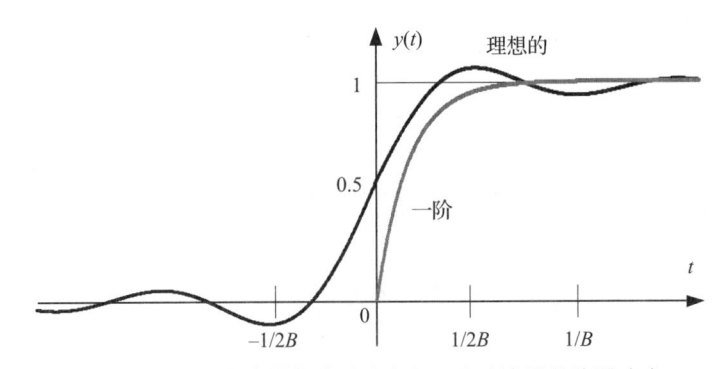

图 4.37 理想滤波器的阶跃响应和一阶滤波器的阶跃响应

正如预期，理想滤波器的阶跃响应在 $t<0$ 时有分量，表示这样的滤波器是不可物理实现的。但其中还是有一些启示：对于理想滤波器和一阶滤波器这两种情况，阶跃响应近乎一样，一阶滤波器的上升时间(t_r)⊖为 $0.35/B$，而理想滤波器的上升时间是 $0.44/B$。由于上升时间似乎不是滤波器阶数的强函数，作为一般的经验法则，可以近似为

$$t_r\approx\frac{1}{2B}$$

4.3 有源滤波器

在前面的 WLAN 滤波器示例中，电感的量级为微亨，电容的量级为皮法。这些值都比较大，对于更低频率的滤波器（如蓝牙、GPS 或 WCDMA 等应用所需要的几 MHz 或者更低频率的滤波器）这些值则会变得更大。阻抗缩放是没有帮助的。例如，如果以更高的噪声为代价，终端电阻缩放 20 倍到 1kΩ，但只有电容会减小，而电感则会进一步增大。当然，这就排除了

⊖ 上升时间通常定义为从终值的 10% 上升到终值的 90% 所花费的时间。

LC 滤波器，虽然可以作为 IF 滤波器的合适候选，而且有很好的性能，但如此大的电感值在集成电路中是不切实际的。在本节中将简要讨论有源滤波器的基本特性，它可以替代 LC 梯形滤波器，可以用适当的元件值在芯片上实现。关于有源滤波器更详细的讨论可以参考文献[1,3, 4,18]。

4.3.1 有源滤波器梯形设计

从一个无源梯形结构的三阶切比雪夫滤波器的实现开始，如图 4.38 所示。图中还给出了转导损耗(单位 dB)与频率的关系。正如示例指出的，在较低的频率下，比如几百 kHz 到几十 MHz，电感 L_2 的尺寸将太大，无法在芯片上实现。

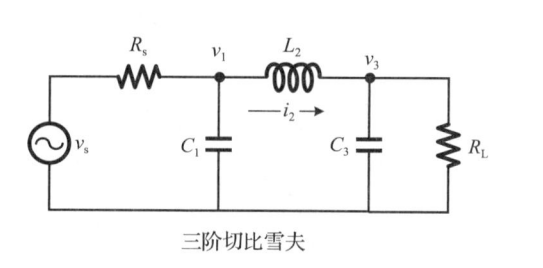

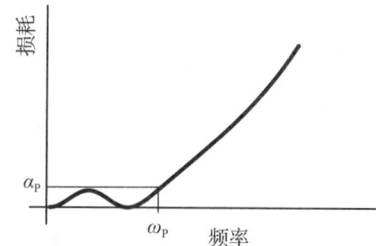

图 4.38 三阶切比雪夫梯形滤波器

考虑无源滤波器的信号流程图，可以设想一种实现方式。为此，给每一个电容分配一个电压，每一个电感分配一个电流，如图 4.38 所示，并确保梯形滤波器的每个回路和节点都满足 KVL 和 KCL。例如，在 V_1 节点的 KCL 表达式为

$$\frac{V_1 - V_s}{R_s} + sC_1 V_1 + I_2 = 0$$

调整为

$$-V_1 = \frac{-1}{sC_1}\left(\frac{V_s}{R_s} - \frac{V_1}{R_s} - I_2\right)$$

类似地，重新调整 I_2 的 KVL 和 V_3 的 KCL，可以得到如下表达式：

$$-I_2 = \frac{-1}{sL_2}(V_1 - V_3)$$

$$V_3 = \frac{-1}{sC_3}\left(\frac{V_3}{R_L} - I_2\right)$$

根据上述三个方程实现三阶滤波器传递函数的相应流程图如图 4.39 所示。

经过检查，很明显可以看出，可以用模拟模块：积分器、加法器和乘法器来实现该滤波器。积分器和电抗元件的数量一样多。积分器可以用有源 RC 电路、包含跨导器的 g_m-C 电路或者开关电容电路[⊖]来实现。g_m-C 积分器和 active-RC 积分器的示例如图 4.40 所示。

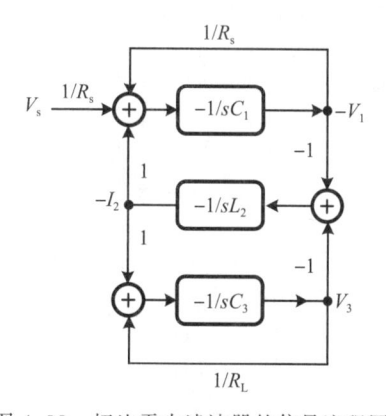

图 4.39 切比雪夫滤波器的信号流程图

⊖ 开关电流积分器也是一种选择，虽然在实践中很少使用。

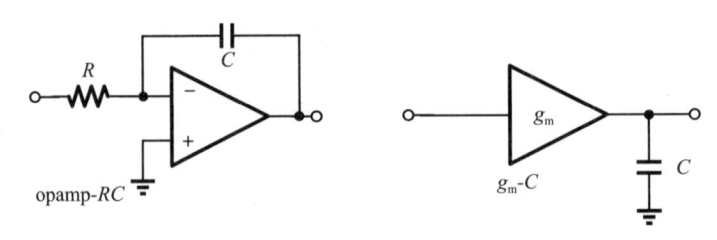

图 4.40 有源 RC 积分器和 g_m-C 积分器

将多个电流馈入到一个节点可实现加法，而乘法则可以通过缩放电阻值或跨导值来实现。图 4.41 所示为用 g_m-C 实现的三阶滤波器。负增益在差分方案中很容易实现。

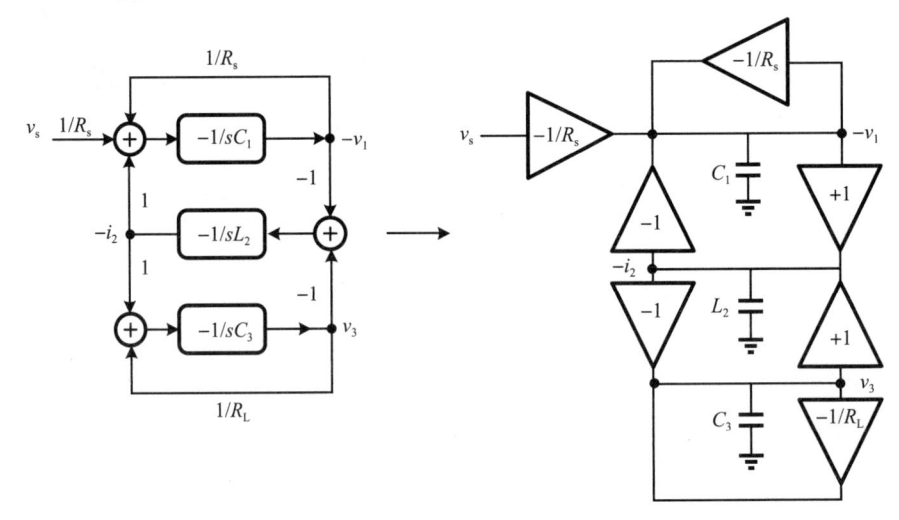

图 4.41 图 4.38 中的三阶滤波器 g_m-C 实现

类似地，也可以通过 opamp-RC（运算放大器 RC）积分器来实现这种滤波器，如图 4.42 所示。加法和乘法功能是通过将具有适当阻抗大小的各种电流馈入到给定运算放大器的虚拟地来实现的。

通过交叉耦合相应阶的差分输出，负电阻很容易在全差分设计中实现。如果要使用单端设计，就只能在负电阻的前面插入一个反相单位增益缓冲器来改变其符号。

示例：需要设计一个三阶有源 RC 切比雪夫滤波器，具有 1dB 通带纹波和 10MHz 通带频率。归一化滤波器的元件值（$\omega_p = 1\text{rad/s}$）为 $C_1 = C_3 = 2\text{F}$，$L_2 = 1\text{H}$，$R_s = R_L = 1\Omega$。

要缩放到所需频率，所有电容必须乘以 $\dfrac{1}{2\pi \times 10^7}$。为了进一步获得更实用的元件值，将所有电阻提高到 4kΩ，这使得第一个和最后一个有损积分器的电容值

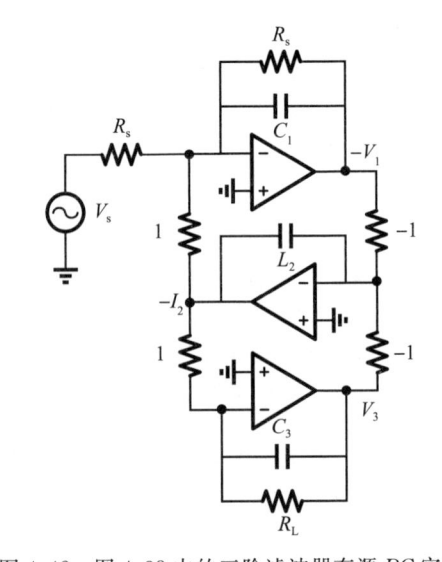

图 4.42 图 4.38 中的三阶滤波器有源 RC 实现

变为 $\frac{2}{\frac{2\pi \times 10^7}{4000}} = 8\text{pF}$，中间积分器的电容值变为 $\frac{1}{\frac{2\pi \times 10^7}{4000}} = 4\text{pF}$。此外，为了使通带增益为 1，而不是两端端接的梯形中固有的 $\frac{1}{2}$，将源电阻降低至 2kΩ。这样设计就完成了。用上述元件实现的有源 RC 滤波器的模拟频率响应如图 4.43 所示。

在上面的例子中，得到的电容值在皮法量级，电阻在千欧量级，对于集成电路来说这是非常适合的取值。将电阻缩放到 4kΩ 是很方便的，主要是受噪声的限制，所以取 2kΩ；也就是说，噪声加倍的代价是，可以将滤波器电容减半，而电阻则加倍。一般是在滤波器尺寸(成本)、噪声和运算放大器驱动能力以及因此产生的功耗之间进行折中。

在下列情况下可以进一步缩放滤波器：

- 如果连接到给定运算放大器输入端的所有阻抗都乘以 α，则滤波器响应保持不变。这只是因为反馈输送到该运放输入端的电流都小了 α 倍，而反馈阻抗增大了 α 倍，因此该运放的总体增益保持不变。这就能够局部优化每个运算放大器周围的元件，

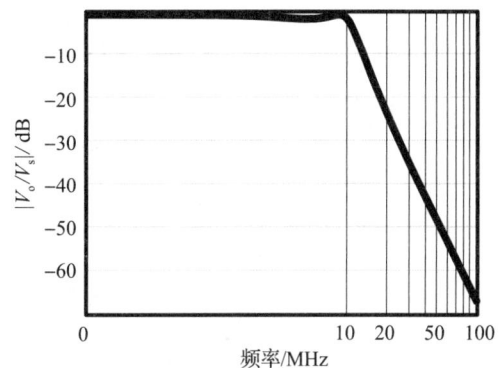

图 4.43 10MHz 三阶切比雪夫滤波器的模拟频率响应

以便在需要时进一步最小化组件分布。例如，对于所有的三个运算放大器，可能需要相同大小的反馈电容。这样，可以将连接到中间运算放大器的两个负电阻减半，得到两倍大的反馈电容，使之与另外两个电容大小一致。

- 如果将连接到给定运算放大器输出端的所有阻抗乘以 α，滤波器的整体响应将保持不变，但该节点的增益将是 α 倍。这同样是显而易见的：虽然特定的运算放大器增益增加到 α 倍，但馈送到其他运算放大器的电流保持不变，因为相应的阻抗是原先的 α 倍。这在有源滤波器的设计中至关重要，以确保所有的运算放大器(或在 g_m-C 设计中的跨导放大器)在相同的输入电平下被削波。

为了进一步阐明前一点，图 4.44 给出了图 4.43 中滤波器每个内部节点的传输增益，以及输出的传输增益。显然，中间运算放大器的增益先于输出端的被降低 6.4dB。这可以通过将连接到该运算放大器的所有阻抗降低 2.09 倍来解决。对第一个运算放大器也必须进行类似的缩放，从而产生右图所示的缩放后的滤波器响应，其中所有三级运算放大器都在相同输入电平下进行削波。

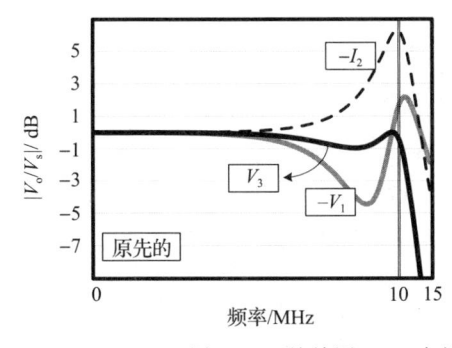

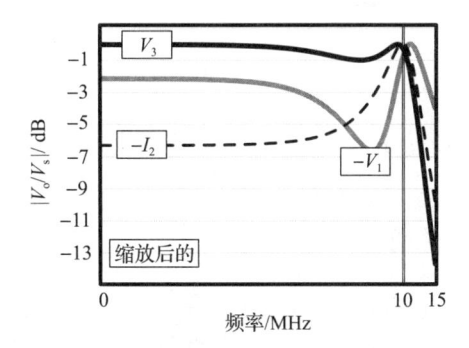

图 4.44 缩放图 4.43 中的滤波器以获得最佳动态范围

虽然这种技术提高了滤波器噪声[4]，但总体上带来了一个更优化的动态范围。⊖

通过开关电容积分器[4]来实现有源滤波器是另一种常见的方式，具体细节交由读者自行分析（图 4.45）。通常可以从有源 RC 等效电路开始，简单地用开关电容等效替换所有的电阻（如虚线框内所示）。

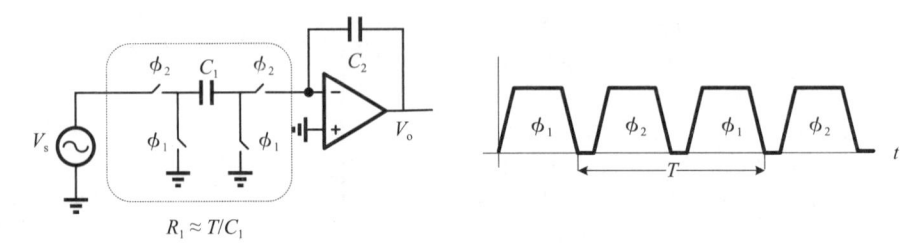

图 4.45 开关电容积分器

还可以使用连续域到离散域的映射技术（例如双线性映射）进行更精细的设计[19]。

4.3.2 有源滤波器级联设计

如 4.2 节所述，滤波器的梯形实现使其对元件变化的敏感度最低。然而，这个设计有些烦琐，并且不是很直观。更简单的是通过 MATLAB 或通过查找（或计算）滤波器的固有频率（记住，这些是 $H(s)$ 的零点）的方法来得到整体滤波器的传递函数。然后，可以通过将传递函数分解为二阶（或双二次）项的级联（称为二阶）来综合滤波器。如果滤波器阶数为奇数，则还需要一个一阶项。

图 4.46 所示为一阶项的一般实现。很容易证明传递函数为

$$\frac{V_o}{V_s} = \frac{K_1 s + K_0}{s + \omega_0}$$

图 4.47 显示的是通用的二阶有源滤波器。二阶传递函数可以表示为

$$\frac{V_o}{V_s} = \frac{K_2 s^2 + K_1 s + K_0}{s^2 + \dfrac{\omega_0}{Q} s + \omega_0^2}$$

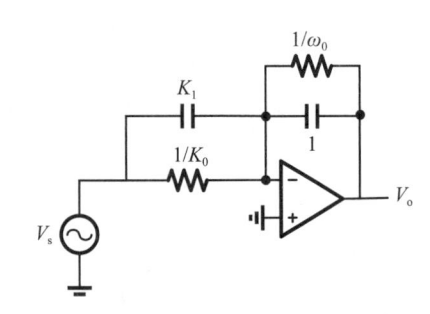

图 4.46 有源 RC 一阶滤波器的一般实现

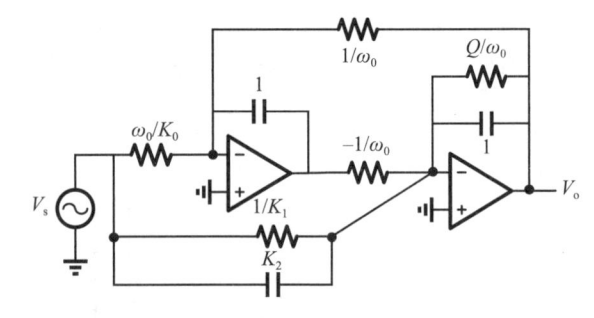

图 4.47 有源 RC 二阶滤波器的一般实现

这种二阶滤波器主要适用于所需品质因数 Q 较低的情况。在习题 16 中讨论了一个高 Q 二阶滤波器的例子。

⊖ 第 5 章和第 6 章将详细讨论动态范围和噪声。对于滤波器，动态范围通常定义为在某个可接受的失真水平下，滤波器的最大输入与其总噪声的比。

示例：对于前一示例中相同的三阶切比雪夫滤波器，通过查表或在 MATLAB 中找到的归一化的固有频率为

$$s_1 = -0.5$$
$$s_{2,3} = -0.25 \pm j0.97$$

因此，滤波器的传递函数可以表示为

$$\frac{V_o}{V_s} = \frac{\frac{1}{4}}{\left(s+\frac{1}{2}\right)\left(s^2+\frac{1}{2}s+1\right)} = \frac{\frac{1}{2}}{\left(s+\frac{1}{2}\right)} \frac{\frac{1}{2}}{\left(s^2+\frac{1}{2}s+1\right)}$$

式中，分子上的 $\frac{1}{4}$ 可以在两级中任意分配。将所有电阻提高到 $4k\Omega$，并且如梯形实例中一样赋予电容相同的比例因子 $\dfrac{1}{\dfrac{2\pi \times 10^7}{4000}}$，从而得出图 4.48 所示的滤波器示意图。将输入电阻减小一半，用来消除两端端接滤波器的 6dB 固有损耗。因为两个节点 (V_2 和 V_o) 有相同的峰值增益，所以二阶输出不需要任何额外的缩放。但是，一阶输出 (V_1) 的增益高了 6dB，因此第一个运算放大器输出端的阻抗应该按比例缩小 2 倍，如图 4.48 所示。注意，一阶电路优先级最高，并且通常内置在前一级电路中 (例如，接收机下变频混频器)。

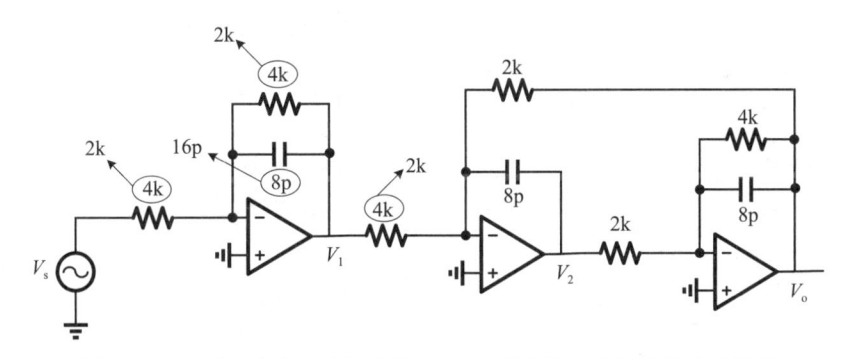

图 4.48　采用一阶和二阶级联的 10MHz 通带的三阶切比雪夫滤波器

该滤波器具有与梯形设计相同的整体传递函数，最终缩放滤波器的特性如图 4.49 所示。

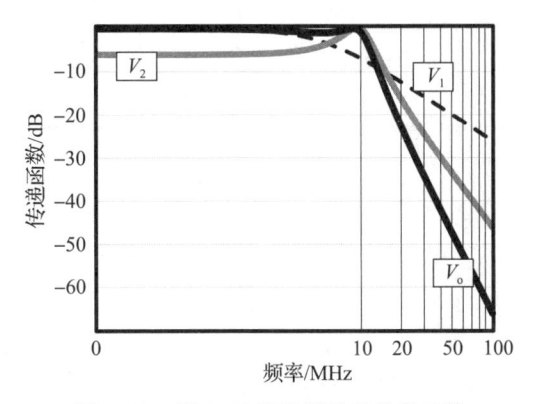

图 4.49　图 4.48 级联设计的传递函数

如前所述，级联设计不一定像梯形设计那样具有对元件变化低敏感度的良好特性。然而一般来说，在集成电路中，电阻和电容之间的良好匹配是有益的。设计的关键是利用单位元件设计电阻和电容。例如，对于前面的例子，可以选择电阻的单位为 2kΩ，电容的单位为 8pF。在许多情况下，元件值需要四舍五入，这就可能会引起对元件的敏感度。

示例： 图 4.50 所示为有源 RC 二阶电路的另一种实现，被称为 Sallen-Key 低通二阶结构[20]。

读者可以验证：

$$\frac{V_o}{V_s} = \frac{\omega_0^2}{s^2 + \frac{\omega_0}{Q}s + \omega_0^2}$$

式中，$\omega_0 = \frac{1}{\sqrt{R_1 R_2 C_1 C_2}}$，$Q = \frac{\sqrt{R_1 R_2 C_1 C_2}}{C_2(R_1 + R_2)}$。

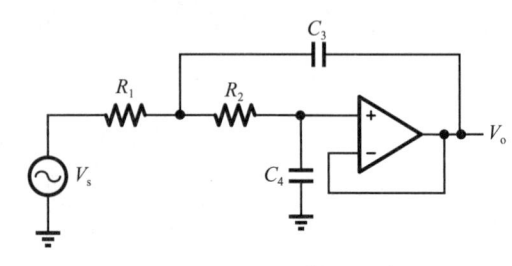

图 4.50 Sallen-Key 低通滤波器

习题 26 中讨论了 Sallen-Key 拓扑结构的更一般的实现。Sallen-Key 二阶滤波器只需要一个运算放大器，因此其功耗将减半，但通常也对元件的不匹配和四舍五入更敏感。尽管如此，考虑到更低的功耗，它还是得到了广泛应用。

4.3.3 有源滤波器中的非理想效应

无论使用哪种类型的积分器，实现高频有源滤波器都有两个基本的限制。先考虑用 g_m-C 实现的有源滤波器，结论也可以扩展到 opamp-RC 滤波器或其他类型的滤波器。首先，实际的积分器的直流增益是有限的（例如跨导的 $a_0 = g_m \times r_o$），还有一个内部极点频率（ω_p）。图 4.51 所示为理想积分器与实际积分器的相位和频率响应。有限的直流增益会在传递函数中带来相位超前，这会引起通带损耗。另一方面，有限的极点频率会产生相位滞后，从而导致在通带边缘产生峰值和相位失真[21]。必须小心避免这两种影响，特别是滤波器带宽变窄时。

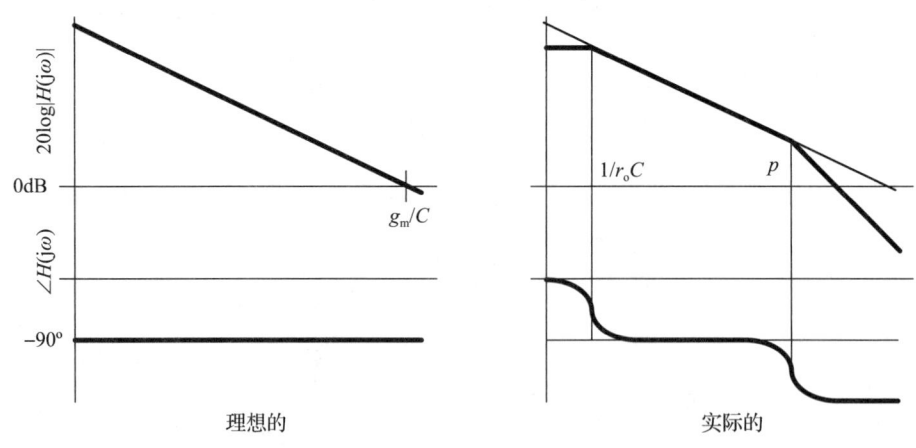

图 4.51 积分器的相位和频率响应

为了量化这些影响，考虑由两个背靠背非理想积分器构成的二阶谐振器，如图 4.52 所示。一旦加载了电阻 R，就构成了一个由电阻设置带宽的并联 RLC 网络。交叉耦合的跨导产生了所谓的有源回转器[22-23]。当负载端是电容时（图 4.52），从另一端观察，回转器可以等效为一个电

感 $\left(L=\dfrac{C}{g_m^2}\right)^{\ominus}$：

$$Y_{IN} = g_m^2 Z_L = \dfrac{g_m^2}{jC\omega}$$

首先要求出积分器有限输出电阻的影响。

如图 4.53 所示，一个积分器电阻直接连接在输入端。另一个经回转器转变后，等效为一个小电阻与电感串联。一旦使用第 1 章中所示的高 Q 值近似将其转换为并联 RL 电路，其净电阻将变为 $r_o/2$。因此，即使对于空载谐振器，也可以观察到有限的 Q 值。

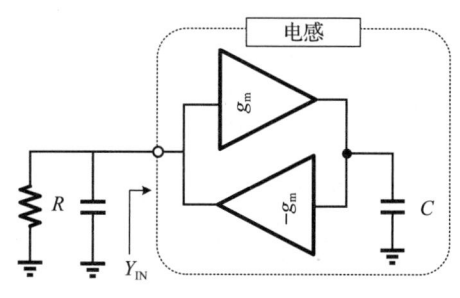

图 4.52　g_m-C 谐振器

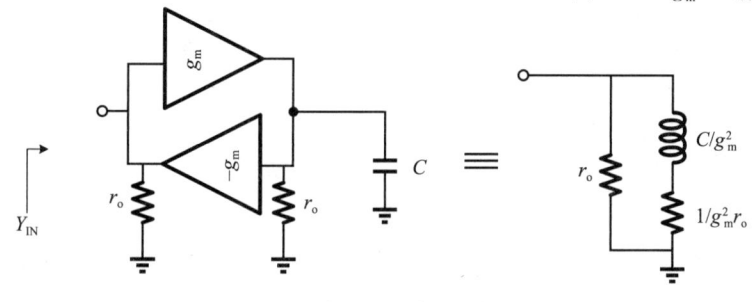

图 4.53　积分器有限直流增益的影响

关于有限的极点，假设每个跨导都有一个传递函数：

$$\dfrac{g_m}{1+\dfrac{s}{p}}$$

从回转器的另一端看进去，输入导纳为

$$Y_{IN} = \dfrac{g_m^2}{Cs\left(1+\dfrac{s}{p}\right)^2} \approx \dfrac{g_m^2}{Cs}\left(1-\dfrac{2s}{p}\right) = \dfrac{g_m^2}{Cs} - \dfrac{2}{C}\dfrac{g_m^2}{p}$$

因此，有限极点在输入端会产生大小为 $\dfrac{-Cp}{2g_m^2}$ 的并联负电阻。对于 opamp-RC 积分器，可以推导出类似的表达式。

图 4.54 所示的是前一个示例（图 4.43）中由理想运算放大器模拟的梯形滤波器，以及另外两种滤波器：一种是直流增益为 50（或 34dB），无限带宽；另一种是同样具有 34dB 的直流增益，但所有运算放大器的 3dB 带宽为 2MHz（或增益带宽乘积为 1GHz）。

有限的直流增益会产生 0.5dB 的通带损耗，并使通带边缘变平滑，而有限的带宽会导致通带边缘

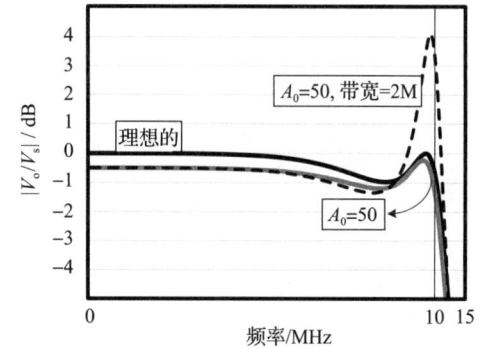

图 4.54　图 4.43 示例的滤波器中有限增益和带宽的影响

$\ominus$　作为旁注，Orchard 在文献[68-69]中指出，如果每个电感都由等效的回转器-C 代替，则有源回转器构成的带通滤波器对元件变化的敏感度与两端端接的 LC 梯形的敏感度相当。

周围出现预料之中的陡峭尖峰。

这两种因素都会导致谐振器的品质因数下降。因此，实际滤波器（包括滤波器中几个谐振器）的总 Q 值都是有限的。考虑到跨导或基于运放的积分器的增益带宽乘积的典型值，有源滤波器通常用于频率最高为几十兆赫兹的低通结构。如果采用带通结构，其中心频率限制在几兆赫兹，带宽相对较宽。

接下来分析有源滤波器的噪声特性⊖。如图 4.55 所示为 g_m-C 谐振器，对于该谐振器，用频谱密度为 $\dfrac{4KTF}{g_m}$ 的输入参考噪声电压对每个跨导进行建模。

如果跨导仅由一个晶体管构成，则 $F \approx 1$，而实际上，由于其他因素的影响，F 会稍大一些。可以证明，如果负载谐振器的品质因数为 Q，由电阻 R 设置（图 4.55），则其输出噪声为[24]

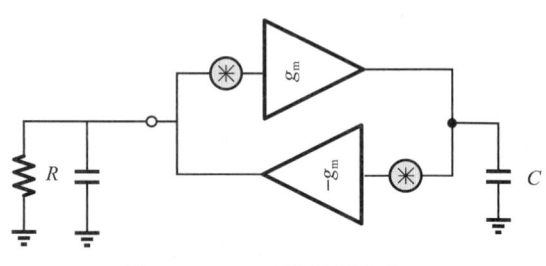

图 4.55　g_m-C 谐振器噪声

$$\overline{v_n^2} = \frac{KT}{C} FQ$$

这表明噪声恶化了 Q 倍。与有限增益和带宽问题类似，对于某个特定中心频率和滤波器区域（主要由总电容决定），过量噪声决定了其带宽的狭窄程度。

将在第 12 章中看到，这些缺点从根本上限制了接收机架构的选择。

4.4　声表面波滤波器和体声波滤波器

在如移动电话等的许多无线应用中，需要具有非常严格的前端滤波，原因将在第 6 章中讨论。集成谐振器较低的品质因数以及集成电路的变化常常限制了片上滤波器的使用。因此，在此类应用平台中，射频滤波通常由声表面波（SAW）和体声波（BAW）滤波器（也称为 FBAR 或薄膜体声波谐振器）主宰，它们在性能、成本和尺寸上具有巨大优势。鉴于它们的重要性，在本节中对其物理结构和性质进行概述。更详细的介绍可参见文献[25-28]。此外，有关 FBAR 谐振器和滤波器的更多内容参见文献[29-32]。

4.4.1　滤波器结构

1885 年，瑞利首次解释了声表面波（SAW），他描述了声表面波的传播模式，并预测了声表面波的特性[33]。然而，直到 20 世纪 80 年代初，FBAR 设备才在文献[34-35]中报道出来。SAW 或 FBAR 谐振器和滤波器本质上是机电器件。在由压电晶体或陶瓷构成的装置中，电信号转换为机械波；该波在器件中传播时会被延迟，然后再由其他电极转换回电信号。

由 4.2 节中描述的理想特性可知，FBAR 和 SAW 滤波器最常见的拓扑结构是两端端接的梯形结构，如图 4.56 所示。

与晶体谐振器一样（见第 9 章），任何一个谐振器都可以用图 4.57 所示的等效 RLC 电路来建模。

⊖　将在第 5 章讨论噪声，但在这里假设读者已经掌握了模拟电路设计课程中噪声的基本知识。

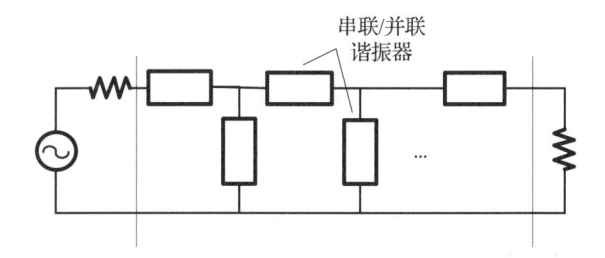

图 4.56 由串联和并联谐振器组成的两端端接梯形结构的 SAW(或 BAW)滤波器

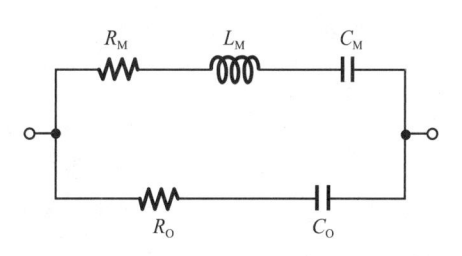

图 4.57 SAW(或 BAW)谐振器电路模型

由 R_M、L_M 和 C_M 组成的顶部分支模拟动态的(或声学的)元件，C_O 是平板电容，R_O 用于模拟与之相关的损耗。通常 C_M 比 C_O 小得多，因此稳定性很好(有关这方面的详细内容参阅第 9 章中晶体谐振器的稳定性讨论)。此外，谐振器的品质因数非常高，通常在数千数量级。

BAW(或 SAW)谐振器是一个二阶电路，有一个极点和一个零点，其导纳幅值如图 4.58 所示。导纳的零点(阻抗的极点)定义了并联谐振，而导纳的极点定义了串联谐振。

因此，从电路的角度来看，除了谐振器表现出更高的品质因数和更好的稳定性之外，滤波器可以被视为已充分了解的 LC 梯形结构滤波器。

例如，图 4.59 所示为村田㊀设计的商用 SAW 滤波器的频率响应。

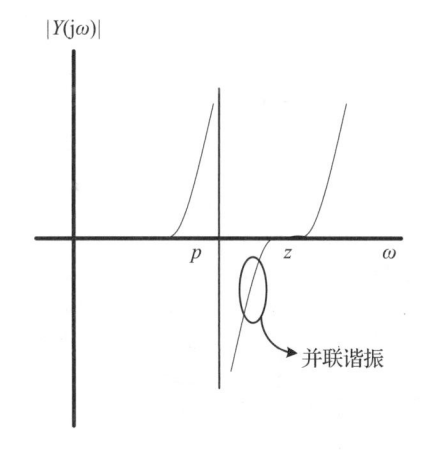

图 4.58 BAW(或 SAW)谐振器的极点和零点在其导纳处定义了并联和串联谐振

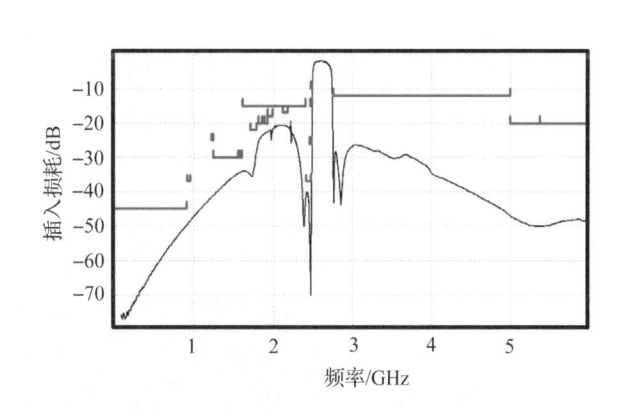

图 4.59 用于蜂窝平台的村田 SAW 滤波器的频率响应

该滤波器旨在用于蜂窝应用，并被调谐到 LTE 41 频段(2496～2690MHz)。该滤波器在 2.4GHz 的 ISM㊁ 频段(2402～2480MHz)有约 40dB 的阻带抑制。使用品质因数为 10～20 的集成电感和电容无法实现这种陡峭的阻带抑制。

㊀ 村田，PN：SAFRE2G59MA0F0A。
㊁ ISM 代表工业、科学和医学。

4.4.2 谐振器的物理实现

滤波器的核心元件是谐振器。BAW 和 SAW 技术与其他技术的不同之处在于，由于声学材料的传播损耗低，因此它们的 Q 值高得多。此外，由于声波速度（v）比电磁波的速度（与光速相当，约 300m/s）低几个数量级，声波谐振器和滤波器比其他技术的滤波器也就小得多。因此，相应的声波波长 $\lambda = \dfrac{v}{f}$ 也比电磁波波长短得多。最后，谐振器和滤波器通常是通过例如光刻或薄膜沉积等的半导体技术进行量产的，这使得生产成本更低⊖。

虽然 FBAR 和 SAW 谐振器的阻抗响应看起来相同（图 4.57），但谐振的实现方式却完全不同。顾名思义，SAW 是一种声波，它在晶体衬底的表面沿 y 方向传播（图 4.60），而 FBAR 在固体材料内部沿 z 方向传播（图 4.61）。在 SAW 中，运动的振幅随深度迅速衰减，并在一个波长内损耗大部分声能。

图 4.60　SAW 谐振器的物理结构

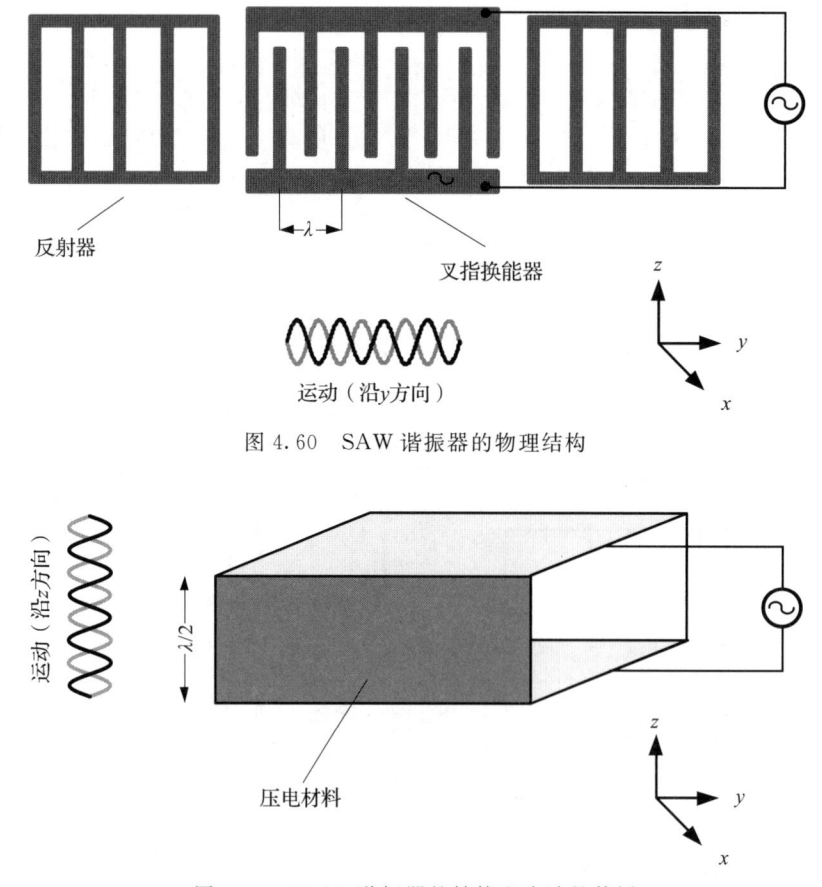

图 4.61　FBAR 谐振器的结构和声波的传播

⊖ 这里的声波，应该指的是声表面波，其波长比相应的电磁波短很多，因此滤波器的制作尺寸也就小很多。——译者注

制造 SAW 和 FBAR 器件的关键是使用压电材料作为介质,并使用换能器在电信号和声波之间进行转换。在压电材料中,电场的作用是产生机械应力或力。同时还存在逆效应,在材料上施加的应力也会产生电荷或电场。

图 4.60 所示为在压电衬底上工作的基本 SAW 谐振器。叉指换能器(IDT)是一对交错的梳齿,产生和接收 SAW。

因为叉指之间是交替连接的,叉指之间的电场和机械应力的方向交替变换。两个光栅反射器反射 SAW,并在其之间形成声腔。SAW 腔体的长度有几个波长,在这个腔体中会形成驻波。谐振发生的频率主要由 IDT 的音高决定。IDT 和光栅反射器由薄膜金属制成,金属通常是铝。

基本 FBAR 谐振器由夹在两个金属薄膜电极之间的氮化铝(AlN)压电材料薄膜层组成[30],如图 4.61 所示。FBAR 滤波器本身是在硅衬底上制造的,很容易在 CMOS 晶圆厂实现,从而很大程度上降低了晶圆成本。此外,还可以研发一种全硅封装,以减少大部分的后端成本。

参考图 4.61,两个电极之间的电压或电场激发出了声波。声波在两个电极的顶面和底面之间来回反射,在上电极的顶面和下电极的底面之间形成一个声腔。空气界面是将声波完全反射到介质中的理想边界。谐振产生的频率由压电层的厚度、电极的厚度和质量决定。在基波谐振时,这个声腔中只有一半的声波波长。

值得注意的是,FBAR 谐振器也可用作振荡器和产生参考信号[36-37]。它们的工作原理与将在第 9 章讨论的晶体振荡器非常相似,在这里跳过。

4.4.3 FBAR 与 SAW 滤波器的比较

这两种结构的滤波器在现今的无线电中都很常用,其各有优缺点[27,28,38]:

- 在射频频率下,FBAR 谐振器比 SAW 谐振器的品质因数更高。因此,BAW 滤波器具有更低的插入损耗和更好的选择性。
- FBAR 滤波器具有更好的功率处理能力(高达 36dBm),因为不同于 SAW 滤波器使用的长、窄且细的叉指结构(图 4.60),BAW 使用的是平板电容器的几何结构。显然,这对于发射机是至关重要的。
- FBAR 谐振器的温度系数比 SAW 稍好一些,但还是不如陶瓷滤波器。然而对于移动应用来说,陶瓷滤波器的体积太大,根本无法使用⊖。关于更多 FBAR 双工器的功率处理和温度系数的研究可参见文献[39]。
- SAW 滤波器更容易制造,因此通常更便宜。而 FBAR 需要更多的掩膜,因此制造时间更长。
- FBAR 谐振器通常具有更高的品质因数(FOM)。通常 FOM 被定义为[40]

$$\text{FOM} = k_{\text{teff}}^2 \times Q$$

式中,Q 是空载品质因数;k_{teff}^2 是耦合系数,是电极材料厚度比(电极厚度与压电材料厚度的比值)的函数。自从在薄膜中发现了钪,研发中的耦合系数可高达 20%,生产中的耦合系数为 10% 左右。空载品质因数在 2000~3000。因此,FBAR 谐振器对应的 FOM 约为 200,优于 SAW 谐振器。

尽管如此,这两种技术都发展迅速,而且都得到了广泛应用。特别地,SAW 滤波器更适用于较低的频率(例如 1GHz 左右),而 BAW 滤波器更适用于较高的频率(2GHz 及以上)。

⊖ 例如,一个陶瓷滤波器的体积可能是 5mm×5mm×10mm,而一个密封的 FBAR 滤波器体积是 0.5mm×0.5mm×0.2mm,陶瓷滤波器大约是其 5000 倍。

4.5 双工器

双工器是一个有三个端口的网络，分别连接天线（ANT）、发射机输出端（TX）和接收机输入端（RX），如图 4.62 所示。在 RX 和 TX 同时工作的某些应用场合，需要双工器将接收机与发射机理想地隔离开；将有效输出功率从 TX 传送到天线；并且将天线上感应的电压无衰减地传输到接收机输入端。考虑到对双工器的要求通常非常严苛（有关并行收发机或全双工收发机的详细讨论参见第 6 章），所以常使用 SAW 或 FBAR 技术实现[30,38,41]。

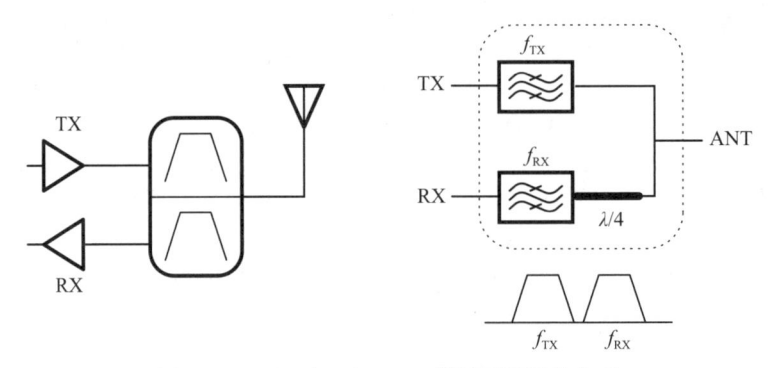

图 4.62 SAW/FBAR 双工器原理图及其实现

SAW（或 FBAR）双工器在 TX 和 RX 定义明确的不重叠的窄带频率内工作，同时在 TX 端口提供近似恒定的电阻。双工器由 RX 和 TX 的 SAW 带通滤波器组成，带通滤波器具有陡峭的过渡带，因此 RX 滤波器在 TX 子带上呈现一个小的输入电抗。之后，一条集成的 $\frac{\lambda}{4}$ 线将其转换为在 TX 滤波器输出端的大电抗，并且与天线也相连接。因此，在整个 TX 的频带上，连接到 PA 输出端的 SAW 滤波器基本上只连接有天线阻抗。因为是由非常短的声波波长设置的，因此 $\frac{\lambda}{4}$ 传输线的物理长度很短。

鉴于尺寸和成本方面的考虑，在芯片上集成双工器功能显然是非常可取的，尤其是在需要多个双工器的多频段（每个工作频段一个）应用中。另一方面，由于上一节中所指出的原因，即不高的品质因数和片上无源器件的变化，用集成电感和电容在芯片上模拟完全相同的设计性能的 SAW 或 FBAR 双工器是十分具有挑战性的。

为了克服这一基本限制，最近研究人员利用基于混合变压器的电平衡概念将可编程双工器集成到芯片上[42-46]。混合变压器的起源可以追溯到最早的电话时代[47-48]。在前电子时代的电话听筒中，它的作用是将麦克风与听筒隔离开来，使每个换能器上的一对电线上的信号通过双线环路传输到中央电话局，同时抑制麦克风与耳机之间的串扰。这一概念是通过一个集成的混合变压器来理想地隔离 RX 和 TX，而不是隔离麦克风和耳机。这种变压器的三种变化如图 4.63 所示。

图 4.63 的三个电路分析起来非常相似，现在先集中分析最右边的电路，这可能更适合于射频电平衡双工器。混合变压器的初级是对称的，一端连接天线，另一端连接到理想情况下正好等于天线阻抗的平衡阻抗（Z_{BAL}）。考虑到电路的对称性，施加到初级中心抽头的 TX 的输出，平均分配给天线和平衡阻抗，其中一半功率传输给天线，另一半则浪费在平衡网络中。另一方面，假设完全对称，由于初级线圈两端的信号为共模信号，所以在要驱动差分 RX 的次级线圈上不会感应出任何信号。因此，接收机与发射机被理想地隔离。该电路还具有额外的优点，即

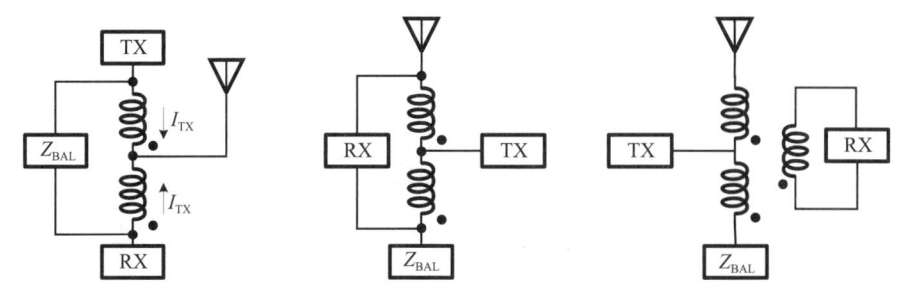

图 4.63 电平衡双工器的不同实现方式

接收机的输入为差分输入。如果保持对称性，则电路能够在宽带宽上提供大的隔离度。特别是，在平衡时，自耦变压器两端没有净差分电压，因此自感电流为零。带宽最终受到变压器或周围电路中不对称寄生元件的限制。相比之下，左图中的电路，工作原理在概念上非常相似，其隔离带宽不如自耦变压器的自感，引入了相移并在很大程度上限制了隔离带宽。最后，中间电路的缺点是 RX 直接连接到天线，因此可能被严重压缩，而隔离仅仅是通过接收机的共模抑制来实现的。在文献[42]中可以找到其更完整的分析。

然而，电平衡双工器有几个影响较大的缺点：首先，一半的 TX 信号浪费在平衡网络中，并且由于 Q 值有限而增加了变压器的实现损耗，信号损耗可能高达 4dB，这是一个非常大的损耗。相比之下，使用 SAW 技术的外部双工器的典型插入损耗仅为 1.5～2dB。其次，RX 端口的隔离取决于平衡网络与天线阻抗的匹配程度。这需要一个复杂的可编程网络，该网络应能够承受与天线输出端一样大的信号，因此很难设计。尽管如此，在最近的文献[43-46]中，人们已经作出了巨大的努力来克服这些问题。

4.6　N 路滤波器

除了 SAW 或 FBAR 滤波器之外，另一种在射频上创建精确控制和陡峭滤波器的方法是采用 N 路滤波的概念。与声表面波滤波器不同，N 路滤波器是可编程的，这是一个实质性的优点，但也有其自身的局限性和不足。N 路滤波器最好在无源混频器的背景下理解，因此将在第 8 章中进行详细分析。不过，考虑到相关性，在本节中提供一个概述，而将分析性的讨论放到无源混频器部分讲解。除了混频器章节之外，更多内容还可参见文献[49-53]。文献[54]也给出了总结和一些历史观点。

大概第一个 N 路滤波器的实例，也被称为 Barber 滤波器，是由 Barber 在 1947 年描述的[55]，图 4.64 在概念上对其进行的描述。

假设在滤波器 f_0 处输入一个需要的信号，在 f_1 处输入一个邻近的干扰信号。例如，2.4～2.48GHz 频段中有用的 WLAN 信号可能伴随着 2.51GHz 频率处的 LTE 41-频段的干扰信号。这样传统的射频滤波器必须具有 2.4～2.48GHz 的通带，即 80MHz 带宽，中心频率为 2.44GHz。中心频率与通带的比值约为 30。为了使滤波器在距离 LTE 干扰源 30MHz 的频率偏移处周围提供足够的抑制，滤波器元件的 Q 值必须远大于 30，比如 Q 值为几百或几千，这一任务可能只能由 SAW 或 FBAR 谐振器来完成。另一方面，如图 4.64 所提出的，可以在 f_0 处使用复数乘法对滤波器输入端的信号进行频移（即下变频）。现在，有用的信号位于直流处，无用的干扰信号位于 $f_1 - f_0 = \Delta f$ 处，很容易用低通滤波器滤除。例如，一个三阶巴特沃斯滤波器的 3dB 通带边缘为 10MHz，在干扰源所在的 30MHz 频率处提供超过 28dB 的抑制。然后通过另一组正交乘法器将滤波后的信号移回到原来需要的 f_0 处。显然，通过信号的频移，可以将低通

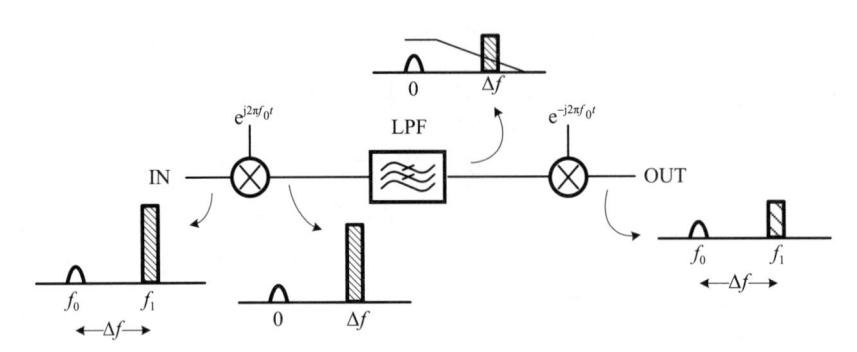

图 4.64 文献[55]中描述的 N 路滤波器

滤波器变成在已知的确切频率 f_0 处的窄带滤波器。另一方面，如前所述，使用集成元件可以非常有效地实现低通滤波器。

实际的复数乘法可以使用图 4.65 所示的 2 路滤波器结构来完成。注意，在需要的信号所处的位置周围，LPF 具有大小为 1 的增益，并且根据需要，信号会有效地乘以 $\cos^2 2\pi f_0 t + \sin^2 2\pi f_0 t = 1$。在大多数情况下，乘法器和信号是差分的，有效地实现了 4 路滤波器，这也是最常见的 N 路滤波器的实现方式。

图 4.66 所示为 Smith[56] 提出的单端口 N 路滤波器的实现方法。除了图 4.65 中所实现的滤波器是二端口外，两者的思路非常相似，都涉及频移。单端口 N 路滤波器包括一个旋转开关，旋转开关连接到 N 个相同阻抗 Z_1 的每一个的一端。假设开关以恒定频率 $\omega_0 = \dfrac{2\pi}{T}$ 旋转，每转一圈，与每个网络接触一小段时间 $\dfrac{T}{N}$。希望求出从单端口看进网络的阻抗 Z_2。

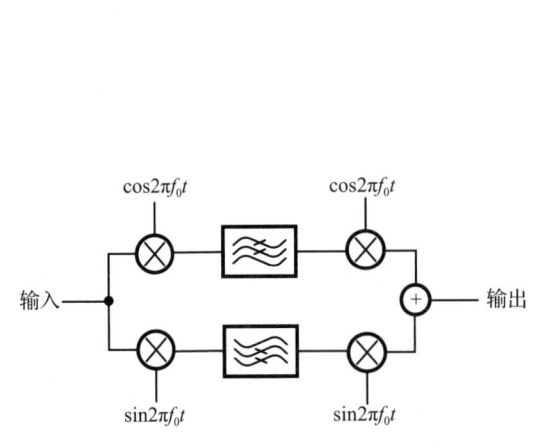

图 4.65 实现频移的 2 路滤波器的实例

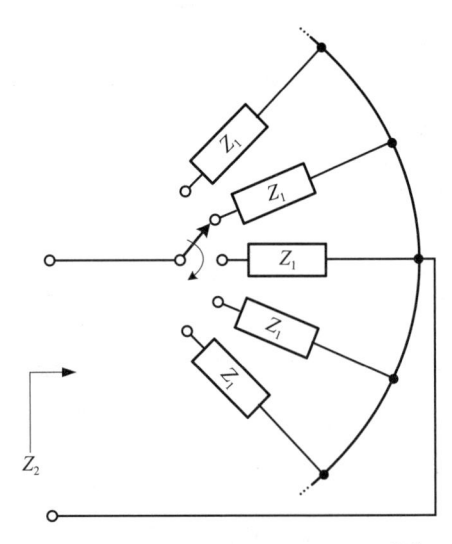

图 4.66 Smith 提出的 N 路滤波器[56]

虽然文献[56]作了简化，假设网络是时不变系统，但其结果是相当准确的，并提供了一些见解，所以在这里重新做一个总结。

第 4 章 射频滤波器与中频滤波器   189

由于 Z_1 是一个 LTI 网络，可以将典型的冲激响应 ($h_1(t)$) 与其相关联，如图 4.67 中的虚线所示。接下来，试着求出 N 路网络的冲激响应，也就是，将 1C(库仑)电荷瞬间释放至网络中，其在网络上所产生的电压。电流冲激通过换向开关进入其中一个网络，并在该网络中产生电压响应 $h_1(t)$。在较短时间后，换向器离开该网络，然后在很短的时间 $\frac{T}{N}$ 内对网络上的电压进行采样，此后每转一圈重复一次。因此，开关臂上的电压，即冲激响应 $h_2(t)$ 就如图 4.67 右图所示，可以写为

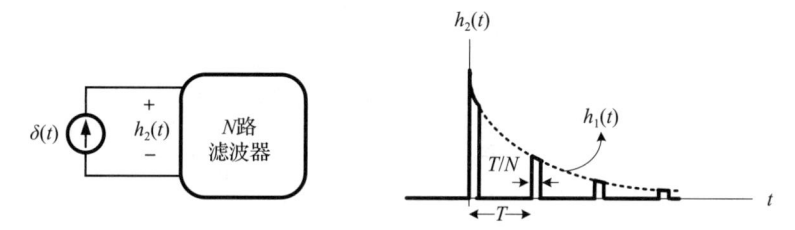

图 4.67 Z_1 的冲激响应和 N 路滤波器的冲激响应

$$h_2(t) = \begin{cases} h_1(t), & nT < t < (n+1)T \\ 0, & \text{其他} \end{cases}$$

式中，n 是大于或等于 0 的整数。

如图 4.68 所示的冲激响应 $h_2(t)$ 可表示如下：

$$h_2(t) = h_1(t) \cdot f(t) = h_1(t) \sum_k a_k e^{jk\omega_0 t}$$

式中，$a_k = \frac{1}{N} e^{-j\frac{k\pi}{N}} \text{sinc}\left(\frac{k}{N}\right)$ 是 $f(t)$ 的傅里叶级数系数。

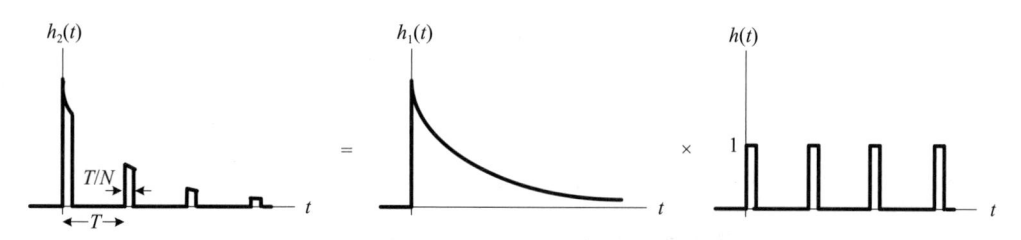

图 4.68   将冲激响应 $h_2(t)$ 表示为 $h_1(t)$ 与采样函数 $f(t)$ 的乘积

因此，在频域中，

$$Z_2(\omega) = F[h_2(t)] = \sum_k a_k Z_1(\omega - k\omega_0)$$

这清楚地表明阻抗 Z_1 频移到 ω_0 处(开关旋转频率)，而且其谐波具有 sinc 函数包络。围绕主谐波有

$$Z_2(\omega) \approx a_1 Z_1(\omega - \omega_0) + a_1^* Z_1(\omega + \omega_0)$$

如前所示，在文献[56]中的分析，以及在文献[57-58]中的分析都涉及采样数据的近似，因此采样数据带通滤波器这一术语被普遍使用。第 8 章对无源混频器进行的更严格的分析表明，对于 $\omega=4$，在基波附近有

$$Z_2(\omega) \approx R_{\text{SW}} + \frac{2}{\pi^2}[Z_1(\omega - \omega_0) + Z_1(\omega + \omega_0)]$$

式中，R_{sw} 是一个开关的导通电阻。因为在任何时间点，有且仅有一个开关处于导通状态，所以这只发生在移位阻抗的序列中。

N 路滤波器在 20 世纪 70 年代和 80 年代非常流行，用于开关电容滤波器的低频应用中[4]，但直到最近才进入射频领域[59-62]，主要是由于纳米 CMOS 技术的发展出现了性能良好的射频开关。16nm CMOS 中 4 路滤波器的示例如图 4.69 所示。阻抗 Z_1 是用一个简单的电容实现的，这样很有好处，因为它本质上具有非常好的线性且无噪声。

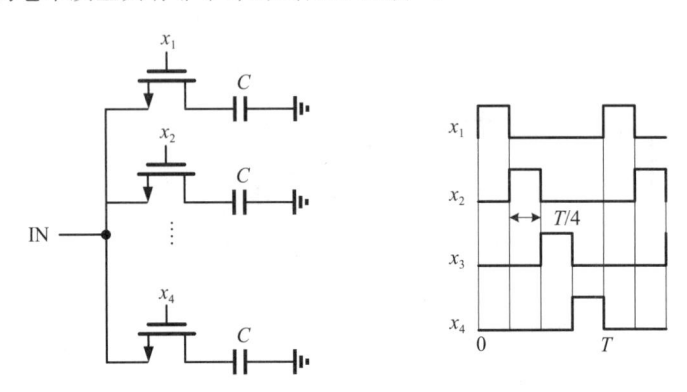

图 4.69 4 路滤波器的 CMOS 实现和开关的相应波形

示例： 图 4.69 中的 4 路网络（由理想电流源驱动）的模拟电抗如图 4.70 所示，开关以 2GHz 的频率转换，电容值为 20pF。显然电容被转移到频率 $\pm \omega_0$（及其谐波）处，并且在 $\pm \omega_0$ 附近有效地表现为并联谐振电路。即使使用理想的开关，考虑到电路的时变特性以及高次谐波混叠至初始频率，该谐振电路仍然是有损的[62]。尽管如此，它仍然获得了优于集成 LC 谐振电路的品质因数，更重要的是，它的谐振频率是受严格控制的，并且易于编程。

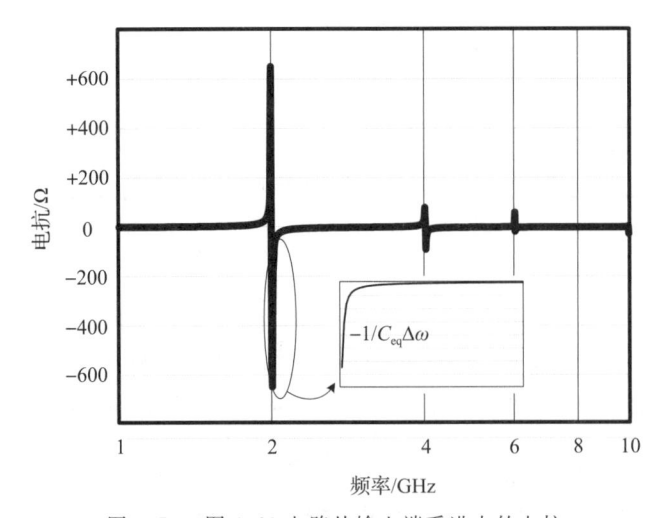

图 4.70 图 4.69 电路从输入端看进去的电抗

使用类似图 4.69 的 N 路谐振器，就可以构建高 Q 值的带通滤波器。如图 4.71 所示，是一个简单的二阶滤波器的实现。在 2GHz 时，N 路电路是理想的开路，信号能够通过。然而，考虑到 N 路网络为有限 Q 值，模拟出的插入损耗约为 2.4dB。除了有限的 Q 值外，开关在 2GHz 时的寄生电容也会使损耗增加。由参考文献[50]可知，4 路滤波器的电阻部分产生的通带插入损耗为 $\frac{8}{\pi^2}$ 或 1.8dB，而剩余的 0.6dB 显然是由于开关的电容产生的（估计约为 100fF）。

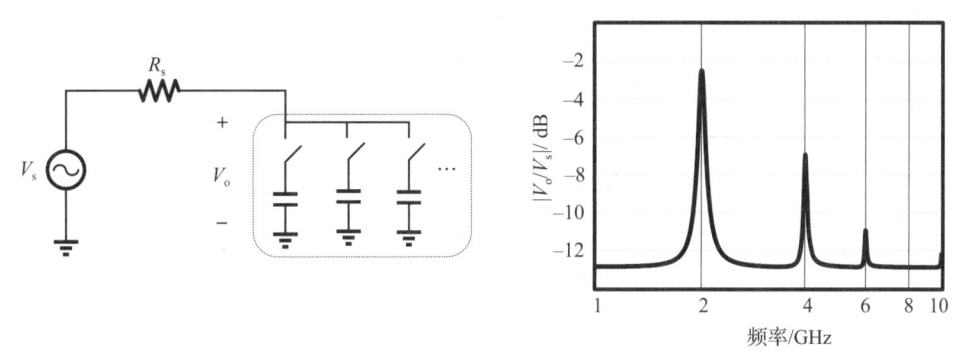

图 4.71 基于图 4.69 的 N 路谐振器的简单二阶带通滤波器及其频率响应

在较远频率处的滤波器抑制主要受到非零开关电阻的限制。在这种情况下，开关的电阻约为 20Ω，将抑制限制在 11dB 左右。

高阶滤波器可以通过使用有源电路（例如跨导）进行参差调谐以及耦合谐振器的实现[52-53]。

用简单电容转换的 N 路网络一般是低噪声的。但是，控制开关的时钟信号的噪声通过互易混频最终决定了最大允许干扰源（见第 6 章）。这就意味着在大多数情况下，这种滤波器不能用于降低噪声；相反，通常它们更适合用于衰减大信号以及减小放大器的压缩。另外，滤波器的线性度受开关的限制，因此很难用于发射机的输出端。在接收机中，滤波器的信号多限制在几个 dBm。它们还会受到谐波混叠的影响，如图 4.71 所示。基于上述原因，N 路滤波器并不能真正取代 SAW 或者 FBAR 滤波器，但肯定有助于放宽无线电，特别是接收机的线性度要求，并且在现代无线电产品中得到了广泛的应用。

4.7 正交滤波器

正如在第 2 章中所指出的，正交信号和正交滤波器在射频接收机和发射机中均有着广泛的应用。正交滤波器是一种全通网络，它只不过是将正频率分量的相位移动-90°，将负频率分量的相位移动+90°。由于±90°相移与乘以 $e^{\pm j90°}=\pm j$ 是等效的，所以传递函数可以写成

$$H_Q(f) = \begin{cases} -j & f > 0 \\ +j & f < 0 \end{cases}$$

并且还证明了，对于任意输入 $x(t)$ 通过该正交滤波器（$h_Q(t)=1/\pi t$ 为冲激响应），会得到一个输出 $\hat{x}(t)$，将其定义为输入的希尔伯特变换：

$$\hat{x}(t) = x(t) * \frac{1}{\pi t} = \frac{1}{\pi} \int_{-\infty}^{\infty} \frac{x(\tau)}{t-\tau} d\tau$$

因为 $h_Q(t)$ 是非因果的，希尔伯特变换或通常的 90°相移在物理上是不可实现的，尽管其工作情况可以使用一个真实的网络在有限的频率范围内很好地近似。如果 $x(t)=A\cos(\omega_0 t+\varphi)$，则 $\hat{x}(t)=A\sin(\omega_0 t+\varphi)$。此外，任何由正弦曲线之和组成的信号都遵循上述原则。

在该背景下来详细了解一下正交滤波器和正交信号生成。

4.7.1 无源多相滤波器

正交信号生成和 90°相移可以通过使用一类称为多相滤波器的网络来实现[63]。虽然滤波器的结构是对称的，但其频率响应不对称，也就是说，滤波器对正频率和负频率的响应是不同的。考虑图 4.72 中的 4 相网络，其中应用了两组共 4 个相同的向量，每个向量彼此相移 90°。两组之间的区别在于，其中一组，逆时针旋转时向量是滞后的，而另一组向量是超前的。预计 $H_{pp}(f) \neq H_{pp}(-f)$，乍一看这意味着 $H_{pp}(f)$ 不是实数，尽管实际情况并非如此。

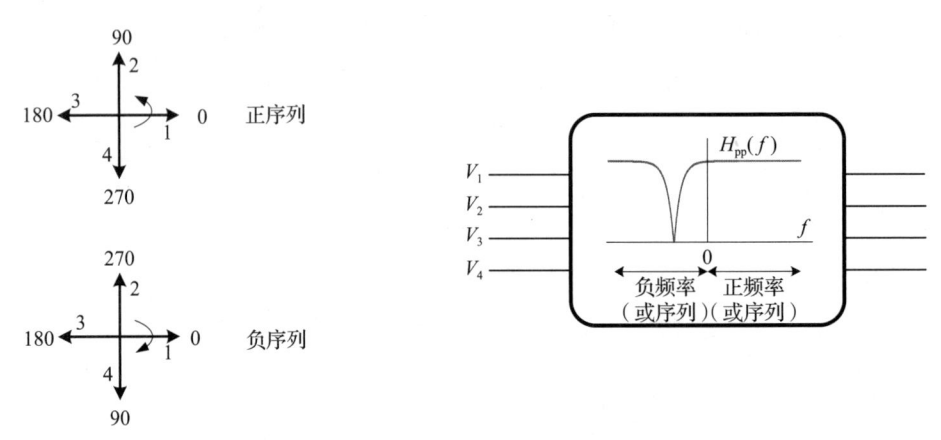

图 4.72 输入有正负序的 4 相网络

虽然实际射频信号只有正频率，但在复频域中，一组向量可以被看成具有相同大小的幅度，但是频率是相反的，因为它们旋转的方向相反。多相滤波器对每一组向量的响应是不同的。通过研究 LP 到 BP 的频率变换，可以理解在频率响应中产生这种不对称背后的基本原理。对于一个真正的带通滤波器（BPF），如前面所介绍的，频率变换要求的变化为 $\omega \leftrightarrow \dfrac{\omega^2 - \omega_0^2}{\omega}$。这将相应地保持负频率和正频率的对称性，如图 4.36 所示。相反，如果用 $\omega \leftrightarrow \omega - \omega_0$ 对频率进行变换，则不能保持对称性。然而，使用实际的元器件无法实现这种转换。例如，电容导纳需要的变化为 $jC\omega \leftrightarrow jC\omega - jC\omega_0$。这就要求原来的电容与一个与频率无关的元件（例如值为 $-jC\omega_0$ 的电阻）并联，该并联元件的值是复数。这个问题可以使用多相网络，采用多相输入的形式来解决，例如用 4 相实现正交序列。因此，电阻的因子 j 可以通过将该电阻连接到第二个输入（幅值相同，相移 90°）来获得。得到的复电容如图 4.73 所示。

图 4.73 复电容的实现

一阶 4 相 RC 滤波器就可以用这个方法来实现，如图 4.74 所示。电路是对称的，并且采用差分正交信号作为输入。由于与信号串联的实际电容为高通，即在直流上为零（隔直流），所以预计多相滤波器具有相同的特性，但移位到 $\omega_0 = \dfrac{-1}{RC}$ 处，如图 4.74 所示。或者，多相传递函数可以基于以下事实来理解，在正序列（或正频率）输入的情况下，在经历来自每个 RC 支路的相移后，信号被相关相加，从而在 $\omega = \dfrac{1}{RC}$ 或其附近产生增益为 $\sqrt{2}$ 的平坦通带。

另一方面，对于负序列，输入在相移之后被减去。实际上，在负序列的确切频率 $1/RC$ 处，

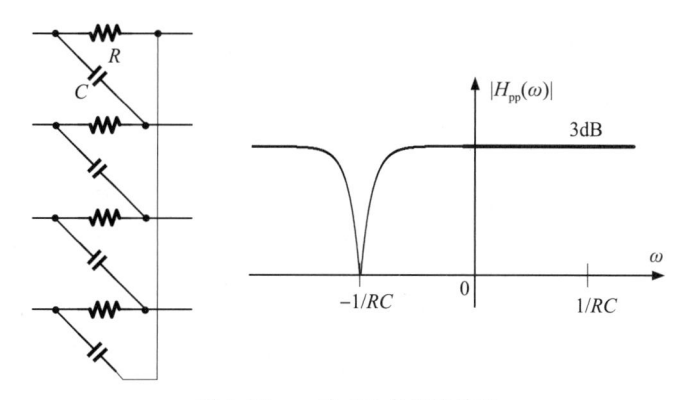

图 4.74　一阶 RC 多相滤波器

相隔 $-90°$ 的 4 个信号中的每个信号，都另有 $+45°$ 的相移，它们会完全抵消，从而在传递函数中产生零点。

注意，图 4.74 中绘制的滤波器响应并不完全准确。多相滤波器的确是由实际元件(电阻和电容)组成，并由真实信号驱动，因此其频率响应沿 y 轴对称。响应图中忽略了一个情况，即在负频率下，输入的相位序列会发生变化(图 4.72)。换句话说，对于主序列(标记为 main)，滤波器将具有对称的平坦通带，而对于镜像序列(标记为 image)，滤波器则具有零通带，如图 4.75 所示。4.7.4 节中，将在单边带或镜像抑制接收机的论述中，阐明调用主序列还是镜像序列的原因。图 4.74 的曲线图简要地表示了滤波器的特性，结合了两个序列的响应，并将一个分配给负频率，另一个分配给正频率。

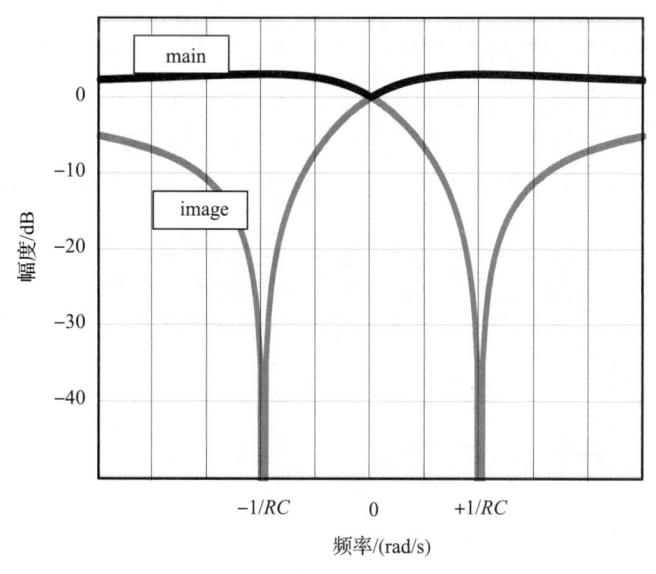

图 4.75　一阶多相滤波器对两个输入序列的频率响应

注意，对于主序列来说，通带并不是很平坦。在非常低和高的频率处通带增益为 1(或 0dB)，正好在 $\omega = \pm \dfrac{1}{RC}$ 处增益达到峰值 $\sqrt{2}$ (或 3dB)。对于主序列和镜像序列，一阶多相滤波器

(仅适用于正频率)的传递函数如下所示：

$$H_{\text{main}}(j\omega) = \frac{1+RC\omega}{1+jRC\omega}$$

$$H_{\text{image}}(j\omega) = \frac{1-RC\omega}{1+jRC\omega}$$

对于很多应用来说，一阶多相滤波器创建的零通带可能太窄。为了扩展零通带带宽，可以将几级交错调谐进行级联，这在所有滤波器设计中都很常见。三级级联的滤波器相应传递函数如图 4.76 所示(主响应和镜像响应相结合)，每一级都是相同的，只是调谐到 $1/R_1C_1 < 1/R_2C_2 < 1/R_3C_3$。除了级联的级数外，扩展带宽也是最小阻带零深度的函数。与通带增益为 3dB 的空载级不同，当两个相同的级相互连接时，会产生 3dB 的通带损耗，并且增加更多的级，会使损耗迅速增加。

使用多相滤波器时的实际问题包括通带损耗、前级负载、噪声以及由于元件间有限匹配而产生的零深度限制。更全面的研究可参见参考文献[64]。

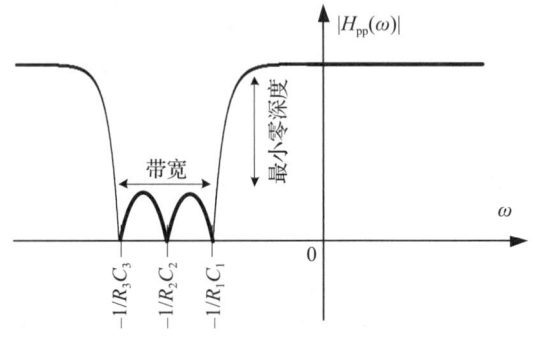

图 4.76 三阶无源多相滤波器的频率响应

4.7.2 有源多相滤波器

使用图 4.73 所示的类似技术，可以实现有源多相滤波器的组合[65]。图 4.77 所示为一个二阶有源多相滤波器的示例，右图为其相应的传递函数。正如所预料的，一阶有源低通滤波器(在顶部或底部的每个分支)的响应只是在频率上发生了移动。如图 4.73 所示，交叉耦合电阻连接起来构成复电容。负电阻可以简单地用差分结构实现，不过为了方便起见，将滤波器绘制成了单端的。滤波器的通带增益为 A，3dB 带宽为 $\frac{2}{RC}$，中心频率为 $\omega_0 = QB = 2Q/RC$。虽然因为其复杂性而不常见，但基于图 4.73 所示的相同概念，也可以使用多相滤波器的其他变体，如梯形结构[66]。

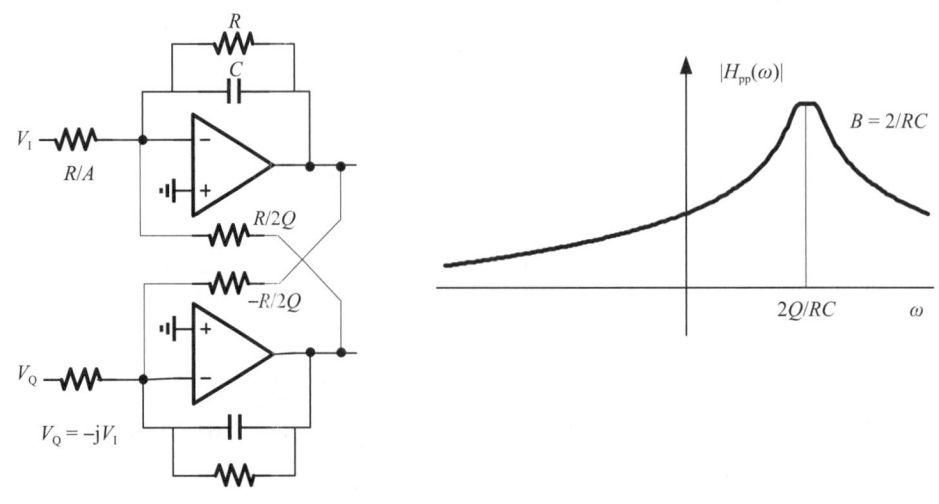

图 4.77 二阶有源多相滤波器

第 4 章 射频滤波器与中频滤波器   195

示例：图 4.78 所示为应用于蓝牙的单级有源多相滤波器。并给出了 I 路输出的滤波器传递函数。Q 路输出具有相同的幅度，但相位相差 90°。要求滤波器的中心频率为 2MHz，3dB 带宽为 2MHz。输入电阻调节到通带电压增益为 20dB。

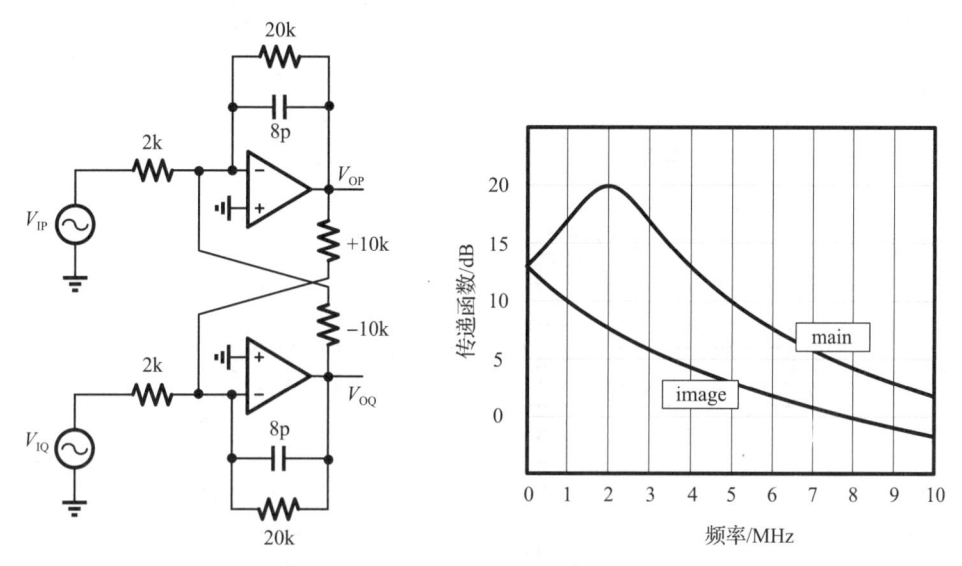

图 4.78 用于蓝牙的二阶滤波器和模拟的滤波器传递函数

给出的两个传递函数一个是 I 超前 Q，一个是 I 滞后于 Q。后者，标记为 image 的，可以认为是负频率，因此当翻转并附加到第一个传递函数时，将类似于图 4.77 中的合成图。这种一阶滤波器的镜像抑制是相当小的，大约为 13dB。像其他类型的滤波器一样，必须多级参差调谐才能产生更陡峭的抑制。

示例：为了改善前面示例中滤波器的抑制性能，希望设计一个相同中心频率和同样的 3dB 带宽为 2MHz 的二阶巴特沃斯滤波器。

二阶巴特沃斯滤波器的特征函数为 $K(s)=s^2$，所以有 $H(s)=s^2+\sqrt{2}s+1$。因此其在 $\frac{\sqrt{2}}{2}\pm j\frac{\sqrt{2}}{2}$ 处有两个复极点（或固有频率）。单级有源多相滤波器（图 4.77）实现的传递函数为

$$\frac{-\dfrac{A}{RC}}{j\omega+\dfrac{1}{RC}-\dfrac{j2Q}{RC}}$$

假设归一化的低通极点为 $\alpha\pm j\beta$，缩放因子为 k，则移至 ω_0 将导致

$$\frac{1}{RC}-\frac{j2Q}{RC}=k\alpha\pm jk\beta-j\omega_0$$

因此，

$$\frac{1}{RC}=k\alpha$$

$$Q=\frac{\omega_0\pm k\beta}{2k\alpha}$$

选择将所有反馈电阻任意设置为 $R=20\text{k}\Omega$，因为 $\alpha=\frac{\sqrt{2}}{2}$，$k=2\pi\times10^6$（注意，等价的低通带宽为 1MHz），可以得到 $C=11.3\text{pF}$。由 $\omega_0=2\pi\times2\times10^6$，对于两级的，得到 $Q_1=0.93$，$Q_2=1.92$。有意地将较低的 Q 值分配给第一级，因为调谐的频率较低，这使得第一级输出产生了更多的阻带滤波。

图 4.79 所示为完整的二阶滤波器示意图。第一级的增益调整为 20dB，但因为调谐在 1.41MHz 处，在 2MHz 处有大约有 6dB 的增益下降，所以，要得到 20dB 的净增益，第二级的输入电阻应被缩放，使整个滤波器电路具有 20dB 的净通带增益。

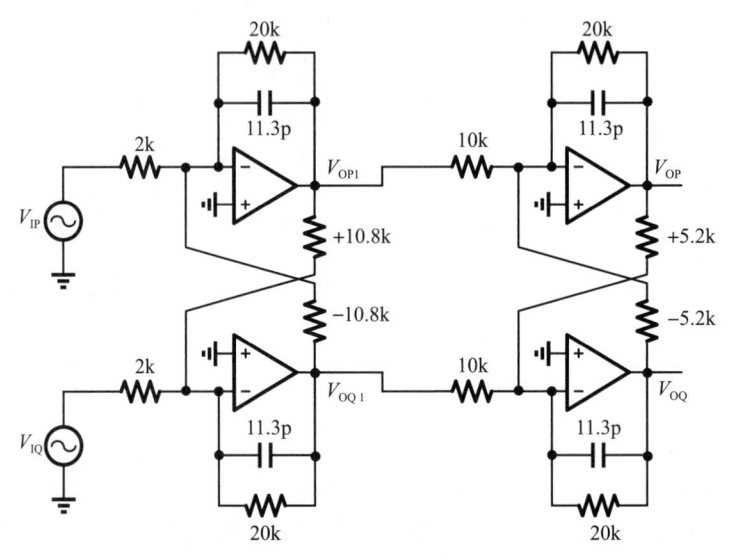

图 4.79 二阶有源多相滤波器

滤波器的频率响应如图 4.80 所示。同时给出了调谐在 1.41MHz 处的滤波器第一级输出响应。在 2MHz 处的镜像抑制现在为 25dB。

与对应的无源多相滤波器不同，有源多相多级提供增益，并且通常也会滤波，而无源多相多级滤波器仅抑制镜像，对其他频率影响不大。当然，有源滤波器的代价是更多噪声和功耗更大。

4.7.3 正交信号的生成

要使多相滤波器正常工作，则需要多相信号。例如，前面所示的在 4 相网络例子中需要的正交输入。产生正交信号的方法有多种；或许最自然的方法是使用前面所示的多相网络。考虑图 4.81，差分输入（2 相）施加到多相滤波器上，多相滤波器的其他相邻输入短路。2 相输入可以分成两个具有相反序列的 4 相信号。

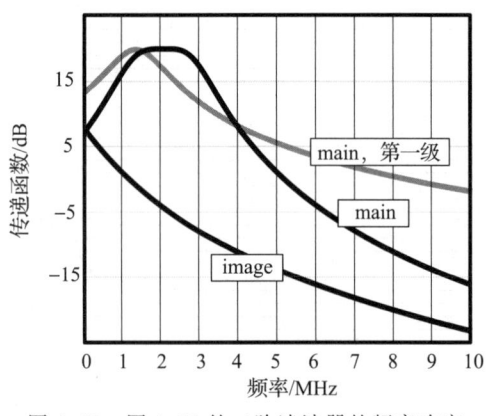

图 4.80 图 4.79 的二阶滤波器的频率响应

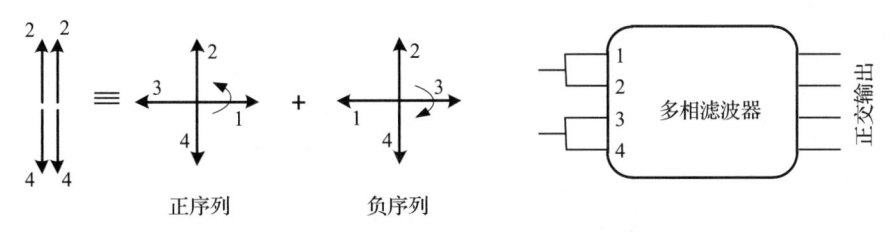

图 4.81 用多相滤波器生成正交信号

假设适当地选择一个序列信号频率,使其在滤波器的阻带内,该序列将会被多相滤波器抑制。所生成的正交输出信号比输入信号的幅度小 6dB,但由于平衡无负载多相有 3dB 的通带增益,因此总的通带损耗为 3dB。为了获得合理的带宽,并覆盖 RC 工艺上的变化,可能需要多级级联,这便会导致更多的损耗。因此,使用多相滤波器生成正交信号不一定是最好的选择。

一种更常见的方法是使用分频比为 2^n 的分频器,例如,2 分频。只要分频器功能正常,就可以产生带宽更宽的精确的正交信号(图 4.82)。缺点是主振荡器的振荡频率要求更高,至少是原来的两倍。但是,主振荡器工作频率与载波频率不同还有另外的优点,将在第 12 章中讨论。由于以上原因,在大多数现代无线电中,2 分频(或 4 分频)似乎是生成正交信号最具吸引力的方法。第 10 章将进一步讨论分频器及其限制。

图 4.82 用于生成正交输出的二分法

示例:考虑如图 4.83 所示的用于生成正交信号的两级多相滤波器。在 5.5GHz 处谐振的 R 和 C 值分别为:$R=1\mathrm{k}\Omega,C=29\mathrm{fF}$。为了保证在中心频率 5.5GHz 附近尽可能平坦,每级的频移为 $\pm 10\%$,如图中所示。

在习题 24 中,证明了如果两个级完全相同,则第一级的 I 输出的传递函数为

$$\frac{1+jRC\omega}{1+4jRC\omega-(RC\omega)^2}$$

第二级的 I 输出为

$$\frac{1+RC\omega}{1+4jRC\omega-(RC\omega)^2}$$

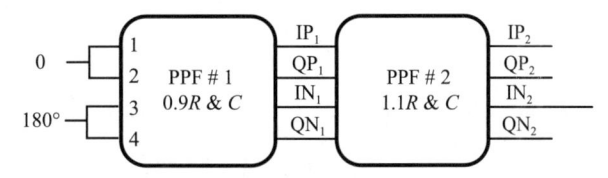

图 4.83 两级多相正交信号发生器

因此,第一级有 $\frac{|1+j|}{|4j|}=9\mathrm{dB}$ 的通带损耗$\left(\text{准确地说是在}\omega=\frac{1}{RC}\text{处}\right)$,因为第二级有 3dB 的增益,因而总损耗约 $\frac{|1+1|}{|4j|}=6\mathrm{dB}$。在 5.5GHz 时,两级仿真得到的损耗分别为 8.1dB 和 5.6dB。因为假设了两级是一样的,由于这一近似的原因,所以出现了微小的差异。

类似地,第一级的 Q 输出传递函数为

$$\frac{jRC\omega(1+jRC\omega)}{1+4jRC\omega-(RC\omega)^2}$$

且第二级的 Q 输出传递函数为

$$\frac{jRC\omega(1+RC\omega)}{1+4jRC\omega-(RC\omega)^2}$$

因此，I 和 Q 输出之间的增益失衡的大小为

$$\frac{|1+RC\omega||1-RC\omega|}{\sqrt{(1-(RC\omega)^2)^2+(4RC\omega)^2}}$$

图 4.84 给出了每一级 I/Q 增益幅度失衡的模拟值。

注意，考虑到滤波器的对称特性（只要不存在失配），所有输出在所有频率下都具有完美的相位差，而增益失衡则是与频率相关的，如图 4.84 所示，并且可以用公式预测。

因为添加了第二级，极大地扩展了增益平坦度的频率范围，例如，从 $4.2\sim7.2\text{GHz}$ 的范围内，增益失衡保持在 0.25dB 以下。

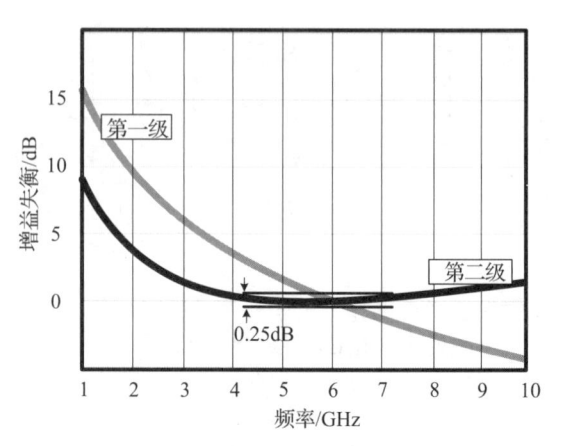

图 4.84 图 4.83 多相滤波器的增益失衡仿真

4.7.4 多相滤波器在单边带接收机中的应用

多相滤波器经常用在第 2 章中介绍的单边带接收机或镜像抑制接收器中。在那里证明了利用正交乘法和希尔伯特变换，可以抑制载波的一个边带周围的频谱（图 4.85 左框图）。如图 4.85 右框图所示，希尔伯特变换可以通过多相滤波器在模拟域中实现。在很多情况下，乘法器输出是差分的，因此根据多相滤波器的需要，正交信号差分相乘会生成标记为 I＋、I－、Q＋和 Q－ 的 4 相序列。

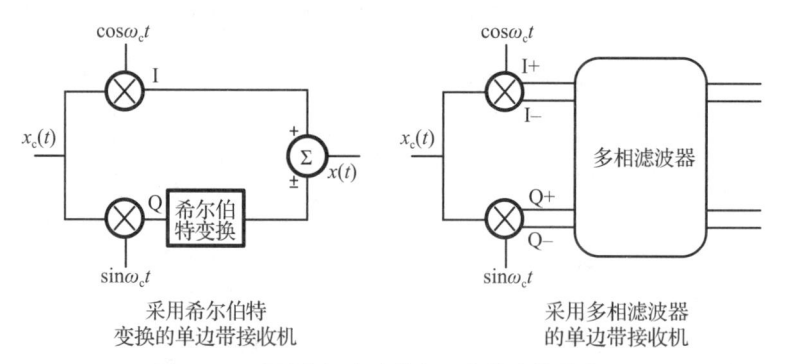

图 4.85 采用多相滤波器实现的单边带接收机

为了理解接收机的工作原理，假设接收端的输入是载波上边带的单音信号，即

$$x_c(t) = \cos(\omega_c + \omega_m)t$$

相乘后，假设乘法器低通滤波器的高频分量出现在 $2\omega_c$ 附近，则在多相滤波器的输入端出现下列信号：差分 I 输入端为 $\pm\cos\omega_m t$，差分 Q 输入端为 $\mp\sin\omega_m t = \pm\cos(\omega_m t + 90°)$。因此，Q 输入超前 I 输入 90°。这时如果输入位于下边带，即

$$x_c(t) = \cos(\omega_c - \omega_m)t$$

那么差分 Q 输入变为 $\pm\cos(\omega_m t - 90°)$，而差分 I 输入保持不变，也就是说 Q 输入现在滞后于 I

4.8 总结

本章讨论了无线电射频和中频多级中使用的滤波器的拓扑结构。
- 4.1 节讨论了理想滤波器及其因果关系。
- 4.2 节讨论了滤波器的具体要求和可实现性的一般原则,并给出了两端端接的 LC 梯形滤波器的设计步骤。
- 继 LC 滤波器之后,4.3 节介绍了 opamp-RC 和 g_m-C 有源滤波器。在大多数现代无线电中,有源滤波器广泛用于发射机和接收机的中频。
- 4.4 节讨论了声表面波滤波器和体声波滤波器。这两种滤波器通常用于收发机的射频输入端。
- 4.5 节简要介绍了 SAW 和 FBAR 双工器。此外,还介绍了作为外部双工器替代方案的电平衡双工器。
- 4.6 节讨论了 N 路滤波器,在最近的大多数接收机中很流行。
- 最后,在 4.7 节讨论了正交信号,多相滤波器和正交信号生成的原理。

4.9 习题

1. 下图所示电路的输入阻抗表示为

$$Z(s) = \frac{N(s)}{D(s)} = \frac{a_n s^n + a_{n-1} s^{n-1} + \cdots + a_1 s + a_0}{b_m s^m + b_{m-1} s^{m-1} + \cdots + b_1 s}$$

式中,$|n-m| \leqslant 1$。

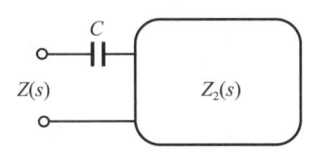

证明串联输入电容的值为

$$C = \frac{\frac{\partial}{\partial s} D(s) \big|_{s=0}}{N(0)}$$

2. 单端口网络输入阻抗为

$$Z(s) = \frac{2s^3 + 2s + 1}{s^2 + 1}$$

用习题 1 类似的方法,求出串联输入电感的值,并综合出电路的其余部分。

3. 对于因果函数 $h(t)$,具有有限的能量 $\left(\int_{-\infty}^{\infty} |H(\omega)|^2 d\omega < \infty \right)$,佩利-维纳定理表明 $\int_{-\infty}^{\infty} \frac{Ln|H(\omega)|}{1+\omega^2} d\omega$ 必定存在且是有限的。因此,证明如图 4.1 所示的理想滤波器是不存在的。

4. 作为上一习题证明的替代，在本题中，证明理想滤波器需要无限多个元件，因此是不可实现的。
   (a) 证明有理函数
   $$|K|^2 = \frac{a_0 + a_1\omega^2 + \cdots + a_n\omega^{2n}}{b_0 + b_1\omega^2 + \cdots + b_m\omega^{2m}}$$
   除非对于所有 i 有 $a_i = 0$，并且因此此时 $|K|^2 = 0$。否则，在 $0 \leqslant \omega \leqslant \omega_p$ 的频率范围内均不为零。
   (b) 用与(a)部分相同的推理，证明 $\dfrac{1}{|K|^2}$ 在某一频率范围内的任一点都不可能为零。这意味着什么？

5. 考虑下面的三阶最大平坦滤波器。
   (a) 根据定义直接计算转导参数。
   (b) 求出 LC 二端口网络阻抗参数。
   (c) 用二端口网络 z 参数间接计算问题(a)。
   (d) 假设 $|V_s| = 1\text{V RMS}$，求出在 $\omega = 0$、$\omega = 1$ 和 $\omega = 10\text{rad/s}$ 时的反射功率和传递给负载的功率。

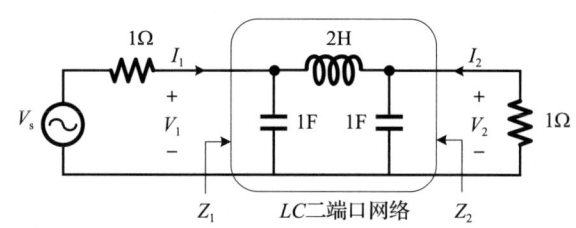

6. 虽然基于二端口网络的 z 参数便可以直接求得转导系数 ($H(s)$)，但下面介绍的是一种更简单和简洁的方法。
   (a) 证明下图给出的两个二端口网络是等效的。
   (b) 对于下图右侧的二端口网络，证明 $\dfrac{I_L}{V_s} = y_{21}$。
   (c) 已知 $[Y] = [Z]^{-1}$，求出 $\dfrac{V_L}{V_s}$ 的表达式，然后再求出 $H(s)$ 的表达式。

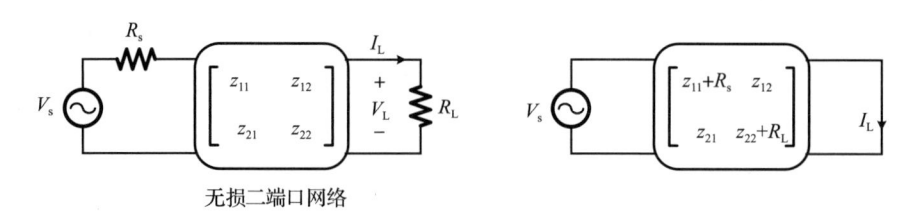

   无损二端口网络

7. 用基于二端口网络的阻抗参数推导出的 $H(s)$ 和 $K(s)$，证明 Feldtkeller 方程。

8. 证明 $\Delta_z = z_{11}z_{22} - z_{12}^2 = R_s R_L \dfrac{H_o - K_o}{H_o + K_o}$。提示：使用 Feldtkeller 方程。

9. 考虑 $Z(s)$，表示 RLCM 单端口网络的阻抗（图 4.12）。论证在无穷远处，$Z(s)$ 是由其电容或电感控制的，证明分子和分母的阶数相差不超过 1。

10. 证明多项式 $P(s) = s^5 + s^4 + 6s^3 + 6s^2 + 25s + 25$ 不是 Hurwitz 多项式，虽然其具有正系数且没有遗漏项。

11. 假设 $Z(j\omega) = jX(j\omega)$ 描述的是一个 LC 单端口网络的阻抗。考虑到 LC 阻抗只有简单的 $j\omega$ 轴极点，用阻抗的部分分式证明对于所有的 ω 有 $\dfrac{\mathrm{d}}{\mathrm{d}\omega}X > 0$。

12. 证明归一化最大平坦滤波器的 $H(s)H(-s)$ 的零点位于
$$s_k = \mathrm{e}^{j\pi(n-1+2k)/2n} \quad k = 1, 2, \cdots, 2n$$

13. 对于巴特沃斯滤波器，证明滤波器的阶数为 $n \geqslant \dfrac{\log\sqrt{\dfrac{10^{\alpha_s/10}-1}{10^{\alpha_p/10}-1}}}{\log\dfrac{\omega_s}{\omega_p}}$

14. 已知切比雪斯滤波器 $|K|^2 = k_p^2 \cos^2 nu = k_p^2 \cos^2(n\arccos\omega)$，证明在展开时 $|K|^2$ 确实是 ω^2 的一个多项式。提示：利用恒等式 $\cos nu = \mathrm{Re}[\mathrm{e}^{jnu}] = \mathrm{Re}[(\cos u + j\sin u)^n]$，并且展开。

15. 证明在切比雪夫滤波器中，对于 $\omega \geqslant 1$：$|K|^2 = \dfrac{k_p^2}{4}\left[\left(\omega + \sqrt{\omega^2-1}\right)^n + \left(\omega + \sqrt{\omega^2-1}\right)^{-n}\right]^2$。
提示：利用恒等式 $\cos(nu) = \dfrac{\mathrm{e}^{jnu} + \mathrm{e}^{-jnu}}{2}$。

16. 如下图所示的一个有源 RC 二阶电路，适用于高 Q 值的应用。
   (a) 求出二阶电路的传递函数。
   (b) 证明当所需的 Q 值较大时，此电路元件的扩展要比图 4.47 所示的二阶电路少。

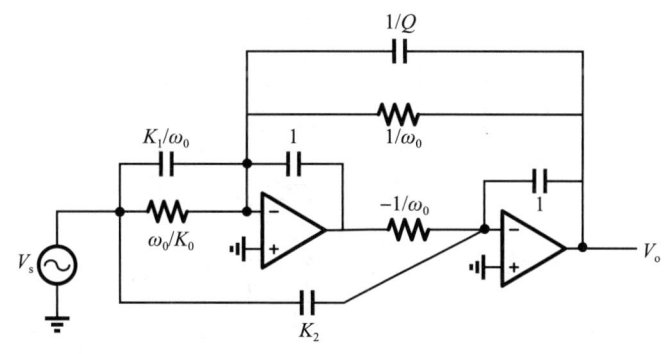

17. 如下图所示的回转器端接一个电容 C，并由导纳矩阵 $Y = \begin{bmatrix} 0 & g_1 \\ -g_2 & \varepsilon \end{bmatrix}$ 描述，其中 ε, g_1, $g_2 > 0$。
   (a) 已知 $\varepsilon = 0$，求看进回转器的阻抗 Z_{IN}。
   (b) 说明 ε 是如何影响 Z_{IN} 的，并构建一个等效电路模型。

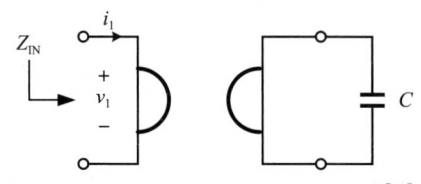

18. 一个有源 RC 回转器模拟接地电感，被称为 Riordan 回转器[67]，如下图所示。

(a) 证明如果运算放大器是理想的，则有效电感可由 $L = \dfrac{R_1 R_3 R_4}{R_2} C$ 给出。

(b) 如果运算放大器的有限直流增益为 A_0，证明电感的品质因数等于 $Q = \dfrac{A_0}{\dfrac{R_1 R_3 C\omega}{R_2} + \dfrac{1}{R_3 C\omega}}$。

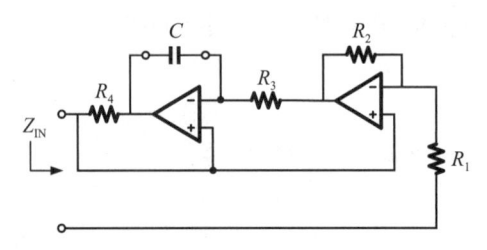

19. 对于下图所示的有源回转器，电容 C 是压控的，电容值由 $C = f(v)$ 给出，证明有效电感与电流相关，其值由 $L = \dfrac{1}{g_m^2} f\left(\dfrac{1}{g_m} i_{IN}\right)$ 给出。

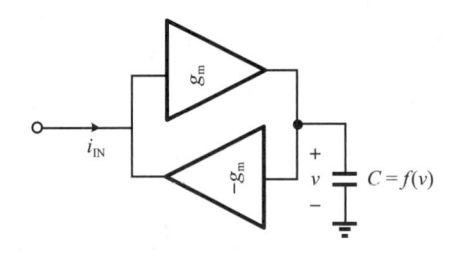

20. 通用的 Sallen-Key 滤波器拓扑结构如下图所示。证明该滤波器传递函数为

$$\dfrac{V_o}{V_s} = \dfrac{Z_3 Z_4}{Z_1 Z_2 + Z_3(Z_1 + Z_2) + Z_3 Z_4}$$

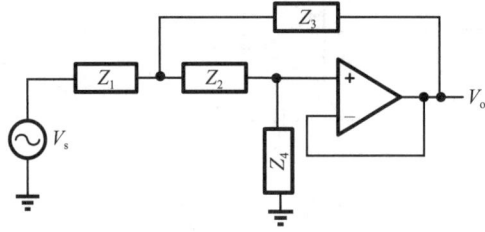

21. 证明空载的多相滤波器的输入阻抗为 $\dfrac{R}{2} + \dfrac{1}{j2C\omega}$。

22. 求具有任意负载 Z_L 的多相滤波器的输入阻抗。

23. 求负载为相同级的多相滤波器的输入阻抗。

24. 考虑一个两级多相滤波器（图 4.83），其中所有的电阻 R 和电容 C 都是相同的，用于生成正交信号。证明第一级 I 输出的传递函数为 $\dfrac{1 + jRC\omega}{1 + 4jRC\omega - (RC\omega)^2}$，第二级 I 输出的传递函数为 $\dfrac{1 + RC\omega}{1 + 4jRC\omega - (RC\omega)^2}$。提示：利用习题 21 的结果来正确地加载第一级。

25. 考虑下图所示的一级多相滤波器，其中所有的电阻和电容都是相同的，负载不同。计算传递函数。如果负载相同，通带损耗和镜像抑制是多少？对于 I 和 Q 负载不同的情况，如图所示，重新计算通带损耗和镜像抑制。

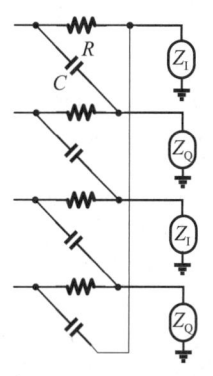

26. 设计一个两级无源多相滤波器，要求可以从 1.6GHz 的差分时钟信号中生成正交输出。假设电阻和电容的工艺误差均为 10%。根据给定组件的变化，设计最佳的正交精度。

参考文献

[1] G. C. Temes and S. K. Mitra, *Modern Filter Theory and Design*, John Wiley, 1973.
[2] G. Temes, "The Present and Future of Filter Theory," *IEEE Transactions on Circuit Theory*, 15, no. 12, 302 1968.
[3] G. C. Temes and J. W. Lapatra, *Introduction to Circuit Synthesis and Design*, vol. 15, McGraw-Hill, 1977.
[4] R. Gregorian and G. C. Temes, *Analog MOS Integrated Circuits for Signal Processing*, vol. 1, Wiley-Interscience, 1986.
[5] H. J. Orchard, G. C. Temes, and T. Cataltepe, "General Sensitivity Formulas for Lossless Two-Ports," *Electronics Letters*, 19, no. 7, 576–578, 1983.
[6] H. Orchard, G. Temes, and T. Cataltepe, "Sensitivity Formulas for Terminated Lossless Two-Ports," *IEEE Transactions on Circuits and Systems*, 32, no. 5, 459–466, 1985.
[7] G. Temes and H. Orchard, "First-Order Sensitivity and Worst Case Analysis of Doubly Terminated Reactance Two-Ports," *IEEE Transactions on Circuit Theory*, vol. 20, no. 9, 567–571, 1973.
[8] C. A. Desoer and E. S. Kuh, *Basic Circuit Theory*, McGraw-Hill Education, 2009.
[9] M. E. Van Valkenburg, *Introduction to Modern Network Synthesis*, John Wiley, 1965.
[10] O. Brune, "Synthesis of a Finite Two-Terminal Network Whose Driving-Point Impedance is a Prescribed Function of Frequency," *Journal of Mathematics and Physics*, 10, 191–236, 1931.
[11] R. M. Foster, "A Reactance Theorem," *Bell System Technical Journal*, 3, no. 4, 259–267, 1924.
[12] H. J. Orchard and G. C. Temes, "Maximally Flat Approximation Techniques," *Proceedings of the IEEE*, 56, no. 1, 65–66, 1968.
[13] A. I. Zverev, et al., *Handbook of Filter Synthesis*, vol. 47, John Wiley, 1967.
[14] L. Weinberg, *Network Analysis and Synthesis*, RE Krieger, 1975.
[15] E. Christian and E. Eisenmann, *Filter Design Tables and Graphs*, John Wiley, 1966.
[16] A. J. Grossman, "Synthesis of Tchebycheff Parameter Symmetrical Filters," *Proceedings of the IRE*, 45, 454–473, 1957.

[17] H. Orchard and G. Temes, "Filter Design Using Transformed Variables," *IEEE Transactions on Circuit Theory*, 15, no. 12, 385–408, 1968.

[18] Y. Tsividis and J. Voorman, *Integrated Continuous-Time Filters: Principles, Design, and Applications*, IEEE Press, 1993.

[19] G. Temes, H. Orchard, and M. Jahanbegloo, "Switched-Capacitor Filter Design Using the Bilinear z-Transform," *IEEE Transactions on Circuits and Systems*, 25, no. 12, 1039–1044, 1978.

[20] R. P. Sallen and E. L. Key, "A Practical Method of Designing RC Active Filters," *IRE Transactions on Circuit Theory*, 2, no. 3, 74–85, 1955.

[21] H. Khorramabadi and P. Gray, "High-Frequency CMOS Continuous-Time Filters," *IEEE Journal of Solid-State Circuits*, 19, no. 6, 939–948, 1984.

[22] B. D. H. Tellegen, "The Gyrator, a New Electric Network Element," *Philips Research Reports*, 3, 81–101, 1948.

[23] A. G. J. Holt and J. Taylor, "Method of Replacing Ungrounded Inductors by Grounded Gyrators," *Electronics Letters*, 1, no. 6, 105, 1965.

[24] Y.-T. Wang and A. Abidi, "CMOS Active Filter Design at Very High Frequencies," *IEEE Journal of Solid-State Circuits*, 25, no. 6, 1562–1574, 1990.

[25] K. M. Lakin, J. R. Belsick, J. P. McDonald, K. T. McCarron, and C. W. Andrus, "Bulk Acoustic Wave Resonators and Filters for Applications above 2GHZ," in *IEEE MTT-S Microwave Symposium Digest*, 2002.

[26] J. Tsutsumi, S. Inoue, Y. Iwamoto, T. Matsuda, M. Miura, Y. Satoh, M. Ueda, and O. Ikata, "Extremely Low-Loss SAW Filter and Its Application to Antenna Duplexer for the 1.9GHZ PCS Full-Band," in *IEEE Proceedings of Frequency Control Symposium*, 2003.

[27] F. Z. Bi and B. P. Barber, "Bulk Acoustic Wave RF Technology," *IEEE Microwave Magazine*, 9, 65–80, 2008.

[28] R. Ruby, "FBAR—From Technology Development to Production," in *Proceedings of the 2nd International Symposium on Acoustic Wave Devices for Future Mobile Communication Systems*, Chiba, Japan, 2004.

[29] R. Ruby and P. Merchant, "Micromachined Thin Film Bulk Acoustic Resonators," in *Proceedings of the IEEE 48th Annual Symposium on Frequency Control*, 1994.

[30] R. Ruby, P. Bradley, J. D. Larson, and Y. Oshmyansky, "PCS 1900 MHz Duplexer Using Thin Film Bulk Acoustic Resonators (FBARs)," *Electronics Letters*, 35, no. 5, 794–795, 1999.

[31] R. Ruby, P. Bradley, J. Larson, Y. Oshmyansky, and D. Figueredo, "Ultra-Miniature High-Q Filters and Duplexers Using FBAR Technology," in *Proceedings of the IEEE International Solid-State Circuits Conference Digest of Technical Papers*, 2001.

[32] K. M. Lakin, G. R. Kline, and K. T. McCarron, "Thin Film Bulk Acoustic Wave Filters for GPS," in *Proceedings of the IEEE 1992 Ultrasonics Symposium*, 1992.

[33] L. Rayleigh, "On Waves Propagated Along the Plane Surface of an Elastic Solid," *Proceedings of the London Mathematical Society*, 17, 4–11, 1885.

[34] T. W. Grudkowski, J. F. Black, T. M. Reeder, D. E. Cullen, and R. A. Wagner, "Fundamental Mode UHF/VHF Miniature Resonators and Filters," *Applied Physics Letters*, 39, 993–995, 1980.

[35] K. M. Lakin and J. S. Wang, "Acoustic Bulk Wave Composite Resonators," *Applied Physics Letters*, 38, 125–127, 1981.

[36] K. A. Sankaragomathi, J. Koo, R. Ruby, and B. P. Otis, "25.9 A ±3ppm 1.1mW FBAR Frequency Reference with 750MHz Output and 750mV Supply," in *Proceedings of the IEEE International Solid-State Circuits Conference – (ISSCC) Digest of Technical Papers*, 2015.

[37] W. Pang, R. C. Ruby, R. Parker, P. W. Fisher, M. A. Unkrich, and J. D. Larson, "A Temperature-Stable Film Bulk Acoustic Wave Oscillator," *IEEE Electron Device Letters*, 29, no. 4, 315–318, 2008.

[38] R. Ruby, P. Bradley, D. Clark, D. Feld, T. Jamneala, and K. Wang, "Acoustic FBAR for Filters, Duplexers and Front End Modules," in *Proceedings of the IEEE MTT-S International Microwave Symposium Digest*, 2004.

[39] J. D. Larson, J. D. Ruby, R. C. Bradley, J. Wen, S.-L. Kok, and A. Chien, "Power Handling and Temperature Coefficient Studies in FBAR Duplexers for the 1900 MHz PCS Band," in *Proceedings of the IEEE Ultrasonics Symposium*, 2000.

[40] Y. Wang, C. Feng, T. Lamers, D. Feld, P. Bradley, and R. Ruby, "FBAR Resonator Figure of Merit Improvements," in *Proceedings of the IEEE International Ultrasonics Symposium*, 2010.

[41] N. Kamogawa, S. Dokai, N. Shibagaki, M. Hikita, T. Shiba, S. Ogawa, S. Wakamori, K. Sakiyama, T. Ide, and N. Hosaka, "Miniature SAW Duplexers with High Power Capability," in *Proceedings of the IEEE Ultrasonics Symposium*, 1998.

[42] M. Mikhemar, H. Darabi, and A. A. Abidi, "A Multiband RF Antenna Duplexer on CMOS: Design and Performance," *IEEE Journal of Solid-State Circuits*, 48, no. 9, 2067–2077, 2013.

[43] B. Debaillie, D. Broek, C. Lavín, B. Liempd, E. A. M. Klumperink, C. Palacios, J. Craninckx, B. Nauta, and A. Pärssinen, "Analog/RF Solutions Enabling Compact Full-Duplex Radios," *IEEE Journal on Selected Areas in Communications*, 32, no. 9, 1662–1673, 2014.

[44] M. Elkholy, M. Mikhemar, H. Darabi, and K. Entesari, "Low-Loss Integrated Passive CMOS Electrical Balance Duplexers with Single-Ended LNA," *IEEE Transactions on Microwave Theory and Techniques*, 64, no. 5, 1544–1559, 2016.

[45] B. Hershberg, B. Liempd, X. Zhang, P. Wambacq, and J. Craninckx, "20.8 A Dual-Frequency 0.7-to-1GHz Balance Network for Electrical Balance Duplexers," in *Proceedings of the IEEE International Solid-State Circuits Conference*, 2016.

[46] G. Qi, B. Liempd, P. Mak, R. P. Martins, and J. Craninckx, "A SAW-Less Tunable RF Front End for FDD and IBFD Combining an Electrical-Balance Duplexer and a Switched-LCN-Path LNA," *IEEE Journal of Solid-State Circuits*, 53, no. 5, 1431–1442, 2018.

[47] G. A. Campbell and R. M. Foster, "Maximum Output Networks for Telephone Substation and Repeater Circuits," *Transactions of the American Institute of Electrical Engineers*, 39, no. 1, 231–290, 1920.

[48] E. Sartori, "Hybrid Transformers," *Materials and Packaging IEEE Transactions on Parts*, 4, no. 9, 59–66, 1968.

[49] H. Darabi and A. Mirzaei, *Integration of Passive RF Front End Components in SoCs*, Cambridge University Press, 2013.

[50] A. Ghaffari, E. A. M. Klumperink, M. C. M. Soer, and B. Nauta, "Tunable High-Q N-Path Band-Pass Filters: Modeling and Verification," *IEEE Journal of Solid-State Circuits*, 46, 998–1010, 2011.

[51] A. Ghaffari, E. A. M. Klumperink, and B. Nauta, "Tunable N-Path Notch Filters for Blocker Suppression: Modeling and Verification," *IEEE Journal of Solid-State Circuits*, 48, no. 6, 1370–1382, 2013.

[52] M. Darvishi, R. Zee, and B. Nauta, "Design of Active N-Path Filters," *IEEE Journal of Solid-State Circuits*, 48, no. 12, 2962–2976, 2013.

[53] M. Darvishi, R. Zee, E. A. M. Klumperink, and B. Nauta, "Widely Tunable 4th Order Switched G_m-C Band-Pass Filter Based on N-Path Filters," *IEEE Journal of Solid-State Circuits*, 47, no. 12, 3105–3119, 2012.

[54] E. A. M. Klumperink, H. J. Westerveld, and B. Nauta, "N-Path Filters and Mixer-First Receivers: A Review," in *Proceedings of the IEEE Custom Integrated Circuits Conference*, 2017.

[55] N. Barber, "Narrow Band-Pass Filter Using Modulation," *Wireless Engineer*, 24, 132–134, 1947.

[56] B. D. Smith, "Analysis of Commutated Networks," *Transactions of the IRE Professional Group on Aeronautical and Navigational Electronics*, PGAE-10, 21–26, 1953.

[57] L. E. Franks and I. W. Sandberg, "An Alternative Approach to the Realization of Network Transfer Functions: The N-Path Filter," *IEEE RFIC Virtual Journal*, 39, 1321–1350, 1960.

[58] L. Franks and F. Witt, "Solid-State Sampled-Data Bandpass Filters," in *Proceedings of the IEEE International Solid-State Circuits Conference Digest of Technical Papers*, 1960.

[59] A. Oualkadi, M. Kaamouchi, J. Paillot, D. Vanhoenacker-Janvier, and D. Flandre, "Fully Integrated High-Q Switched Capacitor Bandpass Filter with Center Frequency and Bandwidth Tuning," in *Proceedings of the IEEE Radio Frequency Integrated Circuits (RFIC) Symposium*, 2007.

[60] A. Mirzaei, H. Darabi, and J. Leete, *Frequency Translated Filter*, US patent 8,301,101, filed May 22, 2009, issued October 13, 2012.

[61] A. Mirzaei, H. Darabi, A. Yazdi, Z. Zhou, E. Chang, and P. Suri, "A 65 nm CMOS Quad-Band SAW-Less Receiver SoC for GSM/GPRS/EDGE," *IEEE Journal of Solid-State Circuits*, 46, no. 4, 950–964, 2011.

[62] A. Ghaffari, E. A. M. Klumperink, and B. Nauta, "A Differential 4-Path Highly Linear Widely Tunable On-Chip Band-Pass Filter," in *Proceedings of the IEEE Radio Frequency Integrated Circuits Symposium*, 2010.

[63] M. Gingell, "Single Sideband Modulation Using Sequence Asymmetric Polyphase Networks," *Electrical Communication*, 48, nos. 1–2, 21–25, 1973.

[64] F. Behbahani, Y. Kishigami, J. Leete, and A. Abidi, "CMOS Mixers and Polyphase Filters for Large Image Rejection," *IEEE Journal of Solid-State Circuits*, 36, no. 6, 873–887, 2001.

[65] J. Crols and M. Steyaert, "An Analog Integrated Polyphase Filter for a High Performance Low-IF Receiver," in *Digest of Technical Papers: 1995 Symposium on VLSI Circuits*, 1995.

[66] J. Haine, "New Active Quadrature Phase-Shift Network," *Electronics Letters*, 13, no. 7, 216–218, 1977.

[67] R. H. S. Riordan, "Simulated Inductors Using Differential Amplifiers," *Electronics Letters*, 3, no. 2, 50–51, 1967.

[68] H. J. Orchard, "Inductorless Filters," *Electronics Letters*, 2, no. 6, 224–225, 1966.

[69] H. J. Orchard and D. F. Sheahan, "Inductorless Bandpass Filters," *IEEE Journal of Solid-State Circuits*, 5, no. 6, 108–118, 1970.

| Chapter 5 | 第 5 章

噪　　声

电子在导线或电阻等导电介质中的随机热运动是产生电噪声的一个不可避免的原因。由 MOS 晶体管组成的有源电路也存在着类似的电子随机运动所导致的噪声。只要通信系统是由此类器件构成的，噪声就伴其左右。因为噪声的存在会给最小可测信号设定一个下限，所以放大任意的微弱信号至可测的程度是不现实的[⊖]。噪声最终限制了发射机和接收机的通信范围，同时在检测器的输出端需要保持最小的信噪比。

本章首先总结了射频组件中的噪声源，包括在二端口网络背景下如何对噪声建模以及处理噪声；接着定义噪声因子这个通用参数来描述一个电路的噪声性能以及在给定无线电的情况下与最小可测信号之间的关系；最后给出最小噪声因子的概念，以及在放大器中系统性地优化信噪比的方法。本章的大部分内容涉及线性时不变电路，比如射频放大器。此外，本章还将介绍周期平稳及噪声，以作为混频器和振荡器噪声分析的基础。对于混频器或振荡器等时变或非线性电路中噪声的详细研究被安排在第 8 和第 9 章，但在本章介绍的许多基本概念仍然是适用的。

本章的主要内容：
- 热噪声和白噪声，周期平稳及噪声，场效应晶体管的热噪声和闪烁噪声。
- 无源有损电路的噪声。
- 噪声因子。
- 最小噪声因子和噪声的优化。
- 相位噪声简介。
- 灵敏度。
- 噪声测量技术。

5.1 噪声的类型

本节将简要地讨论电阻、电容、电感以及晶体管等射频元件中的噪声类型。

5.1.1 热噪声

热噪声是由带电粒子的随机运动引起的，特别是导电器件中的电子。1906 年爱因斯坦曾预测带电粒子的布朗运动会导致电阻的两端之间产生电动势（emf）。1928 年约翰逊首次观测到这种效应，并且奈奎斯特给出了数学表达式。因此热噪声有时也被称为约翰逊噪声或奈奎斯特噪

⊖ 上限是由失真引起的，将在下一章讨论。

声[注]。这一研究成果以并列文章发表在1928年7月版的物理评论杂志上[11-12]。

对于一个温度为 T，阻值为 R 的电阻，电子的随机运动在电阻的两端产生噪声电压为 $v(t)$。由热力学的均分定律[17]可知，每一个自由度对应的平均能量等于 $\frac{1}{2}KT$，式中，T 是绝对温度（单位为 K），$K=1.37\times10^{-23}$ J/K 是玻耳兹曼常数。

现假设两个上述的电阻用长度为 l 的无损线连接起来（如图 5.1 所示）。根据热力学第二定律，在达到热平衡的温度 T 下，在第一个电阻上由于热扰动产生的，并被传递到另一个电阻的总能量，同在第二个电阻上产生的，并传递到第一个电阻的总能量是相等的。

文献[11]中已经证明，在 1 Hz 的带宽下，此电路电阻两端的电压有效值 $\overline{v^2}$ 为[注]

$$\overline{v^2} = 2KTR$$

为了更直观地证明上式[6]，来考虑一个并联 RC 电路（图 5.2）。首先要求出由于电阻噪声产生的会被存储在电容上的平均能量，由此再求出噪声的谱密度。

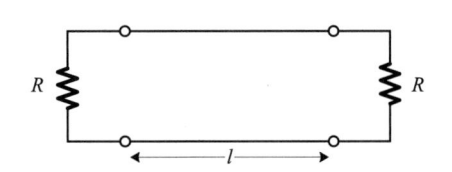

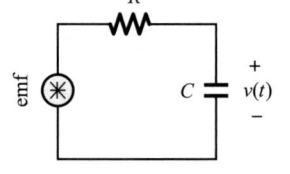

图 5.1 无损线连接的两个电阻　　图 5.2 带电阻热噪声 emf 的 RC 并联电路

由于电阻中电子的随机热扰动，电容将会随机地充电和放电。存储在电容上的平均能量为

$$\frac{1}{2}C\overline{v^2}$$

式中，$\overline{v^2}$ 是电容两端电压波动的有效值。根据热力学知识，若系统的温度为 T，麦克斯韦-玻耳兹曼统计[注]表明，系统具有能量 E 的概率正比于 $e^{-E/KT}$。由于在 RC 电路中，存储在电容 C 上的能量为 $\frac{1}{2}Cv^2$，因此电容两端电压的概率密度函数为

$$f_V(v) = K_0 e^{\left(\frac{-Cv^2}{2KT}\right)}$$

式中，K_0 为比例因子，可以由下式得出：

$$\int_{-\infty}^{\infty} f_V(v)\mathrm{d}v = 1$$

也就是说，电容两端的电压在 $(-\infty,+\infty)$ 的概率为 1，由于 $\int_{-\infty}^{\infty} e^{-x^2}\mathrm{d}x = \sqrt{\pi}$，通过简单的几步代数运算之后可以得到

$$K_0 = \sqrt{\frac{C}{2\pi KT}}$$

㊀ 奈奎斯特和约翰逊都出生在瑞典，移民到美国，并在贝尔实验室工作。

㊁ 这里的噪声是特指在 1 Hz 带宽的条件下的。对任意的带宽宽度，该公式的一般表达式为 $\overline{v^2}=2KTR\Delta f$。在本章以及本书的大部分内容中采用了简化的假设，即 $\Delta f=1$ Hz。

㊂ 麦克斯韦-玻耳兹曼统计表明，气态原子的密度正比于 $\exp(-E/KT)$，其中 E 是势能[18]。作为一个结论，随着高度的增加，由于气体具有更高的势能，气体的密度将会减小。麦克斯韦-玻耳兹曼统计和费米-狄拉克统计在量子力学中被广泛应用于描述半导体中电子和空穴的密度。

接着求解电压有效值 $\overline{v^2}$（第二个时刻）：

$$\overline{v^2} = \int_{-\infty}^{\infty} v^2 f_V(v) \mathrm{d}v = \sqrt{\frac{C}{2\pi KT}} \int_{-\infty}^{\infty} v^2 \mathrm{e}^{\left(\frac{-Cv^2}{2KT}\right)} \mathrm{d}v$$

由于 $\int_{-\infty}^{\infty} x^2 \mathrm{e}^{-x^2} \mathrm{d}x = \frac{\sqrt{\pi}}{2}$，积分可得

$$\overline{v^2} = \frac{KT}{C}$$

现在将借助于一个并联 RC 电路来证明 $\overline{v^2} = 2KTR$。可以用电动势（emf）串联一个无噪电阻 R 作为电阻的热噪声模型，如图 5.2 所示。

如果电动势源是白色的（白噪声），且功率谱密度是 $S_{\mathrm{emf}}(f)$，系统的传递函数是 $H(f) = \dfrac{1}{1+\mathrm{j}2\pi RCf}$，则电容两端的电压有效值为

$$\overline{v^2} = S_{\mathrm{emf}}(0) \int_{-\infty}^{\infty} |H(f)|^2 \mathrm{d}f = 2 S_{\mathrm{emf}}(0) \int_{0}^{\infty} \frac{\mathrm{d}f}{1+(2\pi RCf)^2} = \frac{S_{\mathrm{emf}}(0)}{2RC}$$

这就表明电阻的功率谱密度为 $2KTR$。

由于热噪声频谱的对称性，通常只考虑在正频域的作用。如果是这样，方程中需要有一个额外的因子 2，来说明另一半能量存在于负频域中。因此热噪声可以用 $4KTR$ 表示，而能量积分只需要在 $(0, \infty)$ 区间内进行即可。在本书中会交替地使用这两种表示方式，主要取决于哪一种表述方式更方便。在线性放大器中，将主要使用 $4KT$ 表示。另一方面，在存在混叠的振荡器等非线性电路的分析中，将更常用 $2KT$ 表示。

均分定律是分配总能量的 $\dfrac{1}{2}KT$ 给每一自由度，与频率无关。实际上，这种方式并不十分准确。量子力学表明每一自由度的平均能量为[○]

$$\frac{1}{2} \frac{hf}{\mathrm{e}^{hf/KT} - 1}$$

式中，f 表示频率，$h = 6.6 \times 10^{-34}$ J·s 为普朗克常数。明显地，当频率足够低时，上式可以简化为 $\dfrac{1}{2}KT$。

因此，噪声的功率谱密度可以修正为

$$S_v(f) = \frac{2Rhf}{\mathrm{e}^{hf/KT} - 1}$$

其量纲为 V^2/Hz，如图 5.3 所示。

与中心极限定理一致，$v(t)$ 遵循高斯分布，其均值为 0。零均值意味着噪声电压实际上是纯粹由大量电子的随机运动而产生的。因此，从一个长时间周期来看，电子的相向运动会相互抵消。

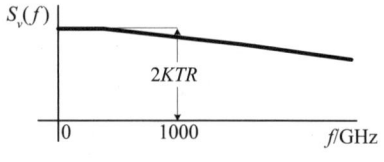

图 5.3 热噪声功率谱密度

示例：热噪声的方差可以通过 $\overline{v^2} = E[v^2(t)]$ 计算得出。根据定义有

$$\overline{v^2} = \int_{-\infty}^{\infty} S_v(f) \mathrm{d}f = \int_{0}^{\infty} \frac{4Rhf}{\mathrm{e}^{hf/KT} - 1} \mathrm{d}f = 4Rh \int_{0}^{\infty} \frac{f \mathrm{e}^{-hf/KT}}{1 - \mathrm{e}^{-hf/KT}} \mathrm{d}f$$

上式积分可以采用下面的扩展式求解（假设 $x > 0$）：

○ 这是从 1900 年发表的普朗克定律中推导出来的。普朗克假设任何物理实体都只能拥有离散能级的总能量 E（即 $E = nhf$，其中 n 是整数）。

$$\frac{1}{1-\mathrm{e}^{-x}} = \sum_{n=0}^{\infty} \mathrm{e}^{-nx}$$

由此可得到

$$\overline{v^2} = \frac{4R}{h}(KT)^2 \sum_{n=0}^{\infty} \frac{1}{(n+1)^2}$$

由于 $\sum_{n=0}^{\infty} \frac{1}{(n+1)^2} = \frac{\pi^2}{6}$，所以方差为

$$\overline{v^2} = \sigma_v^2 = \frac{2(\pi KT)^2}{3h}R$$

上述计算噪声方差的方法也已经通过实验证明。例如，50Ω 电阻的噪声标准方差为 $\sigma_v = 4.66\mathrm{mV}$。

如图 5.3 所示，尽管通常假设热噪声功率谱密度是平坦的，但事实并非如此。实际上如果它是平坦的，则会错误地预测，在对全频率 f 积分时为 $\overline{v^2} = \infty$ ⊖。然而，功率谱密度方程分母中的指数项 h/KT 是有指导意义的。在标准室温 25℃ 的情况下，得到 $KT \approx 4 \times 10^{-21}\mathrm{J}$，那么 $KT/h \approx 10^{13}\mathrm{Hz}$，该结果落在了频谱的红外谱部分。显然这个频率超出了所需关注的频率范围。因此，出于所有实用目的（至少目前如此），可以安全地假设：

$$S_v(f) = 2KTR$$

通常构建的热电阻戴维南等效模型如图 5.4 所示，图中仅考虑了正频域范围。类似地，考虑到 $S_i(f) = S_v(f)/R^2$，也可以构造出诺顿等效模型。因此图 5.4 中的电阻是无噪声的。此外，对于只有正频率时的频率谱密度还包含一个额外的因子 2，即有 $S_v(f) = 4KTR$。

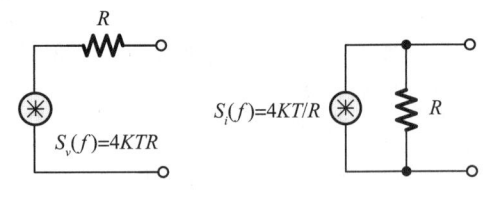

一个有用的示例是，50Ω 电阻的 RMS 噪声电压为 $0.91\mathrm{nV}/\sqrt{\mathrm{Hz}}$。

图 5.4 电阻噪声的戴维南等效模型和诺顿等效模型

也可以采用有效功率来描述噪声。如第 3 章所定义的，对于一个给定的激励源，其内阻 $Z_s = R_s + jX_s$，在驱动一个特定的负载 Z_L 时，最大功率传输要求负载和激励源相匹配：$Z_L = Z_s^*$。则激励源的噪声 $v_s(t)$ 的一半 $v_s/2$ 落在负载上，其有效功率为

$$P_a = \frac{\langle v_s(t)^2 \rangle}{4R_s}$$

使用电阻的戴维南等效模型可以扩展此概念，得出负载电阻的有效功率谱密度为

$$S_a(f) = \frac{S_v(f)}{4R} = KT$$

可见电阻的有效功率谱密度仅与温度有关，与电阻值 R 无关。

5.1.2 白噪声和噪声带宽

热电阻的噪声与许多其他类型的噪声一样，遵循高斯分布，并且在所关注的实际频率范围内有着平坦的功率谱密度。由于这样的频谱中所有频率分量的比例相等，因此这样的噪声被称为白噪声，类似于白光。功率谱密度一般表示为

⊖ 这主要源于一个事实：经典力学中所有可能能量的积分，可以被量子力学中离散能级的求和所取代。

$$S(f) = \frac{\eta}{2}$$

因此，

$$R(\tau) = \frac{\eta}{2}\delta(\tau)$$

当 $\tau \neq 0$ 时，自相关为 0，因此任意两种不同高斯分布的白噪声信号的样本是不相关的，而且在统计上是独立的。导致结果是，如果在示波器上显示白噪声，连续扫描的结果每次都会不同，但是显示的波形看起来是一样的，这是因为所包含的时变分量（或等效的频率成分）具有相等的比例。类似地，如果白噪声驱动一个扬声器，尽管噪声不一样，但是发出的响声是相同的。

现假设某一高斯白噪声的功率谱密度是 η，施加到传递函数为 $H(f)$ 的 LTI 系统。其输出 $y(t)$ 也将是高斯分布，但是会被"着色"，也就是，白噪声滤波后的功率谱密度呈现 $|H(f)|^2$ 的形状。需要注意的是，该积分是从 0 开始的，而不是第 2 章所用的从 $-\infty$ 开始。这是由于仅考虑了正频率，因此白噪声功率谱密度是原来的 2 倍。

$$S_y(f) = \frac{\eta}{2}|H(f)|^2$$

$$\overline{y^2} = \eta \int_0^\infty |H(f)|^2 \mathrm{d}f$$

示例：如图 5.5 所示，白噪声通过理想的低通滤波器。很明显，$R_y(\tau) = \mathrm{sinc} 2B\tau$，且 $\overline{y^2} = \eta B$。因此，如预期的一样，输出功率直接正比于滤波器的带宽。

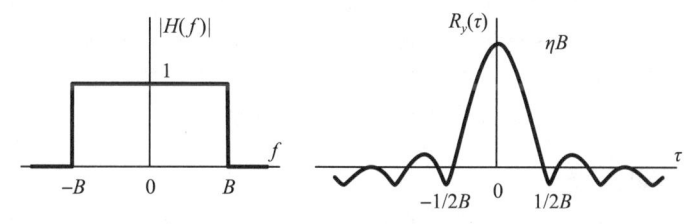

图 5.5　白噪声通过理想的低通滤波器

示例：考虑如图 5.6 所示的 RC 网络，其中电容是理想的，但是电阻是有噪声的。

图 5.6　含有噪声电阻的 RC 网络

使用戴维南等效电路，如图 5.6 右图所示，则有 $S_x(f) = 4KTR$，且 $|H(f)|^2 = \dfrac{1}{1+\left(\dfrac{f}{B}\right)^2}$，

式中，B 是一阶低通滤波器的带宽，等于 $\dfrac{1}{2\pi RC}$，因此对于输出：

$$S_y(f) = \frac{4KTR}{1 + \left(\frac{f}{B}\right)^2}$$

进行反变换得到

$$R_y(\tau) = \frac{KT}{C} e^{-|\tau|/RC}$$

则输出功率为 $\overline{y^2} = KT/C$，与电阻值不相关（这一点已经在前面的电阻热噪声功率谱密度相关内容中证明）。

鉴于上述示例，推断出一阶 RC 滤波器可以用带宽为 $\frac{1}{4RC}$ 的理想低通滤波器所代替，产生相同的功率 KT/C。这就是所说的等效噪声带宽。可以证明二阶 RLC 电路的等效噪声带宽也是 $\frac{1}{4RC}$。对于第 4 章定义的 n 阶巴特沃斯滤波器的一般情况，可以证明（见习题 3）其等效噪声带宽（B_N）与 3dB 带宽（B）有关，即

$$B_N = \frac{\pi B}{2n \sin\left(\frac{\pi}{2n}\right)}$$

因此 $n \to \infty$ 时，$B_N \to B$。

5.1.3 电感和电容的噪声

电感、电容和变压器一般是无噪声的。如果存在与之相关的损耗，比如电感的绕线电阻，那么该电阻是有噪声的，其功率谱密度在前述内容中已给出。如果电感的 Q 值较高，那么其噪声可以忽略不计，除非损耗正好位于射频的输入级。例如，由电感和电容组成的接收机匹配网络的损耗，可能会导致无线电中不可忽略的噪声恶化现象。

5.1.4 无源有损网络噪声

考虑图 5.7 所示的无源有损电路，由电阻、电容、电感或者可能是耦合电感组成。由于该电路由无源 RLCM 元件构成，因此电路是互易的。

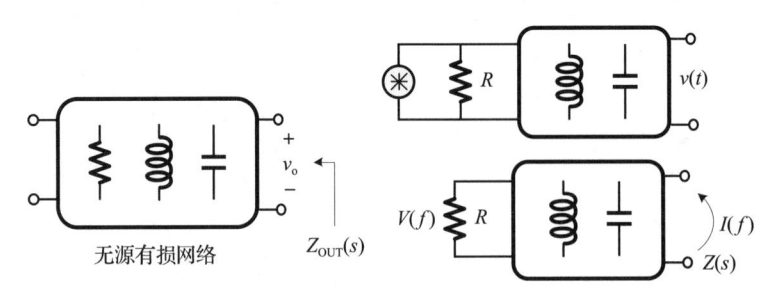

图 5.7 无源有损电路

在分析电路之前，先观察图 5.7 中右边的网络。奈奎斯特定理表明输出电压 $v(t)$ 的功率谱为

$$S_v(f) = 2KT\mathrm{Re}[Z(f)]$$

图中，$Z(s)$ 是端口的阻抗。

现将分两步证明奈奎斯特定理。首先假设电路仅包含一个电阻，其他的是电感和电容。电

阻用一无噪电阻 R 和等效噪声电流源并联表示,网络的其他部分只包含电抗元件。因此电压 $v(t)$ 仅同与电阻相关的噪声电流源以及系统函数 $H(f)$ 有关。根据互易性,$H(f) = V(f)/I(f)$,其中,$I(f)$ 是注入网络内部的电流,如图 5.7 右下图所示,$V(f)$ 是电阻两端电压的振幅。输入功率是 $|I(f)|^2 \text{Re}[Z(f)]$,传递到电阻的功率是 $|V(f)|^2/R$。由于连接网络的只是电抗元件,所以该网络是无损的,输入功率和传递到电阻的功率必然相等,因此可以推导出

$$H(f)^2 = \frac{|V(f)|^2}{|I(f)|^2} = R \times \text{Re}[Z(f)]$$

由上式可得

$$S_v(f) = \frac{4KT}{R}|H(f)|^2 = 2KT\text{Re}[Z(f)]$$

对于电路中含有多个电阻的一般情况,考虑到电阻噪声源的独立性,可以采用类似的方法证明。如图 5.8 所示,单端口网络包含 N 个任意阻值的电阻,每个电阻都与其噪声电流源并联,网络的其他部分是电抗元件。

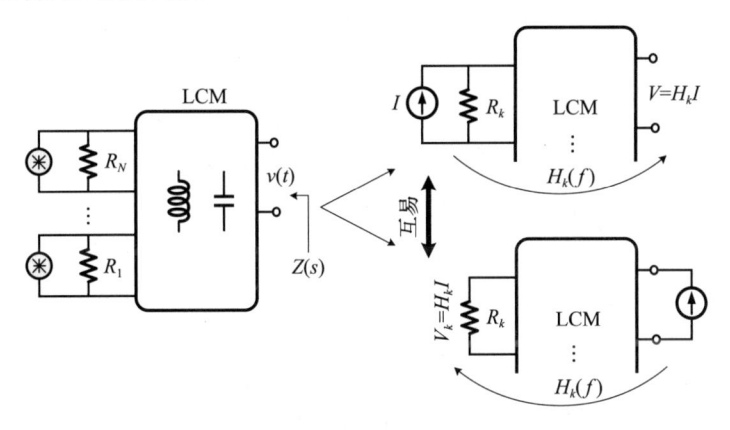

图 5.8 RLCM 单端口网络

假设从电阻 R_k 的噪声源到输出的传递函数为 $H_k(f)$,表示电阻受与其并联的电流源 I 激励(见图 5.8 右图),则出现在输出端的电压为

$$V(f) = H_k(f)I(f)$$

根据互易性,如果输出端口用电流 I 激励,那么出现在电阻 R_k 两端的电压 V_k 也必须遵循相同的传递函数,即

$$V_k(f) = H_k(f)I(f)$$

由于网络的其他部分均为电抗元件(理想电感、电容、耦合电感或变压器),能量守恒定律⊖表明,激励电流源 I 传输给单端口网络的能量与所有电阻上消耗的能量相等:

$$\text{Re}[Z(f)]|I(f)|^2 = \sum_{k=1}^{N}\frac{|V_k(f)|^2}{R_k} = \sum_{k=1}^{N}\frac{|H_k(f)|^2|I(f)|^2}{R_k}$$

⊖ 此处能量守恒定律显然是特勒根定理的结果[13],该定理表明,在由电压为 v_k 和电流为 i_k 的 b 个支路构成的任意集总网络中,只要支路电压和支路电流满足 KVL 和 KCL 定律,总有 $\sum_{k=1}^{b}v_k i_k = 0$ 的结果,因此每个支路的复数功率之和为 0,并且由于无功支路具有与其相关的虚阻抗,因此能量守恒。有关证明和更多细节参见第 1 章。

推导出
$$\mathrm{Re}[Z(f)] = \sum_{k=1}^{N} \frac{|H_k(f)|^2}{R_k}$$

由于噪声电流从相应的电阻 R_k 到输出端要经历传递函数 $H_k(f)$，考虑到噪声电流源是非相关的，输出的谱密度为
$$S_v(f) = \sum_{k=1}^{N} \frac{2KT}{R_k} |H_k(f)|^2 = 2KT\mathrm{Re}[Z(f)]$$

这就是奈奎斯特定理的一般证明。根据奈奎斯特定理的对偶性，可以很容易得到
$$S_i(f) = 2KT\mathrm{Re}[Y(f)]$$

式中，$S_i(f)$ 是噪声电流谱密度，$Y(f)$ 是单端口网络的输出导纳。

由奈奎斯特定理还可以得出其他几个所关注的结论。首先，图 5.8 左图所示电路中噪声电压的自相关函数为
$$R_v(\tau) = KT(z(\tau) + z(-\tau))$$

式中，$z(t)$ 表示时域中的 $Z(s)$。这个证明很容易得到，考虑到对于任意函数 $x(t)$ 的傅里叶变换 $X(f)$，有
$$\mathcal{F}^{-1}(\mathrm{Re}[X(f)]) = \frac{x(t) + x(-t)}{2}$$

因为对于任意因果系统的输出阻抗，$z(t)=0$，$t<0$，则有
$$R_v(\tau) = KTz(\tau), \quad \tau > 0$$

其次，定义网络的等效输出电容 C 为
$$\frac{1}{C} = \lim_{\omega \to \infty} j\omega Z(j\omega)$$

则有
$$E[v(t)^2] = \frac{KT}{C}$$

上式可以直接用初值定理证明，即 $z(0^+) = \lim_{s \to \infty} sZ(s)$。类似地，由对偶性可以得到
$$L = \lim_{\omega \to \infty} j\omega Y(j\omega)$$

式中，Y 为输出导纳（见图 5.9）。

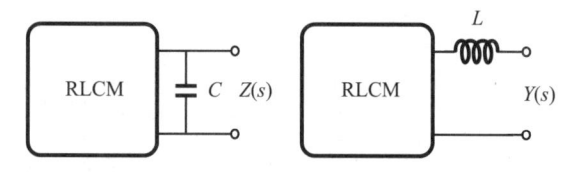

图 5.9 无源 RLCM 网络中的等效电容或等效电感

示例：现在重新考虑图 5.6 所示的 RC 和 RLC 等效噪声带宽的例子。显然，对于 RC 电路，有 $E[v(t)^2] = \frac{KT}{C}$，并且由于电阻的噪声谱密度是 $4KTR$，因此其等效噪声带宽为 $1/4RC$，这是由前述的积分得到的结果。对于 RLC 电路，积分相当复杂，而根据奈奎斯特定理可以得到
$$E[v(t)^2] = KT \lim_{\omega \to \infty} j\omega Z(j\omega) = KT \lim_{\omega \to \infty} \frac{jL\omega}{1 - LC\omega^2 + \frac{jL\omega}{R}} = \frac{KT}{C}$$

上式表明 RLC 网络同 RC 网络有相同的噪声带宽。

示例：作为更一般的情况，考虑如图 5.10 所示的电路。它由噪声电阻 R 和无损互易（LCM）网络构成。想要求出由电阻热噪声扰动产生的存储在电容中的平均能量。

网络的输出阻抗为

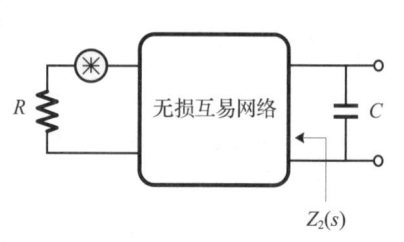

图 5.10 电容中存储的平均能量

$$Z_{\text{OUT}}(s) = \frac{\frac{1}{Cs}Z_2(s)}{\frac{1}{Cs} + Z_2(s)} = \frac{Z_2(s)}{1 + CsZ_2(s)}$$

假设没有其他电容与电容 C 并联,即 C 代表输出端口的总电容,则有

$$\lim_{s \to \infty} sZ_{\text{OUT}}(s) = \lim_{s \to \infty} \frac{sZ_2(s)}{1 + CsZ_2(s)} = \frac{1}{C}$$

由奈奎斯特定理可以得到

$$\overline{v_{\text{OUT}}^2} = \frac{KT}{C}$$

式中,v_{OUT} 是网络输出电压,出现在电容 C 两端。因此存储在电容中的平均能量为⊖

$$\frac{1}{2}C\overline{v_{\text{OUT}}^2} = \frac{1}{2}KT$$

采用类似的方式,利用对偶性,可以证明存储在任意电感中的平均能量也是 $\frac{1}{2}KT$。因此,分配一个与给定的电抗元件相关的自由度,其能量为 $\frac{1}{2}KT$。这个结果与一开始所描述的均分定律是一致的。

5.1.5 MOSFET 热噪声

20 世纪中期,Van der Ziel[6] 在固态电子器件噪声方面做了大量工作。文献[7]中也对 MOS 晶体管中的噪声做了详细的讨论。本节将简要地总结一下这些结论。

由基础的半导体物理知识[8-9]可知长沟道 MOS 管的漏电流为

$$I_D = -\mu_n Q(y) \frac{dV(y)}{dy} \approx -\mu_n Q(y) \frac{\Delta V(y)}{\Delta y}$$

式中,$V(y)$ 是沟道两端的电压,其导数导致由漏电压施加的电场(图 5.11),$Q(y)$ 是沟道的反型电荷,其值为

$$Q(y) = -C_{\text{OX}}[V_{\text{GS}} - V_{\text{TH}} - V(y)]W$$

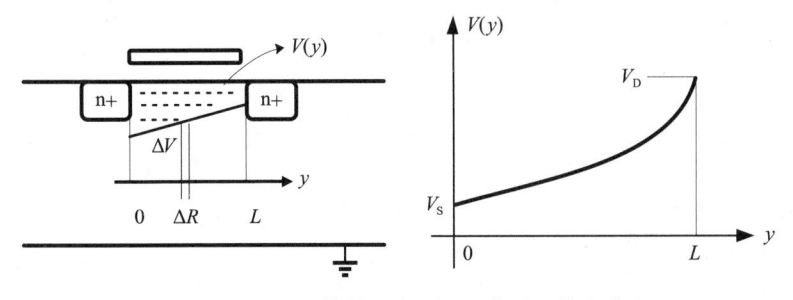

图 5.11 NMOS 晶体管的强反型示意图及其沟道电压

因此可以定义沟道内任意位置给定长度 Δy 的一个小电阻 $\Delta R = \frac{\Delta V}{I_D}$,其值为

⊖ 该推导表明电路中不存在电容或电感回路以及割集(cut-set)。

$$\Delta R = \frac{\Delta V}{I_D} = \frac{\Delta y}{-\mu_n Q(y)}$$

这个小电阻带有相关的热噪声电流,该热噪声为白噪声,反过来产生噪声电压扰动 ΔV,其谱密度为

$$S_{\Delta V} = 4KT\Delta R = 4KT\frac{\Delta y}{-\mu_n Q(y)}$$

注意,$Q(y)$ 代表在 NMOS 的情况下由于电子引起的反型电荷,因此它是一个负数。文献 [9] 中,基于以前的 MOS 管 $I\text{-}V$ 方程证明了这种小的电压扰动会反过来产生一些小的电流扰动 Δi,即

$$\Delta i = \frac{-\mu_n Q(y)}{L}\Delta V$$

因此该电流噪声谱密度为

$$S_{\Delta i} = \left|\frac{\mu_n Q(y)}{L}\right|^2 S_{\Delta V} = 4KT\frac{-\mu_n}{L^2}Q(y)\Delta y$$

在沟道上对 $S_{\Delta i}$ 积分可以得到总沟道噪声功率谱密度:

$$S_i = 4KT\frac{-\mu_n}{L^2}\int_0^L Q(y)\mathrm{d}y = 4KT\frac{\mu_n}{L^2}(-Q_T)$$

式中,Q_T 是总的反型电荷。如果器件处于三极管区,$V_{DS}\approx 0$,$Q_T = -WLC_{OX}(V_{GS}-V_{TH})$,因此有

$$S_i = 4KT\mu_n C_{OX}\frac{W}{L}(V_{GS}-V_{TH}) = 4KTg_{DS}$$

这个结果并不意外,由于在线性区,MOSFET 本质上为一个电阻,其沟道电导为 $g_{DS}=\mu_n C_{OX}\frac{W}{L}(V_{GS}-V_{TH})$。另一方面,在饱和区,对反型的沟道电荷进行积分[8-9]会得到 $Q_T = -\frac{2}{3}WLC_{OX}(V_{GS}-V_{TH})$,因此有

$$S_i = 4KT\frac{2}{3}\mu_n C_{OX}\frac{W}{L}(V_{GS}-V_{TH}) = 4KT\frac{2}{3}g_m$$

式中,g_m 是长沟道 MOS 管的跨导⊖。对于较短沟道器件,上述分析不再准确,因为存在各种短沟道效应,如热载流子效应,可能会导致更多的噪声。出于这种原因,一般选择如下形式表述 MOSFET 的噪声:

$$S_i = 4KT\gamma g_m$$

式中,γ 是与工艺和沟道长度相关的参数,经常通过实验获得。例如,在 40nm CMOS 工艺中,最小沟道器件的 γ 接近于 1。

对于长沟道 MOS 管⊖,V_{DS} 处于 $0\sim V_{DS,SAT}$ 之间任意值时,对沟道内总的反型电荷进行积分可以得到一个通用的表达式:

$$S_i = \frac{8}{3}KTg_{DS}\frac{1+\eta+\eta^2}{1+\eta}$$

式中,$\eta = 1-\frac{V_{DS}}{V_{DS,SAT}}$。因此,当 $V_{DS}=0$ 时,$\eta=1$;当晶体管进入饱和区时,$\eta\to 0$;晶体管的噪

⊖ 因子 2/3 与 MOSFET 处于饱和区时的栅-源电容 C_{GS} 中的因子 2/3 相同。

⊖ 注意在长沟道 MOSFET 中,$g_m = g_{DS}$。

声电流密度也与之前的推导一致。

示例：图 5.12 所示为 28nm CMOS 工艺下的 200nm 器件的仿真结果。当器件进入饱和区时，γ 值非常接近 2/3，并且噪声电流谱密度也符合先前的发现。

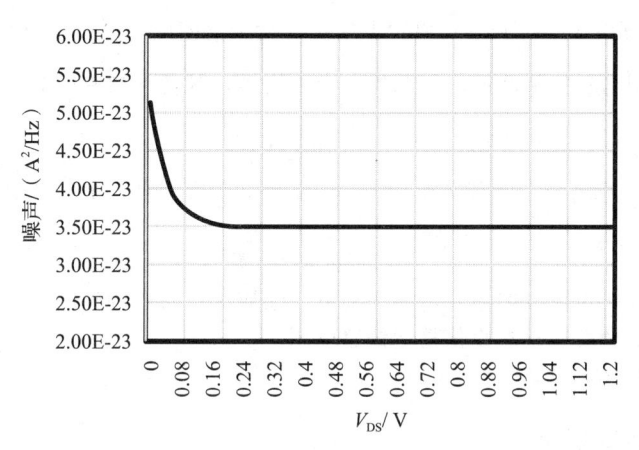

图 5.12　28nm CMOS 工艺下的 200nm 器件噪声仿真结果

为了对器件的噪声进行建模，可以放置一个并联的电流源代表上面给出谱密度的噪声，与之等价地，此器件也可以用在栅极上的电压源进行建模，该电压源的谱密度为（图 5.13）

$$S_v = \frac{4KT\gamma}{g_m}$$

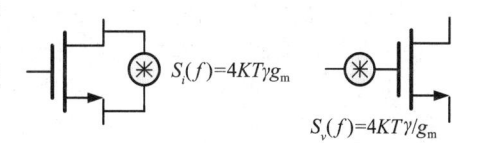

图 5.13　强反型区 MOSFET 的噪声模型

5.1.6　闪烁噪声

在 MOSFET 中，除了服从高斯分布、功率谱密度为"白色"的沟道热噪声之外，还存在着另一种与频率相关的噪声源。这种类型的噪声被称为闪烁噪声或 $1/f$ 噪声（鉴于噪声谱密度与频率近似成反比），并且此噪声在低频时是主要的噪声源。这种噪声仍然服从高斯分布，因为中心极限定理仍然有效，但是噪声是"着色"的了（或者说与频率相关）。

这种噪声可能来源于表面电势的波动引起的沟道中载流子的随机波动[6]。而表面电势的涨落是由于在 Si-SiO$_2$ 界面附近会有载流子以大的时间常数不断重复地被陷阱捕获和释放引起的（图 5.14）。这些陷阱是 Si-SiO$_2$ 界面的晶格缺陷所造成的。

这种波形的功率谱密度被证明用以下形式表示：

$$S_i(f) = \frac{c_t \tau_t}{1 + (2\pi f)^2 \tau_t^2}$$

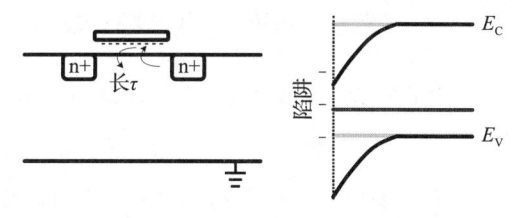

图 5.14　MOSFET 闪烁噪声示意图及其能带

式中，c_t 是一常数，τ_t 是与捕获和释放的平均时间有关的特征时间常数。氧化层内部的陷阱越深，电子就越不可能被捕获，因此 τ_t 也就越长。噪声谱是洛伦兹型的，即在非常低的频率下是一个常数，而随着频率的增大，谱密度以 $1/f^2$ 的关系下降。然而，如果存在大量具有 τ_t 值服从均匀分布的陷阱，频谱的分布可能更接近于 $1/f$

的表现。

众多陷阱引起的大量变化的叠加会产生噪声，因此栅极面积越大、越均匀，造成的噪声就会越小。另外，由于载流子的捕获和释放过程通过 Q/C_{OX} 项（Q 是反型电荷）有效地调制了平带（flat-band）电压（见图 5.14 右图），可以预期噪声的功率谱密度与 $\dfrac{1}{C_{OX}^2}$ 成正比。

通常，可以采用与栅极串联的电压源构建噪声模型，其功率谱密度为

$$S_v(f) = \frac{K}{WLC_{OX}^2} \frac{1}{f^b}$$

式中，b 值在 0.7～1.2 之间，通常接近于 1，K 是与工艺有关的参数。因而漏极处的噪声电流谱密度为

$$S_i(f) = g_m^2 S_v(f)$$

从上面的定量分析中可以明显看出噪声对 C_{OX} 与 $W \times L$ 的依赖性。另外，实验表明[14]以上述方式表示的噪声谱密度并不严重依赖于偏置电压。

更详细的讨论参见文献[6]。

5.1.7 周期平稳及噪声

到目前为止，以上讨论的噪声类型都是假设元件的工作点是时不变的。这对于所有的线性时不变的电路都是适用的，例如低噪声放大器。而在第 2 章中所讲到的某些非线性时变电路，如振荡器等，取而代之的是周期平稳及噪声[10,15]，其统计学特征是周期性变化的。

考虑一个时变跨导 $G(t)$。如前所述，电阻热噪声的推导是基于达到热平衡的假设。如果电阻的偏置是时变的，则不一定是这种情况。然而，如果满足以下两个条件[16]：

- 工作点的变化足够慢，以至耗能元件大致保持在热平衡状态；
- 噪声引起的扰动不够大（相比于确定的时变信号），不足以改变工作点；

那么可以认为噪声的瞬时谱密度为 $S_i(f,t) = 4KTG(t)$。在这种情况下，谱密度是与时间相关的，信号此时不再是固定不变的。但是，如果 $G(t)$ 是周期性的，就像大多数电路一样，如混频器和振荡器，噪声的电流将会是循环平稳的。

总之，可以定义：

$$n_{cyclo}(t) = n(t)w(t)$$

式中，$n(t)$ 是固定的（但不必是"白色"的），$w(t)$ 是周期性的调制函数，$n_{cyclo}(t)$ 表示所产生的周期平稳和周期平稳噪声。

为了了解其内涵，先推导周期平稳噪声的自相关特性。根据定义有

$$R_{n_{cyclo}}(t+\tau,t) = E[n(t+\tau)w(t+\tau)n^*(t)w^*(t)]$$

为了简化，用傅里叶级数表示周期性函数 $w(t)$：

$$w(t) = \sum_{k=-\infty}^{\infty} w_k e^{jw_0 t}$$

式中，w_k 为傅里叶系数，$\omega_0 = 2\pi/T$ 是角频率。经过简单的代数运算可以得到

$$R_{n_{cyclo}}(t+\tau,t) = R_n(\tau) \sum_{k=-\infty}^{\infty} \sum_{l=-\infty}^{\infty} w_k w_l^* e^{jkw_0\tau} e^{jw_0(k-l)t}$$

由于 $n_{cyclo}(t)$ 是变化的，其自相关特性与 t 和 τ 均有关系。如在第 2 章中所指出的，习惯上通过取均值和自相关的时间平均值，将周期平稳和周期平稳过程看成是不变的。通过这种方式，并且知道与 t 相关的项在一个周期内的均值为 0，可以得到

$$\overline{R_{n_{\text{cyclo}}}}(\tau) = \frac{1}{T}\int_T R_{n_{\text{cyclo}}}(t+\tau,t)\mathrm{d}t = R_n(\tau)\sum_{k=-\infty}^{\infty}|w_k|^2 \mathrm{e}^{\mathrm{j}k\omega_0\tau}$$

谱密度为

$$\overline{S_{n_{\text{cyclo}}}}(f) = S_n(f) * \sum_{k=-\infty}^{\infty}|w_k|^2 \delta(f-kf_0) = \sum_{k=-\infty}^{\infty}|w_k|^2 S_n(f-kf_0)$$

这也就是，调制信号 $w(t)$ 在 f_0 的所有谐波频率处采样的稳态噪声 $n(t)$，如图 5.15 所示。

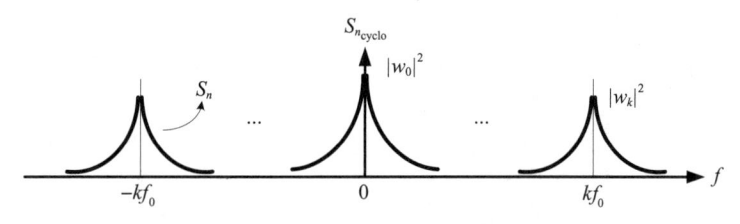

图 5.15 由调制信号采样的稳态噪声

如果 $n(t)$ 是固定的，且是白噪声，则有

$$\overline{S_{n_{\text{cyclo}}}}(f) = S_n \sum_{k=-\infty}^{\infty}|w_k|^2$$

式中，S_n 是白噪声谱密度。此外，如果 $n(t)$ 是白噪声，还可以得到瞬时谱密度的简化表达式。为了简化，对周期平稳自相关函数 $(R_{n_{\text{cyclo}}}(t+\tau,t))$ 进行傅里叶变换（相对于 τ），有

$$S_{n_{\text{cyclo}}}(f,t) = \int_{-\infty}^{\infty} R_{n_{\text{cyclo}}}(t+\tau,t)\mathrm{e}^{-\mathrm{j}2\pi f\tau}\mathrm{d}\tau$$

可以写为

$$S_{n_{\text{cyclo}}}(f,t) = \int_{-\infty}^{\infty} R_n(\tau)\sum_{k=-\infty}^{\infty}\sum_{l=-\infty}^{\infty}w_k w_l^* \mathrm{e}^{\mathrm{j}k\omega_0\tau}\mathrm{e}^{\mathrm{j}\omega_0(k-l)t}\mathrm{e}^{-\mathrm{j}2\pi f\tau}\mathrm{d}\tau$$

重新排列积分项：

$$S_{n_{\text{cyclo}}}(f,t) = \sum_{k=-\infty}^{\infty}\sum_{l=-\infty}^{\infty} w_k \mathrm{e}^{\mathrm{j}\omega_0 kt} w_l^* \mathrm{e}^{-\mathrm{j}\omega_0 lt} \int_{-\infty}^{\infty} R_n(\tau)\mathrm{e}^{\mathrm{j}k\omega_0\tau}\mathrm{e}^{-\mathrm{j}2\pi f\tau}\mathrm{d}\tau$$

由于 $n(t)$ 是白噪声的，积分项 $\int_{-\infty}^{\infty} R_n(\tau)\mathrm{e}^{\mathrm{j}k\omega_0\tau}\mathrm{e}^{-\mathrm{j}2\pi f\tau}\mathrm{d}\tau$ 代表其谱密度 S_n。因此有

$$S_{n_{\text{cyclo}}}(f,t) = S_n \sum_{k=-\infty}^{\infty}\sum_{l=-\infty}^{\infty} w_k \mathrm{e}^{\mathrm{j}\omega_0 kt} w_l^* \mathrm{e}^{-\mathrm{j}\omega_0 lt}$$

进一步化简得到

$$S_{n_{\text{cyclo}}}(f,t) = S_n |w(t)|^2$$

这是一个关于时间的函数（但与频率无关，因为 $n(t)$ 是白噪声）。

对上述谱密度在时间域中平均，则有

$$\overline{S_{n_{\text{cyclo}}}}(f) = S_n \frac{1}{T}\int_0^T |w(t)|^2 \mathrm{d}t$$

此结果与之前由帕塞瓦尔能量定理 $\sum_{k=-\infty}^{\infty}|w[k]|^2 = \frac{1}{T}\int_T |w(t)|^2 \mathrm{d}t$ 得出的结果 $(\overline{S_{n_{\text{cyclo}}}}(f) = S_n \sum_{k=-\infty}^{\infty}|w_k|^2)$ 一致。

在时变跨导(或处于强反型的 MOSFET)的情况下，$S_n = 4KT$ [⊖]，$w(t) = \sqrt{G(t)}$。瞬时谱密度为 $S_{n_{\text{cyclo}}}(f,t) = 4KTG(t)$，在频谱分析仪上看到的平均谱密度为：$\overline{S_{n_{\text{cyclo}}}}(f) = \dfrac{4KT}{T}\int_0^T G(t)\mathrm{d}t$。

示例：以图 5.16 的简单情况为例，其中电阻被周期性地打开和关闭，监测开关另一侧的噪声电流。输出噪声波形如右图所示。

显然有

$$S_{i_{\text{on}}}(f,t) = \dfrac{4KT}{R}|SW(t)|^2$$

如果在频谱分析仪上看，功率谱密度将会是 $S_{i_{\text{on}}}(f)$ 的时间均值：

$$\overline{S_{i_{\text{on}}}}(f) = \dfrac{1}{T}\int_0^T S_{i_{\text{on}}}(f)\mathrm{d}t = \dfrac{2KT}{R}$$

这可以很直观地理解，因为一半的噪声能量被开关阻止出现在输出端。

示例：考虑如图 5.17 所示的电路，其中输入电压源被由两相非交叠时钟信号 SW_1、SW_2 驱动的两个开关进行采样，正如将在第 8 章说明的，这基本上就是一个单端电压模无源混频器。求解理想电压缓冲器输入端的噪声谱密度。

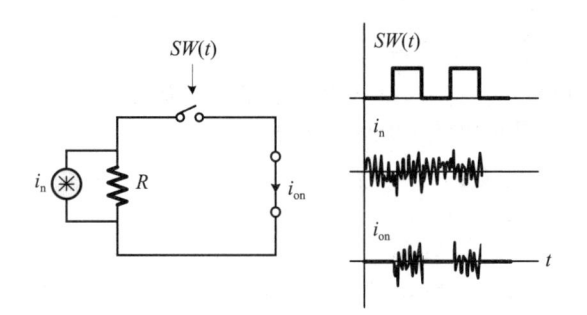

图 5.16　周期平稳噪声的示例

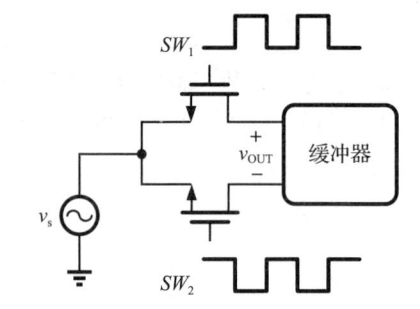

图 5.17　单端电压模无源混频器

采用叠加原理，可以写为

$$S_{v_{\text{OUT}}}(f,t) = 4KTR_{\text{SW}}\bigl[|SW_1(t)|^2 + |SW_2(t)|^2\bigr] = 4KTR_{\text{SW}}$$

式中，R_{SW} 是开关的导通电阻。直观地看，在任意给定的时刻有且仅有一个开关与输入端串联。因此，其噪声谱密度可以等效为只有一个开关始终开启时的结构的噪声谱密度。

5.2　二端口网络的等效噪声

由基本的电路理论[1]可知，任何线性噪声二端口网络均可以建模为一个等效的无噪声二端口网络和输入参考噪声电压源和电流源对，如图 5.18 所示。除了内部所有的噪声源是关闭的之外，无噪声二端口网络与有噪声二端口网络是相同的；也就是，所有

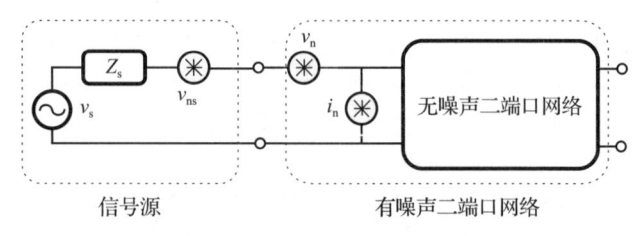

图 5.18　二端口网络噪声等效模型

⊖　如果同时考虑正负频率，则 $S_n(f) = 2KT$。

第 5 章 噪声 221

的噪声电流源是开路的,所有的噪声电压源是短路的。为了得到输入参考噪声电压,需要将输入端口短路,以有效地绕过输入噪声电流源。输入噪声电压的大小必须使输出噪声谱密度等于输入短路的有噪声二端口的噪声谱密度。输入噪声电流也可以类似地得到,但是此时的测试电路要开路,从而旁路输入噪声电压。

尽管这样分析很复杂,但输入噪声电压源和输入噪声电流源都是必需的,也就是说,支持任意值的源阻抗。例如,如果仅选取一个输入参考噪声电流构造有噪声电路的模型,理想电压源的输出阻抗为 0,会直接导致无输出噪声,显然实际情况不是这样的。

假设源阻抗为 Z_s,且 $Z_s = R_s + j X_s$,可以使用一个戴维南等效噪声电压源 v_{eq},其频谱密度为

$$\overline{v_{eq}^2} = \overline{|(v_n + Z_s i_n)|^2} + \overline{v_{ns}^2} = \overline{|(v_n + Z_s i_n)|^2} + 4KTR_s$$

其等效电路如图 5.19 所示。

由于 v_n 和 i_n 是产生自有噪声二端口网络中的相同的内部噪声源,只是在两种不同的测试条件下(开路或短路)所得到的,它们可能是相关的。因此一般来说,在计算噪声方差或谱密度时,它们不能被分开。

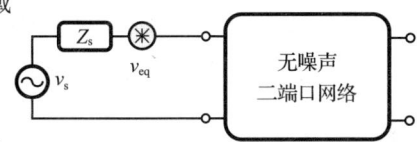

图 5.19 戴维南等效电路

示例:研究一个有用的案例,计算一单个 MOSFET 的输入参考噪声源,该 MOSFET 将用于工作于相当高的频率的共源放大电路。由于工作频率足够高,闪烁噪声可以忽略。使用 MOSFET 的高频小信号模型,如图 5.20 所示。

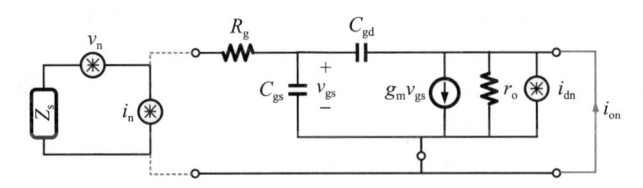

图 5.20 单个 MOSFET 等效输入噪声

栅极电阻用 R_g 表示,是由于栅极的多晶硅或金属有限电导率而产生的。可以通过使用多指器件等适当布局,最小化栅极电阻,使其几乎可以忽略不计(详见第 7 章)。所以在此忽略其影响。尽管如此,当栅极和源极串联时,如有必要,可以将该电阻合并到源极。为了简化分析,在这里还忽略了栅-漏电容。第 7 章将讨论该电容对放大器噪声和输入电阻的影响。在典型的设计值和工艺参数下,最小沟道器件的电容 C_{gd} 大约为电容 C_{gs} 的 $1/5 \sim 1/3$。通过将电路的 Z_s 短路或开路,计算出 v_n 和 i_n,同时也计算出输出噪声电流。由于 v_n 是电容 C_{gs} 两端的电压,则有

$$\overline{v_n^2} = \frac{\overline{i_{dn}^2}}{g_m^2} = \frac{4KT\gamma}{g_m}$$

另一方面,对于开路测试,v_{gs} 是电流 i_n 流经 C_{gs} 产生的,所以有

$$\overline{i_n^2} = \frac{\overline{i_{dn}^2}}{\left|\frac{g_m}{j\omega C_{gs}}\right|^2} = \frac{4KT\gamma}{g_m}(\omega C_{gs})^2 = (\omega C_{gs})^2 \overline{v_n^2}$$

可以发现 v_n 和 i_n 是完全相关的。并且 i_n 仅在高频时变得很重要,此时是 MOSFET 的输入阻抗开始下降的更高频。

示例:对于任意源阻抗 Z_s,考虑图 5.21 左图的电路。

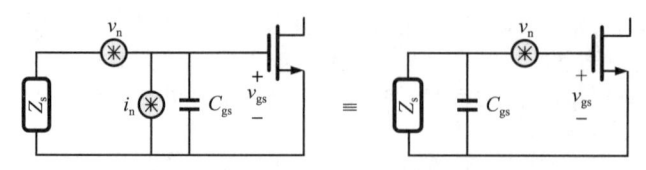

图 5.21　MOS 等效噪声模型

可以写出

$$v_{gs} = \left(\frac{v_n}{Z_s} + i_n\right)\left(Z_s \| \frac{1}{j\omega C_{gs}}\right)$$

由于 $\overline{i_n^2} = (\omega C_{gs})^2 \overline{v_n^2}$，可得到

$$\overline{v_{gs}^2} = \left(\frac{1}{|Z_s|^2} + (\omega C_{gs})^2\right)\left|Z_s \| \frac{1}{j\omega C_{gs}}\right|^2 \overline{v_n^2} = \overline{v_n^2}$$

因此，不管源阻抗如何，栅-源电压的谱密度依然为 $\overline{v_n^2}$。因此，电路可以简化为图 5.21 右图所示电路，即只用一个噪声电压源就足以表示噪声。可以这样简化是源于等效输入噪声电压和电流是完全相关的。

5.3　噪声因子

考虑如图 5.22 所示的二端口网络，其中 $G_a = S_o/S_i$ 是有效功率增益，并且 S_o 和 S_i 分别是输出信号和输入信号的有效功率。在第 3 章中已经证明 $S_i = \dfrac{\overline{v_s^2}}{8R_s}$。不论源阻抗的大小，有效噪声谱密度都被证明为 KT。因此，在关注的某一特定的频率处，以 1Hz 带宽测量得到的源产生的有效噪声功率为 KT。假设由于源端或二端口网络的噪声影响在输出端产生的有效噪声功率为 N_o。则在输入端的等效参考有效噪声功率为 $N_i = N_o/G_a$。

定义噪声因子 $F^{\ominus}$ 为输入端的信噪比(SNR)与输出端的信噪比的比值。除非二端口网络是无噪声的，否则预计输出 SNR 会小于输入的 SNR，因为二端口网络本身会引入噪声。因此，噪声因子始终大于 1(或 0dB)。

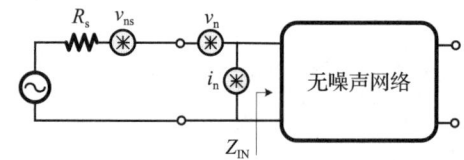

图 5.22　有噪声的二端口网络

噪声因子可以用二端口网络的有效增益和噪声，表示成一种更熟悉的形式[2]：

$$F = \frac{S_i/KT}{S_o/N_o} = \frac{N_o}{G_a KT} = \frac{N_i}{KT}$$

因此只由二端口网络引起的有效输入参考噪声是 $(F-1)KT$。

对于如图 5.22 所示的带输入参考电压和电流噪声源的有噪声二端口网络，基于戴维南等效(图 5.19)可以得到

$$N_i = \frac{\overline{|(v_n + Z_s i_n)|^2} + 4KTR_s}{4R_s}$$

$\ominus$　为了区分，以实数表示的噪声因子用 F 表示，而以 dB 表示的噪声因子用 NF 表示。

因此用二端口网络的输入参考噪声来表示噪声因子为

$$F = \frac{\frac{\overline{|(v_n + Z_s i_n)|^2} + 4KTR_s}{4R_s}}{KT} = 1 + \frac{\overline{|(v_n + Z_s i_n)|^2}}{4KTR_s}$$

注意，上述的表达式结果是基于源阻抗是复数形式的，即 $Z_s = R_s + jX_s$。

以下是一些关键的观察结果：

1) 噪声因子是源阻抗 R_s 的函数。这并未影响噪声因子定义的价值，它只是简单地将由电路内部噪声源引起的 v_n 和 i_n 产生的噪声，与普遍接受的噪声参考值 $4KTR_s$ 相比较。大多数实际应用中 R_s 的取值为 50Ω。

2) 如所预期的一样，噪声因子是二端口网络噪声电压和电流的函数。如果二端口网络是无噪声的，v_n 和 i_n 均为 0，因此 $F=1$。对于任何有噪声的电路，F 始终大于 1，这是由基本定义已经知道的结论。

3) 源阻抗为 0 或者无穷大时，噪声因子趋于无穷大。这一点可以从方程中很明显地看出来，但也可以很直观地解释：如果 $R_s = 0$，无论二端口网络的噪声有多低，由于其总是与零参考噪声相比，因此噪声因子是无穷大的。具有讽刺意味的是，源阻抗越低，尽管可以获得更好的 SNR，但是电路的噪声因子就越大！另一方面，如果 $R_s = \infty$，不论输入参考噪声电流有多小，都会导致无穷大的噪声。这表明如果给定的噪声电流值 i_n 为 0，只有源阻抗为无穷大时才能实现最优噪声因子。

最后一个结论很关键：对于给定的二端口网络，v_n 和 i_n 也就是固定值，必定存在使得噪声因子最小的最优 R_s 值(图 5.23)。这一点尤为重要，因为可以基于这一点系统性地优化给定放大器的噪声因子。在实践中，优化噪声因子通常与优化放大器一起完成，从而改变 v_n 和 i_n。将在下一节讨论这一点。

示例：如图 5.24 所示的电阻分压器，用它作为简单的例子来讨论。

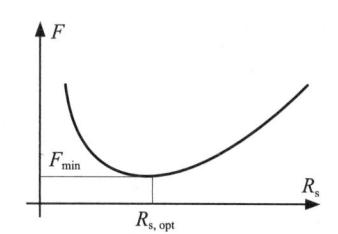

图 5.23 最小噪声因子的概念

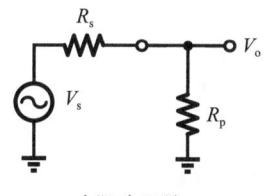

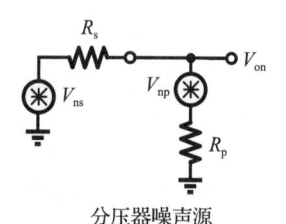

图 5.24 电阻分压器

输出端的噪声为

$$v_{on} = v_{ns} \frac{R_p}{R_p + R_s} + v_{np} \frac{R_s}{R_p + R_s}$$

由于仅由源端引起的输出端噪声电压大小为 $v_{ns}\frac{R_p}{R_p + R_s}$，则噪声因子变为

$$F = 1 + \frac{4KTR_p}{4KTR_s}\left(\frac{R_s}{R_p}\right)^2 = 1 + \frac{R_s}{R_p} = \frac{1}{\frac{R_p}{R_p + R_s}}$$

正如预计的一样，移除分流电阻会导致噪声因子为 1。进而，电路的有效功率增益为

$$C_a = \frac{R_s}{R_p \| R_s}\left(\frac{R_p}{R_p+R_s}\right)^2 = \frac{R_p}{R_p+R_s}$$

所以噪声因子的大小等于有效功率增益的倒数，或与损耗基本上相同。稍后将会证明对于任何无源互易网络这都是正确的。

示例：计算图 5.25 所示的单个 FET 的噪声因子。输出端口可以接无噪声负载或者简单地短接到电源。

由噪声因子方程及之前所得到的 v_n 和 i_n 值，可以得到

$$F = 1 + \frac{\gamma}{g_m R_s}[(R_s C_{gs}\omega)^2 + (1 - X_s C_{gs}\omega)^2]$$

由上式可知，如果 $R_s = 0$，$X_s = 1/C_{gs}\omega$，尽管存在器件噪声或跨导，噪声因子仍可以优化为 0dB。为了解释这个奇怪的结果，考虑在之前得到的图 5.25 右图所示的等效电路。可以发现，在最佳的噪声条件下，串联电感 X_s 与栅-源电容会发生谐振。因此，如果电感是无损的，会导致从源极到 v_{gs} 的电压增益为无穷大。因此，无论电路的噪声有多大，都会被完全抑制。

示例：考虑如图 5.26 所示的无源有损电路。

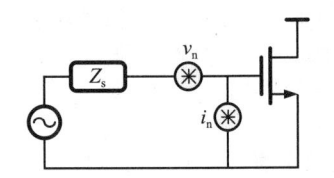

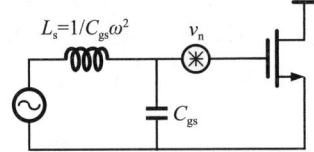

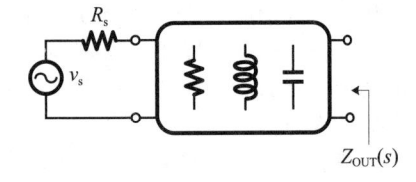

图 5.25　单个 FET 的噪声因子　　图 5.26　无源有损网络的噪声因子

如果电路的输出阻抗为 $R_{OUT} = \text{Re}[Z_{OUT}]$，根据奈奎斯特定理，其输出端的噪声谱密度为 $4KTR_{OUT}$。输入端总的有效噪声为输出有效噪声功率除以网络有效功率增益 G_a [一]，即

$$N_i = \frac{\dfrac{4KTR_{OUT}}{4R_{OUT}}}{G_a}$$

将其归一化为源有效功率 KT，得到噪声因子为

$$F = \frac{1}{G_a} = \text{Loss}(损耗)$$

在第 3 章中，可以看到有效功率增益可以用二端口网络的散射参数表示，并且如果输入和输出端口的阻抗都与 Z_0 匹配，则有效功率增益等于 $|S_{21}|^2$。许多外部无源有损射频器件通常都是这种情况，如 SAW 滤波器或衰减器。

上面示例的结果也可以直观地获得：输入端和输出端的有效噪声功率始终等于 KT。由于二端口网络自身的损耗而导致信号被衰减，SNR 会降低，因此相应地，噪声因子必须等于损耗。

因此，有损无源网络的噪声因子等于其损耗。这在处理外部滤波器时非常方便，例如放置在接收机输入端的 SAW 滤波器。滤波器的损耗为典型值为 1~2dB，可以直接作为以 dB 表示的噪声因子。

[一]　由于电路是无源且有损的，所以有效功率增益 G_a 小于 1。

5.4 最小噪声因子

在上一节中定性地说明了通过选择合适的源阻抗可以优化噪声系数。一种系统的方法是，通过取噪声因子对源阻抗的导数，来求出最优的源阻抗。

定义：

$$v_n = v_c + v_u = Z_c i_n + v_u$$

式中，$Z_c = R_c + \mathrm{j} X_c$ 表示输入参考噪声电压和电流之间的相关性，v_u 是输入噪声电压的不相关部分。为了简便起见，定义以下无物理意义的电阻和电导以表示 v_u 和 i_n 的谱密度：

$$\overline{v_u^2} = 4KTR_u \text{ 和 } \overline{i_n^2} = 4KTG_n$$

噪声因子为

$$F = 1 + \frac{\overline{|(v_n + Z_s i_n)|^2}}{4KTR_s} = 1 + \frac{\overline{|(Z_s i_n + Z_c i_n + v_u)|^2}}{4KTR_s} = 1 + \frac{|Z_c + Z_s|^2 \overline{i_n^2} + \overline{v_u^2}}{4KTR_s}$$

最后一步是基于 v_u 和 i_n 之间的不相关。用它们的等效电阻替换 $\overline{v_u^2}$ 和 $\overline{i_n^2}$，经过简化可以得出

$$F = 1 + \frac{R_u + G_n[(R_s + R_c)^2 + (X_s + X_c)^2]}{R_s}$$

上式中有两个变量，R_s 和 X_s。为了得到最优噪声因子，需要取 F 对每一个变量的偏导数，并将其设置为 0。可以得到

$$R_{s,\mathrm{opt}} = \sqrt{\frac{R_u}{G_n} + R_c^2}$$

$$X_{s,\mathrm{opt}} = -X_c$$

采用最优阻抗时可以得到最小噪声因子为

$$F_{\min} = 1 + 2G_n\left(R_c + \sqrt{\frac{R_u}{G_n} + R_c^2}\right)$$

非最优条件时有

$$F = F_{\min} + \frac{G_n}{R_s}|Z_s - Z_{s,\mathrm{opt}}|^2$$

显然 $F \geqslant F_{\min}$。将上述方程重新排列为以下形式会便于理解：

$$\left(R_s - \left(R_{s,\mathrm{opt}} + \frac{F - F_{\min}}{2G_n}\right)\right)^2 + (X_s - X_{s,\mathrm{opt}})^2 = \frac{F - F_{\min}}{G_n}R_{s,\mathrm{opt}} + \left(\frac{F - F_{\min}}{2G_n}\right)^2$$

如果 $Z_s = Z_{s,\mathrm{opt}}$，那么 F 必然等于 $F_{\min}$。而对于 F 的其他任意值，则在 $X_s - R_s$ 平面上构成了噪声圆，如图 5.27 所示。

由于在双线性变换中，圆的映射结果仍然是圆，所以在描述反射系数平面图的史密斯圆图中，恒定的噪声因子轮廓也将保持圆形。如习题 25 所证明的那样，源反射系数 $\Gamma_s = \dfrac{Z_s - Z_0}{Z_s + Z_0}$ 可以描述为

$$\left|\Gamma_s - \frac{\Gamma_{s,\mathrm{opt}}}{K+1}\right|^2 = \frac{K^2 + K(1 - |\Gamma_{s,\mathrm{opt}}|^2)}{(K+1)^2}$$

式中，$K = \dfrac{F - F_{\min}}{4G_n Z_0}|1 - \Gamma_{s,\mathrm{opt}}|^2$ 是一个正实数，且为噪声因子的函数，$\Gamma_{s,\mathrm{opt}} = \dfrac{Z_{s,\mathrm{opt}} - Z_0}{Z_{s,\mathrm{opt}} + Z_0}$ 是最优噪声阻抗反射系数。对于给定的噪声

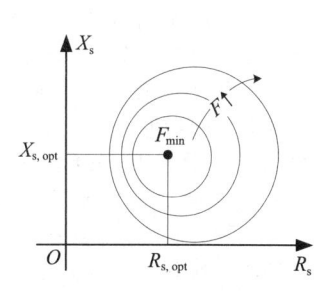

图 5.27 噪声圆图

因子以及对应的 K，Γ_s 圆在史密斯圆图中的轨迹如图 5.28 所示。

对于 $F=F_{\min}$，$K=0$，明显地，$\Gamma_s=\Gamma_{s,\text{opt}}$。在其他极端情况下，如果噪声因子趋于无穷大，$\Gamma_s$ 取值位于 $|\Gamma|=1$ 的圆上。Γ_s 圆的圆心分布在常数 $\angle\Gamma_{s,\text{opt}}$ 线上，因为 K 是实数，如图 5.28 中的虚线所示。

对于给定输入阻抗的任意二端口网络，最优噪声条件可以通过使用无损匹配网络将其阻抗转换为所需要的值来实现(图 5.29)。如果匹配网络的损耗并不明显，将不会影响输入 SNR，但是它会提供最优的阻抗值将噪声因子最小化。

如图 5.29 所示的噪声匹配方法的最大缺点是它可能与最大化有效功率的要求相冲突。为了满足后者的条件，匹配网络提供给电路的阻抗必须等于 Z_{IN}^*，而不是 $Z_{s,\text{opt}}$，而且两者不一定相等。或许设计一个好的低噪声放大器的最大挑战之一就是同时满足这两个条件。

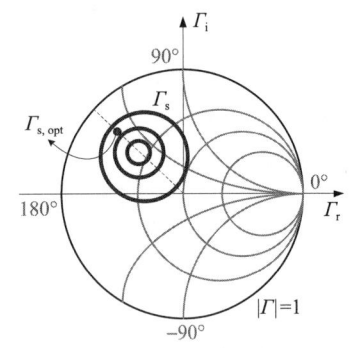

图 5.28　史密斯圆图上 Γ_s 圆轨迹

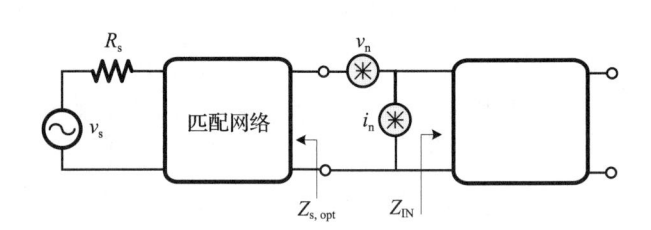

图 5.29　使用匹配网络实现最小噪声条件

示例：回到先前图 5.25 中单个 FET 的例子，很容易得出 $v_u=0$，$Z_c=1/jC_{gs}\omega$ 和 $Z_{s,\text{opt}}=-1/jC_{gs}\omega$，得到 $F_{\min}=1$，这与前面得到的结果一致。

设计一个可以将 50Ω 的源阻抗转换成纯电抗 $X_{s,\text{opt}}=1/C_{gs}\omega$ 的低损匹配网络似乎不简单。如图 5.30 所示，可以通过与电阻 R_s 串联一个电感来实现，并且希望 $X_{s,\text{opt}}\gg R_s$。由于 50Ω 电阻值相对较大，除非电感值非常大，否则会导致低 Q 值的电感。这反过来又意味着，与电感产生谐振的器件 C_{gs}(或者与其有关的寄生电容，比如走线电容或者焊盘电容)必须很小。

这就是工艺尺寸的缩放可能有助于射频设计的地方，因为器件的特征频率 $f_T\left(f_T=\dfrac{1}{2\pi}\dfrac{g_m}{C_{gs}+C_{gd}}\approx\dfrac{1}{2\pi}\dfrac{g_m}{C_{gs}}\right)$，作为 $\dfrac{1}{C_{gs}}$ 的指示，可以顺利地缩放。此外，与最初认为的无论器件噪声或者 g_m 如何，都可以获得最小噪声因子不同，可以看到，为了最大化 f_T，需要将器件偏置在很大的栅极过驱动电压下。这反过来会使 g_m/I_D 很小，进而产生大的偏置电流。如图 5.31 所示为 40nm CMOS 工艺器件的 f_T 与栅极过驱动电压的关系曲线，可以作为参考。图 5.31 还展示了当前一些工艺流程的峰值 f_T，以表明工艺缩放对 f_T 的影响。

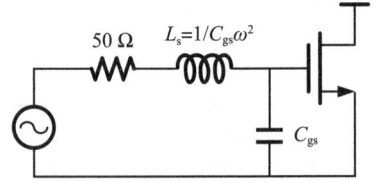

图 5.30　带有匹配网络的单级共源 FET 放大器

例如，若 C_{gs} 大小为 100fF，这是沟道最小尺寸为 40nm 的器件偏置在几毫安电流时的一个典型值，使其在 2GHz 时 $X_{s,\text{opt}}$ 大小为 800Ω。对应的电感值为 64nH，这是一个相当大的值，特别是在 2GHz 的情况下。另一方面，尽管 C_{gs} 很小，并且随尺寸缩放良好，但是在放大器输入端的其他寄生电容会变成主导因素。基于这些原因，一个实际的低噪声放大器可能不会采用简单

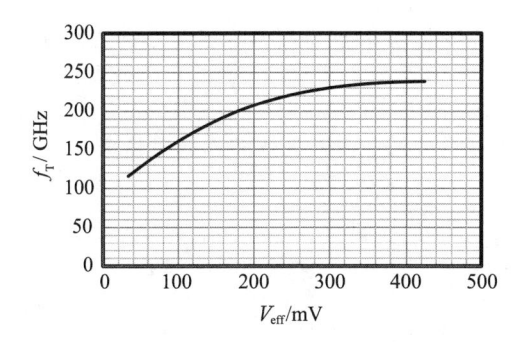

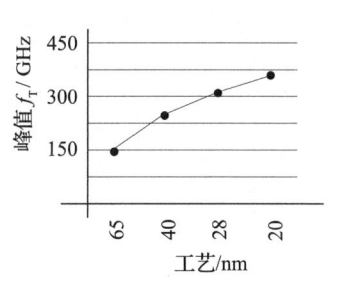

图 5.31 CMOS 的特征频率

的共源 FET 结构。

示例：考虑如图 5.32 所示的共栅放大器。该放大器与共源放大器之间最大的差别在于，其输入阻抗 $\dfrac{1}{g_m} \parallel \dfrac{1}{jC_{gs}\omega}$ 中有一个非零实部。按照同样的步骤，可以得到

$$\overline{v_n^2} = \frac{4KT\gamma}{g_m}$$

$$\overline{i_n^2} = \left| \frac{jC_{gs}\omega}{g_m} \right|^2 4KT\gamma g_m$$

这与共源结构的例子相同，会得出 $Z_c = \dfrac{-1}{jC_{gs}\omega}$。最小噪声因子与最优源阻抗恰巧与共源拓扑结构的电路相同。

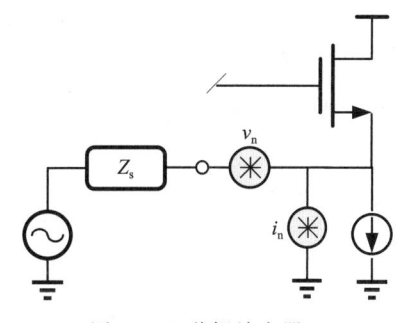

图 5.32 共栅放大器

值得关注的是，虽然源极跟随器结构不被视为是一个放大器，还是可以证明（见习题 1）其最小噪声因子也是 0，这与共栅和共源结构非常相似。

最后，如果不是噪声电压，则会将输入噪声电流拆解为

$$i_n = i_c + i_u = Y_c v_n + i_u$$

通过相似的方法可以证明（见习题 7）：

$$F = 1 + |Z_s|^2 \frac{G_u + R_n |Y_s + Y_c|^2}{R_s}$$

式中，$\overline{i_u^2} = 4KTG_u$，$\overline{v_n^2} = 4KTR_n$，$Y_c = G_c + jB_c$，并且 $Y_s = G_s + jB_s$ 是源导纳。

最优噪声导纳为

$$G_{s,\text{opt}} = \sqrt{\frac{G_u}{R_n} + G_c^2}$$

$$B_{s,\text{opt}} = -B_c$$

当使用最优导纳时，最小噪声因子为

$$F_{\min} = 1 + 2R_n \left(G_c + \sqrt{\frac{G_u}{R_n} + G_c^2} \right)$$

不是最优条件时为

$$F = F_{\min} + \frac{R_n}{G_s} |Y_s - Y_{s,\text{opt}}|^2$$

这是先前导出的方程的对偶，通过将输入噪声电压分为相关和不相关的部分获得的。两组方程都可以使用，取决于所分析电路的类型和背景。

示例：为了降低匹配接收机的噪声因子，可以在接收机之前放置一个具有匹配输入和输出的低噪声放大器(LNA)。假设 LNA 的 $|S_{21}|=10\text{dB}$，且噪声因子为 2dB，如果接收机的噪声因子为 3dB，需要求出级联后的噪声因子。

如图 5.33 所示，为包括源端、LNA 和接收机的输入及其噪声源的简化框图。

在接收机输入端总的噪声电压为

$$v_{on} = \frac{1}{4}gv_{ns} + \frac{1}{4}gv_{nLNA} + \frac{1}{2}v_{nRX}$$

式中，g 是 LNA 的电压增益。因此，总的噪声因子为

$$F = F_{LNA} + \frac{F_{RX}-1}{\left|\frac{g}{2}\right|^2}$$

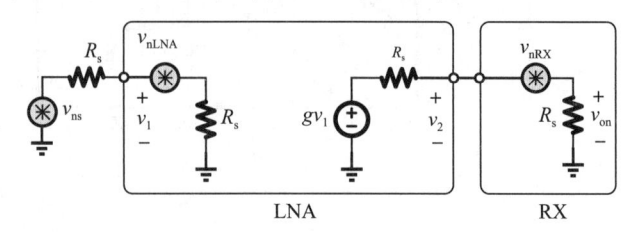

图 5.33 LNA 与接收机相连以改善系统整体的噪声因子

式中，$F_{LNA} = 1 + \dfrac{\overline{v_{nLNA}^2}}{4KTR_s}$ 是 LNA 的噪声因子，$F_{RX} = 1 + \dfrac{\overline{v_{nRX}^2}}{4KTR_s}$ 是接收机的噪声因子。另一方面，对于匹配的 LNA，有效功率增益为

$$G_a = |S_{21}|^2 = \left|\frac{g}{2}\right|^2$$

因此，可以得到总噪声因子为

$$F = F_{LNA} + \frac{F_{RX}-1}{|S_{21}|^2} = 1.58 + \frac{3-1}{10} = 2.5\text{dB}$$

5.5 反馈对噪声因子的影响

反馈对放大器基本性能，如增益或输入阻抗的影响是非常明确的[1]。在本节中，将研究反馈对放大器等效噪声及其最小噪声因子的影响。将会研究理想反馈和无源无损反馈两种情况。后者非常重要，正如将在第 7 章中会看到的，该方法广泛用于有效降低放大器的噪声因子。

5.5.1 理想反馈

如图 5.34 所示为一个并联反馈的放大器。假设反馈电路是理想的，特别是没有噪声的。后一个假设并不是不合理的，因为在射频中，通常将电容和电感结合在一起，在噪声放大器周围形成低噪声反馈。

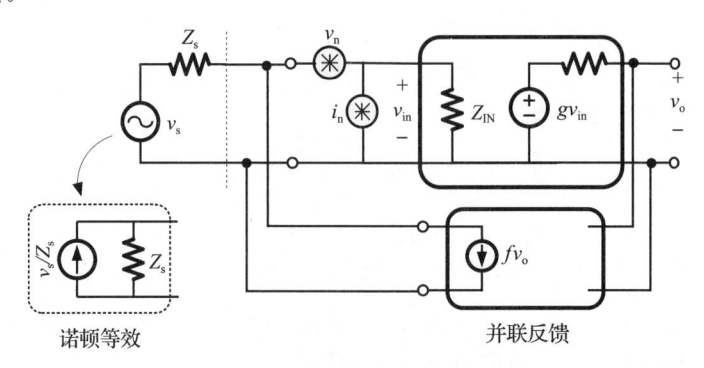

图 5.34 并联反馈网络的最小噪声因子

在并联-并联反馈的情况下,经常使用诺顿等效源,其闭环跨阻增益为

$$\frac{v_o}{i_s} = \frac{g(Z_s \parallel Z_{IN})}{1 + fg(Z_s \parallel Z_{IN})}$$

式中,$fg(Z_s \parallel Z_{IN})$是环路增益,而闭环输入阻抗为

$$Z_{IN,fb} = \frac{Z_s \parallel Z_{IN}}{1 + fg(Z_s \parallel Z_{IN})}$$

这是被环路增益降低了的开环输入阻抗,正如并联反馈网络所期望的一样。

由于电路是线性的,可以使用叠加定理,每次只考虑一种噪声源。通过检验,很明显反馈不会改变输入参考噪声电流源,因为可以在不改变电路的情况下将其移出反馈放大器。反馈对输入参考噪声电压源的影响并不很明显。关闭噪声电流,并进行简单的分析可得

$$v_{in} = \frac{-v_n}{Z_s} \times \frac{Z_s \parallel Z_{IN}}{1 + fg(Z_s \parallel Z_{IN})}$$

这就是出现在输入端的初始噪声电压源,只是被环路增益衰减了。因此,输入参考噪声电压也可以移出反馈环路,如图 5.35 所示。

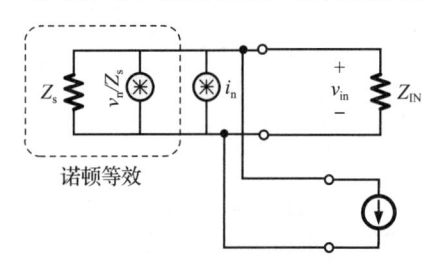

图 5.35 并联反馈网络的等效噪声源

总之,理想的无噪声反馈环路不会影响电路的输入参考噪声,因此也不会影响其最小的噪声因子。虽然分析只是针对并联-并联反馈网络的,但此结论也可以推广到其他类型的反馈网络,特别是源极负反馈结构,这是一种串联-串联的反馈形式。

5.5.2 无源无损反馈

接下来研究电抗反馈(LCM)对任意放大器的影响。如图 5.36 所示是由其 Y 参数建模的放大器以及反馈网络。在这个例子中考虑的是并联反馈结构,但是分析可以很容易推广到任何一种类型的反馈(串联反馈的情况见习题 18)。还说明了开环放大器的输入参考噪声源。这个反馈网络显然是无噪声的,因为它是电抗的。

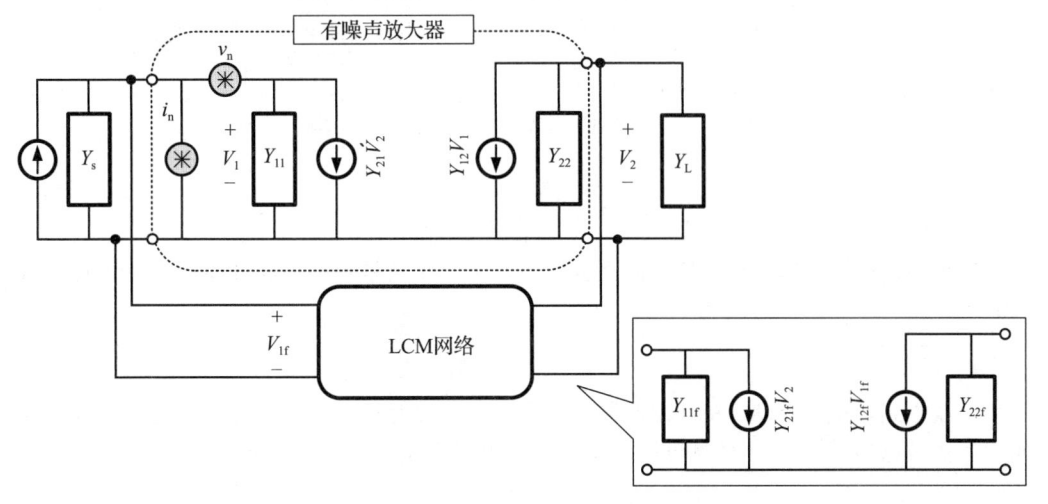

图 5.36 有噪声放大器周围的电抗并联反馈。反馈和放大器均用其 Y 参数表示

假设整个反馈放大器的等效输入参考噪声源（v_{neq} 和 i_{neq}）必须是这样的（对噪声源来说少一个负号并不重要），当放大器本身存在噪声源（v_n 和 i_n）时，其输出电压或电流必须为 0，如图 5.37 所示。

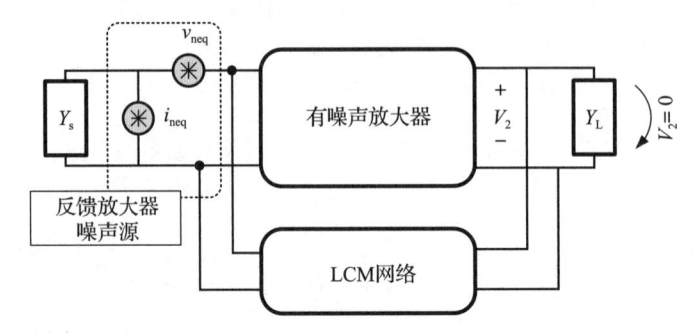

图 5.37 明确显示了有着等效输入噪声源的整个反馈放大器。输出电压必须为 0

将 V_2 设置为 0 会导致输入控制电流源（$Y_{12}V_2$ 和 $Y_{12f}V$）消失，这就引出了如图 5.38 所示的电路，该电路由有噪声放大器、由其 Y 参数表示的反馈网络以及整个反馈放大器的等效噪声源组成。在知道输出电压必须为零的情况下，就已经得到了等效噪声源。

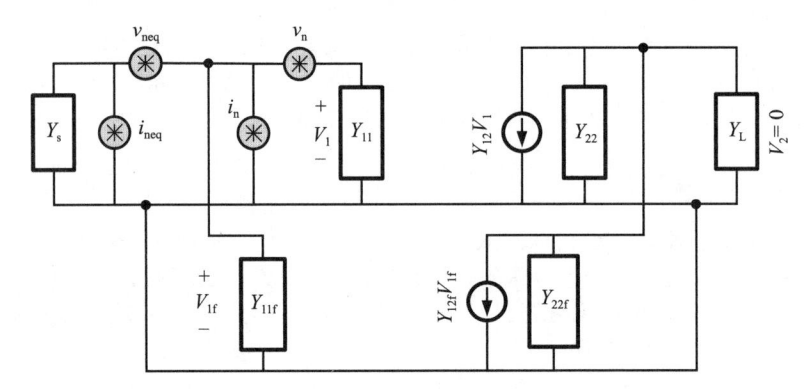

图 5.38 输出电压设置为 0 的包含所有噪声源的反馈放大器的等效电路

记住 V_2 为 0，写出输出端的 KCL 方程，则有

$$Y_{21}V_1 + Y_{21f}V_{1f} = 0$$

因为 $V_{1f} = V_1 + v_n$，则

$$V_1 = -\frac{Y_{21f}}{Y_{21} + Y_{21f}} v_n$$

等效噪声源必须能够工作在任何源阻抗的条件下，尤其是短路源和开路源。设置源阻抗为 0，则有

$$v_{neq} = -(v_n + V_1) = -\frac{Y_{21}}{Y_{21} + Y_{21f}} v_n$$

可以注意到，在一个设计良好的反馈系统中，开环放大器的正向增益（Y_{21}）应该比反馈网络的正向增益（Y_{21f}）大得多，这样就可以简化问题。相应地有

$$V_1 \approx 0$$

和

$$v_{neq} \approx -v_n$$

类似地，令源阻抗趋向于无穷大，有

$$i_{neq} + i_n + Y_{11}V_1 + Y_{11f}V_{1f} = 0$$

可以推导出

$$i_{neq} \approx -(i_n + Y_{11f}v_n)$$

因为 $i_n = Y_c v_n + i_u$，所以反馈放大器的等效噪声电流可以用相关导纳来表示：

$$i_{neq} = (Y_c + Y_{11f})v_{neq} - i_u$$

正如在第3章所介绍的，任何无损互易网络的 Y 参数都是虚构的。因此，LCM 反馈电路仅修改了相关导纳的虚部。更重要的是，由于最小噪声因子并不依赖于 Y_c 的虚部（回想一下，$F_{min} = 1 + 2R_n \left(G_c + \sqrt{\dfrac{G_u}{R_n} + G_c^2} \right)$），因此 LCM 反馈网络并不会影响最小噪声因子。注意，在之前的一个理想反馈的案例中，$Y_{11f} = 0$，也得出了相同的结论。

事实证明，以上结果对于设计低噪声放大器是非常有用的，因为反馈确实会改变放大器的输入阻抗。这一结论可以用于同时满足 50Ω 的匹配网络和最优噪声因子条件。

5.6 级联电路的噪声因子

由于任何实际的无线电都是由一些构建模块组成的，因此能够将整个噪声因子表示为单个模块噪声因子的函数是非常有帮助的。如图 5.39 所示，考虑噪声因子和有效功率增益分别为 F_1、G_{a1} 和 F_2、G_{a2} 的两级级联结构。结果可以很容易地推广至任意级的级联结构。在此并不需要显示输入参考噪声源，因为它们已经被嵌入到噪声因子之中了。

每一级的输入参考有效噪声分别是 $(F_1-1)KT$ 和 $(F_2-1)KT$。第一级直接与源端相连，而当用源端作为参考时，第二级的输入噪声被第一级的有效功率增益衰减了。因此，在输入端的总有效噪声，包括源噪声，为

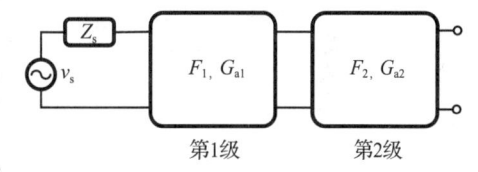

图 5.39 两级级联结构的噪声因子

$$N_i = KT + (F_1 - 1)KT + \dfrac{(F_2 - 1)KT}{G_{a1}}$$

对 KT 进行归一化处理，得到级联结构的噪声因子为

$$F = F_1 + \dfrac{F_2 - 1}{G_{a1}}$$

上述方程被称为弗里斯(Friis)方程，并不要求级与级之间相互匹配。但是有一点必须澄清：对于每一级，噪声因子和有效功率增益必须根据驱动它的源来定义。对于第一级而言，恰好是输入源直接驱动的，然而对于第二级，是由第一级驱动的。因此，F_2 和 G_{a2} 是相对于第一级的输出电阻 R_{OUT1} 定义的。

弗里斯方程的一个重要结果是，如果第一级的增益很大，则第二级的噪声就不再那么重要了；另外，第一级的噪声因子直接影响总噪声系数。因此，在接收机的最前输入端通常会放置一个低噪声放大器，用来最小化 F_1 和最大化 G_{a1}。

示例： 图 5.40 所示为在大多数接收机中的实际情况。该电路包含两个有损无源级，损耗分别为 L_1 和 L_2，其后连接一个噪声因子为 F_3 的放大器，如图

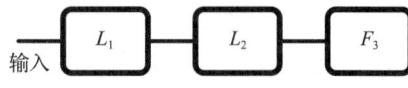

图 5.40 两级有损级与一个放大器的级联

所示。无源有损级可以代表放置在接收机输入端的滤波器或开关。在大多数情况下，这些模块都匹配到 50Ω。

总的噪声因子为

$$F = L_1 + \frac{L_2 - 1}{\dfrac{1}{L_1}} + \frac{F_3 - 1}{\dfrac{1}{L_1 L_2}} = L_1 L_2 F_3$$

如果整体接收机的噪声因子用 dB 表示，则为

$$\mathrm{NF} = \mathrm{Loss}_1 + \mathrm{Loss}_2 + \mathrm{NF}_3$$

因此损耗只需要简单地相加即可得到接收机的噪声因子。

示例：如图 5.41 所示是一个两级 MOS 管放大器。第一级的 $g_{m1}=20\mathrm{mS}$，$R_{L1}=500\Omega$；第二级的 $g_{m2}=5\mathrm{mS}$，$R_{L2}=2\mathrm{k}\Omega$（具体偏置参数未给出）。忽略 r_O 和所有的内部电容，并假设 $\gamma=1$。为了匹配到 50Ω，在第一级的输入端插入分流电阻 R_p，且 $R_p=R_s=50\Omega$，需要求出该级联放大器的噪声因子。

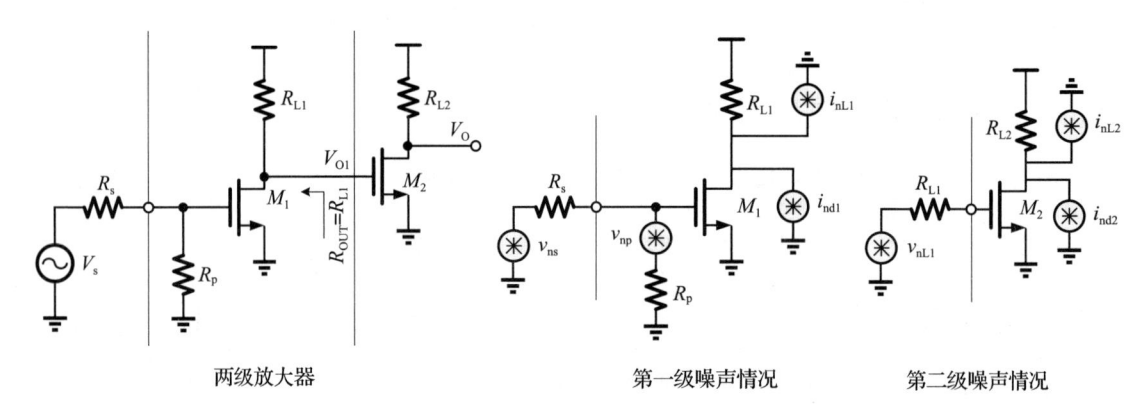

图 5.41 两级放大器噪声因子示例

每一级的有效功率增益分别为

$$G_{a1} = \frac{R_s}{R_{L1}} \left(\frac{1}{2} g_{m1} R_{L1}\right)^2 = \frac{R_s}{R_{L1}} A_{v1}^2 = 2.5$$

$$G_{a2} = \frac{R_{L1}}{R_{L2}} (g_{m2} R_{L2})^2 = \frac{R_{L1}}{R_{L2}} A_{v2}^2 = 25$$

式中，A_{v1} 和 A_{v2} 分别是每一级的电压增益。在 G_{a1} 式中出现的系数 $\dfrac{1}{2}$ 表示由于分流电阻而在输入端产生的电压分配。注意，对于第二级，G_{a2} 是根据前一级的输出阻抗（$R_{out1}=R_{L1}$）来计算的，这实际上是第二级的驱动源。正如前面所指出的，噪声因子的计算也必须同样这么做。总的有效功率增益为

$$G_a = G_{a1} G_{a2} = \frac{R_s}{R_{L2}} \left(\frac{1}{2} g_{m1} R_{L1} g_{m2} R_{L2}\right)^2 = 62.5$$

图 5.41 还显示了每一级的噪声情况。考虑第一级电路，其参考输入（源）的总噪声为

$$v_{ns} + v_{np} + \frac{i_{nd1} + i_{nL1}}{\left(\dfrac{1}{2} g_{m1}\right)^2}$$

注意到 $R_s=R_p$，所以第一级的噪声因子为

$$F_1 = 1 + 1 + \frac{4KT\gamma g_{m1} + \frac{4KT}{R_{L1}}}{4KTR_s \left(\frac{1}{2}g_{m1}\right)^2} = 2 + \frac{4}{g_{m1}R_s}\left(\gamma + \frac{1}{g_{m1}R_{L1}}\right) = 6.4 = 8.1 \text{dB}$$

正如预计的那样，负载电阻的噪声影响被放大器的增益所抑制，因此可以忽略。

类似地，第二级的噪声因子为

$$F_2 = 1 + \frac{4KT\gamma g_{m2} + \frac{4KT}{R_{L2}}}{4KTR_{L1}(g_{m2})^2} = 1 + \frac{1}{g_{m2}R_{L1}}\left(\gamma + \frac{1}{g_{m2}R_{L2}}\right) \approx 1.44 = 1.5 \text{dB}$$

使用弗里斯方程可得

$$F = F_1 + \frac{F_2 - 1}{G_{a1}} = 2 + \frac{4}{g_{m1}R_s}\left(\gamma + \frac{1}{g_{m1}R_{L1}}\right) + \frac{\frac{1}{g_{m2}R_{L1}}\left(\gamma + \frac{1}{g_{m2}R_{L2}}\right)}{\frac{R_s}{R_{L1}}\left(\frac{1}{2}g_{m1}R_{L1}\right)^2} = 6.6 = 8.2 \text{dB}$$

尽管在第二级中消耗了四分之一的电流，但考虑到第二级之前的增益，噪声因子主要是由第一级决定。

注意到在噪声因子的计算中，系统不需要与源相匹配。实际上，读者可以证明，当电阻 R_p 移除后，噪声因子将为

$$F = 1 + \frac{1}{g_{m1}R_s}\left(\gamma + \frac{1}{g_{m1}R_{L1}}\right) + \frac{\frac{1}{g_{m2}R_{L1}}\left(\gamma + \frac{1}{g_{m2}R_{L2}}\right)}{\frac{R_s}{R_{L1}}(g_{m1}R_{L1})^2} = 2.14 = 3.3 \text{dB}$$

这比原始的值要低，这一代价是由于放大器的输入端没有进行很好的匹配。这是一个常见的折中，实际上也是在设计低噪声放大器时最大的挑战。

可以将上面的噪声因子方程整理如下：

$$F = F_1 + \frac{\frac{1}{g_{m2}R_s}\left(\gamma + \frac{1}{g_{m2}R_{L2}}\right)}{A_{v1}^2} = F_1 + \frac{F_2|_{R_s} - 1}{A_{v1}^2}$$

式中，$F_2|_{R_s}$ 是第二级参考原始源阻抗(R_s)的噪声因子，而不是对于第一级的输出阻抗得到的噪声因子。这样该噪声由第一级电压增益决定，而不是由其功率增益决定。这种简化，只有当放大器能够用其输入等效噪声电压来建模时，才有效，例如，像共源电路级那样的高阻抗放大器。

5.7 相位噪声

在第 2 章中讨论了调制器中的混频器(或乘法器)用于将基带频谱上变频到载波频率。还证明了以类似的方式，利用接收机中的混频器将载波周围的调制频谱下变频到一个方便的低频，比如零频，称为中频或 IF(见图 5.42)。

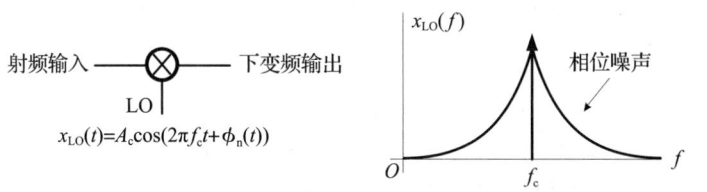

图 5.42 接收机中用于下变频调制频谱的混频器

与调制器一样，接收机的混频器也由在（或非常接近）载波频率的本地振荡器（本振或 LO）驱动。本振信号一般可以表示为

$$x_{\text{LO}}(t) = A_c\cos(2\pi f_c t + \phi_n(t))$$

除了 $\phi_n(t)$ 这一附加项之外，上式与在第 2 章中使用的表达式很相似，$\phi_n(t)$ 表示本振中有源电路的噪声，也就是所谓的相位噪声。在第 9 章将会讨论产生这种类型噪声的机制，而在本章和第 6 章中仅研究其对收发机系统性能的影响。由于 $\phi_n(t)$ 表示噪声，可以说 $|\phi_n(t)| \ll 1$，因此可以使用窄带 FM 近似：

$$x_{\text{LO}}(t) \approx A_c[\cos 2\pi f_c t - \phi_n(t)\sin 2\pi f_c t]$$

上式表明，实际的本振信号包括一个代表理想余弦信号的脉冲，以及一个代表围绕着载波的正交噪声信号项，如图 5.42 所示。随着远离载波频率，相位噪声的幅度通常以 $1/f^2$ 的斜率衰减，如同 Leeson[3] 预测的那样。这将在第 9 章中证明，而在这里只需要了解。

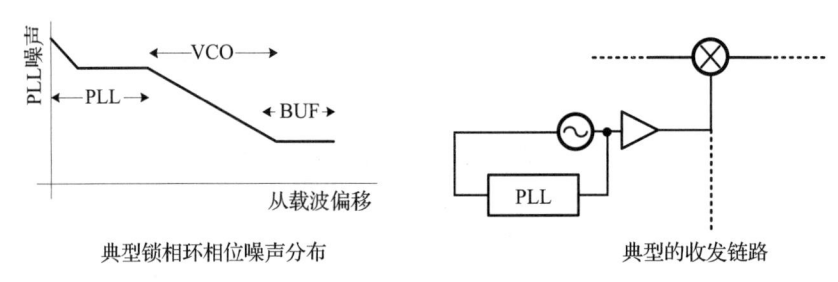

图 5.43 典型 TX 或 RX 链路中的典型 PLL 相位噪声

在混频器的输入端，这个有噪声的 LO 信号与 RF 信号相乘。因此在混频器的输出端，尽管输出信号的频率发生了转换，输出依然含有与输入信号在频域中卷积的相位噪声。由此，预计在原本理想的接收机中，LO 的相位噪声限制了信号质量或信噪比。此外，正如将在第 6 章所证明的，当暴露在大量的不需要的信号中时，即被称为 blockers 的阻塞信号，相位噪声也会影响接收机的灵敏度。

如果锁相环（PLL）中包含振荡器，相位噪声分布将会随着锁相环的频率特性变化而变化。

众所周知，一旦 PLL 锁定后，VCO 的输出噪声将具有如图 5.43 所示的相位噪声分布[4-5]。它包含由 PLL 元件决定的相对平坦的通带和由 VCO 噪声决定的 40dB/DEC（或 $1/f^2$）斜率衰减的区域。在离载波非常远的频偏处，随着本振之后的缓冲器或者其他硬限制器件占主导地位的原因，噪声渐趋平缓。如果在发射（或接收）链路中采用这种 VCO（图 5.43 右图），该噪声分布预计将会出现在输出端。将在第 6 章中说明，这种噪声以及 TX 链路的非线性将是发射机调制掩膜要求的限制因素。

5.8 灵敏度

在接收机输入端能够检测到的最小信号极限，可以从基本的噪声因子定义中得到

$$F = \frac{\text{SNR}_i}{\text{SNR}_o} = \frac{\dfrac{S_i}{N_i}}{\text{SNR}_o}$$

结果表明，输入端的有效噪声功率为 $N_i = KT \approx 4\times 10^{-21}$ W·s，以 1Hz 带宽表示。如果在所关心的带宽 B 上积分，得到的噪声功率就为 KTB。对等式两边同时取对数（10log），则得到以 dB

表示的噪声因子为

$$NF = 10\log S_i - 10\log(KTB) - 10\log SNR_o$$

已知在室温下 $10\log KT = -174 \text{dBm/Hz}$①，代入上式整理后可以得到

$$\text{灵敏度} = -174 + NF + 10\log B + SNR$$

因此，在保证检测器的输出端是最小信噪比(SNR，dB 表示)的情况下，最小可测信号或灵敏度以 dBm 形式表示就是 $-174+NF+10\log B+SNR$。显然，可以通过降低噪声因子或减小系统带宽的方式来提高系统的灵敏度。但后者会直接导致较低的吞吐量。

示例： 考虑图 5.44 所示的 4G 接收机。当在 GSM(Global System for Mobile Communication)模式下运行时，通信标准要求最低的灵敏度为 -102dBm。大多数现代手机可以达到更好的灵敏度，约为 -110dBm，对应于天线接收到的信号电平约为 $0.7\mu V$ RMS。为实现多频带和收发复用，在多个接收机的输入端(虽然图中没有显示，但也包括发射机的输出端)和天线之间嵌入一个开关。此外，在每一个支持特定频带的接收机之前都有一个外部 SAW 滤波器(或在 3G/4G 模式下使用双工器)，以衰减不需要的信号。

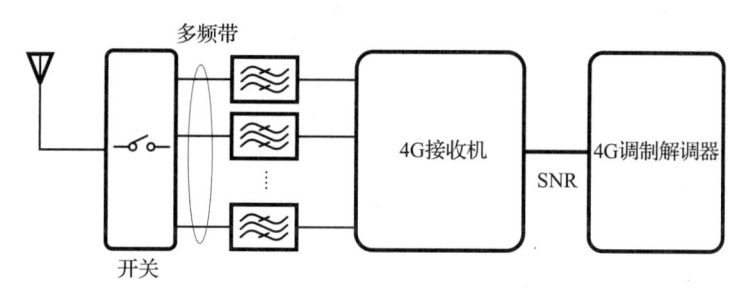

图 5.44 简化的 4G 接收机框图

GSM 信号是 GMSK(Gaussian Minimum Shift Keying)调制的，占用带宽约为 200kHz。典型的调制解调器需要至少 5dB 的信噪比以正确地检测到该信号。为了实现 -110dBm 的灵敏度，天线处的噪声因子必须为 6dB。另外，假设开关和 SAW 滤波器两部分合起来的典型插损为 3dB，则接收机的最小噪声因子必须为 3dB。要注意的一点是，开关和滤波器被视为是有损且无源的器件，所以将它们放置在无线电的输入端时，其损耗直接加到系统的噪声因子上。

示例： 对于前一示例中相同的接收机，假设下变频至中频时，其输出噪声分布如图 5.45 所示。

它包含一块平坦区域，对应于相同的 3dB 噪声因子，在低频部分，由于闪烁噪声的存在，曲线开始上升。总的输出噪声可以表示为

$$N_o = N_{RX}\left(1 + \frac{f_c}{f}\right)$$

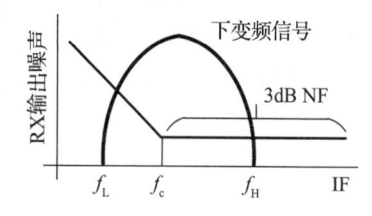

图 5.45 4G 接收机的输出噪声

式中，f_c 表示闪烁噪声的转角频率，也就是说，在该频率处白噪声和闪烁噪声相等。当参考输入时，N_{RX} 必须对应于相同的 3dB 噪声系数。假设下变频信号占用了 f_L 与 f_H 之间的频谱，因此包括之前忽略的闪烁噪声在内的总的噪声因子为

---

① dBm 是以 mW 表示的功率量的 10log。1mW 对应 0dBm。当表示与 50Ω 电阻上的峰值电压 V 相关的功率时，则 $\text{dBm}=10\text{dB}+20\log V=10+\text{dBV}$。

$$F = \frac{N_{RX}}{G_a KT} \frac{1}{f_H - f_L} \int_{f_L}^{f_H} \left(1 + \frac{f_c}{f}\right) df = \frac{N_{RX}}{G_a KT} \left(1 + f_c \frac{\ln \frac{f_H}{f_L}}{f_H - f_L}\right)$$

上式第二项是由闪烁噪声引起的额外噪声，而 $\frac{N_{RX}}{G_a KT}$ 项对应于先前计算的 3dB 噪声因子。假设 GSM 信号下变频到频率为 135kHz 的中频，如果闪烁噪声的转角频率为 100kHz，则额外噪声因子为 $1 + 100 \frac{\ln \frac{235}{35}}{200} = 1.95$。因此接收机的有效灵敏度下降约 3dB，为 -107dBm。除了明确选择减小闪烁噪声转角频率之外，另一种选择是将信号置于较高的中频频率。在第 12 章中，讨论接收机架构时，将会表明这么做会带来的重要影响。对于像 GSM 这类窄带信号，唯一可行的选择是确保 RX 的 $1/f$ 噪声转角频率足够的低。比如，闪烁噪声的转角频率是 10kHz 时，只会引起 $10\log 1.095 = 0.1$dB 的灵敏度降低。

示例： 假设同一接收机工作在 3G 模式下，接收的是 QPSK 调制信号。3G 信号的带宽约为 3.84MHz，因为它是扩频的，所以总的信噪比需要达到 -18dB。实际应用中检测 QPSK 信号需要大约 $+7$dB 的信噪比。然而由于 3G 信号的扩频特性，存在所谓的处理增益，即接收信号带宽与调制解调器解码之后信号的带宽之比，在这种情况下，解码后的带宽为 30kHz，因此，

$$处理增益 = \frac{3.84\text{MHz}}{30\text{kHz}} = 128(21\text{dB})$$

由于存在额外的 4dB 编码增益，网络的净信噪比 $SNR = 7 - 21 - 4 = -18$dB，此时忽略闪烁噪声，则灵敏度为

$$-174 + 6\text{dB} + 10\log(3.84\text{MHz}) - 18 = -120\text{dBm}$$

假设双工器和开关带来的组合损耗为 3dB，与 GSM 模式的相同，当然这个假设可能有点乐观。该标准要求为 -117dBm，这就是说，如果接收机的噪声因子为 3dB，则留有 3dB 余量。在下一章中将会看到，在 3G 接收机中还存在其他潜在因素，使得接收机的灵敏度比上面只考虑接收机热噪声时的结果更差。

现在考虑闪烁噪声的影响。假设转角频率仍然为 100kHz，在 GSM 模式下，会造成灵敏度降低 3dB。同时还假设 3G 信号下变频到零中频。在从 20kHz 的任意下限频率到信号所在的上限频率 1.92MHz 间进行积分。特别选择下限频率是 20kHz（而不是 0Hz）的原因是，实际上包括 3G 模式在内的大多数调制方式，忽略 DC 附近的信号能量是可以接受的。事实上，大多数接收机都采用了某种形式的高通滤波器来滤除 DC 偏移。滤波器的转角频率典型值为数十到数百 kHz，具体数值取决于实际信号带宽。如果滤波器的高通转角频率太低，会导致滤波器的建立过慢。由此，额外噪声为 $1 + 0.1 \frac{\ln \frac{1.92}{0.02}}{1.9} = 1.23$，灵敏度衰减仅为 0.9dB。如果积分的下限频率选定为 10kHz，额外噪声仅会上升至 1.27，因此这在某种程度上证明了积分下限的任意选择是合理的！

上述例子指出了一个非常重要的结论，诸如 3G 在内的宽带接收机，即使信号下变频为 DC，接收机对于闪烁噪声的容忍度也是相当高的。因此，零中频接收机在大多数宽带应用中非常常见。

示例： 作为最后一个例子，考虑图 5.46 所示的更多电路级细节的 4G 接收机框图。它由一个低噪声跨导放大器(LNTA)、一个电流模乘法器(或混频器)以及一个有源 RC 二阶网络组成。LNTA 匹配到 50Ω，当端接表示混频器输入阻抗的无噪声负载时，其独立噪声因子为 2dB。

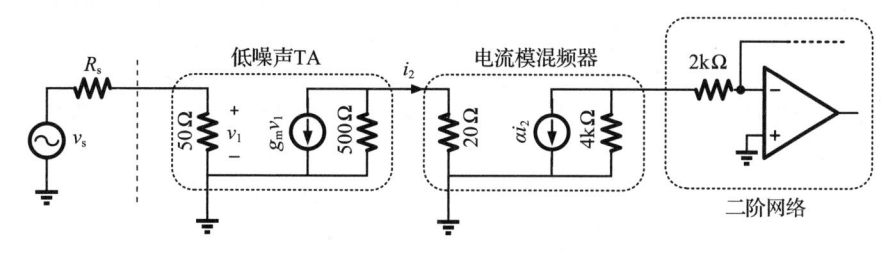

图 5.46 4G 接收机框图

它产生一个跨导增益为 $g_m=100\text{mS}$ 的输出电流，电流流入电流模混频器，将混频器简化为一个线性时不变的电流模放大器，电流增益 $\alpha=0.5$，并简单假设混频器将信号频率转换为零中频。图中仅给出了二阶网络的输入级，通带增益为 10，相对于混频器，其输入阻抗为 $2\text{k}\Omega$。接收机总的有效电压增益为

$$A_a = g_m \times \frac{500}{500+20} \times \alpha \times (4\text{k} \| 2\text{k}) \times 10 = 640$$

由于混频器是电流模的，定义标准的噪声因子意义并不大。因此，假设它可以由一个谱密度是 $4KT\times 20\text{mS}$ 的输入参考电流噪声单位是 (A^2/Hz) 来建模。以源为参考的混频器噪声会除以 $g_m/2$，如图 5.47 所示。额外的因子 2 与源和 LNTA 输入阻抗之间的分压有关，这二者的阻抗是相等的。

如果 LNTA 的噪声因子为 F_1，则以源作为参考，源于 LNTA 和混频器的总噪声为

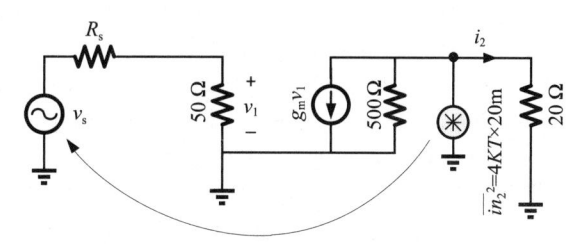

图 5.47 以源为参考的混频器噪声

$$(F_1-1)4KTR_s + \left(\frac{2}{g_m}\right)^2 \times \overline{i_{n2}^2}$$

因此，LNTA-混频器的组合噪声因子为

$$F = F_1 + \left(\frac{2}{g_m}\right)^2 \times \frac{\overline{i_{n2}^2}}{4KTR_s} = 1.58 + 0.16 = 1.74 = 2.4\text{dB}$$

最后，假设当二阶网络以混频器输出阻抗 $4\text{k}\Omega$ 为参考时，其独立噪声因子为 4dB 或 6dB。二阶网络输入端口的有效电压增益为 64，因此从源到二阶网络的总增益为 32。则有效功率增益为

$$32^2 \times \frac{R_s}{R_{\text{out2}}} = 32^2 \times \frac{50}{4000} = 12.8$$

并且总的噪声因子为 $1.74 + \frac{4-1}{12.8} = 1.97 \approx 3\text{dB}$。

上例表明了如何预算级联结构中不同级的噪声和增益值，以满足特定的级联噪声因子。在案例中，从给定的灵敏度指标值 −110dBm 开始，推导出 RX 的噪声因子为 3dB。其余部分的选择是为了满足整个接收机的 3dB 指标要求。

5.9 噪声因子的测量

在本节中将讨论测量噪声因子的两种常用方法。在此之前，需要强调一下，噪声因子的表

征和测量均是建立在某一给定频率的基础之上的,称为点噪声因子。如果感兴趣的话,当然也可以在所关注的频率范围内对其进行表征。此外,由于噪声电平通常很小,所以使用屏蔽室以防止外界噪声或者干扰的方式测量噪声较为常见。在被测器件(DUT)的输出端监测的噪声必须明显高于测试仪器的噪声基底。因此,通常需要添加前置放大器或者后置放大器,其噪声和增益被适当地减去。

第一种测试方法称为增益法,是直接基于噪声因子的基本定义:

$$F = \frac{N_o}{G_a KT}$$

如果得到了 DUT 的有效增益和输出噪声(当端接 50Ω 时),由于 KT 已知,噪声因子随之可以计算得出。这种测试方法的一个潜在问题是,频谱分析仪必须测量出以分辨率带宽(RBW)定义的窄带积分噪声。如果对滤波器的种类和结构有确切的了解,这个数字就可以转换为按频率测量的点噪声。当下大多数频谱分析仪都有这种内置功能,可以以合理的精度提供这些信息。此外,该方法依赖于对增益和噪声两个量单独的精确测量。因此,在测试之前应该仔细地校准频谱分析仪和信号发生器。

第二种测试方法,称为 Y 因子法,或冷热源测量法[○],测试过程中只需要两种相对测量,不需要了解频谱分析仪滤波器的相关知识。如图 5.48 所示,待测器件连接到一个非常精确且校准良好的噪声源,此噪声源能够在 DUT 输入端口产生两种不同电平的噪声。

如果噪声源关闭,该网络就是一个简单的 50Ω 电阻。噪声源一旦开启,仍然能提供 50Ω 的终端,但存在 $α>1$ 倍的噪声。用频谱分析仪或功率计测量 DUT 在两种情况下的输出噪声,并记录下来。DUT 的输入参考噪声始终为 $(F-1)KT$,所以相对于两种输入(以 N_0 和 N_1 表示)的两个噪声记录分别为

$$N_0 = KT + (F-1)KT$$
$$N_1 = \alpha KT + (F-1)KT$$

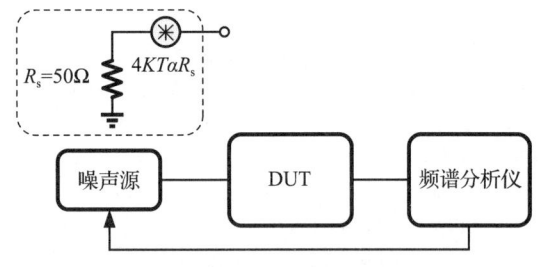

图 5.48 Y 因子噪声因子测量

式中,系数 $α$ 是源的超噪比(ENR),这是一个已知量,由噪声源生产商提供。将以上两式相除,可以消除对噪声测量的绝对精度或 DUT 增益的绝对精度的任何依赖,得到

$$\frac{N_1}{N_0} = \frac{\alpha + (F-1)}{F}$$

求解 F 得到

$$F = \frac{\alpha - 1}{\frac{N_1}{N_0} - 1}$$

因此,现在所需要的只是对 DUT 噪声的两个相对测试结果,但这确实需要一个校准良好的噪声源。超噪比($α$)的值通常在较宽的所关注的频率范围内是已知的。大多数的现代网络分析仪都具有使用噪声源的内置功能,并可以直接显示噪声因子。

值得注意的是,如果器件是无噪声的,在源开启的状态下,输出端噪声的增加正好等于额

○ 这样命名方法基于这样一个事实:两种电平的噪声会被注入对应于冷条件和热条件的系统中,是考虑到噪声对绝对温度的依赖性。

外噪声。器件的噪声越大，观察到的输出端噪声增加幅度越小，相应地，精度也会越低。因此，如果预计器件的噪声因子比源额外噪声大很多，则可以考虑采用精确校准的前置放大器。

噪声源不能仅使用无源噪声元件构建(为什么?)，其通常由一个雪崩二极管组成，雪崩二极管的偏置电流是由精密电流调节器提供固定不变的电流，其后接匹配网络和衰减器(图 5.49)。

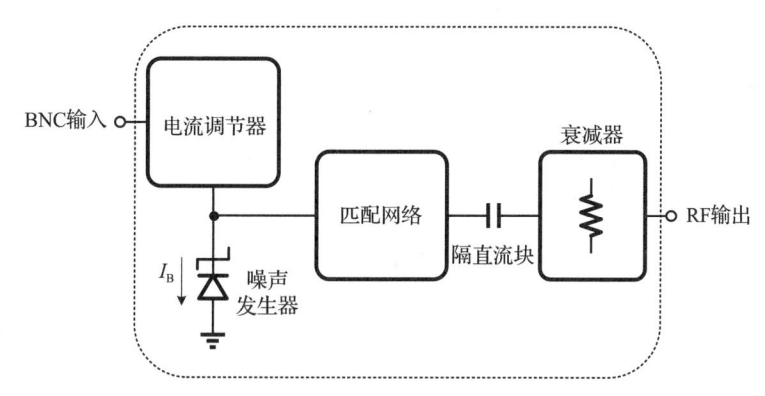

图 5.49 RF 噪声源的简化电路框图

BNC[⊖]（尼尔-康塞曼卡口）输入打开和关闭噪声源。当打开噪声源时，雪崩二极管的电流 I_B 被很好地调节，会产生一个谱密度为 $2qI_B$ 的清晰的噪声电流，其中 $q=1.6\times10^{-19}$ C 是电子电荷。这种额外噪声最终通过缓冲器和匹配网络出现在输出端。射频输出仍与 50Ω 电阻匹配，但其噪声谱密度比 50Ω 电阻的噪声谱密度大了一个由超噪比(ENR)定义的量，超噪比是由噪声发生器电路设置的。

商用噪声源（Keysight 346C）的示例如图 5.50 所示，其 ENR 为 15dB，工作频段为 10MHz~26.5GHz。

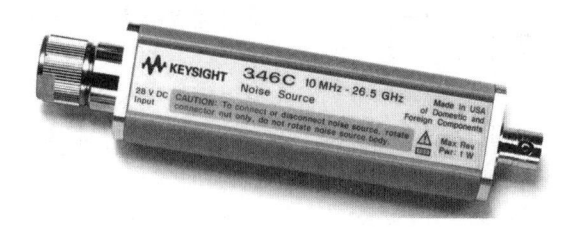

图 5.50 Keysight 公司的 346C 射频噪声源

5.10 总结

本章讨论了噪声这一重要主题，并将在第 7、8、9 和 10 章中讨论射频构建模块，如低噪声放大器、混频器或振荡器等的噪声特性时广泛提及。

- 5.1 节讨论了关于噪声的介绍性资料，并介绍了常用射频元件，如电阻和晶体管中的噪声类型。还讨论了无源互易电路的噪声，以及周期性变化电路中的周期平稳和周期平稳噪声。
- 5.2 节对二端口网络等效噪声进行了建模。
- 5.3 和 5.4 节讨论了噪声因子和最小噪声因子的概念。最小噪声因子是设计良好的低噪声放大器的一个重要部分。
- 5.5 节介绍了一般反馈，特别是无损反馈对噪声的影响。大多数低噪声放大器利用了某种形式的无损反馈，来同时满足匹配和最小噪声因子的条件。

⊖ BNC（尼尔-康塞曼卡口）连接器是一种用于同轴电缆的微型射频连接器。

- 5.6 节将噪声因子的定义延伸到了包含几个子模块的更复杂的电路结构中。
- 5.7 节简要讨论了相位噪声的概念，这是理解放大器和接收机中的互易混频所必需的。相位噪声的完整处理方式将在第 9 章中介绍。
- 5.8 节定义了灵敏度的概念，并列举了几个实际的例子。
- 本章最后一节讨论了噪声测量的实际含义。

5.11 习题

1. 计算源极跟随器结构中的 FET 的最小噪声因子，忽略 C_{gd}。

   答案：$F = 1 + \left| \dfrac{1+j\omega C_{gs1} Z_{TH}}{g_{m1} + j\omega C_{gs1}} \right|^2 \dfrac{\gamma(g_{m1}+g_{m2})}{\text{Re}[Z_{TH}]}$，$F_{\min} = 0$

2. 计算下图所示电路的输入参考噪声电压。忽略 $1/f$ 噪声、r_o 和电容。

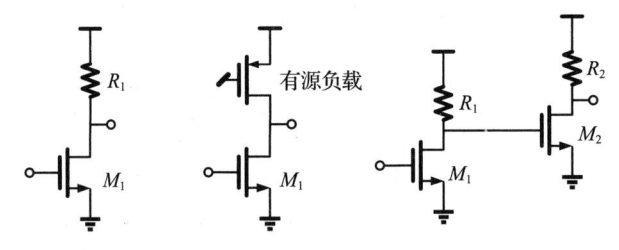

3. 计算 n 阶巴特沃斯滤波器的等效噪声带宽。

4. 利用拉普拉斯变换的微分特性，证明初值定理 $z(0^+) = \lim\limits_{s \to \infty} sZ(z)$。

5. 如下图所示的电流模无源混频器，求出跨阻放大器（TIA）输入端的噪声谱密度。跨阻放大器的输入阻抗为 0。如果输入电流源是理想的，求其噪声。答案：$S_{i_{OUT}} = \dfrac{4KT}{R_s + R_{SW}}$。

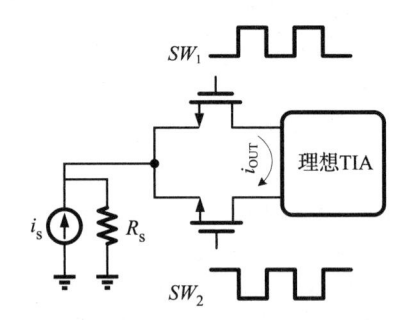

6. 说明理想的串联-串联反馈对等效噪声源的影响，以及对最小噪声因子的影响。

7. 证明，如果将输入噪声电流分为相关部分和不相关部分，而不是输入噪声电压，那么噪声因子将为

$$F = 1 + |Z_s|^2 \dfrac{G_u + R_n |Y_s + Y_c|^2}{R_s}$$

利用噪声方程的偏导数求出最佳源导纳，并用噪声电流参数和相关导纳（Y_c）来表示最佳噪声因子。

8. 计算如下图所示的阻性退化共源放大器的最小噪声因子。忽略所有的电容、体效应和 r_o。

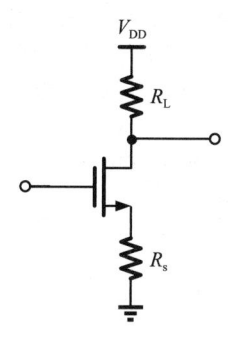

9. 下图所示的放大器，其负载是理想的(无噪声的)。忽略 C_{gd} 和结电容(但不忽略 C_{gs})，求放大器的输入阻抗。等效噪声源和最小噪声因子是多少？假设 $r_o = \infty$，并忽略体效应。

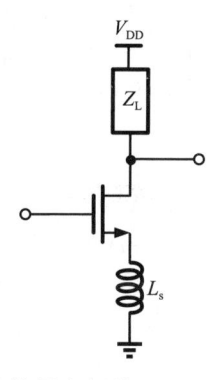

10. 用特勒根定理证明下图所示电路是能量守恒的：
$$P = \frac{1}{2} Z_{IN}(j\omega) |I_s|^2 = \frac{1}{2} \sum_i R_i |I_i|^2 + \frac{1}{2} \sum_k j\omega L_k |I_k|^2 - \frac{1}{2} \sum_p \frac{1}{j\omega C_p} |I_p|^2$$
式中，R_i、L_k 和 C_p 是单端口网络 RLC 电路的元件。

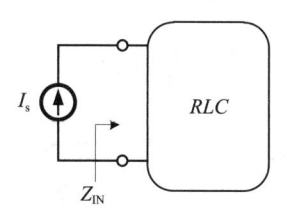

11. 计算下图所示的梯形滤波器的插入损耗和噪声因子(不使用奈奎斯特定理)，其中电感的 Q 值是有限的，并证明它们相等。答案：$F = 1 + \dfrac{r}{R_s}$。

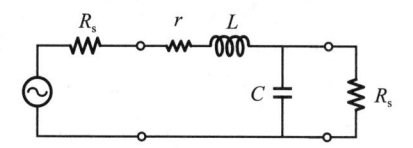

12. 证明奈奎斯特定理的对偶性：输出导纳为 $Y(s)$ 的 $RLCM$ 单端口网络输出端的电流噪声谱密度为 $S_{in}(f) = 4KT\text{Re}[Y(f)]$。

13. 利用基本的噪声定义（而不是奈奎斯特定理）证明无源有损电路的噪声因子与其损耗相等。将所有的损耗作为输出端的一个分流电阻。提示：利用互易性。

14. 使用或不使用奈奎斯特定理的两种方法，求下图所示的阻性电路的噪声因子。

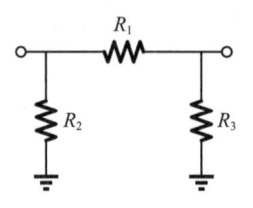

15. 假设 $v(t)$ 是白噪声且随机变量 s 被定义为 $s = \int_{-T}^{T} v(t) \, dt$，求 s 的方差。

16. 在下图所示的网络中，通过计算电阻 R 的热噪声到电容两端的电压或流经电感的电流的传递函数（其中电阻 R 的噪声等效为噪声电压源），并在 $\omega \in (-\infty, \infty)$ 区间内适当地积分，证明存储在电容 C_1、C_2 两端的热噪声电压有效值和存储在电感 L 中的热噪声电流有效值分别为 kT/C_1、kT/C_2 和 kT/L。因此，存储在每一个存储元件中的热噪声能量的有效值等于 $kT/2$。

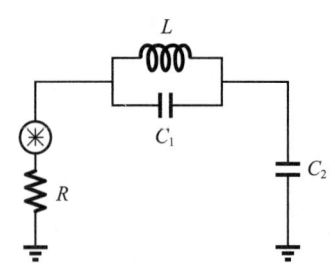

17. 假设一个 LTI 系统的输入是白噪声 $x(t)$，其自相关系数为 $R_x(\tau) = \dfrac{N_0}{2} \delta(\tau)$，输出为 $y(t)$。

    证明互相关 $R_{yx}(\tau)$ 与 $h(\tau)$ 成正比，其中 $h(t)$ 是系统的冲激响应。这是一种估算 LTI 系统的冲激响应常用的方法，通过将白噪声源应用于输入，并将相同的输入与系统的响应相关联。

18. 说明串联电抗反馈对如下图所示的放大器最小噪声因子的影响。利用 Z 参数对放大器和反馈网络进行建模。

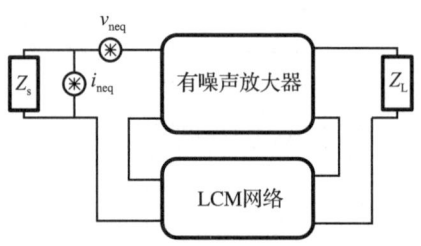

19. 一个双边功率谱密度为 $N_0 \, \text{V}^2/\text{Hz}$ 的高斯白噪声 $n(t)$，作为正弦压控振荡器（VCO）的控制电压，其中 VCO 的增益为 K_{VCO}。证明 VCO 的输出电压的功率谱密度符合洛伦兹特性，即

$$S_V(\omega) = \dfrac{K_{\text{VCO}}^2 \dfrac{N_0}{2\pi}}{\left(K_{\text{VCO}}^2 \dfrac{N_0}{4\pi}\right)^2 + (\omega - \omega_0)^2}。$$

提示：建立相量 $V(t)=\exp(j(\omega_0 t+\varphi(t)))$，代表 VCO 信号，其中 $\varphi(t)=K_{VCO}\int n(\theta)d\theta$ 表示相位扰动。证明 $R_V(\tau)=e^{j\omega_0\tau}E[e^{j(\varphi(t+\tau)-\varphi(t))}]$。定义变量 $x(t,\tau)=\varphi(t+\tau)-\varphi(t)$。已知 $\varphi(t+\tau)$ 和 $\varphi(t)$ 均服从标准偏差为 σ 的联合高斯分布，因此 $E[e^{j(\varphi(t+\tau)-\varphi(t))}]=e^{-\sigma^2/2}=e^{-(R_\varphi(0)-R_\varphi(\tau))}$，考虑到 $R_\varphi(\tau)$ 与 $n(t)$ 线性相关，可以得到 $R_\varphi(\tau)$ 的表达式，并求出 VCO 的电压谱密度。

20. 推导出三级级联结构的噪声因子，每一级电路仅由其输入参考噪声电压表示。假设每一级的输入阻抗均为无穷大，因此输入参考噪声电流为 0。

21. 不忽略基极电阻，求出低频下 BJT 的输入参考噪声电压和电流。这与在相同电流下偏置的 FET 相比如何？

22. 如下图所示的 g_m-C 谐振器中，跨导的噪声用位于跨导输出端的电流源 i_{n1}、i_{n2} 建模。试推导分别从两个电流源到电容 C_1 两端电压的传递函数，并证明其中一个传递函数是低通的，另一个是带通的。假设这两个噪声电流源的单边功率谱密度为 $4kTFg_m$，证明由噪声电流源 i_{n1}、i_{n2} 引起的电容 C_1 两端的噪声电压有效值分别为 $\dfrac{kTF}{C_1}g_m$、$\dfrac{kTF}{C_2}g_mR$。

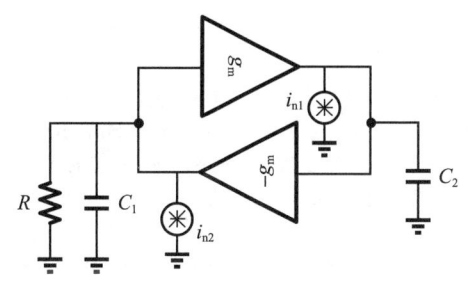

23. 计算下图所示的有源回转器的输入阻抗和输入参考噪声。跨导是由单个 FET 和理想有源负载组成的。忽略器件电容的影响。

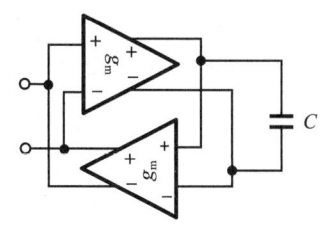

24. 当其中的跨导由相同的 N 型和 P 型器件构成的反相器组成，重做习题 23。

25. 利用阻抗和反射系数$(Z_{s/s,opt}=Z_0\dfrac{1+\Gamma_{s/s,opt}}{1-\Gamma_{s/s,opt}}$，其中 Z_0 是特征阻抗)之间的双线性关系，将噪声因子方程映射到史密斯圆图上。提示：用反射系数表示噪声因子的方程为 $F=F_{min}+4G_nZ_0\dfrac{|\Gamma_s-\Gamma_{s,opt}|^2}{(1-|\Gamma_s|^2)|1-\Gamma_{s,opt}|^2}$。对于给定的放大器，$G_n$、$F_{min}$ 和 $\Gamma_{s,opt}$ 是已知的，因此，$\left|\Gamma_s-\dfrac{\Gamma_{s,opt}}{K+1}\right|^2=\dfrac{K^2+K(1-|\Gamma_{s,opt}|^2)}{(K+1)^2}$。对于给定的 F，以及因此的 K，Γ_s 可以用史密斯圆图上的圆来描述。

参考文献

[1] P. R. Gray and R. G. Meyer, *Analysis and Design of Analog Integrated Circuits*, John Wiley, 1990.

[2] H. Friis, "Noise Figures of Radio Receivers," *Proceedings of the IRE*, 32, no. 7, 419–422, 1944.

[3] B. Leeson, "A Simple Model of Feedback Oscillator Noise Spectrum," *Proceedings of the IEEE*, 54, 329–330, 1966.

[4] F. M. Gardner, *Phaselock Techniques*, John Wiley, 2005.

[5] D. H. Wolaver, *Phase-Locked Loop Circuit Design*, Prentice Hall, 1991.

[6] A. Van der Ziel, *Noise in Solid State Devices and Circuits*, John Wiley, 1986.

[7] Y. Tsividis and C. McAndrew, *Operation and Modeling of the MOS Transistor*, Oxford University Press, 2010.

[8] S. M. Sze and K. K. Ng, *Physics of Semiconductor Devices*, John Wiley, 2006.

[9] B. G. Streetman, *Solid State Electronics*, 4th ed., Prentice Hall, 1995.

[10] A. Papoulis and S. U. Pillai, *Probability, Random Variables, and Stochastic Processes*, McGraw-Hill, 2002.

[11] H. Nyquist, "Thermal Agitation of Electric Charge in Conductors," *Physical Review*, 32, no. 1, 110–113, 1928.

[12] J. B. Johnson, "Thermal Agitation of Electricity in Conductors," *Physical Review*, 32, no. 1, 97, 1928.

[13] C. A. Desoer and E. S. Kuh, *Basic Circuit Theory*, McGraw-Hill, 2009.

[14] J. Chang, A. Abidi, and C. Viswanathan, "Flicker Noise in CMOS Transistors from Subthreshold to Strong Inversion at Various Temperatures," *IEEE Transactions on Electron Devices*, 41, no. 11, 1965–1971, 1994.

[15] W. Gardner and L. Franks, "Characterization of Cyclostationary Random Signal Processes," *IEEE Transactions on Information Theory*, 21, no. 1, 4–14, 1975.

[16] A. Demir and A. Sangiovanni-Vincentelli, *Analysis and Simulation of Noise in Nonlinear Electronic Circuits and Systems*, Kluwer, 1998.

[17] D. Halliday, R. Resnick, and J. Walker, *Fundamentals of Physics*, John Wiley, 2013.

[18] R. Eisberg, *Fundamentals of Modern Physics*, John Wiley, 1990.

| Chapter 6 | 第 6 章

失　　真

从第 5 章了解到接收机的热噪声会对接收机输入端所能检测到的信号设置下限。接收机所能处理的最大信号的上限是由失真度设定的，而失真度是由组成接收机的有源电路的非线性引起的。然而，因为具有一定的增益控制能力，接收机处理所需要的大输入信号通常不是问题。此外，将在本章中说明，当接收到大量不需要的信号时，称为阻塞，失真对接收机的不利影响要大得多。与噪声的影响类似，阻塞也会对可检测信号设置一个下限。

本章将首先阐述无线系统中的阻塞及其分布的一般描述。然后详细介绍当存在大的阻塞信号时，影响接收机性能的 4 个主要因素：小信号非线性、大信号非线性、互易混频以及谐波混频。最后，描述各种情况下的品质因数及其对现代接收机所造成的实际影响。

本章的主要内容：
- 无线通信中的阻塞简述。
- 全双工系统。
- 二阶、三阶以及五阶截点。
- 压缩和去敏。
- 互易混频。
- 谐波失真。
- 发射机中的噪声及线性度。
- AM-AM 失真和 AM-FM 失真。
- 发射机中的频率牵引及其对性能的影响。

6.1　无线通信系统中的阻塞

考虑一个蜂窝网络，由所覆盖区域内的成百上千个蜂窝 (cell) 构成。在典型的大都市环境中，每个蜂窝覆盖几英里[⊖]宽的范围，图 6.1 所示为用于演示的简单概念图。

为每个蜂窝分配一个基站，基站之间通过有线相互连接。移动手机之间不是直接通信，而是驻留在给定蜂窝区域中的每部手机仅与相应的基站通信。

众所周知，在自由空间中电磁波的能量的衰减正比于

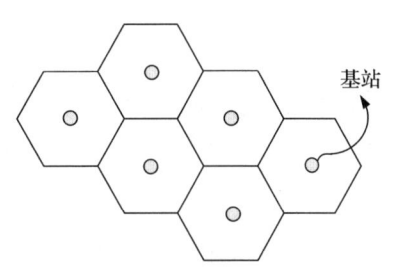

图 6.1　蜂窝网络

⊖　1 英里 = 1.6093 千米。——编辑注

$\frac{1}{d^2}$，d 是发射机和接收机之间的距离(图 6.2)。另一方面，在大都市的区域，波形则以更快的斜率 $\frac{1}{d^n}$ 衰减，其中 $n>2$，并且可能达到 4[1-2]。

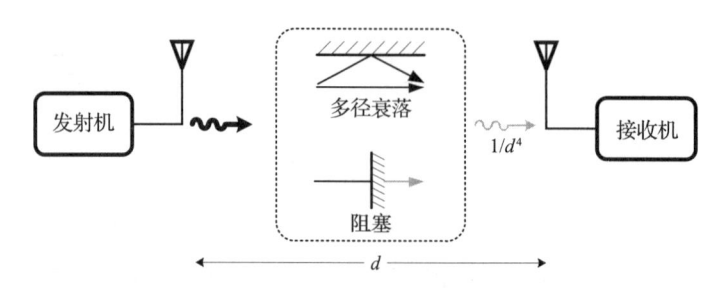

图 6.2 大城市区域的电磁波衰减

这个现象背后存在几个原因，可以归因于如图 6.2 所示的多径衰落或阻塞等现象。比如，在多径衰落的情况下，如果两路信号间存在延迟而产生 180°相移，则发射信号会从其反射信号中完全减去。因为移动用户都是在移动的，所以信号强度在各个方向上都会发生动态变化。

现在考虑如图 6.1 所示的蜂窝网络，基于上述原因，一个给定的手机要接收一个其对应基站所需要的非常弱的信号，但是碰巧从相邻基站接收到一个强信号(图 6.3)。接收机必须仍然能够正确地检测到所需要的这个微弱的信号，尽管受到相邻基站一个大信号的干扰。

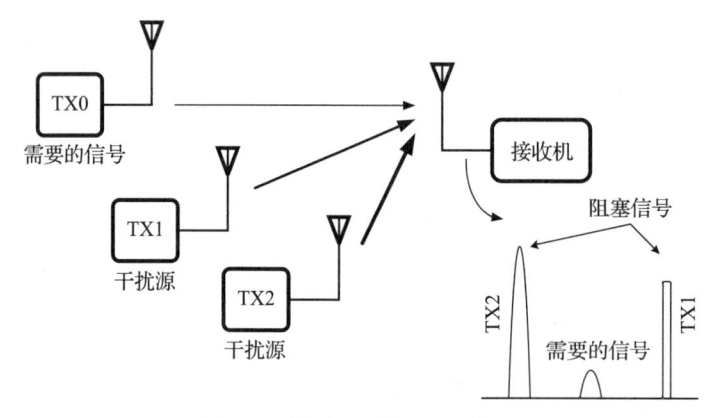

图 6.3 伴随强干扰的微弱信号

如果热噪声是唯一的非理想源，这就不会成为问题。然而，正如稍后所要讨论的，接收机中的其他缺陷(如非线性、相位噪声等)都将对需要的这个微弱信号产生根本的影响。这些由其他基站产生的不需要的信号通常称为阻塞或干扰。通常在给定的标准中，这些信号的强度和频率分布已提供给了射频设计者。需要强调的是，从统计学的角度来看，总存在一定的可能性，虽然概率很小，接收机在非常极端的条件下还是有可能失效，但是，通信标准的演进通常是为了尽可能地减少这种可能性。

在蜂窝网络中，阻塞不仅仅局限在其他基站，碰巧在所关注的手机附近出现的任何其他无线设备都可能是一个潜在的干扰源。这种类型的阻塞称为带外阻塞，均位于给定标准中所关注的带宽之外，与之前所讨论的带内阻塞恰恰相反。同样，通信标准也对带外阻塞作出了一些规定,尽管在关注的给定网络的控制下其值不是太大,但更具有挑战性。此外,因为它们位于工作频带之外,所以将一个射频滤波器放置在接收机输入端可以将其衰减。而这种滤波器对于带内阻塞而言并不实用,因为需要更窄的带宽。此外,滤波器必须是可调谐的,以确保在接收机调谐到不同的信道(或是在不同的工作频率下有效连接到不同的基站)时,所需要的信号处于滤波器的通带内。如图 6.4 所示为一个 1900MHz 频带的 GSM 阻塞分布示例。

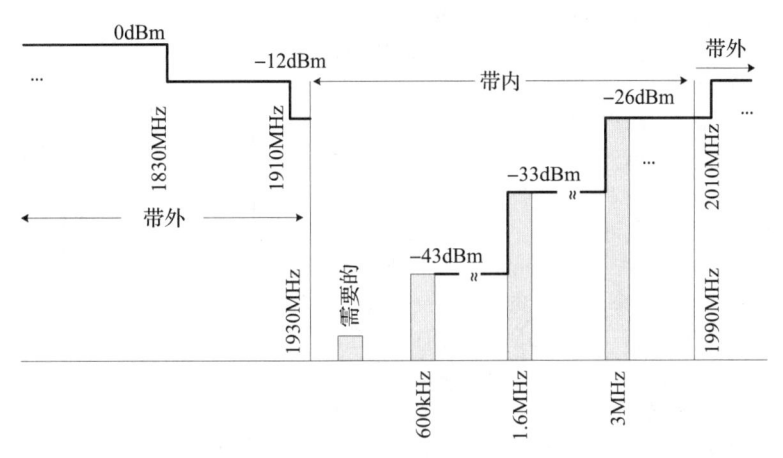

图 6.4 GSM 带内与带外阻塞

每个信道的带宽为 200kHz,信道间距为 200kHz,总带宽是 60MHz,范围从 1930~1990MHz,因此总共包含了 300 个信道。所需信号规定为比参考灵敏度高 3dB,即 −99dBm。带内阻塞的强度从 −43~−26dBm 不等,覆盖范围在所需要的信号频偏 600kHz~3MHz 及更高频率处。然而,带外阻塞可能大到 0dBm。阻塞随所需要的信号频率偏差的增大而逐渐增大的原因与分配给每个蜂窝的频率方式有关。典型情况是,相邻单元的频率与所需的频率相差较远,如果频率靠得很近会产生很强的阻塞。第二相邻的蜂窝产生的阻塞比相邻单元的会更弱,分配更近的频率,以此类推。这一特点有助于接收机滤波器的设计,以及满足相位噪声的设计要求,稍后将对此进行讨论。

为了说明在接收机前端应用滤波器来衰减带内阻塞这一挑战,需要考虑覆盖信号带宽为 200kHz、中心频率为 1960MHz 的信号。这导致中心频率与带宽的比值为 9800。而只衰减带外阻塞时,中心频率与带宽之比大约为 33 则更为实际。可以注意到,每端均有一个 20MHz 的保护频带,所以阻塞信号仍指定为 −26dBm,直到远离频带边界 80MHz 处时才会高于 0dBm。

除了存在 600kHz 及以上明确的带内阻塞外,也存在邻近阻塞,如图 6.5 所示,频率更近,但是信号强度弱得多。所需信号指定为 −82dBm,远高于灵敏度,所以可以在一定程度上降低接收机增益,以提高阻塞的容限。虽然图 6.5 中仅显示了所需信号右侧的阻塞信号,实际上,具有相同频率偏移和相同强度的阻塞信号也存在于所需信号左侧。

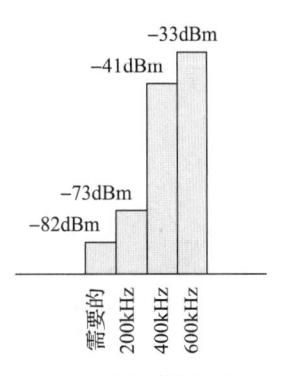

图 6.5 GSM 邻近阻塞

6.2 全双工系统和共存

除了带内与带外阻塞外，在全双工(FDD)收发机，例如3G或LTE无线电中还存在其他阻塞机制。与时分双工(TDD)系统不同，在FDD无线电系统中，接收机、发射机同时工作。如图6.6所示，接收和发送链路通常是由一个双工器隔离的，双工器可以视为是两个SAW滤波器，分别调谐到相应的接收机和发射机频带(更多细节参见第4章)。

实际上，双工器的隔离度是有限的，大约是45~55dB，这取决于双工器的尺寸和成本。因此，发射机的输出(存在不同的频率)会泄漏到接收机的输入，充当了阻塞。例如，在3G无线电通信中，发射机的输出约为+27dBm(根据标准，天线处为24dBm，而双工器和开关会造成3dB的损耗)。一个50dB的隔离会导致大约−23dBm的始终存在的阻塞，这一阻塞会与前面讨论的带内、带外阻塞相结合，进一步加剧了这一问题(图6.6)。

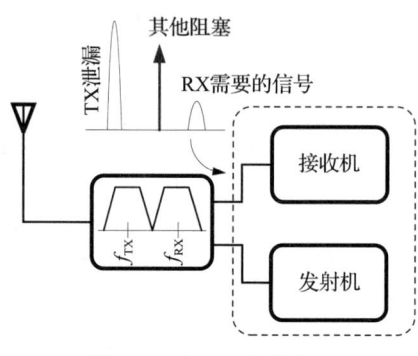

图6.6 全双工收发机

另一方面，在TDD系统中，在特定时间点，仅发射机(TX)或是接收机(RX)其中之一在工作，所以只需要一个开关连接到天线(图6.7)，不涉及这种阻塞问题。蓝牙、Wi-Fi, GSM无线通信系统都属于TDD系统的示例。

另一个类似的问题来自支持各种应用的多个无线标准的平台。这些无线通信系统可能集成在同一个芯片上，也可能在不同的芯片上，但彼此相距很近。例如智能手机，由用于蓝牙、Wi-Fi、蜂窝网络和其他应用的多个无线标准组成。一般情况下，每个无线通信标准都拥有专属的天线，但天线间仅有有限的隔离度，常低于20dB。在某些应用中，天线是共用的，无线通信系统是用双工器隔离的，如图6.6所示。通常情况下，这些应用会同时工作，可能会出现一个发射机成为另一个接收机的阻塞的情况(图6.8)，导致与在FDD收发机中观察到的非常类似的情况。

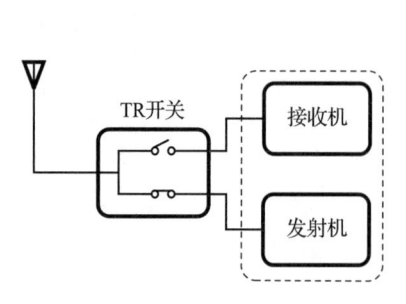

图6.7 TDD无线电通信

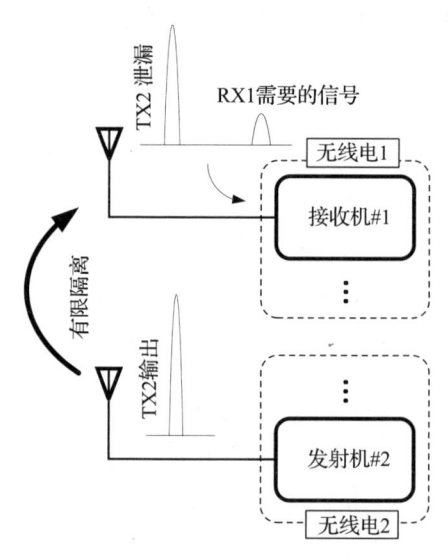

图6.8 一个平台中几个射频信号共存的情况

在这样的背景下,现在来讨论这些阻塞对接收机造成危害的不同机制。

6.3 小信号非线性

考虑如图 6.9 所示的电路,假设输出-输入特性是非线性的,表示为
$$y = a_1 x + a_2 x^2 + a_3 x^3$$
目前只考虑到三阶非线性。此外,忽略所有的 DC 偏移(a_0 项),因为其并不影响以下的讨论。

当输入为正弦信号 $x = A\cos\omega t$ 时,输出为
$$y = \frac{a_2 A^2}{2} + \left(a_1 A + \frac{3a_3 A^3}{4}\right)\cos\omega t + \frac{a_2 A^2}{2}\cos 2\omega t + \frac{a_3 A^3}{4}\cos 3\omega t$$

尽管实际上已假定 $a_0 = 0$,二阶非线性还是产生了一个 DC 项。此外,输出包含了基频的所有谐波。这就是所谓的谐波失真,在某些应用中,如音频放大器,这会是一个问题,因为存在不需要的谐波,低频的声音信号会失真。然而,在大多数窄带的射频应用中,这不是一个值得关注的问题,因为这些谐波信号相距很远,并且可以通过滤波器滤除(图 6.10)。

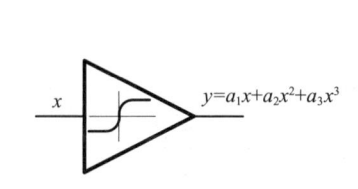

图 6.9 一般非线性电路

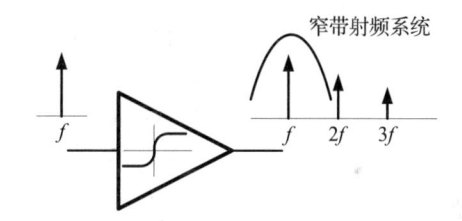

图 6.10 滤除不需要的谐波的窄带射频系统

6.3.1 输入截止点

假设输入信号包含两个正弦信号,即 $x = A_1\cos(\omega_1 t) + A_2\cos(\omega_2 t)$,式中 ω_1 和 ω_2 相距较近。经过非线性系统后,输出就会包含很多分量;在这里只考虑在 ω_1 和 ω_2 附近的分量,其余的会经滤波器滤除。

$$y = a_1(A_1\cos(\omega_1 t) + A_2\cos(\omega_2 t)) + \frac{3a_3 A_1^2 A_2}{4}\cos(2\omega_1 - \omega_2)t +$$
$$\frac{3a_3 A_2^2 A_1}{4}\cos(2\omega_2 - \omega_1)t + \cdots$$

如果 ω_1 和 ω_2 相距很近,则位于 $2\omega_1 - \omega_2$ 和 $2\omega_2 - \omega_1$ 处的两个互调乘积项(IM)也相距较近。因此,如图 6.11 所示,这些分量不能通过前端滤波器滤掉,进而可能会降低接收机的性能。

特别地,如果某一个互调乘积项(IM)恰好靠近所需的信号,这可能很成问题。以 GSM 系统为例,其存在两个带内阻塞,分别位于 $f_1 = f_0 + N\Delta f$ 和 $f_2 = f_0 + 2N\Delta f$,N 为信道数,$\Delta f = 200\text{kHz}$,为信道间距。对于前面说过的 1900MHz 频带的示例,则 N 可以取 $0 \sim 149$($2N$ 则为 $0 \sim 299$)的任意数。如果所需信号恰好位于 f_0 处,则三阶互调项(IM_3[⊖])恰好落在信号频率处(图 6.12)。

⊖ 下标 3 强调的是这些乘积项是由于系统的三阶非线性产生的。

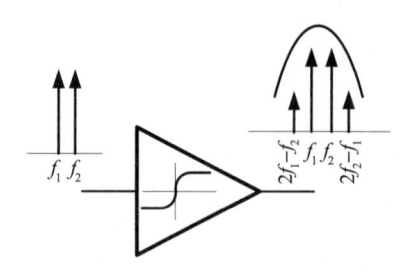

图 6.11　施加双音信号输入时三阶非线性的影响

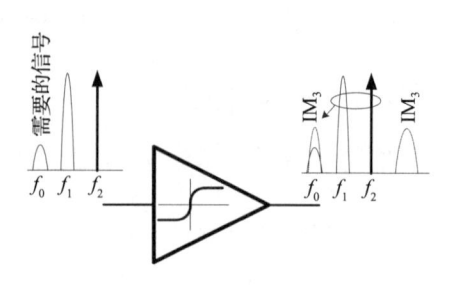

图 6.12　GSM 接收机中的互调

与噪声和噪声因子类似，倾向用通用的 FOM 描述无线电的三阶互调项的性能。为此，定义三阶输入截点（IIP$_3$）如下：假设采用幅度同为 A 的双频输入信号，在输出端，基波信号的幅度大约为 $a_1 A$，三阶互调项（IM$_3$）的幅度值正比于 $|a_3 A^3|$。对应于基波和三阶互调项这两条曲线的交点的输入幅度 A 的值，称为 IIP$_3$（图 6.13）。

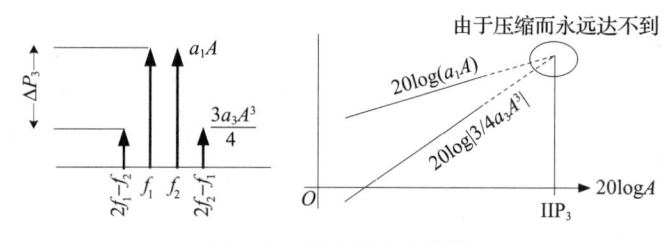

图 6.13　输入截点示意图

基波随幅度 A 成比例增加（斜率为 20dB/dec），而互调乘积项随 A^3 成比例增大（斜率为 60dB/dec）。因此预计最终两者会交于一点，尽管实际中从未发生过。这是因为几乎所有实际中的非线性系统都是有压缩性的，也就是说，对于非常大的输入信号，增益（斜率）最终会趋于零。同时也是因为较大的输入信号会导致某些晶体管截止，或者最终输出受到电源限制。换句话说，在特征多项式中还包括除了 a_3 之外其他已经忽略的项。但是，这两条曲线可以外推，其交点可以表示为

$$|a_1 A| = \left| \frac{3 a_3 A^3}{4} \right|$$

由上式可得

$$A_{\text{IIP3}} = \sqrt{\frac{4}{3} \left| \frac{a_1}{a_3} \right|}$$

一个完全线性系统的 IIP$_3$ 是趋于无穷的。

为了正确地测量 IIP$_3$，必须输入足够大的信号，从而使得 IM 项远高于无线系统或是测试设备的噪声基底。同时，输入信号又必须足够小，从而避免压缩。一个恰当的检测信号能够确保所需信号的斜率为 1，IM 项的斜率为 3。

考虑用 ΔP_3（图 6.13）表示基波与 IM 项之间的差值，单位为 dBm（或 dBV），可以得到

$$\Delta P_3 = 20 \log \left| \frac{a_1 A}{\frac{3 a_3 A^3}{4}} \right| = 2 \text{IIP}_3 (\text{in dBm}) - 40 \log A = 2 \text{IIP}_3 - 2P$$

式中,$P=20\log(A)$ 是 dBV⊖形式的输入,重新整理上式可以得到

$$\text{IIP}_3 = P + \frac{\Delta P_3}{2}$$

由此可得到一种测量 IIP_3 更为方便的方法,只要选择保证其斜率为 3∶1 的输入即可。

假设一个具有理想三阶非线性的接收机,受到幅度为以 dBm 为单位的 P_B 的双音阻塞信号的影响,会导致一个不需要的 IM 项,以 dBm 形式表示为

$$\text{IM}_3 (\text{in dBm}) = P_B - \Delta P_3 = 3P_B - 2\text{IIP}_3$$

如果互调乘积项落在所需要的信号频率处,则其必须至少要比信号低一个 SNR,才能正确地检测出信号。注意,之前已将 SNR 定义为检测器对噪声的响应。然而,由于 IM 项是由随机调制阻塞产生的,因此假设调制解调器需要相同的 SNR 是安全的。在这样的假设下,满足这个方程的最小输入定义了接收机灵敏度。因此,

$$\text{灵敏度} = 3P_B - 2\text{IIP}_3 + \text{SNR}$$

接收机是无噪声的,对灵敏度的限制完全是由于非线性接收机对大阻塞信号的响应。

示例:考虑 GSM 接收机,标准中定义了一个在偏离所需信号 800kHz 和 1.6MHz 处功率分别为 -49dBm 和 -99dBm 的双音阻塞信号。假设要求信噪比为 10dB,尽管大多数调制解调器的信噪比通常只需 5dB,但需要为其他非理想情况,特别是噪声留下足够的裕度。如此 IIP_3 可以计算如下:

$$-99 = 3 \times (-49) - 2\text{IIP}_3 + 10$$

得到接收机的 IIP_3 为 -19dBm。阻塞信号每增加 1dB 就会导致灵敏度降低 3dB。对于相同的 IIP_3,如果阻塞信号为 -47dBm,则 SNR 下降到只有 4dB,接收机就不能检测到信号了。

示例:计算单个 FET 的 IIP_3。长沟道器件的 $I\text{-}V$ 特性曲线为平方律特性,由于其不存在三阶非线性,因此 IIP_3 将是无限的。为了得到更有意义的结果,假设一个更接近实际的模型,该模型包含了速度饱和及由于栅极垂直电场引起的迁移率降低效应[3]:

$$I_D = \frac{1}{2}\mu_0 C_{OX} \frac{W}{L} \frac{(V_{GS} - V_{TH})^2}{1 + \left(\frac{\mu_0}{2v_{sat}L} + \theta\right)(V_{GS} - V_{TH})}$$

式中,v_{sat} 是饱和的速度,μ_0、C_{OX}、W 和 L 是器件参数,参数 θ 反映了栅极施加的垂直电场的影响。定义为

$$\theta' = \frac{\mu_0}{2v_{sat}L} + \theta$$

如果 $\theta'=0$,那么该器件将遵循平方律特性。但实际上,速度饱和(第一项)和垂直电场迁移率衰减因子(第二项)会导致三阶及更高阶的非线性项。

对于给定的非线性函数 $y=f(x)$,用泰勒级数展开[4]可以得到非线性函数在 $x=0$ 时的系数:

$$a_1 = \frac{\partial y}{\partial x}\bigg|_{x=0}, \quad a_2 = \frac{1}{2}\frac{\partial^2 y}{\partial x^2}\bigg|_{x=0}, \quad a_3 = \frac{1}{6}\frac{\partial^3 y}{\partial x^3}\bigg|_{x=0}, \quad \cdots$$

对 $I_D\text{-}V_{GS}$ 函数进行偏微分,并且考虑到 V_{GS} 是由固定的 DC 偏置及 AC 小信号分量组成,可得到 a_1 和 a_3 的值。相应的,IIP_3(电压形式)表示为

$$A_{\text{IIP3}} = (1 + \theta' V_{\text{eff}})\sqrt{\frac{4}{3}\left(V_{\text{eff}}^2 + \frac{2V_{\text{eff}}}{\theta'}\right)}$$

⊖ 如果所有项都以 dBm 表示,则该方程同样有效,其中 dBm=10+dBV,A 表示峰值电压。

式中，$V_{\text{eff}}=V_{\text{GS}}-V_{\text{TH}}$ 为栅极过驱动电压。推导出上式的条件是只考虑 I_D-V_{GS} 的非线性，而忽略沟道长度调制效应和其他二阶非线性的影响。由上式可知 IIP_3 随过驱动电压增加而单调增加。另一方面，θ' 的影响并不明显。假设其足够小，则可以得到

$$A_{\text{IIP3}} \approx \sqrt{\frac{8}{3}\frac{V_{\text{eff}}}{\theta'}}$$

然而，对于大多数现代 CMOS 工艺，即便是在长沟道器件中，θ' 也是不可忽略的。因此上述近似不成立。

示例： 对于 BJT 器件，I_C-V_{BE} 为指数特性，通过指数展开，可发现 IIP_3 为一常数，其值为

$$A_{\text{IIP3}} = 2\sqrt{2}V_T = \frac{2\sqrt{2}kT}{q}$$

室温下其值大约为 70mV。

众所周知，处于弱反型区的 MOSFET 具有指数的 I-V 特性曲线，与如下的 BJT 相似：

$$I_D \approx \mu_n C_D \frac{W}{L}\left(\frac{kT}{q}\right)^2 \left(\frac{n_i}{N_A}\right)^2 e^{\frac{V_{GS}-V_{GS}^*}{nkT/q}}$$

式中，C_D 为耗尽区电容，对于典型工艺，$n=1+C_D/C_{OX}$ 近似为 2，n_i 是硅本征电子/空穴密度，N_A 是衬底掺杂浓度，因此 IIP_3 为常数，其值为 $2\sqrt{2}nV_T$。

如图 6.14 所示为对应于两个不同参变量 θ' 的两个不同沟道长度的单个 FET 管的 IIP_3 仿真波形。漏极电压恒为 V_{DD}，监测输出电流，以消除 r_o 非线性的潜在影响。同时，还将两种情况下计算所得 IIP_3 值在图中分别用虚线进行了表示。对于 $V_{GS}<V_{TH}$，器件处于弱反型区，此时 IIP_3 恒定在约 104mV。当器件完全导通时，IIP_3 达到峰值。这是因为漏极电流的二阶导数的不连续性。尽管这种现象是真实存在的，但是在实际中并没有多大用处，因为其发生在一个非常狭窄的区域，并且可能随工艺或温度的变化而变化。忽略这个区域（在简单模型中不存在），可以发现手算与仿真的 IIP_3 之间有非常好的一致性。值得关注的是，对于中等到较大的过驱动电压值，较短的沟道长度，相对应较大的 θ'，线性度会更好。

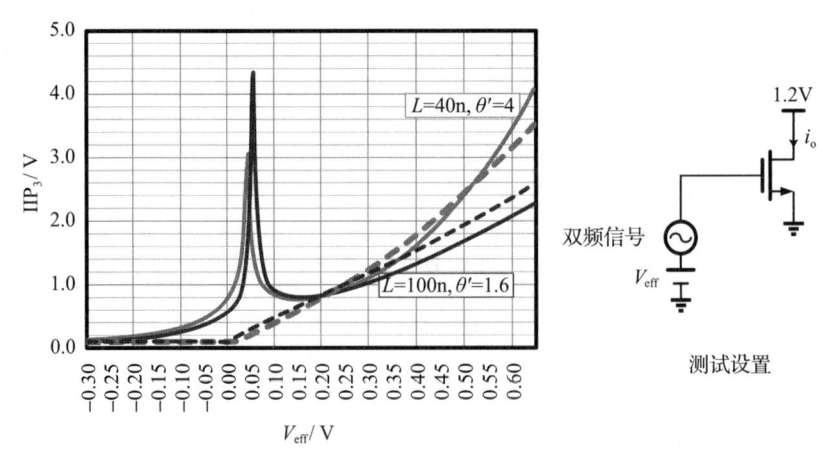

图 6.14 FET 的 IIP_3 仿真

为了得到合理的线性度，对于大多数设计，典型的过驱动电压为 100～200mV。当然，过驱动电压越高，IIP_3 线性度越好。但是对于给定的偏置电流，器件的 g_m 及噪声性能都会受到影

响。为了理解它们之间的折中关系,图 6.15 给出了 40nm 工艺 NMOS 晶体管的 g_m/I_D 特性随过驱动电压变化的曲线。对于 100mV 的过驱动电压,g_m/I_D 的值约为 $7V^{-1}$。注意,在弱反型区,大约在 $1/nV_T = 20V^{-1}$($n=2$ 时)处,g_m/I_D 预计趋于平坦。

示例:求出 3G 接收机的 IIP_3。首先考虑带内阻塞。根据标准,QPSK 调制的阻塞位于 10MHz 和 20MHz 处,其幅值均为 -46dBm,所需要的信号幅值高于参考灵敏度 3dB,如图 6.16 所示。

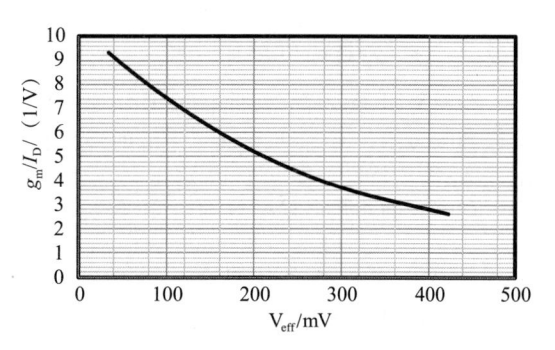

图 6.15 40nm NMOS 晶体管的 g_m/I_D 特性

假设我们希望得到的 IM_3 相对于信号 SNR 被抑制 10dB,以提供足够的裕度。以 I 频带为例[⊖],信号位于 -117dBm$+3$dB,则要求 IM_3 达到 $-177+3-(-18)-10 = -106$dBm。

如果两个阻塞具有相同的幅值 P_B,之前计算过:
$$IM_3 = 3P_B - 2IIP_3$$

因此有
$$-106 = 3 \times -46 - 2IIP_3$$

导致其带内 IIP_3 为 -16dBm。

第二种情况(图 6.17)为 TX 泄漏信号与频率正好处在接收(RX)与发射(TX)信号频率中间的带外阻塞信号相混频,致使 IM_3 落在所需的 RX 信号处。

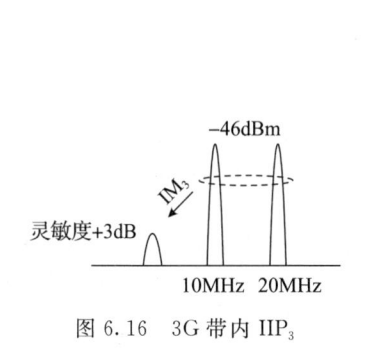

图 6.16 3G 带内 IIP_3

图 6.17 3G 带外 IIP_3

与带内情况类似,信号幅值高于参考灵敏度 3dB,同样假设 10dB 余量。因此,希望 IM_3 项不高于 -106dBm。

在这种情况下,两个阻塞的幅值不一定相等,IM_3 方程修正为
$$IM_3 = P_{B1} + 2P_{B2} - 2IIP_3$$

式中,P_{B2} 为更靠近所需信号的阻塞幅值,在此情况下其为带外阻塞。P_{B1} 代表 TX 信号泄漏。对于 3G 标准,带外阻塞指定为 -15dBm。假设双工器的隔离度为 50dB,双工器对阻塞信号有 30dB 的滤波,则有
$$-106\text{dBm} = (27\text{dBm} - 50) + 2 \times (-15\text{dBm} - 30) - 2IIP_3$$

⊖ 在 3G 和 LTE 两种情况下,对于不同的频带,参考灵敏度和一些其他要求可能会有几分贝的变化。

因此，要求带外 IIP_3 为 -3.5dBm。

6.3.2 多级电路级联的 IIP_3

与噪声因子一样，接收机的 IIP_3 也可以用其子模块的参数来表示。考虑两个非线性级的级联情况，每一级的输入/输出特性如图 6.18 所示。

每一级的小信号增益分别为 a_1 和 b_1，输入三阶截点分别为 $A_{\text{IIP3,1}} = \sqrt{\dfrac{4}{3}\left|\dfrac{a_1}{a_3}\right|}$ 和 $A_{\text{IIP3,2}} = \sqrt{\dfrac{4}{3}\left|\dfrac{b_1}{b_3}\right|}$。

图 6.18 两个非线性放大级的级联

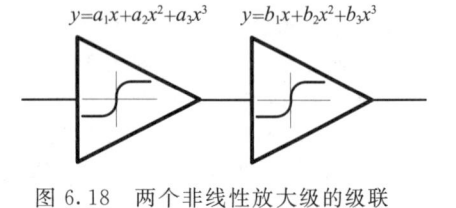

两级级联的输入/输出特性为
$$y = b_1(a_1 x + a_2 x^2 + a_3 x^3) + b_2(a_1 x + a_2 x^2 + a_3 x^3)^2 + b_3(a_1 x + a_2 x^2 + a_3 x^3)^3$$

经过烦琐的求导，可以得到
$$y'(0) = a_1 b_1$$
$$\frac{y''(0)}{2} = a_2 b_1 + a_1^2 b_2$$
$$\frac{y'''(0)}{6} = a_3 b_1 + b_3 a_1^3 + 2 a_1 a_2 b_2$$

如果忽略 $y'''(0)$ 表达式中的最后一项，假设系统主要为三阶的，可以得到两级级联的 IIP_3 为
$$A_{\text{IIP3,T}} = \sqrt{\frac{4}{3}\left|\frac{a_1 b_1}{a_3 b_1 + b_3 a_1^3}\right|}$$

重新整理上述表达式，就得到了众所周知的表达式：
$$\frac{1}{A_{\text{IIP3,T}}^2} = \frac{1}{A_{\text{IIP3,1}}^2} + \frac{a_1^2}{A_{\text{IIP3,2}}^2}$$

上式表明，如果第一级增益很大，则第二级的 IIP_3 起主导作用，这与噪声因子公式恰好相反。这表明，必须谨慎选择第一级（通常为 LNA）的增益，以在整个系统的最佳噪声因子和最佳 IIP_3 之间折中。

除了忽略 $y'''(0)$ 表达式中的第三项外，仅在级联的两级均有增益压缩或增益扩张的情况下，上述级联 IIP_3 表达式才是正确的。这是由于为了推导出方程，假设了 a_1/a_3 和 b_1/b_3 具有相同的符号。如果其符号相反，会导致非线性项的消除。这一结果通常在预失真线性化中应用，在第 11 章将会讨论。

6.3.3 二阶失真

与三阶非线性相似，其他阶非线性也会影响接收机性能。特别值得关注的是二阶非线性，即由前面所述一般的输入/输出表达式中 $a_2 x^2$ 项所引起的。如果输入是双音正弦信号，也就是，如果 $x = A_1 \cos\omega_1 t + A_2 \cos\omega_2 t$，仅考虑二阶非线性，则有
$$y = a_1(A_1 \cos\omega_1 t + A_2 \cos\omega_2 t) + a_2 A_1 A_2 \cos(\omega_1 - \omega_2)t + \frac{a_2 A_1^2}{2} + \frac{a_2 A_2^2}{2} + \cdots$$

式中未显示出被滤除的项（例如，在 $\omega_1 + \omega_2$ 或 $2\omega_1$ 处）。如果所需要的信号最终下变频至接近或等于 DC 时，则项 $a_2 A_1 A_2 \cos(\omega_1 - \omega_2)t$ 可能会有问题。与 IIP_3 相似，可以绘制出两个分量（图 6.19），斜率为 1 的所需信号及斜率为 2 的二阶项，其中 $A_1 = A_2 = A$。

图中的交点即为二阶截点 IIP_2（电压形式）：
$$\text{IIP}_2 = \left|\frac{a_1}{a_2}\right|$$

此外，与 IIP_3 相似，可以求出多级级联的 IIP_2。因为已经得到了二阶导数，所以可以得到二级级联 IIP_2 的近似表达式为

$$\frac{1}{A_{\text{IIP2,T}}} = \frac{1}{A_{\text{IIP2,1}}} + \frac{a_1}{A_{\text{IIP2,2}}}$$

如所预计的一样，如果第一级的增益很大，则第二级二阶非线性占主导。

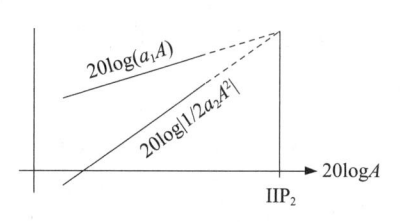

图 6.19 IIP_2 的定义

示例：求出 LTE（或 4G）接收机的 IIP_2。由于在多数 4G 接收机中所需信号通常要下变频到 DC，在几种不同的机制中，最有问题的一种是由于发射机泄漏的幅度解调，如图 6.20 所示。

发射机泄漏是一种幅度调制，因此经过平方后产生的频谱大约为接收机信号频谱的 2 倍宽。一旦其通过接收机滤波器，综合能量会有些许降低，主要取决于 4G 信号的实际调制特性。通常将这个衰减因子表示为 α。

很容易证明二阶非线性的互调项 IM_2：
$$\text{IM}_2 = 2P_{\text{B}} - \text{IIP}_2$$

由于所需要的信号大小等于灵敏度数值，希望 IM_2 分量至少远比所需信号低一个 SNR，比如 10dB 或更多，因此有
$$\text{IM}_2 = -117 - (-18) - 10 + \alpha = -109\text{dBm} + \alpha$$

当阻塞信号水平（P_{B}）为 TX 泄漏时，通过 50dB 双工器的隔离，其大小为 -23dBm，因此，
$$\text{IIP}_2 = 2 \times (-23) + 109 - \alpha = 66 - \alpha$$

图 6.20 4G 接收机的 IIP_2

结果是，对于 QPSK 调制的 3G 接收机，衰减因子 α 大约为 13dB。在信号为 OFDM（正交频分复用）的 LTE 中，α 大约为 7dB。相应地，对于 3G、LTE 接收机，在 TX 的频率处所要求的 IIP_2 分别为 53dBm、59dBm。

思考一下校正因子 α 的确切性质是什么。正如所指出的，其在很大程度上取决于接收机输入端出现的调制频谱的统计特性。

作为思考练习，在图 6.21 中，将一个有限带宽的白噪声施加到一个二阶非线性系统，能够求出其输出频谱密度为 $y(t) = x(t)^2$。

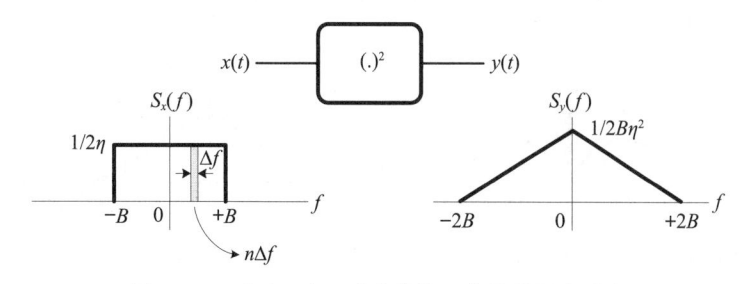

图 6.21 通过一个二阶非线性网络的带限白噪声

如图 6.21 所示,可以将带限白噪声的频谱分割成无限个带宽为 Δf 的长条。在极限情况下,每一个长条在频域中近似为冲激信号。假设输入噪声带宽为 B,且总共有 N 个长条,此处 $N \approx B/\Delta f$,所以输入的频谱密度可以表示为

$$S_x(f) = \frac{\eta}{2} \sum_{n=0}^{N} n\Delta f$$

在第 2 章中说过,随机相位的正弦信号可以表示为

$$v(t) = A\cos(\omega_0 t + \phi)$$

其频谱密度为

$$S_v(f) = \frac{A^2}{4}\delta(f - f_0) + \frac{A^2}{4}\delta(f + f_0)$$

式中,ϕ 是从 0 到 2π 均匀分布的随机变量。因此,在时域中的带限噪声可以表示为

$$x(t) = A\sum_{n=0}^{N}\cos(n2\pi\Delta ft + \phi_n)$$

式中,所有的 ϕ_n 都是不相关的。如果 N 值很大(即 Δf 很小),则有

$$\frac{\eta}{2}\Delta f = \frac{A^2}{4}$$

即 $A = \sqrt{2\eta\Delta f}$,因此,输出信号 $y(t) = x(t)^2$,可以相应的用下式构建:

$$y(t) = \frac{A^2}{2}\sum_{i=0}^{N}\sum_{j=0}^{N}\left[\cos((i+j)2\pi\Delta ft + \phi_i + \phi_j) + \cos((i-j)2\pi\Delta ft + \phi_i - \phi_j)\right]$$

因为 ϕ_i 和 $\phi_j (i \neq j)$ 是不相关的,可以证明 $\phi_i + \phi_j$ 和 $\phi_i - \phi_j$ 也是不相关的。对于 $\Delta f \to 0$ 的极限情况,输出谱密度可以表示为(见习题 16)

$$S_y(f) = \left(\frac{\eta}{2}\right)^2 2B\left(1 - \frac{|f|}{2B}\right)$$

上式在 $|f| \leqslant 2B$ 时成立,在其他情况下为 0(图 6.21)。

在带宽为 $\pm B$ 内的输入噪声能量显然为 ηB。对于同一带宽,平方后信号的能量为 $\frac{3}{4}(\eta B)^2$。

假设 $\eta = \frac{1}{B}$,则输入能量归一化为 1,输出能量为 $\frac{3}{4}$,或是减少 1.3dB。

为了得出以上结论,假设了每一长条的相位分量为 $\phi_i s$,且完全不相关。然而,对于一般的调制信号来说,这并不是必须满足的。因此,依赖项的互相关会产生额外的分量,从而改变最终结果。例如,对于 3G 信号,其输出的平方积分后的能量会减少约 13dB。如果信号均匀地分布在两倍的带宽上,则预计有 2 倍的损耗。对于白噪声,输出实际上为一个三角波,因此其 α 值为 1.3dB。另外,对于 3G 信号,其方波信号的能量在直流附近能量很小(图 6.22),这将导致输出信号能量的更大损失。

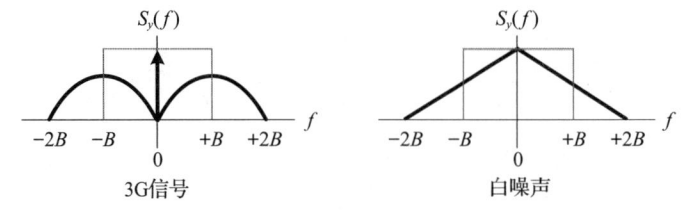

图 6.22 3G 信号与白噪声平方的比较

示例：考虑一个灵敏度在 2472MHz 的 Wi-Fi 信号，伴有一个位于 2510MHz 的 40 频段的 LTE 阻塞信号。LTE 信号为 20MHz 宽，一旦平方后，它将具有均匀分布的功率谱密度，如图 6.23 所示。这可以通过系统仿真来验证。假设信号最终下变频至零。

由于 LTE 和 WLAN 信号带宽均为 20MHz，经过二阶非线性后，IM_2 分量在 20M 带宽上滤波后的强度降低了 3dB。

假设无阻塞系统的 NF 为 3dB，并且 64QAM 系统的 SNR 为 22dB，则 Wi-Fi 的灵敏度为

$$-174 + NF + 10\log(20M) + SNR = -76 \text{dBm}$$

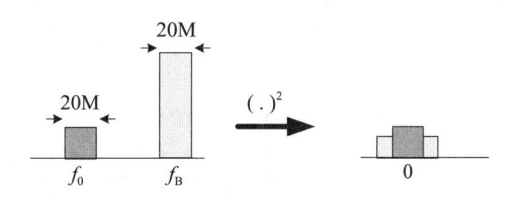

图 6.23　伴随 20MHz LTE 阻塞的 WLAN 信号

假设 LTE 阻塞电平为 -20dBm，由于二阶非线性产生 3dB 的灵敏度衰减，IM_2 电平必须等于热噪声基底，并且可以得出

$$IM_2 = -174 + NF + 10\log(20M) = -98 \text{dBm}$$

相应的系统 IIP_2 为

$$IIP_2 = 2P_B - IM_2 - 3 = 55 \text{dBm}$$

考虑到 IM_2 分量的扩展，要减去 3dB，如图 6.23 所示。

阻塞电平每增加 1dB，系统 IIP_2 就必须提高 2dB，以允许相同的灵敏度衰减。例如，-15dBm 的阻塞需要 65dBm 的 IIP_2。

作为一个值得关注的案例研究，考虑两个具有二阶非线性的放大器的级联，如图 6.24 所示。将证明，即使放大器本身没有任何三阶非线性，级联模块的 IIP_3 也是有限的。直观地说，这可以通过检查当频率为 f_1 和 f_2 的两个干扰源施加到输入端时系统发生的情况来解释，如图中所示。由于第一级的二阶非线性，在其输出端出现了 $f_1 - f_2$ 处的一个不需要的单音信号。一旦通过第二级，该不需要的单音信号与 f_1 和 f_2 处的原始双音阻塞一起，就会在 $2f_1 - f_2$ 处产生一个单音信号，类似于由三阶非线性产生的信号（图 6.11）。

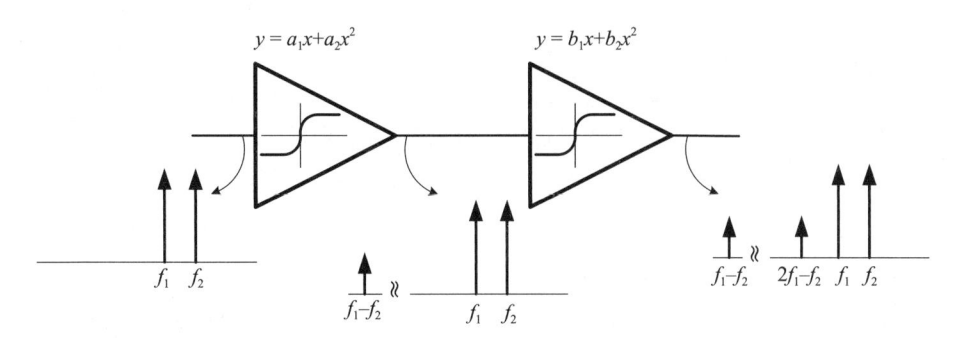

图 6.24　两个二阶非线性放大器的级联

从数学的角度，可以将第二级输出表示为

$$y = b_1(a_1x + a_2x^2) + b_2(a_1x + a_2x^2)^2$$

式中，x 为第一级输入。展开并重新组合后为

$$y = a_1b_1x + (a_2b_1 + b_2a_1^2)x^2 + 2a_1a_2b_2x^3 + b_2a_2^2x^4$$

第一项当然是所需要的信号，表明有 a_1b_1 的线性增益。第二项是级联 IIP_2，正如本节开头所讨论的。而第三项表明整个系统表现出三阶非线性，有效 IIP_3 为

$$A_{\text{IIP3,T}} = \sqrt{\frac{4}{3}\left|\frac{a_1 b_1}{2a_1 a_2 b_2}\right|} = \sqrt{\frac{2}{3}\left|\frac{b_1}{a_2 b_2}\right|}$$

或以 dB 表示为

$$\text{IIP}_{3,\text{T}} = -3.5 - 10\log|a_2| + \frac{1}{2}\text{IIP}_{2,2}$$

式中，$\text{IIP}_{2,2}$ 为第二级的 IIP_2，用 dB 表示。

在一个系统中，有两种情况可能会产生问题：第一种是放大器的带宽是否足够宽，使得 $f_1 - f_2$ 处的不需要的信号衰减很小。通常情况并非如此。第二种情况也是更主要的原因，是低频 IM_2 信号通过电源、接地或其他类似路径泄漏到第二个放大器。即使在放大器内也可能发生这种情况。例如，考虑图 6.25 所示的级联放大器。

与 MOS 器件一样，输入晶体管 M_1 经历相对较强的二阶非线性。产生的 IM_2 电流一旦进入共源共栅晶体管 M_2 后几乎不会被滤波。如果该晶体管产生较强的二阶非线性，则整体上可能导致共源共栅放大器的三阶非线性比预期的更差。然而，这在实践中可能同样是有问题的，因为三阶非线性的主要来源通常是输入晶体管本身，这在某些情况下便会成为一个问题。

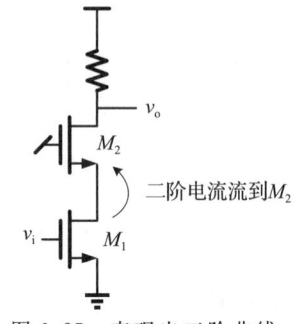

图 6.25 表现出三阶非线性的共源共栅放大器

6.3.4 五阶截点

五阶失真虽然不像二阶失真或三阶失真那样常见，但在某些情况下也可能会带来问题。如图 6.26 所示，如果在 f_1 和 f_2 频率处存在双音阻塞，则由于存在五阶项，就会产生额外的边带。并以灰色部分显示了由于三阶非线性而产生的近边带。

该系统的一般特征为

$$y = a_1 x + a_2 x^2 + a_3 x^3 + a_4 x^4 + a_5 x^5$$

式中包括了直到第五阶的高阶非线性项。由于

$$x = A_1 \cos \omega_1 t + A_2 \cos \omega_2 t$$

图 6.26 由于五阶非线性导致双音阻塞产生不需要的边带

在众多项中，由于是五阶非线性，因而最值得注意的项为

$$y = \cdots + \frac{5a_5 A_1^3 A_2^2}{8}\cos(3\omega_1 - 2\omega_2)t + \frac{5a_5 A_1^4 A_2}{8}\cos(4\omega_1 - \omega_2)t +$$
$$\frac{5a_5 A_1^2 A_2^3}{8}\cos(3\omega_2 - 2\omega_1)t + \frac{5a_5 A_1 A_2^4}{8}\cos(4\omega_2 - \omega_1)t + \cdots$$

而所需要的信号是 $a_1(A_1\cos(\omega_1 t) + A_2\cos(\omega_2 t))$。对于 $A_1 = A_2 = A$，五阶输入截点为

$$A_{\text{IIP5}} = \sqrt[4]{\frac{8}{5}\left|\frac{a_1}{a_5}\right|}$$

与 IIP_3 类似，可采用捷径法，在这种情况下：

$$\text{IIP}_5 = P + \frac{\Delta P_5}{4}$$

式中，$P = 20\log(A)$ 为输入，单位为 dBV，IIP_5 这时单位为 dBV。ΔP_5 为所需项与五阶项之间的距离，单位为 dB。

因为经常是 $|a_5| \ll |a_3|$，$A_{\text{IIP3}} \gg A_{\text{IIP5}}$，因此 IIP_5 没有那么重要。但也有例外。如图 6.27 所

示，考虑一个靠近所需要信号的调制阻塞。

一旦通过非线性放大器，阻塞将经历频谱再生，如图 6.27 所示。在本章后面讨论 TX 时，将更详细地研究频谱再生的根本原因（图 6.48），但简单地说，如果调制信号的带宽为 Δ，则三阶非线性将导致 3Δ 的带宽扩展，或者五阶非线性将产生 5Δ 的带宽扩展。从这个角度来看，五阶非线性可能更麻烦。虽然强度可能较低，但更宽的扩展（高达 5 倍）会产生其他本不存在的问题，因为三阶非线性仅取决于阻塞间距。

示例：假设位于 ISM 频段（2.484GHz）边界的蓝牙信号伴随着 41 波段 10MHz LTE 阻塞。

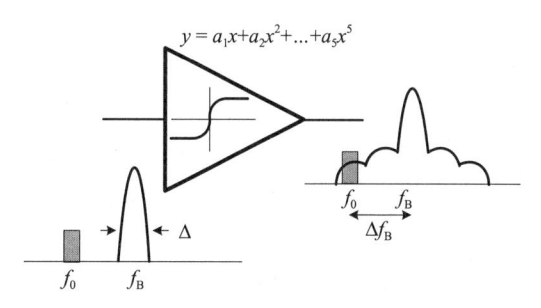

图 6.27 由于五阶非线性，对所需信号产生干扰的近距离阻塞

波段 41 的范围为 2496~2690MHz，因此最接近的阻塞可能在中心频率 2501MHz 处。在仅由于三阶非线性进行频谱扩展后，阻塞边界将在 2486MHz（2501M－1.5×10M），不影响所需的 BT 信号。另一方面，五阶非线性将导致阻塞泄漏到 2476MHz，与整个所需信号重叠。不管怎样，无论是三阶非线性还是五阶非线性的情况，20MHz LTE 阻塞（位于 2506MHz）都是有问题的。在这种情况下，可以认为，考虑到 $|a_3| \gg |a_5|$，三阶非线性可能更是一个问题。

除了更宽的频谱再生，考虑到五阶非线性随着阻塞的增长而增长得更快（斜率为 5 倍），五阶非线性可能仍然是个问题。在前面已经指出，对于阻塞功率为 P_B(dBm)的情况，不需要的三阶互调信号是 $IM_3 = 3P_B - 2IIP_3$。可以证明，由于五阶非线性，五阶互调强度为

$$IM_5 = 5P_B - 4 IIP_5$$

即使一个较小的五阶系数，IIP_5 比 IIP_3 大，不需要的五阶互调可能仍然很显著，这才是最重要的。对于给定的阻塞电平，三阶 IM 分量和五阶 IM 分量是可比较的，也就是说，三阶和五阶失真具有可比较的影响，那么，

$$IIP_5 = \frac{P_B + IIP_3}{2}$$

相应地，阻塞越强，对 IIP_5 的要求就越高。

6.3.5 交叉调制

在上一节已经说明了，如果碰巧有一个具有频率间隔的双音阻塞，使得互调项落在所需要的信号上，则有限的 IIP_3 可能会影响非线性系统。然而，有人可能会认为，拥有两个具有特定频率间隔的强阻塞的可能性可能很低。即使只有一个阻塞存在，还有另一种机制可以影响一个三阶非线性系统。

考虑图 6.28，其中，一个微弱的所需要的信号伴随着一个远离信号频率偏移为 Δf_B 的单一调制阻塞。放大器输入可以表示为

$$x = A_0 \cos(\omega_0 t) + a_B(t) \cos(\omega_B t + \phi_B(t))$$

式中，$a_B(t)$ 和 $\phi_B(t)$ 表示阻塞的幅度和频率调制。为了简单起见，所需要的信号被表示为单

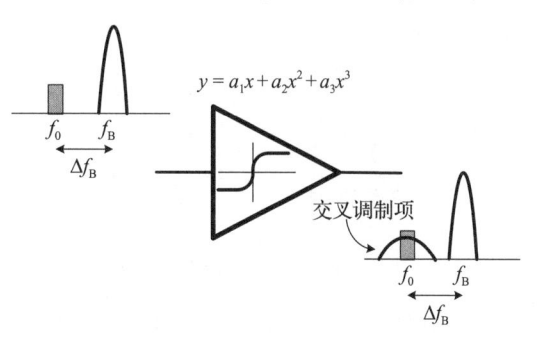

图 6.28 伴随大的调制阻塞的微弱所需信号可能由于交叉调制而被破坏

音信号，这不会影响后面得出的一般结论。

三阶非线性项 $a_3(A\cos(\omega_0 t) + a_B(t)\cos(\omega_B t + \phi_B(t)))^3$，在展开后，导致以下不需要的信号正好落在所需要的信号上：

$$\frac{3}{2}a_3 A_0 a_B(t)^2 \cos(\omega_0 t)$$

这种被称为交叉调制项的不需要的信号与阻塞频率无关，并且具有由 $a_B(t)^2$ 设置的带宽，很可能约为阻塞带宽的两倍。由于所需要的信号而产生的项为

$$a_1 A_0 \cos(\omega_0 t)$$

因此，将交叉调制视为噪声，它在输出端设置的与所需要的信号强度无关的信噪比为

$$\mathrm{SNR} = \frac{\frac{2}{3}\left|\frac{a_1}{a_3}\right|}{\overline{a_B(t)^2}} = \frac{A_{\mathrm{IIP3}}^2}{2\,\overline{a_B(t)^2}}$$

式中，$\overline{a_B(t)^2}$ 表示阻塞振幅的均方值。如果阻塞是恒包络的，则交叉调制会导致 DC 项，该项在许多应用中可能不那么重要。值得关注的是，尽管交叉调制项是由三阶非线性而产生的，但它随着阻塞电平的平方（而不是立方）而增加，同样类似于二阶非线性。

鉴于交叉调制本身依赖于阻塞调制，通常通过应用附近的双音阻塞来量化其影响，如图 6.29 所示。阻塞（f_{B1} 和 f_{B2}）的确切频率并不重要，只有存在事先滤波时才重要。它们的间距（图中的 Δf）必须能使得与所需要的信号相距 $\pm\Delta f$ 的交叉调制分量位于频带内。对于所有的任意调制阻塞来说通常都是这种情况。

将非线性放大器的输入表示为

$$x = A_0\cos(\omega_0 t) + A_{B1}\cos(\omega_{B1} t) + A_{B2}\cos(\omega_{B2} t)$$

从而在输出端产生如下临近的分量：

$$\frac{3}{2}a_3 A_0 A_{B1} A_{B2}\cos((\omega_0 \pm \Delta\omega)t)$$

当 $A_{B1} = A_{B2} = A_B$ 时，使交叉调制分量（XIM_3）达到与所需要的信号（$a_1 A_0 \cos(\omega_0 t)$）的幅度相等所需的阻塞量为

$$A_B = \sqrt{\frac{2}{3}\left|\frac{a_1}{a_3}\right|} = \frac{1}{\sqrt{2}} A_{\mathrm{IIP3}}$$

因此，交叉调制引起的 IIP_3 比标准的双音 IIP_3 差 3dB。图 6.30 说明了这一点。

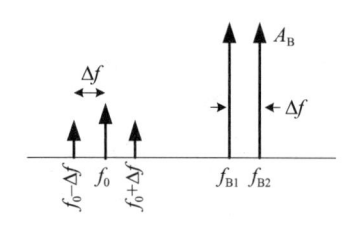

图 6.29 由于附近双音阻塞引起的交叉调制

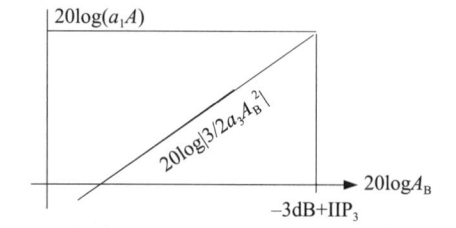

图 6.30 作为阻塞功率函数的交叉调制分量

示例：一个 2.412GHz 的 WLAN 信号伴随着一个临近的 −20dBm 10MHz LTE 干扰信号。由于交叉调制，阻塞会产生一个不需要的，具有约 20MHz 带宽的交叉调制信号，落在所需要的 WLAN 信号上，所需要的信号宽度也为 20MHz。此刻以 dB 为单位的信噪比为

$$\text{SNR (dB)} = -6 + 2\text{IIP}_3 - 2P_\text{B}$$

式中，P_B 是阻塞平方信号的功率。为了简单起见，假设这个功率仍然与原来的阻塞功率 -20dBm 相同，那么对于 IIP_3 为 0dBm 时的系统，SNR 计算为 34dB。该数值与信号无关，但远高于能够成功解调 802.11g 信号所需的值（约 22dB）。

6.3.6 反馈对线性度的影响

已经说明了，如果包含一个无噪声的反馈网络，放大器的最小噪声因子不会受到影响，尽管其输入电阻会随反馈类型的变化而变化。在这里将研究反馈对 IIP_2、IIP_3 的影响。从基本的模拟电路设计的角度来看，希望反馈能够提高线性度，在此将进行定量的证明。

考虑具有理想反馈的一般非线性放大器，如图 6.31 所示，有

$$y = a_1(x - \beta y) + a_2(x - \beta y)^2 + a_3(x - \beta y)^3$$

不需要求出 y 作为 x 函数的封闭解；但是可以利用泰勒级数展开求出其系数。

对上式求三阶偏微分，可得

$$y = \frac{a_1}{1+a_1\beta}x + \frac{a_2}{(1+a_1\beta)^2}x^2 + \frac{a_3(1+a_1\beta) - 2\beta a_2^2}{(1+a_1\beta)^5}x^3$$

如所预计的，线性增益由于环路增益 $1+a_1\beta$ 而降低。更为重要的是，二次项、三次项的系数均急剧减小，从而使得 IIP_2、IIP_3 都有一个净改善。可以表示为

$$\text{IIP}_{2,\text{fb}} = (1+a_1\beta) \times \text{IIP}_2$$

如果系统是三次项为主导（即忽略 $2\beta a_2^2$ 项），则有

$$\text{IIP}_{3,\text{fb}} \approx (1+a_1\beta)^{\frac{3}{2}} \times \text{IIP}_3$$

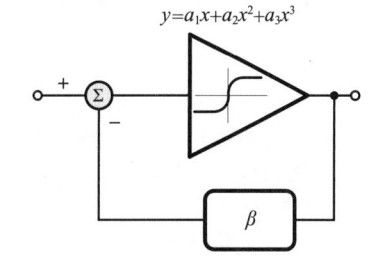

图 6.31 反馈环路中的非线性放大器

值得注意的是，如果系统仅为二阶，则在前馈路径中二次非线性的存在仍然会导致一个有限的 IIP_3（另见习题 4）。

示例：之前推导过 BJT 管的 IIP_3 是一个常量，等于 $2\sqrt{2}V_\text{T}$。如果 BJT 射极接负反馈电阻（图 6.32），可以将其视为一个局部串联负反馈，其中环路增益为 $1+g_\text{m}R = 1+RI_\text{C}/V_\text{T}$。

因此负反馈的 BJT 的 IIP_3 为

$$\text{IIP}_3 = 2\sqrt{2}V_\text{T}\left(1 + \frac{RI_\text{C}}{V_\text{T}}\right)^{\frac{3}{2}}$$

图 6.32 退化的 BJT

此值不再为常量，可以通过增大偏置电流或是通常增大该环路增益来提高。

6.3.7 动态范围

接收机可接收输入信号的最小值由灵敏度决定，最大值由线性度决定，由此可以定义动态范围。一个被广泛接受的品质因数称为无杂散动态范围，定义如下。

输入一个接收机可接受的最大的双音信号，使得相对应的 IM_3 落在接收机的噪声基底处，如图 6.33 所示。

接收机噪声基底为 $-174+\text{NF}+10\log\text{BW}$，由功率为 P_max 的双音阻塞信号引起的 IM_3 为 $\text{IM}_3 = 3P_\text{max} - 2\text{IIP}_3$，因此有

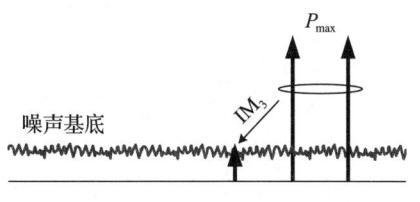

图 6.33 无杂散动态范围示意图

$$P_{\max} = \frac{2\text{IIP}_3 + \text{噪声基底}}{3} = \frac{2\text{IIP}_3 - 174 + NF + 10\log BW}{3}$$

最低限为灵敏度本身，则无杂散动态范围（SFDR）为[○]

$$\text{SFDR} = P_{\max} - \text{灵敏度} = \frac{2(\text{IIP}_3 - \text{噪声基底})}{3} - \text{SNR}$$

以 GSM 接收机为例，其噪声因子为 3dB，从而在接收机输入端的噪声基底为 -118dBm。发现所需的 IIP_3 为 -19dBm，因此对于 5dB 的 SNR，SFDR 为 61dB。

然而，正如将要说明的，这一定义并没有包含阻塞对接收机的全部影响。在很多应用中，可接受的阻塞信号的上限很可能比仅由三阶非线性所决定的值要差很多。

6.4 大信号非线性

前面描述了对于给定幅值为 A 的输入信号，非线性系统的响应为

$$y = \left(a_1 A + \frac{3a_3 A^3}{4}\right)\cos\omega t + \cdots$$

式中仅显示了基波分量，其余谐波均通过滤波器滤除。事实是大多数实际的放大器都是增益压缩的，意味着 a_3 一定是负值。因此随着输入信号的增大，增益会减小，并最终被压缩[5]（图 6.34）。

为了定量描述增益压缩，定义 1dB 压缩点对应于线性增益下降 1dB 的输入信号电平。因为 1dB 的减小意味着降低到原来的 0.89，所以有

$$0.89 a_1 A = a_1 A + \frac{3a_3 A^3}{4}$$

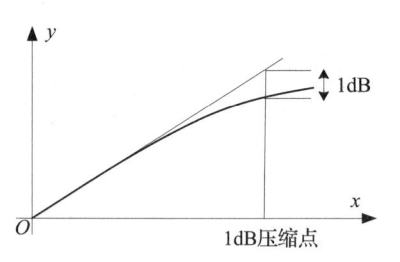

图 6.34 接收机的增益压缩

进而有

$$A_{1\text{dB}} = \sqrt{1-0.89}\sqrt{\frac{4}{3}\left|\frac{a_1}{a_3}\right|} = 0.33\sqrt{\frac{4}{3}\left|\frac{a_1}{a_3}\right|}$$

如果 IIP_3 与 1dB 压缩是由相同类型的非线性造成的，则上式表明，1dB 压缩点（以 dB 为单位）比 IIP_3（以 dB 为单位）小 $20\log 0.33 = -9.6$dB。然而，这并不总是正确的，因为增益压缩与 IIP_3 可能是由不同的非线性造成的。

示例：考虑长沟道 MOS 共源放大器，如图 6.35 所示。

假设 MOS 器件符合平方律特性，栅-源偏置电压为 V_{GS0}，则其输出电压为

$$V_o = \left(V_{\text{DD}} - \frac{1}{2}R_L\beta(V_{\text{GS0}} - V_{\text{TH}})^2\right) - R_L\beta(V_{\text{GS0}} - V_{\text{TH}})v_{\text{IN}} - \frac{1}{2}R_L\beta v_{\text{IN}}^2$$

式中，$\beta = \mu C_{\text{OX}}(W/L)$，因此 IIP_2 为

$$\text{IIP}_2 = 4(V_{\text{GS0}} - V_{\text{TH}}) = 4V_{\text{eff}}$$

显然 IIP_3 是无限大的。此外，如果输入摆幅超过 $V_{\text{GS0}} - V_{\text{TH}} = V_{\text{eff}}$，图 6.35 长沟道 MOS 共源放大器
则器件将关断，这会导致有限的 1dB 增益压缩。

[○] 在一些书中，SNR 不出现在等式中，灵敏度被简单地定义为噪声下限。从而导致一个更通用的定义，因为 SNR 是一个标准的相关参数。

当只考虑所需要的信号的响应时，增益压缩通常并不是问题，由于可以结合适当的增益控制用于调节接收机的增益，使得其随输入信号的增加而增加。问题出现在当较小的所需信号伴随着较大的阻塞时。如图 6.36 所示，尽管事实上小信号仍处于线性区域，但大的阻塞驱动放大电路进入增益压缩区域，从而实际上是降低了增益（或曲线斜率）。如果希望放大器提供增益以抑制后一级的噪声，这种增益的有效降低会导致噪声因子的退化。结果是灵敏度受到影响，即该接收机被认为是不敏感的。

为了量化其影响，可以将 $y-x$ 非线性函数对信号及阻塞响应展开，其中 $x = A_D\cos\omega_D t + A_B\cos\omega_B t$。假设信号电平远小于阻塞，即 $A_D \ll A_B$，并且仅考虑所需信号所需频率分量，因为其他项都经滤波器滤除，则有

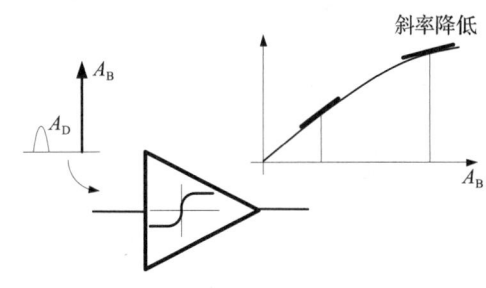

图 6.36 带有大阻塞信号的小的所需信号通过增益压缩放大器

$$y = a_1 A_D \cos\omega_D t + 3a_3 A_D \cos\omega_D t (A_B \cos\omega_B t)^2 + \cdots \approx \left(a_1 + \frac{3a_3}{2}A_B^2\right) A_D \cos\omega_D t$$

因此有

$$\frac{\text{脱敏增益}}{\text{线性增益}} = 1 + \frac{3a_3}{2a_1}A_B^2$$

式中，a_3 为负值，因此阻塞信号增大时，增益会减小。

所讨论过的所有的阻塞情况都可能引起接收机的增益压缩，但在这里将讨论几个更为常见的例子。

- 在 GSM 中的 3MHz 阻塞（图 6.4）可能会导致增益压缩，因为它几乎不受前端滤波的影响。低频带下的阻塞被指定为 $-23\mathrm{dBm}$，比高频带时大 3dB。在传统的电压模低噪声放大器中，这可能导致在 LNA 的输出端产生大的增益压缩。将在第 8 章中说明如何利用无源混频器的互易性来改善这一问题。因为信号指定为比参考灵敏度高 3dB，因此会建议可以通过降低前端增益来提高增益压缩点。然而，由于以下原因，此方案并不可行：为了随着所需信号的增大而提高接收机的吞吐量，需要采用更为复杂的调制方案，而且这要求更高的 SNR。例如，对于 EDGE（增强型数据速率 GSM 演进技术）MCS9（调制与编码策略）的情况，与存在 $-99\mathrm{dBm}$ 的阻塞时相一致，大多数先进的接收机需要达到约 $-95\mathrm{dBm}$ 的灵敏度。接收机事先并不清楚正在接收的是哪种类型的信号，因此并不希望看到由于增益受限而引起噪声性能的降低。
- 0dBm 带外阻塞，对于低/高频带接近 20MHz/80MHz 的情况，可能会导致显著的增益压缩。但是，因为阻塞在带外，所以可以使用前端滤波器。如果滤波器能够提供 23dB 或是更高的衰减，这些阻塞不会造成比带内 3MHz 的阻塞更大的威胁。所以，接收机预计能够正常工作，因为其已经设计成能够处理 $-23\mathrm{dB}$ 的阻塞。大多数实用的 SAW 滤波器可以提供更大的衰减。最近，为了降低成本，提出了几种拓扑结构以降低对前端滤波器的要求，甚至是移除前端滤波器，这导致更具挑战性的线性要求。将在第 12 章中讨论这些拓扑结构。
- 3G 或者 LTE 接收机中，对于双工器 50dB 的隔离，发射机泄漏大约为 $-23\mathrm{dBm}$，这与 GSM 带内 3MHz 的阻塞相似。尽管 TX 信号距离更远（在 35~400MHz 之间任意频率处，取决于采用的 3G 或者 LTE 的频段），但接收信号强度处于灵敏度处，任何程度的噪声恶化都是不可接受的。

- GSM 400kHz 邻近阻塞（图 6.5）指定为 −41dBm，不足以压缩接收机前端。然而，由于它非常接近所需信号频率，可能会对接收机后级产生影响（如信道选择滤波器或 ADC），因为其被滤除有限。基于上述原因，即便所需信号大小为 −82dBm，接收机噪声因子的衰减通常也是不可取的，这限制了增益控制，只能用于接收机的后级。

在第 12 章讨论接收机架构时，会进一步讨论这些情况。

6.5 互易混频

在第 5 章中讨论了用于实现输入的射频信号移动频率的 LO（本振）信号是有噪声的，可以表示为

$$x_{\text{LO}}(t) = A_c \cos(2\pi f_c t + \phi_n(t))$$

式中，$\phi_n(t)$ 表示振荡器中有源电路引入的噪声，称之为相位噪声。前面也讨论过使用窄带 FM 近似[6]，实际的 LO 信号由两项组成：表示理想余弦信号的冲激和表示正交噪声的项，其围绕载波整形，如图 6.37 所示。

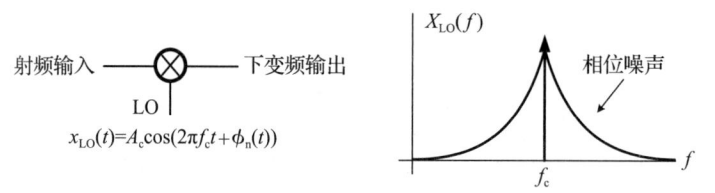

图 6.37 带噪声的 LO 驱动的下变频混频器

因此，在进行频率转换时，混频器的输出包含了相噪与输入信号在频域中的卷积。将证明，当存在阻塞时，即使是理想的接收机，其 LO 的相噪也会限制接收机的灵敏度。

考虑图 6.38，理想混频器的输入为一个伴随着大阻塞信号的小信号，由含有噪声的 LO 驱动。在任何给定的载波频偏 Δf 处，相噪典型地以 dBc/Hz 表示，是在该频偏处以 1Hz 带宽对噪声进行积分，并归一化为载波幅度的值（图 6.38）。例如，如果振荡器的 RMS 幅值为 1V，并且在某一频偏处测得的点相位噪声为 $100\text{nV}/\sqrt{\text{Hz}}$，则其相噪为 −140dBc/Hz。

如图 6.38 所示，当有噪 LO 与阻塞信号卷积时，将会导致在所需信号的上面左侧频带上出现一个噪声裙边。注意，尽管图中没有显示，所需信号与 LO 也会进行卷积，但是由于它的幅度很小，因此所产生的噪声可以忽略。如果在频偏 Δf_B 处，也就是阻塞与所需信号分开的频率处，LO 的相位噪声为 PN，则信号带宽内总的噪声积分（以 dBm）为

$$P_B + \text{PN} + 10\log\text{BW}$$

式中，P_B 为阻塞信号功率，以 dBm 形式表示。注意，相位噪声的测量是相对于载波，因此噪声本身可由阻塞功率进行归一化处理。此外，乘法器（或混频器）的幅度（A_c）无关紧要，因为

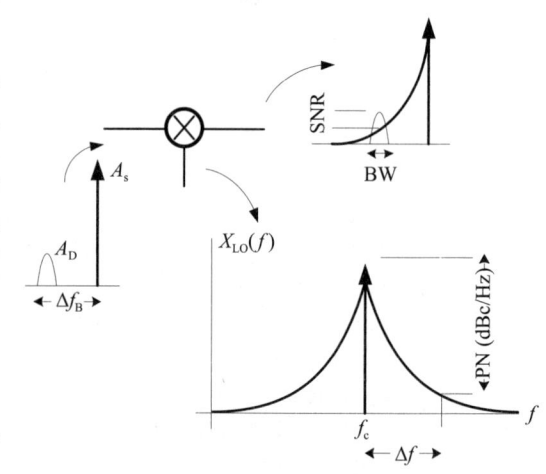

图 6.38 接收机中的互易混频

相噪被归一化为载波功率，并且信号和噪声在乘法器输出端均按相同的载波幅度缩放。同时进行了一个近似，即噪声在整个信号频率范围内都是相对平坦的，如果该噪声低于 SNR，则所需信号就能成功检测到。因此有

$$\text{灵敏度} = P_B + \text{PN} + 10\log\text{BW} + \text{SNR}$$

上式表明，在存在大的阻塞信号时，一个原本理想的接收机的灵敏度由 LO 信号的相噪设定，这种现象通常被称为互易混频，LO 相噪的要求取决于某一特定标准下的阻塞分布。

示例：考虑如图 6.4 所示的对应于 GSM 标准的阻塞分布。为了实现足够的裕度，假设需要 SNR 为 10dB。由于所需要的信号大小为 −99dBm 即为灵敏度，GSM 带宽为 200kHz，对于阻塞位于 600kHz 处，大小为 −43dBm，要求在 600kHz 频偏处的相噪不高于 −99 − (−43) − 10log(200kHz) − 10 = −119dBc/Hz。另一方面，对于 3MHz 处的阻塞，由于其强度增强 17dB，预计 LO 的相噪为 −136dBm，以实现 10dB 相同的信噪比。当远离载波时，假设相噪以 $1/f^2$ 的斜率下降，实现了在 3MHz 处 −136dBm/Hz 大小的相噪，则自动导致在 600kHz 处的相噪为 −136 + 20log(3MHz/600kHz) = −122dBm/Hz。因此满足 3MHz 相噪时，就足以通过 600kHz 阻塞的情况。考虑了所有其他阻塞，结果证明 3MHz 阻塞是最为严格的一个。

图 6.4 所示的阻塞分布通常会导致如图 6.39 所示的相位噪声分布。图中仅显示出一侧波形，但是由于阻塞信号可能在两侧存在，因此所要求的相位噪声分布也是关于载波对称的。

对于指定在某一频偏处给定的相位噪声，以及给定的阻塞，可以计算出由于互易混频所导致的接收机的噪声因子：阻塞信号的功率为 P_B，相位噪声大小为 PN，因此点噪声为 $P_B + \text{PN}$，单位为 dBm/Hz。因为有效噪声功率为 KT，或为 −174dBm/Hz，根据定义，噪声因子是二者之比，以 dB 为单位的结果是二者相减，得到

$$\text{NF}_B = 174 + P_B + \text{PN}$$

式中，NF_B 以 dB 为单位，表示阻塞引入的噪声因子，或简称为阻塞噪声因子。

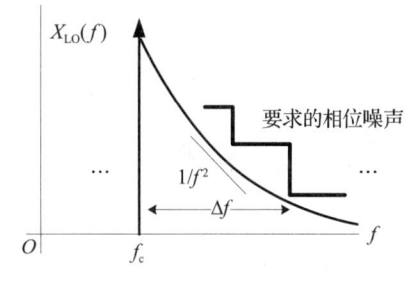

图 6.39 根据阻塞分布设置的所需的 LO 相位噪声

示例：考虑第 5 章中所设计的 LTE 接收机，以实现符合 GSM 标准的 −110dBm 的灵敏度，如图 6.40 所示。计算得到接收机输入端的噪声因子为 3dB，假设滤波器和开关的衰减为 3dB，因此天线上的噪声系数为 6dB。现在假设该接收机的天线上存在强度为 −26dBm 的 3MHz 阻塞信号。在接收机输入端，阻塞减弱 3dB，并且鉴于 LO 的相噪为 −136dBm/Hz，则接收机的阻塞噪声因子为 174 + −29 + −136 = 9dB。一旦加上接收机的 3dB 热噪声，则接收机输入端的总噪声因子变为 10dB，或者在天线处的噪声因子变为 13dB。

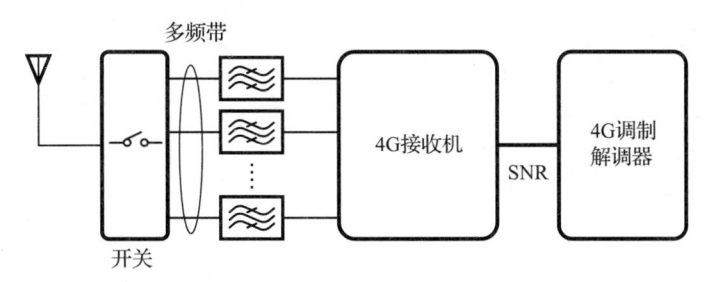

图 6.40 4G 接收机

鉴于需要满足的最小 SNR 为 5dB，则最小可检测到的信号将约为 −103dBm，留有 4dB 余量。然而，这种计算有些乐观，因为接收机的增益压缩可能会导致高于 3dB 的噪声因子，进而使得综合噪声因子高于 13dB。

注意，一阶的前端无源损耗并不影响互易混频所引起的噪声因子。

示例：考虑一个具有 3dB 基本噪声因子和 −155dBc/Hz 远端相位噪声的 Wi-Fi 接收机。首先求出存在 −20dBm 阻塞时的接收机的总噪声因子。接收机热噪声基底为 −171dBm，而由于阻塞互易混频导致的噪声基底为

$$-155\text{dBc/Hz} - 20\text{dBm} = -175\text{dBm/Hz}$$

两者相加时，总噪声基底为 −169.5dBm/Hz，导致噪声因子为 4.5dB。现在假设接收机前面有一个增益为 10dB、噪声因子为 2dB 的放大器。当涉及放大器输入端时，因为阻塞增强 10dB，由阻塞而产生的新噪声基底为 −165dBm/Hz，接收机总噪声因子变为 9.8dB。一旦涉及放大器输入，根据弗里斯公式，噪声因子为

$$1.58 + \frac{9.55}{10} - 1 = 2.44$$

或者 3.86dB。如果没有阻塞，级联噪声因子为

$$10\log\left(1.58 + \frac{2-1}{10}\right) = 2.25\text{dB}$$

因此，在这两种情况下，阻塞引起的脱敏量大致相同（约 1.5dB）。

6.6 谐波混频

考虑如图 6.41 所示的接收机，假设低噪声放大器存在 k 阶非线性，表示为 $\text{IIP}_k^{[7]}$。

混频器由一个频率为 f_{LO} 的 LO 信号驱动。如同将在第 8 章中所展示的，大多数实际的混频器都是基于硬开关概念设计的。因此，实际上，驱动混频器的 LO 信号被认为是方波信号，由所有奇次谐波组成，如图 6.41 所示。结果是，例如，预计一个正好位于 $3f_{\text{LO}}$ 处的阻塞信号也会被下变频，落在所需信号的上面，但只减弱了 $20\log(1/3) \approx -10\text{dB}$。

假设 LO 位于所需信号的低频侧，也就是说，所需信号位于 $f_{\text{LO}} + f_{\text{IF}}$ 处，其中 f_{IF} 表示中频频率，这就是所谓的低侧注入(low-side injection)。当 LO 位于所需信号的高频侧时，称之为高侧注入(high-side injection)。

在频率 $(nf_{\text{LO}} \pm f_{\text{IF}})/k$ 处，任意的阻塞信号都会因为其 k 阶非线性而导致在 LNA 的输出端频率为 $nf_{\text{LO}} \pm f_{\text{IF}}$ 处产生不想要的信号。该信号随后在 nf_{LO} 处（n 为正整数）与 LO 的任意谐波信号混频，经下变频后落在所需信号上面。如果混频器是差分的，则 n 应该为奇数，如示例所证明的。然而，实际上，由于存在失配，LO 的偶次谐波也可能是产生不希望的谐波下变频的原因。这种情况可以采用下列方法之一加以缓解。

- 阻塞可以用位于 LNA 前端的射频滤波器滤波衰减。滤波

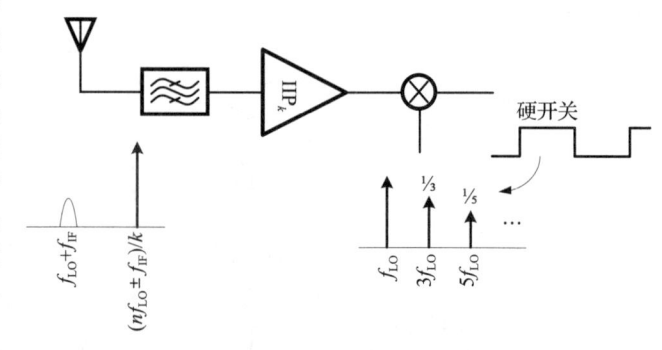

图 6.41 接收机谐波混频的影响

器的衰减程度取决于 IF，以及 n 和 k 值的不同组合。
- 可以改善 LNA 的线性度。
- LO 谐波可以通过控制混频器进行抑制，这将在第 8 章中讨论。

现在考虑几个常见的特例。

1) $n=k=1$。对于低频侧注入，阻塞位于低于 LO 的一个 IF 处（或是低于信号频率的两个 IF 处），通常称为镜像阻塞。由于在这种情况下 LNA 的线性度很好，因此镜像阻塞只能由滤波器滤除。然而，如果 IF 足够小，正如将在第 12 章中所证明的，则可以利用正交接收机来去除该镜像阻塞。

2) $n=k=2$。称为半中频阻塞，因为其位于 $f_{LO} \pm \frac{1}{2} f_{IF}$ 处，阻塞成为问题的原因在于 LNA 的二阶非线性和 LO 的二次谐波。而一个全差分的设计有助于减小该影响。与镜像阻塞相比，一方面，该阻塞是由于二阶效应引起的，因此可能不会产生太大的麻烦。另一方面，相比于镜像阻塞处于两倍的中频，该阻塞只处于距离所需信号的半中频处。因此半中频阻塞被滤波器滤除很少。镜像阻塞和半中频阻塞的情况如图 6.42 所示。

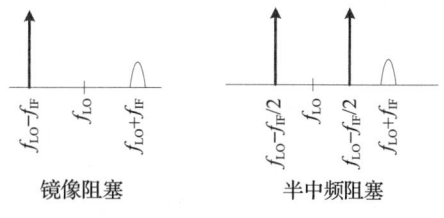

图 6.42 镜像与半中频阻塞

3) 虽然实际上采用了线性的 LNA($k=1$)，但位于频率 nf_{LO} 处的谐波阻塞仍会被下变频，除非采用谐波抑制混频器[8]（见第 8 章）。

除了可以经由滤波器滤除或采用谐波抑制混频器抑制谐波阻塞外，其他大部分阻塞的滤除在很大程度上取决于 IF 的选择。正如将在第 12 章讨论的，接收机架构的选择在很大程度上依赖于 IF 的正确选择，以及与之相关的问题。

6.7 发射机非线性问题

第 5 章的大部分内容以及本章前面的内容都是专门介绍接收机的。发射机的原理已经介绍过，也遇到非常相似的问题。实际上，无论是从结构上看，还是从与噪声和失真有关的问题上看，都可以粗略地将发射机看作是接收机的对偶。

将发射机的要求分为 3 类：输出功率、调制掩膜以及信号质量。本节将逐一讨论这些要求。

6.7.1 输出功率

发射机的输出功率和接收机的灵敏度决定了覆盖范围。在移动应用中，由于需要更大的覆盖范围，发射机的输出功率就需要更高。以 GSM 为例，低频段必须在天线处输出功率 33dBm（即 2W），而高频段则要求输出功率为 30dBm。另一方面，在 LTE 中，因为支持更宽的带宽而且需要更严格的线性度，因此，对于大多数频段则要求较小的输出功率，约为 23dBm。

对于 LAN（本地局域网）应用，需要支持更高的吞吐量，输出功率更低，大约为 20dBm。此外，鉴于带宽越宽，SNR 越高，接收机灵敏度越差。一般来说，覆盖范围总是要与吞吐量相互折中。

提高发射机输出功率的物理限制是由于以下一些原因：
- 大功率发射机对其他接收机构成强干扰。
- 在发射机中高吞吐量需要一个高的传输保真度，或是较高的 SNR。而实现较高的 SNR

通常需要线性度更高的功率放大器,如后面将要讨论的。第 11 章中,将会说明线性功率放大器往往效率较低,并且最终会消耗更高的功率。考虑到电池的尺寸和成本问题,高信噪比的应用,如 WLAN,往往支持较低的输出功率。另一方面,由于 GSM 采用恒定包络调制,GSM 功率放大器的效率更高。

6.7.2 发射机的掩膜

发射机的掩膜一般定义为限制一个 TX 可能会对邻近接收机造成的干扰量。因此对发射机掩膜的要求可视为对接收机阻塞要求的对偶。TX 掩膜主要受 LO 的相位噪声及发射机链路的非线性的限制。下面将逐一进行讨论。

在第 5 章中已经说明过,如果振荡器内嵌于一个锁相环(PLL)中,则相噪谱将随 PLL 的频率特性而变化[⊖],通常看起来如图 6.43 所示。其中包括了一个由 PLL 设定的相对平坦的通带,以及由 VCO 特性设定的斜率为 $20\mathrm{dB/dec}$(或 $1/f^2$)的区域。在离载波非常远的频率偏移处,随着振荡器后面的缓冲器或其他硬限幅器件占主导地位,噪声会变得平坦。

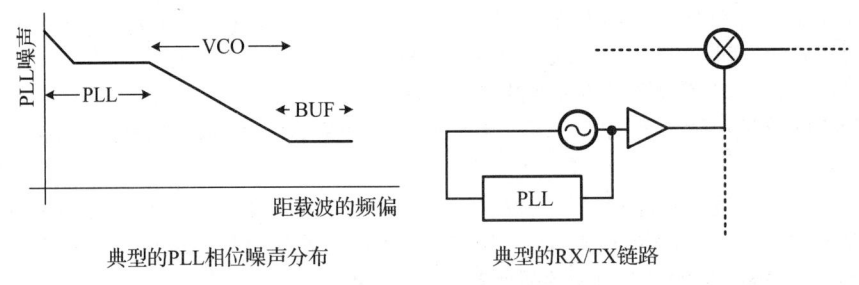

图 6.43 典型 RX 或 TX 链路中的典型 PLL 相噪

当噪声与 TX 的基带信号相乘时,该噪声谱就直接出现在发射机的输出端,如图 6.44 所示。实际上,发射机链路中的任意其他部分也会影响到这个噪声,除非在非常远的频率处,否则 LO 的相噪就占主导地位。

示例:考虑 GSM 发射机的调制掩膜要求,如图 6.45 所示。

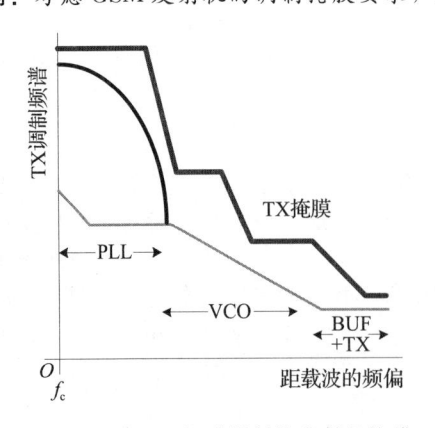

图 6.44 由 LO 相噪限制的发射机掩膜

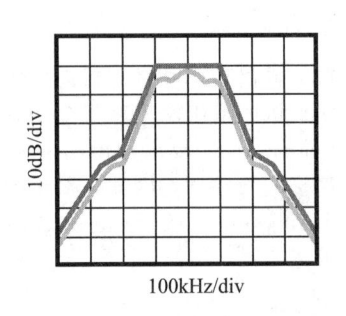

图 6.45 GSM 调制掩膜要求

⊖ 将在第 9 章和第 10 章中分析证明这一点,目前知道结论就可以。

由于 GSM 采用 GMSK 调制,其为一个恒定的包络调制,因此发射机链路的线性度并不是一个主要考虑的问题,掩膜通常受相位噪声的限制。将在第 12 章中会说明这并不总是正确的,特别是选择了笛卡儿发射机时。此时忽略线性度的影响,基于 30kHz 分辨率带宽的测量,一个关键要求是 400kHz 的掩膜被指定为低于载波 60dBc。假设留有 3dB 裕度,同时,留有另外的随工艺和温度变化的 2dB 裕度,则其典型要求为 −65dBc。如果在 400kHz 频偏处的相噪为 PN,则以 dBc 为单位的相对噪声为

$$PN + 10\log 30\text{kHz} + 10\log \frac{200\text{kHz}}{30\text{kHz}}$$

式中最后一项的引入是因为 GSM 信号带宽大约为 200kHz,而测量是在 30kHz 带宽范围内进行的,信号经过一定的滤波,信号能量必须进行调整。因此,所要求的 400kHz 的相位噪声为

$$PN = -65 - 10\log 30\text{kHz} - 10\log \frac{200\text{kHz}}{30\text{kHz}} = -118\text{dBc/Hz}$$

回想一下,对于 GSM 接收机,3MHz 的频偏是最关键的要求(−136dBc/Hz)。假设以 20dB/dec 的斜率滚降,其等效 400kHz 接收机的相噪将为 −118.5dBc/Hz,巧合的是几乎与 TX 的要求相同。

200kHz 和 250kHz 的掩膜要求分别为 −30dBc、−33dBc,一般仅受调制器和所包含的滤波的共同限制,相噪并没有起关键作用。同时,与 RX 阻塞情况相似,假设相噪以 20dB/dec 斜率滚降,通常当满足 400kHz 掩膜时,其他远端频率掩膜将自动满足。

对于 GSM 发射机还有另一个非常严格的噪声要求,解释如下。例如,EGSM 发射机的频带范围为 880~915MHz,然而接收机的接收频带为 935~960MHz。假设给定的手机在频带的上边沿以 +33dBm 的功率发射,且一个邻近的手机在频带的下边沿接收,如图 6.46 所示。

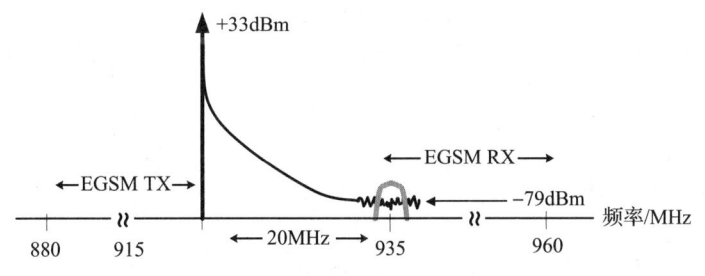

图 6.46 GSM 20MHz 噪声要求

为了使这个发射机不会给邻近的接收机带来问题,当在 100kHz 带宽下测量时,20MHz 频偏处(这是两者之间最糟糕的间隔)的噪声指定为 −79dBm 或更好。指定为 −79dBm 的根本原因是,如果两部手机之间的隔离度为 30dB 或更高,那么由 TX 产生的噪声将足够低,不会影响接收机 −102dBm 的灵敏度。而隔离度低于 30dB,则是需要两部手机靠得非常近,可能在几厘米之间。此时噪声等于

$$-79 - 10\log 100\text{kHz} - (+33\text{dBm}) = -162\text{dBc/Hz}$$

典型的功率放大器的噪声基底约为 −83~

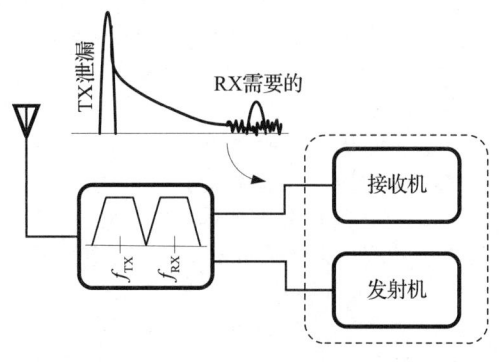

图 6.47 3G 或 LTE 发射机的噪声要求

−84dBm，为了留有足够的裕度，无线电信号必须达到−165dBc/Hz 的带外（OOB）噪声水平或更好。因为这一噪声水平是非常低的，不仅 VCO 和 LO 会产生影响，而且发射机链路中的任何其他组件都可能成为问题。这在很大程度上影响了对 GSM 发射机结构的选择，正如将在第 12 章中讨论的。

3G 和 LTE 发射机对于噪声的要求与 GSM 非常相似，这是由于它们的全双工特性，与 GSM 中邻近手机的情况相对应，3G 发射机本身就是一个噪声源（图 6.47）。这也可能存在于平台（如手机）中，其中存在多个不同标准的无线电信号。

噪声要求可以通过类似的计算得到，以下面的示例作为说明。

示例：假设想使接收机中的噪声有小于 0.5dB 的衰减，则需要 TX 引入的噪声为 −182dBm/Hz 或是更小。注意，接收机的 3dB 噪声因子会导致输入参考噪声基底为 −171dBm/Hz，因此 TX 在接收机频率处的噪声以 dBc/Hz 形式表示为

$$-182\text{dBm/Hz} - (+27\text{dBm} - 50) = -159\text{dBc/Hz}$$

式中是假设双工器的隔离度为 50dB。PA 的输出功率为 27dBm。

注意，在 3G 或 LTE 中，TX 的噪声不是由两部手机靠得太近这种少有的事件引起的，因此在某种程度上更严重一些。另一方面，与 GSM 相比，它只需要较低的输出功率是一个有益的因素。

发射机的非线性及频谱再生可能是破坏掩膜的另一种来源。这将通过图 6.48 进行直观的解释。

对于一个给定的调制信号，将其分解为在所关注的频带内的几个单音频谱，如对于 3G 系统为 ±1.9MHz。由于发射机的三阶、五阶……的非线性，两个任意单音信号的每一对均产生 IM_3、IM_5 ……分量。由于 IM_3 分量的频率为两个单音信号的频率差的 2 倍，因此三阶非线性引入的频谱宽度为信号带宽的 3 倍，而五阶非线性则将频谱扩展至 5 倍的带宽。整个 TX 信号看起来类似于图 6.48 下图所示的信号。

对于 3G（或 LTE），通常指定在 ±1.9MHz 频带的 5MHz 或 10MHz 频偏处测量相邻信道泄漏比（ACLR）。将所要求的 ACLR 转变成用给定的 IP_3 或 IM_3 的要求表示时，是调制及其统计特性的函数，并且不存在闭合方程。

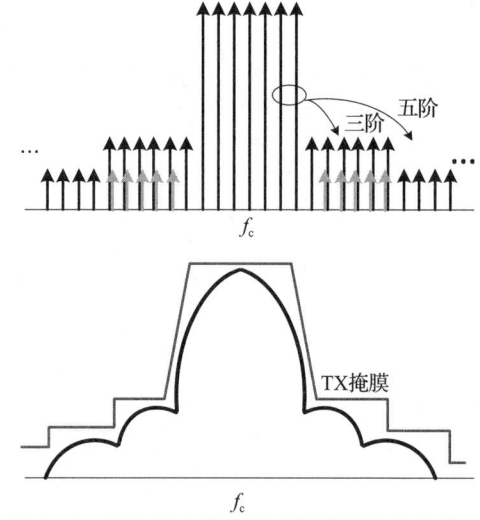

图 6.48 发射机非线性引起频谱再生以及掩膜破坏

示例：图 6.49 所示为 3G 发射机在频偏 5MHz 处的 ACLR 相对于 IM_3 的波形图，是由系统级仿真得到的。

该标准要求在频偏为 5MHz 处的 ACLR 要好于 −33dBc。假设功率放大器的 ACLR 为 −37dBc，考虑一定的裕度，则无线电的典型 ACLR 值可考虑为 −40dBc。

从图 6.49 的波形可以推断，对于 TX 而言，这就转变成要求 IM_3 优于 −31dBc。在发射机输出端采用双音信号测量，且每个单音信号均为 0dBm（相应的总功率为 +3dBm），则输出 IP_3（OIP_3）为 15.5dBm（图 6.50）。

这导致一个约为 15.5−9.6=5.9dBm 的输出压缩点，因此为了确保满足 ACLR 性能，发射机的输出峰值功率应大约比增益压缩低 3dB。

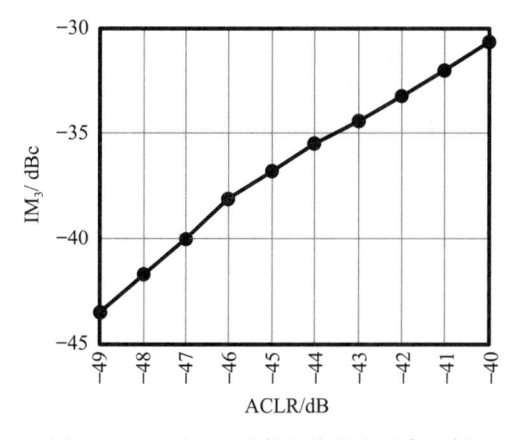

图 6.49　一个 3G 发射机线性度要求示例 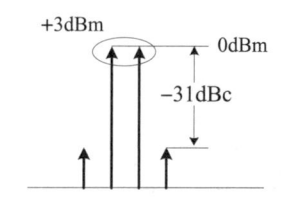　　　　图 6.50　3G 发射机 OIP$_3$ 的计算

对于由 QPSK 调制的 3G 信号，已知发射机的平均功率大约比峰值功率低 3dB。这就是通常定义的峰均比（PAPR），为系统所采用的调制方式的函数。通常情况下，调制方案越复杂，则 PAPR 值越大。根据经验法则，为了确保满足调制掩膜性能，发射机的输出功率必须从压缩点回退一个与 PAPR 相当的数值。因此，在相同的带宽下，越复杂的调制方案能够实现的吞吐量就越高，但其代价是回退值也就越大。所以，正如所指出的，预计效率会更低。值得注意的是，对于一个纯正弦信号，峰值正好比平均值（或 RMS 值）高 3dB，恰巧与 3G 信号非常相似。

示例：图 6.51 所示为对应于 LTE 频偏 20MHz 的基带 IQ 信号，以及时域中的 3G 语音信号。采样率为 61.44MHz，并且图中包含 100 个采样点。支持更高吞吐量的 LTE 信号明显包含更频繁及更多的波动。

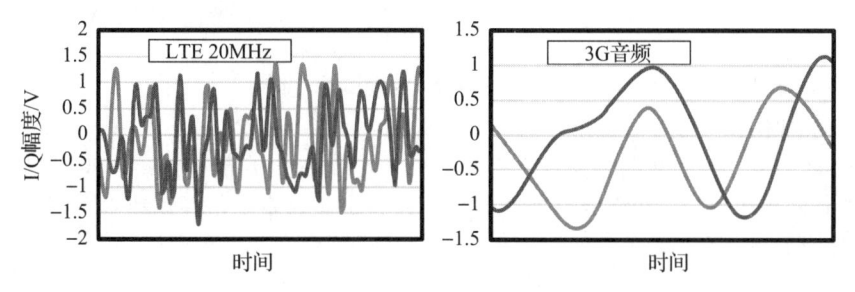

图 6.51　3G 音频信号和 LTE PAPR 的示例

从统计方面来说，峰值功率相对于均值功率的概率如表 6.1 所示。例如，对于 3G 信号，存在 1% 的概率使得峰值功率比均值功率高 2.6dB，而这一概率下的 LTE 信号的峰值功率可以比均值功率高 5dB。

表 6.1　3G 和 LTE 峰值概率

概　　率	3G 音频信号	LTE 20MHz
10%	1.7dB	2.8dB
1%	2.6dB	5dB
0.1%	3.2dB	6.4dB
0.01%	3.4dB	7.4dB

留出 2dB 的功率可控裕度，LTE 总的回退约为 8.4dB（低于 0.1‰的概率），这对于 3G 语音信号所需要的值来说是相当高的。这种更高线性度的要求意味着更低的效率。

最后，与接收机相同，可以定义链路的 OIP₃ 为每一个单独模块的总和，如下所示：

$$\frac{1}{A_{OIP3,T}^2} = \frac{1}{A_{OIP3,1}^2} + \frac{a_1^2}{A_{OIP3,2}^2} + \cdots$$

为了保证噪声基底及其他不需要的信号相对较低，通常从链路最前端开始发射机的信号就很大。基于这个原因，在最大输出功率时，几乎所有模块的增益都接近单位增益，因此所有模块都可能导致非线性。

示例： 假设有一个平均输出功率为 20dBm 的 WLAN 发射机。这个信号泄漏到邻近一个噪声因子为 3dB 的 LTE 接收机（图 6.8）。假设 WLAN TX 和 LTE RX 之间的隔离度为 40dB，求出发射机的带外噪声，使得 LTE 接收机的灵敏度降低不超过 1dB。

由于接收机的噪声因子为 3dB，因此其输入参考噪声为 −171dBm/Hz。为了使灵敏度降低不超过 1dB，泄漏到接收机的 TX 噪声应减小约 6dB，即 −177dBm/Hz。因此，在 TX 输出端，考虑到 40dB 的隔离度，它转换为 −137dBm/Hz。因此，所要求的噪声为 −137 − 20 = −157dBc/Hz。注意，TX 信号的 PAPR 表示发射机峰值输出的回退量，从而导致 TX 更严格的动态范围。

6.7.3 发射机信号质量

发射机信号必须保持足够高的信噪比，以确保一旦在另一端接收到信号，信号的质量仍然是可接受的。通常用 EVM（矢量幅度误差）或相位误差进行表征，与信噪比直接相关。在接收机端，由于信号通常都较弱，其信噪比经常受限于接收机的热噪声，或前面提到的阻塞引起的干扰。然而，当接收机信号增大，并且不存在阻塞时，仍然希望接收机的信噪比得以提高，以保证高的吞吐量。

EVM 以百分比或是 dBm 为单位的，受以下 3 种机制限制。

1. LO 带内相位噪声

如图 6.44 所示，发射机信号一旦上变频，将直接位于 PLL 的带内噪声的上面。这种噪声在所关注的带宽内积分后，会引入一定的相位误差，也就设定了信噪比或者 EVM 的下限。采用恒定包络调制，GSM 是一个很好的例子，其信号通常不受其他机制的影响。GSM 设定了小于 5°的相位误差，然而在大多经典的无线电中其值为 1°~2°，从而为工艺、温度及生产中的变化留有足够的裕度。如图 6.52 所示，作为一个例子说明了 GSM 发射机的带内相位噪声。假设噪声在所关注的 ±100kHz 频带内是平坦的。

GSM 带内相位噪声积分为 −89dBc + 10log200kHz = −36dBc。因为 −36dBc 为 0.0158 弧度或 0.9°，则相位误差为 0.9°。对于支持高吞吐量的应用，如 LTE 或是 WLAN 系列，对带内噪声的要求更为严格，通常相位噪声积分要求在十分之几度量级。

图 6.52 GSM 发射机带内相位噪声

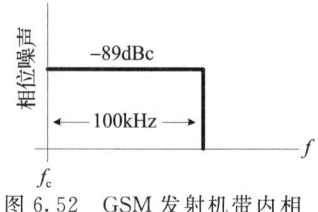

2. TX 链的干扰

考虑如图 6.53 所示的简化的单边带调制器。

假设某一时刻只有位于上边带（+f_m）的一个单音信号正在被发送出去。如果 90°相移存在一些误差，或是基带产生的正交信号不完全为 90°移相，则一个不需要的边带残留（或镜像，如接收机中一样）将出现在 $-f_\mathrm{m}$ 处。此外，载波可能会直接馈通，并在 f_c 处出现一个不想要的信号。一旦施加了此调制信号，镜像成分及馈通则会设定一个噪声基底，进而限制了系统的 SNR（图 6.54）。

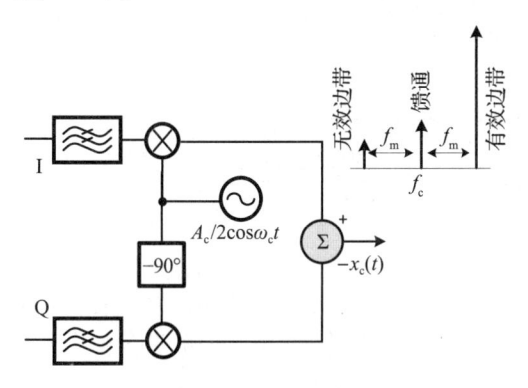

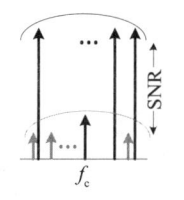

图 6.53　单边带调制器

图 6.54　受到正交失配及 LO 馈通限制的 EVM

一旦将带内相位噪声的影响也包含在内，则 EVM 近似为

$$\mathrm{EVM} \approx \sqrt{10^{\mathrm{IQ}} + 10^{\mathrm{LOFT}} + 10^{\mathrm{PN}}}$$

式中，IQ 是 TX 的镜像抑制，LOFT 是 LO 的馈通信号，PN 是带内相位噪声，均以 dB 形式表示。

注意，上述等式并非在所有的调制方案中都普遍成立；它仅提供了一种处理多种影响因素的思路。式中第一项表示正交不平衡的影响，第二项表示馈通信号的影响，最后一项则为相位噪声的影响。对于 1% 的正交误差，-40dBc 的馈通（也是 1%）及 -40dBc 的带内相位噪声，则 EVM 的值为 $\sqrt{1+1+1} = 1.7\%$。大多数实际的发射机的典型 EVM 值优于 3%~5%。

3. 非线性

非线性非常类似于图 6.48 所示的频谱再生的情况。由于 IM_3 项也会出现在所关注的频带内，进而设定了一个噪声基底并最终限制了 SNR。然而，对于许多应用来说，这并不是主要的影响因素。例如，在 3G 发射机示例中，为保证 -40dB 的 ACLR，IM_3 一般要优于 -31dBc。这使得 EVM 的退化可以忽略不计。将稍后在 6.7.5 节中更为详细地讨论非线性对于 EVM 和星座的影响。另一方面，对于 802.11ac WLAN 应用中的 1024QAM 信号，考虑到非常严格的信号保真度的需要，发射机非线性可能是一个影响因素。

当信号足够强时，相似的机制会限制接收机的 SNR。接收机的 EVM 要求通常与 TX 的 EVM 要求很相似，只是它只有在所需信号足够强，不受阻塞或接收机热噪声限制时才有意义。对于 TX 的情况，信号总是足够强的，至少对于最大输出功率来说是这样。

6.7.4　转换频谱和时域掩膜

除了之前所介绍的调制掩膜及频域规范外，对于 TDMA（时分多址）系统还有另外一个要求，即不同的用户被分配了不同的时隙。与 TDMA 系统相反，在 FDMA 系统中为用户分配了不同的频率。FDMA 系统的例子有 FM 无线电、卫星电视，其每一个台站都以固定已知的频率发射信号。另一方面，GSM 及 EDGE 无线电则是基于 TDMA 系统的例子。TDMA 信号通常由很多帧组成，每一帧都由几个时隙构成。以图 6.55 所示的 GSM/EDGE 无线电的帧为例，每一个时隙长约 577μs，每一帧由 8 个时隙组成。

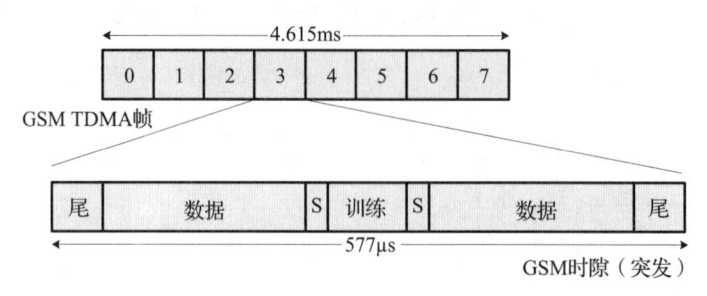

图 6.55 GSM 帧和时隙

因此，对于发射机，希望能产生平缓上升和下降的输出信号，以避免陡峭的时域转换，从而避免在频谱中产生不想要的高频成分。相应地，定义了时域掩膜，发射机的输出必须正确地拟合在掩膜内，如图 6.56 所示。

除了时域掩膜，2G 发射机还必须满足称为切换谱的频域掩膜的测量要求。以分辨率为 30kHz 带宽的 GSM 要求为例，其调制掩膜需要优于 −60dBc，而在相同带宽下，测得的切换谱指定需低于 −23dBm。调制掩膜与切换谱测量之间存在两个明显的不同：

- 切换谱规定为绝对值测量，用 dBm 表示（不是 dBc），对于 +33dBm 的满输出功率，可转换成 −56dBc 的要求。而如果发射机功率回退，则要求按一定比例放宽。

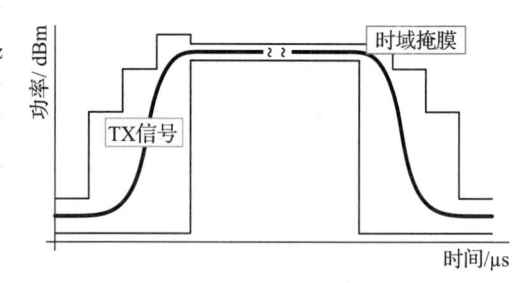

图 6.56 GSM 时域掩膜的示例

- 调制掩膜为平均值测量，经常选取 50 个突发（分帧），切换谱为最大值保持测量。也就是说，以对于相同的 50 分帧进行测量为例，频谱分析仪设置为能在任意时间点选取这 50 分帧的最大值。因此，在设计良好的发射机中，通常能够满足调制掩膜要求时，也就能通过切换谱测试。在最坏情况下，即最大功率时，切换谱有 4dB 冗余，虽然最大值保持测量可能会抵消这一点。另外，如果发射机的时域输出具有急剧的跃迁，例如由于不恰当的斜坡相位设计导致的，那么即使此时满足调制掩膜，切换谱也会受到影响。

6.7.5 发射机中的 AM-AM 和 AM-PM

除了噪声和静态非线性外，在发射机，特别是在功率放大器中，还存在另外一种造成 EVM 及掩膜退化的机制。

现在对前面在 IM_3 中介绍的静态非线性进行更为详细的分析，也称之为 AM-AM 非线性。考虑如下窄带射频信号：

$$x(t) = i(t)\cos\omega_c t - q(t)\sin\omega_c t$$

式中，$i(t)$ 和 $q(t)$ 是均值为 0 的基带信号，ω_c 为载波频率。自相关系数 $R_x(\tau)$ 由下式决定：

$$R_x(\tau) = \frac{1}{2}R_i(\tau)\cos\omega_c\tau + \frac{1}{2}R_q(\tau)\cos\omega_c\tau + \frac{1}{2}(R_{i,q}(\tau) - R_{i,q}(-\tau))\sin\omega_c\tau$$

式中，$R_i(\tau)$、$R_q(\tau)$ 分别为 $i(t)$、$q(t)$ 的自相关系数，$R_{i,q}(\tau)$ 为其互相关系数。因此，$+f_c$ 附近的 $x(t)$ 的功率谱密度为

$$S_x(f) = \frac{1}{4}S_i(f-f_c) + \frac{1}{4}S_q(f-f_c) - \frac{1}{2}\text{Im}\{S_{i,q}(f-f_c)\}$$

对于两个频率 $f_c \pm f_m$，此处 f_m 为一个小的频偏，则 $S_x(f)$ 中前两项均为相同的正值，即 $S_i(f_m) = S_i(-f_m) > 0$，$S_q(f_m) = S_q(-f_m) > 0$。而第三项为负值，即 $\text{Im}[S_{i,q}(f_m)] = -\text{Im}[S_{i,q}(-f_m)]$。因此，对于 $x(t)$ 而言，其正交分量之间的任何相关性都可能会造成功率谱密度的不对称性。这是因为第三项相加一方面是建设性的，而另一方面则是破坏性的。相反，如果两个正交分量在统计上是相互独立的，则 $x(t)$ 的功率谱密度是对称性的。稍后将利用该结论来研究由 AM-AM 和 AM-PM 非线性所导致的功率谱密度。

如果 $i(t)$ 和 $q(t)$ 是部分相关的，$q(t)$ 可以表示为 $q(t) = c(t) + u(t)$，式中 $c(t)$ 是相关部分，$u(t)$ 是不相关部分。$c(t)$ 可表示为 $f(i(t))$，函数 f 可能是线性的也可能是非线性的，或者既包含线性部分也包含非线性部分。很容易证明，$R_{i,q}(\tau)$ 等于 $R_{i,c}(\tau)$。例如，如果 $c(t)$ 等于 $i(t) * h(t)$，其中 $h(t)$ 为冲激响应，$R_{i,c}(\tau)$ 就等于 $R_i(\tau) * h(-\tau)$（如第 2 章所述）。因此有 $S_{i,q}(f) = S_i(f)H^*(f)$。鉴于 $S_i(f)$ 为正且为实数，则 $\text{Im}[S_{i,q}(f)] = S_i(f)\text{Im}[H^*(f)]$。

现在考虑一个调制信号，$x(t) = A(t)\cos(\omega_c t + \phi(t))$，其中 $A(t)$ 和 $\phi(t)$ 分别为幅度和相位信息。对于此信号，正交分量由下式给出：$i(t) = A(t)\cos\phi(t)$ 和 $q(t) = A(t)\sin\phi(t)$。假设调制是关于星座图中心对称的，并且所有的星座点都被相同的概率覆盖，$i(t)$ 和 $q(t)$ 在统计上是相互独立的。因此，$x(t)$ 的功率谱密度是关于载波信号对称的。

在此背景下，研究 AM-AM 对星座图的影响，以及功率谱密度的对称性。考虑一个系统，其输入为 $x(t) = A(t)\cos(\omega_c t + \phi(t))$，输出为 $y(t) = F(A(t))\cos(\omega_c t + \phi(t))$。函数 $F(A)$，如前所述，是非线性传递函数，是系统的 AM-AM 特性。对于非失真系统，$F(A)$ 一定是正比于 A 的。实际中，功率放大器及发射机通常都是非线性的，且几乎都存在增益压缩。如图 6.57 所示，星座图中每一个幅值为 A，相位为 θ 的点都能映射到另一个幅值为 $F(A)$，相位也为 θ 的点。因此星座图中的点都沿径向向原点移动[⊖]。所得信号的正交分量为 $i(t) = F(A)\cos\phi$ 和 $q(t) = F(A)\sin\phi$，可以证明其是统计上独立的（如果粗略地假设 A 和 ϕ 是统计上独立的）。注意，由于 AM-AM 的非线性导致的频谱再生，这两个正交分量占据了更大的带宽，但它们在统计上仍然是保持独立的。这是造成掩膜退化的主要原因。

至此，已经对无记忆非线性系统进行了讨论，输入幅值的变化只会造成输出幅值的失真。实际上，非线性寄生电容经常会导致相位失真。称之为 AM-PM 非线性，下面将研究其对星座图及调制频谱的影响。

假设系统的输入为 $x(t) = A(t)\cos(\omega_c t + \phi(t))$，产生的输出为 $y(t) = A(t)\cos(\omega_c t + \phi(t) + F(A(t)))$，式中 $F(A)$ 表示系统的 AM-PM 特性。理想情况下，对于无失真系统，$F(A)$ 的值必须

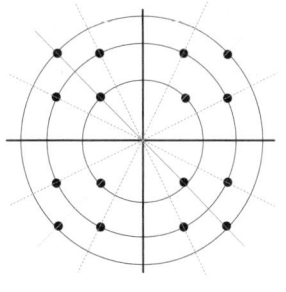

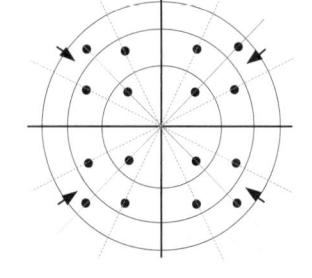

理想16QAM　　　　16QAM加入AM-AM

图 6.57　AM-AM 非线性对星座图的影响

⊖　当然是对于压缩系统。

为 0。如图 6.58 所示，每一个幅值为 A、相位为 ϕ 的点都能映射到另一个幅值为 A，但相位为 $\phi+F(A)$ 的点。因此星座点被旋转的量是 $F(A)$。所得信号的正交分量为 $i(t)=A\cos(\phi+F(A))$ 和 $q(t)=A\sin(\phi+F(A))$，其不一定是相互独立的。因此，一般而言，频谱不再关于载波信号保持对称。此外，信号带宽由于 AM-PM 的非线性而变宽。

示例：考虑通信系统中的 AM-PM 失真的形式如下：$y(t)=A\cos(\omega_c t+\phi+\beta A)$，其中 $F(A)=\beta A$。假设输入一个 AM 调制信号为 $x(t)=\sin(\omega_m t)\cos(\omega_c t)$，所得输出为 $y(t)=\sin(\omega_m t)\cos(\omega_c t+\beta\sin\omega_m t)$，其中包含了 AM 和 PM 调制。采用第 2 章中介绍的以下两个等式：

理想16QAM　　　　16QAM加入AM-PM

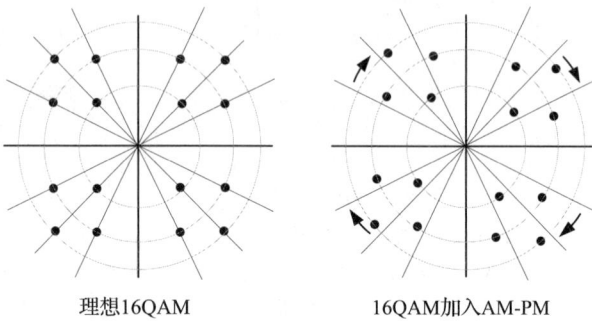

图 6.58　AM-PM 非线性对星座图的影响

$$\cos(\omega_c t+\beta\sin\omega_m t)=\sum_{n=-\infty}^{+\infty}J_n(\beta)\cos(\omega_c+n\omega_m)t$$

$$\sin(\omega_c t+\beta\sin\omega_m t)=\sum_{n=-\infty}^{+\infty}J_n(\beta)\sin(\omega_c+n\omega_m)t$$

式中，$J_n(\beta)$ 为贝塞尔函数，可以表示为（对于 n 为正时）

$$J_n(\beta)=\frac{\beta^n}{n!2^n}\left(1-\frac{\beta^2}{2(2+2n)}+\frac{\beta^4}{(2)(4)(2+2n)(4+2)}-\cdots\right)$$

由此可以证明 $y(t)$ 可以表示为

$$y(t)=\sum_{n=-\infty}^{+\infty}\frac{1}{2}\{J_{n-1}(\beta)-J_{n+1}(\beta)\}\sin(\omega_c+n\omega_m)t$$

已知 $J_{-n}(\beta)=(-1)^n J_n(\beta)$，在这种情况下产生的频谱关于载波 ω_c 对称。

为了说明 AM-PM 是如何导致频谱不对称的，考虑图 6.59 中更为实际的例子。图中描述的是一个以频率为 f_m 变化的包络信号，以及由于 AM-PM 的非线性所引起的相应相位变化。由于相位变化发生在每一个振幅的最大值或最小值处，其频率为基波频率的两倍[9]。因此 $F(A)\approx\beta A^2$。

同时还假设射频信号的包络中含有三阶非线性，用其表示 AM-PM 的影响。对于单音调制包络 $A(t)=\cos\omega_m t$，射频的输出通常可以表示为

$$y(t)=(a_1\cos\omega_m t+a_3\cos 3\omega_m t)\cos\left(\omega_c t+\frac{\beta}{2}+\frac{\beta}{2}\cos 2\omega_m t\right)$$

为了简化，忽略了恒定的相移 $\frac{\beta}{2}$，因为其对结果没有影响。很明显，射频信号在 $\pm 3\omega_m$、$\pm 5\omega_m$…频偏处存在额外的不需要的分量，导致频谱再生。此时假设 $\beta\ll 1$。通常情况，可以使用贝塞尔级数进行类似的分析，如先前的例子所示（参见习题 26）。采用窄带 FM 近似，并且仅关注 IM_3

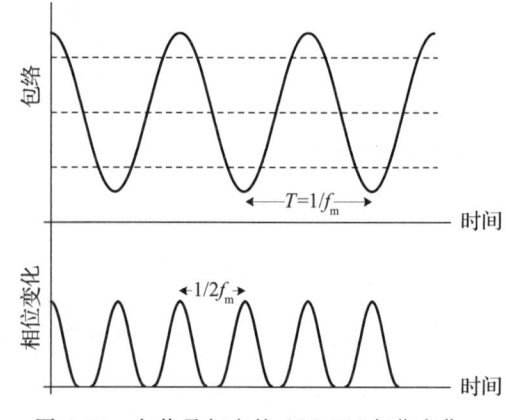

图 6.59　包络及相应的 AM-PM 相位变化

边带，在将射频信号扩展后，可以得到

$$y(t) = \frac{a_3}{2}[\cos(\omega_c + 3\omega_m)t + \cos(\omega_c - 3\omega_m)t] - \frac{a_1\beta}{8}[\sin(\omega_c + 3\omega_m)t + \sin(\omega_c - 3\omega_m)t]$$

即使假设包络中不存在三阶非线性，即 $a_3 = 0$，也仍存在由于 AM-PM 非线性引入的三阶失真，导致频谱再生。然而，频谱在远离载波频率 $\pm 3\omega_m$ 处仍然是对称的。如果在包络和相位分量之间引入一个有限的延迟，则频谱会产生不对称性。假设包络和相位间 τ 的延迟引入的相位差为 $\Delta = \omega_m \tau$，则射频信号可以表示为

$$y(t) = (a_1 \cos(\omega_m t - \Delta) + a_3 \cos(3\omega_m t - 3\Delta))\cos\left(\omega_c t + \frac{\beta}{2}\cos 2\omega_m t\right)$$

在展开后，便得到了各种频率分量，其中只关注出现在 IM_3 正负边带处的项，也就是在 $\omega_c \pm 3\omega_m$ 处的项，代表了输出失真。

对于正边带，有

$$\left[\frac{a_3}{2}\cos 3\Delta + \frac{a_1\beta}{8}\sin\Delta\right]\cos(\omega_c + 3\omega_m)t + \left[\frac{a_3}{2}\sin 3\Delta - \frac{a_1\beta}{8}\cos\Delta\right]\sin(\omega_c + 3\omega_m)t$$

对于负边带，有

$$\left[\frac{a_3}{2}\cos 3\Delta - \frac{a_1\beta}{8}\sin\Delta\right]\cos(\omega_c - 3\omega_m)t + \left[-\frac{a_3}{2}\sin 3\Delta - \frac{a_1\beta}{8}\cos\Delta\right]\sin(\omega_c - 3\omega_m)t$$

因此，位于正负边带处的 IM_3 信号的幅度为

$$|IM_{3P/N}| = \sqrt{\left(\frac{a_3}{2}\right)^2 + \left(\frac{a_1\beta}{8}\right)^2 \mp \frac{a_1 a_3 \beta}{8}\sin 2\Delta}$$

如果相位变化 $\Delta = \omega_m \tau$ 是显著的，则很显然这两个边带并不相等，这将导致频谱的不对称性。这种延迟存在的原因可能有多个。例如，在 AB 类功率放大器中，由电流变化引起的供电轨电压变化会导致与包络变化相当的时间常数。

6.7.6 发射机中的频率牵引

在许多应用中，功率放大器输出端的强信号可能会干扰发射机中用于产生载波的 VCO。称之为频率牵引，如果载波与 PA 输出频率相同，这将是一个很严重的问题，直接变频发射机就是这种情况[○]。如图 6.60 所示为两个直接变频发射机的例子，其中一个 VCO 在输出频率处，另一个在两倍的输出频率处。后一种方法是使 VCO 频率远离输出频率，但正如稍后将会讨论的，其仍然会被 PA 的二次谐波所牵引。在这两种情况下，问题产生于 VCO 的输出为纯单音信号，至少在理想情况下，而 PA 的输出却为一调制频谱。

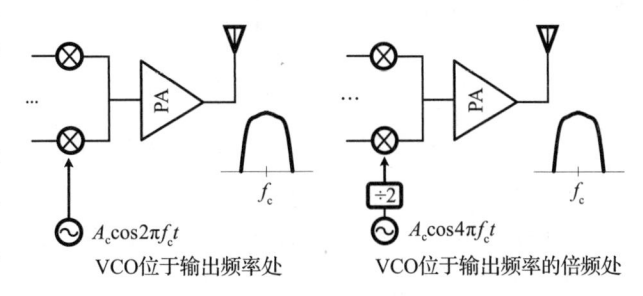

图 6.60 直接变频发射机中的频率牵引示意图

频率牵引的确切性质及其对发射机的影响已经超出本书的范围。详细内容可以参见文献[10]和文献[11]，在这里重申一些结论，为第 12 章中发射机的讨论提供一些理论依据。

○ 各种发射机的拓扑结构将在第 12 章中讨论。

通常，频率牵引对于 LC 振荡器的影响可以通过求解艾德勒(Adler)微分方程来分析[12]：

$$\frac{d\theta}{dt} = \omega_0 + \frac{\omega_0}{2Q}\frac{I_{inj}}{I_s}\sin(\theta_{inj}-\theta)$$

式中，θ 表示振荡器的相角，ω_0 为振荡器没被牵引的频率，Q 为 LC 谐振腔的品质因子、I_s 是振荡器的电流、$I_{inj}e^{j\theta}_{inj}$ 是以复数形式注入振荡器的外部源。如果注入的信号是单音信号，那么非线性微分方程有一个闭合解，但是对于大多数一般情况，可能需要借助于数值方法求解。

牵引强度 η 定义为

$$\eta = \frac{\omega_0}{2Q}\frac{I_{inj}}{I_s}\frac{1}{|\omega_0-\omega_{inj}|}$$

牵引强度表示的是注入源的频率与振荡器频率相距越远，牵引就越弱。相反的，即使注入电流与振荡器静态电流相比很小，若注入源与振荡器相距较近，依然会带来很大的问题。因此，如图 6.60 所示，将 VCO 的频率设计为 2 倍的振荡器频率也许是一个更有吸引力的选择⊖。因此，将重点关注分频器后接 VCO 这种更常见的情况。尽管牵引强度将会很小，但是二阶非线性的存在仍会在 VCO 频率处产生不需要的分量。

如果 $\eta>1$，振荡器被锁定于注入源处，即振荡器的频率改变到注入源的频率。大多数情况下，$\eta<1$，解艾德勒微分方程[12]揭示出振荡频率向 ω_{inj} 移动，但是其频谱会受到注入源产生的不需要的边带的破坏，如图 6.61 所示。

在直接变频发射机中，首先，注入源不是随意的，因为用于上变频基带分量的是 VCO 本身。其次，VCO 并不是自由振荡的，而是锁定在 PLL 内部一个参考频率处（图 6.62）。

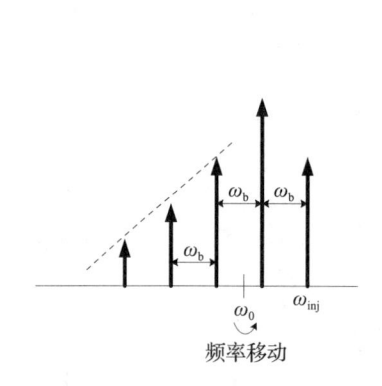

图 6.61 被一个外部信号源牵引的振荡器

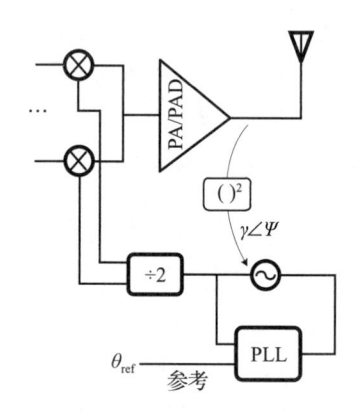

图 6.62 发射机牵引锁定的 VCO

因此，VCO 的相位受到其所在发射机的影响（不期望发生的），以及与 PLL 的相互作用的影响（期望发生的）。假设注入源不是很强，这是一个合理的假设，可以将艾德勒微分方程修正为捕获这些效应的形式

$$\frac{d\theta}{dt} = \omega_0 + K_{VCO}\frac{I_{CP}}{2\pi}\left(\theta_{ref}-\frac{\theta}{N}\right)*h_{LF}(t) + \frac{\omega_0}{2Q}\frac{\gamma A_{BB}^2}{I_s}\sin(2\theta_{BB}-\Psi)$$

式中，K_{VCO} 是 VCO 的增益，I_{CP} 是电荷泵电流，h_{LF} 是环路滤波器的冲激响应，θ_{ref} 是参考相位，N 为 PLL 的分频比，$A_{BB}\angle\theta_{BB}$ 是馈送到上变频混频器的基带信号的极化表示。参数 $\gamma\angle\psi$ 是一个

⊖ 还有其他优点，例如方便的正交生成。见第 4 章。

复数,代表不想要的二阶非线性,以及发射机输出与 VCO 之间有限的隔离。显然,如果 $\gamma\angle\psi=0$,则表明不想要的牵引项(式中最后一项)就不存在了,且 VCO 的相位也会如预计的那样锁定于参考相位处。

上面的方程有一个闭合形式的解。定义 $\theta'=\theta-\omega_0 t$ 为相位微扰,则频域解为

$$\Theta'(j\omega) = \frac{\omega_0}{2Q} \frac{1}{I_s} \frac{\mathcal{F}\{\gamma A_{BB}^2 \sin(2\theta_{BB} - \Psi)\}}{j\omega + \frac{K_{VCO}}{N} \frac{I_{CP}}{2\pi} H_{LF}(j\omega)}$$

除了改善隔离度外,还可以通过采用更高 Q 值谐振器或提高 VCO 的电流以减小频率牵引。此外,因为 $H_{LF}(j\omega)$ 是典型的低通滤波,上述方程分母的传递函数是带通的,通常在 PLL 3dB 带宽附近达到峰值。这表明落于 PLL 截止频率附近的基带频率是导致了最大的牵引量的因素。

上述方程可以用于求出牵引对于 EVM 及调制掩膜的影响[11]。显然,由于频率牵引仅扰动 VCO 的相位,因此其并不会改变星座图中点的幅值;而是使其发生旋转,与相噪产生的影响非常相似。此外,因为牵引强度是基带信号 $A_{BB}\angle\theta_{BB}$ 的直接函数,所以对于星座图中的每一个符号的旋转角度的大小正比于其与中心的距离,如图 6.63 所示。

理想16QAM   带频率索引VCO的16QAM

图 6.63   星座图中频率牵引的影响

同样,可以看出频率牵引会导致频谱再生,其影响与三阶非线性非常相似。这是由于频率牵引引起的相位扰动导致 2 倍频谱的一个误差项(鉴于由二阶非线性产生的平方函数),已从信号中减去了。这导致所产生的频谱为所需要信号频谱的 3 倍宽。

6.8 总结

本章讨论了接收机和发射机中存在的各种失真机制。

失真与噪声一起定义了系统的动态范围。

- 6.1 节概述了无线系统中的阻塞及其影响。
- 6.2 节讨论了全双工系统的工作原理及其对收发机的影响。
- 6.3 节主要讨论了接收机的小信号非线性,包括二阶、三阶和五阶非线性以及交叉调制。这一节还介绍了反馈对非线性的影响和动态范围的定义。
- 6.4 节讨论了接收机大信号非线性和增益压缩问题。
- 6.5 节讨论了互易混频问题,这主要是接收机关注的问题。
- 6.6 节讨论了接收机中的谐波混频,包括镜像和半中频问题。
- 6.7 节讨论了发射机中的各种问题,如频谱掩膜、带外噪声、相位误差和 EVM、AM-AM 和 AM-PM,以及频率牵引。

6.9 习题

1. 求出下图所示的低通滤波器对滤波后的非线性系统 IIP_3 的影响。阻塞信号分别衰减了 r_1 和 r_2(dB 形式)。

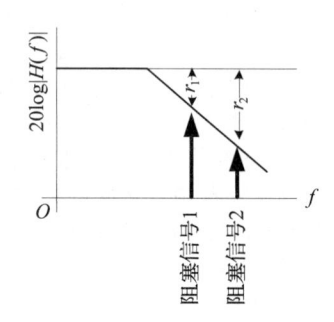

2. 计算单个 BJT 的 IIP_2、IIP_3 和 1dB 增益压缩点。答案：在室温下，1dB 增益压缩点为 24mV。

3. 对于单个 FET，证明 IIP_3 满足如下等式：$A_{IIP3} = (1+\theta'V_{eff})\sqrt{\frac{4}{3}\left(V_{eff}^2 + \frac{2V_{eff}}{\theta'}\right)}$。另外，采用短沟道 I_D-V_{GS} 方程求出单个 FET 的 IIP_2。

4. 对于二阶系统 $y=a_1x+a_2x^2$，分别求解有反馈和无反馈时的 IIP_3，写出详细步骤。

5. 求出源极电感退化(inductively degenrated)FET 的 IIP_3。

6. 求出最高由三阶非线性表示的两个非线性级的级联 IIP_2。

7. 所需的 20MHz 带宽的 WLAN 信号位于 2412MHz，40 频段处(2300~2400MHz)的 20MHz LTE 阻塞位于 2380MHz。考虑到由于三阶或五阶失真导致的频谱再生，说明这种阻塞可能存在的问题。标记出所有的频率。

8. 对于上一题，使三阶失真不会成为问题的最小阻塞间距是多少？使五阶失真不会成为问题的最小阻塞间距是多少？

9. 所需的 1MHz 带宽的蓝牙信号位于 2482MHz 处，并伴有在 2510MHz 的 20MHz 的 LTE 阻塞。该系统的 IIP_3 为 5dBm，阻塞功率为 −15dBm。求出最小的 IIP_5，使得由于频谱再生而产生的 IM_5 分量至少比 IM_3 分量低 10dB。

10. 采用与 6.3.5 节(图 6.29)中类似的步骤，求出存在五阶非线性时的交叉调制公式。根据系统的 IIP_5 求出等效信噪比。

    答案：$XIM_5 = \frac{15}{4}a_5 A_0 A_{B1}^2 A_{B2}^2 \cos((\omega_0 \pm 2\Delta\omega)t)$。

11. 位于 (2510 ± 1)MHz 的双音阻塞伴随着所需的 2472MHz 处的 WLAN 信号。假设系统具有高达五阶的非线性，找出在输出端信号周围所有的不需要的边带。

12. 一个噪声因子为 3dB 的蓝牙接收机。假设信噪比为 14dB，带宽为 1MHz，求：
    (a) 灵敏度。
    (b) 输入端的等效噪声基底，单位为 dBm。
    (c) 3dB 脱敏所需的 IIP_2，假设存在 −20dBm 20MHz LTE 阻塞(按照图 6.23 中的二阶阻塞推导计算)。
    (d) 接收机 SNR(包括热噪声)，如果 $IIP_3 = -2$dBm，并且存在 100kHz 间隔和 −15dBm 电平的双音阻塞，假设这部分的 IIP_2 是无限的。

13. 一个 2.402GHz 的蓝牙信号伴随着一个 −20dBm 的 5MHz LTE 的临近干扰。求出由阻塞交叉调制设置的接收机 SNR。假设接收机 $IIP_3 = -2\text{dBm}$。论证接收机 IIP_3 是否足够。提示：蓝牙信号的带宽为 1MHz，而阻塞平方信号的宽度约为 10MHz。

14. 由于 LO 馈通，即使在没有所需信号的情况下，交叉调制也会提高接收机的噪声基底。正如将在第 12 章所说明的，在直接变频接收机中，信号频率处不需要的单音信号可能泄漏到接收机输入端。解释这是如何导致 SNR 下降的。

15. 如下图所示，−20dBm 的临近双音阻塞伴随着 −70dBm 的所需信号。假设接收机的 IIP_3 为 0dBm，$IIP_2 = 60\text{dBm}$。说明哪一个更有问题，是二阶非线性还是交叉调制？

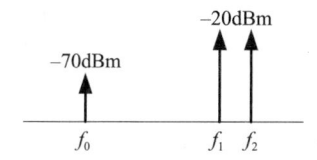

16. 以带限白噪声为例，其输出为 $y(t) = \dfrac{A^2}{2} \sum\limits_{i=0}^{N} \sum\limits_{j=0}^{N} [\cos((i+j)2\pi\Delta ft + \phi_i + \phi_j) + \cos((i-j)2\pi\Delta ft + \phi_i - \phi_j)]$。证明对于一个位于点 $p\Delta f$（p 在 $0 \sim 2N$ 之间）的任意长条，满足 $i+j = p$ 的 i 和 j 的值为 $\begin{cases} p+1, & p \leq N \\ 2N-p+1, & N < p \leq 2N \end{cases}$。类似地，满足 $|i-j| = p$ 的 i 和 j 的值为 $\begin{cases} 2(N-p+1), & p \leq N \\ 0, & N < p \leq 2N \end{cases}$。因此，如果 N 足够大，则总和约为 $2N-p$。求出长条的面积，并求出其输出的频谱密度。答案：长条 $p\Delta f$ 的面积为 $\dfrac{1}{4}\left(\dfrac{A^2}{2}\right)^2 (2N-p) = \left(\dfrac{\eta}{2}\right)^2 2B \left(1 - \dfrac{p}{2N}\right)\Delta f$。

17. 所需信号大小为 99dBm，在频偏 20MHz 处有 0dBm 阻塞时，计算 GSM 接收机所需的相位噪声。如果在 1.6MHz 频偏处存在 −33dBm 的阻塞时又如何？如果相位噪声的衰减为 40dB/dec，哪一个更重要？答案：对于 1.6MHz 阻塞，在 1.6MHz 时为 −125dBc/Hz。

18. 蓝牙接收机的基本噪声因子为 3dB，远端相位噪声为 −150dBc/Hz。假设接收机伴有一个 −25dBm 的临近阻塞。

    (a) 求接收机的总噪声因子。

    (b) 如果接收机前面有一个增益为 6dB 且噪声因子为 3dB 的放大器，求有阻塞和无阻塞时的总噪声因子。

19. 一个匹配的 LNA 的噪声因子为 2dB，非线性有效电压为 $y = 10x - 10x^3$。求 IIP_3 和 1dB 增益压缩。使总噪声因子达到 3dB 时，求混频器的输入参考噪声电压以及 SFDR 值。答案：SFDR = 86dB。

20. 求出接收机噪声因子，当习题 19 中的接收机输入端存在 0dBm 阻塞时。在阻塞频偏处 LO 的相位噪声为 −160dBc/Hz。

21. 如果需要在 5MHz 处有 −46dBc 的 ACLR，求 3G 发射机的 OIP_3 和输出 1dB 的增益压缩。答案：输出 1dB 增益压缩为 9dBm。

22. WLAN 发射机的平均输出功率为 26dBm，PAPR 为 6dB。假设 WLAN TX 和附近噪声因子为 3dB 的 LTE RX 之间的隔离度为 40dB，求发射机带外噪声，使得 LTE 接收机的灵敏度降低不超过 3dB。

23. 计算信号 $x(t) = A_1\cos\omega_1 t + A_2\cos\omega_2 t$ 的 PAPR。
24. 3G 无线信号的热噪声因子为 3dB，IIP_2 为 45dBm，在接收机频率上的发射机相位噪声为 -158dBc/Hz。从双工器到无线信号前端总损耗为 3dB。求满足灵敏度要求的最小双工器隔离度。
25. 证明在 AM-PM 部分讨论过的信号 $x(t) = i(t)\cos\omega_c t - q(t)\sin\omega_c t$ 的自相关方程。
26. 利用贝塞尔级数，求解以下 RF 信号的 IM_3 和 IM_5 分量：

$$y(t) = (a_1\cos(\omega_m t - \Delta) + a_3\cos(3\omega_m t - 3\Delta))\cos\left(\omega_c t + \frac{\beta}{2} + \frac{\beta}{2}\cos 2\omega_m t\right)$$

答案（IM_3 值）：对于 $\cos\left((\omega_c \pm 3\omega_m)t + \frac{\beta}{2}\right)$，$\left[\left(\dfrac{-a_1 J_2\left(\frac{\beta}{2}\right)}{2}\cos\Delta + \dfrac{a_3 J_0\left(\frac{\beta}{2}\right)}{2}\cos 3\Delta\right) \pm \left(\dfrac{a_1 J_1\left(\frac{\beta}{2}\right)}{2}\sin\Delta + \dfrac{a_3 J_3\left(\frac{\beta}{2}\right)}{2}\sin 3\Delta\right)\right]$；对于 $\sin\left((\omega_c \pm 3\omega_m)t + \frac{\beta}{2}\right)$，$\left[\left(\dfrac{-a_1 J_1\left(\frac{\beta}{2}\right)}{2}\cos\Delta + \dfrac{a_3 J_3\left(\frac{\beta}{2}\right)}{2}\cos 3\Delta\right) \pm \left(\dfrac{a_1 J_2\left(\frac{\beta}{2}\right)}{2}\sin\Delta + \dfrac{a_3 J_0\left(\frac{\beta}{2}\right)}{2}\sin 3\Delta\right)\right]$。如果 $\frac{\beta}{2} \ll 1$，$J_0\left(\frac{\beta}{2}\right) \approx 1$，$J_1\left(\frac{\beta}{2}\right) \approx \frac{\beta}{8}$，$J_2\left(\frac{\beta}{2}\right) \approx J_3\left(\frac{\beta}{2}\right) \approx 0$，就得到了之前的结果。

参考文献

[1] J. G. Proakis, *Digital Communications*, McGraw-Hill, 1995.
[2] K. S. Shanmugam, *Digital and Analog Communication Systems*, John Wiley, 1979.
[3] P. R. Gray and R. G. Meyer, *Analysis and Design of Analog Integrated Circuits*, John Wiley, 1990.
[4] R. Ellis and D. Gulick, *Calculus, with Analytic Geometry*, Saunders, 1994.
[5] R. G. Meyer and A. K. Wong, "Blocking and Desensitization in RF Amplifiers," *IEEE Journal of Solid-State Circuits*, 30, 944–946, 1995.
[6] H. Taub and D. L. Schilling, *Principles of Communication Systems*, McGraw-Hill, 1986.
[7] E. Cijvat, S. Tadjpour, and A. Abidi, "Spurious Mixing of Off-Channel Signals in a Wireless Receiver and the Choice of IF," *IEEE Transactions on Circuits and Systems II: Analog and Digital Signal Processing*, 49, no. 8, 539–544, 2002.
[8] J. Weldon, R. Narayanaswami, J. Rudell, L. Lin, M. Otsuka, S. Dedieu, L. Tee, K.-C. Tsai, C.-W. Lee, and P. Gray, "A 1.75-GHz Highly Integrated Narrow-Band CMOS Transmitter with Harmonic-Rejection Mixers," *IEEE Journal of Solid-State Circuits*, 36, no. 12, 2003–2015, 2001.
[9] S. Cripps, *RF Power Amplifiers for Wireless Communications*, Artech House, 2006.
[10] A. Mirzaei and H. Darabi, "Mutual Pulling between Two Oscillators," *IEEE Journal of Solid-State Circuits*, 49, no. 2, 360–372, 2014.
[11] A. Mirzaei and H. Darabi, "Pulling Mitigation in Wireless Transmitters," *IEEE Journal of Solid-State Circuits*, 49, no. 9, 1958–1970, 2014.
[12] R. Adler, "A Study of Locking Phenomena in Oscillators," *Proceedings of the IEEE*, 61, no. 10, 1380–1385, 1973.

| Chapter 7 | 第 7 章

低噪声放大器

在第 5 章中已经了解到，根据弗里斯方程，接收机噪声因子的下限通常由第一个模块决定。此外，第一级的增益有助于降低后续各级的噪声影响。因此，在接收机的输入端很自然地就应该考虑使用低噪声放大器。初看上去，对于给定的应用，放大器的增益理应越高越好。然而，通常低噪声放大器后面的模块会引起谐波失真，就会限制低噪声放大器的增益。如前所述，对于给定的应用，在所需要的增益、噪声和线性度与一定的成本预算之间，需要进行折中。这些要求会根据应用的不同或者标准的不同而有所不同。在本章中假设这些需求已经给定，目标就是了解设计中的折中。在第 12 章中将研究接收机的架构以及与不同架构选择相关的折中。

在模拟应用的设计中，低噪声放大器(LNA)与其他典型放大器的不同之处在于，LNA 需要对于外部电路呈现一个明确定义的典型的 50Ω 输入阻抗。这一点，再加上电路的工作频率相对较高，则可选的拓扑结构就越少。实际应用中大多数 LNA 都在采用这样或那样形式的变体。

本章先回顾第 5 章中介绍的一些基本概念，然后做进一步的扩展。接着介绍 3 种一般类型的 LNA，即并联反馈 LNA、串联反馈 LNA 和前馈 LNA。在本章的结尾，考虑 LNA 设计的一些实际方面而不管其拓扑结构如何。本章还提出了一个简单的 16nm CMOS 应用实例研究，还包括对信号和电源完整性的介绍性讨论。

本章的主要内容：
- 低噪声放大器的匹配问题。
- 射频放大器的设计考虑。
- 串联反馈和并联反馈 LNA。
- 前馈 LNA。
- 衬底和栅极电阻对 LNA 的影响。
- LNA 布线设计和其他实际因素的考虑。
- 信号和电源完整性。

7.1 匹配要求

考虑一个均方根幅度为 V_s 的 50Ω 信号源，通过由电感，电容或变压器组成的无损匹配网络连接到放大器的输入端，如图 7.1 所示。信号源可以简单地表示成天线连接到接收机输入端的简单模型。图 7.1 还给出了戴维南表示的信号源和匹配网络，是通过等效电压源(V_{TH})、等效阻抗(Z_{TH})以及从模拟放大器所看到的 R_s 等效噪声的噪声源表示的。

戴维南等效电路可以通过如图 7.2 所示的方法得到，其描述如下。

图 7.1 信号源通过无损匹配网络驱动放大器

首先，用一个电阻和一个电流源 I_s 并联组成的诺顿等效电路来表示信号源。假设匹配网络输出端的电压为 $V(f)$，作为电流源 I_s 的响应。并假设从 I_s 到 $V(f)$ 的传递函数为 $H(f)$。由于电路由无源元件组成，因此是互易的。如果向匹配网络的输出端施加电流 I_s，则预计会如右图所示，在电阻上出现相同电压 $V(f)$。假设从匹配网络输出端看进去的总阻抗为 Z_{TH}。电流 I_s 传送给匹配网络的总功率为：$|I_s|^2 \mathrm{Re}[Z_{TH}]$，电阻上的总功耗为 $\dfrac{|V|^2}{R_s}$。

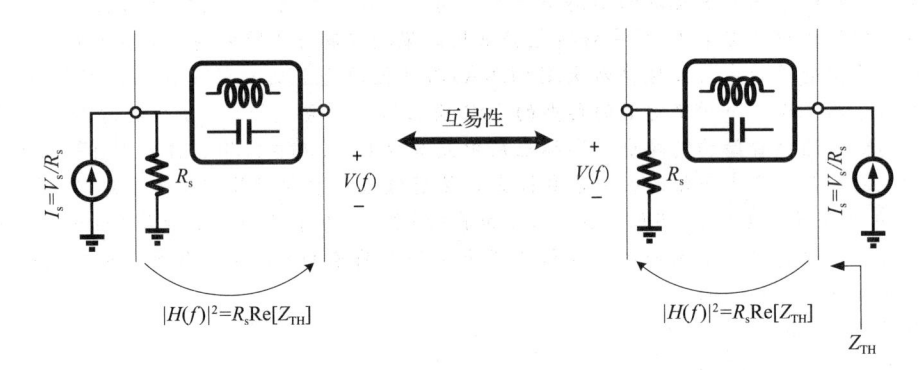

图 7.2 利用互易性求出的戴维南等效源

由于匹配网络是无损的，所以这两个能量必定相等，则有

$$|H(f)|^2 = \frac{|V|^2}{|I_s|^2} = R_s \times \mathrm{Re}[Z_{TH}]$$

从上式可以看出，匹配网络输出端总的噪声谱密度为 $4KT\,\mathrm{Re}[Z_{TH}]$，这在第 5 章已经得到证明（奈奎斯特定理）。因此，整个电路可以表示为戴维南等效电路，该等效电路包含一个电压源 V_{TH}，可以表示为

$$|V_{TH}|^2 = |V_s|^2 \frac{\mathrm{Re}[Z_{TH}]}{R_s}$$

一个等效阻抗 Z_{TH}，以及一个噪声源，谱密度为

$$S_{vTH} = 4KT\mathrm{Re}[Z_{TH}]$$

从这个等效电路模型可以很容易得出，输送到匹配网络输出的总有效功率为

$$P_a = \frac{|V_{TH}|^2}{4\mathrm{Re}[Z_{TH}]} = \frac{|V_s|^2}{4R_s}$$

并且有效输入噪声为

$$N_\text{a} = \frac{4KT\text{Re}[Z_\text{TH}]}{4\text{Re}[Z_\text{TH}]} = KT$$

因此,如所预计的一样,无损匹配网络不会影响有效功率和噪声。在本章中采用图 7.1 中的戴维南等效电路作为信号源的一般表示。此外,所有与封装、焊盘、ESD、布线以及其他寄生电容或电感有关的电抗成分通常都是低损耗的,可以集中作为匹配网络的一部分。如图 7.3 所示,可以用戴维南等效电路表示。

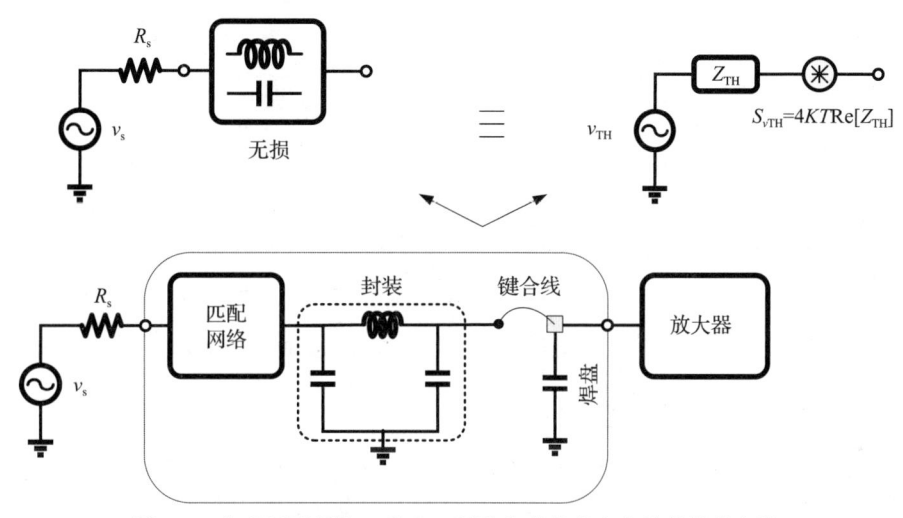

图 7.3 集总匹配网络、焊盘、封装和其他寄生电抗的等效电路

尽管假设匹配网络是无损的,实际网络中的元件具有有限的 Q 值,特别是在芯片上实现的。在这种情况下,奈奎斯特定理仍然有效,正如第 5 章中所展示的,从匹配网络的输出端看进去的总噪声是 $4KT\,\text{Re}[Z_\text{TH}]$。此外,作为一个窄带近似,总是可以在放大器侧引出一个并联噪声电阻来计算这一损耗。这显然会导致噪声因子的退化。将在本章的最后详细说明这一点。

示例:考虑图 7.4 中的匹配电路,在第 3 章中说明了这个匹配网络可以用于将放大器的输入阻抗 R_IN 匹配到源。使用并联-串联转换,可以得到

$$L = \frac{R_\text{IN}}{\omega_0}\sqrt{\frac{R_\text{s}}{R_\text{IN}-R_\text{s}}}$$

$$C = \frac{1}{L_\text{s}\omega_0^2} = \frac{1}{\omega_0}\sqrt{\frac{1}{R_\text{s}(R_\text{IN}-R_\text{s})}}$$

利用上面给出的 L 和 C 的值,预计得到在确切的频率 ω_0 时从匹配网络右边看进去的阻抗为 R_IN。在一个任意频率 ω 处,匹配网络的输出阻抗的实部为

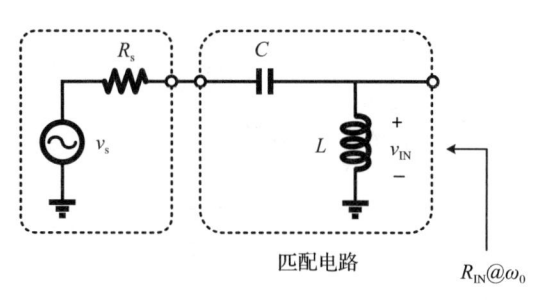

图 7.4 将放大器输入阻抗匹配到源的 LC 电路

$$\text{Re}[Z_\text{OUT}] = R_\text{s}\frac{\left[\frac{R_\text{IN}}{R_\text{IN}-R_\text{s}}\left(\frac{\omega}{\omega_0}\right)^2\right]^2}{\left[1-\frac{R_\text{IN}}{R_\text{IN}-R_\text{s}}\left(\frac{\omega}{\omega_0}\right)^2\right]^2 + \frac{R_\text{s}}{R_\text{IN}-R_\text{s}}\left(\frac{\omega}{\omega_0}\right)^2}$$

因此，根据奈奎斯特定理，输出端的噪声频谱密度为

$$4KTR_s \frac{\left[\dfrac{R_{IN}}{R_{IN}-R_s}\left(\dfrac{\omega}{\omega_0}\right)^2\right]^2}{\left[1-\dfrac{R_{IN}}{R_{IN}-R_s}\left(\dfrac{\omega}{\omega_0}\right)^2\right]^2+\dfrac{R_s}{R_{IN}-R_s}\left(\dfrac{\omega}{\omega_0}\right)^2}$$

具体来说，在 $\omega=\omega_0$ 时，噪声频谱密度如预计的一样，变为 $4KTR_{IN}$。或者，求出从源到放大器输入的传递函数：

$$\frac{V_{IN}}{V_s}=H(\omega)=-\frac{\dfrac{R_{IN}}{R_{IN}-R_s}\left(\dfrac{\omega}{\omega_0}\right)^2}{1-\dfrac{R_{IN}}{R_{IN}-R_s}\left(\dfrac{\omega}{\omega_0}\right)^2+\mathrm{j}\sqrt{\dfrac{R_s}{R_{IN}-R_s}}\left(\dfrac{\omega}{\omega_0}\right)}$$

因此，输出噪声频谱密度为

$$4KTR_s\,|H(\omega)|^2=4KTR_s\frac{\left[\dfrac{R_{IN}}{R_{IN}-R_s}\left(\dfrac{\omega}{\omega_0}\right)^2\right]^2}{\left[1-\dfrac{R_{IN}}{R_{IN}-R_s}\left(\dfrac{\omega}{\omega_0}\right)^2\right]^2+\dfrac{R_s}{R_{IN}-R_s}\left(\dfrac{\omega}{\omega_0}\right)^2}$$

这和应用奈奎斯特定理计算的结果相同。此外，当 $\omega=\omega_0$ 时，$|H(\omega)|^2=\dfrac{R_{IN}}{R_s}$，这再次和奈奎斯特定理预测的结果 $\dfrac{\mathrm{Re}[Z_{OUT}]}{R_s}$ 是一致的。

示例：图 7.5 所示为前面的匹配网络的替代方案。两个匹配电路都对放大器输入阻抗进行下变频（$R_{IN}>R_s$），但图 7.5 的电路是低通的，而图 7.4 是高通的。这种拓扑结构的另一个特点是，有一个电感与源串联，可以与键合线电感或输入布线电感结合起来，甚至替换，而输入寄生电容可以用电容 C 集总。读者可以通过分析习题 2 中的电路发现更多细节。

如前所述，如果放大器有输入电容，则可以简单地集总于匹配的电感内。这就如图 7.6 所示，匹配电感由两个并行分支组成，一个分支与放大器的输入电容 C_{IN} 谐振，另一个分支将 R_{IN} 转换成 R_s，其值在前面已经计算得到。

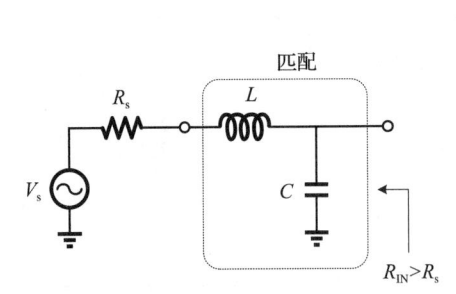

图 7.5　用低通 LC 匹配电路向下变频放大器的输入阻抗

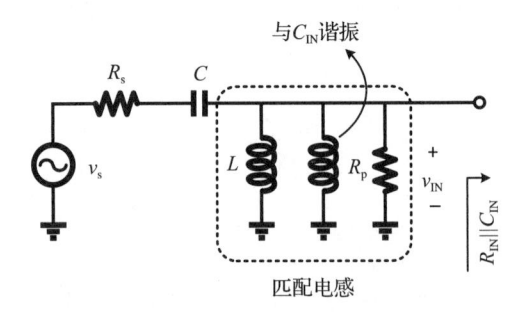

图 7.6　放大器的输入阻抗与电抗元件的匹配

此外，电感的损耗表示为并联电阻 R_p，可以有效地改善放大器的输入电阻，在设计匹配网络时必须将其考虑在内。

在第 5 章中还说明了一个给定的放大器可以用其输入参考噪声电流和输入参考噪声电压表示，存在一个源阻抗的最优值，即 $Z_{TH}=Z_{s,opt}$，以使噪声最小化。另一方面，源匹配要求 $Z_{TH}=$

Z_{IN}^*,其中 Z_{IN} 是放大器的输入阻抗(图 7.7)。正如在第 5 章中讨论的那样,$Z_{s,opt}$ 不是物理意义上的电阻,而是一个器件噪声参数的函数,而 Z_{IN} 是一个物理电阻,因此一般来说,没有理由同时满足这两个条件。

示例:为了更好地理解上述限制,假设图 7.7 中放大器的输入阻抗具有频谱密度为 $4KT\alpha Re[Z_{IN}]$ 的噪声电压,其中 α 是噪声因子。总的输入参考噪声电压频谱密度为 $4KTRe[Z_{TH}]+4KT\alpha Re[Z_{IN}]$,根据定义,噪声因子为

$$F=1+\alpha\frac{Re[Z_{IN}]}{Re[Z_{TH}]}$$

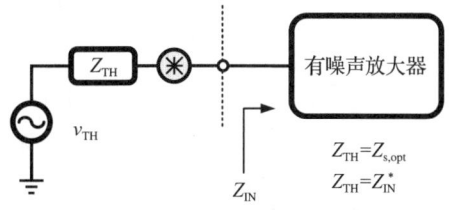

图 7.7 连接到信号源的有噪声放大器

匹配要求 $Z_{IN}=Z_{TH}^*$,则总噪声因子就简单地变成 $F=1+\alpha$。

因此,对于用物理电阻实现输入阻抗实部的简单情况,$\alpha=1$,NF=3dB,这通常被认为是相对较差的。采用这种实现的一个例子是共栅极结构(将在下一节讨论),其噪声因子低于标准。

为了克服这一根本缺陷,可以采用两种拓扑结构。第一种拓扑依赖于反馈原理。正如在第 5 章中展示的那样,虽然无噪声反馈不会影响电路的最小噪声因子,但可以利用它来顺利地改变放大器的输入阻抗。局部并联和串联反馈拓扑结构下面都会讨论。无论是哪种方案,反馈都试图提供无噪声的(理想的)输入阻抗实部。

另一种方案依赖于噪声抵消,即有意不满足最佳噪声条件,而有利于 50Ω 的匹配。过量的噪声只是随后通过前馈路径在输出端抵消。在介绍 LNA 的拓扑结构之前,先对射频放大器的设计进行一般性的讨论,因为它在某些方面不同于传统的模拟放大器。

7.2 射频调谐放大器

为了强调实现 50Ω 匹配低噪声放大器的挑战性,首先仔细了解两个典型的模拟放大器,即共源(CS)放大器和共栅(CG)放大器,如图 7.8 所示。

这两种拓扑结构都足够简单,考虑到当前现代的 CMOS 工艺有很高的截止频率 f_T,它们可以工作在几兆赫兹频率下。这两种结构通常都不选择有源负载,原因有两个:首先,有源负载限制了放大器的带宽,其次,有源负载会增加噪声。为了弄清楚为什么有源负载会增加噪声,下面以一个使用有源负载的共源放大器为例加以说明,如图 7.9 所示。

输入参考噪声电压可以表示为

$$\overline{v_n^2}=\frac{4KT\gamma}{g_{mn}}\left(1+\frac{g_{mp}}{g_{mn}}\right)=\frac{4KT\gamma}{g_{mn}}\left(1+\frac{V_{effn}}{V_{effp}}\right)$$

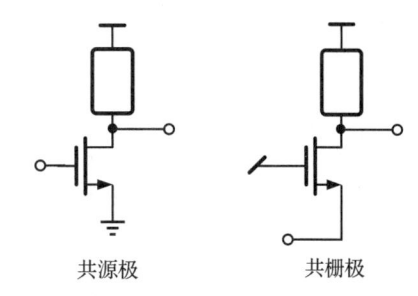

图 7.8 共源极和共栅极(未给出具体偏置)

式中,V_{eff} 是栅极的过驱动电压。为了最小化噪声,建议可以增大 PMOS 过驱电压 (V_{effp}) 以最小化 $\frac{V_{effn}}{V_{effp}}$。另一方面,为了使两个晶体管工作在饱和区,有 $V_{DD}>V_{effn}+V_{effp}$。因此,考虑到大多数现代 CMOS 工艺中的低电源电压,PMOS 过驱动电压必须保持较小,并且可能与 NMOS 器件相当,几乎将输入参考噪声加倍。

如果采用如图 7.9 所示的互补结构级[1],这个问题就会得到解决,其中如果 P 管的尺寸选择合适,不仅会增加噪声,还会增加总跨导。事实上,这种结构在偏置电流的一半时会产生相同的

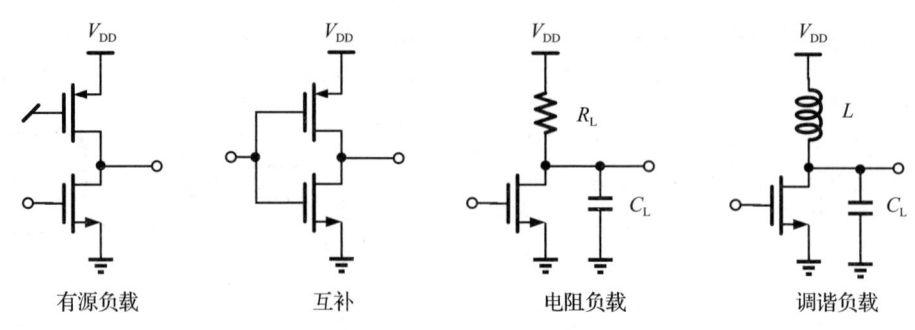

图 7.9 共源放大器负载的变化（有源负载、互补、电阻负载、调谐负载）

噪声和跨导。由于传统上的 PMOS 器件的迁移率比 NMOS 器件的迁移率大约低两倍，因此调整其尺寸以得到与 NMOS 器件相同的 g_m，会导致额外的电容和更差的带宽，这是不可接受的。此外，在低电源电压下，余量成为可能导致更差的带宽和线性度的一个问题。在最新的工艺中，PMOS 器件越来越接近 NMOS 器件，因此采用互补结构可能更有优越性。作为比较，图 7.10 给出了在 40nm 工艺中偏置电流恒定为 1mA 时，最小沟道 N 管和 P 管的直流增益与晶体管宽度的关系曲线。很显然，对于 40nm 工艺，在相同的过驱动电压偏置下，P 管的直流增益大约低了 50%。

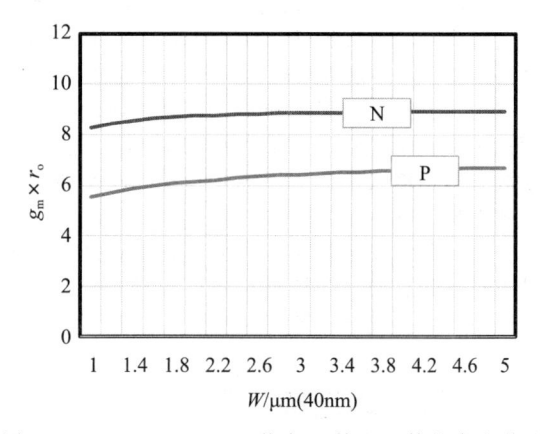

图 7.10 40nm CMOS 工艺中 N 管和 P 管的直流增益

最近的 CMOS 半导体工艺的技术趋势如图 7.11 所示。不仅直流增益一直在提高，而且 N 管与 P 管之间直流增益的差距也在缩小。16nm 器件的直流增益陡然增加的原因可能是采用了 FinFET 结构。

除了上述说明的趋势之外，当放大器连接到一个低输入阻抗器件时，如电流模混频器（详见下一章），互补结构可能会变得更有吸引力，如图 7.12 所示。如果混频器输入阻抗足够低，以保证放大器的低输出摆幅，并防止放大器电流流入寄生电容（例如流入图 7.12 中的 C_p），则此时放大器摆幅和带宽问题就都变得不再重要了。在这种情况下，放大器更像一个跨导级，其跨导 g_m 就是 P 管和 N 管的跨导之和。

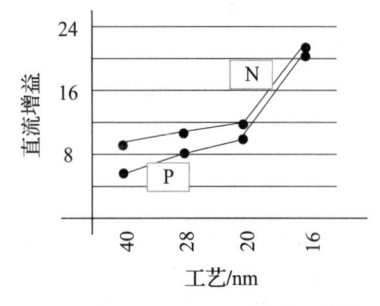

图 7.11 PMOS 和 NMOS 器件的峰值直流增益与工艺的关系

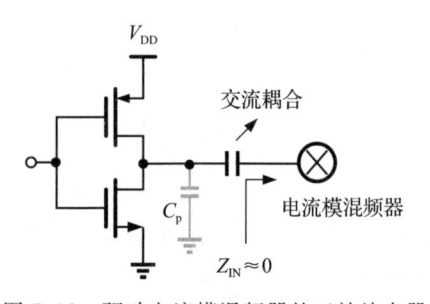

图 7.12 驱动电流模混频器的互补放大器

图 7.12 中的互补放大器除了所提到的特性外，还有一些令人感兴趣的线性方面的优势。首先，如果器件尺寸选取合适，即使在单端电路设计中，N 管和 P 管的二阶非线性也会抵消到一阶，从而导致高的 IIP_2。其次，当放大器由大输入信号驱动时，N 管和 P 管的推挽工作有助于保持总跨导的恒定，从而实现卓越的 1dB 增益压缩和 IIP_3。图 7.13 给出了在 40nm 工艺下，N 管和 P 管的大信号 g_m，以及净总跨导相对于输入信号电平的变化关系。尽管 N 管和 P 管各自单独的曲线出现了明显的失真，但互补结构的净跨导仍然在宽输入范围内保持相对平坦。

回到图 7.9 中的各种负载结构，负载的另一种形式可能是线性电阻，对于放大

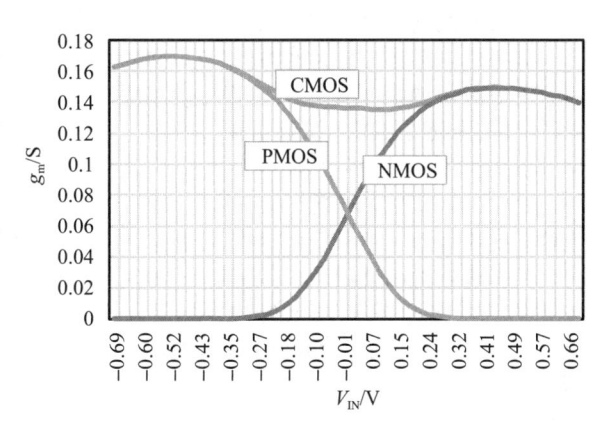

图 7.13 互补放大器的跨导与输入电压的关系

器未连接到低输入阻抗级的应用中，例如电压模放大器，这种线性电阻在带宽方面可能更优越。此时输入参考噪声电压为

$$\overline{v_n^2} = \frac{4KT}{g_m}\left(\gamma + \frac{1}{g_m R_L}\right)$$

如果放大器增益为 $g_m R_L$，值很大，上式明显小于有源负载放大器对应的值。

假设电阻两端的直流压降为电源电压的一半，则放大器低频增益为

$$g_m R_L \approx \frac{I}{V_{eff}} \times \frac{\frac{V_{DD}}{2}}{I} = \frac{V_{DD}}{2V_{eff}}$$

式中，I 为器件的偏置电流，假设短沟道器件的跨导为 $g_m \approx \frac{I}{V_{eff}}$。为了达到合理的线性度，根据上一章的讨论，需要保持不低于 100mV 的过驱动电压，这导致在 1.2V 电源下器件的总增益仅为 6。此外，如果器件跨导选择为 50mS[⊖]，则偏置电流将为 5mA，负载电阻为 120Ω。例如，为了保持高达 2GHz 的平坦通带，带宽可以设置为 5GHz，在这种情况下，放大器输出端的总寄生电容不能超过 265fF。为了检验手工计算结果是否正确，图 7.14 展示了 40nm 工艺下器件的 g_m/I_D 与栅极过驱动电压的关系。对于 100mV 的过驱动电压，g_m/I_D 约为 7.5V^{-1}，因此 50mS 的跨导需要 6.7mA 的偏置电流，略高于预测的，但没

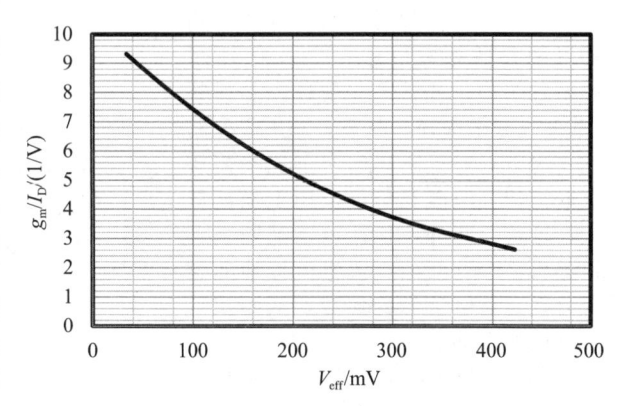

图 7.14 NMOS 管的 g_m/I_D 与过驱动电压的关系

⊖ 为了证明 g_m 的特殊价值，注意到 20mS 的跨导对应的输入参考噪声电压大致相当于一个 50Ω 电阻的。因此，50mS 的 g_m 足以保证低噪声因子。很快将进行精确的讨论。

有高太多。同样注意到，如果器件的直流增益为 10 左右，则增益为 6 有点乐观。然而，如果使用一个级联结构，则可以改善这一增益。

如果用电感作为放大器的负载，与输出端的总寄生电容谐振，则放大器的增益可能会显著提高。考虑前面的例子，如果总寄生电容为 500fF，远高于电阻负载的极限电容 265fF，则需要 12.7nH 的电感才能在 2GHz 谐振。一个 Q 值仅为 5 的电感将导致一个大小为 $L\omega_0 Q = 796\Omega$ 的等效并联电阻，从而导致约 $40^{\ominus}$ 的增益。此外，器件的漏极这时大约偏置在电源电压$^{\ominus}$，从而导致漏极处的线性度更好且结电容更小。另外，负载（以及输入匹配）的相对窄带带通特性提供了一些滤波，以衰减大的远带外阻塞信号（图 7.15）。

与晶体管或电阻相比，电感的体积比较大，因此此类放大器的主要缺点是占用的硅面积大。尽管如此，在许多应用中，上述优势是压倒性的，足以使调谐放大器成为一种流行的选择，尽管需要额外的成本。

最后，可以考虑采用共源共栅结构来提高直流增益和反向隔离度$^{\ominus}$，这一点对于射频尤其重要。

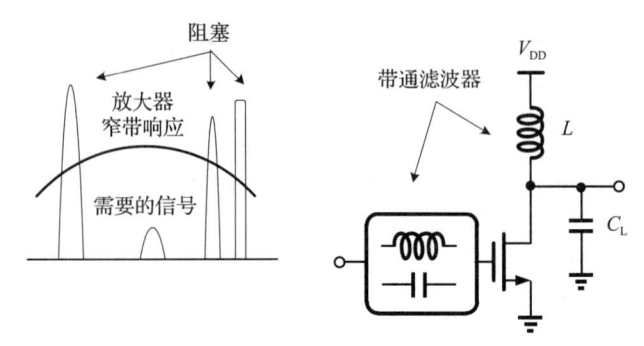

图 7.15　放大器调谐负载产生的滤波

7.3　共源低噪声放大器和共栅低噪声放大器

在输入端插入某种形式的 LC 匹配网络，图 7.16 展示了原来在图 7.8 中的模拟放大器的射频共源等效电路和射频共栅等效电路。图 7.16 所示的两种结构，或其某些变体，是射频 LNA 的常用选择。注意，在 CG 电路的情况下，对于隔离而言可能不需要级联结构，但级联仍可以用于提高放大器增益。此外，预计该匹配网络可以提供一个方便的直流电流接地的路径，以避免电流源的偏置，从而获得良好的噪声性能。

到目前为止，只考虑了放大器的增益和线性度问题，还没有讨论图 7.16

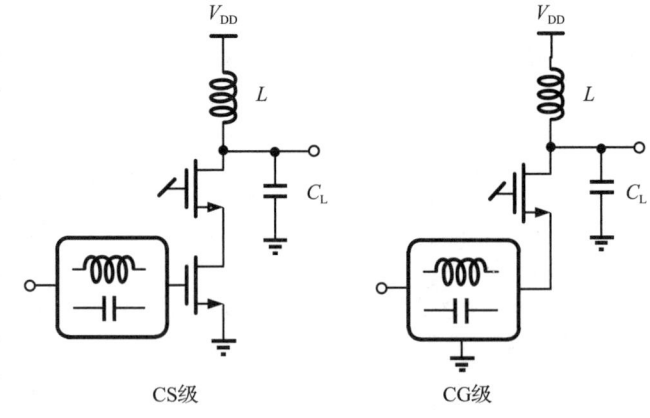

图 7.16　射频共源和射频共栅放大器

⊖ 可以证明，增益总体上提高了 Q 倍，Q 是电感的品质因数。详细内容见习题 19。

⊜ 对于不大的 Q 值 5，电感的串联电阻为 32Ω，导致在 5mA 偏置电流下，直流电压下降 160mV，而电阻负载的压降为 600mV。

⊜ 即降低从输出到输入的增益。

所示的两个放大器的噪声特性。先从共源极开始考虑。将 C_{gs} 以及与设计相关的所有其他电抗元件一起归于匹配网络,并且此刻忽略 C_{gd}⊖。如果 C_{gd} 可以忽略不计,则放大器输入是纯容性的,只有在输入端插入一个并联电阻,才可以匹配到 50Ω,如图 7.17 所示。如果其损耗足够高,则该电阻不必是单独的元件,可以与匹配网络结合。

使用戴维南等效模型表示信号源,图中也有显示,噪声因子可以很容易计算得到

$$F = 1 + \frac{|Z_{TH}|^2}{R_p \text{Re}[Z_{TH}]} + \left|1 + \frac{Z_{TH}}{R_p}\right|^2 \frac{\gamma + \frac{1}{g_m R_L}}{g_m \text{Re}[Z_{TH}]}$$

式中,假设 R_L 代表等效并联电阻,是在所关注的频率下由于有限 Q 的负载电感与 C_L 谐振而引入的。当满足匹配要求,即 $Z_{TH} = Z_{IN}^* = R_p$ 时,噪声方程可以大大化简,得到

$$F = 2 + \frac{4}{g_m R_p}\left(\gamma + \frac{1}{g_m R_L}\right) > 2$$

即使 g_m 和 R_L 设为任意大,放大器的噪声因子也不会低于 3dB。

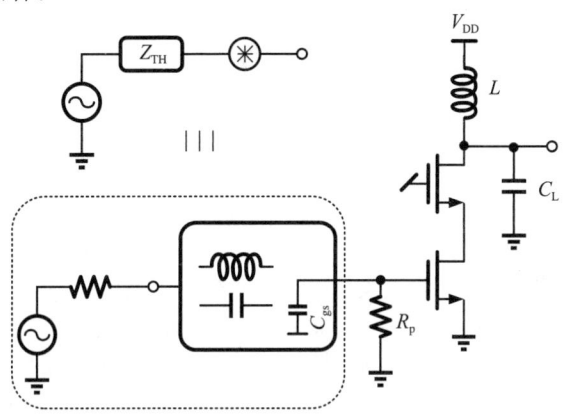

图 7.17 用并联电阻匹配的共源低噪声放大器

这得出了一个非常重要的结论,也是本章反复出现的主题:只要放大器输入阻抗的实部由噪声电阻组成,则噪声因子 3dB 的屏障就无法被打破。这是可以被普遍证明的(另见 7.1 节中讨论的例子),尽管在这里只展示了共源极的一个更特殊的案例。

在上面的分析中,假设了 LNA 需要完美地匹配到 50Ω。这不仅在实际情况中是不可能的,在大多数情况下甚至是不必要的。对于大多数应用,−10dB 或更好的输入回波损耗是可以接受的⊖。可以用输入回波损耗来换取更好的噪声因子。

示例:对于共源低噪声放大器电路,假设 $Z_{TH} = \frac{R_p}{2}$。这意味着并联电阻比完美的 50Ω 匹配所需的电阻更大(准确地说是两倍大)。由此产生的输入回波损耗(或反射系数)为

$$|S_{11}| = \left|\frac{R_p - Z_{TH}}{R_p + Z_{TH}}\right| = \frac{1}{3} \approx -10\text{dB}$$

如果负载噪声影响很小,并且假设 $g_m R_p \gg 1$,则噪声因子为

$$F = 1.5 + \frac{4.5}{g_m R_p}\left(\gamma + \frac{1}{g_m R_L}\right) \approx 1.5 = 1.76\text{dB}$$

这是一个更容易接受的值。虽然有更简洁的方法来实现具有更优噪声因子的低噪声放大器,但这种 CS 设计可能适用于许多应用。事实上,如果匹配网络是片上的,则并联电阻 R_p 可能只是匹配电路损耗的一部分。

为了进一步阐述这个示例,需要得出噪声因子关于 S_{11} 的一般函数。为此,需要得到 Z_{TH} 关于 R_p 和 S_{11} 的函数(当 $S_{11} = 0$ 时,$Z_{TH} = R_p$),并使用前面得到的一般噪声方程。为了简单起见,假设 S_{11} 是实数。在这种情况下可以表示为

⊖ 栅-漏电容产生一个局部并联反馈,将在下一节进行研究。
⊖ 对于 S_{11} 一般没有硬性要求。如果 $|S_{11}|$ 大约为 10dB 或更好,则对于大多数外部滤波器或双工器的阻带抑制或通带损耗影响都很小。

$$F = \frac{2}{1+S_{11}} + \frac{4}{(1+S_{11})^2} \frac{\gamma + \dfrac{1}{g_m R_L}}{g_m \text{Re}[Z_{TH}]}$$

如果是完全匹配，即 $|S_{11}|=0$，则得到与前面相同的方程，其中 $F>2$。另一方面，如果使 R_p 趋近于无穷大，那么 $|S_{11}|$ 就趋近于 1，则有

$$F = 1 + \frac{\gamma + \dfrac{1}{g_m R_L}}{g_m \text{Re}[Z_{TH}]}$$

上式预计的是只有器件和负载产生噪声。显然，为了提高噪声因子，希望 S_{11} 为正值，也就是希望 $R_p > Z_{TH}$。

图 7.18 显示了当 $g_m \text{Re}[Z_{TH}]$ 为 10 和 20 时，噪声因子与 S_{11} 幅度的关系曲线。图中忽略了负载噪声，且 $\chi = 1$。

这样看来采用共栅放大器似乎更合适，因为作为设计的一部分，它确实提供了实数输入阻抗。然而，将很快就会证明，它也有一个类似的根本缺陷。考虑图 7.19 所示的共栅低噪声放大器，其中，与之前相同，C_{gs} 和其他电抗元件都被视为是匹配网络的一部分。此外，假设匹配网络建立了接地的直流通路，例如通过一个并联电感。否则，需要电流源来偏置放大器，而这会导致不必要的过量噪声。因为 C_{gd} 作为 C_L 的一部分被包含在内，并且假设 $g_m r_o$ 很大，所以 r_o 的影响可以忽略。

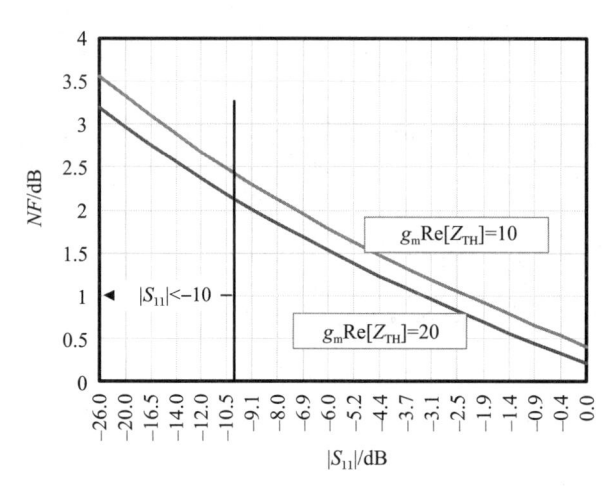

图 7.18　噪声因子与回波损耗的关系

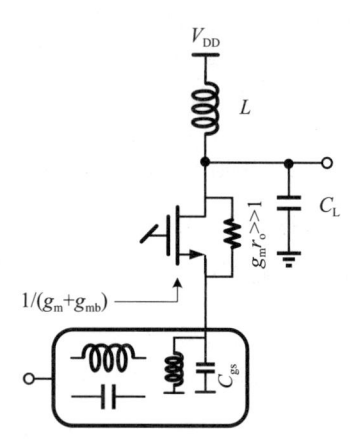

图 7.19　共栅低噪声放大器

在这些假设下，LNA 输入阻抗是纯实数，为

$$Z_{IN} = \frac{1}{g_m + g_{mb}}$$

式中，$g_{mb} = \dfrac{\dfrac{\sqrt{2\varepsilon q N_A}}{C_{OX}}}{2\sqrt{2\varnothing_B + V_{BS}}} g_m = \chi g_m$，表示体效应，是一个关于工艺参数（$N_A$、$\varnothing_B$ 和 C_{OX}）的函数。出于稍后将概述的原因，选择不忽略体效应。噪声因子的一般表达式为

$$F = 1 + \frac{1}{(g_m + g_{mb})\text{Re}[Z_{TH}]} \left(\gamma \frac{g_m}{g_m + g_{mb}} + \frac{|1+(g_m+g_{mb})Z_{TH}|^2}{(g_m+g_{mb})R_L} \right)$$

由于 $Z_{TH}=Z_{IN}^{*}=\dfrac{1}{g_m+g_{mb}}$，上式变为

$$F=1+\gamma\frac{g_m}{g_m+g_{mb}}+\frac{4}{(g_m+g_{mb})R_L}\approx 1+\gamma\frac{g_m}{g_m+g_{mb}}$$

忽略体效应，假设 $\gamma\approx 1$，得出相同的 3dB 噪声因子，这只是因为输入电阻是由噪声组件产生的，在本例中是低噪声晶体管本身。尽管具有相同的 3dB 噪声因子，但共栅低噪声放大器仍然优于图 7.17 所示的 CS 级，原因有两个：第一，不像共源低噪声放大器那样，需要很大的 g_m 才能保证晶体管噪声影响很小，对于 CG LNA，g_m 是给定的，大致设置为 20mS，用于 50Ω 匹配。对于 100mV 的过驱动电压，这将导致较低的 2mA 偏置电流。第二，体效应在一定程度上有助于改善噪声因子[⊖]。在典型的 40nm 设计中，在衬底-源偏置电压为 0V 时，g_{mb} 约为 g_m 的 1/5。

此外，准确地说，考虑到 χ 是接近 0.9，而并不是最小沟道器件的 1，噪声因子变为 2.4dB。这同样与 g_{mb} 有关，g_{mb} 对输入阻抗起作用，是无噪声的。

示例：计算出共栅 LNA 的噪声因子，作为回波损耗的函数。

因为 $S_{11}=\dfrac{\dfrac{1}{g_m+g_{mb}}-Z_{TH}}{\dfrac{1}{g_m+g_{mb}}+Z_{TH}}$，有

$$Z_{TH}=\frac{1}{g_m+g_{mb}}\frac{1-S_{11}}{1+S_{11}}$$

忽略负载噪声，可以用前面推导出的原始噪声方程，简单地用 S_{11} 等量替代 Z_{TH}：

$$F\approx 1+\frac{1}{(g_m+g_{mb})\mathrm{Re}[Z_{TH}]}\frac{\gamma g_m}{g_m+g_{mb}}=1+\frac{\gamma g_m}{g_m+g_{mb}}\frac{1}{\mathrm{Re}\left[\dfrac{1-S_{11}}{1+S_{11}}\right]}$$

例如，如果 −10dB 的回波损耗是可以接受的 $\left(\text{即 }S_{11}\approx\dfrac{-1}{3}\right)$，忽略负载噪声，并且当 $\chi=0.9$，$g_{mb}=\dfrac{g_m}{5}$ 时，则噪声因子改善到 1.4dB，所有这些都是在相对较小的偏置电流下实现的。

如果低噪声放大器输入阻抗的实部是由一个无噪声电阻组成的，则 CS LNA 和共源低噪声放大器的 3dB 噪声屏障（至少对于完全匹配的设计）可能就会被打破。这可以通过结合无噪声反馈来实现，其中通过有利地应用并联/串联反馈来降低/增加低噪声放大器的输入阻抗。接下来将研究这两种情况。

7.4 并联反馈低噪声放大器

考虑图 7.20 所示的放大器，其中 Z_F 表示局部并联反馈。假设反馈阻抗和负载阻抗都是复数的且有噪声的，并用其相关的噪声电流来表示。

将 C_{gs} 作为匹配网络的一部分，将 C_{gd} 作为 Z_F 的一部分。反馈电路，也就是阻抗 Z_F，可以用一个 Y 型网络来表示，就像典型的并联反馈网络一样，如图 7.20 中的右图所示。这样就得到了表示反馈放大器的等效电路，如图 7.21 所示。虽然通常情况反馈电路的前馈增益被忽略，但

⊖ 然而，在最近的 FinFET 拓扑结构中，已经不再是这种情况了，对沟道的栅极严格控制有效地减小了体效应。

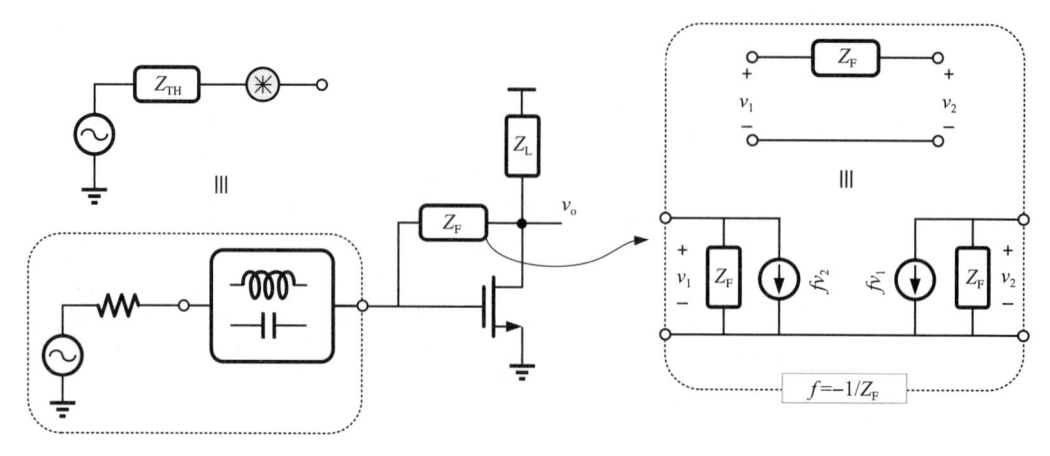

图 7.20 具有局部并联反馈的放大器

在这里没有这样做，并简单地将放大器的跨导增益修改为 $g_m - \frac{1}{Z_F}$。当在特定频率下 $g_m = \frac{1}{Z_F(s)}$ 时，前馈增益导致传递函数为 0，这从 CS 放大器的频率响应分析中可以明显看出[2]。

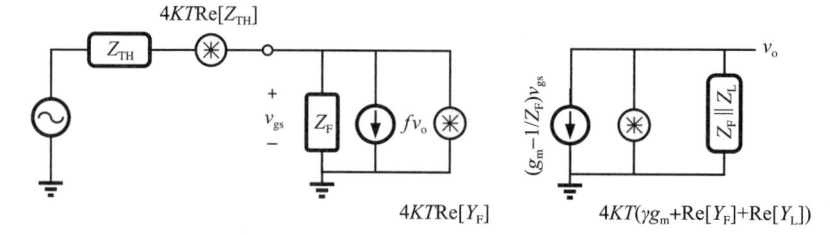

图 7.21 并联反馈放大器的等效电路

环路增益为

$$\left(g_m - \frac{1}{Z_F}\right)(Z_F \parallel Z_L)$$

因此，放大器输入阻抗为

$$Z_{IN} = \frac{Z_F}{1 + \left(g_m - \frac{1}{Z_F}\right)(Z_F \parallel Z_L)} = \frac{Z_F + Z_L}{1 + g_m Z_L}$$

且放大器噪声因子为

$$F = 1 + \frac{\gamma g_m + \mathrm{Re}[Y_L]}{\mathrm{Re}[Z_{TH}]}\left|\frac{Z_F + Z_{TH}}{g_m Z_F - 1}\right|^2 + \frac{\mathrm{Re}[Y_F]}{\mathrm{Re}[Z_{TH}]}\left|\frac{g_m Z_{TH} + 1}{g_m Z_{TH} - 1}\right|^2$$

为了简化并获得一些本质特性，假设反馈电路的噪声可以忽略（最后一项）。在设计良好的反馈放大器中，这通常是一个合理的假设。然后，满足匹配条件 $Z_{TH} = Z_{IN}^*$，并且鉴于已经计算了输入阻抗，则可得到

$$F = 1 + \left|\frac{Z_F + Z_{TH}}{g_m Z_F + 1}\right|^2 \frac{\gamma g_m + \mathrm{Re}[Y_L]}{\mathrm{Re}[Z_{TH}]}$$

式中，$\left|\frac{Z_F + Z_{TH}}{g_m Z_F + 1}\right|^2$ 项来自输入端反馈阻抗负载的影响。如果反馈输入阻抗由一个电容和一个电

阻并联组成($R_F \parallel C_F$)，则反馈电容(C_F)可以集总到输入端的匹配电路和输出端的负载电容中。

现在来考虑几种常用的 LNA，可以作为一般推导的特例。

7.4.1 高环路增益的电阻反馈

这是常见的并联反馈放大器的案例，并且是假设$|g_m Z_L| \gg 1$。如果反馈电阻很大，则有

$$\left| \frac{Z_F + Z_{TH}}{g_m Z_F + 1} \right|^2 \approx \frac{1}{g_m^2}$$

又因为

$$Z_{TH}^* = Z_{IN} = \frac{Z_F + Z_L}{1 + g_m Z_L} \approx \frac{1}{g_m}\left(1 + \frac{Z_F}{Z_L}\right)$$

则噪声方程简化为

$$F = 1 + \frac{\gamma + \dfrac{\mathrm{Re}[Y_L]}{g_m}}{\mathrm{Re}\left[1 + \dfrac{Z_F}{Z_L}\right]} \approx 1 + \frac{\gamma}{\mathrm{Re}\left[1 + \dfrac{Z_F}{Z_L}\right]}$$

上式表明，通过最大化 $\mathrm{Re}\left[1 + \dfrac{Z_F}{Z_L}\right]$，确实有可能打破 3dB 噪声屏障。对于纯阻性反馈，即忽略 C_{gd}，可得到

$$\mathrm{Re}\left[1 + \frac{Z_F}{Z_L}\right] = \mathrm{Re}\left[1 + R_F\left(\frac{1}{R_L} + j\omega C_L\right)\right] = 1 + \frac{R_F}{R_L}$$

式中，假设负载阻抗 Z_L 是由 R_L 和 C_L 组成的。因此有

$$F = 1 + \frac{\gamma}{1 + \dfrac{R_F}{R_L}}$$

如果负载和反馈电阻选择合适，则实现低于 3dB 的噪声因子相当简单。

注意，最初的假设是$|g_m Z_L| \gg 1$，确实应该如此，否则放大器增益和带宽会受到影响。

对于 $R_F C_{gd} \omega$ 可以保持较小的许多应用（这是假设晶体管 C_{gd} 较小），一个好的设计可以包含具有电阻反馈的互补结构，如图 7.22 所示。

显然，C_L 需要尽可能地最小化。此外，可能不需要一个明确的 R_L，由于它可以通过器件（无噪声）的内阻 r_o 来实现，只要满足条件 $R_F \gg r_{on} \parallel r_{op}$ 就行。

该方案的一个重要缺点是噪声因子和输入阻抗与 LNA 的负载阻抗直接相关。因此，LNA 的负载的特性必须很好，在工艺和温度变化时表现良好，或者可能需要电压缓冲器来将 LNA 的输出与混频器输入阻抗的可能变化隔离开来。

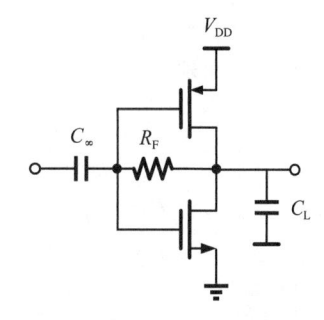

图 7.22 互补并联反馈低噪声放大器

7.4.2 CS 级联低噪声放大器

第二个特殊的案例是前面讨论过的 CS 级联低噪声放大器，但这次包含了 C_{gd}，并且在选择包括附加电容的情况下，更一般地表示为 C_F（图 7.23）。其中的原理很快就会清楚。在没有任何反馈电容的情况下，可以发现低噪声放大器只能通过有损匹配网络进行匹配，从而导致噪声因

子大于 3dB，除非用回波损耗来换取更好的噪声性能。由于反馈是纯容性的，所以是无噪声的，而且反馈负载由放大器输入和输出端的电容 C_F 组成。反馈电容对输入的作用将归到匹配网络中，而对于输出，可以作为负载电容的一部分。

假设 CS 级联节点的总电容为 C_p，跨导管和共栅管具有相同的跨导。而且，假设 $\frac{g_m}{\omega C_p} \gg 1$。因此，信号和噪声通过共栅管后，到达输出端时没有任何损耗。

在级联节点，包括负载电容 C_F 在内的负载阻抗为

$$Z_L = \frac{1}{j(C_F + C_p)\omega} \parallel \frac{1}{g_m} = \frac{1}{g_m + j\omega(C_F + C_p)}$$

式中，$f = -j\omega C_F$ 是反馈系数。输入阻抗为

$$Z_{IN} = \frac{-1}{f(g_m + f)Z_L} = \frac{1 + \frac{C_p}{C_F} + \frac{g_m}{j\omega C_F}}{g_m - j\omega C_F}$$

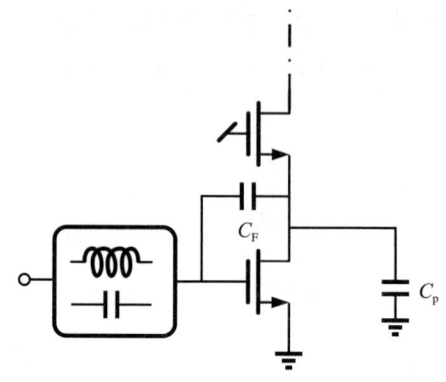

图 7.23 包含并联电容反馈的 CS 级联低噪声放大器

注意，出现在输入端的 C_F（图 7.21）已经集总在匹配网络中，因此输入阻抗表达式不包括它。输入阻抗有一个实部为

$$\text{Re}[Z_{IN}] = \frac{g_m\left(2 + \frac{C_p}{C_F}\right)}{|g_m + j\omega C_F|^2}$$

噪声因子为

$$F = 1 + \frac{2\gamma g_m}{|g_m - j\omega C_F|^2 \text{Re}[Z_{TH}]} = 1 + \frac{2\gamma g_m}{|g_m - j\omega C_F|^2 \text{Re}[Z_{IN}]} = 1 + \frac{\gamma}{1 + \frac{C_p}{2C_F}}$$

注意，级联器件的噪声假设为 $4KT\gamma g_m$，并未被忽略。上式表明，如果 $\frac{C_p}{2C_F} \gg 1$，则噪声因子 3dB 的屏障这时就可以被打破。即使 C_F 只包括栅-漏电容，这个条件也很容易满足，因为 C_p 由跨导管和共栅管的源极与漏极结电容以及级联器件的 C_{gs} 组成。

同样，了解输入阻抗的虚部也是有意义的，其虚部为

$$\text{Im}[Z_{IN}] = \frac{-\frac{g_m^2}{\omega C_F} + \omega(C_F + C_p)}{|g_m + j\omega C_F|^2} \approx \frac{-1}{\omega C_F}$$

如果反馈仅由 C_{gd} 组成，则放大器输入阻抗由与相对较小电容串联的实部分量组成，因此可能很难匹配。这也导致从信号源到放大器输入的增益相对较大，进而降低了线性度，并使匹配过于敏感。此外，在这种拓扑结构中大匹配电感的损耗可能会导致噪声因子的下限更低。尽管如此，不需要额外的电感来产生 Z_{IN} 的实部，仍然使这种拓扑结构非常有吸引力。

讽刺的是，如果在级联节点没有寄生电容，$\text{Re}[Z_{IN}] = \frac{1}{2g_m}$，则噪声因子将为 $F = 1 + \gamma$。

7.5 串联反馈低噪声放大器

如图 7.24 所示，可以通过对 CS 放大器应用退化来引入局部串联反馈[2]。假设退化通常由

有噪声的阻抗 Z_s 表示,不要将其与输入源阻抗混淆。为了简单起见将忽略体效应。而且忽略 C_{gd},否则计算会变得过于复杂。C_{gd} 的影响已经在上一节中详细讨论过。

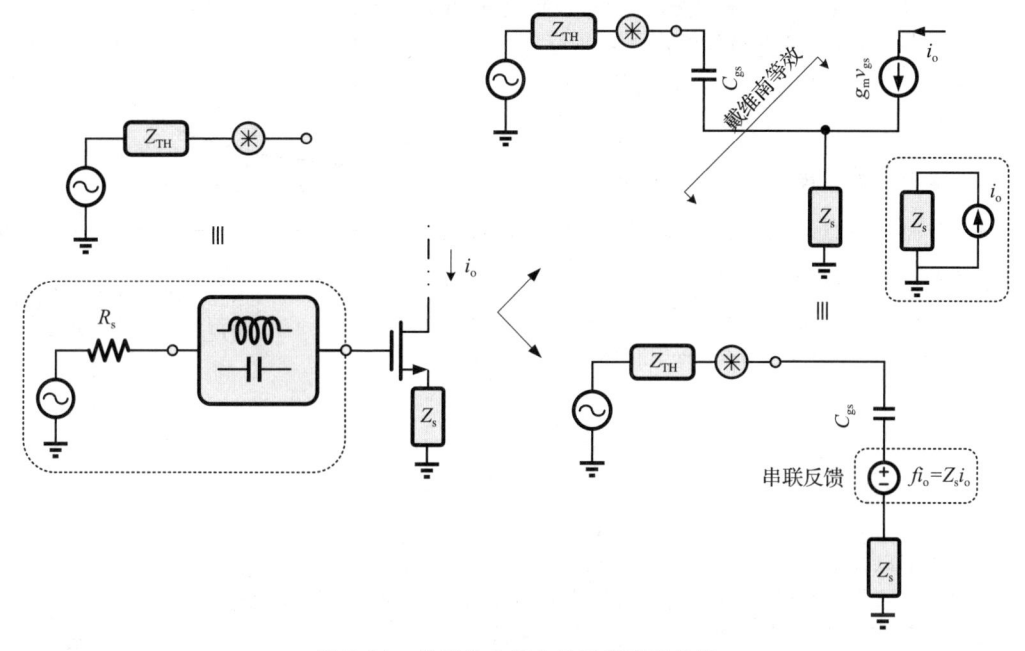

图 7.24 共源放大器中的局部串联反馈

已知总输出电流 i_o 必须不可避免地会流过退化阻抗,使用图 7.24 所示的戴维南等效来分析电路。则反馈系数等于 Z_s。开环跨导增益为 $\dfrac{\dfrac{1}{j\omega C_{gs}}}{\dfrac{1}{j\omega C_{gs}}+Z_s}g_m = \dfrac{g_m}{1+j\omega C_{gs}Z_s}$,开环输入阻抗为 $\dfrac{1}{j\omega C_{gs}}+Z_s$。因此,闭环输入阻抗为

$$Z_{IN}=\left(\frac{1}{j\omega C_{gs}}+Z_s\right)\left(1+\frac{g_m Z_s}{1+j\omega C_{gs}Z_s}\right)=\frac{1}{j\omega C_{gs}}+Z_s+\frac{g_m Z_s}{j\omega C_{gs}}$$

为了求得噪声因子,忽略 r_o,这是一个合理的假设,尤其是采用级联结构的情况下。可以表示为

$$F=1+\frac{4KT\text{Re}[Z_s]+4KT\gamma g_m\left|\dfrac{1+j\omega C_{gs}Z_s+j\omega C_{gs}Z_{TH}}{g_m}\right|^2}{4KT\text{Re}[Z_{TH}]}$$

假设 $Z_s=r+jX$。为了满足匹配,则有

$$\text{Re}[Z_{TH}]=\text{Re}[Z_{IN}]=\text{Re}\left[r+\frac{g_m X}{\omega C_{gs}}+\frac{1+g_m r}{j\omega C_{gs}}+jX\right]=r+\frac{g_m X}{\omega C_{gs}}$$

可以看到,退化阻抗的实部和虚部都会影响 LNA 输入阻抗的实部。将上式中的 Z_{TH} 代入噪声方程中,可得到

$$F=1+\frac{r+\dfrac{\gamma}{g_m}[(g_m r)^2+(g_m X+2\omega C_{gs}r)^2]}{r+\dfrac{g_m X}{\omega C_{gs}}}$$

容易看出，噪声因子随 $r=\text{Re}[Z_s]$ 单调增加，如图 7.25 所示。

因此，尽管 r 确实对低噪声放大器输入阻抗的实部有作用，但由于 r 是一个噪声电阻，所以没有这个电阻更好。事实上，在 $X=0$ 的极端情况下，则有

$$F=1+\frac{r+\dfrac{\gamma}{g_m}[(g_m r)^2+(2\omega C_{gs} r)^2]}{r}>2$$

这导致了噪声因子远高于 3dB，如所预计的那样。

另一方面，注意退化阻抗的虚部 X，也会通过 $\dfrac{g_m X}{\omega C_{gs}}$ 项对于低噪声放大器输入阻抗的实部产生影响。不考虑电容退化，这是因为它会导致正反馈和输入阻抗负的实部[○]，因此，只能选择 $Z_s=jX=j\omega L_s$。低噪声放大器输入阻抗变为

$$Z_{\text{IN}}=\frac{g_m L_s}{C_{gs}}+\frac{1}{j\omega C_{gs}}+j\omega L_s$$

噪声因子为

$$F=1+\gamma L_s C_{gs}\omega^2$$

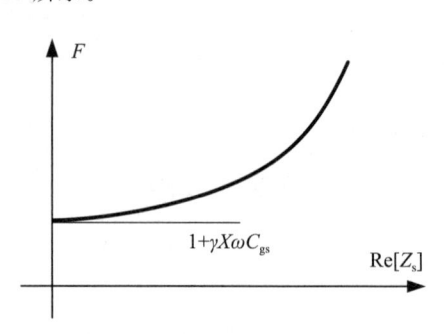

图 7.25 退化共源低噪声放大器的噪声因子与 r 的关系

由上式可以知道，从根本上来说，噪声因子的降低是没有限制的，尽管噪声因子可以低到什么程度是有实际限制的。对于给定的频率，为了改善噪声因子，可以降低 L_s 或 C_{gs}。为了理解 L_s 的更低下限的限制，考虑图 7.26，图中显示了前面讨论过的低噪声放大器戴维南模型。

由 KVL 可得到

$$v_{\text{TH}}=fi_o+\frac{i_o}{g_m}+(Z_{\text{TH}}+jX)j\omega C_{gs}\frac{i_o}{g_m}$$

由于 $Z_{\text{TH}}=Z_{\text{IN}}^*$，求出从电源到电容 C_{gs} 两端电压的有效电压增益为

$$\frac{V_{\text{GS}}}{V_{\text{TH}}}=\frac{1}{jXg_m}$$

LNA 有效跨导增益为

$$\frac{i_o}{v_{\text{TH}}}=\frac{1}{jX}$$

图 7.26 计算输入增益的共源低噪声放大器的戴维南模型

可以看出，降低退化电感或 X 可以使放大器输入的增益更大。这有利于抑制噪声，从而降低噪声因子，但会导致线性度较差。

讽刺的是，最佳噪声因子是在 r 和 X 都等于零时实现的。这实际上是一个没有退化的简单 FET 的情况，在第 5 章中讨论过，并得出过结论，最小噪声系数确实等于零。然而，这只能通过为 FET 输入提供无限大增益的一个大源极匹配电感来实现。

类似地，降低 C_{gs} 会导致匹配电感不合理的大，而此时其损耗将开始限制噪声因子。不过，在吉赫兹频率级应用中，具有电感退化的 CS LNA 也许会提供最佳的噪声因子，但代价是信号

○ 将在第 8 章中考虑用电容退化来实现振荡器。

源退化需要额外的电感。可以利用键合线与退化电感结合(在键合线用于封装的情况下),这样会使设计更复杂,但可以节省芯片面积。

最后,可以利用前面推导出的一般噪声方程,来求出退化电感的有限 Q 值对低噪声放大器噪声因子的影响,这里 $r = \dfrac{X}{Q}$。可以很容易证明,如果 Q 相当大,比如大于 5,电感损耗对噪声因子的影响很小。

低噪声放大器的完整示意图如图 7.27 所示。级联结构是提高隔离度的理想方案。

前面忽略了级联晶体管的噪声影响,在大多数情况下,它的影响不重要。假设级联节点的总寄生电容为 C_p(图 7.27),从基本模拟电路设计中可以知道,如果 $\dfrac{g_m}{\omega C_p} \gg 1$,信号损耗与级联晶体管的噪声影响一样是可以忽略的。这在很大程度上可以通过适当的布局来实现,将在后面讨论。

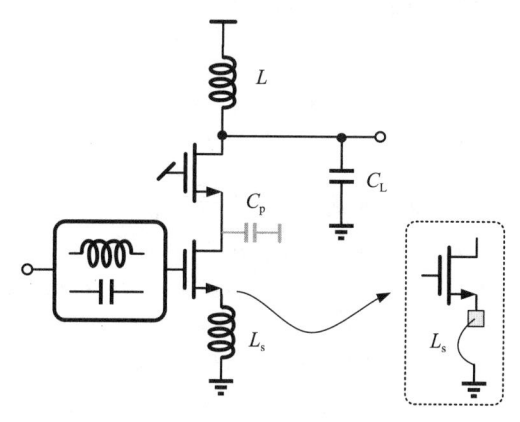

图 7.27 共源低噪声放大器完整示意图

示例:作为一个相关的案例研究,需要求出电感退化共源低噪声放大器的最佳噪声因子。首先借助图 7.28 可以求出低噪声放大器的等效输入噪声源。

与之前所做的一样,在噪声源和放大器本身都存在噪声的情况下,在短路和开路条件下使输出电流趋于零会导致噪声值为负值,但实际符号并不重要。这样做(详见习题 10)会产生:

$$\overline{v_n^2} = 4KT\gamma \dfrac{|1-\omega^2 C_{gs}(L_g+L_s)|^2}{g_m}$$

$$\overline{i_n^2} = 4KT\gamma \dfrac{|\omega C_{gs}|^2}{g_m}$$

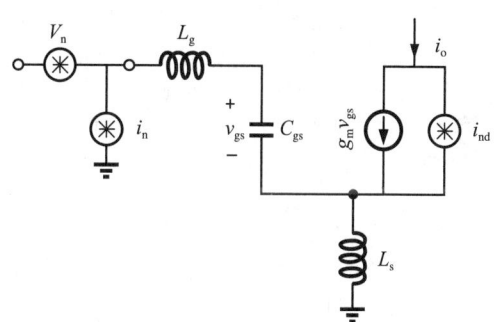

图 7.28 用于等效输入噪声计算的简化共源低噪声放大器噪声模型

注意,在源匹配条件下 $\omega^2 C_{gs}(L_g+L_s)=1$,且 $\overline{v_n^2}=0$,但很快就会看到这无关紧要。输入等效电压噪声源和输入等效电流噪声源是完全相关的,因此有

$$R_u = 0$$

$$Z_c = \dfrac{1-\omega^2 C_{gs}(L_g+L_s)}{j\omega C_{gs}}$$

$$G_n = \gamma \dfrac{|\omega C_{gs}|^2}{g_m}$$

最佳噪声阻抗为电抗的,且等于

$$Z_{s,opt} = -\dfrac{1-\omega^2 C_{gs}(L_g+L_s)}{j\omega C_{gs}}$$

最小噪声因子为

$$F_{min} = 1 + 2G_n\left(R_c + \sqrt{\dfrac{R_u}{G_n}+R_c^2}\right) = 1$$

在源匹配条件下，$Z_{s,opt}=0$，但不会影响最小噪声因子，因为最佳噪声阻抗是纯虚数。这意味着，为了实现 0dB 的最小噪声因子，低噪声放大器必须用理想的电压源驱动，这显然是不切实际的。读者可以验证，如果低噪声放大器确实是由一个理想的电压源驱动，其输出噪声为零！

如果源阻抗的电阻部分为 R_s，则噪声因子变为

$$F = F_{\min} + \frac{G_n}{R_s}|Z_s - Z_{s,opt}|^2 = 1 + \gamma \frac{|\omega C_{gs}|^2}{g_m} R_s$$

假设低噪声放大器匹配，$\frac{g_m L_s}{C_{gs}} = R_s$，噪声系数变为 $F = 1 + \gamma L_s C_{gs} \omega^2$，如前所述。这明显高于理论最小噪声因子；然而，当同时提供所需的阻抗匹配时它是相当低的。实际上，LNA 噪声因子通常受到寄生元件和匹配网络损耗的限制。

7.6 前馈低噪声放大器

在之前的讨论中可以知道，通过噪声电阻实现 50Ω 的匹配会导致噪声因子始终高于 3dB，这对于许多应用来说可能是不可接受的。同时还可知，大多数依赖反馈来打破这种折中的拓扑结构都是窄带设计。为了实现宽带匹配，一种可选的方法是创建有噪声的但是宽带的 50Ω 匹配，例如采用共栅（CG）的拓扑结构，但随后通过前馈（FF）路径来消除或降低这个噪声[3]。基于这个原理的基本概念如图 7.29 所示。

为了实现匹配，插入一个噪声电阻 R_{IN}，如果它的值选择等于 R_s，将产生宽带但有噪声的匹配。与传统放大器不同，观察图 7.29

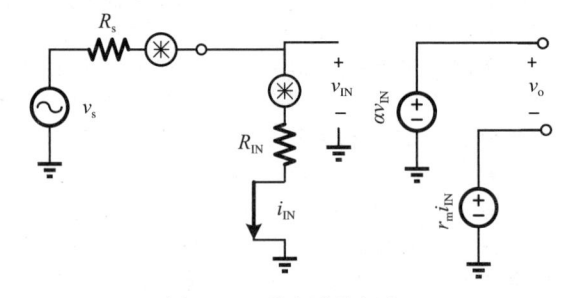

图 7.29 噪声消除概念

所示的电阻 R_{IN} 上的电压和流过的电流。相应的信号 v_{IN} 和 i_{IN} 通过相关的电压源馈送到输出端，从而产生差分电压。先求出从源到输出的增益有

$$v_{IN} = \frac{R_{IN}}{R_{IN} + R_s} v_s$$

以及

$$i_{IN} = \frac{v_s}{R_{IN} + R_s}$$

因此，总的增益为

$$\frac{v_o}{v_s} = \frac{\alpha R_{IN} - r_m}{R_{IN} + R_s}$$

接下来求解噪声因子。源噪声直接出现在输出端，如电压源 v_s 一样，其传递函数之前已经求出。然而，R_{IN} 的噪声电压 v_{nIN} 在输出端产生的信号，其极性与源计算结果的极性相反。不考虑源及其噪声，由 R_{IN} 噪声产生的输出噪声电压为

$$v_{on} = \frac{\alpha R_s + r_m}{R_{IN} + R_s} v_{nIN}$$

由此可以很容易地得到噪声因子为

第 7 章 低噪声放大器

$$F = 1 + \frac{R_{IN}}{R_s} \left| \frac{\alpha R_s + r_m}{\alpha R_{IN} - r_m} \right|^2$$

为了满足匹配，$R_{IN} = R_s$，噪声因子简化为

$$F = 1 + \left| \frac{\alpha R_s + r_m}{\alpha R_s - r_m} \right|^2$$

噪声因子和归一化增益与 $\frac{r_m}{\alpha R_s}$ 关系的曲线如图 7.30 所示。

显然，如果 $r_m = -\alpha R_s$，就得到了 0dB 的噪声因子，而差分增益为 α，是电压模放大器的两倍。晶体管级别的实现可以结合如图 7.31 所示的级联拓扑结构。

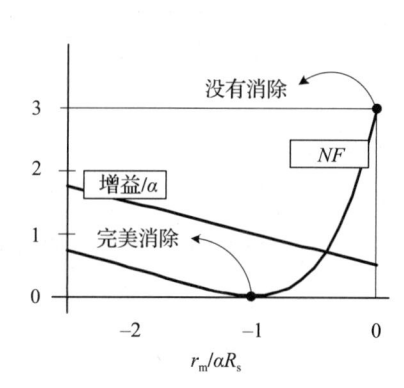

图 7.30 前馈噪声消除的低噪声放大器噪声因子和增益

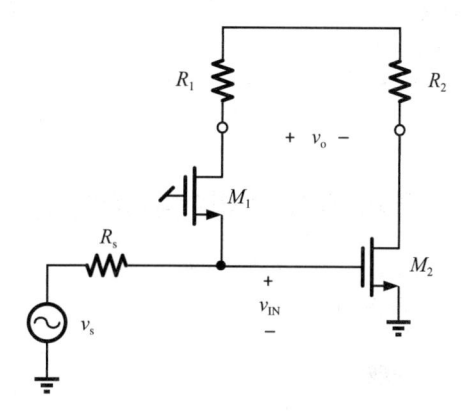

图 7.31 噪声消除的低噪声放大器的示例

要求共栅管 M_1 能够提供匹配电阻 $R_{IN} = \frac{1}{g_{m1}}$（忽略体效应和沟道长度调制）。因此，如果参数选择得当，M_1 的噪声会被抵消。共源管 M_2 提供电压监控，因此要求 $\alpha = g_{m2} R_2$，同时 M_1 完成电流监控，因此 $r_m = -R_1$。如此，如果选择 $\frac{R_1}{R_s} = g_{m2} R_2$，$M_1$ 的噪声会得到完全抵消。CS 晶体管仍然会产生噪声；然而可以通过提高 g_{m2} 来将这个噪声任意降低，而不用担心匹配问题。

从源到输出的总增益为

$$\frac{v_o}{v_s} = \frac{g_{m1} R_1 + g_{m2} R_2}{1 + g_{m1} R_s}$$

噪声因子的一般表达式为

$$F = 1 + \frac{\gamma}{R_s} \frac{g_{m1} |R_1 - g_{m2} R_2 R_s|^2 + g_{m2} |R_2 (1 + g_{m1} R_s)|^2}{|g_{m1} R_1 + g_{m2} R_2|^2} + \frac{(R_1 + R_2) |1 + g_{m1} R_s|^2}{R_s |g_{m1} R_1 + g_{m2} R_2|^2}$$

上式最后一项表示负载电阻的噪声影响。在匹配和噪声抵消条件均满足时，噪声因子简化为

$$F = 1 + \frac{\gamma}{g_{m2} R_s} + \frac{R_1 + R_2}{R_s |g_{m2} R_2|^2} \approx 1 + \frac{\gamma}{g_{m2} R_s}$$

并且增益为 $g_{m2} R_2$。如果在不牺牲匹配的情况下提高 g_{m2}，则噪声因子可以任意降低。这种低噪声放大器的另一个优点是，它由单端输入提供了差分输出。保持较低的电容，可以以合理的功耗实现宽带低噪声的放大器。

各种低噪声放大器拓扑的汇总见表 7.1。

显然，前面已经做了一些任意的假设，但人们可能会惊讶，对于设计良好的低噪声放大器，在当今大多数可用的现代 CMOS 工艺中，性能指标不会与上面说明的指标有很大不同。

表 7.1 LNA 拓扑汇总

LNA 类型	CS	CG	CS w/Cas.	互补	CS w/Deg.	FF
拓扑	有损匹配	共栅	并联反馈	并联反馈	串联反馈	噪声抵消
NF 典型值	2～3dB①	2～3dB①	2dB	2dB	<2dB	2dB
线性度	中等	好	中等	好	差	好
电流	5mA	2mA	5mA	2mA	3mA	4mA
带宽	窄	宽	窄	宽	窄	宽

① 假设 S_{11} 为 -10dB 是可接受的。

7.7 低噪声放大器的实际问题

在本节中将讨论低噪声放大器设计方面的一些实际问题，这些问题在很大程度上适用于前面描述的所有拓扑结构。

7.7.1 栅极电阻

栅极材料通常具有较大的方块电阻（10～20Ω/□，或者在最新工艺中甚至更高）。由于栅极电阻通常直接出现在输入端，因此可能会导致较大的噪声退化。幸运的是，可以通过适当的布局设计将该影响最小化。如图 7.32 所示，只要考虑噪声，栅极电阻就可以用电阻 R_g 建模，其值为

$$R_g = \frac{1}{3}\frac{W}{L}R_\square$$

式中，$R_\square$ 是栅极方块电阻，W 和 L 是器件尺寸，因子 1/3 来自栅极电阻的分布特性[4]（证明见习题 15）。由于 LNA 器件倾向于使用短沟道和宽栅宽的器件，因此栅极电阻可能非常大。例如，方块电阻为 10Ω/□，一个尺寸为 20/0.04 的器件栅极电阻为 1.6kΩ，并直接出现在信号通路上。

如果使用如图 7.32 所示的多指布局，则栅极电阻可以大幅降低。如果晶体管被分解成 40 个 0.5/0.04 的较小器件，总尺寸保持不变，但净栅极电阻这时仅约为 1Ω。

栅极电阻噪声　　　　　　　多指布局

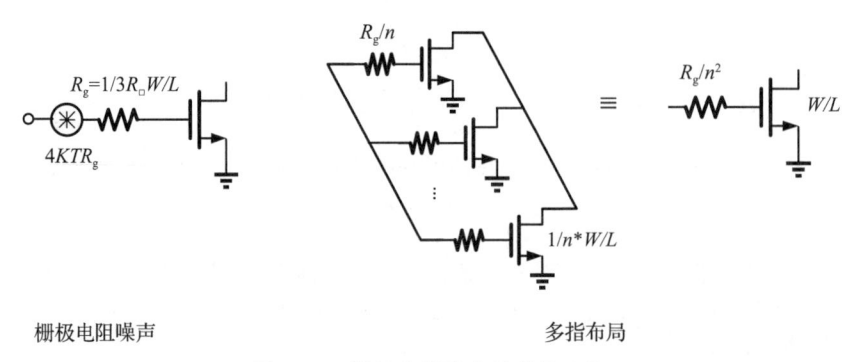

图 7.32 栅极电阻噪声及其最小化

7.7.2 级联噪声退化和增益损耗

前面简要讨论了级联放大器的噪声，并得出结论是其噪声影响通常很小。在这里仔细研究一下这个问题。考虑图 7.33，显示了级联晶体管噪声电流源，而共源管用一个模拟沟道长度调制的电阻和一个净寄生电容 C_p 代替。

如果忽略级联器件的电阻 r_o，则在输出端的噪声电流密度为

$$\overline{i_{on}^2} = 4KT\gamma g_{m2} \frac{1}{|1+g_{m2}Z_p|^2}$$

由于 $g_m r_o \gg 1$，在所关注的频率下 C_p 的影响更为显著。图 7.33 还给出了器件电容的分解，有

$$C_p \approx C_{gs2} + C_{gd1} + C_{sb2} + C_{db1} \approx 2C_{gs}$$

在大多数现代工艺中，栅-漏及其结电容约为栅-源电容的 1/3，因此级联节点的总寄生电容约为栅-源电容的 2 倍。已知器件的特征频率大约为 $\omega_T \approx \dfrac{g_{m2}}{C_{gs2}}$，可以总结出级联噪声大约被抑制了 $\left|\dfrac{\omega_T}{2\omega}\right|^2$。除非工作频率很接近特征频率，否则级联放大器的噪声影响确实可以忽略不计。

如果需要，可以采用图 7.34 所示的双栅极布局，则级联节点的寄生电容还会降低。

如果跨导管和共栅管的尺寸相同，假设不需要额外的路径连接到级联节点⊖，则无须在级联器件的源极插入接触孔，这样面积就最小化了，从而也就减小了结电容。这还消除了由于接触和布线而产生的金属电容。此外，两个器件的漏极共用，输出节点结电容也减小了一半。

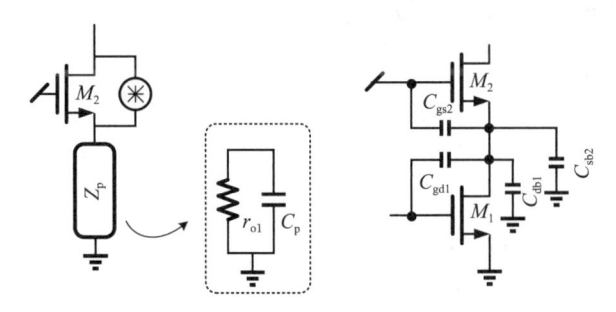

图 7.33 级联管噪声的影响

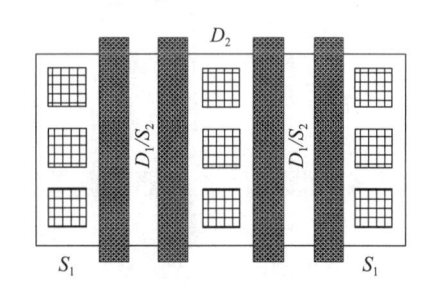

图 7.34 双栅极布局使级联节点的寄生电容最小化

7.7.3 衬底的影响

在射频中，衬底噪声或其可能产生的任何其他不利的影响通常都可以忽略不计。包含衬底电阻的简单器件模型如图 7.35 所示。

R_{SUB} 的精确值与布局设计有很大关系，可以通过实验得出并表示在器件的小信号模型中。如右图所示，即使器件的源极接地，衬底电阻噪声也会通过衬底跨导反映到输出端。如果 R_{SUB} 是已知的，那么它的热噪声也是已知的，则图 7.35 所示的小信号模型可以用于求出噪声影响。

图 7.36 所示为一种常用的版图技术，可将衬底的影响降至最低。器件被拆分成更小的叉指结

⊖ 需要连接到级联节点的一个示例是，在级联节点处实现电流舵增益控制。

衬底建模　　　　　　　　　　衬底噪声

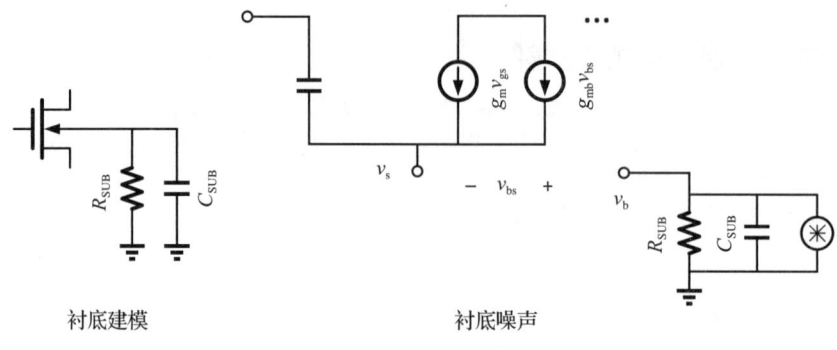

图 7.35　衬底的影响

构，每对叉指构成双栅极布局，并被放入周围由足够多衬底触点连接到完全接地的孤岛中。这不仅降低了衬底噪声，还有助于剔除附近噪声电路注入衬底的任何噪声。缺点是结构稍大，寄生电容多。

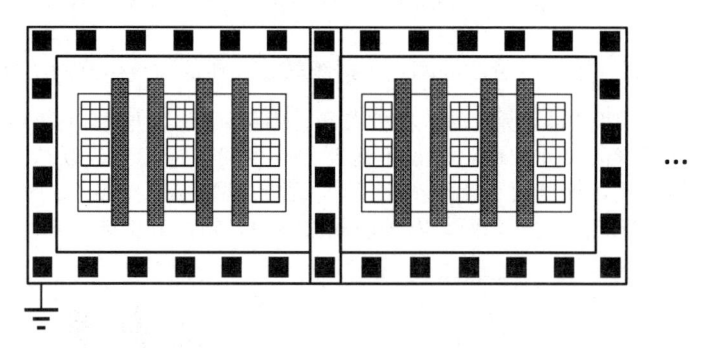

图 7.36　适当布局以最小化衬底的影响

7.7.4　低噪声放大器的偏置

LNA 的偏置电路是潜在的噪声源，但幸运的是，可以通过简单的电路技术将噪声降至最低。图 7.37 所示为带具体偏置的全差分结构示例。

级联器件通过一个电阻可以方便地偏置到 V_{DD}。该电阻与级联管栅极上的旁路电容(标记为 C_∞，在关注的频率处足够大的电容)一起，有助于过滤电源处的任何潜在噪声。如果级联管的栅极没有被适当地旁路，看进去的输入阻抗可能有一个负实部，会导致潜在的不稳定性。

跨导管的偏置可以用一个较大的电阻(几十或几百千欧)实现，且与级联放大器一样，需要适当旁路。输入本身通常是交流耦合的。交流耦合电容的大小取决于工作频率，但对于大多数射频应用来说，通常几个 pF 就足够了。

如果选择差分设计，大多数问题都会得到很好的缓解。尽管如此，当 LNA 输入端存在大阻塞信号时，则偏

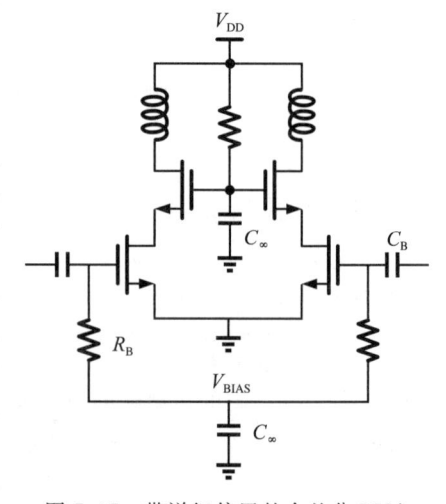

图 7.37　带详细偏置的全差分 LNA

第7章 低噪声放大器

置器件(连接到图中的 V_{BIAS} 节点)会因非线性而产生很大的噪声。因此，适当的旁路总是非常关键的。由于 LNA 工作频率很高，旁路电容通常很小，范围从几个 pF 到几十个 pF。

7.7.5 线性度

LNA 的线性度由两个因素决定：

- 在第 6 章中描述的器件固有的非线性。如果提高栅极过驱动电压，往往会改善 IIP_3，但如果器件 g_m 需要保持恒定，则需要更高的电流消耗为代价。
- 匹配网络增益，虽然改善了噪声，但会在器件输入端产生更强的信号，从而使线性度变差。如果偏置电流保持恒定，这显然也会导致噪声和 IIP_3 之间的折中。

LNA 二阶失真通常不是主要问题，因为由于二阶非线性而产生的 IM_2 分量出现在非常低的频率，并且要经过滤波。然而，在 LNA 之后的混频器级中存在失配的情况下，这个非线性可能泄漏到输出端。将在第 8 章中进行分析。

示例：二阶失真很重要的一种常见情况是，当 LNA 输入端出现一个阻塞，其频率约为所需信号频率的一半(图 7.38)。如果采用窄带匹配，尽管在 LNA 输入端有很好的滤波，但 LNA 的二阶非线性仍然会导致在输出端出现所需信号频率附近的阻塞。

因此，一般会规定低噪声放大器在所需信号频率一半处的 IIP_2 要求。在宽带和/或单端低噪声放大器中，这显然是一个更大的问题。

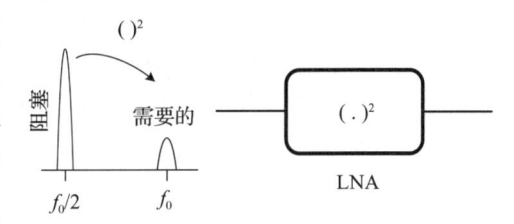

图 7.38 低噪声放大器中的二阶失真

示例：图 7.39 所示为一个带电感负载的共栅低噪声放大器。假设在关注的频率处，负载电感与输出电容谐振，有效地提供了净电阻 R_D。栅极偏置电压为 V_B，输入端带有直流电压 V_{DC}，需要求出低噪声放大器的 1dB 压缩点。

假设低噪声放大器的直流电流为 I_{DC}，则输入处的 KVL 方程为

$$V_B = \sqrt{\frac{2(I_{DC}+i_s)}{\beta}} + V_{TH} + V_{DC} + v_s + R_s(I_{DS}+i_s)$$

式中，V_{TH} 是晶体管的阈值电压，$\sqrt{\frac{2I_{DC}}{\beta}}$ 是静态点的有效电压(假设场效应晶体管具有平方律特性)。对于没有交流输入的情况($v_s = 0$)，则不会有交流电流($i_s = 0$)，因此，

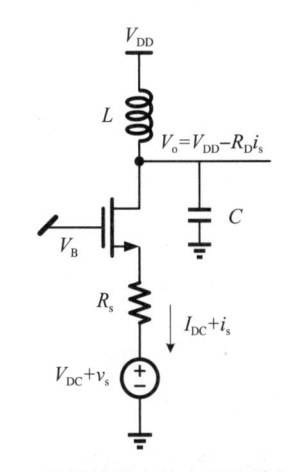

$$V_B = \sqrt{\frac{2I_{DC}}{\beta}} + V_{TH} + V_{DC} + R_s I_{DC}$$

图 7.39 共栅低噪声放大器及其压缩机制

将这两个方程结合起来就产生了：

$$v_s = -\left(\sqrt{\frac{2I_{DC}}{\beta}}\left(\sqrt{1+\frac{i_s}{I_{DC}}}-1\right)+R_s i_s\right)$$

式中，展开 $\sqrt{1+\dfrac{i_s}{I_{DC}}}$ 后变为

$$v_s = -\left(\sqrt{\dfrac{2I_{DC}}{\beta}}\left(\dfrac{i_s}{2I_{DC}} - \dfrac{1}{4}\left(\dfrac{i_s}{I_{DC}}\right)^2 + \cdots\right) + R_s i_s\right)$$

这样就可以用输出交流电流来表示输入交流电压。鉴于放大器的增益很高，可以断定 LNA 压缩很可能由输出主导。如果确实如此，$\left(\dfrac{i_s}{I_{DC}}\right)^2$ 项可以忽略，从而得到

$$v_s \approx -\left(\sqrt{\dfrac{1}{2\beta I_{DC}}} + R_s\right)i_s$$

由于 $\sqrt{2\beta I_{DC}}$ 为输入器件的 g_m，且由于匹配要求，与 $\dfrac{1}{R_s}$ 相同。因此，

$$v_s \approx -2R_s i_s$$

这个结果也可以通过小信号分析获得。由习题17，读者可以探究低噪声放大器在输入端被压缩的情况。

为了使输出不被压缩，晶体管必须保持饱和，因此，

$$V_o - (V_B - V_{gs}) > V_{DS,SAT}$$

或者

$$V_{DD} - R_D i_s > V_B - V_{gs} + V_{DS,SAT}$$

由于 $V_{gs} - V_{DS,SAT} \approx V_{TH}$，有

$$i_s < \dfrac{V_{DD} - V_B + V_{TH}}{R_D}$$

转换为输入端表示为

$$|v_s| < \dfrac{2R_s}{R_D}(V_{DD} - V_B + V_{TH})$$

注意，压缩仅发生在输入下摆，鉴于共栅放大器是同相的。由于放大器增益为 $\dfrac{g_m R_D}{2} = \dfrac{R_D}{2R_s}$，因此以伏特为单位的输入压缩大致为

$$P_{1dB} \approx \dfrac{V_{DD} - V_B + V_{TH}}{增益}$$

或者相当于输出压缩大约是 $V_{DD} - V_B + V_{TH}$。另一方面，为了使晶体管导通：

$$V_B > V_{TH} + R_s I_{DC}$$

所以输出压缩的上限是 $V_{DD} - R_s I_{DC}$。在源端放置一个电感来承载直流电流（类似于图 7.19 中的低噪声放大器）将消除 $R_s I_{DC}$ 项，于是 LNA 输出压缩的上限将大致增加到 V_{DD}，这是意料之中的。

7.7.6 电感之间的磁耦合

大多数低噪声放大器都有着两个或更多的电感，如果集成在芯片上，鉴于它们靠的比较近，就会通过磁耦合相互作用。在本节中，将通过一个示例来研究这个问题。

图 7.40 所示是一个电感退化的共源低噪声放大器，假设其中的栅极电感和源极电感相互磁耦合。习题 14 中研究了源极电感和输出电感耦合的情况。

首先求出输入阻抗。输入电压由两个电感的电压以及晶体管的 V_{GS} 组成。因此，

$$V = [j\omega L_g I + j\omega M(g_m + j\omega C_{gs})V_{GS}] + V_{GS} + [j\omega M I + j\omega L_s(g_m + j\omega C_{gs})V_{GS}]$$

由于输入电流 I 等于 $j\omega C_{GS}V_{GS}$，因此输入阻抗为

$$Z_{IN}=j\omega(L_s+L_g+2M)+\frac{1}{j\omega C_{GS}}+\frac{g_m}{C_{GS}}(L_s+M)$$

与之前的推导相比，电感部分有额外的项 $2M$，而电阻部分有额外的项 $\frac{g_m}{C_{gs}}M$。这是合理的，因为两个电感都承载共同的电流 $j\omega C_{gs}$，因此电感部分增加了 $2j\omega M$，而源极电感有一个额外的 g_mV_{GS} 电流分量，这导致了额外的电阻项 $\frac{g_m}{C_{gs}}M$。

为了求出低噪声放大器增益，可以类似地写出：

$$\frac{V_{GS}}{V}=\frac{1}{1-\omega^2 C_{gs}(L_s+L_g+2M)+g_m j\omega(L_s+M)}$$

如果电容 C_{gs} 与电感部分谐振，则

$$\frac{V_{GS}}{V}=\frac{1}{g_m j\omega(L_s+M)}$$

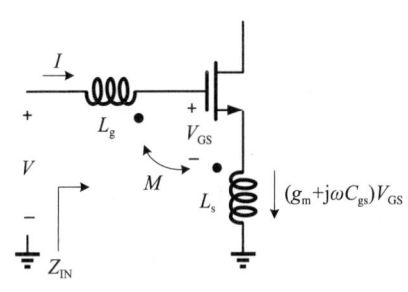

图 7.40 源极和栅极电感相互耦合的共源低噪声放大器

除了 L_s 变为 L_s+M 外，这与之前的表达式类似。

注意，M 可以是正的，也可以是负的，如果理解和建模得当，其影响通常不是问题。事实上，可以利用一个正的 M 来有效地减小 L_s 和 L_g。

7.7.7 增益控制

如在第 6 章中所讨论的，如果所需的信号太大，或者在某些情况下为了在存在非常大的阻塞的情况下提高线性度，则需要改变低噪声放大器的增益。在所使用的各种结构中，两种更常见的技术如图 7.41 所示。

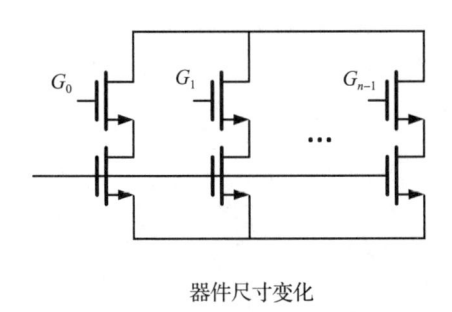

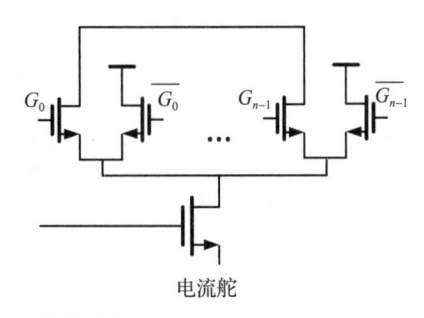

器件尺寸变化   电流舵

图 7.41 低噪声放大器增益控制

左图所示的第一种方法中，如前面所说的原因，可以采用多叉指版图工艺将器件方便地分解成多个更小的部分。除共栅管的栅极在导通时连接到电源(V_{DD})或截至时连接到地(V_{SS})之外，其他所有节点均短接。因此，器件尺寸事实上可以任意选择，增益也是如此。如果布局合理，各部分匹配良好，增益步长将非常精确。该方案的主要缺点是，输入匹配不可避免地受到栅-源电容变化的影响。对于较小的增益变化，这是可以接受的，但较大的增益步长通常会导致 S_{11} 的退化。

第二种方案依赖于电流舵控制，其中通过选择适当的级联支路栅极电压，将部分信号引导到 V_{DD}。这种方案有两个主要缺点：首先，级联节点的寄生电容增加了一倍多，而且双栅极版

图技术不再适用。其次，当增益减小时，低噪声放大器偏置电流在第一种方法中缩放，而在电流舵控制方法中保持不变。然而，增益控制对匹配的影响不大。

也许更好的做法是将这两种方法结合起来使用，并且仅在非常低的增益设置时使用电流舵控制。

7.8 低噪声放大器的功率噪声优化

在本节中，将以更有条理的方式讨论低噪声放大器噪声、线性度和功耗之间的一些折中。如图 7.42 所示，从一个简单的共源低噪声放大器开始研究，并假设匹配是由输入端一个确定的电阻 R_p 实现的。

如前所述，该电阻可视为匹配网络的损耗。合理地假设 R_p 远大于源电阻 R_s，因此使用前面讨论的并联电感、串联电容匹配网络来下变频阻抗。此外，将所有寄生电容集总到一个电容 C_{IN}，该电容也视为匹配电路的一部分。已经证明过该放大器的噪声因子大于 3dB，除非允许用输入回波损耗换取噪声。因此，假设整个频带上大约 −10dB 的输入 S_{11} 是可接受的。

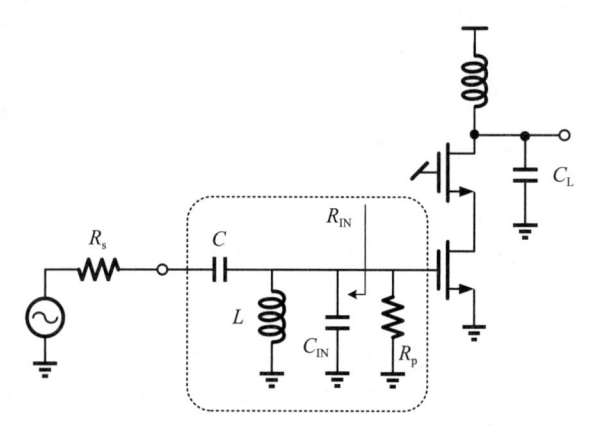

图 7.42 具有有损匹配网络的共源低噪声放大器

对于输入回波损耗 $|S_{11}| = \frac{1}{3} \approx -9\text{dB}$，证明过其噪声因子为

$$F = 1.5 + \frac{4.5}{g_m R_p}\left(\gamma + \frac{1}{g_m R_L}\right) \approx 1.5 + \frac{4.5}{g_m R_p}$$

为了满足上述噪声因子，且相应的 $|S_{11}| = \frac{1}{3}$，则从匹配网络的右侧看进去（图 7.42）的电阻必须为

$$R_{IN} = \frac{R_p}{2}$$

或者，从信号源端，即匹配网络的左侧看进去，等效电阻必须为 $2R_s$。这意味着并联电阻的值高于完全匹配条件所需的值。这也正是噪声因子低于 3dB 的原因。

从噪声方程可知，能优化的都是与 $g_m R_p$ 乘积项相关的。提高跨导 g_m 可以降低噪声，但其代价是更高的功耗。或者，对于给定的 g_m，可以增大 R_p，并通过调整匹配网络转换为所需的电阻（在示例中为 $2R_s$）。为了求出 R_p 的上限，需要明白增大这个电阻的后果。

R_p 越高，从源到放大器输入的增益越大，因此线性度越差。

增大 R_p 会增加匹配网络的有效 Q 值，从而导致带宽减小，对变化更敏感。最终，R_p 受到所用电感的固有 Q 值的限制。

之前表明过，为了得到从匹配网络看进去的输入电阻 R_{IN}（图 7.42），其匹配电感为

$$L = \frac{R_{IN}}{\omega_0}\sqrt{\frac{R_s}{R_{IN} - R_s}}$$

如果指定电感的品质因数 $Q \gg 1$，那么总并联电阻为 $L\omega_0 Q$。为了避免使用实际的电阻，可使电感的损耗等于 R_p。则有

$$R_p = L\omega_0 Q = QR_{IN}\sqrt{\frac{R_s}{R_{IN}-R_s}}$$

为了满足噪声和匹配的要求，证明过需要满足 $R_{IN}=\frac{R_p}{2}$，因此有

$$R_p = \frac{Q^2+4}{2}R_s$$

之前也证明过，从源到输入的总电压增益为 $\frac{Q-1}{2}$。所以 R_p 的上限只是由匹配网络可以接受的或可以实现的 Q 值决定的。

如果选择 Q 为 10，允许带宽约为中心频率的 10%，则可以求得 R_p 为 2.6kΩ。此外，从信号源到输入端有 4.5dB 或 13dB 的增益。设 $g_m R_p = 40$，同时假设短沟道器件具有 200mV 的过驱动电压以允许足够的线性度（特别是考虑到大的前端增益），低噪声放大器的偏置电流为 3mA，噪声因子为 2dB。在第 6 章中得到了过驱动电压为 200mV 时，单个器件的 IIP_3 为 1V 或 10dBm。鉴于前端的有效电压增益为 13+6=19dB，假设低噪声放大器的 IIP_3 主要由输入级的非线性决定，那么预计低噪声放大器的 IIP_3 约为 −9dBm。

注意，从根本上实现 Q 为 10 并不是必要的，但满足线性度和带宽的要求才是必要的。事实上，实际的匹配电感由两个并联的元件组成，其中一个转换成阻抗，并且已经计算过，另一个则是需要与电容 C_{IN} 谐振的，称之为 L_{IN}。假设 $C_{IN}=1$pF，那么在 2GHz 处，$L_{IN}=6$nH。总电感为

$$\frac{1}{L_{tot}} = \frac{1}{L_{IN}} + \frac{1}{L}$$

由上式可以求得总电感值 $L_{tot}=4.65$nH。2.6kΩ 的并联电阻意味着电感的固有 Q 值为 45（显著高于 10），这也是这种尺寸的外部电感在 2GHz 时可以提供的 Q 值。

在这个例子中，匹配网络的损耗决定了噪声因子，且有效地匹配了自身的损耗。如果采用前面介绍的反馈方案之一作为无噪电阻构成 R_p 的一部分，则 2dB 噪声因子还可以改善。

假设在输入和级联节点间有一个 C_F 的并联电容反馈。之前已经计算过输入阻抗，如图 7.43 所示（假设 $\frac{g_m}{\omega C_F} \gg 1$）。

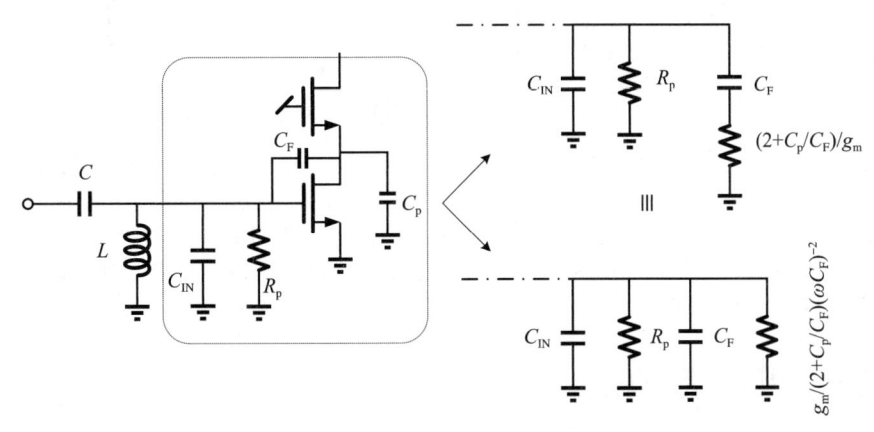

图 7.43 具有有损匹配和电容并联反馈的低噪声放大器

采用串-并转换，可以得到

$$Y_{IN} = j\omega C_{IN} + \frac{1}{R_p} + j\omega C_F + \frac{2 + \frac{C_p}{C_F}}{g_m}(\omega C_F)^2$$

并且得出了放大器输入的等效模型，如图 7.43 右下图所示。

低噪声放大器噪声因子为

$$F = 1 + \frac{|Z_{TH}|^2}{R_p \text{Re}[Z_{TH}]} + \left|\frac{Z_{TH}}{(g_m + f)(R_p \parallel Z_{TH} \parallel Z_F)}\right|^2 \frac{2\gamma g_m}{\text{Re}[Z_{TH}]}$$

式中，$f = -j\omega C_F$ 是反馈系数。由于 C_F 可以与 C_{IN} 的剩余部分结合，并且假设 $g_m \gg \omega C_F$，则有

$$F = 1 + \frac{|Z_{TH}|^2}{R_p \text{Re}[Z_{TH}]} + \left|1 + \frac{Z_{TH}}{R_p}\right|^2 \frac{2\gamma}{g_m \text{Re}[Z_{TH}]}$$

式中，Z_{TH} 是从匹配网络看进去的阻抗，是 R_s 上变频的结果(图 7.42 中的 R_{IN})。正如前面指出的，该值是由带宽和线性关系确定的。噪声方程中的第一项是匹配网络损耗的影响，可以通过增大 R_p 降低该影响。为了满足 S_{11} 的条件，R_p 的增大必须由输入阻抗方程中的 $\frac{2 + \frac{C_p}{C_F}}{g_m}(\omega C_F)^2$ 项补偿，这是反馈的结果。假设匹配电感有更高的 Q 值。现在假设可以有同样的 3mA 电流，则跨导 g_m 为 15mS。此外，假设 C_F 的值为 25fF，该电容主要由栅-漏电容组成，且 $\frac{C_p}{C_F} = 6$(见图 7.33)，那么反馈产生的并联电阻约为 19kΩ。与 R_p 的原始值 2.6kΩ 相比，这表明噪声因子仅略有改善，除非 C_F 大幅提高，或者匹配网络有更高的增益。

对于使用电感退化的共源放大器，其等效输入如图 7.44 所示。

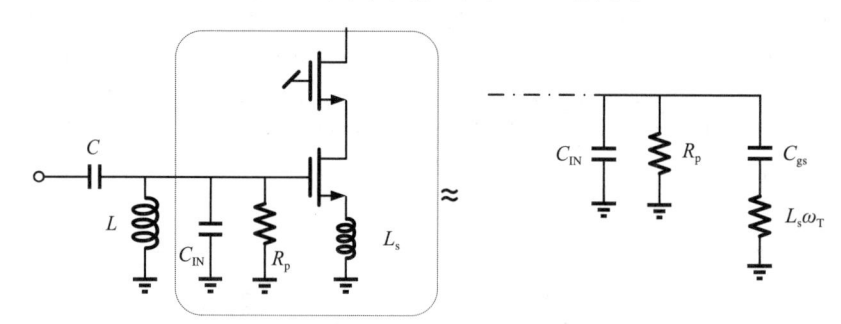

图 7.44 具有有损匹配和电感退化的低噪声放大器

预计 C_{gs} 和 $L_s\omega_T$ 都大于并联反馈的相应值，因此预计会出现更有利的情况。例如，如果 $C_{gs} = 50\text{fF}$，$L_s = 0.5\text{nH}$，$f_T = 100\text{GHz}$，此时净并联电阻为 8.5kΩ，这大约为并联反馈低噪声放大器的一半(图 7.43)，因此预计噪声因子会更好。因此，总电阻 2.6kΩ 现在由一个无噪声的 8.5kΩ 部分与一个有噪声的 3.75kΩ 部分并联而成(相对于之前的 2.6kΩ)。总之，期望在不增加偏置电流的情况下降低低噪声放大器噪声。

7.9 信号和电源完整性

本章的大部分内容都是专门讨论电阻和晶体管的热噪声，以及将其最小化的方法。遗憾的是，在真实环境中，这种噪声(称为固有噪声)并不是低噪声放大器噪声的唯一来源。除了固有噪声之外，通常还有来自低噪声放大器附近模块的外部噪声，例如开关电源、晶体振荡器或任

何电平翻转的数字电路。这种噪声会通过寄生电容或磁耦合，或通过电源线瞬变，影响所关注的敏感模块，从而有效地降低系统的信噪比。

为了解决这些问题，射频设计人员通常会在电源上使用去耦电容，或者使用屏蔽线来保护如低噪声放大器或振荡器等的敏感模块。但非常重要的是，如果这些技术使用不当，它们很快就会变得无效甚至有害。出于这个原因，专门将本节用于更深入地理解所谓的信号或电源完整性，本质上是，在存在上述干扰的情况下，如何衡量信号或电源轨道的质量。进一步阅读可见参考文献[5-12]。特别是文献[5]对耦合和屏蔽有非常详细的论述。除了噪声拾取和屏蔽问题外，电磁波及其对无线电的影响的概述也可以在文献[6]中找到。

7.9.1 电源线

如图 7.45 所示，可以考虑采用以下方案将信号线和电源线连接到放大器。信号源不一定靠近 LNA。通常，信号源可能是外部的，比如天线输入，将被带到芯片上。这种布线会有一些与之相关的电感和电阻。同样，电源将通过部分在片上，部分在片外的一些阻抗连接到低噪声放大器。这些阻抗在图中用灰色 RL 电路表示。

射频设计人员常常会忘记，接地的概念只不过是整个电路的一个公共参考点，就像在基本电路理论中所教的那样⊖。接地更恰当的一个定义是电流返回电流源的低阻抗路径。因此，就本讨论而言，接地(或 V_{DD})就可以简单地看成连接到低噪声放大器的任何其他信号。

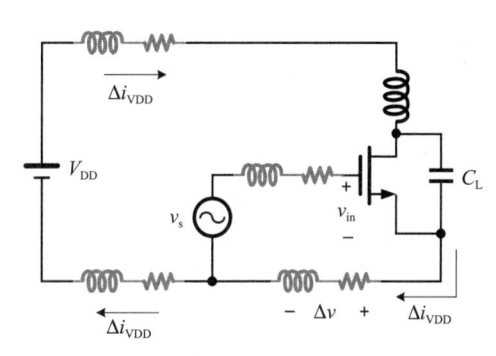

图 7.45 电源与放大器输入的不当连接

放大器自然会从电源中获取一些瞬态高频电流，标记为 Δi_{VDD}。该电流必须以某种方式回到电源，从 KCL 方程可知，电流必须遵循图中所示的路径流动(目前忽略从源处流到放大器输入端的电流)。因此，与源相关的 RL 电路上会有一定的压降(图中的 Δv)，这将使放大器输入(v_{in})与实际源电压(v_s)不同。换句话说，电源瞬变(噪声)也会出现在输入端，并随所需信号一起放大。

为了避免这种情况，可以考虑图 7.46 所示的更好的方案。这样，电源瞬变就不会流过信号源寄生阻抗。然而，瞬态电流仍然会在电源寄生阻抗上产生压降，并取决于低噪声放大器电源抑制，它将转化为噪声。为了弥补这一点，可以考虑在物理上靠近低噪声放大器的地方增加一个去耦电容(而实际电源通常不是)。现在，只要选择的电容大小适当，瞬态电流将由电容提供，而不是由实际电源本身提供，从而避免了不必要的电压降。

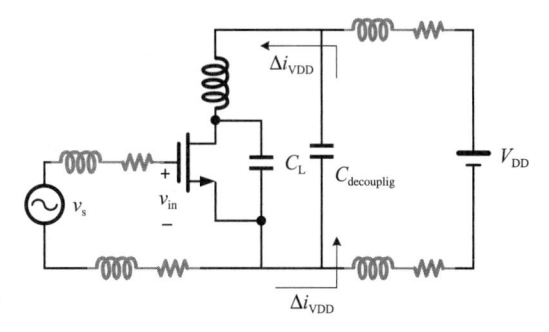

图 7.46 电源与去耦电容的正确连接

去耦电容本身必须经过精心设计和建模。期望在 GHz 频率范围内有一个理想的电容显然是不可能的。寄生电感(尤其是当低噪声放大器的电源端和接地端之间的距离较长时)，以及与

⊖ 不要与接地连接混淆，接地连接主要是出于安全原因。

布线相关的电阻可能会有问题，通常去耦电容越大越好的概念不一定正确。如果合适，可以考虑选择电容的大小使其与串联寄生电感谐振，从而在目标频率下产生接近理想的短路。

还没有处理连接到低噪声放大器输入的信号源寄生阻抗。遗憾的是，除了将电感和电阻降至最低的常规做法之外，没有更简单的方法可以消除这一点。这表明要尽可能短而宽地布线。尽管如此，阻抗是存在的，必须仔细地建模并最终将其作为放大器的一部分来处理，例如，如果可行，可以将其集总在匹配网络内。虽然所有寄生效应都一定进行了仔细建模并最小化，但一般来说，有一些性能下降是常见的。为了正确建模整个路径，通常需要与封装/印刷电路板(PCB)进行协同设计。

7.9.2 耦合和屏蔽

射频中有两种常见的屏蔽类型：
- 屏蔽有噪声的线路，以避免其耦合到敏感模块。
- 屏蔽敏感线路，以避免其从周围的干扰模块中拾取噪声。

这两个概念是相似的，在这里将简要说明一下。将同时考虑电容耦合和磁耦合。

7.9.2.1 电容耦合

图 7.47 所示为从噪声源到所需模块(由 Z_{IN} 表示)的电容耦合的简单演示。这可能由多种原因引起，最常见的原因是信号线和噪声线并排走线，由于杂散电容而发生耦合。图中还显示了简化的等效电路。

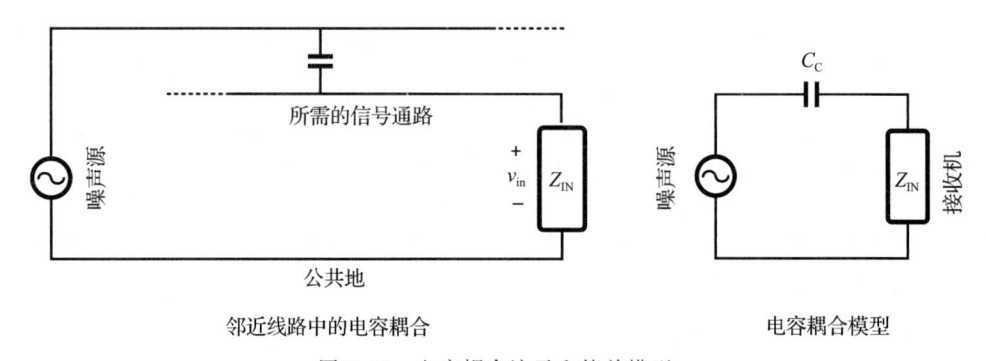

图 7.47 电容耦合演示和简单模型

降低耦合噪声的明显方法是最小化耦合电容，这通常需要在噪声源和受干扰模块之间增加物理隔离。然而，由于底板布局的限制，这并不总是可行。或者，可以将线路放置在完全包围它的金属笼内来保护线路，也就是常说的法拉第笼，如图 7.48 所示。同样，如果将噪声源放置在法拉第笼内，也可以被屏蔽。如果法拉第笼是完全封闭的，则无需接地，因为良导体内部的电场总是为零。

如果法拉第笼上有开口，就像在芯片上实现的情况一样，那么噪声拾取量将取决于其尺寸或其对地的有效电容[6]。如果笼子物理尺寸很大，它实际上就像一个地，因为它有大量的电荷可以提供，可以很容易地对外部干扰做出反应。否则，笼子多半会接地，在这种情况下，它允许电荷自由地流入和流出屏蔽罩，以保持屏蔽罩上的电压为零。因此，当屏蔽罩的电位不变时，敏感线上的电压拾取保持为零。

法拉第笼显然不适合在芯片上实现，尽管它可以放置在外部以保护射频芯片或其他敏感模块。

一种常见的片上实现如图 7.49 所示，其中要屏蔽的线路夹在两个金属层之间，两个金属层通过过孔壁相互连接。由于相邻过孔之间有最小间距的要求，因此屏蔽罩不会是完美的，并且有孔。

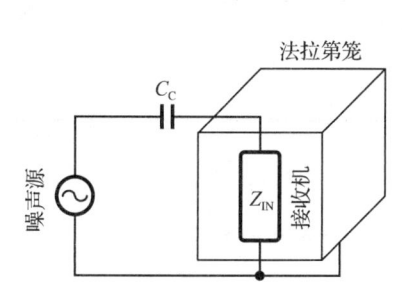

图 7.48　使用法拉第笼屏蔽所需信号

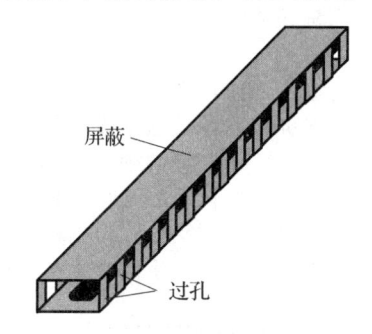

图 7.49　集成电路中实现的同轴屏蔽

7.9.2.2　磁耦合

当噪声线路的电流通过互感在所需的信号线路中感应出电动势时，并排的线路也可能感受到磁耦合。在所需线路周围放置导电的非磁性屏蔽罩对屏蔽磁场是绝对无效的，因为屏蔽罩中没有电流流动。然而，如果屏蔽罩在两个点接地，如图 7.50 所示，那么根据法拉第定律，噪声电流(i_n)有效地在屏蔽罩中产生大小相等但方向相反的电流(i_2)。根据楞次定律，屏蔽罩电流的方向是相反的，如果屏蔽罩的电阻很小，它将与噪声电流完全相等。注意，正是这种感应电流有效地屏蔽了信号，而不是屏蔽罩本身。如果屏蔽罩电阻是非零的(R_{shield})，则感应噪声电压，在参考文献[6]中说明的，在射频中约为 $R_{shield} i_n$。

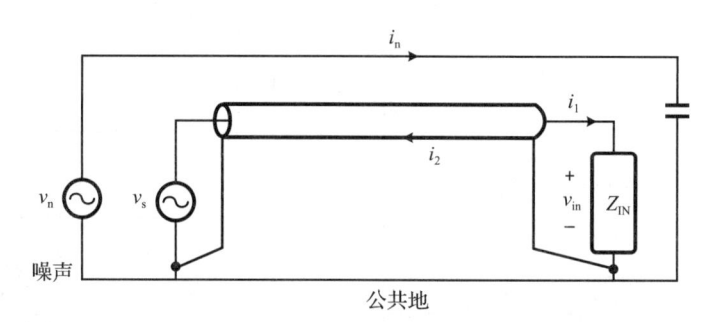

图 7.50　两端连接的屏蔽放大器输入信号

注意，在图 7.50 的设置中，不仅放大器到源的返回路径经过屏蔽罩，而且还有一个公共接地连接，允许屏蔽罩的电流 i_2 流动。这种公共接地通常部分在芯片上，部分在 PCB 上，具体取决于源的距离。一个潜在的问题是，这种额外的返回路径会产生一个大回路（在屏蔽罩和公共接地之间），并且容易出现拾取干扰磁场。因此，在屏蔽罩中会产生噪声电流，该噪声电流可能会耦合到信号线。这一点必须根据附近干扰信号的位置、耦合是如何产生的以及公共接地路径的情况来仔细研究。不在另一端接地的另一个重要原因是，希望迫使返回电流通过屏蔽罩线路，而不是通过另一个低阻抗的路径。

除了屏蔽之外，另一种常见的隔离技术是将信号及其返回路径采用双绞线，如图 7.51 所示。因为减少了干扰磁场可以耦合到的环路面积，所以这非常有效。双绞线两端接地并没有好处，因为会增加公共接地线与返回路径形成的环路面积，从而抵消了其主要优势。

双绞线布线的主要限制来自实际实施，以及在整个线路中的频繁切断。必须注意的是，双绞线还可以进一步放在屏蔽罩内，因此也可以享受到屏蔽罩的额外好处（如图 7.50 所示两端接地）。

在得出结论之前，必须强调，对于如何解决耦合和屏蔽问题，通常没有统一的方法。常常是，设计人员必须极力地跟踪信号和返回电流（基本上是流经接地线的电流），并确定哪条路径更适合电流流动，并通过适当放置屏蔽罩以及相关的电源和接地连接来迫使电流相应地流动。

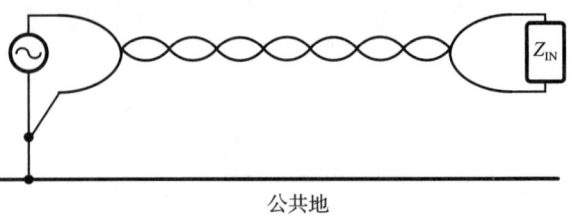

图 7.51 具有平衡电流的双绞线

7.9.3 电感屏蔽案例研究

考虑图 7.52，显示了一个使用顶层 AP 金属层的 2 匝差分电感。对差分电感和其品质因数的独立仿真如图 7.53 所示，用黑色实线表示。在 5GHz 时电感值为 1.06nH，用 EMX 仿真得到的品质因数为 20.4。

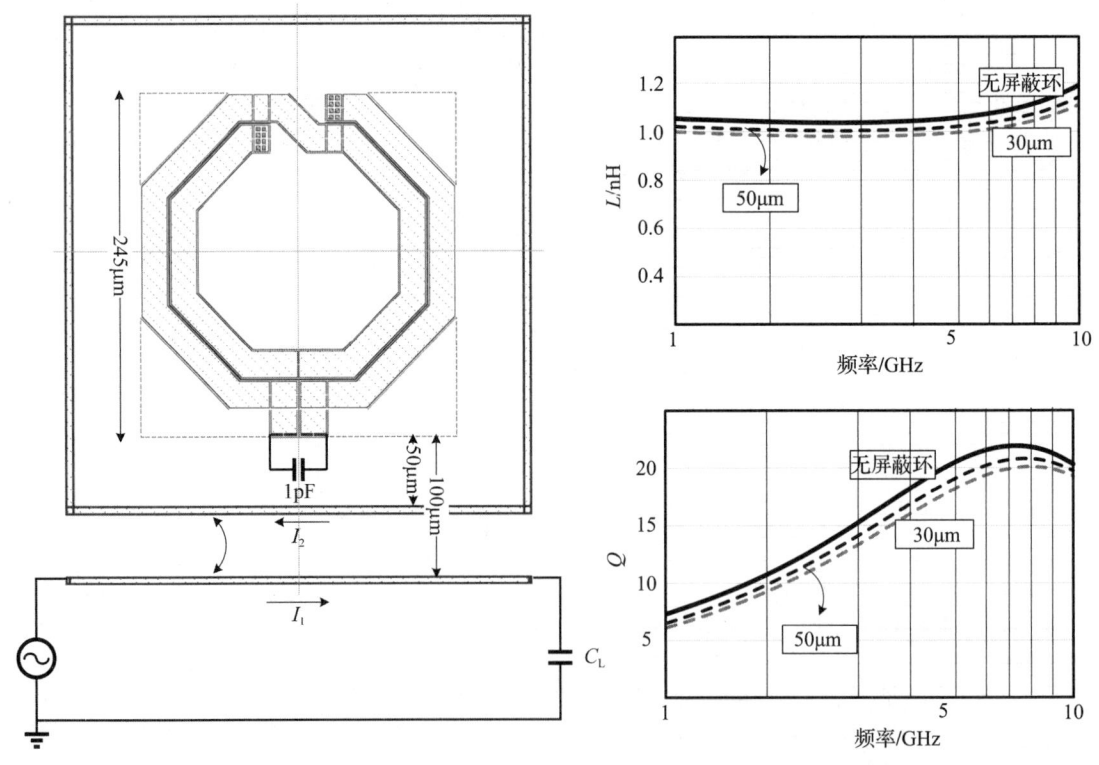

图 7.52 带耦合源的 1nH 差分电感

图 7.53 有屏蔽罩和无屏蔽罩情况下的电感器的电感和 Q 值

图 7.52 还显示了一条 5μm 宽的 AP 线，与 100μm 以外的电感平行运行，携带交流干扰信号。如图所示，1nH 电感在 5GHz 时与 1pF 电容谐振。平行线端接电容为 $C_L = 100$fF，假设交流电源

为 1V，则携带的交流电流为 $I_1 = 2\pi \times 5 \times 10^9 \times 100fA$。暂时忽略电感器周围的金属屏蔽环，干扰电流反过来会诱发一个磁场，从而在电感中产生另一个电流，该电流可以在电感器端子处进行差分测量。显然，电容 C_L 值越大，感应电流就越大，因此电感输出端的差分电压也就越大。

图 7.54 所示为电感输出端耦合的差分电压仿真，其相对于 1V 交流电压源约为 −27dBc，有效地代表了噪声源到差分电感或受影响者的耦合。

接下来，在电感周围加上一个 5μm 宽的 AP 层屏蔽环。模拟了两种情况，一种是屏蔽环距离电感边缘 50μm，另一种情况是距离电感边缘只有 30μm（图 7.52 中只显示了 50μm 的屏蔽环）。图 7.53 还描述了带有屏蔽环的电感和 Q 值的 EMX 仿真。对于屏蔽环距离电感边沿 30μm 外的情况，电感降低了约 8%，Q 值降至 18.1，这在 5GHz 时仍是一个很不错的 Q 值。更有意思的是屏蔽环对耦合的影响。由于屏蔽环的存在，干扰电

图 7.54 有屏蔽罩和无屏蔽罩情况下电感器的耦合仿真

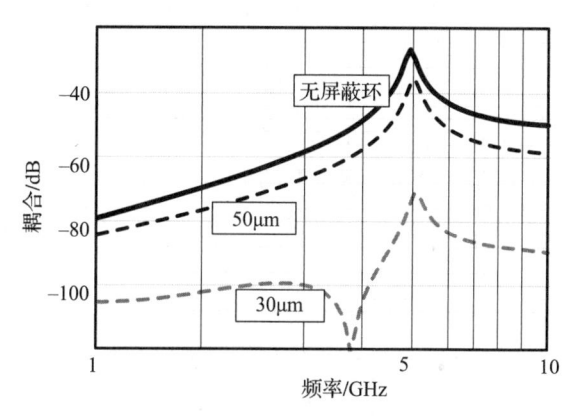

流 i_1 产生磁场，根据法拉第定律，磁场在环中产生反向电动势。根据楞次定律，当电动势加在线电阻上时，在环中产生另一个相反方向的电流 I_2。这个电流产生一个反方向的磁场，部分抵消了干扰场，并屏蔽了电感。图 7.54 中还给出了带有两种不同距离屏蔽环的耦合。如果屏蔽环离电感足够近，两个场几乎完全相互抵消，从而显著降低了耦合。折中的办法是降低 Q 值，在很多情况下是值得的。从本质上讲，设计人员面临的主要权衡是屏蔽环需要有多近，这主要也就是在 Q 值退化与耦合改善之间折中。当然，也可能存在物理面积限制，取决于整个芯片的底板布局。

屏蔽罩可能需要也可能不需要连接到本地接地。当然，这取决于其接地位置和抽头数量，结果可能会受到影响，但不会改变屏蔽罩所具有的在保护电感免受附近干扰信号影响方面的总体积极作用。在大多数情况下，不需要将屏蔽罩接地。

7.10 低噪声放大器设计案例研究

作为本章的总结，以 16nm CMOS 工艺 5.5GHz 的电感退化共源低噪声放大器作为案例进行研究。

图 7.55 所示为低噪声放大器原理图，其中包含了元件值。晶体管使用的沟道长度为 20nm（而不是最小的 16nm），并偏置在 3mA，对应的 $g_m = 40mS$，$C_{gs} = 35fF$。晶体管偏置接近弱反型（约 65mV 的过驱动电压）；尽管如此，其特征频率约为 $f_T = 180GHz$。级联晶体管偏置在 $V_{DD} = 800mV$，鉴于 $V_{TH} = 320mV$，为每个 NMOS 预留约 400mV 的余量。用 10kΩ 电阻和 10pF 电容的组合提供电源滤波。显然，级联 NMOS 的栅极必须被很好地旁路，以避免任何不稳定，这是由 10pF 电容接地实现的。

核心晶体管通过复制电流镜（图中未显示），以及

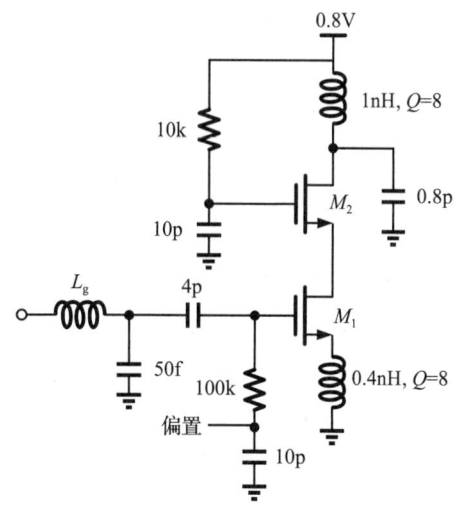

图 7.55 16nm CMOS 中的电感退化的共源低噪声放大器

100kΩ 电阻和 4pF 交流耦合电容进行偏置。电阻值选择的较大是为了最小化其噪声影响。

LNA 的性能模拟如图 7.56 所示。

当 $L_s = 400 \text{pH}$ 时，输入阻抗的有效实部约为 $\frac{g_m L_s}{C_{gs}} = 457 \Omega$，与 C_{gs} 串联。但是，仿真得到的低噪声放大器输入阻抗为 $160 \Omega - \text{j}470 \Omega$。这一差异归因于主晶体管的 C_{gd} 约为 15fF，并且在晶体管周围产生了并联反馈，有效降低了输入阻抗。该阻抗通过并联电容 C—串联电感 L 的匹配网络匹配到 50Ω。匹配网络是说明低噪声放大器固有性能的理想选择。模拟的噪声系数为 0.26dB，但是，一旦使用了所有的寄生电容和更真实的匹配网络，噪声因子将差得多。然而，它证明了这种拓扑结构优越的噪声因子。用理论噪声因子 $F = 1 + \gamma L_s C_{gs} \omega^2$ 得到的噪声系数约为 0.1dB，但有几个因素会将其提高到实际的模拟值：级联器件的噪声影响、负载和源电感的 Q 值有限，以及晶体管内的其他寄生元素。

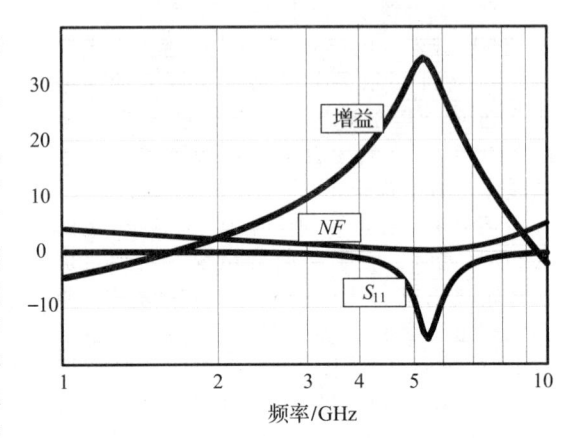

图 7.56 图 7.55 中低噪声放大器的性能模拟

低噪声放大器的模拟增益很高，约为 33dB，这是由负载电感和匹配网络的增益设置的。后者相对较高，约为 15dB，证明了 S_{11} 相对较窄。这可以通过提高源电感来增大阻抗的有效实部加以改善，但代价是噪声因子更差。必须注意的是，设计并没有经过优化，只是在现实中的理论与实践如何匹配的一个例子。

7.11 总结

本章讨论了低噪声放大器的理论和设计过程。

- 7.1 节讨论了匹配网络及其性质。匹配是任何射频放大器的重要组成部分，尤其是低噪声放大器。
- 7.2 节简要概述了射频放大器的拓扑结构及其优缺点。
- 7.4 节和 7.5 节讨论了低噪声放大器的一般类别，即并联反馈和串联反馈的低噪声放大器。在这两种拓扑结构中，都利用了无损反馈来满足相互矛盾的阻抗和噪声匹配要求。
- 7.6 节介绍了前馈低噪声放大器。
- 7.7 节讨论了低噪声放大器的实际设计和布局问题。
- 7.8 节对低噪声放大器功耗和相关的折中问题进行了一般性讨论。
- 7.9 节讨论了源自放大器信号和功率完整性的实际问题。虽然这一讨论是在低噪声放大器的背景下提出的，但结论是具有普遍性的，适用于射频的任何构成模块。
- 7.10 节进行了本章的总结，提出了一个简单的案例研究，重点介绍了电感退化的共源低噪声放大器的设计细节。

7.12 习题

1. 分别使用和不使用奈奎斯特定理，求出下图中的匹配网络的传递函数、噪声谱密度。答案：

$$S_{V_{IN}}(\omega) = 4KTR_s \frac{(L\omega)^2}{(L\omega)^2 + R_s^2}。$$

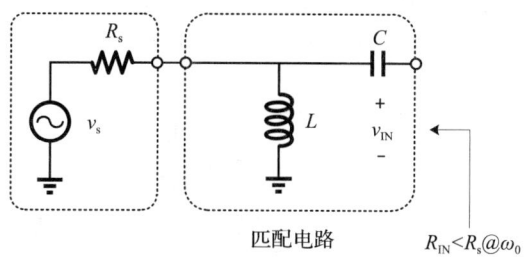

匹配电路

$R_{IN} < R_s @ \omega_0$

2. 对于图 7.5 的匹配网络：
   (a) 计算 L 和 C 的值，使得在 $R_{IN} > R_s$ 的条件下匹配到源。
   (b) 求匹配网络的传递函数和输出噪声谱密度。
   (c) 讨论它与图 7.4 的匹配电路有何不同。
3. 求下图中的互补并联反馈低噪声放大器的噪声因子。忽略电容，但不要忽略反相器的 r_o。R_F 是有噪声的。同样为了简单起见，假设 $g_m r_o \gg 1$ 和 $g_m R_F \gg 1$，其中 g_m 为反相器跨导，r_o 为其输出电阻。答案：$F \approx 1 + \dfrac{\gamma}{1 + \dfrac{R_F}{r_o}}$。

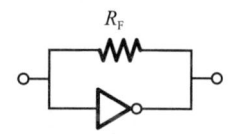

4. 求在输入端接有 1∶n 的理想变压器的共栅低噪声放大器的噪声因子。采用第 6 章中提供的 $g_m - I_D$ 曲线来确定器件的直流电流。提出一个适当的 LC 匹配电路来近似变压器。$n = 4$，且工作频率为 2GHz。
5. 用 4∶1 的变压器重做习题 4。讨论两种方法的优缺点。
6. 推导出共栅低噪声放大器的噪声因子与输入反射系数的关系表达式。
7. 求出共栅低噪声放大器的最小噪声因子和最佳噪声源阻抗。
8. 不使用反馈的方法，计算出电阻并联反馈低噪声放大器的噪声因子。
9. 在不忽略级联噪声和增益损耗的情况下，求出共栅级低噪声放大器的噪声因子和增益。假设级联管没有体效应和 r_o，但存在非零电容。
10. 求出电感退化共源低噪声放大器的等效输入噪声源。假设低噪声放大器匹配到 50Ω。提示：使用图 7.28 的电路，求出输入噪声源，使输出电流为零。
11. 证明如果电感退化的共栅低噪声放大器(图 7.28)由理想电压源驱动，其输出噪声为零。
12. 忽略级联晶体管和负载噪声，证明如果电感退化的共源低噪声放大器由理想电压源驱动，其输出噪声为零。
13. 利用第 6 章中提供的 $g_m - I_D$ 和 IIP_3 曲线图，设计一个在 2GHz 下具有适当的匹配的级联低噪声放大器。匹配网络的有效增益为 4。假设 $C_{db} = C_{sb} = C_{gd} = 0.5C_{gs}$，器件的过驱动电压为 100mV，$f_T = 20$GHz。假设匹配网络组件的 Q 值为无限大。则 LNA 的 IIP_3 是多少？
14. 如 7.7 节所述，在大多数实际的电感退化 LNA 中，由于源极电感(L_1)和漏极电感(L_2)靠的很近，所以经常会相互耦合。在本题中，探讨源极电感和漏极电感之间的耦合对 LNA 的增益、输入阻抗和调谐的影响。考虑正、负互感(M)两种情况。根据反馈理论，直观地解释正、负耦合时增益和输入阻扰的变化。忽略r_o和除了跨导管的栅-源电容和负载电容之外的所有电容。鉴于漏极电感的Q值是有限的，否则退化电感是理想的。提示：为了简化分析，假设耦合很小，因此其对电感的原始电流(无耦合)影响很小，I_{L1}和I_{L2}可以忽略不计。

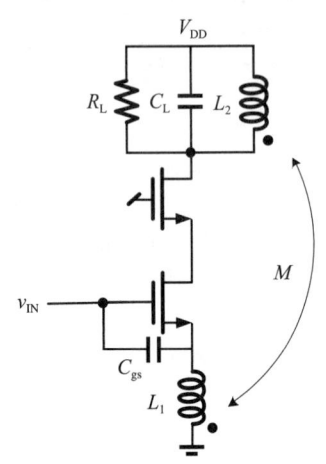

15. 如下图所示[4]，为了求出栅极分布电阻的功率谱密度，将晶体管分解成N个相同的器件，每个器件的g_m和栅极电阻都变为原来的N分之一。

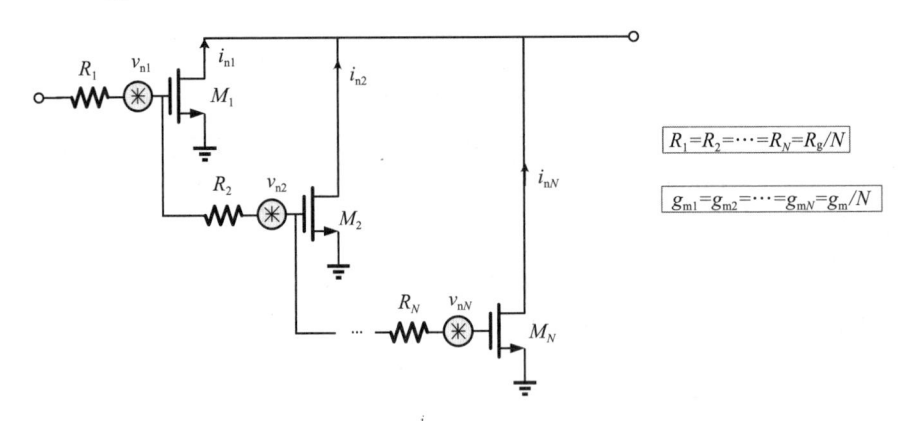

证明对于给定的支路个数，有$i_{n1} = g_{mi} \sum_{k=1}^{i} v_{nk}(i = 1, \cdots, N)$。假设输入参考噪声源不相关，求总输出电流噪声频谱密度。如果$N \to \infty$，等效的输入参考噪声电压是多少？

16. 使用电流舵控制，设计一个可变增益的低噪声放大器，从最大值开始增益步长为-3dB、-6dB和-12dB。求出器件尺寸之间的比值。

17. 对于共栅低噪声放大器，推导出低噪声放大器压缩由输入设置的情况下的简单表达式。将结果与7.5节中推导出的输出设置压缩的情况进行比较。哪一个可能占主导地位？提示：对于要在输入端进行压缩的低噪声放大器，$I_{DC} + i_s = 0$。

18. 在图7.50的屏蔽罩线路中，根据噪声线路、屏蔽罩线路和信号线路之间的互感，推导出屏蔽罩电流与噪声电流的关系表达式。求出零电阻屏蔽罩和非零电阻屏蔽罩情况下的感应噪声电压。

19. 考虑具有 RC 负载和 LC 负载两种情况下的 CS 级联低噪声放大器。假设两种情况下在低噪声放大器输出端的总电容是一样的，证明 LC 负载的增益约为 RC 负载增益的 Q 倍。

参考文献

[1] B. Nauta, "A CMOS Transconductance-C Filter Technique for Very High Frequencies," *IEEE Journal of Solid-State Circuits*, 27, no. 2, 142–153, 1992.

[2] P. R. Gray and R. G. Meyer, *Analysis and Design of Analog Integrated Circuits*, John Wiley, 1990.

[3] F. Bruccoleri, E. Klumperink, and B. Nauta, "Wide-Band CMOS Low-Noise Amplifier Exploiting Thermal Noise Canceling," *IEEE Journal of Solid-State Circuits*, 39, no. 2, 275–282, 2004.

[4] B. Razavi, R.-H. Yan, and K. Lee, "Impact of Distributed Gate Resistance on the Performance of MOS Devices," *IEEE Transactions on Circuits and Systems I: Fundamental Theory and Applications*, 41, no. 11, 750–754, 1994.

[5] H. W. Ott, *Noise Reduction Techniques in Electronic Systems*, vol. 442, John Wiley, 1988.

[6] A. M. Niknejad, *Electromagnetics for High-Speed Analog and Digital Communication Circuits*, Cambridge University Press, 2007.

[7] P. Brokaw, "An IC Amplifier User's Guide to Decoupling, Grounding, and Making Things Go Right for a Change," *Analog Devices Application Note AN-202*, 2000.

[8] P. Brokaw and J. Barrow, "Grounding for Low- and High-Frequency Circuits," *Dialogue*, 18, 1, 1984.

[9] A. Rich, "Shielding and Guarding," *Analog Dialogue*, 17, 8–13, 1983.

[10] A. Rich, "Understanding Interference-Type Noise," *Dialogue*, 11, 10–16, 1977.

[11] H. W. Ott, "Ground – A Path for Current Flow," in *Proceedings of the IEEE International Symposium on Electromagnetic Compatibility*, 1979.

[12] H. W. Ott, "Digital Circuit Grounding and Interconnection," in *Proceedings of the IEEE International Symposium on Electromagnetic Compatibility*, 1981.

第 8 章 | Chapter 8 |

混频器

到目前为止，已经明确了射频系统对混频器的需求：混频器实现频率变换，将信号搬移至低频段处理，可以使模拟信号和数字信号的处理更简单。由于频率变换是采用时变方法或者非线性方法，或者经常是两种方法结合起来实现的，因此常用于线性放大器的小信号分析法不再适用于混频器的分析。这给混频器的理解和分析带来一些困难。虽然已经提出了精确的混频器分析方法，但在本章中将采用更加直观且不太复杂的方法来分析混频器。在大多数情况下，这些方法的准确性已足够，同时深化了对电路物理层面的理解。

本章介绍两类混频器：有源混频器和无源混频器。主要从接收机的角度，基于物理模型讨论两种混频器的噪声与线性度的折中。虽然上变频混频器和下变频混频器的原理相似，但还是用最后一节专门介绍上变频混频器。

本章的主要内容：
- 混频器的基本要求。
- 有源混频器工作原理。
- 有源混频器的噪声、线性度和二阶失真。
- 无源混频器工作原理。
- 无源混频器的噪声、线性度和二阶失真。
- 本振占空比优化。
- 多相和谐波抑制混频器。
- 发射机混频器。
- 低噪声放大器/混频器实用设计实例。

8.1 混频器基础

在介绍混频器电路的实现之前，首先从黑箱系统的角度简短地介绍混频器的基本工作原理。并将在 8.1.2 节中讨论混频器的一般实现和基本定义。

8.1.1 从系统角度看混频器工作原理

在第 2 章的讨论中，已经充分理解了混频器在无线电中的确切作用。在这里首先重新给出一个总结，呈现一个关于混频器的更广阔的视角。

由于几乎所有的无线发射机都在高频载波附近产生信号（原因参见第 2 章），通常需要进行频率转换，以将尽可能多的模拟和数字信号处理搬移至方便的低频段。如所说明的，频率的搬

移相当于在时域中乘以 $e^{\pm j2\pi f_0 t}$，即

$$x(t)e^{\pm j2\pi f_0 t} \leftrightarrow X(f \mp f_0)$$

式中，$x(t)$（电压或电流信号）是基带信号。图 8.1 所示是一个以 f_c 为载波频率的典型的射频信号频谱。由于基带信号为实数信号，其频谱是关于 y 轴[一]对称的，或者说正、负频率对称。然而，大多数实际的射频信号并非关于载波频率对称[二]，正如已经证明的。倘若将该信号乘以 $e^{-j2\pi f_0 t}$，其将向左搬移，如图 8.1 所示。这是因为频谱在频域中与在 $-f_0$ 处的脉冲信号相卷积，代表 $e^{-j2\pi f_0 t}$ 的傅里叶变换。

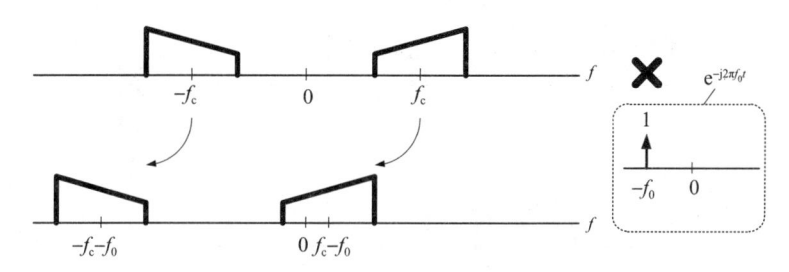

图 8.1 以载波频率 f_c 为中心频率的射频信号，乘以 $e^{-j2\pi f_0 t}$

低通滤波器的带宽宽到足以让频移后位于 $f_c - f_0$ 的整个位移频谱或下变频频谱通过，经常被用于滤除在 $-f_c - f_0$ 处的频谱分量，$f_c - f_0$ 被称为中频或者 IF。这样就留下了一个原始射频信号的较低频版本，按照需要的那样位于中频。

实际实现上述简单概念的主要挑战在于，频移射频频谱所需的信号 $e^{-j2\pi f_0 t}$ 不是实数。利用欧拉公式，可以写成

$$e^{-j2\pi f_0 t} = \cos 2\pi f_0 t - j\sin 2\pi f_0 t$$

因此，频谱搬移信号 $e^{-j2\pi f_0 t}$ 由一个正弦信号和一个余弦信号构成，二者均为实数，并且易于综合。如图 8.2 所示为射频信号（在时域中）乘以单个正弦函数和单个余弦函数。

正弦和余弦两个信号都是由位于 $\pm f_0$ 处，幅度为 1/2 的两个冲激信号构成。一半的幅度会导致信号损耗，因此性能通常会下降，但这可能是，也可能不是问题，因为它通常可以通过使用射频放大和/或中频放大来恢复。然而，两个冲激的存在使问题复杂化，因为围绕着直流，还有一个移位后射频频谱的折叠复制品，基本上是它的精确镜像，也起作用。如果 $f_c - f_0$ 比信号带宽[三]小，频移后的两个信号会重叠，并且不再可区分。因此，除非中频（IF）足够高，否则仅以正弦或余弦信号进行频移或下变频，无法避免下变频的信号与其镜像相混叠。为了避免这个问题，经常采用图 8.3 中所示的方案，采用两路下变频，一路标记为 I（同相），另一路标记为 Q（正交）。或者说，若将 I、Q 两路信号组合处理（准确地讲是 I±jQ），则这一方案通过 $e^{-j2\pi f_0 t}$ 实现了理想的频谱搬移。

示例：考虑图 8.4，作为一个有益的练习，其中，由正交下变频（图 8.3）产生的 I 和 Q 信号通道，通过一对希尔伯特变换单元和加法器进一步处理。

[一] 如果 $x(t)$ 是实数，则有 $X(-f) = X*(f)$。
[二] 尽管在频谱分析仪上观察时可能看起来是这种情况。如第 2 章所述，载波周围的对称频谱会导致频谱和传输功率的低效率。
[三] 许多现代接收机采用 $f_c - f_0 = 0$，称为零中频或直接变频接收机。

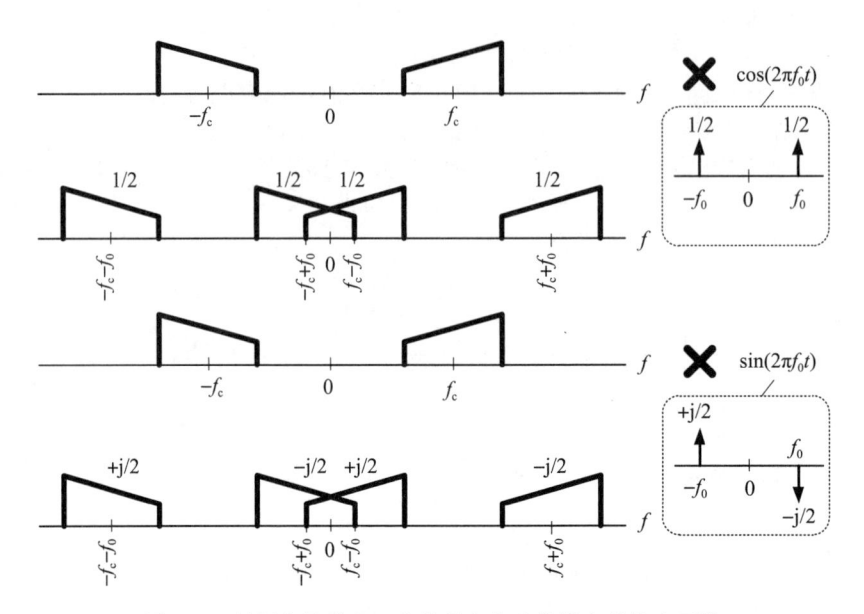

图 8.2　射频信号乘以正弦信号和余弦信号实现的实函数

假设原始的射频信号为如图 8.1 所示的一般形式。如前面所讨论的，希尔伯特变换将信号频谱的正频率分量乘以 −j，将负频率分量乘以 +j。因此，例如，如图 8.2 所示，余弦信号的希尔伯特变换变为正弦信号。因此，经加/减运算后的输出如图 8.4 右图所示。两个频谱均为实数，因此是对称的。然而，加法只能产生理想搬移频谱（见图 8.1）的上边带部分（相对于载波或 f_c），而减法则提取频谱的下边带部分。与理想移位信号的频谱（图 8.1）相比，图 8.4 中的两个频谱都是实数。进一步地讲，不同于仅通过正弦函数或者余弦函数的频谱搬移，该方法下变频后的信号与其镜像不再重叠。正如第 2 章所指出的，尽管希尔伯特变换一般是非因果的，但其也可以在有限的频率范围内很好地近似。

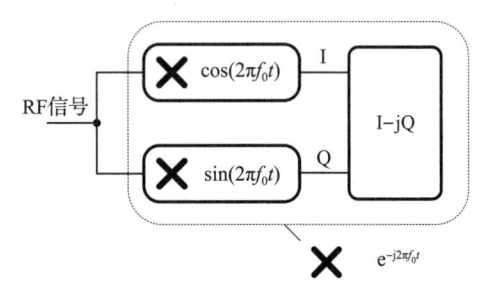

图 8.3　大多数现代射频系统为避免镜像混叠采用的正交下变频

上述示例是所谓的镜像抑制接收机的基础，将在第 12 章中详细分析。

8.1.2　混频器基本电路工作原理

理想情况下，混频器需要保证信号的完整性而不会引入自身的噪声或失真，并且仅在频域内完成频率变换。实际上，由于几乎所有混频器都是基于晶体管实现的，从而不可避免地会引入噪声和失真。由于在任何线性时不变系统中，输入和输出频率都是相同的；因此，频率变换只能通过时变系统或非线性系统来实现。

鉴于晶体管构成的电路固有的非线性，因此不难设想如何创建所需要的频率变换。考虑

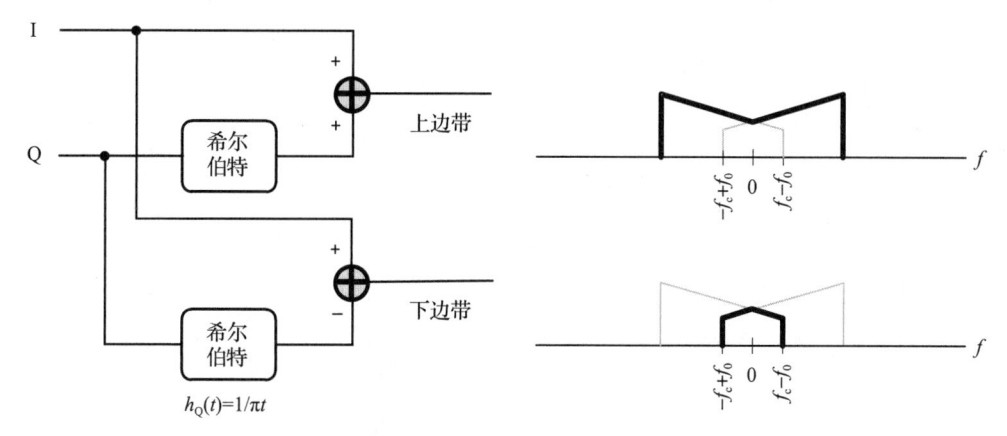

图 8.4　由希尔伯特变换抽取上边带、下边带信号

图 8.5，它表示一个施加了两个任意输入的一般非线性系统[○]。

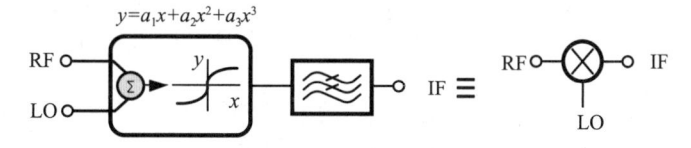

图 8.5　作为混频器的非线性系统

假设标记为 RF 端施加的信号为 $A_1\cos(\omega_1 t)$，施加在 LO 端的信号为 $A_2\cos(\omega_2 t)$。两路信号相加后通过一个输入-输出特性为 $y = a_1 x + a_2 x^2 + a_3 x^3$ 的非线性系统。则 $x = A_1\cos(\omega_1 t) + A_2\cos(\omega_2 t)$。正如第 5 章中给出的，输出信号表达式包含了若干项，其中大部分的项会被低通滤波器滤除，除了由二阶非线性引起的差频分量，这里假设 $\omega_1 - \omega_2 \ll \omega_1$ 且 $\omega_1 - \omega_2 \ll \omega_2$，即

$$y = \cdots + a_2(A_1\cos(\omega_1 t) + A_2\cos(\omega_2 t))^2 + \cdots = \cdots + a_2 A_1 A_2 \cos(\omega_1 \mp \omega_2) + \cdots$$

因此，通过窄带低通滤波器后，出现在输出端的只有 RF 和 LO 频率差 $\omega_1 - \omega_2$ 的分量。这正是实现一个下变频混频器所需要的。混频器的增益是输出幅度与 RF 端幅度的比值，即 $a_2 A_2$。因此其增益不仅取决于二阶非线性强度(即 a_2)，还取决于施加在 LO 端的信号强度。

示例：任何具有强二阶非线性的电路均是一个潜在的混频器，如长沟道场效应晶体管(FET)(见图 8.6)。

如果器件满足平方律特性，忽略直流偏置的影响，则输出电压的交流分量为

$$v_o = \frac{1}{2}\mu C_{\text{OX}} \frac{W}{L} R_L A_1 A_2 \cos(\omega_1 - \omega_2)$$
$$= \left(\frac{1}{2}\mu C_{\text{OX}} \frac{W}{L} R_L A_2\right) A_1 \cos(\omega_1 - \omega_2)$$

因此，这个电路的确表现为一个增益为 $\frac{1}{2}\mu C_{\text{OX}} \frac{W}{L} R_L A_2$ 的混频器。由于实现混频器并不需要精确的平方函数，因此场效应晶体管可以用双极性晶体管代替，增益变为 $\frac{1}{2}\frac{I_s}{V_T^2} R_L A_2$，式中

[○] 更普遍的情况是 $y = f(\text{RF}, \text{LO})$ 的形式，而不是 $y = f(\text{RF} + \text{LO})$。但在这种情况下必须使用多变量泰勒级数。

I_s 是双极性晶体管的饱和电流,且 $V_T = \frac{KT}{q}$。与图 8.6 所示的简单混频器的情况一样,增益依赖于本振振幅是不可取的,如同后面马上要表明的,在大多数情况下,通过适当的 LO 端设计可以消除增益对本振幅度的依赖。

如果代替低通滤波器,采用调谐在 $\omega_1 + \omega_2$ 的带通滤波器选择频率和下的分量,则电路就是一个上变频混频器。

混频器为一个三端口网络,包括两个输入是相混频的,一个输出是频率变换的结果。将主输入端口标注为 RF(射频),输出端标注为 IF(中频),第二输入端标注为 LO(本振)。不过,这种约定仅适用于下变频混频器。

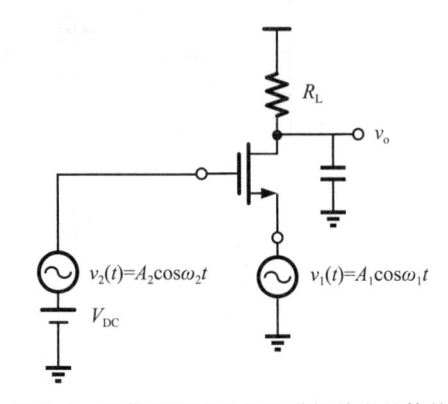

如第 6 章中所述,非线性通常是试图避免的,因此混频器通常依赖于时变性,而不是非线性。一个好的混频器能在不给信号引入过多噪声和失真的情况下,完成信号的频率变换。混频器性能要求完全取决于射频系统规范和应用,只要将混频器表述为已知典型电路的特性即可,如噪声因子和 IIP_3 等。

图 8.6 用作混频器的长沟道场效应晶体管

因此,经常将一个好的混频器视为是关于其输入(RF)和输出(IF)的一个线性时变电路。也就是,例如当射频信号幅度增加两倍,预计中频信号幅度也增加两倍。显然,对于图 8.5 所示的简单电路,尽管其实际的工作状态是基于非线性的,但是仍然满足线性特性。然而,正如所指出的,大多数现代混频器都依赖于时变而不是非线性来完成频率变换。因此,混频器都是基于电压或者电流开关的形式。

8.2 混频器的演变

混频器作为基于真空管的无线系统的一部分,在晶体管发明之前就已经存在了。如图 8.7 所示,是一种通常称为二极管环形混频器的结构,依赖于作为快速开关的肖特基二极管,利用开关电路的固有时变特性实现频率变换。

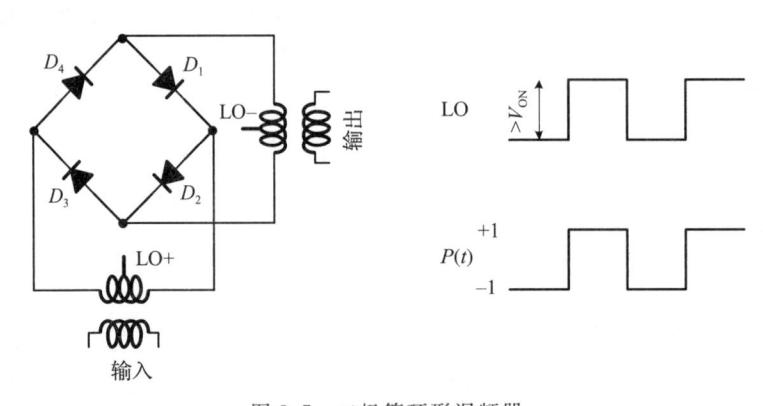

图 8.7 二极管环形混频器

输入和输出信号连接在与环路相接的变压器上，而差分 LO 信号施加在两个变压器的中心抽头。对于 LO 为正半个周期而言，D_2 和 D_4 导通，D_1 和 D_3 断开，输出等于输入；对于接下来的半个周期，D_1 和 D_3 导通，输入和输出正负端极性反转。因此，输出等于输入信号乘上 $P(t)$，如图 8.7 所示。LO 的最小信号幅度应等于二极管开启电压 V_{ON}，以确保二极管能够正确开启。将 $P(t)$ 用傅里叶级数展开可得到

$$P(t) = \frac{4}{\pi}\left(\sin\omega_{LO}t - \frac{1}{3}\sin 3\omega_{LO}t + \frac{1}{5}\sin 5\omega_{LO}t - \cdots\right)$$

上式包含在 LO 频率的基波以及奇次谐波。假设输入信号为 $A\sin\omega_{RF}t$，且输出调谐到 $|\omega_{RF}-\omega_{LO}|$，以滤除所有不需要的项，则混频器的输出为

$$\frac{2}{\pi}A\cos(\omega_{RF}-\omega_{LO})t$$

因此，混频器的转换增益为 $\frac{2}{\pi}$，虽然比 1 小，但是转换增益与 LO 的幅度无关，只要 LO 的幅度足够大能够保证二极管正确地开启和关闭即可。实际上，LO 信号并不需要为方波，只需要满足从一个半周期到另一半周期的过渡区斜率足够陡峭。此外，该电路与输入-输出端口呈线性关系。

1968 年，晶体管和集成电路发明很久之后，麻省理工学院的一个研究小组提出了采用场效应晶体管而不是二极管作为开关的方案[1]，如图 8.8 所示。

除了 LO 信号直接加在场效应晶体管的栅极以外，混频器的工作方式与二极管环形混频器完全一样。而且，场效应晶体管的开关特性更好，从而产生了线性度更好的混频器。特别是，不同于二极管，只要施加合适的电压，就可以完全关断场效应晶体管。所有的无源混频器基本上都是此种拓扑结构的变体。

同样是在 1968 年，巴里·吉尔伯特（Barrie Gilbert）发表了一篇里程碑式的论文[2]，描述了一种精确的四相模拟乘法器，其简化图如图 8.9 所示。

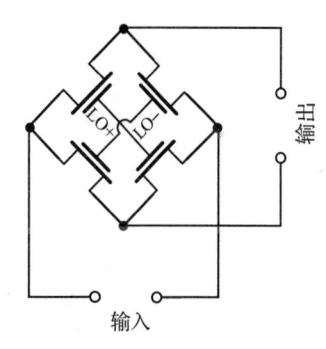

图 8.8 基于场效应晶体管的混频器

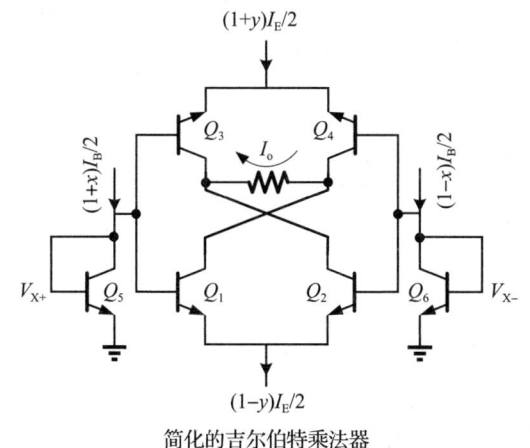

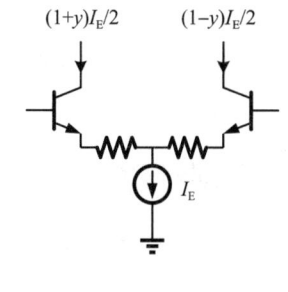

简化的吉尔伯特乘法器

差分电流产生

图 8.9 吉尔伯特四相乘法器

如图 8.9 左图所示，两组差分电流施加在乘法器上，其中每组差分电流都可以由右图所示的线性差分对产生。假设所有器件均匹配，都具有理想的指数特性，并且 β 很大。由 KVL 可得

$$V_{BE1} - V_{BE2} = V_{BE3} - V_{BE4} = V_{BE5} - V_{BE6}$$

因为对于每个晶体管有 $V_{BE} = \dfrac{KT}{q} \ln \dfrac{I_E}{I_s}$，则可得到

$$\frac{I_{E1}}{I_{E2}} = \frac{I_{E3}}{I_{E4}} = \frac{I_{E5}}{I_{E6}} = \frac{1+x}{1-x}$$

由 KCL 可以得到

$$I_{E1} + I_{E2} = (1-y)\frac{I_E}{2}$$

$$I_{E3} + I_{E4} = (1+y)\frac{I_E}{2}$$

联立上述 3 个方程可以得到流过晶体管 $Q_{1\sim4}$ 的电流，是馈入乘法器的输入电流的函数，即

$$I_{E1/2} = (1 \pm x)(1-y)\frac{I_E}{4}$$

$$I_{E3/4} = (1 \pm x)(1+y)\frac{I_E}{4}$$

由于差分输出电流为

$$I_o = (I_{E2} + I_{E3}) - (I_{E1} + I_{E4})$$

定义 $z = \dfrac{I_o}{I_E}$ 作为归一化输出电流，则可得到

$$z = x \times y$$

这个设计的亮点，或许也是其具有生命力的原因，是采用了双极性晶体管的极为非线性的 I-V 特性产生了一个完美的线性乘法器。如果 x 和 y 分别是 RF 信号和 LO 信号，那么经过低通滤波之后的输出 z 就是 IF 信号，从而构成了一个混频器。如下一节将要展示的，通过在 LO 端施加合适的信号，来消除对 LO 电压的依赖。现今使用的几乎所有有源混频器都是基于这种架构或其变体。

图 8.8 所示的无源混频器和图 8.9 所示的有源混频器的主要区别在于，无源混频器是通过开关将交流电压（电流）来回变向，而有源混频器是将小的交流电流和大的直流电流的组合施加到开关电路上。这如同静态 CMOS 逻辑与电流模逻辑（CML）间的关系，后者速度方面的性能更好。将这或多或少地应用于混频器，因为有源混频器趋于工作在更高的频率，而基于无源混频器的架构要正常工作，则需要更加陡峭的轨到轨本振信号。然而，正如接下来要介绍的，只要开关正常工作，无源混频器则具有更好的噪声和线性度性能。

8.3 有源混频器

有源混频器依赖于电流切换的概念。先对图 8.9 中的 Gilbert 乘法器进行重新排布并重新绘制成图 8.10 所示电路。

用图 8.10 右图所示的方波信号代替二极管对 $Q_{5\sim6}$ 产生的电压，施加在核心晶体管的基极（节点 V_{X+} 和 V_{X-}），该方波信号足够大，能够在每次过零点时将发射极电流快速从一个器件转向另外一个器件。为了更好地理解这一点，考虑图 8.11，展示了一对射极耦合对，其 I-V 特

性如右图所示。

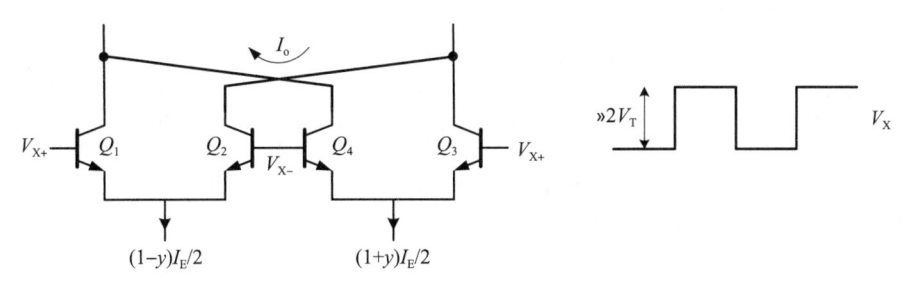

图 8.10 简化的 Gilbert 混频器

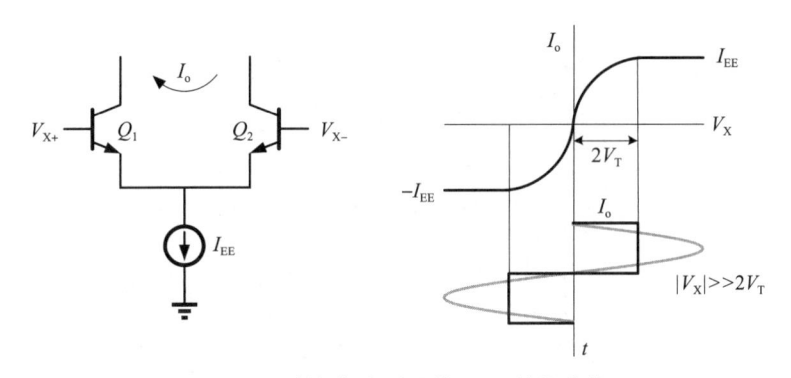

图 8.11 射极耦合对及其 I-V 特性曲线

由基本的模拟设计[3]可知

$$I_{\rm o} = I_{\rm EE}\tanh\frac{-V_{\rm X}}{2V_{\rm T}}$$

式中，$V_{\rm X} = V_{\rm X+} - V_{\rm X-}$ 为差分输入电压，且 $V_{\rm T} = \dfrac{KT}{q}$。如果 $|V_{\rm X}| > 2V_{\rm T}$，则大部分电流从一个器件调节到另外一个器件，这是因为 tanh 函数陡峭变换，并且输出电流接近于 $I_{\rm EE}$。因此，在时域中，一旦施加在差分对的电压幅度与 $2V_{\rm T} \approx 50{\rm mV}$ 相比足够大时，则就在输出端产生近似是方波的电流。不管 $V_{\rm X}$ 的形状和幅度如何，此电流都将在 $\pm I_{\rm EE}$ 之间切换。因此，在这种条件下有

$$I_{\rm o} \approx \frac{4}{\pi}I_{\rm EE}\left(\sin\omega_{\rm LO}t - \frac{1}{3}\sin 3\omega_{\rm LO}t + \frac{1}{5}\sin 5\omega_{\rm LO}t - \cdots\right)$$

上式假设了 $V_{\rm X}$ 的频率为 LO 频率。实际上，发射极电流包含一个大的直流分量和由输入 RF 电压产生的小交流信号

$$I_{\rm EE} = (1-y)\frac{I_{\rm E}}{2} = (1 - A\cos\omega_{\rm RF}t)\frac{I_{\rm E}}{2}$$

式中，假设 $y = A\cos\omega_{\rm RF}t$ 为 RF 输入信号（注意 A 是无量纲量）。如果静态直流电流很大，或等价地，RF 电压幅度很小，这是大多数实际的情况，切换基本上不受影响。因此忽略除基波分量外的其他谐波，输出电流为

$$I_{\rm o} = \frac{4}{\pi}(1-y)\frac{I_{\rm E}}{2}\sin\omega_{\rm LO}t$$

一旦将 $Q_{3\sim4}$ 组成的第二对加入(图 8.10)以实现全差分电路，f_{LO} 处的项由于在输出处做减法而抵消，而组成 RF 输入的项在输出端相加，进而得到

$$z = \frac{I_o}{I_E} = \frac{4}{\pi} y \times \sin\omega_{LO} t = \frac{2}{\pi} y [\cos(\omega_{RF} - \omega_{LO})]$$

因此，创建了增益与 LO 信号无关的线性混频器。由于该混频器中无论是 LO 输入还是 RF 输入都不会馈通到输出端，故被称为双平衡混频器。如果差分对不匹配，或者输入不是理想的差分信号，将会有少量馈通，但是通常这并不重要，因为在大多数情况下 $\omega_{RF} - \omega_{LO} \ll \omega_{RF}$ 和 $\omega_{RF} - \omega_{LO} \ll \omega_{LO}$，所以输出滤波将滤除这部分的影响。

基于同样的原理，可以创建一个 MOS 版本的 Gilbert 混频器，如图 8.12 所示。

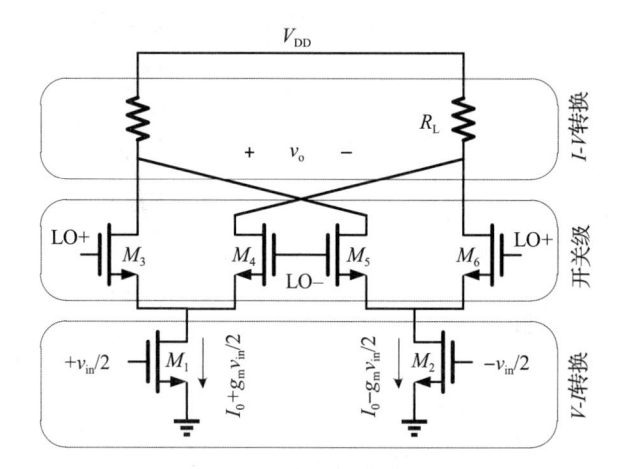

图 8.12 双平衡 MOS 有源混频器

保持与双极性晶体管对一样的标记符号，对于 MOS 差分对[3]，有

$$I_o = \frac{1}{2} \mu C_{OX} \frac{W}{L} V_X \sqrt{\frac{4 I_s}{\mu C_{OX} \frac{W}{L}} - V_X^2}$$

式中，I_s 为源极耦合对的电流。该电流可以完全从一个器件调控到另一个器件，如果满足下式：

$$|V_X| = \sqrt{\frac{2 I_s}{\mu C_{OX} \frac{W}{L}}} = \sqrt{2} V_{eff}$$

因此，只要本振电压相比于 $\sqrt{2} V_{eff}$ 足够大，混频器的功能就如同前面介绍的一样，并且转换增益为

$$\frac{2}{\pi} g_m R_L$$

式中，g_m 是输入对管($M_{1\sim2}$)的跨导。

将混频器拆分成三个不同的功能模块，则可以更好地理解其工作原理：

1) 包含伪差分对的输入 $V-I$ 转换器。虽然图 8.12 中所示为最常见的选择，因其简单，并且在电压裕度、噪声和线性度之间有很好的折中；但是其他的变体，例如源极退化或真正的带尾电流源的源极耦合对(图 8.13)都是可以选择的。

2) 正交开关级(器件 $M_{3\sim6}$)，对射频电流进行换向。

3) 负载的 I-V 转换。负载可以是有源的,也可以是无源的。

这些级中的每一级都会对混频器的噪声和非线性有潜在的影响,接下来将讨论这个问题。

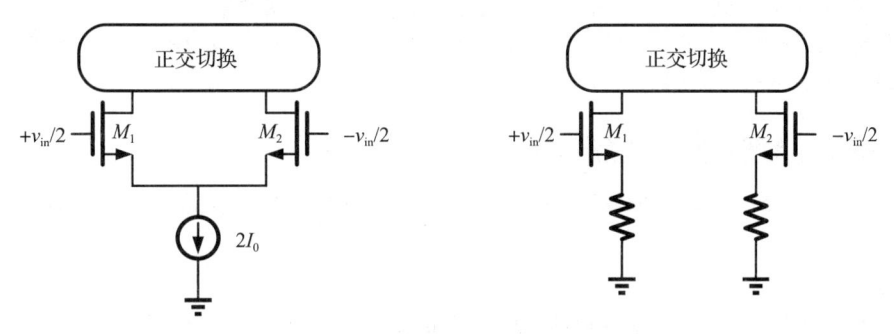

图 8.13 输入 V-I 转换器的不同变形

最后要注意一点,由于大多数的天线都是单端的,因此无论是在 LNA 的输入端还是输出端,产生差分 RF 电压需要额外的转换器,这会增加成本。如果低噪声放大器的输出正好是单端的,就要采用单端版本的 Gilbert 混频器,也就是所谓的单平衡混频器,如图 8.14 所示。其输出仍然是差分的,并且处于完全匹配状态,就会消除 RF 馈通。

然而,在输出端出现了一个与 LO 幅度无关的一阶 LO 馈通,正如之前已经计算过的:

$$\frac{4}{\pi} R_L I_0 \sin\omega_{LO} t$$

式中,I_0 是输入器件的偏置电流。只有通过中频滤波器才可以滤除这个馈通。单平衡结构的另外一个缺点是 LO 端的任何噪声或干扰都会出现在输出端。

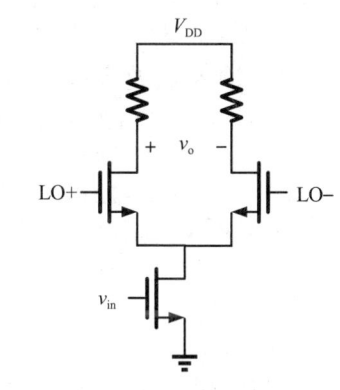

图 8.14 单平衡有源混频器

8.3.1 有源混频器的线性度

本节仅定性地讨论有源混频器的线性度和 IIP_3。更严谨的分析可参见文献[4]。

考虑图 8.15 所示的简化的混频器电路图。如果设计得当,负载通常并不是导致非线性的主要原因,尤其如果负载是电阻时。而如果输出与 LO 的直流偏置点选择得当,从而在给定开关导通的半周期内,管子工作在饱和区,以确保低跨导器件与输出间隔离良好,则开关对整体非线性也没有太大影响。

每一个开关对的共源端的寄生电容(图 8.15 中的 C_p)必须最小化。具体来说,必须确保 $\dfrac{g_{m3-4}}{C_p} \gg \omega_{LO}$。在现代纳米级 CMOS 工艺中,大多数吉赫兹的 RF 应用都能很好地满足这一条件。

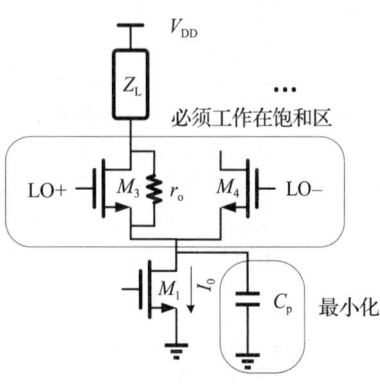

图 8.15 有源混频器的非线性因素

跨导级似乎是线性度的瓶颈。关于场效应晶体管的 IIP_3 的详细分析已在第 6 章中给出。如果设计合理,可以采用一阶逼近,并假设器件保持在预期的工作区内,这样就设定了混频器的 IIP_3。后一个条件可能更难满足,是因为有源混频器至少由三级堆叠组成,并且电压裕度可能是一个挑战。尽管如此,有文献已经公布了在 1.2V 电源电压下的 IIP_3,实现优于 1V(或者 10dBm)的 IIP_3 还是有可能的。

8.3.2 有源混频器的 $1/f$ 噪声分析

本节分析混频器每一部分的噪声影响,并提供一个物理模型,以足够精确地描述混频器的噪声[5]。

1. 负载

输出负载的噪声并不受频率变换的影响,但直接与信号对抗。幸运的是,这种噪声可以采用多种方式来降低。如果采用 PMOS 器件作为有源负载,则必须选择足够大的器件沟道长度,以将 $1/f$ 噪声转角降低到关注的频率以下。或者,以牺牲一些电压裕度为代价,混频器的负载可以采用多晶硅电阻,这种电阻没有闪烁噪声[○]。

2. 输入场效应晶体管

低跨导场效应晶体管中的噪声伴随着 RF 输入信号,并且如同信号一样进行频率变换。因此,这些场效应晶体管中的闪烁噪声上变频到 ω_{LO} 和其他奇数谐波上,同时在 ω_{LO} 处(和其他奇数谐波处)的白噪声搬移到了 DC 处。如果所关注的输出在零中频或者在零中频附近,则频率变换后跨导场效应晶体管只产生白噪声,因为这些器件的闪烁噪声转角通常远低于本振频率。由于正交开关晶体管级的失配,跨导场效应晶体管中的少量闪烁噪声会出现在负载处。这将在本节的最后讨论。

3. 开关

考虑如图 8.16 所示的简化双平衡混频器,开关场效应晶体管 $M_{3\sim4}$ 和 $M_{5\sim6}$ 的偏置电流以频率 ω_{LO} 变化。由电子空穴捕获引起的闪烁噪声具有比 RF 的典型振荡周期长得多的时间常数,并且可以假设沟道中的平均反型层电荷决定了均方根闪烁噪声的波动。因此,这些电荷的波动可以等效为一个场效应晶体管的栅极(如 M_3)电压,其大小是一个非时变的均方根值,具有和 $1/f$ 一样的频谱密度变化(图 8.16 中的 v_n)。粗略而言,该等效电压可以视为与差分对相关的缓慢变化的失调电压。需要注意的是,基于载流子密度波动模型,MOSFET 的输入参考闪烁噪声与栅极电压无关。这已经在 NMOS 晶体管上得到了实验验证过[6-7][○]。

为了简化分析,假设正弦信号驱动开关,且电路随栅极电压快速切换,即一个小的差分电压偏移(V_{id})将导致差分对的电流(I_{od})完全从一边切换到另外一边(图 8.16)。此外,由于到输出的噪声传递函数是线性的(但是时变的),叠加原理依然适用。因此,分析一个开关的噪声就足够了,只需将结果乘以 4 即可,因为所有的噪声源都是不相关的。

首先考虑开关噪声在混频器输出端的直接影响。混频器的跨导部分可用尾部的电流源 I 替代。在不考虑噪声的情况下,LO 信号为正值时,$M_{3\sim6}$ 导通,$M_{4\sim5}$ 断开,大小为 I 的电流流过

○ 通常这并不正确,因为已经证明了多晶硅电阻具有 $1/f$ 噪声。然而,在大多数情况下是可以忽略的,就像在本章和整本书中选择忽略一样。

○ 在最近的 CMOS 工艺中,这可能不再适用。尽管如此,为了进一步了解,假设 $1/f$ 噪声不是偏置电压的强函数,这似乎是相当准确的。

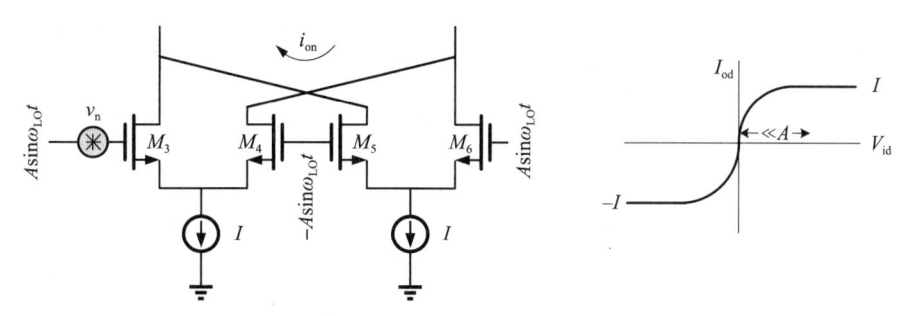

图 8.16 混频器开关 1/f 噪声模型

每个支路，但是由于 M_3 和 M_6 的电流在输出端相减，从而输出端仍然没有净电流。在接下来的半个周期中，M_4 和 M_5 导通，有大小为 I 的电流流过。一旦考虑噪声，当开关对 M_3 和 M_4 切换时，缓慢变化的 v_n 将调制开关切换的时间(图 8.17)。现在，每一次开关切换时，开关切换瞬间的 LO 信号的斜率都会调制混频器输出端的差分电流波形。输出端方波信号的高度保持不变，但是噪声通过 $\Delta t = \dfrac{v_n}{S}$ 调制它的过零点，式中 S 为在过零点处的 LO 信号的斜率。因此，混频器输出端的波形由一系列宽度为 Δt，幅度为 $2I$，频率为 $2\omega_{LO}$ 的脉冲组成(图 8.17)。

一个周期内输出电流的平均值为

$$i_{on} = \frac{2}{T} \times 2I \times \Delta t = 4I \frac{v_n}{S \times T}$$

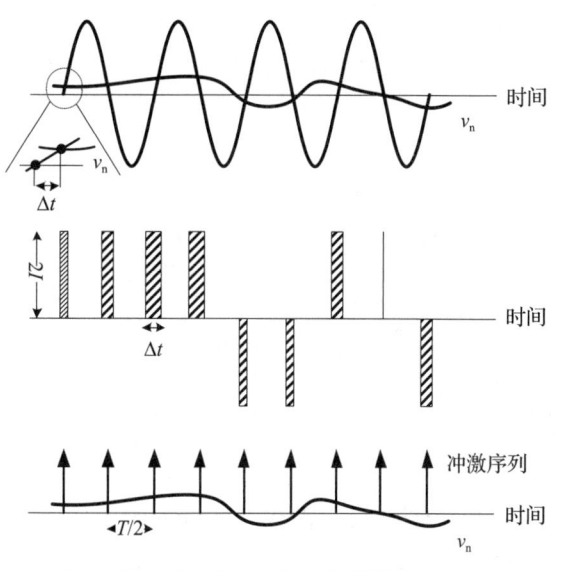

图 8.17 开关输入电压和混频器输出电流

式中，T 为本振信号的周期 $\dfrac{2\pi}{\omega_{LO}}$。这意味着开关管栅极的低频噪声 v_n 直接传输到输出端，并且与信号一起下变频到零 IF。在时域中的过零点失调 Δt 取决于低频噪声 v_n 和 LO 正弦波本振斜率 S。对于正弦波信号，其斜率等于 $2A\omega_{LO}$，A 是本振信号的幅度。因此，出现在输出端的基带 1/f 分量可以很容易计算，为

$$i_{on} = \frac{I}{\pi A} v_n$$

为了得到混频器输出噪声的完整频谱，注意到由于 $\dfrac{\Delta t}{T} \ll 1$，则可以用幅度为 $\dfrac{2I\Delta t}{S}$，频率为 2 倍本振频率的理想冲激近似表示实际的脉冲，来采样混频器噪声(图 8.17)。然后，基于采样理论可以很容易得到混频器输出端的噪声频谱，如图 8.18 所示。需要注意的是，由于噪声脉冲的频率为 LO 频率的 2 倍，噪声频谱在 LO 信号的 $2\omega_{LO}$ 及其偶次谐波处重复。

如果这样的混频器用于上变频，那么开关不会产生闪烁噪声，如图 8.18 所示，但是跨导级的闪烁噪声将直接上变频到 ω_{LO} 处。

上述分析也可以用于回答先前关于跨导级器件产生的闪烁噪声问题，该噪声通过失调引起的

非平衡开关场效应晶体管泄漏。噪声电压 v_n 可用失调电压 V_{OS} 和电流 I 的波动代替。混频器的输出电流现在是一脉冲序列，该脉冲序列在过零处有恒定的偏移 V_{OS}/S，脉冲的高度由噪声电流 $g_m\,v_{ni}(t)$ 调制，其中 v_{ni} 是跨导级 FET 的输入参考闪烁噪声，$g_m \approx \dfrac{I}{V_{eff}}$ 是短沟道跨导（图 8.19）。

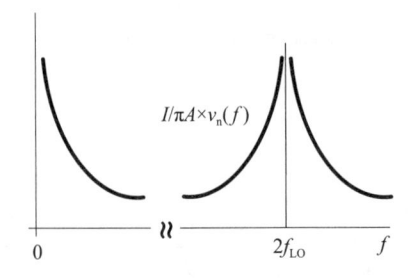

图 8.18　混频器输出噪声频谱

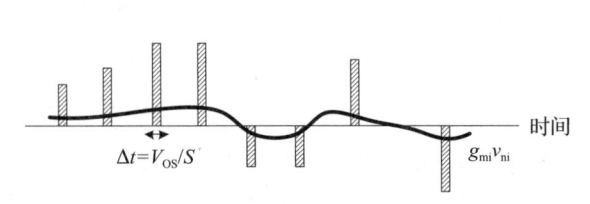

图 8.19　由于开关对失调导致的输入器件的闪烁噪声

低频噪声分量为

$$i_{on} = 4I\frac{V_{OS}}{S\times T} = 4g_m\,v_{ni}\frac{V_{OS}}{S\times T} = \frac{I}{\pi A}v_{ni}\frac{V_{OS}}{V_{eff}}$$

如果假设噪声电压为同一幅度量级，比较两个噪声方程可以发现，由于通常 $V_{OS}\ll V_{eff}$，很明显开关噪声更重要。注意，在方程中，v_{ni} 也可以表征任意类型的耦合到混频器输入的低频干扰，例如地线上的低频噪声。

如果 LO 信号的斜率增加到无穷大，即如果施加理想的方波信号，混频器的闪烁噪声也不会完全减少，而是受到每个开关对的共源极寄生电容的限制。这种间接机制在文献[5]中进行了分析，除非在寄生电容不再重要的非常低的频率下，否则，因为实际的本振信号的斜率不会那么大，所以这种机制通常不会成为主导因素。

8.3.3　有源混频器的白噪声分析

开关的 $1/f$ 噪声的分析方法可以类似地扩展到白噪声的分析。

直观地讲，已经知道，开关在混频器输出端的噪声产生是在两个开关都导通的时间间隔内。这是因为当一个开关导通，而另外一个开关断开时，断开的开关显然不会产生噪声影响。因为导通开关的漏电流大小被输入器件的偏置电流 I 所固定（图 8.16），所以导通开关也不会在混频器输出端产生任何噪声电流。因此，输出噪声就是每个开关的输入参考噪声乘以一个采样函数 $P(t)$ 的结果，如图 8.20 所示。

$P(t)$ 的宽度近似为两个开关都导通时的时间窗口，其频率是本振频率的 2 倍。$P(t)$

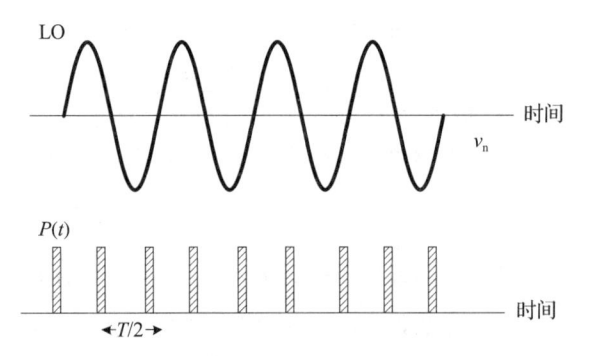

图 8.20　由于开关白噪声导致的混频器噪声

的确切形状取决于本振信号的特性，但是如果本振信号的幅度足够大，而且开关切换足够陡峭，就像大多数开关混频器中的情况一样，则 $P(t)$ 可以很好地近似。如图 8.21 所示，如果假设每个开关对在导通时为线性响应，便可以近似地计算出脉冲的宽度和高度。

如果两个开关都导通时的偏差为 ΔV,则在时域中脉冲的宽度一定为 $\Delta V/S$,S 是本振信号的斜率。为了保持每个脉冲的面积恒定,则其高度应为 $2I/\Delta V$。这可以很好地逼近开关对的 $I-V$ 响应了(图 8.16),并且可用于深入理解混频器的噪声机制(以及在下一节将要讨论的二阶非线性)。然而,正如将要说明的,只要开关切换时间足够短,那么本振确切的波形和开关对 $I-V$ 响应就并不那么重要。

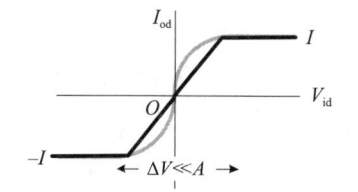

总之,有
$$i_{on}(t) = P(t) \times v_n(t)$$

图 8.21 简化的开关对的 $I-V$ 响应

因为开关的输入参考噪声是白噪声,并且 $P(t)$ 是一个确定性的周期函数,由此产生的混频器输出噪声是白噪声,并且是周期平稳的(参考第 5 章)。因此,与第 5 章中的推导一致,每个开关噪声的谱密度为 $4KT\gamma$,被 $|P(t)|^2 = g_m(t)$ 采样,其中 $g_m(t)$ 为每个开关对的有效跨导(详细情况见习题 9)。那么,平均输出噪声谱密度为

$$S_{i_{on}} = 4KT\gamma \frac{1}{T}\int_T G_m(t)dt = \frac{8KT\gamma}{T}\int_{T/2} \frac{\partial i_o}{\partial v_{LO}}dt = \frac{8KT\gamma}{T}\int_{T/2} \frac{\partial i_o/\partial t}{\partial v_{LO}/\partial t}dt$$

在不失一般性的情况下,选择参考时间为 $t=0$。在开关快速切换的情况下,混频器的输出电流波形是在每个过零点在 $\pm I$ 之间切换的方波。因此,对于在 $t=0$ 处的特定过零点,$\frac{\partial i_o}{\partial t}$ 可近似为

$$\frac{\partial i_o}{\partial t} \approx 2I\delta(t)$$

式中,$\delta(t)$ 是狄拉克冲激函数。因此,积分可简化为

$$S_{i_{on}} = \frac{8KT\gamma}{T}\int_{T/2} \frac{2I\delta(t)}{\partial v_{LO}/\partial t}dt = 4KT\gamma \frac{4I}{S \times T}$$

式中,$S = \frac{\partial v_{LO}}{\partial t}\bigg|_{t=0}$ 是之前定义的 LO 信号在过零点处的斜率。假设在开关切换速度很快的情况下,开关的白噪声谱密度与本振波形形状或者开关的尺寸不相关。这与之前基于文献[5]中的方法计算得到的 $1/f$ 噪声结果非常相似。对于一个正弦本振信号而言,输出噪声的谱密度为

$$S_{i_{on}} = 4KT\gamma \frac{I}{\pi A}$$

假设本振幅度较大,文献[8]中提出的一种更加严谨的方法可以得到类似的结果。

接下来将要求出输入场效应晶体管的噪声影响。场效应晶体管的白噪声与信号一起下变频到中频,如图 8.22 所示。

例如,对于高端注入的情况,信号只出现在 $f_{LO} - f_{IF}$ 处,而噪声出现在基频的两边,$f_{LO} \pm f_{IF}$,及其所有的奇次谐波处,如图 8.22 所示。如果暂时忽略较高次谐波,由于白噪声不可避免地出现在两侧,因此下变频后,信号只出现在单边带处,会使信噪比恶化 2dB 或 3dB。这被称为单边带(SSB)噪声因子。另一方面,如果接收机在下变频后具有抑制不需要的边带镜像信号的能力,如正交接收机,则噪声也会被去除,而信噪比保持不变,这被称为双边带噪声因子。

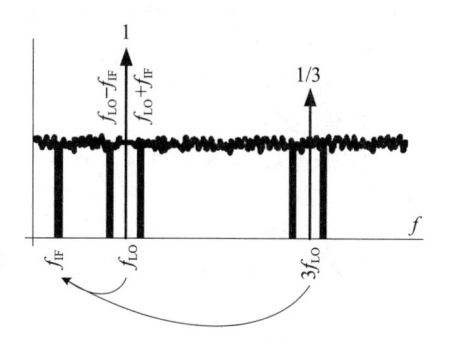

图 8.22 由于输入场效应晶体管白噪声导致的混频器噪声

对于一般情况，由一个输入场效应晶体管引起的总输出噪声谱密度为

$$S_{i_{on}} = 4KT\gamma g_m \left(\frac{2}{\pi}\right)^2 \left[2 \times \left(1 + \frac{1}{3^2} + \frac{1}{5^2} + \cdots\right)\right] = 4KT\gamma g_m$$

式中，$4KT\gamma g_m$ 是输入场效应晶体管的噪声电流谱密度，$\frac{2}{\pi}$ 是电流转换增益，最后一项表示所有谐波的影响：由本振的主谐波下变频到 $\omega_{LO} \pm \omega_{IF}$ 处的白噪声，由幅度为主谐波 1/3 的 3 次谐波下变频到 $3\omega_{LO} \pm \omega_{IF}$ 处的白噪声，等等。注意，本振信号不一定是方波信号；但是，由于混频器的硬开关动作，使得其表现为有效的方波。特别是，由于单边带噪声引起的因子 2。值得关注的是，输入场效应晶体管的噪声电流完好无损地出现在混频器输出端，而信号会有 $\frac{2}{\pi}$ 的损耗。这是因为类方波的 LO 信号下变频所有谐波处的白噪声，而有效信号只位于基频的特定边带处。这一点，加上开关的额外噪声的影响，就是混频器往往比线性放大器噪声更大的原因。

不需要上面的任何计算就可以直观地得到输出噪声谱密度。由于硬切换，输出噪声电流始终为

$$i_{on} = \pm 1 \times i_{n,gm}$$

因此有

$$S_{i_{on}} = |\pm 1|^2 S_{i_{n,gm}} = S_{i_{n,gm}} = 4KT\gamma g_m$$

将所有的噪声源叠加在一起，混频器的输出噪声谱密度将为

$$S_{i_{on}} = 2 \times 4KT\gamma g_m + 4 \times 4KT\gamma \frac{I}{\pi A} + 2 \times \frac{4KT}{R_L}$$

式中假设了混频器的负载为电阻 R_L。由于电流转换增益为 $\frac{2}{\pi} g_m$，因此相对于源电阻 R_s 的噪声因子为

$$F = 1 + \frac{\frac{\pi^2}{4}}{g_m R_s}\left(\gamma + \frac{2\gamma}{g_m}\frac{I}{\pi A} + \frac{1}{g_m R_L}\right)$$

假设短沟道输入场效应晶体管的跨导为 $g_m \approx \frac{1}{V_{eff}}$，并忽略无源负载的噪声影响，则有

$$F \approx \frac{\pi^2}{4}\frac{V_{eff}}{R_s I}\gamma\left(1 + \frac{2V_{eff}}{\pi A}\right)$$

相比于场效应晶体管跨导的相对噪声影响，开关的相对噪声影响为 $\frac{2}{\pi}\frac{V_{eff}}{A}$，意味着当跨导管的过驱动电压与本振幅度接近时，开关的噪声影响与跨导级的噪声影响相当。这清楚地表明了有源混频器中的噪声和线性度之间的折中：在线性混频器中，期望一个大的过驱动电压（以提高跨导管的线性度）和近似小的本振摆幅（以保持开关晶体管工作在饱和区），这会增大开关级的相对噪声影响。

示例： 为了改善线性度、提高增益和避免电压裕度等问题，混频器可以采用有源负载，如图 8.23 所示。

器件的沟道长度必须足够大，以充分降低 PMOS 负载的 $1/f$ 噪声转角频率。然而，负载也可能产生显著的白噪声。修正后的噪声因子（忽略 R_L 的噪声）为

$$F \approx \frac{\pi^2}{4}\frac{V_{eff}}{R_s I}\gamma\left(1 + \frac{V_{eff}}{V_{effp}} + \frac{2V_{eff}}{\pi A}\right)$$

式中，V_{effp} 是 PMOS 负载的过驱动电压。在低电源电压下，PMOS 管过驱动电压必须保持较低以保证其工作在饱和区，其后果是，有源负载将产生与输入 FET 相同或可能更多的噪声。

虽然混频器热噪声因子与线性放大器有类似的折中，但开关的闪烁噪声只能通过增大本振信号幅度或减小开关的输入参考噪声来改善。这两种选择都存在根本的限制：本振振幅受到电源电压的限制，而开关的输入噪声只能通过采用更大尺寸的器件来改善，但这会产生频率响应的后果。

示例：考虑输出 $1/f$ 噪声为

$$i_{\rm on} = \frac{I}{\pi A} v_{\rm n}$$

上式表明，可以建议通过减小混频器偏置电流来降低噪声。但是这并不可行，因为减小电流也会降低信号。不过，如果能降低开关管的偏置电流而不明显影响信号，则可以打破降低 $1/f$ 噪声的基本障碍。

图 8.24 所示的两个有源混频器架构中的任意一个都可以实现这一目标，将作为案例研究进行讨论。

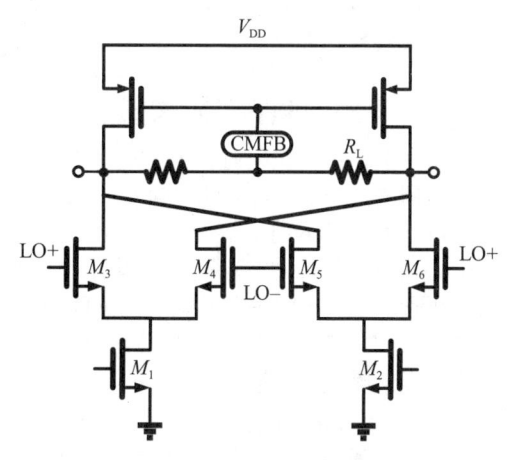

图 8.23　有源负载混频器

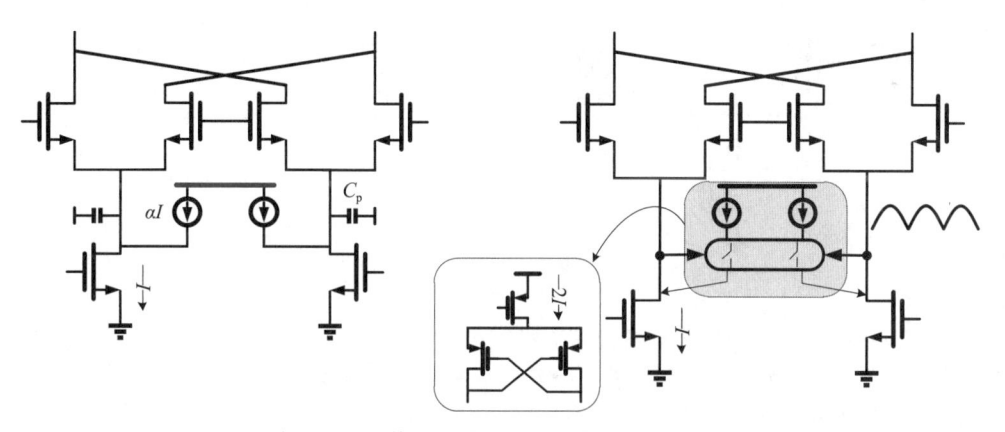

图 8.24　改善 $1/f$ 噪声性能的有源混频器架构

在图 8.24 左图所示的方案中，两个恒定电流 $\alpha I (\alpha<1)$ 被馈入偏置电流恒定为 I 的输入 FET。这并不会影响输入 FET 的跨导，因此预计信号增益保持不变。然而，开关的直流电流降为 $(1-\alpha)I$，它们的 $1/f$ 噪声影响也是如此。这种方案有两个缺点：第一，虽然这样减小了 $1/f$ 噪声，但是电流源增加了自身的白噪声。如果电流源与输入管具有一样的过驱动电压，则混频器的白噪声将放大 $(\alpha+1)$ 倍。第二，减小开关的偏置电流可以有效降低其跨导，因此输入 FET 产生的部分输入电流将浪费在开关级共源极的寄生电容上（图 8.24 中的 $C_{\rm p}$）。

一种更好的方法是，仅在需要时通过动态开关方案减小开关的偏置电流，如图 8.24 右图所示[9]。注意到开关只有在都开启时，或正好在过零点处才会产生噪声。因此，可以只在正处于每个过零点时注入等于 I 的动态电流。在开关的共源节点处利用全波整流输入电压的优点就可实现这一点，如图 8.24 所示。该电压在过零点处较低，并且一旦馈入交叉耦合的 PMOS 对中，将开启顶层电流源，大小为 I 的电流就注入每个开关对。在远离过零点处，该电压较高，

PMOS 器件断开。在 130nm CMOS 工艺中，1.2V 电源下偏置电流为 2mA 的混频器可以实现相对于 50Ω 的 11dB 的白噪声因子，$1/f$ 噪声转角频率低至 10kHz[9]。输入 IIP_3 为 10dBm，表明了有源混频器在考虑电压裕度和偏置电流折中时的基本限制。

8.3.4 有源混频器二阶失真

可以采用分析 $1/f$ 噪声的方法来分析混频器的二阶失真。除了输入级和开关级是失真的潜在影响因素之外，还存在另一种由输入电压到本振端口的馈通引起的机制。接下来将分别研究这些机制相关的案例。

必须强调的是，在双平衡混频器中，当输出采用差分方式时，二阶失真总是被抵消的。因此，理论上，全差分混频器的 IIP_2 为无穷大。然而，实际上失配将导致有限的 IIP_2。尽管如此，预计 IIP_2 会因不同采样时刻而不一样，因此必须采用统计学进行表征。

1. 射频自混频

由于寄生电容或者磁耦合，混频器的 RF 输入电压泄漏到本振端，如同一个与本振串联的差分电压，如图 8.25 所示。因此，混频器用由原始所需的本振信号以及叠加的 RF 泄漏信号组成的复合本振信号对输入射频信号进行下混频。注意，从射频到本振的耦合通常不是差分的，但考虑到共模抑制，在这里只考虑差分耦合。

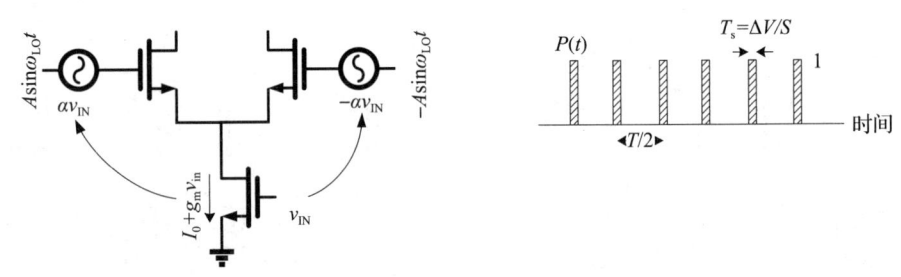

图 8.25 射频自混频

假设耦合系数 $\alpha \ll 1$。采用与分析混频器噪声相似的原理，显然，只有在开关都接通的窗口期间才发生自混频，此时开关对就充当了线性放大器，其电流被输入射频电压调制。

因此，定义采样函数 $P(t)$，如图 8.25 所示，与之前的定义完全一样（见图 8.20）。在开关导通的窗口期间，开关对的有效跨导增益为

$$\frac{2I}{\Delta V} = \frac{2}{\Delta V}(I_0 + g_m v_{\text{in}})$$

式中，ΔV 是开关对的输入偏差（图 8.21）。因此，自混频引起的输出电流为

$$i_o = \left[\frac{2}{\Delta V}(I_0 + g_m v_{\text{in}}) \right](2\alpha v_{\text{in}})$$

然而，这个电流在开关都导通的窗口期间是减小的，为原来的 $\dfrac{T_s}{T/2}$。因此，输出电流的二阶系数为

$$a_2 = \frac{4\alpha}{\Delta V} g_m \frac{2}{T} \frac{T_s}{T} = \frac{8\alpha}{S \times T} g_m$$

之前已得到基波系数为 $a_1 = \dfrac{2}{\pi} g_m$，因此 IIP_2 为

$$\text{IIP}_2 = \frac{a_1}{a_2} = \frac{S \times T}{4\pi\alpha}$$

对于本振为正弦信号，幅度为 A 的情况，有

$$\text{IIP}_2 = \frac{A}{\alpha}$$

除了增加本振幅度或其斜率外，对于 1 阶，所能做的就是改善隔离度以减小 α。

2. 输入场效应晶体管二阶非线性

非常常见的输入跨导级结构是加入伪差分对，所以预计会出现强二阶分量。然而，IM_2 分量在直流或者 $2f_\text{LO}$ 处，因此当与本振混频时，理想情况下应出现在输出的 f_LO 处。然而，与 $1/f$ 噪声的分析非常类似，开关对的任何失配都会导致低频 IM_2 电流泄漏到输出端，并最终设定了 IIP_2 的上限值（图 8.26）。

在第 6 章中证明了平方律场效应晶体管产生的二阶项为

$$\frac{1}{2}\beta v_\text{in}^2$$

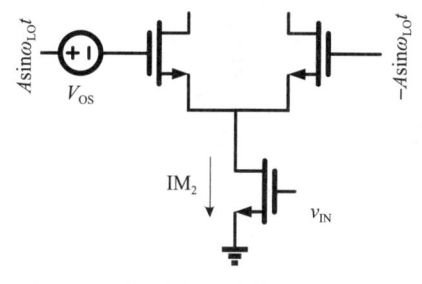

图 8.26 开关级失调导致的跨导级二阶失真

式中，$\beta = \mu C_\text{OX} \frac{W}{L}$。在上一节中了解到，由于偏移导致的泄漏电流增益为 $4\frac{V_\text{OS}}{S \times T}$，因此二阶系数为

$$a_2 = 2\beta \frac{V_\text{OS}}{S \times T}$$

IIP_2 为

$$\text{IIP}_2 = \frac{V_\text{eff}}{V_\text{OS}} \frac{S \times T}{\pi} = 4A \frac{V_\text{eff}}{V_\text{OS}}$$

式中，V_eff 是输入场效应晶体管的过驱动电压。显然，这里面临着与 $1/f$ 噪声中非常相似的折中情况。

3. 正交开关对

对开关对在数学上进行严谨的分析将非常冗长，可参考其他文献中给出的内容。总之，开关对产生的噪声影响主要是由于它们的共源极的寄生电容以及存在失配。因此，它们产生的噪声影响仅在高频处占主导地位，并可以通过减小每对开关对的共源极寄生电容加以改善。

示例： 作为另一个研究案例，将讨论两种由原始吉尔伯特单元变体的电路方案，旨在提高混频器的 IIP_2 并改善 $1/f$ 噪声性能（图 8.27）。虽然图中只给出了一半电路，但两个电路均是全差分的。

在图 8.27 左图所示的方案中，通过恰当的版图布局改善了射频自混频，并且为了避免输入场效应晶体管二阶非线性，器件引入了严重的退化。但是，为了不影响混频器增益和噪声因子，通过并联一个电容在需要的频率处对源极反馈电阻进行了旁路。有了这些预防措施，主要的影响仍是开关的高频二阶失真。通过采用一个电感与开关对共源极寄生电容（C_p）在 $2f_\text{LO}$ 处谐振，可以解决这个问题。选择谐振在 $2f_\text{LO}$ 的原因是，由于每个周期有两个过零点，因此，与 $1/f$ 噪声类似，预计 IIP_2 也以 $2f_\text{LO}$ 的频率变化。这种设计的主要缺点是需要额外的电感，并且电阻性源极退化需要占用较大的电压裕度。尽管如此，该混频器仍实现了 78dBm 的 IIP_2。后一个方案是通过加入一个监测输出二阶失真的共模反馈来解决，并且注入一个低频电流到开关中以

抵消该失真。因为共模电流被很好地旁路，所以并不影响混频器的常规性能。

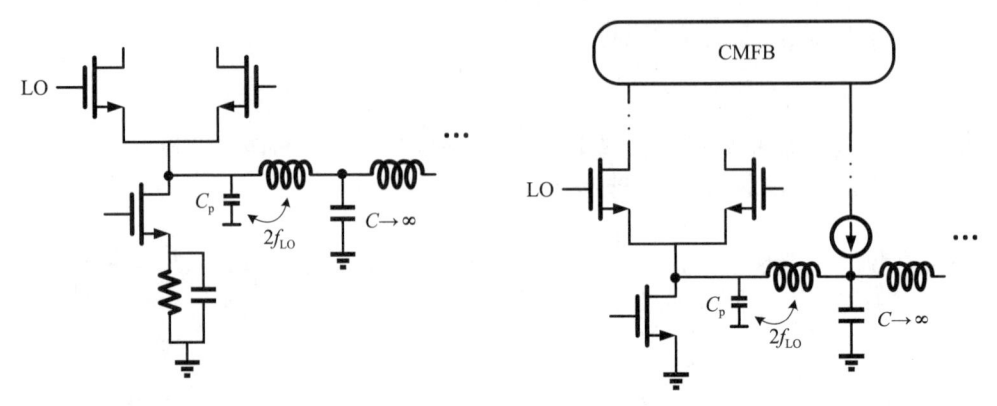

图 8.27 提高 IIP_2 的有源混频器架构

8.4 无源电流模混频器

无源混频器依赖于无功耗的导通/断开开关。但是，这里无源的概念会有些误导，因为通常有几个与无源混频器相关的有源电路导致非零功耗⊖。而且为了提高混频器的性能，开关信号需要很陡峭的轨到轨的驱动波形，与有源混频器相比，这通常会导致本振传输电路中的更大功耗。

正如之前已经讨论过的，有源混频器存在两个基本缺点：由于多个器件的堆叠造成线性度一般和 $1/f$ 噪声较差。如果将有源混频器重新设计成如图 8.28 所示的电路，则可以避免出现这两个问题。

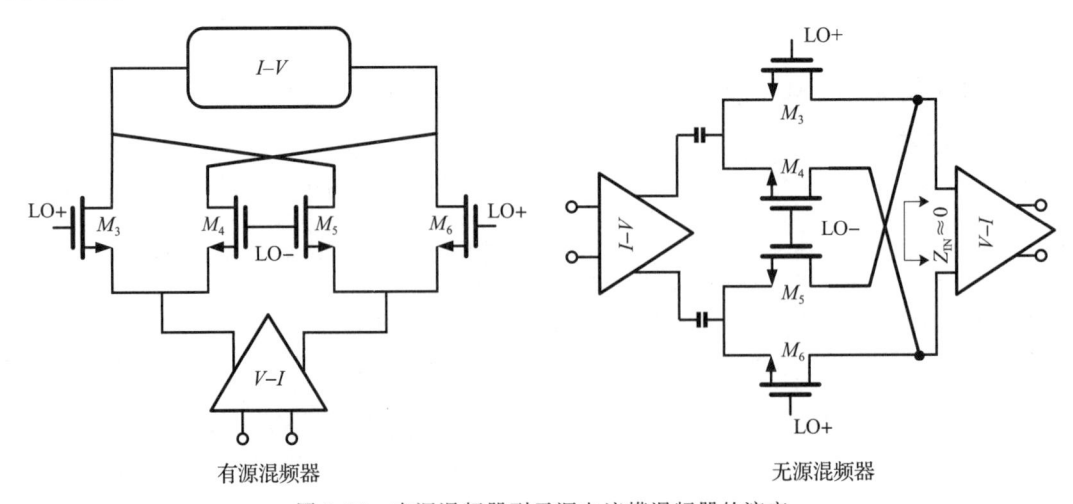

图 8.28 有源混频器到无源电流模混频器的演变

⊖ 在大多数射频应用中，鉴于严格的性能要求，这是正确的。然而，利用无源增益和谐振，就可以实现真正的无源混频器。这在某些应用中已经应用了，例如无线传感器，其中需要极低功率的收发机。

如前所述，有源混频器由实现电压-电流转换的跨导级、正交开关级和实现电流-电压转换的负载(有源负载或无源负载)组成。这三级都是堆叠的，不仅导致电路线性度较差，而且还迫使直流电流流过开关级，导致 $1/f$ 噪声较差。如果采用三级级联的结构，如图 2.28 所示，以上两个问题都可以得到解决。特别是，在信号通路上放置一个隔直电容，可以确保开关在零直流电流下偏置，如此，出于最实际的目的，这种无源混频器方案将不受闪烁噪声的影响。如此，无源混频器和有源混频器的本质区别在于，无源混频器只转换交流信号(无论信号是电流还是电压)。

如果需要，可以移除隔直电容，采用共模反馈(CMFB)电路，以保证开关两端的直流电位相等，这样就不会携带直流电流(图 8.29)。此外，只要保证放大器工作在电流模式，$V\text{-}I$ 转换级就可以与低噪声放大器结合起来(即所谓的低噪声跨导放大器或者简称为 LNTA)。这在很大程度上与混频器开关级的后一级，即将电流转换为电压的级的具体设计有关。

理想情况下，需要一个跨阻放大器(TIA)来接收输入电流信号，并转换成电压输出，更重要的是，为混频器开关对提供一个很低的输入阻抗(图 8.29)。这是保证混频器工作在电流域中所必需的。8.5 节中将会讨论到的电压模无源混频器的情况，与此恰恰相反：混频器后面的缓冲器需要呈现高阻抗电路，从而保证电压模式工作。

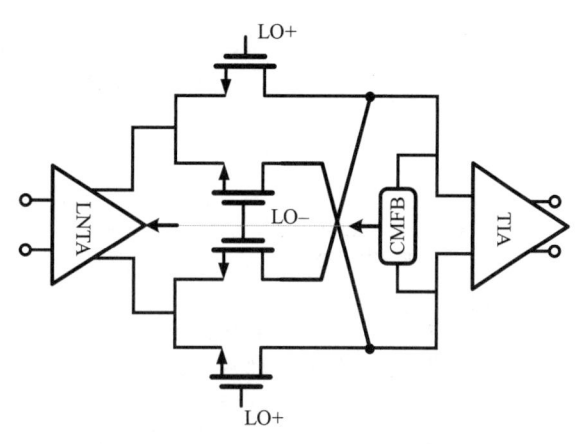

图 8.29 采用共模反馈的电流模无源混频器的完整示意图

在接下来的几节将进一步研究混频器的性能，然而，在这之前，将先一般性地讨论一下用于驱动混频器的本振信号的类型，尤其是本振信号的占空比。有几种选择，其中有些并不是最优的或有效的。因此，一旦排除了不太常用的结构，在本章的其他部分将只关注更加实用的结构。

8.4.1 本振占空比问题

考虑一个由理想单端电流源驱动并连接到一个理想 TIA 的电流模混频器，如图 8.30 所示。

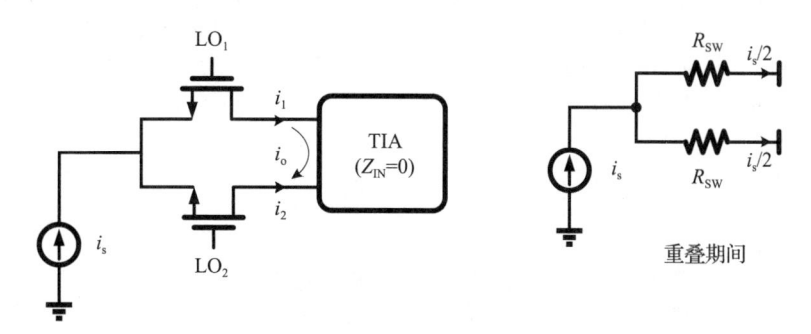

图 8.30 单平衡电流模混频器

假设将图 8.31 所示的常规波形施加到每个开关的栅极。波形是周期性的，周期为 T，并且是差分的,也就是相比于 LO_1,LO_2 向后平移了半个周期。假设本振信号的波形中可能会有重叠时间 τ,如果 τ 为负值,则表示非重叠或者负重叠的本振信号,如图中所示。

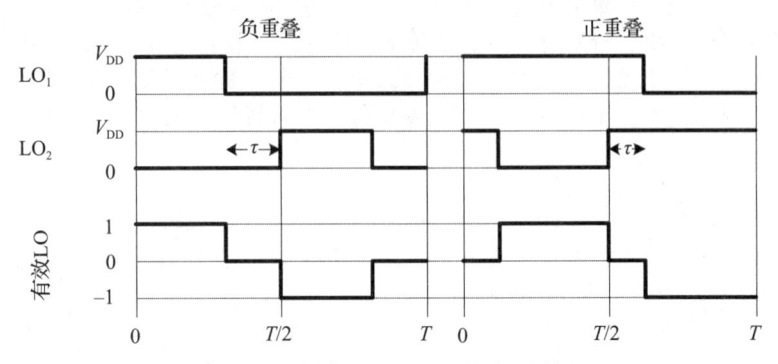

图 8.31 任意重叠的混频器本振波形

对于时钟重叠的情况,在 $T/2<t<T/2+\tau$ 的时间段内,两个开关都导通,使射频电流平均分成两半,并出现在输出的两个支路上,如图 8.30 右图所示。当采取差分时,会导致无电流输出。另一方面,对于非重叠本振信号,同样存在时间间隔 τ,两个开关都断开,在输出端没有电流[⊖],因此,不管是哪种情况,输出电流 i_o 均等于信号源的射频电流 i_s 与图 8.31 所示的有效本振信号的乘积。简单的傅里叶分析表明,有效本振信号的基波分量为

$$\frac{4}{\pi}\cos\frac{\omega_{LO}\tau}{2}\sin\left(\omega_{LO}t-\frac{\omega_{LO}\tau}{2}\right)$$

式中,$\omega_{LO}=\frac{2\pi}{T}$,是本振信号的角频率。因此,当本振信号与正弦 RF 输入信号相乘并通过低通滤波时,在输出端取出的只有差分频率分量,则混频器的电流转换增益 A_I 为

$$A_I=\frac{2}{\pi}\cos\frac{\omega_{LO}\tau}{2}$$

在零重叠时,或本振具有精确的 50% 占空比的条件下,电流转换增益为最大值。更低或者更高的占空比将导致射频电流根本没有输出或在输出端以共模形式出现。

如果混频器是应用在正交接收机中,情况将有所不同。在第 2 章中已看到发射机中的单边带信号生成需要正交混频器将基带正交分量上变频到载波周围。类似地,正如已经讨论过的,并将在第 12 章中更详细地说明,检测此类信号需要一个正交下混频路径,如图 8.32 所示。

相应的本振波形如图 8.33 所示。每一个本振信号移相 $T/4$ 或 $\pi/2$,因此,LO_1、LO_3 信号对代表了 I 路差分本振信号,而 LO_2、LO_4 信号对代表了 Q 路差分本振信号。与之前一样,假设任意的重叠时间 τ。

对于负 τ 或每个信号有效占空比小于 25% 的情况而言,相关的分析在前面已经给出。考虑到存在 4 个开关都断开的一段时间,混频器的转换增益预计会有所下降。

接下来考虑 $\tau>0$ 的情况,即存在非零重叠的情况,如图 8.33 所示。考虑流过 I+ 支路 TIA 的差分电流:当 $\tau<t<T/4$ 时,只有 LO_1 起作用,使得全部的射频电流流过 TIA;当 $t=T/4$ 时,LO_2 起作用,从该时刻到 $t=T/4+\tau$,I+ 和 Q+ 支路的开关都导通,使得射频电流平均分成两半流入两个支路;当 $t=T/4+\tau$ 时,I 路开关断开,直到该周期剩下的时间段内,输出端都没有电

⊖ 虽然这似乎违反了 KCL 方程,但实际上电流通过混频器输入端的寄生路径流走。随后再讨论这个问题。

流(I+支路)。在开始的部分,即 $0<t<\tau$,RF 电流同样平均分成两半等量地流入两个支路,但是此时是 I+ 和 Q- 支路;对于 I- 支路,在 $T/2<t<3T/4+\tau$ 时也发生了同样的情况,使 I 路的有效本振波形如图 8.33 所示,对该波形进行傅里叶级数分析可以得到本振信号的基波分量为

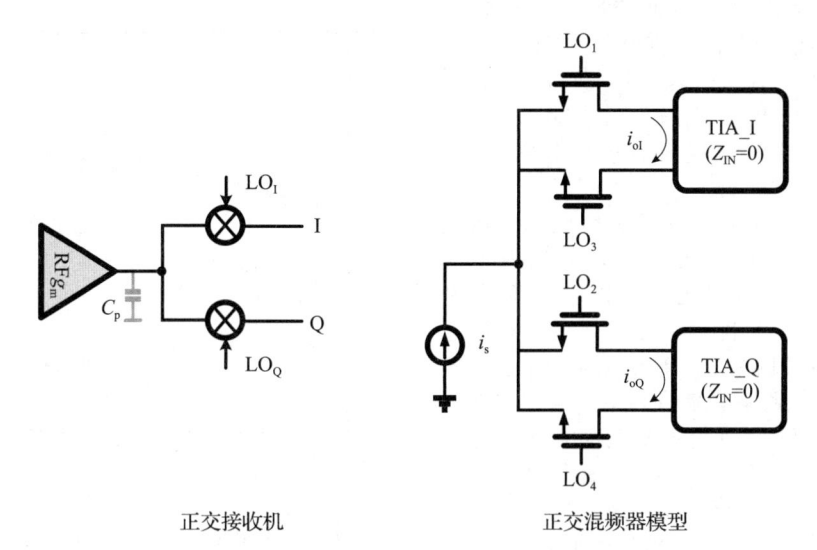

图 8.32 典型接收机中的正交混频器

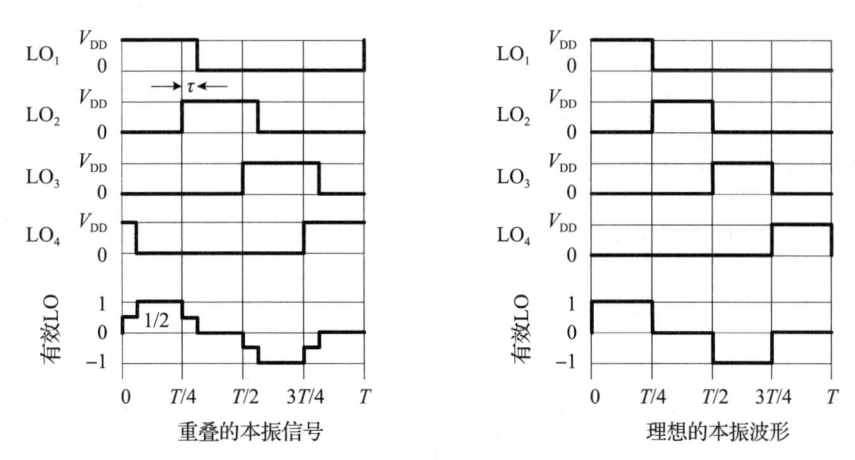

图 8.33 正交混频器中的本振波形

$$\frac{2\sqrt{2}}{\pi}\cos\frac{\omega_{LO}\tau}{2}\cos\left(\omega_{LO} - \frac{\omega_{LO}\tau}{2} - \frac{\pi}{4}\right)$$

因此电流转换增益为

$$A_I = \frac{\sqrt{2}}{\pi}\cos\frac{\omega_{LO}\tau}{2}$$

对于占空比为 50% 的 LO 信号,此时对应重叠时间为 $\tau = T/4$,导致转换增益为 $1/\pi$。显然,当 $\tau = 0$,或者 LO 信号占空比为 25% 时,转换增益最大,形成 1/4 周期的波形,并移相 1/4 周

期,如图 8.33 右图所示。因此,混频器的转换增益以及噪声因子都改善了 3dB。注意,每个波形下的总面积是相同的,但重叠的本振信号的阶梯状波形导致正弦信号较小部分被积分,因此转换增益减小。或者,可以认为重叠抵消了信号,但没有抵消噪声。

针对所讨论的每一种情况,一个实际 40nm 的无源混频器的仿真结果如图 8.34 所示。仿真结果与前面的研究非常吻合。但是,当 IQ 路占空比小于 25% 时(或者对于仅 I 路小于 50%),混频器增益下降的程度并不会像方程预测的那样陡峭。

对此解释如下:在非重叠时间内,在理想的设置下,当所有的 4 个开关都未导通时,射频电流无处可流,所以信号完全消失。但是,实际情况中,由于开关具有结电容、栅-源电容以及 g_m 单元的输出寄生电容(图 8.35),导致在电流源的输出端存在寄生电容(以及电阻)。在这段时间里,射频电流源对这些寄生电容的充电近乎是线性的,一旦任何一个开关重新导通,这些电荷就传输到输出端,从而挽回一些信号的损失。

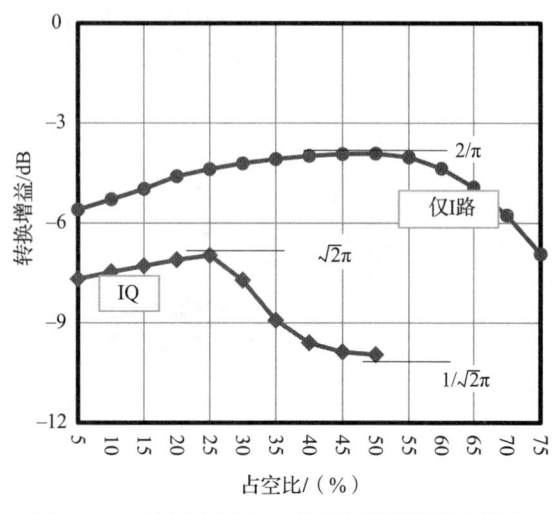

图 8.34 不同本振占空比的混频器转换增益仿真

重叠的本振信号和 50% 占空比的波形还存在多个其他缺点。一般而言,重叠会导致 I 路和 Q 路分支信号的串扰,或者镜像电流有效地在两个支路中循环。这种串扰将导致混频器噪声和线性度的进一步恶化,超出之前所说的 3dB 增益损失。基于这些原因,在本章剩余的部分将只考虑在几乎所有实际的收发机中都采用的完全非重叠时钟的无源混频器。50% 占空比的混频器的详细讨论和与之相关的问题可参考其他文献。

25% 占空比的混频器的一个缺点是需要占空比为 25% 的正交本振信号,波形如图 8.33 所示。实际上,这是通过两个占空比为 50% 的正交本振信号相与实现的,如图 8.36 所示。也可以采用一个移位寄存器使时钟边沿与本振边沿之间的延迟更小,这从根本上改善了相位误差和抖动。图 8.36 所示的简单结构使得其被广泛应用在四相混频器中,但如果需要 4 个以上的相位,移位寄存器可能更突出,这将在后文中讨论。

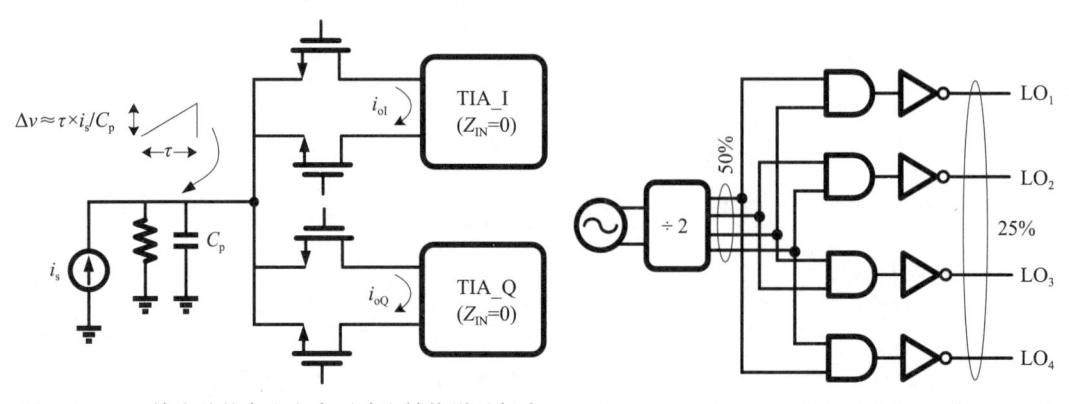

图 8.35 g_m 输出处的寄生电容可减少转换增益损失

图 8.36 采用与门实现占空比为 25% 的 LO 信号

尽管更加复杂的本振生成方式将导致更高的功耗，但是，25％占空比的混频器的优点足以证明，在大多数情况下，这种额外的功耗是合理的。另外，包括与门或移位寄存器组成的额外本振生成电路的功耗会随着工艺进步而减小。

最后，对驱动开关栅极的反相缓冲器的尺寸大小需要仔细选择，以使重叠最小化，包括工艺和温度波动的影响。所有开关都不导通的情况下，小部分非重叠通常是可以接受的，因为信号损耗非常小。另一方面，为了防止前面提到的串扰和镜像问题，必须避免重叠（图 8.37）。

图 8.37 占空比 25％的混频器的实际 LO 波形

8.4.2 M 相混频器

在第 6 章中，已经看到本振波形的类方波特性导致了丰富的谐波信号，并且使得位于 LO 谐波处或在谐波周围的某些不需要的阻塞下变频。

为了更好地理解这个问题的根源，将从由 50％占空比的差分本振时钟驱动的单混频器着手研究，如图 8.38 左图所示。这样的本振信号对一个理想的正弦波形仅有效采样了两个点，1 和 −1，如图所示，类似于一个差分方波在轨到轨之间切换。为此，将这样的混频器称为 2 相混频器。

因为只对基波感兴趣，一旦滤波之后，混频器的输出比输入小 $\frac{2}{\pi}$。除非在下变频之前进行滤波，否则，方波本振的特性将导致所有的奇次谐波（奇次仍是因为本振是差分的，或是 2 相的）也进行下变频。

正如之前所讨论的，几乎所有的收发机都依赖正交混频以只选出单边带信号。对于接收机而言，这相当于抑制镜像处的无效频带。为了做到这一点，已经说明过，需要如图 8.33 所示的 4 相本振信号。这相当于对理想的正弦波采样 4 个点，如图 8.38 右图所示。I 路和 Q 路组成的组合输出的净增益为 $\frac{2\sqrt{2}}{\pi}$。混频器转换增益的增加是 4 点采样的直接结果，也就是说，在 $-f_{LO}$ 处的不需要的边带被抵消了，因此更多的能量集中在基带分量中。

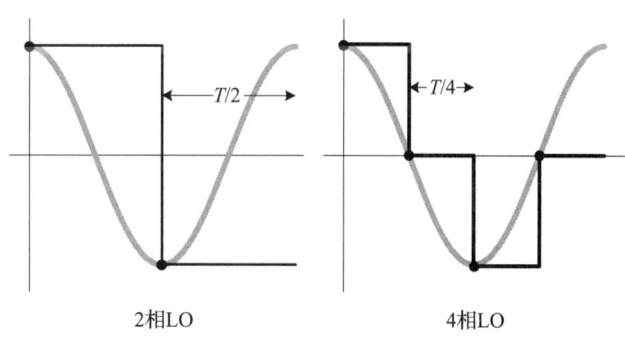

图 8.38 2 相和 4 相本振信号

这个概念可以根据需要扩展到任意多相混频器中。如图 8.39 所示为 8 相 LO 波形的示例，对理想的正弦 LO 信号采样 8 个点：1、$1/\sqrt{2}$、0、$-1/\sqrt{2}$、-1、$-1/\sqrt{2}$、0 和 $1/\sqrt{2}$；实际的 LO 波形如图 8.39 右图所示，这是一系列幅度从 0 到 V_{DD} 的脉冲，每个脉冲的持续时间是 1/8 个周期，并且相对于彼此平移了 1/8 个周期。因为 LO 信号是方波，有效的缩减因子 $1/\sqrt{2}$ 是通过改变对应的 TIA 的相对增益得到的。如果设计的是差分结构，则负的缩减因子很容易实现。通过采用一个 8 相本振，所有直至 7 次的谐波都得到抑制，导致一个更高的基波增益，而且也减小了噪声混叠和抗谐波阻塞免疫力。缺点是需要产生比 4 相混频器窄一半的本振信号。这可以通过将基波调制到 4 倍本振信号处，然后 4 分频，接着用与门有效地实现，其电路结构与

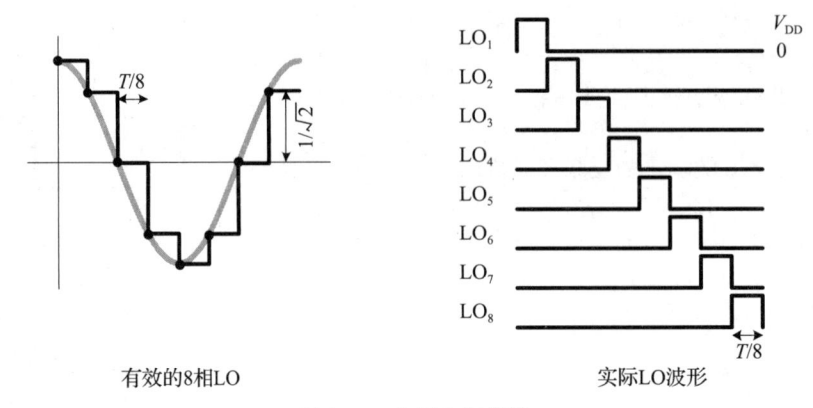

图 8.39　8 相本振信号

图 8.36 所示的 4 相本振信号的实现电路类似。如之前所提到的,采用移位寄存器也会是另一个有吸引力的选择。

2001 年首次提出了在采用有源混频器的发射机中,用于抑制高次谐波的 8 相混频器的概念,但可以延伸到有源或无源混频器,接收机或发射机的应用中。

用数学的方法表达这个概念,来考虑图 8.40 所示的 M 相混频器的一般情况。鉴于实际的 LO 信号采用分频器实现,假设 M 是 2 的整数次幂,尽管这个概念可以延伸到 M 是任何整数值。

因为余弦信号以时间间隔 $t=n\times\dfrac{T}{M}$, $n=0,1,\cdots,M-1$, 采样 M 个点,表明有效的 LO 信号由 T/M 个脉冲组成,输出 v_n 对应的缩减因子为 $\cos\left(n\dfrac{2\pi}{M}\right)$, 如图 8.40 所示。因此,有 M 个脉冲输出,每一个脉冲相对于另一个脉冲相位平移了 $\dfrac{2\pi}{M}$; 图 8.40 中只给出了第一个输出。这是通过采用 M 组具有适当增益的 M 输入, 1 输出的 TIA 来实现的。

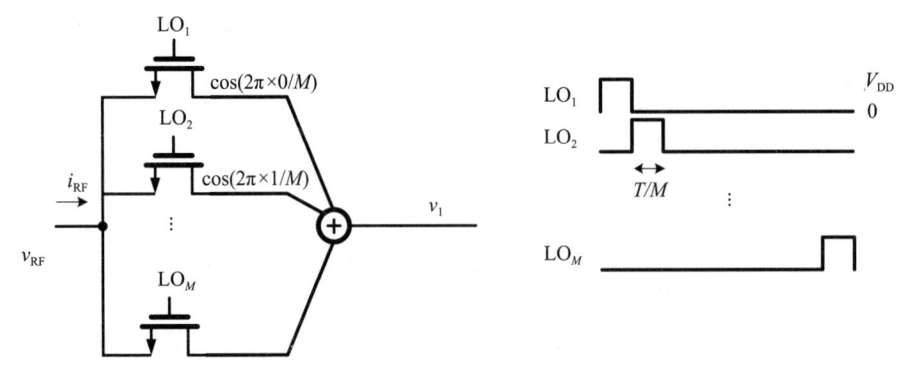

图 8.40　M 相混频器和对应的本振信号

为了得到有效的本振信号,首先推导出驱动每个支路的本振信号的傅里叶级数表示形式:

$$S_k(t)=\sum_{n=-\infty}^{\infty}a_n\mathrm{e}^{-\mathrm{j}k\frac{n2\pi}{M}}\mathrm{e}^{\mathrm{j}n\omega_{\mathrm{LO}}t}$$

式中, S_k 是切换第 k 条支路的有效本振系数, $k=1,\cdots,M$, 并且有

$$a_n = \frac{e^{jn\frac{\pi}{M}}}{M}\operatorname{sinc}\left(\frac{n}{M}\right)$$

注意，与第 2 章的定义保持一致，$\operatorname{sinc}\left(\frac{n}{M}\right) = \frac{\sin\frac{n\pi}{M}}{\frac{n\pi}{M}}$。显然，有效的本振信号是一样的，只是相互之间平移了 T/M。现在，净有效本振 $S(t)$，由每个支路的有效本振信号，缩减 $\cos\left((k-1)\frac{2\pi}{M}\right)$，并且叠加在一起得到

$$S(t) = \sum_{k=1}^{M}\cos\left((k-1)\frac{2\pi}{M}\right)S_k(t)$$

$$= \sum_{n=-\infty}^{\infty} a_n e^{j\frac{n2\pi}{M}} e^{jn\omega_{LO}t} \sum_{k=0}^{M-1}\cos\left(k\frac{2\pi}{M}\right) e^{-j\frac{nk2\pi}{M}}$$

通过简单的代数统一，可以证明有

$$\sum_{k=0}^{M-1}\cos\left(k\frac{2\pi}{M}\right) e^{-j\frac{nk2\pi}{M}} = \frac{M}{2}$$

式中，$n = pM \pm 1$，$p \in Z$，其他条件下为 0。

针对主谐波，$n = \pm 1$，有效本振的输出 v_1 变为

$$\operatorname{sinc}\left(\frac{1}{M}\right)\cos\left(\omega_{LO}t - \frac{\pi}{M}\right)$$

不同谐波的有效本振幅度如图 8.41 所示，图中的幅度与采样定理相一致。

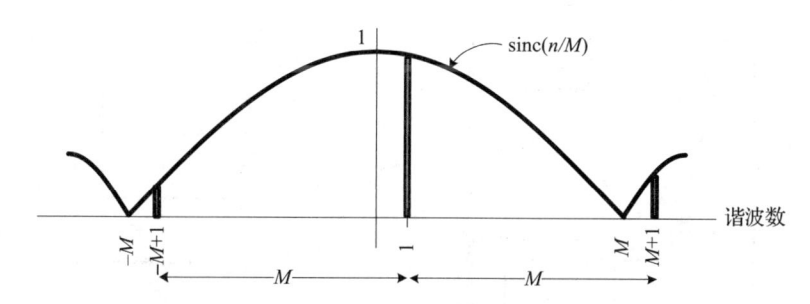

图 8.41 M 相混频器有效本振谐波（假设为复数输出）

下面给出一些关键的观察结论：
- 尽管事实上开关仍由方波信号计时，但随着相位数(M)接近无穷大时，有效本振将接近理想的余弦信号。有效本振幅度接近于 1，并且不存在谐波下变频。
- 在主谐波处的任何信号，以及被 $p \times M$(p 为整数)分隔的任何谐波，都在所需的信号之上叠加，因此，期望第($M+1$)次及($-M+1$)次谐波作为最接近的谐波与所需的信号一起进行下变频。

随着 M 的增加，有效 LO 幅度迅速接近 1，如图 8.42 所示。考虑到多个相位的时钟生成的开销，从增益/噪声的角度来看，以及仅 7 次及以上谐波是有问题的事实来看，$M=8$ 可能是最优的选择。7 次谐波已足够远，可以很好地滤除。对于 8 相时钟，有效本振幅度为

$$\frac{8}{\pi}\sin\left(\frac{\pi}{8}\right) \approx 0.97$$

上式已非常接近1。

设定 $M=4$,如之前25%占空比的混频器一样的推导,其中计算转换增益为 $\frac{\sqrt{2}}{\pi}$。注意,在4相混频器中,第一和第三条支路的增益都为 $\pm\frac{\sqrt{2}}{\pi}$,被减去后,将得到有效信号的净增益(见图8.40)。

在本节的剩余部分中,将主要关注在窄带接收机中最常用的4相混频器,考虑到 M 值越大时,其复杂度和本振生成电路的开销也就越大。在12章将讨论在宽带接收机中主要用于谐波抑制的8相混频器。混频器的工作原理可以很容易扩展到任何所需的相位数。

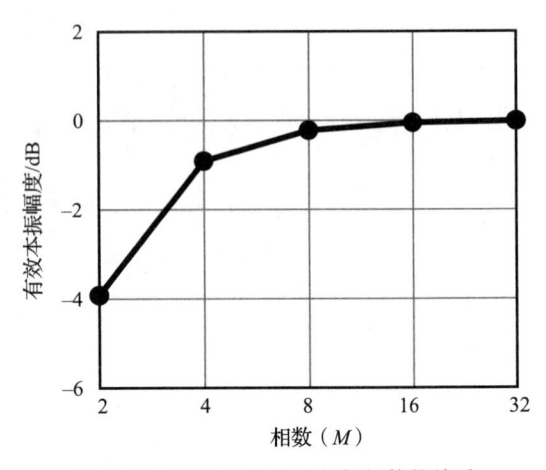

图 8.42 混频器转换增益与相数的关系

8.4.3 无源混频器的具体工作原理

为了分析混频器的工作原理,考虑如图8.43所示的电路,假设每个TIA的单端输入阻抗为 Z_{BB},混频器本振电压和其他对应的信号在图中进行了标注。

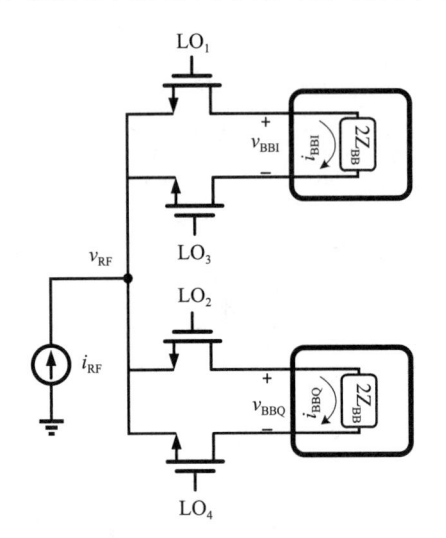

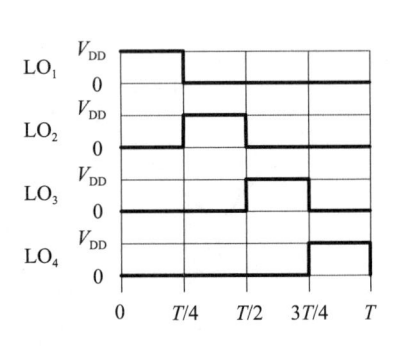

图 8.43 电流模混频器的工作

有效本振信号标注为 $S_1(t), S_2(t), \cdots$,除了它们在 $0\sim1$ 切换以外,其他与 $\mathrm{LO}_1, \mathrm{LO}_2, \cdots\cdots$ 一样。如之前一样,为了简单起见,采用单端输入混频器,而推导的结果可以很容易推广到全差分结构。

如前所述,采用傅里叶级数表示有效本振信号为

$$S_1(t) = \sum_{n=-\infty}^{\infty} a_n e^{jn\omega_{LO}t}$$

$$S_2(t) = \sum_{n=-\infty}^{\infty} a_n e^{-jn\frac{\pi}{2}} e^{jn\omega_{LO}t}$$

$$S_3(t) = \sum_{n=-\infty}^{\infty} a_n e^{-jn\pi} e^{jn\omega_{LO}t}$$

$$S_4(t) = \sum_{n=-\infty}^{\infty} a_n e^{+jn\frac{\pi}{2}} e^{jn\omega_{LO}t}$$

式中，$a_n = \dfrac{e^{-jn\left(\frac{\pi}{4}\right)}}{4} \text{sinc}\left(\dfrac{n}{4}\right)$。

因为给定的开关只在 1/4 个周期内导通，对于对应的支路而言，比如 I 路的开关由 LO_1 切换，有

$$i_{BBI+} = S_1(t) i_{RF}(t)$$

以此类推。这个基带电流反过来在 TIA 的输入端产生电压

$$V_{BBI+} = [S_1(t) i_{RF}(t)] * z_{BB}(t)$$

式中，"*"表示卷积。该基带电压只在 $S_1=1$ 时才转换成射频输入，因此射频电压即为基带信号与 S_1 有效相乘。

一旦考虑所有 4 个分支，包括总是与射频电流串联出现的开关电阻 R_{SW}，因为在同一时间有且仅有一个开关导通，所以有

$$v_{RF}(t) = R_{SW} i_{RF}(t) + \sum_{k=1}^{4} S_k(t) \times \{[S_k(i) i_{RF}(t)] * z_{BB}(t)\}$$

如果采用傅里叶变换，在频域中进行分析就会很容易。通过直接应用代数变换，就可以得到 $S_k(t) \times \{[S_k(t) i_{RF}(t)] * Z_{BB}(t)\}$ 的傅里叶变换为

$$\sum_{m=-\infty}^{\infty} \sum_{n=-\infty}^{\infty} e^{-j(n+m)(k-1)\frac{\pi}{2}} a_n a_m I_{RF}(\omega - (n+m)\omega_{LO}) Z_{BB}(\omega - n\omega_{LO})$$

式中，$k=1,2,3,4$ 分别对应了用 LO_k 信号驱动的支路，a_n 是之前得到的傅里叶级数系数。因此可以得到

$$V_{RF}(\omega) = R_{SW} I_{RF} + 4 \sum_{m=-\infty}^{\infty} \sum_{n=-\infty}^{\infty} a_n a_m I_{RF}(\omega - (n+m)\omega_{LO}) Z_{BB}(\omega - n\omega_{LO})$$

式中，$n+m$ 被限制为 4 的整数倍。由此可以得出，如果射频电流是频率为 $\omega_{LO}+\omega_m$ 的正弦信号，则射频电压的主要分量在 $\omega_{LO}+\omega_m$ 处，其余分量则位于 $3\omega_{LO}-\omega_m$、$5\omega_{LO}-\omega_m$ 等处。这里忽略 3 次和更高次的谐波分量[⊖]，已经知道接收机可以提供适当的滤波，因此 $n+m=0$，并可以得到

$$V_{RF}(\omega) = R_{SW} I_{RF}(\omega) + 4 \sum_{n=-\infty}^{\infty} |a_n|^2 I_{RF}(\omega) Z_{BB}(\omega - n\omega_{LO})$$

因为 $V_{RF}(\omega)$ 只是 $I_{RF}(\omega)$ 的函数，可以有效地将射频输入节点的阻抗定义为

$$Z_{IN}(\omega) = R_{SW} + 4 \sum_{n=-\infty}^{\infty} |a_n|^2 Z_{BB}(\omega - n\omega_{LO})$$

上式表明，TIA 输入阻抗出现在射频端，位于本振频率及其谐波周围。在 ω_{LO} 附近有

$$Z_{IN}(\omega) \approx R_{SW} + \dfrac{2}{\pi^2} [Z_{BB}(\omega - \omega_{LO}) + Z_{BB}(\omega + \omega_{LO})]$$

因此，基带阻抗转换为频率在 $\pm\omega_{LO}$ 附近的输入阻抗。相应的，如果基带阻抗是低通的，在对应的 RF 输入端将看到带通的阻抗，中心频率由本振精确设定（图 8.44）。这个特性可以用于创建低噪声窄带滤波器，通常称为 N 路滤波器，如第 4 章所讨论的，这是有源滤波器无法提供的特性。

⊖ 通过典型的设计值，可以证明谐波对混频器性能及其传递函数的影响可以忽略不计。由于本章的目标是对混频器进行足够准确且直观的描述，因此将在本章其余部分忽略其影响。

图 8.44 无源混频器阻抗变换

直观地说，在上一节中已表明，具有 25% 占空比的本振驱动的无源混频器的转换增益为 $\frac{\sqrt{2}}{\pi}$。因为无源混频器是互易网络（忽略电容），所以预计基带阻抗上变频到 RF，其转换因子为 $\left(\frac{\sqrt{2}}{\pi}\right)^2 = \frac{2}{\pi^2}$，与讨论结果一致。但是，这种表述并不完全准确，因为忽略了所有谐波的影响。

已经证明了：

$$i_{BBI} = [S_1(t) - S_3(t)]i_{RF}(t) = 2i_{RF}(t)\sum_{n=-\infty,\text{odd}}^{\infty} a_n e^{jn\omega_{LO}t}$$

$$i_{BBQ} = [S_2(t) - S_4(t)]i_{RF}(t) = 2i_{RF}(t)\sum_{n=-\infty,\text{odd}}^{\infty} a_n e^{-jn\frac{\pi}{2}} e^{jn\omega_{LO}t}$$

在基波附近，$n=1$ 且 $a_1 = \frac{e^{-j\frac{\pi}{4}}}{4}\text{sinc}\left(\frac{\pi}{4}\right) = \frac{e^{-j\frac{\pi}{4}}}{\sqrt{2}\pi}$。因此，与之前推导的一样，混频器的 I 路和 Q 路的转换电流增益均为 $\frac{\sqrt{2}}{\pi}$。

由于开关的输入阻抗和电流增益已经计算得到，现在可以直接求出包括射频 g_m 单元在内的混频器的总转换增益。一个简单的混频器模型如图 8.45 所示，并且可以很容易地扩展到全差分的拓扑结构。

用一个负载阻抗 Z_L 的理想电流源为 g_m 单元建模。电容 C 用于隔离开关级与 g_m 级的输出。这样做是为了防止 g_m 单元输出端出现不需要的低频分量，如 IM_2 或 $1/f$ 噪声，在存在不匹配的情况下泄漏到开关级的输出端。假设电容的阻抗为 Z_C，在关注的频率下不一定短路。实际上，将能够证明，为了使增益最大，存在一个最优值的 C。

假设 RF 电流大小为 I_{RF}，频率为 $\omega_{LO} + \omega_m$，因此频率位于本振的上边带。同时还假设 $\omega_m \ll \omega_{LO}$，这在大多数窄带射频系统中是合理的假设。

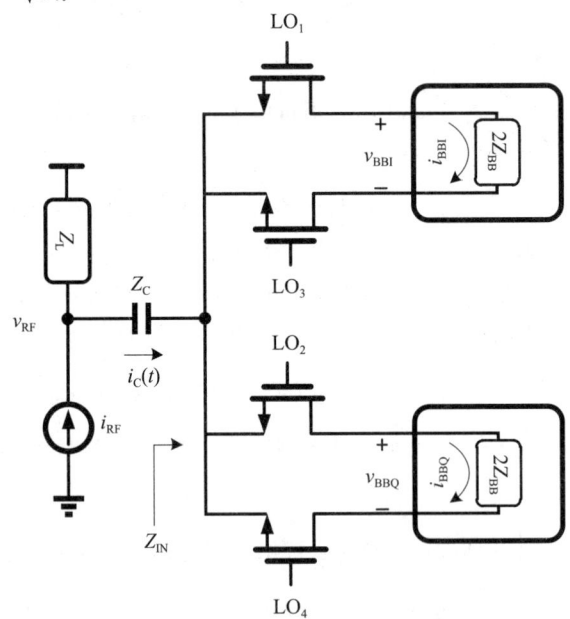

图 8.45 电流模无源混频器的简单模型

向开关看进去的给定混频器的输入阻抗为 $Z_{IN}(\omega) \approx R_{SW} + \frac{2}{\pi^2}[Z_{BB}(\omega - \omega_{LO}) + Z_{BB}(\omega + \omega_{LO})]$，射频电流被其分流，因此有

$$I_C = \frac{Z_L(\omega_{LO} + \omega_m)}{Z_L(\omega_{LO} + \omega_m) + Z_C(\omega_{LO} + \omega_m) + Z_{IN}(\omega_{LO} + \omega_m)} I_{RF}$$

因为 Z_L 和 Z_C 在 ω_{LO} 附近几乎为一常数，并且 Z_{BB} 是低通的，则有

$$I_C \approx \frac{Z_L(\omega_{LO})}{Z_L(\omega_{LO}) + Z_C(\omega_{LO}) + R_{SW} + \frac{2}{\pi^2}Z_{BB}(\omega_m)} I_{RF}$$

前面提到过，开关级输入到 I 路 TIA 的电流增益是 $\frac{\sqrt{2}}{\pi}e^{-j\frac{\pi}{4}}$。因而可以得到

$$I_{BBI} = I_{BBQ}e^{j\frac{\pi}{2}} = \frac{\sqrt{2}}{\pi}e^{-j\frac{\pi}{4}} \frac{Z_L(\omega_{LO})}{Z_L(\omega_{LO}) + Z_C(\omega_{LO}) + R_{SW} + \frac{2}{\pi^2}Z_{BB}(\omega_m)} I_{RF}$$

如果负载阻抗 Z_L 很大，也就是说，g_m 单元为理想的电流源，就可以得出之前的结果。实际上，g_m 单元往往会与低噪声放大器组合，并且其输出或者是并联的 RLC 电路，或者是 RC 电路。

如同在第 7 章已知的，射频放大器通常采用电感作为负载。为了了解其实质，假设 Z_L 是一个并联 RLC 网络。还假设 Z_{BB} 主要是电阻，在所关注的频率上等于 R_{BB}，这个假设是合理的。理想情况下，Z_{BB} 一定为 0，因为 Z_C 代表电容，$Z_C = -jX_C$，并且由于 R_{SW} 和 Z_{BB} 是实数，为了最大化转换增益，也就是说，最小化上式的分母，Z_L 必须在所关注的频率上与电容 C 谐振。现在考虑图 8.46，采用并-串转换可得到右图所示的等效电路。

在大多数典型设计中，表示电感 Q 值的 $\left|\frac{R_p}{X_p}\right|$ 往往较大[⊖]，因此，假设：

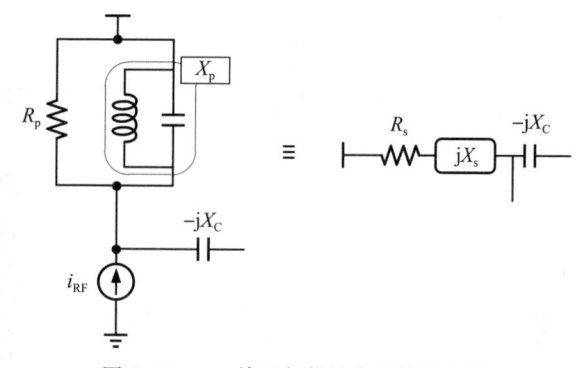

图 8.46 g_m 单元负载的串联等效电路

$$\left|\frac{R_p}{X_p}\right| \gg 1$$

所以等效的串联阻抗为

$$R_p \frac{X_p^2}{R_p^2 + X_p^2} \approx \frac{X_p^2}{R_p}$$

串联的电抗为

$$X_p \frac{R_p^2}{R_p^2 + X_p^2} \approx X_p$$

该阻抗必须与电容 C 谐振，即 $X_p \approx X_C$。

从上面的分析可以得到其转换增益为

$$\frac{\sqrt{2}}{\pi}\left|\frac{Z_L(\omega_{LO})}{Z_L(\omega_{LO}) + Z_C(\omega_{LO}) + R_{SW} + \frac{2}{\pi^2}Z_{BB}(\omega_m)}\right| \approx \frac{\frac{\sqrt{2}}{\pi}X_C}{\frac{X_C^2}{R_p} + R_{SW} + \frac{2}{\pi^2}Z_{BB}}$$

上式表明，存在一个最优值的 X_C 使得转换增益最大化，并且通过转换增益表达式对 X_C 求导数

⊖ 除非在输出端存在并联谐振，否则 $\left|\frac{R_p}{X_p}\right|$ 总是比实际电感的 Q 值小。然而，假设 $\left|\frac{R_p}{X_p}\right|$ 较大还是合理的。

可以得到

$$X_{\text{C,opt}} = \sqrt{R_{\text{p}}\left(R_{\text{SW}} + \frac{2}{\pi^2}R_{\text{BB}}\right)}$$

因此可以得到最大转换增益为

$$\frac{1}{\sqrt{2}\pi}\sqrt{\frac{R_{\text{p}}}{R_{\text{SW}} + \frac{2}{\pi^2}R_{\text{BB}}}}$$

对于开关电阻、电感的 Q 值和 TIA 的输入阻抗的典型值,如果选择一个大电容 C 并与 Z_{L} 谐振,将得到显著更高的增益。TIA 前面的这种无源增益有助于减弱 TIA 的噪声影响。为了强调这一点的重要性,图 8.47 中给出了通过扫描负载电容 C_{L} 和 g_{m} 单元与混频器之间的串联电容(C_{B}),得到的 40nm 3G 接收机⊖ 的噪声因子测量数据。电容是可编程的,图上显示的标识值是应用于每个电容的编程代码。次优的设计可能导致接收机噪声因子退化多达 2dB。值得关注的是,通过几种不同的 C_{L} 和 C_{B} 的组合可以得到可接受的噪声因子。基于这个原因,对于实际的优化,需要考虑到接收机的其他方面的指标,如增益和线性度等。

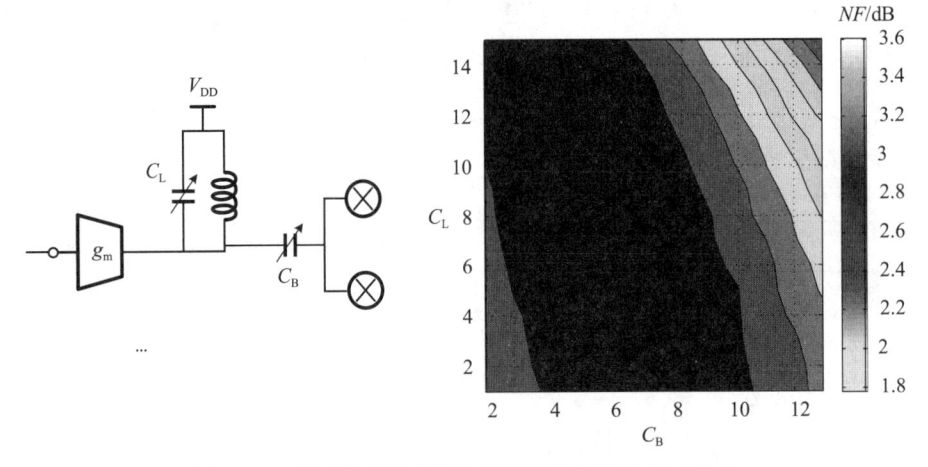

图 8.47 基于负载和串联电容的接收机噪声因子优化

使用非常相似的程序,可以证明,如果射频电流位于低于本振频率的一侧(在 $\omega_{\text{LO}} - \omega_{\text{m}}$ 处),则流入电容的电流是 Z_{L}、Z_{C} 和 $Z_{\text{IN}}(\omega_{\text{LO}} - \omega_{\text{m}}) \approx R_{\text{SW}} + \frac{2}{\pi^2}Z_{\text{BB}}(-\omega_{\text{m}}) = R_{\text{SW}} + \frac{2}{\pi^2}Z_{\text{BB}}^{*}(\omega_{\text{m}})$ 三者分流的结果,因此输出电流为

$$I_{\text{BBI}} = I_{\text{BBQ}}\text{e}^{+\text{j}\frac{\pi}{2}} = \frac{\sqrt{2}}{\pi}\text{e}^{+\text{j}\frac{\pi}{4}}\frac{Z_{\text{L}}^{*}(\omega_{\text{LO}})}{Z_{\text{L}}^{*}(\omega_{\text{LO}}) + Z_{\text{C}}^{*}(\omega_{\text{LO}}) + R_{\text{SW}} + \frac{2}{\pi^2}Z_{\text{BB}}(\omega_{\text{m}})}I_{\text{RF}}$$

必须注意,由于信号在下边带,一旦电容电流下变频到基带,所得到的电流与上边带的情况是共轭的,即虚部为 180°反相。

⊖ 接收机设计的细节将在第 12 章"实际收发机设计相关问题"一节中介绍。

将这个方程与信号在 $\omega_{LO}+\omega_m$ 处得到的方程相比较，可以总结出，除非 Z_{BB} 是纯电阻的，否则对于信号是在本振的上边带还是下边带，混频器的增益会有所不同。这是因为通常：

$$\left| Z_L(\omega_{LO}) + Z_C(\omega_{LO}) + R_{SW} + \frac{2}{\pi^2}Z_{BB}^*(\omega_m) \right| \neq \left| Z_L(\omega_{LO}) + Z_C(\omega_{LO}) + R_{SW} + \frac{2}{\pi^2}Z_{BB}(\omega_m) \right|$$

为了更加直观地理解，考虑如图 8.48 所示的混频器的简化框图，并假设此时 $X_C \approx 0$，因此没有在图中给出。

Z_L 在中心频率 ω_{LO} 处发生自然谐振。假设 Z_{BB} 由一个电阻与模拟 TIA 输入的电容并联组成。对上边带，当上变频到 RF 时，看进去的阻抗与 Z_L 并联，呈容性；另一方面，对于下边带的情况，上变频的阻抗呈感性（由于 $\frac{2}{\pi^2}Z_{BB}^*(\omega_m)$ 项），而 Z_L 并没有明显改变，因此 g_m 级的负载不同，导致了不同的转换增益。当混频器 LO 信号占空比为 50% 时，由于 I 路和 Q 路的相互影响以及镜像电流的存在，这种情况将更加严重。

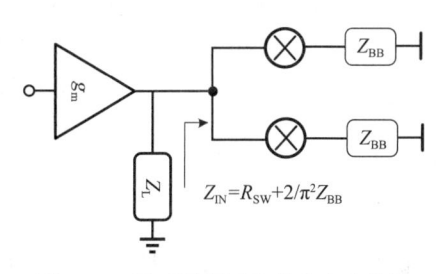

图 8.48 用于说明下边带和上边带增益不同的混频器示意图

如果上下边带的转换增益不同，因为信号在频谱两边的能量是不相关的，一旦下变频，信号将产生失真，从而导致 EVM 变差。

为了最小化这一点，必须保证在关注频率的通带内 TIA 的输入阻抗 Z_{BB} 是实数占主导。或者，如果 Z_L 和电容 C 谐振，则 $Z_L(\omega_{LO}) + Z_C(\omega_{LO})$ 是实数，因此，无论 Z_{BB} 如何，高低侧的增益都是一样的（当然在谐振的通带内）。这样也就得到了之前确定的最优增益。

示例：对于 $Z_{BB} = 100\Omega \parallel 25\text{pF}$，$R_{SW} = 15\Omega$，$L = 2\text{nH}$，$R_p = 250\Omega$，传统设计和最优设计的上下边带增益的仿真结果如图 8.49 所示。LO 频率为 2GHz。

最优设计不仅具有较高的增益，并且上下边带增益的差别也非常小。而且，随着 IF 的提高，TIA 输入阻抗的容性部分变得占主导地位，因此如同所预计的，将看到优化设计和传统设计之间有更大的差别。

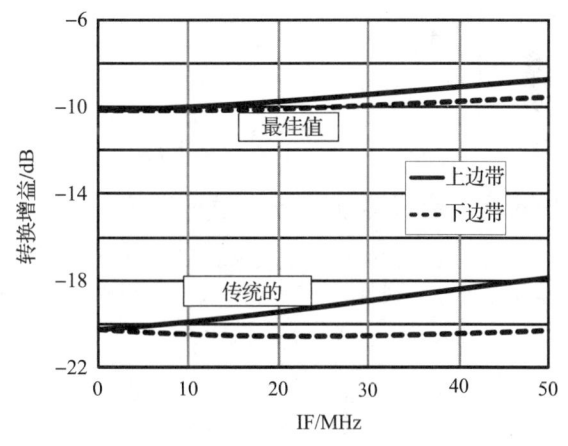

图 8.49 混频器的上下边带增益仿真

8.4.4 无源混频器噪声

如果混频器的 LO 信号没有如图 8.33 所示的重叠，则它们的噪声影响非常小。因为开关管处于线性区且静态偏置电流为 0，它们的 $1/f$ 噪声也可以忽略不计。然而，情况并不总是这样，如同其他文献分析所说明的，根据偏置条件，无源混频器确实会产生 $1/f$ 噪声。然而，在良好设计的无源混频器中，其 $1/f$ 噪声即便存在也是可以忽略的。

但是，如果开关间存在失配，g_m 级的 $1/f$ 噪声可能会泄漏到输出。用与有源混频器非常相似的方法分析表明，泄漏增益为

$$2\frac{V_{OS}}{S \times T}$$

式中，V_{os} 是将开关失配等效为输入参考失调电压，$S \times T$ 是本振信号的归一化斜率。但是，如果在 g_m 单元和开关级之间插入任意种类的高通滤波，这种噪声可以很容易被抑制，最简单的是插入隔直电容(图 8.50)。

采用与分析混频器电流增益类似的方法，并考虑到混频器噪声是循环平稳的(参见第 5 章)，可以很容易证明，就开关热噪声而言，可以建模为如图 8.51 所示的戴维南等效电路。

可以直观地理解为，在任何给定的时间点，都有且只有一个开关导通，其电阻及其相应的噪声与从 g_m 单元流出的电流串联出现。这个噪声电压的频谱密度为 $4KTR_{SW}$(R_{SW} 是开关的电阻)，可以称为 g_m 单元的输出，如图 8.51 中的阴影电路电流源所示。其电流噪声谱密度为

$$\frac{4KTR_{SW}}{|Z_L|^2}$$

如果 g_m 单元是理想的，则 Z_L 为无穷大，开关级就没有噪声影响。这仅仅是因为开关噪声表现为与一个理想的电流源串联。实际上，开关级是有噪声的，但是，由于开关级的导通电阻相比于 g_m 单元的输出阻抗通常很小，所以，相比于 g_m 单元自身的噪声，这个噪声影响非常小。

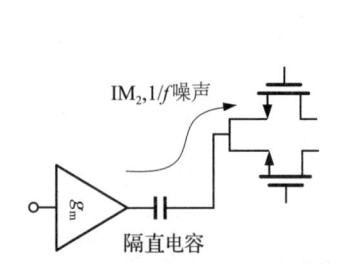

图 8.50 阻挡 $1/f$ 噪声的高通滤波器

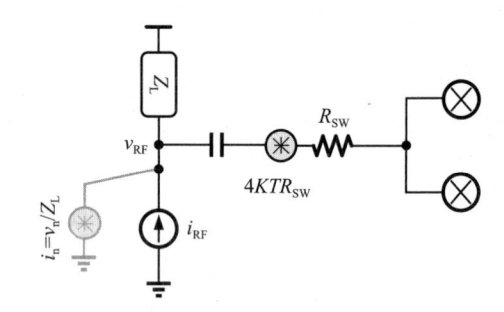

图 8.51 模拟开关噪声的戴维南等效电路

8.4.5 无源混频器线性度

无源混频器工作在电流域，以及前面解释的阻抗变换特性，一起决定了其相对于有源混频器具有更好的线性度。考虑图 8.52，图中一个小的所需信号伴随着一个大的阻塞干扰。

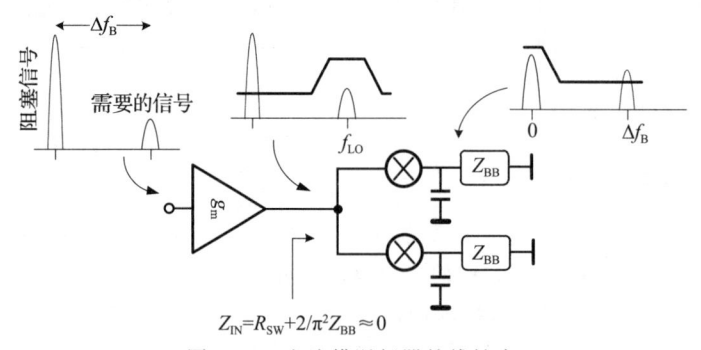

图 8.52 电流模混频器的线性度

如果 TIA 对于开关而言理想地呈现为一个非常小的输入阻抗，并假设开关的阻抗也很小，则会发现 g_m 单元的输出阻抗非常小。这确保了 g_m 单元的输出摆幅很小。而且，如果 TIA 的输入端存在一个大电容(足够大使得在频偏 Δf_B 处的阻塞呈现为短路)，从而构成了一个带通滤波

器以抑制阻塞。一旦下变频到中频，所需信号将位于直流，而阻塞则在几十兆赫兹之外，就可以通过低通滤波器很容易滤除。唯一的挑战是确保所需的信号不受滤波的影响，而同时阻塞干扰得到充分抑制。对于一般情况，在大多应用中，阻塞信号的频偏量与信号带宽的比值很大（5～10倍），即使采用简单的一阶RC滤波器，也可以提供充足的滤波空间。主要的折中是开关的尺寸，因为开关尺寸越大，阻塞抑制越好，但是混频器缓冲器的功耗也就越大。另外，TIA的设计非常关键，尤其是为了保证足够低的输入阻抗。稍后将进行讨论。

基于电流模无源混频器的这一独特性，从而产生了所谓的电流模接收机，与传统的电压模接收机相比，其抗阻塞能力大幅提升。

8.4.6 无源混频器二阶失真

无源混频器二阶失真源于与有源混频器类似的机制，总结如下：

1) 无源混频器存在开关失配时，低噪声放大器内部产生的IM_2分量直接泄漏到基带中（这个泄漏增益为$2\dfrac{V_{OS}}{S \times T}$）。

2) 下变频混频器中的射频到本振的耦合。对这个机制的分析也非常类似于对有源混频器所做的分析，可得到完全相同的表达式

$$IIP_2 = 2\frac{S \times T}{\pi \alpha}$$

式中，α为泄漏增益，必须通过适当的版图布局进行优化。然而，必须注意，无源混频器的轨到轨方波本振信号的斜率，比由正弦波驱动的有源混频器的本振信号斜率略大。

3) 混频器开关的非线性还受β和阈值电压失配的影响。

与有源混频器不同，低噪声放大器或者射频g_m单元与开关级之间存在的串联电容会衰减低噪声放大器中产生的IM_2分量；因此，它们对接收机的IIP_2并没有影响。上面提到的其余IM_2来源通过以下两种方式影响IIP_2：(a) 通过调制无源混频器的开关电阻；(b) 通过调制混频器开关的导通/关断时刻。幸运的是，相比于开关的电阻调制，开关导通窗口的调制似乎对IM_2并没有太大影响。这是因为开关是由上升和下降时间都很快的轨到轨时钟驱动的。总之，对于一个恰当设计的时钟占空比为25%的无源混频器，预计混频器开关IIP_2的影响相当小。

示例：需要求出在无源电流模混频器中RF到LO馈通的影响。

简化的混频器与本振波形如图8.53所示。射频馈通用一个幅度为αv_{IN}的单端信号源模拟，作用在一个开关管的栅极。

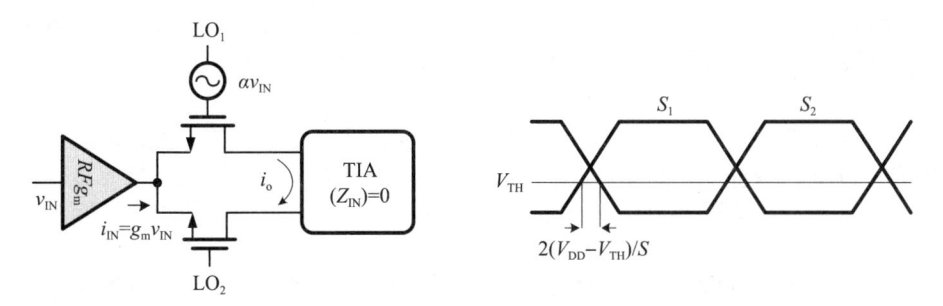

图 8.53　无源混频器中 RF 到 LO 馈通的分析

假设开关管的导通电导分别为g_1和g_2。在导通重叠期间（也就是两个开关管都导通的时间

段,假如有限的上升时间和下降时间),电流分成两部分。i_o为

$$i_o = \frac{g_2}{g_1+g_2}i_{IN} - \frac{g_1}{g_1+g_2}i_{IN} = \frac{g_2-g_1}{g_1+g_2}i_{IN} = \frac{g_2-g_1}{g_1+g_2}g_m v_{IN}$$

如果两个开关是相同的,在理想情况下,TIA 输出端不会出现电流。但在实际应用中,鉴于射频馈通会产生一些电流。假设满足平方律特性:

$$g_1 = \beta(S_1 - V_{TH} - \alpha v_{IN})$$
$$g_2 = \beta(S_2 - V_{TH})$$

式中,

$$\beta = \mu C_{OX}\frac{\omega}{L}$$

因此,

$$i_o = \frac{\beta(S_1 - S_2) + \beta\alpha v_{IN}}{\beta(S_1 + S_2) - 2\beta V_{TH} - \beta\alpha v_{IN}}g_m v_{IN}$$

注意,只有在本振波形上升沿与下降沿波形交点处于阈值电压之上时,两只开关管才会同时导通(导通重叠),如图 8.53 右图所示。

假设本振波形为具有线性上升和下降时间的对称波形,且对于 $\alpha \ll 1$,读者可以证明(另可参见习题 16)归一化的二阶项为

$$\frac{\Delta t}{T/2} \times \frac{\alpha g_m}{2(V_{DD}-V_{TH})}v_{IN}^2 = 2\frac{\alpha g_m}{S \times T}v_{IN}^2$$

式中,$\Delta t \approx \frac{2(V_{DD}-V_{TH})}{S}$ 为上升沿与下降沿的重叠时间,如右图所示。由于混频器的期望增益为 $\frac{2}{\pi}g_m$,则

$$IIP_2 = \frac{\frac{2}{\pi}g_m}{2\frac{\alpha g_m}{S \times T}} = \frac{S \times T}{\pi\alpha}$$

在不重叠的情况下,将不会产生二阶失真,而且如之前所提到的,如果可能的话,设计具有轻微不重叠的混频器是有益的。

8.4.7 TIA 和 g_m 单元设计

前面提到的 g_m 单元的设计与典型的调谐射频放大器的设计没有太大区别。特别是,通常情况下会与低噪声放大器一同实现,在第 7 章介绍的所有设计折中都适用。因此在这里只介绍 TIA 的设计选择。

与有源混频器类似,可以认为 TIA(或 I-V 转换器)是仅由下变频电流直接馈入的一对电阻 R_{BB} 组成,如图 8.54 所示。然而,这种方法存在一个根本的缺点,即混频器的总增益和 TIA 的输入阻抗都由同样的电阻 R_{BB} 设定。因此,高增益和低输入阻抗的最佳条件可能永远不会同时满足。

考虑右图所示的等效模型,如之前所确定的,射频放大器电流在其输出阻抗(R_L)和开关上变频的输入阻抗之间分流。然后该电流以 $\frac{\sqrt{2}}{\pi}$ 的损耗因子下变频,并且一旦乘以电阻 R_{BB},就以电压的形式出现在输出端。因此,采用合理的近似,忽略开关电阻,混频器的总转换增益为

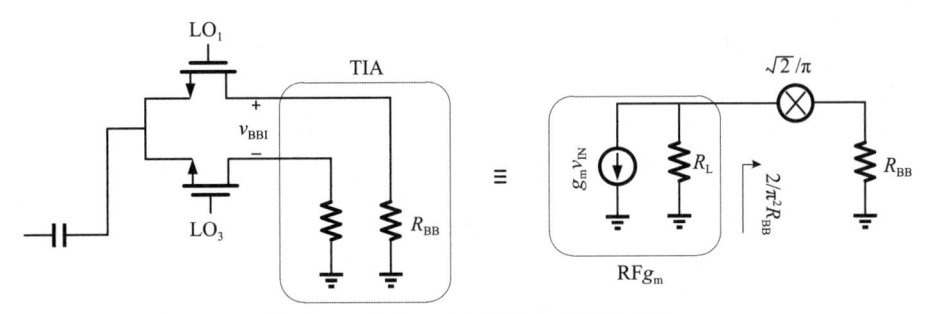

图 8.54　仅由一对电阻组成的简单 TIA

$$g_{\mathrm{m}} \frac{R_{\mathrm{L}}}{R_{\mathrm{L}}+\frac{2}{\pi^{2}}R_{\mathrm{BB}}} \frac{\sqrt{2}}{\pi} R_{\mathrm{BB}}$$

除非射频放大器的输出阻抗 R_{L} 为无穷大,实际情况中并非如此,并且对于 R_{BB} 的值为中等大小,混频器的一阶增益将与 TIA 的阻抗不相关。同时也存在严重的线性度问题。为了保持放大器输出的摆幅较小,需要选择非常小的 R_{BB},从而导致混频器的增益为 0。

为了打破这种权衡,可以考虑以下两种选择之一:共栅放大器或反馈运算放大器,两者都在图 8.55 中给出。假设两个电路的输入器件具有相同的尺寸和偏置电流,则从每个结构看进去的单端输入阻抗约为 $\frac{1}{g_{\mathrm{mBB}}}$,其中 g_{mBB} 是输入

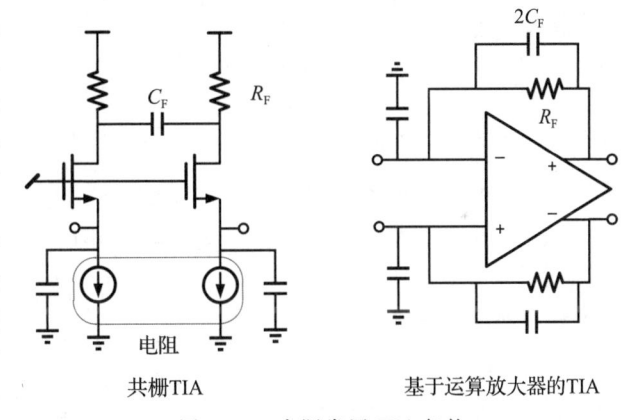

图 8.55　实际常用 TIA 架构

器件的跨导。这当然假设所采用的是单级的运放。输入端大的电容保证了 TIA 在阻塞频偏处保持低输入阻抗。

然而,增益可以通过负载或者反馈电阻 R_{F} 独立设置。混频器的增益表达式这时为

$$g_{\mathrm{m}} \frac{R_{\mathrm{L}}}{R_{\mathrm{L}}+\frac{2}{\pi^{2}}g_{\mathrm{mBB}}} \frac{\sqrt{2}}{\pi} R_{\mathrm{F}}$$

因此,可以独立地设置增益和输入阻抗。

并联反馈电容决定了 TIA 的带宽,并可将其视为一个单极点 RC 滤波器。

由于在共栅结构中,负载电容可以差分地实现,对于同样的带宽,其所需的电容只为原来的 1/4。因此,共栅结构的面积可能更小,而运算放大器结构的线性度更好。共栅结构的另一个缺点是其电流源的噪声影响。如果电压裕度允许,电流源可以用电阻代替。否则,可能需要一个非常大的器件来确保较低的闪烁噪声。

运算放大器本身可能是两级的结构设计,或者只是一个互补的单级结构(最基本的就是反相器)。如果选择两级结构,必须保证运算放大器具有足够宽的带宽,以确保在所有阻塞下变频频率处具有良好的线性度。

8.5 无源电压模混频器

与电流模混频器不同,电压模无源混频器切换的是射频交流电压。不管驱动混频器的电路是低噪声放大器还是其他缓冲器,都与电流模混频器没有太大的区别,因为射频放大器既不是真正的具有零输出阻抗的电压放大器,也不是真正的具有无限输出阻抗的电流放大器。这在CMOS工艺中更为突出,因为真正具有低输出阻抗的电压放大器并不常见。相反,大多数CMOS放大器都是跨导放大器。

电压模无源混频器与电流模无源混频器的主要区别在于开关级后面的电路。如图8.56所示,电压模无源混频器驱动一个输入阻抗为无穷大的理想电压缓冲器,与电流模混频器相反,电流模混频器的TIA输入阻抗理想为零。

然而,在开关级前面的射频放大器,无论是一个低噪声放大器还是单独的缓冲器,都与电流模混频器没有太大区别。在电压模混频器下,因为开关将大的基带阻抗上变频到射频,从而射频放大器工作于电压模方式。如果满足条件 $R_{SW} \ll Z_{IN}$,当本振波形足够陡峭,则混频器有 $\dfrac{2}{\pi}$ 的电压转换增益损失。尽管如此,与电流模混频器设计类似,基带缓冲器在阻塞频偏处必须具有非常低的输出阻抗,以确保射频放大器的输出摆幅保持较小。

混频器的工作原理,包括噪声或线性度的折中与电流模设计非常相似,本节不再花更多的时间介绍。电压模和电流模无源混频器的一个主要的区别在于,在电流模混频器电路中,开关与一个电流源串联。因此,开关自身增加了少量的噪声或者失真。然而,在所需信号频率处,开关的失真不是很重要。在阻塞信号频率处,假设电压混频器缓冲器输入阻抗已经足够低,则电流模和电压模混频器的表现非常类似。然而,就混频器开关噪声的角度而言,电流模混频器更具有优势。

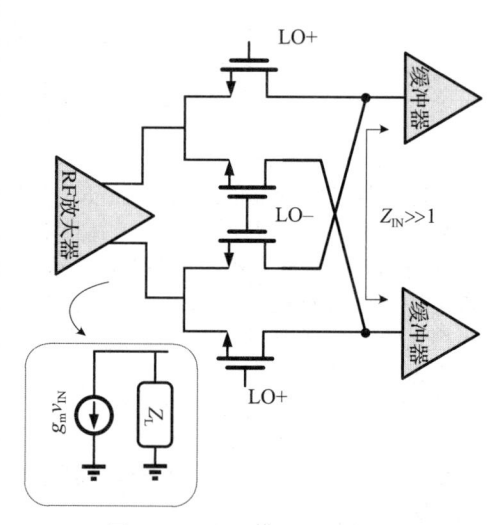

表8.1所示为不同类型的混频器之间的对比,假设不同结构的混频器及其相关电路的总功耗差不多。

图 8.56 电压模无源混频器

表 8.1 不同结构混频器性能总结

参数	切换方式	白噪声因子	1/f	线性度	负载	LO 摆幅
有源	直流电流	相当的	差	适中	容性	适中
电流模无源	交流电流		小	好	BB 阻抗变换	轨到轨
电压模无源	交流电压		小	好		轨到轨

对混频器本振驱动要求进行更仔细的比较是非常有指导意义的。如图8.57所示,假设采用了轨到轨的正弦本振信号施加到有源混频器。本振信号相应的归一化斜率为 $2\pi V_{DD}$。

另一方面,无源混频器几乎总是需要占空比小于50%的非重叠时钟。这会阻碍使用正弦本振信号。首先假设使用了 50% 的本振信号。还假设信号具有相等的上升和下降时间 t_r，波形如图 8.57 所示，图中本振信号至少保持 $3 \times t_r$ 的平坦时间。这种选择背后的原因在于，无源混频器本振的归一化斜率为 $8V_{DD}$，与有源混频器的相当。

采用电流模逻辑 (CML)，与调谐缓冲器一起，可以非常有效地生成有源混频器的正弦信号，并且其频率可以高达工艺特征频率的 1/3 左右，对于纳米 CMOS 工艺来说，这一频率是几百吉赫兹。另一方面，对于典型的 40nm CMOS 工艺，逻辑门的上升和下降时间在 10ps 量级，从而

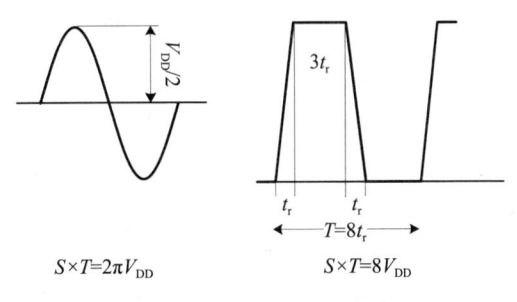

图 8.57 混频器 LO 驱动对比

限制了占空比为 50% 的 LO 信号频率只能达到 12.5GHz。对于首选的占空比为 25% 的 LO 设计而言，这个值大致减小了一半，即最大的允许频率只能到达 6.25GHz。在 8 相混频器中，这个数值减小到 3.1GHz。总之，增加相数意味着需要更大的归一化斜率，也就是需要更陡峭的上升沿/下降沿。

很明显，尽管具有众多优点，无源混频器只能在射频频率下使用，尽管随着工艺的进步，这一情况或将有所改进。这也说明了为什么无源混频器直到最近才被广泛应用。

8.6 发射机混频器

同样的要求和设计折中可以或多或少地应用于上变频混频器。正如在第 6 章中所确定的，为了满足接收机距离基站远近的指标要求，线性度和噪声都非常关键。因为 IM_2 分量在上变频⊖后为低频，二阶失真通常不是问题。除了上述问题外，增益控制和本振隔离在发射机混频器中更加重要。如第 6 章所述，本振馈通会潜在地导致 EVM 问题，所以必须妥善处理。

在本节中将介绍用于发射机的有源混频器和无源混频器的选择，并定性地评价这两种混频器的优缺点。实际的工作原理与已经介绍的下变频混频器非常相似。

8.6.1 有源上变频混频器

如图 8.58 所示为一个通用的笛卡儿发射机，在 IQ 路上变频混频器后面接了一个功率放大器（或者功率放大器的驱动器）。

与之前讨论的下变频混频器类似，在由 I 路和 Q 路分支组成的正交上变频混频器的背景下讨论混频器性能问题更加合适，并且包括了各种可能的相互影响。一个有源正交上变频混频器如图 8.59 所示。

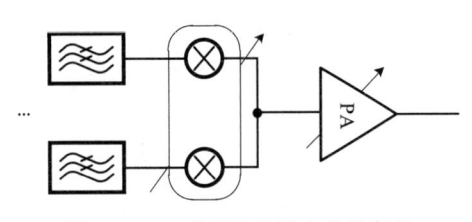

图 8.58 一种通用的笛卡儿发射机

增益控制是通过将混频器拆分为几个单元来实现的，而这些单元通过控制偏置 (GC_1) 来导通/关断，此外还可以在顶部进行电流控制 (GC_2)。加和减只需要将 I 路和 Q 路的差分电流进行连接即可完成。该电流随后馈入调谐电路，以提高增益，并通过将输出偏置设置到 V_{DD} 以缓解电压裕度的问题。输入级的非线性也可以通过采用电流镜来

⊖ 除非 IM_2 分量在上变频之前在基带中已经产生。

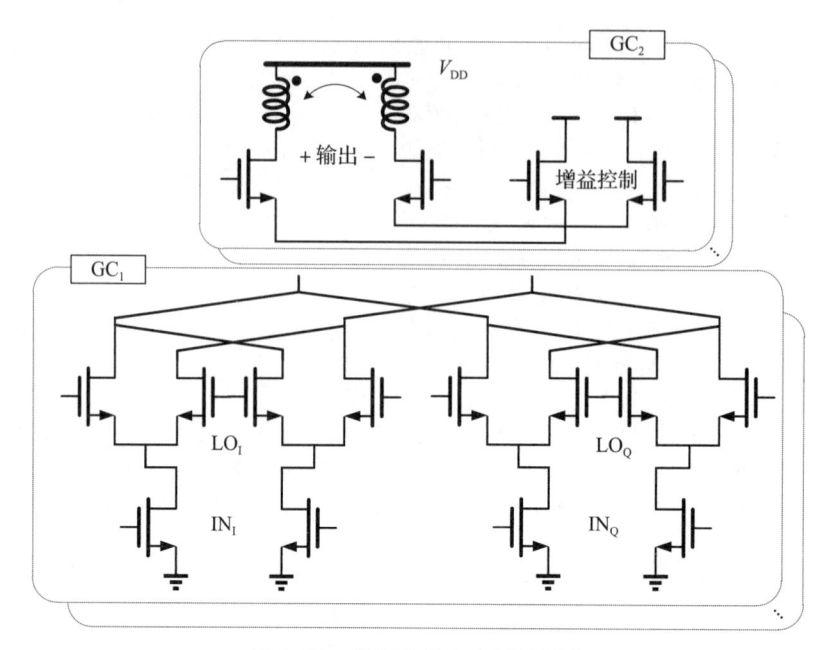

图 8.59 有源正交上变频混频器

改善，如图 8.60 所示。图中仍有 3 个器件堆叠在一起，并且通过低电源电压实现电路可能是个挑战，尤其是在考虑大输出摆幅的情况下。

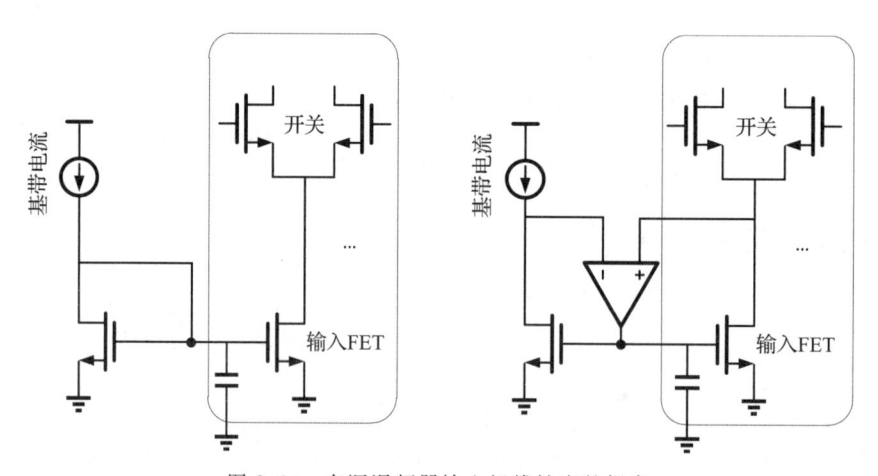

图 8.60 有源混频器输入级线性度的提高

由 DAC 或者低通滤波器(LPF)产生的电流可以通过电流镜直接馈入输入晶体管，而不是施加电压，然后通过输入器件转换回电流。如果通过图 8.60 右图所示的反馈实现电流镜，则沟道长度调制效应将会减弱。因为输入为低频，所以可以采用更线性化的技术，这是发射机混频器的一个优点。在任何一种情况下，栅极处的电容都可以提供一些滤波作用，降低了前级低通滤波器的阶数。

除了输入级线性度增强之外，与接收机混频器不同，$1/f$ 噪声和二阶失真不再是一个严重的问题。但是，有源上变频混频器还存在几个缺点：

- 尽管混频器输出偏置在了 V_{DD}，但是需要几个器件堆叠可能导致较差的线性度。鉴于混频器输出摆幅相对较大，混频器不太可能在低电源电压下正常工作。
- 增益控制可能会带来一些挑战。且不说布线和版图布局的复杂性，降低输入信号强度就不可接受。在一些应用中，如 3G 或 LTE，需要非常严格的超过 70dB 的增益控制范围，其中很大一部分预计由有源混频器提供。不管怎样，发射机的 EVM 必须在整个增益控制过程中不受影响。因为本振馈通的绝对电平相对恒定，主要由直接泄漏到输出端的本振信号主导，所以发射机 EVM 可能在低增益下受到损害。

鉴于上述挑战，接下来将考虑无源混频器。

8.6.2 无源上变频混频器

占空比为 25% 的混频器相对于占空比为 50% 的混频器的所有优点也都适用于发射机中的混频器。此外，与电流模无源混频器似乎是接收机更合乎自然的选择，不同的是，电流模无源混频器不太适合发射机。图 8.61 中比较了接收机与发射机的电流模混频器。

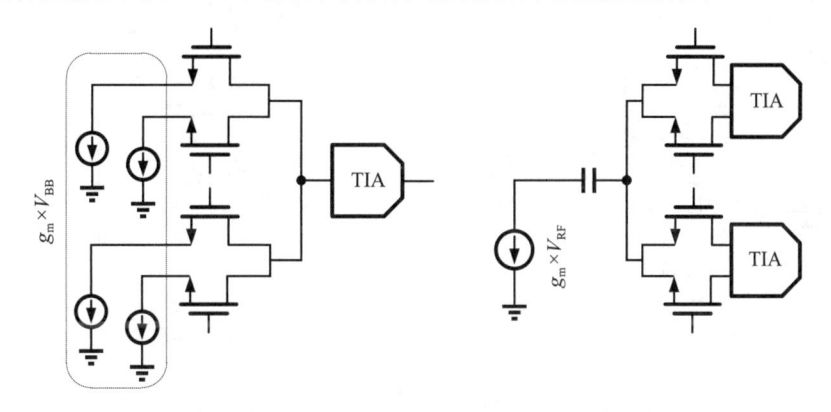

图 8.61　发射机中的电流模无源混频器

在接收机混频器中，因为总有一个开关是导通的，所以射频电流总是被引导到 TIA 的一个输入端。但是，在发射机混频器中，如图 8.61 左图所示，当相应的开关断开时，馈送到开关的相对较大的基带电流在大部分时间内是与后级断开连接的。另外，设计一个工作在高频下的低输入阻抗的 TIA 更具有挑战性。

排除所有这些选项后，下面专注于图 8.62 所示的占空比为 25% 的电压模混频器。

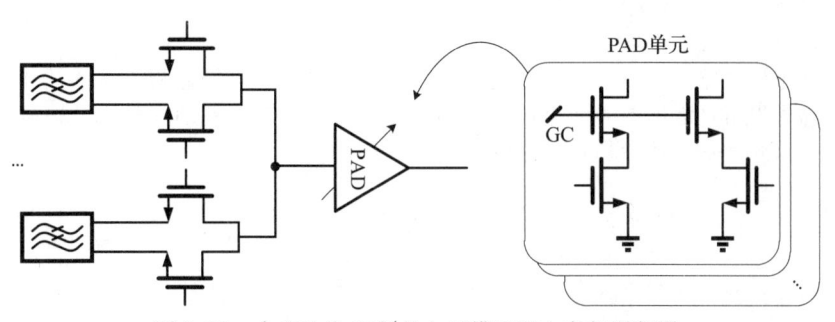

图 8.62　占空比为 25% 的电压模无源上变频混频器

为了确保在整个发射链路中保持较好的信噪比，施加在混频器输入端的信号相对较强（可能是几百 mV）。因为混频器开关级具有相当好的线性度，只要驱动混频器的低通滤波器输出级具有一个低输出阻抗，这就不会成为问题。混频器的输出是连接在一起的（为了简化，给出的设计是单端的），并连接到功率放大器驱动器的输入端。除了移除开关级外，功率放大器驱动器与图 8.59 中的有源混频器非常相似。功率放大器驱动器由几个基本单元级组成，每个基本单元级通过级联偏置控制其接入或者断开，并在上面施加了额外的电流舵控制（尽管图 8.62 中未给出）。鉴于施加的是大摆幅的本振信号，因此开关级的去除会使低电压下得到更好的线性度。另外，信号与本振馈通的相对比例保持恒定，使得在整个增益控制过程中 EVM 性能良好。

因为无源混频器是线性的（尽管是时变的），为了分析混频器性能，最好采用戴维南等效电路。如图 8.63 所示，与接收机混频器采用的方法（见图 8.51）类似，得到如右图所示的戴维南等效电路。功率放大器驱动器可以简单地建模为从其输入端看进去的电容。

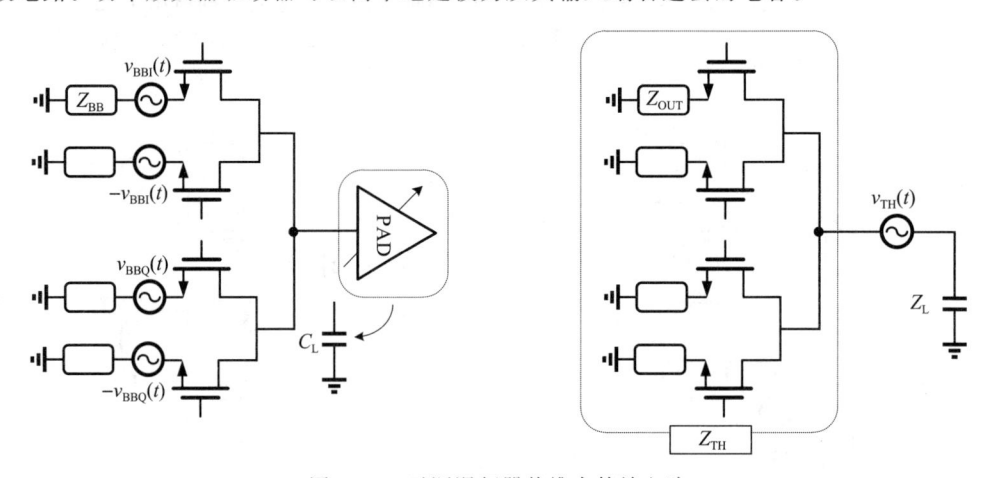

图 8.63 无源混频器戴维南等效电路

采用与接收机类似的分析可以得到戴维南等效阻抗为

$$Z_{TH}(\omega) \approx R_{SW} + \frac{2}{\pi^2} Z_{BB}(\omega - \omega_{LO})$$

得到等效的戴维南电压为

$$v_{TH}(t) = v_{BBI}(t)[S_1(t) - S_3(t)] + v_{BBQ}(t)[S_2(t) - S_4(t)]$$

上式表征了基带 IQ 路信号的上变频。$S_k(t)$，$k=1,\cdots,4$，表示驱动开关的有效本振信号。当对应的本振信号为高时，$S_k(t)$ 为 1，否则为 0。

上述分析忽略了高次谐波的影响。

利用这个等效电路，可以进行一个近似，并且采用线性时不变分析方法来获得混频器的传递函数。很容易得出，戴维南等效电压是在混频器等效输出阻抗和功率放大器驱动器呈现的负载之间分配。因此，功率放大器驱动器输入端的 RF 电压为

$$V_{RF}(\omega) \approx \frac{\sqrt{2}}{\pi} \left[e^{j\frac{\pi}{4}} V_{BBI}(\omega - \omega_{LO}) + e^{-j\frac{\pi}{4}} V_{BBQ}(\omega - \omega_{LO}) \right] \frac{Z_L(\omega)}{Z_L(\omega) + R_{SW} + \frac{2}{\pi^2} Z_{BB}(\omega - \omega_{LO})}$$

式中，第一项是正交输入基带信号上变频的结果，第二项是分压的结果。

示例：为了验证上述近似值的准确性，图 8.64 所示为精确的线性时变分析、近似的时不变

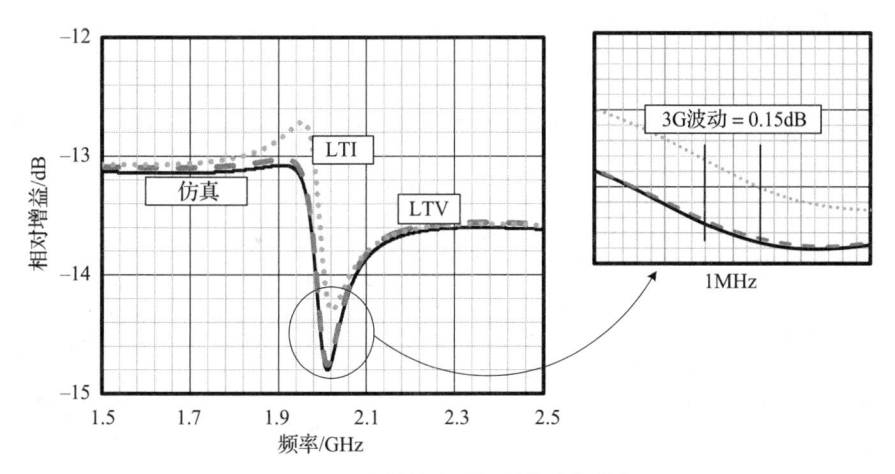

图 8.64 发射链路混频器仿真与分析

分析,以及在条件为 $Z_{BB}=50\Omega \parallel 100pF$, $R_{SW}=15\Omega$, $C_L=1.5pF$ 时的仿真结果之间的比较。线性时变模型(LTV 模型)与仿真非常吻合。尽管线性时不变模型(LTI 模型)有一点偏离,但是仍然可以相当准确地预测实际电路的表现。

与下变频混频器类似,如果 Z_{BB} 不是实数占主导的,并且相对于负载阻抗 Z_L 而言 Z_{BB} 足够大,则可以观察到高侧和低侧的增益不同。对于图 8.64 所示的示例,为了满足设计的需求,所选择的参数在 3G 频段的 $\pm 2MHz$ 范围内,产生的高侧增益和低侧增益差别很小。

此外,为了最大化混频器增益,必须确保驱动混频器的电路在整个所关注的频带内的输出阻抗足够低(即 Z_{BB} 较小)。

类似地,从噪声的角度可以很容易证明,假设开关的电阻为 R_{SW},可以采用图 8.65 所示的戴维南等效模型,其中所有开关的噪声可用一个功率谱密度如下的射频噪声源代替:

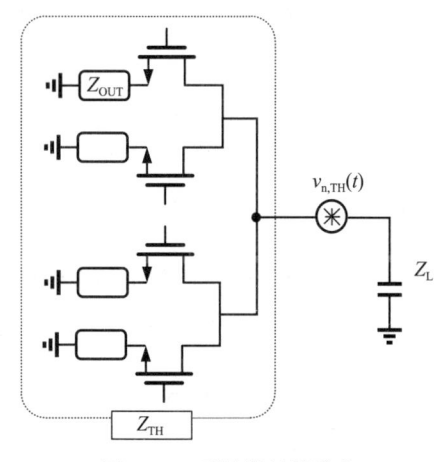

图 8.65 无源混频器噪声

$$\overline{v_{n,TH}^2}=4KTR_{SW}$$

式中,$v_{n,TH}^2$ 表示组合开关噪声。

如果采用 LTI 模型,则上述混频器的噪声就可以近似为与 PA 驱动器的输入参考噪声串联出现。

8.7 发射机混频器的谐波折叠

在下变频混频器中,三次谐波附近的本振分量会产生不需要的阻塞和噪声下变频;在上变频混频器中,这种本振分量可能会导致线性度的恶化[27]。这对于无源混频器和有源混频器的实现方式都适用。

假设混频器的输出包含所需要的分量 $v_d(t)$,其表达式为

$$v_d(t)=A(t)\cos(\omega_{LO}t+\phi(t))$$

由于本振信号的三次谐波，因此在 $3f_{LO}$ 附近存在不需要的分量：

$$v_u(t) \approx \frac{1}{3}A(t)\cos(3\omega_{LO}t - \phi(t))$$

这时假设混频器的输出通过具有三阶非线性的 PA（或 PA 驱动器），其输入-输出特性为

$$y = a_1 x + a_3 x^3$$

如图 8.66 所示。因此，功率放大器驱动器的输出为

$$a_1 v_d + a_1 v_u + a_3 (v_d + v_u)^3$$

式中，第一项（v_d）表示所需信号的输出，而第二项（v_u）表示在 $3f_{LO}$ 处不需要的信号且在功率放大器的输出端进行了滤波。由于在 $3f_{LO}$ 处不需要的信号的混频和折叠，以及 PA 驱动器的三阶非线性，由几个分量组成的第三项可能存在问题。关注上式的第三项，经过展开后有

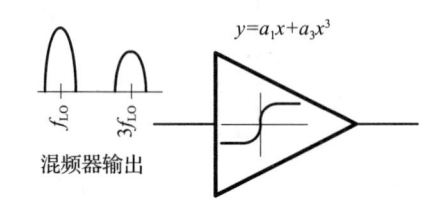

$$a_3(v_d + v_u)^3 = a_3 v_d^3 + 3a_3 v_d^2 v_u + 3a_3 v_d v_u^2 + a_3 v_u^3$$

图 8.66　混频器的输出通过非线性的下一级

上式中，前三项预计在 f_{LO} 附近处有所需的分量，但是 $a_3 v_u^3$ 项仅产生了 $3f_{LO}$ 处以及更高频率处的不需要的分量。因此将只考虑前三项。在扩展后，只关注 PA 驱动器输出在 f_{LO} 周围出现的分量（假设其他分量被滤除），可以得到以下信号：

$$a_3 v_d^3 \rightarrow \frac{3}{4} a_3 A(t)^3 \cos(\omega_{LO} t + \phi(t))$$

$$3a_3 v_d^2 v_u \rightarrow \frac{1}{4} a_3 A(t)^3 \cos(\omega_{LO} t - 3\phi(t))$$

$$3a_3 v_d v_u^2 \rightarrow \frac{1}{6} a_3 A(t)^3 \cos(\omega_{LO} t + \phi(t))$$

因此，功率放大器驱动器输出的非线性影响可总结为

$$a_3(v_d + v_u)^3 \rightarrow \frac{11}{12} a_3 A(t)^3 \cos(\omega_{LO} t + \phi(t)) + \frac{1}{4} a_3 A(t)^3 \cos(\omega_{LO} t - 3\phi(t))$$

如果不存在三次谐波，唯一的非线性项是 $\frac{3}{4} a_3 A(t)^3 \cos(\omega_{LO} t + \phi(t))$，那么 IIP_3 将与之前定义的 $IIP_3 = \sqrt{\frac{4}{3}\left|\frac{a_1}{a_3}\right|}$ 一致。然而，实际上，很强的三次谐波的存在，这就如预料的，比只考虑功率放大器驱动器非线性时，其非线性更差。为了更好地理解，图 8.67 所示为功率放大器驱动器

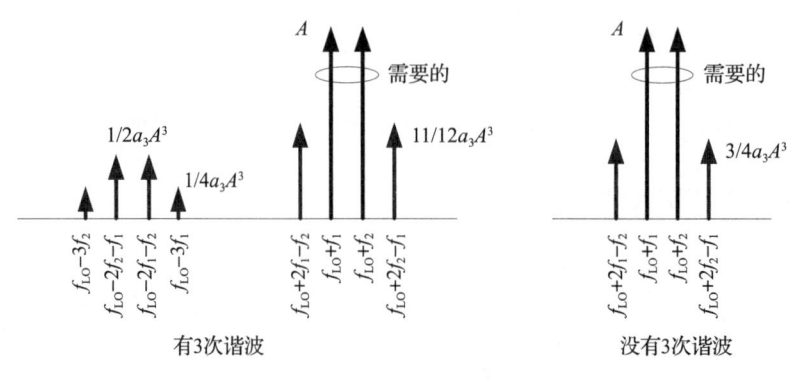

有3次谐波　　　　　　　　　没有3次谐波

图 8.67　功率放大器驱动器的双音信号输出

输出对于在混频器输出端的基波幅度为 A，频率为 $\omega_{LO}+\omega_1$ 和 $\omega_{LO}+\omega_2$ 的双音信号的响应。在假设 ω_1 和 ω_2 均远小于 ω_{LO}。

这表明，因为不需要的 IM 分量的能量扩大几乎两倍，所以 IIP_3 预计会恶化。

必须注意的是，$\frac{11}{12}a_3 A(t)^3 \cos(\omega_{LO}t+\phi(t))$ 和 $\frac{1}{4}a_3 A(t)^3 \cos(\omega_{LO}t-3\phi(t))$ 这两个项可能具有非常不同的功率谱密度，并且根据信号的统计特性，它们的相关性也会不同。

示例：如图 8.68 所示，3G 信号馈送至除了具有三阶非线性外，其他都理想的混频器，然后通过典型的 3G 功率放大器驱动器，图中是 3G 信号的 ACLR（相邻信道泄漏率）的仿真结果。对于这一仿真中采用的功率放大器驱动器的一些典型非线性特性，一旦包含了三次谐波的影响，则在 5MHz 处的 ACLR 将从 −44dBc 退化到 −38dBc。

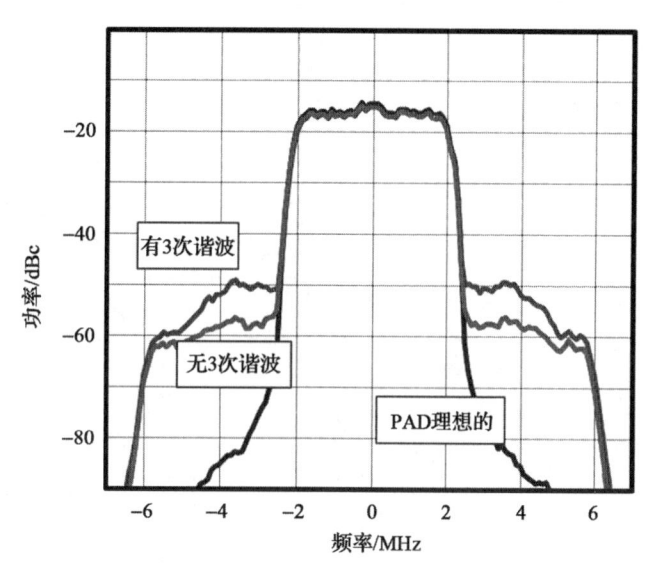

为了解决这个问题，可以考虑在混频器输出端运用一些滤波以衰减在三次谐波周围的信号。在如图 8.59 所示的有源混频器的情况下，这是很容易实现的，因为混频器使用了在 f_{LO} 处谐振的调谐 LC 电路作为负载。

另一方面，与有源混频器不同，因为无源混频器的输出阻抗相对较小，并且预计会有强三次谐波，所以在无源混频器输出端实现陡峭的滤波器不太可行。图 8.69 比较了两种设计方案。对于无源混频器的设计，在信号进入功率放大器驱动器之前，采用某种陷波滤波器对三次谐波进行衰减是有帮助的；或者，可以运用 8 相混频器，但代价是 LO 生成电路中的功耗更高。

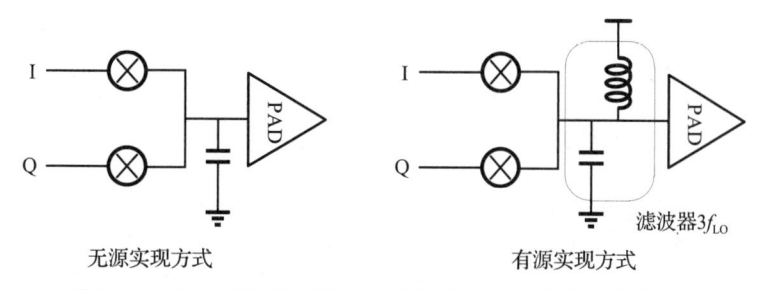

图 8.68 由于混频器三次谐波折叠而得到的 3G 输出频谱仿真

图 8.69 存在三次谐波折叠的有源混频器和无源混频器的比较

8.8 低噪声放大器/混频器案例研究

下面将详细讨论一个低噪声放大器和混频器的设计案例作为本章的总结。该电路专为 2G/

3G/4G 接收机设计，电路由低噪声跨导放大器(LNTA)和占空比为 25% 的电流模无源混频器组成。由于 LTE 和 3G 射频系统采用全双工的工作模式，噪声和线性度指标相当严格，所以选择这一特定的架构。如前所述，电路的电流模特性提高了线性度，同时还能够实现低噪声因子。

8.8.1 电路分析

LNTA 和混频器的示意图如图 8.70 所示。设计均是全差分的，为了简化，这里只显示了一半电路。匹配电路是外接的，由并联的电感 L 和串联的电容 C 组成，将 LNTA 输入阻抗下变频到信号源处。匹配网络被有意设计成高通，以在发射机泄漏的频率(总是比接收机频率低)处进行适当的滤波。

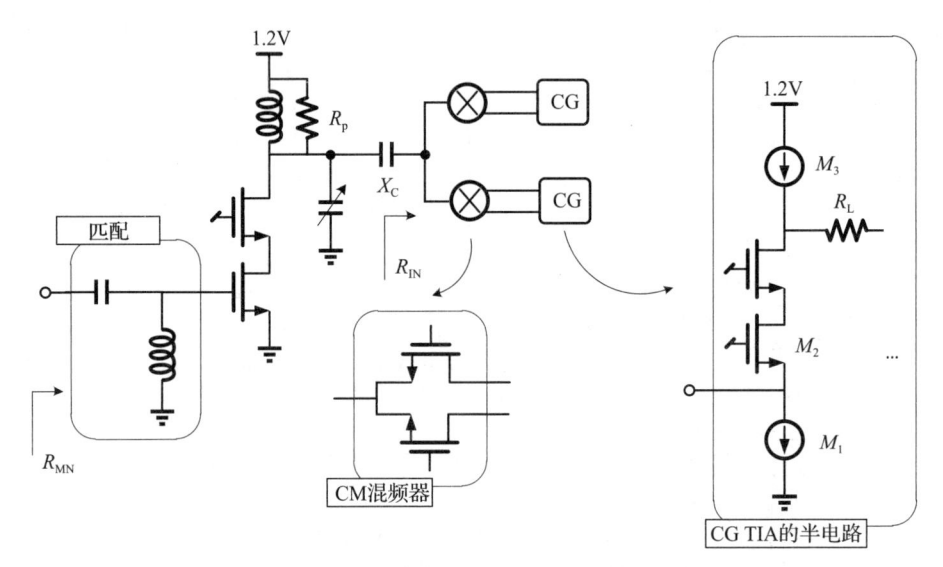

图 8.70　低噪声跨导放大器和混频器简化示意图

混频器的开关级后面连接一个共栅跨阻放大器。选择共栅电路是为了确保较小的面积和便捷的增益控制方式(见 8.4.7 节)。实际上，主共栅管 M_2 后面接了一个能够用开关单元器件的导通和关闭实现一些增益控制的级联器件(具体细节在图中并没有给出)。

用于增益和噪声计算的前端简化模型如图 8.71 所示。

对于高频段，LNTA 的特点是使用一个在 2GHz 处 Q 值为 14 的 1.8nH 的电感作为调谐负载。因此，包括 LNTA 有限的输出阻抗和其他损耗的影响在内，在 2GHz 时总的并联阻抗约为 280Ω。由于大多数蜂窝接收机需要支持各种工作频段，所以有多个放大器连接到输出端，由于其中寄生电容的影响，将电感限制在相对较小的值⊖。匹配电路设计与噪声的折中在很大程度上与第 7 章中介绍的电压模低噪声放大器一样。考虑到设计的多频段特性，需要多个电感，所以出于面积考虑，不采用源极退化电感。但这是以噪声因子恶化和更窄带的匹配为代价的。然而，匹配电路的损耗和由栅-漏电容形成的并联反馈的结合，足以提供具有足够低的噪声因子的合理匹配。

LNTA 的差分漏极电流为 6mA，使得每个偏置在约 125mV 过驱动电压下的核心器件的跨导约为 30mS。如果只是受输入晶体管的非线性限制，则该 125mV 的过驱动电压将导致单个器

⊖ 参见第 12 章，作为案例研究，详细介绍了多模多频段蜂窝收发机的设计。

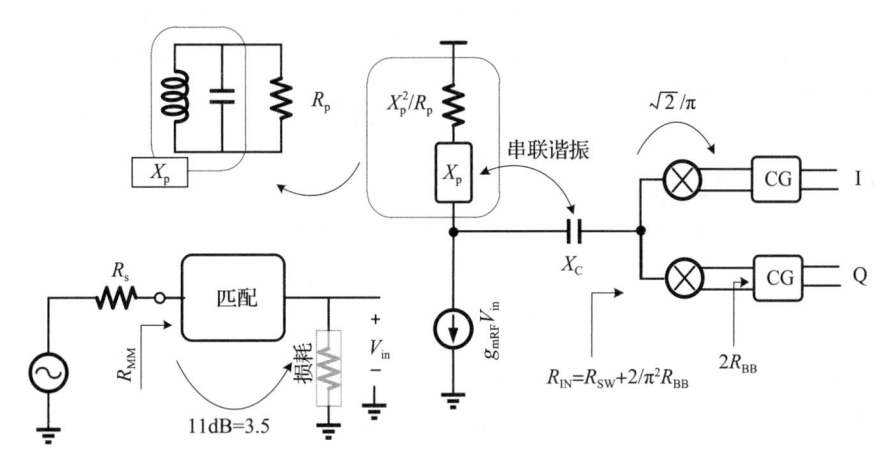

图 8.71 用于增益和噪声计算的前端模型

件约为 1V 的 IIP$_3$(或相对于 50Ω 参考阻抗为 10dBm)。LNTA 器件的尺寸为 288μm/60nm。没有使用最小沟道器件,是因为事实证明,与寄生电容相比,由于较差的阻抗 r_o 而导致的低直流增益对于增益和线性度方面的影响更为不利。

对于该应用,输入回波损耗的指标约为 −10dB。如果忽略 LNTA 晶体管的噪声影响,在第 7 章中已指出其噪声因子为 1.5。考虑到栅-漏寄生电容形成的分流反馈,因为输入阻抗的实部将由匹配网络的损耗和并联反馈产生的无噪部分组合而成,所以实际的噪声因子会更小。一旦包括了所有的封装和寄生电抗的影响,匹配网络将提供约 11dB(或 3.5)的净有效电压增益,大到足以抑制 LNTA 晶体管的噪声。鉴于 LNTA 核心器件的跨导为 30mS,当以输入作为参考时,噪声约为

$$\frac{\frac{4KT\gamma}{30\text{mS}}}{\left(\frac{3.5}{2}\right)^2}=4KT\times 10\Omega$$

上式中假设 $\gamma=1$。噪声恶化相对较小,这是由于栅-漏寄生电容构成的并联反馈使得噪声因子降低到 1.5 以下而有所抵消,也就是说,如果输入阻抗的实部完全由有噪声电阻组成。

作为一个例子,图 8.72 中绘制了频段 Ⅱ (2GHz)处的噪声系数圆,以及用于共轭匹配的最优阻抗。如果与信号源匹配,噪声因子大约为 3dB。实际上,可以通过折中来改善噪声因子,同时保持合理的输入回波损耗。

混频器开关尺寸为 80μm/40nm,对应于大约 10Ω 的导通电阻。每一个 TIA 的支路偏置在 0.5mA。改变顶部和底部的电流源的尺寸,以尽可能降低其跨导,从而降低其噪声,并且保持合理的裕度。底部和顶部器件对应的跨导值为 3.6mS 和 2.8mS。另一方面,核心器件(M_2)偏

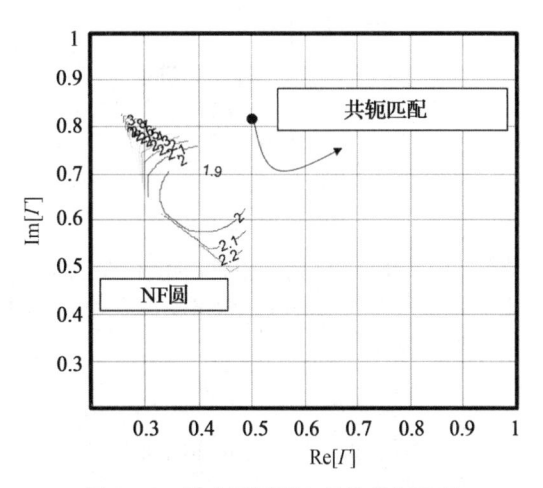

图 8.72 噪声因子圆和最优共轭匹配

置在弱反型区，以最大化 g_m/I_D，对于所采用的工艺，其值约为 22V^{-1}。这使得主器件的跨导值为 11mS，输入阻抗约为 90Ω。为了降低闪烁噪声，所有器件都采用长沟道。在本振频率附近，混频器的输入阻抗为

$$R_{\text{IN}} = R_{\text{SW}} + \frac{2}{\pi^2} R_{\text{BB}} \approx 28\Omega$$

这一结果接近仿真得到的 32Ω。

为了计算总增益，考虑如图 8.71 所示的情况。如之前提到的，从信号源到 TIA 输出的总有效跨导增益为

$$G_{\text{MN}} g_{\text{mRF}} \frac{\sqrt{2}}{\pi} \left| \frac{X_p}{\frac{X_p^2}{R_p} + j(X_p + X_C) + R_{\text{IN}}} \right|$$

式中，G_{MN} 为匹配网络增益，g_{mRF} 为 LNTA 跨导，$R_{\text{IN}} = R_{\text{SW}} + \frac{2}{\pi^2} R_{\text{BB}}$ 是混频器输入阻抗。可以证明，当 $|X_C| = |X_p| = \sqrt{R_p R_{\text{IN}}}$ 时，增益最大。那么每个 I 路和 Q 路的差分输出的最佳跨导增益为

$$\frac{G_{\text{MN}} g_{\text{mRF}}}{\sqrt{2}\pi} \sqrt{\frac{R_p}{R_{\text{IN}}}}$$

考虑到 $G_{\text{MN}} = 3.5$，$g_{\text{mRF}} = 24\text{mS}$，$R_p = 280\Omega$，可得到有效跨导增益为 60mS。注意，尽管 LNTA 晶体管的跨导为 30mS，但由于器件的直流增益较差，导致在级联节点处的一些信号损耗，最终有效的 LNTA 跨导略小（24mS），尽管此时没有采用最小沟道长度。

如在 8.4.4 节中所述，混频器开关级对总噪声因子的影响是最小的，所以更多地关注 TIA 的噪声。如图 8.73 所示为混频器连接 TIA 输入的简化示意图。

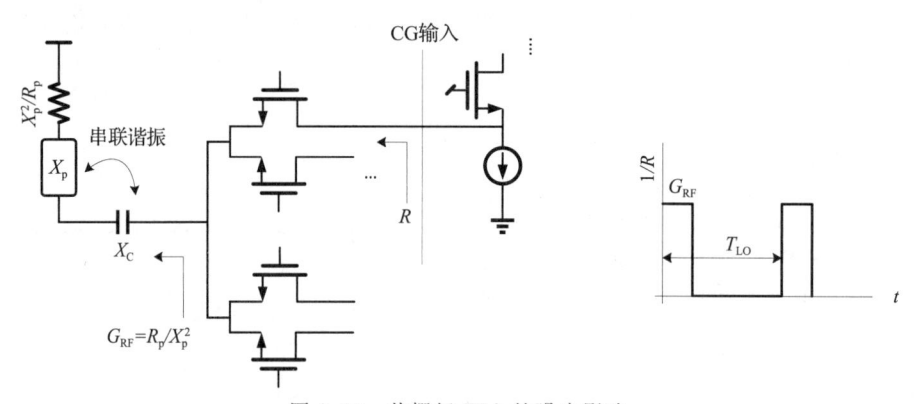

图 8.73 共栅级 TIA 的噪声影响

由于 TIA 为低输入阻抗的电流模缓冲器，其总输出噪声是其输入端呈现的阻抗的函数。此时，假设每条支路的时不变单端混频器的输出阻抗为 R。当在输出处进行差分监测时，TIA 总输出噪声电流为

$$\overline{i_{\text{on}}^2} = 2\left[\left|\frac{g_{\text{m2}} R}{1+g_{\text{m2}} R}\right|^2 \overline{i_{\text{n1}}^2} + \left|\frac{1}{1+g_{\text{m2}} R}\right|^2 \overline{i_{\text{n2}}^2} + \overline{i_{\text{n3}}^2} \right]$$

式中，$\overline{i_{\text{n1}}^2}$、$\overline{i_{\text{n2}}^2}$ 和 $\overline{i_{\text{n3}}^2}$ 分别是底部电流源（M_1）、主晶体管（M_2）和顶部电流源（M_3）的频谱密度，g_{m2} 是主器件的跨导（图 8.70）。

为了求出混频器的输出阻抗 R，考虑图 8.73 右图所示的电路。TIA 的阻抗显然是时变的，

并且用数学方法对其进行精确分析相当复杂。为了更直观地理解,这里采用LTI模型进行以下近似:对于占空比为25%的混频器,在给定的支路上,只有在1/4个周期内,当相应的开关接通时,RF导纳(G_{RF})才会出现在输出端。在该周期剩下的时间内,混频器输出端的导纳为0。因此,可以通过取时间平均值来近似求有效输出导纳。而且,为了得到最优增益,串联容抗(X_C)必须与LNTA的并联电抗(X_p)谐振,因此混频器输入端的导纳主要是阻性的(忽略开关的寄生效应),并且等于

$$G_{RF} = \frac{R_p}{X_p^2}$$

从而得到

$$R \approx 4\left(R_{SW} + \frac{X_p^2}{R_p}\right)$$

对于以上实例,可求出 R 大约为150Ω。因子4是由于时间平均和混频器25%占空比作用的结果。然而,在许多情况下,这种近似可能不成立,实际的输出阻抗可能比这个值小。这是因为,所有谐波折叠阻抗是并联出现的,并且LNTA在高次谐波下的输出阻抗可能比基波处小得多。

混频器的输出阻抗 R 似乎存在最优解。R 值越大,来自电流源的噪声影响就越大,而 R 值越小,TIA核心器件的噪声则越大。如果底部电流源的噪声与核心器件的噪声可比,则对于一阶,与 R 的相关性不强,如8.4.3节所述,最好通过串联谐振来最大化增益。此外,鉴于与 R 值的相关性相当弱,可以继续使用以上近似公式来估计TIA噪声。

如果采用基于运算放大器的TIA,情况可能大不相同。如图8.74所示,假设反馈电阻为 R_L,则运算放大器输入参考噪声由 $\left(\frac{R_L}{R}\right)^2$ 放大。因此,混频器的低输出阻抗可能大大恶化TIA的噪声。因此,从噪声的角度看,可能存在不同于串联谐振所建议的最优串联容抗(X_C)值。在极端情况下,如果选择更传统的大串联电容($X_C \approx 0$)设计,并且在LNTA输出端发生并联谐振,则混频器的输出阻抗将相当大,从TIA噪声角度而言这可能是有利的。

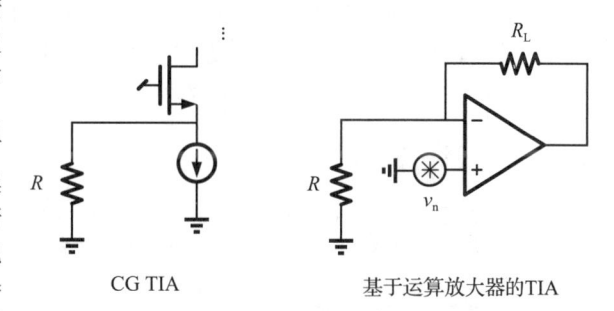

图8.74 基于共栅TIA与基于运放TIA的噪声比较

现在回到共栅极的例子,总差分输出噪声电流为

$$\overline{i_{on}^2} = 8KT\gamma\left[\left|\frac{g_{m2}R}{1+g_{m2}R}\right|^2 g_{m1} + \left|\frac{1}{1+g_{m2}R}\right|^2 g_{m2} + g_{m3}\right]$$

假设长沟道器件的 $\gamma = \frac{2}{3}$,采用之前的参数代入上式,可以得到噪声为

$$\overline{i_{on}^2} = 4KT \times 8\text{mS}$$

当相对于输入时,鉴于总有效跨导增益为60mS,则噪声将为

$$4KT\frac{8\text{mS}}{\left(\frac{60\text{mS}}{2}\right)^2} = 4KT \times 10\Omega$$

如果LNTA是无噪声的,则噪声因子为0.8dB。一旦计入LNTA的噪声后,总噪声因子为

$$F \approx 1 + 0.7 + \frac{10}{50} + \frac{10}{50} = 1.9 = 2.7\text{dB}$$

式中，第一项为源噪声，第二项为匹配网络噪声，第三项为 LNTA 输入器件噪声，最后一项为 TIA 的噪声影响，结果与测量值非常一致。

至于线性度，假设输入晶体管是非线性的主要来源，考虑匹配网络具有 11dB 的增益，则其 IIP_3 为

$$IIP_3 = 10\text{dBm} - 11\text{dBm} = -1\text{dBm}$$

由匹配网络形成的对阻塞信号的任何滤波都有助于改善 IIP_3。另一方面，有限大的 r_o 和被忽略的输出非线性，可能成为非线性的主要来源。针对本设计，在偏移 80MHz 的频段 II 处，TX 泄漏位于该处，测得其带外 IIP_3 大约为 +1dBm。

尽管电路工作于理想的电流模式下，但求解出 LNTA 从信号源到输出的电压增益是有好处的。假设通过串联谐振得到最佳的电压增益，则 LNTA 的输出阻抗为

$$R_p \parallel jX_p \parallel (-jX_C + R_{IN}) = R_p \parallel \frac{X_p^2 + jX_p R_{IN}}{R_{IN}}$$

由于 $X_p^2 = R_p R_{IN}$，因此阻抗为

$$R_p \parallel (R_p + jX_p) \approx R_p / 2$$

电压增益则为

$$G_{MN} g_{mRF} \frac{R_p}{2}$$

如果这个增益太高，由阻塞在 LNTA 输出端造成的大摆幅可能会造成非常严重的问题。需要关注的是，对于串联谐振的情况，该增益并不是混频器输入阻抗的显函数。然而，这并不完全正确。为了实现相同的总跨导增益，较低的 R_{IN} 值将使 R_p 的值也较低，进而使电压增益较小⊖。另外，在串联电容较大的更传统的设计中，电压增益直接由混频器的输入阻抗决定：约为 $G_{MN} g_{mRF} R_{IN}$。这清楚地表明了增益和线性度之间的折中。

8.8.2 设计方法总结

虽然在前一节详细分析了图 8.70 所示的电路，但尚未提供获得具体设计参数的有条理的方法。首先是选择正确的电路架构，正确的电路架构及其优缺点在前面的章节以及第 6 章中已经详细讨论过。

一旦选择了正确的架构（比如刚讨论的），下一步就是找到设计参数的正确组合。这通常与应用非常相关，而且经常可能不是唯一的答案。在这一节中，将提供一种定性的方法来强调折中，并且提供一些设计指南。

- 如第 7 章所讨论的，LNTA 的跨导和匹配网络的增益直接由噪声指标要求决定。这就设定了噪声因子的下限。如果设计合理，预计 TIA 和后面各级的噪声影响不会太大。
- 一旦确定了 LNTA 器件的跨导和匹配网络，基于线性度的指标要求就可以设定 LNTA 的偏置电流。匹配网络的增益和输入器件的过驱动电压一起设定了 IIP_3 的上限。在大多数现代工艺中，鉴于器件增益差和电源电压低，有来自于输出端的非线性影响可能并不奇怪。
- LNTA 的负载是由需要抑制中频电路噪声的前端总增益、输出端的估计寄生电容和线性度共同决定。求出的总跨导增益为 $\frac{G_{MN} g_{mRF}}{\sqrt{2}\pi} \sqrt{\frac{R_p}{R_{IN}}}$。并联阻抗（$R_p$）的值设定了跨导增益（影响噪声）和电压增益（影响线性度）。降低 R_p 可以改善线性度，但是需要等比例地降低 R_{IN}，从而保持相同的总增益。后者决定了 TIA 的偏置电流。

⊖ 虽然一旦设置了输出电感，R_p 的值是固定的，但是可以选择较小的电感来降低 R_p，从而提高线性度。

- TIA 偏置的获得是由总跨导增益和噪声指标要求决定。无论是基于共栅设计还是基于运放的设计，核心器件都最好采用偏置在弱反型区的长沟道器件。对于相同的线性度（或 LNTA 输出摆幅），较高的偏置会使 R_{IN} 较低和增益较高。假设 TIA 核心器件的跨导为 g_{mTIA}。以共栅极设计为例，输出噪声电流与 $4KT\gamma g_{mTIA}$ 成正比。总跨导增益为 $\dfrac{G_{MN}g_{mRF}}{\sqrt{2}\pi}\sqrt{\dfrac{R_p}{R_{IN}}} \approx \dfrac{G_{MN}g_{mRF}}{\sqrt{2}\pi}\sqrt{R_p g_{mTIA}}$。如果参考输入，TIA 噪声是与 g_{mTIA} 不相关的一阶噪声。但是，较大的 g_{mTIA} 确实降低了 TIA 之后各级电路，如 ADC 或者低通滤波器的噪声影响。
- 开关级的阻抗同样也是一个决定混频器输入阻抗 R_{IN} 的主要因素。根据经验，开关尺寸的选择要保证 $\dfrac{2}{\pi^2}R_{BB}$ 与 R_{SW} 差不多。可以选择较小的开关尺寸来降低本振电路的功耗，并且可以通过在 TIA 级消耗更多的电流来调整总的 R_{IN}，从而减小 R_{BB}。

一旦根据应用选择了一组初始参数，通常需要进行几次迭代来微调设计。

如果射频跨导放大器不需要加入调谐负载，例如，由互补 FET 组成（基本是反相器）的放大器，其设计流程将更加直接。如图 8.75 所示，假设射频跨导输出端有一并联阻抗 $R_p \parallel \dfrac{1}{jC_p\omega}$，对于类反相器的跨导放大器，$R_p = r_{on} \parallel r_{op}$，并且 C_p 代表了在输出节点处的所有寄生电容。

射频跨导和匹配网络是根据之前的噪声折中来设计的。串联电容只是足够大，使其在所关注的频率下提供交流短路。如果可能，可以将其完全移除，并采用共模反馈电路替代（见 8.4 节和图 8.29）。为了最小化射频损耗，显然必须满足 $R_{IN} \ll R_p$，因此，总的带宽就由输出寄生电容 C_p 和混频器输入阻抗 R_{IN} 的组合来设定。另外，可以通过减小 R_{IN} 进一步降低电压增益（其值此时为 $G_{MN}g_{mRF}R_{IN}$），从而最小化混频器输入端的阻塞信号的摆幅。如果上述条件都满足，则总的跨导增益为

$$\sqrt{2}\dfrac{G_{MN}g_{mRF}}{\pi}$$

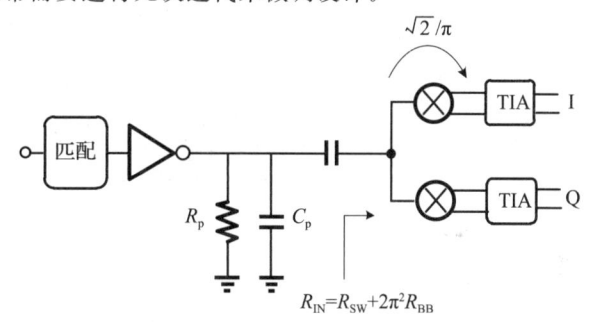

图 8.75　带类反相器的射频跨导放大器的无源混频器

如果设计得当，这种架构就是一个宽带的并且具有阻塞抑制的方案，通常应用在软件定义的无线电中（详细讨论见第 12 章）。图 8.75 所示电路存在的主要挑战在于，低噪声放大器的噪声和输入阻抗，与从输出端看到的负载电阻的相关性，该负载电阻在很大程度上是混频器和 TIA 的函数。因此，非常小心地将 LNTA 与混频器和 TIA 联合设计是非常关键的。尽管采用级联反相器存在电压裕度和线性度的折中，但是已经证明是非常有用的。

8.9　总结

本章详述了接收机和发射机的混频器的分析和设计。

- 8.1 和 8.2 节介绍了混频器的基本特性、一般要求及其从真空管时代到现代纳米 CMOS 的发展。
- 8.3 节讨论了有源下变频混频器。并且涵盖了非理想效应，包括噪声与失真。作为案例

研究，说明了几种规避噪声与二阶失真的拓扑结构。
- 8.4 节介绍了无源电流模混频器及其非理想效应。还介绍了多相无源混频器及其特性。
- 8.5 节讨论了电压模无源混频器。
- 8.6 节讨论了发射机混频器。8.7 节介绍了发射机混频器中的谐波折叠，及其对发射机性能的影响。
- 最后，8.8 节介绍了一个 40nm 接收机前端的设计作为案例研究。

8.10 习题

1. 在下图所示的混频器中，假设场效应晶体管满足平方律特性，并且始终工作在饱和区。若 $v_{RF}(t) = a\sin\omega_0 t$，$v_{LO}(t) = A\sin\omega_{LO} t$，求出混频器跨导转换增益。比较其与场效应晶体管作为线性放大器的跨导。提示：本振电压的上限由晶体管保持导通的条件设定。答案：$\dfrac{G_c}{G_m} = \dfrac{\beta A/2}{\beta(V_{GS0} - V_{TH})} < \dfrac{1}{2}$。

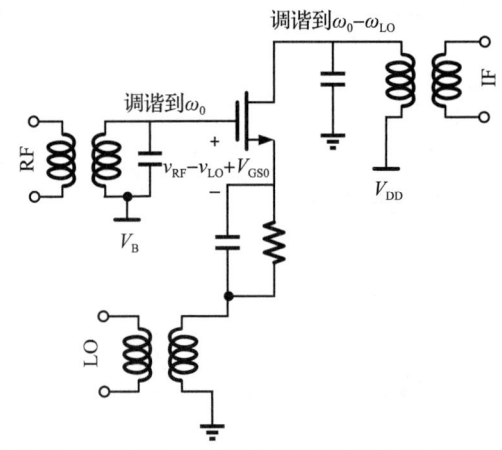

2. 下图所示的电路被称为差分对混频器，在零中频接收机中常使用。假设双极型晶体管工作在线性工作区（forward active mode），分析电路的工作原理，并求出混频器跨导转换增益。答案：$G_c = \dfrac{A}{4V_T} \dfrac{\alpha}{R_E + r_{e1}}$，其中 A 是本振幅度，$V_T = \dfrac{KT}{q}$，$\alpha = \dfrac{\beta}{1+\beta}$。

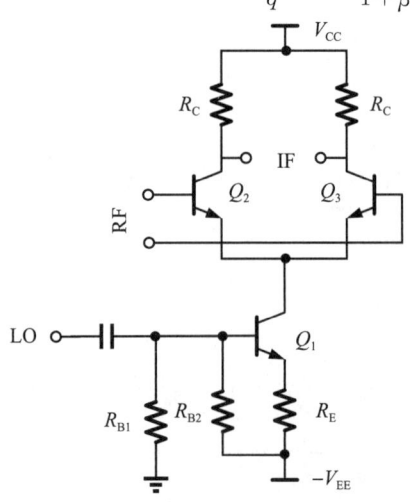

3. 在上一题中，假设电源电压为±5V，本振幅度峰值为200mV，设计偏置电流为1mA，电压增益为6dB的电路。
4. 求出带有源负载的单平衡有源混频器的噪声因子，不能忽略负载电阻的噪声。
5. 利用第6章给出的g_m/I_D与IIP_3曲线，设计满足下述指标的无源负载双平衡有源混频器。增益为0dB，噪声因子为10dB，IIP_3为10dBm。为了方便，噪声和IIP_3的参考阻抗为50Ω。计算合适的本振摆幅和直流电平。电源电压为1.2V。
6. 假设混频器是带有源负载的单平衡混频器，现要求增益为12dB，重新计算习题5。假设N型器件和P型器件具有一样的g_m/I_D，并且忽略r_o。
7. 计算双平衡混频器的噪声因子，其中一个晶体管接成单端输入，另外一个接直流偏置。讨论该方案的优缺点。答案：$F=1+\dfrac{8KT\gamma g_m+16KT\gamma\dfrac{1}{\pi A}+\dfrac{8KT}{R_L}}{4KTR_s\left(\dfrac{2}{\pi}g_m\right)^2}$。
8. 正弦信号$(A\sin(\omega_0 t))$带有一个小边带信号$(v_1=a\sin(\omega_0+\omega_m)t, a\ll A)$，施加到一个理想限幅器中，如下图所示。限幅器是一个简单差分对，其器件的过驱动电压远小于正弦信号幅度$(V_{eff}\ll A)$。采用与开关对闪烁噪声同样的分析方法，求解限幅器输出的频谱。答案：输出包括在主信号频率处的，在$\pm I_0$间切换的方波，和在频偏为$\pm\omega_m$处的，比在ω_0处的基波幅度小6dB的边带。

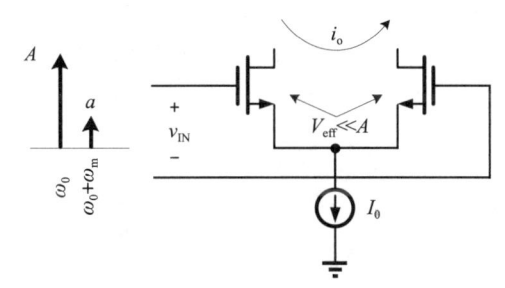

9. 在如下图所示的单平衡有源混频器中，开关对的瞬时跨导为$G_m(t)=\dfrac{\partial i_{OUT}}{v_{LO}}=2\dfrac{g_{m1}(t)g_{m2}(t)}{g_{m1}(t)+g_{m2}(t)}$。输出电流噪声(源自两个开关的噪声)的瞬时频谱密度为$S_{i_n}(f)=8KT\gamma G_m(t)$，其中每个器件的噪声为$S_{i_{n1/2}}(f)=4KT\gamma g_{m1/2}(t)$。假设正弦本振信号切换速度很快，求输出噪声功率谱。提示：开关仅在$v_{LO}\approx 0$的过零点处产生噪声。

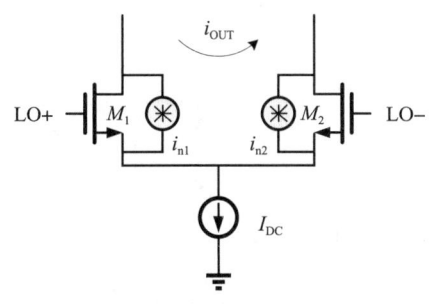

10. 为了抑制零中频接收机有源混频器开关的闪烁噪声，有人提出采用下图所示的有源混频器电路，该电路带有两个跨导和一个大电容，用于存储由于失配导致的闪烁噪声和随机输入参考直流偏移。说明该混频器电路的缺陷，并说明其为什么不能用在零中频接收机中。提

示：说明下变频电流必须流过电容，该电容在直流时为开路。

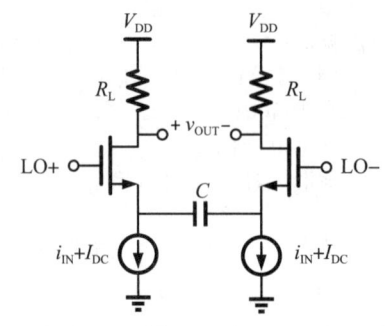

11. 求负载电阻不匹配时(其中一个为 R_L，另一个为 $R_L(1+\alpha)$)的单平衡有源混频器的 IIP_2。假设输入晶体管满足平方律特性，简化结果。答案：$IIP_2 = \dfrac{16}{\pi} \dfrac{V_{eff}}{\alpha}$。

12. 设计一个由理想本振信号驱动的 6 相混频器，每一相保持 1/6 个时钟周期。计算每条支路的系数、有效本振和混频器增益。讨论相比于 4 相和 8 相混频器的设计，该混频器的优缺点。

13. 针对 3 相混频器重复习题 12 的计算。

14. 证明能够区分信号与其镜像的最小相位数为 3。为什么 4 相混频器在零中频接收机中更受欢迎？

15. 当采用一个开关的栅极处的失调电压模拟失配时，计算无源电流模混频器的泄漏增益。

16. 当存在射频到本振的非零馈通时，计算无源电流模混频器的 IIP_2。

17. 设计一个电流模无源混频器，工作频率为 2GHz，带互补(类反相器)射频 g_m 单元和共栅 TIA。采用第 6 章介绍的 g_m/I_D 和 IIP_3 曲线。器件的直流增益为 10。如右图所示。混频器的增益为 30dB，相对于 50Ω(虽然不匹配)的参考噪声因子为 3dB。混频器的带外 1dB 压缩为 −10dBm。计算开关电阻、电容 C_1 的值、TIA 输入器件的跨导 g_m、负载电阻和偏置电流、射频 g_m 单元的电流和过驱动电压。电路工作频率为 2GHz。

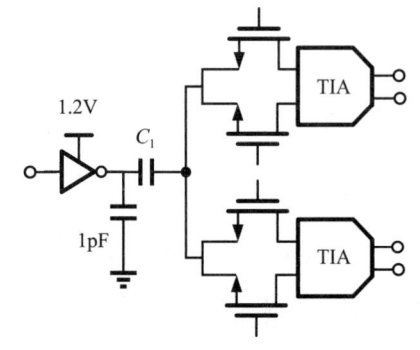

18. 当射频 g_m 单元为下图所示的感性负载的晶体管时，重复习题 17。假设 LNTA 输出端并联阻抗在 2GHz 处为 200Ω。

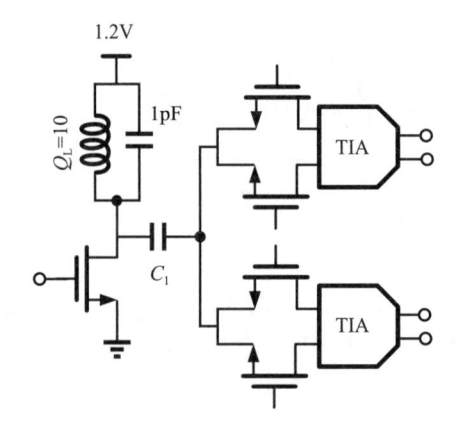

19. 讨论习题 17 和习题 18 中采用基于运算放大器的 TIA 的优缺点。
20. 考虑下图所示的由单端 g_m 单元驱动的全差分无源电流模混频器。论证为什么可以选择第二组开关连接到地（而不是移除开关）的方案。讨论这个方案的优缺点，尤其是混频器噪声因子的恶化情况。

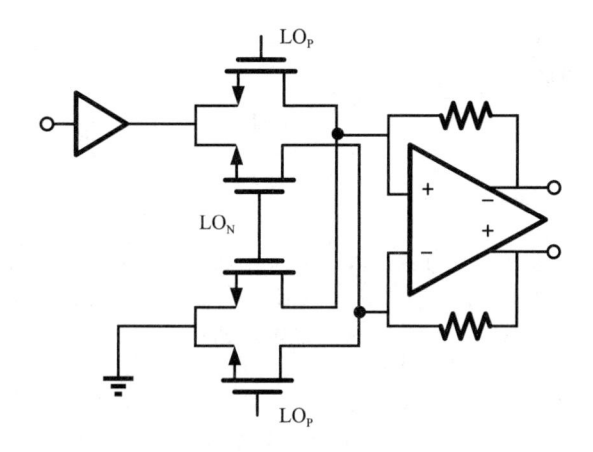

参考文献

[1] R. Rafuse, "Symmetric MOSFET Mixers of High Dynamic Range," in *IEEE International Solid-State Circuits Conference. Digest of Technical Papers*, 1968.

[2] B. Gilbert, "A Precise Four-Quadrant Multiplier with Subnanosecond Response," *IEEE Journal of Solid-State Circuits*, 3, no. 4, 365–373, 1968.

[3] P. R. Gray and R. G. Meyer, *Analysis and Design of Analog Integrated Circuits*, John Wiley, 1990.

[4] M. Terrovitis and R. Meyer, "Intermodulation Distortion in Current-Commutating CMOS Mixers," *IEEE Journal of Solid-State Circuits*, 35, no. 10, 1461–1473, 2000.

[5] H. Darabi and A. Abidi, "Noise in RF-CMOS Mixers: A Simple Physical Model," *IEEE Journal of Solid-State Circuits*, 35, no. 1, 15–25, 2000.

[6] D. Binkley, C. Hopper, J. Cressler, M. Mojarradi, and B. Blalock, "Noise Performance of 0.35um SOI CMOS Devices and Micropower Preamplifier from 77–400k," *IEEE Transactions on Nuclear Science*, 51, no. 6, 3788–3794, 2004.

[7] J. Chang, A. Abidi, and C. Viswanathan, "Flicker Noise in CMOS Transistors from Subthreshold to Strong Inversion at Various Temperatures," *IEEE Transactions on Electron Devices*, 41, no. 11, 1965–1971, 1994.

[8] M. Terrovitis and R. Meyer, "Noise in Current-Commutating CMOS Mixers," *IEEE Journal of Solid-State Circuits*, 34, no. 6, 772–783, 1999.

[9] H. Darabi and J. Chiu, "A Noise Cancellation Technique in Active RF-CMOS Mixers," *IEEE Journal of Solid-State Circuits*, 40, no. 12, 2628–2632, 2005.

第 9 章 | Chapter 9 |

振 荡 器

在本章中将详细讨论各种类型的振荡器,包括环形振荡器和晶体振荡器。第 1 章已经讨论过的 LC 谐振器、集成电容和集成电感,也将是本章的重点。此外,在第 2 章给出的一些通信的概念,如 AM 信号和 FM 信号,以及随机过程等,也将在本章经常涉及。

鉴于振荡器固有的非线性特性,本章将提供一些不同于放大器及混频器的有关噪声的观点。这体现在 9.3.5 节中,关于循环平稳噪声,这是第 5 章讨论的延续。尽管在第 6 章介绍了相位噪声的概念,但本章仍将基于第 1 章中简单接触过的能量平衡概念对相位噪声进行详细分析。

虽然本章的重点是射频收发机中广泛使用的 LC 振荡器,但也将简单介绍环形振荡器和正交振荡器。由于后两者在性能上存在局限,所以并不常用。本章的最后,将介绍晶体振荡器的基本性质,并讨论几种常见的拓扑结构。

本章的主要内容:
- 线性振荡器及 Leeson 模型。
- 非线性振荡器及能量平衡模型。
- AM 噪声和 PM 噪声。
- 循环平稳噪声。
- Bank 的一般性结论。
- 二端口网络振荡器。
- 常见振荡器拓扑结构示例:NMOS、CMOS、考毕兹和 C 类。
- 环形振荡器。
- 正交振荡器。
- 晶体振荡器。

9.1 线性 LC 振荡器

理想的 LC 振荡器由一个电感和一个电容并联组成。如第 1 章中所述,在谐振器(或谐振腔)中存储的初始能量将在电感和电容之间来回振荡。然而,这些无源器件无论采用哪种物理实现,都存在一些相关的损耗,会使振荡衰减。因此,为了确保恒定的振荡幅度,实际的 LC 振荡器需要一个能够周期性地向谐振腔中注入能量的电路,来平衡谐振腔损耗而产生的能量耗散。

实际的(即物理可实现的) LC 振荡器必然是非线性电路。然而,通过研究一个简单的线性抽象概念,可以得到许多关于非线性行为的基本概念,所以本节首先回顾理论上的线性 LC 振荡器。

9.1.1 反馈模型

图 9.1 所示的是连接到能量恢复电路的有损谐振器。在射频 CMOS 应用中，典型的有源电路是某种跨导的形式，基于此建立了相应的模型。与有损谐振器和跨导相关的噪声都建模为电流源(即 $i_{nRp}(t)$ 是与谐振腔损耗相关的噪声源，而 $i_{ngm}(t)$ 是与跨导相关的噪声源)。图中还包括一个非周期性的电流源 $i_{SU}(t)$，用以使振荡器起振。整个电路可以直接改成反馈系统的形式(见图 9.1 右图)，其中噪声源和起振电流成为 LTI 系统的输入，LTI 系统的传递函数为

$$H(s) = \frac{Z_{tank}(s)}{1 + g_m Z_{tank}(s)} = \frac{s\dfrac{1}{C_p}}{s^2 + s\left(\dfrac{1 + g_m R_p}{R_p C_p}\right) + \dfrac{1}{L_p C_p}}$$

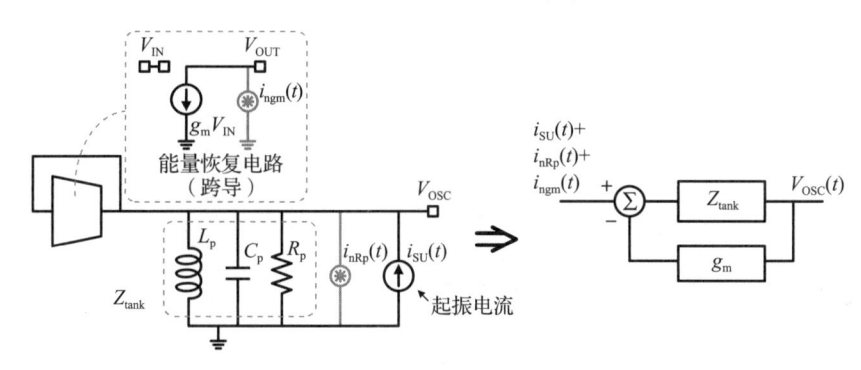

图 9.1 线性 LC 振荡器

根据反馈理论，遵循如果传送函数 $H(s)$ 的极点位于左半平面($g_m > -1/R_p$)，则环路是稳定的；如果 $H(s)$ 的极点位于右半平面($g_m < -1/R_p$)，则环路是不稳定的；而如果 $H(s)$ 的极点位于虚轴上时($g_m = -1/R_p$)，则环路是临界稳定的。

现在，考虑起振电流是一个单冲激的情况，即 $i_{SU}(t) = q_{SU}\delta(t)$，其中 q_{SU} 以 A·s 为单位(即库仑)。线性系统对冲激信号的响应可分为三种不同情况(假设系统极点为复数极点)，如图 9.2 所示。如果环路是稳定的，注入能量所产生的振荡信号最终会衰减；如果环路是不稳定的，振荡幅度会无约束地持续增长(会从理想跨导中吸取更多能量)；而如果处于临界稳定状态下，将产生一个持续的恒定振荡，其振幅与起振电流注入的能量 q_{SU}/C_p 成正比㊀。

只有满足临界稳定条件才可以得到所需要的输出；但是，临近稳定条件在实际中是不可能达

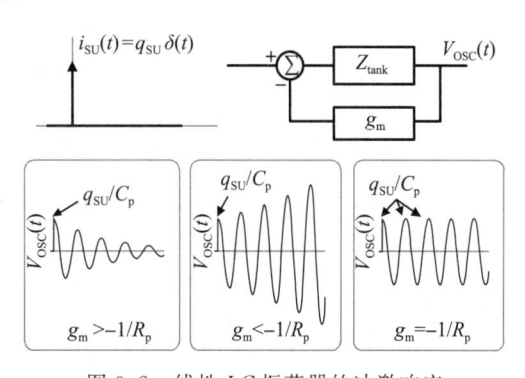

图 9.2 线性 LC 振荡器的冲激响应

到的，因为 g_m 的无穷小的偏差都会导致振荡的加强或者衰减(正因如此，线性振荡器只是一个

㊀ 利用初值定理，也就是 $\lim\limits_{t \to 0} v_{osc}(t) = \lim\limits_{s \to \infty} sH(s)q_{SU}$，可以得到此结果。

抽象的概念）。所以，设计振荡器应满足 $g_m < -1/R_p$，从而产生的振荡越来越大。这种不断增强的振荡最终会因为实际实现的跨导不可能吸收无限的能量而自我限制。基于上述分析，实际振荡器的摆幅与起振电流的大小无关，而是与能量补偿电路的非线性特性有关。

设计一个振荡器时需确保 $g_m < -1/R_p$，而并不需要明确起振电流的大小。这是因为在这种不稳定状态下，一个任意的小能量注入就会引起不断增强的振荡。这种很小的能量通常只是系统中的噪声源（即 $i_{nRp}(t)$ 或 $i_{ngm}(t)$）。

9.1.2 线性振荡器的相位噪声

1966 年，Leeson 采用线性反馈模型推导出了相位噪声的表达式[1]。在这里将简单地重述这项工作。采用图 9.3 中所示的线性模型，可以发现，临界稳定状态（即 $g_m = -1/R_p$）的噪声传递函数可以很容易推导得到

$$|H(j\omega)|^2 = \left|\frac{\omega L_p}{1-\omega^2 L_p C_p}\right|^2$$

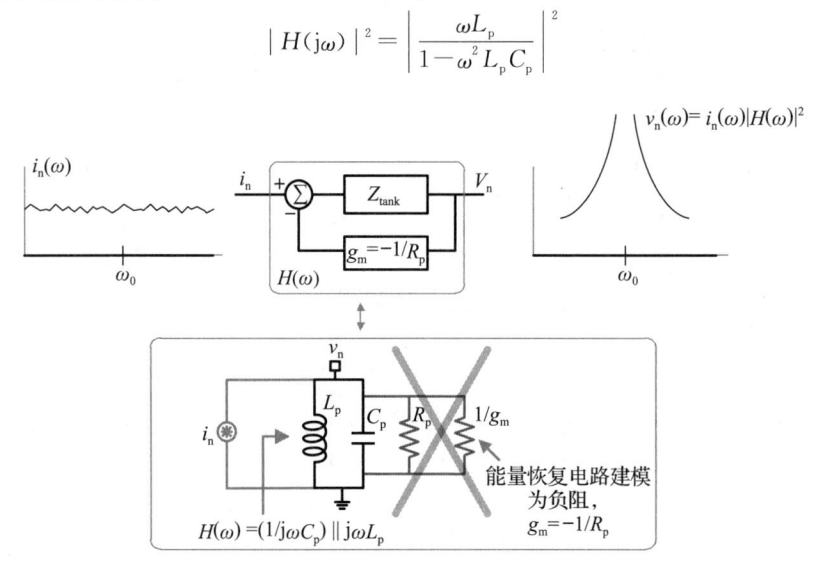

图 9.3 线性振荡器的噪声传递函数

这就是无损谐振腔的平方阻抗。如果将无记忆跨导重新绘制为一个等于 $-1/R_p$ 的负阻，如图 9.3 所示，将会更加直观。这种情况下，负阻（$1/g_m$）正好抵消 R_p，并且从噪声电流源角度，既看不到谐振腔的等效阻抗，也看不到能量补偿电路产生的负阻，噪声电流仅能看到理想电感和电容的并联。

因为无损谐振腔有强滤波特性，所以在射频应用中，只关注在谐振频率附近的传递函数，即在 $\omega = \omega_0 \pm \Delta\omega$ 附近，其中 $\omega_0 = 1/\sqrt{L_p C_p}$ 且 $\Delta\omega \ll \omega_0$。因此噪声传递函数可以进一步简化为

$$|H(j(\omega_0+\Delta\omega))|^2 \approx \left|\frac{1}{2\Delta\omega C_p}\right|^2 = \frac{\omega_0^2 L_p}{2\Delta\omega} = \frac{R_p^2}{4}\frac{1}{Q^2}\left(\frac{\omega_0}{\Delta\omega}\right)^2$$

式中，$Q = \dfrac{R_p}{L_p \omega_0}$ 是谐振腔的 Q 值。鉴于处理的仍然是一个 LTI 系统，因此谐振频率附近的噪声电压功率谱密度（PSD）可以简化为 $\overline{v_n^2} = \overline{i_n^2}|H(j(\omega_0+\Delta\omega))|^2$。这时，正如第 6 章所述，如图 9.4 所示，相位噪声可以定义为电压谱密度对载波功率的归一化，即

$$\mathcal{L}\{\Delta\omega\} = \frac{\overline{v_n^2(\omega_0 + \Delta\omega)}}{A^2/4}$$

式中，A 为谐振幅度的峰值[⊖]。通常，这是用低于载波的分贝/赫兹为单位（dBc/Hz）引用和/或绘制的，即

$$\mathcal{L}\{\Delta\omega\}_{\text{dBc/Hz}} = 10\log_{10}\mathcal{L}\{\Delta\omega\}$$

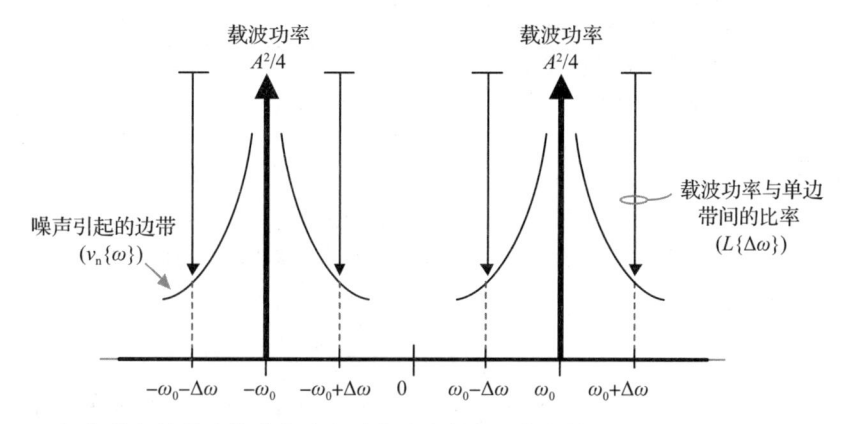

图 9.4 相位噪声是单边带噪声功率对载波功率归一化的结果。图中所示为双边带频谱，但是相位噪声的定义对双边带和单边带功率都适用

对线性振荡器进行这种归一化处理时，将一个真实的非线性振荡器等效为一个简化的线性振荡器，存在两个模糊的概念：

1) 由于是幅度噪声，在非线性振荡器中一般有一半的噪声被抑制，因此，在归一化之前，将 $\overline{i_n^2}$ 除以 2，即 $\overline{v_n^2} = (\overline{i_n^2}/2)|H(j(\omega_0 + \Delta\omega))|^2$。进行这一处理的原因将在后面的章节中详细分析，但在这里，足以假设大约一半的噪声调制了载波的相位，而另一半将调制载波的幅度。在实际的振荡器中，幅度噪声将会受到电路的非线性特性的大幅抑制，但相位噪声将持续存在。

2) 由于非线性系统的大信号动态特性未知，无法（在本阶段）量化非线性本身注入的噪声量。因此，将总的注入噪声电流[⊜]表示为 $\overline{i_n^2} = \overline{i_{R_p}^2} + \overline{i_{g_m}^2} = 2KTF/R_p$，其中未知常数 F 称为振荡器噪声因子，用以描述不确定的注入噪声。如果能量补偿电路是无噪声的，则 $F=1$（与 LNA 噪声因子的定义非常相似）。

考虑到这些调整，这在研究非线性振荡器时是合理的，线性振荡器的相位噪声可以表示为

$$\mathcal{L}\{\Delta\omega\} = \left(\frac{\overline{i_n^2}}{2}\right)\frac{|H(j(\omega_0 + \Delta\omega))|^2}{A^2/4} = \frac{KTFR_p}{A^2}\frac{1}{Q^2}\left(\frac{\omega_0}{\Delta\omega}\right)^2$$

这就是著名的 Leeson 相位噪声模型的表达式。

⊖ 在本章中使用的所有频谱密度术语（与前几章不同）都定义为双边带频率轴，而不是单边带频率轴。对于简单的情况，电阻 R 的噪声电压谱密度，定义为 $s_v = s_v^{\text{DS}} = 2KTR$，而不是 $s_v^{\text{ss}} = 4KTR$。另外，由于噪声谱密度 $\overline{v_n^2}$ 定义为双边带频谱，因此归一化为 $A^2/4$ 而不是 RMS 功率的 $A^2/2$，进一步的解释见图 9.4。

⊜ 注意：由于本章假设了双边带频率轴，$\overline{i_n^2} = 2KTF/R_p$ 而不是 $\overline{i_n^2} = 4KTF/R_p$。

当通过频谱分析仪观察相位噪声 $\mathcal{L}\{\Delta\omega\}_{\text{dBc/Hz}}$（见图 9.5）时，一般可以看到 3 个明显的区域：由系统热噪声引起的 -20dB/dec 衰减区；系统闪烁噪声引起的 -30dB/dec 衰减区；以及一个远离载波的平坦区域，这一区域与振荡器本身无关，而是由缓冲器或者测试设备的噪声造成的。上面的表达式定性地预测了 -20dB/dec 衰减区，但是没有解释 -30dB/dec 衰减区。后者只能采用更复杂的非线性模型来分析，这将在本章稍后介绍。

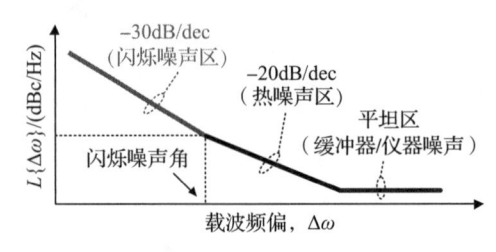

图 9.5 典型的相位噪声谱（其中载波频偏以 log 域表示）

9.1.3 效率

有源电路必须从能量源汲取实际的能量以输送给谐振腔，典型的能量源是直流电源。尤其在无线应用中，以最高效的方式给谐振腔注入能量是非常重要的。以振荡器为例，这种能量效率定义为

$$\eta = \frac{\overline{P_{\text{tank}}(t)}}{P_{\text{DC}}} = \frac{A^2/(2R_p)}{V_{\text{DD}} I_{\text{DD}}}$$

式中，$\overline{P_{\text{tank}}(t)}$ 是一个振荡周期内谐振腔消耗的平均功率，P_{DC} 是从电源汲取的功率。因为在振荡电路中除了供电电源外没有其他能量源，所以其效率不可能超过 1（或 100%）。理想情况下，所有的直流功率都消耗在谐振腔中（用以补偿损耗），且没有功率消耗在有源电路中。

效率表达式也可以重写为如下形式：

$$\eta = \frac{1}{2} \left(\frac{I_{\text{tank}@\omega_0}}{I_{\text{DD}}} \right) \left(\frac{A}{V_{\text{DD}}} \right) = \eta_I \frac{A}{V_{\text{DD}}}$$

式中，η_I 是有源电路的电流效率[2]，用来衡量供电电流在 ω_0 频率处注入谐振腔的效率，定义为

$$\eta_I = \frac{I_{\text{tank}@\omega_0}}{2 I_{\text{DD}}}$$

式中，$I_{\text{tank}@\omega_0} = A/R_p$。

9.1.4 振荡器的 FOM

通常采用 FOM(Figure Of Merit，优值) 表征各类 LC 振荡器的设计，FOM 表示为[3]

$$\text{FOM} = \frac{\left(\dfrac{\omega_0}{\Delta\omega} \right)^2}{(P_{\text{DC}}/1\text{mW}) \mathcal{L}\{\Delta\omega\}}$$

FOM 本质上是归一化到振荡器频率和载波频偏的每单位功率的相位噪声。通常，FOM 是随着载波频偏的变化而变化的（见图 9.6），但是当只用一个数字表示时，会假设用 FOM 稳定期的热噪声区域的测量值来衡量 FOM。本节也将遵循这一惯例。为了得到一些本质特征，将前面定义的 Leeson 表达式替换为 FOM，并重写 FOM 表达式为

$$\text{FOM} = \left(\frac{\eta Q^2}{F} \right) \cdot \left(\frac{2}{KT} \right) \times 10^{-3}$$

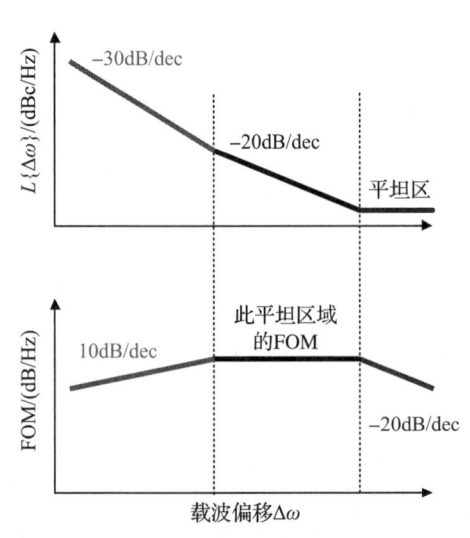

图 9.6 振荡器的 FOM 是载波频偏的函数，图中给出了典型的热噪声区域的 FOM

可以看出，FOM 只与 3 个变量相关：LC 谐振腔的品质因数(Q)、振荡器的效率(η)、振荡器的噪声因子(F)。

最大化 Q 值(或最小化谐振腔损耗)是提升所有 LC 振荡器性能的最佳方法。但是，Q 值依赖于工艺且远不是射频电路设计者所能控制的。此外，Q 值与特定的振荡器拓扑结构无关，因此，在评估给定的某种结构时，可以认为一个好的结构确实是具有最大化的效率和最小化的噪声因子。也就是说，最好的拓扑结构的 η/F 值最大化。根据定义，η/F 的最大值为 1，表示其所对应的是一个无噪声且效率为 100% 的有源元件[4]。

9.2 非线性 LC 振荡器

到目前为止聪明的读者会发现仍有许多未回答的问题：噪声因子 F 的值为多少？为什么可以忽略幅度噪声？如何预测振荡幅度？如何解释相位噪声的 -30dB/dec 衰减区？为了回答这些问题以及一些其他重要问题，需要将 LC 振荡器看作非线性时变电路进行分析。

9.2.1 直观理解

图 9.7 所示为一个非线性 LC 振荡器，其谐振腔损耗电阻为 $R_p = 100\Omega$。相比于图 9.1，此 LC 振荡器唯一的不同在于将能量补偿电路㊀视为非线性电导，其瞬态电导值是其两端所加电压的函数。假设能量补偿电路是无记忆的，也就是说其中不包含电抗元件(即没有电感、电容以及任何其他储能元件)。

从负电阻的 $I-V$ 特性图(见图 9.7)可以推导出，在 $v_{\text{nr}} = 0$ 附近电导值为 -20mS，鉴于谐振腔的电阻为 100Ω，振荡器将起振。但是，如图 9.7 所示，振荡波形最终会受到自身限制。绘制出 $g_{\text{nr}}(t) = \text{d}i_{\text{nr}}(t)/\text{d}v_{\text{nr}}(t)$ 和 $v_{\text{osc}}(t)$ 的波形，可以看到在起振阶段，$g_{\text{nr}}(t) < -1/R_p$，因此振荡幅度是增大的，但当幅度稳定后，$g_{\text{nr}}(t)$ 仅在振荡周期的很少一段时间内小于 $-1/R_p$。这是因为负电导本身的压缩特性导致，因为当其两端加任意大的电压时并不可能提供任意大的电流。如果驱动能力足够强，所有电路最终都会表现出这种压缩特性，这就是振荡波形自限制的机制。

作为一个设想的实验，假设用与谐振腔谐振频率相同的正弦信号分别驱动负阻和谐振腔(图 9.8)。在这种设置下，谐振腔的功耗和有源电路提供的能量将都是正弦信号幅值的函数。值得注意的是，当幅度小于 0.57V 时，有源电阻供给的能量将大于谐振腔的功耗，而当幅度大于 0.57V 时，谐振腔的功耗将大于电路所能够提供的功率㊁。所以，在图 9.7 所示的振荡器中，幅度小于 0.57V 时输出波形会增强，幅度大于 0.57V 时输出波形会衰减。最终输出幅度稳定在 0.57V，因为这是唯一稳定的大信号工作点。即使一些干扰(噪声等)改变了瞬时幅度，最终也会回到这个工作点。因此，与线性振荡器不同，非线性振荡器的振荡幅度与谐振腔中存储的初始能量无关。

下一节将使用上述这种能量平衡的数学描述来推导由有源元件提供的"等效"或是"大信号"电导。这个等效电导，定义为 G_{eff}，等于出现持续振荡时谐振腔损耗电导的负值(见图 9.8)。

㊀ 基于上下文，振荡器的能量补偿电路可看成是一个负电阻、一个负电导、一个非线性电阻、一个非线性电导、一个有源元件和/或一个有源电路。这些术语本质上是一致的。

㊁ 平衡点(在本例中为 0.57V)取决于所采用的非线性和谐振腔损耗。

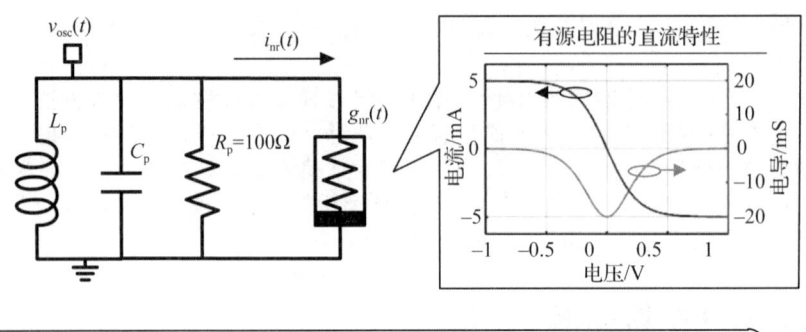

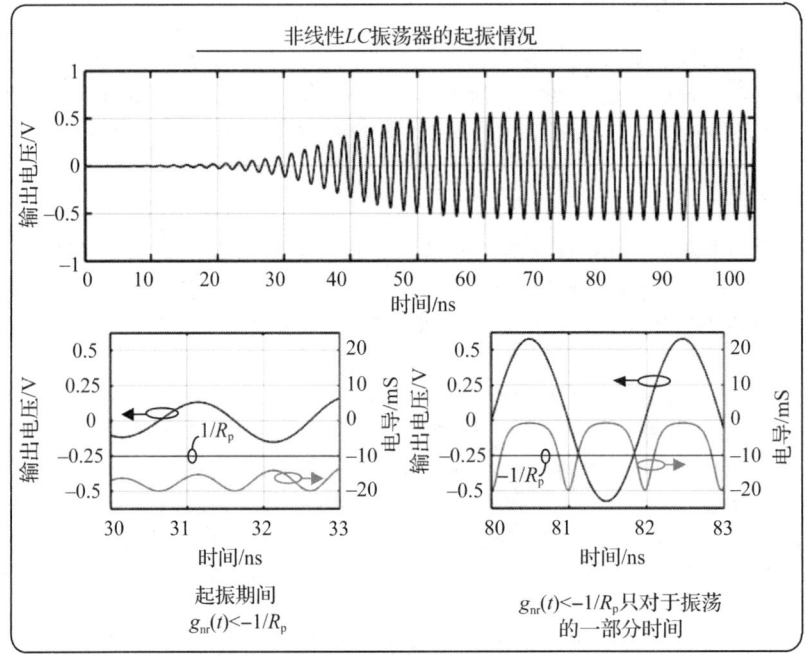

图 9.7 非线性 LC 振荡器

9.2.2 能量平衡条件

假设振荡器已经起振，注入谐振腔中的平均功率必须与谐振腔中的平均功耗相匹配，即 $\langle P_{nr}(t) \rangle = -\langle P_{R_p}(t) \rangle$，或用电流及电压表示：

$$\int_0^T v_{osc}(t) i_{nr}(t) dt = -\int_0^T v_{osc}(t) i_{R_p}(t) dt$$

式中，$v_{osc}(t)$ 是输出电压，$i_{nr}(t)$ 是流入有源元件的电流，$i_{R_p}(t)$ 是流入谐振腔电阻的电流，T 为振荡周期。如果无法满足这个能量平衡条件，将观察到的是不断增强的或者是衰减的振荡。上述等式的频域表达式⊖为

⊖ 本章中所使用的傅里叶级数系数是相对于双边带频谱定义的。

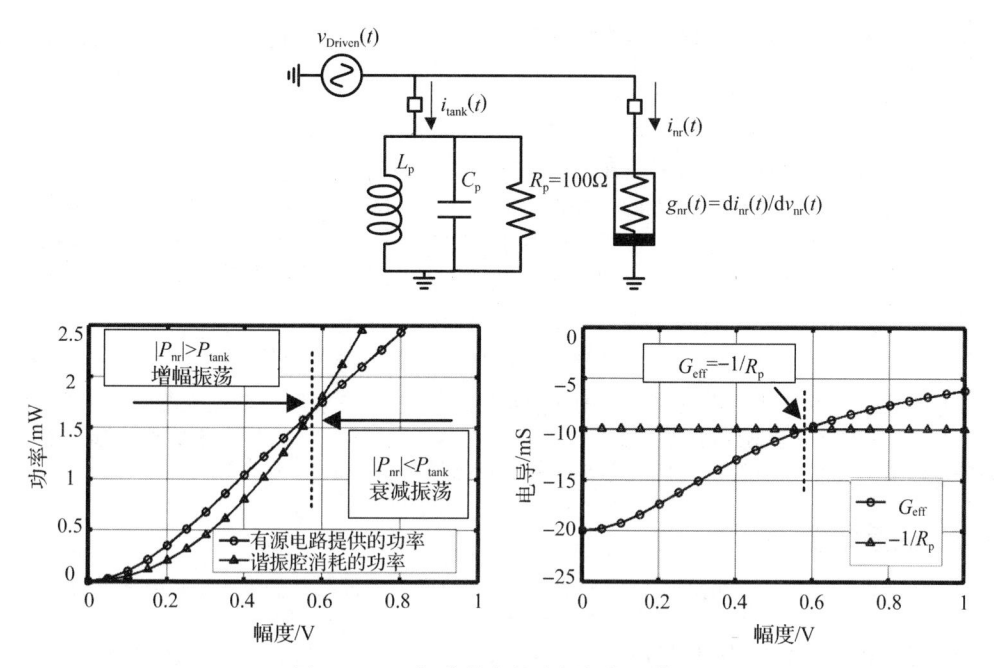

图 9.8 LC 振荡器中的功耗与能量供给

$$\sum_{k=-\infty}^{\infty} V_{\text{osc}}[k] I_{\text{nr}}[-k] = -\sum_{k=-\infty}^{\infty} V_{\text{osc}}[k] I_{R_p}[-k]$$

式中，$V_{\text{osc}}[k]$、$I_{\text{nr}}[k]$ 和 $I_{R_p}[k]$ 分别表示 $v_{\text{osc}}(t)$、$i_{\text{nr}}(t)$ 和 $i_{R_p}(t)$ 的傅里叶系数。假设输出为近似的正弦信号[⊖]，即 $v_{\text{osc}}(t) = A\cos(\omega t)$，这对于 Q 值适中的 LC 振荡器而言，是一个合理的假设。这意味着当 $k \neq \pm 1$ 且 $V_{\text{osc}}[-1] = V_{\text{osc}}[1] = A/2$ 时，所有的 $V_{\text{osc}}[k]$ 都被滤除，所以可以得到

$$I_{\text{nr}}[-1] + I_{\text{nr}}[1] = -\frac{2V_{\text{osc}}[1]}{R_p} = -\frac{A}{R_p}$$

注意，尽管假设 $v_{\text{osc}}(t)$ 为近似的正弦函数，但 $i_{\text{nr}}(t)$ 可能并且通常确实包含了重要的谐波分量。现在，如果定义有源电阻的瞬时电导为 $g_{\text{nr}}(t) = \mathrm{d}i_{\text{nr}}(t)/\mathrm{d}v_{\text{nr}}(t)$，则 $i_{\text{nr}}(t)$ 可以写为

$$i_{\text{nr}}(t) = I_{\text{nr(DC)}} + \int \left(g_{\text{nr}}(t) \frac{\mathrm{d}v_{\text{nr}}(t)}{\mathrm{d}t} \right) \mathrm{d}t$$

因此，$i_{\text{nr}}(t)$ 的傅里叶级数为

$$I_{\text{nr}}[k] = \begin{cases} I_{\text{nr(DC)}} & k = 0 \\ \sum_{l=-\infty}^{\infty} \left(\frac{l}{k} \right) V_{\text{nr}}[l] G_{\text{nr}}[k-l] & k \neq 0 \end{cases}$$

同样，假设输出为近似的正弦信号，即 $v_{\text{osc}}(t) = v_{\text{nr}}(t) = A\cos\omega t$，这个条件意味着当 $k \neq 0$ 时，有

$$I_{\text{nr}}[k] = \left(\frac{A}{2k} \right) (G_{\text{nr}}[k-1] - G_{\text{nr}}[k+1])$$

⊖ 本章中，假设输出波形不存在初始相位偏移，即 $v_{\text{osc}}(t) = A\cos(\omega t + \phi)$，其中 $\phi = 0$。这是为了简化表达式使之易于阅读。本质上，选择参考时间 $t = 0$ 以与振荡器的峰值一致，移动参考时间对于最终的噪声结果并无影响。

联立上式与能量平衡条件的结果(即 $I_{nr}[-1]+I_{nr}[1]=-A/R_p$),以定义有源元件的等效电导[5-6],即

$$G_{eff} = G_{nr}[0] - \frac{1}{2}G_{nr}[-2] - \frac{1}{2}G_{nr}[2] = -\frac{1}{R_p}$$

推导结果与图 9.8 中绘制的等效电导是相同的,并且在稳态条件下必须总是等于 $-1/R_p$。注意,等效跨导并不是一个时间上的平均跨导,时间平均跨导为 $G_{nr}[0]$。如果假设非线性电导是无记忆的,则瞬态电导将关于 $t=0$ 对称(即 $g_{nr}(t)=g_{nr}(-t)$)。这种对称性是因为激励无记忆电导的输出波形被定义为关于 $t=0$ 对称(即 $v_{nr}(t)=v_{nr}(-t)$)。这意味着 $G_{nr}[-2]=G_{nr}[2]$,所以等效电导简化为

$$G_{eff} = G_{nr}[0] - G_{nr}[2] = -\frac{1}{R_p}$$

注意,要使线性振荡器中发生持续的振荡,小信号电导必须等于谐振腔损耗(即图 9.2 中的 $g_m=-1/R_p$),但这是在现实中不可能实现的临界稳定状态。相比之下,在非线性振荡器中,持续振荡意味着等效电导或者说大信号电导平衡了谐振腔的损耗:$G_{eff}=-1/R_p$。

9.2.3 振荡幅度

由上一节的分析可知,振荡幅度可以用谐振腔阻抗乘以有源元件提供的基频电流计算得出,即

$$A = 2V_{osc}[1] = -(I_{nr}[-1]+I_{nr}[1])R_p$$

依据给定的非线性的 I-V 特性,$I_{nr}[\pm 1]$(以及 A)的计算可能简单,也可能不简单。

9.3 非线性 LC 振荡器的相位噪声分析

为了有条理地进行非线性振荡器的噪声分析,将用与混频器噪声分析[一]非常相似的方法来分析非线性振荡器的噪声机制,即

1)首先假设电路是完全无噪声的,并求解其频率、幅值和工作点等。
2)然后在电路中注入小的噪声源,并观察其对输出频谱的影响。假设"微小"噪声源导致在输出频谱上的微小扰动。
3)最后,将振荡器视为一个 LTV 系统(关于噪声),并对系统中每个噪声源引起的相位扰动求和。

尽管进行了这些简化,但这种方法仍可以充分量化在 $\mathcal{L}\{\Delta\omega\}$ 的热噪声区域(即 -20dB/dec 衰减区)的相位噪声。然而,由于这种方法定义了与无噪声振荡器相关的固有频率,因此无法量化频谱中由频率调制效应而产生的噪声。$\mathcal{L}\{\Delta\omega\}$ 中的 -30dB/dec 衰减区只有采用这些效应才能完全解释。考虑频率调制效应的单独分析方法将在后面的章节中讨论。

下面从相位、频率和幅度噪声的一些基本定义开始介绍,并给出观察这些特性的简单方法。

9.3.1 相位、频率和幅度噪声的定义

考虑一个幅度、频率和相位调制的连续正弦信号:

$$v_{osc}(t) = A(1+m(t))\cos\left(\int_0^t (\omega_0+\omega_\Delta(\tau))d\tau + \phi(t)\right)$$
$$= A(1+m(t))\cos\left(\omega_0 t + \int_0^t \omega_\Delta(\tau)d\tau + \phi(t)\right)$$

⊖ 本章所给出的分析方法是基于文献[5-6,8-9,32]的。

式中，$m(t)$ 为幅度调制量，$\omega_\Delta(t)$ 为频率调制量，$\phi(t)$ 为相位调制量。假设调制系数很小，即 $m(t)\ll 1$，$\omega_\Delta(\tau)\ll\omega_0$，$\phi(t)\ll 2\pi$，则采用小的角近似，上式可以重写为

$$v_{\text{osc}}(t) \approx A\cos\omega_0 t + m(t)A\cos\omega_0 t - \left(\phi(t) + \int_0^t \omega_\Delta(\tau)\mathrm{d}\tau\right)A\sin\omega_0 t$$

在频域上表示为

$$V_{\text{osc}}(\omega) \approx A\pi\delta(\omega-\omega_0) + A\pi\delta(\omega+\omega_0) + \left(\frac{A}{2}M(\omega-\omega_0) + \frac{A}{2}M(\omega+\omega_0)\right) -$$

$$\left(\frac{A}{2\mathrm{j}}\Phi(\omega-\omega_0) - \frac{A}{2\mathrm{j}}\Phi(\omega+\omega_0)\right) -$$

$$\left(-\frac{A}{2(\omega-\omega_0)}\Omega(\omega-\omega_0) + \frac{A}{2(\omega+\omega_0)}\Omega(\omega+\omega_0)\right)$$

式中，$M(\omega)$、$\Omega(\omega)$、$\Phi(\omega)$ 分别为 $m(t)$、$\omega_\Delta(t)$、$\phi(t)$ 的傅里叶变换。假设 $m(t)$、$\omega_\Delta(t)$ 和 $\phi(t)$ 的变化率远小于 ω_0。如果将上述几项都看作噪声源，则在载波频偏 $\Delta\omega$ 处的噪声谱密度为

$$S_{\text{N}}(\omega_0+\Delta\omega) = S_{\text{PM}}(\omega_0+\Delta\omega) + S_{\text{FM}}(\omega_0+\Delta\omega) + S_{\text{AM}}(\omega_0+\Delta\omega)$$

上式为载波附近分别由相位扰动、频率扰动和幅度扰动产生的噪声总和。这 3 项分别定义为

$$S_{\text{PM}}(\omega_0+\Delta\omega) = \frac{A^2}{4}S_\Phi(\Delta\omega)$$

$$S_{\text{FM}}(\omega_0+\Delta\omega) = \frac{A^2}{4}\frac{S_\Omega(\Delta\omega)}{|\Delta\omega|^2}$$

$$S_{\text{AM}}(\omega_0+\Delta\omega) = \frac{A^2}{4}S_M(\Delta\omega)$$

总噪声功率 $S_{\text{N}}(\omega_0+\Delta\omega)$ 对总载波功率进行归一化，为相位噪声的定义，即

$$\mathcal{L}\{\Delta\omega\} = \frac{S_{\text{N}}(\omega_0+\Delta\omega)}{A^2/4} = S_\Phi(\Delta\omega) + S_M(\Delta\omega) + \frac{S_\Omega(\Delta\omega)}{|\Delta\omega|^2}$$

因此相位噪声的这种定义，即单边带噪声对载波功率进行的归一化，由于包含了引起相位、频率和幅度扰动的噪声，这种方式的使用在一定程度上是不恰当的。然而，很快就会发现，在实际的 LC 振荡器当中，一般情况下 $S_M(\Delta\omega)$ 很小且可以忽略，所以上式可以近似为

$$\mathcal{L}\{\Delta\omega\} \approx S_\Phi(\Delta\omega) + \frac{S_\Omega(\Delta\omega)}{|\Delta\omega|^2}$$

另外，如同下一节中将要说明的，频率噪声和相位噪声之间是无法区别的。因此，如果 $S_\Omega(\Delta\omega)/|\Delta\omega|^2$ 项一直存在，则将被视为 $S_\Phi(\Delta\omega)$ 的一部分。综上，相位噪声通常写为[⊖]

$$\mathcal{L}\{\Delta\omega\} \approx S_\Phi(\Delta\omega)$$

9.3.2 FM 噪声和 PM 噪声的相似性

为了理解为什么区分不了 FM 噪声和 PM 噪声，可以考虑将固定的噪声源建模为无数个相位不相关，频率上间隔为 1Hz 的正弦函数和的形式[7]：

$$n(t) = \sum_{k=0}^{\infty}\sqrt{4S_{\text{n}}(2\pi k)}\cos(2\pi kt+\theta_k)$$

⊖ 在一些书中，$S_\Phi(\Delta\omega)$ 与 $\mathcal{L}\{\Delta\omega\}$ 之间有一个 1/2 的因子，然而，当定义 $S_\Phi(\Delta\omega)$ 为双边带频率轴时，这个因子就不出现，换言之，$\mathcal{L}\{\Delta\omega\} = S_\Phi^{\text{DS}}(\Delta\omega) = S_\Phi^{\text{SS}}(\Delta\omega)/2$。在频谱分析仪上观察/测量时，$\mathcal{L}\{\Delta\omega\}$ 为归一化到载波功率的单边带噪声。然而，IEEE 定义 $\mathcal{L}\{\Delta\omega\}$ 为 $\mathcal{L}\{\Delta\omega\} = S_\Phi^{\text{DS}}(\Delta\omega) = S_\Phi^{\text{SS}}(\Delta\omega)/2$，其中即使幅度噪声存在也被忽略了。

式中，$S_n(2\pi k)$ 是 $n(t)$ 在千赫兹(kHz)频率处每单位赫兹的频谱密度，θ_k 为在每个正弦信号上的不相关随机相位偏差。这在第 2 章中有关随机相位正弦函数中已经证明。并且在第 6 章中也用来计算了带限白噪声的平方谱密度。

现在考虑其频率由噪声源调制的正弦信号：

$$v_{\text{FM}}(t) \approx A\cos\omega_0 t - \left(\int_0^t \omega_\Delta(\tau)\,d\tau\right)A\sin\omega_0 t$$

式中，

$$\omega_\Delta(\tau) = \sum_{k=0}^{\infty}\sqrt{4S_\Omega(2\pi k)}\cos(2\pi k t + \theta_k)$$

计算积分部分可得

$$v_{\text{FM}}(t) \approx A\cos\omega_0 t - \left(\sum_{k=0}^{\infty}\frac{\sqrt{4S_\Omega(2\pi k)}}{2\pi k}\cos(2\pi k t - \pi/2 + \theta_k)\right)A\sin\omega_0 t$$

考虑相位被噪声源调制的正弦信号：

$$v_{\text{PM}}(t) \approx A\cos\omega_0 t - \left(\sum_{k=0}^{\infty}\sqrt{4S_\Phi(2\pi k)}\cos(2\pi k t + \theta_k)\right)A\sin\omega_0 t$$

式中，由于 $\theta_{[k=0,1,2,\cdots]}$ 是一组随机的不相关相位，可以注意到，频谱为 $(2\pi k)^2 S_x(2\pi k)$ 的调制频率噪声源与频谱为 $S_x(2\pi k)$ 的调制相位噪声源对输出频谱将产生相同的影响。因此，同在第 2 章中讨论的 FM 和 PM 信号一样，这两者不能通过观察输出区分出来。此外，一个非线性元件对频率噪声和相位噪声的响应也是以相同的方式，所以可以将频率噪声和相位噪声看成是一样的。

9.3.3 AM 边带和 PM 边带的识别

一个小的噪声源对载波幅度或者相位的调制会在载波附近产生相关的边带。如果调制系数很小，就不能仅仅通过观察边带的幅度确定边带是幅度调制还是相位调制的结果。但是，通过观察边带相对于载波的相对相位，可以进行这种区分[6-7]。考虑一个任意的相位调制(PM)源：

$$\phi(t) = \Delta\phi\sin(\Delta\omega t + \varphi)$$

对任意的载波进行调制，有

$$v(t) = A\cos(\omega_0 t + \phi(t) + \theta)$$

假设 $\Delta\phi \ll 2\pi$，上式可以近似为

$$v(t) \approx A\cos(\omega_0 t + \theta) - \Delta\phi\sin(\Delta\omega t + \varphi)A\sin(\omega_0 t + \theta)$$

并且可以重写成以下形式：

$$v(t) \approx v_c(t) + v_{\text{LSB}}(t) + v_{\text{USB}}(t)$$

式中，未调制的载波信号、下边带(LSB)和上边带(USB)分别为

$$v_c(t) = A\cos(\omega_0 t + \theta)$$

$$v_{\text{LSB}}(t) = \frac{\Delta\phi A}{2}\cos((\omega_0 - \Delta\omega)t + \pi + \theta - \varphi)$$

$$v_{\text{USB}}(t) = \frac{\Delta\phi A}{2}\cos((\omega_0 + \Delta\omega)t + \theta + \varphi)$$

注意，LSB 和 USB 的幅度是相等的(即为 $\Delta\phi A/2$)，而两者相位的平均值与载波相位相差 90°，如图 9.9 所示的矢量图可见。

现在再来考虑一个任意的 AM 载波：

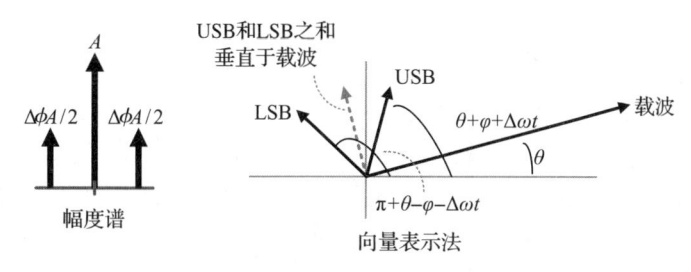

图 9.9 PM 边带之和总是垂直于载波

$$m(t) = \Delta m \sin(\Delta \omega t + \varphi)$$
$$v(t) = A(1 + m(t))\cos(\omega_0 t + \theta)$$

同样可以写成如下的形式：

$$v(t) \approx v_c(t) + v_{\text{LSB}}(t) + v_{\text{USB}}(t)$$

式中，未调制的载波信号、LSB 和 USB 分别为

$$v_c(t) = A\cos(\omega_0 t + \theta)$$
$$v_{\text{LSB}}(t) = \frac{\Delta mA}{2}\cos\left((\omega_0 - \Delta\omega)t + \frac{\pi}{2} + \theta - \varphi\right)$$
$$v_{\text{USB}}(t) = \frac{\Delta mA}{2}\cos\left((\omega_0 + \Delta\omega)t - \frac{\pi}{2} + \theta + \varphi\right)$$

同样，两个边带的幅度是相同的，但是与相位调制不同的是，在幅度调制中，USB 和 LSB 的平均相位与载波相位要么同相，要么异相（差值为 180°），如图 9.10 所示。

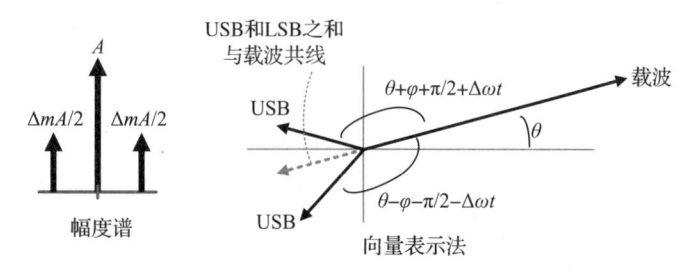

图 9.10 AM 边带之和总是与载波共线（即同相或 180°异相）

9.3.4 将 SSB 分解成 AM 边带和 PM 边带

一个小的不相关边带可以表示为一组小的相关的 AM 边带和 PM 边带，其幅度为原边带信号幅度的一半（见图 9.11）[7,9]。这一分解过程在分析非线性电路对调制信号的响应时是非常有用的，因为正如将看到的，PM 边带和 AM 边带通过非线性电路时的响应是完全不同的。例如，如果使调制波形通过一个硬限幅非线性电路，则载波的 PM 边带将会被保留，而 AM 边带会被滤除。因此，如图 9.12 所示，一个单边带调制的正弦信号通过限幅器后，在输出端产生的正弦信号带有相位调制双边带，其幅度为原来单边带的一半，同时 AM 边带被滤除。

为了展示这种分解效果，考虑一个简单的连续正弦函数 $v_c(t) = A\cos(\omega_0 t)$，被很小的单边带信号 $v_{\text{SSB}}(t) = \Delta A\cos((\omega_0 + \Delta\omega)t + \theta)$ 调制的情况。可以写成如下形式：

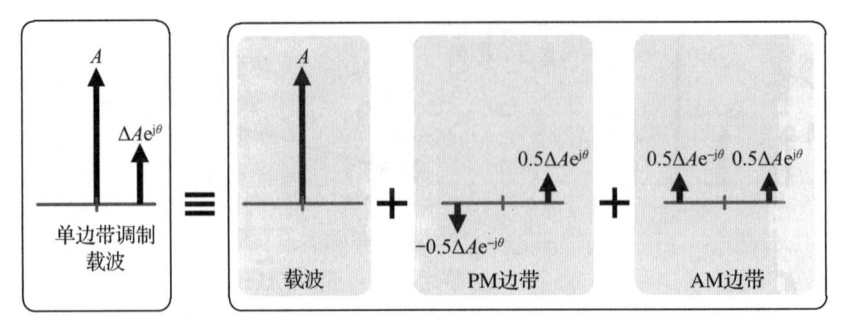

图 9.11　将单边带用 PM 边带和 AM 边带之和表示

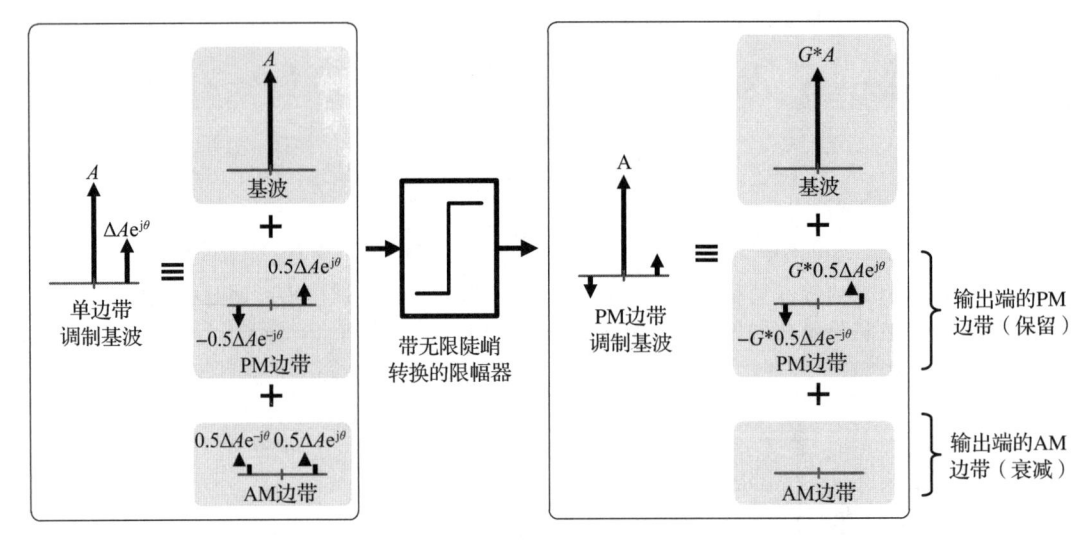

图 9.12　PM 边带和 AM 边带对非线性系统的响应。通常 PM 边带和载波有同样的增益，AM 边带则会衰减（假设为压缩非线性系统）

$$v(t) = v_c(t) + v_{SSB}(t)$$
$$= A\cos\omega_0 t + \Delta A\cos((\omega_0 + \Delta\omega)t + \theta)$$
$$= v_c(t) + v_{PM}(t) + v_{AM}(t)$$

式中，

$$v_{PM}(t) = \frac{\Delta A}{2}\cos((\omega_0 + \Delta\omega)t + \theta) - \frac{\Delta A}{2}\cos((\omega_0 - \Delta\omega)t - \theta)$$
$$v_{AM}(t) = \frac{\Delta A}{2}\cos((\omega_0 + \Delta\omega)t + \theta) + \frac{\Delta A}{2}\cos((\omega_0 - \Delta\omega)t - \theta)$$

为了使上述分解过程与之前描述的正弦信号相位调制和幅度调制的定义一致，可以将 $v(t)$ 写成以下形式：

$$v(t) = A\cos(\omega_0 t) + m(t)A\cos\omega_0 t - \phi(t)A\sin\omega_0 t$$

上式中的调制分量为

$$\phi(t) = \frac{\Delta A}{A}\sin(\Delta\omega t + \theta)$$

$$m(t) = \frac{\Delta A}{A}\cos(\Delta\omega t + \theta)$$

如前所述，噪声可以建模为无数个正弦信号的和（或者本文中所说的无数个小边带的和）。因此，将 PSD 为 $S_n(\omega)$ 的加性平稳噪声 $n(t)$，简单地叠加到连续正弦信号 $v(t)=A\cos\omega_0 t$ 上，分解过程表明，加性噪声的一半将调制载波的相位，而另一半将调制幅度：

$$S_{PM}(\omega_0+\Delta\omega) = S_{AM}(\omega_0+\Delta\omega) = \frac{1}{2}S_n(\omega_0+\Delta\omega)$$

不幸的是，并不是振荡器中所有的噪声源都是平稳的，如接下来将讨论的。

9.3.5 周期平稳噪声

在一个振荡器中，由谐振腔寄生电阻 R_p 注入的噪声是一个平稳的噪声源（$S_v(\omega) = 2KTR_p$），但与有源元件相关的噪声源通常不是这种情况。由于电路中使用的晶体管的工作点是不断变化的，这一类噪声源的谱密度常常发生周期性变化[10]。如第 5 章所述，这种周期性变化的噪声源称为周期平稳噪声源，可以定义为

$$n_{CYCLO}(t) = n(t)w(t)$$

式中，$n(t)$ 是平稳的噪声源，$w(t)$ 是周期性波形，被称为噪声整形波形。周期平稳噪声的自相关特性和频谱密度已经在第 5 章中计算过。鉴于其对振荡器噪声讨论的重要性，将在这里给出其总结。

周期平稳噪声的自相关为

$$R_{n_{CYCLO}}(t,\tau) = R_n(\tau)w(t)w^*(t+\tau)$$

式中，$R_n(\tau)$ 是 $n(t)$ 的自相关，上式可以展开为

$$R_{n_{CYCLO}}(t,\tau) = R_n(\tau)\sum_{k=-\infty}^{\infty}\sum_{m=-\infty}^{\infty}W[k]W^*[m]e^{j(k-m)\omega_0 t}e^{-jm\omega_0\tau}$$

式中，$W[k]$ 是周期性噪声整形波形 $w(t)$ 的傅里叶系数⊖。如果 $R_{n_{CYCLO}}(t,\tau)$ 是时间平均值，可以不考虑时间 (t) 的相关性，则频谱密度可以写为

$$\overline{S_{n_{CYCLO}}}(\omega) = \sum_{k=-\infty}^{\infty}|W[k]|^2 S_n(\omega-k\omega_0)$$

对于周期平稳白噪声的情况，结合帕塞瓦尔（Parseval）能量关系式，上述表达式可以简化为

$$S_{n_{CYCLO}}(\omega,t) = S_n|w(t)|^2$$

式中，S_n 是白噪声谱密度，与频率不相关。图 9.13 展示了一个具有时变栅极电压的晶体管实例。其中噪声电流可以建模为由噪声整形信号 $w(t) = \sqrt{g_m(t)}$ 进行调制，且谱密度为 $S_n = 2KT\gamma$ 的平稳噪声电流源。基于以上条件，PSD 表示为

$$S_{n_{CYCLO}}(\omega,t) = S_n w^2(t) = S_n g_m(t) = 2KT\gamma g_m(t)$$

当然这是随时间周期性变化的。当通过频谱分析仪观察时，所显示的 PSD 是 $S_{n_{CYCLO}}(\omega,t)$ 的时间平均值，即

$$\overline{S_{n_{CYCLO}}}(\omega) = 2KT\gamma \overline{g_m(t)}$$

⊖ 由于在本章中涉及复杂符号表示的几个变量，采用 $W[k]$ 来表示傅里叶级数的系数，而不是先前使用的 w_k。

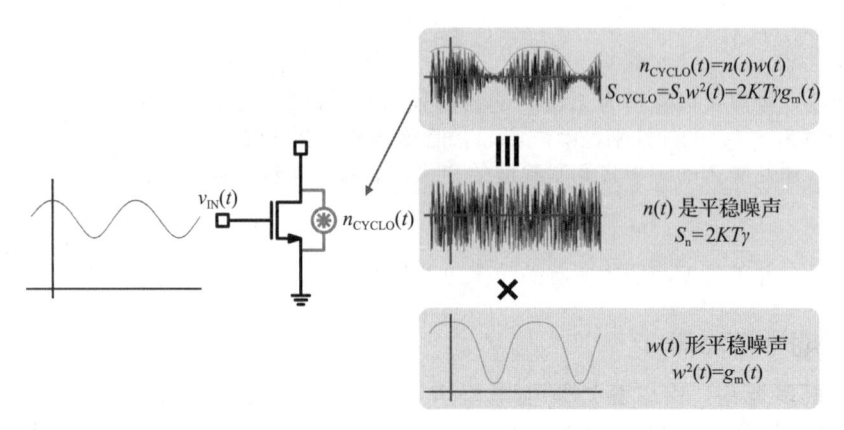

图 9.13 晶体管栅极被周期性信号驱动时输出噪声为周期平稳噪声

平稳噪声源意味着在两个不同频率处的噪声电压是完全不相关的⊖。然而，由于一个周期平稳噪声被建模为用周期波形调制的平稳噪声源，因此其频谱是强相关的。例如，当低频噪声与一个方波混频时，会在方波的谐波附近产生相关噪声。在振荡器噪声的分析中，需要仔细分辨这种相关性，以区分载波的相位调制噪声和幅度调制噪声。前面的章节给出了平稳噪声的直观情况。为了区分周期平稳噪声的更一般情况，重新考虑相位调制和幅度调制的连续正弦信号的例子。假设 $m(t) \ll 1$，$\phi(t) \ll 2\pi$，可以写出

$$v_{osc}(t) \approx A\cos\omega_0 t + m(t)A\cos\omega_0 t - \phi(t)A\sin\omega_0 t$$

同样假设 $m(t)$ 和 $\phi(t)$ 的变化率远小于 ω_0。把调制项（上式中的第 2 项和第 3 项）建模为周期平稳噪声源，即

$$n_{CYCLO}(t) = n(t)w(t) = Am(t)\cos\omega_0 t - A\phi(t)\sin\omega_0 t$$

式中，$n(t)$ 是平稳噪声源，$w(t)$ 是任意的噪声整形波形。所以 PM 分量和 AM 分量可以重写为

$$\phi(t) = \left\langle -\frac{2}{A}n(t)w(t)\sin\omega_0 t \right\rangle$$

$$m(t) = \left\langle \frac{2}{A}n(t)w(t)\cos\omega_0 t \right\rangle$$

函数 $\langle \cdot \rangle$ 为仅保留低频分量。为了求出 AM 和 PM 分量的谱密度，先采取中间步骤，并定义如下 2 变量：

$$\tilde{\phi}(t) = -\frac{2}{A}n(t)w(t)\sin\omega_0 t$$

$$\tilde{m}(t) = \frac{2}{A}n(t)w(t)\cos\omega_0 t$$

上式是 $\phi(t)$ 和 $m(t)$ 未经过滤波的量，在概念上如图 9.14 所示。

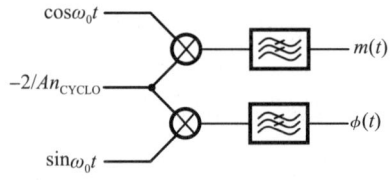

图 9.14 AM 边带和 PM 边带的获取

$\tilde{\phi}(t)$ 和 $\tilde{m}(t)$ 都可以理解为周期平稳噪声，其噪声整形函数分别为 $w_{\tilde{\phi}}(t) = (-2/A)w(t)\sin\omega_0 t$ 以及 $w_{\tilde{m}}(t) = (2/A)w(t)\cos\omega_0 t$。因为 $\tilde{\phi}(t)$ 和 $\tilde{m}(t)$ 表示噪

⊖ 不要混淆频域中整形的噪声与有色噪声。有色噪声在频域中是不相关的，但在时域中是相关的。平稳噪声不管是否色化，在频域中总是不相关的。

声，所以可以计算得出相位噪声和幅度噪声的 PSD 为

$$S_{\tilde{\phi}}(\omega) = \sum_{k=-\infty}^{\infty} |W_{\tilde{\phi}}[k]|^2 S_n(\omega - k\omega_0) = \frac{1}{A^2} \sum_{k=-\infty}^{\infty} |W[k-1] - W[k+1]|^2 S_n(\omega - k\omega_0)$$

$$S_{\tilde{m}}(\omega) = \sum_{k=-\infty}^{\infty} |W_{\tilde{m}}[k]|^2 S_n(\omega - k\omega_0) = \frac{1}{A^2} \sum_{k=-\infty}^{\infty} |W[k-1] + W[k+1]|^2 S_n(\omega - k\omega_0)$$

式中，$W[k]$、$W_{\tilde{\phi}}[k]$ 和 $W_{\tilde{m}}[k]$ 分别为 $w(t)$、$w_{\tilde{\phi}}(t)$ 和 $w_{\tilde{m}}(t)$ 的傅里叶系数，S_n 是 $n(t)$ 的 PSD。由于只关心载波附近的噪声，明显地，经过图 9.14 所示的低通滤波后，假设在较小的载波频偏处，导致

$$S_{\Phi}(\Delta\omega) = \frac{1}{A^2} \sum_{k=-\infty}^{\infty} S_n(\Delta\omega - k\omega_0) |W[k-1] - W[k+1]|^2$$

$$S_M(\Delta\omega) = \frac{1}{A^2} \sum_{k=-\infty}^{\infty} S_n(\Delta\omega - k\omega_0) |W[k-1] + W[k+1]|^2$$

如图 9.15 所示为相位噪声产生的折叠过程，而图 9.16 所示为幅度噪声产生的折叠过程。注意，平稳噪声是以上分析中当整形波形为单位 1，即 $w(t)=1$ 时的一个特例。

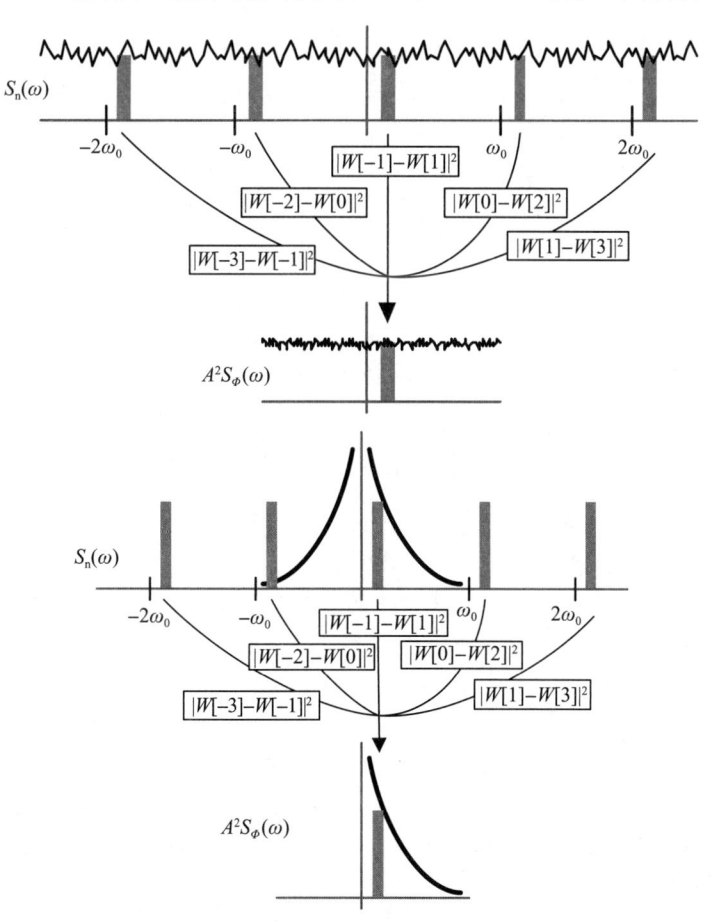

图 9.15 周期信号 $w(t)$ 调制的平稳噪声在通过所示权重参考余弦载波时导致的相位噪声

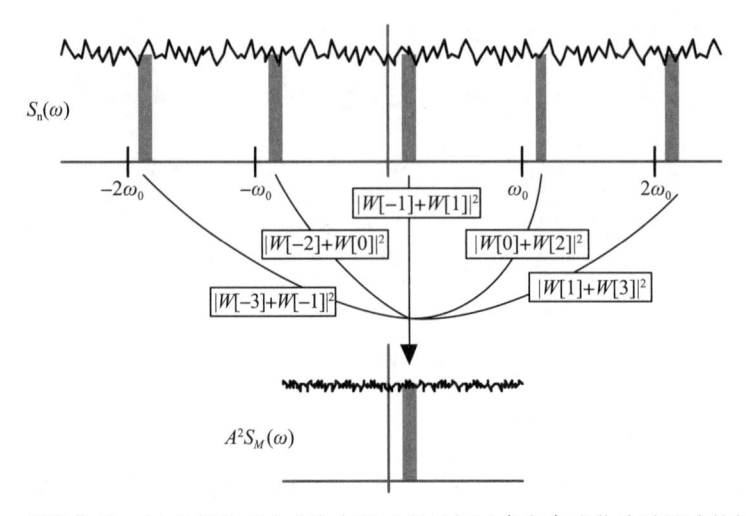

图 9.16 周期信号 $w(t)$ 调制的平稳噪声在通过所示权重参考余弦载波时导致的幅度噪声

如果 $n(t)$ 是一个 PSD 等于 S_n 的白噪声源，则可简化为

$$S_\Phi(\Delta\omega) = S_n \overline{|w_\phi(t)|^2} = \frac{2}{A^2} S_n \overline{p(t)(1-\cos 2\omega_0 t)} = \frac{2}{A^2} S_n \left(P[0] - \frac{1}{2} P[-2] - \frac{1}{2} P[2] \right)$$

$$S_M(\Delta\omega) = S_n \overline{|w_m(t)|^2} = \frac{2}{A^2} S_n \overline{p(t)(1+\cos 2\omega_0 t)} = \frac{2}{A^2} S_n \left(P[0] + \frac{1}{2} P[-2] + \frac{1}{2} P[2] \right)$$

式中，$p(t) = w^2(t)$，$P[k]$ 是 $p(t)$ 的傅里叶级数。如之前所述，这些项反过来与载波附近的边带的 PSD 相关，即

$$S_{PM}(\omega_0 + \Delta\omega) = \frac{A^2}{4} S_\Phi(\Delta\omega) = S_n \left(\frac{1}{2} P[0] - \frac{1}{4} P[-2] - \frac{1}{4} P[2] \right)$$

$$S_{AM}(\omega_0 + \Delta\omega) = \frac{A^2}{4} S_M(\Delta\omega) = S_n \left(\frac{1}{2} P[0] + \frac{1}{4} P[-2] + \frac{1}{4} P[2] \right)$$

示例：以具有时变输入的晶体管为例，$S_n = 2KT\gamma$，$w(t) = \sqrt{g_m(t)}$，且 $p(t) = w^2(t) = g_m(t)$，则相位噪声边带为

$$S_{PM}(\omega_0 + \Delta\omega) = 2KT\gamma \left(\frac{1}{2} G_M[0] - \frac{1}{4} G_M[-2] - \frac{1}{4} G_M[2] \right)$$

式中，$G_M[k]$ 是 $g_m(t)$ 的傅里叶级数。

另一个重要的情况是 $n(t)$ 来源于低频噪声源，例如 CMOS 器件中的闪烁噪声或是电源线上的低频噪声。在这种情况下，除非频率远小于基频，否则 $S_\Phi(\omega)$ 可以忽略，因此可以写成

$$S_{PM}(\omega_0 + \Delta\omega) = \frac{A^2}{4} S_\Phi(\Delta\omega) = \frac{1}{4} S_n(\Delta\omega) |W[-1] - W[1]|^2$$

$$S_{AM}(\omega_0 + \Delta\omega) = \frac{A^2}{4} S_M(\Delta\omega) = \frac{1}{4} S_n(\Delta\omega) |W[-1] + W[1]|^2$$

如果噪声整形函数是对称的（即 $W[-1] = W[1]$），则相位噪声边带 $S_{PM}(\omega_0 + \Delta\omega)$ 为空，并且低频噪声分量不会恶化振荡器输出的相位。这种情况对本章中讨论的所有有源器件都有效，因为这些器件都被认为是无记忆的。

示例：关于一个平稳白噪声源的一般情况，噪声整形波形等于单位1（即 $w(t) = 1$），意味着 $p(t) = w^2(t)$ 也等于单位1。相应地，一个平稳噪声源可以分解如下：

$$S_{PM}(\omega_0 + \Delta\omega) = \frac{A^2}{4}S_{\Phi}(\Delta\omega) = \frac{S_n}{2}$$

$$S_{AM}(\omega_0 + \Delta\omega) = \frac{A^2}{4}S_M(\Delta\omega) = \frac{S_n}{2}$$

这与之前对平稳噪声源的分析一致，其中得出，噪声的一半调制载波的相位，另一半调制载波的幅度。

现在可以很自然地将噪声分解为载波附近的相位调制分量和幅度调制分量，也是时候了解为什么这种分解在非线性电路中是如此有用了。

9.3.6 通过非线性系统的噪声

考虑图 9.17 所示的非线性跨导，其中输出电流(i_{out})是输入电压(v_{in})的函数。利用泰勒级数展开近似，对于给定输入的一个小偏差(Δv_{in})，可以计算其输出，即

$$i_{out}(v_{in} + \Delta v_{in}) = i_{out}(v_{in}) + \frac{di_{out}(v_{in})}{dv_{in}}\Delta v_{in} + \cdots$$

假设 Δv_{in} 很小，可以忽略高阶导数项，则输出可以写成

$$i_{out}(v_{in} + \Delta v_{in}) = i_{out}(v_{in}) + g(t)\Delta v_{in}(t)$$

因此，$\Delta v_{in}(t)$ 产生的输出电流偏差只是 $g(t)\Delta v_{in}(t)$，其中 $g(t)$ 为瞬态跨导，定义为 $g(t) = di_{out}(v_{in})/dv_{in}$。由于 $g(t)$ 为周期性波形，可以将输出电流的偏差表示为

$$\Delta i_{out}(t) = \Delta v_{in}(t)g(t) = \Delta v_{in}(t)\left(\sum_{k=-\infty}^{\infty}G[k]e^{jk\omega_0 t}\right)$$

式中，$G[k]$ 为 $g(t)$ 的傅里叶系数。如果 $\Delta v_{in}(t)$ 是载波附近的小单边带，那么输出将是 LTV 响应而不是 LTI 响应。如图 9.17 所示，其中非线性系统的输入仅包含一个 USB，而输出同时包含了 USB 和 LSB。然而，如果 $\Delta v_{in}(t)$ 由相位调制边带构成，即 $\Delta v_{in}(t) = -A\phi(t)\sin\omega_0 t$，则在频域中的输出为

$$\Delta i_{out}(t) = -A\phi(t)g(t)\sin\omega_0 t = -\frac{A\phi(t)}{2j}\left(\sum_{k=-\infty}^{\infty}(G[k-1] - G[k+1])e^{jk\omega_0 t}\right)$$

现在，如果 $\phi(t)$ 仅包含低频分量，并且仅考虑 ω_0 附近的 $\Delta i_{out}(t)$，则在上述总和的等式中，k 唯一有意义的值为 ± 1，因此该表达式可化简为

$$\Delta i_{out}(t) = -\frac{A\phi(t)}{2j}((G[0] - G[2])e^{j\omega_0 t} + (G[-2] - G[0])e^{-j\omega_0 t})$$

对于无记忆的有源电路而言，假设 $G[-2] = G[2]$，则

$$\Delta i_{out}(t) = -A\phi(t)((G[0] - G[2])\sin\omega_0 t) = (G[0] - G[2])\Delta v_{in}(t)$$

上式是一个 LTI 响应(即 $G_{PM} = G[0] - G[2]$)。重申一次，已假设可以忽略离本振较远的噪声分量，因为这些分量最终会被谐振腔滤除。如果 $\Delta v_{in}(t)$ 由幅度调制边带构成，即 $\Delta v_{in}(t) = Am(t)\cos\omega_0 t$，那么载波附近的输出可以用相似的方法计算得到

$$\Delta i_{out}(t) = (G[0] + G[2])\Delta v_{in}(t)$$

同样，这也是一个 LTI 响应(即 $G_{AM} = G[0] + G[2]$)。由图 9.17 也可以看出这一点。

注意，如 9.2.2 节中所述，载波增益也由 $G_{eff} = G_{PM} = G[0] - G[2]$ 给出，因此在假设小的调制指数情况下可以给出如下结论：

- 通过非线性系统后，相位调制信号的载波-边带比保持不变。
- 通过非线性系统后，幅度调制信号的载波-边带比不会保持不变。在压缩非线性的情况下，由于 $(G[0]+G[2])<(G[0]-G[2])$，幅度调制信号的载波-边带比是下降的。

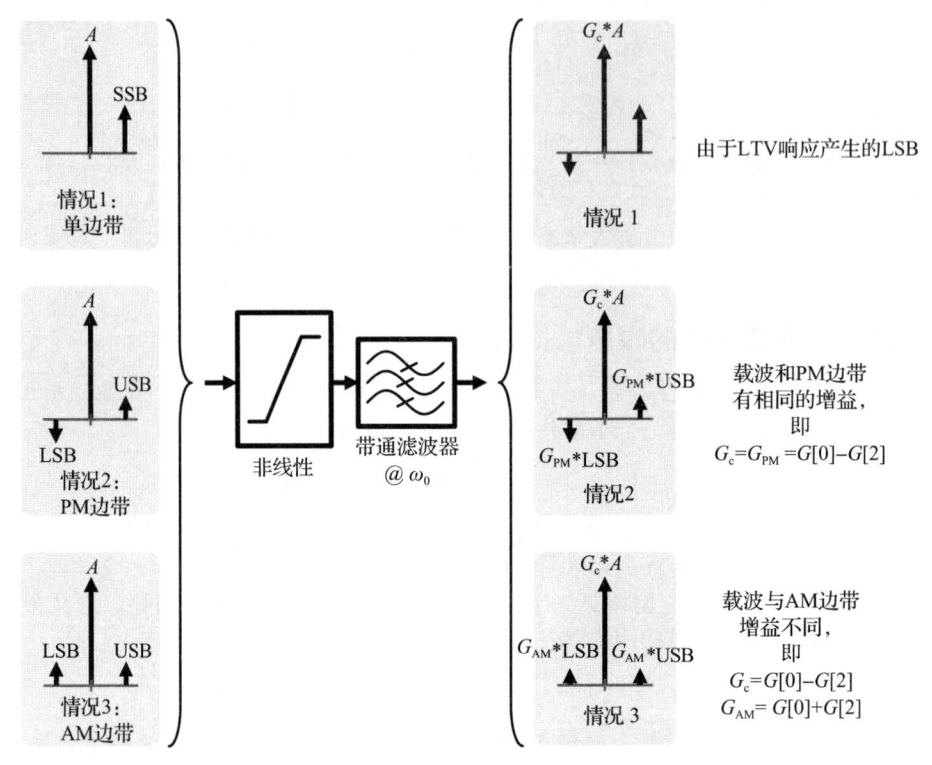

图 9.17 载波分别经过 SSB 调制、PM 调制和 AM 调制后非线性系统的输出。引入了带通滤波器，因为只关心 ω_0 附近的输出

此外，尽管电导具有强非线性和时变特性，但小的 PM 边带和小的 AM 边带的传递函数可以认为是 LTI 响应。

当然，已经讨论了如何将单边带（经历了 LTV 响应）分解为 PM 边带和 AM 边带（两者都经历单独的 LTI 响应）。因此，一旦计算出有源电路的无噪声稳态工作条件 $G[k]$，就能分析由分解成的 AM 和 PM 分量产生的噪声。这将在下一节中讨论。

9.3.7 无噪声振荡器对外部噪声的响应

前面已经说明了任意的周期平稳噪声源如何分解成 AM 分量和 PM 分量。也说明了有源元件相对于 PM 边带或 AM 边带的 LTI 响应如何。以此为基础，可以独立地分析 PM 噪声源和 AM 噪声源对无噪声振荡器的影响，如图 9.18 所示。对于 PM 边带，每一个器件的响应都是线性的，因此必须满足条件：

$$Z_{PM}(s) = \frac{v_{PM}(s)}{i_{PM}(s)} = \frac{1}{sC_p} \parallel sL_p \parallel R_p \parallel \frac{1}{G_{nr}[0] - G_{nr}[2]}$$

由于对能量存储的要求，等效电导由 $G_{eff} = G_{nr}[0] - G_{nr}[2] = -1/R_p$ 给出，上述表达式可简化为

$$|Z_{PM}(s)|^2 = \left| \frac{\omega L}{1 - \omega^2 L_p C_p} \right|^2$$

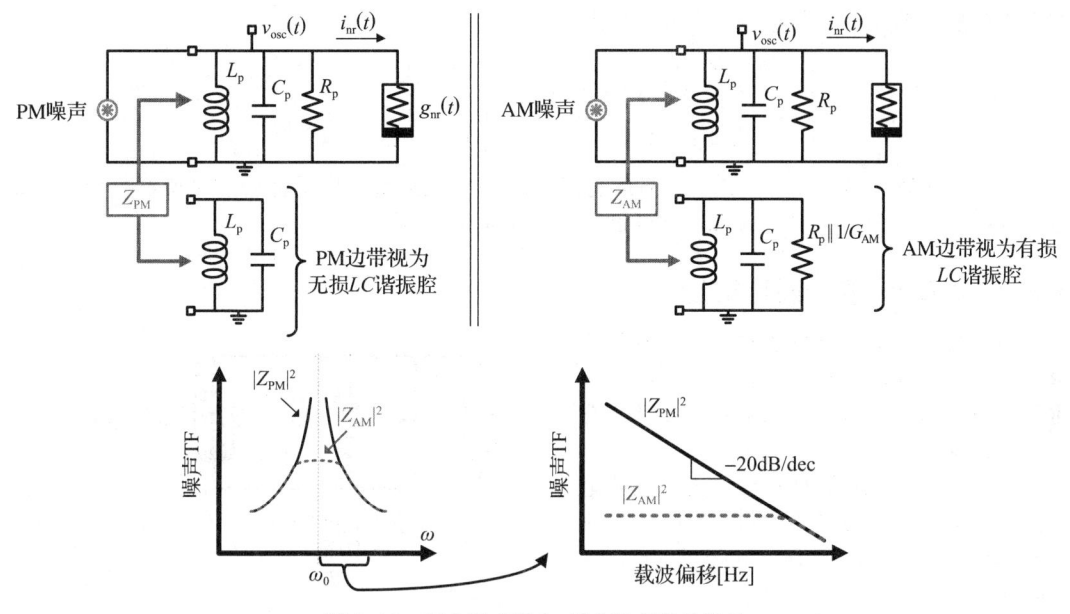

图 9.18 PM 噪声源和 AM 噪声源的阻抗

因此，在本振附近的阻抗可以表示为

$$|Z_{PM}(j(\omega_0+\Delta\omega))|^2 \approx \left|\frac{\omega_0^2 L}{2\Delta\omega}\right|^2 = \frac{R_p^2}{4}\frac{1}{Q^2}\left(\frac{\omega_0}{\Delta\omega}\right)^2$$

显然，这是一个与理想线性振荡器相同的噪声传递函数。因此，如果注入电流相位调制了载波，则从注入端看进去是一个无损的阻抗，这和推导 Leeson 相位噪声表达式时作出的假设是一样的（见图 9.3）。对于 AM 边带的情况，传递函数为

$$Z_{AM}(s) = \frac{v_{PM}(s)}{i_{PM}(s)} = \frac{1}{sC_p} \parallel sL_p \parallel R_p \parallel \frac{1}{G_{nr}[0]+G_{nr}[2]}$$

这是一个有损的 LC 谐振腔。以上两个传递函数与载波频偏的关系曲线如图 9.18 所示。离载波非常近时有 $Z_{AM}(s) \ll Z_{PM}(s)$，这就是为什么在 LC 振荡器中几乎不关注幅度噪声的原因。相应地，一旦噪声源分解为 AM 和 PM 分量，其对 $\mathcal{L}\{\Delta\omega\}$ 的影响就可以计算为

$$\frac{\overline{v_{PM}^2} + \overline{v_{AM}^2}}{A_c^2/4}$$

式中，

$$\overline{v_{PM}^2} = \overline{i_{PM}^2}|Z_{PM}(j(\omega_0+\Delta\omega))|^2$$

$$\overline{v_{AM}^2} = \overline{i_{AM}^2}|Z_{AM}(j(\omega_0+\Delta\omega))|^2$$

对于平稳白噪声源 $\overline{i_n^2}$，可分解为 $\overline{i_{PM}^2} = \overline{i_{AM}^2} = \overline{i_n^2}/2$。这就解释了为什么通常可以忽略幅度噪声并且在推导 Leeson 表达式时需要引入除法因子 2。对于更一般的色化的周期平稳噪声源 $n_{CYCLO}(t) = n(t)w(t)$ 的情况，AM 噪声和 PM 噪声影响的结果为

$$\overline{v_{PM}^2} = \frac{|Z_{PM}(j(\omega_0+\Delta\omega))|^2}{4}\sum_{k=-\infty}^{\infty}S_n(\Delta\omega-k\omega_0)|W[k-1]-W[k+1]|^2$$

$$\overline{v_{AM}^2} = \frac{|Z_{AM}(j(\omega_0+\Delta\omega))|^2}{4}\sum_{k=-\infty}^{\infty}S_n(\Delta\omega-k\omega_0)|W[k-1]+W[k+1]|^2$$

如果周期平稳噪声是白噪声，上式可简化为

$$\overline{v_{PM}^2} = |Z_{PM}|^2 S_n \left(\frac{1}{2} P[0] - \frac{1}{4} P[-2] - \frac{1}{4} P[2] \right)$$

$$\overline{v_{AM}^2} = |Z_{AM}|^2 S_n \left(\frac{1}{2} P[0] + \frac{1}{4} P[-2] + \frac{1}{4} P[2] \right)$$

再一次强调，$|Z_{PM}|^2$ 和 $|Z_{AM}|^2$ 都是线性传递函数。因此，只要将通过谐振器的所有噪声电流分解成 AM 分量和 PM 分量，就可以大大简化噪声分析。

9.3.8 J.Bank 的一般性结论

现在拥有了用于分析负跨导 LC 振荡器模型所需的工具，该模型与显式噪声源一起重绘于图 9.19 中。首先总结 3 个重要的有益处的结论。

1) 由于 LC 振荡器的能量平衡，有源电路必须能精确平衡谐振腔的损耗 R_p。相应地，如果定义元件的瞬态电导为 $g_{nr}(t)$，这一要求意味着：

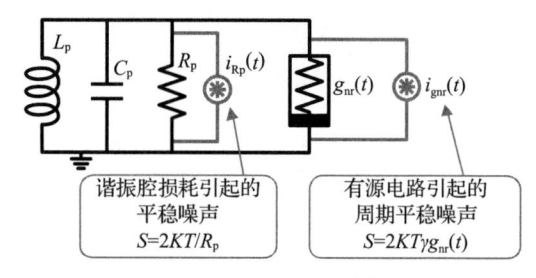

$$G_{nr}[0] - G_{nr}[2] = -\frac{1}{R_p}$$

图 9.19　负跨导 LC 振荡器满足 J.Bank[1] 的一般性结论

式中，$G_{nr}[k]$ 是 $g_{nr}(t)$ 的傅里叶系数。

2) 一个任意的周期平稳噪声源 ($n_{CYCLO}(t)$)，可以建模为平稳噪声源 ($n(t)$) 被一个周期波形 ($w(t)$) 调制，即 $n_{CYCLO}(t) = n(t)w(t)$。这一噪声可以进一步分解为关于载波的 AM 分量和 PM 分量。这种噪声源相对于零相位余弦波形的 PM 分量为

$$S_{PM}(\Delta\omega) = \frac{1}{4} \sum_{k=-\infty}^{\infty} S_n(\Delta\omega - k\omega_0) |W[k-1] - W[k+1]|^2$$

式中，$S_n(\omega)$ 是 $n(t)$ 的谱密度，$W[k]$ 为 $w(t)$ 的傅里叶系数。如果 $S_n(\omega)$ 为白噪声谱，可以简化为

$$S_{PM}(\Delta\omega) = S_n \left(\frac{1}{2} P[0] - \frac{1}{4} P[-2] - \frac{1}{4} P[2] \right)$$

式中，$P[k]$ 是 $p(t) = w^2(t)$ 的傅里叶系数。

3) 如果对无噪声 LC 振荡器注入 PM 噪声电流，LC 谐振腔"看上去"是无损的。换句话说，PM 电流源转换成 PM 噪声电压的传递函数为

$$\overline{v_{PM}^2} = \overline{i_{PM}^2} |Z_{PM}(j(\omega_0 + \Delta\omega))|^2 = \overline{i_{PM}^2} \frac{R_p^2}{4} \frac{1}{Q^2} \left(\frac{\omega_0}{\Delta\omega} \right)^2$$

回顾图 9.19，由于谐振腔损耗产生的电流噪声仅为 $2KT/R_p$，而同时假设有源电阻的噪声可以等效为周期平稳白噪声源，其 PSD 等于 $2KT\gamma g_{nr}(t)$，其中 $g_{nr}(t)$ 为电路有源元件的瞬态电导，γ 为常数。注意，这一假设是有物理基础的，因为有源元件通常由在饱和状态下工作的晶体管组成，其中长沟道器件的 $\gamma = 2/3$。忽略幅度噪声的影响，$\mathcal{L}\{\Delta\omega\}$ 计算为

$$\mathcal{L}\{\Delta\omega\} = \frac{\overline{v_{Rp(PM)}^2} + \overline{v_{nr(PM)}^2}}{A_c^2/4} = \frac{\overline{i_{Rp(PM)}^2} + \overline{i_{nr(PM)}^2}}{A_c^2/4} |Z_{PM}(j(\omega_0 + \Delta\omega))|^2$$

其中噪声的 PM 分量由下式给出：

$$\overline{i_{Rp(PM)}^2} = \frac{\overline{i_{Rp}^2}}{2} = KT/R_p$$

$$\overline{i_{\text{nr(PM)}}^2} = \frac{2KT\gamma}{2}(G_{\text{nr}}[0] - G_{\text{nr}}[2]) = KT\gamma/R_p$$

注意，由于能量平衡，$\overline{i_{\text{nr(PM)}}^2}$ 与 $g_{\text{nr}}(t)$ 的具体情况无关。相位噪声的表达式可以简化为

$$\mathcal{L}\{\Delta\omega\} = \frac{KTR_p(1+\gamma)}{A^2}\frac{1}{Q^2}\left(\frac{\omega_0}{\Delta\omega}\right)^2$$

将这个表达式与 Leeson 的分析进行比较，可以发现未知的振荡器噪声系数可表示为 $F=1+\gamma$。实际上这是一个非常有用的结果，因为只要知道噪声的 PSD 和有源电路的瞬态电导之间的关系，相位噪声就可以量化。换句话说：

如果注入谐振腔的噪声源的 PSD 直接正比于有源电路的时变电导，则噪声源对噪声因子 F 的影响仅取决于与噪声和瞬态电导相关的比例常数。

这就是 J. Bank 的一般性结论[11]，如同将要看到的，许多最常见的 LC 拓扑结构都满足这一结论(至少是部分满足)。

此外，由于只关注振荡频率附近的频谱，单谐振腔且近似为正弦信号的 LC 振荡器一般都可以重新绘制成负跨导模型的形式。这样做通常会简化分析。

示例：图 9.20 所示的是一个分布式有损 LC 谐振腔和一个二端口的负电导。采用直接分析法，将电路重画为转换变量为 α 和 β 的负跨导模型的形式。根据电导端子的连接位置，系数 α 和 β 可以假设为 0~1 之间的任意值。鉴于此，假设有源元件电流噪声的 PSD 等于 $2KT\gamma g(t)$，可采用 J. Bank[1] 的一般性结论量化噪声系数为

$$F = 1 + \frac{\beta}{\alpha}\gamma$$

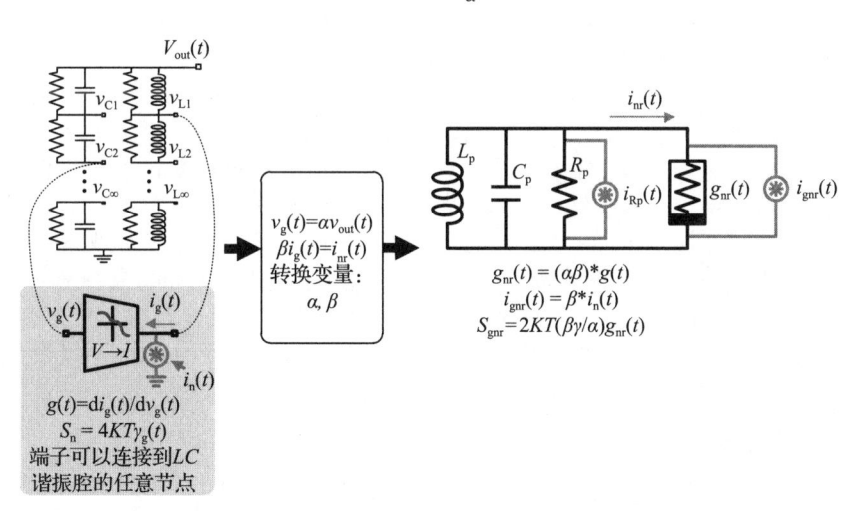

图 9.20 以负跨导模型的形式重画任意拓扑结构

振荡器的功率效率可用有源电路跨接到整个谐振腔(η_g)时振荡器的功率效率来定义，即

$$\eta_{\text{OSC}} = \beta^2 \eta_g$$

因此 FOM 为

$$\text{FOM} = \frac{\beta^2}{\left(1+\frac{\beta}{\alpha}\gamma\right)}\eta_g\frac{2Q^2}{KT}1\text{mW}$$

当负电导与整个谐振腔跨接时，可使上式的值最大化，进而确保 $\alpha=\beta=1$。因此，通常在设计电路时，最佳做法是将能量补偿电路直接连接到 LC 谐振腔两端，而不是连接到谐振腔的某个内部节点。

由于最佳的连接方案为 $\alpha=\beta=1$，且任何有源电路的最大效率为 1，因此可以说，任意单谐振腔类正弦 LC 振荡器最大可实现的 FOM 为

$$\text{FOM}_{\text{MAX}} = \frac{Q^2}{1+\gamma}\frac{2}{KT}1\text{mW}$$

这个最大可实现的 FOM 表达式将用来评估在后面几个章节中讨论的各种振荡器拓扑结构。

9.3.9 二端口振荡器

到目前为止，主要关注的是单端口振荡器，即有源电路具有一个（差分或单端）端口的振荡器，并且可以很容易地以负跨导 LC 模型的形式重新绘制。这是最简单且最广泛使用的方案；然而，其他拓扑结构也确实存在，并且具有一些潜在的优势。在下一节讨论几个单端口振荡器的例子之前，先稍简单讨论一下二端口振荡器。

如 Mazzanti 和 Bevilacqua 所描述的[12]，如果将振荡器划分为二端口无功元件和无记忆电导，如图 9.21 所示，噪声因子为 $F=1+\gamma/|A_v|$，其中 γ 是电导噪声电流与其瞬态电导相关的常数，A_v 是通过二端口谐振器的电压增益。相应地，当 A_v 变得非常大时，电导噪声被抑制，F 趋近于 1，并且以 dBc/Hz 为单位的最佳 FOM 变为

$$\text{FOM}_{\text{MAX}} = \frac{2Q^2}{KT}1\text{mW}$$

或以 dB 为单位：

$$\text{FOM}_{\text{2PORT(MAX)}} = 176.8 + 20\log_{10}Q$$

上式等于文献[4]中引用的具有无噪声电导的 100% 有效振荡器的 FOM。

虽然使用这种"升压"技术[2,13-15]已经取得了很好的结果（特别是在闪烁噪声抑制方面），但要使 $|A_v|>1$ 可能存在问题。首先，为了使振荡器效率最大化，电导输出处的摆幅应始终最大化，这在 CMOS 电导的情况下意味着摆幅为 V_{DD}，或者在全 NMOS 或全 PMOS 电导的情况下，摆幅将为 $2V_{DD}$。这意味着在栅极氧化物上的摆幅将是 $|A_v|V_{DD}$（或 $|A_v|2V_{DD}$），如果使用大的 $|A_v|$，可能会影响可靠性。其次，在这种设计中使用的升压变压器不应导致谐振腔有效 Q 值的衰减，即二端口谐振腔[4]的阻抗参数 Z_{21} 的 Q 值，相对于使用占据相同面积的单个电感的谐振腔的 Q 值来说有所衰减。尽管这些问题是可以解决的，但这种设计目前并不会优于 $|A_v|=1$ 的设计，对应于图 9.21 所示的单端口振荡器。在这种单端口设计中，最佳 FOM 变为

$$\text{FOM}_{\text{1PORT(MAX)}} = 176.8 + 20\log_{10}Q - 10\log_{10}(1+\alpha)$$

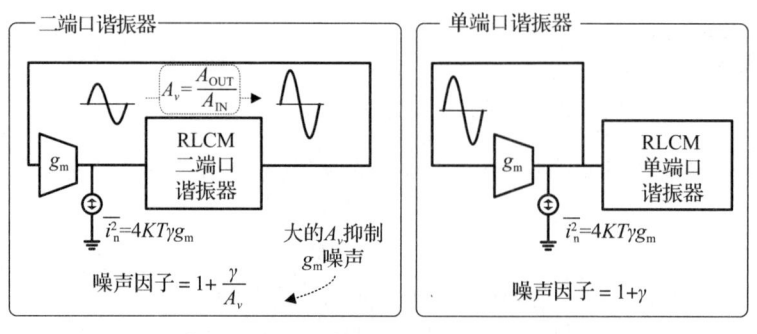

图 9.21 使用二端口和单端口谐振器的振荡器之间的区别

当使用单个晶体管或差分对作为负电导时,噪声转换系数 α 近似等于 $\gamma=0.67$,因此,单端口的极限值为

$$\text{FOM}_{1\text{PORT(MAX)}} = 174.6 + 20\log_{10} Q$$

这只比最佳值少了 2.2dB。许多现代拓扑结构都可以达到这个实际极限的 1dB(或绝对极限的 3dB)以内,这将在下几节中说明。

9.4 LC 振荡器拓扑结构

到目前为止,已经采用抽象的方法理解了 LC 振荡器的工作原理。现在来研究一些特定的晶体管级的示例。

9.4.1 标准 NMOS 拓扑结构

带负电导的 LC 振荡器由电流偏置和交叉耦合差分对组成,这可能是所有 CMOS LC 振荡器中用得最多的。如图 9.22 所示,该拓扑是最近被称为 B 类的拓扑结构[11],但在这里将其称为标准 NMOS 拓扑。

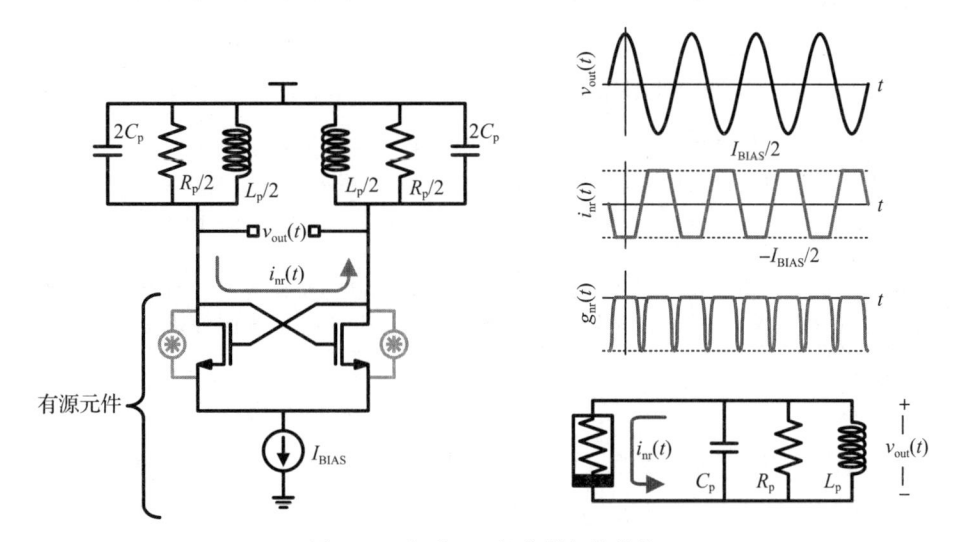

图 9.22 标准 LC 振荡器拓扑结构

在这种拓扑结构中,差分对提供了负电导,连同其 I-V 特性和跨导均单独表示在图 9.23 中。为了使振荡器可以起振,需要满足 $-g_{\text{nr0}} < 1/R_p$,其中 g_{nr0} 是差分电压为 0 时的负电导。假设 $-g_{\text{nr0}} \ll 1/R_p$,I-V 特性曲线可以近似为硬开关的非线性关系,定义为

$$i_{\text{NR}}(v_{\text{nr}}) \approx -\frac{I_{\text{BIAS}}}{2}\text{sgn}(v_{\text{nr}}) = \begin{cases} \dfrac{I_{\text{BIAS}}}{2}, & v_{\text{nr}} < 0 \\ -\dfrac{I_{\text{BIAS}}}{2}, & v_{\text{nr}} > 0 \end{cases}$$

式中,sgn(·)是符号函数。因此,在振荡条件下,$i_{\text{NR}}(t)$ 将近似为方波(见图 9.22 中的波形),这就表示注入谐振腔中的电流的基波分量为 $I_{\text{NR}}[1] = -(1/\pi)I_{\text{BIAS}}$,这反过来意味着差分振荡器的幅度为

$$A = \frac{2}{\pi} I_{BIAS} R_p$$

功率效率为

$$\eta = \frac{1}{\pi} \frac{A}{V_{DD}}$$

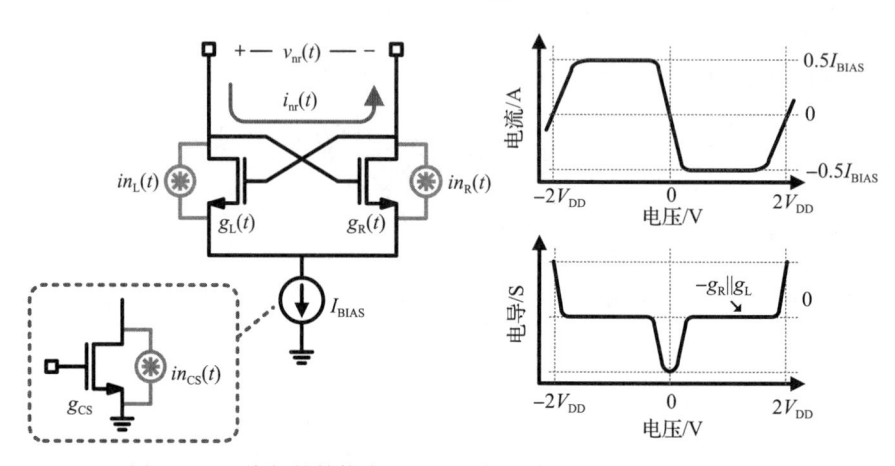

图 9.23 B类拓扑结构中的有源元件及其 $I-V$ 特性和电导曲线

这和第 1 章中的分析结果一致。因此，为了最大化该拓扑结构的功率效率，其幅度必须尽可能大。在实际设计中，最大幅度将受限于电流源的电压裕度要求，也就是，$A_{MAX} \approx 2(V_{DD} - V_{eff})$，其中 $V_{eff} = V_{GS} - V_{TH}$ 是电流源的过驱动电压。通过最小化 V_{eff}，这种拓扑结构的最大可实现效率可以接近 $2/\pi$（或者 63.7%）。

为了分析该拓扑结构的相位噪声性能，将电路重新绘制为负跨导模型的形式（见图 9.23 右图）。注意，差分对的噪声与差分对的电导直接成正比。也就是说，假设电流源一直工作在饱和区，差分电导为

$$g_{nr}(t) = -\frac{g_R(t) g_L(t)}{g_R(t) + g_L(t)}$$

而由差分对产生的噪声可以量化为

$$\overline{i_{gnr}^2} = 2KT\gamma \frac{g_R(t) g_L(t)}{g_R(t) + g_L(t)} = 2KT\gamma g_{nr}(t)$$

上式满足 J. Bank[11] 的一般性结论，即由差分对产生的噪声直接正比于其电导。因此，差分对对于振荡器噪声因子的影响只是一个比例常数 γ（或者换句话说，谐振腔损耗的 PM 噪声影响和差分对的 PM 噪声影响之间的关系为 $\overline{i_{gnr(PM)}^2} = \gamma \overline{i_{Rp(PM)}^2}$）。

电流源噪声 $i_{CS}(t)$——与单平衡有源混频器的输入跨导相关的噪声非常相似（见第 8 章）——与单位方波混频后注入谐振腔内，并且表现为周期平稳噪声源通过谐振腔后的形式：

$$i_{CS}(t)(1/2)\mathrm{sgn}(v_{osc}(t)) = \begin{cases} \dfrac{i_{CS}(t)}{2}, & v_{osc}(t) < 0 \\ -\dfrac{i_{CS}(t)}{2}, & v_{osc}(t) > 0 \end{cases}$$

上式本质上是一平稳噪声 $i_{CS}(t)$ 被噪声整形函数 $w(t) = \dfrac{1}{2}\mathrm{sgn}(v_{osc}(t))$ 调制后的结果。注意到 $i_{CS}(t)$

是一个白噪声源，$p(t)=w^2(t)=1/4$，可以采用前面的 PM 分解方法得到 PM 的影响为

$$\overline{i^2_{\text{CS(PM)}}} = \overline{i^2_{\text{CS}}}\left(\frac{1}{2}P[0] - \frac{1}{4}P[-2] - \frac{1}{4}P[2]\right) = \frac{\overline{i^2_{\text{CS}}}}{8} = (1/4)KT\gamma g_{\text{CS}}$$

相应地，标准 NMOS 拓扑结构的相位噪声为

$$\mathcal{L}\{\Delta\omega\} = \frac{\overline{i^2_{\text{Rp(PM)}}} + \overline{i^2_{\text{gnr(PM)}}} + \overline{i^2_{\text{CS(PM)}}}}{A^2/4} |Z_{\text{PM}}(\text{j}(\omega_0 + \Delta\omega))|^2$$

$$\mathcal{L}\{\Delta\omega\} = \frac{KTFR_{\text{p}}}{A^2}\frac{1}{Q^2}\left(\frac{\omega_0}{\Delta\omega}\right)^2$$

式中，噪声因子为

$$F = 1 + \gamma + \frac{\gamma g_{\text{CS}}R_{\text{p}}}{4}$$

注意，上式中的第三项（由于电流源产生的）可以通过增大电流源过驱动电压的方式最小化。因此，可以认为这种拓扑结构的最小绝对噪声因子为 $F=1+\gamma$。然而，这将以牺牲电流源的电压裕度为代价，而电流源的电压裕度又会限制最大幅度和效率。为了了解这一点，可以根据电流源器件的过驱动电压（或等效于电压裕度）重写上述表达式为

$$F = 1 + \gamma + \gamma\frac{\pi A}{4V_{\text{eff}}}$$

需要非常仔细地选择电流源的 V_{eff}，以优化 FOM。如果电流源工作在饱和区的边缘（这是一个很好的设计选择），FOM 可表示为

$$\text{FOM} = \frac{A}{FV_{\text{DD}}}\frac{2Q^2}{KT}1\text{mW} = \frac{2\left(1-\dfrac{V_{\text{eff}}}{V_{\text{DD}}}\right)}{\pi\left(1+\gamma+\dfrac{\gamma\pi}{2}\left(\dfrac{V_{\text{DD}}}{V_{\text{eff}}}-1\right)\right)}\frac{2Q^2}{KT}1\text{mW}$$

如果 $\gamma=2/3$，有效电压的最佳选择约为 $V_{\text{eff}}=(1/2)V_{\text{DD}}$，其对应的 FOM 大约比最大可实现的优值（$\text{FOM}_{\text{1port(MAX)}}$）低 7.5dB。

上述分析是假设电流源晶体管一直工作在饱和区。如果电流源进入线性区，相位噪声和 FOM 都会开始降低，如图 9.24 所示。这是因为当差分对为硬开关时，从 LC 谐振腔看进去的电阻包括线性区差分对晶体管的电阻和线性区电流源的电阻。这是一个相对较低的阻抗（与工作在饱和区的器件相比），因此 LC 谐振腔的有效 Q 值将会降低。相应地，一个良好的设计需要确保电流源刚好工作在饱和区的边缘，而在振荡周期内的任何重要阶段电流源都不会落入线性区。

以上分析表明，一旦谐振腔电感及其 Q 值（这在很大程度上是振荡频率和调谐范围的函数）设定好后，振荡器的偏置电流也就确定了。因此，剩下的工作就是调整器件尺寸，以实现边沿尽可能陡峭的切换。只有当 R_{p} 增加时，振荡器的偏置电流才能减小。这反过来，只能通过增大电感值并获得所采用工艺的最大允许 Q 值，实现偏置电流的减小。然而，增大电感，典型地会以较低的调谐范围为代价。

如果需要得到一个较低电流设计，则可以选择互补结构（下一节中将介绍）或者 C 类拓扑结构（9.7.2 节中将介绍）。

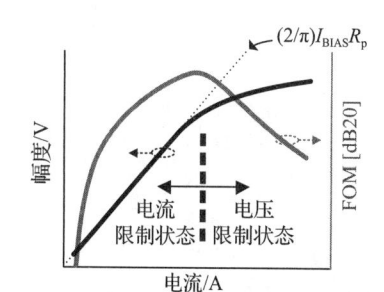

图 9.24 电流限制和电压限制之间的转换，临界点出现在振荡器的某个工作点处，电流源晶体管恰好进入线性区

9.4.2 标准 CMOS 拓扑结构

用交叉耦合 PMOS 管替代 NMOS 管是能够实现负阻的。也可以同时采用两种晶体管,如图 9.25 所示。这种标准 CMOS 拓扑结构采用有源器件,提供所需的负电导,如图 9.26 单独表示的。在这种情况下,切换到谐振腔的电流的基波为 $I_{NR}[1] = -(2/\pi)I_{BIAS}$,因此其差分电压为

$$A = \frac{4}{\pi} I_{BIAS} R_p$$

其幅值为标准 NMOS 拓扑结构的两倍大(假设偏置电流相同)。CMOS 结构的功率效率为

$$\eta = \frac{2}{\pi} \frac{A}{V_{DD}}$$

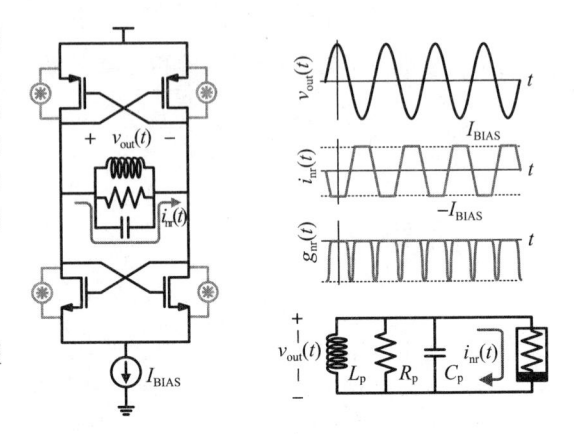

图 9.25 标准 CMOS LC 拓扑结构

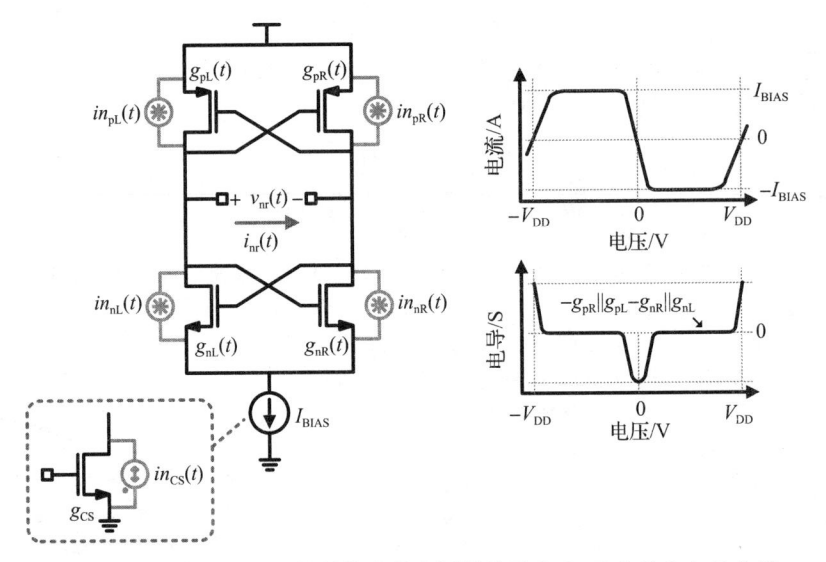

图 9.26 标准 CMOS 拓扑结构中的有源器件及其 I-V 特性和电导曲线

效率也是标准 NMOS 拓扑结构的两倍(假设幅度相同)。初看上去,CMOS 结构是一个更具吸引力的结构,但实际上 CMOS 结构的最大差分幅度限制为 V_{DD},而仅 NMOS 结构却为 $2V_{DD}$。因此,当都达到最大幅度时,两种拓扑结构的最大可获得效率是相当的。

在相位噪声方面,时变电导与差分对晶体管引起的噪声是相关的,如下式所示:

$$g_{nr}(t) = -\frac{g_{nR}(t)g_{nL}(t)}{g_{nR}(t)+g_{nL}(t)} - \frac{g_{pR}(t)g_{pL}(t)}{g_{pR}(t)+g_{pL}(t)}$$

$$\overline{i_{gnr(PM)}^2} = 2KT\left(\gamma \frac{g_{nR}(t)g_{nL}(t)}{g_{nR}(t)+g_{nL}(t)} + \gamma \frac{g_{pR}(t)g_{pL}(t)}{g_{pR}(t)+g_{pL}(t)}\right) = 2KT\gamma g_{nr}(t)$$

式中,假设沟道噪声系数 γ 对于 PMOS 和 NMOS 器件是一样的[6]。由于差分对的噪声影响与其

电导成正比。再一次运用 J. Bank[1] 的一般性结论，得到 $\overline{i_{gnr(PM)}^2} = \gamma \overline{i_{Rp(PM)}^2}$。

正如在 NMOS 拓扑结构中所做的那样，由电流源产生的噪声可以看作在整个谐振腔上的周期平稳噪声源 $i_{CS}(t)\mathrm{sgn}(v_{osc}(t))$，其 PM 分量为 $\overline{i_{CS(PM)}^2} = KT\gamma g_{CS}$。因此，相位噪声的完整表达式为

$$\mathcal{L}\{\Delta\omega\} = \frac{\overline{i_{Rp(PM)}^2} + \overline{i_{gnr(PM)}^2} + \overline{i_{CS(PM)}^2}}{A^2/4} |Z_{PM}(\mathrm{j}(\omega_0 + \Delta\omega))|^2$$

$$\mathcal{L}\{\Delta\omega\} = \frac{KTFR_p}{A^2} \frac{1}{Q^2} \left(\frac{\omega_0}{\Delta\omega}\right)^2$$

式中，噪声因子为

$$F = 1 + \gamma + \gamma g_{CS} R_p = 1 + \gamma + \gamma \frac{\pi A}{V_{eff}}$$

与仅 NMOS 管的结构相比，对于相同的电流与谐振腔，CMOS 拓扑结构可以实现更低的相位噪声、更高的幅度和更高的效率。但是，如果两种结构的幅度都达到最大值时（如在一个好的设计中），仅 NMOS 的结构能实现更好的相位噪声性能，而效率和 FOM 与 CMOS 拓扑结构的相当。从图 9.27 中可以观察出这一点。注意，为了深入了解内在本质，假设电流源是无噪声的。

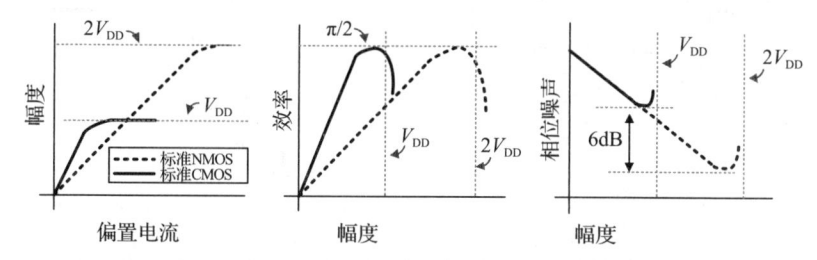

图 9.27 在相同的谐振腔和无噪电流源情况下，标准 NMOS 和标准 CMOS 结构的比较

应该注意的是，在上述分析中假设了谐振腔电容和所有的寄生电容在谐振腔上都是以差分形式出现。如果在任意一个输出端和地之间接有大容量的电容，则 PMOS 管会有使谐振腔成为负载的可能并严重降低性能[6,17]（当 PMOS 器件进入线性区后，单端电容将呈现一个到地的低阻抗通路，但是差分电容不会）。正因为如此，当大的单端电容组用以提供宽带调谐时，NMOS 拓扑结构通常会表现出更优越的性能。

9.4.3 考毕兹拓扑结构

如图 9.28 所示的考毕兹振荡器是另一种广泛应用的拓扑结构。假设电导晶体管在开启时停留在饱和区，晶体管在振荡波形的波谷的很短时间内会向谐振腔注入电流。注入时间一般保持很短，以使振荡器的效率最大化。如果将这个注入电流近似为一个冲激序列 $i_{ds}(t) = I_{BAIS} T \sum_{n=-\infty}^{\infty} \delta(t - nT)$，其中 T 是振荡周期，$i_{ds}(t)$ 的基波分量为 $I_{ds}[1] = I_{BAIS}$，可以近似计算出振荡幅度为

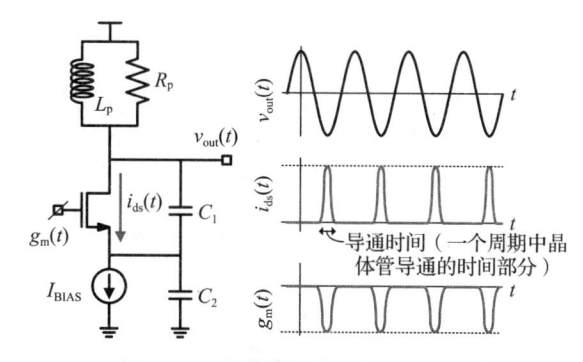

图 9.28 考毕兹振荡器的拓扑结构

$$A = 2I_{\text{BIAS}} \frac{C_2}{C_1 + C_2} R_p$$

进一步得出效率为

$$\eta = \frac{C_2}{C_1 + C_2} \frac{A}{V_{\text{DD}}}$$

自然，有限的能量传导时间将导致效率和幅度都比这些表达式的预计值要小。计算考毕兹振荡器相位噪声的一个简单方法是将电路重新绘制为负跨导模型的形式。如图 9.29 所示，其中等效时变电阻计算为

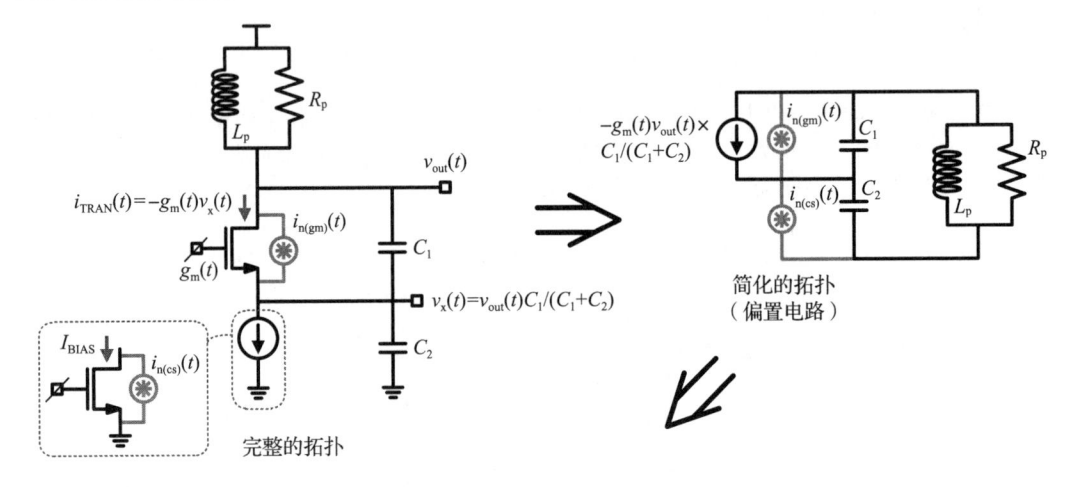

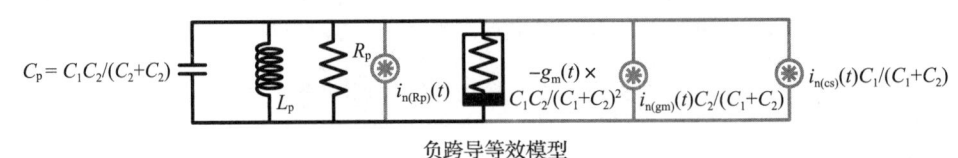

图 9.29 用负跨导模型重绘的考毕兹振荡器

$$g_{\text{nr}}(t) = -g_{\text{m}}(t) \frac{C_1 C_2}{(C_1 + C_2)^2}$$

相对于整个谐振器的传导管产生的周期平稳噪声为

$$\overline{i_{\text{gnr(PM)}}^2} = 2KT\gamma g_{\text{m}}(t) \left(\frac{C_2}{C_1 + C_2}\right)^2 = 2KT\gamma g_{\text{nr}}(t) \frac{C_2}{C_1}$$

考虑到传导管的噪声 PSD 直接与时变电导 $g_{\text{nr}}(t)$ 成正比，可以用 J. Bank[11] 的一般性结论推导出注入的 PM 噪声与谐振腔噪声的关系为

$$\overline{i_{\text{gnr(PM)}}^2} = \gamma \frac{C_2}{C_1} \overline{i_{\text{Rp(PM)}}^2}$$

电流源的噪声也可以通过简单的 AC 转换变为相对于整个谐振腔的噪声，使其 PSD 为

$$\overline{i_{\text{CS-tank}}^2} = 2KT\gamma g_{\text{CS}} \left(\frac{C_1}{C_1 + C_2}\right)^2$$

因为这是一个平稳噪声源，其 PM 分量只是这个值的一半。因此，考毕兹拓扑结构的相位噪声计算为

$$\mathcal{L}\{\Delta\omega\} = \frac{\overline{i_{Rp(PM)}^2} + \overline{i_{gnr(PM)}^2} + \overline{i_{CS\text{-}tank(PM)}^2}}{A^2/4} |Z_{PM}(j(\omega_0 + \Delta\omega))|^2$$

上式可简化为

$$\mathcal{L}\{\Delta\omega\} = \frac{KTFR_p}{A^2} \frac{1}{Q^2} \left(\frac{\omega_0}{\Delta\omega}\right)^2$$

式中，噪声因子为

$$F = 1 + \frac{C_2}{C_1}\gamma + \gamma g_{CS} R_p \left(\frac{C_1}{C_1 + C_2}\right)^2$$

如果忽略式中的第三项，即由于电流源产生的噪声，则噪声因子变为 $F=1+(C_2/C_1)\gamma$。因此，如果 C_1 设计为比 C_2 大，则噪声因子会比标准的交叉耦合结构（$F=1+\gamma$）可得到的要小。另外，必须注意，增大 C_1 也会降低振荡器的效率，并且可以表明，考毕兹振荡器可实现的 FOM 总是比标准拓扑结构的 FOM 小[13]。

9.4.4 振荡器的设计方法

表 9.1 总结了以上 3 种拓扑结构的主要特性。注意，考毕兹拓扑结构是单端的（虽然也可以拓展为差分结构），而 NMOS 拓扑结构和 CMOS 拓扑结构是差分的。

表 9.1 不同振荡器拓扑结构之间的比较

拓扑	NMOS	CMOS	考毕兹
差分幅度	$\dfrac{2}{\pi} I_{BIAS} R_p$	$\dfrac{4}{\pi} I_{BIAS} R_p$	$2 I_{BIAS} \dfrac{C_2}{C_1 + C_2} R_p$
最大幅度	$2 V_{DD}$	V_{DD}	V_{DD}
效率	$\dfrac{1}{\pi} \dfrac{A}{V_{DD}}$	$\dfrac{2}{\pi} \dfrac{A}{V_{DD}}$	$\dfrac{C_2}{C_1 + C_2} \dfrac{A}{V_{DD}}$
噪声因子	$1 + \gamma + \gamma \dfrac{\pi A}{4 V_{eff}}$	$1 + \gamma + \gamma \dfrac{\pi A}{V_{eff}}$	$1 + \dfrac{C_2}{C_1}\gamma + \gamma \dfrac{\pi A}{V_{eff}} \left(\dfrac{C_1}{C_1 + C_2}\right)^2$
不考虑电流源的噪声因子①	$1+\gamma$	$1+\gamma$	$1 + \dfrac{C_2}{C_1}\gamma \approx 1+\gamma$

① 利用将在 9.7 节中讨论的 C 类振荡器或偏置滤波结构，可以消除电流源噪声。

对于给定的应用，通常给出了标称振荡频率、调谐范围和特定频偏处的相位噪声。

为了理解其中所涉及的折中，首先简单说明一下调谐范围。如第 1 章所述，大多数实际的振荡器中包含了开关电容阵列以提供频率的粗调。假设在输出端存在由有源器件、电感和走线寄生电容构成的总电容 C_P。同时假设所有开关关断时，由于开关寄生的电容和电容器上极板产生的电容，使开关电容阵列表现出的电容为 C_F，以及另外的可变电容 C_V。因此，谐振腔的总电容变化区间为 $C_{MIN}=C_P+C_F$ 到 $C_{MAX}=C_P+C_F+C_V$。为了使可调谐阵列实现合理的 Q 值，通常 C_F 和 C_P 的值是相当的。第 1 章中举了一个例子，由 32 个 40fF 电容单元组成的离散可调谐电容，电容可调范围为 430fF～1.36pF，其 Q 值在 3.5GHz 处优于 45。因此，对于该特定的设计，取 $C_F=430$fF。假设谐振腔电感为 L_p，则最小和最大振荡频率分别为

$$\omega_L = \frac{1}{\sqrt{L_p C_{MAX}}}$$

$$\omega_H = \frac{1}{\sqrt{L_p C_{MIN}}}$$

并且标称振荡频率为 $\omega_0 = \dfrac{\omega_L + \omega_H}{2}$。调谐范围由下式得出(习题 11)

$$\mathrm{TR} = \frac{\omega_H - \omega_L}{\omega_0} = 2\frac{\sqrt{\dfrac{C_{\mathrm{MAX}}}{C_{\mathrm{MIN}}}} - 1}{\sqrt{\dfrac{C_{\mathrm{MAX}}}{C_{\mathrm{MIN}}}} + 1}$$

因此，如果总的寄生电容 C_P 很小，那么一阶的调谐范围与谐振腔电感和标称振荡频率不相关，仅与开启和关断状态下阵列电容的比例有关。对于恒定的 Q 值，单位电容和开关尺寸应可以缩放，并同时保持其比率恒定。虽然在实践中这并不完全正确，但可以利用其对振荡器的设计参数进行初步的估算。在第 1 章中所述的可调谐电容示例中，如果 C_P 和 C_F 的值是相当的，则可计算出调谐范围为 36%。

进一步假设，考虑工艺与面积约束，谐振腔的品质因数主要由电感的品质因数决定(至少在吉赫兹频率)，这是已知的。最后，可观察到，对于某一特定工艺，振荡的最佳幅度也是给定的，因为其完全取决于电源电压，例如，对于 NMOS 设计而言，$A = 2V_{\mathrm{DD}}$。

有了以上假设，选定了某种拓扑结构后，则：

- 一旦给定了可接受的相位噪声值，则可以确定谐振腔阻抗(R_p)。这是基于假设，即由 $\mathcal{L}\{\Delta\omega\} = \dfrac{KTFR_p}{A^2}\dfrac{1}{Q^2}\left(\dfrac{\omega_0}{\Delta\omega}\right)^2$ 给出的相位噪声仅与 F、A、Q 以及 R_p 有关。其中前三个参数主要由工艺和面积约束决定。

- 一旦 R_p 确定后，振荡器的偏置电流(I_{BIAS})，也就是振荡幅度，便已知并且为 $A = \dfrac{2}{\pi}I_{\mathrm{BIAS}}R_p = 2V_{\mathrm{DD}}$(例如对于 NMOS 振荡器)。

- 以 NMOS 拓扑结构设计为例，假设小信号跨导为 g_m，则振荡器小信号增益为

$$\frac{g_m}{2}R_p \approx \frac{\dfrac{I_{\mathrm{BIAS}}}{2}}{\dfrac{V_{\mathrm{effc}}}{2}}R_p = \frac{\pi A}{8V_{\mathrm{effc}}} = \frac{\pi V_{\mathrm{DD}}}{4V_{\mathrm{effc}}}$$

式中，V_{effc} 为 NMOS 核心晶体管的过驱动电压。根据经验，假设小信号增益需要为 5，以确保硬开关和启动在 PVT 之上变化，则可以得到 $V_{\mathrm{effc}} = \dfrac{\pi V_{\mathrm{DD}}}{20}$。然后相应地选取器件尺寸，从而决定了输出端器件的寄生电容。

- 在已知 R_p 和 Q 后，自然可以得到谐振腔的电感为 $L_p = \dfrac{R_p}{Q\omega_0}$。

选定了谐振腔电感后，计算得到的标称振荡频率可能比 ω_0 小，这取决于 C_P 的大小。如果出现这种情况，可能需要重新选定电感值，并设定新的 R_p 和 I_{BIAS}。经常需要重复 1~2 次这样的过程才能最终确定器件参数，并完成设计。注意，如果需要减小 L_p 及 R_p，则重新确定的器件参数集可能会导致不同且可能更好的相位噪声。因此，在最优设计中，偏置电流应根据所需的相位噪声确定，而最大的振荡频率可能会调用更大的电流。但是这通常并不适用于工作在几吉赫兹的射频振荡器。

9.4.5 最佳谐振腔 Q 值

求出纯 LC 谐振腔品质因数最大时的最佳频率会是非常有用的练习。这是因为，至少达到

某一频率时，开关电容的 Q 值通常随着频率的增加而单调地减小，而电感的 Q 值往往随着频率的增加而增加。因此，设置了以下练习：从一个 1.2nH 差分电感开始，针对 4GHz LC 谐振腔中的最佳 Q 值进行优化。选择 1.2nH 是有些随意的，但对于 4GHz VCO 来说，在这个范围内的值非常典型。进一步假设 VCO 所需的调谐范围为 20%。由上一节可知，这要将谐振腔的最大和最小总电容之比 $\left(\dfrac{C_{MAX}}{C_{MIN}}\right)$ 设置为约 1.5。为此，设计了一个类似于第 1 章所述的开关电容阵列。对于这个练习，选择了 16nm 的工艺，每个单元的最大电容值和最小电容值的模拟比率大约为 5.5。实际上，布线和其他寄生参数会在一定程度上降低这一性能。考虑频率为 8GHz、12GHz、16GHz 和 20GHz 的另外四种情况，对于其中的每种情况，电感值都要缩放，使 $L_p\omega_0$ 保持恒定。如果 Q 值保持不变，那么纯谐振腔的品质因数也会保持不变，同样 $R_p = L_p\omega_0 Q$ 也如此，但实际情况肯定不是这样。随着频率的升高，使用的电容单元数量减少，但这些单元以及 $\dfrac{C_{MAX}}{C_{MIN}}$ 的比率保持不变。无论哪种情况，电感都只使用厚的 RDL 层设计，并针对最佳 Q 值进行优化。当然，对于为更高频率设计的较低电感，尽管在尺寸上没有特别的限制，但电感的物理尺寸会减小。除 4GHz 外，所有电感均为单匝的，尺寸范围为 $160\sim290\mu m$。

结果如图 9.30 所示，其中显示了开关电容每个单元、电感和整个 LC 谐振腔的模拟品质因数随频率的变化情况。

正如预期的那样，谐振腔的 Q 值迅速上升，并在 8GHz 之后略微变平，在 16GHz 时达到接近 21 的最佳值。超过这一点，电感 Q 值的增加并不多，而电容的 Q 值随频率线性下降，从而导致了谐振腔 Q 值的净下降。这一结果显然取决于工艺，也是假设调谐范围的函数。此外，此处使用的模拟品质因数和最大到最小单位电容是理想的，因为布局后布线和其他寄生参数会影响并降低它们。这总体上将导

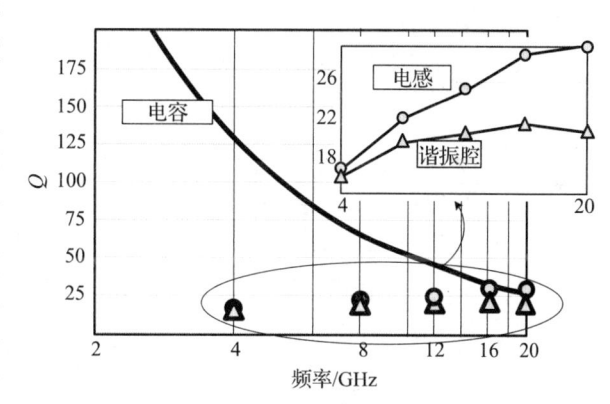

图 9.30 LC 谐振腔与单个电容、电感的模拟品质因数

致最佳点向左移动。不过，粗略地说，如果要为 VCO 选择一个最佳频率，$10\sim15$GHz 的频率会是在 L 和 C 品质因数之间做出的最佳权衡。此外，这个频率范围合理地远离了谐振腔电容开始变得太小的频率点，在该点寄生元件占主导地位。

9.5 Q 值退化

在标准 NMOS 结构和标准 CMOS 结构的振荡器中，幅度和可达到的 FOM 都由电流源所需的电压裕度所限制。因此问题是为什么需要这个电流源。

观察图 9.23，可以发现只有当输入电压很小时，有源元件才能提供一个负的电导。对于较高的电压，差分对中的一个晶体管将会关断而另一个将导通，并且电导降为 0。这是因为导通的晶体管会因为电流源的高阻抗而退化。即使当导通的晶体管进入线性区时，流过该晶体管的电流也将完全由电流源决定。如图 9.31 所示。

如果移去电流源，当差分对中任一晶体管进入线性区时，LC 谐振腔可看到由于源-漏电阻（g_{ds}）而产生的时变正电阻（见图 9.31 和图 9.32）。在这种情况下，时变电导为

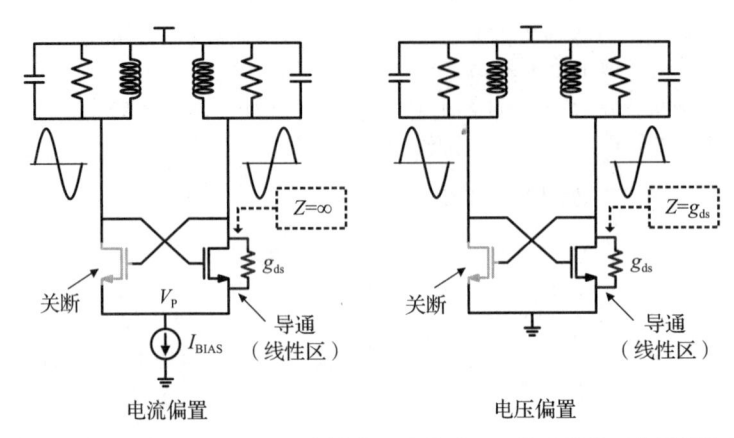

图 9.31 标准拓扑中的电流源可以有效防止差分对以工作于线性区的谐振腔为负载

$$g_{nr}(t) = -\left(\frac{g_{mL}(t) + g_{mR}(t)}{2}\right) + \left(\frac{g_{dsL}(t) + g_{dsR}(t)}{2}\right)$$

上式包含了由器件的跨导（即 g_{mL} 和 g_{mR}）提供的所需要的负电导，以及由漏-源电阻（即 g_{dsL} 和 g_{dsR}）产生的不需要的正电导。这种不需要的正电导会降低谐振腔的 Q 值，进而降低振荡器的相位噪声性能和 FOM。因此，这种电压偏置振荡器应尽量避免。

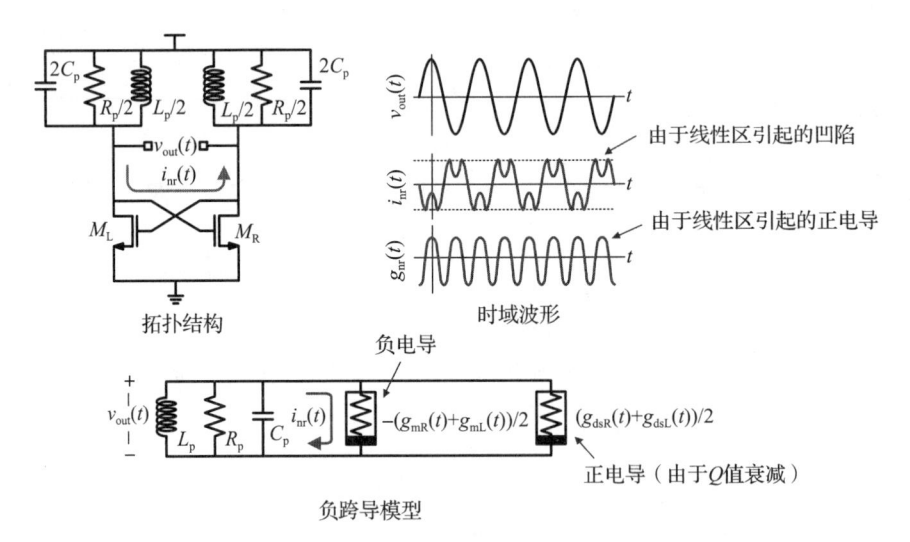

图 9.32 电压偏置的 LC 振荡器

即使保留了电流源，重要的是，当差分对为硬切换时，电流源的阻抗必须足够大，以退化导通晶体管。这在直流状态下很容易就可以做到，但在所有的偶次谐波处都理想地需要有一个大阻抗，其中 $2\omega_0$ 是最关键的（在完全平衡的振荡器中，在差分对的源极只存在偶数次谐波，即图 9.31 中的 V_p 节点）。对于高频振荡器，差分对源极处的寄生电容可以减小在这些偶次谐波频率处的阻抗，并且允许差分对以谐振腔为负载。因此，电流偏置振荡器可以表现得像电压偏置振荡器。图 9.33 展示了增大寄生电容对效率和 FOM 的影响。

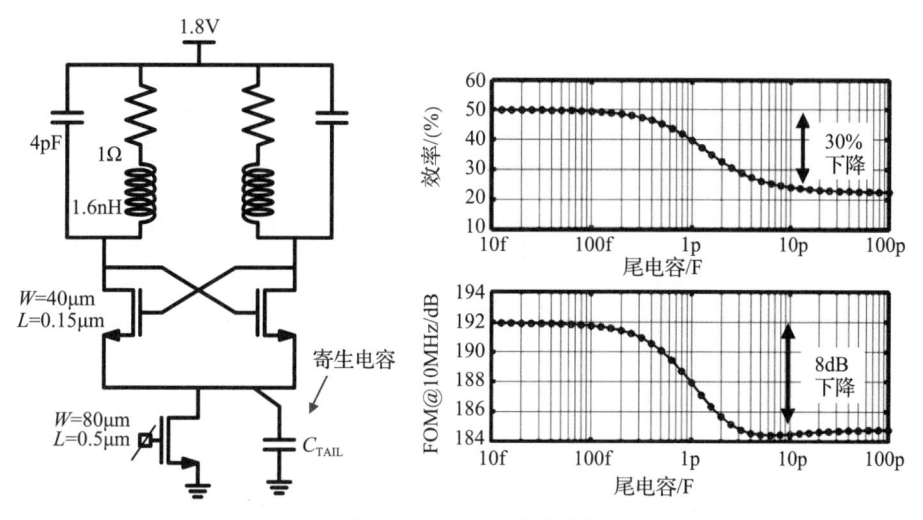

图 9.33 寄生尾电容对振荡器性能的影响

9.6 频率调制效应

之前章节所述的噪声机制表明,闪烁噪声只会产生幅度噪声,而且是可以忽略的。但是,任何一个熟悉 CMOS 振荡器设计的人都能证明,闪烁噪声的影响确实会出现在输出频谱中,并且常常会导致设计失败。该分析中的不足之处是,闪烁噪声以及其他一些低频噪声会通过频率调制效应上变频到输出频谱,而这并没有体现在模型中。问题在于假设了一个由等效无噪声振荡器定义的固定频率。因此,为了修正前面章节中的分析,在本节中说明低频噪声源是如何引起本振频率的扰动,进而直接影响相位噪声 $\mathcal{L}\{\Delta\omega\}$ 的。综述了两种具体的机制:一种源于非线性电抗元件[14],另一种源于谐波电流[8]。

9.6.1 非线性电容

到目前为止,一直假设 RLC 谐振腔是完全线性的,但在实际电路中很少有这种情况。有源电路中的器件电容线性度可能很差,并且几乎所有的 VCO 中都会引入变容管以保证一定程度的连续调谐(如同第 1 章所讨论的,变容管的电容值是振荡幅度的强非线性函数)。因此,振荡幅度通常会对谐振频率有一些影响。无论是集成电感还是键合线电感,假设为线性电感都是合理的,其谐振频率一般为

$$\omega_0(A) = \frac{1}{\sqrt{LC(A)}}$$

因为非线性电容值与幅度相关,式中的谐振频率是幅度的函数。因此,幅度上有微小的变化也会使振荡频率产生一个微小的变化[19]。AM-FM 转换的比率可量化为

$$K_{AMFM} = \frac{d\omega_0}{dA} = -\frac{1}{2\sqrt{LC(A)}} \frac{1}{C(A)} \frac{dC(A)}{dA}$$

因为这种 AM-FM 转换过程,幅度噪声会在频率上产生微小的扰动。该频率调制的频谱密度的计算如下:

$$S_\Omega(\Delta\omega) = |K_{AMFM}|^2 \overline{v_{AM}^2} = \frac{\omega_0^2}{4C^2} \left|\frac{dC}{dA}\right|^2 \overline{v_{AM}^2}$$

式中，$\overline{v_{AM}^2}$ 为幅度噪声的功率谱密度，其值虽然很小但永远不会为 0。这可以与相位噪声相关联为

$$\mathcal{L}\{\Delta\omega\} = \frac{S_\Omega(\Delta\omega)}{|\Delta\omega|^2} = \frac{|K_{AMFM}|^2 \overline{v_{AM}^2}}{|\Delta\omega|^2}$$

因此，如果 K_{AMFM} 值较大，而载波频偏 $|\Delta\omega|$ 较小，即使振荡器中存在的残余幅度噪声很小，也会转化为一个很大的频率噪声，如前所述，频率噪声与相位噪声是很难区分的。

这种 AM-FM 转换通常是将闪烁噪声和其他低频噪声源上变频至输出频率的主要机制。考虑图 9.34 所示的负跨导模型：如果谐振腔中包含一个线性电容，则在相位噪声曲线图中不会出现闪烁噪声。然而，如果用一个非线性电容代替线性电容，则在相位噪声分布图中就会确实出现闪烁噪声。

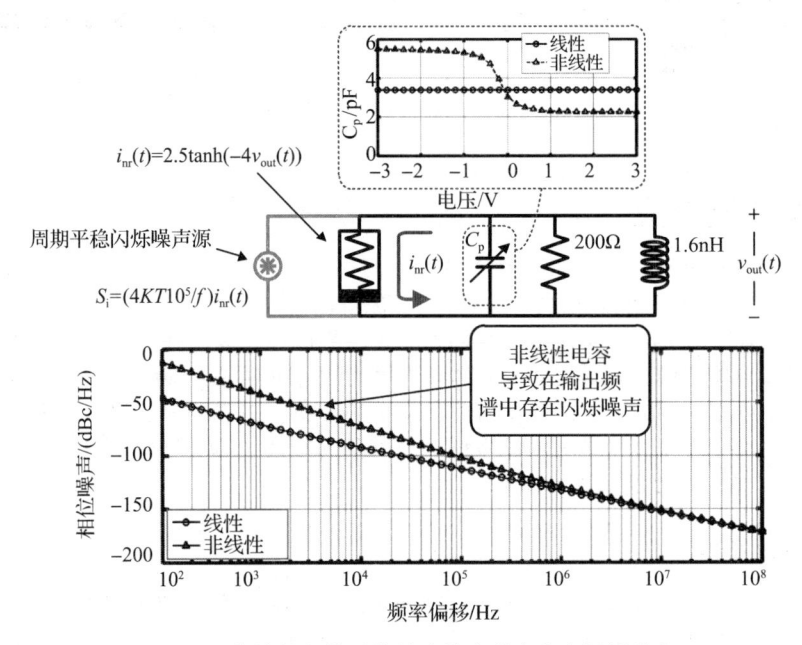

图 9.34 非线性电抗元件导致输出谱中存在闪烁噪声

由于这种 AM-FM 机制，在设计 VCO 时并不建议采用大变容管。相反，如第 1 章所说明的，一个好的 VCO 设计将包含数控电容组以提供粗略的频率调谐功能，并且用一个小变容管在数码间提供足够的连续调谐。由于一个数控的电容组的线性度要远好于变容管的线性度，因此能够最小化闪烁噪声的上变频[20]。

值得注意的是，有源器件的非线性电容也会呈现显著的非线性电容特性，如图 9.35 所示。在这种情况下，非线性电容是尾电容的强函数，一般会导致 $|dC/dA|^2$ 值很大，这也是需要最小化尾电容值的另一个原因。

最后，重要的是需要记住，这种 AM-FM 转换机制取决于 $|dC/dA|^2$ 的值，而不是总电容。因此，对于特定的幅度 A，$|dC/dA|^2$ 可能会为 0，并且闪烁噪声上变频现象将被消除[19]。然而，由于非线性电容比较难建模，并且对振荡幅度的严格控制也不容易，所以与其找一个使 $|dC/dA|^2$ 最小的特定幅度 A 值，还不如最小化总的非线性电容值。

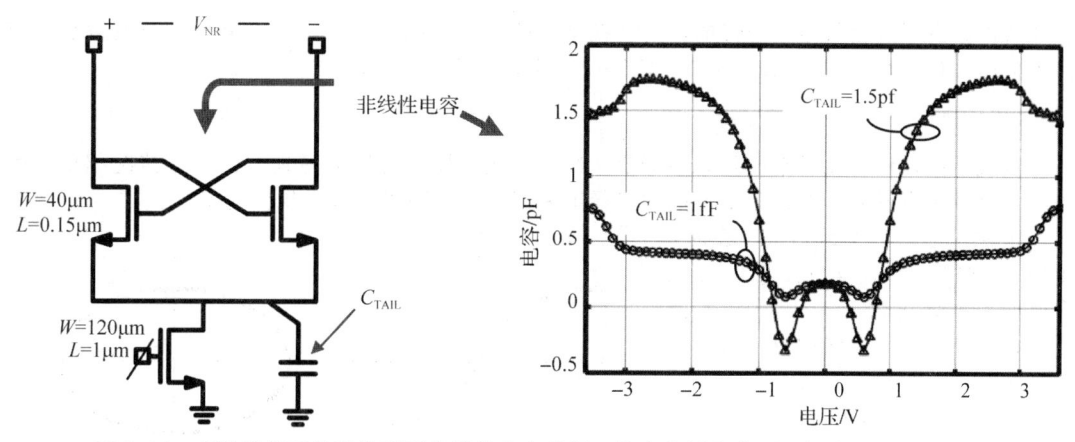

图 9.35　有源元件可以看作重要非线性电容的源。较大的尾电容可以极大地影响非线性

9.6.2　有效非线性电容

采用文献[19]中提出的准静态方法，可以更深入地了解非线性谐振腔电容的影响，特别是变容管的影响。图 9.36 所示为简化 LC 振荡器谐振腔的示意图，以及典型 MOS 变容管的特性。在第 1 章中已经分析了变容管的 C-V 曲线，并指出通常采用累积型 MOS 电容，其特性如左图所示。

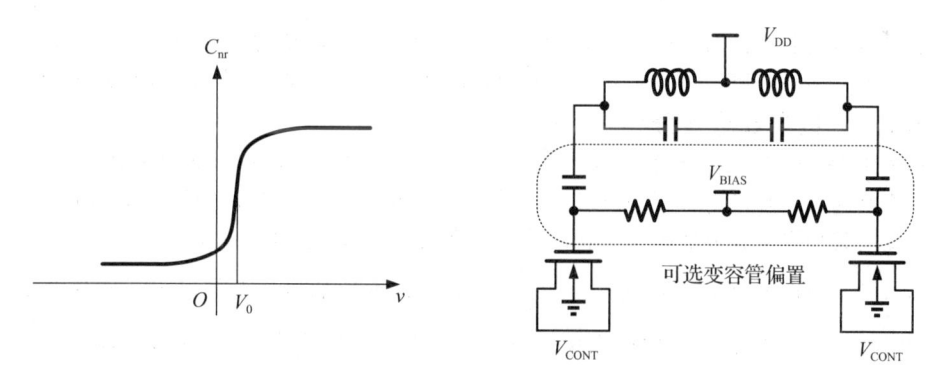

图 9.36　典型 CMOS VCO 谐振腔及其变容管特性

对于独立的 MOS 变容管，电容从低到高的阈值在 0V 左右，此时器件的工作状态从耗尽区移动到累积区。另一方面，在实际的 VCO 中，这取决于控制电压和 VCO 输出的直流偏置，通常在 V_{DD} 处。由于控制电压也受限于电源，因此可以采用独立的直流偏置，以在相同变容管尺寸下实现更宽的调谐范围（图 9.36 右图）。然而这是以出现额外的寄生电容为代价，并需要对偏置电阻的尺寸进行权衡，以优化谐振腔上的负载以及电阻的噪声影响。概括地说，将过渡阈值记为任意电压 V_0，是控制电压和变容管偏置（V_{DD} 或其他电压）的函数，并可以根据需要进行调整。假设类正弦 VCO 输出电压为 $A\cos\omega_0 t$，在稳态时，谐振腔中会出现一个特定的有效电容（C_{eff}），它不仅取决于 V_0，而且是 VCO 输出振幅 A 的函数。尽管这已经在第 1 章中说明，但在这里将根据[19]给出 C_{eff} 的近似数学表达式。

9.6.2.1　图解分析

考虑一个无记忆系统，例如 VCO 中用于维持稳定振荡的非线性电阻，其 I-V 曲线如图 9.37

左图所示。由于该负阻是无记忆的,所以在基频的整个周期内,(i_{nr},v_{nr}) 坐标系中由瞬态工作点围成的面积必须为零。因此,$I-V$ 轨迹的线积分必须等于零:

$$\oint i_{nr} dv_{nr} = 0$$

也就是说,沿着曲线来回移动不会产生净功,这从图中可以清楚地看出。若情况相反,例如,如果系统有滞后,即在两个不同的路径上来回移动,则将导致线积分非零。

现在,考虑一个线性的(暂时的)电容 C,并将 $A\cos\omega_0 t$ 的正弦电压施加在其两端。该电容有记忆,因此直觉上预计得到一个非零线积分,有

$$v_C(t) = A\cos\omega_0 t$$
$$i_C(t) = -AC\omega_0 \sin\omega_0 t$$

因此,可以写出

$$\left(\frac{i_C}{AC\omega_0}\right)^2 + \left(\frac{v_C}{A}\right)^2 = 1$$

上式表示了一个在 (i_C, v_C) 坐标系中的椭圆(图 9.37 右图)。则线积分 $\oint i_C dv_C$ 显然不再为零,并且可由椭圆的面积来描述:

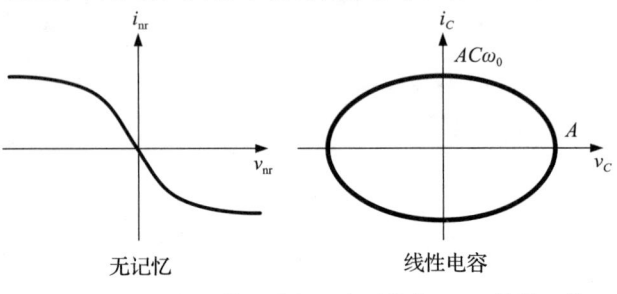

图 9.37 无记忆系统和线性电容系统的 $I-V$ 特性比较

$$\oint i_C dv_C = \pi A^2 C\omega_0$$

如果该电容是非线性的,比如变容管,那么由周期信号驱动的 $I-V$ 轨迹将由几个不同高度但相同宽度的椭圆组成。接下来,在分析简化的 MOS 变容管时将进一步说明这一点。

9.6.2.2 数学表达式分析

观察图 9.38,它展示了由振幅为 A 的正弦周期信号驱动的 MOS 变容管的特性。

为了简单起见,假设变容管的电容值在 C_L 和 C_H 两值之间变化,当电压值达到 V_0 时会发生阶跃转变。其相应电容值随时间变化的曲线,及其 $I-V$ 轨迹如图 9.39 所示。

将小信号非线性电容定义为 $C_{nr}(t) = \dfrac{dQ}{dV}$,其随时间变化的值如上图所示,可适用于简化的 MOS 变容管。由于非线性电容值的变化是周期性的,可以将其用傅里叶级数来描述:

$$C_{nr}(t) = \sum_{m=-\infty}^{+\infty} C_{nr}[m] e^{jm\omega_0 t}$$

注意,在本分析中,固定的谐振腔电容(或是其线性部分)是无关紧要的,稍后将进行讨论。谐振腔电压(与电容电压相同)也是周期性的,可以表示为

$$v_C(t) = \sum_{n=-\infty}^{+\infty} V_C[n] e^{jn\omega_0 t}$$

所以,电感电流为

$$i_L(t) = \frac{1}{L}\int v_C(t) dt = \frac{1}{L}\sum_{n=-\infty}^{+\infty} \frac{V_C[n]}{jn\omega_0} e^{jn\omega_0 t}$$

电容电流为

$$i_C(t) = \frac{dQ}{dt} = \frac{dQ}{dv_C}\frac{dv_C}{dt} = C_{nr}(t)\frac{d}{dt}\sum_{n=-\infty}^{+\infty} V_C[n] e^{jn\omega_0 t}$$

将上式展开:

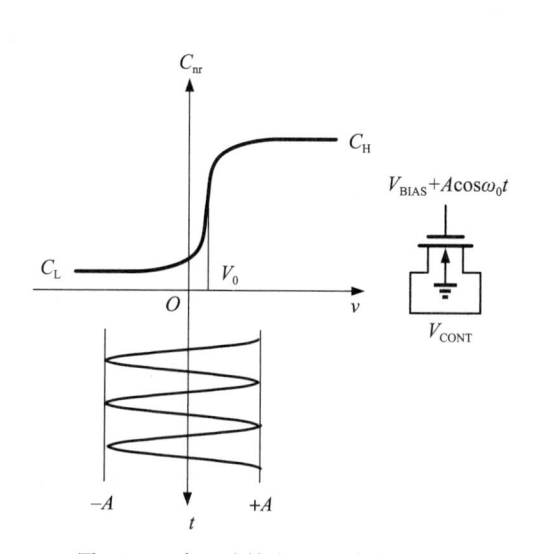

图 9.38 大正弦输出 VCO 扫频下的变容管 C-V 曲线

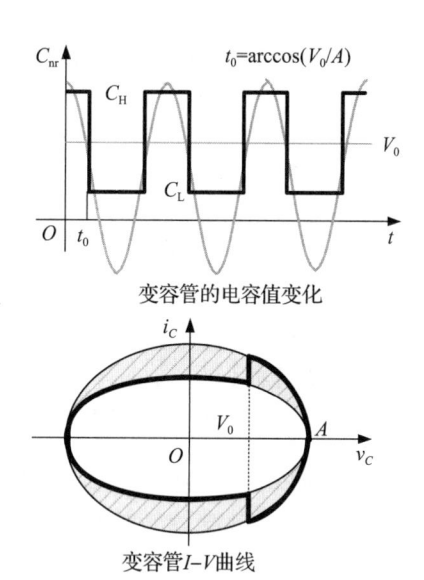

图 9.39 非线性电容值随时间的变化及其 I-V 轨迹

$$i_C(t) = \sum_n \sum_m \mathrm{j}n\omega_0 C_{\mathrm{nr}}[m]V_C[n]\mathrm{e}^{\mathrm{j}(m+n)\omega_0 t}$$

根据 KCL 定律，有

$$i_C(t) + i_L(t) = \frac{1}{L}\sum_{n=-\infty}^{+\infty}\frac{V_C[n]}{\mathrm{j}n\omega_0}\mathrm{e}^{\mathrm{j}n\omega_0 t} + \sum_n\sum_m \mathrm{j}n\omega_0 C_{\mathrm{nr}}[m]V_C[n]\mathrm{e}^{\mathrm{j}(m+n)\omega_0 t} = 0$$

准静态近似需要一个类正弦的谐振腔电压，即

$$V_C[1] = V_C[-1] = \frac{A}{2}$$

$$V_C[n] \approx 0, \qquad n \neq \pm 1$$

因此，在忽略高次谐波的情况下，有

$$\frac{\frac{A}{2}}{\mathrm{j}L\omega_0}(\mathrm{e}^{\mathrm{j}\omega_0 t} - \mathrm{e}^{-\mathrm{j}\omega_0 t}) + \mathrm{j}\omega_0\frac{A}{2}\left[\left(C_{\mathrm{nr}}[0] - \frac{1}{2}C_{\mathrm{nr}}[2]\right)\mathrm{e}^{\mathrm{j}\omega_0 t} - \left(C_{\mathrm{nr}}[0] - \frac{1}{2}C_{\mathrm{nr}}[-2]\right)\mathrm{e}^{-\mathrm{j}\omega_0 t}\right] = 0$$

化简可得

$$\frac{1}{\mathrm{j}L\omega_0} + \mathrm{j}\left(C_{\mathrm{nr}}[0] - \frac{1}{2}C_{\mathrm{nr}}[2] - \frac{1}{2}C_{\mathrm{nr}}[-2]\right)\omega_0 = 0$$

注意，因为 $C_{\mathrm{nr}}(t)$ 是偶对称函数，所以对于所有 m，都有 $C_{\mathrm{nr}}(m) = C_{\mathrm{nr}}(-m)$。

因此，可以将谐振腔的有效电容定义为

$$C_{\mathrm{eff}} = C_{\mathrm{nr}}[0] - \frac{1}{2}C_{\mathrm{nr}}[2] - \frac{1}{2}C_{\mathrm{nr}}[-2]$$

式中，第一项是时间平均电容，它包括与非线性谐振腔电容并联的所有固定线性电容，而其他两项则由非线性电容的二阶傅里叶系数来表示。显然，时间平均电容本身并不能正确代表有效电容，因为它不能恰当地处理谐振腔电压和电流的平衡关系。注意，在 9.2.2 节中，对于非线性有源元件的等效电导，推导出了一个非常类似的表达式 $\left(G_{\mathrm{eff}} = G_{\mathrm{nr}}[0] - \frac{1}{2}G_{\mathrm{nr}}[-2] - \frac{1}{2}G_{\mathrm{nr}}[2]\right)$。

由于忽略了非线性电容的高次谐波与谐振腔电压的高阶分量的混叠效应，因此上述表达式并不完全准确。但是，如果谐振腔品质因数较大，那么此表达式还是相当正确的。

注意，如习题 14 所证明的，可以概括地说：

$$C_{\text{eff}} = \frac{\oint i_C \mathrm{d}v_C}{\pi A^2 \omega_0}$$

这对于线性电容来说是显而易见的，并且可以很容易地扩展到非线性电容。

9.6.3 Groszkowski 效应

在分析 LC 振荡器时，到目前为止，一般都是假设输出是正弦波，也就是说，完全忽略了输出波形中的谐波成分。谐波虽然很小，但是它确实存在（即使在一个完全线性的 LC 谐振腔中也存在），且会影响振荡频率。1933 年，Groszkowski[21] 解释并量化了这种谐波电流是如何使振荡频率下移的。

图 9.40 所示为一个简化的 LC 振荡器，其中，有源元件由输出波形 $v_{\text{nr}}(t)$ 激励，并产生了具有明显谐波成分的能量恢复电流 $i_{\text{nr}} = f(v_{\text{nr}})$。该电流的基波成分补偿了谐振腔损耗，而高次谐波电流（必须要有个去处）流过了最低阻抗的路径，也就是电容。如前面所说明的，因为负电阻是无记忆的，在以 $(i_{\text{nr}}, v_{\text{nr}})$ 为坐标的图中，在整个基波频率周期内，由瞬态工作点所描述的面积必须为 0，即 $I-V$ 轨迹的线积分必须等于 0：

$$\oint i_{\text{nr}} \mathrm{d}v_{\text{nr}} = 0$$

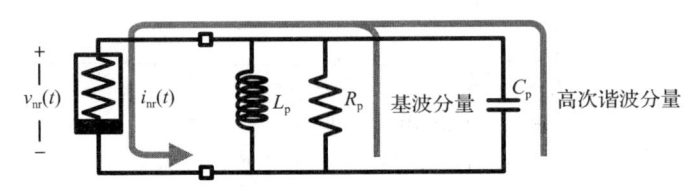

图 9.40 来自有源元件的高次谐波电流流过电容。谐波分量使振荡频率产生了下移（与线性分析相比较）

转换到频域，由上式可得到以下恒等式：

$$\sum_{k=-\infty}^{\infty} k I_{\text{nr}}[k] V_{\text{nr}}[-k] = 0$$

式中，$I_{\text{nr}}[k]$ 和 $V_{\text{nr}}[k]$ 分别为电流和电压的 k 次傅里叶系数。上式可以进一步改写为

$$\sum_{k=-\infty}^{\infty} \frac{k |V_{\text{nr}}[k]|^2}{Z[k]} = 0$$

式中，$Z[k]$ 为 k 次谐波处的谐振腔阻抗。等式的一边只保留基波成分，上式就变成

$$\frac{|V_{\text{nr}}[1]|^2}{|Z[1]|} = -\sum_{k=2}^{\infty} k \frac{|V_{\text{nr}}[k]|^2}{|Z[k]|}$$

在基波附近，谐振腔阻抗为

$$|Z[1]| \approx \frac{L_p \omega_0^2}{2\Delta\omega}$$

式中，$\Delta\omega$ 是相对于谐振腔固有谐振频率的频率偏移量，且 $\omega_0 = 1/\sqrt{L_p C_p}$。在高次谐波频率处（$k>1$），谐振腔阻抗是容性的，其大小近似等于

$$|Z[k]| \approx \frac{k}{(k^2-1)} L_p \omega_0$$

因此，

$$\frac{\Delta\omega}{\omega_0} \approx -\frac{1}{2}\sum_{k=2}^{\infty}(k^2-1)\frac{|V_{nr}[k]|^2}{|V_{nr}[1]|^2}$$

或者，可以用谐波电流含量表示结果：

$$\frac{\Delta\omega}{\omega_0} \approx -\frac{1}{2Q^2}\sum_{k=2}^{\infty}\frac{k^2}{k^2-1}\frac{|I_{nr}[k]|^2}{|I_{nr}[1]|^2}$$

式中，$Q = \frac{R_p}{L_p\omega_0}$ 是谐振腔的品质因数。

如果不存在谐波分量，则显然 $\Delta\omega/\omega_0 = 0$，这在谐振腔的固有谐振频率处是满足的。然而，如果存在显著的谐波含量，则恒等式要求 $\Delta\omega/\omega_0 < 0$，只有在振荡频率小于谐振腔的固有谐振频率时，才能满足这一要求。当然，对于相同的谐波电流，较高 Q 值将导致较小的频偏。

对这种效应也可以进行如下的定性解释：存在谐波电流时，电容中存储的静电能量要多于没有谐波的情况。因为有源电路是无记忆的，这个额外的能量必须通过电感平衡，这是通过振荡频率的下移来实现的，从而允许电路存储更多的电磁能量。

之前已经推导得到，在包含线性电抗元件的振荡器中，闪烁噪声只会调制振荡波形的幅度，而不会产生相位噪声。然而，这是基于输出类正弦波近似推断的。如果输出中的谐波成分不可忽略，那么调制输出波形的任意谐波的噪声都会产生频率噪声，直接导致相位噪声 $\mathcal{L}\{\Delta\omega\}$[9]。

为了消除这种频率调制效应，有源元件应尽可能保持线性，以免引入任何谐波成分。然而，应当注意的是，采用硬开关非线性元件设计具有更高的功率效率，因此，对于 CMOS LC 振荡器，采用线性（或软限制）有源元件是不可取的。另外，即使采用线性有源元件，由于非线性电抗元件产生的频率调制效应依然存在。

9.6.4 电源牵引

低频的电源噪声和毛刺，与闪烁噪声一样，会产生 AM 边带，反过来又通过非线性电容转化为频率噪声。这种"电源牵引"的程度是一个重要的考虑因素，尤其是在现代 SoC 中，可能存在电源噪声较大的问题。出于这个原因，VCO 的电源通常由单独的低压差线性稳压器（LDO）产生，以将电路与片上其他地方的噪声隔离。

9.7 其他 LC 振荡器拓扑结构

通过对 LC 振荡器工作原理的深入理解，促进了具有增强 FOM 的拓扑结构的发展。现在讨论两种重要的拓扑结构，这两种结构都实现了接近任何单端口 LC 振荡器的 FOM 最大理论值。

9.7.1 带有噪声滤波器的标准拓扑结构

在标准 NMOS 拓扑结构中，电流源最终限制了电路可实现的 FOM 值。如果使用一个较大的电流源器件，其跨导会很大，并且会将大量噪声注入到谐振腔内。如果采用小型器件，则电压裕度要求会很大，而振荡幅度就会减小。但是，如之前所提到的，电流源仅需要在二次谐波附近呈现高阻抗，所以可以采用谐振在 $2\omega_0$ 的简单无源网络[22]。如图 9.41 所示，保留一个大尺寸器件作为电流源，但是可以引入一个大电容以滤除其噪声。再设计一个串联电感，让其与差分对晶体管源极节点的寄生电容谐振在 $2\omega_0$。采用这种方法，电流源不会引入噪声，差分对也不会以谐振腔为负载，而电流源的电压裕度可以设计的任意小。因此，噪声因子可简化为

$$F = 1 + \gamma$$

同时,假设输出驱动是轨到轨的,效率可以达到(甚至超过)$\eta = 2/\pi = 63.7\%$。因此,FOM 值为

$$\text{FOM} = \frac{4/\pi}{(1+\gamma)} \frac{Q^2}{KT} 1\text{mW}$$

这仅比 CMOS 振荡器最大可实现的 FOM 值小 2dB。即使移去尾晶体管,并且振荡器是电压偏置的,这个 FOM 仍会保持不变。

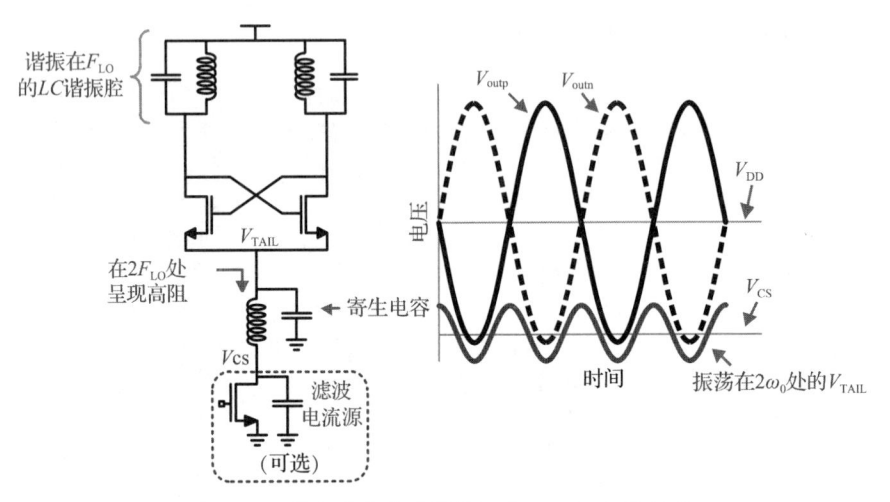

图 9.41 带有噪声滤波器的标准 NMOS 拓扑结构

为了强调这种共模谐振的能量,考虑如图 9.42 所示的理想化的振荡器。其中晶体管是 28nm 工艺的厚氧器件。尾电感的大小为谐振腔电感的一半,并且在同一频率下二者的 Q 值相同。通过扫描尾电容的大小,绘制出 FOM 值的曲线。对于品质因数为 12 的谐振腔,最大可实现的 FOM 为 196。当尾电感谐振于 $2\omega_0$(此时尾电容为 6.25pF)时,该振荡器的 FOM 在此值的 1dB 范围内变化。同样,闪烁噪声几乎完全被消除,这是因为无论在 50kHz 还是 10MHz 频偏处测量,FOM 都几乎保持不变。注意,切换到谐振腔的电流并不是完美的方波,而是一个具有有限上升/下降时间的波形,这使得在 ω_0 处的能量更大,效率更高。

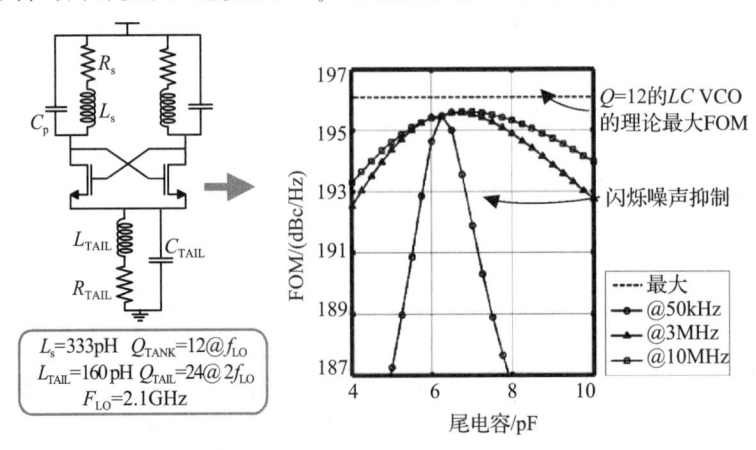

图 9.42 共模谐振对 FOM 的重要性

标准 CMOS 振荡器中也可以采用这种技术。为了防止 PMOS 管以谐振腔为负载，建议引入第 3 个串联电感，如图 9.43 所示。

也可以采用 Hegazi 的共模谐振技术，而无须使用额外的电感。这是因为在任何差分振荡器设计中，谐振腔都有两种不同的模式，即共模模式和差分模式。如果确保共模谐振频率为差分谐振频率的 2 倍，则可取得 Hegazi 振荡器的所有优势而不需要引入额外的电感。这两种不同的模式如图 9.44 所示，而且既可以通过调节差分电感的磁耦合系数 k 加以控制，或者也可以通过调节谐振腔中的电容的排列来控制。

9.7.2 C 类拓扑结构

如图 9.45 所示，如果 LC 振荡器的有源元件将直流电源的电流转换为频率为 ω_0 的方波，则最大可能的功率效率为

$$\eta = \frac{2}{\pi} \frac{A}{V_{DD}}$$

当 $A = V_{DD}$ 时，功率效率达到最大值的 63.7%。如果电源电流以一系列冲激的形式注入谐振腔中，则效率变为

$$\eta = \frac{A}{V_{DD}}$$

当 $A = V_{DD}$ 时，功率效率最高可达到 100%。这类似于 C 类功率放大器（见第 11 章）。

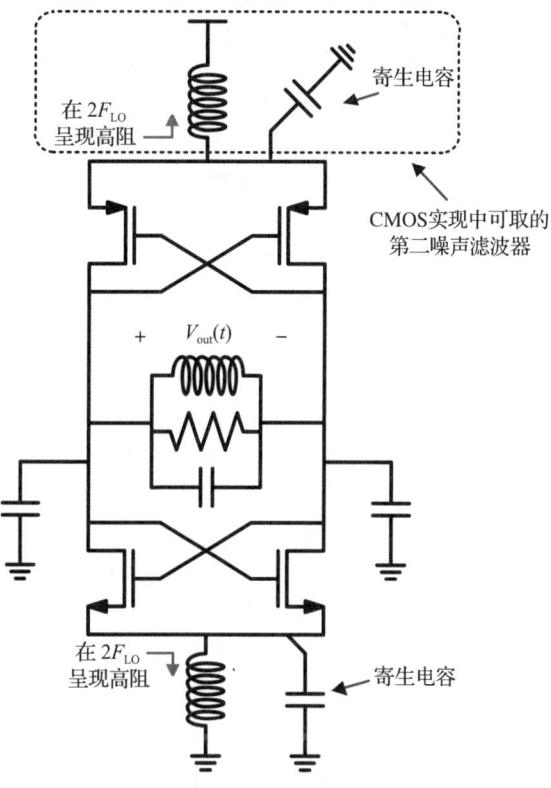

图 9.43 带有两个噪声滤波器的标准 CMOS 拓扑结构

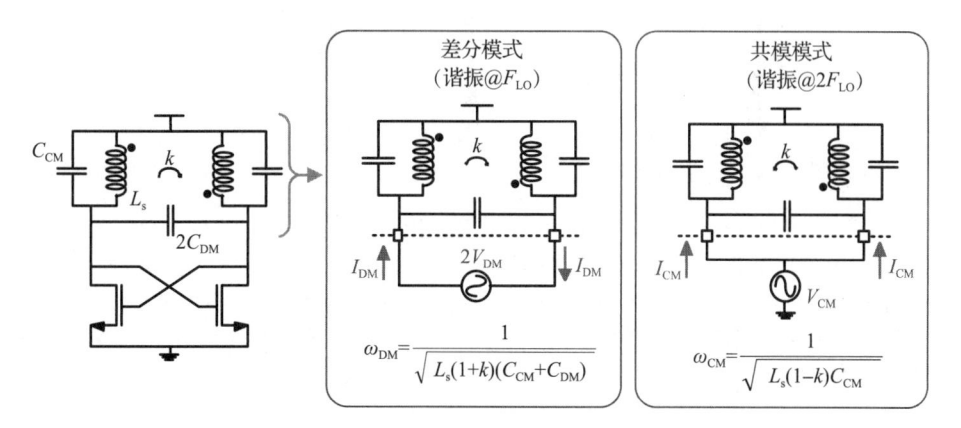

图 9.44 具有隐式共模谐振的振荡器

$$\omega_{DM} = \frac{1}{\sqrt{L_s(1+k)(C_{CM}+C_{DM})}}$$

$$\omega_{CM} = \frac{1}{\sqrt{L_s(1-k)C_{CM}}}$$

在文献[2]中，提出了一种有源元件，试图产生这种冲激注入。如图 9.46 所示，通过在差分对晶体管的偏置中引入直流偏移，大部分的电流都可以在每次振荡的峰值和谷值处以冲激的

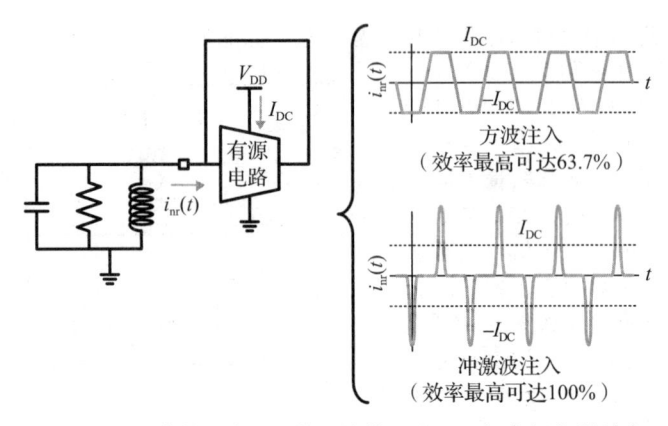

图 9.45 以冲激形式注入能量补偿电流可以提高振荡器效率

形式注入。这种偏移有效增加了每个器件的开启瞬间，所以需要更大的电压摆幅，这导致电流只在瞬态电压很大时才注入。完整的电路称为 C 类拓扑，如图 9.47 所示。如果差分对管没有进入线性区，且电流源噪声被大电容滤除[⊖]，那么噪声因子为 $F=1+\gamma$（由 Bank 的一般性结论得到），其 FOM 可以计算为

$$\text{FOM} = \frac{1}{(1+\gamma)} \frac{A}{V_{DD}} \frac{Q^2}{KT} 1\text{mW}$$

图 9.46 C 类拓扑结构中的有源元件。差分对管的直流偏置偏移建模为串联的理想电压源

因此，如果 A 可以接近 $2V_{DD}$，该拓扑结构理论上可以实现接近 LC 振荡器的最大可实现 FOM 值。已公布的性能指标[2]表明，这种拓扑结构可以实现与采用尾部滤波器的标准拓扑结构[22]相似的 FOM，并且具有不需要额外电感的优点。另外，与标准 NMOS 拓扑结构相比，将器件的偏置电压偏置在更接近阈值电压的位置，可以得到更低的功耗设计。因此，公正地说，在典型应用中，C 类拓扑结构可提供更好的 FOM，更低的偏置电流，但是不一定具有更好的相位噪声性能。

⊖ 文献[2]中建议，电容的大小应限制在总谐振腔电容的 2～3 倍，以避免称为"间歇振荡"的振幅不稳定效应。

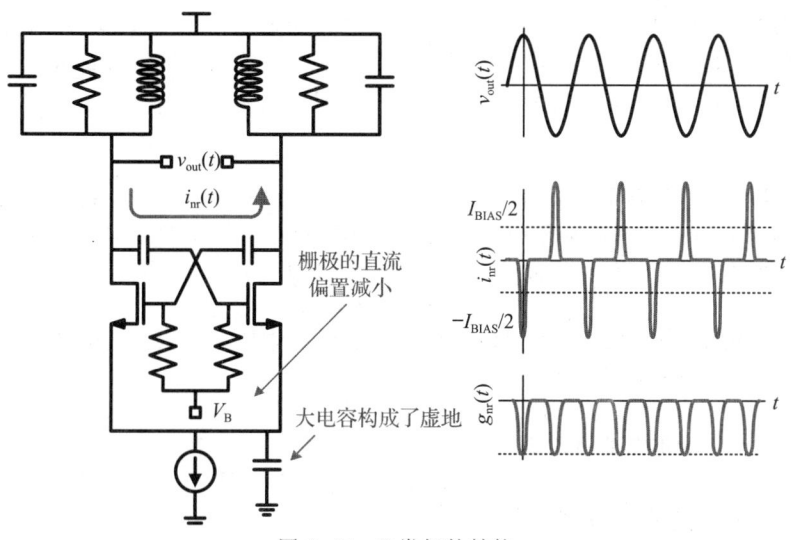

图 9.47 C 类拓扑结构

9.8 环形振荡器

环形振荡器是另一种为人所熟知的 CMOS 振荡器。本节将简单概述它们的工作原理及噪声性能，并重点关注基于反相器的设计。主要是说明环形振荡器每单位功率的相位噪声（即 FOM）明显比 LC 振荡器差。

9.8.1 基本工作原理

最简单的环形振荡器由奇数个以单位反馈方式连接的反相放大器组成。基本的基于反相器的振荡器如图 9.48 所示。假设放大器链的小信号增益大于 1，并且链路延迟时间不为 0（在现实设计中总是这种情况），电路就会振荡。在基于反相器的放大器的结构中，振荡周期等于特定过渡边沿在环路中传播两次所需的时间，计算如下：

$$f_0 = \frac{1}{T_0} = \frac{1}{N(\tau_{inv(r)} + \tau_{inv(f)})}$$

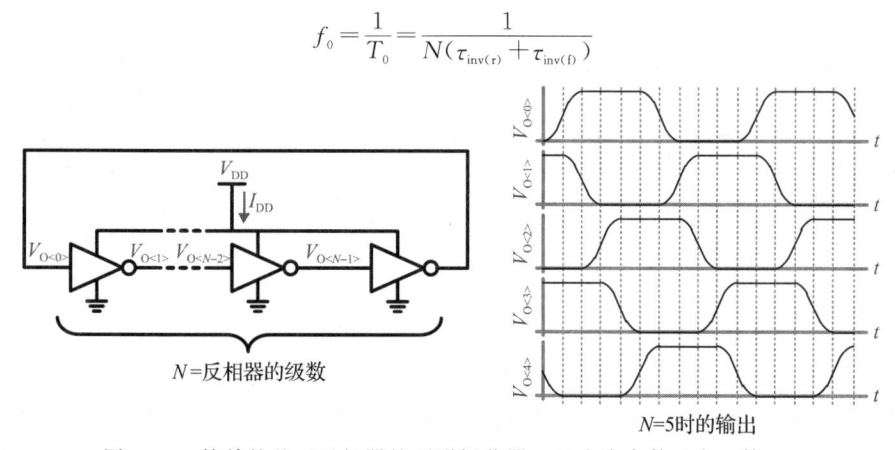

图 9.48 简单的基于反相器的环形振荡器，N 应为奇数且大于等于 3

式中，T_0 是振荡周期，N 是反相器的级数，$\tau_{\text{inv}(r)}$ 是反相器给定上升沿输出的传播延迟时间，$\tau_{\text{inv}(f)}$ 是反相器给定下降沿输出的传播延迟时间。假设反相器的大小能够提供大致相等的上升和下降时间（即 $\tau_{\text{inv}} = \tau_{\text{inv}(r)} = \tau_{\text{inv}(f)}$），则振荡频率可以简化为

$$f_0 = \frac{1}{2N\tau_{\text{inv}}}$$

因此，环形振荡器的频率可以通过减少级数的方式提高（级数 N 必须确保为大于等于 3 的奇数），或可以通过减小反相器延迟的方式提高。考虑到每一级反相器输出端的总负载电容在每一个周期内都会完全充放电，因此每一级反相器消耗的功率可近似为

$$P_{\text{INV}} \approx C_{\text{LOAD}} V_{\text{DD}}^2 f_0$$

式中，C_{LOAD} 是反相器感知到的总的负载电容，V_{DD} 为电源电压。所以振荡器消耗的功率是每一级反相器消耗功率的总和，即

$$P_{\text{OSC}} = NP_{\text{INV}} \approx NC_{\text{LOAD}} V_{\text{DD}}^2 f_0$$

进而可以得出总的振荡器电流为

$$I_{\text{DD}} \approx NC_{\text{LOAD}} V_{\text{DD}} f_0$$

通常，最好通过仿真的方式计算反相器的延迟时间。考虑如图 9.49 所示的反相器。如果输入瞬时变化，则给定上升沿输出的传播延时（即输出端充电到 $V_{\text{DD}}/2$ 所需的时间）可以计算为

$$\tau_{\text{inv}(r)} = \int_0^{V_{\text{DD}}/2} \frac{C_{\text{LOAD}}(v)}{I_{\text{PMOS}}(v)} dv$$

式中，I_{PMOS} 是流过 PMOS 管的电流。通常，器件电流和负载电容 C_{LOAD} 都是输出电压的强非线性函数。另外，方程甚至没有考虑具有有限斜率的输入。这使得找到精确的闭合表达式来计算嵌入环形振荡器中的反相器的延时就变得很困难[23]。

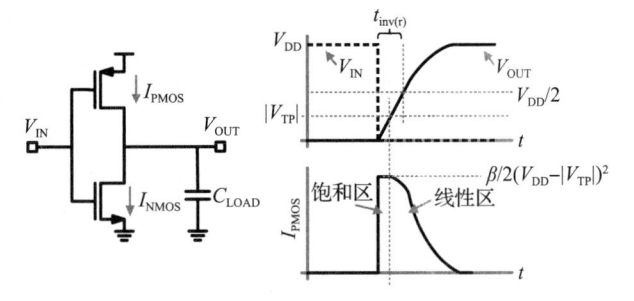

图 9.49 CMOS 反相器对阶跃函数的响应

然而，通过粗略简化还是可以得到一些对设计有帮助的指导。重写振荡器电流的频率表达式为

$$f_0 \approx \frac{1}{N} \frac{I_{\text{DD}}}{C_{\text{LOAD}} V_{\text{DD}}}$$

现在，在任意给定的实例中，振荡器中的一个节点被上拉，而另一个节点被下拉。假设反相器的尺寸设计成上升和下降时间是相等的，可以说，在任何时候，一个 PMOS 晶体管都在导通（对一个节点充电），同时一个 NMOS 器件也在导通（对另一个不同的节点放电）。因此，可以粗略估计 I_{DD} 的上限是一个完全导通的 NMOS（或 PMOS）晶体管上的静态电流，假设这些器件满足平方律模型，则

$$I_{\text{DD}} \approx \frac{1}{2} \beta (V_{\text{DD}} - |V_{\text{TH}}|)^2$$

式中，$\beta = \mu(W/L)C_{\text{OX}}$，这给出了振荡频率的近似上限：

$$f_0 \approx \frac{1}{2N} \frac{\beta(V_{\text{DD}} - |V_{\text{TH}}|)^2}{C_{\text{LOAD}} V_{\text{DD}}}$$

因此，除了调整反相器的级数以外，调整 C_{LOAD}、V_{DD} 以及器件尺寸（通过 $\beta \propto W/L$）也可以设置振荡频率。注意，如果 C_{LOAD} 主要来自反相器的栅极电容（即 $C_{\text{LOAD}} \propto WLC_{\text{OX}}$），则增大器件尺寸的宽度并

不会对频率有显著影响，这是因为 β 和 C_{LOAD} 会以相同的比例增加。但是，如果 C_{LOAD} 主要由布线电容、缓冲器负载或只是一个具体的固定电容构成，则增大器件尺寸的宽度将提高振荡频率（这是大多数实际设计中的典型情况，其中是需要振荡器来驱动负载的）。自然地，更精确的模型就可以提供更准确的频率预测，但是，N、C_{LOAD}、V_{DD} 和 β 对于振荡频率的定性影响是确定的。

9.8.2 硬开关电路中相位噪声的估计

环形振荡器的输出通常在电源轨之间切换，因此类似于方波，而不像 LC 振荡器那样输出正弦波。因此，根据在波形转换处测量的无噪声振荡器的周期与预计的周期的时间偏差来描述这类振荡器的频率不稳定性，更为自然。

如图 9.50 所示为一个反相器输出在 0 和 V_{DD} 之间周期性切换的简单情况。在存在器件噪声的情况下，相比于一个无噪声器件，转换时间既可能超前也可能滞后。通过在预计的（即无噪声的）转换时间对输出噪声进行采样，可以计算出相位噪声的良好估计值。如图 9.50 中突出显示的部分所示，在上升沿和下降沿处的采样相位噪声可以定义为

$$\phi_{\delta r}(t) = \frac{2\pi}{T_0} \frac{1}{\lambda_r} v_{\delta r}(t)$$

$$\phi_{\delta f}(t) = \frac{2\pi}{T_0} \frac{1}{\lambda_f} v_{\delta f}(t)$$

式中，λ_r 和 λ_f 分别是上升沿和下降沿在转换点处的斜率，且采样的噪声电压由下式给出：

$$v_{\delta r}(t) = \sum_{n=-\infty}^{\infty} v_n(t) \delta(t - t_r - nT_0)$$

$$v_{\delta f}(t) = \sum_{n=-\infty}^{\infty} v_n(t) \delta(t - t_f - nT_0)$$

式中，$v_n(t)$ 是输出波形的噪声电压，t_r 是波形第一个（无噪）上升沿过中线（即 $V_{\text{DD}}/2$）的时间点，t_f 是波形第一个（无噪）下降沿过中线的时间点。如果假设这个采样相位噪声在测量实例中间持续存在，则可以认为良好的相位不稳定性估计值（即 $\phi_{(t)}$）就是采样相位噪声的采样值加上其保持值，即

$$\phi_{\text{EST}}(t) = \phi_{\delta r}(t) * w_r(t) + \phi_{\delta f}(t) * w_f(t)$$

式中，符号"$*$"表示卷积，$w_r(t)$ 和 $w_f(t)$ 表示单位波形，即

$$w_r(t) = \begin{cases} 1, & 0 \leqslant x < T_w \\ 0, & \text{其他} \end{cases}$$

$$w_f(t) = \begin{cases} 1, & 0 \leqslant x < T_0 - T_w \\ 0, & \text{其他} \end{cases}$$

式中，T_w 是上升和下降转换点之间的时间（即 T_w/T_0 为波形的占空比，见图 9.50）。虽然作为理论结构提出，但这种估算值基本上是振荡器输出通过硬开关缓冲器后，后续电路感知到的相位偏差。为了简化分析，假设占空比为 50%，且上升、下降时间相等（即 $T_w = T_0/2$，$|\lambda| = |\lambda_r| = |\lambda_f|$，且 $t_f = t_r - T_0/2$），则相位偏差估计值为

$$\phi_{\text{EST}}(t) = (\phi_{\delta r}(t) + \phi_{\delta f}(t)) * w(t)$$

或者，改写成采样电压的形式：

$$\phi_{\text{EST}}(t) = \frac{2\pi}{T_0} \frac{1}{|\lambda|} (v_{\delta r}(t) - v_{\delta f}(t)) * w(t)$$

式中，

$$w(t) = \begin{cases} 1, & 0 \leqslant x < T_0/2 \\ 0, & \text{其他} \end{cases}$$

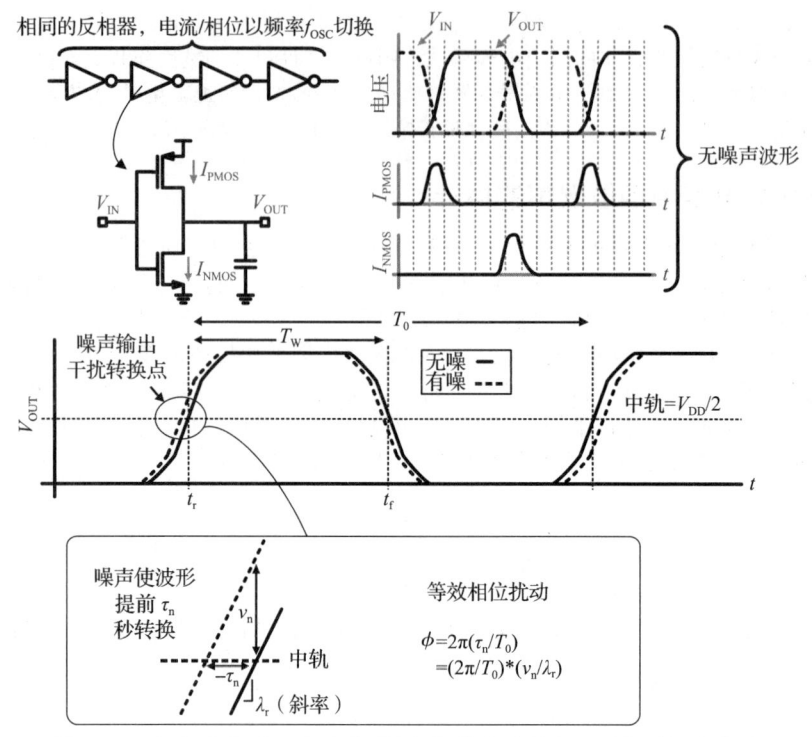

图 9.50 相位噪声可以通过对预计的转换点处的电压进行采样来估计

如果上升沿和下降沿电压是不相关的(通常是缓冲器存在噪声的情况下),则谱密度变为

$$S_{\Phi_{EST}}(\omega) \approx (S_{\Phi_{\delta r}}(\omega) + S_{\Phi_{\delta f}}(\omega))\left(\frac{\sin\left(\frac{\omega T_0}{4}\right)}{\omega/2}\right)^2$$

在环形振荡器中,与上升沿和下降沿相关的噪声都是强相关的,即 $v_{\delta f}(t) \approx -v_{\delta r}(t - T_{OSC}/2)$,这表明谱密度更接近于:

$$S_{\Phi_{EST}}(\omega) \approx 4 S_{\Phi_\delta}(\omega)\left(\frac{\sin\left(\frac{\omega T_0}{4}\right)}{\omega/2}\right)^2$$

式中,$S_{\Phi_\delta}(\omega)$ 是在上升沿或下降沿采样的相位噪声谱密度。上升沿和下降沿相关的原因将在下一节中叙述。通常,只关心 ω 的低频分量,这是造成载波附近噪声的原因。因此,可以说,对于相位噪声合理的估计与谱密度 $\phi_\delta(t)$ 相关,如下所示:

$$\mathcal{L}\{\Delta\omega\} \approx S_{\Phi_{EST}}(\Delta\omega) \approx S_{\Phi_\delta}(\Delta\omega) T_0^2$$

式中,$\Delta\omega \ll \omega_{OSC}$。或者,可以根据在转换点采样到的噪声谱密度来定义相位噪声,即

$$\mathcal{L}\{\Delta\omega\} \approx \frac{4\pi^2}{|\lambda|^2} S_{v_\delta}(\Delta\omega)$$

再一次强调,这种估计方式可以在上升沿测量,也可以在下降沿测量,因为环形振荡器上升沿和下降沿中的噪声是强相关的。如果在上升沿和下降沿的噪声不相关,则上式可近似为

$$\mathcal{L}\{\Delta\omega\} \approx \frac{\pi^2}{|\lambda|^2}(S_{v_{\delta r}}(\Delta\omega) + S_{v_{\delta f}}(\Delta\omega))$$

9.8.3 简化的环形振荡器噪声模型

环形振荡器可以视为一个单位反馈的延迟线,这使得能够对其进行简化的噪声分析[24]。图 9.51 所示是将反相器链建模为延迟线,并将反相器链的总噪声建模为加性噪声源 $v_{\text{CHAIN}}(t)$。鉴于这种设定,振荡器的噪声电压可以写为

$$v_{\text{RING}}(t) = -v_{\text{RING}}\left(t - \frac{T_0}{2}\right) + v_{\text{CHAIN}}(t)$$

或者

$$v_{\text{RING}}(t) = v_{\text{RING}}(t - T_0) + v_{\text{CHAIN}}(t) - v_{\text{CHAIN}}\left(t - \frac{T_0}{2}\right)$$

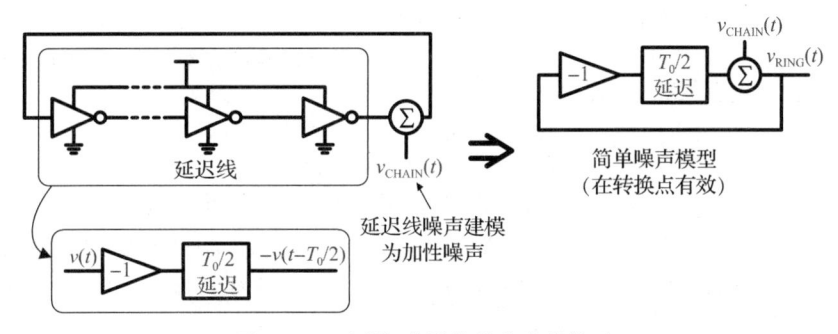

图 9.51 环形振荡器的简化噪声模型

这一模型仅在延迟线的增益为 -1 的转换点附近有效。如果是在这些转换点(即上升沿或下降沿)处采样噪声电压,则可以写为

$$v_{\delta\text{RING}(r)}(t) = v_{\delta\text{RING}(r)}(t - T_0) + v_{\delta\text{CHAIN}(r)}(t) - v_{\delta\text{CHAIN}(f)}(t)$$

$$v_{\delta\text{RING}(f)}(t) = v_{\delta\text{RING}(f)}(t - T_0) + v_{\delta\text{CHAIN}(f)}(t) - v_{\delta\text{CHAIN}(r)}(t)$$

式中,

$$v_{\delta\text{RING}(r)}(t) = \sum_{n=-\infty}^{\infty} v_{\text{RING}}(t)\delta(t - nT_0)$$

$$v_{\delta\text{RING}(f)}(t) = \sum_{n=-\infty}^{\infty} v_{\text{RING}}(t)\delta\left(t - \frac{T_0}{2} - nT_0\right)$$

$$v_{\delta\text{CHAIN}(r)}(t) = \sum_{n=-\infty}^{\infty} v_{\text{CHAIN}}(t)\delta(t - nT_0)$$

$$v_{\delta\text{CHAIN}(f)}(t) = \sum_{n=-\infty}^{\infty} v_{\text{CHAIN}}(t)\delta\left(t - \frac{T_0}{2} - nT_0\right)$$

为了简化分析,假设其中一个上升沿的转换点刚好在 $t=0$ 处。另外,假设上升沿转换点和下降沿转换点之间的距离为 $T_{\text{OSC}}/2$(即占空比为 50%)。

通常,由于延迟线上升沿和下降沿产生的噪声是不相关的(例如,在简单的反相器中,上升沿噪声由 PMOS 管决定,而下降沿噪声由 NMOS 管决定)。因此,在频域中,在上升沿或下降沿处测得的振荡器的噪声电压的谱密度为

$$S_{v_\delta(\text{RING})}(\omega) = \frac{S_{v_\delta(\text{CHAIN-r})}(\omega) + S_{v_\delta(\text{CHAIN-f})}(\omega)}{|1 - e^{-j\omega T_0}|^2}$$

$$= \frac{S_{v_\delta(\text{CHAIN-r})}(\omega) + S_{v_\delta(\text{CHAIN-f})}(\omega)}{\frac{1}{4}\sin^2\left(\frac{\omega T_0}{2}\right)}$$

式中，$S_{v_\delta(\text{CHAIN-r})}$ 和 $S_{v_\delta(\text{CHAIN-f})}$ 分别为在上升沿和下降沿采样的链路的噪声电压谱密度。在这里只关心 $S_{v_\delta(\text{RING})}$ 中谐波附近的分量，因为只有谐波附近的噪声才能频率转换到载波附近。另外，因为是冲激采样，所有谐波附近的噪声都是相同的，因此只需要观察 $S_{v_\delta(\text{RING})}(\omega)$ 中的非常低频率的分量。因此，采用小的角度近似，可得

$$S_{v_\delta(\text{OSC})}(\Delta\omega) \approx (S_{v_\delta(\text{CHAIN-r})}(\omega) + S_{v_\delta(\text{CHAIN-f})}(\omega))\frac{1}{4\pi^2}\left(\frac{\omega_{\text{OSC}}}{\Delta\omega}\right)^2$$

式中，$\Delta\omega \ll \omega_{\text{OSC}}$。上式可用于生成相位噪声 $\mathcal{L}\{\Delta\omega\}$ 的估算值：

$$\mathcal{L}\{\Delta\omega\} \approx \left|\frac{1}{\lambda}\right|^2 (S_{v_\delta(\text{CHAIN-r})}(\omega) + S_{v_\delta(\text{CHAIN-f})}(\omega))\left(\frac{\omega_{\text{OSC}}}{\Delta\omega}\right)^2$$

在一个 N 级的反相器链中，每一级反相器的噪声影响通常都是独立的，并且由于噪声引起的时间延迟的谱密度会累积，因此，

$$S_{v_\delta(\text{CHAIN-r})} = \left(\frac{N+1}{2}\right)S_{v_\delta(\text{INV-r})} + \left(\frac{N-1}{2}\right)S_{v_\delta(\text{INV-f})}$$

$$S_{v_\delta(\text{CHAIN-f})} = \left(\frac{N-1}{2}\right)S_{v_\delta(\text{INV-r})} + \left(\frac{N+1}{2}\right)S_{v_\delta(\text{INV-f})}$$

式中，$S_{v_\delta(\text{INV-r})}$ 和 $S_{v_\delta(\text{INV-f})}$ 分别为在单个反相器的上升沿和下降沿采样的噪声电压谱密度。与之前章节的符号定义保持一致，N 为反相器的级数，其值假定为奇数且大于等于 3。相应地，环形振荡器的相位噪声可以写为

$$\mathcal{L}\{\Delta\omega\} \approx \frac{N}{|\lambda|^2}(S_{v_\delta(\text{INV-r})}(\Delta\omega) + S_{v_\delta(\text{INV-f})}(\Delta\omega))\left(\frac{\omega_0}{\Delta\omega}\right)^2$$

因此，如果已知单个反相器的采样谱密度，就可以计算出环形振荡器的闭环表达式。事实上，可以直接用单个反相器的相位噪声重写以上表达式为

$$\mathcal{L}\{\Delta\omega\} \approx \frac{N}{\pi^2}\mathcal{L}_{\text{INV}}\{\Delta\omega\}\left(\frac{\omega_0}{\Delta\omega}\right)^2$$

式中，$\mathcal{L}_{\text{INV}}\{\Delta\omega\}$ 是一个假定具有与环形振荡器相同的切换频率、上升时间与下降时间的驱动反相器的相位噪声。这可以从图 9.52 中观察到。

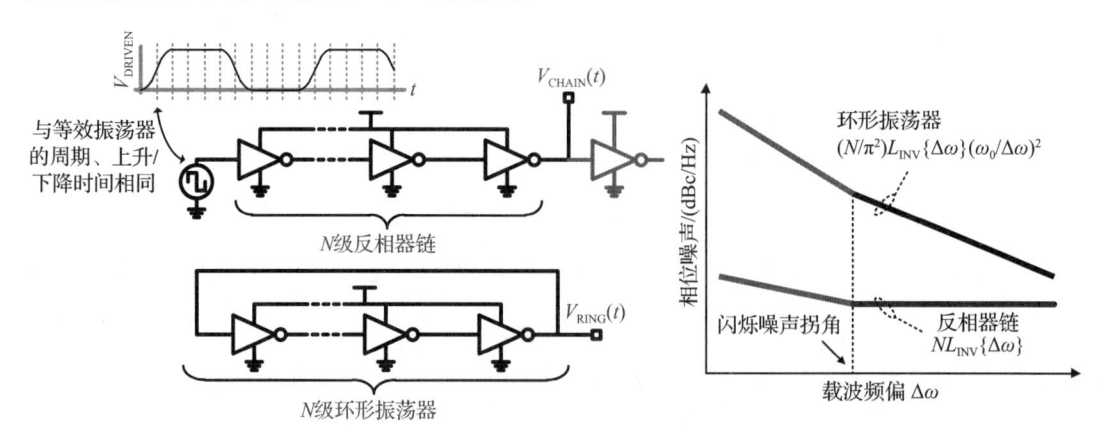

图 9.52 反相器链相位噪声和环形振荡器相位噪声之间的关系

9.8.4 单个反相器的相位噪声

在实际中，最好能通过仿真计算出单个反相器的相位噪声（即 $S_{v_s(\text{INV-r})}(\Delta\omega)$，$S_{v_s(\text{INV-f})}(\Delta\omega)$ 或只是 $\mathcal{L}_{\text{INV}}\{\Delta\omega\}$）。这是因为用在反相器中的晶体管通过许多不同的状态转换。尽管如此，已经提出的简化模型在指导设计和确定可达到的性能方面是非常有用的。尤其是，在文献[23]中，反相器的噪声源被分为两类。在上升沿，干扰过零点的噪声由集成到负载电容上的 PMOS 管噪声（见图 9.53）和转换前工作在线性区的 NMOS 管产生的 KT/C 噪声组成。同样，在下降沿，噪声由集成到负载电容上的 NMOS 管噪声和转换前工作在线性区的 PMOS 管产生的 KT/C 噪声组成。基于这种方法，就能够写出上升沿和下降沿采样噪声电压的闭环表达式。然而，为了简化问题，注意到仿真结果表明，反相器的热噪声区域（上升沿和下降沿时间相等）的相位噪声正比于 KT/C，即

$$S_{v_s(\text{INV-r})}(\Delta\omega) \propto \frac{KT}{C_{\text{LOAD}}} \frac{1}{T_0}$$

$$S_{v_s(\text{INV-f})}(\Delta\omega) \propto \frac{KT}{C_{\text{LOAD}}} \frac{1}{T_0}$$

式中，T_0 是切换频率的周期。仿真结果表明，在一个宽范围的工作条件下，比例系数接近 4。在上一节中，得出了 N 级环形振荡器的相位噪声为

$$\mathcal{L}\{\Delta\omega\} \approx \frac{N}{|\lambda|^2}(S_{v_s(\text{INV-r})}(\Delta\omega) + S_{v_s(\text{INV-f})}(\Delta\omega))\left(\frac{\omega_0}{\Delta\omega}\right)^2$$

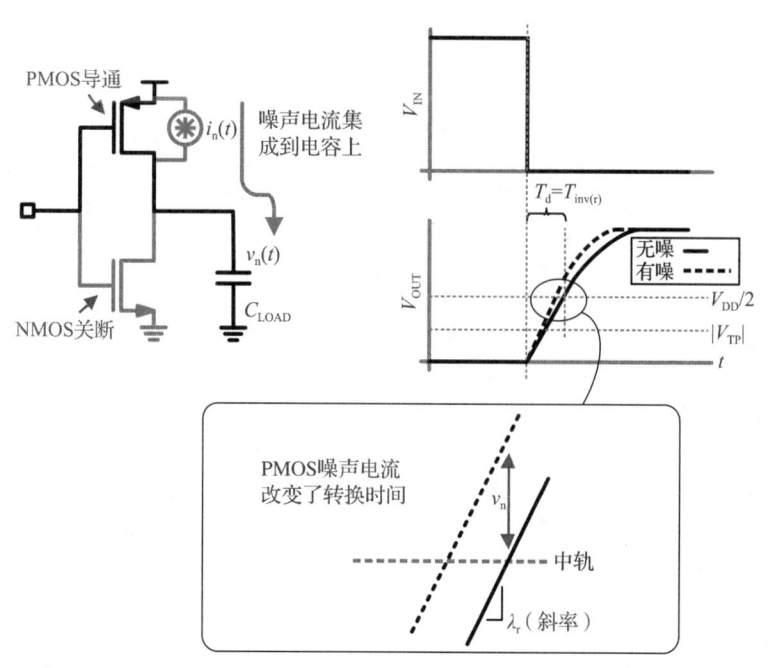

图 9.53 反相器的相位噪声模型。为了简化分析，假设输入是瞬时切换的且充电电流都是由工作在饱和区的器件提供

将 $S_{v_s(\text{INV-r})}$、$S_{v_s(\text{INV-f})}$ 用近似值代入，并且作出简化假设，即 $T_0 = 1/f_0 = 2NC_{\text{LOAD}}V_{\text{DD}}/I_{\text{DD}}$，

且 $\lambda = I_{DD}/C_{LOAD} = 2NV_{DD}/T_0$，表达式变成：

$$\mathcal{L}\{\Delta\omega\} \approx \frac{4KT}{V_{DD}I_{DD}}\left(\frac{\omega_0}{\Delta\omega}\right)^2$$

可见，改善环形振荡器相位噪声性能的唯一方法是通过加大器件尺寸以增大 I_{DD} 或提高 V_{DD} 来提高其功耗。一种更复杂的分析方法[23]表明，相位噪声与器件的阈值电压 $|V_{th}|$ 存在一定的相关性：

$$\mathcal{L}\{\Delta\omega\} \approx \frac{2KT}{I_{DD}}\left(\frac{2\gamma}{V_{DD}-|V_{TH}|} + \frac{1}{V_{DD}}\right)\left(\frac{\omega_0}{\Delta\omega}\right)^2$$

上式表明，需要避免器件的亚阈值工作状态。在现实中，接近亚阈值区工作的环形振荡器的性能并不会像方程所示衰减那么快(因为推导过程中所采用的平方律模型被破坏)。

9.8.5 环形振荡器和 LC 振荡器的比较

为了比较环形振荡器和 LC 振荡器可实现的性能，回到 FOM 的概念，即每单位功率的归一化相位噪声。对于环形振荡器，当 $V_{DD} \gg |V_{TH}|$ 时，FOM 为

$$\text{FOM} = \frac{\left(\frac{\omega_0}{\Delta\omega}\right)^2}{(P_{DC}/1\text{mW})\mathcal{L}\{\Delta\omega\}} \approx \frac{10^{-3}}{4KT}$$

因此 LC 振荡器和环形振荡器的 FOM(都在热噪声区测量时)的比值约为

$$\frac{\text{FOM}_{LC}}{\text{FOM}_{RING}} \approx \left(\frac{\eta Q^2}{F}\right)8$$

假设一个良好设计的 LC 振荡器，$F=2$ 且 $\eta=1/2$，上式变为

$$\frac{\text{FOM}_{LC}}{\text{FOM}_{RING}} \approx 2Q^2$$

上式表明两种振荡器之间有着很大的差异。例如，在这个示例中，环形振荡器需要消耗 200 倍的能量来实现和 Q 值为 10 的良好设计的 LC 振荡器有相同的相位噪声性能(已发表的结果表明，环形振荡器的 FOM 上限为 167dB，而 FOM 超过 190dB 的 LC VCO 并不少见)。此外，环形振荡器的闪烁噪声拐角通常也比良好设计的 LC 振荡器大得多。基于这些原因，LC 振荡器更适合用于射频前端。

环形振荡器与 LC 振荡器相比噪声性能较差，可以追溯到每个电路中固有的时间常数[25]。在环形振荡器中，时间常数与器件电流对电容进行充电(或放电)所需的时间相关(即 $T \propto I/C$)。当绝对温度在 0K 以上，存在不为 0 的热噪声与该电流相关联，所以 I/C 是一个固有的噪声时间常数。相比之下，在 LC 振荡器中，时间常数与电感和电容的大小有关，即 $T \propto \sqrt{LC}$。理想的 LC 谐振腔没有相关的热噪声，所以时间常数也是无噪声的。换句话说，系统中的任何噪声都是一种寄生效应，而不是时间常数的基础。Q 值是 LC 谐振腔寄生损耗的一种度量，所以增大 Q 值自然可以改善 LC 振荡器的性能。

9.9 正交振荡器

在之前的章节中曾说明过，大多数实际的收发机都依赖于正交本振信号以实现上变频和下变频。在第 4 章中也给出了两种正交本振生成方式，一种基于分频器，另一种基于多相滤波。此外，还有另一种基于正交 LC VCO 的机制。正如将很快介绍的，正交 VCO 方案存在几个缺

点，使得其在吉赫兹射频应用中有些不常见。尽管如此，在本节中还将简单、定性地了解一下正交振荡器（QOSC），并解释其不受欢迎的原因。

传统的 QOSC 包括两个交叉耦合的 LC 振荡器核以及反馈通路中的反相器（图 9.54）。理想情况下这两个核是完全相同的，并且相互锁定到一个相同的频率。

虽然线性模型可以描述振荡器的性能，但是在这里选择使用一种更实际的基于硬限制跨导的模型，如图 9.55 所示。后一种方法被证明更为精确，并且对振荡摆幅预测更合理。它还可以用来预测所有可能的振荡模式及其稳定性。假设 QOSC 是差分设计的，并且振荡幅度足够大，可以完全将尾电流从一侧控制到另一侧。

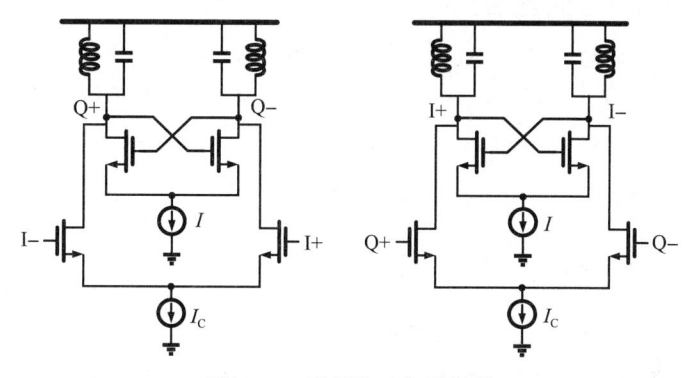

图 9.54　通用的正交振荡器

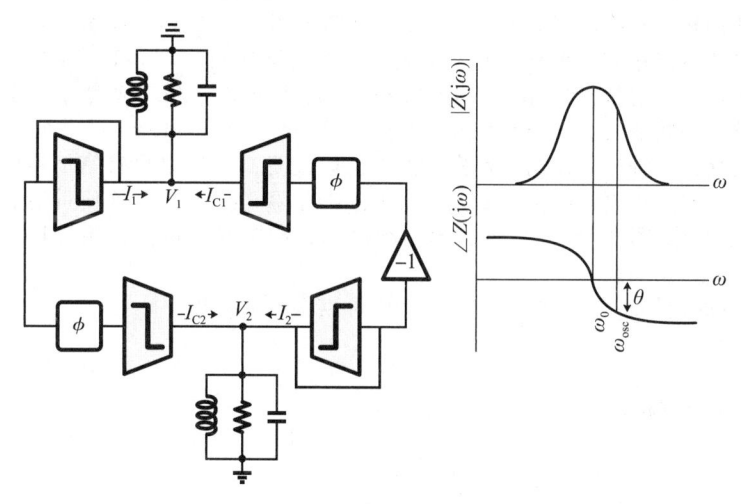

图 9.55　正交振荡器模型

如图 9.55 所示，在耦合跨导之前的两条耦合路径中还插入了两个任意移相器 ϕ。对于传统的 QOSC 而言，不存在这些移相器，ϕ 为 0。跨导在其输入电压的过零点处转换其相应的电流方向。LC 电路中的滤波特性可减弱电流的所有高次谐波，使得谐振腔的电压为准正弦信号。因此，只需要考虑跨导输出电流的基波分量。LC 振荡腔的谐振频率为 ω_0，其阻抗的幅度和相位相对于频率的关系也显示在图中。

两个耦合的振荡器核相互锁定并振荡在相同的频率 ω_{osc} 处，该频率和原来的谐振频率 ω_0 可以不同。V_1 和 V_2 为振荡器输出的相量，并且在不失一般性的情况下，假设 V_2 滞后于 V_1 一个未知的相角 Ψ。跨导的输出电流分别用 I_1、I_2、I_{C1} 和 I_{C2} 描述。第一个谐振腔的电压 V_1 是用电流 I_1、I_{C1} 之和乘以谐振腔阻抗得到，谐振腔阻抗的相位和幅度如图 9.55 所示。同样，V_2 也是用相应的电流之和流过谐振腔产生的压降推导而来。

9.9.1 振荡模式

通过矢量分析,可以得到 4 种可能的振荡模式[26-27]。具体地说,从电路的对称性来看,预计有 $|I_1|=|I_2|=I$,$|I_{C1}|=|I_{C2}|=I_C$,这 4 种解决方案总结如下:

1) $\Psi = +\dfrac{\pi}{2}$ 且 $\omega_{\text{osc}} > \omega_0$;

2) $\Psi = -\dfrac{\pi}{2}$ 且 $\omega_{\text{osc}} < \omega_0$;

3) $\Psi > -\dfrac{\pi}{2}$ 且 $\omega_{\text{osc}} < \omega_0$;

4) $\Psi < -\dfrac{\pi}{2}$ 且 $\omega_{\text{osc}} < \omega_0$。

第 1 种和第 2 种模式是两个振荡器核的振荡幅度完全一样时正交的情况。但是这两种模式的正交序列是相反的。第 3 种和第 4 种模式是非正交的,且两个振荡核的振荡幅度不同。

采用扰动分析方法[27],可以证明第 3 种和第 4 种模式的振荡是绝对不稳定的。另外,第 2 种模式仅当 $\phi < \arcsin(I_C/I)$ 时是稳定的,这是大部分正交振荡器实际实现时都会出现的情况,因为 ϕ 通常等于 0。但是,如果可以插入一个足够大的相移来打破 $\phi < \arcsin(I_C/I)$ 的条件,则第 2 种模式将被排除。然而,例如通过一个 RC 电路产生一个相移,证明是具有挑战性的。一个小电阻将会导致以谐振腔为负载,而一个大电阻将会增加噪声。由于这个原因,大部分正交振荡器的实际实现不会包括任何相移,并且两种模式都可能存在。这就可能成为一个主要问题,因为镜像抑制混频器将会因正交信号序列的不确定性而承担风险。

值得指出的是第 1 种模式比第 2 种模式的振荡幅度更高。所以尽管第 2 种模式的稳定性更高,但第 1 种模式使用得更为广泛。其原因与电感的串联电阻有关,这使得谐振腔的频率响应在 ω_0 附近有些不对称(图 9.55)。因此,第 1 种模式在起振阶段可能占主导地位,虽然并不能保证在任何设计中均是如此。

仅考虑 $\phi = 0$ 时的第 1 种模式,从图 9.55 中可以很容易看出:

$$\tan\theta = \frac{I_C}{I}$$

采用 LC 谐振腔方程,很容易得出振荡频率为

$$\omega_{\text{osc}} \approx \omega_0 + \frac{\omega_0}{2Q}\frac{I_C}{I}$$

显然,振荡频率通常为耦合系数 $m = \dfrac{I_C}{I}$ 的函数。实际上,m 可以用作控制振荡频率的手段。在节点 V_1 处应用 KCL,可得到

$$V\left(\frac{1}{R_p} + j\left(C\omega_{\text{osc}} - \frac{1}{L\omega_{\text{osc}}}\right)\right) = \frac{4}{\pi}\left(I + I_C e^{j\frac{\pi}{2}}\right)$$

将实部和虚部分离,可得振荡幅度为

$$V = \frac{4}{\pi} R_p I$$

式中,R_p 是谐振腔的阻抗,I 是单振荡器核的偏置电流。

9.9.2 失配对正交精度的影响

如果两个振荡器核完全匹配,则它们的输出相位就会精确正交。然而,两个振荡器核之间

的失配会引起输出偏离正交的情况。在接下来的内容中将研究由于两个振荡腔的谐振频率失配引起的正交不精确的问题。更完整的分析，包括失配的其他来源可以参见文献[26]。

假设两个谐振腔的谐振频率不同，分别为 ω_{01} 和 ω_{02}。同时假设失配非常小，使得它们谐振于同一频率 ω_{OSC}。定义正交相位偏差为 $\Delta\Psi$，无论是几何方法还是代数方法，都可以证明：

$$\frac{\Delta\Psi}{\Delta\theta} = \frac{1+m^2+2m\sin\phi}{2m(m+\sin\phi)}$$

式中，$m=I_C/I$ 是耦合因子。另外，利用 LC 谐振腔的阻抗方程，$\Delta\theta$ 和频率失配 $\Delta\omega=\omega_{01}-\omega_{02}$ 之间有如下关系：

$$\frac{\Delta\theta}{\Delta\omega} \approx -\frac{2Q}{\omega_0}$$

从图 9.55 可以看出，θ 是每个谐振腔在振荡频率下的相位。考虑到之前已经假设两个谐振腔存在不同的中心频率，因此预计每个振荡器的 θ 值是不同的，如上式所示。因此所导致的正交误差可以表示为

$$\Delta\Psi \approx -Q\frac{1+m^2+2m\sin\phi}{m(m+\sin\phi)}\frac{\Delta\omega}{\omega_0}$$

比较两个谐振腔谐振频率间失配 $\Delta\omega$ 的两种极端情况的快速恢复能力是有指导意义的。如果不存在移相器，$\phi=0$，大部分设计都如此，则正交误差减小为 $\Delta\Psi=-Q\left(1+\frac{1}{m^2}\right)\left(\frac{\Delta\omega}{\omega_0}\right)$。由于耦合因子 m 通常比较小，在 0.1~0.4 之间，所以由于谐振腔中心频率之间的失配所引起的相位误差可能相当大。移相器有助于将其改善为对 $1+1/m$ 的相关性，但是正如之前所指出的，相移电路存在实现难题。

此外，偏差正比于品质因数 Q。这一点很直观，因为更高的 Q 值会导致谐振腔阻抗的相位变化更加陡峭。

9.9.3 相位噪声分析

本节将定性描述 QOSC 的相位噪声。闪烁噪声的分析以及详细的推导可查阅文献[27]。

在经典 LC 振荡器的噪声分析中，证明了由于热噪声源产生的振荡器相位噪声因子 F 为 $1+\gamma$。当尾电流源的热噪声被滤除且不对相位噪声有影响时，就会出现这个最小的噪声因子。

如果对正交振荡器进行类似的相位噪声分析，则得出振荡器的相位噪声为

$$\mathcal{L}\{\Delta\omega\} = \frac{KTFR_p}{2A^2}\frac{1}{Q^2}\left(\frac{\omega_0}{\Delta\omega}\right)^2$$

式中，F 为

$$F = 1+\left(\frac{m\cos\phi}{1+m\sin\phi}\right)^2+\frac{\gamma}{1+m\sin\phi}\left[1+m\left(\frac{m+\sin\phi}{1+m\sin\phi}\right)^2\right]$$

对于没有相移的更常见的情况为

$$F = 1+m^2+\gamma(1+m^3)$$

上式中的第一项反映的是谐振腔损耗对相位噪声的作用，而第二项预测了耦合开关及再生跨导产生的噪声影。此外，当耦合因子 m 接近 0 时，F 收敛到 $1+\gamma$。假设 m 很小，则 QOSC 的相位噪声要比相应的单核 LC 振荡器低 3dB。由于功耗也为原来的两倍，FOM 保持不变。事实上，QOSC 的品质因数 FOM_{QOSC} 与相应的单核 LC 振荡器的品质因数 FOM_{CORE} 的比率可由下式给出：

$$\frac{\text{FOM}_{QOSC}}{\text{FOM}_{CORE}} = \frac{1+\gamma}{(1+m)[1+m^2+(1+m^3)\gamma]} \approx \frac{1}{1+m}$$

在以上推导中,单核振荡器的电流被调整成与 QOSC 的电流相同的幅度。因此,QOSC 的 FOM 不可能比它的单核振荡器的更好。仅当耦合较弱(即 m 比较小)时,QOSC 才可以与单个 VCO 有相似的噪声性能(对于相同的总电流)。

考虑到正交的模糊性,由于失配引起的相对大的正交不准确,较大的面积,以及一定程度上较差的相位噪声,因此正交振荡器应用得并不广泛。另外,如在第 6 章所讨论的,使用二分频电路降低了发射机对频率牵引的灵敏度,尽管需要 VCO 工作于 2 倍载波频率处,但仍是一种产生 IQ 路 LO 信号的较具吸引力的方法。

9.10 晶体振荡器和 FBAR 振荡器

晶体振荡器(XO,又称"晶振")是每一个射频系统的关键部件,它为各种关键模块提供参考时钟,如频率综合器、数据转换器、校准电路、基带以及外围器件(图 9.56)。

用压电晶体谐振器取代 LC 谐振腔的原因是晶体的品质因数要高得多(达数千或更多),这直接带来了更好的频率稳定性。因此,晶体振荡器通常被用作固定频率,高度稳定的参考频率或定时基准。

9.10.1 晶体模型

为了便于推导晶体振荡器的工作原理,首先讨论晶体的电学模型。振荡器的机械谐振器中的主要材料是晶状石英。这种材料的性质是各向异性的,另外,每种不同的切割方式可能

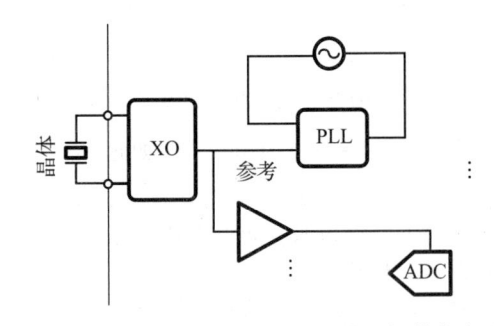

图 9.56 晶体振荡器为众多射频模块提供参考时钟

产生几种不同的安装与振动方式。晶体通常建模为多个并联的 RLC 电路,以及一个固定的并联电容 C_0,如图 9.57 所示。由于振荡频率通常与仅一个支路的串联谐振频率很接近,所以就把晶体的模型简化为只有该支路与 C_0 并联的形式,如右图所示。多个支路存在的原因是在近似奇次谐波处存在的机械振动,通常称为泛音。

由于基本振动的机械频率与晶体尺寸成正比,因此实际考虑是将晶振频率限制在几十兆赫兹。虽然泛音晶体振荡器不是经常采用,但通过工作于泛音频率上,可以获得更高的频率(通常为三阶泛音)。这主要是因为晶体不会自动在其泛音频率上谐振,并且振荡器电路需要强制使其使用正确的泛音频率,这样会产生一些损耗,并可能导致性能下降。最常见的泛音晶体

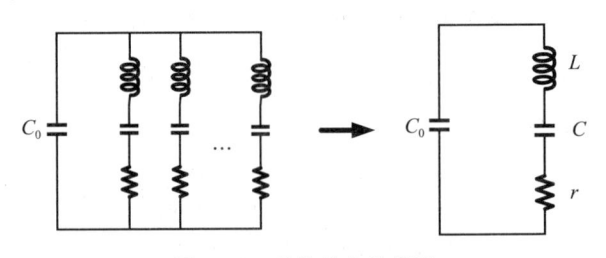

图 9.57 晶体的电学模型

振荡器类型,是采用调谐到泛音频率的 LC 谐振腔,以便消除在主晶体频率处的正反馈,而同时在泛音频率下保留正反馈。一个泛音晶体振荡器的实际例子将在本节的最后讨论。

由等效串联电阻(ESR)确定的晶体的品质因数为几千到几万。串联支路组件包括 r、L、C 等振动组件,而 C_0 为制备过程确定的总并联电容。当适当加载某一总并联电容时,晶体的目的是产生指定的精确振荡频率。例如,对于一个商用 8pF 的 26MHz 的晶体振荡器,通常指定

以下值：$C_0=1\text{pF}$，$C=3.641\text{fF}$，$L=10.296\text{mH}$，$r=26\Omega$。当负载为一个 8pF 的总并联电容时，晶体振荡器产生精确的 26MHz 的振荡频率。由于固有并联电容 C_0 的典型值小于总负载电容，因此通常使用额外的电容，最好是可调谐的，作为晶体的负载电容，以获得准确的所需振荡频率（图 9.58）。相应的晶体品质因数大于 64 000。

这时总的并联电容为 $C_0+\dfrac{C_1C_2}{C_1+C_2}$，其值必须为 8pF。$C_1$、$C_2$ 可能包含了振荡器的寄生电容及其他相关的寄生电容。

振动电容 C 远小于 C_0，导致晶体稳定性更好，这将在稍后讨论。为了简单起见，假设 C_0 由总并联电容组成（即包含了 C_1 和 C_2）。

总导纳为

$$Y(s)=sC_0\dfrac{s^2+\dfrac{r}{L}s+\left(1+\dfrac{C}{C_0}\right)\omega_0^2}{s^2+\dfrac{r}{L}s+\omega_0^2}$$

式中，$\omega_0=\dfrac{1}{\sqrt{LC}}$，品质因数 $Q=\dfrac{L\omega_0}{r}$。由于 $C\ll C_0$，预计 $Y(s)$ 的极点和零点非常接近，如图 9.59 所示。

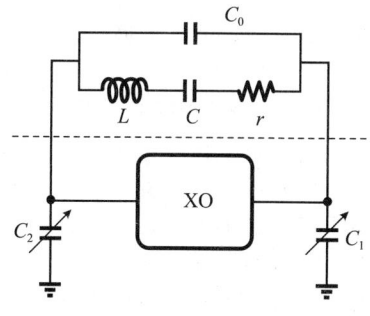

图 9.58 晶体振荡器的合适负载

相应地，所构建的晶体振荡器有两种工作模式：
- 串联谐振：晶体表现为低阻抗元件，谐振于 $Y(s)$ 的极点附近。晶体通常直接放置在反馈路径中，例如，并联一个大的电阻，否则将会阻止振荡。
- 并联谐振：晶体表现出高阻抗特性，谐振在 $Y(s)$ 的零点附近。因此，此时晶体表现为一个与电路电容谐振的并联大电感。

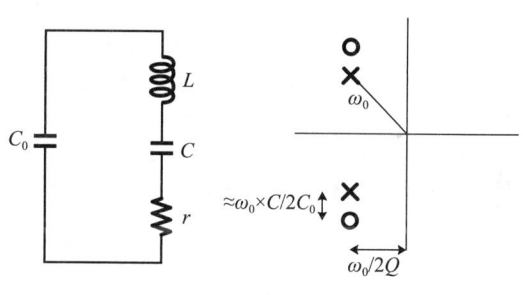

图 9.59 晶体的极点和零点

大部分常见的实际晶体振荡器都是并联谐振的，因此将主要关注并联模式。

为了理解晶体振荡器稳定性的原因，考虑以并联谐振为例，假设总并联电容的变化范围为 $C_0 \sim C_0+\Delta C_0$ 之间。这种变化可能是由振荡器的温度或工艺变化，或电容建模不准确造成的。在 $Y(s)$ 零点附近的振荡频率（见图 9.59）会产生频移，其值为

$$\Delta\omega\approx\left(\dfrac{C}{2(C_0+\Delta C_0)}-\dfrac{C}{2C_0}\right)\omega_0\approx-\dfrac{C}{2C_0}\omega_0\times\dfrac{\Delta C_0}{C_0}$$

因此，由于振荡频率大约为 $\left(1+\dfrac{C}{2C_0}\right)\omega_0$，故晶体灵敏度为

$$S\approx\left|\dfrac{\dfrac{\Delta\omega}{\omega_0}}{\dfrac{\Delta C_0}{C_0}}\right|=\dfrac{C}{2C_0}$$

由于 $C\ll C_0$，所以振荡器工艺变化导致的频率变化很小。例如，对于前面提到的 26MHz 的晶体振荡器，10% 的总并联电容变化造成的频偏仅为 22.75×10^{-6}。实际上，这一点还可以用于在存在电路参数变化或老化的情况下，将晶体频率调谐到给定的所需精度。稍后会进一步讨

论这个问题。

直观地说，鉴于之前对 LC 振荡器的讨论，归功于谐振器品质因数大得多，预计晶体振荡频率的稳定性会大大提高。

9.10.2 实际的晶体振荡器

除了频率稳定性外，晶体振荡器还必须满足其他一些严格的要求。晶体振荡器必须具有较低的相位噪声，以免恶化接收机的 SNR 或发射机的 EVM。对于为外围器件提供时钟信号时，对相位噪声的要求甚至更为严格。例如，对于 5GHz 波段的 WLAN IEEE 802.11n 标准，要求的相位噪声，在相对于 26MHz 的 10kHz 频偏处大约为 $-145\mathrm{dBc/Hz}$，这是手机常使用的晶体。同时，晶体振荡器的功耗必须很低，因为它是唯一一个当整个系统处于空闲状态时却仍保持工作的模块。此外，在许多应用中，例如蜂窝电话的应用，晶体振荡器必须具有宽的调谐能力，以覆盖晶体和电路的变化。

一个良好设计的晶体振荡器必须满足晶体移除的瞬间停止振荡，并应最小化晶体的驱动电流和电压。后者是为了避免过驱动造成的物理损坏，并尽量减少自发热。这通常是通过适当的电路设计来实现的，并且通常通过采用某种幅度控制环路以避免晶体过驱动。

一个串联模式的晶体振荡器的例子如图 9.60 所示。串联晶体振荡器是基于考毕兹振荡器的拓扑结构（9.4.3 节），不同之处在于晶体放置在了反馈路径中。因此，仅在晶体阻抗的零点（或 $Y(s)$ 的极点）附近才能强制形成正反馈。连接在漏极的 LC 谐振腔应调谐到所期望的振荡频率附近。

两个并联模式的晶体振荡器的例子如图 9.61 所示（未显示具体的偏置电路）。在这两种情况下，晶体都表现的像一个串联 RL 电路，而漏极所接的电感只是为电路提供偏置而放置的。

密勒晶体振荡器   皮尔斯晶体振荡器

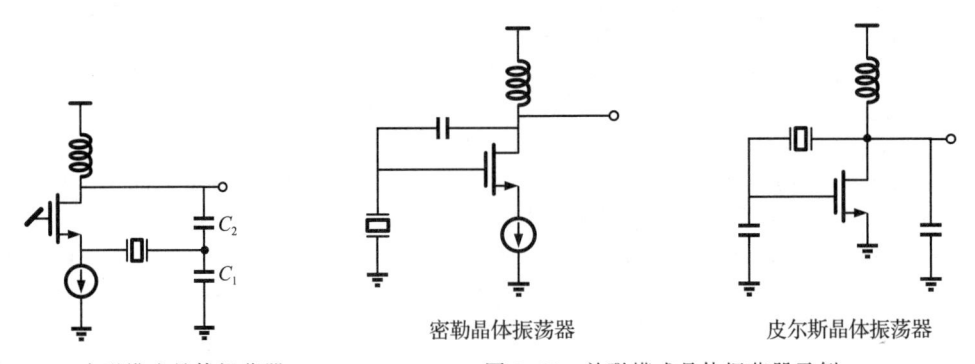

图 9.60 串联模式晶体振荡器   图 9.61 并联模式晶体振荡器示例

一个更为实用的皮尔斯晶体振荡器（Pierce XO）如图 9.62 所示，它基于互补结构（简单地讲就是一个自偏置反相器），以避免引入偏置电感。当反相器的大小取值恰当时，电路的设计稳定性强且具有鲁棒性，因此，这种结构在当今射频电中被广泛采用。电容阵列的添加是为了达到调谐的目的（见下一节）。

一个泛音皮尔斯晶体振荡器的例子如图 9.63 所示。为了理解振荡器的工作原理，首先要注意到，在左图的基波振荡器中，反相器产生 180° 的相移，再加上晶体和电容（C_2 和 C_2）的组合一起，产生了 360° 的总相移，从而在所关注的频率上形成了想要的正反馈。现在，与基波振荡器相比，在泛音振荡器中添加了与 C_2 并联的电感 L，这样并联的 $L-C_2$ 的阻抗在基频处呈感

实用的皮尔斯XO

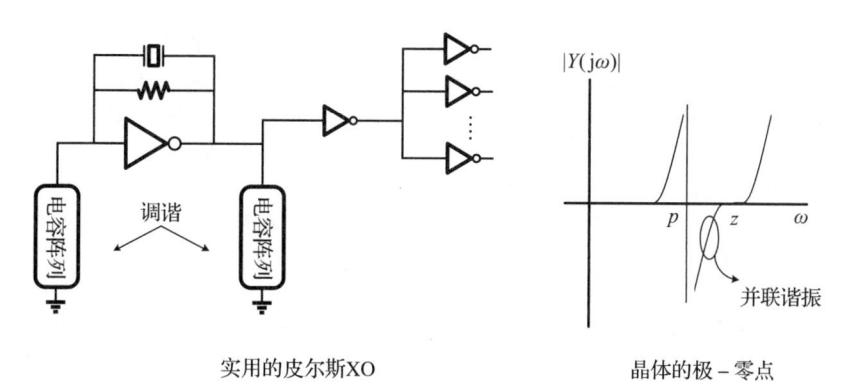

晶体的极-零点

图 9.62　实用的皮尔斯晶体振荡器

性，但在泛音频率处仍然是容性的。电感阻抗是防止在基频处的振荡，因为无法形成所需的 $360°$ 相移。另参见习题 18 和 19，以获得更具分析性的理由。

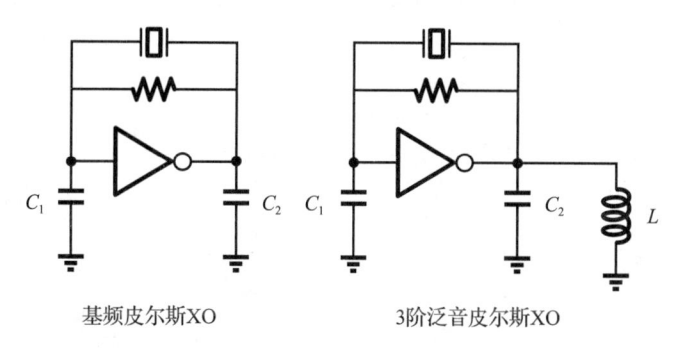

基频皮尔斯XO　　　3阶泛音皮尔斯XO

图 9.63　基波皮尔斯晶体振荡器和泛音皮尔斯晶体振荡器

或者，可以在有源电路的输出端添加一个高通滤波器，以降低基频处的环路增益，从而有效地抑制该频率处振荡器的增益。

除了需要额外的硬件外，泛音晶体振荡器还有其他一些缺点。泛音串联电阻通常很高，导致 Q 值较差，并且有源电路需要消耗更高的功率才能建立所需的环路增益。此外，振动电容很小（例如，其值在 3 阶泛音振荡器中是原来的 $\frac{1}{9}$），这使得调谐或校准更加困难（有关调谐要求参阅下一节）。另一方面，由于超过几十兆赫兹的基波晶体并不常见（晶体厚度与频率成反比，因此厚度太小无法在批量生产中准确控制），泛音振荡器是扩展频率的一种可行方案。

9.10.3　调谐要求

蜂窝通信标准要求，相对于基站中的接收载波频率，手机的发射载波频率的平均频率偏差要优于 0.1×10^{-6}。为了实现如此严格的精度，在手机中需要引入一个自动频率控制（AFC）环路以同步手机中的晶体振荡器频率与基站频率。手持设备根据频率差生成对应的数字代码，以改变数控晶体振荡器（DCXO）的频率，直至达到所需的振荡频率。实际上，考虑到晶体以及 DCXO 的波动以及 AFC 环路的缺陷，频率偏差必须远小于 0.1×10^{-6}，这对 DCXO 调谐电路提出了设计挑战。

对晶体振荡器频率的调谐通常分两步实现：在工厂进行的一次性频率粗校准，以及在手机中对时变频率误差的细校准。粗校准包括由于晶体工艺、零件间变化以及 DCXO 电路的工艺偏差而引起的 $\pm 10 \times 10^{-6}$ 的晶体频率容限。因老化、温度变化和电压漂移而导致的剩余残留误差通过连续运行的接收机中的 AFC 环路的一部分的细校准进行校正。为了确保总的频率波动不超过 0.1×10^{-6}，应把目标设为宽范围内分辨率高于 0.01×10^{-6}（约为规范的 1/10）。此外，为了达到较小的频率误差的要求，AFC 应具有单调调谐特性。

这些要求通常通过结合具有精细分辨率的可切换电容阵列（图 9.62）来实现，适当布局以保证单调性和所需的精度[28]。另一种方法是采用高分辨率 DAC 驱动的变容管。然而，这可能不可取。虽然这种方法使电容阵列的设计更容易，但因为变容管不可避免地需要大的增益来覆盖较宽的范围，它会使振荡器对电源波动和控制电压噪声非常敏感。在实际实现中，这种情况会造成更大的频率误差。此外，对于其他敏感电路，DAC 噪声和时钟谐波也会成为问题。

9.10.4 FBAR 振荡器

在第 4 章中给出了 FBAR 谐振器的电路模型，该模型与图 9.57 中讨论的晶体电学模型非常相似。因此，预计会看到晶体振荡器和 FBAR 振荡器之间有很大的相似性，而主要区别在于工作频率。图 9.64 所示为在 2GHz 的频率下工作的皮尔斯 FBAR 振荡器的示例[29]。P 型晶体管 M_r 工作在线性区，核心器件 M_1 是自偏置的。M_2 是一个用于测试目的的漏极开路缓冲器，可以用片上自偏置反相器代替。除此以外，振荡器的工作原理与图 9.61 所示的并联谐振皮尔斯晶体振荡器非常相似。

振荡器在 2GHz 时功耗为 $25\mu W$（使用文献[29]中解释的前向偏置衬底技术），并且在 100kHz 频偏处具有超过 220dB 的优秀的品质因数。

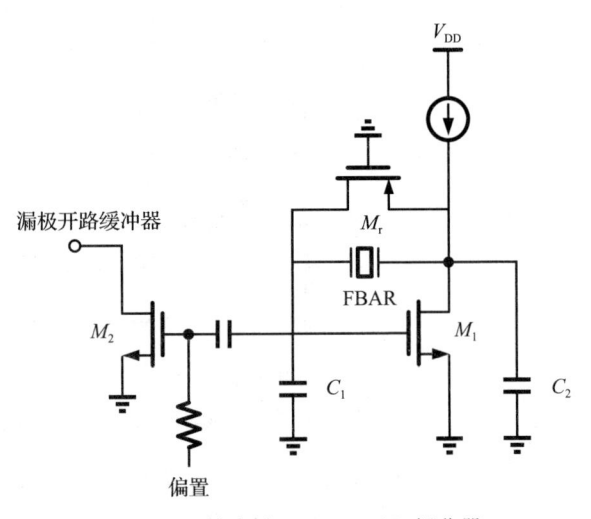

图 9.64 低功耗 2GHz FBAR 振荡器

虽然 FBAR 谐振器的工作频率比晶体的高得多，但它们的温度漂移严重得多，它们的品质因数通常也较低。更多 FBAR 振荡器的例子可参见文献[30-31]。

9.11 总结

本章涵盖了各种振荡器和 VCO 的拓扑结构，并对振荡器的相位噪声进行了详细而严谨的讨论。

- 9.1 节介绍了振荡器的线性反馈模型。
- 9.2 节介绍了振荡器的更现实、更实用的非线性模型。
- 9.3 节详述了基于非线性反馈模型的振荡器相位噪声分析。还讨论了循环平稳噪声以及 AM 噪声和 PM 噪声。
- 9.4 节讨论了各种常用的 LC 振荡器拓扑结构，如 NMOS、CMOS 和考毕兹振荡器。提出了一种通用的设计与优化方法。9.7 节讨论了更多的 VCO 拓扑结构。

- 9.5 节讨论了由振荡器非线性造成的 LC 谐振腔 Q 值退化。
- 9.6 节讨论了因谐振腔非线性而引起的频率调制效应。
- 9.8 节讨论了环形振荡器的设计和相位噪声特性。
- 9.9 节中介绍了正交振荡器。
- 9.10 节概述了晶体振荡器和 FBAR 振荡器。

9.12 习题

1. 证明图 9.1 所示的线性振荡器可以重新绘制成线性反馈系统的形式(同样在图 9.1 中),并推导其传递函数 $H(s)$。

2. 假设电路处于临界稳定状态,证明当起振电流为 $i_{SU}(t)=q_{SU}\delta(t)$ 的冲激时,无噪的线性 LC 振荡器的振荡幅度等于 q_{SU}/C_p。提示:采用初值定理,即 $f(t=0^+)=\lim\limits_{s\to\infty}sF(s)$。

3. 如下图所示是一个通用负跨导拓扑,哪一种有源元件能确保振荡器起振?哪一种有源元件永远不能维持振荡?哪一种元件能够维持振荡,但需要一些单独的起振机制?请给出这样的机制。

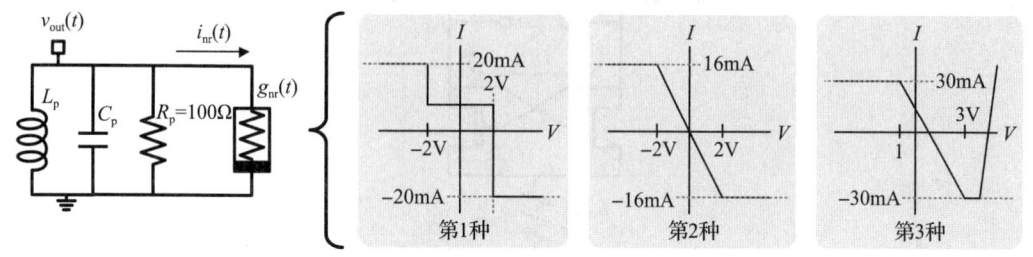

4. 如下图所示为一通用负跨导拓扑,假设每种有源元件注入的噪声都正比于其瞬态电导,另外假设振荡器已经起振。图中所示的两种有源元件在振荡器的载波附近的噪声电压谱密度预计为多少?提示:采用 Bank 的一般性结论。

  答案:$S_V(\Delta\omega) = \frac{A^2}{4}\mathcal{L}\{\Delta\omega\} = \frac{\theta\omega kT(1+\alpha)R_p}{4}\frac{1}{Q^2}\left(\frac{\omega_0}{\Delta\omega}\right)^2$。

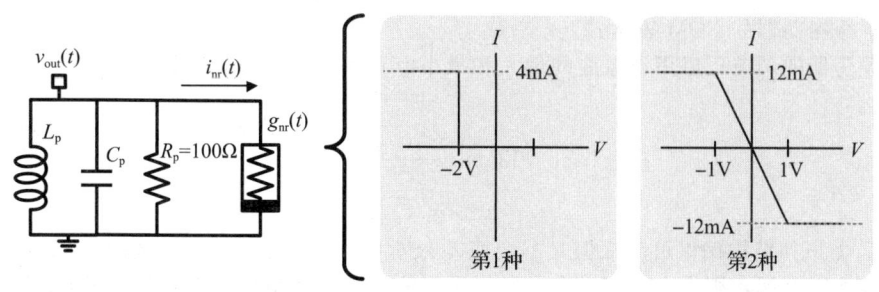

5. 证明在极限条件下,当负跨导 LC 振荡器中的有源元件变为线性时,振荡器的幅度噪声和相位噪声在幅度上是相等的,即 $S_\Phi\{\Delta\omega\} = S_M\{\Delta\omega\}$。

6. 关于图 9.20,证明其最佳的连接方式是将负跨导元件的输入和输出端连接到 $v_{out}(t)$。

7. 推导下图所示的哈特利(Hartley)振荡器的噪声因子。假设晶体管永远不会工作在线性区。提示:为简单起见,可以假设两个谐振器具有相同的 Q。使用第 3 章介绍的窄带变压器的近似方法。

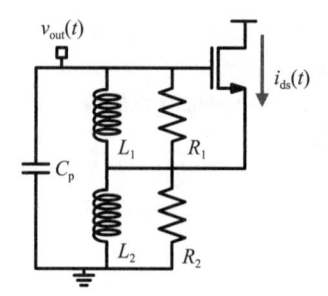

8. 推导下图所示的标准拓扑结构的噪声因子，其中电流源用一个简单的电阻代替。这种拓扑结构的优点和缺点各是什么？答案：$F = 1 + \gamma + \dfrac{R_\text{p}}{4R_\text{BIAS}}$。

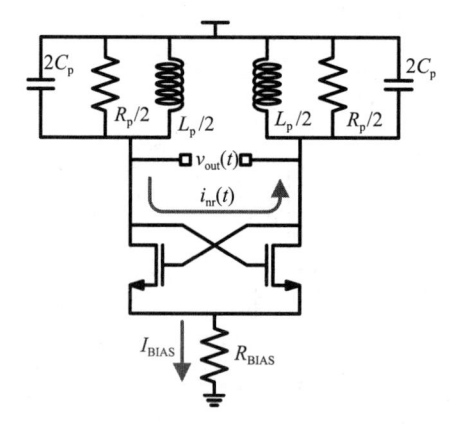

9. 对于已确定的偏置电流和电感大小，以下哪种拓扑结构更好：标准 NMOS 拓扑结构还是标准 CMOS 拓扑结构？假设偏置电流足够小，使得两个电路一直工作在限流状态（即电流源管不会进入线性区）。

10. 考毕兹振荡器的噪声因子可以无限接近 1。那么在何种限制条件下才可能达到这种状态？解释为什么基于这一点进行设计并不是一个好的想法（提示：从功率效率的角度考虑）。并推导考毕兹振荡器的 FOM 表达式。

11. 证明振荡器的调谐可以用谐振腔的最大和最小电容来表示，如下所示：

$$\text{TR} = 2\,\dfrac{\sqrt{\dfrac{C_\text{MAX}}{C_\text{MIN}}} - 1}{\sqrt{\dfrac{C_\text{MAX}}{C_\text{MIN}}} + 1}$$

12. 推导 C 类拓扑结构确保可起振但又不会使差分对管进入线性区的最大幅度。如果采用其他方法确保了起振，则最大幅度为多少？提示：两个答案都是直流栅偏置的函数。

13. 经常说在设计时通常不需要关心幅度噪声，因为其会被任何后续的硬开关电路滤除（例如硬限幅缓冲器或混频器），那么在何种条件下可能需要电路设计者考虑幅度噪声呢？

14. 假设谐振腔电压为类正弦波，证明：

$$C_\text{eff} = \dfrac{\oint i_C\,\text{d}v_C}{\pi A^2 \omega_0}$$

15. 证明以方波形式注入偏置电流可以导致 $\eta=2/\pi$ 的最大能量效率，而以冲激注入电流时可以导致最大能量效率为 $\eta=1$。
16. 设计一种适用于蜂窝发射机应用的 NMOS LC VCO 电路。VCO 频率必须覆盖 3～4GHz 的范围，并且在 20MHz 频偏处的相位噪声优于 −152dBc/Hz。假设电源电压为 1.2V，谐振腔 Q 值为 10。忽略 $1/f$ 噪声，并假设 $\gamma=1$。另外假设电流源的过驱动电压为 200mV。
17. 假设使用的 N 晶体管和 P 晶体管相同，采用 CMOS 拓扑结构重新设计上一题。
18. 在下图所示的两个电路中，晶体管工作于饱和区(未显示具体偏置)。忽略 r_o 和 FET 的内部电容。
    (a) 求从节点 $1-1'$ 看进去的阻抗(Z_1 和 Z_2)。
    (b) 如果将一个晶体连接到节点 $1-1'$，则哪一个电路有可能振荡？
    答案：$Z_1 = \dfrac{1}{jC_1\omega} + \dfrac{1}{jC_2\omega} - \dfrac{g_m}{C_1 C_2 \omega^2}$，$Z_2 = \dfrac{1}{jC_1\omega} + jL_2\omega + \dfrac{g_m L_2}{C_1}$。

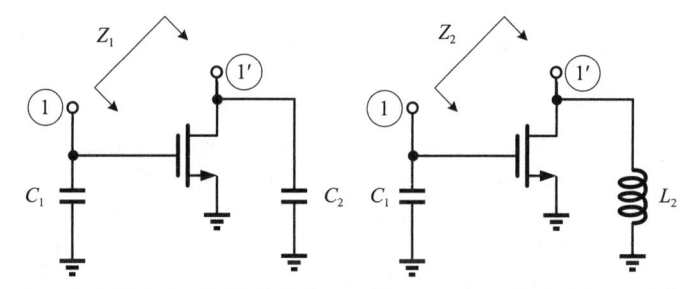

19. 下图所示为一个皮尔斯晶体振荡器的简化 AC 模型，其中并联谐振的晶体近似为串联 RL 电路(图中的 r 和 L)。
    (a) 利用前一题的结果，确定所需的晶体管 g_m，可使电路处于临界振荡。
    (b) 振荡频率是多少？
    (c) 通过跟踪反馈环路中的晶体管输入电压(v_{gs})，论证振荡所需的 360°相移是如何建立的。

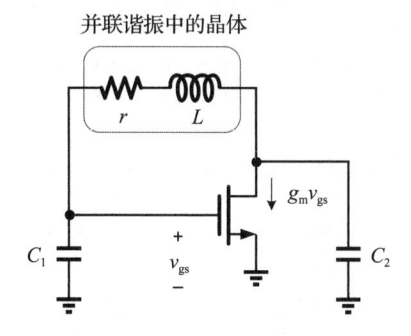

参考文献

[1] D. Leeson, "A Simple Model of Feedback Oscillator Noise Spectrum," *Proceedings of the IEEE*, 54, no. 2, 329–330, 1966.
[2] A. Mazzanti and P. Andreani, "Class-C Harmonic CMOS VCOs, with a General Result on Phase Noise,"

IEEE Journal of Solid-State Circuits, 43, no. 12, 2716–2729, 2008.

[3] P. Kinget, "Integrated GHz Voltage Controlled Oscillators," in Analog Circuit Design, Kluwer, 1999, 353–381.

[4] M. Garampazzi, S. D. Toso, A. Liscidini, D. Manstretta, P. Mendez, L. Romanò, and R. Castello, "An Intuitive Analysis of Phase Noise Fundamental Limits Suitable for Benchmarking LC Oscillators," IEEE Journal of Solid-State Circuits, 49, no. 3, 635–645, 2014.

[5] C. Samori, A. L. Lacaita, F. Villa, and F. Zappa, "Spectrum Folding and Phase Noise in LC Tuned Oscillators," IEEE Transactions on Circuits and Systems II: Analog and Digital Signal Process, 45, no. 7, 781–790, 1998.

[6] D. Murphy, J. Rael, and A. Abidi, "Phase Noise in LC Oscillators: A Phasor-Based Analysis of a General Result and of Loaded Q," IEEE Transactions on Circuits and Systems I: Fundamental Theory and Application, 57, no. 6, 1187–1203, 2010.

[7] W. P. Robins, Phase Noise in Signal Sources: Theory and Applications, Institution of Electrical Engineers, 1984.

[8] J. J. Rael and A. A. Abidi, "Physical Processes of Phase Noise in Differential LC Oscillators," in IEEE Custom Integrated Circuits Conference (CICC), 2000.

[9] E. Hegazi, J. J. Rael, and A. A. Abidi, The Designer's Guide to High-Purity Oscillators, Springer, 2004.

[10] J. Phillips and K. Kundert, "Noise in Mixers, Oscillators, Samplers, and Logic: An Introduction to Cyclostationary Noise," in IEEE Custom Integrated Circuits Conference (CICC), 2000.

[11] J. Bank, A Harmonic-Oscillator Design Methodology Based on Describing Functions, Chalmers University of Technology, 2006.

[12] A. Mazzanti and A. Bevilacqua, "On the Phase Noise Performance of Transformer-Based CMOS Differential-Pair Harmonic Oscillators," IEEE Transactions on Circuits and Systems I: Regular Papers, 62, no. 9, 2334–2341, 2015.

[13] M. Babaie and R. B. Staszewski, "An Ultra-Low Phase Noise Class-F 2 CMOS Oscillator with 191 dBc/Hz FoM and Long-Term Reliability," IEEE Journal of Solid-State Circuits, vol. 50, no. 3, 679–692, 2015.

[14] M. Babaie, A. Visweswaran, Z. He, and R. B. Staszewski, "Ultra-Low Phase Noise 7.2–8.7 Ghz Clip-and-Restore Oscillator with 191 dBc/Hz FoM," in Proceedings of the IEEE Radio Frequency Integrated Circuits Symposium (RFIC), 2013.

[15] M. Shahmohammadi, M. Babaie, and R. B. Staszewski, "A 1/f Noise Upconversion Reduction Technique for Voltage-Biased RF CMOS Oscillators," IEEE Journal of Solid-State Circuits, 51, no. 11, 2610–2624, 2016.

[16] L. Fanori and P. Andreani, "Class-D CMOS Oscillators," IEEE Journal of Solid-State Circuits, 48, no. 12, 3105–3119, 2013.

[17] P. Andreani and A. Fard, "More on the $1/f^2$ Phase Noise Performance of CMOS Differential-Pair LC-Tank Oscillators," IEEE Journal of Solid-State Circuits, 41, no. 12, 2703–2712, 2006.

[18] P. Andreani, X. Wang, L. Vandi, and A. Fard, "A Study of Phase Noise in Colpitts and LC-Tank CMOS Oscillators," IEEE Journal of Solid-State Circuits, 40, no. 5, 1107–1118, 2005.

[19] E. Hegazi and A. A. Abidi, "Varactor Characteristics, Oscillator Tuning Curves, and AM-FM Conversion," IEEE Journal of Solid-State Circuits, 36, no. 12, 1033–1039, June 2003.

[20] A. Kral, F. Behbahani, and A. Abidi, "RF-CMOS Oscillators with Switched Tuning," in IEEE Custom Integrated Circuits Conference (CICC), 1998.

[21] J. Groszkowski, "The Interdependence of Frequency Variation and Harmonic Content, and the Problem of Constant-Frequency Oscillators," Proceedings of the Institute of Radio Engineers, 21, no. 7, 958–981, 1933.

[22] E. Hegazi, H. Sjoland, and A. A. Abidi, "A Filtering Technique to Lower LC Oscillator Phase Noise," *IEEE Journal of Solid-State Circuits*, 36, no. 12, 1921–1930, 2001.

[23] A. A. Abidi, "Phase Noise and Jitter in CMOS Ring Oscillators," *IEEE Journal of Solid-State Circuits*, 41, no. 8, 1803–1816, 2006.

[24] A. Homayoun and B. Razavi, "Relation between Delay Line Phase Noise and Ring Oscillator Phase Noise," *IEEE Journal of Solid-State Circuits*, 49, no. 2, 384–391, 2014.

[25] R. Navid, T. Lee, and R. Dutton, "Minimum Achievable Phase Noise of RC Oscillators," *IEEE Journal of Solid-State Circuits*, 40, no. 3, 630–637, 2005.

[26] A. Mirzaei, M. Heidari, R. Bagheri, S. Chehrazi, and A. Abidi, "The Quadrature LC Oscillator: A Complete Portrait Based on Injection Locking," *IEEE Journal of Solid-State Circuits*, 42, no. 9, 1916–1932, 2007.

[27] A. Mirzaei, "Clock Programmable IF Circuits for CMOS Software Defined Radio Receiver and Precise Quadrature Oscillators," Doctoral dissertation, University of California, Los Angeles, 2006.

[28] Y. Chang, J. Leete, Z. Zhou, M. Vadipour, Y.-T. Chang, and H. Darabi, "A Differential Digitally Controlled Crystal Oscillator with a 14-Bit Tuning Resolution and Sine Wave Outputs for Cellular Applications," *IEEE Journal of Solid-State Circuits*, 47, no. 2, 421–434, 2012.

[29] A. Nelson, J. Hu, J. Kaitila, R. Ruby, and B. Otis, "A 22μW, 2.0GHz FBAR oscillator," in *Proceedings of the IEEE Radio Frequency Integrated Circuits Symposium*, 2011.

[30] W. Pang, R. C. Ruby, R. Parker, P. W. Fisher, M. A. Unkrich, and J. D. Larson, "A Temperature-Stable Film Bulk Acoustic Wave Oscillator," *IEEE Electron Device Letters*, 29, no. 4, 315–318, 2008.

[31] K. A. Sankaragomathi, J. Koo, R. Ruby and B. P. Otis, "25.9 A ±3ppm 1.1mW FBAR Frequency Reference with 750MHz Output and 750mV Supply," in *Proceedings of the IEEE International Solid-State Circuits Conference (ISSCC) – Digest of Technical Papers*, 2015.

[32] Q. Huang, "Phase Noise to Carrier Ratio in LC Oscillators," *IEEE Transactions on Circuits and Systems I: Fundamental Theory and Application*, 47, no. 7, 965–980, July 2000.

第 10 章 | Chapter 10 |

锁相环与频率综合器

在本章中将介绍锁相环和频率综合器,这是建立在前一章对压控振荡器和晶体振荡器讨论的基础上。本章是这个版本新增加的章节,尽管在前一版第 8 章中已有部分相关的内容。对锁相环(PLL)和频率综合器的详细讨论可能需要一整本书,本章的目的仅是为典型射频应用中所需的频率综合器的分析与设计奠定基础。

锁相环是一种混合模式的非线性反馈系统。正如已经明确的那样,大多数现代射频系统需要精确的可调谐本振信号,通常通过频率综合器产生,而频率综合器依赖于锁相的概念。因此先从锁相环的基本原理及其构成模块开始讨论,然后再介绍小数频率综合器和整数频率综合器。频率综合器使用锁相环的倍频或分频,可以从单个参考频率产生一系列频率。通过锁相环设计者常用的近似线性模型,讨论锁相环和频率综合器的噪声性能和瞬态特性,并给出设计准则。

本章还详细讨论了锁存器和多模分频器,因为它们是所有频率综合器的关键组成模块。在结尾介绍了数字锁相环及其优缺点。

本章对锁相环动态特性及其噪声性能的分析尤为重要,因为这是后面章节中讨论极化发射机和基于锁相环的发射机的基础。

本章的主要内容:
- 锁相环构成模块。
- Ⅰ型 PLL 和 Ⅱ型 PLL。
- 锁相环线性分析。
- 整数频率综合器和小数频率综合器。
- 锁相环噪声源。
- 分频器。
- 数字锁相环简介。

10.1 锁相环基础知识

与运算放大器一样,射频振荡器很少开环使用。由于在大多数应用中需要精确的载波频率,因此通常是在反馈系统内部稳定振荡器,称为锁相环或 PLL。像所有的反馈系统一样,PLL 需要一个检测机制和一个返回机制来校正 VCO 的频率漂移。不过,与放大器反馈回路不同的是,这里关注的变量既不是电压也不是电流,而是相位(或频率)。考虑到这一点,可以按如下方式构建 PLL。

- 鉴相器(PD),根据获取的两个输入之间的相位差,产生相应的输出电压或电流。因此,PD 输出可以理想地表示为 $K_{PD} \Delta\phi$,其中 $\Delta\phi = \phi_{IN1} - \phi_{IN2}$,表示输入信号的相位差

(图 10.1)，K_{PD} 表示鉴相器的增益。
- 环路滤波器，其作用是消除鉴相器输出端产生的不需要的频率分量。稍后会发现，这并不是 PLL 中环路滤波器的唯一目的。事实上，环路滤波器对 PLL 的稳定性及其瞬态响应也起着至关重要的作用。
- 当然还有 VCO 本身，从 PLL 的角度来看，VCO 以电压(有时是电流)作为输入，并产生与之成比例的输出频率。实际上，VCO 输出可以通过缓冲器(通常是反相器)施加给后续模块。由于缓冲器不会影响 PLL 功能，为简单起见，此处将其省略。

因此，理想情况下，可以构建如图 10.2 所示的 PLL，其中鉴相器提供检测手段，检测的是 VCO 的相位(或频率)。返回的是鉴相器输出经过低通滤波后的信号，这是一个施加于 VCO 控制电压输入端的电压信号。

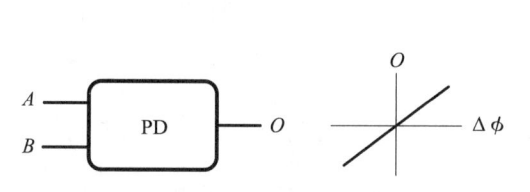

图 10.1 理想鉴相器的输出-输入特性

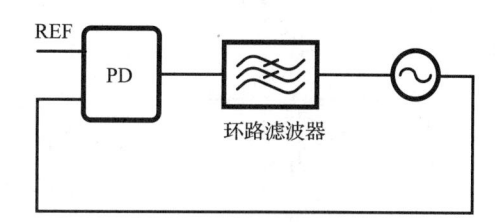

图 10.2 由 VCO、鉴相器和环路滤波器组成的简单锁相环

在所涉及的三个模块中，VCO 的详细内容已在前一章中介绍。环路滤波器则像一个 RC 电路一样简单，在下一节中了解 PLL 的传递函数及其动态特性之后，其作用就会更加清晰。因此，在本节的其余部分，将花一些时间来讨论鉴相器。

鉴相器

通过将两个输入相乘可以简单地实现鉴相器。例如，如果 A 和 B 输入为

$$v_A(t) = A_0 \cos(\omega_1 t + \phi_1)$$
$$v_B(t) = B_0 \cos(\omega_2 t + \phi_2)$$

相乘后并经低通滤波之后的结果为

$$\frac{A_0 B_0}{2} \cos((\omega_1 - \omega_2)t + \phi_1 - \phi_2)$$

如果频率相同，输出与 $\cos(\phi_1 - \phi_2)$ 成正比。由于鉴相器输入信号通常是轨对轨的数字波形，实际上，相乘可以通过图 10.3 所示的异或(XOR)门来完成。

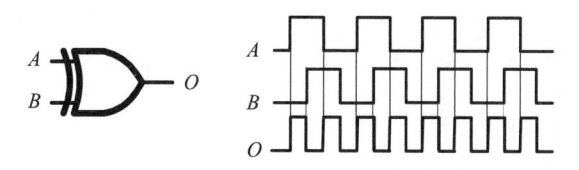

图 10.3 用异或门实现的鉴相器

如果两个输入完全对齐，则 XOR 输出为零。当一个开始滞后时(在上面的例子中是 B)，XOR 产生原频率两倍的短脉冲，其直流分量与输入相位差呈线性关系。如果输入相位相差 180°，则 XOR 输出直流分量达到最大值。

示例：XOR 电路可以由 PMOS(或 NMOS) 开关实现，如图 10.4 所示。图中还给出了 XOR 门真值表。根据所需，如果其中一个输入高，另一个低，则输出将等于 V_{DD} 或逻辑 1。

实际上，在 PLL 锁定之前，PD 的输入可能具有不同的频率。图 10.5 显示了 XOR PD 输出的两个示例，上图的 B 信号比 A 频率略低，而下图的 B 信号比 A 频率略高。在这两种情况下，PD 都会产生适当的输出，一旦经过滤波并施加到 VCO 后，其频率就会根据需要升高或降低。

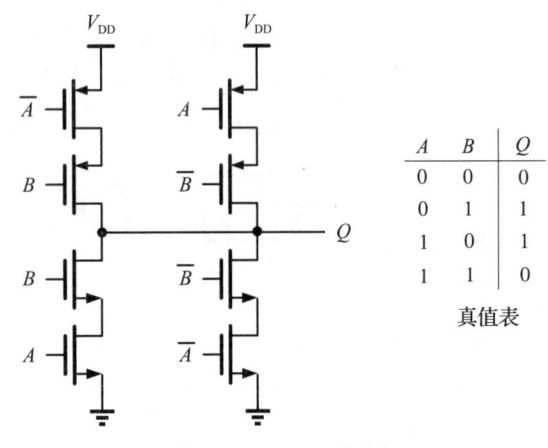

图 10.4 CMOS 异或门

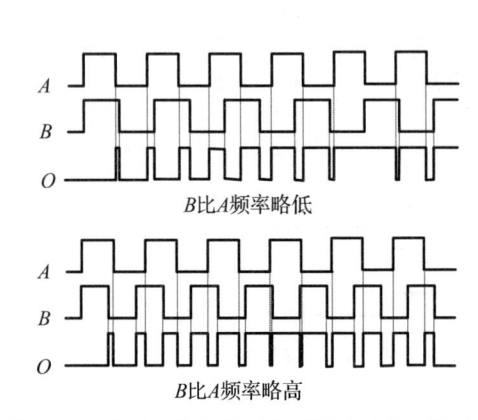

图 10.5 当两个输入的频率不同时的鉴相器波形

仅使用 PMOS 开关的电流模 XOR 门示例如图 10.6 所示。

值得关注的是，尽管 PLL 的主要目标是稳定 VCO 频率，但仅使用鉴频器是不够的。这是因为，与所有的反馈系统一样，输出仅跟踪在某个工作点附近输入的变化，也就是说，在鉴频器的情况下，会跟踪频率但不一定相同。另一方面，如果是环路相位锁定，则是相位跟踪，并且作为相位导数的频率，也是相同的。正如将在 10.3.1 节中看到的，使用一个鉴相鉴频器来完成这两项任务是非常常见的。

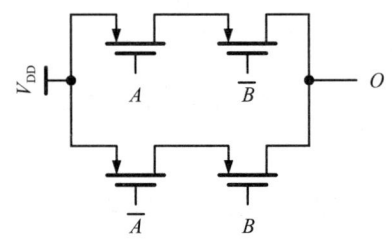

图 10.6 使用 PMOS 开关实现的电流模异或电路

10.2 Ⅰ型 PLL

有了前面的背景知识，现在可以更详细地分析图 10.2 所示的 PLL。

10.2.1 锁相环定性分析

首先尝试定性地了解锁定过程中的 PD 和 VCO 的工作情况。假设最初 VCO 输出信号比参考信号的频率低，如图 10.7 所示。PD 产生一系列脉冲，一旦通过环路滤波器后，将缓慢提高控制电压，从而就提高了 VCO 的频率。随着 VCO 频率越来越接近参考频率，PD 脉冲变小，最终环路锁定，即 VCO 和参考信号具有相同的频率，但存在一个非零相位差，以设置 VCO 工作所需的控制电压。

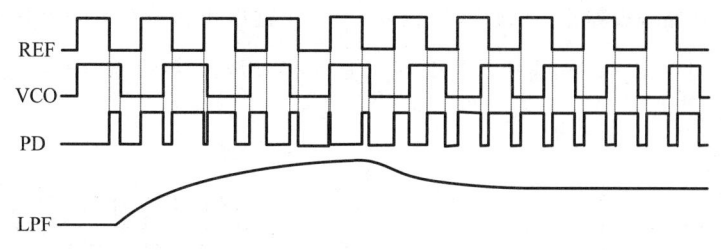

图 10.7 Ⅰ型 PLL 时域工作情况

根据环路动态，可能会出现超调(如本例所示)，甚至出现环绕参考频率上下波动，但这显然是不可取的。这与环路滤波器带宽的具体选择以及 VCO 和 PD 的增益有关。将在下一节定量地讨论锁相环的瞬态特性。

示例：作为 Ⅰ 型 PLL 的实际电路实现，考虑图 10.8 所示的电路，其包括一个 PMOS XOR(图 10.6)作为鉴相器，一个 RC 环路滤波器和一个环形振荡器，通过改变环形振荡器的电源电压，有效地改变反相器的跨导或延迟，来调节环形振荡器的频率。

XOR 的输出低于 V_{DD}，这样当环路锁定时，适当的控制电压(即电源)被馈送到环形振荡器。PD 可以被认为是一个混频器(或乘法器)，产生一个直流输出(滤波之后)，并能够提供振荡器所需的直流电流。

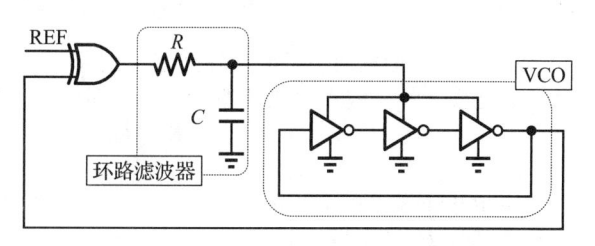

图 10.8 简单的 Ⅰ 型 PLL 电路实现示例

10.2.2 锁相环线性模型

由于 PLL 的瞬态响应是一种非线性现象，因此很难推导出一个简单的公式来描述所有涉及的机制。然而，使用近似线性模型来获得 PLL 的传递函数很常见，从而深入了解 PLL 动态特性和所涉及的折中。

虽然 PLL 的组成部分，如 VCO 或鉴相器等，产生电压输出，但将 PLL 视为一个处理相位(或频率)和电压的混合系统才有意义。因此可以推导出一个线性模型，如图 10.9 所示。

鉴相器比较参考信号与 VCO 输出信号之间的相位差，并产生具有适当增益 K_{PD} 的电压，增益的单位为 V/rad。例如，对于

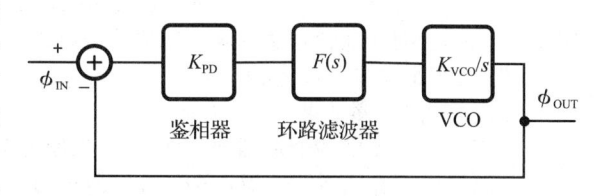

图 10.9 Ⅰ 型 PLL 线性相位模型

图 10.6 的 XOR 鉴相器，图 10.10 中描绘了其电压-相位特性，其中 y 轴表示平均输出电压。该平均电压由环路滤波器产生，其传递函数通常用 $F(s)$ 表示。因此，对于 XOR 鉴相器有

$$K_{PD} = \frac{V_{DD}}{\pi}$$

VCO 产生与滤波后的鉴相器电压成比例的频率：

$$v_{VCO}(t) = A\cos\left(\omega_0 t + K_{VCO}\int v_{CTRL}(t)\mathrm{d}t\right)$$

式中，$v_{CTRL}(t)$ 为环路滤波器输出（或 VCO 输入）。由于输出相位是频率的积分，因此在线性模型中，VCO 一般可以用 $\frac{K_{VCO}}{s}$ 来描述，其中 K_{VCO} 是 VCO 增益，单位为 rad/s/V。因子 s 表示拉普拉斯域中的积分。

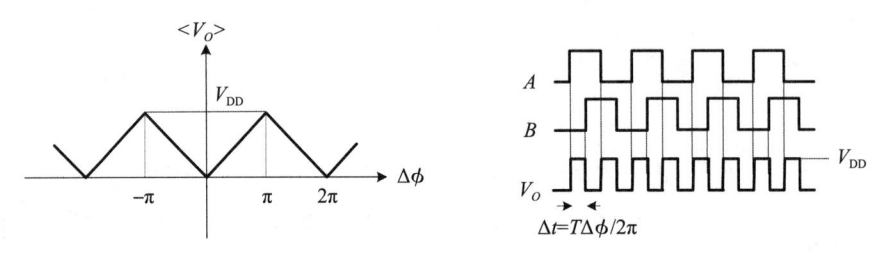

图 10.10　图 10.6 的异或鉴相器的电压-相位特性

在图 10.9 的框图中，假设环路滤波器是一个简单的 RC 电路，如图 10.8 所示，那么 PLL 就可以建模为一个线性单位反馈环路，开环增益为

$$\frac{K_{VCO}K_{PD}}{s}F(s) = \frac{K_{VCO}K_{PD}}{s(1+RCs)}$$

由于开环增益在原点处有一个零点（由于 VCO），这种类型的 PLL 被称为 I 型。因此，闭环传递函数 $H(s)$ 变为

$$H(s) = \frac{\Delta\Phi_{OUT}}{\Delta\Phi_{IN}} = \frac{\frac{K_{VCO}K_{PD}}{RC}}{s^2 + \frac{1}{RC}s + \frac{K_{VCO}K_{PD}}{RC}}$$

这是一个二阶响应，使用熟悉的控制理论符号，它可以表示为

$$H(s) = \frac{\omega_n^2}{s^2 + 2\zeta\omega_n s + \omega_n^2}$$

式中，$\omega_n = \sqrt{\frac{K_{PD}K_{VCO}}{RC}}$，$\zeta = \frac{1}{2RC\omega_n} = \frac{1}{2\sqrt{RCK_{PD}K_{VCO}}}$。现在，可以验证 PLL 的瞬态响应如图 10.7 所示。对于通常理想的临界阻尼响应，$\zeta = 1$，而图 10.7 中所示的示例有一个小的超调，并对应于欠阻尼响应，或 $\zeta < 1$。

以下是一些观察结果：

- PLL 传递函数为低通函数，即 PLL 仅跟踪参考信号的低频变化。鉴于反馈系统的前馈路径中存在低通滤波器，这是可以预计的。对于给定的环路滤波器截止频率，PLL 的速度根本不足以跟踪参考信号的高频扰动。
- 锁定时，输入端与 VCO 输出之间将存在非零静态相位差。换句话说，PD 具有一个非零输出，可以维持正确的振荡频率。这意味着参考信号与 VCO 输出之间的相位差（$\phi_{OUT} - \phi_{IN}$）通常为常量。然而，由于频率是相位的导数，因此 $f_{OUT} - f_{IN} = 0$，满足要求。此外，尽管存在非零相位差，输入相位的任何变化都将被 VCO 准确跟踪，也就是说 $\Delta\phi_{OUT} - \Delta\phi_{IN} = 0$。
- 为了得到良好的瞬态响应，并获得足够的相位裕度，需要将阻尼系数 ζ 保持在接近 1 的水平。这需要在环路稳定性和低通滤波器带宽之间进行折中。环路滤波器的截止频率较低，可使滤波器性能更好，但会降低阻尼系数，从而使稳定性较差。

线性模型仅在所需的锁定点附近存在小的相位(或频率)扰动时才能够预测 PLL 的动态性能。它无法提供任何关于 VCO 频率瞬变到环路接近锁定的信息。尽管如此，它为 PLL 构成模块和整个系统的设计及优化提供了有用的指导，并为射频设计师广泛使用。

10.3 Ⅱ 型 PLL

尽管 Ⅰ 型 PLL 结构简单，但由于其锁定范围有限，需要带宽-稳定性的折中，以及在锁定期间参考信号和 VCO 之间的非零相位差比较小，因此，在大多数现代无线电系统中很少使用。锁定范围是表示 PLL 可以锁定的情况下，衡量 VCO 和参考频率之间的差异程度的指标。至于 Ⅰ 型 PLL，锁定范围有限的主要原因是鉴相器根本没有感知其输入频率差异的能力[⊖]。如果使用鉴相鉴频器而不是简单的鉴相器，则会解决此问题，接下来将进行讨论。

10.3.1 鉴频鉴相

理想情况下，鉴相鉴频器(或 PFD)必须满足：
- 对输入占空比或其形状不敏感(只有过零点重要)。
- 根据输入频率的不同，建立适当的输出。比如如果输入频率更高，则为正，如果输入频率更低则为负。
- 根据输入相位的不同，建立适当的输出。

图 10.11 所示为一个常用的满足上述所有特性的鉴相鉴频电路。边沿触发的 D 触发器(本例中为上升沿触发)消除了对占空比的任何相关性，并且只响应两个输入的上升沿。两个触发器的输入(D)都连接到 V_{DD}(或逻辑 1)，并且输入(A 和 B)施加到时钟端口。如果输入 A 超前于 B(如右图所示)，则 A 的上升沿首先到达，这导致向上触发输出(U 或 up)变为高电平。U 输出保持高电平，直到 B 输入的上升沿到达，将导致 D 输出也变为高电平。U 和 D 输出只在短时间内同时保持高电平，直到与门对两个 D 触发器复位。因此，U 输出是由跟踪 A 和 B 之间相位间隔的脉冲组成，而 D 的输出由脉冲宽度等于 D 触发器延迟加上与门延迟的窄脉冲组成，称为复位延迟脉冲。复位延迟脉冲通常有助于避免电荷泵中的死区，即两个输出都不足以开启后续各级的一个区域。这种情况通常发生在两个输入之间的相位差太小，以致 PFD 无法产生足够宽的 U 和 D 脉冲来开启下一级时。

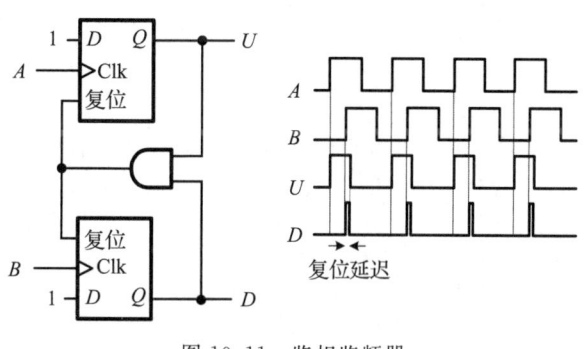

图 10.11 鉴相鉴频器

D 触发器的电路实现非常简单，将在 10.6.1 节中介绍。由于 B 输入是滞后的，PFD 有效地命令 B 信号(在 PLL 中由 VCO 表示)加速，因此发出一系列的 U 脉冲。当然，如果 A 滞后于 B，情况就会相反。

很明显，无论输入有相位差还是频率差，PFD 输出都会产生所需要的信号。

示例：考虑图 10.12，上图中的 A 和 B 具有相同的频率，但 A 是滞后的，而下图中的 B 频

⊖ 有关锁定范围和锁定期间 PLL 动态情况的更详细的信息可参见[21-22]。

率更高。

在任何一种情况下，都会产生一系列的 D 脉冲，以有效地降低 B 信号的频率。

通常，可以通过简单地减去输出来利用 PLL 中的 PFD，并施加于环路滤波器，如图 10.13 所示。

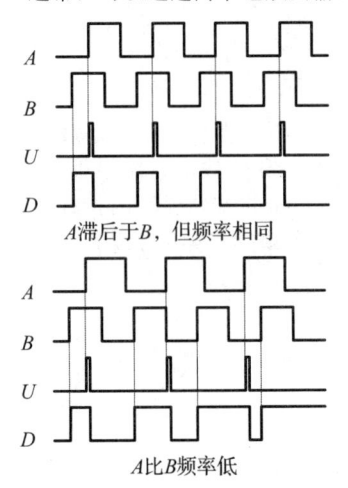

图 10.12　一个输入滞后或频率低于另一个输入的 PFD 时序图

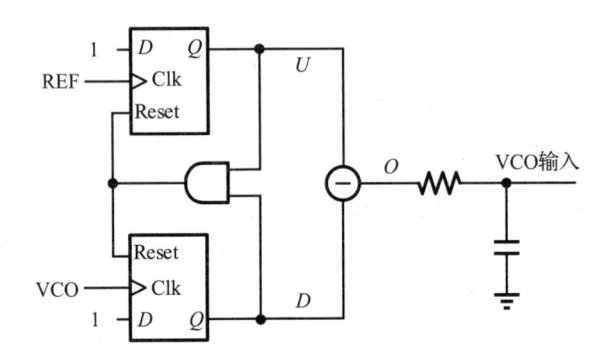

图 10.13　鉴频鉴相器在 PLL 中的概念性应用

接下来将说明使用电荷泵电路可以更从容地完成这项任务。

10.3.2　电荷泵

利用 PFD 产生的 U 和 D 脉冲的一个更有效的方法是将它们施加到两个开关电流源上，被称为电荷泵（或 CP），如图 10.14 所示。电流源总是伴随着一个电容，电容的必要性很快将会明确。以 A 超前 B 的情况为例时序图如右图所示。

在右边的时序图中，由于 A 是超前的（或 A 频率高），U 输出由一系列向上脉冲组成，而 D 输出只有复位延迟脉冲。一旦 U 为高电平，上面的电流源导通，将 I_{CP} 电流推送到输出端的电容 C。相应地，随着电容充电，输出电压升高。一旦复位延迟到来，两个电流源都导通，于是就没有净电流流向输出端。随后将讨论如果两个电流源不相同会发生什么情况。总的来说，输出电压以离散的步长线性上升。可以假设，如果这个电压被施加到 VCO 上（经过适当的滤波之后），它将提高 VCO 的频率。显然，如果 A 比 B 频率低，那么 D 脉冲是有效的，将相同的 I_{CP} 电流推向输出端，但方向相反，导致电容放电。

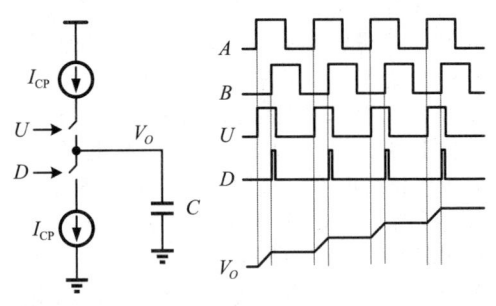

图 10.14　典型电荷泵的示意图和相应的波形

10.3.2.1　电荷泵电路实现

实现电荷泵电路的两个简单候选电路如图 10.15 所示。左图的电路正是实现图 10.14 所示概念的设计方式：偏置晶体管 M_1 和 M_4 以产生电流，而 M_2 和 M_3 充当开关。

或者，也可以使用右图的电路，将开关移向电源和地端，并远离输出端。这可能是有好处的，因为 U 和 D 信号的急剧转换引起的时钟馈通或电荷共享可被缓解。

图 10.16 显示了一个差分实现方案，其中 P 差分对和 N 差分对形成电流模开关。与图 10.15 的两个示例不同，在差分实现中，电流源始终保持导通，差分对仅是将电流引导到输出端或虚拟路径，虚拟路径的电压通过单位增益缓冲器保持与输出端相同。

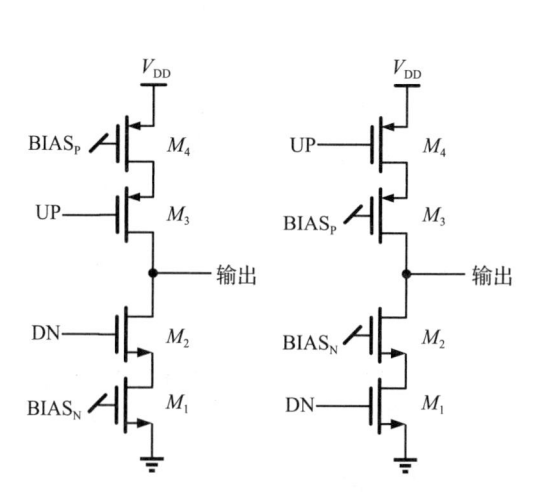

图 10.15　简单的电荷泵电路示例

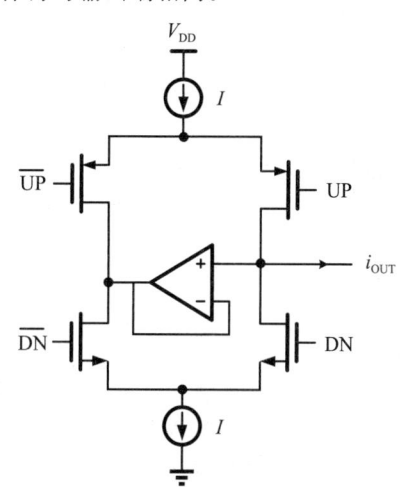

图 10.16　使用差分对作为电流模开关的电荷泵实现

这个实现方案有几个优点：它避免了由于电流源打开或关闭而导致的任何不想要的电荷沉积到输出端。此外，这是一个速度更快的设计，虽然在很多情况下，PFD/CP 电路运行在相对较低的频率（例如，几十 MHz）。缺点是需要一个差分 PFD 和一个具有轨到轨输入的单位增益运算放大器，因为电荷泵的输出通常偏置在中轨，并且理想情况下，以允许的裕度为限，摆幅需尽可能大。不管怎样，运算放大器不会增加任何噪声，因为它的输出连接到了虚拟路径。

除了电荷共享和电荷馈通（这通常不是主要问题）之外，电荷泵中还存在由不可避免的不相等的 UP 和 DN 电流引起的潜在问题。这会导致 PLL 输出的非线性和不必要的杂散，将在 10.3.3 节和 10.5.3.2 节中详细讨论。为了减轻这种情况，在所示的所有三个电路中，可以使用级联电流源，以牺牲电压裕度来实现更高的精度。还可以利用反馈来均衡 UP 和 DN 电流。后者的示例如图 10.23 所示，并将在 10.3.3 节中讨论。

10.3.2.2　电荷泵建模

对于 I 型 PLL，量化鉴相器的增益或 K_{PD}（例如图 10.10）相当简单，随后可被用于推导 PLL 的传递函数。为了对 PFD/CP 电路进行同样的操作，仔细查看一下图 10.14 的时序图。首先，观察到电荷泵的输出不是线性的；例如，如果输入的相位偏移加倍，输出波形并不会被拉伸两倍。其次，电荷泵输出实际上是一个离散信号，因此也必须这样对待。另一方面，可以将电荷泵输出电流视为脉冲宽度调制（PWM）的脉冲串，或者有效地将其视为在参考频率下采样的连续波形，如图 10.17 所示。

脉冲的宽度 ΔT 与输入的相位差成正比：

$$\Delta T = \frac{\phi_{REF} - \phi_{VCO}}{\omega_{REF}}$$

式中，$\omega_{REF} = \dfrac{2\pi}{T_{REF}}$ 为参考频率，ϕ_{REF} 和 ϕ_{VCO} 分别为参考相位（VCO 必须锁定）和 VCO 相位。如果

进入电容的电流脉冲的变化率远小于参考频率,则可以假定 PWM 电流序列是由参考频率下的一串冲激采样的连续电流。通常情况就是这样的,因为直接决定此变化率的环路滤波器带宽比参考频率小得多。作为比较,图 10.18 中描述了近似的电流冲激和原始突发脉冲。假设向上和向下的电流是相同的,等于 I_0。

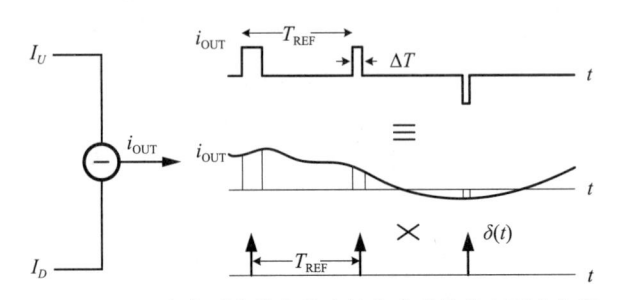

图 10.17 电荷泵的输出视为被参考采样的 PWM 电流

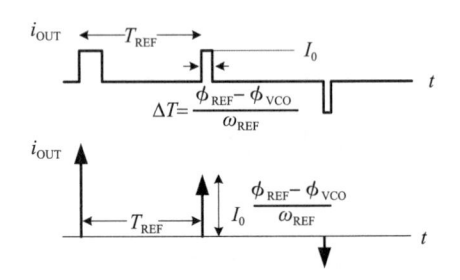

图 10.18 由一串冲激近似的电荷泵电流

图 10.18 中的任意一个波形经电荷泵电容器积分后,最终都会得到正确的电荷泵电压,唯一的区别是如果采用冲激近似,电容电压是突变的(图 10.19)。

在频域中,冲激串变为

$$\frac{1}{T_{\text{REF}}}\sum_{k}\delta(f-kf_{\text{REF}})$$

这是与连续电流卷积而成,连续电流在每个采样点的高度为 $I_0\dfrac{\phi_{\text{REF}}-\phi_{\text{VCO}}}{\omega_{\text{REF}}}$。电流的主频谱出现在直流附近,所有在参考信号谐波处的其他镜像均被环路滤波器去除。每个采样点的电流冲激高度为

$$\frac{1}{T_{\text{REF}}}I_0\frac{\phi_{\text{REF}}-\phi_{\text{VCO}}}{\omega_{\text{REF}}}=\frac{I_0}{2\pi}(\phi_{\text{REF}}-\phi_{\text{VCO}})$$

或者在拉普拉斯域中,

$$I_{\text{OUT}}(s)=\frac{I_0}{2\pi}(\phi_{\text{REF}}(s)-\phi_{\text{VCO}}(s))$$

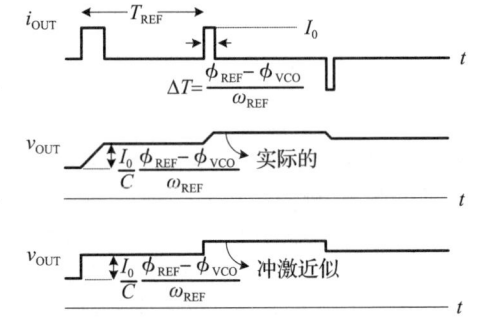

图 10.19 电容上集成的电流序列导致的电荷泵输出电压

因此,PFD/CP 增益等于 $\dfrac{I_0}{2\pi}$,其中 I_0 为电荷泵电流。在包含输出端电容的情况下,电荷泵的输出电压将为

$$V_{\text{OUT}}(s)=\frac{1}{sC}\frac{I_0}{2\pi}(\phi_{\text{REF}}(s)-\phi_{\text{VCO}}(s))$$

也就是说,它表现的就像一个积分器,因此对于直流有无限的增益。直观地说,这是合理的,因为当锁定时,VCO 与参考信号之间的相位差无论多么小,都会导致电容在每个周期内沉积少量电荷,并且这会一直持续下去。因此,在 II 型 PLL 中,至少在理想电荷泵的情况下,VCO 和参考信号不仅频率锁定,而且相位也对齐。然而将证明,更现实的电荷泵中,UP 和 DN 电流是不相等的,就会存在较小的相位差,从而在输出端产生不需要的参考杂散。

10.3.3 II 型锁相环分析和非理想效应

大多数情况下 PFD、CP 和输出电容的组合提供了与 I 型 PLL 中的 PD 和环路滤波器相同

的功能。因此，推测 PLL 可以如图 10.20 所示来构建，只是有一个额外的电阻与电容串联，其作用稍后就会清楚。

首先假设没有电阻，就像到目前为止的情况一样，即图中的 $R=0$。则开环增益为

$$G(s)=\frac{I_0}{2\pi}\frac{1}{sC}\frac{K_{\text{VCO}}}{s}$$

开环增益在原点处有两个零点，因此称为 II 型锁相环，但一旦加入单位反馈，它就会构成振荡系统。为了避免这种情况，串联一个电阻，这使得开环增益为

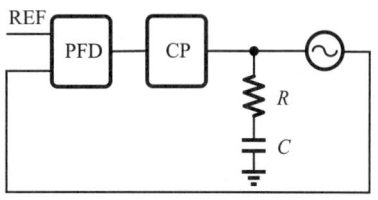

图 10.20　简单的 II 型 PLL

$$G(s)=\frac{I_0}{2\pi}\left(R+\frac{1}{sC}\right)\frac{K_{\text{VCO}}}{s}$$

原点上仍有两个零点，但现在添加了一个左半平面的零点，这样就提高了相位裕度。闭环 PLL 传递函数现在为

$$H(s)=\frac{\omega_n^2(1+RCs)}{s^2+2\zeta\omega_n s+\omega_n^2}$$

式中，$\omega_n=\sqrt{\dfrac{I_0 K_{\text{VCO}}}{2\pi C}}$，$\zeta=\dfrac{RC\omega_n}{2}=\dfrac{R}{2}\sqrt{\dfrac{I_0}{2\pi}CK_{\text{VCO}}}$，与 I 型 PLL 不同，这里减少环路滤波器带宽（或 PLL 带宽）不一定会减小阻尼系数。此外，左半平面（LHP）零点的添加极大地提高了相位裕度和稳定性，这是 I 型 PLL 所不具备的特性。

实际上，为了实现更急剧的滚降以抑制远端噪声和杂散，通常会添加额外的极点，实际的环路滤波器看起来更像图 10.21 所示的滤波器。根据经验，通常 $C_2=\dfrac{C_1}{10}$，并且由 R_3/C_3 设置的第三个极点被选择为比 PLL 带宽高 5~10 倍的位置。因此，除了相位裕度略有下降外，它们对 PLL 的闭合响应或带宽几乎没有影响，但在更高的频率下，确实提供了非常必要的抑制。这在小数 PLL 中尤其重要，将在 10.5.3.3 节中讨论。

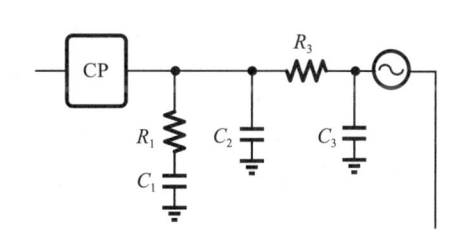

图 10.21　II 型 PLL 更实用的环路滤波器实现

必须强调的是，所提出的线性分析是基于假设 VCO 相位的变化率与参考频率相比很小，即环路带宽相对于参考频率足够小。如果这个假设不成立，电荷泵就不能再近似为一个连续电路，并且必须在离散域中分析 PLL。考虑到稳定性问题以及通常要求从环路滤波器获得足够的滤波，这一假设通常能够得到满足，因此，简单的线性模型适用于大多数情况。

有关 PLL 传递函数及其噪声源的更多内容可参见 10.4.1 和 10.4.2 节。

除了将在下一节中讨论的噪声问题外，II 型 PLL 中的主要问题来自 VCO 周围参考频率处及其谐波处的不需要的杂散，称为参考杂散。这主要是由电荷泵中不相等的 U 和 D 电流引起的（由于从参考到 VCO 的寄生路径，也可能存在直接馈通）。考虑图 10.22，其中假设 U 电流略小于 D 电流。如果电流相等，则 VCO 和参考将完全相位对齐，并且电荷泵仅在复位延迟期间短暂导通，而由于相等的 U 和 D 电流相互抵消，因此不会对控制电压或 VCO 产生影响。另一方面，如果 U 电流较小，如图所示，U 脉冲必须更宽，以使得在一个周期内沉积在电容上的净电荷为零。这将导致控制电压先升高，之后由于 D 电流较大而将该点降低回稳态电平，这仅在复位延迟阶段有

效。当然,VCO 和参考不再是相位对齐的[○],但反馈回路确保了频率相同。

因此,VCO 的控制电压不会是平坦的,而是在参考频率处存在一个小的扰动。一旦施加到 VCO 上,会对其输出进行频率调制,在参考频率及其所有谐波处产生边带。由于该波形受低通环路滤波的影响,虽然最终取决于阻塞的确切位置,但通常主谐波是最麻烦的。

由于电流源中的失配和/或沟道长度调制,不可避免地会导致 U 和 D 电流不相等。前者往往不是主导因素,可以通过适当调整电流源的大小来改善。由于电荷泵输出通常偏置在中轨,并且理想情况下应具有尽可能大的摆幅[○],导致电流源有限输出电阻的沟道长度调制是最大问题因素。典型的补救方法是以牺牲宝贵的裕度为代价使用共源共栅电流源,或者使用反馈来均衡电流。

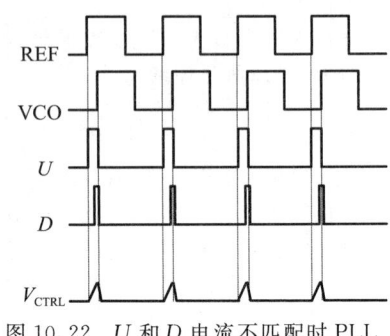

图 10.22 U 和 D 电流不匹配时 PLL 中的参考杂散的演示

示例: 图 10.23 所示为电荷泵电路,利用反馈来减轻沟道长度调制[1]。

在低电压带隙中也使用了类似的概念[2],其工作原理如下:高增益运放确保电荷泵输出和节点 A 处于相同电位。因此,在主电荷泵器件($M_1 \sim M_4$)和复制路径($MM_1 \sim MM_4$)之间,都具有相同的栅极、源极和漏极电压。根据 KCL,复制路径(MM_2 和 MM_3)中的 N 管和 P 管电流相同,所以主电荷泵的 U 和 D 电流也应该相同。换句话说,运算放大器设置 P 晶体管(M_3)的偏置以抵消沟道长度调制,而不是传统的实现方式(图 10.15),在传统实现中 P 管的偏置是在外部产生的。这里的折中之处是需要一个轨到轨运算放大器,这会增加噪声和功耗。不过,可以在其输出端放置电容,至少可以部分地滤除运算放大器噪声。

示例: PLL 中参考杂散的另一个可能来源,如图 10.24 所示,是由变容管或环路滤波电容(特别是在低硅区使用 MOS 电容时)引起的漏电流。

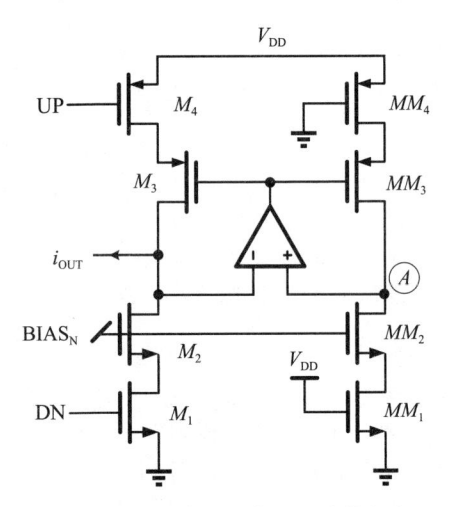

图 10.23 带反馈回路的电荷泵以改善电流匹配[1]

漏电流导致控制电压持续下降,因此为了弥补这一点,UP 信号必须提前一点开启,从而使参考信号超前 VCO。假设参考信号超前时间为 τ,得到

$$(I_{CP} - I_{Leakage})\tau = I_{Leakage}(T_{REF} - \tau)$$

式中,I_{CP} 是电荷泵电流,$I_{Leakage}$ 是漏电流,T_{REF} 是参考信号周期。因此,

$$\tau = \frac{I_{Leakage}}{I_{CP}} T_{REF}$$

当然,杂散的强度取决于漏电流的大小,或者 VCO 和参考的相位超前大小。

○ 这通常并不重要。
○ 这主要是为了在给定的所需锁定范围内尽可能多地降低 VCO 的增益,反过来又是为了避免如前一章所讨论的通过大变容二极管调制 VCO 的低频噪声。

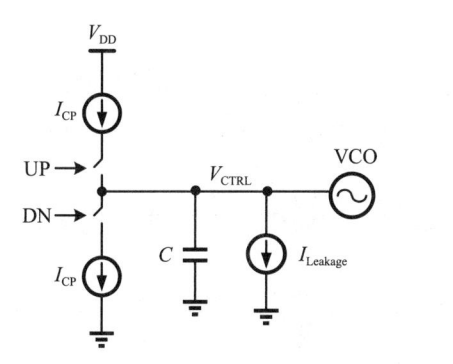

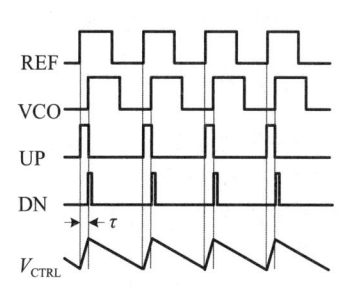

图 10.24　UP 和 DN 漏电流不相等，导致参考杂散

10.4　整数 N 频率综合器

虽然到目前为止所述的 PLL 是用于射频中的 LO 生成，但实际上需要的是频率综合器。有两个简单的原因：首先，提供给混频器的 VCO 频率通常在吉赫兹范围内，而由于晶体的限制，实际参考频率在几十兆赫兹范围内。其次，提供给 RX 或 TX LO 的 VCO 频率通常在很宽的范围内必须是可调的，而晶体则不可调。

只要在反馈路径中插入一个可编程的分频器，即称为反馈分频器的，就可以解决这些问题，如图 10.25（N 分频电路）所示。此外，参考也必须除以适当的值分频（图中的 K 分频，称为参考分频器），以便 PFD 输入频率等于所需的信道间隔，从而通过以整数步长改变 N 来选择所需的 RF 信道。

PLL 中的反馈回路自然迫使输出频率为

$$f_{\text{OUT}} = N \frac{f_{\text{REF}}}{K} = N f_{\text{Channel}}$$

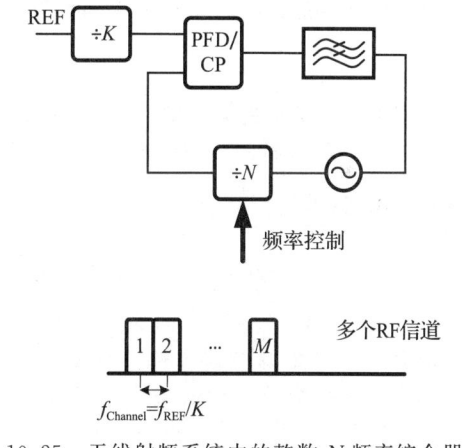

图 10.25　无线射频系统中的整数 N 频率综合器

式中，f_{Channel} 是所需的信道间隔（图 10.25）。由于频率综合器只产生整数倍的频率，它通常被称为整数 N 频率综合器，或简称为整数频率综合器，而不是 10.5 节讨论的小数频率综合器。

示例：在蓝牙中，位于 ISM 频段的所需信道可以采用 2402～2480MHz 之间的，步长为 1MHz 的任何频率。因此，$f_{\text{Channel}} = 1\text{MHz}$（参考分频比取决于晶体频率），并且需要分频比为 2402～2480 的可编程分频器。分频器将在最后的 10.6 节中讨论。

在本节后面的部分，将扩展 PLL 的线性分析，将反馈分频器包括在内，还将讨论频率综合器中的噪声源。在大多数情况下，图 10.25 的频率综合器的表现与已经详细讨论的 PLL（图 10.20）基本相同，并且存在的问题也非常相似（例如参考杂散、锁定范围等）。

10.4.1　信号传递函数

通过使用图 10.26 所示的线性模型，可以获得频率综合器的传递函数及其相位噪声。如图所示,相应地加入了每个模块的噪声。

反馈分频器将 VCO 相位(或频率)简单地除以 N,并用 $\frac{1}{N}$ 表示。开环增益由下式给出:

$$G(s) = K_{PD} F(s) \frac{K_{VCO}}{s} \frac{1}{N}$$

式中,$F(s)$ 是环路滤波器的传递函数,K_{PD} 是 PD 或 PFD/CP 的增益,以具体所采用的为准。在更常见的使用 II 型 PLL 的情况下,K_{PD} 为 10.3.2.2 节中推导出的 $\frac{I_0}{2\pi}$。因此,PLL 输出(包括噪声源)可表示为

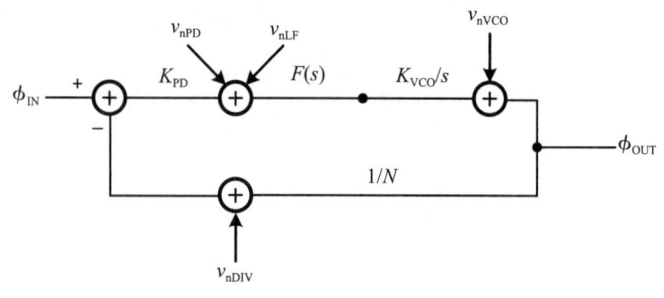

图 10.26 PLL 线性模型

$$\phi_{OUT} = \frac{NG}{1+G}\phi_{IN} + \frac{NG}{1+G}v_{nDIV} + \frac{1}{1+G}v_{nVCO} + \frac{N}{K_{PD}}\frac{G}{1+G}(v_{nPD} + v_{nLF})$$

暂时忽略噪声源,PLL 闭环传递函数为

$$H(s) = \frac{\phi_{OUT}}{\phi_{IN}} = N\frac{G(s)}{1+G(s)}$$

图 10.27 所示为开环增益($G(s)$)和 PLL 闭环传递函数($H(s)$)的波特图。图中还显示了从 VCO 到输出端的传递函数,即 $\frac{1}{1+G(s)}$。

对于 I 型频率综合器,由于 VCO $\left(\frac{K_{VCO}}{s}\right)$ 中固有的频率积分,导致环路增益的原点处有一个极点。对于 II 型 PLL,环路滤波器在原点处有一个附加的极点。这证明了环路增益最初会按照 -40dB/dec 斜率降低的原因,如图 10.27 所示。此外,如 10.3.3 节所述,为了确保稳定性,环路滤波器可采用左半平面的零点(ω_z),在该点环路增益以 -20dB/dec 斜率下降,在单位增益频率 ω_u 处达到 1。单位增益频率的精确位置取决于环路滤波器的传递函数。

在频率远低于 ω_u 时,$|G(j\omega)| \gg 1$,因此 $|H(j\omega)| \approx N$。这意味着输出频率必须正好是输入频率(或参考)的 N 倍。另一方面,在频率远高于 ω_u 时,$|G(j\omega)| \approx 0$,并且 $|H(j\omega)|$ 紧随 $|G(j\omega)|$,因此以 20dB/dec 的斜率减小。PLL 闭环带宽预计大致等于 ω_u。在单位增益频率附近,PLL 闭环传递函数的准确形状将取决于环路

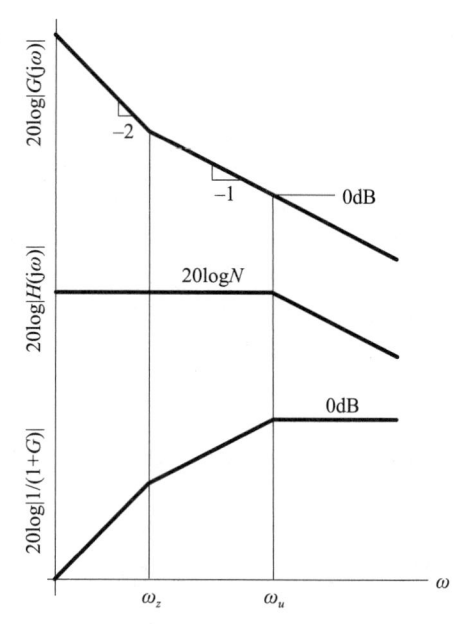

图 10.27 频率综合器重要的传递函数

滤波器特性。根据环路滤波器组件的值不同,可能会达到峰值,也可能平稳下降。

VCO 传递函数(图 10.27 中的第三个曲线图)也可以类似地证明。

为了推导出 PLL 带宽的一些数值,假设电荷泵输出只驱动一个简单的 RC 电路(图 10.20),而且忽略实际的环路滤波器中可能存在的第二极点和第三极点(图 10.21)。如前所述,电阻和

电容的选择通常使产生的附加极点或零点远离 PLL 带宽。这是为了确保 PLL 的稳定性和良好的相位裕度。因此，附加的滤波可能仅在很远的频率处有用。

因而，环路滤波器传递函数可简单表示为

$$F(s) = R + \frac{1}{Cs} = \frac{1+RCs}{Cs}$$

相应地，频率综合器闭环传递函数为

$$H(s) = N \frac{\omega_n^2(1+RCs)}{s^2 + 2\zeta\omega_n s + \omega_n^2}$$

式中，$\omega_n = \sqrt{\frac{K_{PD}K_{VCO}}{CN}}$，$\zeta = \frac{RC\omega_n}{2}$。对于一个 CP PLL，$K_{PD} = \frac{I_0}{2n}$ 以确保临界阻尼响应 $\zeta=1$，于是 $RC\omega_n = 2$。在这些条件下，频率综合器 3dB 带宽计算为

$$\omega_{3dB} = \frac{2\sqrt{3+\sqrt{10}}}{RC} \approx \frac{5}{RC}$$

或者用频率综合器参数表示：

$$\omega_{3dB} \approx 2.5\sqrt{\frac{K_{PD}K_{VCO}}{CN}}$$

单位增益频率为

$$\omega_u = \frac{2\sqrt{2+\sqrt{5}}}{RC} \approx \frac{4}{RC}$$

示例：需要计算临界阻尼情况下的 PLL 相位裕度。得出的开环传递函数为

$$G(s) = \frac{\omega_n^2}{s^2}\left(1 + \frac{s}{\omega_z}\right)$$

式中，$\omega_z = \frac{1}{RC}$。相应的波特图如图 10.28 所示。

因为 $\omega_u \approx 4\omega_z$，相位裕度为

$$PM = \arctan(4) = 76°$$

示例：考虑一个蓝牙发射机。频率综合器参考频率为 1MHz，与信道间隔相同，假设将 PLL 带宽设置为参考频率的 1/10，即 100kHz。假设 $K_{VCO} = 2\pi \times 15 MHz/V$。当 $\zeta = 1$，有

$$RC = \frac{5}{\omega_{3dB}} = \frac{5}{2\pi \times 100kHz} = 8\mu s$$

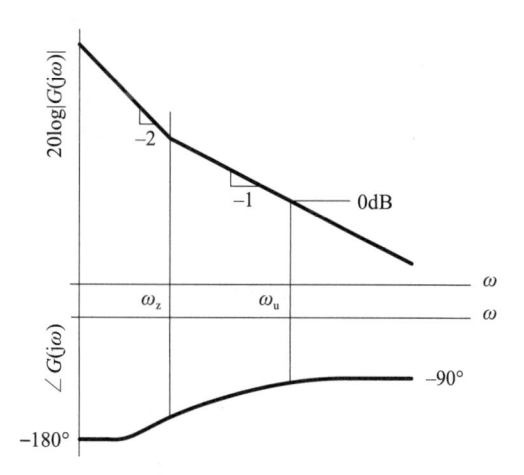

图 10.28 临界阻尼情况下 PLL 波特图的开环传递函数

考虑到噪声问题（见下一节），选择 $R = 20k\Omega$，则 $C = 400pF$，这是一个相当大的电容，尽管它可以用 MOSCAP 部分实现。由于 $\sqrt{\frac{K_{PD}K_{VCO}}{CN}} = \omega_n = \frac{2}{RC} = 0.4\omega_{3dB}$，$N = 2440$，求得 $K_{PD} = 0.0013V/rad$，导致电荷泵电流为 4.1mA。这个电流也是相当大的，可以通过减少环路滤波器电容或提高 VCO 增益来降低，当然这两者都有噪声影响。当分频比改变以覆盖 80MHz 的 ISM 频段时，PLL 特性略有变化。由于这是可预测的，所以可以选择相应地改变电荷泵电流来进行补偿，不过由于其影响很小，所以通常不进行补偿。

值得关注的是，如果能使用更小的分频比，就可以得到更低的电荷泵电流。这在整数 PLL 中是不可能的，但稍后将看到，小数 PLL 允许高得多的参考频率，从而可以对电荷泵值和环路滤波器大小进行更合理的折中。

10.4.2 频率综合器中的噪声源

由于已经得到了各种噪声源到输出的传递函数，现在可以解释 PLL 的相位噪声分布，如第 5 章所述，并如图 10.29 中再次描述的。

参考、鉴相器和分频器经过由 $\frac{G(s)}{1+G(s)}$（具有不同的缩放因子）给出的低通传递函数。图 10.30 所示为输出的参考噪声传递函数。

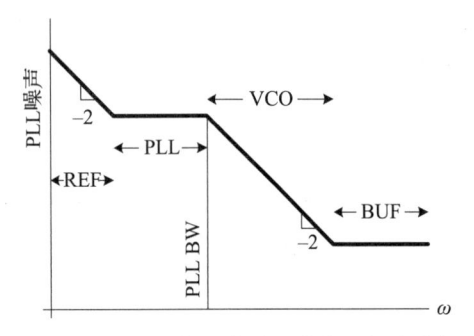

图 10.29 PLL 一般相位噪声分布和各种噪声源

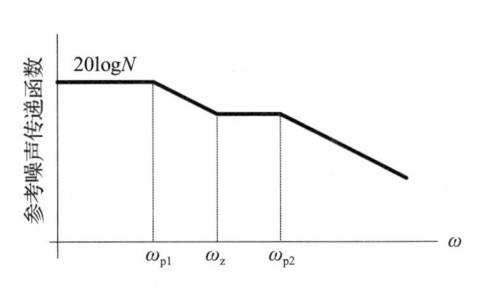

图 10.30 低通输出的参考噪声传递函数

假设一个简单的 RC 环路滤波器，其传递函数如下：

$$N\frac{\omega_n^2(1+RCs)}{s^2+2\zeta\omega_n s+\omega_n^2}$$

传递函数的两个极点（假设是过阻尼函数）由下式给出：

$$\omega_{p1,2}=\omega_n(\zeta\pm\sqrt{\zeta^2-1})$$

另一方面，VCO 噪声的高通传递函数由 $\frac{1}{1+G(s)}=\frac{s^2}{s^2+2\zeta\omega_n s+\omega_n^2}$ 确定，如图 10.31 所示。

因此，对于低于 PLL 带宽的频率，预计 PLL 组件（如鉴相器或分频器）占主导地位。由于参考通常是晶体振荡器，在极低频率下，其噪声以 20dB/dec 斜率上升，因此预计它将占主导地位。在 PLL 带宽之外，鉴于响应的低通特性，PLL 的噪声被抑制。另一方面，VCO 噪声直接出现在输出端，并占主导地位。最后，在非常远的频率处，随着 VCO 缓冲器和后续各级开始占主导地位，噪声会变平坦。

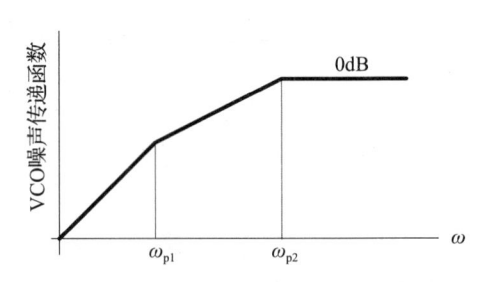

图 10.31 带通输出的 VCO 噪声传递函数

直观地说，可以将 PLL 噪声分布解释如下：在 PLL 带宽内的低频处，由于存在强反馈，PLL 会抑制其噪声在 VCO 频率上引起的任何波动。由于 VCO 频率应精确地跟随参考频率，因此参考噪声（以及分频器或 PD 的噪声）预计会出现在输出端。另一方面，在高频时，反馈基本上是无效的，且 VCO 噪声未经滤波地出现在输出端。

示例：下面将求出由环路滤波器电阻引起的频率综合器相位噪声，如图 10.32 所示。

可以证明，电阻噪声到输出的传递函数为（见习题 2）

$$\frac{\phi_{\text{OUT}}}{v_n}(s) = K_{\text{VCO}} \frac{s}{s^2 + 2\zeta\omega_n s + \omega_n^2}$$

假设在临界阻尼条件下（$\omega_{3\text{dB}}$ 为 PLL 带宽），此传递函数是带通的，峰值位于 PLL 固有频率 ω_n，即 $0.4\omega_{3\text{dB}}$ 处。因此，由环路滤波器电阻引起的峰值相位噪声为

$$\mathcal{L}\{\omega_n\} = 2KTR \left|\frac{\phi_{\text{OUT}}}{v_n}(j\omega_n)\right|^2 = \left|\frac{K_{\text{VCO}}}{2\omega_n}\right|^2 2KTR$$

注意，上式所示为 SSB 相位噪声，因此考虑电阻噪声为 $2KTR$。对于给定的 PLL 带宽，相位噪声的要求决定了电阻的大小，进而决定了电容的值。

例如，图 10.33 所示为环路滤波器电阻、参考和 VCO 分别在所有其他噪声源视为无噪情况下单独的噪声影响，以及所有噪声源同时作用时的复合相位噪声。给定的线性模型适用叠加，因此可以分别计算每个模块产生的噪声，然后将它们全部相加。

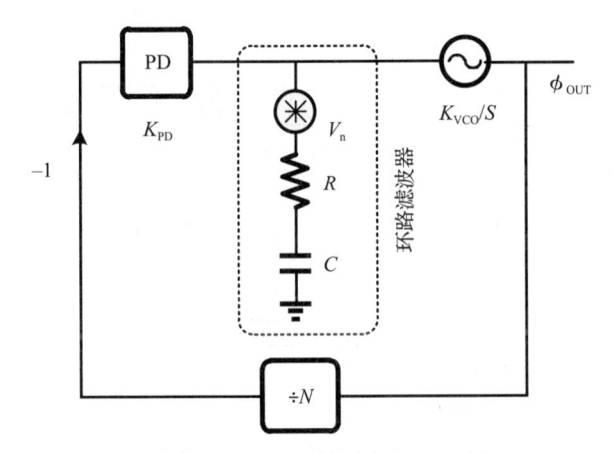

图 10.32　环路滤波器电阻噪声 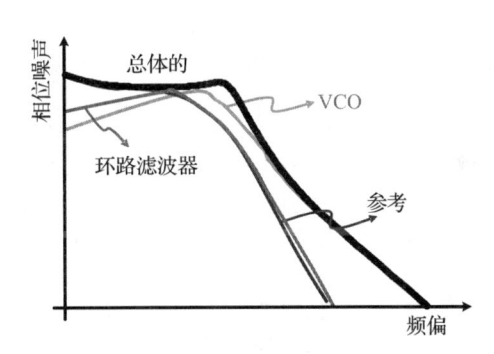　　　图 10.33　频率综合器典型的噪声源

- 参考和 VCO 噪声可以仿真为自由运行，然后使用适当的传递函数转换为输出信号。
- PFD/CP 噪声可以通过交流噪声仿真来估算，考虑到电荷泵开启的时间，或者基于实际 PFD/CP 工作的 PSS[⊖] 仿真估算。在整数 PLL 中，电荷泵仅在短时间内开启，预计不会产生太多噪声。然而，小数 PLL 的情况则并非如此，很快将会发现。
- 环路滤波器噪声可以估算为 $\mathcal{L}\{\omega_n\} = \left|\frac{K_{\text{VCO}}}{2\omega_n}\right|^2 2KTR$，正如刚刚所描述的，或者可以简单地通过线性化 PLL 模型使用环路滤波器的 AC 分析来模拟。
- 分频器噪声可以通过在适当的频率下的理想输入进行 PSS 仿真来估算。

然后利用适当的传递函数将每个噪声源转换为输出并相加。这就是图 10.33 中的粗黑曲线。在非常远的频偏处，噪声分布跟随 VCO 噪声，在非常低的频偏处，噪声分布跟随参考噪声。在这两者之间，所有 PLL 模块都有作用，并且通常遵循 PLL 传递函数。然而，通常仅根据 PLL 的输出噪声分布来估算 PLL 带宽或传递函数是不正确的。

⊖　Cadence Spectre RF 中的周期稳态仿真（PSS，Periodic Steady State）。

线性模型被证明非常实用和快捷,且被广泛应用。或者,可以运行瞬态噪声仿真,这会更加真实,但仿真速度非常慢。采用理想的 VCO,并且只在捕获 PLL 噪声时运行瞬态仿真,可能会有帮助。

10.5 小数 N 频率综合器

尽管整数 N 频率综合器比较简单,但它存在一个主要缺陷,即参考频率不能高于信道间隔,信道间隔通常被限制在几百 kHz 或几 MHz。这又会设置环路带宽的上限,对以下几点产生影响:

- 环路滤波器电容和电阻的尺寸。
- 频率综合器稳定时间。
- 近端和远端相位噪声。
- 能够在任意晶体频率下工作。
- 参考杂散及其可能受到的滤波程度。

如果能够实现小数分频器,则上述问题可以得到缓解。实际上,如果用双模分频器 $N/N+1$ 来代替固定的 N 分频器,则可以实现这一点,即在几个周期内,该分频器是 N 分频,在其他几个周期内,该分频器是 $N+1$ 分频。然后,在较长的一段时间内,平均下来,得到 $N+\alpha$ 的小数分频比,其中 $0 \leq \alpha \leq 1$。其概念如图 10.34 所示,其中模数控制模块负责正确选择分频器模数,以实现所需的小数分频比。

例如,作为模数控制的一种最简单的形式,假设分频器被编程为在 $K-1$ 个周期内为 N 分频,在最后一个周期内 $N+1$ 分频,并周期性地重复。由于 PLL 负反馈迫使 PFD 输入具有相同频率,对于参考信号 K 个周期的平均值,实现了 $\frac{(K-1)N+(N+1)}{(K-1)+1}=N+\frac{1}{K}$ 的分频比,其中 $0 \leq \frac{1}{K} \leq 1$ 表示小数 $(\alpha=1/K)$。

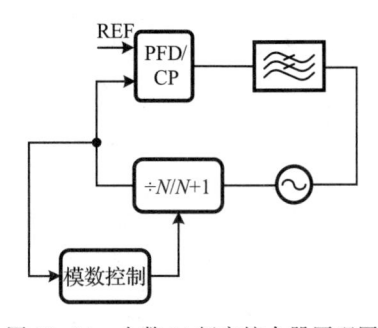

图 10.34 小数 N 频率综合器原理图

示例: 在上一个示例的蓝牙频率综合器中,选择 $K_{\text{VCO}}=2\pi \times 15\text{MHz/V}$。假设一个参考频率为 40MHz 的小数频率综合器,因为去除了信道间隔限制,现在将环路带宽设置为 200kHz,并且当 $\zeta=1$ 时,得到 $RC=4\mu\text{s}$。这导致对于相同电阻 $R=20\text{k}\Omega$,有更小的环路滤波器电容 $C=200\text{pF}$。此外,在参考频率为 40MHz,$N=61$,并且 $\sqrt{\dfrac{\frac{I_{\text{CP}}}{2\pi}K_{\text{VCO}}}{CN}}=0.4\omega_{3\text{dB}}$ 时,可得到 $I_{\text{CP}}=205\mu\text{A}$。

图 10.34 中概述的简单方法的主要缺点是产生了小数杂散。为了证明这一点,图 10.35 是一个假设的例子,其中前三个周期除以 N,第四个周期除以 $N+1$。现在假设 PLL 反馈环路强制输出稳态频率为所需的:

$$f_{\text{OUT}}=f_{\text{REF}}\left(N+\frac{1}{K}\right)$$

式中,f_{REF} 是参考频率,本例中 $K=4$。

对于除以 N 的前三个周期,分频器频率为

$$f_{\text{DIV}} = \frac{f_{\text{REF}}\left(N + \dfrac{1}{K}\right)}{N} > f_{\text{REF}}$$

因此，PFD 开始产生 D 脉冲来降低 VCO 的输出频率，进而导致控制电压的降低(为了简单起见，图 10.35 中没有显示复位延迟脉冲)。然而，在第四个周期，VCO 被 $N+1$ 分频，导致分频器输出比参考信号频率低，因此产生一个 U 信号，提高了控制电压。这种模式每 $K=4$ 个周期重复一次，导致 VCO 被周期为 $\dfrac{f_{\text{REF}}}{K} = \alpha \cdot f_{\text{REF}}$ 的周期信号调制，从而在 $\pm \alpha \cdot f_{\text{REF}}$ 产生边带及其谐波。另一方面，为了适应所需的信道选择，$\alpha \cdot f_{\text{REF}}$ 可以与信道间隔一样小，因此存在与整数 N 频率综合器相同的限制，即存在与信道间隔一样小的低频杂散。

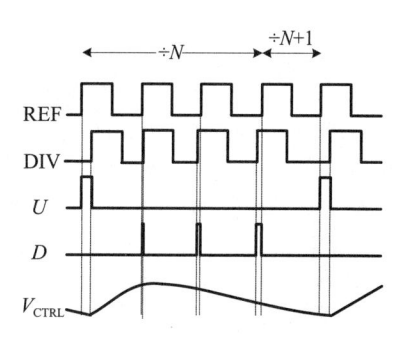

图 10.35 控制电压周期性变化导致的小数杂散的演示

10.5.1 噪声整形

处理小数杂散的一种非常常见和简单的技术是利用数据转换器中广泛使用的噪声整形概念[3-4]。

首先，已经认识到如果在 N 和 $N+1$ 之间随机选择分频器的模数，则控制电压的周期性可能会被打破，但仍能保持所需的平均值。通过这样做，以音的形式出现的确定性的小数杂散将转换为围绕 VCO 信号传播的噪声，当然总能量保持不变。

因此，可以将分频器和输出频率之间的关系写成：

$$f_{\text{DIV}} = \frac{f_{\text{OUT}}}{N + b(t)}$$

式中，$b(t)$ 是 0 和 1 的随机数位流，平均值为 α。然后可以将位流分解为所需的值 α 和加性量化噪声 $q(t)$[5-6]：

$$b(t) = \alpha + q(t)$$

因此，

$$f_{\text{DIV}} = \frac{f_{\text{OUT}}}{N + \alpha + q(t)} = \frac{\dfrac{f_{\text{OUT}}}{N + \alpha}}{1 + \dfrac{q(t)}{N + \alpha}} \approx f_{\text{DIV,nom}}\left(1 - \frac{q(t)}{N_{\text{nom}}}\right)$$

式中，$f_{\text{DIV,nom}} = \dfrac{f_{\text{OUT}}}{N + \alpha}$ 是分频器的标称频率，$N_{\text{nom}} = N + \alpha$ 是标称分频比。因此，当参考分频器输出时，归一化的瞬时频率偏差 $y(t)$ 为

$$y(t) = -\frac{q(t)}{N_{\text{nom}}}$$

如果量化噪声的谱密度为 $S_q(t)$，则归一化频率偏差的谱密度为

$$S_y(f) = \frac{S_q(f)}{N_{\text{nom}}^2}$$

由于相位是频率的积分，那么就相位噪声而言有

$$S_{\phi,\text{DIV}}(f) = \frac{f_{\text{DIV,nom}}^2}{f^2} S_y(f) = \left(\frac{f_{\text{DIV,nom}}}{N_{\text{nom}} f}\right)^2 S_q(f)$$

注意，式中 $S_y(f)$ 是归一化的频率偏差，因此在上式的推导中有额外的乘积项 $f_{\text{DIV,nom}}$。当参考 VCO 输出时，有

$$S_{\phi,\text{OUT}}(f) = \left(\frac{f_{\text{OUT}}}{N_{\text{nom}}f}\right)^2 S_q(f) = \left(\frac{f_{\text{REF}}}{f}\right)^2 S_q(f)$$

尽管随机化过程消除了小数杂散，但仍然可能增加大量的相位噪声，这对于大多数应用来说通常是不可接受的。后一个问题是通过 Δ-Σ 调制对噪声进行整形来解决的，如在过采样数据转换器[6-7]的实现中所使用的。

图 10.36 所示为 1bit Δ-Σ 型模数转换器（ADC）的简化框图，以说明这一概念。它包括一个加法器（Σ）、一个积分器（Δ）、1bit ADC（比较器）和 1bit DAC。

暂时忽略 ADC 的量化噪声，信号传递函数为

$$\frac{Y}{X}(s) = \frac{\frac{1}{s}}{1+\frac{1}{s}} = \frac{1}{s+1}$$

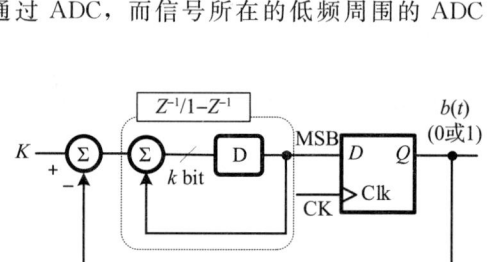

图 10.36　1bit 模拟 Δ-Σ 型 ADC

这是低通的。为了简单起见，假定积分器传递函数为 $\frac{1}{s}$。如果 ADC 量化噪声在其输出端被建模为加性源 $q(t)$，则噪声传递函数为高通的，并由下式给出

$$\frac{Y}{Q}(s) = \frac{s}{s+1}$$

这意味着，如果目标信号是低通信号，则它会通过 ADC，而信号所在的低频周围的 ADC 量化噪声会受到抑制，这是一个非常可取的特性。

上述 1bit Δ-Σ 调制器的数字实现如图 10.37 所示。模拟积分器被反馈回路中的延迟单元代替。鉴于延迟单元的离散域传递函数为 z^{-1}，则离散积分器传递函数（如虚线框内所示）为

$$H(z) = \frac{z^{-1}}{1-z^{-1}}$$

这通常用于开关电容滤波器中[8]，它实际上代表了正向欧拉 s 域向 z 域的转换，用 $s \leftrightarrow \frac{1}{T}(z-1)$ 表示。由于 $z = e^{j\omega T}$（T 为时钟频率），则

图 10.37　1bit 数字 Δ-Σ 调制器框图

$$H(j\omega T) = \frac{1}{e^{j\omega T}-1} \approx \frac{1}{j\omega T}$$

由于调制器是数字实现的，因此不需要 1bit D/A，最后比较器被一个由积分器 MSB 提供的 D 触发器所取代，从而去掉了积分器所有其他的 $(k-1)$bit。因此，对于 k bit 积分器，输入（这是所需的小数频偏的数字表示）具有 $(k-1)$bit，而输出仅为 1bit。

这显然会导致大量的量化噪声，由图 10.38 所示的加性噪声源建模。这里可以得出与图 10.36 中的模拟调制器类似的结论。

其信号传递函数为

$$\frac{B}{K}(z) = \frac{\frac{z^{-1}}{1-z^{-1}}}{1+\frac{z^{-1}}{1-z^{-1}}} = z^{-1}$$

即输出只是以一个延迟跟踪输入,而噪声传递函数变为

$$\frac{B}{Q}(z) = 1 - z^{-1}$$

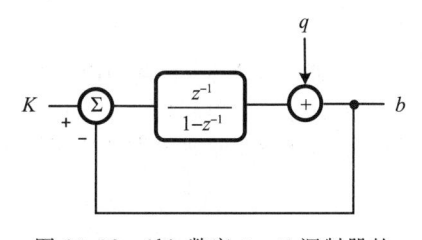

这仍是高通的。

图 10.38　1bit 数字 Δ-Σ 调制器的简化等效模型

为了求出相应的相位噪声,首先用分频器来表示噪声:

$$\mathbf{N}(z) = N_{\text{nom}} + (1-z^{-1})Q(z)$$

式中,$N_{\text{nom}} = N + \alpha$ 为前面定义的小数分频器的标称值,$\mathbf{N}(z)$ 为离散域分频比[○]。输出频率也可以用 z 域表示:

$$F_{\text{OUT}}(z) = \mathbf{N}(z)f_{\text{REF}} = N_{\text{nom}}f_{\text{REF}} + f_{\text{REF}}(1-z^{-1})Q(z)$$

第一项是所需的输出频率,而第二项是整形量化噪声的影响。所关注的是最终的相位噪声,它是频率的积分。在连续的方式中,相位噪声为 $\phi_{\text{OUT}} = \int \omega_{\text{OUT}}(t)\mathrm{d}t = 2\pi\int f_{\text{OUT}}(t)\mathrm{d}t$,在离散域中转换为

$$\Phi_{\text{OUT}}(z) = 2\pi\frac{T}{z-1}f_{\text{REF}}(1-z^{-1})Q(z)$$

或者,噪声谱密度为

$$S_{\phi,\text{OUT}}(f) = \left|\frac{2\pi}{z-1}\right|^2 |1-z^{-1}|^2 S_q(f)$$

式中,$z = e^{j\omega T} = e^{j2\pi fT}$。

上式中的项 $|1-z^{-1}|^2 = 4|\sin(\pi fT)|^2$ 是噪声整形函数,同预计的一样,是高通的。因此,量化噪声根据所需在 DC 周围被抑制。噪声抑制函数 $(4|\sin(\pi fT)|^2)$ 如图 10.39 所示。

最后,假设 1bit 的量化器具有均匀的量化误差,则量化误差功率为 $\frac{\delta^2}{12}$,其中 δ 是量化器的最小步长[4]。因为要量化成整数,$\delta = 1$,量化误差功率是 $\frac{1}{12}$。由于该功率分布在 f_{REF} 的带宽上,因此噪声的功率谱密度为

$$S_q(f) = \frac{1}{12f_{\text{REF}}}$$

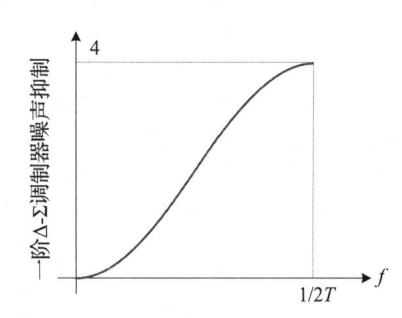

图 10.39　一阶 Δ-Σ 调制器中的噪声抑制

10.5.2　高阶 Δ-Σ 调制器

Δ-Σ 调制器的积分器级在原点引入一个零点,从而在频域中对量化噪声进行噪声整形。对于图 10.37 所示的一阶 Δ-Σ 调制,频率转换为相位时应用的积分要从噪声整形函数中移除零点。这从前面推导出的相位噪声表达式中可以明显看出:

○　为了区别于双模分频比的 N,使用粗体表示 $\mathbf{N}(z)$。

$$S_{\phi,\text{OUT}}(f) = \left|\frac{2\pi}{z-1}\right|^2 |1-z^{-1}|^2 S_q(f) = (2\pi)^2 S_q(f) = \frac{(2\pi)^2}{12 f_{\text{REF}}}$$

此外，一阶 Δ-Σ 调制也无法随机量化误差[9]，因此杂散频率分量成为一个问题。然而，正如在过采样数据转换器中使用的众多 Δ-Σ 调制器结构所证明的那样，可以使用二阶或更高阶的积分来降低这种周期性的实际影响[7]。一个二阶 Δ-Σ 调制器的实现示例如图 10.40 所示。

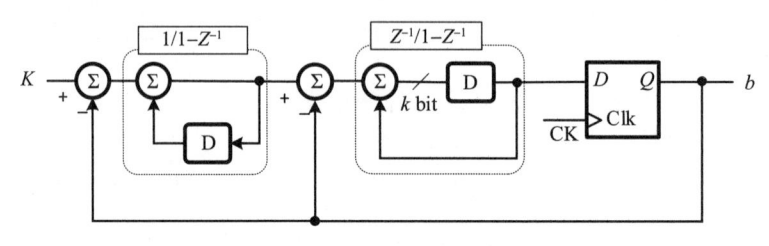

图 10.40　二阶 Δ-Σ 调制器的例子

噪声整形函数的推导方法与一阶调制器相同（见习题 7）。忽略输入，仅存在量化噪声，输出为

$$\frac{B}{Q}(z) = (1-z^{-1})^2$$

因此，噪声整形函数为 $|2\sin(\pi f T)|^4$。一阶和二阶噪声整形函数之间的比较如图 10.41 所示。

二阶噪声整形具有较低的带内噪声水平，但频率远端的噪声上升很快。这对于远端噪声很重要的许多应用来说都是一个潜在的问题，在 10.5.3.3 节对此进行了讨论。

当然可以增加更多的积分器级以获得更陡峭的噪声抑制。然而，包含两个以上积分器的反馈回路会存在潜在的不稳定因素，需要应用多种稳定技术[7]。一般来说，对于 m 阶调制器，可以证明相位噪声谱密度为

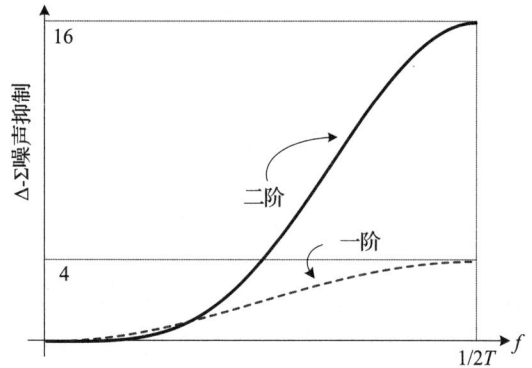

图 10.41　Δ-Σ 调制器中一阶和二阶噪声整形函数的比较

$$S_{\phi,\text{OUT}}(f) = \frac{(2\pi)^2}{12 f_{\text{REF}}} |2\sin(\pi f T)|^{2(m-1)} \approx \frac{(2\pi)^{2m}}{12 f_{\text{REF}}} \left(\frac{f}{f_{\text{REF}}}\right)^{2(m-1)}$$

避免产生稳定性问题的另一种方法是利用图 10.42 所示的级联级。在这里，减法器得出第一个量化器的输入（a_1）和输出（b_1）之间的差。如果将其施加到另一个一阶 Δ-Σ 调制器（如虚线框中所示），预计量化误差会更小。

如之前所做的那样，在每个 D 触发器的输出中将每一级的量化噪声建模为一个加性源，可以写成：

$$B_1 = K z^{-1} + (1-z^{-1}) Q_1$$
$$B_2 = Q_1 z^{-1} + (1-z^{-1}) Q_2$$

式中，Q_1 和 Q_2 是每一级的量化噪声。注意，第二级的输入 $B_1 - A_1$ 实际上是第一级的量化噪声。如果将 B_1 乘以 z^{-1}，B_2 乘以 $(1-z^{-1})$，并在合成器内部将两者相减，则可以消除第一级的量化噪声。则 2bit 的合成器的输出（B_{combiner}）将为

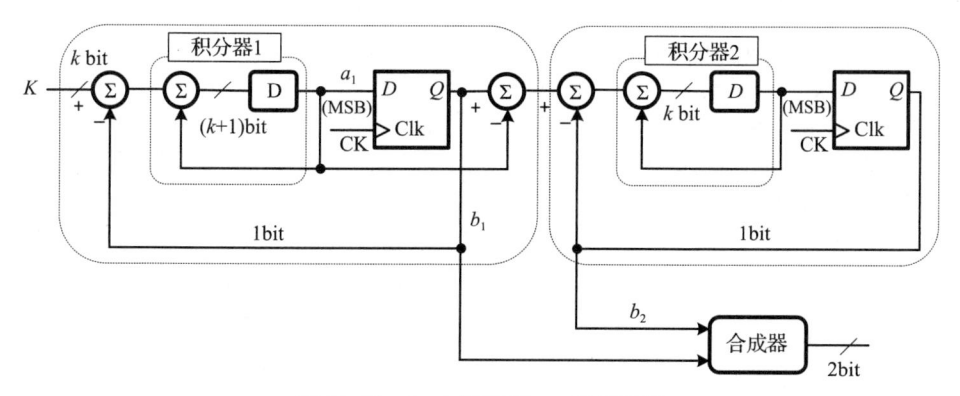

图 10.42　1—1 级联型 Δ-Σ 调制器

$$B_{\text{combiner}} = Kz^{-2} - (1-z^{-1})^2 Q_2$$

其噪声整形与 1bit 二阶 Δ-Σ 调制器的相同。

级联结构（又称 MASH）可以实现更高阶的噪声整形，而不会存在不稳定的风险。然而，因为输出有多个 bit，它们需要多模分频器。例如，图 10.42 的 MASH 1—1 结构需要 $N-1$、N、$N+1$ 和 $N+2$ 分频。

10.5.3　Δ-Σ 调制器的非理想效应

本节讨论与小数频率综合器和 Δ-Σ 调制器相关的几个问题。

10.5.3.1　低频音和抖动

考虑图 10.37 所示的一阶 Δ-Σ 调制器。输入 K 是馈送到数字积分器的一个 $(k-1)$bit 数字信号。如果此输入为常数，很容易看出调制器输出并非真正随机的（尽管量化噪声仍然是整形过的）。根据 K 值的不同，输出中存在的重复模式（也称为极限环）最终会导致杂散音，如果杂散音位于 PLL 带宽内，则不会经过 PLL 的滤波。

如图 10.43 所示，其中，对于一个小的 K 值，积分器输出端的信号开始以小的增量缓慢累积，在 Δ-Σ 调制器输出端产生一个低频脉冲。脉冲的平均值代表由 K 设置的小的分数，但在 VCO 输出中产生一个低频杂散。

简单的解决方法是打破其周期性，例如在 0～1 随机切换 K 的 LSB（最低有效位）。这被称为抖动，可以消除杂散，但会引入一些噪声，噪声水平通常较低，在很多情况下可以接受。

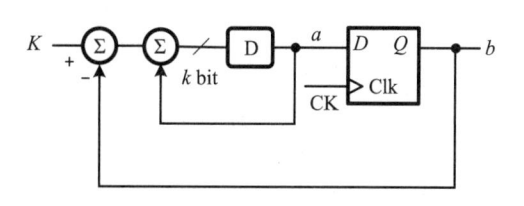

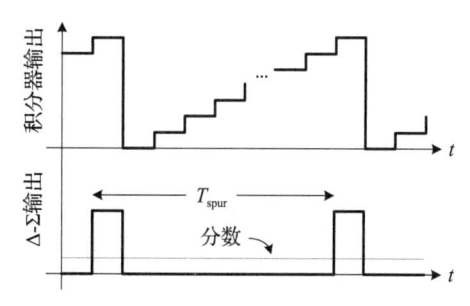

图 10.43　Δ-Σ 调制器中的极限环

10.5.3.2　电荷泵非线性

正如在 10.3 节中所讨论的，PFD/CP 电荷相位特性并非完全线性的，这是由很多原因造成的，例如 UP 和 DN 电流失配或沟道长度调制。这种非线性通常会导致过量的带内噪声和杂散音[10-11]。

为了更好地理解非线性的来源，考虑一个简单的电荷泵，它具有不同的 UP 电流 I_{UP} 和 DN 电流 I_{DN}（图 10.44）。这种差异来自几个因素，如随机失配或沟道长度调制，不过后者通常占主导地位。

在第一个脉冲期间，由于参考信号超前反馈分频器，因此产生了一个 UP 信号，导致正的净电荷泵电流流向环路滤波器。由于 PFD 复位延迟，存在 UP 和 DN 电流源同时导通的一小段时间（图 10.44 中的 τ）。流入环路滤波器的总电荷为

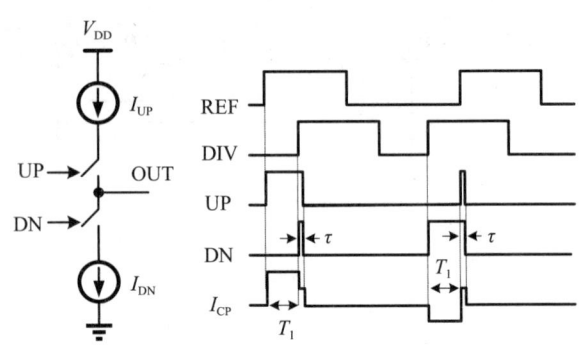

$$Q_{OUT} = I_{UP} T_1 + (I_{UP} - I_{DN})\tau$$

图 10.44 由于向上和向下电流的不相等引起的电荷泵非线性

式中，T_1 是参考超前时间。如果 UP 和 DN 电流相等，则上述第二项将不存在，而在图中，夸张地假设了 UP 电流为 DN 电流的两倍。无论如何，一旦环路被锁定，这一项会导致参考信号和分频器输出之间有一个很小的相位差。

在下一个脉冲中，如果分频器现在超前（比如说领先相同的量 T_1），那么输出的总电荷变为

$$Q_{OUT} = -I_{DN} T_1 + (I_{UP} - I_{DN})\tau$$

从等式和图中可以清楚地看出，输送到环路滤波器的电荷呈现出非线性，除非 $I_{UP} = I_{DN}$。电荷泵总电荷与 PFD 输入延迟时间的关系如图 10.45 所示。曲线的斜率明显变化，这取决于参考信号是超前的还是滞后的。

回想一下，使用 Δ-Σ 调制器的主要优点是它能够对噪声进行良好的整形，也就是说，噪声被移到更高的频率（图 10.39），随后环路滤波器会对其进行衰减。然而，这仅适用于先前所说的 PLL 线性模型。任何非线性的存在都会导致噪声折叠，并会显著增加 PLL 的带内噪声。

为了改善这一点，可以使用图 10.23 所示的反馈电荷泵电路，尽管随机失配仍可能导致 UP 和 DN 电流不相等，但这一点不太重要，而且可以通过增加晶体管尺寸来缓解。如前所述，反馈电路的主要缺点是需要一个轨对轨输入的运算放大器，这会增加噪声和功耗。

另一种避免非线性的常用方法是，通过添加恒定的偏移电流（在任一方向上），使电荷泵特性偏离原点，如图 10.46 所示。

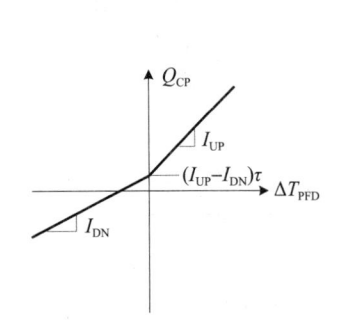

图 10.45 在存在不同的 UP 和 DN 电流时电荷泵特性是非线性的

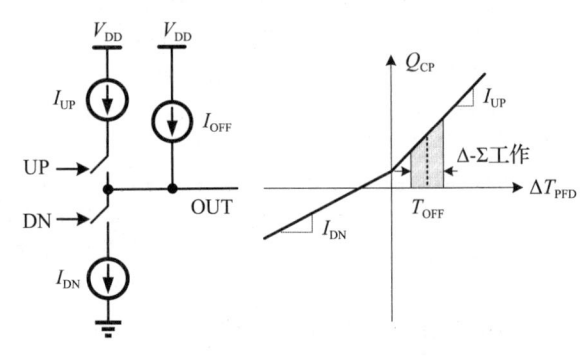

图 10.46 添加偏移电流使电荷泵输出远离非线性区域

示例：为了求出偏移量（图 10.46 中的 T_{OFF}），来检查存在这种失调的 PFD 输入信号，但此时假设 PLL 被锁定。如图 10.47 所示，假设失调电流（图 10.46 中的 $I_{OFF} < I_0$）为正，分频器超前于参考信号，相应的 DN 脉冲将导致 $I_{OFF} - I_0$ 电流持续 T_{OFF}(s)，这将抵消周期中剩余时间的 I_{OFF} 持续电流。为了简单起见，假设 $I_{UP} = I_{DN} = I_0$，但对于电流不相等的更实际的情况，也可以得出相同的结论。因此，$I_{OFF} T_{REF} = I_0 T_{OFF}$，或

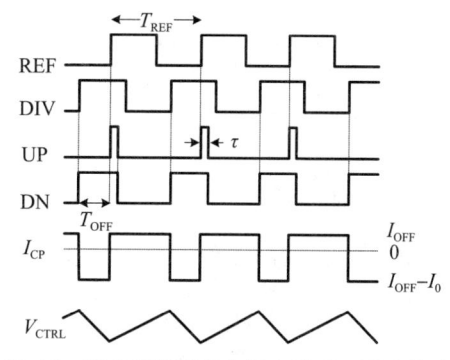

$$T_{OFF} = \frac{I_{OFF}}{I_0} T_{REF}$$

式中，T_{REF} 是参考信号周期。

图 10.47 当电荷泵存在失调电流时，PFD 输入信号处于锁定状态（图 10.46）

注意，实际上，与整数 PLL 不同的是，即使在锁定条件下，PFD 的输入也不能在每个周期的同一点完美对齐。由于这种相位（或时间）偏斜，偏移电流必须足够大，以便在给定可能的最大偏斜的情况下远离原点（图 10.46）。幸运的是，对于给定的 Δ-Σ 调制器设计，时间偏斜是可预测的，并且可以相应地进行规划。如果偏斜更大，增加 Δ-Σ 调制器的位数或阶数通常会导致电荷泵非线性更容易受到影响。参见习题 11 的例子。

偏移电流的主要缺点是，充电时间越长产生的噪声越大，控制电压的纹波也越多。值得关注的是，在整数 PLL 中，不相等的 UP 和 DN 电流不会导致过多的噪声，而只会产生参考杂散，如图 10.22 所示。

10.5.3.3 带外噪声

必须强调的是，Δ-Σ 调制不会改变总噪声能量，更确切地说噪声整形只是将噪声从低频移至高频。对于远端相位噪声很重要的许多应用来说，这无疑是有问题的。然而，由于 Δ-Σ 调制器有着与分频器或参考信号相同的低通环路抑制，高频噪声会受 PLL 的固有滤波的影响（图 10.48）。因此，总体的 Δ-Σ 输出噪声为

$$S_{\phi,OUT,PLL}(f) = S_{\phi,OUT}(f) |H_{PLL}(f)|^2$$

式中，$H_{PLL}(f)$ 是 PLL 低通传递函数，$S_{\phi,OUT}(f)$ 为前面计算的折合到 Δ-Σ 输出端的噪声。

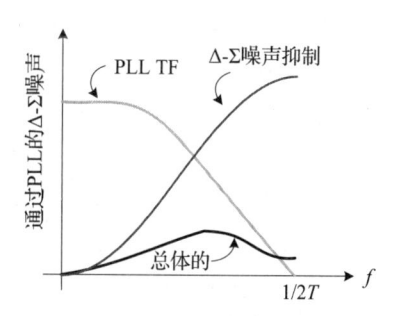

图 10.48 受 PLL 低通滤波影响的 Δ-Σ 调制器噪声

在 PLL 3dB 带宽之外可能会有一些峰值，其中 PLL 的抑制不足以平衡 Δ-Σ 调制器噪声的急剧上升。这一项本身可能不是一个大问题，取决于该区域的其他 PLL 噪声源，特别是可能占主导地位的 VCO。尽管如此，必须仔细评估噪声整形，以确保 Δ-Σ 调制器在所有频偏下的噪声影响均在要求范围内。

考虑到噪声分布的更急剧增加，具有较低带内噪声的高阶 Δ-Σ 调制器，其远端噪声可能更高。例如，假设一个简单的 RC 环路滤波器，如图 10.20 所示，PLL 的闭环传递函数为

$$|H_{PLL}(f)|^2 = \omega_n^4 \frac{1 + (2\zeta\omega\omega_n)^2}{(\omega_n^2 - \omega^2)^2 + 4\zeta^2\omega_n^2\omega^2}$$

式中，$\omega = 2\pi f$。注意，分频比（N）已从等式中删除，因为 Δ-Σ 调制器噪声已折合到输出端。因此，假设采用二阶 Δ-Σ 调制器，PLL 输出端的总相位噪声为

$$S_{\phi,\text{OUT,PLL}}(f) = \frac{(2\pi)^2}{12 f_{\text{REF}}} |2\sin(\pi f T)|^2 \omega_n^4 \frac{1+(2\zeta\omega\omega_n)^2}{(\omega_n^2-\omega^2)^2+4\zeta^2\omega_n^2\omega^2}$$

当 PLL 在远端频率处以 f^2 的斜率衰减时，二阶调制器噪声以相同的斜率上升，并且预计噪声将趋于平稳。实际上，环路滤波器看起来更像图 10.21 所示的情况，可在非常高的频率下实现充分的噪声抑制。

10.6 分频器

在频率综合器中已经确定需要可编程分频器。本节将讨论实现这些分频器的几种常见电路。

10.6.1 锁存器和 D 触发器

锁存器是所有分频器的基本组成部分。锁存器可以使用标准 CMOS 逻辑来实现。图 10.49 是这种实现的一个例子。它接受一个输入（D），一个互补时钟信号（CK，$\overline{\text{CK}}$），并有一个输出（Q）。锁存器包括一个由时钟使能的输入反相器，接着是背靠背的两个反相器构成锁存功能。

当时钟到来时，使能反相器，锁存器是透明的，即 Q=D。当时钟关闭时，输入反相器被禁用，不接收 D 输入，在时钟变为低电平之前的瞬间 D 的值被存储在背靠背反相器中。背靠背反相器中强制执行的正反馈确保输出即使在输入断开时级保持状态不变。图 10.49 中的锁存器，由于简单，在当前的纳米 CMOS 工艺中，工作频率可高达几十吉赫兹，并被广泛采用。

图 10.50 所示为锁存器的动态实现，其中去掉了背靠背反相器。锁存器输出端的（寄生）电容原则上足以在时钟禁用时保持输出。这自然会提高速度，但输出可能很容易受到任何噪声或干扰（如电源上的噪声或干扰）的影响，这是不可取的。

图 10.49 中 CMOS 锁存器的模拟电路如图 10.51 所示，通常被称为电流模逻辑（CML）锁存器。有几个属性可能使 CML 锁存器工作速度更快。

- 它只包含传统上速度更快的 NMOS 晶体管。然而，对于最近的 CMOS 工艺（28nm 及以上，包括 Fin‐FET）来说，这是不正确的，因为其中的 N 和 PFET 工作速度几乎相等。
- 电阻负载减少了输出端的寄生，从而提高了速度。但在最近的 CMOS 节点中，情况也不一定是这样，因为其中的 PMOS 晶体管和 NMOS 晶体管一样优秀。
- 电流模差分对的开启和关断速度更快，并且所需电压摆幅也更小。这类似于第 8 章中讨论的有源混频器与无源混频器速度的权衡。

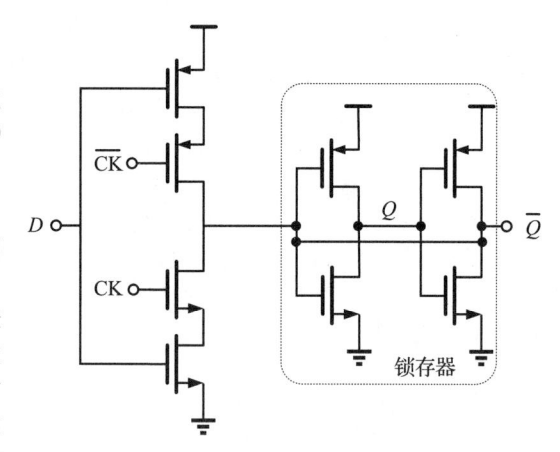

图 10.49 静态 CMOS 锁存器示意图

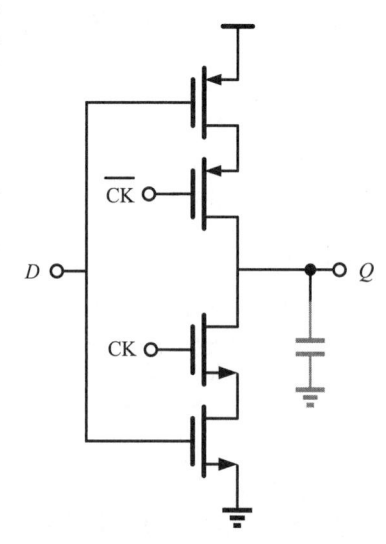

图 10.50 动态 CMOS 锁存器

除了设计的复杂性外,模拟拓扑的主要缺点是裕度和静态功耗。考虑到工艺的较低节点供电电压不断降低的趋势,前者尤为重要。经常会见到用移除尾电流源(图中的M_b)的方法来减轻裕度问题。

锁存器的功能与图 10.49 中所示的 CMOS 版本非常相似。当时钟为高电平时,M_2 - MM_2 对使能,与负载电阻一起充当模拟反相器,并且锁存器是透明的。当时钟变低电平时,输入反相器被禁用,不能接收 D 输入,交叉耦合对(M_3 - MM_3)通过强制执行正反馈来保持输出不变。交叉耦合晶体管的尺寸选择必须能使正反馈产生的负电阻主导负载电阻。

如图 10.52 所示,两个时钟相反的、背靠背放置的锁存器形成一个 D 触发器(DFF)。图中还显示了输出(Q)与输入和时钟的时序图。在这个例子中输出在时钟的正边沿锁存。

图 10.53 为使用动态锁存器构成的 D 触发器的电路级示例。

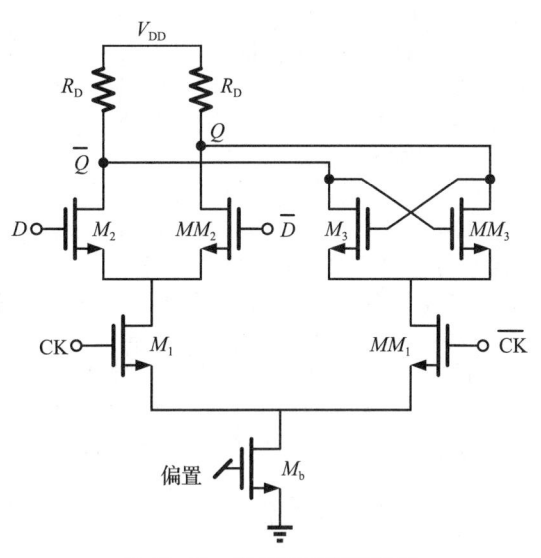

图 10.51 模拟电流模锁存器

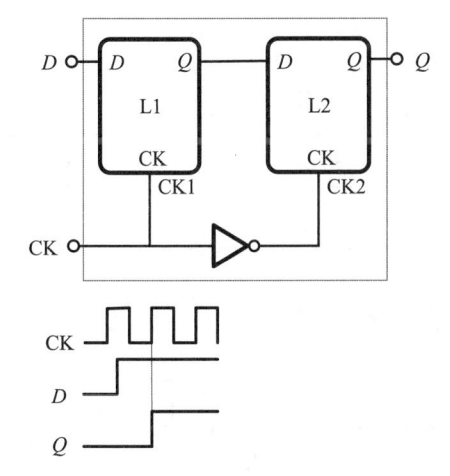

图 10.52 两个背对背锁存器构成的 D 触发器

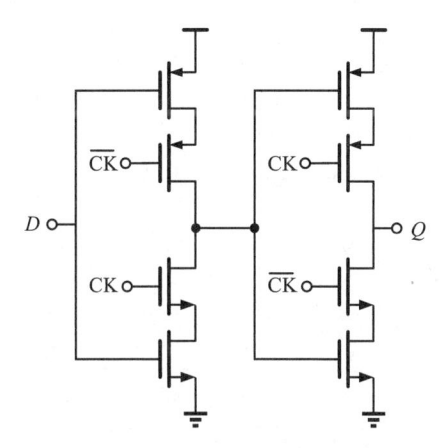

图 10.53 动态 CMOS 触发器

一旦放到反馈回路中,D 触发器将变为一个 2 分频电路,如图 10.54 所示,其中 $\overline{Q}$ 输出反馈给 D 输入。相应的时序图如右图所示。

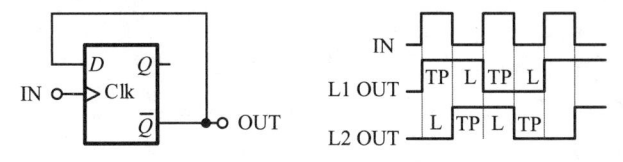

图 10.54 使用计数触发器的 2 分频(触发器在反馈回路中)

当时钟(输入)变为高电平时,第一个锁存器是透明的,并且可以看到第二个锁存器的输出,该输出为低电平,并且由于第二个锁存器的 $\overline{Q}$ 值被反馈,第一个锁存器输出就变为高电平。当输入(时钟)变为低电平时,逻辑高电平锁存在第一个锁存器中,第二个锁存器(现在是透明的)输出变高电平。一旦时钟再回到高电平,输出为高电平会被锁存,低电平就反馈给输入锁存器,现在输入锁存器是透明的。因此,锁存器输出的频率为所需输入频率的一半。[⊖]

为了使分频器能够正常工作,一个锁存器的延迟必须小于输入信号周期的一半,如图 10.55 所示。

一旦输入(时钟)变为高电平,第一个锁存器是透明的,它的输入预计就会变为高电平,但实际上会有一些延迟(图中的 Δ_1)。这个信号必须在第二个锁存器变为透明之前完成电平转换,也就是输入(时钟)变为低电平前,第一个锁存器变为高电平,否则分频器就不能正常工作。例如,在 16nm CMOS 工艺中,CMOS 锁存器(图 10.49)的延迟约为几十皮秒量级,因此分频器的工作频率可轻松达到几十吉赫兹。

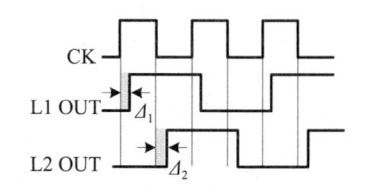

图 10.55 2 分频电路中的速度问题

10.6.2 双模分频器

以 D 触发器为主要构建模块,并借助于几个简单的门,就可以构建在频率综合器设计中所需的双模或多模分频器。本节将介绍几个示例。

示例:图 10.56 所示为频率综合器中广泛使用的 2 或 3 可编程双模分频器,以及 3 分频的时序图。信号 MC 设置分频比。如果 MC=1,则 OR 的输出 O_1 一直是高电平,因此第一个 DFF 对第二个 DFF 是不可见的,第二个 DFF 被配置为像 $A_1 = \overline{Q_2}$ 时一样的 2 分频。

当 MC=0,$O_1 = Q_1$ 时,OR 不起作用,不影响 Q_1 的通过,因此背靠背的两个 D 触发器产生 3 分频。如果没有"AND"门,读者可以很容易地证明,在反馈回路($\overline{Q_2}$ 连接到第一个 DFF 输入)中的背对背触发器是一个 4 分频电路。然而,AND 使输出提前一个周期变为高电平,有效地实现了如时序图所示的 3 分频。假设正边沿 D 触发器具有一些非零延迟,从所有输出均为零($Q_1 = Q_2 = 0$,$\overline{Q_2} = 1$)开始。当第一个时钟边沿到达时,因为第一个 DFF 输入 $\overline{Q_2}$ 是高电平,因此 Q_1 变为高电平。另一方面,因为 AND 输出(A_1)已经为零,并且考虑到门延迟,在时钟边沿处,第二个 DFF 看到的输入(AND 的输出)仍然保持为零,因此 Q_2 保持为零。延迟一段时间后,现在,AND 的两个输入都是高电平,因此在第二个时钟边沿,Q_2 变为高电平(经过一段延迟后,$\overline{Q_2}$ 变低电平)。因为正好在第二个时钟边沿处,$\overline{Q_2}$ 仍是高电平,

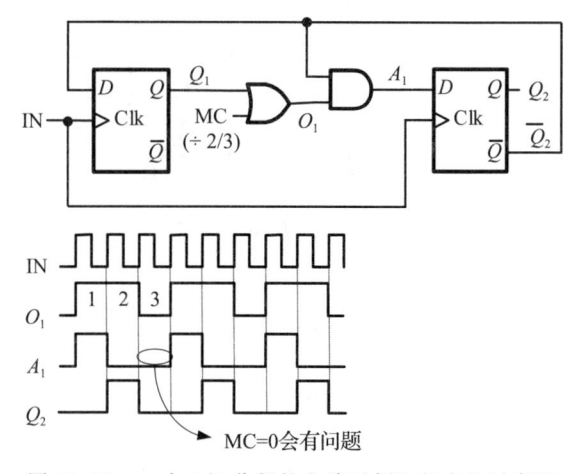

图 10.56 一个 2/3 分频的电路示例和相应的时序图

⊖ 这一段需要结合图 10.52 和图 10.54 来理解。——译者注

所以 Q_1 保持高电平。在第三个时钟边沿，由于 $\overline{Q_2}$ 是低电平，所以 AND 输出也是低电平，这使 Q_2 变为低电平或 $\overline{Q_2}$ 变为高电平。这意味着在第四个时钟边沿，Q_1 将返回高电平，从而产生 3 分频。如果没有 AND，Q_2 将在第三个时钟边沿保持为高电平（$\overline{Q_2}$ 低电平），导致 Q_1 在第四个时钟边沿到来时保持低电平。值得关注的是，在前两个时钟周期，由于 Q_1 为高电平，因此 MC 的状态并不重要。只有在第三个输入周期，MC 必须为零才能实现 3 分频。在使用 2/3 分频来构成更复杂的双模或多模分频器的情况下，这一点变得非常重要。将很快讨论这方面的几个例子。

作为一个简单的经验法则，为了创建特定的分频比，所必需的锁存器的数量 n，通常选择使得 2^n 是比所需分频比大的最接近的整数，例如，对于 3 分频用两个锁存器，或者对于 5 分频或 6 分频用三个锁存器。

示例：作为第二个案例研究，图 10.57 所示是一个 4/5 分频的电路[12]。如果 MC=0，N_2 为高电平，并且第三个 DFF 输出始终为高电平。因此，$N_1 = \overline{Q_2}$，并且输出（Q_2）为输入的 4 分频。

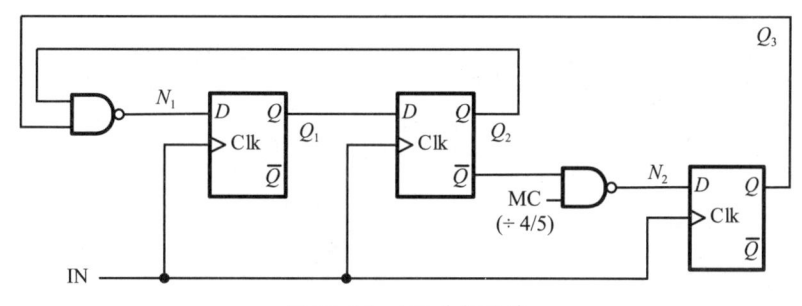

图 10.57　4/5 分频电路

另一方面，如果 MC=1，$N_2 = Q_2$，前两个 D 触发器在反馈环路中，附加的 $\overline{Q_3}$ 通过 N_1 AND 门出现在第一个 DFF 的输入。其时序图（从复位点开始）如图 10.58 所示，是不言自明的。

注意，Q_2 跟随 Q_1，有一个输入周期（时钟）的延迟，Q_3 跟随 $\overline{Q_2}$，有一个输入周期（时钟）的延迟。

示例：图 10.59 显示了一个 8/9 分频的电路[13]。分频器工作原理的分析方法与前面的例子大致相同。MC=0 时，2/3 分频器工作在 2 分频的模式，之后是另外两个 2 分频（反馈中的第二个和第三个 D 触发器），从而形成级联的 8 分频电路。如果 MC=1，则电路是 9 分频，留给读者自行分析。

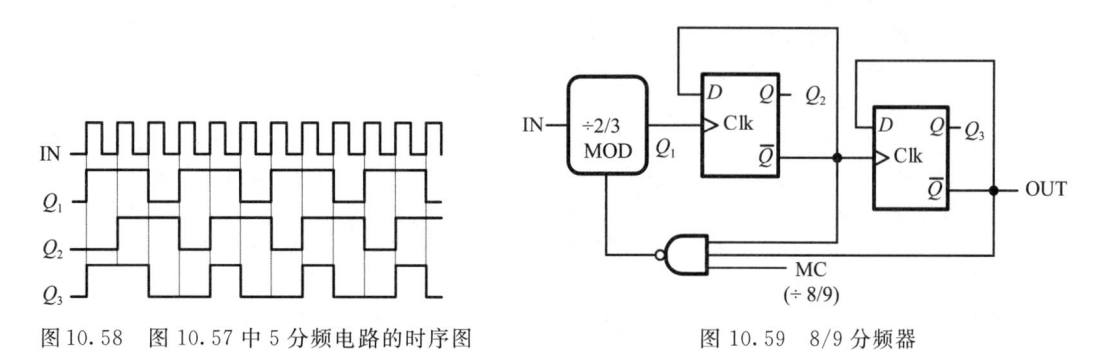

图 10.58　图 10.57 中 5 分频电路的时序图

图 10.59　8/9 分频器

其他几个分频器电路的示例可以参考文献[12，14-15]。

示例：作为本节的最后一个示例，图 10.60 所示为一个 4 分频电路，它利用基于移位寄存器（或 Johnson）的分频器，为一个 8 相阻塞容限接收机[16-17]产生 8 相本振信号。注意，分频器不是频率综合器的一部分，而是用于直接从 VCO 为接收机混频器产生适当的本振信号。

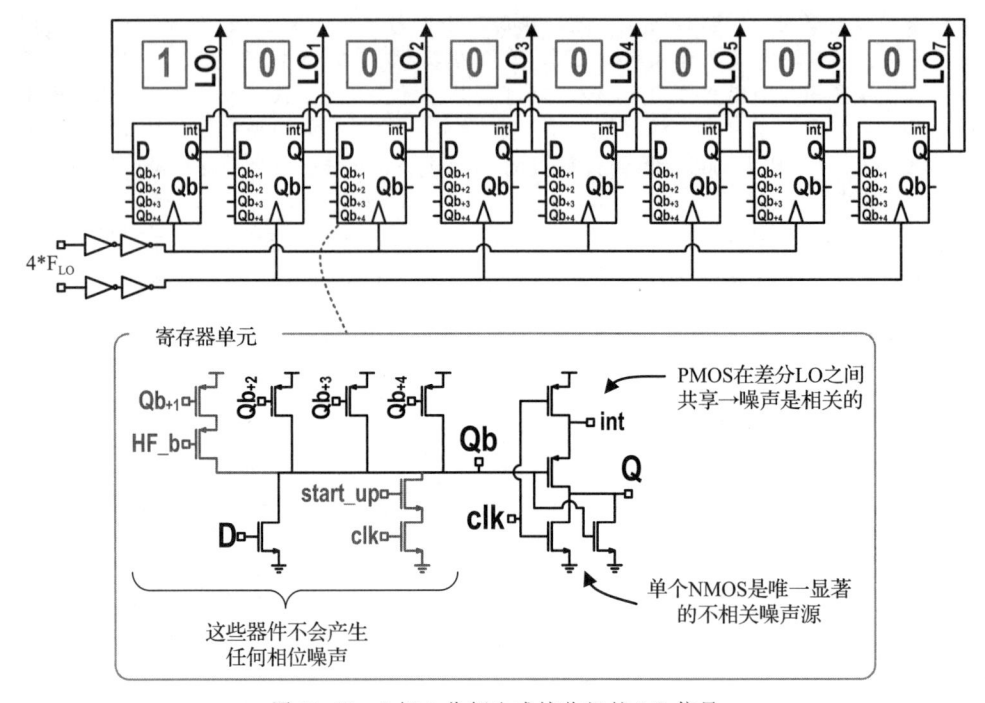

图 10.60 8 相 4 分频生成接收机的 LO 信号

一个寄存器单元存储逻辑高电平，而所有其他寄存器存储逻辑低电平。输入，以四倍于输出的频率，将该逻辑高电平沿寄存器移动，以生成所需的 8 相非重叠时钟。寄存器单元的设计应考虑到以下几点：负时钟转换应在 D 输入端产生高电平，而正时钟转换应始终将输出端拉为低电平。逻辑高电平通过内部节点传播。当前一级的输出为高电平时，该节点被输入拉为低电平，而输入则对内部节点预充电，并强制执行在任何给定时间只有一个寄存器输出为高电平的状态。重要的是，这个内部节点只在输出级使能上拉 PMOS 晶体管，因此理想情况下，在输出级左侧的晶体管不产生相位噪声。每个单元的输出由其中一个高频时钟触发，并且同一个时钟触发输出的时钟频偏 180°（事实上，其他每个单元都由同一个高频时钟触发）。这种重定时将频偏 180°的时钟之间的不相关噪声的来源限制在单个突出显示的 NMOS 晶体管上，从而限制了本振到射频耦合引起的噪声因子的恶化。由于主时钟对每一级都进行选通，因此电路的相位噪声也非常低，在 1.5GHz 载波 80MHz 频偏处，模拟的相位噪声低于 −172dBc/Hz。分频器的工作频率范围为 80MHz~2.7GHz（受混频器开关电容负载的限制），消耗电流为 3~36mA。该电流的一半耗散在高频缓冲器中。由于分频器采用轨对轨 CMOS 逻辑，所以本振功耗与频率（13.3mA/GHz）成正比。

前面介绍的双模分频器不能直接用于整数或小数频率综合器，因为通常需要非常大的分频比。然而，它们可以用于构成可编程的多模分频器，接下来将讨论。

10.6.3 多模分频器

图 10.61 显示了一种广泛使用的可编程多模分频器（Multi-Modulus Divider，MMD），它由前面介绍的几个 2/3 分频级组成（图 10.56）。通过选择 3bit 的编程字 $M_2 M_1 M_0$，可实现 8～15 的可编程分频比。图中还显示了 15 分频情况下的时序图。在最后的输出端，插入一个 D 触发器来对输入进行重定时，这是放宽分频器中间级噪声要求的常用技术。

为了分析 MMD，暂时忽略最后的 D 触发器，并假设 $M_2 M_1 M_0 = 111$。从零状态开始，在输入（时钟）的上升沿，所有分频器输出（Q_1、Q_2 和 Q_3）变为高电平。因为 Q_2 和 Q_3 以及 M_0 均为高电平，第一个分频器变为 3 分频（MOD 端口为零，见图 10.56），并且输入在第三个输入周期保持低电平，如图 10.61 时序图所示。在第四个输入边沿，Q_1（实际上是第二个分频器的时钟）变为高电平，这导致 Q_2 变为低电平。第三个分频器输出保持高电平，直到作为其输入的 Q_2 的第二个上升沿到来，第三个分频器才会变低。当 Q_3 和 M_1 是高电平时，第二个分频器也是 3 分频，且在 Q_1 的两个周期内保持低电平，这相当于输入的四个周期，因为 Q_2 是低电平，第一级现在是 2 分频。一旦 Q_2 变高电平，由于 M_2 是高电平，则 Q_3 变低电平并将是 3 分频，跳过了 Q_2 的两个周期，或 Q_1 的四个周期，或八个输入周期。注意当 Q_3 变低电平并在输出的剩余周期中保持为低电平时，第二级将是 2 分频。因此，总的来说，一个输出周期相当于 15(3+4+8) 个输入周期。

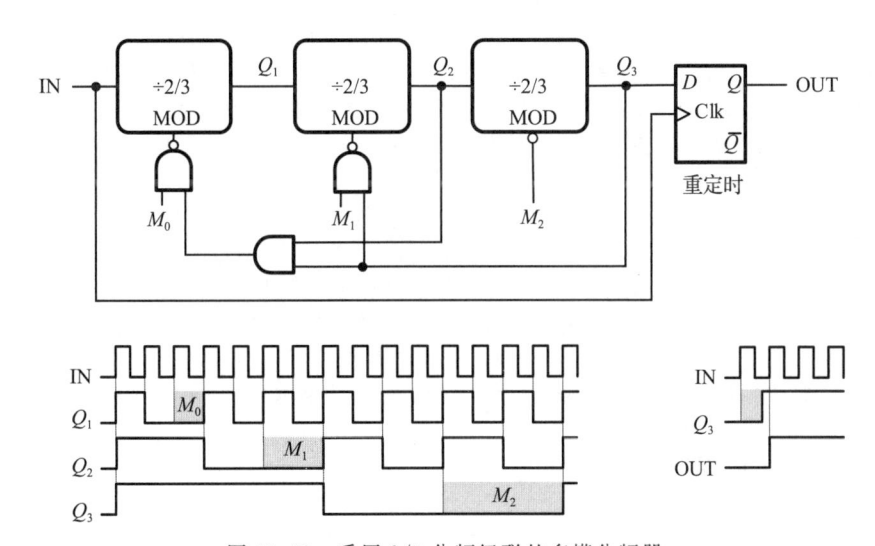

图 10.61 采用 2/3 分频级联的多模分频器

当任何模控制 bit 为零时，相应的 2/3 分频的 MOD 输入将是高电平，因此它将起到 2 分频的作用。读者可以很容易地计算出其他的组合，并证明模数可以编程如下：

$$N = 8 + 2^0 M_0 + 2^1 M_1 + 2^2 M_2$$

这可以提供 8～15 的分频范围。通过级联更多的级，并借助必要的逻辑，可以扩展该设计以构建任意的分频比。由于每个后续的分频器的工作频率至少为频率的一半，因此其大小和功率可以缩放，从而在吉赫兹频率下实现非常高效的设计。该电路或其变体通常用于小数频率综合器。

最后一个 D 触发器的目的是用净输入重定时输出，并用来减少经过多个分频器后累积的噪声。相应的时序图显示在右下方。当时钟沿到达时，最后一个分频器(Q_3)的输出经过一定的延迟后变为高电平。假设该延迟小于一个输入周期（时钟），则实际输出将在下一个输入周期（时钟）的上升沿被锁存，其抖动将仅取决于最后一个触发器噪声和输入（时钟）本身，从而有效地绕过了分频器其余部分的噪声。

图 10.62 所示为另一种广泛使用的多模分频器，尤其是在需要非常大的分频比的整数频率综合器中，通常称为脉冲吞咽分频器。

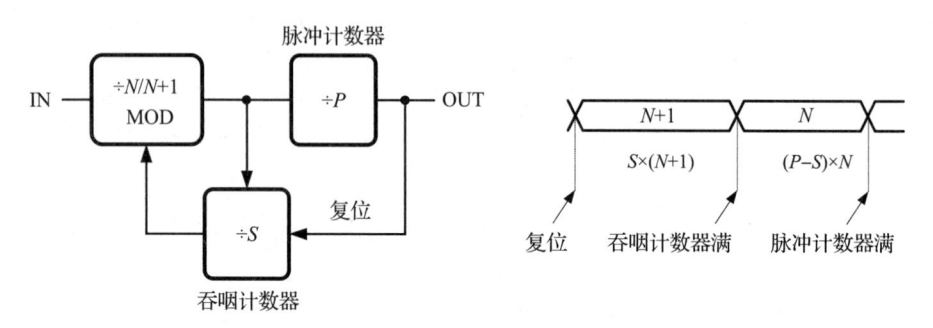

图 10.62 脉冲吞咽多模分频器

它由一个 $N/N+1$ 的双模分频器（例如，图 10.56，图 10.57 或图 10.59 中的任何一个电路），或一个可编程吞咽计数器（图中的 S，基本上是将其输入（双模分频器的输出）除以 S），和一个脉冲计数器（图中的 P，是将双模分频器的输出除以 P）组成。通常 N 和 P 是固定的。复位后，吞咽计数器的输出为零，双模分频器为 $N+1$ 分频，直到吞咽计数器计满为止，也就是在输入的 $S \times (N+1)$ 个周期之后（吞咽计数器计满）。一旦吞咽计数器计满，它标记为高，使双模分频器（也称为预分频器）为 N 分频，同时吞咽计数器又从 0 开始计数。到目前为止，程序计数器[⊖]已经计数了预分频器的 S 个周期，还有另外的 $P-S$ 个周期需要计数（通常设计要求 $P>S$）才能完成整个周期。在输入的 $(P-S) \times N$ 个附加周期之后（注意，预分频器是除以 N），程序计数器计满，这之后将所有部分复位。因此，输出总的计数周期为 $[S \times (N+1)] + [(P-S) \times N] = NP + S$。

示例：以蓝牙的整数 N 频率综合器为例，回想一下，所需的分频比必须在 2402～2480。例如，可以通过使用一个 4/5 分频器，一个 $P=480$ 的程序计数器和一个 S 为 2～80 的可编程吞咽计数器来实现。计数器是通过级联几个移位寄存器（基于触发器的）来实现的。

10.7 数字 PLL 简介

本节专门介绍数字 PLL 进行简要概述。可以在参考文献[18]中找到更多有关数字 PLL 基本设计和折中的内容。

在讨论数字 PLL(DPLL)的具体内容之前，先回顾一下模拟 PLL 的几个重要限制。

- 根据噪声要求和参考频率，环路滤波器的尺寸可能会变大。虽然随着工艺的发展电容尺寸确实可以减小，但其尺寸却不如数字门那样减小的令人满意。
- 通常需要较大的电荷泵电流才能实现低带内相位噪声。
- PFD/CP 线性对于某些应用可能是一个问题。

⊖ 程序计数器也就是脉冲计数器，其计数模值 P 大于吞咽计数器的模值 S，两者都对预分频器的输出进行计数。——译者注

- 在 PLL 构成模块的噪声影响之间需要进行重要的折中,尤其是在 VCO 和 Δ-Σ 调制器的噪声之间。如前所述,Δ-Σ 调制器噪声遵循 PLL 低通传递函数,而 VCO 噪声到输出的传递函数为高通的。由于 VCO 通常是频率综合器中功耗最大的部分,因此增加 PLL 的环路带宽以抑制 VCO 的带内相位噪声影响,并因此降低其功耗可能非常有益。对于给定的积分带宽,这反过来将导致参考信号,尤其是 Δ-Σ 调制器的噪声影响增加。这种折中在图 10.63 中进行了说明,其中针对 350kHz 和 800kHz 的两个环路带宽,对于相同的 PLL 噪声源,加黑标出了 VCO 和 Δ-Σ 调制器的噪声曲线,其他的都相同。虽然增加环路带宽的确会降低 VCO 的影响,但 Δ-Σ 调制器的噪声,尤其是在远端频率处,会大幅上升。另一方面,如果能够以某种方式消除调制器噪声,则更宽的环路带宽会大大节省 VCO 和整个 PLL 的功耗。

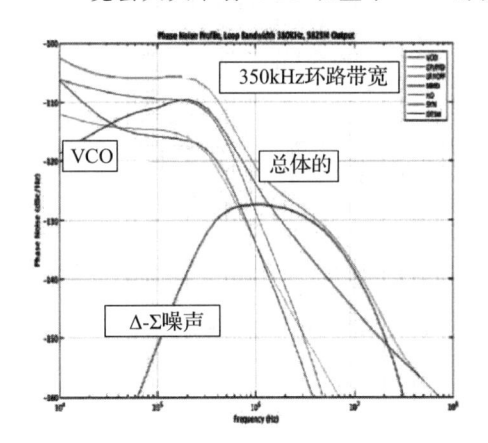

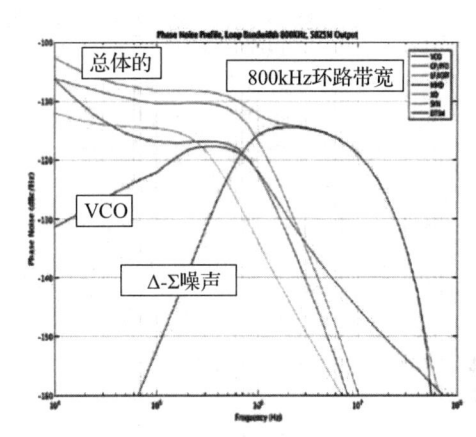

图 10.63　两种不同环路带宽的模拟 PLL 噪声和 Δ-Σ 噪声影响

考虑到许多模拟 PLL 中的构建模块是伪数字的(例如鉴相器),因此可以考虑设计一种数字版本的 PLL,如图 10.64 所示。

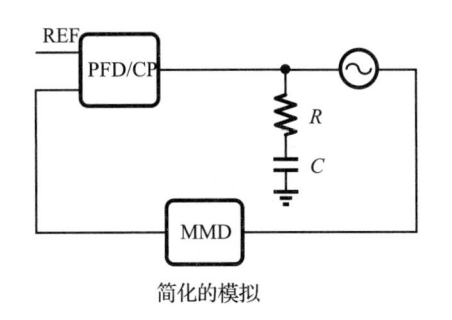

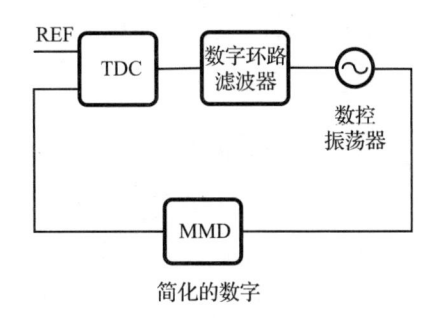

图 10.64　数字 PLL 的简化框图及其与模拟 PLL 的比较

可以使用时间-数字转换器(TDC)代替鉴相器,该转换器可以有效地测量输入(参考信号和多模分频器(MMD)输出)的时间差,并产生与相位差成比例的数字输出信号。这时便可以对该信号进行数字处理,并反馈给 VCO。然而,VCO 只能采用数字控制线(因此通常称为数字控制振荡器),这可以通过可切换的电容阵列或插入 DAC 并将相应的模拟信号馈送至变容二极管来实现。这种方案具有几个优点:

- 环路滤波器和鉴相(TDC)都是数字的，通常占用的面积更小，但更重要的是，它们的面积和性能随工艺的发展而变化。
- Δ-Σ调制器的噪声(和杂散)可以进行数字校正。

Δ-Σ调制器的噪声消除原理如图 10.65 所示。通过对预先已知的 Δ-Σ 调制器输出($Q(z)$)的量化误差进行积分，可以估算出相位误差Φ_e。这样便可以从TDC输出中减去该相位误差来将其消除。量化误差Φ_e将经过高通滤波器(HPF)以滤除 DC 分量，并且与残留误差R_e相关。如果存在任何残留误差，则相关器输出将具有非零的平均输出，该输出将被积分以控制TDC之后的增益校正模块。注意，要完全消除调制器噪声，需要确切知晓鉴相器(或TDC)的增益，以便增益可以通过如图所示的校准环路对其进行有效校正。

虽然这至少在概念上也可以在模拟 PLL 中实现，但事实证明，在数字域和数字 PLL 的环境下要方便得多。模拟实现的主要局限性是需要一个线性非常好且噪声低的 DAC 来将误差注入环路滤波器，而在数字域中可以更高效地完成这一工作。

在本节的剩余部分，将简要讨论数字 PLL 中构建模块的更多细节。

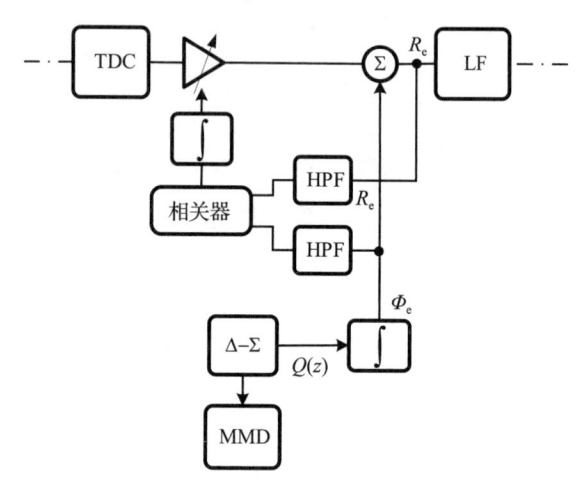

图 10.65 数字 PLL 中的噪声消除图示

10.7.1 时间-数字转换器

TDC 可以被认为是 ADC，只是它的输入是时间而不是电压。因此，TDC 会产生一些量化噪声，并最终限制整个 PLL 相位噪声。与 ADC 类似，TDC 量化噪声可以表示为$\frac{\Delta T_{res}^2}{12}$，其中$\Delta T_{res}$是 TDC 的分辨率。该噪声通常均匀地分布在$\pm \frac{f_{REF}}{2}$之间，因此 TDC 量化噪声频谱密度为

$$S_q(f) = \frac{\Delta T_{res}^2}{12 f_{REF}}$$

类似于 Δ-Σ 调制器的噪声，当参考 PLL 输出时，TDC 的噪声频谱密度表示为

$$S_{\phi, \text{OUT}}(f) = \frac{\Delta T_{res}^2}{12 f_{REF}} (2\pi f_{REF})^2 \mid H_{PLL}(f) \mid^2 \approx \frac{(2\pi \Delta T_{res})^2}{12} f_{REF} N^2$$

考虑到对于带内噪声，$\mid H_{PLL}(f) \mid^2 \approx N^2$。

示例：考虑一个用于 LTE 的 4GHz 数字 PLL，其参考频率为 40MHz。假设 TDC 的带内相位噪声预算为 -120dBc/Hz，可以写成：

$$-120 = 10\log\left[\frac{(2\pi \Delta T_{res})^2}{12} f_{REF} N^2\right]$$

在$N=100$和$f_{REF}=40\text{MHz}$的情况下，得出 TDC 分辨率为$\Delta T_{res}=0.87\text{ps}$。

10.7.1.1 TDC 电路实现

下面将讨论 TDC 电路实现的几个示例。

延迟线 TDC 电路如图 10.66 所示。使用与以前相同的符号，将 TDC 输入信号标记为 A 和

B(通常代表参考信号和 MMD 的输出)以及相应的时序图。一旦输入 A 到达,信号序列及其延迟信号的序列被馈送到 D 触发器阵列。当 B 输入到达时,只有那些在输入端接收到高电平的触发器才被触发变成高电平。自然地,当 DFF 的输出被译码时,译码就代表 A 和 B 输入的上升沿之间的延迟,这正是所要的。

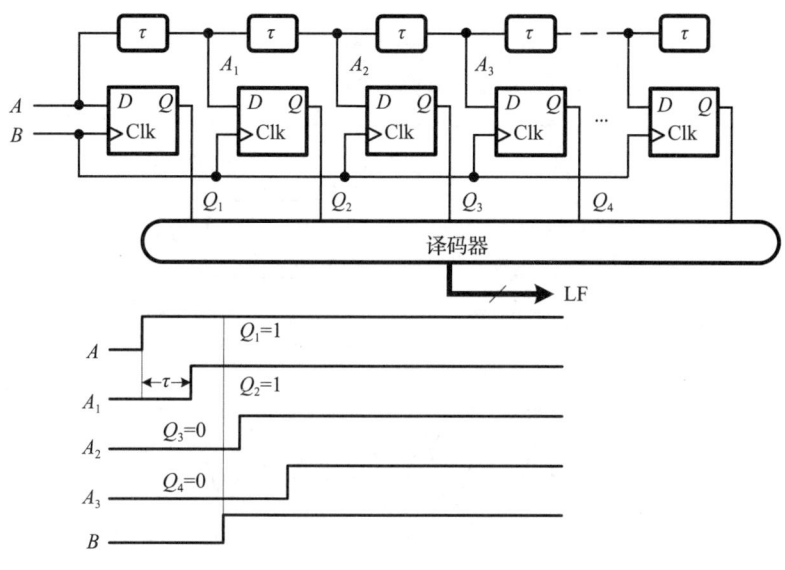

图 10.66 延迟线 TDC

显然,TDC 分辨率受每个延迟单元的最小延迟的限制。此外,不同延迟单元之间的失配可能会产生非线性。

另一种基于振荡器和计数器的 TDC 实现如图 10.67 所示。图中还给出了相应的时序图。暂时假设开启环形振荡器的使能信号总是高电平。计数器的启动和停止由输入信号的上升沿确定,是对环形振荡器的周期数进行计数。注意,在任何一种实现中,相位或时间差的确切值都不会影响 PLL 锁定功能;但是,这会影响环路的动态特性,将在 10.7.4 节讨论。与前面的 TDC 相同,分辨率由环形振荡器单元的最小延迟决定。此外,环形振荡器是持续运行的,这可能会增加功耗。

为了改善基于振荡器的 TDC 功耗,环形振荡器可以通过参考输入使能,并由 MMD 禁用环形振荡器,并存储其初始状态,将其用作下一个周期的初始条件。这被称为门控环形振荡器 TDC[19],门控可有效实现一阶噪声整形,这也将有助于在给定的可实现延迟下降低 TDC 的相位噪声影响。例如,在 16nm CMOS 工艺中可实现的原始延迟约为 4~5ps 量级,而使用门控可达到的有效延迟为亚 ps。

最后,在文献[20]中讨论了一种基于 ADC 的方案的替代方法,该方案利用斜率检测器,将其留给感兴趣的读者自行研究。

10.7.2 数字环路滤波器

如将在 10.7.4 节所讨论的,为获得模拟 PLL 传递函数而进行的分析同样可以直接应用于 DPLL。因此,可以基于所需的 DPLL 传递函数来估算环路滤波器组成元件的所需值(即图 10.20 的Ⅱ型 PLL 的 R 和 C)。一旦在 s 域中确定了模拟环路滤波器,就可以利用 $s \leftrightarrow \dfrac{1}{T}(z-1)$

表示的前向欧拉 s 域到 z 域的近似值来确定数字环路滤波器。这类似于 10.5.1 节所述的开关电容滤波器中经常使用的设计程序。然后可以在 z 域中仿真和优化最终环路滤波器的传递函数。如果环路带宽远低于参考频率(通常是这种情况),则此方法效果很好。

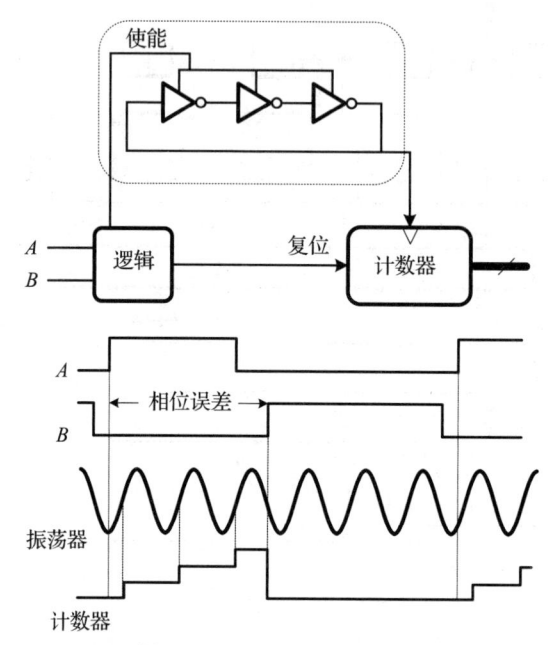

图 10.67 基于振荡器的 TDC

示例: 考虑图 10.68,其中上图所示为 Ⅱ 型 RC 滤波器。

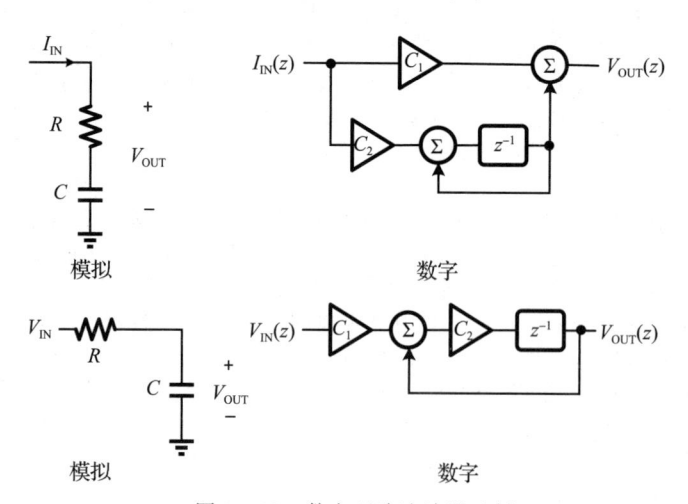

图 10.68 数字环路滤波器示例

在模拟域中,可以写出:

$$H_{LF}(s) = \frac{V_{OUT}}{I_{IN}}(s) = R + \frac{1}{Cs}$$

用 $\frac{1}{T}(z-1)$ 代替 s，有

$$H_{LF}(z) = \frac{V_{OUT}}{I_{IN}}(z) = R + \frac{T}{C}\frac{z^{-1}}{1-z^{-1}}$$

右图给出了相应的 z 域实现。很容易得出传递函数为

$$\frac{V_{OUT}}{I_{IN}}(z) = C_1 + \frac{C_2\ z^{-1}}{1-z^{-1}}$$

因此，$C_1 = R$，$C_2 = \frac{T}{C}$。

Ⅰ型滤波器的设计与图中下图所示类似（见习题17）。可以证明：

$$\frac{V_{OUT}}{I_{IN}}(z) = \frac{\frac{T}{RC}}{1-\frac{T}{RC}} \frac{\left(1-\frac{T}{RC}\right)z^{-1}}{1-\left(1-\frac{T}{RC}\right)z^{-1}} = \frac{C_1 C_2\ z^{-1}}{1-C_2\ z^{-1}}$$

式中，$C_1 = \frac{\frac{T}{RC}}{1-\frac{T}{RC}}$，$C_2 = 1-\frac{T}{RC}$。

10.7.3 数控振荡器

DCO 的两种变体如图 10.69 所示。如第 9 章所述，与变容二极管一起，几乎所有的 VCO 都使用一组数字控制的电容阵列来对 VCO 进行粗调，并在给定范围内有效降低 VCO 增益。

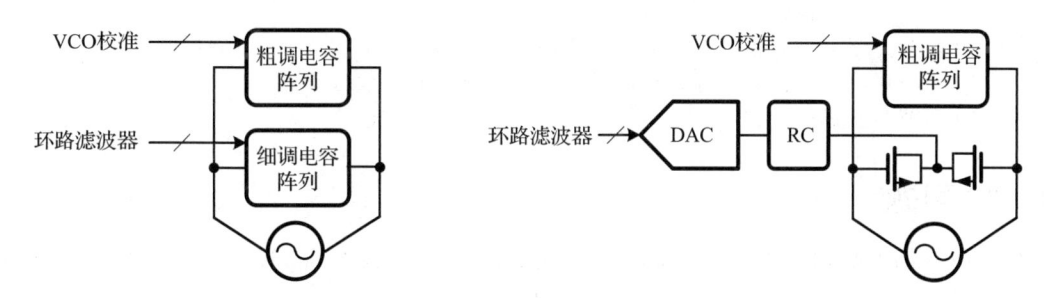

图 10.69 DCO 实现示例

如图 10.69 左图所示，变容二极管可以替换为另一组可切换电容阵列，以产生所需的微调。根据应用设置的可接受的频率误差，实现这样的微调可能会导致不切实际的值，并且经常被证明是一项困难的任务。

图 10.69 右图所示的另一种方法是利用 DAC 驱动更传统的带有变容二极管的 VCO。DAC 的噪声和功耗显然会增加一些裕度，但这通常会使设计更简单。尤其是在高性能应用中，可能需要高动态范围的 DAC。DAC 的 LSB 是根据所需的 DCO 分辨率，或者有效可接受的频率误差设置的。在这两种方法中，都可以加入 Δ-Σ 调制。在微调阵列的情况下，Δ-Σ 调制有助于实现更高的分辨率，尽管以额外的噪声或可能产生的杂散为代价，但还是经常使用；而在 DAC 方法中，Δ-Σ 调制有助于扩大 DAC 的动态范围。

示例：考虑将一个 $K_{VCO} = 15\text{MHz/V}$ 的连续的 VCO 与 DAC 一起用于 DPLL。假设 10bit 的 DAC 的满量程电压为 0.5V，则 DAC 的 LSB 约为 0.5mV。这样，频率分辨率则为 0.5mV×

15MHz/V=7.5kHz。如果用于 2.4GHz WLAN 的应用，则频率分辨率约为 3×10^{-6}。

10.7.4 DPLL 线性分析

DPLL 线性传递函数和噪声分析的开展方式与 10.4.1 节和 10.4.2 节中讨论的模拟 PLL 几乎相同。用 K_{TDC} 替换 K_{PFD}，用 K_{DCO} 替换 K_{VCO}，可以使用与之前用于 PLL 闭环传递函数的相同的方程式，表示为

$$H(s)=N\frac{\omega_n^2(1+RCs)}{s^2+2\zeta\omega_n s+\omega_n^2}$$

式中，$\omega_n=\sqrt{\dfrac{K_{TDC}K_{DCO}}{CN}}$，并且 $\zeta=\dfrac{RC\omega_n}{2}$。

和之前一样，来自参考信号、TDC 和 MMD 的噪声通过低通传递函数，而从 DCO 到输出的噪声传递函数是高通的。可以在模块级别上估算和仿真每个模块的噪声，并最终通过乘以适当的传递函数并将它们相加。

10.8 总结

本章介绍了锁相环，频率综合器和分频器。
- 10.1 节讨论了锁相环的基本属性和构建模块。
- 10.2 节介绍了 I 型 PLL。并讨论了 PLL 相位噪声分析中常用的 PLL 线性模型。
- 10.3 节讨论了 II 型 PLL。并讨论了鉴相鉴频器和电荷泵等的关键构建模块。
- 10.4 节介绍了整数频率综合器。
- 10.5 节介绍了小数频率综合器。本节还介绍了噪声整形和 Δ-Σ 调制器的概念。
- 10.6 节讨论了锁存器、分频器，以及双模分频器和多模分频器。
- 10.7 节简要概述了数字 PLL。

10.9 习题

1. 在图 10.8 的 I 型 PLL 中，参考信号为 5GHz，$K_{VCO}=1\text{GHz/V}$。假设在临界阻尼条件下，将 PLL 的带宽设计为 500MHz。PLL 的相位裕度是多少？
2. 在下图的 II 型 PLL 中，环路滤波器电阻和 PD 噪声建模为串联电压源和并联电流源。求出各自的噪声传递函数。答案：$S_{\phi,\text{OUT}}=\left|\dfrac{N}{K_{PD}}\right|^2\left|\dfrac{G}{1+G}\right|^2\left(S_{i_n}+\dfrac{S_{v_n}}{|F|^2}\right)$。

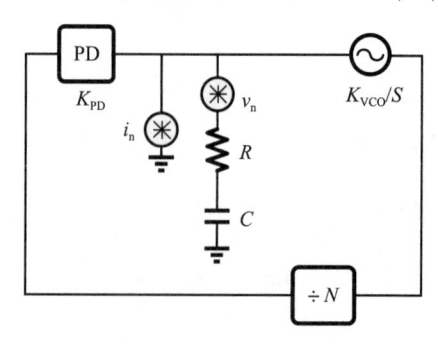

3. 假设电荷泵噪声由 $S_{i_n} \approx 2KTI_{CP}$ 给出，证明仅由电荷泵噪声引起的 PLL 固有频率处的相位噪声由下式给出：
$$S_{\phi,OUT}(\omega_n) = \frac{5\pi^2 N^2}{I_{CP}} 2KT$$

4. 用于 LTE 应用的电荷泵 PLL 使用 52MHz 的参考频率，并产生 1960MHz 的输出。VCO 增益为 40MHz/V。求出电荷泵电流和环路滤波器元件值，以使 PLL 的 3dB 带宽为 100kHz，电阻相位噪声小于 -100dBc/Hz(环路为临界阻尼)。假设在 PLL 固有频率(ω_n)时 VCO 的相位噪声为 -90dBc/Hz，则在 ω_n 处的总相位噪声是多少(包括前一题中的电荷泵噪声)？答案：$I_{CP} = 9.5\mu A$, $R = 50k\Omega$, $C = 160pF$, -93.8dBc/Hz。

5. 考虑一个小数频率综合器，其中先将 VCO 二分频，然后再施加到 MMD。与将 VCO 直接馈送到 MMD 的拓扑相比，讨论这种拓扑的优缺点。提示：两种情况都考虑 Δ-Σ 调制器量化噪声的影响。

6. 分析图 10.59 中的 8/9 分频电路。绘制其中任意一种分频比的时序图。

7. 将量化器建模为加性噪声源，求出图 10.40 中二阶 Δ-Σ 调制器的噪声整形函数和输出-输入特性。

8. 证明对于 m 阶 Δ-Σ 调制器，SSB 相位噪声可由下式给出：
$$S_{\phi,OUT}(f) = \frac{(2\pi)^2}{12 f_{REF}} |2\sin(\pi f T)|^{2(m-1)}$$

9. 考虑参考频率为 40MHz 的 II 型 PLL，产生 2GHz 的输出频率。假设 VCO 增益为 100MHz/V。
   (a) 如果 PLL 的 3dB 带宽为 1MHz，求出电荷泵电流和环路滤波器元件参数。
   (b) 假设有一个 UP 偏移电流为标称电荷泵电流的 25%，绘制 PFD 输入和输出信号，以及一个周期内的电荷泵电流。

10. 对于 UP 电流比 DN 电流低 10% 的情况，重做第 9 题的(b)。

11. 考虑一个小数频率综合器，其参考频率为 50MHz，输出频率为 1GHz。该频率综合器使用一个 MASH 1—1 的 Δ-Σ 调制器，将输出进行 $N-1$、N、$N+1$ 和 $N+2$ 分频。假设电荷泵具有相等的 UP 和 DN 电流，均为 $200\mu A$。
    (a) 求 PFD 输入的时间偏差。提示：假设 $N \approx 20$，求出 $N-1$、N、$N+1$ 和 $N+2$ 各分频比的分频器输出频率。
    (b) 设计具有偏移电流的电荷泵以避免非线性。
    (c) 从电荷泵非线性的角度来看，更高的参考频率还是更低的参考频率是更可取的？

12. 修改图 10.56 的电路，构成一个 3/4 分频电路。

13. 使用 3/4 分频器(上一题)，一个 OR 门和两个附加的 D 触发器，设计一个 15 分频的电路。答案：如下图所示。

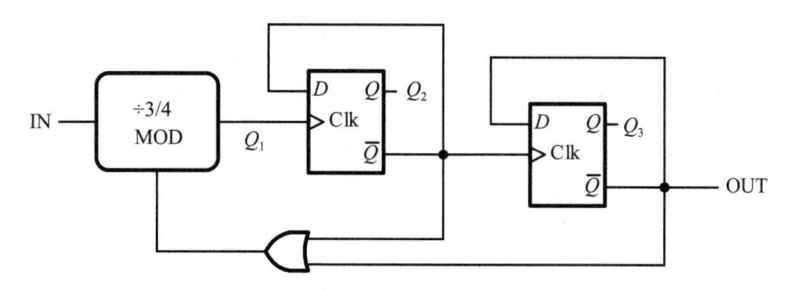

14. 下图所示的是一个产生 6 相输出的 3 分频电路。分析电路，并绘制相应的时序图。

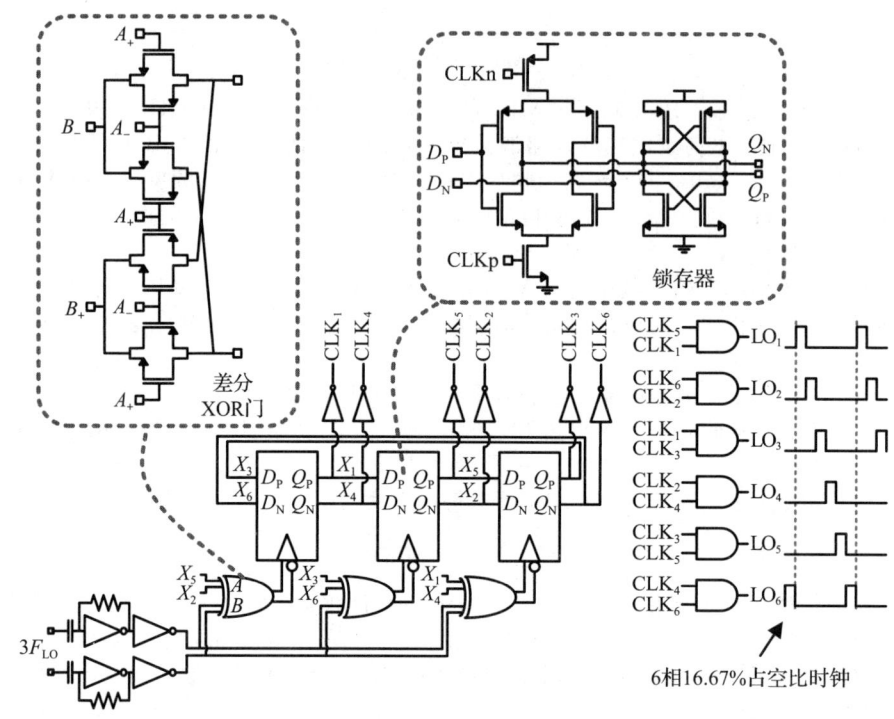

15. 利用四个 2/3 分频电路(图 10.56)和适当的逻辑，设计一个 8～31 分频的多模分频器。
16. 证明对于图 10.61 的 MMD，$N=8+2^0 M_0+2^1 M_1+2^2 M_2$，绘制 $M_2 M_1 M_0=100$ 和 $M_2 M_1 M_0=011$ 两种情况下的时序图。
17. 使用与 10.7.2 节相同的方法，综合出图 10.68 的 I 型 RC 滤波器的数字等效图。
18. 考虑到 TDC 量化噪声频谱密度为 $S_q(f)=\dfrac{\Delta T_{res}^2}{12 f_{REF}}$，计算出 TDC 量化噪声产生的 PLL 带内噪声。

参考文献

[1] J.-S. Lee, M.-S. Keel, S.-I. Lim, and S. Kim, "Charge Pump with Perfect Current Matching Characteristics in Phase-Locked Loops," *Electronics Letters*, 36, no. 11, 1907–1908, 2000.

[2] P. R. Gray and R. G. Meyer, *Analysis and Design of Analog Integrated Circuits*, John Wiley, 1990.

[3] T. Riley, M. Copeland, and T. Kwasniewski, "Delta-Sigma Modulation in Fractional-N Frequency Synthesis," *IEEE Journal of Solid-State Circuits*, 28, no. 5, 553–559, 1993.

[4] B. Miller and R. J. Conley, "A Multiple Modulator Fractional Divider," *IEEE Transactions on Instrumentation and Measurement*, 40, no. 6, 578–583, 1991.

[5] J. Candy, "Use of Double Integration in Sigma Delta Modulation," *IEEE Transactions on Communication*, 33, no. 3, 249–258, 1985.

[6] J. Candy, "Use of Limit Cycle Oscillations to Obtain Robust Analog-to-Digital Converters," *IEEE Transactions on Communication*, 22, no. 3, 298–305, 1974.

[7] R. Schreier and G. C. Temes, *Understanding Delta-Sigma Data Converters*, vol. 74, IEEE Press, 2005.

[8] R. Gregorian and G. C. Temes, *Analog MOS Integrated Circuits for Signal Processing*, vol. 1, John Wiley, 1986.

[9] J. Candy and O. Benjamin, "The Structure of Quantization Noise from Sigma-Delta Modulation," *IEEE Transactions on Communications*, 29, no. 9, 1316–1323, 1981.

[10] B. D. Muer and M. S. J. Steyaert, "A CMOS Monolithic Δ; Σ-Controlled Fractional-N Frequency Synthesizer for DCS-1800," *IEEE Journal of Solid-State Circuits*, 37, no. 7, 835–844, 2002.

[11] S. Pamarti, L. Jansson and I. Galton, "A Wideband 2.4-GHz Delta-Sigma Fractional-NPLL with 1-Mb/s In-Loop Modulation," *IEEE Journal of Solid-State Circuits*, 39, no. 1, 49–62, 2004.

[12] H.-I. Cong, J. M. Andrews, D. M. Boulin, S.-C. Fang, S. J. Hillenius, and J. Michejda, "Multigigahertz GHz Dual-Modulus Prescaler IC," *IEEE Journal of Solid-State Circuits*, 23, no. 5, 1189–1194, 1988.

[13] P. Larsson, "High-Speed Architecture for a Programmable Frequency Divider and a Dual-Modulus Prescaler," *IEEE Journal of Solid-State Circuits*, 31, no. 5, 744–748, 1996.

[14] J. Craninckx and M. Steyaert, "A 1.75GHz 3V Dual-Modulus Divide-by-128/129 Prescaler in 0.7μm CMOS," *IEEE Journal of Solid-State Circuits*, 31, no. 7, 890–897, 1996.

[15] C. Vaucher, I. Ferencic, M. Locher, S. Sedvallson, and Z. Wang, "A Family of Low-Power Truly Modular Programmable Dividers in Standard 0.35μm CMOS Technology," *IEEE Journal of Solid-State Circuits*, 35, no. 7, 1039–1045, 2000.

[16] D. H. H. X. Murphy, "A Noise-Cancelling Receiver Resilient to Large Harmonic Blockers," *IEEE Journal of Solid-State Circuits*, 50, 1336–1350, 2015.

[17] D. Murphy, H. Darabi, A. Abidi, A. A. Hafez, A. Mirzaei, M. Mikhemar, and M.-C. F. Chang, "A Blocker-Tolerant, Noise-Cancelling Receiver Suitable for Wideband Wireless Applications," *IEEE Journal of Solid-State Circuits*, 47, 2943–2963, 2012.

[18] R. B. Staszewski and P. T. Balsara, *All-Digital Frequency Synthesizer in Deep-Submicron CMOS*, John Wiley, 2006.

[19] C. Hsu, M. Z. Straayer, and M. H. Perrott, "A Low-Noise Wide-BW 3.6-GHz Digital ΔΣ Fractional-N Frequency Synthesizer with a Noise-Shaping Time-to-Digital Converter and Quantization Noise Cancellation," *IEEE Journal of Solid-State Circuits*, 43, no. 12, 2776–2786, 2008.

[20] X. Gao, L. Tee, W. Wu, K. Lee, A. A. Paramanandam, A. Jha, N. Liu, E. Chan, and L. Lin, "9.4 A 28nm CMOS Digital Fractional-N PLL with −245.5dB FOM and a Frequency Tripler for 802.11abgn/ac radio," in *Proceedings of the IEEE International Solid-State Circuits Conference Digest of Technical Papers*, 2015.

[21] F. M. Gardner, *Phaselock Techniques*, John Wiley, 2005.

[22] D. H. Wolaver, *Phase-Locked Loop Circuit Design*, vol. 177, Prentice Hall, 1991.

第 11 章 |Chapter 11|

功率放大器

在本章中研究将功率高效传输到天线所面临的挑战性问题。到目前为止，所讨论过的线性放大器的拓扑结构基本上都不具备实现高效率的能力。考虑到提高电池寿命的要求，当传输几百毫瓦或几瓦的功率到天线时，功率的高效率传输就会变得非常关键。在大多数现代无线电中，在不增加带宽的情况下，采用复杂的调制方式以提高数据吞吐量时，这个问题会变得更加严重。如在第 6 章中所讨论的，射频系统要求功率放大器具有更高的线性度，因此要实现可观的效率变得更具挑战性。

本章首先对挑战和关注点以及线性度-效率的折中进行一般性描述。然后对不同类别的功率放大器进行详细描述。最后，将讨论用于使功率放大器线性化或提高功率放大器效率的各种技术，来改善具有挑战性的线性度-效率问题。

本章的主要内容：
- 功率放大器的基本工作原理。
- A、B、C 类功率放大器。
- 开关功率放大器(D、E、F 类)。
- 数字发射机和数字功率放大器。
- 功率合成技术。
- 预失真。
- 包络消除和恢复。
- 包络跟踪。
- 动态偏置。
- Doherty 功率放大器。

11.1 概述

当分析功率放大器(PA)时，到目前为止区分功率放大器和前面讨论的小信号放大器有几个重要因素：
- 通过共轭匹配实现的最大功率传输的概念并不适用于功率放大器。(见图 11.1)。

如在第 3 章所说明的，在一个接收机中，与信号源的共轭匹配可以实现从天线到 LNA(低噪声放大器)的输入端传输最大的功率，但仍然存在 50％的功率损耗。例如，对于 GSM 功率放大器，需求提供 2W 的功率给天线，50％的效率导致功率放大器本身损耗了 2W 的功率，这是无法接受的，考虑到还有很多其他实际的限制会进一步降低功率放大器的效率。实际上，从图 11.1 可以看出，天线输出功率具有以下比例关系为对于给定的天线阻抗 R_{ANT},如果功率放大器的输出阻抗(Z_{OUT})等于0,则其输出功率是最大的。出于这个原因,大多数实际的功率放大器都被设计为根据应用以尽可能高的效率设置传递特定的功率。即使对于接收机,正如前面所看到的,除了外部元件施加的某些阻抗要求外,匹配到信号源并不是总能实现最优的性能[⊖]。

$$P_{OUT} \propto \frac{1}{2} R_{ANT} \left| \frac{1}{R_{ANT} + Z_{OUT}} \right|^2$$

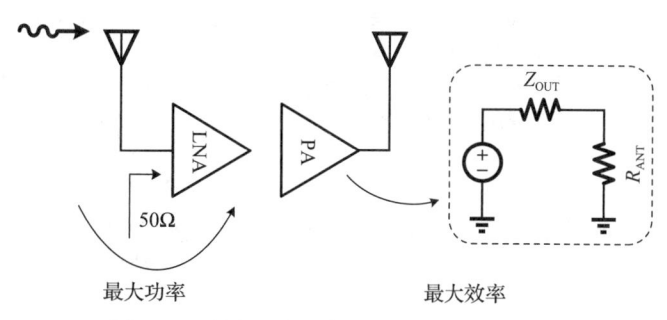

图 11.1 接收机与发射机中的最大功率传输

- 与低噪声放大器类似,功率放大器通常依赖于匹配网络,但是原因完全不同。以 GSM 功率放大器为例,其需要提供 2W 的功率给 50Ω 的天线。这将导致在天线端大约有 14V 的峰值摆幅,远远超过了大多数手机可用的 3.7V 的标称电压。如图 11.2 所示,可使用无损变压器有效地改变晶体管的输出摆幅,同时向天线提供预期的功率。

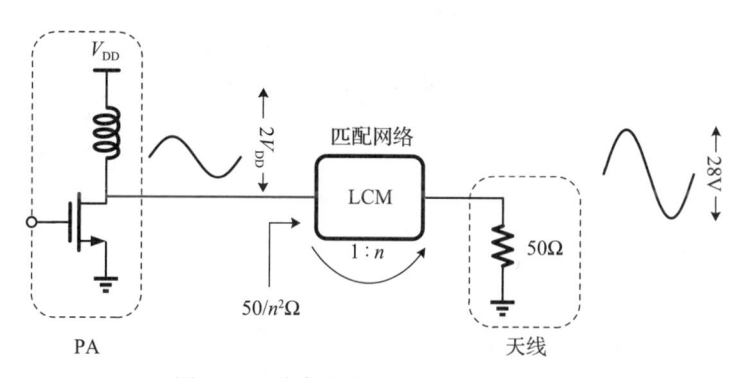

图 11.2 功率放大器中匹配网络的作用

匹配网络可以用第 3 章中所讨论的任何一种电路拓扑结构实现,但在几乎所有情况下,出于明显的原因,都倾向于将负载阻抗下变到器件的输出(因此总有 $n \geqslant 1$)。对于低噪声放大器,由于关注的是噪声因子,所以其匹配损耗证明是关键的。而对于功率放大器,重要的是使其损耗最小化,以免降低效率。这一点加上功率放大器需要处理的是大摆幅信号,限制了匹配网络组件的选择,例如通常采用的高 Q 值电感、电容和变压器,有时甚至是外部实现的[⊖]。类似于低噪放大器,只是假定功率放大器的输出端有一个负载阻抗 R_L,无损匹配网络传输所需要的功率和阻抗。

还有几个与匹配网络相关的其他特点:它们通常用于吸收寄生电容(考虑到晶体管的尺寸,寄生电容可能非常大),并滤除不想要的谐波。

- 另一个担忧的问题是因为功率放大器的器件,尤其是最后一级器件,必须一直承受大电

⊖ 在接收机中主要是指噪声因子。
⊖ 常见的是采用封装基板或 PCB 进行匹配。

压摆幅的压力。可靠性和老化通常是设计的关注点,有时可能会限制功率放大器的输出摆幅。尽管有人可能会争辩说,无论摆幅如何,所需的功率会一直通过匹配网络传输的,但实际上,考虑到元件的 Q 值有限,较大的阻抗变换会导致更多的损耗(见习题 1,探讨了变压器比对损耗的影响)。

最后,给出两个常见的效率定义,其对于功率放大器而言被证明是最重要的设计指标。漏极效率(在 MOS 功率放大器的情况下)定义为

$$\eta = \frac{P_{\text{OUT}}}{P_{\text{DC}}}$$

式中,P_{OUT} 是传输到负载的功率,P_{DC} 是 PA 的功耗。另一方面,功率附加效率定义为

$$\eta = \frac{P_{\text{OUT}} - P_{\text{IN}}}{P_{\text{DC}}}$$

式中,P_{IN} 是传输到功率放大器的功率。如果功率放大器的增益足够大(确切地说是功率增益),则这两个指标将非常接近。在本章中采用前一个定义,除非另有说明。

11.2 A 类功率放大器

A、B、C 类功率放大器最主要的区别特征是器件的偏置方式,及其对效率的影响。除此之外,功率放大器的原理图看起来几乎完全相同。

简单的 A 类功率放大器如图 11.3 所示。负载电感 L 主要是为了将输出设定为电源电压 V_{DD},这对于最大化摆幅很重要,并且可以吸收一些寄生效应。假设它(L)与匹配网络的其余部分集总在一起,这为晶体管的输出端提供了一个净电阻 R_{L}。A 类中的器件是偏置的,使得它一直保持在线性(或半线性)的工作模式。因此,输入被偏置,使信号永远不会低于器件的阈值电压,并且输出摆幅使晶体管处于饱和状态。因此,器件电流永远不会达到 0。相应的晶体管的漏极电流和电压如图 11.3 所示。

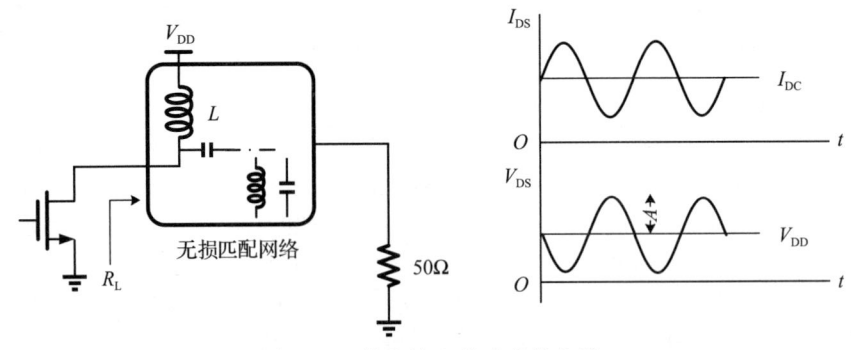

图 11.3 简化的 A 类功率放大器

假定漏极摆幅为 A,则漏极电压为

$$V_{\text{DS}} = V_{\text{DD}} + A\sin\omega_0 t$$

对于给定的负载阻抗 R_{L},漏极电流为

$$I_{\text{DS}} = I_{\text{DC}} + \frac{A}{R_{\text{L}}}\sin\omega_0 t$$

式中,I_{DC} 是器件的静态电流。显然,$I_{\text{DC}} > \frac{A}{R_{\text{L}}}$ 以确保工作在 A 类。假定匹配网络为无损的,则

其效率为

$$\eta = \frac{P_{\text{OUT}}}{P_{\text{DC}}} = \frac{\frac{A^2}{2R_\text{L}}}{I_{\text{DC}}V_{\text{DD}}}$$

为了最大化效率，就必须最大化摆幅并最小化偏置电流。考虑到线性度和电源电压的限制，有

$$\eta_{\text{MAX}} = \frac{\frac{A^2}{2R_\text{L}}}{\frac{A}{R_\text{L}}V_{\text{DD}}} = \frac{A}{2V_{\text{DD}}} = \frac{1}{2} = 50\%$$

然而，由于漏极电压不会低于 $V_{\text{DS,SAT}}$，并且器件电流也不会达到 0，因此上式的最大效率条件永远不会达到。另外，匹配网络的损耗也会进一步降低效率。

除了要使用更大的器件来传输所需的功率之外，还可以看出，A 类功率放大器和先前讨论过的小信号放大器之间的主要区别在于，为了保证可观的效率，在 A 类功率放大器中，器件的交流电流与其静态电流大小相当。

假设功率放大器的直流电流固定为 $I_{\text{DC}} = \frac{V_{\text{DD}}}{R_\text{L}}$，则效率为

$$\eta = \frac{A^2}{2V_{\text{DD}}^2}$$

由此可以绘制出如图 11.4 所示的以漏极摆幅为函数的效率曲线图。

在需要传输较小功率的情况下，功率放大器通常需要提供某种增益控制。然而，这也会导致效率以功率放大器的输出摆幅的平方下降。这个问题可以通过两种方式缓解：

- 可以改变匹配网络，以向器件输出提供更大的阻抗，因此，在保持摆幅为 V_{DD} 的同时，向负载传输的功率更少。
- 功率放大器的电源可以按比例地减小。

然而，这两种选择仍会导致在较低功率下的较低效率，只是因为效率是 A^2 的函数，考虑到

$$\eta = \frac{A^2}{2R_\text{L}I_{\text{DC}}V_{\text{DD}}}$$

另一种选择是，假设 R_L 是固定的，随着摆幅的减小，同时降低电源电压和功率放大器的直流偏置。基于该思想的更实用的 A 类功率放大器如图 11.5 所示。

共源共栅器件可以包含更能忍受较大电压摆幅的厚栅器件，而核心器件为了提供更大的增益而采用薄栅器件。另外，通过选择性地打开或关闭共栅管的偏置，在更低的输出功率下，可以改变功率放大器的偏置电流，以保持一个更好的效率。类似地，可采用一个开关稳压器以获得一个可变的 V_{DD}。改变偏置电流可能会影响

图 11.4 A 类功率放大器效率-输出摆幅曲线

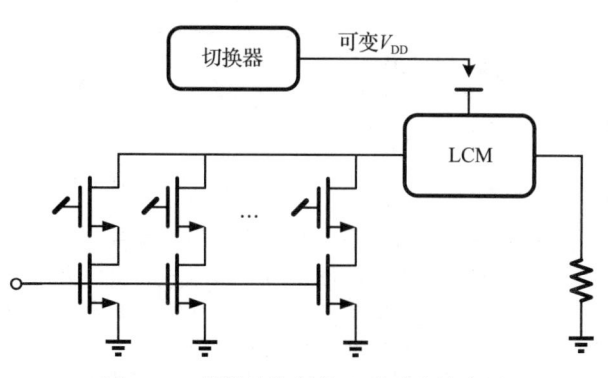

图 11.5 带增益控制的 A 类功率放大器

到匹配，因此在匹配网络中可能需要使用某种类型的可切换电容来进行调节。最后，功率放大器可能是全差分设计的，在匹配网络的最后一级通过一个变压器只产生单端输出(图 11.6)。

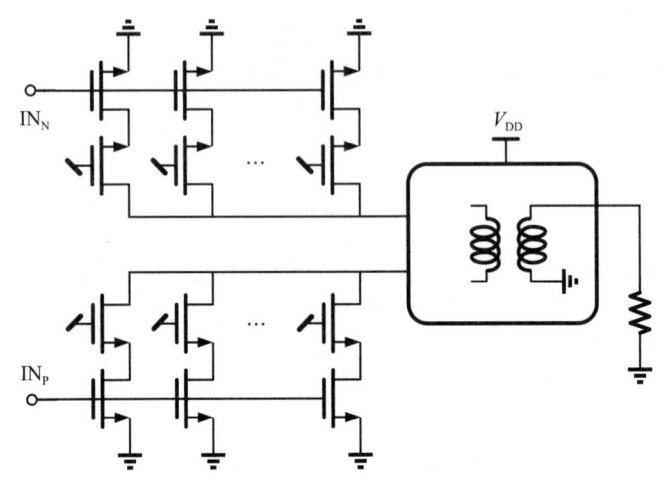

图 11.6　全差分的 A 类功率放大器

11.3　B 类功率放大器

A 类放大器效率有些低，直接原因是器件中存在大量的未使用的直流电流，也就是说，直流电流对输送至负载的功率没有贡献。由图 11.3 可以清楚地看出，如果减小导通角(将 I_{DC} 推低)，以使漏极电压和漏极电流仅在周期内的一小部分时间均不为零，则预计可得到更高的效率。B 类放大器中，这是通过将功率放大器的输入正好偏置在阈值电压处来实现的，因此只在半个周期内导通(图 11.7)。

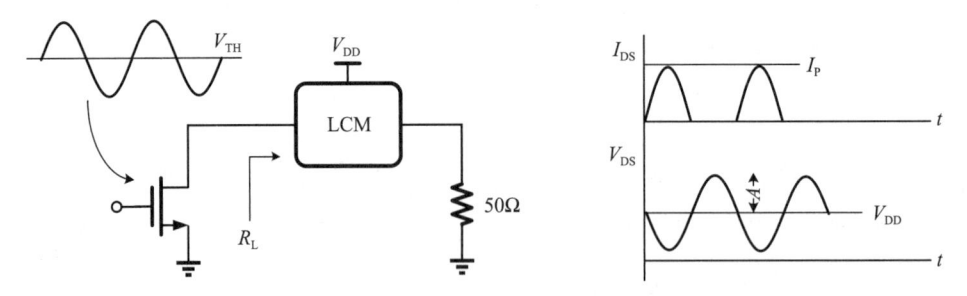

图 11.7　简化的 B 类功率放大器

尽管这种偏置似乎会导致严重的非线性，但必须注意到，由于 50% 导通角产生的非线性漏极电流在通过窄带匹配网络的滤波之后，预计仍然会是正弦的漏极电压。显然，对于 B 类功率放大器，实际上也包括稍后讨论的其他高效率拓扑结构，必须使用高 Q 值的匹配网络来降低由非线性功率放大器引起的远端的发射。

输出电流近似为半波整形正弦波。在器件关断的每半个周期中，负载电流直接来自电源，表明有更高的效率。在另半个周期，导通的晶体管从负载吸收电流。为了确定峰值电流 I_P，先写出漏极电流(图 11.7)的傅里叶级数：

$$I_{DS} = \frac{I_P}{\pi} + \frac{I_P}{2}\sin\omega_0 t - \frac{2I_P}{3\pi}\cos 2\omega_0 t + \cdots$$

假设高次谐波由谐振腔滤除，直流项 I_P/π 决定了电源的平均电流，而基波分量决定了输出电压。假设漏极处的峰值摆幅为 A，当电流的基波分量达到其峰值 $I_P/2$ 时，则从负载吸收的总电流为 A/R_L。因此有

$$\frac{I_P}{2} = \frac{A}{R_L}$$

可以很容易地求出效率为

$$\eta = \frac{P_{OUT}}{P_{DC}} = \frac{\dfrac{A^2}{2R_L}}{\dfrac{I_P}{\pi}V_{DD}} = \frac{\pi}{4}\frac{A}{V_{DD}}$$

当输出摆幅接近 V_{DD} 时，上式达到最大值 $\frac{\pi}{4} = 78\%$。值得关注的是，其效率不仅更高，而且会随着输出摆幅的降低而线性地下降(图 11.8)。

更实用的 B 类功率放大器采用了推挽方式[1]，以在前后两个半周期均提供电流。尽管在更传统的推挽式放大器中使用的 PMOS 管不太适用于射频功率放大器，但通过采用变压器可以很容易实现仅由 NMOS 构成的全差分功率放大器设计(图 11.9)。

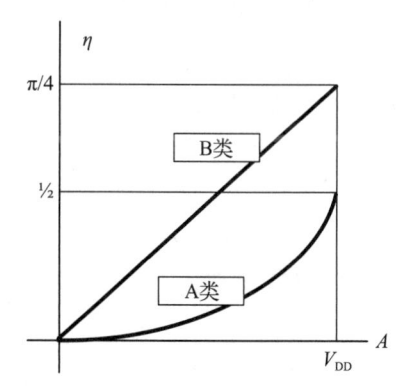

图 11.8　A 类和 B 类功率放大器的效率

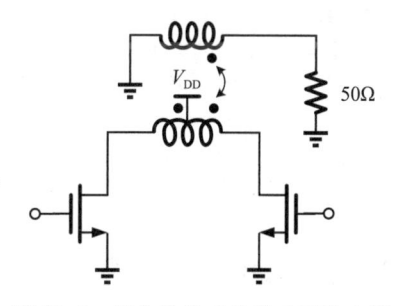

图 11.9　差分推挽式 B 类功率放大器

假设变压器是无损的，这种结构就不会影响效率：每个器件从电源吸收相同的电流，并且如前面的计算，两者传输给负载的功率相同。然后，输出功率在变压器的另一端被简单组合。其优点是，每个晶体管漏极处的摆幅只有一，就可以实现相同的输出功率，这对于采用更低电源电压的新工艺节点来说是非常重要的。或者，在相同的摆幅下，器件输出处的阻抗越高，在得到相同的总输出功率的同时，匹配网络的损耗越低。

一般而言，功率合成的想法对于功率放大器是一个非常有吸引力的选择，用以克服与低电源电压、器件应力以及匝数比大于 1∶1 的片上变压器效率低下相关的问题。一种功率合成器的实现方式，尤其是采用分立器件实现的，是采用基于传输线的合成器，如威尔金森功率合成器[2]。如图 11.10 所示，当它连接到匹配的负载时，将导致一个低损耗的 2∶1 功率合成。这种结构很容易扩展到 N 路合成器/功分器。然而，在吉赫兹级的射频应用中，考虑到传输线较大的物理几何形状，且与硅衬底和布线相关的损耗相对较高，因此在片上实现传输线是不现实的。

一个更实用的方法是采用一个分布式有源变压器[3-4]将几个推挽级的输出合成在一起实现。图 11.11 所示为这种结构的简化示意图，其中采用了 4 个推挽级合成在一起。为了简单起见，图中未显示出调谐电容。

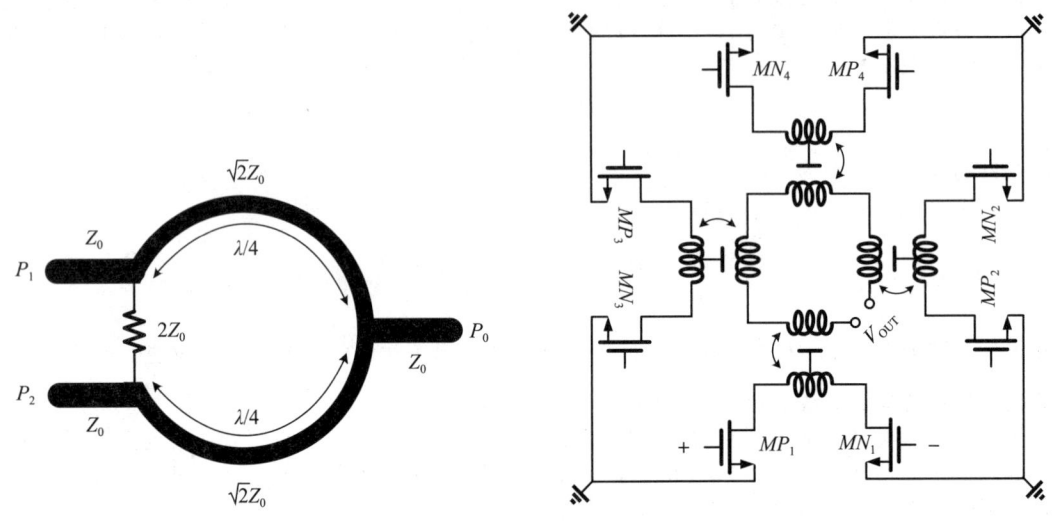

图 11.10 威尔金森功率合成器

图 11.11 4 个推挽级通过一个分布式有源变压器合成

优点在于，对于每个核，阻抗变换比较小（理想情况下为 1），但通过 4 级的功率合成可以实现所需的总输出功率。进而最小化了匹配网络的损耗，特别是采用片上器件时。此外，提出的环形几何结构还有其他几个优点。例如，相邻推挽核的器件之间（比如 MN_1 和 MP_2）可以方便地使用交流接地，从而将接地损耗和对寄生的敏感性最小化。最后，通过在环形几何结构内部引入 1 匝的金属带作为输出功率的电磁拾取来实现功率合成。

所面临的一个挑战是输入信号分布，必须通过一个类似的分布式变压器仔细实现。必须注意的是，这种拓扑结构并不是 A 类或 B 类设计所独有的，可以扩展到任何其他类型的功率放大器。

11.4 C 类功率放大器

B 类功率放大器之所以具有更高的效率是因为其较小的导通角，由此可能会被鼓励进一步减小导通角，进而可享有更高的效率。被称为 C 类功率放大器的典型的波形如图 11.12 所示，其中输入被进一步推低，使得导通持续时间小于 50%。

假设导通时间 $\tau < T/2$，其中 T 为一个周期，可知器件在两个位置导通和关断，即

$$t_{\text{ON/OFF}} = \frac{T}{4} \mp \frac{\tau}{2}$$

假设输入波形如图 11.12 所示，则 $\tau = T \dfrac{\arccos \dfrac{V_{\text{TH}}}{V_{\text{P}}}}{\pi}$。相应

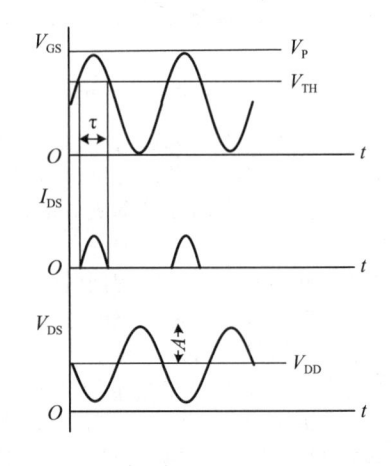

图 11.12 C 类功率放大器的典型波形

地，定义导通角为 $\theta = \dfrac{\pi}{T}\tau = \arccos\dfrac{V_{TH}}{V_P}$。B 类功率放大器的导通角为 $\dfrac{\pi}{2}$，或者说是半个周期的时间导通。尽管 C 类功率放大器在一定程度上计算更为复杂，但与 B 类相同，所有的计算都仅需要将漏极电流以傅里叶级数形式表示，并求出其平均值和基波分量。

假设器件一旦导通，即当输入信号达到 V_{TH}，器件开始线性传导，或者说表现的类似于理想的电流源，则由窄脉冲组成的漏极电流可由正弦波的顶部部分近似(图 11.12)。在导通期间，可以得到漏极电流的表达式为

$$I_{DS} = I_P(-\cos\theta + \sin\omega_0 t), \quad t_{ON} \leqslant t \leqslant t_{OFF}$$

式中，$-\cos\theta$ 项表明电流脉冲存在时间小于半个周期。可以验证当 $t = t_{ON/OFF}$ 时，$I_{DS} = 0$。计算其傅里叶级数，可以得到

$$I_{DS} = \dfrac{I_P}{\pi}\left[(\sin\theta - \theta\cos\theta) + \left(\theta - \dfrac{\sin2\theta}{2}\right)\sin\omega_0 t + \cdots\right]$$

式中没有给出高次谐波。假设谐振腔的 Q 值足够大，式中第 2 项产生了振幅为 A 的正弦波输出电压，如图 11.12 所示，而第 1 项表示平均功耗。因此，为了在输出负载 R_L 处得到信号的摆幅为 A，在导通期间必须有

$$I_P = \pi\dfrac{\dfrac{A}{R_L}}{\left(\theta - \dfrac{\sin2\theta}{2}\right)}$$

其效率为

$$\eta = \dfrac{P_{OUT}}{P_{DC}} = \dfrac{\dfrac{A^2}{2R_L}}{\dfrac{I_P}{\pi}(\sin\theta - \theta\cos\theta)V_{DD}} = \dfrac{\theta - \dfrac{\sin2\theta}{2}}{\sin\theta - \theta\cos\theta}\dfrac{A}{2V_{DD}}$$

当漏极摆幅为 V_{DD} 时，有

$$\eta = \dfrac{\theta - \dfrac{\sin2\theta}{2}}{2(\sin\theta - \theta\cos\theta)}$$

上式表明如果导通角接近 0，则效率会达到 100%。值得关注的是，将导通角设置为 π 或 $\pi/2$，可以得到与 A 类或 B 类功率放大器完全相同的表达式。

在漏极电流表达式 $I_{DS} = I_P(-\cos\theta + \sin\omega_0 t)$ 中，令 $t = T/4$，则可以求解出其峰值电流为

$$I_{DS,Peak} = I_P(1 - \cos\theta) = \dfrac{A}{R_L}\pi\dfrac{(1 - \cos\theta)}{\left(\theta - \dfrac{\sin2\theta}{2}\right)}$$

如果令 $\theta \to 0$，则有

$$I_{DS,Peak} \approx \dfrac{3}{4}\dfrac{A}{R_L}\dfrac{\pi}{\theta}$$

上式表明为了保持相同的输出摆幅(传输相同的所需的功率)，漏极电流的峰值将趋于无穷。这是可以理解的，因为当导通角接近 0 时，脉冲宽度也趋于 0，并且为了传输相同的基波电流给负载，峰值电流接近无穷大。则每个脉冲的总面积预计保持恒定，通过计算得到其值为 $\dfrac{A}{R_L}$。

效率与导通角的关系曲线如图 11.13 所示。图中也给出了漏极峰值电流对于负载峰值电流的归一化曲线，即 $\dfrac{A}{R_L}$。注意，对于 A 类而言，漏极电流的交流峰值等于负载峰值电流，但同时

还携带恒定的直流电流,因此其净峰值是负载峰值电流的 2 倍,与 B 类相同。

可以看出,A 类和 B 类功率放大器可以视为所讨论过的常规的 C 类功率放大器的特例。相应地,可以考虑让导通角处在 $\pi/2$ 和 π 之间,达到在效率和线性度之间折中的目的。这种类型的功率放大器称为 AB 类功率放大器,并且是如 WLAN 等的高线性度应用的常见选择。

11.5　D 类功率放大器

到目前为止,所讨论的功率放大器的类别都是将器件作为电流源,以传输所需要的功率给负载。D 类功率放大器以及稍后介绍的几个其他拓扑结构,则依赖于用作开关的有源器件。

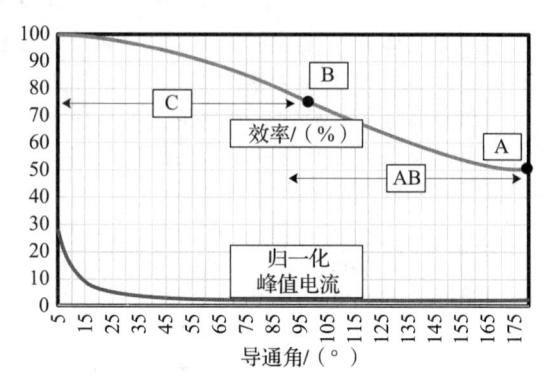

图 11.13　A、B、C 类功率放大器的效率

开关作为无源器件的概念意味着零功耗(理想情况下),因此可实现 100% 效率。自然地,因为放大器不可避免地对输入信号的 AM 分量没有响应,因此所涉及的切换行为使得这些类型的功率放大器仅适用于恒包络的应用,如 GSM 或 FM 无线系统。

D 类功率放大器最早可追溯到 1959 年[5]。简化的推挽式 D 类功率放大器如图 11.14 所示。与 B 类功率放大器类似,通过使用中心抽头的变压器也可以将该设计扩展为仅 NMOS 管的推挽式拓扑结构(图 11.9)。

除了由高增益的前置放大器保证的设计的开关特性之外,该电路与之前讲到的功率放大器类型不同之处在于,因为电路中包含了一个串联的 RLC 谐振腔,与电路的电压开关模特性相一致,而不是之前介绍的受控电流源的设计。然而,D 类功率放大器也可以用电流模开关方案实现(图 11.15),在这种情况下采用了并联谐振腔(称为逆 D 类⊖或 D^{-1} 类)。尽管如此,无论哪种情况,谐振腔都会滤除不需要的谐波,并且负载上的电压类似于正弦曲线。

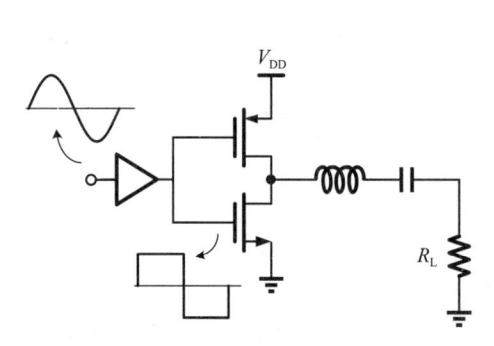

图 11.14　简化的 D 类功率放大器

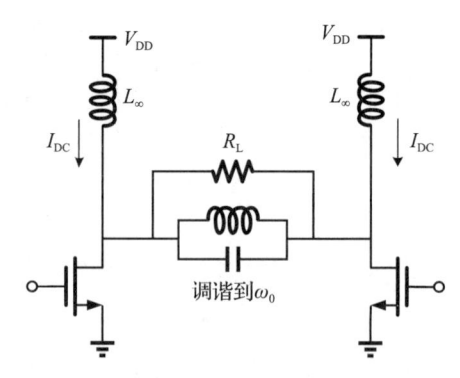

图 11.15　D^{-1} 类功率放大器

假设切换很快,D 类功率放大器的等效电路(图 11.14)以及相应的波形(对于 NMOS 开关)如图 11.16 所示。假设开关和谐振腔电感都存在一个小的关联电阻。在 N 开关管导通的半个周

⊖　逆 D 类基于对偶原理得出,也适用于其他开关类功率放大器,如 F 类。

期，从负载吸收电流。由于串联的 RLC 滤除了不需要的谐波，负载电压和漏极电流预计为正弦波。在接下来的半周期内，N 开关管断开，漏极电压通过 P 开关管上拉到 V_{DD}，P 开关管通过电源向负载提供电流。

负载电压峰值幅度为

$$V_{\text{Load}} = \frac{2}{\pi} V_{DD} \frac{R_L}{R_L + r_L + R_{SW}}$$

负载电流幅度为

$$I_{\text{Load}} = \frac{2}{\pi} V_{DD} \frac{1}{R_L + r_L + R_{SW}}$$

从电源抽取的漏极直流电流对应于图 11.16 中的半正弦波，其值等于

$$I_{DC} = \frac{I_{\text{Load}}}{\pi}$$

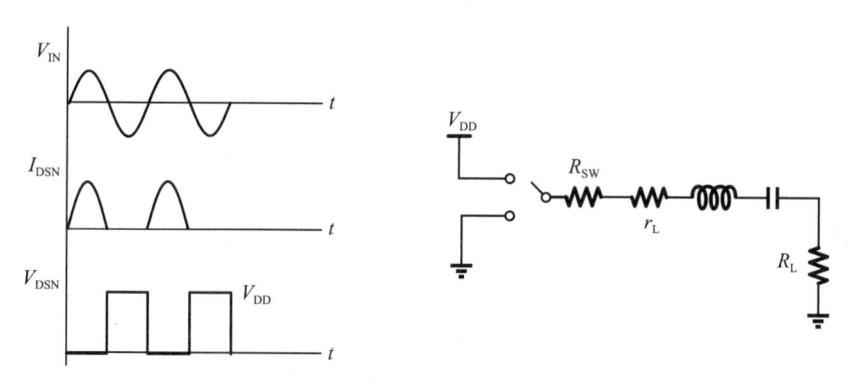

图 11.16 D 类功率放大器的波形

因此效率为

$$\eta = \frac{P_{\text{OUT}}}{P_{DC}} = \frac{\frac{V_{\text{Load}} \times I_{\text{Load}}}{2}}{I_{DC} V_{DD}} = \frac{R_L}{R_L + r_L + R_{SW}}$$

如果开关电阻小且电感 Q 值高，则上式效率可以达到 100%。当然这依赖于晶体管的快速切换，使得该管要么工作于零电流，要么工作于零漏极电压。实际上，非理想的开关使产生的功耗必然不为零，尤其是在更高的频率下，这时开关速度会下降。主要的折中出现在，增加开关尺寸来降低 R_{SW}，这有助于提高效率，但是反过来又会因为开关寄生电容的增大而导致动态功耗($CV_{DD}^2 f$)增加。

除了开关电阻和电容不为零之外，另一个潜在的问题来自切换信号有限的上升时间和下降时间。因此，如图 11.17 所示，有一段时间 N 型和 P 型晶体管将会同时导通。

这被称为直通，由于开关电阻很小，在重叠时间内可能会导致很大的漏极电流。因此，通常设计不重叠的时钟来使直通时间最大限度地减少，但是这可能会导致一些失真。

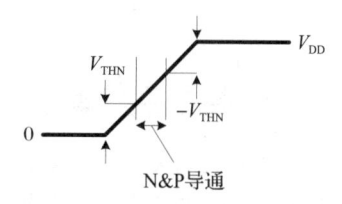

图 11.17 D 类功率放大器的直通演示

因为输出功率仅取决于 V_{DD}，对于增益控制唯一可行的选择是改变电源电压，而即使在输

出功率较低的情况下，也预计保持较高的效率。

D 类功率放大器一个常见的应用是在音频中。显然，鉴于放大器的开关特性，无法支持幅度调制。相反，通常利用所谓的脉冲宽度调制[○](PWM)[6-7]。基本概念在图 11.18 中说明。

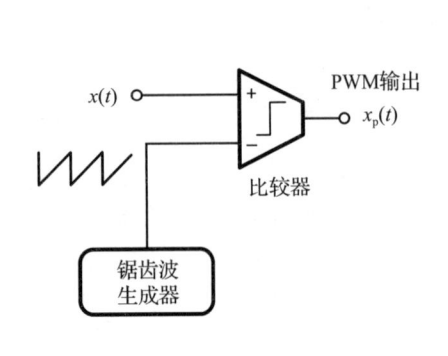

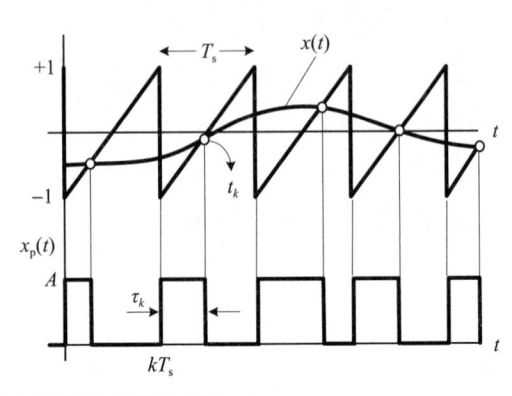

图 11.18　PWM 的基本概念及相应的波形

锯齿信号与输入信号 ($x(t)$) 相比较后，产生了如图所示的波形 $x_p(t)$，其有着恒定的幅度 A，但其宽度在时间位置 t_k 处随输入信号幅度线性变化。

对图 11.18 中的波形检查表明，调制的持续时间仅取决于脉冲边缘的时间 t_k 处的信号值，而不是视在采样时间 kT_s。正如第 2 章所讲的，每个脉冲的持续时间 τ_k 可以定义为

$$\tau_k = \frac{T_s}{2}(1+x(t))$$

式中，T_s 是锯齿波信号的周期。为了防止脉冲缺失或产生负的持续时间，可以假设对 $x(t)$ 进行归一化，使得 $|x(t)|<1$。由于假设输入信号变化率远小于采样频率，因此可以假设采样均匀，也就是说可以把 τ_k 看作几乎是一个常数。因此，可以将其傅里叶级数的系数写为

$$a_n = \frac{1}{T_s}\int_{T_s} x_p(t) \mathrm{e}^{-\mathrm{j}2\pi n f_s t} \mathrm{d}t = \frac{A}{T_s}\int_{-\tau_k/2}^{\tau_k/2} \mathrm{e}^{-\mathrm{j}2\pi n f_s t}\mathrm{d}t = \frac{A}{\pi n}\sin\left(\frac{n\pi}{2}(1+x(t))\right)$$

可以推导出：

$$x_p(t) = \frac{A}{2}(1+x(t)) + \sum_{n=1}^{\infty}\frac{2A}{n\pi}\sin n\phi(t)\cos n\omega_s t$$

式中，$\phi(t)=\frac{\pi}{2}(1+x(t))$。PWM 信号包含输入 $x(t)$ 加上直流分量以及在 f_s 处的谐波的相位调制波。由于在采样频率较高的条件下，相位调制在输入信号频带中的重叠部分可以忽略，因此可以通过带有直流模块的低通滤波器来完全恢复 $x(t)$。

11.6　D 类数字功率放大器

大多数现代无线通信标准采用带时变包络的调制来提高频谱效率。正如上一节所提到的，传统的 D 类功率放大器通过轨间切换来实现高效率，从而消除了输入信号中的幅度信息。对于窄带信号而言，PWM 被用来通过改变输入信号的占空比来改变输出信号的幅度，如图 11.18

○　也被称为脉冲持续时间调制（PDM）。

所示。然而，对于需要高动态范围的较宽的宽带信号，PWM 并不那么适合，而通常使用数字的 D 类功率放大器。

在数字功率放大器(或 DPA)中，功率放大器的总尺寸设计为传输目标最大功率，然后总尺寸被划分为 N 个单元，这些单元可以单独地开启或关断。每个单元是由轨到轨的输入驱动，而且仅当使能选择位选择了该单元时，该输入才能通过(图 11.19)。类似地，一个分段的逆 D 类功率放大器可以如图 11.20 构建，其中每个单元都有一个差分可切换电流源和两个级联器件。来自所有单元的差分电流在负载巴伦中求和，并转换为负载电阻上的单端电压[8-9]。

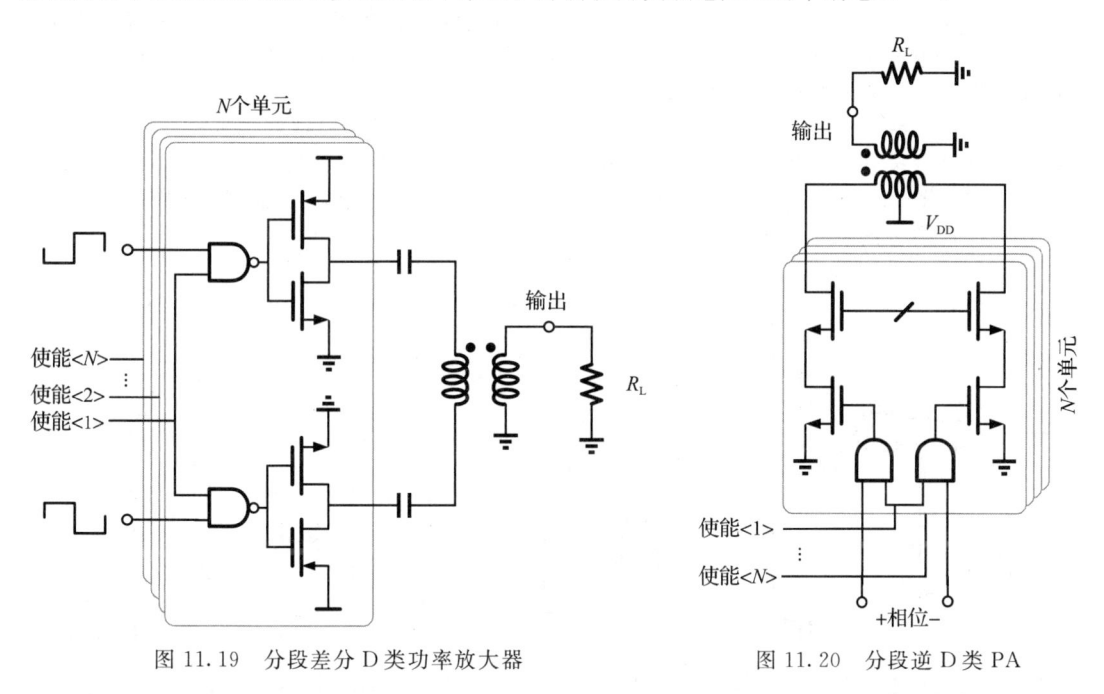

图 11.19　分段差分 D 类功率放大器

图 11.20　分段逆 D 类 PA

DPA 本质上是一个高速数模转换器(DAC)。跟所有的 DAC 一样，其非线性机制可以划分为以下两类：

1)由每个单元的输出与合成输出值的相关性而引起的模拟非线性。比如，一个导通 MOS 器件的开关电阻取决于漏-源电压，即总输出电压。比如，如在 11.5 节所证明的，输出电压是开关电阻的函数。

2)单个单元失配，其中随机和系统性失配机制导致了每个单元的输出不同。比如，MOS 器件阈值电压的随机失配会导致开关电阻的失配，进而导致输出电压的失配。失配可能会引起差分非线性(DNL)或积分非线性(INL)。

差的 DNL 会导致高的量化噪声，从而退化了噪声基底，这对于带外要求通常很重要。另一方面，高 INL 会降低带内线性度。在 DPA 中，INL 与 OIP_3、OIP_5 等相关。因此，差的 INL 会降低 EVM，并导致可能会违反传输掩膜的频谱再生。为了获得较好的线性度，需要利用高性能 DAC 已有的知识。例如，为了优化 DNL，DPA 单元可以被划分为两部分：一元的和二元的。单元的一元库都是相同的，并通过温度计代码控制，而二元库具有规则的二进制加权单元。分段如文献[10]中所述进行的，作为 DNL 与分段的面积和功率开销之间的折中。

为了优化图 11.19 所示的分段 D 类功率放大器的线性度，可以考虑开关电容(SC)的架构[11]。在开关电容功率放大器中,匹配电容也是分段的,使得每个单元都有一个小的单独电容,其阻抗大于驱动反相器的阻抗,如图11.21所示。这种拓扑结构大大提高了线性度,因为与非线性的MOS管开关电阻相比,每个单元的增益是由线性非常好的无源电容决定的。电容还可以应对较大的摆幅,利用工艺很好地缩放(和开关一样),并且具有极好的匹配性能。

此外,由于增益设定元件是电抗元件,且在关断状态下是不消耗功率的,因此 SC-PA 在关断时的能量效率优于 D 类。

DPA 可以设计为极性架构或正交架构。在极性方案中,DPA 的输入时钟由相位信息调制,而幅度信息控制开启的单元数量。正如下一章将会讨论的,极性架构需要 CORDIC 模块根据 I 和 Q 数据生成相位和幅度数据。还需要在幅度和相位路径之间进行延迟匹配,这使其更适合于可以实际满足延迟要求的窄带调制方案。

另一方面,在正交的 DPA 中,I 和 Q 的数据可以在数字域或模拟域合成。对于模拟域合成,将 I 和 Q 数据施加到各自的 DPA,并且将输出电流或电压在一个巴伦中合成。更简便的数字合成方式如图11.22所示,其中25%的占空比时钟用于复用每个单元的 I 和 Q 数据。这些时钟使用 I 和 Q 数据的符号位来进行全局复用[12]。

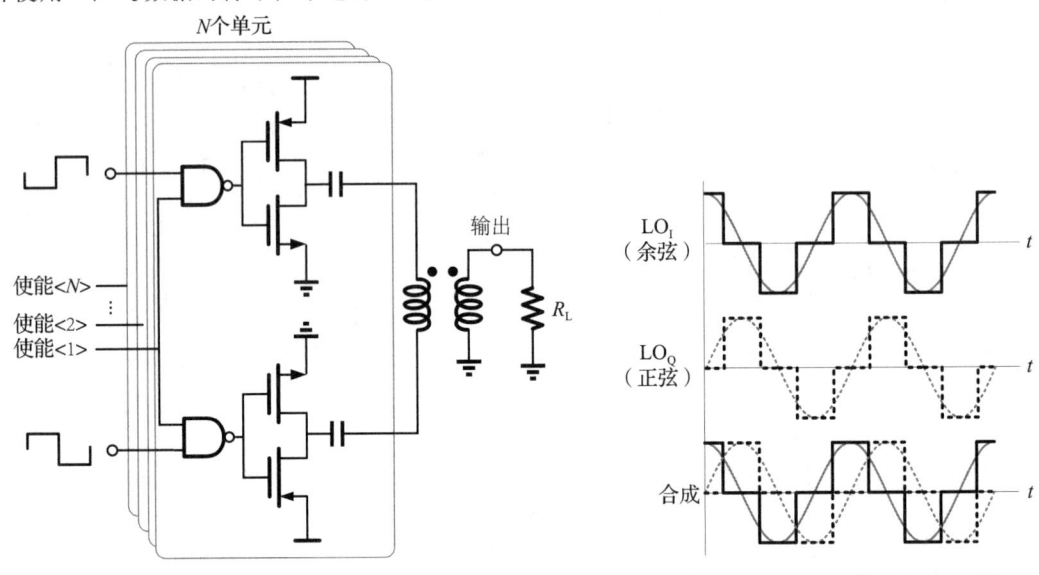

图11.21 改进线性度的开关电容数字功率放大器

图11.22 I 和 Q 数据的数字混频

DPA 的实际限制因素

由于 DPA 的高效率,并且随着工艺的发展其性能的不断提高,使其成为集成 CMOS 功率放大器的有吸引力的选择。然而,DPA 受到实际情况的限制,使其设计具有挑战性。DPA 主要局限性在于其代码相关的非线性。例如,在电流模分段逆 D 类 DPA 中,电流源的输出阻抗是基于代码而改变的,这就会产生一个代码相关的增益,会大大地降低线性度。类似地,在 SC-PA 中,不可避免的电源布线电阻和电感将会导致电源电压随信号包络的非预期调制

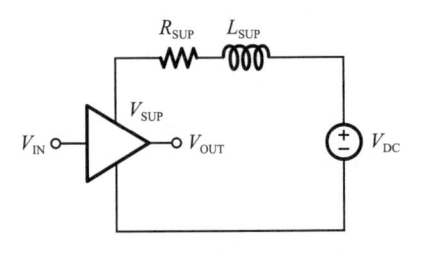

图11.23 DPA 的电源阻抗模型

(图 11.23)。这被称为再调制,并引起 EVM 退化和频谱再生形式的线性退化。

已经证明数字预失真(DPD)能够将各种类型的非线性校正到适合于商用产品的水平[13](另见 11.9.1 节)。然而应该注意到,DPD,尤其是二维的[14],增加了系统的复杂性,并带来了面积和功率的裕度问题。但是,随着工艺特征尺寸的减小,可以预计 DPD 的裕度将会更加可控,并且使 DPA 适合于更多的应用。

11.7 E 类功率放大器

D 类功率放大器的主要挑战是最小化:当开关流过电流时要最小化开关两端的电压,以及当开关两端加上电压时要最小化流过它的电流。这些条件意味着需要快速切换,但在高频时可能是不可行的。如果开关电压和电流发生重叠,就像实际中由于有限的上升时间和下降时间它们会重叠一样,那么效率就会大幅降低。这可以通过适当地设计匹配网络来避免⊖,匹配网络增加了足够的自由度,以确保电压和电流同时存在的持续时间很短[15]。

一个简化的 E 类功率放大器如图 11.24 所示。

漏极电感很大,用于实现偏置⊖。负载电阻 R_L 和电源电压是根据最大可用或允许(考虑到器件的应力问题)的电源和功率传输的要求预先选择的。

匹配网络由串联 RLC 电路(L,C_2,R_L)和并联的电容 C_1 构成,其中 C_1 包含了器件的寄生电容和漏极电感中的电容。该电容确保了当器件关断时,漏极电压在漏极电流达到 0 之前保持为低电平。这在高频情况下尤其重要,因为此时开关不能根据需要快速响应。匹配网络的组件(L,C_1,C_2)依据以下步骤选取。

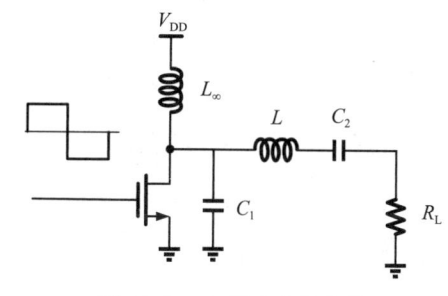

图 11.24 E 类功率放大器

当开关关断时,电路简化为一个阻尼 RLC 网络(图 11.25)。如果漏极电感很大,流过电感的电流可以假定为常数,对 C_1 充电。如果开关导通的瞬间,电容上的电压不为 0,这个电压会释放到地,因此导致了功率损失。另外,非零的电容电压违反了当开关承载电流时,开关两端的电压必须为 0 的条件。

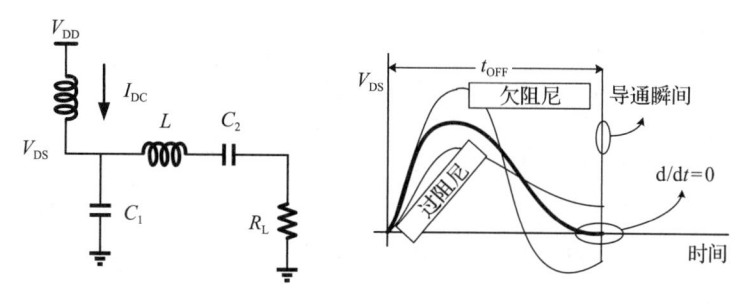

图 11.25 E 类功率放大器的关断模式

因此,RLC 电路的品质因数 $Q_L = L_{\omega_0}/R_L$ 必须适当选择,以使在开关导通的瞬间,C_1 两端

⊖ 这种类型的网络通常被称为 ZVS(零电压切换)网络,其原因将稍后讨论。
⊖ E 类功率放大器可以设计一个适度的漏极电感值,与匹配网络的其余部分的电感合并(构成大的漏极电感)。

的电压(图 11.25 中的 V_{DS})已经达到 0。如果电路过阻尼，则其电压一直达不到 0。如果电路欠阻尼，则电压可能变成负值，从而在相反模式下开关会最终导通。此外，电压达到 0 是所期望的，并具有零斜率，可以减小对工艺变化的敏感性。在串联 RLC 电路的品质因数(Q_L)与为滤除不需要的谐波而提供的滤波量之间也存在折中。

对电路进行精确分析需要求解非线性微分方程，已经在文献[16]中给出。为了获得一些直观认知，当满足最优条件时，在这里提供一种更为简化的方法。首先关注开关关断的半周期$\left(\frac{T}{2}<t<T\right)$，假设只有基波电流流向负载，则电流一般可表示为

$$i_{OUT}=I_0\cos(\omega_0 t+\theta_0)$$

在开关关断期间$\left(\frac{T}{2}<t<T\right)$，漏极电感电流($I_{DC}$)流过 C_1，如果漏极电感足够大，则可以假设 I_{DC} 是一个常数，根据 KCL 可以得到电容 C_1 的电流(图 11.25)为

$$i_{C_1}=I_{DC}-I_0\cos(\omega_0 t+\theta_0)$$

电容两端的电压等于漏极电压，是对电流的积分：

$$v_{C_1}=\frac{I_{DC}t}{C_1}-\frac{I_0}{\omega_0 C_1}\sin(\omega_0 t+\theta_0)+K$$

式中，K 是积分产生的常数。现在必须满足以下条件：首先，$v_{C_1}|_{t=\frac{T}{2}}=0$，因为这是开关关断的瞬间，直到这时电容被开关短路；其次，$v_{C_1}|_{t=T}=0$，这是为了确保在开关再次导通时，不存在由于非零电容电压而产生的功率损失；最后，$\frac{dv_{C_1}}{dt}|_{t=T}=0$ 以确保对工艺变化的低敏感性。在满足这些条件的情况下，可以得到

$$v_{C_1}=\frac{I_{DC}}{C_1\omega_0}\left(\omega_0 t-\frac{\pi}{2}\frac{\sin(\omega_0 t+\theta_0)}{\sin\theta_0}-\frac{3\pi}{2}\right)$$

式中，$I_0=I_{DC}\sqrt{1+\frac{\pi^2}{4}}$，$\theta_0=\arctan\frac{\pi}{2}=1\text{rad}$。

当 $t=\left(1-\frac{\theta_0}{\pi}\right)T=0.68T$ 时，漏极电压峰值为 $\frac{I_{DC}}{C_1\omega_0}(\pi-2\theta_0)=1.13\frac{I_{DC}}{C_1\omega_0}$，最终如所需的，在周期结束时该电压降为 0。

通过获得电容电压的傅里叶级数，并且满足 KVL 和能量守恒定律(见习题集)，可以证明当满足适当的设计条件时，漏极电流和电压类似于图 11.26 所示。如前所述的匹配网络预计将提取在负载处出现的信号的主谐波，尽管电感不必与电容 C_2 谐振，或与 C_1 串联的 C_2 谐振。

漏极电压预计将达到峰值 $\pi\arcsin\frac{\pi}{1+\frac{\pi^2}{4}}V_{DD}=3.562V_{DD}$，

并且在周期结束时降为 0，且斜率也为 0。漏极电流的峰值为 $I_{DC}+I_0=I_{DC}\left(1+\sqrt{1+\frac{\pi^2}{4}}\right)$，并且最终在开关关断的瞬间($t=\frac{T}{2}$)[16]降为 $2I_{DC}$。

图 11.26 E 类功率放大器的最佳波形

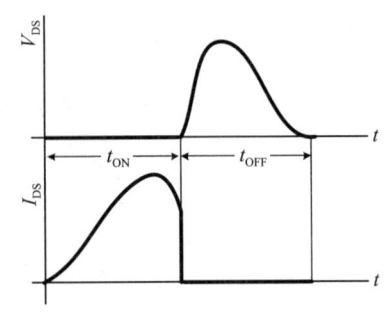

11.8 F 类功率放大器

由于 E 类功率放大器会产生较大的漏极电流和电压峰值，因而其功率性能稍差。此外，由于实际开关的导通电阻不为零，大的漏极电流也可能会降低效率。这些问题在 F 类功率放大器的设计中可以避免，F 类功率放大器依赖于匹配网络来整形成有利的开关电压和电流。具体地，如果消除了漏极电压的偶次分量，同时放大了其奇次谐波，则漏极电压预计类似于理想的方波，将产生理想的效率。如图 11.27 所示为这种实现的电路图。

调谐于基波频率的并联谐振腔确保了从传输线右边看进去的阻抗为 R_L。如果传输线的特征阻抗 Z_0 等于 R_L，则正如所需要的，从左边看进去的阻抗也为 R_L。在其他频率处，尤其在谐波处，并联谐振腔是短路的。正如在第 3 章中看到的，1/4 波长的传输线实现阻抗的反转。因此，在所有奇次谐波处"短路"表现为"开路"。由于传输线有效长度等于半波长或它的整数倍，所以在所有偶次谐波处仍然表现为"开路"。这正是在输出端产生一个类方波信号所需要的。

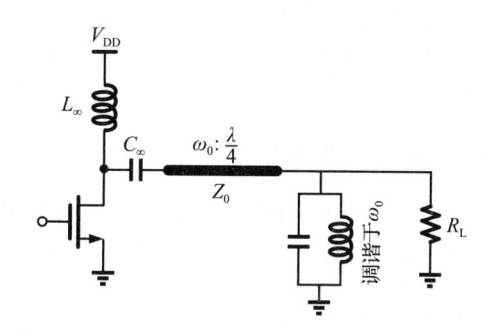

图 11.27 利用 λ/4 传输线的 F 类功率放大器

因为器件在所有奇次谐波处为开路，只有电流的基波分量流向负载，因此漏极电流应该为正弦波。当器件关断时，负载电流直接由电源提供，类似于 B 类功率放大器。相应的漏极电压和电流波形如图 11.28 所示。

假设所有的谐波分量都通过滤波器滤除，则负载处的峰值电压为 $\frac{4}{\pi}V_{DD}$，漏极电流峰值为 $\frac{8}{\pi}\frac{V_{DD}}{R_L}$，是输出峰值电流的 2 倍。

另一种替代方式是采用集总元件的 F 类功率放大器如图 11.29 所示。代替传输线，利用调谐于 $3\omega_0$ 的并联谐振腔来消除二次谐波。

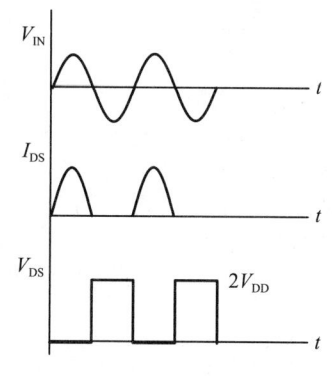

图 11.28 F 类器件波形

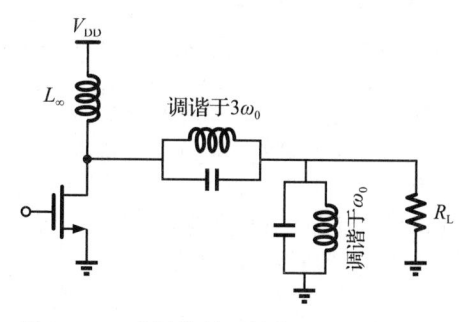

图 11.29 采用集总元件的 F 类功率放大器

虽然这样不会产生一个完美的方波，但实际中它足以实现可观的效率。虽然它们有限 Q 值产生的损耗可能抵消了更有利的波形带来的效率提高，但增加更多的谐振支路仍是一种选择。

关于开关功率放大器更为详细的分析说明，特别是 E 类和 F 类的，可以参考文献[17]。

11.9 功率放大器的线性化技术

目前为止指出的效率－线性度的折中，可能会导致在许多需要高线性度的复杂调制方案的应用中效率相当低。打破这种折中的一个思路是，从一个高效率但非线性的功率放大器开始，并通过某种类型的反馈或前馈机制来补偿线性度。本节将讨论其中一些方案，并讨论它们的优缺点。

11.9.1 预失真

在无线发射机中广泛运用的预失真(PD)技术，通过对输入信号进行整形以补偿功率放大器的非线性增益或相位响应，进而使得整个级联的响应变为线性。预失真电路实现了功率放大器的逆响应，以弥补其非线性。通过这种方式，功率放大器可以偏置在如 AB 类的较高效率的区域中，同时保持良好的线性度。由于功率放大器通常是压缩的，因此预失真具有扩展的响应。

预失真可以采用二极管和其他非线性器件在模拟域射频中直接实现。采用模拟器件的射频预失真的例子如图 11.30 所示。

这种方法的目的是通过在功率放大器的输入端增加具有适当相位和幅度的信号的立方分量，以部分消除功率放大器的非线性。功率放大器的输入分成两路。在主路径中，传输信号经延时 τ 后应用，以补偿在第二路径中产生的延时。第二路径是负责提供立方非线性项，其后接一个可变增益和相位的放大器进行缩放。这两个信号相加在一起以构建预失真信号，然后应用于弱非线性功率放大器。

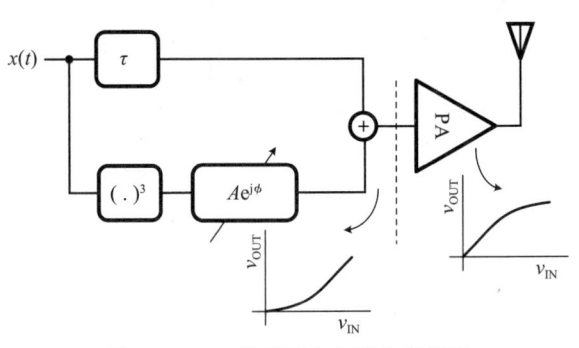

图 11.30 一种射频立方预失真模型

在现代无线发射机中，预失真是在基带数字处理器中实现的。数字预失真可以实现更好的校正，并且是最适合宽带应用的结构。通过反馈，预失真可以自适应地跟随功率放大器的工艺、电压和温度变化(PVT)，使其成为一个具有高鲁棒性和可靠性的线性化电路。图 11.31 所示为一个在数字基带中执行自适应预失真的 IQ 发射机的简化框图。

功率放大器的输出通过反馈接收机衰减，并下变频到基带。下变频后的信号被数字化并馈送到 DSP，以评估在信道内(评估 EVM)和信道外(评估 ACLR)的传输信号。在数字 IQ 信号上计算并实现使 PA 的非线性特性线性化所需的逆预失真函数。失真的基带信号占了比原始的无失真基带信号更宽的带宽。例如，在修正后的基带信号中存在三次项将使其占用带宽增加 3 倍。忽略比例因子，假设线性功率放大器加入了一个理想的射频输入 $x_{RF}(t) = x_{BB,I}(t)\cos\omega_c t - x_{BB,Q}(t)\sin\omega_c t$。然而为了补偿功率放大器的非线性，其输入必须为 $x_{RF}(t) + \beta x_{RF}^3(t)$。可以很容易地证明，基带信号必须修正为

$$x_{BB,I,mod} = x_{BB,I}(t) + \frac{3}{4}\beta\{x_{BB,I}^2(t) + x_{BB,Q}^2(t)\}x_{BB,I}(t)$$

$$x_{BB,Q,mod} = x_{BB,Q}(t) + \frac{3}{4}\beta\{x_{BB,I}^2(t) + x_{BB,Q}^2(t)\}x_{BB,Q}(t)$$

上式表明修正后的基带信号的带宽扩宽了 3 倍。

因此，DAC 后面的低通滤波器的带宽必须足够大。低通滤波器带宽的增加可能会增加发射

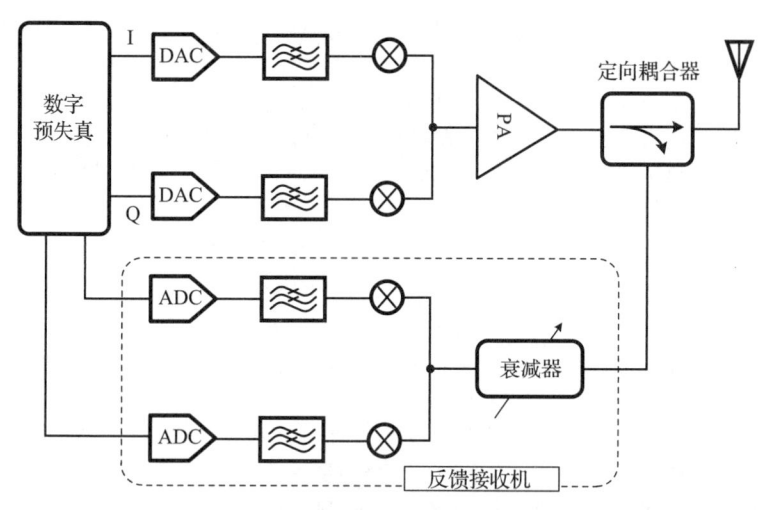

图 11.31 带有自适应 IQ 预失真的发射机

机的噪声并退化发射掩码,因此可能会导致一些设计上的折中。

失真消除结构是通用的,并且适用于具有平滑非线性的功率放大器,如 A 类或 AB 类。然而,具有陡峭斜率特性曲线的功率放大器的非线性可能无法校正。

在所描述的带有自适应预失真的 IQ 发射机中的一个主要问题可能是,由反馈接收机引起的非线性失真。这种非线性失真会对开环线性度产生不利的影响,且会产生不需要的后预失真非线性分量。另一个缺点是与 DSP 处理相关的功耗和由 DSP 时钟施加的带宽限制有关。反馈电路可以由占空比来启动,以节省功耗。必须以足够的速率刷新校正系数,以覆盖和校正由 PVT 引起的变化以及移动设备移动时引起的天线阻抗变化的影响。

所描述的用于 IQ 发射机的自适应预失真技术,也可以用于任何其他发射机结构,如极化和异相(关于极化结构和异相结构的介绍详见第 12 章)。其工作原理是相同的,这意味着传输信号是通过反馈接收机检测并评估其质量,并对基本信号分量进行必要的校正。

11.9.2 包络消除和恢复

包络消除和恢复(EER)的概念如图 11.32 所示,图中调制传输信号的包络和相位信息在两条不同的路径上解耦。调制信号的包络通过包络检测器提取,纯相位调制信号是由输入信号经过限幅器来构建的,其中限幅器通常是一个硬限幅缓冲器。相位调制的射频信号的幅度是恒定的,因此可以采用一个高效但非线性的功率放大器进行放大。此刻,功率放大器的电源电压是由所提取的包络信号调制的。高效率的开关稳压器负责提供这样的电源电压给功率放大器,并且通常是采用 EER 架构限制传输信号带宽的主要构建模块。

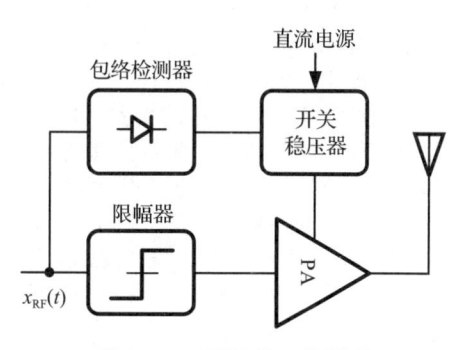

图 11.32 EER 的工作原理

基于 EER 的发射机的线性度与功率放大器的各构成功率晶体管的线性度不相关,而只是开关稳压器性能的函数。EER 架构通常对于窄带或中等的包络带宽的应用呈现出良好的线性度。除了包络带宽外，发射机的线性度和精确度性能还受到包络和相位分量的定时对准的很大影响。

EER 技术由 Kahn 于 1952 年提出[18]，并且已成功应用于效率良好的高功率发射机中。随着数字 CMOS 信号处理技术的出现，可以以最小的硬件开销，在基带中制备好包络和相位信息，而无需限幅器和包络检测器。当然，发射机必须是对载波进行相位调制。这种方法不仅克服了采用模拟限幅器和包络检测器的缺点，而且包络和相位路径之间的延时也可以得到更精确的控制。

EER 的概念已经演变成了极化结构，将在第 12 章中对其进行更为详细的讨论。

11.9.3 包络跟踪

线性功率放大器理论上的最大效率发生在刚开始饱和的状态。A 类和 B 类功率放大器的最大效率分别为 50% 和 78.5%（π/4）（图 11.8）。当功率放大器的输入摆幅从饱和刚开始时的峰值减小时，效率也会下降。随着输入电平进一步远离峰值，其效率将会显著降低。当输入信号被调制并且具有较大的峰均功率比（PAPR）时，这个问题变得尤为严重。在现代无线通信系统中，具有大的 PAPR 的调制现在很常见，如正交幅度调制（QAM）。这些具有可变包络的调制信号需要线性功率放大器，其中 PA 在大部分时间都强制工作在远离饱和区的电平，导致平均效率较低。换句话说，大的 PAPR 要求从饱和电平进行大的回退，从而导致了效率的降低。对于一些高数据速率的调制标准，已报道的典型效率值低至 10% 或更低。

为了提高线性功率放大器的效率，运用包络跟踪技术（ET）已经成为一种有吸引力并且可行的选择。根据 ET 技术，线性功率放大器的电源电压通过开关稳压器跟踪要放大的射频信号的包络。在 ET 架构中，假设开关式 DC/DC 变换器的效率为 100%，理论上，线性功率放大器的最大效率对于任何调制信号都能实现，例如 A 类功率放大器的效率为 50%。ET 发射机的框图如图 11.33 所示，图中线性功率放大器由具有足够带宽的开关式 DC/DC 变换器提供，以如实地跟踪输入射频信号的包络。这种 DC/DC 变换器称为包络放大器（EA）。

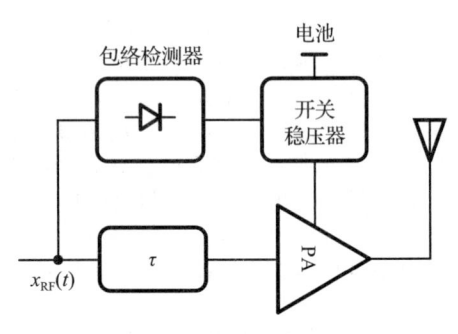

图 11.33 包络跟踪的概念

在包络跟踪结构中，是通过始终在其饱和电平附近使用线性放大器来提高整体效率。功率放大器的输入是要传输的预期调制信号的实际形式和最终的形式。因此，典型的线性 IQ 发射机负责生成调制的射频信号到 PA 的输入。

假设使用 A 类功率放大器，在整个输入摆幅范围内偏置电流几乎始终保持恒定。注意，如果包络放大器是线性稳压器，则效率可能不会得到提高，因为仅是将功耗的位置从功率放大器移到了稳压器。因此，包络放大器必须工作于高效率的开关模式。通常开关式 DC/DC 变换器是基本降压变换器的演变[19]。由于其简单、效率高和相对快速的动态响应，这种形式的 DC/DC 变换器非常有吸引力。开关式的简化示意图如图 11.34 所示。

其主要思想来源于，开关电感可以理想地产生输出电压，输出电压值可以由开关速率或占空比来控制。描述降压型变换器基本工作原理的简化框图如图 11.35 所示。与连续模式对应的稳态波形（电感电流不会到 0）也显示在右图。可以通过伏特-秒和电荷平衡原理分析这个变换器，简要概述如下。

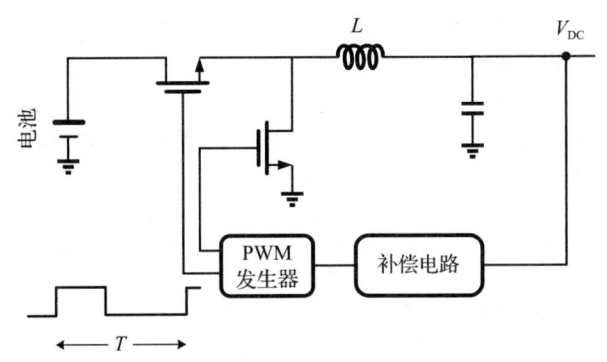

图 11.34 DC/DC 变换器的概念图

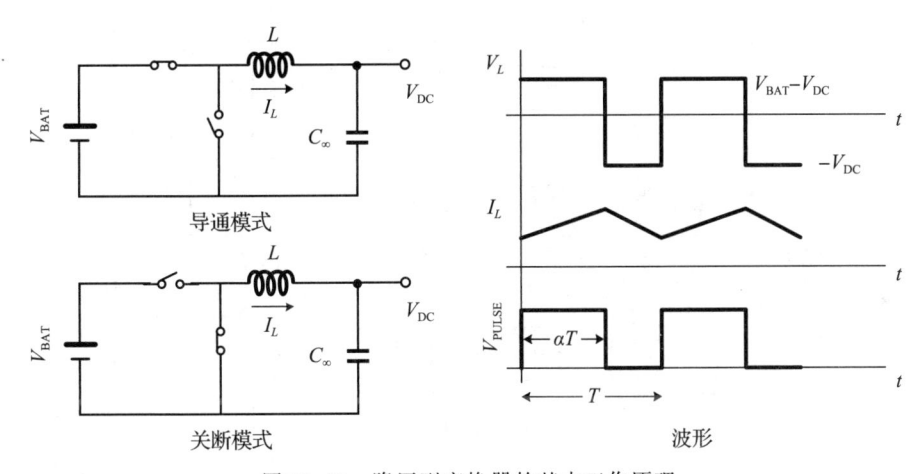

图 11.35 降压型变换器的基本工作原理

在导通模式期间,电感电压是正的,等于
$$V_L = V_{BAT} - V_{DC}$$
因此,随着电感电流的增加,电感存储的磁场能量也增加。电流的净增加量为
$$\Delta I_{L+} = \frac{V_{BAT} - V_{DC}}{L}\alpha T$$
式中,αT 是导通模式的持续时间。在关断模式下,电感电流减小,类似地,可以证明电流的净减少量为
$$\Delta I_{L-} = \frac{-V_{DC}}{L}(1-\alpha)T$$
在稳定状态下,必须满足:
$$\Delta I_{L+} + \Delta I_{L-} = 0$$
可得出
$$V_{DC} = \alpha V_{BAT}$$
所以,输出电压仅由所施加脉冲的占空比(α)控制。显然,输出电压不可能超过输入电压,因此这种变换器称为降压型(或 Buck)变换器。与线性稳压器不同,如果忽略电感损耗和开关电阻,那么如图 11.35 所示的降压型变换器能够有效地减小输出电压。这是因为负载电流仅在导通

模式期间由电池提供。因此与输出电压一样，电池电流也按照占空比进行缩放。另参见习题 5 和 6 可以更深入地了解开关电感电路和 DC/DC 变换器。习题 6 给出了一个升压变换器的例子。

包络放大器和 DC/DC 变换器必须有足够的带宽以生成可接受的包络信号作为功率放大器的电源。带有反馈系统的开关比没有反馈（开环）的开关要慢。如已经说明过的，输出电压与变换器输入的占空比成正比（图 11.34），其中变换器能够以开环的方式进行控制。占空比必须与射频信号的包络成正比，以确保变换器的调节输出电压能跟随射频信号的包络。注意，只有在开关工作于连续导通模式时，调节输出电压和输入电压之间的这种线性关系才有效；否则，它们之间会存在严重的非线性[21]。

在包络跟踪（ET）器中，功率放大器的电源大体上能跟踪瞬时信号的包络，而无须在功率放大器中引入压缩。由于包络是正交基带信号的非线性函数（图 11.36），因此包络带宽要比那些构成正交信号的带宽大得多。

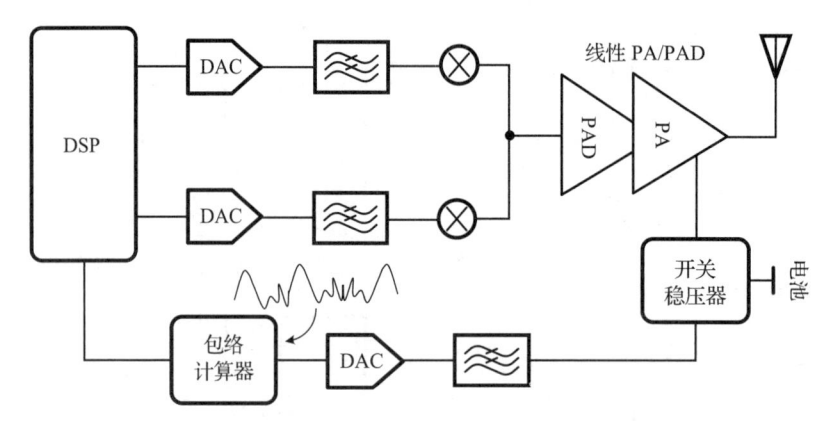

图 11.36 带有包络跟踪的简化 I/Q 发射机

为了确保开关稳压器足够快以跟踪宽带包络，对环路带宽和压摆率提出了严格的要求。在这种情况下，由包络计算器和接下来的 DAC、LPF 和 DC/DC 变换器的额外信号处理而产生的功耗开销可能会破坏功率放大器中的预期功耗节省。此外，DSP、DAC 和开关需要工作于更高的时钟频率，使情况进一步恶化。对于现代高数据速率应用，DC/DC 变换器的时钟频率和功耗证明是不切实际的。图 11.37 所示为一种放宽包络跟踪器带宽要求的技术，图中用修正后的信号代替射频信号的包络作为 DC/DC 变换器的输入。该修正信号来自原始包络，通过限制其最小值（超过某个低值，包络波形被削波），使其具有比包络信号本身更小的动态范围的更平滑的过渡。

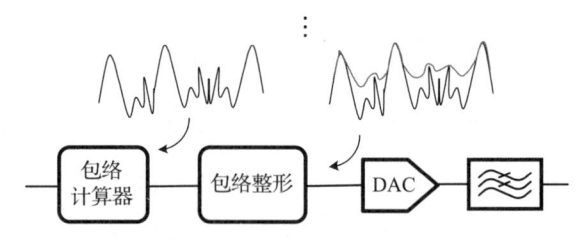

图 11.37 修正包络信号的包络跟踪

为了获得良好的效率，功率放大器和开关稳压器必须联合设计。因为功率放大器和开关稳压器的组合是一个非线性系统，所以可采用数字预失真和校准技术来提高系统性能。此外，随着电源电压的降低，功率放大器的增益通常也会下降，这可能导致 AM-AM 非线性，因此必须进行补偿。功率放大器增益对其电源电压变化的灵敏度也会减小从开关变换器主 DC 电源到发射机输出的总电源抑制比（PSRR）。对于数字预失真和非线性信号处理，一个完整的 DSP/

DAC/LPF/变换器/功率放大器的系统建模是至关重要的。此外，输出匹配网络的设计也很关键。具体而言，当功率放大器的电源在其整个范围内调节时，必须保持匹配。因为当放大器进入压缩区域时，传输信号的谐波会急剧降低，匹配网络必须抑制谐波杂散的增长。最后，包络跟踪器(开关稳压器)和功率放大器之间的接口对于基于 ET 和 EER 的发射机架构而言是非常关键的。这就需要在接口电容、稳定性、系统带宽和总 PSRR 之间进行设计折中。

正如已经讨论过的，基于包络消除和恢复(EER)结构的发射机也采用了开关稳压器作为包络放大器。事实上，EER 结构中的包络放大器对于线性度和噪声的要求比 ET 发射机更为苛刻。这是由于在 ET 架构中，对包络的跟踪不必精确，并且可以容忍小的偏差，因为在 ET 架构中，功率放大器的输入是最终格式的射频信号，并且功率放大器是线性的。然而，与 ET 发射机不同，在 EER 发射机中，功率放大器的输入信号仅是相位调制的，且功率放大器是非线性的，为了获得最大效率通常工作于深压缩区域。因此，包络放大器负责重构发射信号的包络，这就是为什么必须为 PA 的电源电压提供更为精确的包络信号。这就证明了为什么在 ET 结构中，对 DC/DC 变换器或包络放大器有相对宽松的要求。

11.9.4 动态偏置

已经看到，带宽高效调制，如 64QAM 这样的，在信号的包络中嵌入了大部分调制信息。传输这种变化幅度的信号需要高线性的功率放大器来驱动具有可接受的 EVM 和散射掩膜来驱动发射机的天线。功率放大器动态偏置是提高线性功率放大器在这些应用中效率的另一种简单的方法。动态偏置技术的原理是，当输出功率水平较低时，通过动态降低从主电源引出的偏置电流，来提高功率放大器的效率。功率放大器的动态偏置是提高功率放大器效率的一种可靠、低功耗和低成本的解决方案。

考虑常用的基于共源结构的 CMOS 功率放大器。适用于这种功率放大器的动态偏置技术可以分成两大类：栅极动态偏置和漏极动态偏置。首先简要讨论一下后者。采用漏极动态偏置，每当发射机信号电平较低时，功率放大器的漏极电压就会适当地降低。该电压降低的原因是为了确保功率放大器工作在接近饱和电平以维持良好的效率。换句话说，这种功率放大器电源电压的动态降低调节了负载线，使得射频信号始终在几乎整个负载线上摆动。之前讨论过的包络跟踪方案就是基于这个原理工作的。注意，采用漏极动态偏置的功率放大器几乎所有电流都由包络放大器提供，其中包络放大器是具有良好效率的开关稳压器。

然而，在栅极的动态偏置中，定义功率放大器静态电流的栅极电压被调整。在功率回退的情况下，栅极电压将会降低以提高效率。图 11.38 所示为基于这种节省功率理念运行的简化功率放大器电路。由于修正的栅极电压可以显著改变功率放大器的特性曲线，所以会存在非常严重的 AM-PM 和 AM-AM 非线性，系统可能需要预失真来校正非线性。

当栅极偏置电压接近晶体管的阈值电压时，非线性效应可能会变得严重。当采用漏极动态偏置而不是栅极动态偏置时，利用动态偏置的功率放大器的 AM-PM 和 AM-AM 特性通常将减弱。这种方法的另一个潜在问题是其对任何能够有效改变栅极电压的噪声源都很敏感。

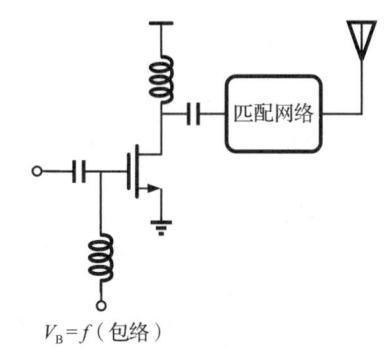

图 11.38 栅极动态偏置的功率放大器

$V_B = f($包络$)$

栅极动态偏置的主要优点是其相对小且紧凑的尺寸。由于动态偏置电路不需要布线到输入器件的栅极之外，因此电路尺寸通常非常小，且芯片面积可以忽略。

11.9.5 Doherty 功率放大器

另一种用于提高效率,同时能保持可接受线性度的拓扑结构是采用多个功率放大器,每个功率放大器负责功率范围内的某个子集。这种方案的最早实现可追溯到 1936 年,是由 Doherty 完成的[20]。

首先考虑如图 11.39 所示的电路,该电路由用 1/4 波长传输线分隔开的 2 个任意功率放大器组成⊖。传输线可以近似为 π 型集总 LC 电路,如图 11.39 所示。

由第 3 章可知,传输线的电压和电流一般可表示为

$$V(z) = V^+ \mathrm{e}^{-\mathrm{j}\beta z} + V^- \mathrm{e}^{+\mathrm{j}\beta z}$$

$$I(z) = \frac{1}{R_0}(V^+ \mathrm{e}^{-\mathrm{j}\beta z} - V^- \mathrm{e}^{+\mathrm{j}\beta z})$$

式中,z 是传输线中的任意一点,并且 $\beta = \frac{2\pi}{\lambda}$。

假设第 2 个功率放大器的电流与第 1 个相关⊖,即 $I_2 = A\mathrm{e}^{-\mathrm{j}\phi}I_1$,在边界处 ($z=0$ 和 $\frac{\lambda}{4}$) 求解 V_1/I_1 和 V_2/I_2,则有

$$Z_1 = \frac{V_1}{-I_1} = R_0\left(\frac{R_0}{R_L} - \mathrm{j}A\mathrm{e}^{-\mathrm{j}\phi}\right)$$

上式是从 PA1 看进去的阻抗。假设 PA 的输入电压是 90°异相 ($\phi = \frac{\pi}{2}$),在选择 $R_L = \frac{R_0}{2}$ 时,有

$$Z_1 = R_0(2-A)$$

图 11.39 高效率功率放大器的一种形式

在 1/4 波长的传输线中,输入阻抗反比于端接阻抗,当有效端接阻抗也为 R_0 时,也就是说,第 2 个功率放大器提供给负载一半的功率 ($A=1$) 时,图 11.39 所示的网络显示的第 1 个功率放大器的阻抗为 R_0。然而,如果第 2 个功率放大器被从电路中移除或者被阻止对输出产生影响 ($A=0$),则端接阻抗减小为 $\frac{R_0}{2}$。因此,从第 1 个功率放大器看进去的阻抗增加到 $2R_0$。

根据这一原理设计的,Doherty 功率放大器的框图如图 11.40 所示。由工作在 B 类区域的主功率放大器 (PA1) 和工作于 C 类区域的辅助功率放大器 (PA2) 组成。90°相移由第 2 个功率放大器前面的附加传输线产生。此外,为了产生天线阻抗一半的负载阻抗,在天线 (其阻抗为 Z_0) 和输出端之间放置了另一条特征阻抗

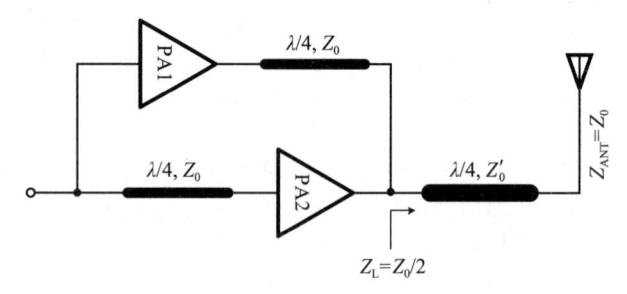

图 11.40 简化的 Doherty 功率放大器

⊖ 由 Doherty 提出的原始设计采用的是电子管。
⊖ 这是通过馈送有关的相应的输入电压来实现的。

为 $Z'_0 = \dfrac{Z_0}{\sqrt{2}}$ 的传输线。

当功率水平较低时，主功率放大器被激活，并且输入摆幅不足以激活辅助功率放大器。总输出功率完全来自第 1 个功率放大器，这时其工作电阻为 $2R_0$，是其提供峰值功率时工作阻抗的 2 倍。每个放大器相应的输出电压和 DC 电流与输入电压的关系如图 11.41 所示。注意，输出电压与第 2 个功率放大器的电压是相同的。

在特定的输入功率（表示为载波功率）处，PA1 是饱和的。超过这一点，输出特性是无辅助的，将变平坦（图 11.41 中的虚线）。此时，第 2 个功率放大器开始起作用，不仅提供自身的功率，而且通过阻抗反转的作用，有效地减小了第 1 个功率放大器的阻抗。因此，PA1 可以在不增加输出电压的情况下增加其功率，此时输出电压已经达到了最大值。在输入峰值处，每个功率放大器的电压都是相同的（V_P），并且各自提供 $\dfrac{V_P^2}{2R_0}$ 的功率，是载波功率的 2 倍。所以总的瞬时功率是载波功率的 4 倍。

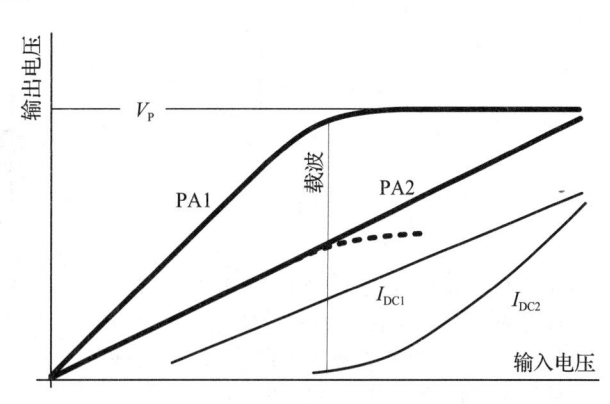

图 11.41 Doherty 功率放大器中两个放大器的电压与电流

在载波之前，PA1 的电压是输出电压的 2 倍，并且 90°异相，采用传输线特性可以得到这样一个特性（见习题集）。第 2 个功率放大器的电流几乎为 0，直到到了载波这一点，此时开始以 PA1 电流 2 倍的速度上升。在峰值输入时，其电流是相等的，表明两个功率放大器对输出有同等的贡献。

可以认识到，Doherty 功率放大器类似于 B 类推挽式功率放大器，其中一半的功率由一半的电路提供。实际上，可以证明瞬时效率随着输出功率线性增加，可达到 78.5% 的最大效率，类似于理想的 B 类功率放大器的效率。

Doherty 功率放大器的主要应用是基站发射机，因为它们提供了卓越的效率。此外，对于具有非常高的峰均功率比的应用，其中放大器提供适度的平均功率，但由于峰值的存在偶尔会产生大功率，此时 Doherty 功率放大器是适用的。这在很大程度上是由于功率传输主要由低功率和高效的主功率放大器完成，而大峰值则由高功率的辅助功率放大器协助完成。两个功率放大器的设计和第 2 个功率放大器必须执行的阈值很大程度取决于所使用调制的统计特性。

对于 GHz 范围内的无线器件，Doherty 功率放大器的使用非常有限，主要是因为 PCB 板上的 $\lambda/4$ 传输线太大，长度可达有几厘米。由于窄带工作和效率的损失，用等效集总元件代替传输线的努力也并没有成功。此外，失真可能也是一个问题，通常需要用反馈来增强这一点。

11.10 总结

本章介绍了功率放大器和数字发射机：
- 11.1 节讨论了功率放大器的一般特性和所涉及的挑战。
- 11.2 到 11.8 节介绍了各类功率放大器。
- 11.6 节讨论了数字发射机。

- 11.9节概述了功率放大器线性化技术，如预失真和包络跟踪。

11.11 习题

1. 如下图所示，带有固定 Q 值电感的 LC 匹配电路对功率放大器的负载阻抗进行下变频。证明阻抗变换(n)越大，匹配电路损耗的功率越多。答案：相对功率损耗 $\approx n/Q$。

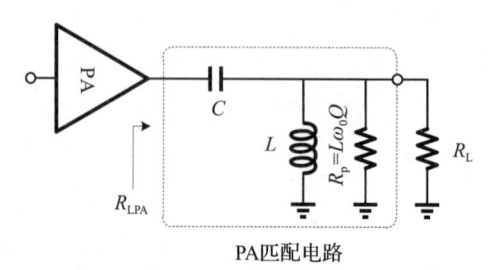

PA匹配电路

2. 计算 C 类功率放大器的效率和输出功率，写出所有的步骤。
3. 解释为什么 B 类拓扑结构不能用于产生三次谐波峰值。
4. 绘制 D 类推挽式功率放大器中 N 开关和 P 开关的波形。将傅里叶级数展开到 3 次谐波，并求出输出波形、负载及电源功率。
5. 求解下图所示电路的输出波形，图中输入信号是周期性的($\alpha<1$)。假设晶体管是理想的开关。考虑两种情况：$T \gg L/R$ 和 $T \ll L/R$。

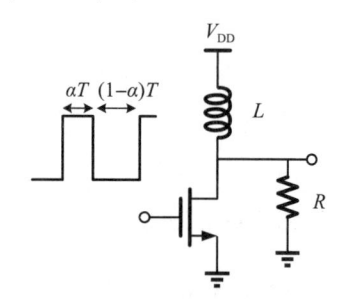

6. 求出下图所示电路的输出电压，该电路被称为升压开关稳压器。绘制稳态条件下电感的电流和电压波形。假设负载阻抗非常大，且二极管是理想的。答案：$V_{DC} = \dfrac{V_{BAT}}{1-\alpha}$。

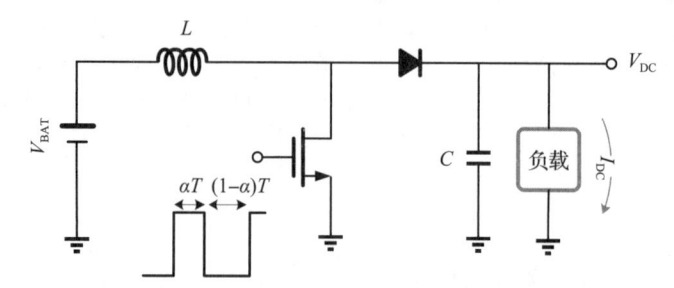

7. 对于习题 6，假设负载漏极恒定电流为 I_{DC}。分别绘制出电感和电容的电压和电流波形，电感的平均电流是多少？假设 $\dfrac{T}{\sqrt{LC}} \ll 1$。答案：电容电压充放电在 $\dfrac{V_{BAT}}{1-\alpha} + \dfrac{I_{DC}}{C}\alpha T$ 和 $\dfrac{V_{BAT}}{1-\alpha}$ 之间几乎呈线性关

系。对于导通/关断模式，电感电流为 $i_L(t) \approx \begin{cases} \dfrac{I_{DC}}{1-\alpha} + \dfrac{V_{BAT}}{L}(t-\alpha T) \\ \dfrac{I_{DC}}{1-\alpha} - \dfrac{\alpha}{1-\alpha}\dfrac{V_{BAT}}{L}(t-\alpha T) \end{cases}$。电感的平均电流为 $\dfrac{I_{DC}}{1-\alpha} - \dfrac{V_{BAT}}{2L}\alpha T \approx \dfrac{I_{DC}}{1-\alpha}$，正如能量守恒所预计的那样。

8. 利用傅里叶级数求解 E 类放大器中 C_1 电压的基波分量。通过将其等效成 RLC 串联负载上的电压，将 C_1 的阻抗表示为基于负载电阻的形式。答案：$a_1 = \left(\dfrac{2}{\pi} - \dfrac{\pi}{4}\right)\dfrac{I_{DC}}{C_1\omega_0}$，$b_1 = -\dfrac{1}{2}\dfrac{I_{DC}}{C_1\omega_0}$，$\dfrac{1}{C_1\omega_0} = R_L \dfrac{1+\dfrac{\pi^2}{4}}{\dfrac{2}{\pi}}$。

9. 利用能量守恒定律，证明 E 类功率放大器中 $R_L I_{DC} = \dfrac{2V_{DD}}{1+\dfrac{\pi^2}{4}}$ 和 $\dfrac{I_{DC}}{C_1\omega_0} = \pi V_{DD}$。

10. 证明 E 类设计中，在最佳条件下有 $\dfrac{1}{C_2\omega_0} = L\omega_0 \left[1 + \dfrac{\dfrac{\pi}{4}\left(1-\dfrac{\pi^2}{4}\right)}{Q_L}\right]$。很明显 C_2 和 L 没有谐振在 ω_0。$Q_L = \dfrac{L\omega_0}{R_L}$ 是串联电路的品质因数。

11. 计算 E 类放大器的漏极峰值电压。答案：$(\pi - 2\theta_0)\pi V_{DD} = 3.6 V_{DD}$。

12. 计算 E 类功率放大器的漏极峰值电流。

13. 在 IQ 发射机中，假设在上变频之前，正交基带信号经过一个无记忆非线性系统 $y = x + \beta x^3$。如果理想的射频输出信号是 $A\cos(\omega_0 t + \theta)$，推导出修正后的射频信号，并证明存在不需要的分量正比于 $A^3\cos(\omega_0 t + \theta)$ 和 $A^3\cos(\omega_0 t - 3\theta)$。答案：$\hat{y}(t) = \left(A^3 + \dfrac{3}{4}\beta A^3\right)\cos(\omega_0 t + \theta) + \dfrac{1}{4}\beta A^3\cos(\omega_0 t - 3\theta)$。

14. 源极跟随功率放大器如下图所示。假设 V_{eff} 是输入晶体管和电流源的有效电压。
 (a)推导出漏极效率的计算公式。
 (b)证明如果 $V_{DD} \gg V_{eff}$，最大效率接近 25%。

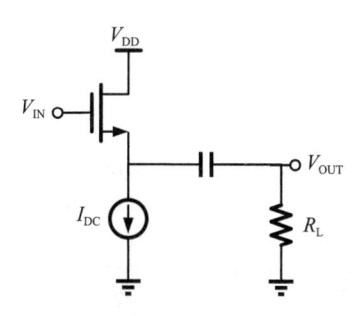

15. 带有阻性负载的共源功率放大器如下图所示，其中 V_{eff} 是晶体管的过驱动电压。推导漏极效率的计算公式；并证明如果 $V_{DD} \gg V_{eff}$，最大效率接近 25%。

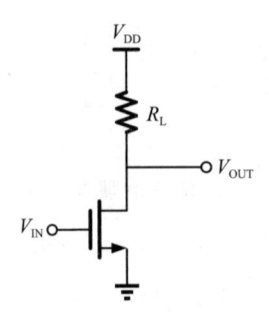

16. 考虑带有动态栅极偏置的功率放大器，假设栅极偏置于 $V_{TH}+f(A)$，其中 A 是射频信号的包络。为了保持线性度，对输入射频信号的包络由 $g(A)$ 预失真，即 $g(A)\cos(\omega_{LO}t+\theta)$ 施加在功率放大器的输入。假设 NMOS 管是以长沟道方程建模。求 $g(A)$，使得输出仍然与栅极偏置电压固定在 $V_{GS,Q}$ 时的情况一致。答案：$\dfrac{A(V_{GS,Q}-V_{TH})}{f(A)}$。

17. 对于习题 16，假设 $f(A)$ 为 $\sqrt{(V_{GS,Q}-V_{TH})A}$。已知幅值 A，证明从电源电压中提取的动态偏置和固定偏置之间的平均电流的比值为 $\dfrac{3A/2(V_{GS,Q}-V_{TH})}{(V_{GS,Q}-V_{TH})^2+\dfrac{1}{2}A^2}$。已知调制信号包络的概率密度分布函数为 $p(A)$，推导从电源电压提取出的平均电流之比的等式。答案：$\dfrac{\dfrac{3}{2}(V_{GS,Q}-V_{TH})E[A]}{(V_{GS,Q}-V_{TH})^2+1/2E[A^2]}$。

18. 白色带通信号的包络具有瑞利分布 $p(A)=(A/\sigma^2)e^{-A^2/2\sigma^2}$，其中 $p(A)$ 是概率密度函数，A 是包络。如果此信号一次通过一个效率为 $\eta=A^2/2V_{DD}^2$ 的 A 类功率放大器，在另一个时间通过一个效率为 $\left(\dfrac{\pi}{4}\right)A/V_{DD}$ 的 B 类功率放大器，计算两种情况下的平均效率。假设 $\sigma\ll A_{max}=V_{DD}$，因此积分的极限可以认为是 $0\sim\infty$。答案：$\overline{P_{out}}=\int_0^{+\infty}P_{out}(A)p(A)dA$，$\overline{P_{DC}}=\int_0^{+\infty}P_{DC}(A)p(A)dA$，$\eta=\overline{P_{out}}/\overline{P_{DC}}$。

19. 推导出 Doherty 功率放大器中 PA1 电压与输出电压的函数关系。假设 PA1 是分段线性的。答案：$V_1=-j\dfrac{Z_1}{R_0}V_2=-j(2-A)V_2$。

参考文献

[1] P. R. Gray and R. G. Meyer, *Analysis and Design of Analog Integrated Circuits*, John Wiley, 1990.

[2] E. Wilkinson, "An N-Way Hybrid Power Divider," *IRE Transactions on Microwave Theory and Techniques*, 8, no. 1, 116–118, 1960.

[3] I. Aoki, S. Kee, D. Rutledge, and A. Hajimiri, "Fully Integrated CMOS Power Amplifier Design Using the Distributed Active-Transformer Architecture," *IEEE Journal of Solid-State Circuits*, 37, no. 3, 371–383, 2002.

[4] I. Aoki, S. Kee, R. Magoon, R. Aparicio, F. Bohn, J. Zachan, G. Hatcher, D. McClymont, and A. Hajimiri, "A Fully-Integrated Quad-Band GSM/GPRS CMOS Power Amplifier," *IEEE Journal of*

Solid-State Circuits, 43, no. 12, 2747–2758, 2008.

[5] P. Baxandall, "Transistor Sine-Wave LC Oscillators. Some General Considerations and New Developments," *Proceedings of the IEEE – Part B: Electronic and Communication Engineering*, 106, no. 16, 748–758, 1959.

[6] K. K. Clarke and D. T. Hess, *Communication Circuits: Analysis and Design*, Krieger, 1994.

[7] A. B. Carlson and P. B. Crilly, *Communication Systems: An Introduction to Signals and Noise in Electrical Communication*, vol. 1221, McGraw-Hill, 1975.

[8] D. Chowdhury, S. V. Thyagarajan, L. Ye, E. Alon, and A. M. Niknejad, "A Fully-Integrated Efficient CMOS Inverse Class-D Power Amplifier for Digital Polar Transmitters," *IEEE Journal of Solid-State Circuits*, 47, no. 5, 1113–1122, 2012.

[9] D. Chowdhury, L. Ye, E. Alon, and A. M. Niknejad, "An Efficient Mixed-Signal 2.4-GHz Polar Power Amplifier in 65-nm CMOS Technology," *IEEE Journal of Solid-State Circuits*, 46, no. 8, 1796–1809, 2011.

[10] C.-H. Lin and K. Bult, "A 10-b, 500-MSample/s CMOS DAC in 0.6 mm²," *IEEE Journal of Solid-State Circuits*, 33, no. 12, 1948–1958, 1998.

[11] S. Yoo, J. S. Walling, E. C. Woo, B. Jann, and D. J. Allstot, "A Switched-Capacitor RF Power Amplifier," *IEEE Journal of Solid-State Circuits*, 46, no. 12, 2977–2987, 2011.

[12] Z. Deng, E. Lu, E. Rostami, D. Sieh, D. Papadopoulos, B. Huang, R. Chen, H. Wang, W. Hsu, C. Wu, and O. Shanaa, "9.5 A Dual-Band Digital-WiFi 802.11a/b/g/n Transmitter SoC with Digital I/Q Combining and Diamond Profile Mapping for Compact Die Area and Improved Efficiency in 40nm CMOS," in *Proceedings of the IEEE International Solid-State Circuits Conference (ISSCC)*, 2016.

[13] R. Winoto, A. Olyaei, M. Hajirostam, W. Lau, X. Gao, A. Mitra, O. Carnu, P. Godoy, L. Tee, H. Li, E. Erdogan, A. Wong, Q. Zhu, T. Loo, F. Zhang, L. Sheng, D. Cui, A. Jha, X. Li, W. Wu, K. Lee, D. Cheung, K. W. Pang, H. Wang, J. Liu, X. Zhao, D. Gangopadhyay, D. Cousinard, A. A. Paramanandam, X. Li, N. Liu, W. Xu, Y. Fang, X. Wang, R. Tsang, and L. Lin, "9.4 A 2×2 WLAN and Bluetooth Combo SoC in 28nm CMOS with On-Chip WLAN Digital Power Amplifier, Integrated 2G/BT SP3T Switch and BT Pulling Cancelation," in *Proceedings of the IEEE International Solid-State Circuits Conference (ISSCC)*, 2016.

[14] H. Wang, C. Peng, Y. Chang, R. Z. Huang, C. Chang, X. Shih, C. Hsu, P. C. P. Liang, A. M. Niknejad, G. Chien, C. L. Tsai, and H. C. Hwang, "A Highly-Efficient Multi-band Multi-mode All-Digital Quadrature Transmitter," *IEEE Transactions on Circuits and Systems I: Regular Papers*, 61, no. 5 1321–1330, 2014.

[15] N. Sokal and A. Sokal, "Class E-A New Class of High-Efficiency Tuned Single-Ended Switching Power Amplifiers," *IEEE Journal of Solid-State Circuits*, 10, no. 3, 168–176, 1975.

[16] R. Zulinski and J. W. Steadman, "Class E Power Amplifiers and Frequency Multipliers with Finite DC-Feed Inductance," *IEEE Transactions on Circuits and Systems*, 34, no. 9, 1074–1087, 1987.

[17] S. Kee, I. Aoki, A. Hajimiri and D. Rutledge, "The Class-E/F Family of ZVS Switching Amplifiers," *IEEE Transactions on Microwave Theory and Techniques*, 51, no. 6, 1677–1690, 2003.

[18] L. Kahn, "Single-Sideband Transmission by Envelope Elimination and Restoration," *Proceedings of the IRE*, 40, no. 7, 803–806, 1952.

[19] B. Sahu and G. Rincon-Mora, "System-Level Requirements of DC-DC Converters for Dynamic Power Supplies of Power Amplifiers," in *ASIC 2002 Proceedings*, 2002.

[20] W. Doherty, "A New High Efficiency Power Amplifier for Modulated Waves," *Proceedings of the Institute of Radio Engineers*, 24, no. 9, 1163–1182, 1936.

[21] R. Erickson and D. Maksimovic, *Fundamentals of Power Electronics*, Springer, 2001.

第 12 章 | Chapter 12 |
收发机架构

到目前为止，我们对接收机和发射机已经有了基本的认识。尽管如此，模块的确切布置，所涉及的频率规划，数字信号处理的能力，以及其他相关问题，会导致几种主要取决于实际应用的不同选择。虽然总体目标是最终满足标准要求，但获得合适的架构在很大程度上取决于成本和功耗方面的考虑。本章的目标是着重阐述在第 5 章和第 6 章中进行了一般描述的噪声、线性度和成本之间的折中之后，针对给定的应用提出合适的架构。此外，我们将看到，对构建模块的正确安排布置与第 7~11 章所描述的电路性能有直接的关联。

本章首先对实现射频收发机的挑战和关注点进行一般性描述，然后对接收机和发射机架构进行详细描述，并介绍几个案例研究。本章的最后给出了一个实际的收发机设计示例，并讨论了与生产相关的问题、封装要求和集成挑战。

本章的主要内容：
- 收发机概述。
- 超外差接收机。
- 零中频和低中频接收机。
- 正交下变频与镜像抑制接收机。
- 二次变频接收机。
- 抗阻塞接收机。
- 接收机中的 ADC、滤波和增益控制。
- 线性发射机。
- 直接调制发射机和极化发射机。
- 异相发射机。
- 收发机案例研究。
- 封装与产品质量。
- 与生产有关的问题。

12.1 概述

由于当今几乎所有的无线电都依赖于数字调制，因此收发机不可避免地需要一个非常复杂的数字处理单元。另外，发射和接收的电磁波在本质上是模拟的。因此，预计收发机至少包含一对数据转换器，如图 12.1 所示。

事实上，这种架构是最近在软件无线电领域中提出的，即能够在任意需要的频率处接收或发送任何标准的信号[1]。尽管这种理想化的方法本质上是宽带的，并且非常灵活，但它的问题是对接收机和发射机分别有严格的阻塞和掩模(mask)要求。

示例：考虑图 12.2 所示的 GSM 标准所规定的情况，所需要的接收机信号为 -99 dBm，伴随着带内和带外的阻塞信号分别为 -23 dBm/0dBm。

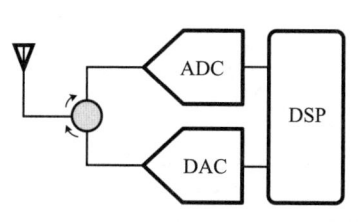

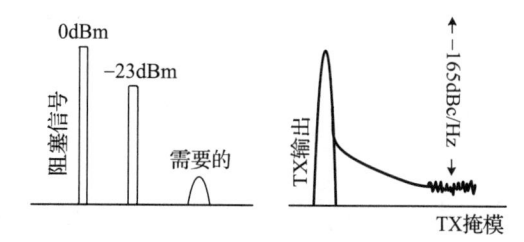

图 12.1　由一对数据转换器构成的理想收发机

图 12.2　接收机阻塞和发射机掩模要求

为了成功接收 -99 dBm 的信号，假设 ADC 量化噪声至少需要低于信号 10dB。假设 ADC 需要接收高达 2GHz 的信号来覆盖各种频段（因此它需要最低时钟频率为 4GHz），那么 ADC 的噪声水平为

$$-99\text{dBm} - 10 + 10\log\left(\frac{2\text{GHz}}{200\text{kHz}}\right) = -69\text{dBm}$$

上式中假设 GSM 信号的带宽是 200kHz。另外，为了能够容忍 0dBm 的阻塞并保证 3dBm 的裕度，则 ADC 满量程需要 +3dBm，因此需要 72dBm 的动态范围，或者在 4GHz 采样频率下需要达到约 12bit。这种要求导致仅 ADC 本身的功耗就非常大。

即使采用前端滤波器来抑制带外阻塞信号，接收机仍然需要容纳 -23 dBm 的带内阻塞信号，这就需要一个非常耗电的 8bit 4GHz 的 ADC。

类似地，如果选择使用 DAC 直接连接到输出，则需要相对严格的要求来满足远端掩模要求。

示例：假设发射机需要带外噪声水平为 -165 dBc/Hz，以避免使附近的接收机失敏。假设时钟频率为 4GHz，噪声基底为

$$-165\text{dBc/Hz} + 10\log(2\text{GHz}) = -72\text{dBc}$$

根据应用的不同，DAC 的动态范围为

$$\text{动态范围} = 72 + \text{PAPR}$$

式中，PAPR 为发射信号的峰均功率。对于 64QAM 无线局域网发射机，PAPR≈10dB，大约需要一个 14bit 的 DAC。DAC 的动态范围远好于保证 EVM 要求所需的范围，并且主要受到 OOB 噪声规范的限制。例如，要实现 -50 dBc 的 EVM，一个 9bit 的 DAC 就足够了。

鉴于这些挑战，正如之前指出的，接收机和发射机都依赖于某种频率转换，通常由混频器提供，能够以更低的功耗更有效地执行模拟和数字信号的处理。考虑到这一点，下面将进一步了解实现接收机和发射机架构的各种选择。

12.2　接收机架构

根据之前的讨论，预计给定的接收机看起来如图 12.3 所示，对其中各构建模块的需求解释如下：

- 可选的前端滤波器，用于抑制带外阻塞信号。
- LNA，用于抑制后级的噪声。

- 混频器[注]，用于提供频率转换，并减轻后级模块的负担。
- 中频处的部分滤波或全通滤波（或信道选择），用于衰减下变频阻塞，如果使用射频滤波器，则主要是在带内滤波，从而降低后续各级的线性度要求。

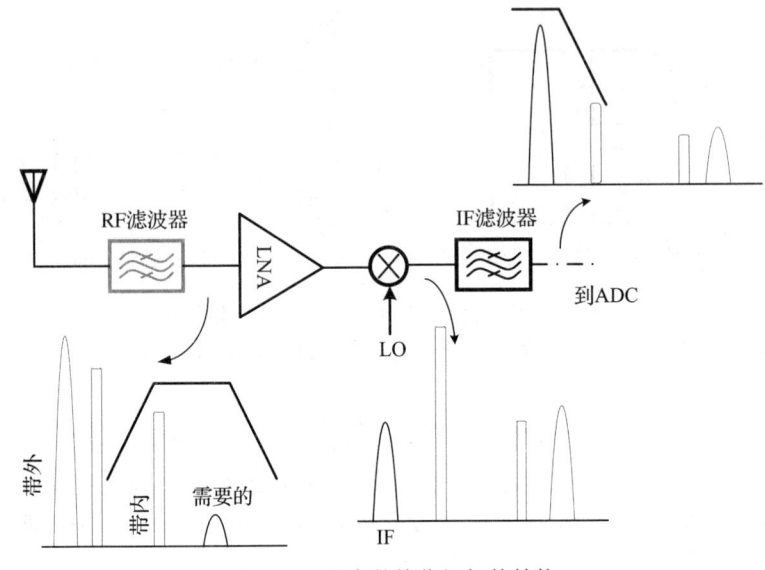

图 12.3　基本的接收机拓扑结构

经过适当的放大和滤波后，信号可以被传送到一个相对低频和低功率的 ADC 进行数字化。图 12.3 还显示了在所需要的信号得到放大的同时，是如何将带外和带内的阻塞信号逐步地从接收链中滤除的。

这种结构是由阿姆斯特朗[注]发明的，称为超外差[注]接收机[2]，早在 1918 年就已经存在。我们将在下一节中仔细研究并讨论它的优缺点。

12.2.1　超外差接收机

虽然下变频到中频降低了对随后各级的功耗要求，但它也引入了一些自身的问题。正如第 6 章中所展示的，有几个阻塞也会受到下变频的影响，并且考虑到本振混频器具有丰富的谐波特性，以及链路中存在的非线性，将会导致信噪比的恶化[3]。考虑图 12.4 所示的 GSM[注] 接收机中的镜像和半中频阻塞信号，GSM 信号可能是 925～960MHz 范围内的任意频率。在信号处于频带边缘的极端情况下，比如在 960MHz 的低侧注入，镜像信号位于下端，如图 12.4 所示。SAW 滤波器阻带通常是从距离通带边沿 20MHz 处开始，这里通带边沿为 925MHz。因此，为

○　虽然没有明确说明，但本章假设下变频混频器输出采用某种适度的低通滤波（例如 RC 级）来滤除在总和频率下的分量。

○　埃德温·阿姆斯特朗（Edwin Armstrong，1890—1954），美国电气工程师和发明家，以开发 FM 收音机和超外差接收机系统而闻名。

○　外差是加拿大工程师 R. Fessenden 发明的一种无线电信号处理技术，通过将两个频率组合（或混频）来产生一个新频率。heterodyne 一词是希腊语，意思是不同的功率。

四　在许多例子中选择 GSM 的原因与其非常严格的阻塞要求有关。

了有效抑制镜像信号，镜像信号必须至少在 55MHz(960－925＋20)以外，因此中频必须至少是 55/2＝22.5MHz 以外。取决于接收机的二阶非线性和 LO 的谐波，如果半中频阻塞占主导地位，则需要更高的中频。例如，对于更接近信号的半中频阻塞，中频必须至少为 110MHz(55×2)以外，才能使得阻塞信号落在滤波器的阻带内。

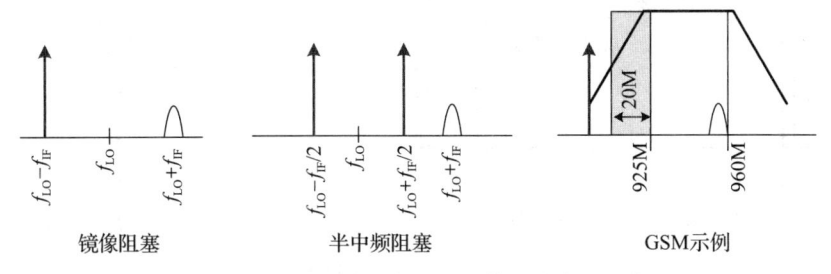

图 12.4　GSM 接收机中的镜像和半中频阻塞

在 GSM 的例子中，带外阻塞信号是 0dBm，而所需的信号是 －99dBm，因此为了实现合理的信噪比，总抑制能力需要超过 105dB。由于外部滤波器通常能提供 40～50dB 的抑制，一般需要两个滤波器，再加上低噪声放大器适度的滤波，才可以提供足够的抑制。因此，典型的超外差接收机就如图 12.5 所示，其中中频通常为数十或数百 MHz。

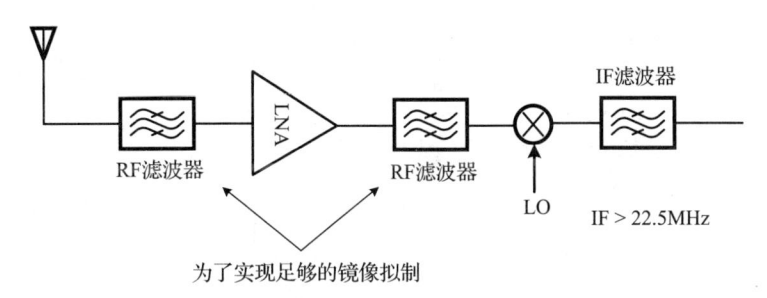

图 12.5　超外差接收机

在所需的两个射频滤波器中，一个通常放置在低噪声放大器之前，以对 0dBm 阻塞信号产生充分的衰减，从而降低对低噪声放大器的线性度要求，而另一个则放置在低噪声放大器之后。否则，由于两个滤波器的损耗而导致的噪声因子恶化可能是不可接受的。两个射频滤波器显然是放置在片外的，而中心频率为几十 MHz 的中频滤波器也是片外的。由于 GSM 信号带宽为 200kHz，如第 4 章所讨论的，一个频率高于 22.5MHz 且带宽如此窄的中频滤波器在芯片上很难实现。因此，尽管超外差接收机鲁棒性较好，但由于需要几个外部滤波器，实现起来成本太高。此外，由于这些滤波器通常是 50Ω 匹配的，因此驱动它们需要额外的大功率放大器。

12.2.2　零中频接收机

降低滤波的要求从而降低超外差接收机成本的另一种方法是将中频设置为 0，在这种情况下，镜像或其他有问题的阻塞信号将不那么重要⊖。然而，这会产生一个新的问题，因为信号

　⊖　零中频接收机也称为零差频接收机或直接变频接收机。

现在是它自己的镜像。如之前所述，几乎所有的射频信号都依赖于单边带频谱的产生，因此，在载波信号的任一侧边带都存在不相关的频谱，即使它们看起来相同，但实际上是不同的。如图 12.6 所示，当这种信号被下变频到零中频时，其正负两边的边带会折叠并相互重合。

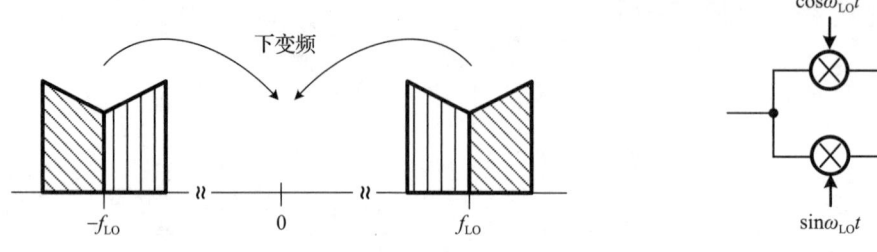

图 12.6　零中频接收机中的镜像问题

图 12.7　抑制一个边带的正交接收机

类似于发射机的方案，其中正交 LO 信号用于基带分量的上变频，也适用于接收机。如图 12.7 所示，由 I 支路和 Q 支路组成的正交下变频器，以 90°异相的 LO 信号为时钟，能够区分上边带和下边带。

假设所关注的信号是位于本振信号上边带的单音信号，如图 12.8 所示。图中还给出了 I 和 Q 两路本振信号的频谱。时域中的乘法在频域中就是卷积，产生的下变频的频谱如右侧所示。

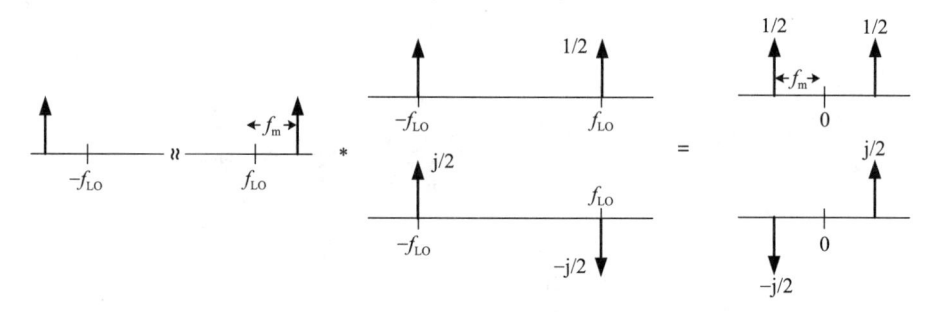

图 12.8　由正交本振下变频的上边带信号

如果信号位于下边带，则产生的频谱如图 12.9 所示。

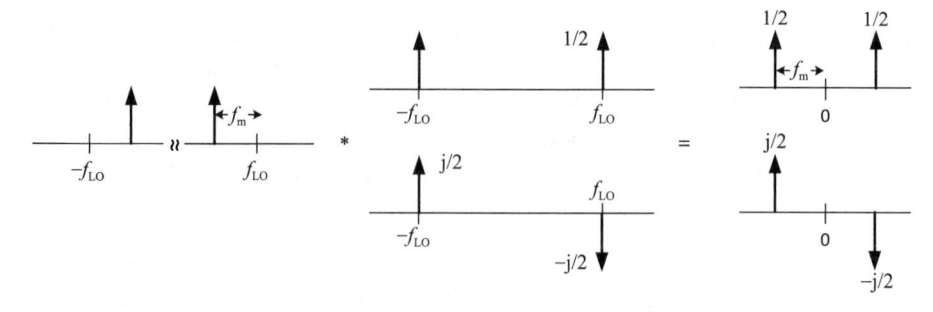

图 12.9　由正交本振下变频下边带信号

对比图 12.8 和图 12.9，可以明显看出，尽管上边带和下边带信号的下变频频谱都位于 f_m，但相位并不相同。可以利用这一点来区别这两种情况。

在第 2 章中，我们证明了将希尔伯特变换应用到一个信号上，结果是使正频率分量乘以 $-j$，负频率分量乘以 $+j$。我们还证明了，虽然希尔伯特变换在原则上是一种非随机的运算，但它可以在合理的频率范围内得到很好的近似。如图 12.10 所示，通过对 Q 路输出应用希尔伯特变换，并与 I 路信号相加或相减，便可以只选出其中一侧的边带，这与第 2 章中介绍的发射机中的单边带选择恰恰相反。

用于检测零中频信号的正交接收机更完整的框图如图 12.11 所示。所涉及的希尔伯特变换和其他相关处理通常在数字域中完成，其中 I 和 Q 下变频频谱在 ADC 之后传送到调制解调器模块。

必须注意的是，图 12.11 所示的正交接收机并不只适用于零中频应用。如果中频不为零，则这样的方案可用于抑制镜像频率。不过，虽然在零中频接收机中正交下变频模块是必需的，但在超外差接收机中，只要中频频率足够高，正交下变频模块就可以用射频滤波器代替。

正交接收机的一个缺点似乎是需要复制整个中频链路。然而，事实并非如此，因为 I 和 Q 输出上的信号最终会相加，而中频链路模块的噪声是不相关的。因此，对于与单个路径相同的总功率和面积（即 I 和 Q 两路的每个构建模块的功率和面积的一半），总的信噪比保持不变。另外，由于镜像在下变频后被抑制，所以在计算整体接收机噪声时，DSB 噪声因子适用于混频器。然而，正交本振信号的生成也是有代价的，因为第 2 章中提到的技术通常会导致一些功耗开销。

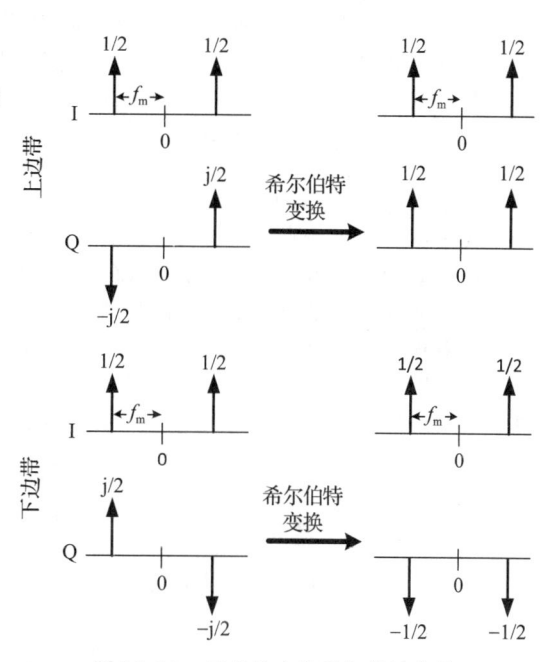

图 12.10 正交输出的希尔伯特变换

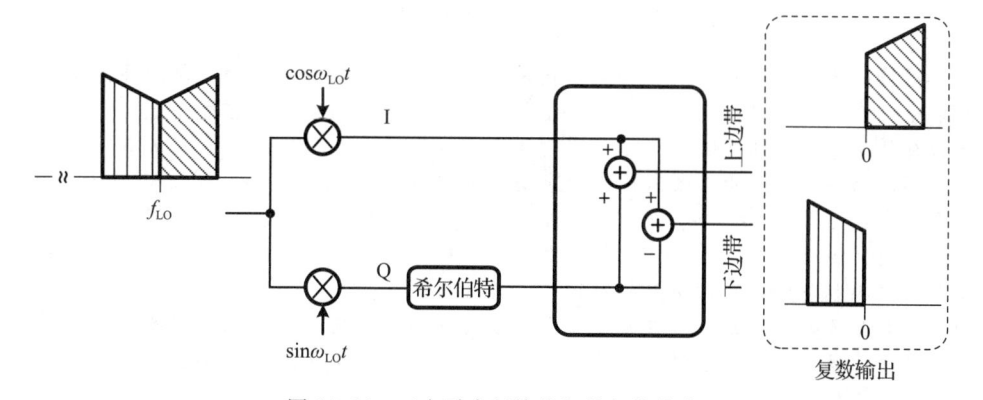

图 12.11 正交零中频接收机的复数输出

如果在本振或接收链路中存在 I 路和 Q 路的失配，那么一条支路会在另一条产生不需要的边带，反之亦然。如图 12.12 所示，这是信噪比下降的一个原因。

在诸如 WLAN 或 LTE 的高吞吐量应用中，由于需要较大的信噪比，这可能会带来一些挑战。例如，在 802.11ac 应用中，要求在 ±80MHz 带宽上的信噪比大于 40dB，鉴于集成电路中存在的失配，这通常是不可行的。为了避免出现这种情况，通常需要 I/Q 校准方案。

除了正交生成和 IQ 精度方面的问题外，在使用零中频接收机时，还必须处理其他几个问题[4]：

- 由于信号现在位于零中频，任何低频噪声或干扰都会直接影响所需的信号。这包括闪烁噪声，以及任何二阶失真。正如第 5 章讨论的，

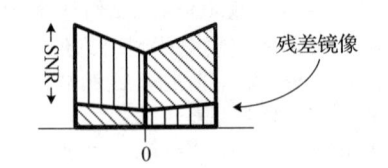

图 12.12　由于 IQ 正交失配导致的信噪比下降

$1/f$ 噪声在宽带应用（如 3G/4G 或 WLAN）中可能不会成为问题，因为噪声将在较大的带宽上进行积分。尽管如此，二阶失真仍是一个问题（例如在 LTE 接收机等全双工射频系统），并且必须使用适当的电路或通过校准进行处理（IP_2 校准的例子参见文献[5]）。

- 本振自混频：第 8 章证明了射频自混频是二阶失真的来源。类似地，本振自混频在零中频混频器输出处导致了不想要的直流偏移。偏移量取决于信道，因为本振的泄漏量随频率而变化。必须使用一种已知的直流偏移校准方案，将其与由于失配而存在于链路中的其他静态直流偏移以及由于二阶非线性而产生的直流偏移一起移除。

幸运的是，通过采用当今 CMOS 无线电中可用的强大的数字信号处理技术的校准电路，上述大多数问题都可以避免。图 12.13 所示为一个包含几个校准电路的完整的零中频接收机。

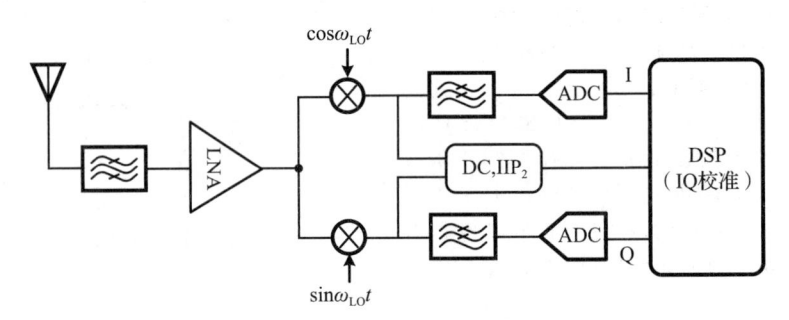

图 12.13　使用校准增强性能的零中频接收机

由于信号位于直流，因而只需要低 Q 值的低通滤波器进行信道选择，从而降低了接收机的成本和功率。直流偏移以及二阶失真可以在数字域中进行监测，并在射频中进行校正。正交失配也可以在数字域中得到补偿，从而在低功耗下获得相当稳健的性能。但 $1/f$ 噪声可能还是一个问题，因此这种架构可能不太适合窄带应用，例如信号带宽只有 ±100kHz 的 GSM。

示例：考虑图 12.14 中的零中频接收机，其中一个所需信号位于 ω_0，并伴随着一个偏移频率为 $\Delta\omega_B$ 的调制阻塞信号，由一个有噪声的本振信号下变频为零中频。我们需求出由于调制阻塞信号与本振相位噪声的互易混频而产生的接收机噪声。

假定阻塞信号是固定的，这在大多数实际情况下都是正确的。此外，假设阻塞信号偏移频率与其带宽相比较大，对于任何典型的带外阻塞信号来说，这也是一个合理的假设。然而阻塞信号调制假定是任意的。

由第 9 章，本振信号可以表示为相位不相关且频率间隔 1Hz 的噪声正弦信号的无限和：

$$x_{\text{LO}}(t) = A_0\cos\omega_0 t - \left(\sum_{k=0}^{\infty}\sqrt{4S_\Phi(2\pi k)}\cos(2\pi kt + \theta_k)\right)A_0\sin\omega_0 t$$

式中，$S_\Phi(2\pi k)$ 为在距离载波 k Hz 的偏移频率下每单位赫兹的相位噪声，θ_k 为均匀分布的不相

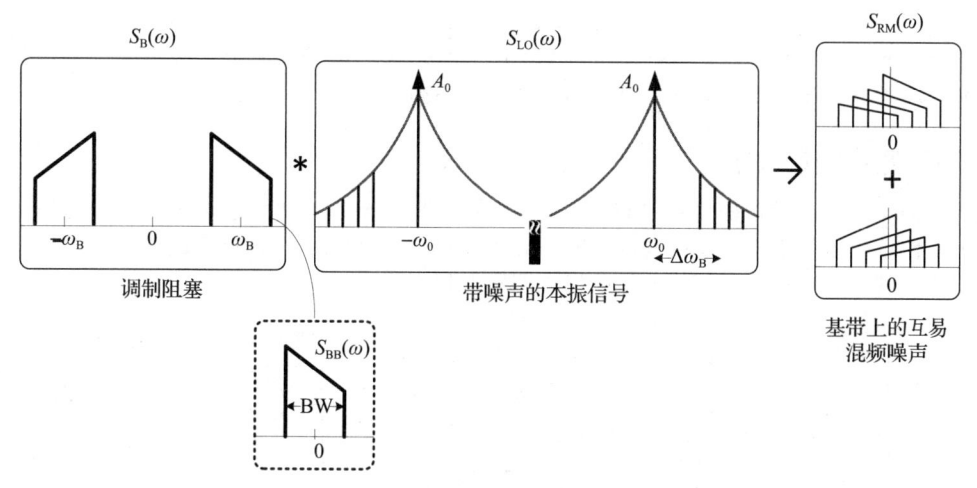

图 12.14 直接变频接收机中的互易混频

调制阻塞 带噪声的本振信号 基带上的互易混频噪声

关随机相位。

则互易混频噪声分量可以表示为

$$x_{\rm RM}(t) = -\frac{A_0}{2}\Big(\sum_{k=0}^{\infty}\sqrt{4S_\Phi(2\pi k)}\big[\sin(\omega_0 t + 2\pi kt + \theta_k) + \sin(\omega_0 t - 2\pi kt - \theta_k)\big]\Big)x_{\rm B}(t)$$

式中，$x_{\rm B}(t)$ 为调制阻塞信号。因此，如图 12.14 所示，在频域中，阻塞信号的频谱与每个噪声脉冲进行卷积（或下变频到基带），并相互折叠。已知和频率分量在混频器输出处进行低通滤波，则基带附近的互易混频噪声频谱密度为

$$S_{\rm RM}(\omega) = \frac{A_0^2}{4}\sum_{k=-\infty}^{\infty}S_\Phi(2\pi|k|)\big[S_{\rm BB}(\omega - \Delta\omega_{\rm B} + 2\pi k) + S_{\rm BB}(-\omega - \Delta\omega_{\rm B} + 2\pi k)\big]$$

式中，$S_{\rm BB}(\omega)$ 是阻塞信号基带频谱密度，如图 12.14 所示（注意，阻塞信号不一定围绕 $\omega_{\rm B}$ 对称）。由于求和是在 1Hz 范围内的无穷小步进，因此可以用积分代替。归一化为载波功率，则互易混频噪声（$L_{\rm RM}(\omega)$）为

$$L_{\rm RM}(\omega) = \int_{-\infty}^{\infty}S_\Phi(|\alpha + \Delta\omega_{\rm B}|) + \big[S_{\rm BB}(\omega + \alpha) + S_{\rm BB}(\omega - \alpha)\big]{\rm d}\alpha$$

在所需信号居中的直流处，互易混频噪声变为

$$L_{\rm RM}(0) = \int_{-\infty}^{\infty}S_\Phi(|\alpha + \Delta\omega_{\rm B}|)\big[S_{\rm BB}(\alpha) + S_{\rm BB}(-\alpha)\big]{\rm d}\alpha$$

有了阻塞信号带宽 BW，可以有效地从 $-\frac{BW}{2}$ 到 $\frac{BW}{2}$ 积分。假设相位噪声在这个范围内保持平坦，则可以使用其中心值近似：

$$S_\Phi(|\alpha + \Delta\omega_{\rm B}|) \approx S_\Phi(\Delta\omega_{\rm B})$$

因此，

$$L_{\rm RM}(0) \approx S_\Phi(\Delta\omega_{\rm B})\int_{-\infty}^{\infty}\big[S_{\rm BB}(\alpha) + S_{\rm BB}(-\alpha)\big]{\rm d}\alpha$$

另一方面，根据定义，用积分表示阻塞信号的平均功率为

$$P_{\rm B} = \int_{-\infty}^{\infty}\big[S_{\rm BB}(\alpha) + S_{\rm BB}(-\alpha)\big]{\rm d}\alpha$$

因此，

$$L_{RM}(0) = S_\Phi(\Delta\omega_B)P_B$$

这与第 6 章得出的结果是一致的。对于一阶,噪声仅是阻塞信号平均功率和阻塞信号偏移频率处的本振相位噪声的函数,但与阻塞信号调制不相关。

12.2.3 低中频接收机

对于低频噪声或失真难以处理的窄带应用,可以用一个折中的方法,将中频设置为某个更高的值,使得信号频率远高于有问题的噪声和失真频率。这听起来非常像超外差接收机,但是稍后将描述的低中频接收机与外差接收机之间存在根本的区别。

在超外差接收机中,为了衰减镜像和其他有问题的阻塞信号,有意将中频频率设得足够高,以使阻塞信号位于射频滤波器的通带之外。这导致了:①由于带外阻塞信号非常强,因此对镜像频率抑制的要求非常严格;②由于需要外部滤波器,特别是用于中频信道选择,导致成本更高。相比之下,在低中频接收机中,中频频率足够低,以确保镜像频率在带内,因此不仅集成的中频滤波器变得可行,而且镜像抑制要求也更易于管理。然而,现在只能通过正交下变频来移除镜像,其原理如前文所述。因此预计低中频接收机在概念上如图 12.15 所示。

这种类型的接收机架构通常称为 Hartly 镜像抑制接收机[6],显然适合低中频应用。还可以将其并入更传统的超外差接收机中,以改善镜像抑制,从而减轻对外部滤波的要求,最终降低成本。

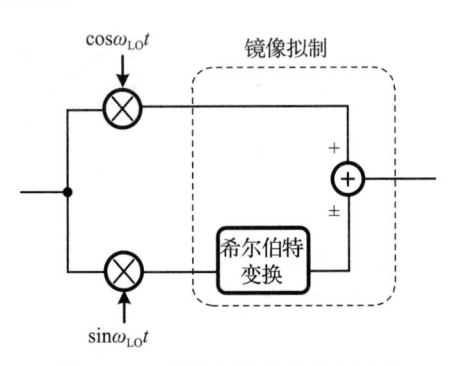

图 12.15 低中频接收机基本原理

如图 12.10 所示,希尔伯特变换和随后的加法/减法操作导致只有一个边带被选中,因此在没有失配的情况下,位于另一侧边带的镜像频率被完全移除。实际上,失配设置了镜像抑制可行的上限。用 I 和 Q 的精度来量化镜像抑制量是具有指导意义的。假设 I 通道本振信号是 $\cos\omega_{LO}t$,而 Q 通道本振信号是 $(1-\alpha)\sin(\omega_{LO}t+\beta)$。在理想情况下,$\alpha$ 和 β 都是 0,但实际上,由于存在失配,它们并不为 0。尽管在接收机的任何其他模块中都可能存在失配,但为了简单起见,假设它们都集中在本振信号中。这是一个很好的近似,特别是对于增益失配。注意,α 和 β 可能是射频(由于本振)和中频(由于混频器之后的模块)两个频率的函数。假设施加到输入端的信号是 $\cos(\omega_{LO}\pm\omega_m)t$,可以很容易地证明,在图 12.15 的接收机输出端出现了以下信号。

所需的边带:
$$\cos(\omega_m t)+(1-\alpha)\cos(\omega_m t-\beta)$$

镜像边带:
$$\cos(\omega_m t)-(1-\alpha)\cos(\omega_m t+\beta)$$

在不存在失配的情况下,$\alpha=\beta=0$,第二项表示不需要的边带消失了。对于非零的 α 和 β 值,镜像侧的信号并没有完全消除,并且其相对于主分量的相对幅度为

$$\sqrt{\frac{\alpha^2+4(1-\alpha)\left(\sin\frac{\beta}{2}\right)^2}{\alpha^2+4(1-\alpha)\left(\cos\frac{\beta}{2}\right)^2}}$$

图 12.16 显示了三种不同相位不平衡值(β)的情况下,镜像抑制比(单位 dB)与增益不平衡(α)的关系曲线图。

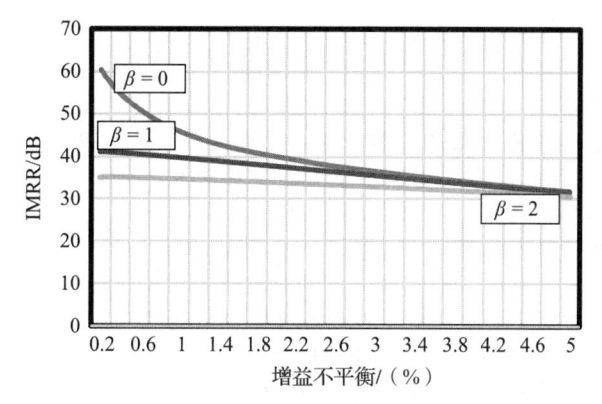

图 12.16 低中频接收机中的镜像抑制与增益和相位不平衡的关系

在现代 CMOS 工艺中可实现的增益和相位不平衡的典型值,将未经校准的镜像抑制比限制在 30~40dB 左右。

可实现的镜像抑制比的值对可接受的中频设置了上限。这也与邻近的阻塞信号包络有关,而且随着所需信号的频率偏移的增加,阻塞信号也将逐渐增强。

示例:为了更好地理解这种折中,考虑一个 GSM 接收机,其中镜像信号是位于远离所需信号的 200kHz 整数倍频偏处的邻近阻塞信号之一(图 12.17)。

下变频后,阻塞信号折叠在了所需信号的上面,位于:

$$n \times 200\text{kHz} - \text{IF}$$

远离所需的信号。式中 $n=1,2,3$ 时的 GSM 邻近阻塞信号如图 12.18 所示。右图显示的是镜像抑制比(IMRR)相对于中频的变化曲线。

图 12.17 GSM 低中频接收机中的镜像阻塞信号

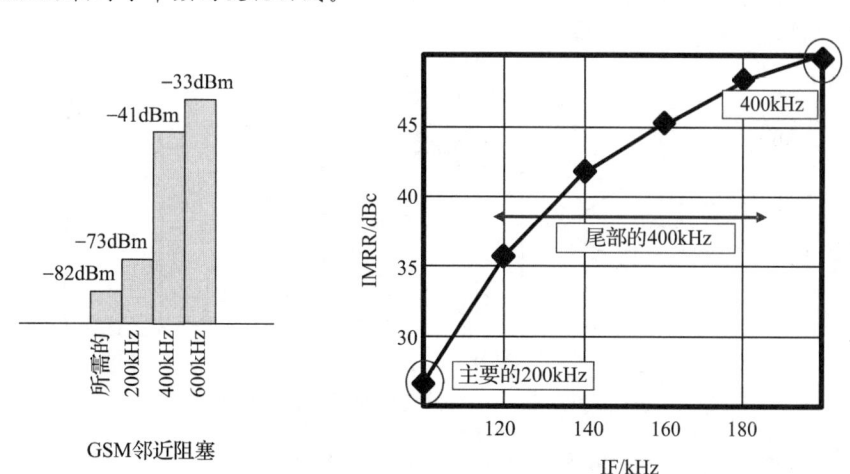

图 12.18 设置中频上限的邻近阻塞

考虑中频为 100kHz 的情况。那么镜像频率是第一个邻近阻塞,只高出所需信号 9dB,导致可以对镜像抑制要求有所放宽。另一方面,如果中频为 200kHz,镜像频率是第二个邻近阻塞,高出所需信号 41dB,则导致 50dB 的苛刻要求(镜像拟制比)。对于介于两者之间的值,折叠在信号上的第二个相邻阻塞的尾部仍然很大,导致镜像抑制比的显著提高。大多数实用的 GSM 接收机采用的中频是低的,约为 100kHz,这在噪声或二阶失真方面也是有利的,而不会太高到要求一个不切实际的镜像抑制比。从图 12.16 和图 12.18 所示的两幅图形中,我们得出结论,除非采用数字增强技术,否则中频可能不应超过 130~140kHz。

如在第 4 章所述,可以通过多相滤波来实现实用的低中频接收机,而不是使用希尔伯特变换[7]。多相滤波器可以抑制不需要的边带,并且可以与后级的有源中频滤波器组合。因此,有源多相滤波器成为低中频接收机的普遍选择。低中频接收机的完整原理图如图 12.19 所示。类似于零中频接收机,射频滤波器虽然不提供任何镜像抑制,但可能仍然需要它衰减一些大的带外阻塞。

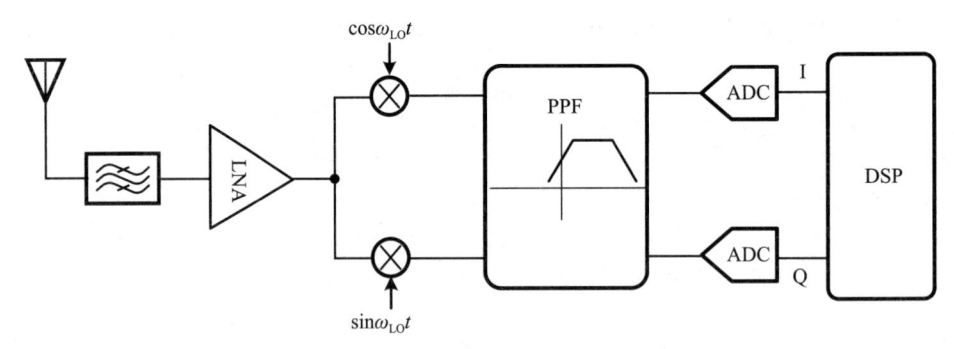

图 12.19 低中频接收机的完整框图

如果 ADC 有足够高的动态范围来容忍未滤波的镜像阻塞信号,则可能还有更好的方法来实现低中频接收机。图 12.19 所示的低中频接收机的主要缺点是通过多相滤波器后,镜像信号和所需信号无法再区分。因此,之后应用任何数字校正都是不可行的,并且镜像抑制的量是由给定的射频滤波器可达到的程度和模拟失配所设定的。如图 12.20 所示,接收机可以只使用实际的低通滤波器,从而保持 I 和 Q 路径分离。

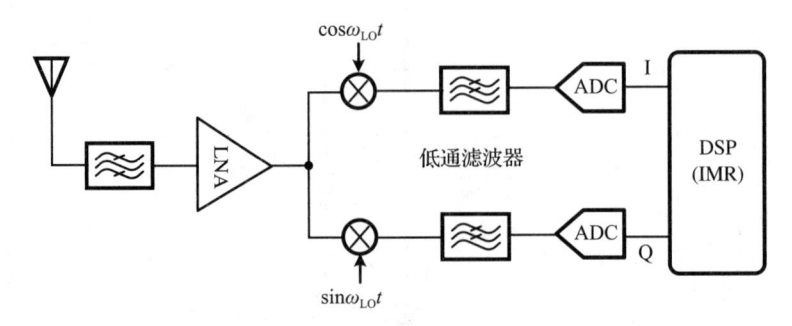

图 12.20 另一种可供选择的低中频接收机

这种方法的优点是镜像在数字域完全被去除,因此镜像抑制可以以数字方式增强。然而,镜像阻塞只受到了很小的滤波。例如,假设中频设置为 135kHz,其中需要大约 40dB 的镜像抑制。由于 GSM 信号是 ±100kHz，低通滤波器通带必须至少为 235kHz 才不会影响所需的信号。位于镜像边带上的 400kHz 邻近阻塞信号一旦下变频，出现在 400－135＝265kHz 处，这几乎不进行滤波。这给 ADC 设计带来了一些负担。我们将很快讨论 ADC 和中频滤波器之间的折中。

通过对比，图 12.20 所示的低中频接收机与图 12.13 所示的零中频接收机几乎相同。IQ 校正、直流偏移消除和 IIP$_2$ 改进的所有数字增强技术都适用于这两种体系结构。唯一的区别在于本振的选择，以及所需信号是直接放置在直流，还是放置在稍高的频率处。后者对于窄带应用，如 GSM、GPS 或蓝牙，可能是苛刻的。然而，接收器是完全可重构的，如果信号足够宽，则可以支持零中频架构，例如，当无线电切换到 3G 或 LTE 模式。

12.2.4 Weaver 接收机

提供片上镜像抑制的另一种方法称为 Weaver 镜像抑制接收机[8]，如图 12.21 所示。

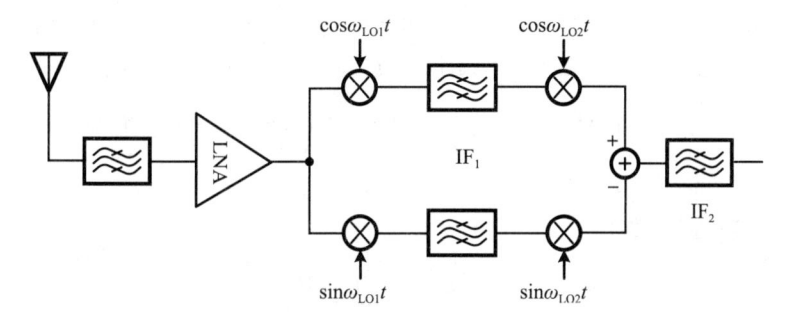

图 12.21 Weaver 镜像抑制接收机

如果输入位于 ω_0，假设下变频的两个级都是下边带注入，则必须有 $\omega_0 = \omega_{LO1} + \omega_{IF1} = \omega_{LO1} + (\omega_{LO2} + \omega_{IF2}) = \omega_{LO1} + \omega_{LO2} + \omega_{IF2}$。其他上下边带注入的组合也可以用类似的方法处理，并可见习题 9。

从之前的讨论中，我们可以想象第二次正交下变频有效地提供了希尔伯特变换（见习题 12）。然后，很容易想象，当 I 和 Q 两边相加（或减去上边带注入）时，镜像信号会在第二中频处被抵消。沿接收链路的信号和镜像处理进程如图 12.22 所示。

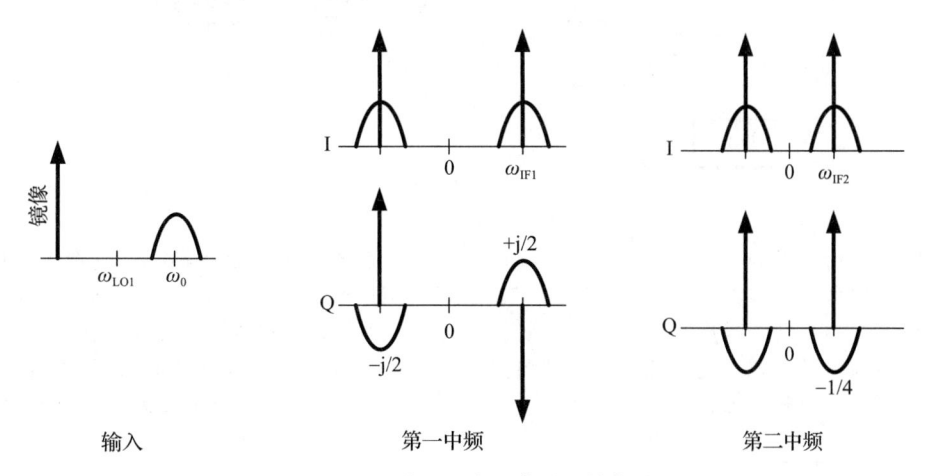

图 12.22 Weaver 接收机中的信号和镜像处理过程

不幸的是，除非第二中频为 $0^{\ominus}$，否则 Weaver 接收机就会遇到第二级镜像的问题。我们可以看到(图 12.22)，第一次下变频后的第二级镜像信号位于：

$$\omega_{\text{Image2}} = \omega_{\text{IF1}} - 2\omega_{\text{IF2}} = -\omega_0 + \omega_{\text{LO1}} + 2\omega_{\text{LO2}}$$

或者等效地，它位于输入 $-\omega_0 + 2\omega_{\text{LO1}} + 2\omega_{\text{LO2}}$ 处。如图 12.23 所示，第二级镜像信号只能通过在第一中频滤波才能移除(或者如果中频足够远，则在接收机输入处滤波)。

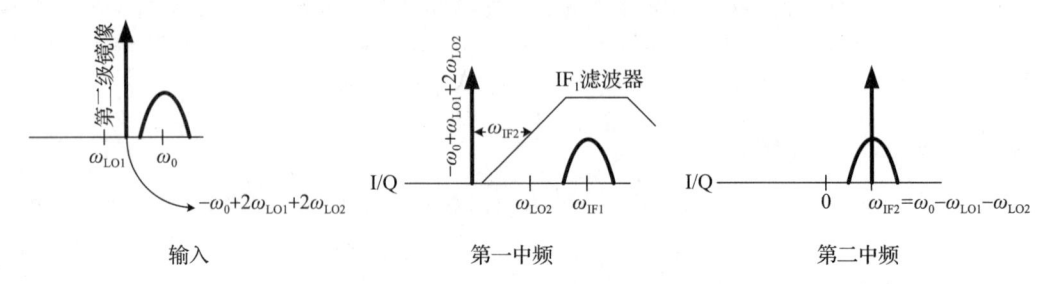

图 12.23 Weaver 接收机第二级镜像问题

由于这个问题，加上在信号链路中需要两级下变频，Weaver 接收机不像低/零中频接收机那样常用。

12.2.5 两次变频接收机

如果接收机采用两次下变频[9]，则可以对零中频接收机进行另一种折中，如图 12.24 所示。

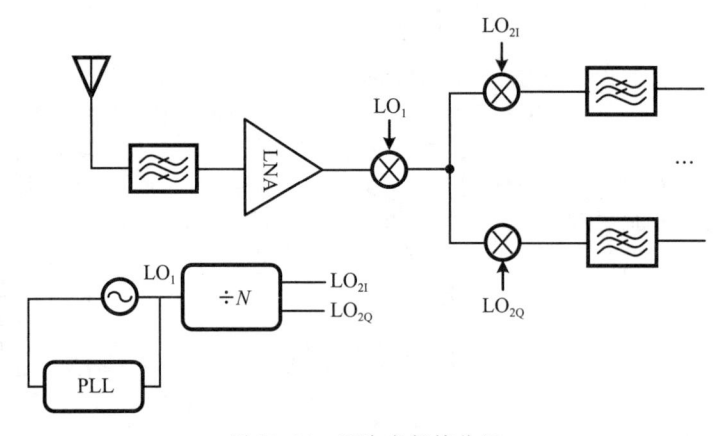

图 12.24 两次变频接收机

如第 8 章所讨论的，这种结构的主要优点是，如果增加本振的相对斜率，或者等效地使用较低频率的本振，则与混频器相关的问题，如 $1/f$ 噪声或二阶失真，都会直接改善。在第一中频，本振频率高，低噪声和失真并不重要。而在第二中频，本振频率可以选择为 0 或非常低，由于较低的本振频率，上述问题有望得到改善。此外，只有第二本振需要是正交的，并且很容易通过对第一个单相本振信号分频来产生。因此，接收机只需要一个压控振荡器/锁相环。采

⊖ 将第二中频设置为零需要正交第二次下变频，以在第二中频中产生 I 和 Q 信号。另参见习题 10。

用 $N=2^n$ 分频(产生正交信号),得到

$$\text{IF}_1 = \frac{f_{\text{RF}}}{N \pm 1}$$

分母中出现的±号取决于所采用的是低端的本振信号还是高端的本振信号。这种频率规划导致第一中频随射频信道而变化,因此称为滑动中频(sliding IF)接收机。

该方案的主要缺点是在主接收机路径中引入了额外的混频器,以及第一中频的镜像问题。由于这个原因,第一中频通常很高,将分频器的选择限制在 N 为 2 或 4。如果第二中频非常低或为零,则第二级的镜像问题并不重要。

12.3 抗阻塞接收机

到目前为止,在讨论过的几乎所有架构中,射频滤波器的存在似乎是不可避免的,特别是由于存在非常大的带外阻塞。例如,在 GSM 中,0dBm 大小的阻塞信号就可以很容易地压缩接收机,从而使其反应迟缓。近年来,为了减少或消除对射频滤波器的需求,人们已经做了大量的工作[10-14],本节将简要讨论其中一些拓扑结构。在所有给出的架构中,中频的选择,无论是否为零,都是可以的,但因为打算移除射频滤波器,所以必须选择正交下变频结构。

12.3.1 电流模接收机

在第 8 章中,在讨论无源混频器 IIP_3 时,我们简要介绍了电流模接收机的概念。电流模接收机包括一个低噪声跨导放大器(LNTA),后级接工作在电流域的无源混频器,如图 12.25 所示[15]。

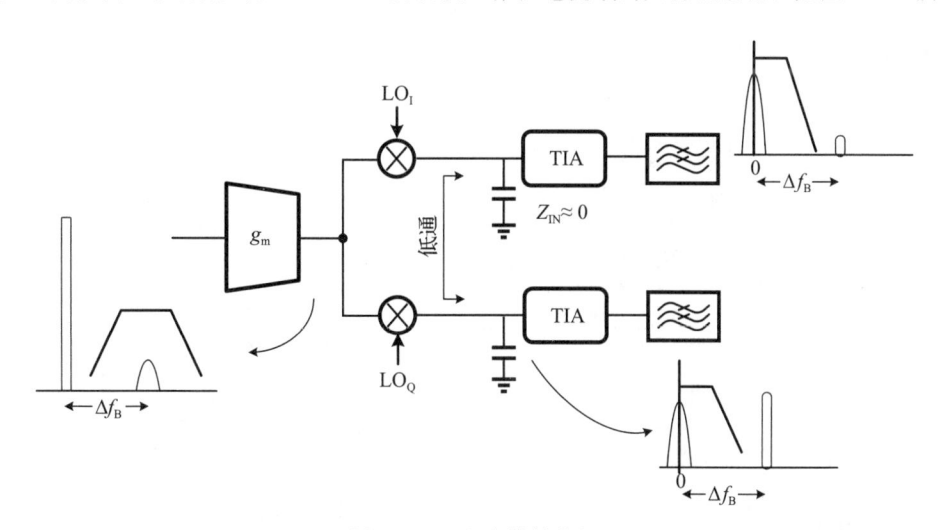

图 12.25 电流模接收机

基于无源混频器的阻抗变换特性,该方案具有两个关键特性:
- 如果混频器开关驱动的跨阻放大器(TIA)输入阻抗较低,并且混频器开关电阻也较低,则低噪声跨导放大器(LNTA)的负载是一个非常低阻抗的电路,因此其输出摆幅非常低。
- TIA 的低通衰减转换为出现在 LNTA 输出端的高 Q 值带通滤波器。

因此,我们希望射频前端具有良好的线性度,并沿接收链路对阻塞信号逐步进行滤波。一旦下变频,阻塞信号就在几十 MHz 之外,并由 TIA 或随后的中频滤波器(如果需要)进行滤波。在 TIA 输入端的大电容有助于衰减阻塞信号,因为 TIA 输入阻抗在较高频率下往往会增大。

示例: 作为一个案例研究,考虑为 3G 应用设计的多模多频段接收机[16],如图 12.26 所示。接收机包括两组 LNTA,一组用于低频段(869~960MHz),另一个用于高频段(1805~2170MHz)。两组 LNTA 输出组合在一起,共同驱动一个正交电流模无源混频器,其 LO 信号是用 4GHz 左右的主时钟经 2 分频或 4 分频来创建的。混频器输出有一个共栅 TIA,该 TIA 提供一阶衰减(对于 2G/3G 模式,设置为 270kHz 或 2.2MHz),后级接一个二阶单元产生三阶低通响应。

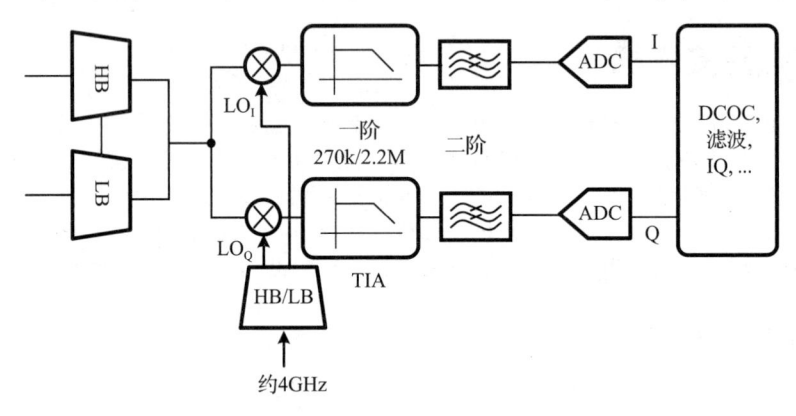

图 12.26 一个 3G 接收机

该接收机在所有频段的噪声因子均优于 2.5dB,并且带外 IIP$_3$ 约为 -2dBm,足以满足 3G 应用。

12.3.2 第一级为混频器接收机

尽管电流模接收机显著提高了线性度,但仍可能需要外部滤波(直接或通过双工器)来容忍 0dBm 的 GSM 阻塞信号。另一种提高接收机线性度并因此最终移除射频滤波器的建议是完全省去低噪声放大器[10,14] 这就是第一级为混频器(Mixer-first)接收机。图 12.27 所示为使用 M 相混频器的此类接收器的简化示意图。这样的接收机显然会大幅提高线性度,但噪声因子预计会受到影响。

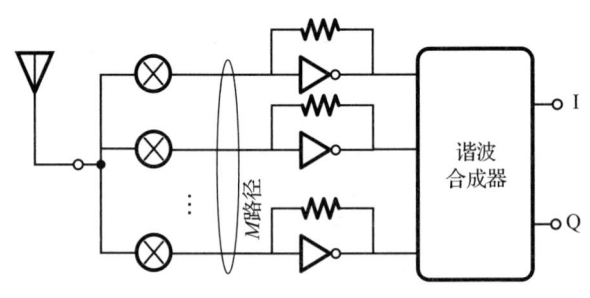

图 12.27 使用 M 相混频器的第一级为混频器接收机

根据前面第 8 章对 M 相无源混频器的分析(另见习题 13),接收机噪声因子可以表示为

$$F \approx \left[1 + \frac{R_{SW}}{R_s} + \frac{\overline{v_{bb}^2}}{4MKTR_s} \right] K$$

式中,R_{SW} 为混频器开关电阻,R_s 为源电阻,$\overline{v_{bb}^2}$ 为相对于各单端开关电压的 TIA 输入噪声电

压，$K = \left(\dfrac{\pi/M}{\sin\pi/M}\right)^2$ 表示噪声折叠。式中忽略了谐波的影响。

示例： 图 12.28 显示了 $M=4$ 和 8 时的 Mixer-first 接收机的噪声因子，以及偏置在 1mA 或 2mA 的互补 TIA。其他部分都假定是理想的。

显然，虽然 8 相设计具有较少的混叠，但是以更多的 LO 功耗为代价的，一旦满足输入匹配条件 ($R_{SW} \approx 50\Omega$)，接收机的噪声因子便会达到 3dB 或更高。实际上，一旦计入电容和其他寄生元件的影响，接收机噪声因子甚至更差。

在某些情况下，稍差的噪声因子是可以接受的，特别是对于如蓝牙或低功耗 WLAN 等的低功耗应用。在这些情况下，Mixer-first 接收机可能是一个合适的选择。在蜂窝移动等要求更高的应用中，较高的噪声因子通常是不可接受的。

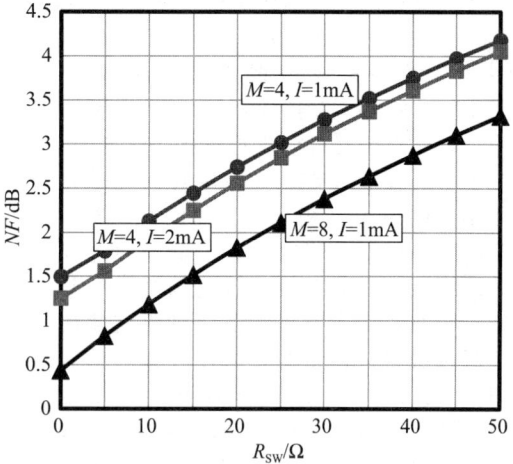

图 12.28 第一级为混频器接收机的噪声因子

12.3.3 噪声抵消接收机

Mixer-first 接收机可以被认为是使用明确的 50Ω 阻抗进行匹配的低噪声放大器。虽然线性度和带宽性能较好，但这种放大器的噪声因子很差。然而，如果可以通过提供电压和电流测量并利用噪声抵消技术[17]，如第 7 章所讨论的，来缓解这种拓扑结构的噪声问题，则无论匹配情况如何，都可以实现任意低的噪声因子[12]。这一概念如图 12.29 所示，类似于低噪声放大器中的噪声抵消技术，只是用于接收机的环境中。Mixer-first 接收机路径提供了电流测量，并且通过调整混频器开关和 TIA 输入阻抗来实现 50Ω 阻抗匹配。忽略混频器的损耗，该路径（称为主路径）的总有效电流增益为 $\dfrac{1}{R_s}$，TIA 输出端的有效电压增益为 $\dfrac{-R_M}{R_s}$。添加第二条路径，称之为辅助路径，通过采用由低噪声跨导级和电流模混频器组成的线性电流模接收机来提供电压测量。该路径的总增益为 $g_m \times R_A$。

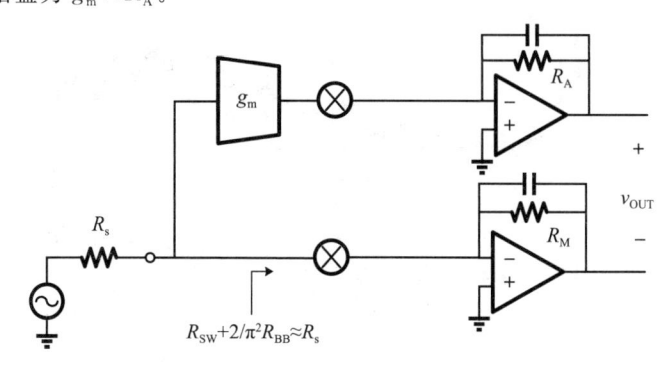

图 12.29 噪声抵消接收机的概念

因此，为了满足噪声抵消的要求，如第 7 章所说明的，有

$$g_m R_A = \frac{R_M}{R_s}$$

只需要通过调整每个 TIA 的反馈电阻,即可满足这一标准。一旦满足噪声抵消条件,就可以同时实现具有足够高的线性度和任意低的噪声因子。

作为一个案例研究,基于图 12.29 中概念的完整噪声抵消接收机[12]如图 12.30 所示。该接收机拟用于宽带应用,因此必须具有很强的阻塞适应能力。为了实现谐波抑制,在主路径和辅助路径中都使用了 8 相混频器,因此直到 7 阶的所有谐波都会被抑制。低噪声跨导级的线性度至关重要,因此选择了互补结构,如第 7 章所展示的,只要其输出负载为低阻,该结构就可以容忍大输入信号。在这种设计中,对混频器的电阻进行了调整,使其对射频跨导单元呈现 10Ω 的低阻抗;另一方面,Mixer-first 路径被设计为提供 50Ω 阻抗,主路径和辅助路径 TIA 的 8 个输出被接到谐波抑制和噪声抵消模块。

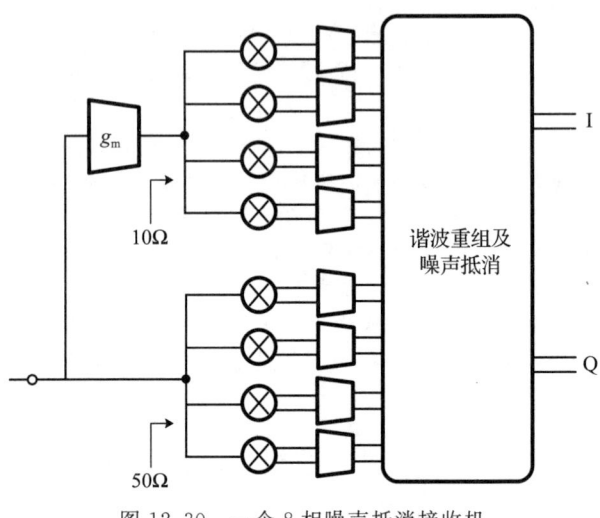

图 12.30 一个 8 相噪声抵消接收机

随着主路径(Mixer-first 部分)的噪声被抵消,并且由于 8 相混频器的噪声混叠非常接近于 1,因此接收机噪声因子为

$$F \approx 1 + \frac{\gamma}{g_m R_s}$$

式中,g_m 是射频单元的跨导。上式忽略了辅助路径中 TIA 的噪声影响,因为它们被射频 g_m 单元的高增益所抑制。

在 0.1~3GHz 的输入频率范围内,测量的接收机噪声因子如图 12.31 所示。

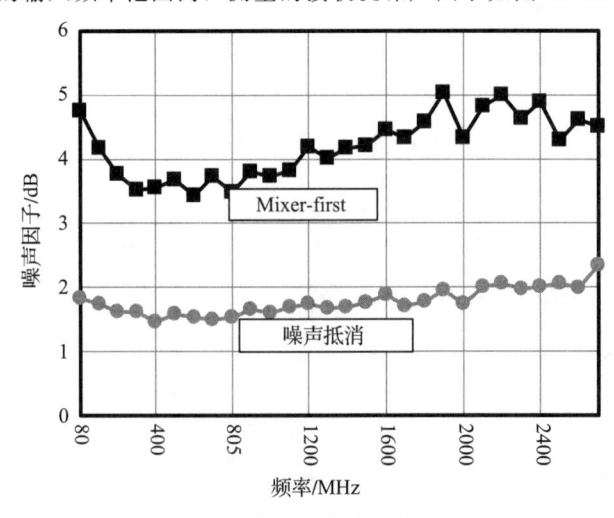

图 12.31 噪声抵消接收机的噪声因子

在没有噪声抵消（辅助路径关闭）的情况下，接收机只是一个 Mixer-first 的结构，并且如预计的那样，测量到的噪声因子很差。一旦启用噪声抵消，整个接收机可在宽输入范围内实现小于 2dB 的噪声因子。接收机可以容忍高达 0dBm 的阻塞，而且不会有太大的增益压缩或噪声恶化。测得的 0dB 阻塞噪声因子为 4dB。

该接收机结合了之前提出的三个理念，以同时满足良好噪声因子和线性度的两个相对立的要求：电流模接收机概念、噪声抵消以及基于低噪声无源混频器的 Mixer-first 接收机的构思。

示例：由于噪声抵消条件是源阻抗 R_s 的函数，因此出现了一个合理的问题，即噪声抵消接收机（或噪声抵消 LNA）对源阻抗变化的敏感程度如何。下面将就图 12.32 所示的例子研究这一点。为了简单起见，主路径混频器由提供匹配的等效电阻 R_s 代替，消除了混频器，创建了接收机的线性时不变噪声模型。此外，忽略了 TIA 的噪声，这是一个合理的假设。其他相关噪声源，特别是射频 g_m 和主路径混频器的噪声源，在图中都明确给出。假设源阻抗是任意的，为 Z_s。

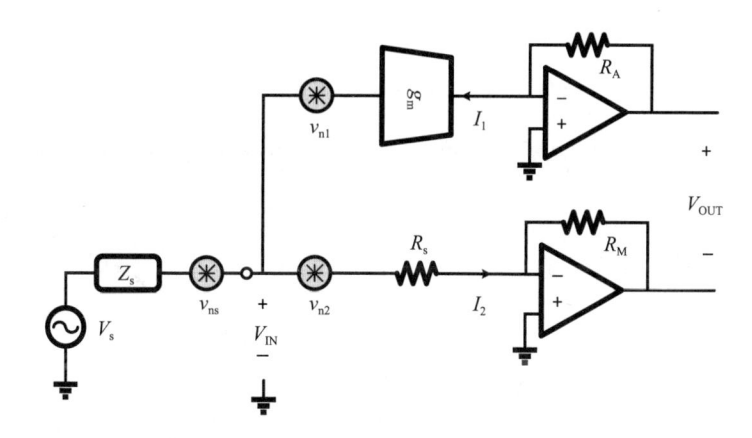

图 12.32 具有任意源阻抗的噪声抵消接收机的简单噪声模型

运用叠加，接收机输入电压为

$$V_{\text{IN}} = \frac{R_s}{R_s + Z_s}(V_s + v_{\text{ns}}) - \frac{Z_s}{R_s + Z_s}v_{n2}$$

求出每条路径的电流（I_1 和 I_2），则输出电压为

$$V_{\text{OUT}} = \frac{g_m R_A R_s + R_M}{R_s + Z_s}(V_s + v_{\text{ns}}) + g_m R_A\, v_{n1} + \frac{R_M - g_m R_A R_s}{R_s + Z_s}v_{n2}$$

式中，考虑到 $g_m R_A = \dfrac{R_M}{R_s}$，可简化为

$$V_{\text{OUT}} = -g_m R_A \left[\frac{2R_s}{R_s + Z_s}(V_s + v_{\text{ns}}) + v_{n1} + \frac{R_s - Z_s}{R_s + Z_s}v_{n2} \right]$$

如果源阻抗 Z_s 等于 R_s 的标称值，可得出与之前相同的结论。不过一般来说，接收机的噪声因子为

$$F = 1 + \frac{\left|\dfrac{R_s + Z_s}{2R_s}\right|^2 \overline{v_{n1}^2} + \left|\dfrac{R_s - Z_s}{2R_s}\right|^2 \overline{v_{n2}^2}}{4KT\text{Re}[Z_s]} = 1 + \frac{\gamma}{g_m \text{Re}[Z_s]}\left|\frac{R_s + Z_s}{2R_s}\right|^2 + \frac{R_s}{\text{Re}[Z_s]}\left|\frac{R_s - Z_s}{2R_s}\right|^2$$

上式说明,在存在非理想源[⊖]的情况下,不仅射频 g_m 的噪声增加(第一项),而且仅实现了部分噪声抵消(第二项)。前者在任何其他接收机中也很常见,而后者是噪声抵消接收机所独有的。注意,输出噪声被归一化为 $4KTRe[Z_s]$,而不是 $4KTR_s$,因为根据定义,输入端的信噪比由 $\frac{|V_s|^2}{4KTRe[Z_s]}$ 决定。

通常习惯上用源驻波比(VSWR)来表示噪声因子的退化。所以定义

$$\Gamma_s = \frac{Z_s - R_s}{Z_s + R_s} = \rho e^{j\phi}$$

源反射系数 ρ 的大小可以用它的驻波比(VSWR)来表示为

$$\rho = \frac{\text{VSWR} - 1}{\text{VSWR} + 1}$$

重新排列噪声因子等式,得到

$$F = 1 + \frac{F_{\text{nom}} - 1 + \rho^2}{1 - \rho^2} = \frac{F_{\text{nom}}}{1 - \rho^2}$$

式中,$F_{\text{nom}} = 1 + \frac{\gamma}{g_m R_s}$ 为标称源阻抗 R_s 下的接收机噪声因子。

不同 VSWR 值下的接收机噪声因子如图 12.33 所示。假设标称噪声因子为 3dB。

如果选择校准每个给定的源(Z_s)的噪声抵消,必须有 $g_m R_A = \frac{R_M}{Z_s}$,噪声因子简化为

$$F = 1 + \frac{\gamma}{g_m \text{Re}[Z_s]} = 1 + (F_{\text{nom}} - 1)\frac{1 + \rho^2 + 2\rho\cos\phi}{1 - \rho^2}$$

这基本上就是常规接收机在失配情况下的表现。一般来说,当使用噪声抵消接收机时,对于中等的 VSWR 值,噪声因子的差异相当小。此外,如果有必要,噪声抵消确实可以在源失配的情况下重新校准,如文献[18]中所述。实际的源牵引测量证实了这一点,表明噪声抵消对源失配相当不敏感。

图 12.33 失配情况下噪声抵消接收机的噪声因子

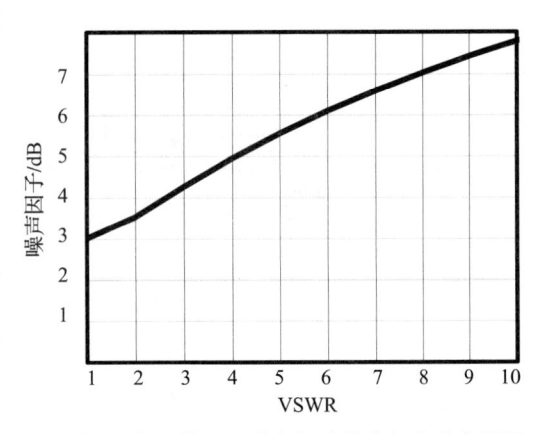

12.4 接收机滤波和 ADC 设计

本节将讨论对接收机 ADC 的要求。ADC 的动态范围是基于以下三个因素的组合来设置的:
- 接收机的噪声因子,在理想情况下必须不受 ADC 量化噪声的影响。
- 接收机可获得的滤波性能,尤其是中频滤波。
- 出现在 ADC 输入端的信号强度,无论是所需信号还是阻塞,或者由于接收机非理想性(如未校正的直流偏移)而产生的任何其他信号。如果主要考虑的是所需的信号,那么接收机增益控制也是一个因素。

由于预计所需的信号在进入 ADC 时已经得到充分放大,因此未经滤波的阻塞信号可能是

[⊖] 这通常通过在接收机中执行源牵引测量来表征。

最关键的因素。在中频滤波器阶数和 ADC 有效位数之间通常存在微妙的折中。对于给定的带宽，一旦设置了可接受的噪声，阶数越高，滤波器体积就越大，因此成本也就越高。如图 12.34 所示，如果阻塞信号接近所需信号，因此几乎没有受到模拟滤波的影响，则它在 ADC 输入端表现为一个很强的信号。只要 ADC 具有足够高的动态范围可以不被压缩，则强阻塞信号就会受到随后更强势的数字滤波器的滤除，这要经济的多。

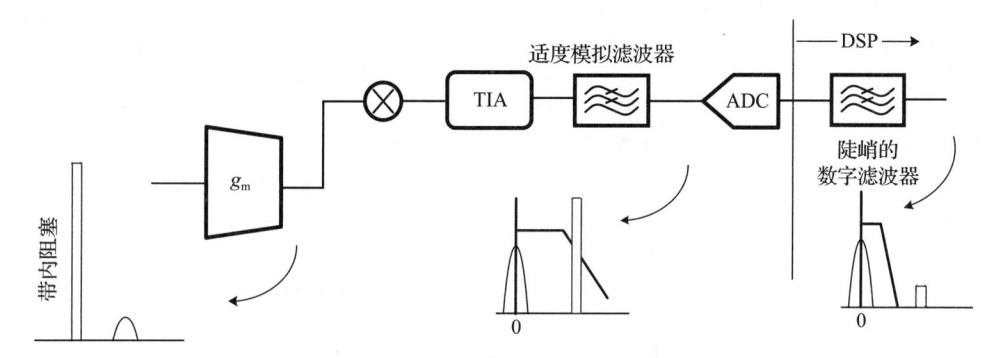

图 12.34 接收机的滤波和 ADC 需求

可以合理地假设，带外阻塞信号出现在 ADC 输入端时已经经过了充分的滤波。因此，我们主要关注带内阻塞，它们只受到下变频滤波。考虑几个示例。

示例：GSM 中 ADC 的需求

正如上一节所讨论的，对于图 12.20 所示的低中频接收机的情况，我们预计几乎没有对位于镜像侧的 400kHz 强阻塞信号滤波。我们预期这个超过 41dB 的阻塞信号会设置一个瓶颈，因此计算 ADC 动态范围如下。

- 为上下衰退留出 10dB 的裕度。衰退是由于移动用户可能受到信号突然下降的影响（例如车辆进入隧道），并且接收机增益控制不够快而无法做出响应。由于信号和阻塞处于不同的频率，因此两者的衰退可能发生在相反的方向上。
- 考虑到增益控制的误差以及由工艺或温度变化引起的其他非理想性，需要留出 5dB 的裕度。
- 希望信号高于 ADC 噪声 20dB。这可能是一个过于充足的裕度，但确保了接收机灵敏度主要是由接收机中通常更难管理的射频模块控制的。

将所有这些裕度相加后，得到 ADC 的动态范围为 86dB，如图 12.35 所示。这种排列的结果是，所需信号比 ADC 满刻度低 56dB，这为阻塞、上衰退和非理想性留出了空间。

通过其他阻塞情况可以说明，就 ADC 而言，400kHz 处的阻塞确实是最严格的。例如，即使 600kHz 处的阻塞信号高出 8dB（图 12.17），一旦下变频，它将驻留在 600−135=465kHz。假设滤波器通带为 235kHz（对于 135kHz 的中频），即使是一阶衰减也

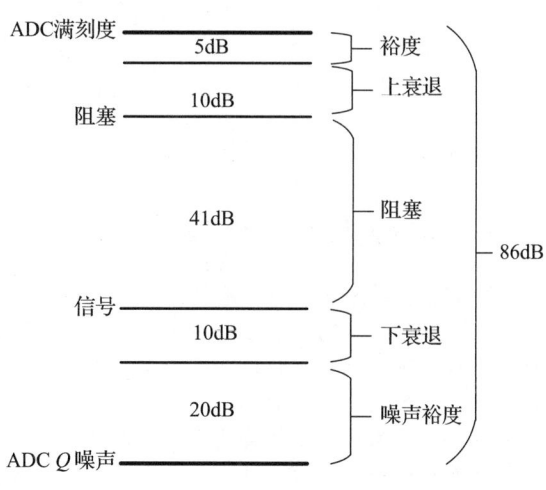

图 12.35 GSM 中 ADC 要求

足以弥补 8dB 的差异。

示例：3G 中 ADC 的要求

在 3G 的情况下，ADC 的动态范围主要是由对更高信噪比的需求决定的。正如第 6 章提到的，随着所需信号的增大，系统通过切换到更复杂的调制方案来支持更高的吞吐量。这不仅导致需要更高的信噪比，而且还降低了处理增益，以支持更高的带宽。在 3G 的情况下，当使用 64QAM 调制方案时，可以支持高达 21Mbps 的数据速率，这需要 30dB 或更高的净信噪比。此外，正如第 5 章所说明的，更复杂的调制频谱会导致更高的峰均功率比(PAPR)。

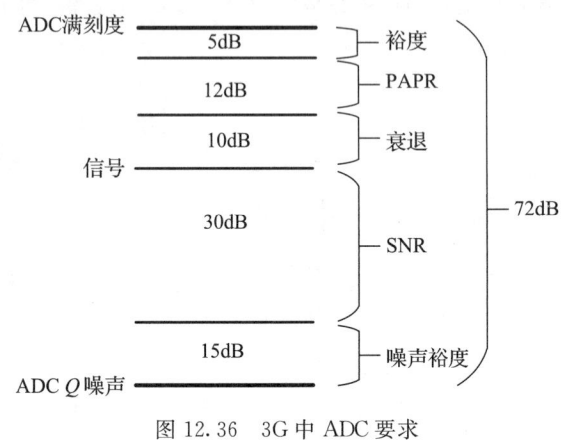

一旦考虑了所有这些因素，我们可以得出 3G ADC 的总动态范围为 72dB(图 12.36)。

事实证明，即使使用简单的低成本滤波器，这种动态范围也能轻松覆盖未经滤波的带内阻塞信号。

在许多现代接收机中，更高动态范围的 ADC 是通过向它们提供一个高时钟频率来实现的。由于这种时钟信号的噪声要求相对严格，所以通常提供射频 LO 的分频版本。这导致 ADC 的时钟随着射频信道的变化而变化，但可以通过在数字域中使用速率适配器进行补偿，这在纳米 CMOS 工艺中实现相对便宜(图 12.37)。

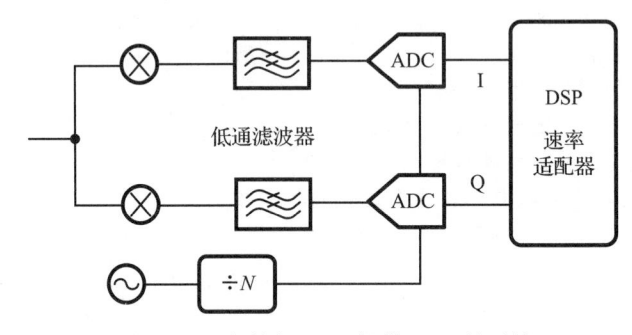

图 12.36 3G 中 ADC 要求

图 12.37 由射频 VCO 提供 ADC 的时钟

在许多现代无线电中，采样频率为几 GHz 的 ADC 并不少见。

12.5 接收机增益控制

随着所需信号的增大，需要降低接收机的增益，以适应更大的信号。然而，这必须小心进行，因为当信号强时，需要提高接收机信噪比以支持更高的信号数据速率。为了实现这一目标，理想情况下预计接收机前端增益(如低噪声放大器的增益)不改变，除非所需信号非常大，足够强以至于可以压缩前端增益。理想情况下，预计信号电平增加 1dB，信噪比增加 1dB。这只有在接收机噪声因子保持不变时才能实现。

示例： 一个实际的 GSM 接收机[19]信噪比如图 12.38 所示。图中还显示了理想的信噪比曲线，是一条斜率为 1 的直线。

以下几个因素会导致实际信噪比偏离理想值：

- 为了适应大的带内阻塞，可能需要略微降低前端增益。以 GSM 为例，-23dBm 的 3MHz 阻塞信号很强，可能会使接收机饱和。由于所需信号被指定为 -99dBm，因此在该区域附近，接收机前端增益略微降低，因此与理想曲线略有偏差。如果纳入了阻塞检测机制，则只有存在大的阻塞时，才可能更有效。
- 在非常大的输入下，接收机信噪比不再由接收链路中的热噪声决定。其他因素，如本振带内相位噪声或 IQ 失配，这些与信号功率不相关的，会限制信噪比。在这一点上（对于图 12.38 的例子约为 -65dBm），降低前端增益可能是合适的。
- 在 -82dBm 附近，测试了几个相邻的阻塞。这些阻塞通常不足以使前端饱和，但必须适当调整中频增益。这方面的一个很好的例子就是前面讨论过的 400kHz 处的镜像阻塞。幸运的是，在大多数情况下中频增益的降低对信噪比的影响可以忽略不计。

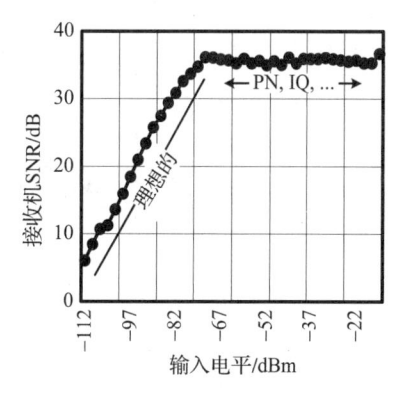

图 12.38 GSM 接收机的实测信噪比

假设接收机的射频和中频增益的对比如图 12.39 所示。中频增益预计提供更高的分辨率，能够更精确地跟踪信号的变化。

如前一节所说明的，所需信号远低于 ADC 满刻度。因此，前级的增益控制并不是那么关键，并且可以认为，只有在适应阻塞信号时才是必要的。

12.6 发射机架构

正如在第 6 章中所看到的，从要求的角度来看，发射机或多或少是接收机的对偶。将在本节中看到，从架构的角度来看，这在某种程度上也是正确的。

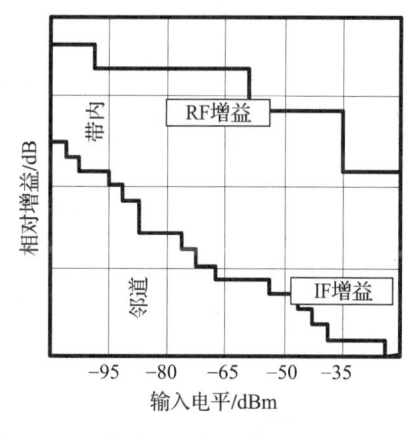

图 12.39 接收机的射频增益和中频增益

12.6.1 直接变频发射机

第 2 章说明了由正交本振组成的单边带调制器已经发展成为笛卡尔发射机的基础，也称为直接变频发射机（图 12.40）。I 和 Q 两路信号以数字方式创建$^{\ominus}$，并馈入 IQ DAC，以为正交上变频器提供模拟等效输入。DAC 之后通常需要一个低通滤波器来移除 DAC 镜像信号，并可能改善远端噪声。此外，可能需要在天线前设置一个射频滤波器来清理输出频谱，以确保满足远端调制掩模的要求。在 FDD 应用中双工器自动提供滤波。

尽管功能多样，但直接变频发射机仍存在几个重要的缺陷：

- 正如第 6 章指出的，LO 信号到输出的馈通以及 I 和 Q 路不匹配会导致 EVM 退化。与直接变频接收机相类似，可以采用 IQ 校准和 LO 馈通抵消来提高性能。
- 发射机的远端噪声有些差，是 TX 链路中的所有构建模块以及本振产生电路共同造成的。这个问题可使用将稍后讨论的替代拓扑来解决。

$\ominus$ 正如第 2 章所说明的，在大多数现代射频系统中，I 和 Q 两路基带信号在统计上是独立的。

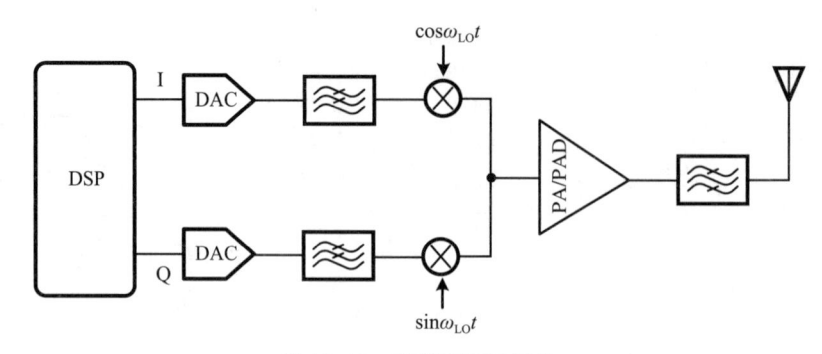

图 12.40 直接变频发射机

- 由于发射机输出信号的频率与 VCO 的相同，由于有限的隔离，一旦泄漏到 VCO 输出端，这种强信号就会干扰 VCO 的工作。

如第 6 章所讨论的，后一个问题称为振荡器频率牵引，在某些应用中，这可能会导致禁止使用直接变频架构。为了更好地理解牵引问题的影响，考虑图 12.41，图中显示了一个直接变频 TX 发射一个在载波频偏 f_m 处的单音信号。结果在功率放大器输出端，会出现 $f_{LO}+f_m$ 处的强信号。鉴于 PA 输出和 VCO 之间的有限隔离，该分量会泄漏回 VCO，并在 VCO 输出信号频偏 $\pm f_m$ 处产生不需要的边带。因此，一旦这种损坏了的频谱被馈送到混频器，对基带输入信号进行上变频，则发射机 EVM 和调制掩模就会受到不利影响[20]。详见第 6 章。

为了减轻这个问题的影响，可以考虑使用一个两倍频率的 VCO 与一个二分频的分频器一起。这还具有方便创建正交 LO 信号的额外优点。通过使用分频器，VCO 和功率放大器的输出频率将彼此相隔很远，并且预计会改善牵引问题，因为牵引强度被证明与信号之间的频率偏移成反比[20-22]。然而这并不完全正确，因为由于功率放大器的二阶非线性通常极强，牵引问题可能依然很大（图 12.42）。

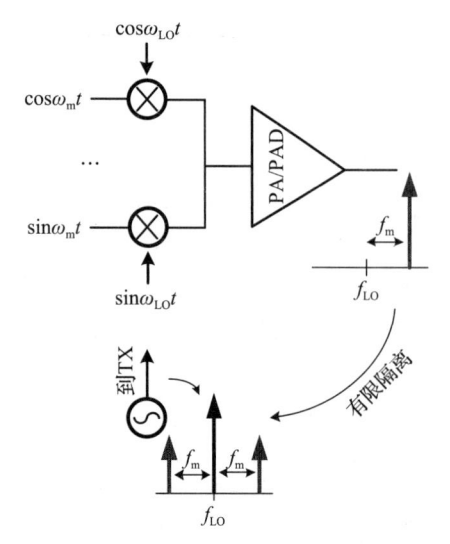

图 12.41 直接变频发射机中的频率牵引 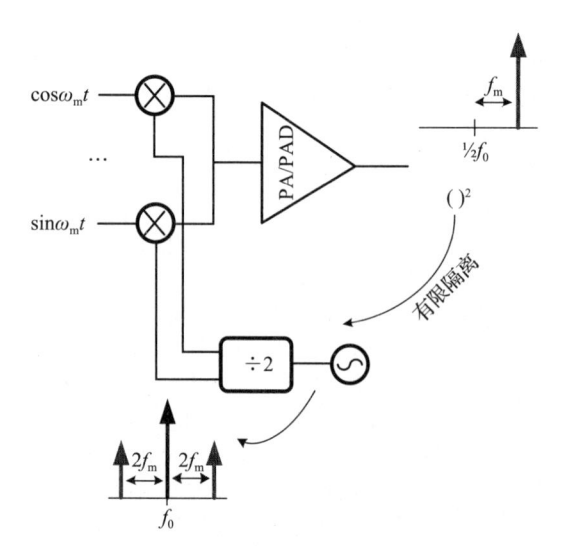　　图 12.42 使用分频器以减轻频率牵引的影响

或者，可以选择二次变频架构，其中 VCO 和 TX 的频率不再是谐波相关。接下来将讨论这个问题。

示例：作为案例研究，图 12.43 所示为使用直接变频架构的 LTE 发射机示例。通过使用 2/4 分频来产生高/低频段本振信号，以及进行了仔细的版图布局和封装设计，可以简单地避免牵引问题。

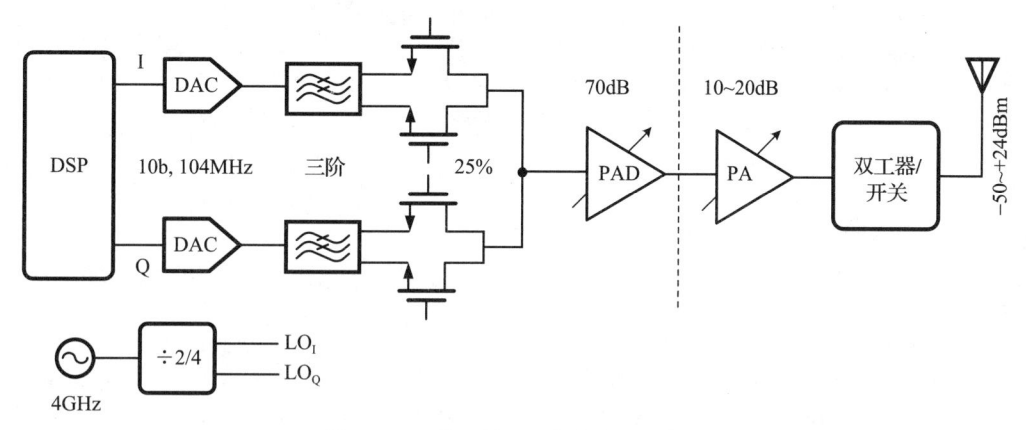

图 12.43　典型的 4G 直接变频发射机

在 3G 模式下，使用一个 10bit 的 DAC，然后接一个三阶低通滤波器来清理该 DAC 的输出。滤波器带宽约为 2MHz。混频器是 25% 时钟驱动的无源混频器，后面接一个功率放大器驱动器，提供超过 70dB 的增益控制。再加上功率放大器提供的额外 10~20dB 增益控制，足以覆盖 3G 标准所需的 74dB 增益范围。LTE 模式除了滤波器带宽更宽之外，也非常相似。我们将在本章后面讨论发射机的更多细节(12.7.2 节)。

12.6.2　双变频发射机

如图 12.44 所示，与接收机类似，双变频发射机采用两级上变频[9]。主要优点是对频率牵引的敏感度大幅降低。

为了只使用一个 VCO，类似于接收机，第二正交本振通过分频器获得。当 VCO 频率为 f_{LO1} 时，TX 输出频率为

$$f_{TX} = f_{LO1}\left(1 + \frac{1}{N}\right)$$

很明显，这两个频率不再是谐波相关，因此预计几乎不用考虑牵引影响。如果发射机采用这种架构是由于明显的牵引问题，那么 VCO 频率的选择和所涉及的频率规划不可避免地也要求接收机采用双变频架构，尽管对 RX 来说可能没有那么多优势。

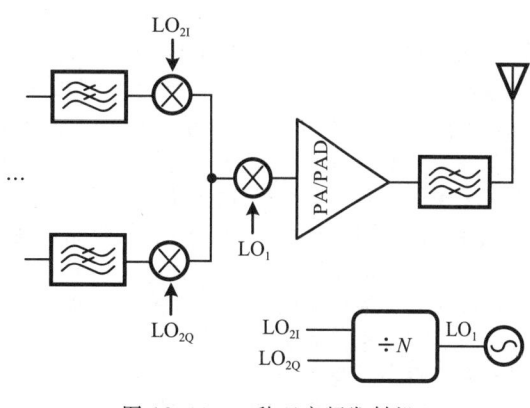

图 12.44　一种双变频发射机

一种类似于双变频架构，可以减轻牵引问题，但仍具有直接变频收发机的简单特性的替代架构，就是利用图 12.45 所示的 VCO 频移电路[23-24]。

一旦 VCO 频率与其自身的分频版本混频，就会产生与原始 VCO 频率相关的本振频率输出：

$$f_{LO} = f_{VCO}\left(1 \pm \frac{1}{N}\right)$$

这类似于双变频 TX。此外，通过分频器（只要满足 $N=2^n$），正交本振信号很容易获得。该方案以及双变频 TX 的缺点是混频会产生杂散信号。必须采用适当的滤波，通常借助调谐缓冲器，而这会导致更大的面积和成本。在后一种 VCO 频移方案中，混频不在信号链路中，这对于接收机尤其有利。

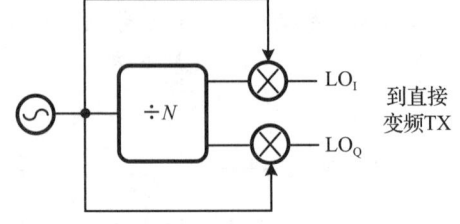

图 12.45 避免频率牵引的本振产生电路

12.6.3 直接调制发射机

尽管直接变频架构通用性好，且复杂度相对较低，但在某些应用中使用时，如蜂窝网络，仍会产生一些严重的缺陷。

1）在第 6 章中我们看到，为了不使附近的接收手机失敏，在相应的接收波段指定了 -79dBm 的非常严格的发射机噪声水平。这相当于射频 IC 输出端偏移频率为 20MHz 时的相位噪声为 -165dBc/Hz。在直接变频 TX 的情况下，除了压控振荡器（VCO）和本地振荡器（LO）链之外，整个 TX 链路，如 DAC、重构滤波器和有源或无源混频器等，都会产生这种噪声。

2）即使 GSM 信号只是相位调制的，但在直接变频架构中，调制器和功率放大器的线性度仍是一个问题。乍一看，这可能有悖常理，但是通过注意到，在大多数调制器中使用的开关混频器中，在本振三次谐波处存在相反相位的调制输入的镜像信号，就可以理解这一点了。当由于功率放大器或功率放大器驱动器的三阶非线性而需要混频时，该信号的镜像可能导致调制频谱的退化。这在第 8 章中有详细的描述。

3）如之前所讨论的，尽管在大多数普通射频系统，TX VCO 以 2 倍或 4 倍的输出频率工作，但直接变频方案仍会受到以 2W 运行的功率放大器所产生的潜在牵引问题的影响，并且会从电池中吸取超过 1A 的电流。

4）正如所指出的，直接变频发射机通常需要在信号和本振路径中有较好的 IQ 匹配。虽然采用某种校准方法可以满足要求，但这增加了复杂性。此外，需要校正包括 DAC 和后级重构滤波器的基带部分的直流偏移。

出于这些原因，GSM 发射机传统上采用一种替代架构，使用平移环路[25]，在合理的低功耗下去掉一个外部前端滤波器，如图 12.46 所示。

锁相环反馈迫使压控振荡器输出与馈入到鉴频鉴相器（PFD）的调制输入频谱相同，从而将中频频谱转换到射频。与直接变频架构不同，这里只有压控振荡器和本地振荡器链路会增加远端噪声，因为锁相环带宽通常足够窄，可以抑制环路其余部分的噪声，包括混频器及其本地振荡器。很明显有

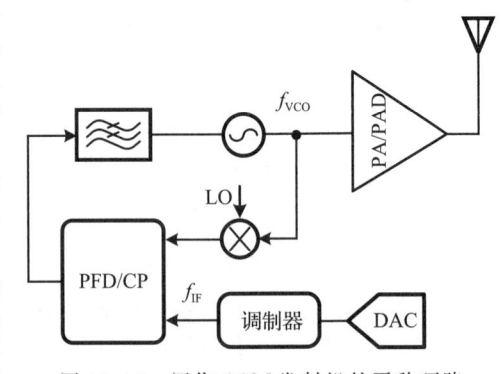

$$f_{VCO} = f_{LO} + f_{IF}$$

图 12.46 用作 GSM 发射机的平移环路

式中本振是由第二个锁相环产生的单音信号，但中频信号是频率调制的，因此馈送到天线的输出信号也是频率调制的。

平移环路可以简化为直接调制的 PLL[19,26-28]，其中调制信号经由 Δ-Σ 调制器，通过实时改变分频比的小数分频器注入(图12.47)。

其主要优点是取消了平移环路中所需的基带调制器，这可能是潜在的噪声和非线性促成因素。也可以取消环路中混频所需的本振，从而进一步减少了面积和功耗。尽管可以选择采用辅助锁相环来缓解由低频参考信号引起的小数锁相环的一些典型问题[19]，但通常要求锁相环能够在晶体振荡器可用的 26MHz 就可以运行。总的来说，如果设计得当，直接调制锁相环可以节省大量面积和功耗，同时满足 GSM 严格的远端噪声要求。

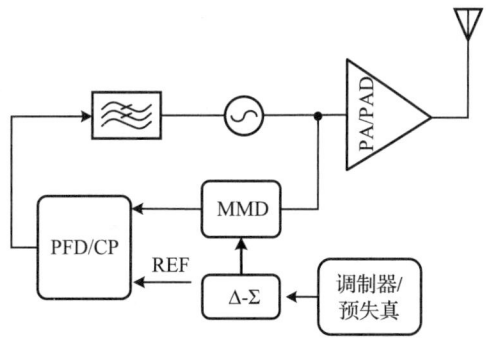

图 12.47 直接调制锁相环

正如第 6 章所展示的那样，为了满足 GSM 近距离掩模的要求，整个锁相环在 400kHz 时的相位噪声需要满足优于 -118dBc 的严格要求。为了应对这一挑战，锁相环带宽通常选择为 100～200kHz，以使参考频率、环路滤波器和电荷泵(CP)产生的噪声最小。即使带宽如此窄，锁相环的其余部分也可能产生高达 1～2dB 的噪声，因此，对 TX VCO 提出了优于 -120dBc/Hz 的严格噪声要求。由于环路带宽相对较窄，调频(FM)等效频谱会发生失真。这种失真可以通过数字预失真模块来补偿，该模块的频率响应与锁相环的频率响应相反，因此为注入调制信号提供了整体的全通整形(图12.47)。然而，由于锁相环的特性往往随工艺而变化，因此整体响应通常不会是平坦的，从而导致发射信号的相位误差恶化。通常，采用某种校准来稳定锁相环带宽是至关重要的，尤其是由于压控振荡器增益变化造成带宽变化的情况下[19,30]。或者，可以选择数字锁相环[27-28]，但代价是功耗增大，并增大输出频谱中的杂散电平。

因为压控振荡器控制电压不再是直流信号，而是载波调制，因此锁相环组件，如电荷泵或压控振荡器的非线性也需要考虑。这对于 GMSK 来说并不是一个主要的问题，但是正如很快将讨论的，对于更高数据速率的应用，如 EDGE 或 3G，可能会成为一个问题。

12.6.4 极化发射机

基于锁相环的发射机的主要缺点是不支持幅度调制标准，因为 VCO 只能产生相位调制频谱。例如，EDGE 调制所需的时变 AM 分量可以叠加在 PM 信号上，如图 12.48 所示。这种架构被称为极化发射机，最初是为了提高功率放大器的效率而设计的。由于支持更高数据速率的更复杂的调制是以更高的 PAPR 为代价的，因此要求功率放大器具有更好的线性度，因而导致效率低下。

为了更好地协调这一折中问题，可以将 IQ 信号分解为相位(θ)和幅度(r)，或者从笛卡儿坐标转换为极坐标：

$$I+jQ \leftrightarrow re^{j\theta}$$

相位调制信号是由 VCO/PLL 产生的，其实质上构成了如前所述的直接调制发射机。因此，相位信号直接馈送到功率放大器，并且在理想情况下，通常将放大器驱动到接近饱和状态，因此不会影响效率。幅度分量通常是通过调制其电源电压施加到功率放大器(图12.48)。一旦正确校准，合成的功率放大器输出信号就承载重要的相位调制和幅度调制。

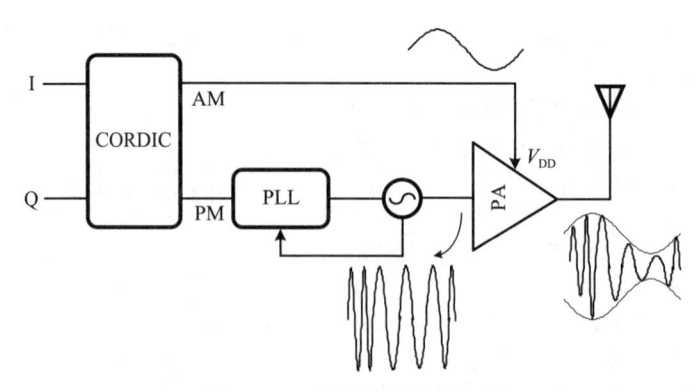

图 12.48 极化发射机概念图

图 12.49 所示为基于上述概念的现代极化发射机[29-31]。AM 信号通常由另一个 Δ-Σ 调制器※产生，如图 12.49 所示。

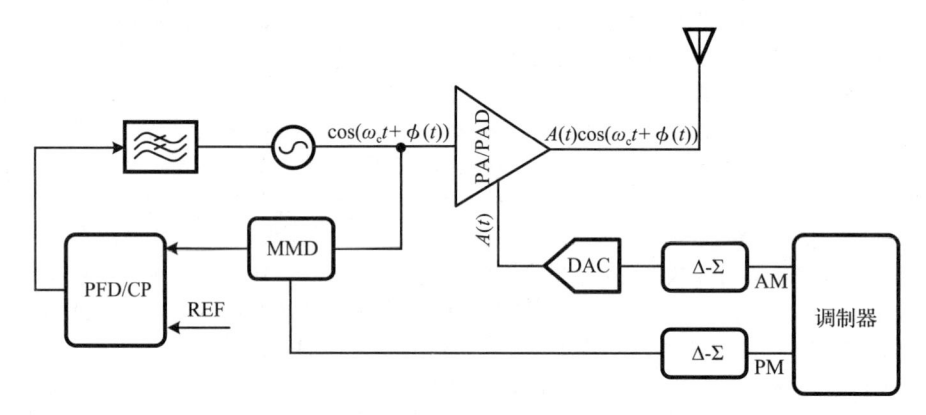

图 12.49 现代极化发射机

调制器以数字方式产生相位分量和幅度分量。PM 信号被馈送到 PLL，预计 PLL 将在 VCO 输出端产生频率(或相位)调制频谱。AM 分量一旦通过 Δ-Σ DAC，便调制功率放大器驱动器，这可以被认为是一个单平衡混频器。将 AM 施加到功率放大器驱动器而不是功率放大器并不罕见，并采用一个线性功率放大器，这种架构通常称为小信号极化架构。这样做只是为了在考虑功率放大器非理想效应时避免额外的复杂性。尽管没有充分利用效率提高的理念，但由于已经讨论过的原因，与使用直接变频发射机的替代选择相比，这仍然是有利的。与线性 TX 相比，功率放大器驱动器仍然可以在接近饱和的状态下工作，进而改善了功耗性能。此外，极性 TX 喜欢采用更简单的 50% 单相本振路径，而与线性发射机通常要求的正交 25% 本振相比，这加剧了功率效率问题。

当使用极化发射机时，除了 PM 路径外，AM 路径也是一个关键因素[30]。PM 问题与直接调制 TX 案例中描述的问题一样，但是对性能的影响更大。为了更好地理解这一点，在功率放大器驱动器输出端结合之前，单独研究相位和幅度频谱是有益的。图 12.50 所示为 EDGE 发射

※ 这里仅是为了提高 DAC 的性能。否则，为 AM 路径而使用 Δ-Σ 调制器不是极化架构的要求。

机频谱的示例。

与理想输出相比，PM 和 AM 频谱都要宽得多。尤其是 PM 信号非常宽，在 400kHz 频偏处仅下降约 30dB，而理想的 EDGE 频谱为 68dB。虽然频谱增长可以通过检查 I 和 Q 信号的调制特性以及它们到极点域的非线性变换来从数学上证明，但仍将在下面的例子中给出更直观的思考方法。

示例：带有幅度和相位调制的信号通过一个理想的限幅器，导致幅度分量被剔除。因此，只剩下一个相位调制信号（图 12.51）。这是因为限幅器不会影响相位（或频率）调制所指示的过零点。换句话说，通过将 EDGE 信号施加到理想的限幅器中，预计只产生 PM 分量。

现在假设只考虑代表调制信号最高频率分量的频率为 f_m 的单音信号。显然，这个信号的带宽为 f_m。然而，一旦通过限幅器，

图 12.50 对应于 EDGE 极化发射机的 PM 和 AM 信号

就会产生所有奇次谐波的很强分量，因此限幅器输出端的信号具有无限带宽。特别是在 $3 \times f_m$ 频率处的单音信号仅低 10dB，使仅有 PM 分量的信号明显更宽。

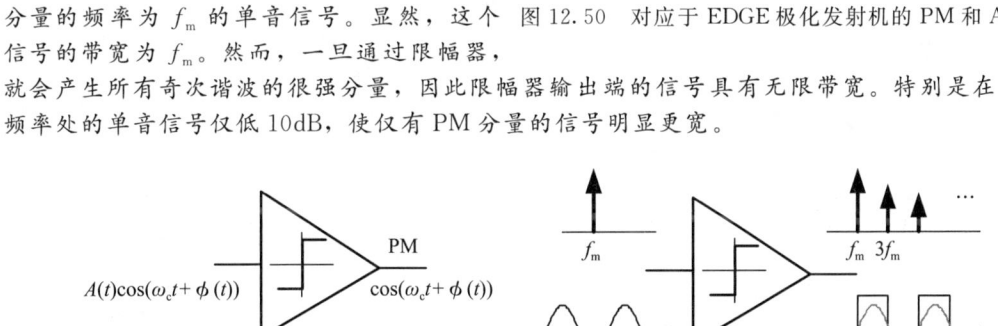

图 12.51 运用理想限幅器产生 PM 信号

PM 频谱的增长要求 VCO 输入具有更大的摆幅，从而提高了对非线性的敏感性。假设 VCO 增益约为 $2\phi \times 40\text{MHz/V}$，EDGE 发射机 VCO 输入端的摆幅如图 12.52 所示。PM 信号表示为

$$\cos\left(\omega_c t + K_{\text{VCO}} \int f(\tau) \text{d}\tau\right)$$

摆幅($f(t)$)仅取决于 EDGE 的 PM 特性，由已知的 $\phi(t) = K_{\text{VCO}} \int f(\tau) \text{d}\tau$ 和 VCO 增益(K_{VCO})描述。虽然增加 VCO 增益有所帮助，但也会导致相位噪声性能恶化。如果锁相环带宽设置为约 200kHz 或以下，作为在关键的 400kHz 频偏处严格的相位噪声要求所需要的，则环路增益预计在 400kHz 及以上时会下降。因此，锁相环反馈变得几乎无效，表明环路非线性在存在较大摆幅时会产生负面影响。

此外，窄的带宽加大了对变化的敏感性。图 12.53 对此进行了说明，表明，如果模拟锁相环特性发生变化，则由锁相环和数字预失真组合设置的所需全通响应会发生失真。如前所述，要么必须对锁相环进行很好的校准，要么采用数字锁相环。

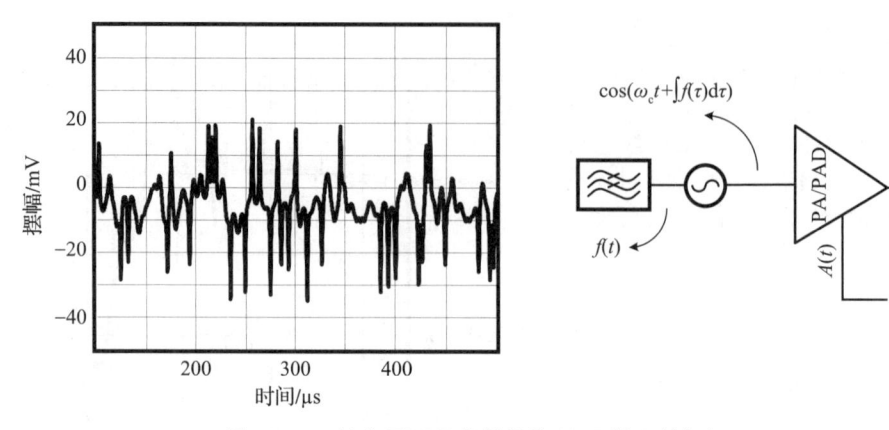

图 12.52 极化 EDGE 发射机的 VCO 输入端摆幅

如果考虑 3G 等更广泛的应用，这个问题会变得更加严重。现在，复合 3G 信号带宽约为 ±1.9MHz，而 PM 分量带宽约为 10MHz[31]。如此宽的信号不仅会受到窄的锁相环变化的很大影响，而且对 VCO 的非线性也变得更加敏感。后者可以通过使用数字 VCO/锁相环解决[29]，或者通过结合某种反馈来改善 VCO 的线性度[31-32]来解决。前者可以通过采用两点锁相环来缓解，如图 12.54 所示[29,31]。

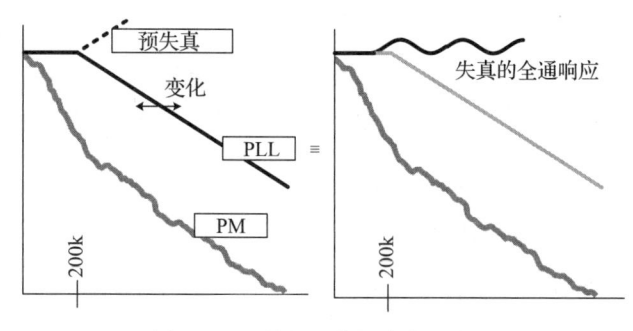

图 12.53 锁相环特性变化的影响

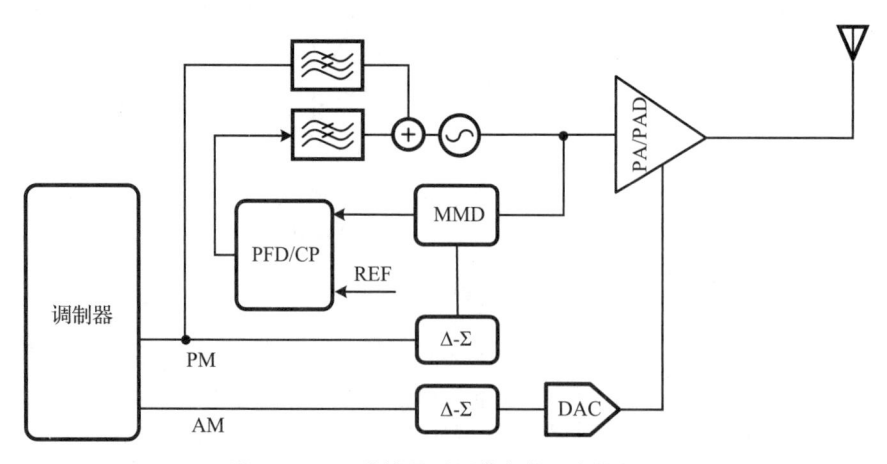

图 12.54 一种扩展可用带宽的两点锁相环

向 VCO 控制电压施加第二个信号会直接产生高通响应，一旦这两个响应相结合，整个 PLL 特性就会变成全通。为了使两个频率响应完美匹配，VCO 的增益特性必须很好。

如图 12.55 所示，除了 AM 和 PM 路径各自的非理想性之外，AM 和 PM 信号之间的对准也变得至关重要。

示例：为了理解 AM-PM 对准要求，假设两条路径之间有一个小延迟 τ；因此，当相结合时，输出将为

$$A(T-\tau)\cos(\omega_c t + \phi(t))$$

利用幅度分量 $A(t)$ 在 τ 附近进行泰勒展开，得到

$$A(T-\tau) \approx A(t) - \tau \frac{\partial A}{\partial t}$$

这导致原始信号以及一个误差项：

$$A(t)\cos(\omega_c t + \phi(t)) - \tau \frac{\partial A}{\partial t}\cos(\omega_c t + \phi(t))$$

误差波形的幅度与小延迟成正比，是由调制到载波频率的所需包络的时间导数形成的。时间上的微分会加重包络中的高频成分，导致误差频谱密度可能占用相邻信道，并可能违反发射掩模。

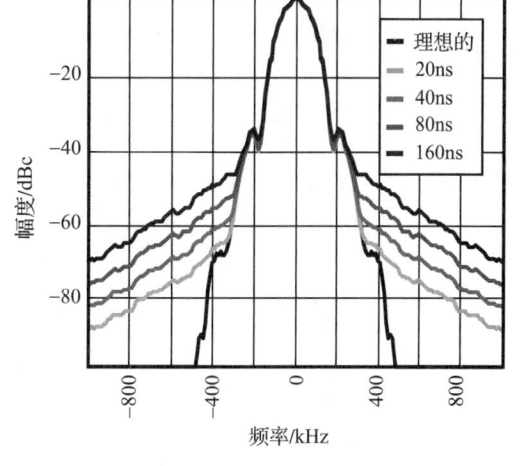

图 12.55 AM-PM 失配导致掩模破坏

从图 12.55 可以看出，为了不显著降低 EDGE 频谱，需要小于 20ns 的对准误差。因此，必须严格控制锁相环带宽以及调幅路径重构滤波器的带宽。对于 3G 应用，要求要严格得多；只能接受几纳秒的延迟。因此，需要对 PLL 特性进行更严格的控制。

对于 AM 路径，AM-AM 和 AM-PM 非线性都是重要因素。尤其是在 PA 或 PA 驱动器（在小信号极化 TX 的情况下）中生成的 AM-PM 更是一个关键因素。正如之前所讨论的，强 AM-PM 的存在不仅会导致调制掩模恶化，还会导致频谱不对称。图 12.56 所示为在功率放大器驱动器中存在 AM-PM 非线性时，测得的极化 EDGE 发射机在 +400kHz 和 −400kHz 处的调制掩模。通过正确对准，调制掩模得到改善，但是当存在 AM-PM 失真时，调制掩模仍然存在不对称。一旦通过数字校准校正了 AM-PM，两侧就会恢复对称，此外，还能观察到调制掩模有 2dB 的改善。

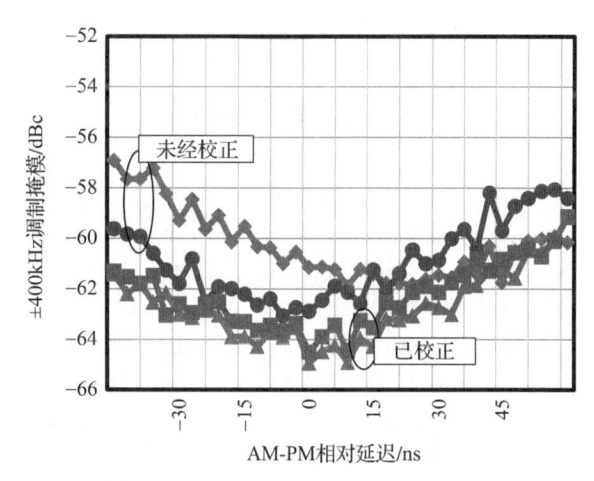

图 12.56 AM-PM 非线性对极化 EDGE 发射机的影响

使用非线性功率放大器，AM-PM 和 AM-AM 失真预计会严重得多。如前所述，考虑使用小信号极化发射机可能更为实际，并且仍然受益于所提到的许多优点。对于发射机，这导致其效率会低于标准，但整体性能更鲁棒，尤其是在考虑生产问题时会更适合。

最后，与直接变频架构类似，PM 馈通（与 LO 被调制时的 LO 馈通相反）也会使 EVM 性能和掩模性能退化。后者与 PM 信号较宽的特性有关，其幅度在 400kHz 和 600kHz 的关键频率偏移处衰减不够。

12.6.5 异相发射机

另一种具有吸引力的发射机架构是由 Chireix 发明的异相发射机[33],利用了高效率的功率放大器,但能够传输非恒定的包络信号。后来被重新发掘出来,并由 Cox 在 1975 年命名[34],异相发射机也称为 LINC,代表使用非线性组件的线性放大。其基本思想如图 12.57 所示。幅度和相位均随时间变化的调制相量被分解为两个幅度恒定但相位变化的相量之和。相对于原始相量,由此产生的两个相量互为镜像。这种信号分解也称为信号分量分离。

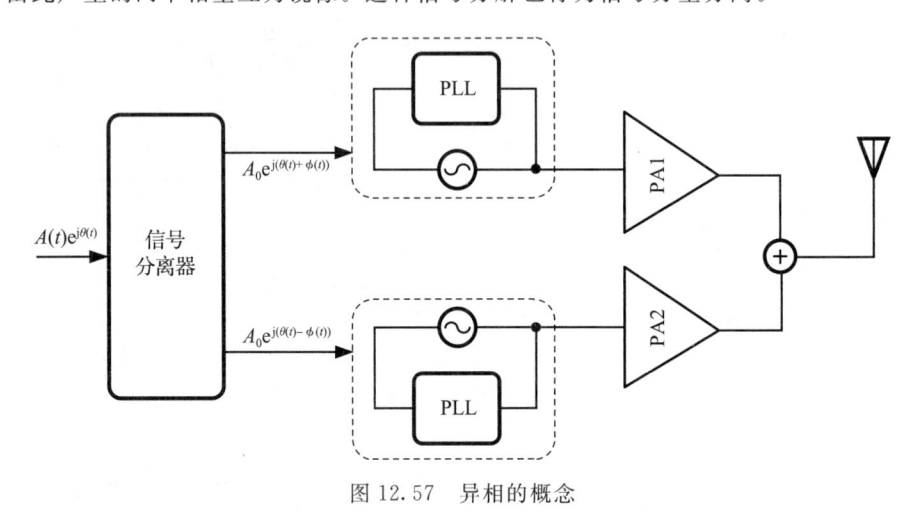

图 12.57 异相的概念

对于一般的幅度和相位调制的相量 $A(t)\mathrm{e}^{\mathrm{j}\theta(t)}$,定义镜像相位分量为 $\phi(t) = \arccos\dfrac{A(t)}{2A_0}$,则有

$$A(t)\mathrm{e}^{\mathrm{j}\theta(t)} = (2A_0\cos\phi(t))\mathrm{e}^{\mathrm{j}\theta(t)} = A_0\mathrm{e}^{\mathrm{j}(\theta(t)+\phi(t))} + A_0\mathrm{e}^{\mathrm{j}(\theta(t)-\phi(t))}$$

对应的纯相位调制射频信号($A_0\mathrm{e}^{\mathrm{j}(\theta(t)\pm\phi(t))}$)可以由两个高效的非线性功率放大器放大。放大的信号在概念上可以进行组合,以重构想要的高功率调制信号版本。两个异相信号所经历的增益和相位必须很好地匹配。由于两条路径相同,为了在两条发射机路径之间实现良好的相位/增益匹配,必须进行仔细且对称的版图布局。两个发射机路径之间的任何失配以及其他缺陷,如两个功率放大器之间的相互作用,都可以通过对两个信号路径中的相位数字预失真,在一定程度上得到补偿[35]。

异相发射机的主要挑战是将两个高功率功率放大器的输出相结合。需要一个低损耗功率合成器来有效地将两个功率放大器输出相加。为了应对大的电压摆幅,功率合成器还必须是无源的。合成器还应在两个功率放大器输出之间提供良好的隔离,同时合成两个信号并将得到的功率传递给天线。此外,当射频信号包络发生变化时,两个功率放大器必须带一个固定负载,以保持其良好的效率。如果合成器的两个端口阻抗匹配,则可以满足后一个条件。然而,可以证明,无损三端口无源网络不能满足匹配条件[36]。为了满足匹配要求,需要端接到有损电阻的第四个端口。传递到第四端口的信号将是两个功率放大器输出的差,而它们的和将被传递到天线。利用这种方案,对于输出端给定的 PAPR,传输功率的(PAPR−1)倍被浪费在第四端口的电阻上。因此,即使给定 3dB PAPR(或线性刻度为 2),浪费的功率也与发射功率大致相同,使发射机效率上限为 50%。包括四端口合成器的欧姆损耗在内,总损耗可高达 4dB。对于 10dB

的 PAPR，效率的上限将是 10%，这不再是可接受的。

由于其效率较低，四端口合成器不是一个有吸引力的解决方案。专注三端口合成器（也称为 Chireix 合成器），考虑图 12.58，其中两个功率放大器的输出为两个恒定包络信号，由 $A_0 e^{j(\theta-\phi)}$ 和 $A_0 e^{j(\theta+\phi)}$ 表示，因此，传送到天线的合成输出信号为 $2NA_0\cos\phi(t)\times\cos(\omega_{LO}t+\theta(t))=A(t)\cos(\omega_{LO}t+\theta(t))$，其中 $A(t)=2NA_0\cos\phi(t)$，N 为变压器的次级线圈与初级线圈匝数比。可以看出，从两个功率放大器的输出端看到阻抗随时间变化，由以下两个表达式[36]给出：

$$Z_1 = \frac{R_{ANT}}{2N^2}(1+j\tan\phi)$$

$$Z_2 = \frac{R_{ANT}}{2N^2}(1-j\tan\phi)$$

式中，R_{ANT} 是由天线端看进去的输入阻抗。因此，PA 负载由异相角度 ϕ 调制，这表明它们的输出将不再是恒定包络。这将导致最终的射频信号产生大的幅度失真和相位失真，必须以某种方式进行校正。文献[36]提出了一种校正功率放大器负载调制的方法，该方法在功率放大器输出端使用开关电容。通过基于 ϕ 瞬时值在两个功率放大器的输出端接通或断开这些电容，可以补偿负载调制的电抗部分。实部可以通过比例缩放用于在两个功率放大器中提供功率的电流源来进行补偿。在所提出的方案中仍然存在几个挑战：设计是开环的，并且在实际中寄生效应可能会限制其性能，尤其是在高频下。此外，三端口合成器不能用差分实现。

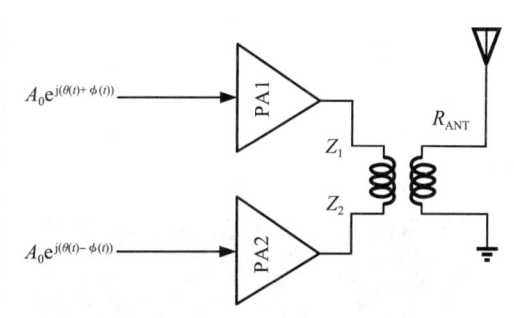

图 12.58　三端口合成器异相发射机

除了与功率合成相关的问题外，异相发射机架构不适合需要大范围功率控制的应用。鉴于上述所有问题，异相发射机架构在现代无线设备中很少使用。

12.7 收发机实用设计问题

下面通过讨论与现实生活中的收发机相关的几个实际问题，并提供一些案例研究，作为本章和本书的结束。不过大多数设计都已经详细讨论过了，接下来主要关注的是它们的实际方面。

图 12.59 所示为从产品开始规划到批量生产的射频设计流程的一般说明。我们已经在第 5 章和第 6 章中讨论了如何在给定的标准下推导设计出电路和系统参数。第 9~11 章还介绍了如何为给定的应用选择正确的电路，并据此进行设计。一旦设计完成，并且组装出射频系统，就将涉及两个级别的验证：

- 芯片验证和测试（DVT）：这包括射频验证和优化。如果第一个硅片版本（通常标记为 A0）不能满足所有要求，则需要进行修改。在流片（tape-out）仅限修改金属层时，则修订编号会改变（例如，A1），而如果认为流片所有层都有必要进行修改，则字母会改变

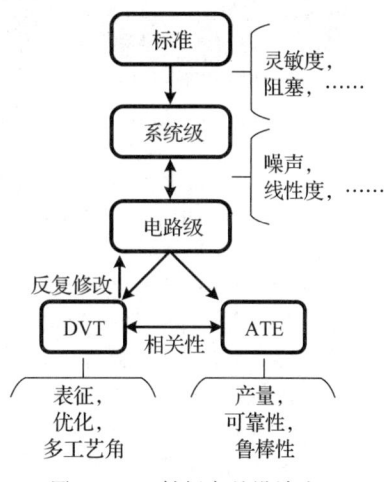

图 12.59　射频产品设计流程

(例如，B0)。
- 自动测试设备(ATE)：这是一个完全自动化的过程，只要产品推向市场(出货)，就会持续进行。除非设计保证满足要求，否则将对每一个待出货的部分都要进行自动测试。

由于 ATE 和 DVT 的环境本质上是不同的，通常需要在两者之间进行仔细的关联处理，以确保 ATE 结果的准确性。这通常称为基准-ATE 平台校准过程。

本节将简要讨论上述与生产相关的问题。我们将从几个案例研究开始，然后讨论批量生产中的挑战。

12.7.1 接收机案例研究

作为第一个案例研究，我们先从设计用于 2G/3G 应用的 40nm 蜂窝接收机开始。通过调整中频带宽，可以将该设计扩展到支持 LTE。这种接收机目前正在批量生产，其芯片显微照片如图 12.60 所示。

图 12.61 所示为接收机和相应增益分配的简化框图。接收机采用电流模无源混频器，具有 25% 占空比的 LO 信号。TIA 是共栅结构设计的，在其输出端有一阶 RC 滚降(对于 2G/3G 为 280kHz/1.7MHz)，然后接一个二阶有源 RC。

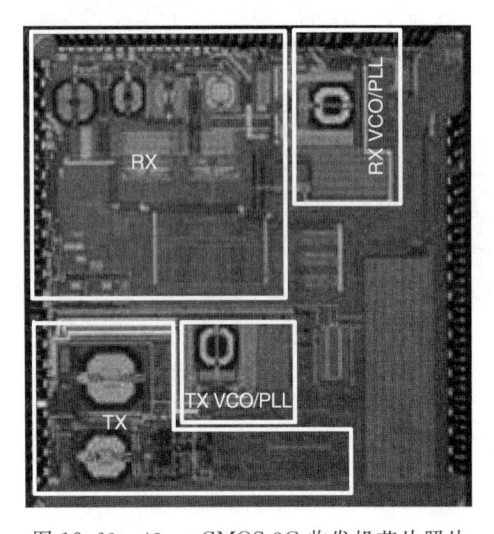

图 12.60 40nm CMOS 3G 收发机芯片照片

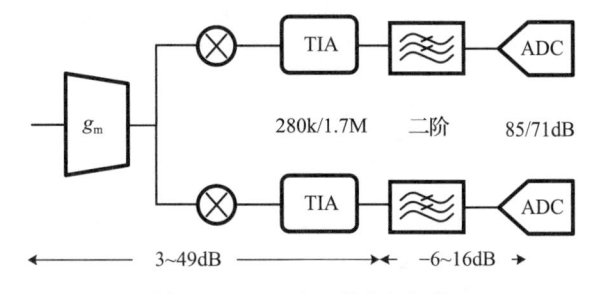

图 12.61 2G/3G 接收机架构

2G 接收机采用低中频架构，中频频率为 135kHz。

接收机前端如图 12.62 所示。LNA 是一种电感退化设计，使用两级电流舵控制来提供三个增益步进。

整体性能和关键挑战重点介绍如下：
- 在所有频率和温度下的噪声因子均小于 3.5dB。典型的噪声来源中约 25% 来自匹配，25% 来自 LNA 器件，20% 来自 TIA。
- 在 TX 频率，IIP_2 优于 50dBm。
- 带内 IIP_3 优于 -6dBm，带外 IIP_3 优于 -1dBm。
- GSM 的阻塞噪声因子优于 10dB(尤其是 600kHz 和 3MHz 处的阻塞)。

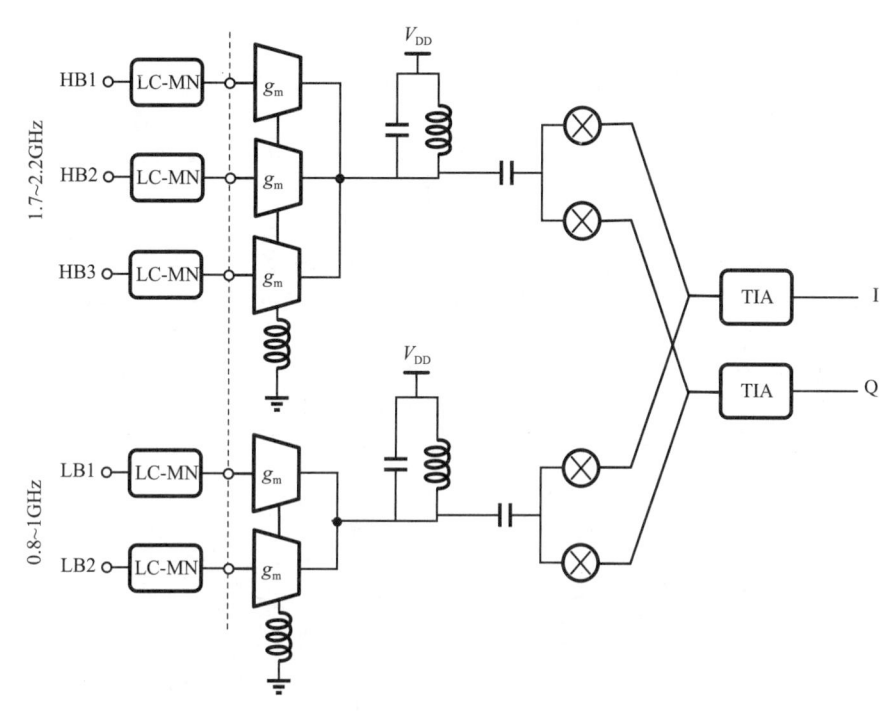

图 12.62　3G 接收机前端细节

- 对应于 SNR 优于 35dB，EVM 小于 2%。这确保了接收机可以支持 64QAM 调制，拟用于 HSPA+模式，可实现超过 20Mbps 的数据速率。

作为示例，图 12.63 所示为工作在频段 I(2110~2170MHz)，两种不同功率放大器值的 3G 接收机的灵敏度。

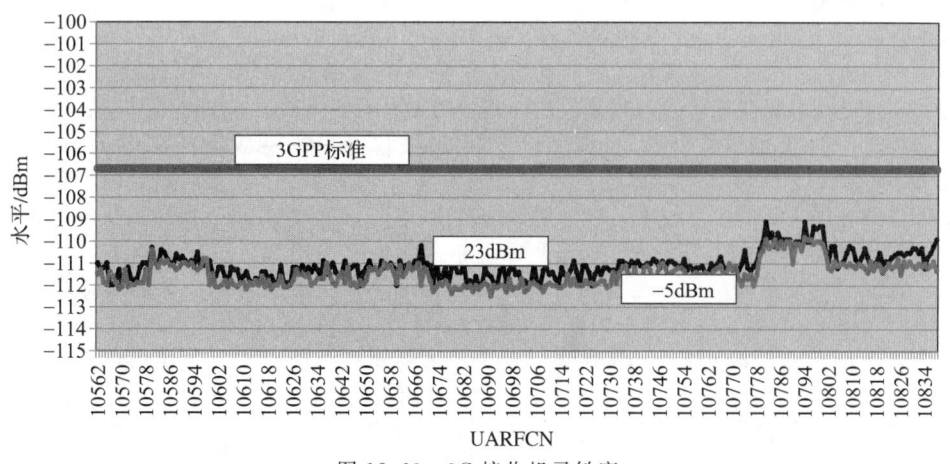

图 12.63　3G 接收机灵敏度

当发射机在天线处以 23dBm 的满功率工作时，接收机灵敏度仅降低不到 1dB(而在另一种情况下为－5dBm)。这表明发射机噪声和接收机二阶失真都完全满足要求。

12.7.2 发射机案例研究

作为第二个案例研究，我们描述了一个可重构多频段多模蜂窝发射机的设计细节，发射机覆盖了 EDGE/GSM 2.5G 的所有 4 个频段和 WCDMA 3G 的 5 个频段。发射机的框图如图 12.64 所示。发射机有 4 个单端射频输出；其中，两个覆盖高频段，另外两个覆盖低波段。此外，对于每个高频段或低频段，两个专用射频输出中的一个分配用于 3G 模式，另一个用于 2G 模式。除了恒定包络 GSM 模式中，TX 被配置为直接调制发射机工作之外，对于所有其他工作模式，发射机架构都是线性 IQ 直接变频。发射机具有两个片上巴伦，作为片上 PA 驱动器的负载，一个用于高频段射频输出，一个用于低频段射频输出(图 12.64)。除了差分到单端转换功能外，这两个巴伦还为所有频段和模式的单端射频输出提供片上 50Ω 匹配，无须任何外部匹配组件。在巴伦之前，TX-RF 前端的所有构建模块，如 DAC、LPF、上变频混频器和功率放大器驱动器都是设计成为差分结构的，尽管为了简单起见只显示了一条路径。

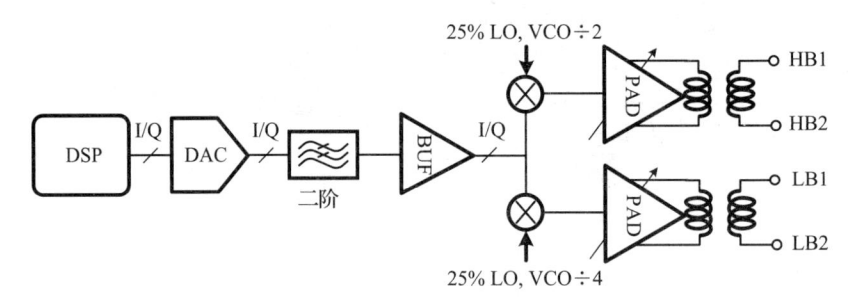

图 12.64　2G/3G 发射机框图

在 GSM 模式工作时，DAC、LPF 和上变频混频器均为断电状态，相应的功率放大器驱动器偏置在 B 类区域。功率放大器驱动器差分输入由相位调制的本地振荡器时钟直接驱动，相位调制的本地振荡器时钟由 VCO 输出经过 2 分频或 4 分频得到，分别用于高频段和低频段。

在 EDGE 或 3G 模式下，上变频混频器是无源的，工作在电压模式下，其开关由 25% 的 LO 时钟驱动。在线性模式下，功率放大器驱动器工作在 A 类区域中，以获得出色的线性度。所有增益控制都在上变频混频器之后的射频侧实现，其中功率放大器驱动器产生的增益控制为 72dB，巴伦的第二级产生 12dB 的增益控制。正如第 8 章所讨论的，在无源混频器之后进行所有增益控制会导致 LO 馈通(LOFT)随发射功率成正比例地放大或缩小。同样，后置混频器的增益控制导致针对 I 和 Q 路之间失配的单点校准，因为镜像抑制比(IRR)在增益控制下保持不变。

功率放大器驱动器的电路如图 12.65 所示。输入器件充当跨导，将差分输入电压转换为差分电流，在经过两个级联后该电流流入功率放大器驱动器负载。功率放大器驱动器的电源电压为 2.5V，这是因为第二级联级中的器件为高压晶体管，这样就可以确保在所有输出功率电平和温度条件下都可以可靠工作。如前所述，功率放大器驱动器加载到差分到单端的巴伦上。巴伦和功率放大器驱动器经过联合设计，使得从射频集成电路端看进去的回波损耗的仿真值和测试值都优于−10dB。巴伦前级的电容阵列经过调谐，可在各种工作频段获得最大输出功率。

根据 3G 标准，发射机需要实现的总功率控制范围为 84dB 或 14bit。这种功率控制的 6bit 电流舵嵌入在功率放大器驱动器的跨导级中。如图 12.65 所示，该级由 63 个相同的单元组成，通过断开级联器件的栅极与偏置电压的连接，并将栅极接地，某一个单元被禁用，或者反之则启用。63 个单元被布置成一个 7×9 单元的阵列，在外边界用额外的虚拟单元包围一圈，以便

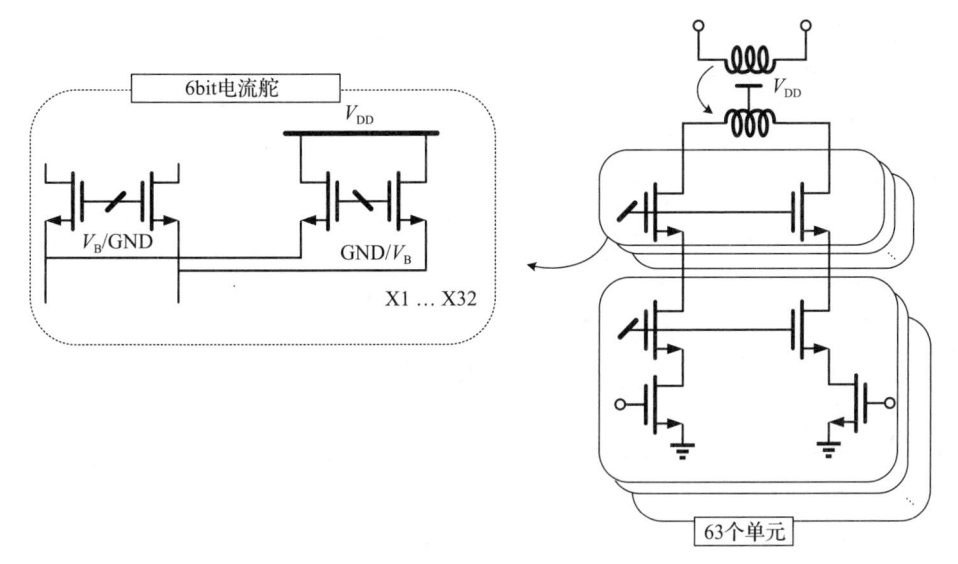

图 12.65　功率放大器驱动器电路

单元之间实现更好的匹配。通过禁用跨导单元来降低功率电平，从而可按比例降低发射机的功耗，这在 3G 系统中是非常理想的。

另一个功率控制的 36dB 或 6bit 电流舵嵌入在功率放大器驱动器的第二级联级中，其中跨导级产生的一部分信号电流可以从其主路径转移到 2.5V 电源电压中。为此，该级由 5 对并联的尺寸以二进制格式增加的级联器件对构成，级联器件对的漏极连接到巴伦的初级线圈。每一对都配有另一对尺寸相似的晶体管，但漏极短接到功率放大器驱动器的电源电压上。这两对晶体管的栅极电压是互补的。另一个 12dB 或 2bit 的功率控制，是通过将一部分信号电流从外部功率放大器的 50Ω 负载转移到交流地，在巴伦的次级线圈中实现的。

低通滤波器是一个可重构的两级三阶巴特沃斯结构，第一级实现了复数极点，后级缓冲器中实现实数极点(图 12.64)。第一级是一个有源 RC 滤波器。滤波器的带宽从 2.5G EDGE 模式的 100kHz 到 3G WCDMA 模式的 2MHz 可调。由于无源滤波器不具备驱动能力，因此在 LPF 和无源混频器之间放置了一个级间缓冲器。该缓冲器必须满足以下关键的严格性能要求：①在处理输出端输出 1V 峰-峰值的差分摆幅时具有良好的线性度；②为了适应大的混频器转换增益，在所需信号频带上的输出阻抗要低($< 5Ω$)；③RX 频段的输出噪声要低，即 EDGE 模式为 20MHz，在 3G 模式为 45MHz 以上；④在 RX 频带的输出阻抗大，以降低驻留在这些频率处的缓冲器噪声分量的转换增益。

虽然采用占空比为 25% 的无源混频器具有功率和面积上的优势，但也给前级驱动电路提出了除上述困难要求之外的其他具有挑战性的要求。无源混频器的开关动作使得从混频器的基带侧看，功率放大器驱动器输入电容表现的像一个电阻。该电阻与功率放大器驱动器的输入电容和 TX-LO 频率的乘积成反比。对于高频段模式，对于所设计的特定功率放大器驱动器，该电阻取最低差分值 500Ω。使用简单的源极跟随器作为缓冲器不是一个好的选择，因为它会受线性度一般的影响，并且由于其输出阻抗很大从而导致驱动能力较差。

为了在不影响噪声性能的情况下缓解这些缺陷，将源极跟随器缓冲器修改为图 12.66 所示的缓冲器，其中添加了反馈。为简单起见，只显示了差分电路的一半。该电路背后的基本思想是，反馈环路迫使流经 M_1 的电流保持恒定，从而使 g_{m1} 的电流也保持恒定。因此，由于跨导变化引起的非线性被最小化,并且节点 S_1 跟随 V_{in} 之间具有固定的栅—源电压降。此外,这还导致了从上变频混频器看到的缓冲器输出阻抗非常低。

由于节点 D_1 为低阻抗(因为 M_4),这导致电流源 M_3 在整个输入和输出摆幅范围内几乎保持不变。缓冲器电路中唯一的高阻抗节点是 M_4 的漏极(和电流源 M_5),这使得对反馈环路的补偿非常方便。在 RX 频率偏移处,由于 C_1 和 R_1 产生的极点,环路增益减小,从而增加了缓冲器的输出阻抗。与所需信号的转换增益相比,缓冲器输出阻抗的增加,降低了缓冲器噪声分量的转换增益,从而改善了发射机的带外噪声性能。对于 RX 频带噪声位于 20MHz 频偏处的 EDGE 模式,电阻 R_1 包含在反馈系统中,而对于 3G 模式,该电阻被旁路以拓宽反馈带宽。

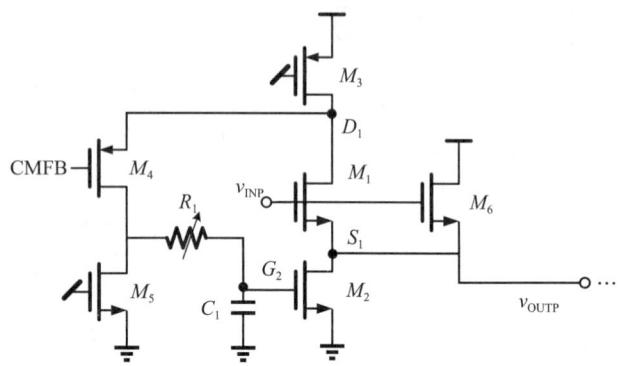

图 12.66 驱动 TX 混频器的缓冲器电路

发射机在 3G 模式下的输出功率为 6.3dBm,在 5MHz 时的 ACLR 优于 -40dBc。对于 LB/HB 输出,测得的 EVM 分别为 3.4%/4.3%。实现了优于 -160dBc/Hz 的接收频带噪声。

12.7.3 SoC 问题

为了降低成本和尺寸,在同一个硅片上集成许多功能是很常见的,包括射频、模拟、混合模式和数字构建模块。这种电路称为片上系统(SoC),由于有噪声的基带模块与关键射频模块(如 VCO 或 LNA)的耦合,会引起一些实际问题。特别是在蜂窝应用中,针对非常严格的噪声和杂散要求,必须通过严谨的布局和架构技术来满足。

第 7 章详细介绍了电源和信号完整性的原则。我们在这里将强调一些原则。电路中存在几种耦合源,如衬底、电源、封装和电路板。为了尽量减少这些耦合问题,我们可以采取两步走的方法。第一步是将耦合本身最小化,第二步是提高射频对耦合的弹性,无论隔离效果有多好,耦合都是不可避免的。对于前者,如图 12.67 所示,有几种众所周知的工艺经常用来最小化耦合。

1)片上线性稳压器(LDO 或低压差线性稳定器)有助于隔离射频模块的电源,尤其是敏感模块,如 VCO。多个旁路电容由顶部具有线性边缘的高密度 MOS 电容组成,可以用于提供到局部独立接地的低阻路径。

2)可以在射频和基带的其余部分之间放置一个宽的深 N 阱保护频带,并与专用的独立的 V_{SS} 或最好是 V_{DD} 进行适当的接地连接,以减少 CMOS 衬底耦合。

3)通常将射频模块放在硅片的顶角(参见图 12.69,作为案例研究示例),以提供两侧的焊盘,以便通过封装和 PCB 上的低电感布线访问关键电源以及射频 IO。此外,噪声较低的基带模块可以放置在射频模块周围,以避免通过衬底和封装键合线产生的耦合。

4)为了进一步减少通过封装和键合线产生的磁耦合,可以在射频和基带部分之间放置接地的冗余键合线。此外,数字地和射频地平面在封装上应该分开。为了确保满足充电器件模型 ESD(静电放电)的目标,可在射频域和数字域之间使用二级 ESD 保护。大多数低成本手机不允许在手机背面放置任何旁路组件,因为背面放置了关键焊盘。因此,需要低电感旁路的敏感射频电源必须尽可能靠近封装的外边沿。

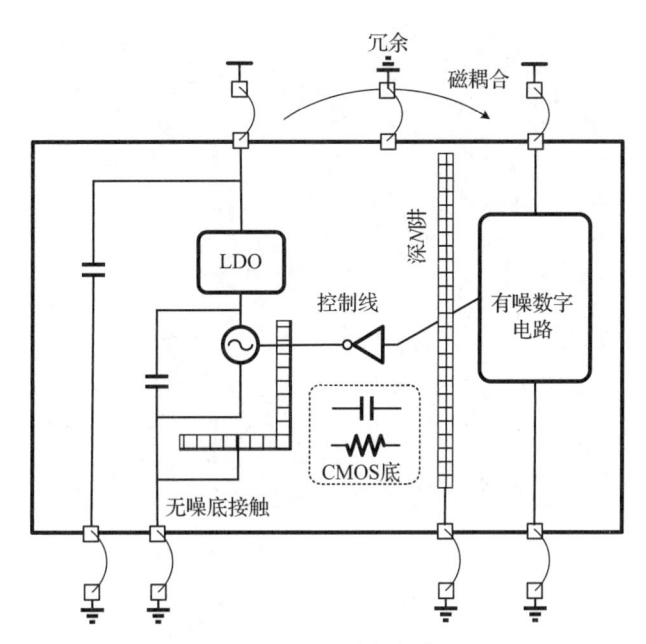

图 12.67 SoC 中的耦合源

由于不可能完全消除耦合,尤其是在只有廉价封装选项的低成本 SoC 中,因此必须增强射频对噪声源的耐受性。为了实现这一点,可以采用以下几种架构技术。

1)可以在基带中实施时钟移相方案,其中由小数锁相环产生的不同频率分布在麻烦的基带时钟的谐波附近,从而将杂散从所需的信道移开。如图 12.68 所示,除了少数几个要求时钟频率为精确的整数 26MHz 的模块之外,如调制解调器,大多数数字电路,如多媒体、存储控制器和外设,都以接近 26MHz 的整数倍的可选时钟频率运行,但离易受耦合影响的关键射频信道足够远(如 936MHz 的 EGSM 信道 5,这是位于 26MHz 的 36 次谐波处)。这使得前面提到的构成大部分基带噪声的模块产生的杂散远离了所需信道。

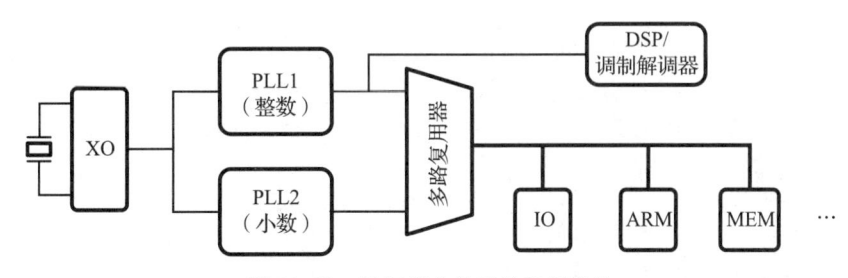

图 12.68 缓解耦合的时钟移相架构

2)接收机输出端的杂散抵消模块可确保从所关注的频段中将由 26MHz 整数倍谐波耦合产生的下变频杂散移除,杂散的位置对于给定信道而言是可以很好预测的。然而,这是基于两个假设:首先,杂散必须是单音信号,而不是宽带调制频谱。其次,导致杂散的数字有源部分应能保持不变。这两个假设在接收机的大多数情况下都可以满足。

图 12.69 所示为一个用于 GSM/EDGE 应用[19]的 65nm CMOS SoC 的示例。

该硅片封装在一个低成本的 12mm×12mm,407 引脚的 FBGA 封装中(封装设计细节见下

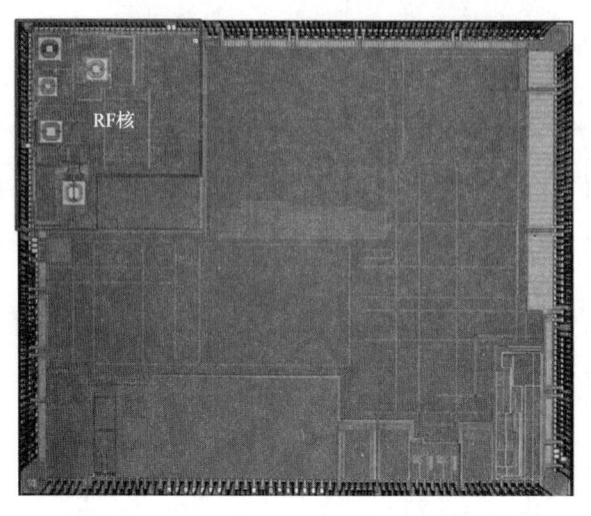

图 12.69 一个 GSM/EDGE SoC 的示例

一节）。包括焊盘在内的射频系统模拟部分和射频部分占据面积为 3.95mm^2，只是整个硅片 30mm^2 的一小部分，大部分面积由基带占据。尽管集成度很高，但由于采用了上述技术，接收机的灵敏度几乎没有观察到性能下降。

12.7.4 封装问题

封装设计往往和射频设计本身一样重要。如果处理不当，尽管采用了最优的电路结构，仍然会导致性能不佳，特别是射频信号损失、噪声因子退化、耦合、杂散和频率牵引问题。

现代无线电中使用的封装有几种类型，最常见的是 FBGA（细间距球栅阵列）和 WCSP（晶圆级芯片封装）。后者使用片内的凸块（与焊盘相反），通过 RDL[○] 层（再分布层）进行布线及再分布。封装球可以直接焊在硅片上，这样更便宜。另一方面，在 FBGA 封装中，大多数布线发生在封装衬底上，常见的是两层或四层衬底，虽然非常复杂的 SoC 可能会采用更多的层，但也会导致成本更高。

图 12.70 所示为一个 FBGA 封装示例及其设计细节。左图是封装背面，包含 80 个焊球，焊接在 PCB 上。右图所示是封装设计的一些细节。

焊盘首先键合到封装内的金手指，金手指随后布线到封装衬底上与不同层上的焊球连接。下面总结几个重要的常见设计惯例。

- 电源和接地布线必须宽、短，以最小化电感。V_{SS} 焊球应均匀分布在整个封装上，以便为射频系统的不同模块提供低感抗连接。这些 V_{SS} 焊球需要通过衬底上极低电感的平面（V_{SS} 是孤岛状的）进行连接。
- 射频布线必须尽可能短。对于差分 IO，两条路径的长度必须很好地匹配。
- 敏感的射频部分和有噪声的数字部分之间，需在封装衬底上远离。对于复杂的 SoC 来说，这显然是一个更大的问题。而这可能导致较差的域间 ESD 保护，通常通过使用二级 ESD 保护来解决这一问题。

○ RDL 是芯片上可用的额外的布线层（通常是铜）。虽然最初用于封装布线，但鉴于其相对较小的方块电阻，因此也可以用于一般的信号和电源布线，或者在第 1 章中看到的电感设计。RDL 层通常也被称为 AP 层。

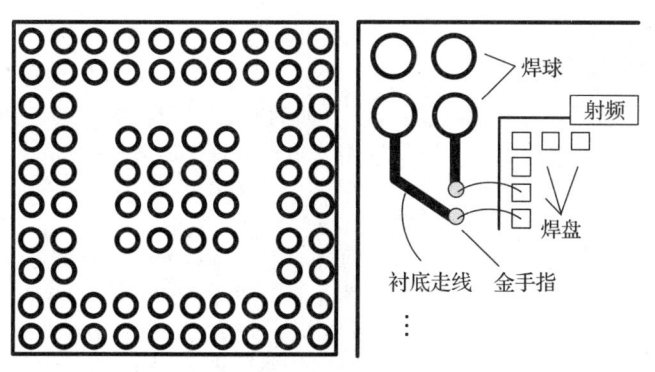

图 12.70　FBGA 封装示例

相比于 WCSP 设计，FBGA 封装提供了更灵活的设计，但通常也更昂贵。WCSP 的另一个优点是由于不使用带状线，因此电感更小。

12.7.5　变化

有几种可能影响射频系统性能变化的来源。
- 器件。包括阈值电压、迁移率和氧化层厚度变化，是由制造工艺的精度有限引起的。这些变化会影响到器件的跨导、噪声、裕度、增益或线性度。代工厂需要保证器件参数（如阈值电压）必须处于一定范围内。这通常是通过在代工厂进行的晶圆验收测试（WAT）来衡量的。图 12.71 所示为 65nm 工艺中 NMOS 管阈值电压的 WAT 数据示例。阈值电压的典型测量值为 372mV，但在慢工艺角（slow corner）下可变化为 444mV，在快工艺角（fast corner）下可低至 320mV。这对应于 $\pm 4.5\sigma$ 变化，是基于对大量晶圆的数据统计。

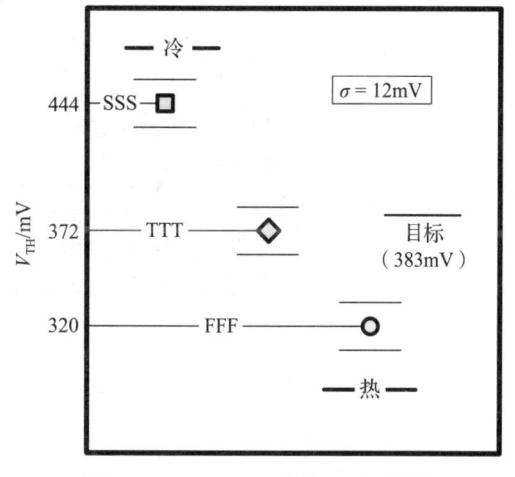

图 12.71　65nm 工艺的 WAT 数据

除了工艺角的变化外，还必须考虑温度和电压的变化。在这些变化的限制范围内，电路的性能也必须得到保证，因此进行工艺角仿真（以及最终的分批测试）至关重要。
- 钝化膜。由金属宽度或氧化层厚度变化引起的。它们会影响电感和电容，从而影响带宽或谐振频率。由于片上电感通常是匝数、金属宽度和第 1 章中讨论的其他参数的函数，预计会随着工艺不同而变化，但不会像器件或电容那样受工艺变化影响那么大。
- 外部组件。包括电源（或电池）、天线阻抗、外部滤波器通带损耗或抑制，以及晶振。噪声或线性度等电路参数通常是在包含这些变化的情况下推导得出的。第 9 章展示了如何处理晶振变化的示例。

正如稍后将要讨论的，作为产品合格检查的一部分，在考虑温度、电压和外部组件变化的情况下，在对包括各种工艺角、批次在内的大量样品进行测试时，确保射频系统性能符合工作手册的限制是至关重要的。

12.7.6 产品合格检查

在进入量产之前，无线产品必须经过一系列严格的测试，以确保其质量。测试包括以下步骤：

- 对大量器件在极端电源电压、温度和工艺角下进行性能表征。
- ESD(静电放电)和闩锁测试。ESD 测试包括 HBM(人体模型，通常覆盖单个电压域)、CDM(在不同域之间的带电器件模型)和 MM(机器模型)。
- 在极端温度下进行老化测试，以确保可靠性。如 VCO 或功率放大器等承受电压大摆幅的电路，通常情况下更需要多关注。为了进行这个测试，在正常条件下测量大量样品，然后在极端条件下(例如可以确保功率放大器可靠性的最大发射机功率)将其放在高温下一段规定的时间(比如 1000h)。随后对这些器件进行测试，并预计可达到类似的性能。如果有任何退化，可将其添加到生产测试限制中。

射频电路设计人员需经常对关键模块进行老化仿真。这可以预见到在极端电压下工作时器件的退化情况，并生成一组新的模型来反映老化性能。如果退化不可接受，则需要相应地修改设计。

- 封装合格检查，包括热冲击和温度循环。
- 达到可接受的良率。

图 12.72 所示为产品合格检查的测试设置示例。

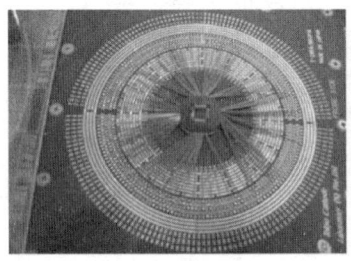

图 12.72 产品合格检查设置示例

许多此类测试，如可靠性或 ESD 测试，必须在设计的早期阶段考虑。低估这些要求可能会导致后期的额外修正，尽管该部件可能被认为通过了技术规范。

12.7.7 生产问题

正如前面提到的，产品测试是完全自动化的，执行测试是为了确保产品质量在数据手册中承诺的范围内。自动测试设备的示例如图 12.73 所示。

图 12.73 自动测试设备的一个示例

关于自动测试设备(ATE)存在的几个挑战：
- 与设计验证测试(DVT)的环境相比，ATE 的环境非常不同，通常更难控制，也更不可预测。这主要与自动化加工流程以及与之相关的成本问题有关。
- ATE 测试板没有人们所期望的那样优化和如同射频测试板那样友好。图 12.74 所示为 ATE 测试板的一个示例。

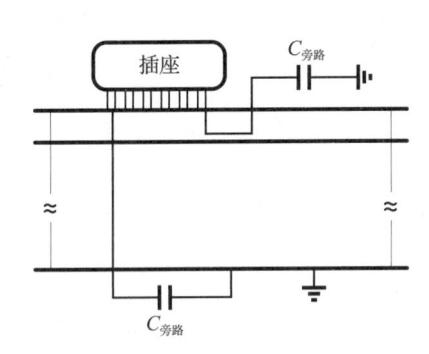

图 12.74　ATE 测试板示例

为了承受机械压力，测试板通常有几英寸[⊖]厚，并且超过 30 层。这会导致走线更长，从而导致更多的走线电感效应。这反过来又会引起一些潜在的问题，例如更大的噪声因子或更低的输出功率。此外，如图 12.74 右图所示，更难接近引脚，例如在关键电源上放置旁路电容，或者提供低电感接地。此外，实际产品必然不可避免地要使用插座，而这又不同于焊接零件，会导致产品性能进一步下降。
- 出于成本原因，希望 ATE 测试过程越快越好。测试时间通常为几秒或更短。这是另一个可能导致不可预测的因素，很快就会明白原因。

下面将讨论如何对产品的这些因素进行量化，并给出应对上述挑战的各种方法。

1. ATE 平台相关性

如果能够证明 ATE 的测试结果始终比 DVT(或试验台)差，则 ATE 测试板的低性能，以及环境的低可预测性，可能不会那么糟糕。这需要在 DVT 环境和 ATE 之间，将两者的测试数据进行一个关联，是一个很微妙且通常耗时的过程。

相关性通常通过相关系数 R^2 来衡量，表明数据点与统计模型的拟合程度——有时只是一条线或曲线。假设一个数据集的值为 y_i，其每个值都有一个关联的模型值 f_i，其中 f 可能只是一个线性拟合。数据的变化程度由平方的总和定义，为

$$SS_{Tot} = \sum_{i=1}^{n}(y_i - \bar{y})^2$$

式中，$\bar{y}$ 是统计平均值，$\bar{y} = \frac{1}{n}\sum_{i=1}^{n} y_i$，$n$ 为观察的数量。同时，将残差平方和定义为

$$SS_{Res} = \sum_{i=1}^{n}(y_i - f_i)^2$$

⊖　1 英寸≈2.54cm。——编辑注

相关系数定义为

$$R^2 = 1 - \frac{SS_{Res}}{SS_{Tot}} = 1 - \frac{\sum_{i=1}^{n}(y_i - f_i)^2}{\sum_{i=1}^{n}(y_i - \overline{y})^2}$$

如果数据完美拟合，则 $R^2 = 1$，但通常 $R^2 \ll 1$。线性拟合的一个示例如图 12.75 所示。灰色方块表示残差平方和（SS_{Res}）。正方形越大，相关性越差，且 R^2 越小。根据经验，希望 R^2 大于 0.8。

EDGE 接收机的相关系数与 IIP_2 和噪声因子之间关系的示例如图 12.76 所示。

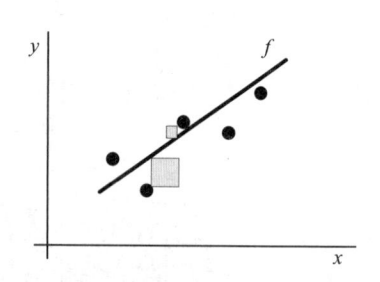

图 12.75　线性拟合及相应 R^2 的描述

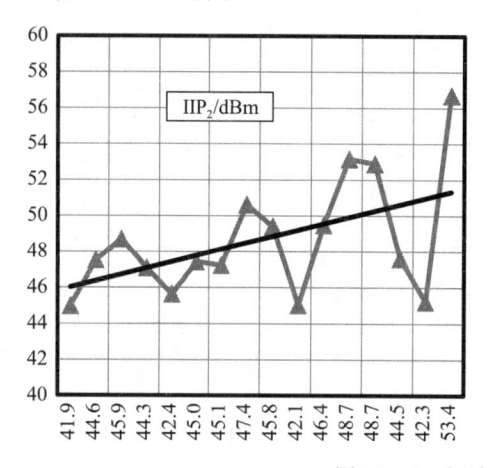

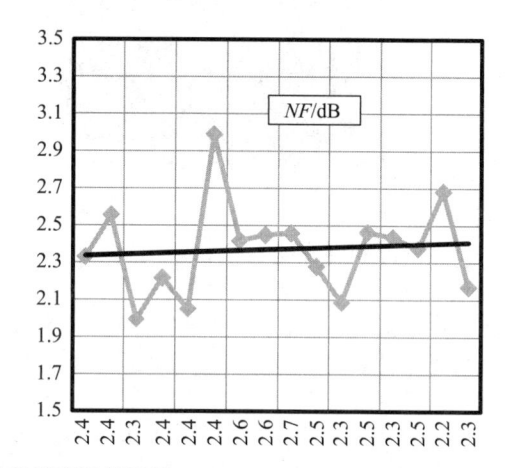

图 12.76　相关系数和噪声因子示例

使用线性拟合，对于 IIP_2 计算出的 R^2 值为 0.976，这表明有很强的相关性，从图中也可以明显看出，而噪声因子测试的 R^2 为 0.035。噪声因子的相关性差归因于两个因素：首先，精确的噪声测量需要较长时间的平均值，考虑到测试时间问题，这是不可行的；其次，噪声电平通常非常低，因此与增益或线性度相比，该测量更加灵敏。虽然 ATE 测试结果（此处已经将损耗扣除）的误差也只有不到平台基准数据（bench data）的十分之一 dB，但这个相关性是差的。因此，在这种情况下，无线系统的噪声因子必须通过设计保证在要求范围内。这是在设计的早期阶段经常需要考虑的问题。

2. 测试的再现性与重复性

ATE 环境的不确定性，通常因测试时间的不同，问题加剧，通常由测试的再现性与可重复性（GRR）决定，表示的是测量数据的可靠性。

考虑 GSM 发射机的 400kHz 调制掩模的示例。标准规定的要求是 −60dBc。为了给功率放大器的影响和其他与生产相关的问题留有余量，假设射频系统的调制掩模的设计指标需要优于 −63dBc。这意味着，在产品数据手册指示的极端条件下（温度、频率或电源），生产的每台射频系统都必须具有不高于 −63dBc 的 ±400kHz 调制掩模。

通过多次测量取平均，可以获得更可靠的测试结果，因此可以观察到较低的 GRR，但代价是测试时间变长和最终成本增加。表 12.1 给出了一个汇总。

表 12.1 GSM 400kHz 调制掩模的测试再现性与重复性

	数据手册限制	保护频带	GRR, 10AVG	GRR, 50AVG	ATE 限制, 10AVG	ATE 限制, 50AVG
400kHz 调制	−63dBc	0.8dB	2.1dB	0.9dB	−65.9dBc	−64.7dBc

由于通常是在室温下进行 ATE 测量的，因此必须添加保护频带，以考虑极端温度和其他可能的条件。在本例 400kHz 掩模的情况下，高温引起的性能误差不能超过 0.8dB，这点必须添加到 ATE 测试限制中。此外，对数据进行统计分析表明，在完全相同的条件下，对同一部件进行 50 次平均，可使测量数据产生高达 0.9dB 的变化。这只是 ATE 测量的不确定程度的一个结果，也必须将其添加到测试限制中。用于取平均值的数量越少，GRR 值越高。因此，对于分别为 50/10 次随机测试的平均，实际 ATE 限制被确定为 −64.7dBc/−65.9dBc。

图 12.77 所示为在 ATE 中在大量部件（超过 10 000 个）上测得的 400kHz 掩模。显然，将 10 次平均结果 −65.9dBc 设定为限值，就会导致质量问题数太大，从而导致产量很低。因此，在这种情况下，50 次的平均值可能是首选，这几乎不会导致产量的降低，但是以更长的测试时间为代价。

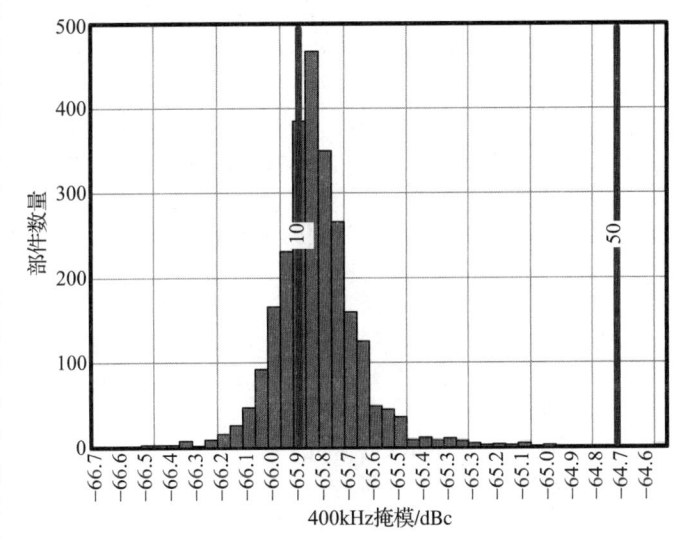

图 12.77 在 ATE 中测量的 400kHz 调制

这就是通常选择更高裕度的原因。

为了缩短测试时间，如果可以找到一个频率点，在该频率下 400kHz 掩模始终是最差的，则可以只测试该频率。否则，可以考虑一个频率范围（通常是低、中、高 3 段）。例如，如果 400kHz 的调制信号主要受相位噪声的影响，则此时假设射频系统打算工作的最高频率是最差的情况可能也不是不合理的。然而，这必须在批量生产之前，通过对大量样品进行充分的测试来进行统计确定。

12.8 总结

在本书的最后一章中介绍了收发机的架构，以及射频系统设计和有关产品生产问题的一些实际层面的内容。

- 12.1 节讨论了普遍的系统构建问题，如噪声或阻塞要求。
- 12.2 节介绍了各种常用的接收机架构，包括超外差、直接变频和镜像抑制接收机。
- 12.3 节讨论了几种较新的接收机拓扑，如第一级为混频器接收机或噪声抵消接收机，通常称为抗阻塞接收机。
- 12.4 节和 12.5 节讨论了接收机增益控制、滤波要求和 ADC 规格要求。

- 12.6 节介绍了直接变频发射机、双变频发射机、极化发射机和异相发射机等发射机架构。
- 12.7 节作为本章结束，呈现的是案例研究。此外，本节还讨论了射频系统设计的实际问题，如布局、封装和生产测试。

12.9 习题

1. 假设 3G 发射机由一个直接连接到功率放大器的 2GHz DAC 组成，求出 DAC 的有效位数。DAC 必须能输出 0dBm 的功率，并且接收频带噪声必须优于 -160dBc/Hz。3G 信号的 PAPR 为 3dB。

2. 射频 DAC 用作具有 10dB PAPR 的 WLAN 发射机。求出 DAC 的有效位数，使其使附近噪声因子为 3dB 的 LTE 接收机灵敏度下降不超过 1dB。WLAN 发射机和 LTE 接收机的隔离度为 20dB。

3. 如果使用 ADC 作为接收机，重做上一题。假设接收机需要有 3dB 的有效噪声因子，并受到附近高达 -20dBm 的 WLAN 阻塞的影响。

4. 在调谐频率为 950MHz 的 GSM 接收机中，中频为 110MHz（高端注入）。假设使用硬切换差分混频器，识别出所有有问题的阻塞和所需的滤波。低噪声放大器的 IIP_2 为 35dBm，IIP_3 为 0dBm。其他部分都是理想的。

5. 采用低端注入重做第 4 题。哪种注入更好？

6. 假设一个 2.4GHz 的 WLAN 接收机设置为覆盖整个 80MHz 的 ISM 频段，其中每个信道仅为 20MHz 宽。假设 64QAM 的 PAPR 为 10dB，解调所需的 SNR 为 22dB，计算下列两种情况下的 ADC 动态范围。
   (a) 仅接收一个 20MHz 的信道。
   (b) 接收整个 80MHz 频带。
   假设信号伴随着一个 -20dB 的邻近的 WLAN 阻塞，并且接收机的噪声因子为 3dB。不希望 ADC 将超过 1dB 的自身噪声添加到 3dB 噪声因子中。

7. 使用基本的正弦-余弦三角函数属性，说明下图所示的低中频接收机中如何抑制单边带。

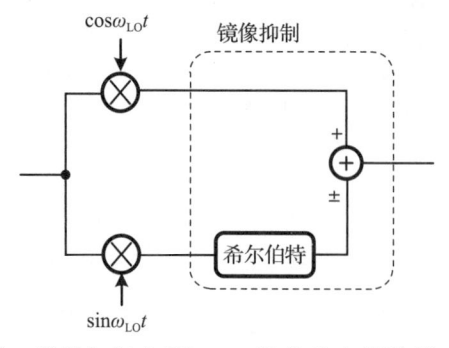

8. 利用三角函数的基本属性，说明如何在 Weaver 接收机中消除第一个镜像频率。

9. 求出在 Weaver 接收机中，对于两个本振的所有低端和高端注入组合的第二个镜像频率的位置。

10. 论证为什么在最初的 Weaver 架构中，第二中频不能为零。提出一个第二中频为零的改进型 Weaver 架构，并讨论其优缺点。

11. 下图所示的接收机的输入参考电流噪声源以 i_{nRX} 表示，并且当与标称源阻抗 R_s 匹配时，其标称噪声因子为 F_{RX}。

(a) 基于接收机输入参考噪声，推导出 F_{RX} 的表达式。
(b) 求出失配情况下的接收机噪声因子，即当信号源具有任意输入阻抗 Z_s 时的噪声因子。根据源反射系数表示结果。

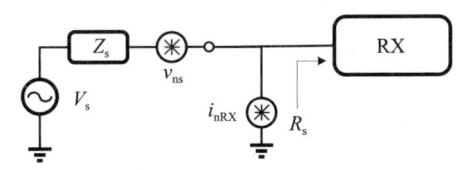

12. 考虑下图所示系统，其中乘法器是理想的，α 为任意的相移。
    (a) 证明整个系统是 LTI 系统，其冲激响应为 $h(t)\cos(\omega_0 t + \alpha)$。
    (b) 证明该传递函数是一个冲激响应为 $h(t)\cos(\omega_0 t)$ 的系统，和一个幅度为 1，正频率和负频率的相移分别为 $+\alpha$ 和 $-\alpha$ 的类希尔伯特传递函数的级联。

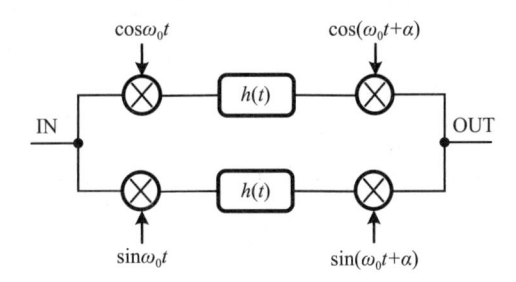

13. 证明一个 M 相 Mixer-first 接收机噪声因子方程为 $F \approx \left[1 + \dfrac{R_{SW}}{R_s} + \dfrac{\overline{v_{bb}^2}}{4MKTR_s} \right]$。提示：使用下图所示的简化模型，并根据第 7 章的 M 相混频器的分析计算出噪声影响。

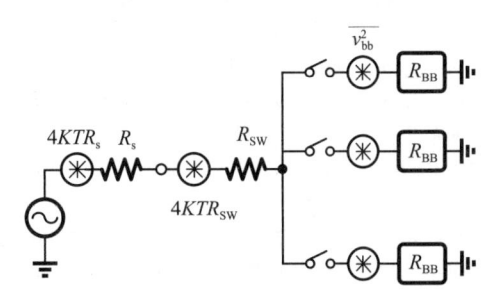

14. 在具有滑动中频的双变频接收机中，使用 2 分频来产生第二本地振荡器，用于 ISM 频段（2402～2480MHz）射频输入的蓝牙应用。计算两种可能的 LO 范围和中频（IF）的选择，并讨论各自的优缺点。

15. 如果接收机采用 4 分频，并用于 802.11a 应用（5180～5825MHz）中，重做习题 14。

16. 假设一阶 RC 低通滤波器的截止频率为 270kHz，求出有 600kHz 和 3MHz 阻塞时的 GSM 对 ADC 的要求。中频为 135kHz。哪种情况要求更严格，它们与 400kHz 相邻阻塞的情况相比如何？

17. 计算无线局域网接收机的 ADC 要求：解调一个具有 10dB PAPR 的 20MHz 64QAM 正交频分复用信号所需的信噪比为 22dB。在没有 ADC 噪声的情况下，接收机噪声因子为 3dB，并且当存在 ADC 噪声时，接收机噪声因子的退化不得超过 0.1dB。高于灵敏度 3dB 的所需信

号可能伴有 -20dBm 的邻近阻塞，中频滤波为 10dB。

18. 假设在 IQ 发射机中，正交基带信号 I = $A\cos\theta$ 和 Q = $A\sin\theta$ 被上变频并组合，以生成射频信号 $A\cos(\omega_0 t + \theta)$ 作为功率放大器输入。

    (a) 由于功率放大器的 AM-PM 非线性，实际输出失真，变为 $A\cos(\omega_0 t + \theta + F(A))$。证明基带信号需要预失真为以下值，以校正这种非线性：

    $$I_{mod} = I\cos(F(\sqrt{I^2+Q^2})) + Q\sin(F(\sqrt{I^2+Q^2}))$$
    $$Q_{mod} = Q\cos(F(\sqrt{I^2+Q^2})) - I\sin(F(\sqrt{I^2+Q^2}))$$

    (b) 由于功率放大器的 AM-AM 非线性，实际输出失真，变为 $F(A)\cos(\omega_0 t + \theta)$。证明基带信号需要预失真为以下值，以校正这种非线性：

    $$I_{mod} = I \frac{F^{-1}(\sqrt{I^2+Q^2})}{\sqrt{I^2+Q^2}}$$
    $$Q_{mod} = Q \frac{F^{-1}(\sqrt{I^2+Q^2})}{\sqrt{I^2+Q^2}}$$

19. 已知直接变频 TX 中的频率牵引描述如下：

    $$\frac{d\theta}{dt} = \omega_0 + K_{VCO}\frac{I_{CP}}{2\pi}\left(\theta_{ref} - \frac{\theta}{N}\right) * h_{LF}(t) + \frac{\omega_0}{2Q}\frac{\gamma A_{BB}^2}{I_s}\sin(2\theta_{BB} - \Psi)$$

    试提出一种架构，通过调整发射机 VCO 控制电压来平衡牵引。推导出需要施加到 VCO 的信号，并指出该方案是否能够完全消除频率牵引。

参考文献

[1] J. Mitola, "The Software Radio Architecture," *Communications Magazine, IEEE*, 33, no. 5, 26–38, 1995.

[2] E. H. Armstrong, "The Super-heterodyne – Its Origin, Development, and Some Recent Improvements," *Proceedings of the Institute of Radio Engineers*, 12, no. 5, 539–552, 1924.

[3] E. Cijvat, S. Tadjpour, and A. Abidi, "Spurious Mixing of Off-Channel Signals in a Wireless Receiver and the Choice of IF," *IEEE Transactions on Circuits and Systems II: Analog and Digital Signal Processing*, 49, no. 8, 539–544, 2002.

[4] A. Abidi, "Direct-Conversion Radio Transceivers for Digital Communications," *IEEE Journal of Solid-State Circuits*, 30, no. 12, 1399–1410, 1995.

[5] D. Kaczman et al., "A single-chip 10-bond WCDMA/HSDPA L_1-band GSM/EDGE SAW-less CMOS receiver with digRF 3G interface and 90dBm IIP2," *IEEE Journal of Solid-State Circuits*, 44, no. 3, 718–739, 2009.

[6] R. Hartley, "Single-Sideband Modulator." U.S. Patent No. 1666206, April 1928.

[7] J. Crols and M. Steyaert, "An Analog Integrated Polyphase Filter for a High Performance Low-IF Receiver," in *Symposium on VLSI Circuits, Digest of Technical Papers,* 1995.

[8] D. Weaver, "A Third Method of Generation and Detection of Single-Sideband Signals," *Proceedings of the IRE*, 44, no. 12, 1703–1705, 1956.

[9] M. Zargari, M. Terrovitis, S.-M. Jen, B. J. Kaczynski, M. Lee, M. P. Mack, S. S. Mehta, S. Mendis, K. Onodera, H. Samavati, et al., "A Single-Chip Dual-Band Tri-Mode CMOS Transceiver for IEEE 802.11 a/b/g Wireless LAN," *IEEE Journal of Solid-State Circuits*, 39, no. 12, 2239–2249, 2004.

[10] C. Andrews and A. Molnar, "A Passive Mixer-First Receiver with Digitally Controlled and Widely Tunable RF Interface," *IEEE Journal of Solid-State Circuits*, 45, no. 12, 2696–2708, 2010.

[11] S. Blaakmeer, E. Klumperink, D. Leenaerts, and B. Nauta, "The Blixer, a Wideband Balun-LNA-I/Q-Mixer Topology," *IEEE Journal of Solid-State Circuits*, 43, no. 12, 2706–2715, 2008.

[12] D. Murphy, H. Darabi, A. Abidi, A. Hafez, A. Mirzaei, M. Mikhemar, and M.-C. Chang, "A Blocker-Tolerant, Noise-Cancelling Receiver Suitable for Wideband Wireless Applications," *IEEE Journal of Solid-State Circuits*, 47, no. 12, 2943–2963, 2012.

[13] Z. Ru, N. Moseley, E. Klumperink, and B. Nauta, "Digitally Enhanced Software-Defined Radio Receiver Robust to Out-of-Band Interference," *IEEE Journal of Solid-State Circuits*, 44, no. 12, 3359–3375, 2009.

[14] M. Soer, E. Klumperink, Z. Ru, F. van Vliet, and B. Nauta, "A 0.2-to-2.0GHz 65nm CMOS Receiver Without LNA Achieving $\gg$11dBm IIP3 and $\ll$6.5dB NF," in *Solid-State Circuits Conference – Digest of Technical Papers*, 2009.

[15] E. Sacchi, I. Bietti, S. Erba, L. Tee, P. Vilmercati, and R. Castello, "A 15mW, 70kHz 1/*f* Corner Direct Conversion CMOS Receiver," in *Proceedings of the IEEE Custom Integrated Circuits Conference*, 2003.

[16] M. Mikhemar, A. Mirzaei, A. Hadji-Abdolhamid, J. Chiu, and H. Darabi, "A 13.5mA Sub-2.5dB NF Multi-band Receiver," in *Symposium on VLSI Circuits*, 2012.

[17] F. Bruccoleri, E. Klumperink, and B. Nauta, "Wide-Band CMOS Low-Noise Amplifier Exploiting Thermal Noise Canceling," *IEEE Journal of Solid-State Circuits*, 39, no. 2, 275–282, 2004.

[18] D. Murphy *et al.*, "A Noise-Cancelling Receiver Resilient to Large Harmonic Blockers," *IEEE Journal of Solid-State Circuits*, 50, 1336–1350, 2015.

[19] H. Darabi, P. Chang, H. Jensen, A. Zolfaghari, P. Lettieri, J. Leete, B. Mohammadi, J. Chiu, Q. Li, S.-L. Chen, Z. Zhou, M. Vadipour, C. Chen, Y. Chang, A. Mirzaei, A. Yazdi, M. Nariman, A. Hadji-Abdolhamid, E. Chang, B. Zhao, K. Juan, P. Suri, C. Guan, L. Serrano, J. Leung, J. Shin, J. Kim, H. Tran, P. Kilcoyne, H. Vinh, E. Raith, M. Koscal, A. Hukkoo, C. Hayek, V. Rakhshani, C. Wilcoxson, M. Rofougaran, and A. Rofougaran, "A Quad-Band GSM/GPRS/EDGE SoC in 65nm CMOS," *IEEE Journal of Solid-State Circuits*, 46, no. 4, 870–882, 2011.

[20] A. Mirzaei and H. Darabi, "Mutual Pulling between Two Oscillators," *IEEE Journal of Solid-State Circuits*, 49, no. 2, 360–372, 2014.

[21] R. Adler, "A Study of Locking Phenomena in Oscillators," *Proceedings of the IEEE*, 61, no. 10, 1380–1385, 1973.

[22] A. Mirzaei and H. Darabi, "Pulling Mitigation in Wireless Transmitters," *IEEE Journal of Solid-State Circuits*, 49, no. 9, 1958–1970, 2014.

[23] H. Darabi, S. Khorram, H.-M. Chien, M.-A. Pan, S. Wu, S. Moloudi, J. Leete, J. Rael, M. Syed, R. Lee, B. Ibrahim, M. Rofougaran, and A. Rofougaran, "A 2.4-GHz CMOS Transceiver for Bluetooth," *IEEE Journal of Solid-State Circuits*, 36, no. 12, 2016–2024, 2001.

[24] H. Darabi, J. Chiu, S. Khorram, H. J. Kim, Z. Zhou, Hung-Ming Chien, B. Ibrahim, E. Geronaga, L. Tran, and A. Rofougaran, "A Dual-Mode 802.11b/Bluetooth Radio in 0.35-um CMOS," *IEEE Journal of Solid-State Circuits*, 40, no. 3, 698–706, 2005.

[25] O. Erdogan, R. Gupta, D. Yee, J. Rudell, J.-S. Ko, R. Brockenbrough, S.-O. Lee, E. Lei, J. L. Tham, H. Wu, C. Conroy, and B. Kim, "A Single-Chip Quad-Band GSM/GPRS Transceiver in 0.18um Standard CMOS," in *Solid-State Circuits Conference, 2005. Digest of Technical Papers*, 2005.

[26] P.-H. Bonnaud, M. Hammes, A. Hanke, J. Kissing, R. Koch, E. Labarre, and C. Schwoerer, "A Fully Integrated SoC for GSM/GPRS in 0.13um CMOS," in *Solid-State Circuits Conference, 2006. Digest of Technical Papers*, 2006.

[27] R. Staszewski, J. Wallberg, S. Rezeq, C.-M. Hung, O. Eliezer, S. Vemulapalli, C. Fernando, K. Maggio,

R. Staszewski, N. Barton, M.-C. Lee, P. Cruise, M. Entezari, K. Muhammad, and D. Leipold, "All-Digital PLL and Transmitter for Mobile Phones," *IEEE Journal of Solid-State Circuits*, 40, no. 12, 2469–2482, 2005.

[28] R. Staszewski, D. Leipold, O. Eliezer, M. Entezari, K. Muhammad, I. Bashir, C.-M. Hung, J. Wallberg, R. Staszewski, P. Cruise, S. Rezeq, S. Vemulapalli, K. Waheed, N. Barton, M.-C. Lee, C. Fernando, K. Maggio, T. Jung, I. Elahi, S. Larson, T. Murphy, G. Feygin, I. Deng, T. Mayhugh, Y.-C. Ho, K.-M. Low, C. Lin, J. Jaehnig, J. Kerr, J. Mehta, S. Glock, T. Almholt, and S. Bhatara, "A 24mm^2 Quad-Band Single-Chip GSM Radio with Transmitter Calibration in 90nm Digital CMOS," in *Solid-State Circuits Conference, 2008. Digest of Technical Papers*, 2008.

[29] Z. Boos, A. Menkhoff, F. Kuttner, M. Schimper, J. Moreira, H. Geltinger, T. Gossmann, P. Pfann, A. Belitzer, and T. Bauernfeind, "A Fully Digital Multimode Polar Transmitter Employing 17b RF DAC in 3G Mode," in *Solid-State Circuits Conference Digest of Technical Papers*, 2011.

[30] H. Darabi, H. Jensen, and A. Zolfaghari, "Analysis and Design of Small-Signal Polar Transmitters for Cellular Applications," *IEEE Journal of Solid-State Circuits*, 46, no. 6, 1237–1249, 2011.

[31] M. Youssef, A. Zolfaghari, B. Mohammadi, H. Darabi, and A. Abidi, "A Low-Power GSM/EDGE/WCDMA Polar Transmitter in 65-nm CMOS," *IEEE Journal of Solid-State Circuits*, 46, no. 12, 3061–3074, 2011.

[32] M. Wakayama and A. Abidi, "A 30-MHz Low-Jitter High-Linearity CMOS Voltage-Controlled Oscillator," *IEEE Journal of Solid-State Circuits*, 22, no. 6, 1074–1081, 1987.

[33] H. Chireix, "High Power Outphasing Modulation," *Proceedings of the Institute of Radio Engineers*, 23, no. 11, 1370–1392, 1935.

[34] D. Cox and R. Leck, "Component Signal Separation and Recombination for Linear Amplification with Nonlinear Components," *IEEE Transactions on Communications*, 23, no. 11, 1281–1287, 1975.

[35] J. Qureshi, M. Pelk, M. Marchetti, W. Neo, J. Gajadharsing, M. van der Heijden, and L. de Vreede, "A 90-W Peak Power GaN Outphasing Amplifier with Optimum Input Signal Conditioning," *IEEE Transactions on Microwave Theory and Techniques*, 57, no. 8, 1925–1935, 2009.

[36] S. Moloudi and A. Abidi, "The Outphasing RF Power Amplifier: A Comprehensive Analysis and a Class-B CMOS Realization," *IEEE Journal of Solid-State Circuits*, 48, no. 6, 1357–1369, 2013.